Bücher mit Stoffbezug

Alexander Wagner

Bücher mit Stoffbezug

Der nationalsozialistische Vierjahresplan und der synthetische Kolonialismus in der deutschsprachigen Populärliteratur

TUTA SUB AEGIDE PALLAS · 1683 ·

BRILL
FINK

Umschlagabbildung:
Hans Dominik: *Vistra. Das weiße Gold Deutschlands. Die Geschichte einer weltbewegenden Erfindung.* Leipzig 1936 (Scan des Bucheinbands aus Vistra-Gewebe)

Bibliografische Information der Deutschen Nationalbibliothek

Die Deutsche Nationalbibliothek verzeichnet diese Publikation in der Deutschen Nationalbibliografie; detaillierte bibliografische Daten sind im Internet über http://dnb.d-nb.de abrufbar.

Zugl. Dissertation (2020) an der Bergischen Universität Wuppertal.

www.fink.de

Einbandgestaltung: Evelyn Ziegler, München
Herstellung: Brill Deutschland GmbH, Paderborn

ISBN 978-3-7705-6640-2 (hardback)
ISBN 978-3-8467-6640-8 (e-book)

Inhalt

Einleitung

Stoffe & Literatur

Mit dem 1936 offiziell beginnenden Vierjahresplan, den Adolf Hitler auf dem sogenannten „Parteitag der Ehre“ verkündet, startete ein umfassendes Industrie- und Infrastrukturprogramm, mit dem die Nationalsozialisten vor allem das Ziel verfolgten, innerhalb kurzer Zeit die deutsche Wirtschaft in einen Zustand zu versetzen, der die Durchführung eines neuen Krieges ermöglichte.[1] Begleitet wurde das Programm, das durch direkten Auftrag von Adolf Hitler und federführend vom Hermann Göring unterstellten Preußischen Staatsministerium beziehungsweise bald schon einer eigens für den Vierjahresplan eingerichteten Behörde geplant und durchgeführt wurde, von einem gewaltigen Propagandaapparat zur ideologischen, populärwissenschaftlichen und schulischen Vermittlung der wirtschaftlichen Maßnahmen. Das Programm einer großformatigen Neusortierung der gesamten Wirtschaftslandschaft war auch die Reaktion auf einen krisenhaften Rohstoffmangel im Sommer 1936[2] und den Schock der Weltwirtschaftskrise, „in deren Folge politisch-ökonomische Konzepte, die eine Unabhängigkeit vom Weltmarkt versprachen, auf große Sympathien stießen.“[3] Eine wesentliche Aufgabe des Plans bestand folglich in der Herstellung dieser Unabhängigkeit Deutschlands von ausländischen Rohstoffen und deren möglichst vollständige Ersetzung durch Erzeugnisse aus heimischen Ausgangsmaterialien. Eine Schlüsselposition bei dieser Zielsetzung nahm die chemische Industrie ein, deren Wichtigkeit und Verantwortlichkeit für die Vorbereitung des Zweiten Weltkriegs und die Massenmorde in den Konzentrationslagern, die millionenfach mit dem Schädlingsbekämpfungsmittel Zyklon B durchgeführt wurden, kaum überschätzt werden kann.[4]

---

1 Aus propagandistischen Gründen wurde das Programm stets als „Zweiter Vierjahresplan“ bezeichnet, nachdem Adolf Hitler bereits 1933 mit der Parole „Gebt mir vier Jahre Zeit […]“ angetreten war. Vgl. Alfred Ingemar Berndt: *Gebt mir vier Jahre Zeit! Dokumente zum ersten Vierjahresplan des Führers*. München 1937. Die Dokumentation sollte eine Summe des im „ersten Vierjahresplan“ seit 1933 Erreichten darstellen.

2 Vgl. Sebastian Graeb-Könneker: *Autochthone Modernität. Eine Untersuchung der vom Nationalsozialismus geförderten Literatur*. Opladen 1996. S. 126.

3 Ebd., S. 127. Graeb-Könneker bezieht sich hier auf Dieter Petzina: *Autarkiepolitik im Dritten Reich. Der nationalsozialistische Vierjahresplan*. Stuttgart 1968.

4 Vgl. etwa Martin Bechstedt: „‚Gestalthafte Atomlehre‘. Zur ‚Deutschen Chemie‘ im NS-Staat“. In: Herbert Mehrtens & Steffen Richter (Hg.): *Naturwissenschaft, Technik und NS-Ideologie.*

Diesem politisch-gesellschaftlichen Aufstieg ging ein Etablierungsprozess in der Wissenschaft voran, bei dem die Chemie in den Rang einer für besonders produktiv gehaltenen Disziplin aufsteigt, maßgeblich bestimmt durch die Entwicklung chemischer Synthesen.[5] Zuvor war die Chemie bereits an Aushandlungsprozessen im Bereich der Analyse von Stoffeigenschaften oder der Ergründung des Konzepts einer *vis vitalis* beteiligt. Deren (scheinbare) Widerlegung in der Harnstoffsynthese durch Friedrich Wöhler 1828 führte, grob gesagt, zur institutionellen Ausdifferenzierung in eine organische und eine anorganische Chemie, wonach die organische Chemie zum Ausgangspunkt der modernen Synthesechemie wurde.[6] Reste eines „romantischen Paradigmas"[7], für das die Idee der *vis vitalis* und andere, zum Teil aus der Alchimie stammende Konzepte, weiterhin standen, verblieben allerdings, besonders in populärwissenschaftlichen und -literarischen Texten, noch lange im imaginativen Umfeld der Chemie.

Die Bemühungen um die Erlangung der Autarkie, denen die Chemiker als „Stoßtrupp" dienen sollten[8], führten zum Aufbau umfangreicher Strukturen zur Produktion synthetischer Materialien und zum Ausbau bereits bestehender Produktionszweige, die sich der Herstellung künstlicher Textilien, von Plastikmaterialien, Treibstoffen, Gummi, Düngemitteln, Medikamenten, aber auch fotografischer Materialien, bis hin zu allen erdenklichen Formen von Substitut- und Fake-Produkten widmeten. Basis für diese breite Produktpalette waren in vielen Fällen Abfallstoffe aus der Energiegewinnung durch Kohle, insbesondere der Steinkohlenteer, aus dem schon seit Anfang des 19. Jahrhunderts künstliche Farbstoffe gewonnen wurden. Diese Teerfarbstoffe avancierten später wiederum zum Ausgangsmaterial etlicher weiterer Entwicklungen, vor allem auf pharmazeutischem Gebiet. Auch das synthetische Benzin und der künstliche Gummi Buna gingen von Steinkohlederivaten aus, während für die bereits im Ersten Weltkrieg fabrikmäßig eingesetzte Ammoniaksynthese vor allem Luftstickstoff verwendet wurde und für die Kunstfasererzeugung,

Beiträge zur Wissenschaftsgeschichte des Dritten Reichs. Frankfurt/Main 1980. S. 142–165, hier S. 144.

5 Vgl. Mareike Frevert: *Wissenschaft der Synthese. Ein Ansatz zur wissenschaftsphilosophischen Bestimmung der Chemie*. Kassel 2015. S. 132. Frevert verortet die nicht mehr hinterfragte „Rolle der Synthese innerhalb des Methodenarsenals der Chemie" am Beginn des 20. Jahrhunderts.

6 Vgl. ebd., S. 124ff.

7 So der Titel einer Studie von Ralf Liedtke: *Das romantische Paradigma der Chemie. Friedrich von Hardenbergs Naturphilosophie zwischen Empirie und alchemistischer Spekulation*. Paderborn 2003.

8 So eine Aussage von Paul Duden, dem damaligen Vorsitzenden des *Vereins deutscher Chemiker* (VdCh). Vgl. Frevert: *Wissenschaft der Synthese*. S. 145.

Cellophanfolien oder Foto- und Videomaterial pflanzliche Zellulose den Ausgangsstoff bildete.

Neben diesen realisierten, mal mehr mal weniger erfolgreichen Synthesen[9], die einen großen Einfluss auf die Lebenswelt der Zeitgenoss_innen hatten und viele Bereiche des Lebens stark veränderten, gibt es eine Reihe von Kunststoffprodukten, die nicht zur Serienreife gelangten und solche, die lediglich in der Phantasie von Ingenieuren und Schriftstellern existierten. Bereits lange vor dem Vierjahresplan gehörten die Entwicklung revolutionärer Werk- und Treibstoffe, die synthetische Erzeugung von Gold und anderen Edelmetallen, der Kampf mit biologischen und chemischen Waffen aus den Labors von Superschurken und Geostrategen oder Rohstoffkrisen[10] zum festen Inventar von Science Fiction-Texten und der phantastischen Literatur. Aus dieser Perspektive lässt sich das Grimmsche Rumpelstilzchen, dem die Umwandlung von Stroh zu Gold gelingt, ebenso als Vorform des modernen Synthesechemikers verstehen, wie der Ingenieur Mac Allan in Bernhard Kellermanns Roman *Der Tunnel* (1913), der zur Verwirklichung seines Projekts, Europa und Nordamerika mit einem Tunnel durch den Atlantik zu verbinden, en passant den Spezialstahl Allanit erfindet. Eine Verdichtung „stoffbezogener" Themen in der deutschsprachigen Literatur lässt sich ab den mittleren Zwanziger Jahren des 20. Jahrhunderts feststellen. Zuvor, seit der Jahrhundertwende, als der Ingenieur zum Protagonisten einer neuen Art von technischem Zukunftsroman aufstieg[11], und nochmals verstärkt nach dem Ersten Weltkrieg, häufen sich Texte, in denen neben besagten Spezialtreibstoffen, die das

---

9 Vgl. für das Beispiel der Produktion von Reifen aus dem synthetischen Gummi Buna und ihre gegenüber Reifen aus Naturkautschuk extrem mindere Qualität Paul Erker: „Die Rolle der Forschung bei der Ersatzstoff-Produktion. Das Beispiel Continental AG/Reifenindustrie". In: Doris Kaufmann (Hg.): *Geschichte der Kaiser-Wilhelm-Gesellschaft im Nationalsozialismus. Bestandsaufnahme und Perspektiven der Forschung*. Göttingen 2000. S. 411–425. Erker nimmt in der klaren Betonung der Mängel der synthetischen Produkte noch immer eher eine Randposition ein. Ein Großteil der Forschung teilt nach wie vor implizit die Einschätzung vom hochwertigen künstlichen Rohstoff bzw. relativiert die Angaben der Propaganda nur unzureichend. Meistens spielt die tatsächliche Qualität der Produkte schlicht keine Rolle.

10 Vgl. bspw. die Texte dieser Anthologie: Susanne Päch (Hg.): *Als der Welt Kohle und Eisen ausging* [sic!]. *Klassische Science Fiction-Erzählungen*. München 1980.

11 Vgl. hierzu Carl Wege: *Buchstabe und Maschine. Beschreibung einer Allianz*. Frankfurt/Main 2000. S. 97, wo der Ingenieur im Kontext der Zwanziger Jahre als „Herr und Meister der Welt" und „vom Nimbus der ‚Effizienz' und ‚Exaktheit' umgeben" sowie „Vertreter eines neuen, im analytischen Denken geschulten Menschenschlags" bezeichnet wird. Vgl. außerdem ausführlich Tanja Paulitz: *Mann und Maschine. Eine genealogische Wissenssoziologie des Ingenieurs und der modernen Technikwissenschaften 1850–1930*. Bielefeld 2014.

Erreichen extraterrestrischer Räume ermöglichen, vor allem Todesstrahlen, Strahlenkanonen und andere Medien direkter Herrschaftsausübung vorkommen, die zur künstlichen Erzeugung edler Metalle oder zur Konstruktion neuartiger Weltraumfahrzeuge geeignet sind.[12] Bei diesen Texte handelt es sich mehrheitlich um, bereits zuvor populäre, geopolitische Fiktionen, mit denen nach 1918 vor allem die politischen Delegitimierungserfahrungen im Kontext der deutschen Weltkriegsniederlage, wirtschaftliche Krisen, die als „Schmach" empfundenen Bestimmungen des Versailler Vertrages und der Verlust der sogenannten „Schutzgebiete" verarbeitet werden. Diese oft mit phantastischen Mitteln arbeitenden und noch einige Zeit populären Texte werden ab Mitte der Zwanziger Jahre von solchen ergänzt, die ihre Welt als gerade noch glaubwürdig gesteigerte Version ihrer Entstehungskontexte modellieren und weniger stark eigene phantastische Welten entwerfen, wenngleich es dies bis in die Zeit des Nationalsozialismus ebenfalls weiter gibt.[13] Diese neuen Texte verbleiben teilweise noch sehr deutlich im Paradigma des um den Ingenieur herum gestalteten Zukunftsromans, setzen aber in anderen Fällen auch dokumentarische Techniken und andere Verfahren ein, die zu intensiveren Rückkopplungen mit Programmatiken der Neuen Sachlichkeit führen und offensichtlich darauf achten, ihre utopischen Versprechungen und außergewöhnlichen Erfindungen in glaubhaften Diegesen anzusiedeln, die erkennbar aus den textexternen Umständen gespeist sind. In beiden Typen, stärker phantastischen und stärker nicht-phantastischen Texten, finden sich bereits einige, die eine so vorher nicht anzutreffende Perspektive auf Stoffe, ihre Herstellung und ihren Platz innerhalb der erzählten Welt einnehmen und beginnen, Konzepte wie Materialität, Synthese, Künstlichkeit und nicht zuletzt auch Warenkultur als Wahrnehmungs- und Wissensfelder über ‚Stoffe' neu zu denken. Dazu zählen so unterschiedliche Texte wie Hans Dominiks *Kautschuk* (1929/30), Ilja Ehrenburgs *Das Leben der Autos* (1930), *Das kunstseidene Mädchen* (1932) von Irmgard Keun oder *Sage und Siegeszug des Kaffees* (1934) von Heinrich Eduard Jacob mit dem Untertitel *Die Biographie eines weltwirtschaftlichen Stoffes*, der als erstes deutschsprachiges Buch gilt, „das seine Struktur allein einer ‚Sache' verdank[t]"[14].

12 Vgl. zu den „frühen" Synthesen im Science Fiction-Kontext die materialreiche Studie von Dina Brandt: *Der deutsche Zukunftsroman 1918–1945. Gattungstypologie und sozialgeschichtliche Verortung*. Tübingen 2007. S. 138f.

13 Vgl. zum Zukunftsroman im NS Andy Hahnemann: *Texturen des Globalen. Geopolitik und populäre Literatur in der Zwischenkriegszeit 1918–1939*. Heidelberg 2010. S. 180f.

14 Thomas Lange: „Literatur des technokratischen Bewußtseins. Zum Sachbuch im Dritten Reich". In: *Zeitschrift für Literaturwissenschaft und Linguistik (LiLi)* (1980) H. 40. S. 52–81, hier S. 65. Es wird kolportiert, Jacobs selbst habe behauptet, die Gattung „Sachbuch" für

Zeitgleich mit dem politischen Impuls des Vierjahresplans, ändert sich der Charakter der „Stoff-Romane". Eine Welle neuer Bücher erscheint, die sich nun explizit synthetischen Stoffen zuwendet und extrem erfolgreiche Titel hervorbringt, dabei aber weiterhin von Texten flankiert wird, die sich nicht-synthetischen Rohstoffen wie Zucker, Kohle und Erdöl widmen. Bis auf wenige Ausnahmen, etwa Hans Dominik, erscheinen neue, eventuell aus anderen Genres bekannte Namen auf den Deckeln der oft nur mit der Bezeichnung des Stoffs betitelten Romane, während die Verfasser_innen, die sich zuvor mit geopolitischen oder phantastischen „Stoff-Texten" beschäftigt hatten, in ihren jeweiligen Genres verbleiben oder sich anderen Sujets zuwenden. Dabei ist es bereits zuvor eher unüblich, dass Autoren sich „spezialisieren" und mehrere „Stoff-Romane" veröffentlichen. Eine Ausnahme bildet die Science Fiction, wo bei Autoren wie Otto Willi Gail, Stanislaus Bialkowski, Walther Kegel oder eben Hans Dominik der neue Treibstoff, die Strahlenkanone, vor allem aber Werkstoffe mit Spezialeigenschaften auch weiterhin fest zum Plot gehören und als *deus ex machina* erscheinen, wenn technisch bisher nicht zu lösende Probleme auftauchen.[15] Diese Romane, die sich vorrangig aus Gründen der Plotlogik neuartiger Stoffe bedienen und Stoff-Eigenschaften wie das Atomgewicht exzessiv steigern, stellen eine wichtige Referenz für Spielarten des „Stoff-Romans" dar und finden ihren Gegenstandsbereich naheliegenderweise weiterhin oft in geopolitischen Erzählungen.[16] Beispiele für diese Texte vom

---

den deutschen Markt erfunden zu haben. Vgl. hierzu Ulf Diederichs: „Annäherungen an das Sachbuch. Zur Geschichte und Definition eines umstrittenen Begriffs". In: Rudolf Radler (Hg.): *Kindlers Literaturgeschichte der Gegenwart*. Bd. 9: *Die deutschsprachige Sachliteratur*. München, Zürich 1978. S. 1–37. Hier zit. n. *Arbeitsblätter für die Sachbuchforschung* 18 (2010). S. 12. Digital verfügbar unter: https://www.blogs.uni-mainz.de/fb05-sachbuchforschung/files/2012/09/Arbeitsblaetter_Sachbuchforschung_18.pdf (zuletzt abgerufen am 10.9.2021).

15 Vgl. zur häufigen Nebensächlichkeit dieser Stränge, die ihre sujetlose Normalität in den entsprechenden Diegesen anzeigt Hahnemann: *Texturen des Globalen*. S. 165, sowie zur Benamung dieser Stoffe Dietmar Dath: *Niegeschichte. Science Fiction als Kunst- und Denkmaschine*. Berlin 2019, bspw. S. 190f. & 197. Strahlen sind darüber hinaus in der Zeit auch gelegentlich Thema von Romanen, die nicht dem Science Fiction-Genre angehören, etwa Norbert Jacques' Geschichten um den Superschurken Dr. Mabuse (1920, 1932/1950) oder *Die Galeere* (1913) von Ernst Weiß, dessen Hauptfigur an der Strahlenkrankheit stirbt.

16 Die Raumkonzepte der zeitgenössischen Science Fiction-Literatur sind dabei weder uninteressant, noch mit Blick auf die Bücher mit Stoffbezug guten Gewissens zu vernachlässigen. So wäre in weiterführenden Untersuchungen an den „Rändern" des Korpus zu ermitteln, welche SF-Bestandteile sich für die Bücher mit Stoffbezug als anschlussfähig erweisen. Vgl. zu den geopolitischen Gehalten der Romane von Hans Dominik bspw. Hahnemann: *Texturen des Globalen*. S. 165 sowie mit (auto-)kolonialem Bezug S. 285 oder Brandt: *Der deutsche Zukunftsroman*. S. 158.

Rand des hier untersuchten Korpus sind etwa Arthur Rundts *Kupfer B* (1934), in dem eine kanadische Kleinstadt von Terroristen heimgesucht wird, deren Anführer ein Verfahren entwickelt hat, um die Leitfähigkeit von Kupfer aufzuheben und damit elektrische Geräte außer Betrieb zu setzen.[17] Hans Dominiks *Atomgewicht 500* (1935) kann als typischer Vertreter einer Menge von Texten gelten, in denen Energiefantasien dadurch realisiert werden, dass die Erhöhung des spezifischen Atomgewichts eines Elements extrem gesteigert beziehungsweise ein neues Element entdeckt wird, das über ein extrem hohes Atomgewicht und damit immense Energiereserven verfügt.[18] Und schließlich gelingen in Texten wie Paul Eugen Siegs Weltraumroman *Detatom* (1936) Raumfahrtprojekte, hier eine Marsreise, durch die Entwicklung eines Spezialmetalls, das alle bisherigen Werkstoffe durch Kombination von maximaler Stabilität bei gleichzeitiger Superleichtigkeit übertrifft.[19]

Die inhaltlich neuartigen „Stoff-Texte", auf denen hier der Fokus liegen wird, erscheinen konzentriert im Zeitraum zwischen 1936 und 1939. Nach dem Zweiten Weltkrieg verschwindet der Typus mit einigen Ausläufern, die über ein auffällig anderes Verhältnis zum Politischen verfügen, bis in die frühen Fünfziger Jahre und einzelnen verspäteten und ideologisch deutlich anders ausgerichteten Nachfolgern in der Literatur der DDR fast völlig, oder zieht sich erneut in die Science Fiction zurück, wo auch in der Zwischenzeit mit Spezialtreibstoffen der Weltraum durchflogen und Strahlenkanonen abgefeuert wurden. Parallel dazu sind für Romane zu synthetischen Stoffen nach 1945, die weiter in wirtschaftlichen und politischen Kontexten spielen, Tendenzen einer Re-Phantastisierung sowie eine Neigung zur pazifistischen Neuausrichtung zu verzeichnen, mit denen die Texte signalisieren, zwar politische Verantwortung zu übernehmen, sich dabei aber gänzlich von allen Formen der Vereinnahmung emanzipiert zu haben, was zu glauben natürlich wiederum ein Trugschluss wäre. Die Stoffe bleiben auch weiterhin Träger eines ideologischen Imaginären, das nun aber weniger über die Synthese als Ermöglichungsbedingung für (gesteigertes) ‚Leben' vermittelt wird. Vielmehr stellen sie nun eine desavouierte und damit problematische Größe dar, sodass

---

17 Arthur Rundt: *Kupfer B.* Berlin 1935. An die Ausgabe wird interessanterweise über die Abbildung einer weiblichen Laborkraft bei der chemischen Arbeit auf dem Schutzumschlag und den Klappentext, der das Initialereignis des Romans, einen Unfall im Schönheitssalon „La Dame", aufgreift eine Kopplung von ‚Chemie' und ‚Weiblichkeit' angelagert.

18 Hans Dominik: *Atomgewicht 500.* Berlin 1935.

19 Paul Eugen Sieg: *Detatom.* Berlin 1936. Vgl. hierzu auch Brandt: *Der deutsche Zukunftsroman.* S. 88f.

die Geschiche des synthetischen Stoffs in deutschsprachigen Erzähltexten bezeichnenderweise nach der zweiten Weltkriegsniederlage vorläufig endet.[20]

In den drei Bereichen Wissenschaft, Politik und Literatur erreichen im hier untersuchten Zeitraum spezifische Verdichtungs- und Neuorientierungsprozesse ihren teilweise bizarren Höhepunkt oder Vorstufen bizarrer Höhepunkte. Während der Vierjahresplan das bisher größte konzertierte Projekt zum Umbau der deutschen Wirtschaft und der Vorbereitung katastrophaler Folgen darstellt, erreicht die Chemie ein Stadium, in dem sie ihre institutionelle Konsolidierung abgeschlossen hat, zur maßgeblichen Produktivdisziplin und zur Grundlage einer Schlüsselindustrie wird.[21] Und auch literatur- und mediengeschichtlich lassen sich für Artefakte, in denen beide Großprojekte und ihre Verflechtung reflektiert werden, Romane, Sachbücher, Jahrbücher, Firmenbroschüren, Ausstellungen und sonstiges Material, vielfältige Um- und Neustrukturierungen ausmachen. Dazu zählen institutionell etwa eine Modernisierung des Buchmarkts, die sich im Aufstieg bestimmter Medientypen und Darreichungsformen populärer Texte zeigt, zu denen Heftromane und das vergrößerte Netz an Leihbibliotheken zählen, sowie eine ökonomische Umschichtung dieses Marktes von der Belletristik zum Sachbuch und dessen strukturelle Aufwertung.[22] Neben der umfangreichen politischen Steuerung, die auf Produktion und Vertrieb der Bücher massiven Einfluss nimmt, dabei zuvor etablierten Autor_innen die Veröffentlichung ihrer Texte verbietet, sie

20 Julia Dall'Armi zeigt, dass ‚Strahlen'-Plots, etwa aus dem Kontext der Atomenergie, nach dem Zweiten Weltkrieg verstärkt ins Drama wandern. Vgl. Julia von Dall'Armi: *Poetik der Spaltung. Kernenergie in der deutschen Literatur 1906–2011*. Wiesbaden 2018. S. 135. Generell spielen Dramen unter den Büchern mit Stoffbezug im Kontext des Vierjahresplans keine wesentliche Rolle. Vgl. hierzu auch Bertolt Brechts süffisantes Diktum „Das Petroleum sträubt sich gegen die fünf Akte […]". In: Bertolt Brecht: „Über Stoffe und Form" [1929]. In: Ders.: *Gesammelte Werke*. Bd. 15: *Schriften zum Theater 1*. Frankfurt/Main 1982. S. 196–198, hier S. 197.

21 Vgl. hierzu nochmal Frevert: *Wissenschaft der Synthese*. S. 143f.

22 Vgl. Christian Härtel: „‚Grenzen über uns'. Populärwissenschaftliche Mobilisierung, Eskapismus und Synthesephantasien in Zukunftsromanen des ‚Dritten Reichs'". In: Walter Delabar, Horst Denkler & Erhard Schütz (Hg.): *Banalität mit Stil. Zur Widersprüchlichkeit der Literaturproduktion im Nationalsozialismus*. Bern u.a. 1999. S. 241–257, hier S. 245. Weiterhin Lange: *Literatur des technokratischen Bewußtseins*. S. 71, der für den Anfang der 1940er Jahre für den Anteil der Belletristik an der Gesamtbuchproduktion schwankende und aufgrund der intransparenten Grenzziehung zur „Fach- und Sachliteratur" insgesamt schwer zu deutende Zahlen von 10 bis 18 Prozent angibt. Sowie Wege: *Buchstabe und Maschine*. S. 77, wo, mit Verweis auf Schütz, von einer Erhöhung der Produktion „lehrhafte[r] und populäre[r] Darstellungen nach 1939 [um] bis zu 60%" gesprochen wird. Von einer expliziten Förderung des tendenziell sachthemenbezogenen „Schrifttums zum Vierjahresplan" und den entsprechenden Effekten auf dem Buchmarkt gehen alle Autoren aus.

unterdrückt oder ins Exil drängt, werden auch literatursystemintern Verfahren und Darstellungspraktiken auf unterschiedliche Weise neu ausgehandelt und es wird, implizit wie explizit, über Reaktionen auf politische, wissenschaftsgeschichtliche und literarische Veränderungen nachgedacht.

Eingrenzung der Materialbasis

Innerhalb einer aus literaturgeschichtlicher Sicht relativ kurzen Zeit von Mitte bis Ende der 1930er Jahre erscheinen also Romane, die, begleitet von einer Vielzahl von Sachbüchern, Propagandaausstellungen und anderen populärwissenschaftlichen Materialien, über synthetische Stoffe und das Prinzip der Synthese nachdenken sowie versuchen, das Verhältnis von Literatur und Wissenschaft, aber auch Politik kurzfristig an die zeitlichen Gegebenheiten anzupassen. Anders als ihre Vorläufer nehmen die Bücher jener Klasse die chemischen Erzeugnisse nicht mehr nur als Mittel zum Zweck (als Wunderwaffe oder Wundersprit) oder als lebensweltliche Novität mit Neuigkeitswert zur Kenntnis (wie in Kautschuk-Krimis oder im Fall der Bemberg-Seide) und rücken sie nicht bloß, wie zuvor, als Titel auf den Buchdeckel, sondern ebenso inhaltlich in den Fokus ihrer Aufmerksamkeit.[23] Dabei handelt es sich wie erwähnt beinahe ausschließlich um Werke der Populärliteratur mit zum Teil extrem hohen Auflagen, die neben einigen etablierteren Schriftstellern wie Rudolf Brunngraber und Karl Aloys Schenzinger, von denen auch die am wenigsten in Vergessenheit geratenen Titel stammen, oft von Autoren vorgelegt werden, die auf der Grenze zwischen Unterhaltungsschriftstellerei, Wissenschaft und Industrie arbeiten[24], etwa der Ingenieur Hans Dominik oder der politisch recht einflussreiche Arzt Hellmuth Unger. Aufgrund des diversen

---

23 Zuvor bestand hier keine sichere Korrelation und von einem „Stoff-Titel“ konnte nicht auf einen „Stoff-Roman“ geschlossen werden. So ist etwa Hans Dominiks *Kautschuk* (1929/30) zwar im Industrie-Milieu angesiedelt, dass der Spionage-Plot sich allerdings auf ein neuartiges Verfahren der Kautschuk-Synthese bezieht, wird inhaltlich praktisch nicht reflektiert und bleibt eine Art MacGuffin. Dass der ‚Stoff‘ in dieser Funktion keineswegs zu vernachlässigen ist, zeigt etwa Žižek in seiner cineastisch inspirierten Lacan-Lektüre. Vgl. Slavoj Žižek: *The Sublime Object of Ideology*. London, New York 1989. S. 163: „[…] that's a MacGuffin, a pure nothing which is none the less efficient. Needless to add, the MacGuffin is the purest case of what Lacan calls *objet petit a*: a pure void which functions as the object-cause of desire.“ (Herv. im Orig.).

24 Vgl. hierzu Ulrich Troitzsch: „Technikgeschichte in der Forschung und der Sachbuchliteratur während des Nationalsozialismus“. In: Herbert Mehrtens & Steffen Richter (Hg.): *Naturwissenschaft, Technik und NS-Ideologie. Beiträge zur Wissenschaftsgeschichte des Dritten Reichs*. Frankfurt/Main 1980. S. 215–242, hier S. 223.

Berufsprofils des durchgehend männlichen Autorenfeldes[25], das sich teilweise auch in den Publikationsorten und -formen widerspiegelt, scheint es geboten, neben den Romanen auch Sachtexte in die Untersuchung einzubeziehen und zwar sowohl solche, die sehr eng ins propagandistische Gefüge des Vierjahresplans eingelassen sind, als auch solche aus dem weiteren Fahrwasser der politischen Steuerung, wie die Jahrbuch-Reihe *Das Neue Universum* als populärem Sammlungsort verschiedener Themen und Vermittlungsweisen. Weitergehende Untersuchungen müssten sich schließlich den großen Ausstellungsprojekten der Zeit, der *GeSoLei* (1926) in der Weimarer Republik oder *Schaffendes Volk* (1937) während der Zeit des Nationalsozialismus widmen, die hier nur am Rande behandelt werden.

Die ausführliche Analyse einer mitten im Vierjahresplan erschienenen Firmenbroschüre des damals zentralen deutschen Chemiekonzerns, der 1925 aus den wichtigsten Unternehmen dieses Gebiets durch Fusion gegründeten I.G. Farben, wird zur Entwicklung einiger zentraler Begriffe genutzt, um der engen Verbindung verschiedener Erzählverfahren, Textsorten und Text/Bild-Kombinationen Rechnung zu tragen und darüber hinaus den Blick der folgenden Analysen auch für ideologische und darstellungslogische Ähnlichkeiten über Genre- und Mediengrenzen hinweg zu sensibilisieren. Auch verfahrenstechnische Unterschiede, die es neben diversen Parallelen gibt, sollen vor allem in detaillierten Analysen von Romanen aus der „Hochphase" der Bücher mit Stoffbezug rekonstruiert werden, bei denen die Kontakte der Bücher mit weiterem Material aus dem Umfeld der Propaganda zum Vierjahresplan zur selben Zeit, aber auch Publikationen, die vor 1936 erschienen sind, fortwährend im Blick bleiben. Auf einer Typologie der ins propagandistische Netz um den Vierjahresplan involvierten Gattungen liegt somit nicht das Hauptaugenmerk der Untersuchung; diese soll aber durch Einbindung möglichst diversen Materials in Umrissen zur Erscheinung kommen.

---

25 Im „Kern" des Untersuchungskorpus finden sich ausschließlich Bücher männlicher Autoren. Die Bücher der drei Autorinnen nehmen jeweils Sonderpositionen ein: Irmgard Keuns *Kunstseidenes Mädchen* (1932) als Vertreterin der Neuen Sachlichkeit mit „Stoffbezug am Rand", Vicki Baums *Cahuchu* (1943) als Beispiel für Exilliteratur „mit Stoffbezug" und Toni Rothmunds *Gold?* (1932) als Sonderfall des historischen (Alchemie-)Romans. Das Buch über den mutmaßlichen Erfinder des Meißner Porzellans als Beiprodukt der Herstellung synthetischen Goldes, Johann Friedrich Böttger, verhandelt den Konflikts zwischen Böttgers individuellem Freiheitsdrang und seiner gleichzeitigen Ruhmsucht, darüber hinaus die Korrelation von Alchemie und ‚Leben', insb. ‚Erotik' und schließlich den Konflikt zwischen Macht, Religion und Dekadenz in der sächsischen Gesellschaft der Zeit um 1700. (Al)chem(ist)isches ‚Wissen' spielt eine sehr untergeordnete Rolle. Vgl. Toni Rothmund: *Gold?* Leipzig 1932.

Die Bücher der untersuchten Gruppe sind bisher nicht konkret aus dem Blickwinkel ihrer Anbindung an die Autarkie-Politik der Nationalsozialisten und den Vierjahresplan untersucht worden und bilden auch bislang kein Genre. Abgesehen vom Oberbegriff „Schrifttum zum Vierjahresplan", der weder politisch tragbar, noch heuristisch plausibel und auch nicht hinreichend eingegrenzt ist, da hierzu auch Fachbücher aus der Kunststoffindustrie, dem Wirtschaftsrecht, Handelsbilanzen, „wehrwirtschaftliche" Literatur und sonstiges Spezialmaterial zählen, gibt es bisher keine Benennungsangebote für die Texte des hier untersuchten Korpus. Für die folgenden Ausführungen wird der, einen Gattungsbegriff gezielt vermeidende, Begriff „Bücher mit Stoffbezug" verwendet. Damit soll auf ihre latente Nichtzuordenbarkeit zu einer bestimmten Gattung sowie auf die Buchform und den ‚Stoff' als das, was sie materiell und thematisch verbindet, hingewiesen werden. Der Stoffbezug ist dabei ein zwei- bis dreifacher. Erstens sind damit die chemischen Stoffe beziehungsweise ihre synthetischen Derivate (etwa die Kunstseide) gemeint, auf die sich alle Bücher beziehen. Darin mitgedacht ist der Stoff als literarische Kategorie und, kurz gesagt, „Material" von Literatur.[26] Und schließlich erhalten einige der Bücher auch materiell einen tatsächlichen Bezug aus Stoff, indem sie beispielsweise in die synthetische Faser, von der sie handeln, exemplifizierend eingebunden werden.[27] Auch wenn das nicht auf alle Bücher zutrifft, stellt dieses Detail doch ein Verhältnis zwischen ihnen und ihren ‚Stoffen' aus, das als metonymische Verlängerung einer verfahrensmäßigen Beziehung zur Synthese als Thema, von der sie intern strukturiert werden und die in allen untersuchten Büchern besteht, gelesen werden kann.

Technikgeschichte oder Literaturgeschichte?

Sebastian Graeb-Könneker leitet in seiner Untersuchung zur *Autochthonen Modernität*[28] das Anwachsen einer Literatur mit schwerpunktmäßig

26 Vgl. Armin Schulz: „Stoff". In: Jan-Dirk Müller u.a. (Hg.): *Reallexikon der deutschen Literaturwissenschaft. Neubearbeitung des Reallexikons der deutschen Literaturgeschichte.* Bd. 3: *P-Z*. Berlin, New York 2007. S. 521–522, hier S. 521.

27 Für eine interessante Reflexion synthetischer Bucheinbände (in diesem Fall mit einer Beschichtung aus neuartigem Pyroxylin) aus Sicht der chemischen Industrie in den USA vgl. F. W. Hotchkiss: „From Caves to Covers". In: *The DuPont Magazine* (June 1940), S. 6–8 & 24.

28 Im Zusammenhang mit der Literatur der Zwanziger und Dreißiger Jahre kursieren mittlerweile sehr viele Versuche, das spezifische Moderne-Verständnis der Zeitgenossen begrifflich zu fassen. Neben der „Autochthonen Modernität" wären das bspw. die bereits erwähnte „Synthetische Moderne", im Modell von Carl Wege die „Gegen-" oder

technischen Themen von der gestiegenen Bereitschaft, genau diese Literatur staatlicherseits zu fördern, und diese Tendenz wiederum von der Vorstellung ab, „daß deutsche Technik und deutscher Erfindergeist Schrittmacher eines neuen Zeitalters seien."[29] Diese Anordnung in Reihe geschalteter Elemente ist einerseits triftig, andererseits erfasst sie die Komplexität der zeitgenössischen Literaturdebatte natürlich erst einmal nur unvollständig. Zwar lässt sich institutionell sehr wohl ein wuchtiges Förderungsprogramm ausmachen, über das ein spezifisches „Schrifttum zum Vierjahresplan" zuerst konstruiert und sogleich auch intensiv protegiert wurde[30], wogegen „linke", weniger technokratische Sach- und Industrieliteratur systematische Unterdrückung erfuhr[31] und ihre Vertreter dementsprechend eine geringere Reichweite hatten als die Autoren des rechten Spektrums. Innerhalb der neuen Sparte, die ihrerseits bereits deutlich querliegend zu den übrigen „Schrifttums"-Klassen und entsprechend gattungsübergreifend konzipiert wird[32], drückt sich eine Tendenz aus, technischen Welt- und Geschichtsdeutungen medial übergreifend wachsenden Raum zuzugestehen, allerdings auch, sie als gesondert und spezifisch auszuweisen und vom übrigen „Schrifttum" abzugrenzen. Zusätzlich zur neuen Kategorie innerhalb bestehender Organe gab es mit Einsatz des Vierjahresplans noch diverse weitere Propagandaaktionen zu seiner

„Nach-Moderne" (Wege: *Buchstabe und Maschine*. S. 131) sowie die schon länger verwendete Bezeichnung „Klassische Moderne". Die vorliegende Studie bezieht ihren Standpunkt zwischen Baßler und den Entwürfen zur „Synthetischen Moderne", deren Attribut stets großgeschrieben wird, um Verwechslungen mit dem chemisch-ideologischen Phantasma, das hier untersucht werden soll und das kleingeschrieben und in einfache Anführungszeichen gesetzt wird, zu vermeiden.

29 Graeb-Könneker: *Autochthone Modernität*. S. 129.

30 Vgl. hierzu und zu weiteren übergeordneten Maßnahmen (etwa dem starken Ausbau des Volksbüchereiwesens von 1933 bis 1938 von 6.000 auf 10.000 Bibliotheken) ebd., S. 131 sowie Lange: *Literatur des technokratischen Bewußtseins*. S. 70f. Der Begriff „Schrifttum zum Vierjahresplan" findet nicht erst, wie Lange angibt, mit der Ausgabe vom April 1937 als eigene Rubrik Eingang in die *Nationalsozialistische Bibliographie* (NSB), sondern ist mindestens für den gesamten Jahrgang 1937 vorhanden, wird allerdings als Rubrik ab Juni aufgrund einer „ungeheuren Flut" an Publikationen separat geführt. Vgl. *Nationalsozialistische Bibliographie. Monatshefte der Parteiamtlichen Prüfungskommission zum Schutz des NS-Schrifttums* 2 (1937), H. 6 (Juni). S. 69.

31 Vgl. hierzu Lange: *Literatur des technokratischen Bewußtseins*. S. 65.

32 Die anderen Rubriken der NSB heißen „Bücher", „Aufsätze aus Zeitschriften und Sammelwerken", „Aufsätze aus Wochen- und Tageszeitungen" und „Reden" und bilden also interessanterweise bis zum Vierjahresplan eine rein medienspezifische Klassifizierung ohne thematische Rücksichten. Das „Schrifttum zum Vierjahresplan" ist, was die Rubriken mit Aufsätzen und Reden angeht, als „Absorbtionsort" der in die Themen-Kategorie passenden Texte angelegt. Die Kategorie „Bücher" bleibt davon unberührt; hier taucht dann bspw. auch Schenzingers *Anilin* auf (vgl. NSB 9/1937, S. 11).

Popularisierung, etwa die Gründung der Zeitschriften *Der Vierjahresplan* 1936 und im Jahr darauf *Das deutsche Fachschrifttum*, mit der die Ausdifferenzierung dessen, was heute als Sachbuch bezeichnet wird, eine institutionelle Repräsentation erfuhr. Graeb-Könneker berichtet in seiner Studie noch von einer jährlich stattfindenden großen Werbeaktion mit einem thematischen Schwerpunkt auf dem Vierjahresplan, die explizit den Anspruch verfolgte, den „schaffende[n] Mensch[en] […] ständig zu besseren Leistungen"[33] anzuspornen. Zusätzlich gab es eine mobile Wanderausstellung, bei der große Lastkraftwagen mit ausklappbaren Räumen neben den Metropolen auch kleine und mittelgroße Städte besuchten und die Ausstellung *Der Vierjahresplan* zeigten, sowie Material zur Integration des Wirtschaftsprogramms in den Schulunterricht.[34]

Insgesamt war die NS-Literaturpolitik keineswegs so einförmig, wie mit Blick auf einen gleichgeschalteten Staat und einzelne seiner Maßnahmen intuitiv angenommen werden kann. Ein Beispiel hierfür ist die zentrale Opposition zwischen dem sogenannten „Amt Rosenberg"[35] und der von Propagandaminister Goebbels geleiteten Reichsschrifttumskammer. Graeb-Könneker macht insgesamt vier verschiedene Strukturen der NS-Literaturförderungspolitik aus. Neben dem „Amt Rosenberg", seiner Schrifttumsabteilung und den verschiedenen Stellen des Propagandaministeriums und der ihm angegliederten Reichsschrifttumskammer sind das weiterhin die *Reichsstelle für volkstümliches Büchereiwesen*, die dem Reichsministerium für Wissenschaft, Erziehung und Volksbildung von Bernhard Rust unterstand, und die *Parteiamtliche Prüfungskommission zum Schutze des nationalsozialistischen Schrifttums* (PPK) unter der Leitung von Reichskanzleichef Philipp Bouhler, die auch die Nationalsozialistische Bibliographie herausgab, welche also nur *ein* Weg zur Kanalisierung und Lenkung der Literaturdistribution war.[36]

---

33 Graeb-Könneker: *Autochthone Modernität*. S. 133.

34 Vgl. Joseph Hartmann: *Der Vierjahresplan im Schulunterricht. Eine Stoffdarbietung für den Unterricht*. Osterwieck 1937. Die Didaktisierung erfolgte vornehmlich über die ‚natürlichen' Ausgangsstoffe Milch, Holz und Kohle. Vgl. bspw. das Schaubild „Von der Milch zum Schuhlöffel" (ebd., S. 66).

35 Der vollständige Titel von Alfred Rosenbergs Position war *Beauftragter des Führers für die Überwachung der gesamten geistigen und weltanschaulichen Schulung und Erziehung der NSDAP* (paradox abgekürzt mit DBFU = Der Beauftragte des Führers). Die Einrichtung der entsprechenden Behörde ging mit Rosenbergs Ernennung 1934 einher.

36 Vgl. Graeb-Könneker: *Autochthone Modernität*. S. 83f. Alle diese Stellen verfügten zudem über meist mehrere Propagandaorgane. In der von Graeb-Könneker herausgegebenen Dokumentation zur Literatur im NS-Staat wird zusätzlich der Einflussbereich von Heinrich Himmler als Reichsführer SS und Chef der deutschen Polizei im Reichsministerium des Innern angeführt, der sich hauptsächlich auf polizeiliche und

Diese Stellen positionierten sich zum Teil sehr unterschiedlich, etwa in der Frage nach dem Stellenwert von Unterhaltungsliteratur. Die dahingehende Opposition der wichtigsten Institutionen fasst Baßler salopp zusammen: „grob gesagt: im Goebbels-Umfeld ok, im Rosenberg-Umfeld nicht"[37].

Die ‚Technik' wird also institutionell durch die Einrichtung ihr zugewiesener Bereiche forciert als eigenständig repräsentiert und ihre Inhalte werden aus den Kategorien, in denen sie zuvor, etwa nach Publikationsarten geordnet, eingruppiert waren, ausgesondert. Gleichzeitig signalisieren die Materialien inhaltlich und durch die Breite des Adressatenfeldes eine weitgehende Durchdringungsabsicht aller gesellschaftlichen Bereiche und setzen damit einen Trend fort, der um die Mitte des 19. Jahrhunderts mit der Professionalisierung der Technikwissenschaften einsetzt, von dort über die Ausbildung des neuen Berufsstands der Ingenieure und die fortgesetzte Nobilitierung technischen ‚Wissens' zu Beginn des 20. Jahrhunderts führt und die Technik schließlich, auch mit Unterstützung der hier untersuchten Texte, in den „Rang eines ‚abendländischen Kulturguts'"[38] aufsteigen lässt.[39]

Trotz einer zunehmend renommierten Position innerhalb jener neuen technikaffinen Ordnung sah etwa die Gruppe der Ingenieure sich auch nach ihrem Aufstieg in die Position von „Hauptträgern der gesellschaftlichen Entwicklung" während des 19. Jahrhunderts von sozialer Diskriminierung betroffen.[40] Ein wichtiges Feld der Anerkennungsarbeit gegen diese selbstdiagnostizierte Marginalisierung bestand in dem Versuch, die Geschichte der eigenen Disziplin zu institutionalisieren (in Zeitschriften, Verbänden etc.), was seit der Jahrhundertwende verstärkt betrieben wurde.[41] Für die Zeit des Nationalsozialismus sieht die Forschung die Ingenieure dann in einem merkwürdigen Nicht-Spannungsverhältnis beziehungsweise konstatiert keinen wesentlichen Konflikt zwischen der (natürlich zu heuristischen Zwecken homogenisierten) Gruppe „der Ingenieure" und dem NS-Staat. Dieses Urteil

---

nachrichtendienstliche Tätigkeiten erstreckte. Vgl. Sebastian Graeb-Könneker (Hg.): *Literatur im Dritten Reich. Dokumente und Texte.* Stuttgart 2001. S. 62–67.

37 Moritz Baßler: *Deutsche Erzählprosa 1850–1950. Eine Geschichte literarischer Verfahren.* Berlin 2015. S. 381. Baßler verweist dabei auf die Studie von Christian Adam: *Lesen unter Hitler. Autoren, Bestseller, Leser im Dritten Reich.* Berlin 2010.

38 Wege: *Buchstabe und Maschine.* S. 85. Auch Graeb-Könneker sieht im Vierjahresplan und seiner Implementierung (1936–1938) den „Zeitraum benannt, in dem Bereiche wie Technik, wie Großstadt, wie Industrie und Ingenieurwesen offiziell für kulturell ‚salonfähig' erklärt werden." In: Graeb-Könneker: *Autochthone Modernität.* S. 135.

39 Vgl. zur Professionalisierung der Technikwissenschaften Paulitz: *Mann und Maschine.* S. 28ff.

40 Vgl. Troitzsch: *Technikgeschichte.* S. 216.

41 Vgl. ebd., S. 217.

wird zu einem Teil aus ebenjenen Akzeptanzbemühungen der Ingenieure erklärt, deren Forderungen im Nationalsozialismus weitgehend verwirklicht wurden[42], und zum anderen aus der Tendenz der Ingenieursgeschichtsschreibung, Technik als Phänomen in einem ideologiefreien Raum anzusiedeln.[43] Was dabei für „ideologiefrei" gehalten wurde, bedarf, neben der fehlschlagenden Schlussfolgerung, die Ingenieure wären für konkrete systemische Veränderungen ihrer Lebenswelt mehr oder weniger „blind" gewesen, aus heutiger Sicht freilich der Revision.[44]

Selbst die kursorische Sichtung von Ingenieursromanen aus den Jahrzehnten vor dem Vierjahresplan, etwa Robert Krafts *Die Nihilit-Expedition* (1908), in dem eine Gruppe deutscher Fahrradingenieure ins unerforschte australische Hinterland reist und dort ein isoliert existierendes Urvolk aufstöbert, das über das titelgebende Wundermetall verfügt, oder Kellermanns bereits erwähnter *Tunnel* sowie *Der Golfstrom* (beide 1913), ein anderer Klassiker des Genres von Hans Ludwig Rosegger, der die Umlenkung der Meeresströmung an die nordamerikanische Ostküste und die anschließende Vereisung Europas behandelt, zeigen, dass die Romane sehr wohl über verinnerlichte und ihre Handlung, wie auch die Erzählverfahren, entscheidend prägende ideologische Fundamente verfügen.[45] Das Handlungsfeld des Ingenieurs, der um den Ersten Weltkrieg zunehmend die Rolle des international agierenden Diplomaten einzunehmen scheint, wird mehr und mehr die Geopolitik. Dort, darauf weist Andy Hahnemann in seiner Studie hin,

---

42 Vgl. ebd., S. 218. Troitzsch verweist hier auf Karl Heinz Ludwigs einschlägige Studie *Technik und Ingenieure im Dritten Reich* (1974). Ludwig wiederum weist darauf hin, dass der Großteil der Ingenieure sich nicht ausdrücklich zum NS bekannte, sondern spricht eher von einem Einverstandensein und Zur-Verfügung-Stehen gegenüber dem Regime.

43 Dieses Urteil fällt auch Lange: *Literatur des technokratischen Bewußtseins*. S. 59.

44 Vgl. hierzu Paulitz: *Mann und Maschine*, bspw. S. 129–140 zu hegemonialer Männlichkeit und essenzialistischen Konzepten bei den sogenannten „Manganisten". Eher für die These politischer Naivität argumentiert Stefan Willeke, etwa am Beispiel der *Technokratischen Union*, der er im Versuch, ihre Standpunkte zu politisieren, „mangelnde[] inhaltliche[] Präzision und fehlende[n] politischen Spürsinn" attestiert. Die *Union* wird 1933 verboten und viele ihrer Mitglieder gehen in die *Deutsche Technokratische Gesellschaft* über. Eins der prominenteren Mitglieder war Heinrich Hardensett, dessen Dissertation *Der kapitalistische und der technische Mensch* (1932) zu den wichtigen Programmschriften des Typus des arrivierten ‚deutschen Ingenieurs' gehört. Vgl. Stefan Willeke: *Die Technokratiebewegung in Nordamerika und Deutschland zwischen den Weltkriegen. Eine vergleichende Analyse*. Frankfurt/Main u.a. 1995. S. 195 zur *Technokratischen Union* sowie zu Hardensett S. 176ff.

45 Vgl. bspw. Roland Innerhofer: *Deutsche Science Fiction 1870–1914. Rekonstruktion und Analyse der Anfänge einer Gattung*. Wien u.a. 1996. S. 364f.

> [werden] Fragen des Politischen zunehmend eng geführt mit Fragen der Technik. Deutlicher als zuvor liegt die politische Hoffnung auf den Technikern, ihren Erfindungen und ihren Leistungen zum Wohle des Vaterlandes. Der Ingenieur geht als Held in Serie und ersetzt flächendeckend das, was vor 1914 die deutsche Diplomatie und Flotte zu leisten hatte, nämlich die Repräsentanz und Handlungsfähigkeit Deutschlands in der Welt.[46]

Der gleichzeitige Befund, dass die Romane und Sachtexte sich oft den Anschein der „Unvoreingenommenheit" oder gar „Naivität" zu geben versuchen, verstärkt, beim Wort genommen, nur die Erkenntnis, dass „die Ingenieure" selbst permanent Ideologie produzieren, und sei es in der performativ paradoxen Form, wenn sie behaupten, es ausdrücklich nicht zu tun.[47] Diese Gemengelage macht sie, in Selbstwahrnehmung und diskursiver Verortung merkwürdig gespalten, schließlich auch für die vor dem Nationalsozialismus breit geführte Debatte zur ‚Sachlichkeit' anschlussfähig, wo der ideologische Gehalt von Quellen und ein potenziell objektivistischer Dokumentarismus rege diskutiert werden.[48]

Studien, die sich der im Untersuchungszeitraum erschienenen Literatur mit thematischem Bezug zum Vierjahresplan nähern, halten es häufig für unproblematisch, die Romane als Reflex einer veränderten politischen Situation zu werten und also unhinterfragt die Vorgängigkeit des Politischen (und damit „Zeitgeschichtlichen") vor dem „Kulturellen" (also hier der

---

46 Hahnemann: *Texturen des Globalen*. S. 164.

47 Ein Beispiel, auf das auch Troitzsch (*Technikgeschichte*. S. 225f.) hinweist, wäre etwa Richard Grüns *Wir und die Technik*. Berlin u.a. 1942, wo es beim Nachdenken über Waben bauende Bienen und Netze bauende Spinnen heißt: „Unsere Bewunderung geht vom einzelnen – das nichts bedeutet – zum großen, zum Prinzip, durch welches das einzelne so wurde, damit das ganze nicht stirbt. Staunend erkennen wir auch hier, daß im kleinen und großen ein Wort gilt, das uns jetzt Religion geworden ist: Gemeinnutz geht vor Eigennutz. Die Natur duldet auch unzweckmäßiges Handeln des einzelnen, an dem der einzelne zugrunde geht, wenn nur die große Linie gewahrt wird. Der Einhaltung dieser Linie opfert sie bedenkenlos das Individuum zum Wohl des Ganzen." (S. 36) Stellen wie diese lassen sich gut gegen die Einleitung des Buchs lesen, in der in betont unbekümmertem Gestus, am Weihnachtsabend, wenn „[d]ie Buben schlafen", das Projekt angegangen wird, „einmal all das auf[zuschreiben] von der Technik, was ich weiß, wie sie wurde und was sie ist […] ganz einfach so Gedanken, wie man sie sich macht, wenn man in stillen Tagen über etwas nachgrübelt, über all das Neue, das in den letzten hundert Jahren in die Welt gekommen ist." (S. 10)

48 Vgl. Martin Lindner: *Leben in der Krise. Zeitromane der neuen Sachlichkeit und die intellektuelle Mentalität der klassischen Moderne*. Stuttgart, Weimar 1994. S. 2 sowie zum Dokumentarismus der ‚Neuen Sachlichkeit' und seinem Verhältnis zu Ideologie Matthias Uecker: *Wirklichkeit und Literatur. Strategien dokumentarischen Schreibens in der Weimarer Republik*. Bern u.a. 2007. S. 349f.

Literaturgeschichte) zu postulieren.[49] Einzelne literatur- und kulturwissenschaftliche Beiträge relativieren diese Befunde inzwischen und weisen auf die Möglichkeit hin, auch Werke des „Schrifttums zum Vierjahresplan“ in diachrone literaturgeschichtliche Modelle einzuordnen[50] beziehungsweise auf eine generelle weitgehende Autonomie des Literatursystems vom direkten Einfluss politischer Zäsuren.[51] Inzwischen hat sich die Ansicht recht gut etabliert, dass die Literatur zu Zeiten des Nationalsozialismus keine radikale Abwendung von vorangegangenen Strömungen vollzieht, die als „Moderne“ zusammengefasst werden können und von denen Walter Delabar sagt, sie hätten um 1933 „den gesamten gesellschaftlichen und kulturellen Referenzraum imprägniert“[52]. Gleichzeitig legen die entsprechenden Ansätze häufig dennoch recht viel Wert auf eindeutige und wenig abgestufte Etikettierungen des Nationalsozialismus als „modern“ beziehungsweise „nicht-modern“[53] und betrachten die Texte der

---

49 Der enge Blick aus der Technikgeschichte verkennt leicht den simplen Befund, dass viele Bestseller-Autor_innen zwischen 1933 und 1945 auch bereits in der Weimarer Republik hohe Auflagen erzielten. Lange nennt in diesem Zusammenhang Hans Carossa, Hans Grimm, Edwin Erich Dwinger, Hermann Stehr und Werner Beumelburg, weist aber auch auf die zur NS-Zeit verbotenen, vorher vielgelesenen Werke von Remarque und Joseph Roth hin. Vgl. Lange: *Literatur des technokratischen Bewußtseins*. S. 69. Für Graeb-Könnekers Studie gilt dieser Vorwurf nur sehr bedingt, da die Einschränkung auf im NS geförderte Literatur nachvollziehbar reflektiert wird.

50 Sehr kurz macht das etwa Brandt: *Der deutsche Zukunftsroman*. S. 79.

51 So bspw. Gustav Frank & Stefan Scherer: „Textur der Synthetischen Moderne (1925–1955) (Döblin, Lampe, Fallada, Langgässer, Koeppen)“. In: Moritz Baßler, Hubert Roland & Jörg Schuster (Hg.): *Poetologien deutschsprachiger Literatur 1930–1960. Kontinuitäten jenseits des Politischen.* Berlin, Boston 2016. S. 77–104, bzw. Gustav Frank, Rachel Palfreyman & Stefan Scherer: „‚Modern Times‘? Eine Epochenkonstruktion der Kultur im mittleren 20. Jahrhundert. Skizze eines Forschungsprogramms“. In: Dies. (Hg.): *Modern Times? German Literature and Arts Beyond Political Chronologies. Kontinuitäten der Kultur 1925–1955*. Bielefeld 2005. S. 387–446.

52 Walter Delabar: „Zur Dialektik des Modernen in der Literatur im Dritten Reich“. In: Sabina Becker & Helmuth Kiesel (Hg.): *Literarische Moderne. Begriff und Phänomen*. Berlin 2007. S. 383–402, hier S. 384.

53 Vgl. Graeb-Könneker: *Autochthone Modernität*, insb. Kap. I.1 und I.2, wo diese Debatte detailliert nachvollzogen und für „*divergierende*[] Formen von Modernität“ (S. 35, Herv. im Orig.) plädiert wird. Einen Anstoß für die Diskussion lieferten u.a Rainer Zitelmanns Hitler-Biographie (*Hitler. Selbstverständnis eines Revolutionärs*. Hamburg u.a. 1987), Jost Hermand (*Der alte Traum vom neuen Reich*. Frankfurt/Main 1988) und mehr noch Uwe-K. Ketelsen (*Literatur und Drittes Reich*. Schernfeld 1992) und provozierten weitere einflussreiche Untersuchungen (genannt sei nur noch der für die vorliegende Untersuchung, vor allem zur Abgrenzung, wichtige Ansatz von Russell A. Berman: *Enlightenment or Empire. Colonial Discourse in German Culture*. Lincoln 1998). Für

Zeit recht selten mit einem differenzierten Blick auf ihre literarischen Verfahren, sondern „vor allem nach inhaltlichen und politischen Kriterien"[54].

Dass es Beziehungen zwischen Politik und Literatur wohl gibt, will die vorliegende Untersuchung nicht bestreiten, sondern im Gegenteil durch einen differenzierteren Blick auf die Einordnung dieser im Zeitraum von vier Jahren verdichtet erscheinenden Bücher sowie auf ihre historische Situation und das publizistische Umfeld, den Blick für drei Aspekte schärfen. Es soll 1) gezeigt werden, dass auch die in den Büchern reproduzierte Ideologie historisch ist und, wie auch der Nationalsozialismus, nicht als knopfdruckartiger Effekt verstanden werden kann, der mit seinem Eintreten in die Position nationalstaatlicher Herrschaftsausübung sofort kulturelle Artefakte nach den eigenen, bisher nicht repräsentierten Mustern hervorbringt, sondern sich aus vorgängigen diskursiven Konstellationen speist, systemisch angelegte Debatten intensiviert, weiterführt, abzubrechen versucht und dabei neu auf Vorder- und Hintergrund von gesellschaftlicher, politischer und künstlerischer Aufmerksamkeit verteilt.

2) soll in Anlehnung an einen Forschungsstrang, der auf der Betonung eigener Prozessdynamiken der Literaturgeschichte besteht und sich gegen vorschnelle Übertragungen vermeintlicher zeitgeschichtlicher Effekte auf die Literatur ausspricht[55], ein Fall von auf den ersten Blick erstaunlicher

---

die gespaltene Bewertung des NS-Staats als „technisch modern" und „politisch nicht modern" vgl. weiterhin mit Verweis auf die einschlägige Studie von Rolf-Peter Sieferle (*Die konservative Revolution*. Frankfurt/Main 1995) Wege: *Buchstabe und Maschine*. S. 73f. Für die spezifische Spaltung der Populärkultur im NS vgl. nach wie vor Hans Dieter Schäfer: *Das gespaltene Bewußtsein. Vom Dritten Reich bis zu den langen Fünfziger Jahren*. Göttingen 2009 [zuerst mit dem Untertitel *Über deutsche Kultur und Lebenswirklichkeit 1933–1945*. München 1981].

54 Moritz Baßler, Hubert Roland & Jörg Schuster: „Kontinuitäten und Diskontinuitäten literarischer Verfahren von 1930 bis 1960". In: Dies. (Hg.): *Poetologien deutschsprachiger Literatur 1930–1960. Kontinuitäten jenseits des Politischen*. Berlin, Boston 2016. S. 1–14, hier S. 1f.

55 Vgl. etwa Wilhelm Haefs: „Einleitung". In: Ders. (Hg.): *Hansers Sozialgeschichte der Literatur*. Bd. 9: *Nationalsozialismus und Exil 1933–1945*. München, Wien 2009. S. 7–52, hier S. 17: „Einzig der traditionelle literarhistorische Hang zur Periodisierungen hat bisher verhindert, daß die vermeintlichen Epochenzäsuren von 1933 und 1945 aufgelöst und in ein Kontinuitätsmodell überführt, daß die historischen Entwicklungen angemessen erfaßt und strukturiert werden. Die Evidenz pragmatischer politischer Epochenzäsuren für die Literatur erweist sich weitgehend als obsolet." Jener „Hang", von dem Haefs spricht, drückt sich im Titel des Bandes performativ selbst noch aus. Die Forschungsdebatte geben Baßler u.a. zusammenfassend wieder. Vgl. Baßler, Roland, Schuster: *Kontinuitäten und Diskontinuitäten*. Neben den Beiträgen im von Baßler u.a. herausgegebenen Sammelband

Koinzidenz von politischen Maßnahmen und einem zeitgleichen, und scheinbar mit der Politik synchronisierten, populärliterarischen Produktionsschub zur Überprüfung und Schärfung des Modells einer autonomen Literaturgeschichte untersucht werden.

Und 3) soll, da die Politik im Zusammenhang mit den hier behandelten Büchern notwendig eine Rolle spielt, das Verhältnis zwischen (vermeintlich) „politischer Literatur" und Politik nicht kurzschlüssig als simpel, linear und identitär verstanden, sondern vielmehr vermutet werden, dass auch hier die Populärliteratur eigene Verschiebungen, Varianten und Kommentare des und zum Politischen liefert. Dies kann nur mit einem differenzierten Blick auf die literarischen Verfahren der Texte über ihre thematischen Setzungen und die politisch-ideologischen Bedingungen ihrer Entstehung hinaus gelingen.[56] Nur so lässt sich zeigen, dass ideologische Strukturen sich nicht allein in Inhalt und Plot der Texte „widerspiegeln", sondern, dass populäre Vorstellungen von ‚Synthese' die Bücher auch auf einer tieferen Ebene strukturieren, die nicht mehr explizit von ‚Wissenschaft' und ‚Fortschritt' spricht und so der Bezug zur ideellen Sphäre über den Vierjahresplan hinaus und zu dem aufrecht erhalten wird, was im Folgenden „synthetischer Kolonialismus" genannt werden soll.[57] Die Synthese wird dabei als politischer Begriff entdeckt, der von seiner chemisch-technischen Grundbedeutung her in die Lage versetzt wird, als Strukturgröße auch Aushandlungsprozesse auf gesellschaftlicher Ebene anzuleiten und beispielsweise auf das Konzept der „Volksgemeinschaft" übertragen zu werden.[58] Wichtig bleibt dabei, dass diese Texte *zwischen* Roman und Sachbuch, auch wenn es sich bei ihren Autoren teilweise um Ingenieure oder Ärzte handelt, eben nicht von ausgewiesenen Fachleuten für ihresgleichen verfasst wurden und darum zunächst als Popularisierungen von naturwissenschaftlichem ‚Wissen' angesehen werden müssen, die nicht auf lineare und vollständige Adaption wissenschaftlicher und politischer Inhalte verpflichtet und

---

und Baßlers weiteren Arbeiten zu diesem Problem sei noch auf zwei Bände hingewiesen: Frank, Palfreyman & Scherer (Hg.): *Modern Times? German Literature and Arts Beyond Political Chronologies* sowie Stephen Parker u.a.: *The Modern Restoration. Re-thinking German Literary History 1930–1960*. Berlin, Boston 2004.

56 Vgl. Baßler, Roland & Schuster: *Kontinuitäten und Diskontinuitäten*. S. 7.

57 Die Wissenschaftsgeschichte beklagt im Zusammenhang mit der NS-Chemie punktuell ebenfalls ein Übergewicht der Analyse von Oberflächenphänomenen, etwa der politischen Einlassungen der I.G. Farben auf Kosten einer Erforschung der mentalen Dispositionen der Chemie der Zeit. Vgl. Bechstedt: *‚Gestalthafte Atomlehre'*. S. 143.

58 Vgl. Dirk van Laak: *Imperiale Infrastruktur. Deutsche Planungen für eine Erschließung Afrikas 1880–1960*. Paderborn u.a. 2004. S. 275f.

zu eigenen Akzentuierungen zwischen Fiktionalisierung und Faktualität[59] in der Lage sind.[60]

Synthese als „Leitidee"

Das Konzept der ‚Synthese' in seinen mannigfaltigen, eigentlichen und metaphorischen Bedeutungen, liefert für die Rekonstruktion der Formationen, in die sich diskursive Prozesse um das Verhältnis von ‚Eigenem' und ‚Anderem' zwischen etwa 1920 und der Mitte der Fünfziger Jahre einlassen, einen wichtigen, bisher nur am Rand beachteten Kristallisationspunkt. Sie, die ‚Synthese', steuert zentral das Wissensgefüge der Zeit, sofern es sich um die Aushandlung eines neuen epistemischen Feldes nicht nur zwischen ‚Eigenem' und ‚Anderem', auch zwischen ‚Innen' und ‚Außen', ‚Leben' und ‚Nicht-Leben' sowie ferner ‚Echtem' und ‚Künstlichem' kümmert. Die organische Chemie, aus der alle wichtigen Syntheseprodukte hervorgehen, stellt die disziplinären Orientierungsgrößen bereit, ein wissenschaftliches Bild- und Aussagenreservoir, das durch Migrationsbewegungen ins Feld des Politischen, wozu hier auch die Populärkultur zählen soll, neue Anwendungsbereiche erschließt, die die Wissenschaft als eminent ideologische Sphäre sichtbar werden lassen, dort aber auch mit „einheimischen" Verfahren verhandelt. So entsteht der von Oels beschriebene „Grenzkontakt", bei dem Techniken und Inhalte aus dem einen Bereich im anderen reflektiert, übernommen, verworfen oder umgestaltet werden können[61], ohne bestehende Widersprüche zu beseitigen, aber mit der Option, es zumindest dem Anschein nach zu tun.[62]

---

59 Vgl. bspw. Meike Herrmann: „Fiktionalität gegen den Strich lesen. Was kann die Fiktionstheorie zu einer Poetik des Sachbuchs beitragen?". In: *Arbeitsblätter für die Sachbuchforschung* 7 (2005). S. 12. Digital verfügbar unter: https://edoc.hu-berlin.de/bitstream/handle/18452/6142/7.pdf (zuletzt abgerufen am 10.9.2021).

60 David Oels spricht von einer Grenzüberschreitung zwischen Literatur und Wissen, die popularisierende Literatur gerade nicht leistet und plädiert darum für ein Konzept des Tourismus als einer „Beobachtung und Beachtung" jener Grenze. Vgl. David Oels: „Wissen und Unterhaltung im Sachbuch. Oder: Warum es keine germanistische Sachbuchforschung gibt und wie eine solche aussehen könnte". In: *Zeitschrift für Germanistik* 15 (2005), H. 1. S. 8–27. Hier zit. n. *Arbeitsblätter für die Sachbuchforschung* 1 (2005), S. 19. Digital verfügbar unter: https://edoc.hu-berlin.de/bitstream/handle/18452/6136/1.pdf (zuletzt abgerufen am 10.9.2021).

61 Zur Grenze als Ort der Bedeutungsproduktion vgl. Erika Thomalla, Carlos Spoerhase & Steffen Martus: „Werke in Relationen. Netzwerktheoretische Ansätze in der Literaturwissenschaft". In: *Zeitschrift für Germanistik* 29 (2019), H. 1. S. 7–23, hier S. 11.

62 Vgl. Jürgen Link: *Elementare Literatur und generative Diskursanalyse*. München 1983. S. 13.

Anleitend für die folgenden Überlegungen sind unter anderem die Arbeiten zur Synthetischen Moderne von Gustav Frank und Stefan Scherer, deren noch nicht komplett ausgeführte Implikation, zwischen der Kunststoffproduktion ab den Zwanziger Jahren und der Romanproduktion der Zeit bestehe ein metonymischer Zusammenhang[63], beim Wort genommen werden soll. Während die Autoren ihre Thesen vor allem an literarischen Quellen entwickeln, die der „besseren“ Sorte von Unterhaltungskultur und mittlerweile dem Kanon der Neuen Sachlichkeit oder der Nachkriegsliteratur angehören[64], ist das Feld hier durch dezidiert populäres, von der Forschung eher vernachlässigtes und politisch bis auf wenige Ausnahmen mindestens fragwürdiges, zu Recht unkanonisches Material bestimmt.

Dass es sich bei der ‚Synthese‘ der Synthetischen Moderne nicht um dasselbe Konzept handelt, wie etwa in den Firmenbroschüren der I.G. Farben, liegt auf der Hand, sollte aber dennoch betont werden. Das spezifische ‚Synthese‘-Verständnis, das der Synthetischen Moderne zugrunde liegt, enthält, da das Modell sich im Aufbau befindet, noch einige Leerstellen. Grundsätzlich und verknappt besteht es darin, dass hier „Charakteristika der literarischen Moderne mit traditionellen und eingängigeren Verfahren auf neue Weise verschmelzen“[65], was für den Zeitraum von der Mitte der Zwanziger Jahre bis zur Mitte der Fünfziger Jahre relativ stabil gelte, sodass für die Literaturen dieser Zeit von „eine[r] gemeinsame[n] mentale[n] Disposition“[66] gesprochen werden könne, die eben „im Zeichen einer wie auch immer angestrebten Synthese“[67] stehe. Spätestens an dieser Stelle spaltet sich das ‚Synthese‘-Konzept bei den Autoren, 1) in die angestrebte literaturgeschichtliche Zusammenfügung mehrerer zuvor als distinkt wahrgenommener „Epochen“ und 2) das übergreifende Programm dieser neuen Formation.

Diese zweite ‚Synthese‘ besteht nun darin, dass die unterschiedlichen Verfahren der einzelnen Komponenten (Neue Sachlichkeit, Magischer Realismus etc.) über ihre gemeinsame Funktion zusammengehalten werden, „das Eindringen moderner Elemente, die Krisen auslösen, zu dokumentieren und qua

63 Frank & Scherer: *Textur der Synthetischen Moderne*. S. 103.

64 Vgl. hierzu den Titel des programmatischen Aufsatzes „Textur der Synthetischen Moderne (1925–1955) (Döblin, Lampe, Fallada, Langgässer, Koeppen)“. Zu ergänzen wäre aus anderen Publikationen der Autoren bspw. noch Vicki Baum, für die in etwas abgeschwächter Form das gleiche gilt: zeitgenössisch abseits des „Höhenkamms“ erfolgreich, mittlerweile als Repräsentantin ihrer „Epoche“ einigermaßen anerkannt.

65 Baßler, Roland & Schuster: *Kontinuitäten und Diskontinuitäten*. S. 5.

66 Frank & Scherer: *Textur der Synthetischen Moderne*. S. 102.

67 Ebd.

Verfahren literarisch zu bändigen."[68] Das ,Synthetische' liegt also in der aus dem Überblick über das heterogene Feld der deutschsprachigen Literatur zwischen 1925 und 1955 gewonnenen Erkenntnis, dass alle disparaten Stile und Erzählverfahren das Ziel verfolgen, „Ordnung zu retten"[69] sowie, dies verfahrenstechnisch nicht mehr in Form von „Überbietungsgesten durch artistische Neuerungen" zu tun, „sondern [...] als Epochendiagnosen im Resonanzraum der etablierten literarischen Möglichkeiten"[70].

Ein dritter, schlussfolgernder Bestandteil des ,Synthese'-Konzepts der Synthetischen Moderne wird schließlich gewissermaßen von den Texten selbst vollzogen, die nun beginnen, Verfahren über Medien- und „Epochen"-Grenzen hinweg zu ,synthetisieren', also bei „grundsätzlich mimetisch-illusionistischem Anspruch der Darstellung"[71] sich einerseits realistischen Verfahren verpflichtet sehen, darüber hinaus aber Elemente der Avantgarde, des Surrealismus und der Neuen Sachlichkeit miteinander kombinieren, um auf diese Weise „eine doppelte Wirklichkeit zu plausibilisieren, indem die zersplitterte und als solche (seit Rilkes *Malte* und Einsteins *Bebuquin*) nicht mehr überzeugend darstellbare Tatsachenwelt mit einem höheren Sinn enggeführt wird."[72] In einem expliziten Verweis auf Irmgard Keuns *Kunstseidenes Mädchen*, mit dem schließlich der metonymische Zusammenhang zwischen Kunststoff- und Romanproduktion der Zeit hergestellt wird, leisten die Autoren einerseits beiläufig die, begriffsgeschichtlich natürlich viel zu knappe, Abgrenzung zum Hegelschen Synthese-Begriff, und stellen andererseits die Verbindung zu Warenwelt und Anthropologie des untersuchten Zeitraums her:

> Synthesis wird hier aber nicht mehr im Sinne Hegels verstanden, sondern im Sinne der ,Modern Times', die Kunststoff herstellen wie eben die Bembergseide, die in Keuns Titel *Das kunstseidene Mädchen* (1932) metonymisch auf die Anthropologie übergreift: durch Verfahrenstechnik industriell aus Polymeren produziert und einer neuen Konsumkultur demokratisierend zum massenhaften Gebrauch verfügbar gemacht und so ihren charakteristischen Glanz verleihend.[73]

Jener metonymische Übergriff von industrieller Verfahrenstechnik und ihren Produkten auf literarische Verfahren und ihre Produkte soll in dieser Arbeit untersucht und grundlegend am Beispiel derjenigen Vertreter fundiert werden,

68 Ebd.
69 Ebd., S. 100.
70 Ebd., S. 102.
71 Ebd., S. 103.
72 Ebd., S. 104
73 Ebd., S. 103.

die nun explizit, und stärker noch als das *Kunstseidene Mädchen*, die Synthese selbst zum Thema machen und damit, als Gruppe von Texten[74] und Teil der Synthetischen Moderne, einen inhaltlich und zeitlich verdichteten Extremfall darstellen.

Um diese Konstellation plausibel zu beschreiben, bedarf es weiterer Vorannahmen. So wird davon ausgegangen, dass das Begehren nach einer „organischen Gemeinschaft", wie es Erhard Schütz der Diskussion der Zwanziger Jahre abliest[75], Widerhall in den Bestrebungen diverser Diskursteilnehmer findet, ihre Gegenstände, seien es menschliche Akteure, vor allem deren „Seele", aber auch ‚Stoffe' oder Deutschland als Ganzes, gegen ein feindliches Außen immunisierend abzudichten, was im Nationalsozialismus in der Idee eines von Feinden umringten „Volkskörpers" gipfelt.[76] Auf die Bücher und sonstigen Artefakte, die dieser Untersuchung zugrunde liegen, trifft diese Beobachtung ebenfalls zu. Sie sind damit Teil einer bei ihrem Auftritt bereits hochtourig laufenden Diskussion, die längst mit diversen Metaphern zur Beschreibung eines neuen Mensch/Technik-Verhältnisses arbeitet, etwa der Idee einer „Panzerung"[77] in verschiedenen Ausprägungen,

74 Die Bücher als Kollektiv zu verstehen, ist unter den gegebenen Bedingungen wichtig, da nicht jedes Buch alle Merkmale aufweist, über die eine Gruppe „Bücher mit Stoffbezug" definiert ist und weil die Bücher mit verschiedenen „Werkzeugen" an verschiedenen Stellen des recht großen Feldes arbeiten können. Vgl. hierzu wiederum Thomalla u.a.: *Werke in Relationen*. S. 13f. u. 18f. sowie grundlegend Bruno Latour: „Drawing Things Together. Die Macht der unveränderlich mobilen Elemente". In: Andréa Belliger & David J. Krieger (Hg.): *ANThology. Ein einführendes Handbuch zur Akteur-Netzwerk-Theorie*. Bielefeld 2006. S. 259–307.

75 Erhard Schütz: „Sach-Moderne. Zur Avantgardisierung und Entavantgardisierung des Faktionalen im erzählenden Sachbuch zwischen 1920 und 1950". In: Sabina Becker & Helmuth Kiesel (Hg.): *Literarische Moderne. Begriff und Phänomen*. Berlin 2007. S. 367–382, hier S. 370.

76 Vgl. Timm Ebner: *Nationalsozialistische Kolonialliteratur. Koloniale und antisemitische Verräterfiguren „hinter den Kulissen des Welttheaters"*. Paderborn 2017. S. 23: „Tatsächlich konnte die Erfahrung einer solchen ‚Gesellschaftsfamilie' nur über den *Kontrast einer feindlichen Umgebung* hergestellt werden. Dementsprechend werden nationalsozialistische Etymologien des Wortes ‚Volk' nicht müde, darauf hinzuweisen, dass seine ‚älteste Bedeutung [...] die der geschlossenen Kriegsschar, des Kriegsvolkes' ist. Gesellschaft als Familie ließ sich nur über eine feindliche Umgebung herstellen, jene paranoischen Landschaften des ‚Lebensraums'. Am ‚Heimlichsten' fühlt man sich umringt von Feinden [...]" (Herv. im Orig.).

77 Vgl. hierzu Wege: *Buchstabe und Maschine*. S. 118f.: „So gehen die Nationalrevolutionäre gleich einigen Romantikern des 19. Jahrhunderts davon aus, daß die ‚deutsche Seele' eines wehrhaften Panzers bedarf. Eine stählerne Schutzhaut und eine hochentwickelte Waffentechnik sollen das Innenleben vor Übergriffen fremder Mächte bewahren. Die Mittel, die die technische Zivilisation bereitstellt, werden in den Dienst genommen, um die Seele

als von außen montierter Schutz oder im Subjekt angelegte Haltung der „Kälte“[78] beziehungsweise „Habitus des Einverständnisses“[79]. Diese Konzepte implizieren zudem einen variablen Grad an „Durchdringung“, die vor dem Krieg etwa in Ernst Jüngers *Arbeiter* programmatisch verdichtet ist und später zum Beispiel in Benses Vorstellung einer „technischen Existenz“[80] nachklingt.

Paradigmen, die gemeinhin der Neuen Sachlichkeit zugeordnet werden, etwa das „Neue Sehen“, betreffen häufig die Veränderung wahrnehmungslogischer Verbindlichkeiten im Zuge von Beschleunigungs- und Technisierungserfahrungen, die angeblich von der verstärkten Präsenz audiovisueller Medien und den Paradigmenwechseln innerhalb der Physik angeleitet werden.[81] Sie sind dabei, wie zu zeigen sein wird, zusätzlich von Vorstellungen der organischen Chemie und ihren Synthesen gelenkt[82], die, ähnlich wie das quantenphysikalisch inspirierte Vordringen „in den mikrophysikalischen Bereich der Materie“[83], an diversen Moderationsbewegungen von Moderne-Effekten, bis hin zu einer Lockerung der Subjekt/Objekt-Grenze und der Entdeckung und ideologischen Indienststellung des Atomar-Unsichtbaren mitarbeiten.[84] Dies ist für die hier untersuchten Texte zentral und führt

---

gegen die negativen Auswirkungen ebendieser Zivilisation – allen voran gegen den ‚platten Rationalismus‘ – zu verteidigen.“ Wege sieht in dieser Bewegung im Folgenden die wesentliche Strategie zur Anverwandlung der Technik und ihrer Verwandlung in eine „Mitspielerin“ der Seele.

78 Vgl. zur „kalten Persona“, die eine Variante des „Panzers“ ist, umfassend Helmut Lethen: *Verhaltenslehren der Kälte. Lebensversuche zwischen den Kriegen*. Frankfurt/Main 1994, bspw. S. 64–68.

79 Helmut Lethen: „Neue Sachlichkeit“. In: Horst Albert Glaser (Hg.): *Deutsche Literatur. Eine Sozialgeschichte*. Bd. 9: *Weimarer Republik – Drittes Reich. Avantgardismus, Parteilichkeit, Exil 1918–1945*. Reinbek 1983. S. 168–179, hier S. 168.

80 Vgl. Gregor Streim: „‚Tempo – Zeit – Dauer‘. Zum phänomenologischen Technikdiskurs im ‚Dritten Reich‘“. In: Ders. & Erhard Schütz (Hg.): *Reflexe und Reflexionen von Modernität 1933–1945*. Bern u.a. 2002. S. 41–59, hier S. 41. Die Essaysammlung *Technische Existenz* von Max Bense erscheint 1949.

81 Vgl., mit Bezug auf Christoph Asendorf, Streim: *‚Tempo – Zeit – Dauer‘*. S. 47.

82 Der Akteurstatus der Chemie im handlungstheoretischen Sinn ist seinem Grad nach für den vorliegenden Fall diskutabel. Esther Leslie bspw. sieht sie, wie viele, eher der Ideologie passiv „ins Netz geraten“: „Chemistry was drawn into the ideological mesh, as popular science and company histories promoted the magical wonders of synthetic living.“ In: Esther Leslie: *Synthetic Worlds. Nature, Art and the Chemical Industry*. London 2005. S. 16.

83 Hier findet Streim Jüngers Konzept des „stereoskopischen Sehens“ vorbereitet. Vgl. Streim: *‚Tempo – Zeit – Dauer‘*. S. 46.

84 Dabei gibt es natürlich weitreichende systematische Unterschiede zwischen Physik und Chemie in ihrem Verhältnis zu den Bereichen jenseits des „unbewaffneten Auges“, selbstverständlich auch bereits in der zeitgenössischen Debatte. Vgl. dazu mit Verweis

literaturgeschichtlich zur Beobachtung verfahrenstechnischer Mischungsbereiche, etwa zwischen dem, was der Neuen Sachlichkeit und dem, was dem Magischen Realismus zugeordnet werden könnte.

Grundlegend für die folgenden Ausführungen wird die Annahme sein, dass sich diese Prozesse innerhalb des untersuchten Materials stets in einem Spannungsfeld zwischen den Sphären ‚Stoff' und ‚Raum' abspielen und dabei lebensideologisch grundiert sind[85], sodass von einem dreigliedrigen Modell ausgegangen wird, dessen Elemente von Text zu Text variabel zu verorten und in ihrem Verhältnis neu zu beschreiben sein werden. Das „Sehen" wird seinen ihm bisher von der Forschung zugewiesenen Platz im Kontext einer neusachlichen Wahrnehmungsprogrammatik behalten dürfen, vor allem aber als flottierendes Paradigma eines kulturellen Imaginären in den Realismen der NS-Literatur auftauchen und dabei selbst *sicht*bar werden als eingespannt in die Durchsetzung einer ‚Weltan*schau*ung'[86], welche die verschiedenen Texte als lebensideologische Merkmalsmenge grundiert und die Überlagerungen und Beziehungen zwischen ‚Leben', ‚Stoff' und ‚Raum' beschreibbar macht.[87] Ebner betont, dass der Begriff der ‚Weltanschauung'

auf Karl Lothar Wolfs seit 1941 zirkulierendes, 2005 zuletzt neu aufgelegtes Standardwerk *Theoretische Chemie* Bechstedt: ‚*Gestalthafte Atomlehre*'. S. 154: „Während die Physik in den ‚weniger gestalteten'; d.h. den subatomaren Bereich vorstößt, beginnt die Chemie dort, ‚wo die Substanz in den Gestalten der Atome der elementaren Stoffe sich ausprägt', umfaßt Gestalteinheiten höherer Ordnung, die Moleküle, sowie die chemischen Stoffe (die zu wägbaren Mengen zusammengelagerten Moleküle gleicher Art) und endet bei der höheren Gestalteinheit des Lebens." (Zitate im Zitat aus der 2005 erschienenen 5. Auflage des Buchs von K. L. Wolf.)

85 Für die bereits vorbereitete Verbindung von ‚Technik' und ‚Leben' vgl. Wege: *Buchstabe und Maschine*. S. 115ff.

86 Vgl. zum Begriff der ‚Weltanschauungsliteratur' grundlegend Horst Thomé: „Weltanschauungsliteratur. Vorüberlegungen zu Funktion und Texttyp". In: Lutz Danneberg & Friedrich Vollhardt (Hg.): *Wissen in Literatur im 19. Jahrhundert*. Tübingen 2002. S. 338–380.

87 Darauf weist auch Hahnemann für die geopolitischen Texte seiner Untersuchung hin: „Man kann der Zukunftsliteratur der Zeit kaum gerecht werden, wenn man nicht die extreme Nähe der räumlichen, politischen und technischen Motive zueinander als gattungsbestimmende Konstellation voraussetzt. Eine gelungene Erfindung ist (fast) immer auch ein Akt der Politik, der wiederum vor allem darin besteht, eine spezifische Topografie zu entwickeln." In: Hahnemann: *Texturen des Globalen*. S. 150. ‚Raum', ‚Politik' und ‚Technik' werden auch, mit leichter Akzentverschiebung (weniger ‚Politik', eher ‚Leben' und weniger ‚Technik', eher ‚Stoff') in dieser Untersuchung als Arbeitsfelder der Bücher wiederkehren.

> auf eine *unmittelbare, immediate Immersion* ab[zielt], das heißt auf ein unmittelbares ‚Eintauchen' in eine ‚universale' Vorstellungswelt. Dem Anspruch nach sollte die Gesellschaft bis hinunter zu jener intimsten Vorstellungswelt, der Wahrnehmung, durch eine einheitliche Vorstellungswelt verschmolzen werden.[88]

Dieser Bezug von ‚Weltanschauung' und ‚Wahrnehmung', der die Text gewordenen Ideologeme als Phantasmen kenntlich macht, wird für die folgenden Untersuchungen wichtig und leitend sein. ‚Wahrnehmung' wird im Zuge der Propaganda zum Vierjahresplan und innerhalb der Texte des dazugehörigen „Schrifttums" noch einmal forciert ideologisiert und jetzt als „wirklich Neues Sehen", freilich ohne dieses Etikett offiziell zu erhalten, für die Erkenntnis der ‚Synthese' als Teil des „Neuen Deutschland" an den Start gebracht. Die Romane, Jahrbücher und Ausstellungen sind von dieser Warte als „Trainingsprogramm" einer neuen Wahrnehmungsordnung zu verstehen, mit dem eine Erkenntnis des durch die synthetischen Stoffe hervorgebrachten neuen eigenen Raums ‚Deutschland' eingeübt wird.

In Anlehnung an Hahnemanns Studie über die geopolitischen Texturen der Literatur der Zwischenkriegszeit gilt auch hier, dass die Analyse der ausgewählten Gruppe von Texten nicht das Ziel verfolgt, eine gesellschaftliche ‚Realität' zu rekonstruieren. Stattdessen sollen die populären Texte, Propagandamaterialien und Firmenschriften innerhalb eines ‚kulturellen Archivs' verortet werden[89], „das die Bilderwelten und Redewelten bereitstellt, mit denen ein Verständnis globaler Vorgänge erreicht werden sollte."[90] Diagnostiziert Hahnemann, dass „[d]as Denken und Schreiben über die Welt [...] in den 20er und 30er Jahren ganz wesentlich ein *geopolitisches* Denken und Schreiben [war]"[91], wird hier ergänzend die These aufgestellt, dass es ab den mittleren Dreißiger Jahren als geopolitisches zugleich ein *synthetisches*

88 Ebner: *Nationalsozialistische Kolonialliteratur*. S. 24 (Herv. im Orig.).

89 Die Denomination von ‚weltgeschichtlicher Realität' und ‚kulturellem Archiv' kommt von Hahnemann. Vgl. Hahnemann: *Texturen des Globalen*. S. 10. Eine ähnliche Abgrenzung nimmt Graeb-Könneker vor, wenn er erklärt, „nur von einer intendierten Modernität" sprechen zu können und nur am Rande davon, „[i]nwieweit sie realisiert wurde". Vgl. Graeb-Könneker: *Autochthone Modernität*. S. 57. Ein ebensolches Programm gibt Birthe Kundrus für die Beiträge eines von ihr herausgegebenen Sammelbandes aus. Vgl. Birthe Kundrus: „Die Kolonien – ‚Kinder des Gefühls und der Phantasie'". In: Dies. (Hg.): *Phantasiereiche. Zur Kulturgeschichte des deutschen Kolonialismus*. Frankfurt/Main 2003. S. 7–18, hier S. 8.

90 Hahnemann: *Texturen des Globalen*. S. 150.

91 Ebd. (Herv. im Orig.)

Denken und Schreiben ist. Der globale Raum, den die von Hahnemann untersuchten Texte als „zweidimensionale Fläche, in der die nationalen oder transnationalen Kollektive gegeneinander im Kampf um Raum antraten“[92] konstruieren, erfährt durch die Bücher mit Stoffbezug eine Erweiterung in die ‚Tiefe‘, aus der das ‚Eigene‘ und ‚Vertraute‘ als ‚Neues‘ und erst noch zu Erschließendes aufsteigt. Die Akteure werden so in die Lage versetzt, geopolitisches Denken auch nach dem Ende des „faktischen“ Kolonialismus mit Hilfe einer phantasmatischen Umkehr des eigenen Raums in einen als ‚neu‘ wahrgenommenen weiterzuführen und damit, auf einer zweiten Stufe, den Verlust der Kolonien außerhalb des Landes in einer Abwehrreaktion zum Anlass der Erbringung beispielloser Leistungen auf chemischem Gebiet positiv umzudeuten.[93]

Die „epochale Signatur“ eines umfassenden Krisengesprächs, dessen Thema der (globale) Raum und seine Grenzen sind[94], wird von diesen Ergänzungen nicht entkräftet. Vielmehr können mit den nötigen Anpassungen auch für die Spätphase der Zwischenkriegszeit und darüber hinaus eine spezialisierte Etappe sowie Unterströme dieser Debatte ausgemacht werden, in denen die „Textur“ des Globalen über wichtige Abschnitte als ihrer Struktur nach ‚synthetisch‘ erkennbar wird. Die Konstruktion dieses Phantasmas findet in den Texten und Ausstellungen um den Vierjahresplan herum beobacht- und analysierbar statt, ohne zugleich durchgängig in einer wie auch immer konzipierten gesellschaftlichen ‚Realität‘ sichtbar zu sein. Die untersuchten Artefakte stellen eine Art ‚Dritten Raum‘[95] dar, in dem es den Subjekten möglich wird, auch ohne dass es ihnen voll bewusst wäre, die phantasmatische Umkehr einer erlittenen ‚Raum‘-Kränkung zu vollziehen, deren Wahrnehmung

---

92 Ebd.

93 Eine gängige andere Version, die derselben Logik folgt, ist die Erzählung vom vorteilhaften vorzeitigen Verlust der Kolonien, der Deutschland den Stress der Unabhängigkeits- und Dekolonisierungsbewegungen ersparte, während den anderen Kolonialmächten „der Kampf mit dem erwachenden Volksbewusstsein der farbigen Rassen bevorstehe“. Hier zitiert eine Aussage von Reichsbankpräsident Hjalmar Schacht von 1926. Zit. n. Dirk van Laak: „‚Ist je ein Reich, das es nicht gab, so gut verwaltet worden?‘ Der imaginäre Ausbau der imperialen Infrastruktur in Deutschland nach 1918“. In: Birthe Kundrus (Hg.): *Phantasiereiche. Zur Kulturgeschichte des deutschen Kolonialismus*. Frankfurt/Main 2003. S. 71–90, hier S. 80.

94 Vgl. ebd., S. 11. Hahnemann geht am Ende seiner Untersuchung selbst kurz auf die im Kontext des Vierjahresplans entstandenen Bücher, etwa von Schenzinger und Zischka, ein und ordnet sie dem „Kernbereich geopolitischer Epistemologie“ (S. 281) zu.

95 Für den Begriff des ‚Dritten Raums‘ vgl. grundlegend Homi K. Bhabha: *Die Verortung der Kultur*. Tübingen 2000 [1994]. S. 55 sowie einführend María do Mar Castro Varela & Nikita Dhawan: *Postkoloniale Theorie. Eine kritische Einführung*. 2., kompl, überarb. u. erw. Aufl. Bielefeld 2015. S. 249.

in den Mustern kolonialer Erfahrung verarbeitet wird. Der Verlauf der Grenze zwischen intendiert-verfügbaren und unbewusst-unverfügbaren Inhalten bei der Ausgestaltung dieser „Lösung" ist dabei natürlich nicht immer präzise und oft gar nicht zu bestimmen. Fragen nach der Intentionalität in Bezug auf Text-, Bild-, Plot- oder Kombinationsentscheidungen durch historische Subjekte spielen darum im Folgenden keine wesentliche Rolle. Für relevant gesetzt wird das Material in seiner publizierten Form, in der es an den öffentlichen Aushandlungsprozessen teilgenommen hat und das ebenfalls, hier präziser fassbar, um eine Oberflächen- und eine Tiefenebene verfügt.

Nicht zuletzt stellt die Untersuchung einer Phase, in der die Chemie der Synthese zum ersten Mal in der Rolle einer maßgeblichen, das Leben und den Tod von Millionen Menschen beeinflussenden, ermöglichenden und verantwortenden Akteurin ist, auch eine wichtige Grundlage für die Reflexion aktueller Praktiken und Lebensformen dar. Joachim Schummer beschäftigt sich mit dem exponentiellen Wachstum der Chemie und legt in einer Studie von 1997 Ergebnisse vor, nach denen sich die Zahl der neu erzeugten Substanzen im Schnitt alle 13 Jahre verdoppelt. Waren um 1800 etwa 600 chemische Substanzen bekannt, sind es am Ende des 20. Jahrhunderts weit über 10 Millionen mit weiterhin stark steigender Tendenz[96]:

> Today there are nearly 3 million chemists all over the world producing some 700.000 papers a year. You may raise the question: what are all these chemists doing? Do they invent and test new theories? Far from it! The answer is: Chemists produce new substances; only last year they made 1,3 million new ones.[97]

Laut Schummer handelt es sich bei 95 Prozent aller bekannten Stoffe und Materialien um „artifacts", die es so nicht in der Natur gibt.[98] Im Kontext dieser Zahlen wirken die Synthesen des Vierjahresplans direkt relativ. Allerdings besteht hier ein wichtiger Unterschied zwischen chemischem ‚Wissen' und gesellschaftlicher Lebenswelt: Gerade die Synthesen des 19. und frühen 20. Jahrhunderts stellen gravierende Zäsuren im Leben der Menschen dar und stießen weitreichende Entwicklungen etwa im Konsumieren, Wohnen und in der Medizin an. So gelangen die Synthese des ersten kommerziell tauglichen Farbstoffs Mauvein 1856, die der schmerzstillenden Acetylsalicylsäure 1899, die des Adrenalin in Reinform 1906 und die Herstellung von Nylon 1935. Nach

---

96 Vgl. Joachim Schummer: „Challenging Standard Distinctions between Science and Technology. The Case of Preparative Chemistry". In: *HYLE. An International Journal for the Philosophy of Chemistry* 3 (1997), S. 81–94, hier S. 83.

97 Ebd.

98 Ebd.

1945 wird es möglich, komplette Haushaltseinrichtungen aus synthetischen Materialien herzustellen und auf natürliche Rohstoffe (zumindest theoretisch) weitgehend zu verzichten. Sachbücher mit Titeln wie *Die Welt in der Retorte* (1938), *Chemie erobert die Welt* (1938), *Das Jahrhundert der Kunststoffe* (1952), *Es geht nicht ohne Plaste* (1962) oder *Revolution aus der Retorte* (1966)[99] weisen auf die zentrale Rolle der chemischen Produktion von Kunststoffen in modernen westlichen Wohlstandsgesellschaften hin und führen implizit, etwa in den beigegebenen Illustrationen, die Vision einer Welt ohne Kunststoffe als die einer Welt in Trümmern mit, die an Erfahrungen der vom Krieg zerstörten Städte erinnert.[100] Für eine Geschichte synthetischer Stoffe als selbstverständlicher Teil menschlicher Lebens- und Alltagspraxis, der sie zuvor nicht waren und heute ohne Zweifel sind, stellen die Dreißiger Jahre, der Vierjahresplan und seine chemische und politische Vorgeschichte ein bis heute nachwirkendes Datum dar.[101]

Die Bücher mit Stoffbezug innerhalb der sogenannten „Buch"- oder „Romankrise"

Ab den Zwanziger Jahren und besonders gegen Mitte und Ende des Jahrzehnts intensiviert sich im deutschsprachigen Literaturbetrieb eine Debatte erneut,

---

99 Einige Titel sind Hans-Joachim Flechtner: *Die Welt in der Retorte. Eine moderne Chemie für Jedermann.* Berlin 1938, Walter Greiling: *Chemie erobert die Welt.* Berlin 1938, Hans Gerhardt & Albert Höfner: *Deutsche Roh- und Werkstoffe. Ein Lehr- und Lesebuch für Jedermann.* 3. erw. Aufl. Frankfurt/Main [1942], Erwin Barth von Wehrenalp & Hansjürgen Saechtling: *Jahrhundert der Kunststoffe in Wort und Bild.* Düsseldorf 1952, Josef Hausen: *Wir bauen eine neue Welt. Das Buch der Kunststoffe und Chemiefasern.* Berlin 1957, Günter Just: *Es geht nicht ohne Plaste. Ein Streifzug durch die Welt der Riesenmoleküle.* Leipzig 1962, Ernst Bäumler: *Ein Jahrhundert Chemie.* Düsseldorf 1963, Charles Gauthier u.a.: *Revolution aus der Retorte. Die geheimnisvolle Welt der Kunststoffe.* Stetten 1966, Erich H. Heimann: *Aus Kunststoff selbst gemacht. Ein Do it yourself-Ratgeber für Anfänger und Experten.* München u.a. 1973.

100 Bspw. in einer gegenüberstellenden Abbildung einer Wohnzimmereinrichtung links und dem Wirken einer „bösen Fee" (rechts), die „alle Kunststoffdinge verschwinden [läßt], die moderne Wohnung verwandelt sich in ein Trümmerfeld." In: Hausen: *Wir bauen eine neue Welt.* S. 23. Die Bilder sind dem Kapitel „Wohn- und Schlafzimmerkatastrophen" zugeordnet und stellen den Kunststoff als das vor, was die „moderne Wohnung" von einem „Trümmerfeld" trennt, mithin also auch als eine Spur ins Trauma des Krieges. Die Abbildung findet sich auch in Georg Schwedt: *Plastisch, elastisch, fantastisch. Ohne Kunststoffe geht es nicht.* Weinheim 2013. S. X (Vorwort).

101 Natürlich auch, weil Konzerne wie BASF und Bayer, zwischen 1925 und 1945 Bestandteile der I.G. Farben, auch heute zu den größten Chemiekonzernen der Welt gehören.

die bereits um die Jahrhundertwende rege geführt wurde und deren Gegenstand eine vermeintliche „Krise des Romans“ ist.[102] Erhard Schütz, der die „Krise“ als „Diskussion“ sieht und in ein Gefüge aus „Skepsis bis Ablehnung gegenüber dem konventionellen, d. i. psychologischen, um einen persönlichen Protagonisten zentrierten Roman“[103] einerseits und einer „schon länger anhaltenden Tendenz zu großgedachten weltanschaulichen Popularisierungsbüchern“[104], zu denen er etwa die Werke Spenglers, Hörbigers, Steiners etc. zählt, andererseits einordnet. Innerhalb dieses Gefüges erlangen schließlich Formen faktographisch-dokumentarischer Literatur in ihren bevorzugten Textsorten „als Reportage, politischer Reisebericht oder Reportage- und Tatsachenroman [...] diskursive Dominanz.“[105] Die relativ neue Erscheinung des genuinen Sach-Buchs, das sich maßgeblich als etwas *zwischen* Wissensvermittlung und Literatur herauskristallisiert, nimmt in dieser Gemengelage eine zunehmend prominente Position ein, der sich bald Autoren annahmen, die zuvor in anderen Sparten publizierten, wie neben den bereits erwähnten Dominik, Schenzinger und Heinrich Eduard Jacob etwa Anton Zischka, Heinrich Hauser oder Hanns Heinz Ewers.[106] Schütz rekonstruiert „eine[n] historischen Moment[] der Ambivalenz, Bifurkation und anschließenden Veralltäglichung (oder Profanierung)“[107], in dem sich die Ausdifferenzierung eines eigenen Sachbuchsegments innerhalb des deutschsprachigen Buchmarkts ankündigt und schließlich bis in die Siebziger Jahre verfestigend vollzieht. David Oels situiert an der „Wendung zu den Tatsachen“, die sich im

102 Für den makroskopischen Überblick von Zola bis Lukács vgl. Dietrich Scheunemann: *Romankrise. Die Entstehungsgeschichte der modernen Romanpoetik in Deutschland.* Heidelberg 1978.

103 Schütz: *Sach-Moderne.* S. 368.

104 Ebd.

105 Ebd., S. 369.

106 Zu Hauser vgl. Lange: *Literatur des technokratischen Bewußtseins.* S. 61ff. Jacob ist natürlich hauptsächlich wegen seines Kaffee-Buchs (vgl. S. XII, FN 14 in diesem Buch), Hauser aufgrund seiner Industrie- und Amerika-Reportagen bekannt. Ewers veröffentlichte 1925 ein als „Roman“ untertiteltes Sach-Buch über *Ameisen,* mit dem er etwa an französische Vorläufer entomologischer Unterhaltung wie Jean-Henri Fabre anschloss bzw. sie mutmaßlich gar vorwegnahm (ein Jahr nach *Ameisen* erscheint Maurice Maeterlincks berühmtes, im Gegensatz zu Fabres Werken schnell auch auf Deutsch vorliegendes, *La vie des termites,* 1930 dann der Folgeband über Ameisen). Anton Zischkas wichtigster Titel in der Zeit, *Wissenschaft bricht Monopole* (1936), kann als direkter popularisierender Kommentar zum Vierjahresplan gelesen werden. 1940 erscheint eine „Kriegsversion“ unter dem Titel *Erfinder brechen die Blockade.* Zu Zischkas Sachbüchern vgl. grundlegend Heike Weber: „Technikkonzeptionen in der populären Sachbuchliteratur des Nationalsozialismus. Die Werke von Anton Zischka“. In: *Technikgeschichte* 66 (1999), H. 3. S. 205–236.

107 Ebd.

Rahmen der Literatur-Diskussion der Zwanziger und Dreißiger Jahre vollzieht, ebenfalls den Abzweig der Sachbuchsparte und wertet ihn als Versuch der Literatur, zuvor geschwundene „oder fehlende Öffentlichkeit [...] erneut herzustellen – mit einer Literatur, die ‚ein Erfahrungspotenzial' anbietet, ‚aber nicht das Realisieren der Erfahrung' erzwingt"[108], also programmatisch auf ‚Unterhaltung' justiert ist, gegen deren vervielfältigte Anbieter innerhalb einer wachsenden Konsum- und Warenwelt (Rundfunk, Presse, Film) sich die Literatur selbst als ins Hintertreffen geraten begreift und nun reagiert.[109]

Die verschiedenen Symptome, die Verleger_innen, Autor_innen und Kritiker_innen für den Buchmarkt der Weimarer Republik diagnostizierten, deren prominenteste wohl seine vermeintliche „Amerikanisierung" und die zu starke Orientierung an der „Konjunktur" waren[110], wurden auf unterschiedliche Weise beantwortet, zumeist mit großen Werbekampagnen für Bestseller-Autor_innen, Wettbewerben, der Neuausrichtung von Programmen[111] und darunter auch durch eine Aufwertung von Formen mit stärkerem Bezug zu sogenannten „Tatsachen", also einer als faktographisch wahrgenommenen Literatur. Damit sollte auf zwei Hauptpunkte der zeitgenössischen Romankritik geantwortet werden, einerseits den Vorwurf eines „als bürgerlich und spätzeitlich-dekadent apostrophierten Psychologismus" und andererseits den, „bloße Fiktion"[112] zu sein.

Diese Vorwürfe werden von der Forschung rege diskutiert und hinsichtlich ihrer Relevanz unterschiedlich bewertet.[113] In jedem Fall scheint es plausibel, eine bereits vorgängige Aufwertung der ‚Tat' in die Erklärung einzukalkulieren, wie Martin Lindner sie für die Lebensideologie (LI) beschreibt, wo etwa um 1910 die zuvor stärkeren Formen der ‚Lebens'-Erkenntnis durch „mystisch-

108 Oels: *Wissen und Unterhaltung im Sachbuch*. S. 27 (Zitate im Zitat aus: Hans-Otto Hügel: „Unterhaltung". In: Ders. (Hg.): *Handbuch Populäre Kultur. Begriffe, Theorien und Diskussionen*. Stuttgart 2003. S. 73–82, hier S. 80).

109 Schütz zitiert bspw. den Verleger Samuel Fischer: „Man treibt Sport, man tanzt, man verbringt die Abendstunden am Radioapparat, im Kino, man ist neben der Berufsarbeit vollkommen in Anspruch genommen und findet keine Zeit, ein Buch zu lesen." Vgl. Schütz: *Sach-Moderne*. S. 369. Hier zit. n. Samuel Fischer: „Bemerkungen zur Bücherkrise". In: S. Fischer Verlag: *Das vierzigste Jahr. Almanach* (1926). S. 80–85, hier S. 81.

110 Vgl. Härtel: *‚Grenzen über uns'*. S. 242.

111 Für marktstrategische Antworten des Buchhandels auf die „Krise" vgl. im Überblick Reinhard Wittmann: *Geschichte des deutschen Buchhandels*. 4. akt. u. erw. Aufl. München 2019. S. 336–340 sowie Jasmin Lange: *Der deutsche Buchhandel und der Siegeszug der Kinematographie 1895–1933. Reaktionen und strategische Konsequenzen*. Wiesbaden 2014. S. 5f.

112 Schütz: *Sach-Moderne*. S. 370.

113 Vgl. für einen konzisen Überlick Uecker: *Wirklichkeit und Literatur*.

kontemplative oder erotisch-ekstatische Versenkung“[114] von ebenjenen mit stärkerem ‚Tat‘-Pathos abgelöst werden. Diese Ablösung sei durch die Erkenntnis motiviert, „daß das Alltags-„Leben“ […] der lebensideologischen Logik zufolge nicht vom „All-Leben“ zu trennen ist“[115]. Erst durch die ‚Tat‘ „[fügt] sich der handelnde Mensch in den „Lebens“-Zusammenhang ein und [erlebt] seine Einheit“[116]. Die zunehmende Glaubwürdigkeit dieser Einstellung wird durch den von Thomas Lange als „modernen Fatalismus“ klassifizierten Glauben weiter gefördert, „daß das Leben bestimmt wird von ‚Sachgesetzlichkeiten‘ und ‚Sachzwängen‘“[117]. Literatur nimmt damit Teil an einer Technokratisierung des Denkens, die sich mit Horkheimer als Ausprägungszusammenhang einer „instrumentellen Vernunft“ begreifen lässt und gibt eine Antwort nicht nur auf ihre eigene „Krise“, sondern auch auf eine Krise der Technik, die um 1930 trotz aller Selbstverständlichkeit angesichts weiter bestehenden Elends und einer Nichteinlösung utopischer Versprechen[118] als kulturelle Leitkategorie unter Legitimationsdruck gerät. Zugleich gibt die Technik in den Sach- und sonstigen ‚Tatsachen‘-Büchern, in die sie über Thema, Sujet und Verfahren, aber auch personell durch Autoren aus technischen Berufen einwandert, Antworten auf eigene Krisen und Krisen der Literatur. An der Debatte um die neue Literatur und vor allem den neuen diskursiven ‚(dritten) Ort‘ des Sachbuchs, an dem beide (Krisen-)Felder interferieren und synergetisch aushandeln, wie einerseits ‚Technik‘ als modernes Kulturphänomen in Rückkopplung mit dem ‚Leben‘ sprachlich-ideologisch moderiert, gedämpft und platziert werden soll und andererseits darüber nachgedacht wird, welche Rolle die Literatur in diesem Prozess spielen wird und welche von der ‚Technik‘ angestoßenen Modifikationen sie an ihrem eigenen System vornimmt, nehmen einige Vertreter besonders exponiert teil. Noch vor Samuel Fischer, der mit seinem Diktum von der „Bücherkrise“ keineswegs zur Avantgarde der Diskussion gehört, wären für die mittleren und späten Zwanziger Jahre unter vielen anderen Otto Flake, Egon Erwin Kisch, Alfred Döblin, Bernard von Brentano, Jakob Wassermann und, in der Zeit weniger lautstark, aber mit größeren Echos in der späteren Rezeption, Siegfried Kracauer und Walter Benjamin zu nennen.[119] Hauptabarbeitungsautor und Lieblingsgegner wird den Vertretern des neuen, an

114 Lindner: *Leben in der Krise*. S. 17.

115 Ebd. Das System einfacher und doppelter Anführungszeichen ist in Lindners Studie ausdifferenziert und wird deshalb nur zum Teil an die hier verwendete Zitierweise angepasst.

116 Ebd.

117 Lange: *Literatur des technokratischen Bewußtseins*. S. 53.

118 Vgl. ebd., S. 54.

119 Die wichtigsten Titel finden sich in der Literaturliste bei Scheunemann: *Romankrise*. S. 268–275.

der Reportage orientierten Romans (sofern er sich noch so nennen darf), neben Emil Ludwigs populär-historischen Biographie-Romanen[120], besonders Thomas Mann, dessen *Zauberberg* 1924 erschienen war und der 1929 den Nobelpreis erhielt.[121] Ludwig und Mann standen für bereits überkommene oder noch zu bewältigende Roman-Paradigmen, denen mit Entpsychologisierung, Ideologiekritik, Versachlichung und den entsprechenden literarischen Verfahren begegnet werden sollte.[122]

An zwei Selbstaussagen des neusachlichen Literatursystems sollen kurz Vorschläge zur Lösung des skizzierten Problems veranschaulicht werden. Beide Positionen wurden von den Zeitgenoss_innen immer wieder zur Distinktion eines neuen Schreibens, vor allem im Umgang mit der ‚Realität' und ihren ‚Tatsachen', herangezogen und auf beide wird im Zusammenhang mit einer „Verdinglichung" der Literatur zwischen der Mitte der Zwanziger Jahre und der Zeit des Nationalsozialismus häufig hingewiesen. Es handelt sich um Sergej Tretjakows Essay *Die Biographie des Dings* (1929) sowie Michail Prawdins schon zur Zeit des Nationalsozialismus in der Zeitschrift *Die Literatur* erschienenen Artikel *Der Tatsachenroman* (1934). Die Texte verhandeln einen je neuen Typus von Autor beziehungsweise Roman unter der Maßgabe einer radikalen Entsubjektivierung bei entsprechender Aufwertung des ‚faktisch Gegebenen'. Für Tretjakow wird dabei das ‚Ding' zum möglichen Ersatz für den menschlichen Protagonisten des ‚klassischen' Romans, weil es, wie auf einem Fließband, längsschnittartig alle sozialen Klassen durchfährt[123] und so die

---

120 Zu Ludwig als „Phänomen" vgl. die Studie von Christoph Gradmann: *Historische Belletristik. Populäre Biographien in der Weimarer Republik*. Frankfurt/Main 1993 sowie das von Thomas F. Schneider herausgegebene Themenheft zu ihm: *Non Fiktion. Arsenal der anderen Gattungen* 1/2 (2016). Ludwig wird in der Diskussion etwa von Bernard von Brentano in seiner Essaysammlung *Kapitalismus und schöne Literatur* (1930) kritisiert. Vgl. hierzu auch Schütz: *Sach-Moderne*. S. 373.

121 Vgl. zu diesem Verhältnis als eine Art Generationenkonflikt, an dessen Ausgangspunkt ein offener Brief Josef Pontens an Mann steht Ralf Klausnitzer: „Jenseits der Schulen und Generationen? Zur literarischen Beziehungspolitik eines Solitärs". In: Michael Ansel, Hans-Edwin Friedrich & Gerhard Lauer (Hg.): *Die Erfindung des Schriftstellers Thomas Mann*. Berlin, Boston 2009. S. 453–487, insb. Abs. II ab S. 472.

122 Vgl. bspw. das Programm der Zeitschrift *Kritik und Krise*, die 1930 von einigen „sachlichen Linksintellektuellen" (darunter Brecht, Benjamin, Ihering und Brentano) geplant wurde: „Laut Brecht sollte diese Zeitschrift Kritik in ‚ihrer doppelten Bedeutung' begreifen, ‚indem sie dialektisch das ganze Stoffgebiet in eine permanente Krise umdenkt, also die Zeit als in zweifacher Bedeutung ‚kritische Zeit' auffaßt.' Das heißt: Indem die Zeit ‚kritisch untersucht' wird, wird sie ‚in die Krise gebracht'." Ziel dieses Verfahrens ist schließlich die Offenlegung der „fundamentale[n] ‚Krise' der bürgerlichen Gesellschaft." In: Lindner: *Leben in der Krise*. S. 164f.

123 Vgl.: Sergej Tretjakow: „Die Biographie des Dings" [1929]. In: Ders.: *Die Arbeit des Schriftstellers. Aufsätze, Reportagen, Porträts*. Hg. v. Heiner Boehncke. Reinbek 1972. S. 81–85, hier S. 83.

Personen und Zustände, denen es auf seinem Weg begegnet, sichtbar werden lässt. Die epistemologische Umwertung der Neuen Sachlichkeit in Bezug auf die literatursysteminterne Unterscheidung von ‚Wahrheit' und ‚Wirklichkeit', nach der „[d]ie Zufälligkeit und Kontingenz der ‚wirklichen' Welt und ihrer Oberflächenerscheinungen nicht mehr unterschieden [werden] von ihrem wahren ‚Wesen' [und] die direkte Wiedergabe wirklicher Ereignisse mit Wahrheit identifiziert [wird]"[124], rastet an dieser Stelle in Tretjakows Überlegungen problemlos ein und wird für seine Dichotomisierung von ‚Handeln' und ‚Freizeit/Psychologie' auf attraktive Weise anschlussfähig:

> Es treten Ingenieure, Ärzte und Finanzleute als Helden auf, aber gewöhnlich ist darüber, was und wie sie arbeiten, nur eine minimale Zahl von Zeilen die Rede. Dafür wird darüber, wie sie küssen und essen und sich vergnügen, wie sie sich langweilen und wie sie sterben, sehr viel gesagt.[125]

Küssen, essen, sich vergnügen und langweilen werden als ‚Tätigkeiten' gegen die relevanteren Aktivitäten am Arbeitsplatz abgewertet, die durch Fokussierung auf das ‚Ding' wieder breiteren Raum in den Narrationen erhalten sollen. Damit sollen ‚idealistische Wucherungen' vermieden werden, in denen „die Figur des Helden [anschwillt] und anstatt daß sie durch [die] Dinge und deren Einfluß bestimmt wird, diese selbst zu bestimmen [beginnt]"[126]. Dem Projekt, die Trennung von Beobachter und Beobachtungsobjekt im Text aufzuheben, geht wiederum die Bedingung voran, den „Prozeß gesellschaftlicher Produktion darstellbar"[127] zu machen und auf diese Weise Entfremdung sichtbar werden zu lassen und literarisch überwinden zu können.[128]

---

124 Matthias Uecker: „Wirklichkeit, Tatsachen und Dokumente. Zum dokumentarischen Diskurs in der Weimarer Republik". In: Sabine Kyora & Stefan Neuhaus (Hg.) *Realistisches Schreiben in der Weimarer Republik*. Würzburg 2006. S. 27–41, hier S. 27.

125 Tretjakow: *Biographie des Dings*. S. 82.

126 Ebd., S. 83. Was bei Tretjakow das ‚Ding', ist bei Prawdin die ‚Tatsache' und was bei Erstem durch den nicht-menschlichen Protagonisten die Aufgabe der Entsubjektivierung erfüllt, tut beim Zweiten entweder ein „überpersönliches Gebilde" oder der betont ‚typische' Held. Vgl. Michail Prawdin: „Der Tatsachenroman". In: *Die Literatur* 36 (Februar 1934), S. 256–259, hier S. 258.

127 Erhard Schütz: „Faktographie". In: Ders.: *Kritik der literarischen Reportage. Reportagen und Reiseberichte aus der Weimarer Republik über die USA und die Sowjetunion*. München 1977. Hier zit. n. *Arbeitsblätter für die Sachbuchforschung* 3 (2005). S. 16. Digital verfügbar unter: https://www.blogs.uni-mainz.de/fb05-sachbuchforschung/files/2012/08/Arbeitsblaetter_Sachbuchforschung_03.pdf (zuletzt abgerufen am 10.9.2021).

128 Schütz formuliert es so: „[…] daß es also zunehmend möglich wird, die Struktur der Verdinglichung, das Verschwinden des konkreten Produktionsprozesses in den Dingen (als Waren) aufhebbar zu machen und nach Maßgabe des gesellschaftlichen Produktionsfortschritts den Prozeß der Menschen selbst wiederzugeben." In: Ebd.

Prawdin passt die Debatte noch einmal mit autoritärem Akzent auf die „deutschen Verhältnisse“ an, indem er im Rekurs auf die Erfahrung des Ersten Weltkriegs einen generationalen Habitus postuliert, der durch das kollektive Erlebnis der Niederlage geformt sei. Im damaligen „Zusammenbruch“ habe „die damals lebende Generation zum erstenmal verspürt[], daß über ihrem Willen, ihren Wünschen und ihrem Streben die Macht der realen Tatsachen stand.“[129] Mit dieser Erkenntnis begründet Prawdin eine neue Epoche in der Geschichte des Romans, die zugleich das Ende seiner Entfremdung markiert. Von den „Vorbildern“, die jahrhundertelang die Romane bevölkert hätten und die erst mit der Absicherung im bürgerlichen Gesellschaftsleben unnötig geworden wären, sei die Literatur übergegangen zur Darstellung von Lügen in Form „leider nie vorhanden gewesene[r] Geschichtsepochen oder ‚idealistische[r]‘ Gesellschaftsbilder“[130], die dem Bürger eskapistische Sehnsuchtswelten „jenseits seines Alltags“[131] zur Verfügung stellen. Diese Verfallserscheinung wird durch die vom Krieg ausgelöste Erkenntnis beendet, „daß nicht der Mensch die Tatsachen des Lebens, sondern daß die Tatsachen das Leben des Menschen bestimmen.“[132] Mit Tretjakow verbindet Prawdin nun die Forderung, dass in der neuen Literatur, die verfahrenstechnisch aus der Reportage gespeist wird, was ihre Zielgruppe angeht, von der Zeitung zu lernen hat und von entsprechenden Literatur-Reportern verfasst wird, das Privatleben der Figuren „gänzlich zurück[tritt]“ und ohnehin nur dort von Belang ist, wo es in einer Beziehung zu jenen „überpersönliche[n], zweckbestimmte[n] Bildungen steht“, zum Beispiel: „Romane von Korporalschaften, Panzerzügen, Werksgemeinschaften, ja Städten und Industriegebieten“[133].

Figurenpsychologie wird im Prawdinschen Tatsachenroman durch das Konzept von ‚Kräften‘ ersetzt, die es nur im Plural gibt und die ‚hinter‘ dem Helden und seinen Handlungen stehen. Der Tatsachenroman „kennt und untersucht die Kräfte, die außerhalb des Willens des einzelnen liegen, sie sind ihm wichtiger als der Charakter – und das unterscheidet ihn von dem psychologischen Roman.“[134] Über diese Diskursivierung individuellen Schicksals als Produkt außerpersonaler Dynamiken führt er den Roman schließlich wieder seiner ursprünglichen Funktion zu, ein Leitfaden für das Leben der Menschen zu sein, und macht ihn zum Ratgebermedium für von der Nachkriegserfahrung

129 Prawdin: *Tatsachenroman*. S. 257.
130 Ebd., S. 257.
131 Ebd.
132 Ebd.
133 Ebd., S. 258.
134 Ebd.

bestimmte Modernitäts-Effekte.[135] Darüber hinaus wird Prawdins Ansatz über dieses ‚Kraft'-Modell anschlussfähig für die lebensideologische Debatte, auf die Tretjakow oberflächlich keinen Bezug nimmt.[136] Dessen Konnex zum Pathos der ‚Tat' besteht eher in der Umbesetzung des Schriftstellers von der Position des reinen Beobachters in die eines ‚operierenden' Produzenten[137] und ist damit, eher als Prawdins kulturkritischer Text, als politisch-poetologischer Kommentar ernstzunehmen[138], der sich gut mit anderen linken Stimmen der Zeit, etwa Bertolt Brecht und seinem kurzen Text *Über Stoffe und Form* (1929) verträgt, wo die Beziehung zwischen, in diesem Fall dramatischer, Textproduktion und der Welt der ‚Tatsachen' sogar bereits mit einem doppelten „Stoff"-Begriff verknüpft wird:

> Das erste ist also: die Erfassung der neuen Stoffe, das zweite: die Gestaltung der neuen Beziehungen. Grund: die Kunst folgt der Wirklichkeit. Ein Beispiel: die Gewinnung und Verwertung des Petroleums ist ein neuer Stoffkomplex, in dem bei genauer Betrachtung ganz neue Beziehungen zwischen Menschen auffallen. Eine bestimmte Handlungsweise des einzelnen und der Masse wird beobachtet und ist deutlich dem Petroleumkomplex eigentümlich. Aber nicht die neue Handlungsweise hat die besondere Art der Petroleumverwertung geschaffen. Sondern das Primäre war der Petroleumkomplex, das Sekundäre sind die neuen Beziehungen. Die neuen Beziehungen stellen die Antworten dar, die die Menschen auf die Fragen des „Stoffes" geben, die *Lösungen*. Der Stoff

---

135 Vgl. ebd., S. 259: „Denn der Tatsachenroman hat auch die Aufgabe zu erfüllen, die ursprünglich dem Roman gestellt war: ein Leitfaden für das reale Leben zu sein, da es für unsere Generation gilt, sich in den veränderten Lebensbedingungen der Nachkriegswelt zurechtzufinden."

136 Prawdin provozierte mit seinem insgesamt wenig originellen Ansatz eine interessante „Debatte", deren wichtigster Beitrag von Egon Vietta stammte und in der das ‚Lebens'-Thema einen wichtigen Platz einnimmt. Grob gesagt verortet Vietta die wirkmächtigen Kräfte, anders als Prawdin, wieder im ‚Inneren' des Menschen und argumentiert davon ausgehend für einen „transzendentalen Roman". Vgl. hierzu Erhard Schütz: „Tatsachen oder Transzendenz? Zur Fortsetzung der neusachlichen Diskussion um die Faktographie nach 1933". In: *‚Zum Tatsachenroman'. Die Prawdin/Vietta-Debatte 1934* [= *Arbeitsblätter für die Sachbuchforschung* 11 (2007)], S. 3–11. Digital verfügbar unter: https://edoc.hu-berlin.de/bitstream/handle/18452/6146/11.pdf (zuletzt abgerufen am 10.9.2021).

137 Vgl. hierzu auch Sergej Tretjakow: „Durch die trübe Brille" [1931]. In: Ders.: *Die Arbeit des Schriftstellers*. S. 111–116, hier S. 111: „Es gibt nichts Schlimmeres, als die Welt mit den Augen des Konsumenten zu sehen. ‚Landschaft' – ist Natur, gesehen mit den Augen des Konsumenten. Mit den Augen des Produzenten sieht fast niemand die Dinge und Menschen. Man muß anfangen, es zu lernen." Zur Einordnung dieser Stelle vgl. außerdem Schütz: *Faktographie*. S. 17f.

138 Den prominentesten Kommentar zu Tretjakow stellt Walter Benjamins *Der Autor als Produzent* dar, der 1934, also relativ zeitgleich mit Prawdins Text, entsteht. Vgl. Walter Benjamin: „Der Autor als Produzent". In: Ders.: *Gesammelte Schriften*. Bd. 2, 2. Teil. Hg. v. Rolf Tiedemann & Hermann Schweppenhäuser. Frankfurt/Main 1991. S. 683–701.

> (sozusagen die Situation) entwickelt sich nach bestimmten Gesetzen, einfachen Notwendigkeiten, das Petroleum aber schafft neue Beziehungen. Diese sind, wie gesagt, sekundär.[139]

Ausgehend von Prawdin und Tretjakow, der durch eine 1931 absolvierte Vortragsreise in Deutschland bekannt wurde[140], könnten die Bücher mit Stoffbezug, aus dramentheoretischer Distanz von Brechts sich sträubendem Petroleum sekundiert, als Teil des Aushandlungsprozesses um Möglichkeiten einer „neuen Literatur" begriffen werden, der stark an neusachliche Programmatiken anschließt und sie weiter radikalisiert, dabei aber keinen Anspruch auf Zugehörigkeit zur Hochkultur erhebt, beziehungsweise diese Kategorie schlicht nicht mehr relevant setzt.[141] Ihren auffälligsten Verfahren, beispielsweise der ‚Auflösung' der Protagonistenrolle in den ‚Stoff' hinein, sowie der Veränderung von anthropologischen Personen- und literarischen Figurenkonzeptionen und Sprecherpositionen in den Texten des untersuchten Korpus, wird eine große Bedeutung zukommen. Aber auch die Rekonstruktion von tiefer in den Büchern liegenden Konzepten von ‚Raum' und ‚Stoff', die als Phantasma einer topologischen Umkehr das ausprägen werden, was hier „synthetischer Kolonialismus" genannt werden soll, bestätigt die Verbindung der Bücher mit Stoffbezug mit der zuvor geleisteten Öffnung des Literatursystems. Dabei sollten die Einflüsse der Debatte aber auch nicht überschätzt werden. Erhard Schütz, der über Tretjakow und Prawdin sehr plausible Linien einer Geschichte der deutschsprachigen Sachliteratur bis in die Nachkriegszeit zeichnet, für die vor allem die erfolgreichen „Romane ohne Erfindung"[142] von Kurt Marek alias C. W. Ceram und allen voran sein Archäologie-Longseller *Götter, Gräber und Gelehrte* (1949) stehen, sieht zwischen den beiden Polen,

> wie das Telos der naturwissenschaftlich-technischen und geostrategischen Sachliteratur abgelöst wird durch eine tröstende Fundierung in historischen Großzyklen, durch die noch die zeitgenössischen Trümmer [...] Nobilitierung erhalten [...][143]

---

139 Brecht: *Über Stoffe und Form*. S. 196f. (Herv. im Orig.)

140 Vgl. Schütz: *Sach-Moderne*. S. 374. Die Tournee begann wohl am 21. Januar 1931 mit dem Vortrag *Das sozialistische Dorf und der Schriftsteller* im Russischen Hof am Bahnhof Friedrichstraße.

141 Zum Verhältnis von Tretjakows Text zur Debatte über Populärkultur vgl. Thomas Hecken: *Theorien der Populärkultur. Dreißig Positionen von Schiller bis zu den Cultural Studies*. Bielefeld 2007. S. 40ff.

142 So der Titel eines kurzen Artikels, in dem Marek/Ceram über seine Buchproduktion berichtet. Vgl. Kurt W. Marek: „Romane ohne Erfindung". In: *Benjamin* 2 (1948), H. 19. S. 10.

143 Schütz: *Sach-Moderne*. S. 380.

Für die Bücher mit Stoffbezug kann, ohne zuviel zu verraten, vorweggenommen werden, dass sie sich am ‚Tat'- und ‚Fakten'-Pathos sowie an der Verschiebung vom psychologisierten Helden zum tendenziell typisierten Führer (der als Ingenieur oder Chemiker realisiert wird) und inhaltlich von der Darstellung privater zu ‚produktiven' Tätigkeiten beteiligen. Für die eingeforderte „Versachlichung" der Literatur stehen die Bücher zudem geradezu exemplarisch. Dennoch wird zu zeigen sein, dass sich ihr Programm darin nicht erschöpft und sie also nicht als „Lösung" der sogenannten „Romankrise" in eine verlängerte Literaturgeschichte der Neuen Sachlichkeit eingereiht werden können. Sie stellen vielmehr eine weniger leicht zuzuordnende Mischform dar, die neben ihren Bezugnahmen auf formal neusachliche Schwundprozesse in Bezug auf „den Roman" auch Indizien für eine Mitarbeit am gleichzeitigen Projekt einer „Restitution des Epischen" liefern, das Walter Benjamin etwa in Döblins *Bau des epischen Kunstwerks* (1928) exemplarisch beschrieben sieht.[144] Beim Epos handele es sich um das Modell einer Hybridkonstruktion, „die aus dem Rekurs auf die alte epische Form [...] revitalisierende Energien für die Gegenwart schöpfen soll"[145] und die deutlich vom Roman, der mit „seiner zweckrationalen Motivation zum Ausdruck der ‚zivilisatorische[n] Entartung des Kunstwerks'"[146] wird, abgegrenzt ist. Das Epos steht bei Döblin im „Dienst einer Überwindung [der] Realität" und wird dabei „mit der Schaffung einer überrealen ‚Sphäre einer neuen Wahrheit' [betraut]"[147].

Für das Korpus der Bücher mit Stoffbezug bietet sich hier eine gewagte Lektüre Döblins und seines Epos-Modells an. Die Bücher schaffen kurz gesagt tatsächlich diese „überreale Sphäre", indem es ihnen gelingt, durch komplexe räumliche Konzeptualisierungen eine imaginäre Struktur zu erzeugen,

---

144 Vgl. Walter Benjamin: „Krisis des Romans. Zu Döblins ‚Berlin Alexanderplatz'" [1930]. In: Ders.: *Gesammelte Schriften*. Bd. 3. Hg. v. Hella Tiedemann-Bartels. Frankfurt/Main 1991. S. 230–236, hier S. 231. Für Döblins eigene Position vgl. Alfred Döblin: „Der Bau des epischen Werks" [1928]. In: Ders.: *Aufsätze zur Literatur*. Olten, Freiburg/Br. 1963. S. 103–132.

145 Katharina Grätz: „Der Bau des epischen Werks (1928)". In: Sabina Becker (Hg.): *Döblin-Handbuch. Leben-Werk-Wirkung*. Stuttgart 2016. S. 324–325, hier S. 324. Grätz verweist auf Sabine Schneiders Studie zur „Restitution des Epischen". Vgl. Sabine Schneider: „Erzählen im multiplen Zeitraum. ‚Restitution des Epischen' in der Moderne (Döblin, Benjamin, Musil)". In: Dies. & Heinz Brüggemann (Hg.): *Gleichzeitigkeit des Ungleichzeitigen. Formen und Funktionen von Pluralität in der ästhetischen Moderne*. Paderborn 2011. S. 247–264, hier S. 252. Vgl. zur Stelle bei Döblin: *Bau des epischen Werks*. S. 114f.

146 Grätz: *Bau des epischen Werks*. S. 324. Das Zitat im Zitat stammt aus Döblins Vortrag *Schriftstellerei und Dichtung*, der dem *Bau des epischen Werks* kurz voranging und in dem dieser Standpunkt bereits „[a]ngelegt" war.

147 Ebd., vgl. zusätzlich Döblin: *Bau des epischen Werks*. S. 111.

innerhalb der, auch formal, die Anzahl der Möglichkeiten erst einmal zu wachsen scheint. Döblin proklamiert, wenn es um die Form des epischen Werks geht:

> Ich fordere auf, die epische Form zu einer ganz freien zu machen, damit der Autor allen Darstellungsmöglichkeiten, nach denen sein Stoff verlangt, folgen kann. Wenn sein Sujet gewillt ist, lyrisch zu tanzen, so muß er es lyrisch tanzen lassen. Die Autoren erleben von allen Seiten den dringenden Ruf nach Aktualität, nach Gegenwartsdichtung. Wenn man ganz ehrlich ist, sagt man heute sogar: man will überhaupt keine Dichtung, das ist eine überholte Sache, Kunst langweilt, man will Fakta und Fakta. Dazu sage ich bravo und dreimal bravo.[148]

Wenn Döblin hier von Fakta spricht, handelt es sich nicht um dasselbe wie bei der Prawdinschen ‚Tatsache'. Döblins Begriff ist subjektiviert und spricht nicht von, im weitesten Sinne diskursiven, ‚Kräften', die das Epos darstellen soll, sondern zielt darauf ab, und hier ist er näher bei Tretjakow, den Dichter beweisen zu lassen, „daß er ein Faktum und ein Stück Realität ist und noch immer so gut und faktisch wie die gute Erfindung des Triergon oder wie die Caroluszelle."[149] In seinem Programm modelliert Döblin eine Gattung, die frei von formalen Beschränkungen ist und sich in der Darstellung ihrer Inhalte einer spezifischen Eigenzeit zuwendet, mit deren Hilfe sowohl die ‚Moderne' als auch ebenjene ‚Wunschenergie'[150] verhandelt werden können, die aus den Büchern mit Stoffbezug Zeugnisse eines kollektiven Imaginären machen. Ihre formale ‚Freiheit' ermöglicht die Integration verschiedener Wissensbestände und Perspektiven und führt zu einem spezifischen Gattungs-Wissen, das es erlaubt, die Bücher mit Stoffbezug als Gruppe zu historisieren[151] und als eine Reaktion, natürlich anders, als Döblin es vorgeschlagen hat, auf die „Krise des Romans" in ‚epischer' Form zu begreifen.

Die mediale Vielgestaltigkeit der Bücher und ihre spezifischen Darstellungsweisen arbeiten also an der Diskussion um die Aushandlung neuer diskursiver Strategien zur Verwaltung von Komplexität innerhalb einer Synthetischen Moderne mit.[152] Das Aufkommen von ‚Stoffen' als Stoff von Romanen, die

---

148 Döblin: *Bau des epischen Werks*. S. 115.

149 Ebd. Mit den beiden Erfindungen spielt Döblin auf die gravierende, von den Zeitgenossen scharf beobachtete, Medienkonkurrenz der Literatur zu Rundfunk und Film an.

150 Vgl. Hahnemann: *Texturen des Globalen*. S. 169.

151 Vgl. Schneider: *Erzählen im multiplen Zeitraum*. S. 252.

152 Vgl. hierzu, ergänzend zu den anderen Arbeiten der Autoren, noch Gustav Frank und Stefan Scherer: „‚Stoffe, sehr verschiedener Art … im Spiel … in eine neue, sprunghafte Beziehung zueinander setzen'. Komplexität als historische Textur in Kleiner Prosa der Synthetischen Moderne". In: Thomas Althaus u.a. (Hg.): *Kleine Prosa. Theorie und Geschichte eines Textfeldes im Literatursystem der Moderne*. Tübingen 2007. S. 253–279.

Beschreibung ihrer Entdeckung, Sicht- und Nutzbarmachung, wobei sie sich immer wieder auch als Entziehendes und Flüchtiges zeigen, Projekte der Dingfestmachung und Stillstellung der ‚Stoffe' als Untersuchungsgegenstand, gehen dabei Hand in Hand mit Reflexionen über literarische Darstellungsmodi und anthropologische wie epistemologische (Neu-)Konzeptualisierungen und werden unterschwellig von autopoetischen Reflexionen des ‚Romans' über sich selbst begleitet. Auffallend dabei ist die Lockerung von Gattungskonventionen, vor allem was die „narrative Geschlossenheit und Einheitlichkeit"[153] der Texte angeht, über die, bereits jenseits des dokumentarischen Diskurses der Neuen Sachlichkeit, sehr spät zentrale Forderungen ihrer literarisch-ästhetischen Programmatik eingelöst zu werden scheinen, ohne dass sich die Akteure noch formal zu ihr bekennen. Die versuchsweise Einbindung von erzählerischen Montagetechniken und von scheinbar ‚dokumentarischem' Material (Abbildungen, Werbeanzeigen, chemischen Formeln), über die Referenzen an wissenschaftliches und mediengeschichtliches ‚Wissen' hergestellt werden, sind für das Sachbuch bisher selten und für die populäre Literatur der untersuchten Zeit längst nicht ausreichend als „spezifisch ‚moderne' Technik wahrgenommen worden"[154]. In Verbindung mit ihrer Stellung als populäre Bücher mit großer Reichweite bietet sich für das Korpus die Möglichkeit, verfahrensgeschichtlich eine Linie vom späteren Bereich jenes Zeitraums der deutschsprachigen Literatur, den die Autorengruppe um Moritz Baßler auf Kontinuitäten untersucht und der bis 1950 beziehungsweise 1960 reicht, historisch nach vorn zu verlängern. Bei Baßler heißt es mit Blick auf das Ende des Zeitraums süffisant:

> War nicht genau dies – über geschlossene, selbstreferentielle Formen zu neuen, in wachsenden Stilgemeinschaften akzeptierten metonymischen Modi zu kommen – der große Traum der historischen Avantgarden? [...] Romantik und literarische Moderne suchen programmatisch den neuen Mythos, aber es ist der Realismus, und a fortiori der populäre Realismus, der ihn praktiziert. Vielleicht ist dies die finale Pointe unserer Verfahrensgeschichte über hundert Jahre, dass ausgerechnet die vermeintlich trivialsten realistischen Erzählmuster diesen Traum der emphatischen Moderne realisieren sollten – nach deren Ende, versteht sich, und in einer Form, die allen Vorstellungen Hohn spricht, die sich Einstein, Kandinsky & Co. von einer solchen Realisierung gemacht haben mögen. [...] Womöglich war der Graben zwischen hochkultureller Avantgarde

153 Uecker: *Wirklichkeit, Tatsachen und Dokumente*. S. 31.

154 Für die Romane K. A. Schenzingers unternimmt Hans Krah einen solchen Versuch. Vgl. Hans Krah: „Literatur und ‚Modernität'. Das Beispiel Karl Aloys Schenzinger". In: Gustav Frank, Rachel Palfreyman & Stefan Scherer (Hg.): *Modern Times? German Literature and Arts Beyond Political Chronologies. Kontinuitäten der Kultur 1925–1955*. Bielefeld 2005. S. 45–72, hier S. 66.

> und genrestabilem Groschenheft aber längst geschlossen worden in den neorealistischen Verfahren, die die deutschen Literaturen seit dem Ende der emphatischen Moderne dominieren. Kulturindustrie, übernehmen Sie![155]

Literatur- und denkgeschichtlich scheint es tatsächlich plausibel, die Bücher mit Stoffbezug als ‚Wunscherfüller' des ‚deutscher Raum'-Phantasmas zu lesen und ebenso ihre gattungsgenealogische Anwärterschaft auf diese Funktion einmal probehalber zu unterstellen. In ihrer medialen Vielsträngigkeit und ihrer Positionierung zwischen Belletristik und Sachbuch und also einer koordinierten Sonderstellung zwischen ‚Epos' und ‚Bericht' unternehmen sie, das sei hier unterstellt, ein letztes Mal den gelingenden Versuch, mit literarischen Mitteln auf die in der Medienkonkurrenz atomisierte Wahrnehmung im doppelten Sinn „synthetisierend" zu reagieren.[156]

Das Raumkonzept der Bücher mit Stoffbezug 1: Verortung der Sphären ‚Stoff', ‚Raum' & ‚Leben'

Die Bücher mit Stoffbezug denken über räumliche, genauer geopolitische, Fragen nach und entwickeln selbst ein spezifisches Raumkonzept, das in enger Beziehung zur Vorstellungswelt des deutschen Kolonialismus steht. Um diese auf den ersten Blick nicht unmittelbar naheliegende Konstellation besser verstehen zu können, scheint es zunächst geboten, die drei wesentlichen Sphären, die den Blick auf das Untersuchungskorpus lenken, zueinander in Beziehung zu setzen. Ihr Verhältnis besteht auf mehreren Ebenen. Zunächst ist der Vierjahresplan programmatisch von Beginn an auch ein geopolitisches Projekt, das sich in die Debatte um den deutschen „Lebensraum" und die von den Nationalsozialisten, aber auch anderen Parteien und auch bereits weit vor 1933, proklamierte „Raumnot" einordnet.[157] Die Diskussion betraf etwa die Frage der

155 Baßler: *Deutsche Erzählprosa 1850–1950*. S. 405f.

156 Vgl. Schütz: *Faktographie*. S. 25: „Die momentanisierte Produktion von Erkenntnis- und Veränderungsprozesse [sic!], so scheint es, bedarf notwendig der Fiktion. Auf die atomisierte Realität kann die atomisierte Wahrnehmung nicht synthetisierend reagieren und wenn, produzierte sie nicht mehr als den Schein der Beständigkeit des Bestehenden." (Herv. im Orig.) Schütz verweist hier auf eine andere kluge Analyse der medialen Ausdifferenzierung als durch kapitalistische Prinzipien regulierte Konkurrenz um Wahrnehmungsressourcen der Nutzer_innen. Vgl. Alexander Kluge & Oskar Negt: *Öffentlichkeit und Erfahrung. Zur Organisationsanalyse von bürgerlicher und proletarischer Öffentlichkeit*. 2. Aufl. Frankfurt/Main 1973. S. 235ff.

157 Zu ‚Raumnot' und ‚Lebensraum' als Bestandteile verschiedener politischer Agenden vgl. etwa Jost Hermand: „Gedanken zum Widerspruch zwischen archaisierender

jenseits der Grenzen des Deutschen Reichs lebenden „Auslandsdeutschen", die zur Legitimation räumlicher Ansprüche herangezogen wurden. Zugleich bekräftigten die ostentativ betonte angebliche Benachteiligung Deutschlands mit natürlichen Rohstoffen und Ackerland und die daher drohenden Notlagen den Anspruch auf Raumerweiterung von innen heraus.

Der Vierjahresplan stellt in diesem Zusammenhang eine dialektische Figur dar, mit der die deutsche Rohstoffkrise, scheinbar paradox, nicht expansiv beantwortet wurde[158], sondern durch das Vorhaben, das, was es im Ausland zu holen gäbe, durch Umwandlung von heimischen Ressourcen zu ersetzen. Fehlende Kautschuk-, Erdöl-, Eiweiß- oder Baumwollvorkommen im eigenen Land mussten fortan nicht mehr zwangsläufig zur Forderung nach der Okkupation kautschuk-, erdöl, eiweiß- oder baumwollreicher Gebiete führen und machten den Vierjahresplan so vor der Hand zu einem Programm zur Sicherung des Friedens in Europa. Tatsächlich war dies natürlich ein Vorwand, der von der deutschen Propaganda zum ‚Friedens'- und ‚Aufbau'-Topos, eingefügt in den archaisierenden „Blut und Boden"-Mythos[159], ausgebaut werden konnte, während es eigentlich darum ging, einen Ausweg aus dem Dilemma fehlenden Rohstoffbesitzes zu finden, das dem Wunsch entgegenstand, einen ressourcenintensiven Angriffskrieg vorzubereiten.[160] Schlüsselbegriff für dieses neue raumpolitische Paradigma wird im Kontext des Vierjahresplans

Bauernverkultung und technischer Modernisierung im deutschen Faschismus". In: Erhard Schütz & Gregor Streim (Hg.): *Reflexe und Reflexionen von Modernität 1933–1945*. Bern u.a. 2002. S. 326–336, hier S. 327.

158 Zum ambivalenten, mehr und mehr spannungsgeladenen und von der Forschung oft vorschnell als Koalition gedachten Verhältnis der Nationalsozialisten zur Geopolitik vgl. Mark Bassin: „Race contra space. The conflict between German ‚Geopolitik' and National Socialism". In: *Political Geography Quarterly* 6 (1987), H. 2. S. 115–134. Vgl. außerdem van Laak: *Imperiale Infrastruktur*. S. 268. Van Laak spricht von einer „Tendenz zur *Synthetisierung*" (Herv. im Orig.) verschiedener Wissensbereiche, in die sich die Geopolitik einfügte, betont aber, mit Verweis auf Bassin, auch den, trotz wichtiger geteilter Annahmen, oberflächlichen Charakter und das ambivalente Verhältnis dieser (scheinbaren) „Synthese".

159 Auf diesen Charakter des Programms weist Hermann Göring auch in seinem Geleitwort zum 1. Heft der Zeitschrift *Der Vierjahresplan* hin: ‚Der Führer hat das deutsche Schwert für keinen kriegerischen Angriff geschmiedet, sondern zur Sicherung des Friedens der deutschen Nation. Die große Offensive, die wir mit der Inangriffnahme des neuen Vierjahresplanes zur Erringung der wirtschaftlichen Freiheit und Unabhängigkeit unseres Volkes nun eröffnen, dient ebenfalls dem Frieden. Nach dem Willen des Führers soll sie die Voraussetzung dafür schaffen, daß das deutsche Volk in friedlicher Arbeit sein Aufbauwerk vollenden kann." In: Hermann Göring: „Geleitwort". In: *Der Vierjahresplan. Zeitschrift für nationalsozialistische Wirtschaftspolitik* 1 (1937), H. 1. S. 2.

160 Zur Koxistenz von „Blut und Boden" und Synthesechemie vgl. bspw. Leslie: *Synthetic Worlds*. S. 16.

neben der Synthese die Autarkie. Hierunter wurde einerseits eine „Möglichkeit zur Revision außenwirtschaftlicher Abhängigkeiten“[161], also die, als friedlich propagierte, Restitution nationaler Souveränität nach der Diskreditierungserfahrung des Versailler Vertrags verstanden. Andererseits galt sie, und dies strikt nur innerhalb der NS-Führung[162], aber auch als notwendige Voraussetzung für die kriegerische Vergrößerung des „Lebensraums“.[163] Im Begriff der Autarkie kommen ‚Raum‘-Problem und ‚Lebens‘-Problem, dramatisch gesteigert als Überlebensfrage[164], zusammen und werden mit einer in Aussicht stehenden ‚Stoff‘-Lösung, eben der Ersetzung natürlicher durch synthetische (Roh-)Stoffe, moderiert. In der Fixierung auf dieses Verhältnis nimmt das „Schrifttum zum Vierjahresplan“ eine Sonderstellung ein und es ist besonders auffällig, dass die nationalsozialistische Literaturpolitik ausgerechnet zu einem Zeitpunkt Texte zu fördern beginnt, die von einer gesteigerten „literarische[n] Partizipation an der modernen Welt“ zeugen, als „Hitler das Primat seiner Politik auf einen zukünftigen Krieg ausgerichtet hat“[165].

Andy Hahnemann beschreibt das Projekt seiner Studie zur literarischen und nicht-literarischen Geopolitik für die Zeit zwischen den Weltkriegen als die Rekonstruktion einer „Imaginationsgeschichte des Globalen“[166]. Martin Lindner analysiert die ideologische Zentriertheit des Denkens um Konzept und Begriff des ‚Lebens‘ für den Zeitraum von 1890 bis etwa 1950, der die Jahre von Hahnemanns Untersuchung also voll umfasst. An die Überlegungen und Ergebnisse beider Autoren schließt diese Studie an und nimmt ihrerseits eine diskursive Verdichtung in den Blick, die nicht *zwischen* ‚Leben‘ und ‚Raum‘ liegt, sondern als von diesen, in wiederum ihrer eigenen Verschränkung,

---

161 Graeb-Könneker: *Autochthone Modernität*. S. 127.

162 Vgl. ebd., S. 128. Graeb-Könneker gibt an, dass nur Hermann Göring und der damalige Reichswehrminister Werner von Blomberg den Inhalt von Hitlers „Denkschrift zum Vierjahresplan“ kannten, die mit den beiden berüchtigten Vorgaben endet: „I. Die deutsche Armee muss in 4 Jahren einsatzfähig sein. II. Die deutsche Wirtschaft muss in 4 Jahren kriegsfähig sein.“ Vgl. Wilhelm Treue: „Hitlers Denkschrift zum Vierjahresplan 1936“. In: *Vierteljahreshefte für Zeitgeschichte* 3 (1955), H. 2. S. 184–210, hier S. 210 (S. 204–210 beinhalten die „Denkschrift“ selbst).

163 Treue weist darauf hin, dass im Zusammenhang mit der verlangten „Lösung unserer kolonialen Forderungen“ der Begriff ‚Lebensraum‘ „wohlweislich in d i e s e m Zusammenhang […] nicht verwendet wird.“ Vgl. ebd., S. 201 (Herv. im Orig.).

164 „Über-Leben“ hier im doppelten Sinn einer propagandistisch beschworenen Untergangsgefahr und in der ideologischen Steigerung eines wertintensiven deutschen „Übermenschentums“.

165 Graeb-Könneker: *Autochthone Modernität*. S. 144.

166 Hahnemann: *Texturen des Globalen*. S. 9.

umschlossen und in die entsprechenden Debatten integriert gedacht werden muss.

Die beiden Sphären ‚Leben' und ‚Raum' werden für den betreffenden Zeitraum aus literaturwissenschaftlicher Perspektive bisher nicht sonderlich stark aneinander gekoppelt wahrgenommen. Tatsächlich kommt die Debatte um das ‚Leben' zwischen 1890 und den Fünfziger Jahren des 20. Jahrhunderts natürlich keineswegs ohne räumliche Bezüge und Denkmuster aus. Gerade die Auseinandersetzungen um den „Lebensraum" werden ausgesprochen intensiv, mithin sogar fanatisch geführt. Dabei handelt es sich jedoch um Konzepte, die trotz ihrer historischen Relevanz etwa Lindner für seine Untersuchung nicht vorrangig interessieren müssen, da es sich bei der Lebensideologie (LI) in erster Linie um die Beschreibung von Angelegenheiten des Individuums handelt. Auch kollektivpsychologische und soziologische Dispositive, die, folgt man Lindner, vor allem seit dem Ersten Weltkrieg (ausgehend etwa von den an Gustave Le Bon geschulten Theorien von Max Weber und Karl Mannheim) politisch an Einfluss gewinnen[167], führen stets die kollektive Perspektive zurück auf die Bedingungen und das mentale Setup des Einzelnen. Spatiale Denkfiguren werden in diesem Zusammenhang vor allem als Bildspender interessant, etwa wenn es darum geht, das „authentische Leben" als *hinter* oder *unter* den verhärteten gesellschaftlichen Formen liegend zu denken.[168] Raumsemantik dient entsprechend hauptsächlich zur Beschreibung polarer, meist psychologisierter Organisationsprinzipien und wird von diesen aus auch in geopsychologischer Form anwendbar, wenn etwa das ‚Oben'/‚Mitte'/‚Unten'-Schema aus ‚lebensfernem' Intellekt, geistiger Mittelschicht und vital-triebhaftem Proletariat in die Horizontale gelegt und mit europäischen Mentalitäten von Westen (Frankreich) über die Mitte (Deutschland) nach Osten (Russland) korreliert wird.[169]

Hahnemanns Studie zum geopolitischen Schreiben zwischen den Weltkriegen erzählt ihre Geschichte ihrerseits weitgehend ohne Bezugnahmen auf das Wertsystem ‚Leben' und beruft sich auch nicht auf Lindners Arbeiten oder die Lebensideologie generell. Dies geschieht, das sei unterstellt, reflektiert. Der Autor charakterisiert sein heterogenes Material aus Reiseberichten, Zukunfts- und Science Fiction-Romanen, kulturkritischen Schriften und Texten anderer

---

167 Vgl. Lindner: *Leben in der Krise*. S. 40ff.

168 Vgl. zu den „semantische[n] Achsen", die den „lebensideologische[n] Raum" bestimmen ebd., S. 7.

169 Vgl. ebd., S. 78.

Provenienz als relativ frei von individualpsychologischen Inhalten.[170] „Seine" Texte agieren in einem Dreieck aus Geographie, Politik und Technik, wobei jedes Element die anderen bedingt und so beispielsweise jede technische Entwicklung politische Verwertung findet, die anschließend wiederum (zumeist) zur Herstellung einer neuen räumlichen Ordnung innerhalb der (erzählten) Welt führt.[171] Dabei sind sie, in denen oft genug vom „Lebensraum" gesprochen wird, keineswegs frei vom Denken der Lebensideologie. Ihre Metaphoriken von Kampf, flutenden Massen und Überwindung, das Denken in „Rassen", deren differente Willens-, Stärke- und Wertbestände nahezu immer mit der entsprechenden Geographie rückgekoppelt werden, oder die omnipräsenten, mental besonders ausgestatteten Führerfiguren sprechen vielmehr dafür, dass die Narrationen eine umfassende Imprägnierung durch das lebensideologische Denken der Zeit[172] erfahren haben, in welcher Form und Intensität im Einzelnen auch immer.[173] Dennoch liegt der Fokus von Hahnemanns Buch nicht auf dem Bereich ‚Leben' und ermittelt stattdessen, ausgehend von der Kategorie ‚Raum', eine imaginative Sphäre, die das Denken der Zeitgenoss_innen auf andere Weise, dabei aber nicht weniger stark, geprägt hat. Mögliche Beziehungen zwischen beiden Einflusssphären, wie sie etwa in Modellen von Hybridität oder neuerdings Interferenz[174] beschrieben werden, entgleiten der vergleichenden Untersuchung schnell, wenn sie, etwa im Konzept der „‚Energie' als Medium geopolitischer Weltbildfabrikation"[175], aus nicht

170 Vgl. Hahnemann: *Texturen des Globalen*. S. 143: „Wo es freilich um Weltgeschichte geht, ist für die Feinfühligkeiten der bürgerlichen Kultur kein Platz; geopolitische Fiktionen sind der Prototyp einer Literatur des Nicht-Privaten und des Anti-Psychologischen." Und weiter heißt es zu den psychologischen Inhalten, wenn sie denn doch mal vorkommen: „Nicht analysiert, sondern in Szene gesetzt werden Ängste und Hoffnungen, die mit der Überkomplexität einer zweiten Industrialisierung und vor allem Technifizierung unter global-politischen Vorzeichen verbunden sind; man kann hier von einer literarischen Kontingenzbewältigung angesichts einer kleiner (also größer) gewordenen Welt sprechen."

171 Vgl. ebd., S. 150 bzw. S. XXXII, FN 87 in diesem Buch.

172 Die Lebensideologie verfügt über eine eigene Periodisierung, bei der Lindner für den Zeitraum von 1890 bis 1955 fünf Phasen der LI-Epoche beschreibt. Vgl. Lindner: *Leben in der Krise*. S. 143.

173 So ist das LI-Denken natürlich keineswegs immer und per se ein rassistisches und/oder national(sozial)istisches Denken.

174 Vgl. Sebastian Donat: „Interferenzen. Überlegungen zur literaturwissenschaftlichen Anschlussfähigkeit eines physikalischen Begriffs". In: Ders. u.a. (Hg.): *Interferenzen. Dimensionen und Phänomene der Überlagerung in Literatur und Theorie*. Innsbruck 2018. S. 11–22.

175 Hahnemann: *Texturen des Globalen*. S. 294.

erkannten Überschneidungsbereichen von anderen ideologischen „Quellen“ her ins Bild laufen.[176]

In einer vermittelnden Lektüre lassen sich die Beobachtungsfelder ‚Leben‘ und ‚Raum‘ also sehr wohl als einander überlagernd erkennen. Ein Ansatz für die Implementierung einer dritten Kategorie, den ‚Stoff‘ (im Sinne von synthetischen Substanzen und Materialien), der das Aktionsfeld umfassend mitgestaltet, liegt in der Feststellung unterschiedlicher Akzente hinsichtlich der Plot- beziehungsweise Figurenpsychologie in den Bereichen ‚Raum‘ und ‚Leben‘. Während Hahnemann für die geopolitische Literatur aus einem antipsychologischen Impuls[177] eher kollektivpsychologische Zusammenhänge rekonstruiert, führen die literarischen Beiträge und Kommentare zur Lebensideologie, die Lindner analysiert, tendenziell zu individualpsychologischen Konstellationen, denen freilich Kollektivsemantiken (etwa zur „Psychologie“ einer bestimmten Klasse) unterlegt sein können.

Für die Bücher, denen die vorliegende Untersuchung sich widmet, sind beide Konzepte, ‚Leben‘ und ‚Raum‘, gemeinsam mit ihren zugehörigen Denkumgebungen, eminent wichtig. Im Verhältnis beider Sphären gilt es, einen dritten Mitspieler zu verorten, der sich maßgeblich durch ein Nachdenken über ‚Stoffe‘ auszeichnet. Es gilt weiterhin, die beiden ersten Akteure und diesen neuen in ihren Funktionen zu charakterisieren. Die Kategorie ‚Leben‘ übernimmt die Funktion eines metaphorischen Katalysators, der es vermag, selbst unverändert, Prozesse in seiner Umgebung anzustoßen und verschiedene Modelle ideologisch zu grundieren. Die Lebensideologie hüllt also die beiden anderen Sphären ‚Stoff‘ und ‚Raum‘ gewissermaßen ein, sodass diese beiden innerhalb einer Kultur, die als lebensideologisch bezeichnet werden kann, in ein wechselseitiges Verhältnis zueinander treten. Demnach strukturiert das ‚Leben‘ als Ideologiekonvolut neben vielem anderen auch das Kontaktgebiet dieser beiden Sphären, auf dem spezifische Aushandlungsprozesse stattfinden können. Kontakt ist dabei als schwächere Form einer Durchdringung gedacht, die zudem zeitliche und situative Abstufungen erlaubt. Einfach gesagt kann der ‚Stoff‘ mit dem ‚Raum‘ letztlich auch soweit interferieren, dass er ‚Raum‘ wird. Die Bücher mit Stoffbezug können sehr enge Verbindungen der beiden Sphären herstellen, ohne sie konzeptuell voll zur Deckung zu bringen. Das wird etwa deutlich in der Modellierung einer bestimmten, neu semantisierten

---

176 Hier liegt, eventuell zu lakonisch formuliert, eine mögliche Kritik am Interferenz-Modell, das sich über die „Quellen“ seiner Überlagerungsfelder stets im Vorhinein klar zu sein hat und darum Gefahr läuft, nur zu „sehen“, was sich auf die vorher benannten Impulsgeber zurückführen lässt.

177 Vgl. Hahnemann: *Texturen des Globalen*. S. 143.

'Tiefen'-Dimension, die der ,deutsche' Raum *als* Raum der Synthese braucht, um neue Erzeugnisse mental an die Kategorie des ,Eigenen' zu binden, und die zugleich eine Realisierung lebensideologischer Psychologie darstellt, bei der in der ,Tiefe' das ,Leben' in seiner Reinform verortet wird.[178] Viele synthetische Stoffe werden beispielsweise aus Steinkohlenteer als Ausgangsstoff gewonnen, der wiederum als Inkarnation eines prähistorischen (eher ahistorischen) ,Deutschen Waldes' begriffen wird. Die ,Tiefe', aus der der alte Wald als Kohle räumlich kommt, ist dann zugleich eine ,Lebens-Tiefe' mit unterschiedlichen Konnotationen (,Ursprünglichkeit', ,Reinheit', ,kulturelle Unversehrtheit' und ganz allgemein ,Referenz'). Der geförderte Stoff behält etwas von dieser räumlichen Semantik, die zur Legitimierung des späteren „Kunststoffs", etwa der Markierung seines eigentlich natürlichen Charakters, genutzt werden kann und darüber hinaus, in seiner räumlichen Verortung und deren semantischer Bearbeitung durch die Bücher, an Konzepte des „deutschen Kolonialidiskurses" anschließt.

Das neue Modell sei also zunächst als lebensideologisch gefärbtes Kontakt- und Verhandlungsfeld der Sphären ,Raum' und ,Stoff' gedacht, das für die untersuchten Texte als ergiebig groß angenommen wird, um die Existenz eines Hybridgenres von „Büchern mit Stoffbezug" zu postulieren. Die polaren Wertschemata, die für das ,Leben' in der abstrakten Gegenüberstellung von ,Leben' und ,Nicht-Leben' und für den Raum im ,Diesseits' und ,Jenseits' einer topographischen Grenze bestehen, werden durch den ,Stoff' und die Oppositionen, die er mitbringt und in beide Sphären einzuspeisen vermag, dynamisiert und neu kodiert, ohne die früheren Prämissen je ganz aufgeben zu müssen. Bei diesen Oppositionen handelt es sich um die Dichotomie von ,künstlich' und ,natürlich' sowie die, topologische Grenzen mit aufrufende, Unterscheidung von ,Eigenem' und ,Anderem'. Die Bücher mit Stoffbezug stellen also eine wichtige vernachlässigte Etappe innerhalb der LI-Epoche dar. An ihnen wird die große Rolle der Entwicklung synthetischer Stoffe, vor allem als Ersatz für, etwa durch den Verlust ihrer natürlichen Lagerstätten in den Kolonien oder andere (geo) politische Verschiebungen, nicht (mehr) zu gewinnende Ressourcen deutlich. Dies gibt schließlich neuen Aufschluss darüber, in welcher Form die durch den Verlust der Kolonien erlittene „Kränkung" kollektiv bearbeitet wurde.

Über die Konzepte ,Stoff' und ,Synthese' werden in den Büchern des Korpus die Ebenen von individueller und kollektiver Psychologie gewissermaßen synthetisiert. So werden die Entdeckung und Entwicklung neuer ,Stoffe' als Angelegenheit des Einzelnen behandelt, die in psychologisierter Form auch die Interaktion des Forschers mit seiner Umgebung semantisch „versorgt"

178 Vgl. Lindner: *Leben in der Krise*. S. 7.

(beispielsweise wenn chemische Prozesse mit privaten korreliert werden und die Entdeckung eines ‚Stoffs' durch den Forscher mit einer Schwangerschaft seiner Frau zusammenfällt, sodass der Text ‚Chemie' als eine Sphäre markiert, in der implizit auch ‚Zeugung' verhandelt wird). Zugleich wird bei den Büchern, die von der Programmatik des Vierjahresplans affiziert sind, genau diese Vereinzelung von Forschung und Entdeckung, also die Bindung der Synthese an das Individuum, recht zügig zum Problem. ‚Wissenschaft' und ‚Synthese' sind innerhalb dieser Programmatik nur legitim, wenn sie die Einsicht teilen, dass es sich bei ihren Themen um „Lebensfragen des deutschen Volkes" handelt. Dieses gesamtgesellschaftliche Interesse ist mit einer privat betriebenen und von individuellen Befindlichkeiten abhängigen Chemie nicht vereinbar und erkennt im Forscher, der als außergewöhnliches Individuum am Rand des Unbekannten arbeitet und dadurch potenziell eine Nähe zum ‚Wahnsinn' aufweist, oder den gesellschaftliche Hindernisse an der Realisierung seiner synthetischen Potenziale hindern, eine Gefahr für das Projekt nationaler Souveränität. Allerdings gehört diese Feststellung zu jenen Ideologemen, die innerhalb der Texte noch nicht sujetlos geworden und also von Text zu Text neu zu verhandeln sind.[179] Ziel der Texte ist es dann, das Prinzip der ‚Synthese' von seinen chemischen Implikationen her auch als Organisator der sozialen Gefüge zu denken und den ‚Verbund' und die ‚Austauschbarkeit' der Fortschritte im Wissenschaftssystem quasi-synthetisch gegenüber Privatlabor und Individuum aufzuwerten.[180] Individualität als Problem und Kollektivität als erst herzustellende Lösung bilden einen Ausgangspunkt für das psychologische Modell einer durch den ‚Stoff' prozessierten mental-gesellschaftlichen Synthese, in dem die Lebensideologie zu ihrer kollektivpsychologischen Gestalt kommt.

---

179 Die Texte machen das unterschiedlich und mit Anleihen aus verschiedenen Bereichen: etwa über eine Verhärtung der psychologischen Struktur durch Übernahme der ‚kalten Persona' des Kriegers (*Alumnit*), durch Akteur-Netzwerke, die das soziale Scheitern einzelner Genies auffangen (*Anilin*) und generell in beinahe allen Texten durch eine umfassende Politisierung der Handlung. In anderen Fällen ergeben sich aus den „Schwächen" des Forschers (bspw. seiner Verführbarkeit durch Frauen) auch spannungssteigernde Plotstrukturen, vor allem im Zusammenhang mit Spionage und Sabotage (*Kautschuk, Der Kupferdoktor*).

180 Flankiert wird dieses Projekt durch die arbeitsteilige Übernahme der Einübung antiprivaten ‚Synthese-Wissens' durch die parallel erscheinenden Sachbücher zum Vierjahresplan, etwa von Anton Zischka und anderen. Einige Beispiele sind Erwin Barth von Wehrenalp: *Farbe aus Kohle* (1937), Wolfgang Jünger: *Kampf um Kautschuk* (1937), Walter Greiling: *Chemie erobert die Welt* (1938), Hans Joachim Flechtner: *Die Welt in der Retorte* (1938), Walther Pahl: *Weltkampf um Rohstoffe* (1939), Robert Bauer: *Zellwolle siegt* (1941) oder Georg Schulze: *Völkerwohlstand und Weltwirtschaft* (1942).

Eine wichtige ‚Raum‘-Referenz der Bücher mit Stoffbezug besteht in der ‚Kolonie‘, die sich thematisch weiter auffächert, deren Bearbeitung aber stets im Verlust der deutschen „Schutzgebiete“ ihren Ausgangspunkt hat. Von dort aus eignet sich das Konzept auf unterschiedliche Weise entweder für die Ausgestaltung revanchistischer Modelle, indem Deutschland als die bessere Kolonialmacht beziehungsweise die Imperien der anderen Staaten als mangelhaft dargestellt werden, oder zur Vorstellung von Deutschland als selbst von den „Siegermächten“ besetzter Kolonie. Oft treten beide Modelle in Kombination auf beziehungsweise bespielen denselben revanchistischen Zusammenhang. In den Büchern mit Stoffbezug erscheint das eigene Land schließlich selbst als ein erst noch zu kolonisierender Raum, dessen Rohstoffquellen, da sie verborgen in Syntheseprozessen, den Retorten und nicht zuletzt den Köpfen der als Chemiker arbeitenden „Söhne“ des Landes liegen, noch gar nicht vollständig bekannt und erschlossen sind und aus einer räumlichen, historischen und semantischen ‚Tiefe‘ ans Licht gebracht werden müssen oder, je nach Einsatzpunkt der Bücher, der eigene Raum nachträglich ‚neu‘, als bereits vollständig synthetisch durchdrungen erkannt werden muss. Ein einschlägiges Beispiel hierfür ist wiederum der Steinkohlenteer, über den Deutschland massenhaft verfügte und der zur Grundlage für die gesamte Farbstoffindustrie wurde. Seine Entstehung als wertloses Nebenprodukt, etwa bei der Herstellung von Leuchtgas, führte zunächst zu seiner Klassifikation als Abfall von frühen und mittleren Industrialisierungsprozessen und damit als Ballast von Modernisierung. Die Erschließung seiner diversen Bestandteile[181] machte ihn jedoch in der Mitte des 19. Jahrhunderts zur Schlüsselsubstanz, deren schier unerschöpflicher Inhaltsreichtum den Chemikern als Wiederkehr einer Art „Ursuppe“ erschien. Dass dieser ‚Stoff‘ nicht importiert wird, sondern aus dem eigenen ‚Tiefen‘-Raum kommt, dementsprechend „tellurische“ Merkmale hat, gleichzeitig aber, als Beiwerk chemischer Prozesse, auch dem Bereich der Industrie angehört, macht ihn sowohl zum Repräsentanten von (Ur-)Geschichte, als auch zum Signifikant für das ‚Neue‘ und zum stofflichen Korrelationsort von ‚Raum‘ und ‚Leben‘.

Eine solche vom ‚Stoff‘ akzentuierte Beziehung zwischen ‚Raum‘ und ‚Leben‘ begegnet in den Büchern des Korpus häufiger, beispielsweise auch dann, wenn ein mit ‚Leben‘ korrelierter ‚Stoff‘, etwa ein bestimmtes Medikament, eine gleichfalls mit ‚Leben‘ korrelierte Grenze überschreitet, worunter auch eine Körpergrenze verstanden werden kann. Passiert ein ‚Stoff‘ in einem Buch mit

181 Vgl. exemplarisch die Arbeit von August Wilhelm Hofmann: „Chemische Untersuchung der organischen Basen im Steinkohlen-Theeröl“. In: *Annalen der Chemie und Pharmacie* 47 (1843), S. 37–87.

Stoffbezug jene Grenze in den Körper hinein, tut er dies bemerkenswerterweise zumeist nicht in Deutschland, sondern in Räumen des globalen Südens, die ihrerseits mit gesteigertem ‚Leben' verbunden sind. Das gilt etwa für die Behandlung der Schlafkrankheit in mehreren nicht-‚deutschen' Kolonien auf dem afrikanischen Kontinent mit dem Medikament *Germanin* (1938) im gleichnamigen Buch von Hellmuth Unger, für das Blutdoping der Arbeiter im *Kupferdoktor* (1939) von Fritz Peil, der vom Abbau von Metallerz in Chile handelt, oder für Rudolph Brunngrabers *Heroin* (1952), der ein Dokumentarfilmteam zur Erkundung der Rauschgiftsucht nach Ägypten „begleitet". Gelangen synthetische ‚Stoffe' durch Schlucken, Spritzen oder Strahlen in ‚deutsche Körper' auf ‚deutschem Boden' und reflektieren die Texte das selbst auf der Handlungsebene, so geschieht dies beinahe immer in Texten mit deutlicherem Dokument- und Faktographiecharakter, wie etwa der I.G. Farben-Broschüre *Erzeugnisse unserer Arbeit*. In stark narrativen Texten, die sich selbst als Roman deklarieren, ist der höchste Approximationsgrad, den künstliche Stoffe an diesen ‚deutschen' Körper erreichen dürfen, zumeist schon beim Strumpf aus Bembergseide erreicht, mit dem Doris in Irmgard Keuns *Das kunstseidene Mädchen* ihren Beinen den „Glanz" verleiht.[182]

Das Verhältnis zwischen ‚Stoff', ‚Raum' und ‚Leben' ist in den Büchern mit Stoffbezug also vielgestaltig, intrikat und gegenüber anderen Textgruppen speziell. Vom ‚Leben' kann gesagt werden, dass es die beiden anderen Elemente strukturiert, ohne von diesen strukturiert zu werden. Die Merkmale, über die es eventuell aus spezifisch ‚stofflicher' Sicht verfügt, stellen Varianten von im System bereits vorhandenen Ideologemen und damit keine genuinen Neueinsätze dar.[183] ‚Stoff' und ‚Raum' sind besonders eng verkoppelt und beeinflussen

182 Diese Beobachtung gilt freilich nur für die ausgemachten Bücher mit Stoffbezug. Es gibt aber auch davon abgesehen in den mittleren und späten Dreißiger Jahren nicht viele Texte, in denen ‚Stoffe' in den Körper eindringen, deren Handlung in Deutschland spielt (bspw. Max Brods wenig bekannten Kokain-Roman *Annerl* (1937)). Zuvor gab es das eher, etwa in Norbert Jacques' *Dr. Mabuse der Spieler* (1920) sowie *Das Testament des Dr. Mabuse* (1950, bereits 1932 fertiggestellt) oder den Arzt-Romanen von Ernst Weiß. Zugleich stellen die Texte hier einen merkwürdigen, in ihrem Verlassen des ‚deutschen' Raums „nervösen" Bezug zu den späteren grausamen Körperverwertungspraktiken des Holocaust dar. In der Rohstoff-Debatte finden sich zur selben Zeit schon makabre epistemologische Spuren davon im Nachdenken über die „Verwertung des Wertlosen" (so ein Buchtitel von Claus Ungewitter, Berlin 1938), zum Beispiel bei möglichen Einsatzfeldern von Tierkadavern. Vgl. bspw. Wolfgang Schneider: „Der Knochen als Rohstoff". In: *Der Vierjahresplan* 2 (1938), H. 8. S. 462–465.

183 Das mag sich auch aus der epistemologischen Weite des Konzepts ‚Leben' ergeben, dem Lindner die Einführung einer „Unbestimmtheitsrelation" „für die Erkenntnis des menschlichen Lebens" zuschreibt, mithin also den Verdienst der Lebensideologie in einer

die Werte der jeweils anderen Sphäre so immens, dass praktisch keine eigenständigen Zweierbeziehungen dieser beiden zum Bereich ‚Leben' mehr denkbar sind, die nicht von Wechselwirkungen mit der jeweils anderen Größe zeugen. Die Gesamtheit der Beziehungen zwischen den drei Größen ‚Stoff', ‚Raum' und ‚Leben' ergibt ein System, das die Texte des Korpus auf spezifische Weise strukturiert und das als synthetischer Kolonialismus weiter konturiert wird.

Das Raumkonzept der Bücher mit Stoffbezug 2: synthetischer Kolonialismus

Hahnemann sieht in der (deutschsprachigen) geopolitischen Literatur zwischen 1918 und 1933 „eine auf den globalen Raum ausgerichtete grenzenlose Wunschenergie"[184], deren Ziel „die politische Aufwertung des Vaterlandes"[185] ist. Das Begehren danach ergibt sich nicht zuletzt aus einer Reihe von Kränkungen, als deren „schmachvollste" die Bedingungen des Versailler Friedensvertrags und der daraus resultierende Verlust der deutschen „Schutzgebiete" gesehen werden. Hieraus ergeben sich Tendenzen einer marginalisierten Selbstwahrnehmung, in der Deutschland als „Avantgarde der Unterdrückten"[186] erscheint. Timm Ebner hat in seiner Studie zur *Nationalsozialistischen Kolonialliteratur* dargestellt, wie sich diese Selbstmarginalisierung in Aussagen manifestiert, in denen Deutschland als ‚Kolonie' verschiedener „Mächte" erscheint: „Versailles sei ‚*Versklavungspakt*', Deutschland ‚*Kuli der Welt*', ‚Plantage des Weltkapitals', ‚Sklave der Entente-Nationen' oder ‚Wallstreetkolonie'."[187] Ebner sieht diese Tendenz bereits vor dem Ersten Weltkrieg, auch hier im Zusammenhang mit dem deutschen Kolonialismus, und findet dabei Unterstützung in der These eines „deutschen Sonderwegs", der das Land hinsichtlich seiner Kolonialpolitik von den anderen „Großmächten" abgrenzt. Das Deutsche Reich, so der mentalitätsgeschichtliche Kernpunkt der These, würde sich, als zu spät Gekommener in den Reihen der Kolonialstaaten, einerseits durch eine imitative Kolonialpolitik auszeichnen, die beispielsweise dem Britischen Empire nacheifere und dessen Vertreter dementsprechend, als gehetzte Emporkömmlinge, bestimmte Manien und Neurosen ausbilden, die etwa als „Tropenkoller" pathologisiert

---

Erhöhung des Komplexitätsgrads von im weitesten Sinn anthropologischer Erkenntnis sieht. Vgl. Lindner: *Leben in der Krise*. S. 14.

184 Hahnemann: *Texturen des Globalen*. S. 169.

185 Ebd., S. 170.

186 Ebd., S. 164.

187 Ebner: *Nationalsozialistische Kolonialliteratur*. S. 35 (Herv. im Orig.).

und zeitgleich literarisiert werden.[188] Hierüber würden Effekte und affektive wie materielle Überschüsse beschleunigter Industrialisierung und gesteigerten Konsums, das „Hasten des modernen Lebens"[189], wie Karl Lamprecht es beschreibt, gewissermaßen extraterritorial, zum Beispiel im Erwerb von Kolonien und in der dortigen Betätigung, abgeführt.[190] So entsteht eine enge Verbindung von Kolonialismus und kapitalistischer Modernisierung, aber auch eine Nähe dieses Komplexes zu Medien und Psychologie als Herrschaftstechniken, wenn die deutschen Kolonisatoren als Akteure einer nationalen „Neurasthenie" gesehen werden, deren Aufenthalt in den Kolonien immer auch als therapeutische Affektentladung konzipiert ist.[191]

---

188 Patron des „Tropenkoller"-Konzepts ist unter anderem der Kulturhistoriker Karl Lamprecht mit seinen berüchtigten Studien *Zur jüngsten deutschen Vergangenheit*, in denen der einschlägige Satz vorkommt: „Man weiß, wie diese Freiheit des Auslandes für gar manchen Deutschen die berauschende Wirkung des Willkürlebens gehabt hat; der Tropenkoller wird immer als eine der merkwürdigsten Kinderkrankheiten der deutschen Expansion betrachtet werden." In: Karl Lamprecht: *Zur jüngsten deutschen Vergangenheit.* Erg.-Bd. 2, 2. Hälfte: *Innere Politik. Äußere Politik*. Freiburg/Br. 1904. S. 609. Beispiele für literarische Bearbeitungen dieser „Krankheit" gibt es zuhauf, besonders einschlägig sind u.a. Frieda von Bülow: *Tropenkoller. Episode aus dem deutschen Kolonialleben* (1896), Henry Wenden: *Tropenkoller* (1904) und später Robert Müller: *Tropen. Der Mythos der Reise. Urkunden eines deutschen Ingenieurs* (1915). Für einen guten Überblick über das Konzept vgl. Stephan Besser: „Tropenkoller. 5. März 1904: Freispruch für Prinz Prosper von Arenberg". In: Alexander Honold & Klaus R. Scherpe (Hg.): *Mit Deutschland um die Welt. Eine Kulturgeschichte des Fremden in der Kolonialzeit*. Stuttgart, Weimar 2004. S. 300–309.

189 Karl Lamprecht: *Zur jüngsten deutschen Vergangenheit*. Erg.-Bd. 2, 1. Hälfte: *Wirtschaftsleben. Soziale Entwicklung*. Freiburg/Br. 1903. S. 253.

190 Vgl. hierzu Thomas Schwarz: „Die Kultivierung des kolonialen Begehrens. Ein deutscher Sonderweg?". In: Alexander Honold & Oliver Simons (Hg.): *Kolonialismus als Kultur. Literatur, Medien, Wissenschaft in der deutschen Gründerzeit des Fremden*. Tübingen, Basel 2002. S. 85–103, hier S. 86.

191 Beiträge zur Mediengeschichte des deutschen Kolonialismus sind in den letzten Jahren vermehrt erschienen; eine umfassende Darstellung bleibt aber weiter Desiderat. Beispiele sind u.a. der auch für verschiedene methodische Zugänge interessante Sammelband von Ulrike Bergermann & Nanna Heidenreich (Hg.): *Total. Universalismus und Partikularismus in post_kolonialer Medientheorie*. Bielefeld 2015, für die Erforschung eines Einzelmediums bspw. Felix Axster: *Koloniales Spektakel in 9x14. Bildpostkarten im Deutschen Kaiserreich*. Bielefeld 2014, für den wissensgeschichtlichen Blick auf Medien und Kolonialismus die Beiträge unter der Rubrik „Medien" in Rebekka Habermas & Alexandra Przyrembel (Hg.): *Von Käfern, Märkten und Menschen. Kolonialismus und Wissen in der Moderne*. Göttingen 2013, für das Verhältnis von Kolonialismus und körperinvasive Medien (nicht nur aus der Medizin) Linda Ratschiller & Siegfried Weichlein (Hg.): *Der schwarze Körper als Missionsgebiet. Medizin, Ethnologie und Theologie in Afrika und Europa 1880–1960*. Köln 2016, für die Pressegeschichte nur formal mediengeschichtlich vgl. Christian Methfessel: *Kontroverse Gewalt. Die imperiale Expansion in der englischen und deutschen Presse vor dem Ersten Weltkrieg*. Köln 2019 und schließlich als pointierten Einstieg in das Feld kolonialer

Die These vom „deutschen Sonderweg“ wird andererseits auch dahingehend ausgelegt, dass das Verhalten der Deutschen im Gegensatz zu dem anderer Kolonisatoren in der kolonialen Praxis, aber auch in den politischen Debatten zum Thema, von größerer Empathie, einem Modus der Identifikation mit der einheimischen Bevölkerung und weniger dem Paradigma einer *White Man's Burden*[192] geprägt gewesen sei.[193] Dieses Verhalten, das etwa von Berman auf die, im Vergleich zu den europäischen Großmächten, im Deutschen Reich weniger stabil ausgeprägten Konzepte von ‚nationaler

---

Bildpraktiken (stellvertretend für die recht umfangreiche Forschung zu diesem Thema) Jens Jäger: „‚Heimat‘ in Afrika. Oder: die mediale Aneignung der Kolonien um 1900“. In: *zeitenblicke* 7 (2008), Nr. 2. Digital verfügbar unter: http://www.zeitenblicke.de/2008/2/jaeger (zuletzt abgerufen am 10.9.2021).

192 Der Begriff geht zurück auf ein gleichnamiges Gedicht Rudyard Kiplings, das im Februar 1899 in einer Zeitschrift und 1903 in der Sammlung *Five Nations* erschien und in dem die USA dazu aufgefordert werden, in den frisch eroberten Philippinen nun eben die „Bürde des weißen Mannes“ anzunehmen, was bedeutet, die neugewonnenen, unzivilisierten Völker („Your new-caught, sullen peoples/Half-devil and half-child.“, V. 7f.) der eigenen Vorstellung von ‚Zivilisation‘ und ‚Kultur‘ anzugleichen. Kolonialismus erscheint in diesem Zusammenhang nicht als einträgliches Geschäft, sondern als spirituelle Pflicht, die mit dem Undank derer gestraft wird, denen sie hilft („And reap his old reward:/The blame of those ye better,/The hate of those ye guard –“, V. 34ff.) und als Mannbarkeitsprojekt vergolten wird durch das Urteil der Ebenbürtigen (Comes now, to search your manhood/Through all the thankless years/Cold-edged with dear-bought wisdom,/The judgment of your peers!“, V. 53–56). In: Rudyard Kipling: „The White Man's Burden“. In: Ders.: *Collected Works*. Bd. 24: *The Seven Seas. Five Nations. The Years Between*. New York 1970. S. 221–223. Möglicherweise referiert Kiplings Prägung wiederum auf die historische, eurozentrisch-kolonialistische Bezeichnung West- und Zentralafrikas als „white man's grave“, die auf die hohen Verluste unter Missionaren und anderen Kolonisator_innen verweist, die mit den örtlichen Lebensbedingungen und Krankheiten wie Malaria begründet wurden. Vgl. zum Begriff: James Morris Blaut: *The Colonizer's Model of the World. Geographical Diffusionism and Eurocentric History*. New York, London 1993. S. 78f. Dort auch der Hinweis, dass die meisten der in den Kolonialgebieten grassierenden Krankheit wie etwa Typhus, Masern oder Diphtherie, nicht als spezifisch „tropisch“ bezeichnet werden können. Für Kiplings Gedicht als Geste vor allem sprachlicher Macht vgl. David Spurr: *The Rhetoric of Empire. Colonial Discourse in Journalism, Travel Writing and Imperial Administration*. Durham, London 1993. S. 113f.

193 Vgl. hierzu etwa Berman: *Enlightenment or Empire*. S. 10: „To the extent, however, that German colonial discourse does indeed leave considerable room for direct identification with the colonized […] this specificity indicates both a different colonial discourse in this, the other empire, as well as a different national self-understanding in Germany, whose *Sonderweg*, its special mode of modernization, rendered it the other in Europe.“ (Herv. im Orig.) Vgl. hierzu außerdem Rolf Parr: *Die Fremde als Heimat. Heimatkunst, Kolonialismus, Expeditionen*. Konstanz 2014. Parr untersucht u.a. den ‚deutschen‘ Blick auf die Buren, der sich hier als Beispiel für beides eignet: ‚Identifikation‘ mit den (hier durch die Briten) Kolonisierten und (davon ausgehend) eine Selbstwahrnehmung als Kolonisierte.

Identität' und ‚Souveränität' zurückgeführt wird[194], habe mutmaßlich bewirkt, dass „Alterität [...] in diesem Zusammenhang zum Gegenstand eines ‚heterophilen' Begehrens werden [konnte]"[195]. Deutschland hätte, so Berman, bei der Ausbildung eines eigenständigen Nationalismus eher auf kulturelle Identifikation rekurriert als, wie etwa Frankreich und England, auf „national power".[196] Dass hieraus allerdings nicht der Schluss gezogen werden darf, das Deutsche Reich wäre in seiner Kolonialpolitik und den Praktiken bei der Ausübung von Herrschaft über die besetzten Gebiete grundsätzlich weniger brutal und rücksichtsloser als die Akteure aus Großbritannien, Frankreich, Belgien und anderen Staaten, oder gar wirklich „verständnisvoll" vorgegangen, zeigen neuere Forschungen hinreichend.[197]

---

194 Vgl. Berman mit Verweis auf die Beziehung zwischen James Cook und seinem Begleiter Georg Forster: „The relationship between Cook and Forster is also emblematic of the relationship between England and Germany in colonial matters. The junior partner, Germany, is always lagging behind and increasingly obsessed with a need to imitate. Germany is, so to speak, always the other empire, and the capacity of the German authors to envision a German imperial sweep is often shaped by the secondary status. It is an empire that is staged in opposition to (or in imitation of) England and therefore must sometimes claim to be better; or, it is an empire that is staged differently than the empire of the English and organized around tropes of empathy with the colonized." In: Russell A. Berman: *Enlightenment or Empire. Colonial Discourse in German Culture.* Lincoln, London 1998. S. 10.

195 Schwarz: *Kultivierung des kolonialen Begehrens.* S. 98. Vgl. für die Stelle im Original Berman: *Enlightenment or Empire.* S. 135: „Alterity may become the object of a heterophile desire rather than the object of heterophobic displacement by the British ‚white man's burden' or a francophone mission of civilization."

196 Vgl. Berman: *Enlightenment or Empire.* S. 135.

197 Vgl. bspw. Daniel Karch: *Entgrenzte Gewalt in der kolonialen Peripherie. Die Kolonialkriege in „Deutsch-Südwestafrika" und die „Sioux Wars" in den nordamerikanischen Plains.* Wiesbaden 2019 sowie den Sammelband von Jürgen Zimmer & Joachim Zeller (Hg.): *Völkermord in Deutsch-Südwestafrika. Der Kolonialkrieg (1904–1908) in Namibia und seine Folgen.* 3., aktual. Aufl. Berlin 2016, weiterhin Medardus Brehl: *Vernichtung der Herero. Diskurse der Gewalt in der deutschen Kolonialliteratur.* Paderborn 2007. Für einen nicht grundsätzlichen, aber graduellen Unterschied, gerade mit Blick auf die Politik der Deutschen Kolonialbehörden gegenüber den Herero, argumentiert mit Bezug auf die zeitgenössische Diskussion Susanne Kuß: *Deutsches Militär auf kolonialen Kriegsschauplätzen. Eskalation von Gewalt zu Beginn des 20. Jahrhunderts.* Berlin 2010. Ein Detail, die implizite Duldung von Sklaverei in Deutsch-Ostafrika, erwähnt Michael Zeuske: *Handbuch Geschichte der Sklaverei. Eine Globalgeschichte von den Anfängen bis zur Gegenwart.* Berlin, Boston 2013. S. 561f. Durch Untersuchung der deutschen Kolonialpädagogik entsteht das Bild einer gegenüber anderen Kolonialmächten sogar verschärften Gewalt der Deutschen, vgl. Sabine Wilke: „The Colonial Pedagogy of Imperial Germany. Self-Denial in the Interest of the Nation". In: Balachandra Rajan & Elizabeth Sauer (Hg.): *Imperialisms. Historical and Literary Investigations 1500–1900.* London 2004. S. 237–253, zu Berman insb. S. 239ff.

Das Konzept einer „empathischen Kolonialmacht“ taugt aufgrund seiner merkwürdigen Übertragung individualpsychologischer Thesen auf das Kollektiv der deutschen Entscheidungsträger sicher nicht für die Bewertung konkreter Machtausübung und findet auch in einem Großteil der die Herrschaftspraxis umgebenden Debatten keinen soliden Widerhall. Konzepte wie der „Sonderweg“ sind daher nicht als Versuche einer Verharmlosung des Kolonialismus, sondern als Aussagen mit einem bestimmten Status zu werten. Berman weist selbst darauf hin, dass der „Kolonialdiskurs“ nicht mit dem „Kolonialismus“ identisch ist, sondern mitunter gar zu ihm widersprüchliche Konzepte ausprägt, dabei aber permanent auf ihn referiert, worin sein analytisches Potenzial liegt.[198] Die entsprechende Semantik eines solchen „Sonderwegs“ lässt sich aus den Aussagen des „Kolonialdiskurs“ als Projekt einer mentalen Kerbung des Raums[199] rekonstruieren und gibt vor allem Informationen darüber, wie der deutsche Kolonialismus sich selbst sah und gesehen zu werden beabsichtigte, ohne, dass das mit seiner historischen ‚Realität‘ besonders viel gemeinsam haben müsste.

Nach 1918 setzt sich die Tendenz zur Selbstmarginalisierung in der Debatte um den Friedensvertrag von Versailles und den dort zur ‚Tatsache‘ erklärten Verlust der Kolonien intensiviert fort und drückt sich nun verstärkt in der Rhetorik eines Kolonisiert-Seins aus. Von diesem Punkt an, beziehungsweise seit dem faktischen Verlust der Kolonien im Verlauf des Ersten Weltkriegs, dem der Versailler Vertrag nur die amtliche Bestätigung verlieh[200], spricht

---

198 Vgl. Berman: *Enlightenment or Empire*. S. 14f.: „In contrast, the studies of colonial discourse in this volume impute a quite different status to ‚discourse,‘ which is understood to designate the social expressions of shared experience. These expressions are necessarily complex, contradictory, and often at odds with experience but nevertheless refer to it. Colonial discourse is therefore the articulation – description, narration, and recollection – of colonial experience; it is not, however, the precondition of colonialism, and its certainly not identical with colonialism.“

199 Vgl., mit Verweis auf Niels Werber, Hahnemann: *Texturen des Globalen*. S. 293. Zum Konzept des „gekerbten Raums“ vgl. zusätzlich grundlegend Gilles Deleuze & Félix Guattari: „1440 – Das Glatte und das Gekerbte“. In: Dies.: *Tausend Plateaus*. Berlin 1992 [1980]. S. 658–694. In korrigierter Übersetzung in Jörg Dünne & Stephan Günzel (Hg.): *Raumtheorie. Grundlagentexte aus Philosophie und Kulturwissenschaften*. Frankfurt/Main 2006. S. 434–446.

200 Bereits Anfang 1916 wurden nahezu alle deutschen Kolonien von Entente-Mächten kontrolliert. Lediglich die Truppe des berüchtigten Oberst (ab 1917 Generalmajor) Paul von Lettow-Vorbeck marodierte mit grauenvollen Folgen für die örtliche Bevölkerung bis zum Waffenstillstand in Europa ohne endgültige Niederlage durch Ostafrika. Vgl. Michael Pesek: *Das Ende eines Kolonialreiches. Ostafrika im Ersten Weltkrieg*. Frankfurt/Main 2010. S. 128ff. zu Lettow-Vorbecks „Safari“ sowie 335f. zum Personenkult um Lettow-Vorbeck

man von einem deutschen „Kolonialismus ohne Kolonien"[201] und akzentuiert damit den, durch den Entzug der ‚realen' Grundlage verstärkten, imaginären Gehalt des Konzepts, wenngleich konkrete Bemühungen um einen Rückerhalt der Kolonien noch einige Jahre andauern und ihr Ende, paradoxerweise, im Nationalsozialismus finden.[202]

Ebner spricht von einer „*allgemeine*[*n*] *intrinsische*[*n*] *Fiktionalität des Kolonialen*"[203] und sieht für dieses Merkmal in der Zeit nach dem Verlust der „Schutzgebiete" nur „ein besonders markantes Beispiel"[204]. Kolonialismus ist nach Ebners Beobachtungen stets auf Fiktionalisierung angewiesen, auch, weil ein Großteil der Bevölkerung der ‚Metropole', jenseits von Kolonialwarenläden und ebenjenen kolonialen Bild- und Textwelten, faktisch niemals in Kontakt mit den besetzten Gebieten und ihren Bewohner_innen getreten sei. Kolonialismus als konkreter Erfahrungsraum sei ein Elitenphänomen und der Rest der Bevölkerung des Kolonialstaats erlebe ihn eben ohnehin „nur" imaginär, in fiktionalisierter Form qua Werbetexte, Erzählungen, Filme und ähnlichem.[205] Das öffnet im kolonialen Schauplatz einen ‚Dritten Raum', an den „nicht nur Phantasmen der Entgrenzung, sondern auch die Phantasmen einer Beherrschung, die bis zur ‚Fernsteuerung' reichte"[206] ausgelagert werden konnten. Das Fiktionalitäts-Modell des Kolonialismus, das Ebner entwickelt, führt zur Freilegung subtiler Doppelbödigkeiten in der Sphäre eines kolonialen Imaginären, über die Verschiebungen des ‚Realen' im ‚Imaginären' als Medieneffekte von Ideologie sichtbar gemacht werden können. Ebner

als „im Feld unbesiegter" Held nach dem Krieg, maßgeblich befördert durch seinen Erinnerungs-Bestseller *Heia Safari! Deutschlands Kampf in Ostafrika* (1920).

201 Vgl. Ebner: *Nationalsozialistische Kolonialliteratur*. S. 24 sowie Horst Gründer: *Geschichte der deutschen Kolonien*. 7. Aufl. Paderborn 2018. S. 253.

202 Vgl. hierzu bspw. van Laak: ‚*Ist je ein Reich, das es nicht gab, so gut verwaltet worden?*'. S. 81ff.

203 Ebner: *Nationalsozialistische Kolonialliteratur*. S. 23 (Herv. im Orig.).

204 Ebd.

205 Das Konzept bedarf freilich genauerer Anschauung, um auch nur schwer als nicht „konkret" deklarierbare Praxiseffekte des Kolonialismus in der ‚Metropole' als letztlich „fiktional" zu verargumentieren. Vgl. etwa Markus Seemann: *Kolonialismus in der Heimat. Kolonialbewegung, Kolonialpolitik und Kolonialkultur in Bayern 1882–1943*. Berlin 2011 sowie für ein Beispiel eines Staates ganz ohne Kolonien Patricia Putschert: *Kolonialität und Geschlecht im 20. Jahrhundert. Eine Geschichte der weißen Schweiz*. Bielefeld 2019. Ebner entwickelt einen spezialisierten Begriff des „Fiktionalen", den er für seine Konzeption der die NS-Kolonialliteratur strukturierenden Figur des ‚Verräters' benötigt und der sich aus den Modellen des ‚Imaginären' nach Lacan und der ‚Weltanschauung', wie Thomé sie versteht, speist. Vgl. hierzu Ebner: *Nationalsozialistische Kolonialliteratur*. S. 10f.

206 Ebner: *Nationalsozialistische Kolonialliteratur*. S. 23 & 283.

weist nach, dass zur Zeit des Nationalsozialismus, während der weiterhin Kolonialliteratur erscheint, wenngleich das Konzept eines deutschen Überseekolonialismus vorläufig eine Absage erfährt, auch die in den Fiktionen geleistete „Selbstkolonisierung maßgeblich zur Kriegsvorbereitung bei[trug], indem sie die Eroberungspolitik zur ‚Notwehr' verklärte, wie es das Schlagwort vom ‚Lebensraum' verdichtete."[207] Auch ohne Rückgriff auf Ambivalenzen, die „dialectical flip-side"[208] der Aufklärung und ihr Kernkonzept, die Vernunft, als *zugleich* Katalysator zivilisatorischen Fortschritts, der seinem Programm nach „emphatisch auf Inhalte (Glück, Gleichheit, Gerechtigkeit u.a.)"[209] ausgerichtet wird, und eine technische Rationalität im Ausgang einer instrumentellen Vernunft, deren „operativer Wert, ihre Rolle bei der Beherrschung des Menschen und der Natur [...] zum einzigen Kriterium gemacht"[210] wird, können so inhärente Paradoxien des Moderne-Prozesses in ihrer imaginären „Verarbeitung" dechiffriert werden. Der Nationalsozialismus ist, nach Ebner, radikal fiktional und zielt, wie oben zitiert, „auf eine *unmittelbare, immediate Immersion* ab, das heißt auf ein unmittelbares ‚Eintauchen' in eine ‚universale' Vorstellungswelt"[211], die bis auf das Niveau des Einzelnen und seiner Wahrnehmung mit einer umfassenden, einheitlichen „Vorstellungswelt" verschmelzend, oder auch „synthetisierend", wirkt. Eine so umfassend gedachte ideologische Einheit wird fortwährend durch ihre „medialen Bedingtheiten, [den] Rahmen oder die Leinwand der Immersion", wie Ebner es nennt, gestört[212]:

> Eine der größten Paradoxien der NS-‚Weltanschauung' besteht darin, dass sie fortwährend von ihren Störungen verfolgt wird, *und zwar gerade deshalb, weil sie versucht, ihre eigene mediale Bedingtheit zu verleugnen.* Die Störung ist der unweigerliche Effekt von Unmittelbarkeitsutopien wie der ‚Volksgemeinschaft', der ‚Einheit von Volk und Führer', der ‚Weltanschauung'. Insofern sind die Produkte der nationalsozialistischen „Mediendiktatur" ein Paradebeispiel für jene paradoxen modernen „Medien des Immediaten" beziehungsweise „Medien

---

207 Ebd., S. 283.

208 Leslie: *Synthetic Worlds*. S. 9.

209 Lange: *Literatur des technokratischen Bewußtseins*. S. 53.

210 Vgl. ebd. sowie für das Zitat Max Horkheimer: „Zur Kritik der instrumentellen Vernunft". In: Ders.: *Gesammelte Schriften*. Bd. 6: *‚Zur Kritik der instrumentellen Vernunft' und ‚Notizen 1949–1969'*. Hg. v. Alfred Schmidt. Frankfurt/Main 1991 [1947]. S. 21–186, hier S. 42.

211 Ebner: *Nationalsozialistische Kolonialliteratur*. S. 10 (Herv. im Orig.), vgl. auch S. XXXIII, FN 88 in diesem Buch.

212 Ebd.

> der Unmittelbarkeit“, deren übersteigerte Mimesis dem Anspruch nach ihre Medien überschreitet und einen Zugang zum ‚Realen‘ herstellt.[213]

Für die von ihm untersuchten Texte identifiziert Ebner den ‚Verräter‘ als zentrale Figur, *„in dessen Gestalt die medialen Störungen von der Immersion abgespalten werden“*[214] und der so zur Ermöglichungsbedingung einer universalen ‚Weltanschauung‘ wird. An den Büchern mit Stoffbezug soll gezeigt werden, dass ähnliche Text/Bild-Figuren nicht nur in die (fiktionalisierte) koloniale Peripherie delegiert wurden, sondern auch Teil eines bestimmten ‚Raum‘/‚Stoff‘-Phantasmas im ‚eigenen‘ Land waren. Nachdem der Überseekolonialismus strukturell und politisch an Bedeutung verloren hatte, wurde besonders *ein* diskursiver Strang in dieser Hinsicht zum neuen „Liebling“ einer offiziellen Debatte, nämlich der um den synthetischen (Roh-)Stoff, dessen Literarisierung von Beginn an effektiver als „neu“ politisiert werden konnte, als etwa die etablierten Sujets des geopolitischen Zukunftsromans.[215] Neben der für die Kolonialliteratur konstitutiven Struktur aus ‚Verschwörung‘ und ‚Verräter‘, die gemeinsam die durch universale ‚Weltanschauung‘ hergestellte Einheit der ‚Gemeinschaft‘ bedrohen, ist für die Bücher mit Stoffbezug vor allem eine spezifische Variante von Kolonialismus konstitutiv, die ebenfalls mit der Regulierung einer ‚Störung‘ beschäftigt ist und das bearbeitet, was Schivelbusch die „Kultur der Niederlage“ genannt hat. Sie führt unter bestimmten Umständen zur Schaffung einer „neurotisch-halluzinatorische[n] Ersatzwelt“, „in die sich das traumatisierte, zum realen Gegenschlag nicht fähige (und zu der den Verlust akzeptierenden Trauerarbeit nicht willige) Ich zurückziehen und in der es sich austoben kann.“[216]

Wird Ebners Modell noch näher an das hier zur Debatte stehende Korpus herangeführt, scheint auch das Mimesis-Konzept seiner Arbeit für eine Übertragung auf den synthetischen ‚Stoff‘ zunächst suggestiv, verspricht es doch, das Verhältnis von ‚Echtem‘ und ‚Künstlichem‘ treffend einzufangen:

> Den Mimesisbegriff verwende ich im Folgenden für Formen der Repräsentation, die das Repräsentierte nicht nur symbolisch ‚vertreten‘, sondern es auch *simulieren*, indem sie seine ästhetischen Eigenschaften *nachahmen*.[217]

---

213 Ebd. (Herv. im Orig.) Für die in Anführungszeichen stehenden Begriffe „Mediendiktatur“ und „Medien des Immediaten“ vgl. Florian Sprenger: *Medien des Immediaten. Elektrizität, Telegraphie, McLuhan*. Berlin 2012.

214 Ebner: *Nationalsozialistische Kolonialliteratur*. S. 11 (Herv. im Orig.).

215 Vgl. Hahnemann: *Texturen des Globalen*. S. 146.

216 Wolfgang Schivelbusch: *Die Kultur der Niederlage. Der amerikanische Süden 1865. Frankreich 1871. Deutschland 1918*. Berlin 2001. S. 38.

217 Ebner: *Nationalsozialistische Kolonialliteratur*. S. 10, FN 4 (Herv. im Orig.).

Dieses Verhältnis lässt sich problemlos auf den synthetischen Stoff als nicht nur substituierenden Vertreter des natürlichen Rohstoffs, sondern seine vollständige, oft sogar bessere Simulation, die vor allem als Diskursphänomen relevant ist, übertragen. Die Propaganda um den Vierjahresplan verwendete viel Aufmerksamkeit auf die Einübung in Benennungs- und Beschreibungspraktiken der synthetischen Stoffe, um zu vermeiden, dass diese fälschlicherweise als „Kunst-" oder „Ersatzstoffe", ein Begriffsdämon aus den Jahren des Ersten Weltkriegs, gehandelt wurden und kann in dieser Hinsicht als geradezu von der perfekten Simulation besessen beschrieben werden.

Zu dieser einfachen Übertragung von Rohstoffeigenschaften auf künstliche Substanzen, die der Synthese-Stoff in der „Phase der Reproduktion"[218] immer erfüllt, kommen für die synthetischen Stoffe in den Dreißiger Jahren weitere Funktionen hinzu. Der Vierjahresplan und „seine" Texte fallen in eine Zeit, in der die Synthesechemie sich an einem Übergang befindet, wo zum bereits etablierten Nachbau „natürlicher" Stoffe im Labor und in industriellem Maßstab, wie etwa Farbstoffen, Stickstoff und bald Kautschuk, das zusätzliche Versprechen tritt, auch gänzlich neue Stoffe ohne Vorbild in der Natur synthetisch erzeugen zu können. Als ein Meilenstein dieses Abschnitts gilt neben der stark wachsenden Serumpalette in der Pharmazie die Synthese der Nylon-Faser, die 1935 erstmals gelang und deren Produkt 1938 „als eine vollständig synthetische Faser aus Luft, Wasser und Kohle" der Öffentlichkeit präsentiert wurde.[219] In dieselbe Zeit, in der auch die Texte zum Vierjahresplan erscheinen, fallen zunehmend Visionen vom Leben in einer vollsynthetischen Welt und Überlegungen zur potenziellen Ersetzbarkeit aller bisher bekannten Materialien durch im Labor erzeugte Substanzen, bei denen alle Eigenschaften beliebig optimiert werden können. Medial und diskursiv in Stellung gebracht führten die neuen Erkenntnisse auch dazu, dass die Chemie mit deutlich mehr Deutungshoheit in Bezug auf die Einordnung von Fortschrittselementen auch auf anderen Gebieten ausgestattet wurde.[220] Auf diese Weise wird sie auf mehreren Ebenen zu einer Wissenschaft der Repräsentationsarbeit, sowohl was ihre Produkte, als auch, was ihren diskursiven Ort angeht. Sie unterliegt dabei auf beiden Feldern in unterschiedlicher Form dem Prinzip der ‚Simulation', etwa, wenn es um Bemühungen geht, sie als spezifisch ‚deutsche'

---

218 So nennt Frevert den Abschnitt in der Synthesechemie, in der aus der Natur bekannte Strukturen chemisch reproduziert wurden. Vgl. Frevert: *Wissenschaft der Synthese*. S. 139.

219 Ebd., S. 141.

220 Vgl. Bechstedt: *‚Gestalthafte Atomlehre'*. S. 153 sowie van Laak: *Imperiale Infrastruktur*. S. 275, wo auf Joachim Radkaus Diktum vom „Panchemismus" der Dreißiger Jahre verwiesen wird. Vgl. dazu: Joachim Radkau: *Technik in Deutschland. Vom 18. Jahrhundert bis heute*. Frankfurt/Main, New York 2008. S. 272.

Wissenschaft in ein Ensemble von Disziplinen der nationalen Wissensbildung einzugruppieren[221] und dabei den eigenwilligen Wissensmodus der Synthesechemie, die über ein spezifisches Verhältnis zum Nichtwissen verfügt, in dem der auch für den Chemiker neue Stoff bei seinem erstmaligen Auftauchen als gänzlich „unberührt“ und seine Erschaffung als Akt der Schöpfung gelten kann[222], für das Verhältnis von Epistemologie und Ideologie produktiv zu machen. Die Chemie ist damit in der Lage, Strukturen zu dynamisieren[223] und etwas als fundamental ‚neu‘ zu charakterisieren. Sie korrespondiert darin mit der Ideologie des Nationalsozialismus, in deren Rhetorik das „Neue Deutschland“ einen wichtigen Platz einnimmt. Die ‚Stoff‘-Wissenschaft wird auf diese Weise zur politischen Legitimierungshelferin und stützt ebenso ein neues autogeographisches Raumkonzept, dem es vor allem darum geht, den Raum des ‚Eigenen‘ als ‚wieder neu‘ zu deklarieren.

Das Mimesis- und Repräsentationsmodell der ‚Synthese‘ ist subtiler und ideologisch tiefergehend als die oberflächlichen propagandistischen Strategien zur Ausblendung des ‚künstlichen‘ Charakters der Stoffe durch vollständige ‚Simulation‘ erahnen lassen. Wissenschaftliche Innovationen, ihre Popularisierung und Kommodifizierung, die zur Aufwertung der Chemie als Leitkategorie führen, ermöglichen nicht nur ihren wirtschaftspolitischen Aufstieg, sondern lassen sie auch ideologisch zu einem wichtigen Wertreservoir bei der Aushandlung eines neuartigen Verhältnisses zum ‚Eigenen‘, vor allem in räumlicher Hinsicht, werden. Die einzelnen Synthesen *simulieren* dabei sehr wohl ihr Vorbild, gehen aber als Medien der Repräsentation darüber noch hinaus, indem sie schließlich einen ganzen Zustand simulieren, der als Darstellung einer Krise im Zustand ihrer Überwindung bezeichnet werden kann. Bedingung für ein Versprechen nationaler Integrität, das durch die Realisierung neuer Ressourcen, welche die Chemie in Aussicht stellt, ermöglicht wird, ist die Umsetzung der Prinzipien eines synthetischen Kolonialismus auf allen relevanten Gebieten.

Die vom Nationalsozialismus geförderte Literatur bemüht sich um eine Vereinigung von Erfahrungen der ‚Moderne‘ mit traditionellen oder, mit

221 Vgl. ebd., S. 150.

222 Vgl., mit Verweis auf Latour, Frevert: *Wissenschaft der Synthese*. S. 192.

223 Vgl., nun mit Verweis auf Bachelard, ebd., S. 169: „Die Dynamisierung der chemischen Substanz zeigt sich darin, dass Substanzen als chemische Strukturen erkannt werden, die wiederum durch das Umstrukturieren von funktionellen Gruppen variabel und somit zielgerichtet verändert, sprich dynamisiert werden können.“

Graeb-Könneker, autochthonen Gehalten.[224] Die ‚Moderne' wird in der zeitgenössischen Wahrnehmung dabei geteilt in Bereiche, die es zu übernehmen gilt, die Verbesserungen versprechen und die mit dem ‚deutschen Wesen' vereinbar sind und solche, für die das nicht gilt:

> In den verschiedenen Bereichen nationalsozialistischer Literaturlenkung finden wir eine markante Zahl von Äußerungen (Rezensionen, Essays, Preisausschreiben usw.), die sich für eine Akzeptanz der modernen Welt aussprechen, soweit sie sich auf Technik, Großstadt, Forschung, Erfindertum, nicht aber auf plurale Erscheinungsformen wie Demokratie, moderne Kunst u.ä. bezieht. Die Akzeptanz schließt auch die Bereitschaft mit ein, das dynamische Prinzip anzuerkennen, das in diesen Teilbereichen wirksam wird – dies allerdings nur unter dem Vorbehalt, daß der Wandel, der damit ausgelöst wird, kontrollierbar bleibt. Der Nationalsozialismus reklamiert diese Kontrollfunktion für sich, faßbar in der Aussage Dähnhardts, daß der Nationalsozialismus „jedes Ding auf seinen rechten Platz rückt." In dieser Rolle handelt das NS-Regime gleichermaßen bewahrend wie revolutionär.[225]

Im Bild von jedem Ding auf dem rechten Platz kehrt der universalistische Zugriff der ‚Weltanschauung', wie Ebner sie fasst, wieder. Innerhalb dieses Prozesses wird auch der Kolonialismus als Raumordnungsparadigma in die Sortierungspragmatik des Nationalsozialismus involviert und innerhalb eines diskursiven Verhandlungsraums, der Politik des Vierjahresplans und der ihr angeschlossenen (populärkulturellen) Propaganda, im Verbund mit der Synthese als neuem ‚Stoff'-Paradigma radikal neukonfiguriert. Hierbei werden keine absolut neuen Vorstellungen des ‚Raums' erzeugt, sondern bestehende ausgebaut und modifiziert. Auch der synthetische ‚Stoff' fällt schließlich 1936 nicht vom Himmel, sondern wird in den Narrativen und Text/Bild-Konvoluten stets historisiert und aus vorgängigen Prozessen hergeleitet, die diegetisch im Nationalsozialismus unter neuen, förderlichen Bedingungen ihre Vollendung, volle Wertschätzung und umfassende Nutzung finden.

Wenn Moritz Baßler erklärt, dass die nationalsozialistische Kulturpolitik „nach 1933 (womöglich in Ermangelung von Alternativen) die

---

224 Graeb-Könneker definiert das Konzept wie folgt: „Autochthone Modernität reflektiert Modernität nicht im Binnenbereich der Institution ‚Literatur', sondern mit Bezug auf einen außerliterarischen Kontext, – die Welt der Moderne. Autochthone Modernität erfährt diese Welt als Krise. Die Realität der Welt erscheint unüberschaubar und heterogen. Autochthone Modernität will harmonisieren, einheitstiftend wirken und zwar um den Preis der ‚Ausmerze' all dessen, was dem entgegensteht.", Graeb-Könneker: *Autochthone Modernität*, S. 57.

225 Ebd., S. 142. Der zitierte Zeitgenosse ist John Heinrich Otto Viktor „Heinz" Dähnhardt, der zur NS-Zeit eine fortgesetzte Karriere im Bildungswesen machte und seit 1938 das Reichsprüfungsamt für das Büchereiwesen leitete.

Heimatkunstliteratur zur Hochliteratur der Gegenwart [machte]"[226], übersieht er damit vielleicht die trotz aller Lenkung, auch aus propagandistischen Gründen, erhaltene relative Pluralität der Gattungen im Literaturbetrieb der Zeit, gibt aber zugleich einen wertvollen Hinweis für einen weiteren wichtigen Referenzrahmen der Bücher mit Stoffbezug. Diese schließen nämlich zwar in einigen inhaltlichen Punkten und Teilen ihres Figureninventars deutlich an Utopien, Phantastik und Zukunftsromane an, orientieren sich aber, was ihren spezifischen erzählerischen Realismus angeht, noch stärker an traditionalisierenden Formen. Inwiefern Science Fiction und Zukunftsliteratur auf der einen und sogenannte Heimat- und „Blut und Boden"-Literatur auf der anderen Seite sich zu dieser Zeit verfahrenstechnisch überhaupt nennenswert unterscheiden, ist eine bisher unbeantwortete Forschungsfrage. Baßler et al. legen tendenziell eine nur marginale Differenz nahe und sehen das Anliegen der jeweiligen Texte eher in der Positionierung innerhalb des zeitgenössischen Literatursystems als in seiner potenziellen formalen Infragestellung. Hier sieht sich etwa die sogenannte „Heimatkunst" mit einer repräsentationslogisch intrikaten Aufgabe konfrontiert: „Er [der Autor, AW] muss nicht nur seine Volkstümlichkeit unter Beweis stellen, sondern dabei zugleich seine Nicht-Trivialität bei gleichzeitiger Vermeidung jedes Anscheins von Artifizialität demonstrieren."[227] Die Bücher mit Stoffbezug, auf einer anderen Ebene ebenfalls mit der Verneinung von Artifizialität befasst, signifizieren die Chemie als Scharnier für die Aushandlung einer Art „intime[n] Naturalismus"[228], den Adolf Bartels schon zur Jahrhundertwende als Übergang zur Heimatkunst fördern wollte.[229] Für den Kontext der nationalsozialistischen Literaturpolitik und das „Schrifttum zum Vierjahresplan" bildet die Bartelssche Heimatkunst einen interessanten Referenzrahmen, weil in ihrer zweischrittigen Programmatik aus ausgestellter Nicht-Trivialität und gleichzeitigem Hintergehen jeglicher Artifizialität ein Lösungsvorschlag ergeht, der auch für die Bücher mit Stoffbezug attraktiv ist. Jenes „Partikulare", in dem die Literatur nun „das Wesentliche"[230] suche und für das in der sogenannten Heimatkunst

---

226 Baßler: *Deutsche Erzählprosa*. S. 380.

227 Ebd., S. 381.

228 Ebd., S. 382.

229 Vgl. Adolf Bartels: *Heimatkunst. Ein Wort zur Verständigung*. München, Leipzig 1904. Für eine Einordnung Bartels' in die Vorgeschichte der „Blut und Boden"-Literatur vgl. Peter Sprengel: *Geschichte der deutschsprachigen Literatur 1900–1918. Von der Jahrhundertwende bis zum Ende des Ersten Weltkriegs*. München 2004. S. 104f. Zum Verhältnis von Bartels' Position zum Naturalismus vgl. u.a. Ingo Stöckmann: *Der Wille zum Willen. Der Naturalismus und die Gründung der literarischen Moderne 1880–1900*. Berlin, New York 2009. S. 253.

230 Baßler: *Deutsche Erzählprosa*. S. 382.

ganz allgemein die ‚Provinz' steht, wird in den Büchern mit Stoffbezug anders akzentuiert, dennoch bleibt die Konsequenz gleich: „Nun aber soll in einem zweiten Schritt dieses Partikulare wieder zum Ausdruck eines positiven Metacodes, des ‚echten Deutschen' hochstilisiert werden, und erst im Zuge dieser synekdochischen Operation wird die Heimatkunst zur völkischen Literatur."[231] Für einen solchen verbindlichen Metacode innerhalb der Bücher mit Stoffbezug existieren mehrere Optionen. Das ‚echte Deutsche' bietet sich ebenso an, wie spezifischere Bestimmungen in Richtung der Verbindung und Aussöhnung materialistischer Sujets, die einen starken Akzent auf dem ‚Neuen' haben, mit den Grundlagen der ‚Tradition', an die sie anschließen. Ebenso eignet sich die Konstellation einer ‚Lebens'-Krise als im Modus des synthetischen Kolonialismus überwindbares Problem. Und schließlich läßt sich hierfür auch das Prinzip der Synthese als Organisationsverfahren oder übergeordneter Referenzrahmen einsetzen, der in den Texten die Reflexe zwischen beispielsweise Farbstoffchemie, Industriegeschichte und Kolonialismus vermittelt und dabei auch in die Erzählverfahren und die Figurenpsychologie überführt.[232]

Methodische Setzungen

Den folgenden Untersuchungen liegt eine Verbindung von diskurs- und netzwerkanalytischen Ansätzen zugrunde, die sich theoretisch aus dem Umfeld der Schulen Michel Foucaults und Bruno Latours herleiten und für diese Studie mit literaturgeschichtlichen Modellen aus der deutschsprachigen Rezeption des New Historicism verschaltet werden. Der dezidiert mediengeschichtliche Ansatz, bei aufrechterhaltenem literaturwissenschaftlichen (als spezifisches, aber *auch* medienwissenschaftliches) Interesse, stützt sich auf die Arbeiten von Friedrich Kittler, Jurij Lotman, Mieke Bal und deren Schüler_innen, etwa Hartmut Winkler und seinen Begriff des Prozessierens, und betrachtet Mediengeschichte und -theorie als möglichen Austragungsort repräsentationskritischer Überlegungen, die ihrerseits von Positionen aus den Cultural-, Gender- und Postcolonial Studies inspiriert sind. Weitere Einflüsse kommen aus der psychoanalytischen Literatur- und Kulturtheorie, der

231 Ebd.

232 Für die Trias „Farbstoffchemie, Industriegeschichte und Kolonialismus" als Verschränkungsfeld vgl. Stephan Besser: „Germanin. Pharmazeutische Signaturen des deutschen (Post-)Kolonialismus". In: Alexander Honold & Oliver Simons (Hg.): *Kolonialismus als Kultur. Literatur, Medien, Wissenschaft in der deutschen Gründerzeit des Fremden.* Tübingen, Basel 2002. S. 167–195, hier S. 171f.

Debatte um „Kultur als Text“[233] und der integrativen Literaturwissenschaft[234] sowie, in Fragen einer heuristischen „Befremdung der eigenen Kultur“[235], aus Soziologie und Ethnologie. Mit der Beobachtung, dass Räume verschiedener Art, seien sie topographisch, biologisch oder ideell, in einem bestimmten Zeitraum und diskursiven Feld semantisch als mentale Abwehranlagen mit immunsystemischen Funktionen konzipiert sein können, werden schließlich Überlegungen aus dem *Sphären*-Modell von Peter Sloterdijk aufgegriffen.[236] Sein Denken, das an wichtigen Punkten auch den Begriff der Synthese streift, schreibt sich in produktiver Abgrenzung von Horkheimers Konzept der *instrumentellen Vernunft* her, das den dialektischen Rationalismus des 20. Jahrhunderts beschreibt und für den denkgeschichtlichen Kontext ebenfalls wichtig ist.

Die meisten methodischen Stränge sind ihrerseits nicht isoliert und ihre Kombination nur bedingt originell, sodass das Geflecht theoretischer Annahmen, aus denen die Arbeit entstanden ist, insgesamt und vereinfachend als aus Elementen der strukturalistischen Kulturtheorie mit netzwerk- und psychoanalytischen Ergänzungen[237] zusammengesetzt und ihr Interessensgebiet als die mediengeschichtlich fundierte Analyse von Wissens-, Medien- und Wahrnehmungsordnungen im Feld populärer Kultur beschrieben werden kann.

Das Korpus der im Rahmen dieser Arbeit gesichteten und ausgewerteten Bücher mit Stoffbezug umfasst die im Literaturverzeichnis versammelte Liste von Puplikationen mit eher und zumeist (populär-)literarischem und

---

233 Für den Einsatz einschlägig Doris Bachmann-Medick (Hg.): *Kultur als Text. Die anthropologische Wende in der Literaturwissenschaft*. Frankfurt/Main 1996.

234 Vgl. Claus-Michael Ort: „Das Wissen der Literatur. Probleme einer Wissenssoziologie literarischer Semantik“. In: Tilmann Köppe (Hg.): *Literatur und Wissen. Theoretisch-methodische Zugänge*. Berlin, Boston 2011. S. 164–191 sowie Michael Titzmann: „Skizze einer integrativen Literaturgeschichte und ihres Ortes in einer Systematik der Literaturwissenschaft“. In: Ders. (Hg.): *Modelle des literarischen Strukturwandels*. Berlin, Boston 2011. S. 395–438.

235 Vgl. hierzu Klaus Amann & Stefan Hirschauer: „Die Befremdung der eigenen Kultur. Ein Programm“. In: Dies. (Hg.): *Die Befremdung der eigenen Kultur. Zur ethnographischen Herausforderung soziologischer Empirie*. Frankfurt/Main 1997. S. 7–52.

236 Peter Sloterdijk: *Sphären*, Bd. 1–3: *Blasen* (Frankfurt/Main 1998), *Globen* (Frankfurt/Main 1999), *Schäume* (Frankfurt/Main 2004).

237 Netzwerkanalytische Ansätze tauchen in der Literaturwissenschaft in den letzten Jahren verstärkt auf. Vgl. für einen Überblick das Schwerpunktheft der *Zeitschrift für Germanistik* und hierin etwa die Einleitung der Herausgeber_innen Thomalla u.a.: *Werke in Relationen* sowie etwas früher Hartmut Böhme: „Aufgaben und Perspektiven der Kulturwissenschaft“. In: Iris Därmann & Christoph Jamme (Hg.): *Kulturwissenschaften. Konzepte, Theorien, Autoren*. München 2007. S. 35–53.

tendenziell populärwissenschaftlichem Charakter, die sich mit der Entdeckung, Erzeugung und Verarbeitung von ‚Stoffen' im (vordergründig) nicht-literaturwissenschaftlichen Sinn beschäftigen. Die Bücher des engeren Rahmens sind dadurch gekennzeichnet, dass in ihnen explizit die Erzeugung der Stoffe auf chemischem Weg, eine enge Einbindung der Substanz in die Narration und eine textinterne Reflexion chemischer Verfahren zur Erzeugung von ‚Stoffen' eine zentrale Stellung einnehmen. Der Erscheinungszeitraum aller gefundenen Bücher umfasst die Jahre von 1908 bis 1985, wobei die Erscheinungsdichte der Titel an den Rändern dieses Zeitraums deutlich ausfranst und sich eine auffällige Verdichtung des Erscheinens von Büchern mit Stoffbezug erst im Intervall zwischen 1924 und 1959 einstellt, worin sich nochmal die eigentliche „Hochphase" der Gattung in den Jahren 1934 bis 1939 mit einem wiederum deutlichen Trend ab 1936 abgrenzen lässt. Der Zeitraum der höchsten Publikationsfrequenz entspricht also der Dauer des Vierjahresplans.

Diese Studie hat ihren Weg zur Darstellung der bisher nicht erforschten Verbindung zwischen den untersuchten Büchern, der nationalsozialistischen Wirtschaftspolitik und dem „deutschen Kolonialdiskurs" in detaillierten Einzeltextanalysen gefunden. Die ausführlich vorgestellten Analysen gelten bis auf eine Ausnahme (*Alumnit*) Büchern, die während des Vierjahresplans und damit im Abschnitt der höchsten Veröffentlichungsdichte von Büchern mit Stoffbezug erschienen sind. Da es sich dabei um teilweise extrem auflagenstarke und zugleich von der Forschung zum Teil ganz übersehene Veröffentlichungen handelt, zu denen kaum bis gar keine ausführlichen Untersuchungen existieren, scheint dieses Vorgehen auch im Rahmen einer korpusbasierten Analyse legitim. Die partielle Vermittlung der Analyseergebnisse aus dem „Kern" des Korpus mit seinem historischen Davor und Danach erfolgt vor allem in Abschnitt 3.4.7 und im Schlusskapitel.

KAPITEL 1

Inside I.G. Farben: *Erzeugnisse unserer Arbeit* (1938)

Für die Entwicklung und Verdichtung wichtiger Konzepte zur Beschreibung des synthetischen Kolonialismus und der Eigenschaften der Bücher mit Stoffbezug wird der Weg einer sehr ausführlichen Analyse eines einzelnen Artefakts gewählt, das sich gegenüber anderen Vertretern des Korpus als einigermaßen „exemplarisch" erwiesen hat und zentrale Merkmale der Bücher mit Stoffbezug aufweist. Es handelt sich um eine Firmenbroschüre der I.G. Farben mit dem Titel *Erzeugnisse unserer Arbeit*, die 1938 zur Feier des 1. Mai erschienen ist. Unter den Texten und Text/Bild-Kombinationen des Korpus gibt es wichtige Ähnlichkeiten in Verfahren und Darstellungsmodi über Medien- und Textsortengrenzen hinweg, sodass auch ein auf den ersten Blick nicht narrativer Text aus heuristischen Gründen für diejenigen Beispiele stehen kann, die sich selbst als „Roman" deklarieren. Gattungs- und medienspezifische Abgrenzungen, die von den Objekten selbst vorgenommen werden, sind freilich in ihrer Relevanz für die gruppeninterne Systematik absolut ernstzunehmen, dürfen aber auch nicht über Familienähnlichkeiten hinwegtäuschen, wenn sich im Prozess der Analyse herausstellt, dass für die Artefakte selbst Grenzen wie die zwischen „Roman" und einem formal nicht distinkten Mischmedium wie der Firmenbroschüre, zumindest für die Erzählverfahren, selbst nur schwach zu gelten scheinen. Gerade ihr multimodaler Hybridcharakter, der Darstellungsmodi aus Bild- und Text-Medien sowie aus verschiedenen Gattungen zu integrieren vermag, prädestiniert die Broschüre dazu, als analytisches Fundament für die weitere Sichtung des Korpus verwendet zu werden. Zudem liegt sie zeitlich in der Hochphase der Bücher mit Stoffbezug, politisch im Zentrum der Ideologieproduktion des Vierjahresplans, kommt als Publikation der I.G. Farben aus dem innersten Kreis der Synthesechemie und ist mit ihrer sehr hohen Auflage und der Verwendung diverser Techniken der Wissenspopularisierung zugleich Teil der Populärkultur ihrer Zeit und Akteurin im Grenzkontakt zwischen ‚Sachliteratur' und ‚Wissenschaft'.

Die *Interessengemeinschaft der deutschen Farbenindustrie A.G.* versucht sich in ihrer Broschüre *Erzeugnisse unserer Arbeit* (1938) in der Rolle einer Explikatorin. Sie zeugt dabei von nicht weniger als einer neuen Welt nach alternativen physikalischen Gesetzen und einem eigenen Klima, in dem die neue zur bisher gekannten Welt im Modus der Überwindung in Beziehung treten kann. Dieses neue Klima ist morpho-immunologisch, insofern es innenraumbildende

 | DOI:10.30965/9783846766408_002

Immunstrukturen ausformt, in denen die von ihm erfassten Menschen ihre Generationenverhältnisse weiterführen und ihre Individuationen (formal) vorantreiben können.[1] Das Besondere an dieser neuen Welt-Sphäre scheint zu sein, dass sie räumlich immer schon die eigene war, ihre Tatsachen nun lediglich (und darin maßgeblich) neu zu explizieren sind. Das damit verbundene didaktische Modell steht vor der Aufgabe, die Sphäre des ‚Künstlichen' bei ihrer Migration in das zuvor als „Natur" für besonders gehaltene (und jetzt neu zu sondernde) Gebiet zu begleiten und der Hausherrin ihre neue Mitbewohnerin genehm zu machen. Vermöge einer renditeträchtigen Einlage in den „Fond" der Synthese gestaltet sich diese Aufgabe sehr aussichtsreich, öffnet das Prinzip die Welt, wie sie ist, doch neu in Richtung einer alternativen Raumordnung, bei der das bisher geltende horizontale System erdoberflächenorientierter Weltbildung durch ein vertikales Prinzip ergänzt wird, bei dem Wertschöpfung entlang von konkreten wie metaphorischen Hoch/Tief-Strukturen vollzogen wird.[2]

Im Folgenden wird von einem „Kolonialismus" zu sprechen sein, der synthetisch ist, zunächst weil er den eigenen Raum betrifft und darum kein „echter", invasiv-verdrängender Kolonialismus sein kann[3], sondern von Beginn an als Fake daherkommt[4], als Phänomen des Sekundären, Ersatzmäßigen, Nicht-Idealen, mit dem das Trauma des Verlusts der eigenen „realen" Kolonien verschiebend bearbeitet wird. Der eigene Raum wird dabei im Modus des Neuen dargeboten, seine Erfahrung als „Klimawandel", in dem sich Veränderung medial wie epistemologisch „synthetisch" ausdrückt, als Welterfahrung auf dem Feld der Imitation, mit Spielregeln und *Perception Teachers*, die aus dem Reich der Farben eingewandert sind. Farben als solche

---

1 Vgl. zur Begrifflichkeit Peter Sloterdijk: *Sphären I. Blasen*. Frankfurt/Main 1998. S. 46.

2 Für die Verbindung zur Lebensideologie vgl. Lindner: *Leben in der Krise*. S. 7 (und FN 164).

3 Es gibt in der Zeit eine rege Diskussion über die sogenannte „Innere Kolonisation", mit der die Aufwertung des eigenen Lebensraums, etwa durch Ertragssteigerung in der Landwirtschaft und vor allem die Organisation der Ansiedlung von Menschen in ländlichen, agrarisch noch nicht oder wenig bzw. aufgrund der Landflucht nicht mehr voll genutzten Regionen, vor allem im Osten Preußens, gemeint ist. Vgl. für einen Überblick Matthias Weipert: „Siedlung und innere Kolonisation. Bevölkerung, Landwirtschaft und Industrie im Spiegel der ‚Deutschen Rundschau' von der Jahrhundertwende bis zum Ende der Weimarer Republik". In: Rainer Mackensen & Jürgen Reulecke (Hg.): *Das Konstrukt „Bevölkerung" vor, im und nach dem „Dritten Reich"*. Wiesbaden 2005. S. 95–107 sowie für literarische Bezugnahmen, vor allem im sogenannten „Bauernroman" Peter Zimmermann: „Kampf um den Lebensraum. Ein Mythos der Kolonial- und der Blut-und-Boden-Literatur". In: Horst Denkler & Karl Prümm (Hg.): *Die deutsche Literatur im Dritten Reich. Themen – Traditionen – Wirkungen*. Stuttgart 1976. S. 165–182.

4 Vgl. für Ebners Konzept der *„allgemeine[n] intrinsische[n] Fiktionalität des Kolonialen"* S. LXIII in diesem Buch.

signifizieren Vergangenheit und Zukunft, das Geschichtsmodell der „Neuen Zeit“, die immer bunter zu werden verspricht, als es die alte war und in deren Fülle es zunächst ein System zu bringen gilt, an dessen *farbigem Abglanz* „das Leben“[5] zu gewinnen ist.

Mit den künstlichen Farben eng verknüpft ist die Idee einer Bündelung von Ideen, Geschichtsdaten und Innovationsprozessen zum Zweck ihrer Reihung und Hegung als System. Im quasiethnologischen Modus, in dem die taxonomische Registratur der gefundenen Fremdfarben sich vollzieht, kommt das Prinzip der Mannzeugung zu sich.[6] Überall entstehen Zusammenhänge und die Farben werden zu Indikatoren für aktuelle und zukünftige Krisenherde. Farben sind ihrerseits immer viele und immer noch mehr, dadurch etwas zu domestizierendes und in Reihe zu bringendes. So können sie zwischenzeitlich auch zum Signifikat für das ‚Weibliche‘ werden, das, wenn es auf den Mann übergriffe, den Fluss der Innovationsenergien zum Stillstand bringen würde.[7] Das große Binnenprojekt der synthetischen Welt wird also sein, ihre Bewohnerinnenschaft durch strenge Ordnung im Umgang mit dem ‚Neuen‘ zu erziehen, zu zeigen, dass der Gestus des ‚Sehens‘ und ‚Erkennens‘ der eigenen Welt als längst technisch und synthetisch durchdrungen ebenjener Durchdringung hinterherläuft und die Utopie schließlich auf eine Weise zu bevölkern, die höchstmögliche (Farb-)Disziplin sehr wahrscheinlich macht. Dieser Prozess, der in der chemischen Synthese für die Stoffe längst verwendet wird, soll außerhalb der Retorte, im großen Labor des Deutschen Reiches, auch gröbere Kohorten disziplinieren[8], jene nämlich, die von der Normgruppe des männlichen Volksgenossen abweichen und darum von vornherein verdächtig sind, an Sabotageakten gegen das Projekt umfassender Weltneuzeugung beteiligt zu sein. Nur Ausländer und Frauen können, aus verschiedenen Gründen, ein Interesse daran haben, den neuen deutschen, tellurisch-immunologischen Kolonialismus zu beschädigen, sehen sie durch ihn doch ihre Einflusssphären in Politik und Reproduktion existenziell bedroht.

---

5 Vgl. für das Faust-Zitat das Motto in: I.G. Farbenindustrie AG: *Erzeugnisse unserer Arbeit.* Frankfurt/Main 1938. S. 23. (Im Folgenden im Text mit der Sigle EuA und Seitenzahl.)

6 Vgl. hierzu Klaus Theweleit: „Männliche Geburtsweisen. Der männliche Körper als Insititutionenkörper“. In: Therese Steffen (Hg.): *Masculinities – Maskulinitäten. Mythos – Realität – Repräsentation – Rollendruck.* Stuttgart, Weimar 2002. S. 2–27.

7 Grün: *Wir und die Technik.* S. 129.

8 Wohl nicht ohne Grund überschreibt Anton Zischka das Abschlusskapitel seines Bestsellers *Erfinder brechen die Blockade* (1940) mit „Die große Synthese“ und markiert damit die Machtübergabe an die Nationalsozialisten als Startpunkt der Verwirklichung einer Einheit von Arbeit, Technik und Leben. Vgl. hierzu auch Troitzsch: *Technikgeschichte.* S. 228.

Erzeugnisse unserer Arbeit kann die hiermit verbundenen „Probleme" bereits als überwunden darstellen, erzählt die Broschüre ihre Geschichte doch aus einem Klima restabilierter Harmonie. Es handelt sich dabei um die Buchstäblichmachung des Paradox einer vollendeten Utopie, deren innerer Widerspruch nur deshalb seine Implosionsenergien nicht zündet, weil eine eingebaute Spaltung in ihren Bewohner_innen-Subjekten die dafür nötigen Drähte voneinander nichts wissen lässt. Die Bewegung, in der die Überwindungen stattfinden, ist dabei zunächst stets eine auf der Innen/Außen-Achse, wobei deren topologische Ausprägung als bedürftiges Verhältnis des In- zum Ausland zu den auszuschaltenden Bereichen gehört, um später umgekehrt als Angewiesensein des Aus- aufs Inland reinstalliert zu werden. Import soll als Sünde nicht länger nötig sein, wenn die Schöpfung aus eigenen (‚Tiefen'-)Schichten hinreichend gut funktioniert.

Eine weniger leicht auszuräumende Spielart stellt allerdings der Handel zwischen Innen und Außen der Volksgenossen dar, der für das neue Leben gewonnen werden soll. Das in Schichten angeordnete Eigene, organisiert etwa in Nation, Werk, Haus und Selbst, muss Lage für Lage durchdrungen werden, bis sich die Synthese schließlich im Einzelnen und damit umfassend vollzieht. Auf diese Weise wird auch das koloniale „Trauma" durch NS-Ideologie, Vierjahresplan und I.G.-Synthesen sukzessive in jene Idee der ‚Tiefe' hinein abreagiert und zu einer reaktionsbildenden Umwertung geführt, in der der eigene Raum schließlich wieder als Sphäre von autonomer und starker Kolonisation erscheint. Damit einher geht eine politische Zurückstellung der seit Versailles virulenten Kolonialfrage zugunsten einer Hinwendung zum eigenen Raum:

> Der Nationalsozialismus kennt nur *eine* Heimat: Deutschland, nur ein Volk aus *einem* Blut, auf *heimischem* Boden. [...] Diese Aufsicht [des Propagandaministeriums über die Werbetätigkeit des Reichskolonialbundes, AW] wird sich insbesondere darauf zu richten haben, daß die Werbetätigkeit des Reichskolonialbundes sich nicht auf die Forderung nach Besiedlung afrikanischer Gebiete mit deutschen Bauern und nicht auf Auswanderung erstreckt. Die Propaganda unter der für Romantik und Abenteuer zugänglichen Jugend, zumal in den Schulen, erheischt besondere Überwachung, damit ihr nicht ein der nationalsozialistischen Erneuerung aus Blut und Boden entgegengesetztes Ideal des kolonialen Gedankens im Sinne der vorkriegszeitlichen Übersee-Politik eingeimpft wird.[9]

9 Der Reichsminister für Volksaufklärung und Propaganda an die Landesstellen des Reichsministeriums für Volksaufklärung und Propaganda, 4. Dezember 1933. In: Konrad Repgen & Hans Booms (Hg.): *Akten der Reichskanzlei. Regierung Hitler 1933–1938*. Teil I: *1933/34*, Bd. 2: *12. September 1933 bis 27. August 1934*. Boppard 1983. S. 999f. (Dok. Nr. 261, Herv. im Orig.). Für die institutionelle „Gleichschaltung" der Kolonialdebatte im Nationalsozialismus vgl. Sandra

Die Verschiebung vom Siedlungs- zum Rohstoffkolonialismus[10] und die Betonung des eigenen Raums als der *einen* Heimat stellen eine signifikante Kursänderung in der Geschichte des deutschen Kolonialismus dar, die als propagandistische Übergangsphase zum institutionell verargumentierten synthetischen Kolonialismus seit dem Vierjahresplan und schließlich der neuerlich geführten konkreten Expansionspolitik der sogenannten „Anschlüsse" und des Angriffskriegs zu werten ist.[11] Eine dieser Rede von Goebbels angeschlossene Richtlinie zur weiterhin erlaubten Kolonialwerbung weist unter anderem darauf hin, dass „[z]ukünftiger überseeischer Kolonialbesitz [...] zur Gewinnung von Rohstoffen und Kolonialerzeugnissen für die deutsche Wirtschaft und nicht als Siedlungsland für den deutschen Bauern dienen [soll]" und schließt mit der Bemerkung, „daß die ganze Kolonialpropaganda heute keine vordringliche Lebensfrage unseres Volkes ist und deshalb nicht etwa den Möglichkeiten einer Werbung für wichtigere Dinge das Wasser abgraben darf."[12]

Die Kolonialpropaganda erfährt im Zusammenhang mit diesem Memorandum eine Neuausrichtung, die eher mentale Ziele verfolgt, als auf tatsächlichen Kolonialbesitz hinzuarbeiten, der von der anders ideologisierten Idee des „Lebensraums im Osten" abgelöst wird.[13]

Die Struktur der Broschüren-Analyse folgt der inneren Systematik des untersuchten Gegenstands und legt über dessen Kapitelstruktur eine Klassifikation

---

Maß: *Weiße Helden, schwarze Krieger. Zur Geschichte kolonialer Männlichkeit in Deutschland 1918–1964*. Köln u.a. 2006. S. 217–223.

10 Auch hier agiert der NS nicht einheitlich. Noch 1937 findet sich im Jahrbuch *Das neue Universum* ein Bericht von O. Hartung vom Deutschen Auslands-Institut über die Leistungen der Deutschen im Ausland, in dem die Forderung nach Rückerhalt der Kolonien aktualisiert wird. Vgl. O. Hartung: „Deutschtum jenseits der Grenzen". In: *Das Neue Universum* 58 (1937). S. 31–37, hier S. 36. Ebenso war der Reichskolonialbund noch einige Jahre aktiv. Im Bayer Archiv findet sich eine Einladung zu einem vom Reichskolonialbund ausgerichteten Vortrag Paul von Lettow-Vorbecks im Erholungshaus der I.G. in Leverkusen am 16. November 1937. Ein weiteres kolonialpolitisches Fundstück aus dem Bayer Archiv ist der Übersendungsbescheid „einiger synthetischer Edelsteine für ein Kolonialfest" aus dem I.G.-Direktionssekretariat vom 1. Juni 1937. Der Reichskolonialbund wurde zu dieser Zeit noch geduldet und stand offensichtlich im Kontakt mit der I.G. Seine Auflösung erfolgte 1943.

11 Die ‚Synthese' stellt hier gewissermaßen eine Zwischenstufe in der kolonialen Dialektik des Deutschen Reichs dar, bei der auf den Erwerb der Kolonien (These) und ihren Verlust durch den Versailler Vertrag (Antithese) eine immunisierende Innenwendung folgt, mit der wiederum der Erwerb neuen Raums durch Überfall als These zweiter Ordnung vorbereitet wird.

12 *Der Reichsminister an die Landesstellen*. S. 1000.

13 Vgl. etwa Maß: *Weiße Helden, schwarze Krieger*. S. 219f.

nach drei Funktionsbereichen. Für diese werden die Begriffe Überbau, Binnenraum und Integral verwendet. In den zwei Abschnitten zum „Überbau", mit denen die Broschüre beginnt und endet, werden in einer Rahmenerzählung direkt ideologische Setzungen zur Sozialpolitik der I.G. vorgenommen und das spezifische Modell von betrieblicher Gemeinschaft ausgehandelt. In sechs „Binnenräumen" werden zentrale Produktionssparten der I.G. vorgestellt und die gesellschaftliche Einbettung ihrer Erzeugnisse als Nutz-, aber auch Lehr-‚Stoffe' vorgeführt. Vier Abschnitte, die als „Integrale" bezeichnet werden, unternehmen vordergründig ebenfalls die Vorstellung von I.G.-Produkten, stellen darüber hinaus aber, stärker noch als die „Binnenräume", Versuche von Bilanzierung dar, in denen auf meist relativ wenig Raum versucht wird, Ideologeme zu verdichten und die I.G.-Sphäre zur Wahrnehmungsschule für die ‚Moderne' des Deutschen Reichs zu machen.

1.1 Überbau 1: „Einer von 125.000"

Die Broschüre beginnt in einer Rahmenhandlung am 1. Mai, der zu einem Feiertag der Gemeinschaft geworden ist. Dominierten zuvor noch Betonungen der Spaltung zwischen Arbeitern und Betriebsführung und eine kämpferische Opposition der Klassen den Tag, gelten die diesen Konflikten zugrundeliegenden Spannungen nun als überwunden, was den früheren Kampftag zu einem Fest der Betriebsgemeinschaft werden lässt. Von Beginn an ist die Idee einer „Synthese" für die Broschüre auch auf politisch-sozialem Gebiet relevant: „Tag des Klassenkampfes und des Hasses der Menschen gegeneinander anderswo in der Welt; Tag der Nationalen Arbeit, der Ordnung und der Eintracht bei uns." (EuA, 7) Das Ich der Erzählung betont rekurrent die Aktivitäten und Gefühle des Zusammengehörens, aus denen das Programm der Feierlichkeiten besteht und ballt so die Werksgemeinschaft in ein Medienkollektiv, das Dank radiotechnischer Übertragungsmittel sogar über die Grenzen der betrieblichen und sogar nationalen Sphäre ausgedehnt wird: das Werk, die Ätherwellen zur Übertragung der Führerrede und die Siedlung, in der ein verdienter Teil der Belegschaft bereits wohnen darf sowie darin das Häuschen des Erzählers, bilden den Behausungsverband der I.G.-Synthese.[14]

14 Strukturiert wird dieses Modell wiederum von der Idee der „Tatsache", dass es „[f]ür den Einzelnen genügt […], innerhalb dieses historischen Fortschrittsprozesses, den ihm von der Führung angewiesenen Platz in seinem Teilarbeitsgebiet einzunehmen." In: Thomas Lange: *Literatur des technokratischen Bewußtseins*. S. 57.

EINER VON 125000

Aller schaffenden deutschen Menschen, unser Feiertag ist heute: der erste Mai! Aprilschauer und verspätete Schneegestöber gehören der Erinnerung an. Fahnenübersät blickt die Stadt nach den wärmenden Strahlen der Frühlingssonne aus. Tag des Klassenkampfes und des Hasses der Menschen gegeneinander anderswo in der Welt; Tag der Nationalen Arbeit, der Ordnung und der Eintracht bei uns.

Bereit zum gemeinsamen Anmarsch auf das Festgelände hörten wir die Ansprache unseres Betriebsführers und unseres Betriebsobmannes, die in dieser alljährlich sich wiederholenden Gemeinschaftsstunde mit herzlichen Worten unserer unentwegten Einsatzbereitschaft und unserem kameradschaftlichen Zusammenhalt Ausdruck verleihen.

Dann, von den Ätherwellen getragen, erreichte uns die Stimme unseres Führers und Reichskanzlers, und wir wußten, daß mit uns überall in Deutschland, aber auch überall in der Welt Millionen und Abermillionen von Menschen dieser immer wieder wegweisenden Botschaft gelauscht hatten.

Nun aber, am Nachmittag, sitze ich, einer von uns 125000 Arbeitskameraden der J.G., draußen in meinem Siedlerhäuschen, nachdenklich ausruhend da. Mein Blick geht frei auf die blitzsauber hingereihten Nachbarhäuser und auf das keimende Treiben in all den vielen kleinen Gärten, zu deren üppigem Gedeihen wir mit Fleiß und Mühe unser Teil beigetragen haben. Einen Arbeitskameraden habe ich mit zu mir herausgenommen, der sich das

Abb. 1 Einer von 125.000

Der Erzeugung synthetischer Produkte hat die Schließung enger Bindungen innerhalb der Werksgemeinschaft bis auf die Ebene des Einzelnen vorauszugehen. Die Verknüpfungen werden, ausgehend von der Erkenntnis, dass der 1. Mai hierzulande ein Tag der Eintracht ist, also im Moment der Stiftung eines „deutschen Sonderwegs", als komplexes Gewebe dargestellt, das nicht nur die Werksangehörigen an den Betrieb und als Deutsche an ihren Führer bindet, sondern auch zwischen den Individuen und zuletzt zwischen jedem Einzelnen und seinem von Produkten sowie dem „Geist" der I.G. durchdrungenen Lebenszusammenhang starke Beziehungen herstellt. Ausgangspunkt des, auch wieder synthetischen, Gehäuses jener Gemeinschaft ist das mit Girlanden und einer Hakenkreuzfahne geschmückte, von Angestellten umstellte Hauptquartier der I.G. Farben in Frankfurt am Main. Das Gebäude, zwischen 1928 und 1931 nach Entwürfen von Hans Poelzig gebaut[15], wird zum Stellvertreter für ein jedes Betriebsgelände, zu dem die 125.000, von denen einer durch die Rahmenhandlung führt, an diesem Tag strömen. Rauchende Fabrikschornsteine im Hintergrund, blickt das typisierte Exemplar eines I.G.-Mannes im Brustbild nach links und damit in Richtung der auf der vorhergehenden Seite gezeigten Firmenzentrale. Sein Betrieb, so suggeriert der Band bildinitiierend, wird, wie alle anderen, von der Idee der I.G. umfangen, für die der Frankfurter Hauptsitz räumlicher Repräsentant ist.

---

15 Vgl. zum I.G.-Farben-Haus aus architekturgeschichtlicher Perspektive Werner Meißner, Dieter Rebentisch & Wilfried Wang (Hg.): *Der Poelzig-Bau. Vom I.G. Farben-Haus zur Goethe-Universität.* Frankfurt/Main 1999. Zur spannenden Geschichte des Grundstücks, auf dem zuvor der Garten, in dem Goethes Großvater das Obst für seine Wirtschaft anbaute, sowie die „Anstalt für Irre und Epileptische" lagen, die auf Anregung Heinrich Hoffmanns, dem Autor des *Struwwelpeter*, eingerichtet wurde, vgl. das Vorwort der Herausgeber (S. 7–9) sowie, speziell zu Poelzig, den Aufsatz von Matthias Schirren: „‚Stoffwechsel'. Werke und Worte Hans Poelzigs im Lichte einer biochemischen Metapher", S. 13–34, insb. S. 28ff. Für den Bau als Marker von Modernität vgl. außerdem Leslie: *Synthetic Worlds*. S. 156: „The building was functionalist in style. Every aspect of it exuded rationality and efficiency. Its inner steel frame determined its form and its facade lacked all decoration. Inside were all the most modern conveniences, such as readily available hot water, mechanized ventilation, telephones, lifts for files, and garbage-disposal units. The walls were painted in IG's new paint, Caparol. The building was built for flexibility, in case uses or personnel changed dramatically. The linoleum was joinless, the electrical cable shiftable, the walls partitions, sometimes of glass. The modernist wish for transparency and the joy in artificial light had become a way of organizing the adaptable office space, a way of allowing supervisory control of a rationalized workforce."

Nach den Reden der Betriebsführer, die körperlich anwesend sind, und der durch Übertragung in effigie gehörten Ansprache *des* Führers[16] begibt der exemplarische Arbeiter sich gemeinsam mit einem jüngeren Kollegen zurück in die werkseigene Siedlung: „Mein Blick geht frei auf die blitzsauber hingereihten Nachbarhäuser und auf das keimende Treiben in all den vielen kleinen Gärten, zu deren üppigem Gedeihen wir mit Fleiß und Mühe beigetragen haben." (EuA, 7)[17] Der junge Kamerad kommt mit, um die Siedlung zu besichtigen als etwas, was auch ihm „in gleicher Weise zugedacht ist, wenn er – es ist nicht mehr lange hin – seine Braut als Gattin heimgeführt haben wird." Der Zutritt in das, was sich im Anschluss als eine verwirklichte „parallel world of stuffs"[18] erweisen wird, ist reguliert durch die Bedingung, verheiratet und Mann zu sein.[19] Die Heimsuchung des Mannes qua Heimführung der Frau geht dabei einher mit der Heimzeugung der I.G., deren Siedlerhäuschen als sphärisch gegliederte, autonom erzeugte synthetische Blasen funktionieren, in denen die eigenen Erzeugnisse von den eigenen Arbeitern und ihren Familien benutzt werden. Das auto-immunologische „Klima" innerhalb der Siedlersphäre ist auf einen Abschluss nach außen ausgerichtet und vollzieht damit im Kleinen den deutschen Autarkiegedanken nach, der die völlige Unabhängigkeit

---

16 Für die Bedeutung von Übertragungsmedien als Schnittstelle zwischen NS-Ideologie und Menschenkörpern vgl. etwa Wolfgang Hagen: *Das Radio. Zur Geschichte und Theorie des Hörfunks. Deutschland/USA*. München, Paderborn 2005 sowie mit einer priorisierten Sicht auf das Radio als Propagandainstrument Inge Marßolek & Adelheid von Saldern (Hg.): *Zuhören und Gehörtwerden 1. Radio im Nationalsozialismus. Zwischen Lenkung und Ablenkung*. Tübingen 1998 sowie Inge Marßolek: „Radio in Deutschland 1923–1960. Zur Sozialgeschichte eines Mediums". In: *Geschichte und Gesellschaft* 27 (2001), H. 2. S. 207–239.

17 Für die Bewegung vom Hören der Führer zum davon beeinflussten Sehen des Erreichten passt Lindners Konzeption des Verhältnisses zwischen Führer und Kollektiv innerhalb einer radikalen Fraktion von Lebensideologen, „die prinzipiell ein vital-elementares Kollektiv anstrebt, in dem ‚Führer' ihre Legitimation unmittelbar von den produktiven, lebenstragenden Schichten beziehen (d.h. den Bauern oder/und Arbeitern)." Vgl. Lindner: *Leben in der Krise*. S. 47.

18 Leslie: *Synthetic Worlds*. S. 170.

19 Zur Idee einer „Verwurzelung" des Bauerntums, die an dieser Stelle als Chance eines in der Großstadt entwurzelten Proletariats ins Spiel kommt vgl. wiederum Lindner: *Leben in der Krise*. S. 48: „[…] wobei dieser Schlüsselterminus der LI hier meint, daß nicht nur eine elementare Tiefendimension vorhanden ist, sondern auch die bedrohlichen chaotischen Urkräfte in der natürlichen ‚Bindung' und ‚Form' aufgehoben sind." Die Elemente der „Bindungs-" und „Formfindung" werden für die Bücher mit Stoffbezug vor allem anhand der Immunisierungsstrategien und des synthetischen Kolonialismus beschrieben, die den oberflächlichen Eindruck einer schlichten „Wiederverbauerung" des Proletariats weitreichend ergänzen.

von ausländischen Rohstoffen und ihre Ersetzung durch synthetische Erzeugnisse aus eigener Herstellung anstrebte:

> Mein Nachdenken führt mich zu der Erkenntnis, daß meine Bindung an diese I.G. ja gar nicht nur durch den Beruf besteht, sondern daß eben diese I.G. auch sonst mit ihren Erzeugnissen mein und meiner Familie Leben und das meiner Kameraden ebenso wie das Leben aller meiner deutschen Volksgenossen auf Schritt und Tritt begleitet und daß diese Erzeugnisse wie selbstverständlich überall vorhanden sind. (EuA, 8)

Der exemplarische Arbeiter hält, wenn er die Einflusssphäre der I.G. rhetorisch nachvollzieht, an sich als Orientierungspunkt fest (mein, meiner Familie, meiner Kameraden, meiner deutschen Volksgenossen) und wendet damit einen synthetischen Modus an, den ihm die I.G. als Arbeitgeberin und Bindungsspenderin vorgibt: Die Welt erscheint als von ihm als I.G.-Objekt durchdrungene und zugleich von ihm als Erkenntnissubjekt zu erschließende Welt, denn erst im Nachdenken wird explizit, was zuvor bereits der Fall war. Die Erzählung beschreibt an dieser Stelle lediglich den Moment der Erkenntnis, dem die Schaffung der Verhältnisse vorangegangen ist und erzeugt damit ein neues Interferenzfeld zwischen ‚Wahrnehmen' und ‚Wissen' bei der Figur. Auf diesem Feld, das wird im Folgenden oft der Fall sein, findet die narrativ-historiographische Analyse dessen statt, was intradiegetisch bereits vorgängig auf den jetzt erst bewusstgemachten Verhältnissen gründet. Ideologie erscheint im Kontext der Bücher mit Stoffbezug als nachträgliche Funktion eines zunächst auch ohne sie lebensfähigen Zusammenhangs. Das ist wichtig, da ‚Ideologie' in der Broschüre als ein wichtiger Zweck des Erzählens überhaupt fungiert und eng mit ihr verkoppelt ist. Implementiert die Rahmenhandlung ihren Status als (scheinbar) nachrangig und wird zugleich klar, dass die Welt des Arbeiters „automatisch" funktioniert, obwohl sein Bewusstsein über die Zustände, in denen er lebt, ebenjenen Zuständen hinterherhinkt, stellt sich erstens die Frage nach dem Verlauf der Grenze dieses Bewusstseins (wer steuert die synthetische Welt des Arbeiters?) und zweitens nach seinem Status als autonomes (Erzähl-)Subjekt.

Jener Augenblick verändert nun gleichsam den Blick des Mannes, der sich, durch den Feiertag mit Muße versorgt, auf einen die Tatsachen einholenden Gang durch sein Haus begibt, dort indanthrengefärbte Vorhänge aus Kunstfaser, Pollopas-Geschirr, den Volksempfänger mit Kunstharz-Gehäuse, Agfa-Fotografien in Kaliko-Rahmen und schließlich die im Vistrakleid den Kaffeetisch deckende Ehefrau und den dank Diphtherieserum noch lebendigen Sohn vorfindet, alles wohlwollend betrachtet und feststellt: „Wohin ich immer in meinem Hause gelangen werde, die I.G. wird zugegen sein!“ (EuA, 11)[20] Jene Erkenntnis der vorgängigen Existenz eines universellen I.G.-Zusammenhangs, in dem der Arbeiter längst schon lebt, ohne es zu realisieren, regt den Nachholbedarf auf historischem Gebiet an: Die körperlich erfahrene Sphäre muss nun auch durch geschichtliche Kenntnis mitbewohnt werden. Der Grund für die Diskrepanz zwischen Erfahrung und Reflexion ist der beschleunigte Lebenstakt als Resultat modernisierter Existenz: „Die Steigerung der Geschwindigkeit ins beinahe Grenzenlose ist uns fast zu einer Selbstverständlichkeit geworden. Nicht zuletzt damit mag es zusammenhängen, daß das, was gestern war, oft schon heute der Vergessenheit anheimfällt.“ (EuA, 13) Die synthetische Gesellschaft hat ihr historisches Archiv überholt und muss es nun erkennend bergen. Metaphorischer Modus wird hierfür, wie für die Synthese generell, die Idee einer ‚Tiefe‘ sein, aus der kommt, was schließlich Bedeutung schaffen soll. Dem „oberflächliche[n] Betrachter“, dessen Blick nur die Außenseite der Dinge streift, bleibt freilich verborgen, „daß von den kleinsten bis zu den größten Notwendigkeiten unseres Daseins alles auf das engste mit der Chemie verknüpft ist“ (EuA, 11). Bereits hier greift die Idee eines synthetischen Kolonialismus, der räumlich in die ‚Tiefe‘ gehen wird, auch auf die Wahrnehmung über und beginnt, perzeptive Maximen aufzustellen, mit denen die Welt wahrhaft zu erschließen ist.

Zur Kur für jene Form der wahrnehmungsstörenden Geschichtsvergessenheit erklärt die Rahmenhandlung die Broschüre selbst, wenn das Ich fordert, dass endlich einmal eine systematische Darstellung „in breiterer und in die Tiefe gehender Form die ganze Produktion und ihre Zusammenhänge mit der Volkswirtschaft schildern“ (EuA, 12) solle und dabei rekurrent auf Metaphern des ‚Eindringens‘ und ‚Ver-Tiefens‘ zurückgreift.[21] Der anschließende kurze

---

20 Esther Leslie weist auf die doppelte Lesbarkeit solcher Textstellen hin, die sich einerseits als „ostensible positive hymn to the power of mordern chemistry“, zugleich aber als „paranoid vision of the industrial world as a monopolized and totalitarian world of fakes and substitutes that holds everyone in its clutches from cradle to grave […].“ verstehen lassen. Vgl. Leslie: *Synthetic Worlds*. S. 171.

21 Direkt davor betont der Text noch einmal ostensiv die Korrelation von ‚Erkenntnis‘ mit Vorstellungen von ‚Tiefe‘ und ‚Synthese‘ und wiederholt zudem die Figur der Verlängerung des Einzelempfindens in das Wir, wenn der Einzelne, der sein Haus abgeschritten hat, verallgemeinernd sagt: „Dann und wann, wenn wir so durch unser eigenes Heim gehen, fällt uns wohl dies und jenes ein; aber wenn wir mehr und Genaueres wissen, wenn wir *ganz eindringen* wollen in den *tieferen Sinn* unserer Gemeinschaftsarbeit, dann müßten wir einmal das, was hier nur angedeutet werden kann, in einer zusammenfassenden Schilderung *in uns aufnehmen* können.“ Folgerichtig wird das Erzählen der Geschichte dann auch als ein Heraufsteigen der „Geburtsstätten dieser Erzeugnisse“ beschrieben, wobei sich die

historische Überblick, synthetisierend überschrieben mit „Mit vereinten Kräften", implementiert weitere Begriffe, die für die Binnenkapitel wichtig sein werden. Neben der modernetypischen Diagnose einer schädlichen Veränderung der Wahrnehmung, ihr Selektiv- und Ahistorischwerden im Zuge der Erfahrung eines extrem erhöhten Lebenstakts[22], die dazu führen, dass historische Brüche nurmehr dumpf empfunden, aber nicht mehr reflektiert werden[23], sind es vor allem das Konzept eines elektrischen Verkoppelt-Seins einzelner Akteure mit dem Netzwerk der Anderen[24] sowie die Vorstellung, dass die organisatorischen Zusammenfassungen die chemischen Synthesen im großen Stil und zu gesellschaftlichem Nutzen erst ermöglichen. Die Broschüre ruft also bereits in der Rahmenhandlung vielfältige metaphorische Varianten des Synthese-Begriffs und einer Vorstellung von ‚Tiefe' und ‚Oberfläche' auf, noch ohne den Begriff als chemisch-technisches Verfahren und Grundlage der I.G.-Produktion eingeführt zu haben. Sie legt damit nahe, dass erstens die Konzepte bereits fundamentaler Bestandteil des Zusammenlebens sind, zweitens erzählerisch nicht mehr reflektiert werden müssen, also einer sujetlosen Textschicht angehören und drittens die chemische Synthese ebenfalls dem Prinzip nachholender Realisierung folgt, indem sie in eine Welt tritt, die ideologisch vorbereitet ist und bereits, weitgehend unbewusst, „in Synthesen" zu denken vermag, der Chemie also auch hier die Funktion einer nachträglichen Bewusstmachungsinstanz politischer Verhältnisse zukommt.

Idee der ‚Tiefe' dabei nochmal subtil um den metaphorischen Fabrik-Uterus erweitert (EuA, 11f., Herv. AW). Im Folgenden liefert die „Vertiefung" in die Geschichte dann auch die Grundlage für die historische Einsicht in den Status der I.G.-Gründung als „Existenzfrage" der deutschen Chemie (vgl. ebd., S. 19).

22 Der Zugriff nationalsozialistischer Ideologie auf zur Zeit der Machtübergabe bereits etablierte Muster der Diagnose einer Moderne-Erfahrung als Krise ist inzwischen gut erforscht und aufbereitet etwa in den einschlägigen Arbeiten von Uwe-K. Ketelsen (*Literatur und Drittes Reich*. Schernfeld 1992) sowie im vieldiskutierten Ansatz von Sebastian Graeb-Könneker (*Autochthone Modernität*), der auch einen umfassenden Überblick über den Stand der bisherigen Forschung gibt.

23 Vgl. EuA, 13: „[…] sie haben zwar gewiß ein Gefühl dafür, daß hier etwas sehr Großes in festgefügter Organisation lebt und webt, aber wann und wie und auch warum es so und nicht anders wurde, das wissen eben nicht allzu viele."

24 Vgl. EuA, 14: In diesem Fall ist es initial die I.G. selbst, die „in den internationalen Wettkampf auf den Weltmärkten *eingeschaltet* ist […]" (Herv. AW).

1.2 Binnenraum 1: „Das Reich der Farben"

Mit dem „Reich der Farben" tritt die Broschüre, auch markiert durch einen Wechsel der Schriftart von Fraktur[25] zu Antiqua, in ihren Binnenraum ein und beginnt den versprochenen Gang durch die I.G.-Erzeugnisse. Sie knüpft damit an den historischen Ausgangspunkt der Interessengemeinschaft an, der in den drei großen Teerfarbenfabriken, der *Actiengesellschaft für Anilinfabrikation* (AGFA) in Berlin, der *Badischen Anilin- und Soda-Fabrik* (BASF) in Ludwigshafen sowie der *Farbenfabriken vorm. Friedr. Bayer & Co.* in Elberfeld und ihrem losen Zusammenschluss 1904 bestand, dem sich 1916 vier weitere Firmen anschlossen[26], die 1925 schließlich durch Aufgehen der anderen Glieder in der BASF zur *Interessengemeinschaft Farbenindustrie Aktiengesellschaft*, kurz I.G. Farben, zum zwischenzeitlich größten Chemie- und Pharmaunternehmen weltweit fusionierten.[27]

Das Kapitel betont die existentielle Rolle der Farben durch ein vorgeschaltetes Goethe-Zitat, „Am farbigen Abglanz haben wir das Leben"[28], sowie die Feststellung, dass „unser Goethe" „[aussprach], was jeder Mensch bewußt oder unbewußt empfindet und fühlt: Ein Leben ohne Farben können wir uns gar nicht vorstellen, kann es nicht geben" (EuA, 25). In einem epistemisch-nationalen Vereinnahmungsmodus, der die Erkenntnis über „Wesen" und Rolle der Farben über Goethe als possessiv-deutschen Dichter an das ihn besitzende Volk bindet, wird die Erkenntnis der Farben zu einem nationalen Projekt erklärt. Darüber hinaus koppelt die rekurrente Erwähnung Goethes als einschlägig deutsches Dichter-Genie die Erkenntnispraxis, die der Broschüre zugrunde liegt, an ein Paradigma, das den technischen Bereich der Farben als für genialisch-schöpferische Zeugungsakte zugänglich ausweist und das

---

25 Bei der Fraktur handelt es sich vermutlich um eine vereinfachte Form der Schrift von Johann Gottlob Immanuel Breitkopf.

26 Diese waren *Leopold Cassella & Co. G.m.b.H.* (Frankfurt/Main), die *Chemische Fabrik Griesheim-Elektron* (auch Frankfurt/Main), die *Chemischen Fabriken vorm. Weiler-ter Meer* (Uerdingen), die *Farbwerke vorm. Meister Lucius & Brüning* (Höchst/Main) sowie die *Kalle & Co. AG* (Wiesbaden-Biebrich).

27 Der Ablauf der einzelnen Zusammenschluss- und schließlich Fusions-Schritte ist natürlich weit komplexer als hier dargestellt. Für einen ausführlichen Überblick vgl. bspw. Gottfried Plumpe: *Die I.G. Farbenindustrie AG. Wirtschaft, Technik und Politik 1904–1945*. Berlin 1990 sowie Peter Hayes: *Industry and Ideology. I.G. Farben in the Nazi Era*. 2. Aufl. Cambridge 2001.

28 Zum Zitat vgl. Johann Wolfgang Goethe: *Faust. Erster und zweiter Teil*. 2. Aufl. München 1998. V. 4727.

Das Reich der Farben

„Am farbigen Abglanz haben wir das Leben"
Goethe

Ein Leben ohne Farbe ist unvorstellbar. Farben bedeuten Lebensbejahung. Verschwenderisch streut die Natur aus ihrem unerschöpflichen Füllhorn Farben, Farben, Farben!

Vom hauchzarten Grün der ersten Blattknospen über die bunte Pracht der Frühlings- und Sommerblüten bis zum lodernden Fanal der herbstlichen Wälder zeigt die Pflanzenwelt alle Töne der unendlich reichen Farbenskala der Natur.

Die Tierwelt steht ihr hierin nicht nach. Das satte Rotbraun von Fuchs und Reh, das strahlende Gefieder des Goldfasans, der metallische Glanz des Laufkäfers, die liebliche Buntheit unserer Schmetterlinge, das schimmernde Hochzeitskleid der Fische in unserem Aquarium, sind sie nicht Beispiel genug? Über all dem wölbt sich im schönsten Blau der Himmel, lacht, hervorgezaubert von der erwachenden Sonne, das Morgenrot und flammt in berauschenden Tönungen der abendliche Horizont. Und selbst wenn wir älter werden, stehen wir staunend wie die Kinder vor der Zauberbrücke des Regenbogens, dem Inbegriff des Farbenmärchens der Natur.

Schließlich hat aber auch der Mensch an dieser tausendfältigen, unerschöpflichen Schönheit der Farben sein Teil. Von den Dichtern und Liebenden aller Zeiten besungen, waren die Farben seiner Haut, seiner Haare und

23

Abb. 2 Das Reich der Farben

Schaffen des Dichters wie das Schaffen des Ingenieurs einander annähert.[29] Und zugleich integriert jene Welt der Mannigfaltigkeit und der üppigen Verschwendung „den Menschen" auf schicksalhafte Weise: „Von den Dichtern und Liebenden aller Zeiten besungen, waren die Farben seiner Haut, seiner Haare und seiner Augen oft von schicksalbestimmender Bedeutung im Leben des Einzelnen ebenso wie im Leben ganzer Völker." (EuA, 23f.) Der Text historisiert die Vorstellung einer rassifizierten Natur, in der Farbunterschiede von Haut, Haaren und Augen als Ausgangspunkt für Konflikte und damit auch für Aushandlungen über eine wertende Sicht auf Individuen anhand differierender Farbmerkmale angelegt sind, was rassistische Grenzziehungen als Nachvollzug „natürlicher" Distinktion legitimiert.[30] Die Beziehung „des Menschen" zu den Farben „der Natur" ist aber nicht nur eine des Ausgeliefertseins, sondern ebenso eine der produktiven Aneignung für Mimikry und Dekoration des schmucklosen Menschenkörpers, die als anthropologische Konstante selbst „bei den primitivsten Völkern" und „bereits in grauer[!] Vorzeit" (EuA, 24) vorkomme.[31] Eine Kontrolle über Farben „als solche" würde damit in der Gegenwart ein gleichzeitiges Verfügen über Menschenkörper und ihre Wertigkeit implizieren und die Farbe zum naturalisierten Referenzpunkt von Rassismus und damit zum wichtigen Machtinstrument machen. Im Zusammenklang ergeben diese Reflexionen über das „Wesen" der Farbe den Vorspann für die folgende Herleitung der Chemie als einer Wissenschaft des Zugriffs auf eine in der Vergangenheit liegende Fülle und implementieren damit auf Grundlage der zuvor erarbeiteten Prämissen die Logik einer Wiederaufnahme historisch früher liegender „bewährter" Standards allgemeinmenschlichen Umgangs mit natürlichen Ressourcen, aber auch die Erkenntnis eigener Mangelbeziehungen als Initiatoren von Innovationsprozessen, die wiederum zum Anreger technischer Revolutionen werden. Die Stelle sei, aufgrund ihrer zentralen Bedeutung, umfangreicher zitiert:

> Heute leben wir im Zeitalter unserer Teerfarben, die mit den schönsten Farben der lebendigen Natur wetteifern können. Daß wir mit unserer Chemie hierfür doch wiederum auf den unvorstellbaren Farbenreichtum einer versunkenen Welt zurückgegriffen haben, sollen die folgenden Zeilen erläutern./In längstvergangenen Zeiten der Erdgeschichte bedeckten mächtige Wälder die Oberfläche

---

29 Zum Ingenieur als eigentlich dem Genie-Konzept entgegengesetzten Typus vgl. Lindner: *Leben in der Krise*. S. 53.

30 Esther Leslie sieht in der Vorstellung eines rassifizierten Körpers zutreffend einen Kernbestandteil des „Nazi world-view", vgl. Leslie: *Synthetic Worlds*, S. 171.

31 Der historisierende Blick des Textes fällt vor allem auf die schriftkundigen „Hochkulturen" der Griechen und Römer, leitet von diesen aber auch die durch römische Quellen belegte „hochentwickelte Färbekunst" der Germanen ab (EuA, 24).

> der Erde. Diese Welt der gigantischen Farne und der seltsamen Tierriesen der Saurier wurde vor Millionen von Jahren durch Naturkatastrophen zum Untergang gebracht. Gewaltige Umschichtungen der Erdoberfläche ließen diese blühende, grünende, sonnengesättigte Welt in den Schoß der Erde versinken. Hier vollzog sich nun ein umfassender Umwandlungs-, also chemischer Prozeß. Denn unter dem ungeheuren Druck der lastenden Erdoberfläche entstand aus der versunkenen Welt die Steinkohle./An diesen schwarzen, glänzenden Kohlen, die jene ehemalige Farbenpracht der Urwälder verborgen bewahren, vollzieht sich heute vor unser aller Augen das Wunder der deutschen Chemie, das alle Märchen aus 1001 Nacht in den Schatten stellt. Beim Verkoken der Steinkohle gewinnt man den Steinkohlenteer. Und aus ihm zieht der Chemiker, was die Natur an Farben hervorgebracht hat und wieder versinken ließ, auf dem Weg der Synthese erneut ans Tageslicht als synthetische Farbstoffe. (EuA, 25)[32]

Der prähistorische Wald als Ort einer vergangenen Fülle taucht, nachdem er in einer räumlichen Tiefe versunken ist, als Archiv und Ressort einer synthetischen Fülle in Form von Steinkohle in der Gegenwart wieder auf. Katalysator dieses Prozesses ist die selbst aus der Erkenntnis eines aktuellen Rohstoff- und damit Farb-Mangels im deutschen Oberflächenraum entstandene deutsche Synthesechemie, die den Zugang zur räumlichen und zeitlichen ‚Tiefe' des deutschen Steinzeitwaldes aufschließt.[33] Das Modell einer Äquivalenz zwischen den ‚natürlichen' Farben der Urzeitpflanzen und den synthetischen, die die Chemie erzeugt, über die Zeitalter hinweg, bedient sich einer räumlichen ‚Tiefe', in welcher der frühere Zustand kodiert eingeschlossen lag, bis die Chemie den Schlüssel fand. Der dazwischen liegende Zeitraum wird vom Text zunächst nicht weiter gefüllt, kann aber aus den folgenden Darstellungen über die Färbeverfahren *vor* der Synthese als grundsätzlich defizitärer Versuch einer Annäherung an die Natur klassifiziert werden. Während die Teerfarben „mit den schönsten Farben der lebendigen Natur wetteifern können", also hier kein qualitativer Unterschied besteht, fallen die technischen Leistungen der Zwischenzeit gegen beide Zeitalter ab. Die Farbenpracht der Urwälder wird, damit die Synthese als ihre Wiedererweckerin superioren Status beanspruchen kann, jener Vielfalt der zeitgenössischen Wälder übergeordnet, der Urwald damit zum Über-Wald gemacht.[34]

32 Ein Absatz in der Quelle wird im Zitat auch im Folgenden durch einen Schrägstrich markiert.

33 Zur Idee des „deutschen Waldes" als Geschichtsraum vgl. ausführlich Jeffrey K. Wilson: *The German Forest. Nature, Identity, and the Contestation of a National Symbol 1871–1914*. Toronto 2012 sowie Johannes Zechner: *Der deutsche Wald. Eine Ideengeschichte 1800–1945*. Darmstadt 2016 und besonders Marcus Termeer: *Verkörperungen des Waldes. Eine Körper-, Geschlechter- und Herrschaftsgeschichte*. Bielefeld 2005.

34 Das Phantasma der Gegenwartskonstruktion als Erfüllung einer versunkenen Vorgeschichte und generell die Vorstellung vom zyklischen Werden und Vergehen von

Dass die Synthese gelingt, hat an dieser Stelle der Broschüre noch eindeutig den Status des Phantastischen und wird dieses Prädikat auch im Zuge rationalisierender Erklärungen der technischen Prozesse der Synthese nicht ganz ablegen.[35] Der metaphorische Zugriff ist evident: Das „Wunder der deutschen Chemie" stellt „alle Märchen aus 1001 Nacht in den Schatten" und holt mittels Synthese das Hervorgebracht-Versunkene einer „blühende[n], grünende[n], sonnengesättigte[n] Welt" aus dem „Schoß der Erde" „erneut ans Tageslicht"[36]. Das Farben-Thema ist hier, wie in den Büchern mit Stoffbezug generell, zentral kombiniert mit den Bereichen ‚Licht', ‚(Wieder-)Geburt' und ‚Über-Natürlichkeit'.

Erst über gewisse Disziplinierungsmaßnahmen, die ebenfalls die Chemie an den Farbstoffen vollzieht (immerhin weist der „Wundergarten", den Kekulé zugänglich macht, bereits auf eine kultivierte Form des Üppigen hin), wird die Mannigfaltigkeit der synthetisch nacherzeugten natürlichen Farben gezielt einsatzfähig und erschließt sich schnell sämtliche Lebensbereiche:

> Heute umfaßt die Auswahl der synthetischen Farbstoffe der I.G. Tausende von Farben, mit denen man alle in der Natur vorkommenden Töne [...] wiederzugeben vermag. Überhaupt gibt es kaum ein Gebiet industrieller oder handwerklicher Erzeugung mehr, auf dem künstliche Farbstoffe nicht in mehr oder minder großem Umfang Verwendung finden. (EuA, 26)

Zum ersten Mal deutet sich hier die Erschließung neuer Gebiete auf synthetische Weise als koloniales Projekt an. Zwar ist die Rhetorik an dieser

---

Kulturen liegt freilich auf der Linie des NS-Geschichtsmodells. Vgl. zur Archäologie im NS-Staat u.a. Dirk Mahsarski: *Herbert Jankuhn (1905–1990). Ein deutscher Prähistoriker zwischen nationalsozialistischer Ideologie und wissenschaftlicher Objektivität.* Göttingen 2009 sowie den Katalog zur vom Autor mitkuratierten Ausstellung *Graben für Germanien. Archäologie unterm Hakenkreuz. Focke-Museum, Bremer Landesmuseum für Kunst- und Kulturgeschichte.* Hg. v. Sandra Gehringer. Stuttgart 2013. (Dort auch Informationen über archäologisch inspirierte Ideologeme verschiedener Vertreter der NS-Elite, allen voran Alfred Rosenbergs, etwa in den Beiträgen von Uta Halle: „Nationalsozialisten und Archäologie", S. 44–49 oder „Germanien im NS-Alltag", S. 109–117 (dort auch für die Abgrenzung zum abgelehnten „Germanenkitsch").)

35 Zunächst behält der Text ihn ausdrücklich, etwa wenn August Kekulés Entdeckung der Struktur des Benzolrings zur „Großtat" wird, mit der er „die Pforte zum Wundergarten der synthetischen Farbstoffe geöffnet hat." (EuA, 26)

36 Die Korrelation der Chemie mit dem Wunderbaren ist im Zusammenhang mit Büchern, die sich der künstlichen Erzeugung von Gold widmen, besonders relevant. Vgl. grundsätzlich zum historischen Vorlauf dieser Beziehung bspw. Hans-Werner Schütt: *Auf der Suche nach dem Stein der Weisen. Die Geschichte der Alchemie.* München 2000 und ergänzend Michel Butor: „Die Alchemie und ihre Sprache". In: Ders.: *Die Alchemie und ihre Sprache. Essays zur Kunst und Literatur.* Frankfurt/Main 1990. S. 13–24.

Stelle noch ausgesprochen sachlich und die Farben werden als passive Akteure vorgestellt, doch zugleich stellen sie sich, ähnlich wie die I.G.-Produkte im Haus des Arbeiters aus der Rahmenhandlung, auch hier wieder als vorsprüngig und immer schon da vor: „Wo wir auch hinblicken, Farben sind überall!“ (EuA, 26) Das Prinzip einer nachholenden Erkenntnis wird also auch in der Binnenerzählung fortgesetzt und damit als Strukturmerkmal verfestigt. Nun intensiviert die Broschüre diese Denkfigur noch, indem sie im Modus der Exemplifikation[37] ihren „Sinn“ aus dem Buch herausquellen lässt und vorführt, wie trickreich sich die camouflierten Farben der Leserin bereits untergeschoben haben:

> Bereits die Druckschrift dieses Buch über die „Erzeugnisse unserer Arbeit“ und die bunten Bilder darin verdanken ihre Entstehung einem recht bedeutenden Zweig der Farbenherstellung, den Druckfarben; die Schreibmaschine, mit der das Manuskript zu diesem Buch geschrieben wurde, hatte ein Farbband, mit Rot- und Blaustiften wurden die Verbesserungen angebracht. (EuA, 26)

Die metaleptische Verlängerung von Stofflichkeit aus dem Buch heraus[38], bei der ein Sprechen über den ‚Stoff‘ im Medium selbst materielle Resonanz findet, als „doppelter Stoffbezug“, reproduziert hier die Schreibszene und den Herstellungsprozess des Buches als durch die Farbstoffsynthese erst ermöglichte Vorgänge.

Daran anschließend wird durch eine Wiederholung des „Gang durch die Welt“-Topos die Universalität des Farbvorkommens in diversen Erfahrungszusammenhängen erneuert, wobei die Aufzählung das Wohngehäuse, Schreibwaren, Zahlungsmittel, Kunstwerke, diverse Alltagsgegenstände, Verkehrs- und schließlich Nahrungsmittel umfasst und in diesen die Farbe sogar in den Körper eindringen, Wahrnehmung und Leben explizit zusammenfallen lässt: „Denn wir essen auch mit den Augen, und darum gilt dasselbe auch für zahlreiche Gemüsekonserven, die schon durch ihre Farbe appetitlich wirken.“ (EuA, 27) Die der Broschüre so wichtige Durchdringung aller Lebensbereiche durch die I.G. wird hier zum ersten Mal auf zunächst noch ideologisch weitgehend unbedenklichem Terrain verwirklicht, dennoch ergibt die Betonung der Präexistenz des farblichen Zusammenhangs in den Augen und Körpern der staunenden Subjekte („Farben überall!“ EuA, 28) *vor* der Offenbarung über

37 Vgl. zum Begriff Nelson Goodman: *Die Sprachen der Kunst. Ein Ansatz zu einer Symboltheorie*. Frankfurt/Main 1973. Abs. II.3: „Exemplifikation“, S. 62–66.

38 Hierzu zählt auch der Hinweis im Impressum der Broschüre: „Dieses Buch ist in Agfa-Pelloro gebunden, eine in der Druck- und Kartonagen-Industrie verwendete Folie.“ (EuA, 219). Vgl. hierzu auch Leslie: *Synthetic Worlds*. S. 170, wo der Einsatz der eigenen Produkte der I.G. in der Broschüre selbst als Ausweis ihrer Modernität gesehen wird.

ebendiesen Zusammenhang bereits in Ansätzen das Bild einer unbemerkt vonstatten gegangenen materiellen Kolonisierung der menschlichen Lebenswelt durch den aus der Vorzeit synthetisch wiedergekehrten Akteur Farbe, als dessen entsendende Macht die I.G. auftritt. Der Blick, den die Sprechinstanz des Textes dabei auf ihre Lebenswelt wirft, lässt sich einerseits in seinem Modus der erklärenden Entbergung des Ungewusst-Genutzten als ein didaktischer werten, ist zugleich aber ethnologisch in seiner Art, die Umgebung der zweifellos eigenen Kultur zu Befremdungszwecken als „neu" und „ungekannt" zu beschreiben.[39]

Disziplinär anders interpretiert führt der Text den Modus wissenschaftlicher Erschließung des ‚Eigenen' im ‚Fremden' selbst über einen Bezug zur Archäologie, der „Wissenschaft des Spatens", ein, will aber, dass wird im darauffolgenden Satz klar, eigentlich ethnologisch argumentieren:

> Die Wissenschaft des Spatens, die Altertumsforschung, hat in den letzten Jahrzehnten wertvollste Schätze der Erkenntnis auf dem Farbengebiet zutage gefördert. Aber auch die Beobachtungen, die man bei den immer seltener werdenden, gleichsam in der Steinzeit zurückgebliebenen, primitiven Völkern gerade noch rechtzeitig machen konnte, ehe die Zivilisation ihre alte Eigenkultur zerstörte, ermöglichten uns eine gute Vorstellung von der Entwicklung der Verwendung von Farbstoffen in der Vorzeit. (EuA, 28)

Das Paradigma einer Gleichzeitigkeit des Ungleichzeitigen[40], angedeutet in räumlich insular weiterexistierenden Resten zeitlich zurückversetzter Praktiken, hier am Beispiel der vom Zivilisationsprozess bedrohten „primitiven Völker" eingeführt, deren „Primitivität" sich aus dem Verweilen „in der Steinzeit" ergibt, wird im Anschluss auf die eigene Gruppe ausgedehnt. Spuren einer vorzivilisatorischen Lebensart finden sich nämlich auch in heimischen

---

39 Grundsätzlich zum Konzept einer „Befremdung der eigenen Kultur" vgl. Amann & Hirschauer: *Die Befremdung der eigenen Kultur*. S. 9: „Die in der Ethnographie liegende Affinität zum Kuriosen ist nicht eine Eigenschaft bevorzugter Gegenstände, sondern das Potential, alle möglichen Gegenstände ‚kurios', also zum Objekt einer ebenso empirischen wie theoretischen Neugier zu machen. Dafür setzt die Ethnographie auf einen ‚weichen' Methoden-, aber ‚harten' Empiriebegriff. Dessen Prämisse ist die Unbekanntheit gerade auch jener Welten, die wir selbst bewohnen."

40 Für den Begriff sorgte bekanntermaßen Ernst Bloch mit seiner Schrift *Erbschaft dieser Zeit* (1935): „Nicht alle sind im selben Jetzt da. Sie sind es nur äußerlich, dadurch, daß sie heute zu sehen sind. Damit aber leben sie noch nicht mit den anderen zugleich." et cetera, in: Ernst Bloch: *Erbschaft dieser Zeit* [Gesamtausgabe, Bd. 4]. Frankfurt/Main 1962. S. 104. Vgl. außerdem Reinhart Koselleck: „Zur historisch-politischen Semantik asymmetrischer Gegenbegriffe". In: Ders.: *Vergangene Zukunft. Zur Semantik geschichtlicher Zeiten*. Frankfurt/Main 1989. S. 211–259.

Gefilden, beispielsweise im nicht verschwundenen Gebrauch von Tierhäuten zur Bekleidungsherstellung: „Man denke nur an die ‚Gamsledernen' unserer Alpenbewohner und an unsere Handschuhe." (EuA, 29) Die rhetorische Besitznahme und damit Angleichung des Status von Alpenbewohnern und Handschuhen, die beide einem „Uns" gehören, macht den intern verfremdenden Gestus deutlich: Beide, Handschuhe und Alpenbewohner, werden gleichermaßen zu Objekten eines erkundenden Blicks. Das Überraschende, der Gebrauch von Leder zu Bekleidungszwecken (mitzulesen ist hier: eine primitive Technik!), findet sich mehrfach im ‚Eigenen', in einer ethnisierend umrissenen Teilgruppe (die Bewohner der Alpen) sowie gar am Normkörper des unmarkierten Standard-Menschen in Form lederner Handschuhe. Genau jener ethnologische Blick ist es, der den weitgehend ungefüllten, grauen(!) Zeitraum zwischen Altertum und Gegenwart füllen hilft, in dem es hauptsächlich darum ging, die farbige Fülle des versunkenen Urwalds mit den vorhandenen Mitteln defizitär nachzuahmen:

> Wo nehmen aber jene urzeitlichen Bewohner Deutschlands lösliche Tonerdesalze her, die die Natur doch nur sehr spärlich und in unseren Breiten überhaupt nicht darbietet? Des Rätsels Lösung ist folgende: in allen Breiten gibt es Pflanzenarten, die Tonerde in ihren Säften gelöst enthalten. Bei uns sind es die Bärlappgewächse, die schon früh die Aufmerksamkeit des Volkes auf sich gezogen haben und zu allerhand abergläubischen Gebräuchen benutzt wurden. (EuA, 31)

Die Population des zur Zeit der Erzählgegenwart als ‚Deutschland' identifizierten Raums und damit verbunden das Konzept eines ‚deutschen Volkes' wird von der Broschüre retrograd bis in die Urzeit verlängert, was zur Vorstellung einer streng an den „Lebensraum" gebundenen nationalen Identität jenseits politisch-historischer Gegebenheiten führt und die Konstruktion einer konstanten Gemeinschaft ermöglicht, die von akzidentiellen Einflüssen einzelner Epochen und generell dem Faktor Zeit gänzlich unberührt ist und sich gleichzeitig ideologisch von der erzählten Gegenwart evoziert und so als mit ihr „verwandt" darstellt. Das Paradigma der „Ungleichzeitigkeit" kann so in einem vor allem über die mentale Kontinuität, die der Raum absichert, tendenziell positiv bewerteten historischen Zwischenraum eingehegt werden, sodass bis in die Gegenwart weiterexistierende Reste nicht als Krisenerscheinung gewertet werden müssen.[41] Es ist deshalb folgerichtig, wenn ein

41 Vgl. zur zeitgenössischen Anwendung des Ungleichzeitigkeits-Modells als Strategie zur Lösung diagnostischer Probleme des historischen „Zeitbilds", etwa bei Karl Mannheim, Lindner: *Leben in der Krise*. S. 62ff. u. insb. 65. Wege sieht die Überlagerung von Atavismen und Modernismen, wie er es nennt, als Kennzeichen der NS-Ideologie, deren Resultat dann jene „Mehrstimmigkeit" in den Texten sei und nimmt damit Bezug auf

ethnisierender Blick auch auf die eigene Gegenwart diese „Primitivismen" als stets aktualisierbares Merkmal ebenjener überzeitlichen Gültigkeit des „Deutschtums" am Punkt einer neuerlichen Fortschrittskonjunktur, diesmal im positiv zu wertenden Sinn, im Spiel hält:

> Wenn zum Beispiel die nordische Bauersfrau von heute ihr selbstgesponnenes Wollgarn mit Bärlapp ansiedet und dann hinterher mit Krapp oder neuerdings auch mit Alizarin ausfärbt, das die I.G. ins Land gebracht hat, so benutzt sie ein Verfahren, das ihre Vorfahren schon vor Jahrtausenden erfunden haben. (EuA, 31)

Das synthetisch-koloniale Paradigma wird an dieser Stelle evident: Die postulierte Kontinuität zwischen Urwald-Farben und Synthese-Farben auf identitärer Ebene wird von der technischen Revolution zunächst nicht gestört. Die Bauersfrau färbt weiter so wie ihre Vorfahren und die neuen Farben, „ins Land gebracht" von der I.G., gliedern sich diesem Prozess beiläufig und gewaltlos ein. Die Schwelle zwischen vorsynthetischem und synthetischem Leben wird als eine leicht passierbare dargestellt, wobei die wichtigen deutschnationalen Kontinuitätslinien dank ihrer Raumanbindung und der Fähigkeit, die ‚Moderne' als System insgesamt nur gemäßigt zuzulassen, unangetastet bleiben. Die neue Epoche integriert damit, nachdem sie die Üppigkeit der Urzeit von sich aus wiederherstellt, nun auch die positiven Merkmale der Zwischenzeit und koordiniert damit ihrerseits wiederum auch die ideologische Synthese mehrerer Zeitalter durch Überwindung der Probleme und Versöhnung der Vorzüge.

Einen Sonderstatus reklamiert die Broschüre im historischen Abriss über die Färbetechnik schließlich noch für die Verwendung von Indigo und der Türkischrotfärberei, die beide „aus grauer Vorzeit" stammen, sich aber bis nah an den Schritt zur Synthese gehalten haben und damit als direkte Vorstufen, ja sogar Konkurrenten der synthetischen Farbstoffe in einer Zeit der Koexistenz unterschiedlicher Verfahren fungieren. Diese Parallelität, die neben den künstlichen Farben Produkte einer ‚nicht-deutsch'-identitär konnotierten Form von Vorzeitigkeit zu verhandeln hat, organisiert der Text zugunsten der Synthese, indem er den Raum als semantisches Merkmalsfeld wieder neu dynamisiert:

---

die vieldiskutierte Dialektik des NS zwischen Traditionalismus und Fortschrittsdrang: „[...] es gilt, den Zivilisationsprozeß mit aller Kraft voranzutreiben, und zugleich, den mit diesem Prozeß einhergehenden Modernisierungsschmerz ‚abzufedern' und erträglich zu machen. Die Literatur hat in diesem Kontext sowohl Mobilisierungs- als auch Trostfunktionen wahrzunehmen. Mit Beginn des Zweiten Weltkriegs verschiebt sich der Akzent dann eindeutig zugunsten der Mobilisierungsfunktionen." In: Wege: *Buchstabe und Maschine*. S. 91f.

> Das „Türkischrot" ist schon in grauer Vorzeit in den Steppen Zentralasiens entstanden und von den Turkmenenvölkern, den Vorfahren der heutigen Türken, auf ihren Eroberungszügen nach dem Westen mitgenommen und in die von ihnen in Kleinasien und Europa eroberten Reiche verpflanzt worden. (EuA, 37)

Gleich darauf heißt es nochmal: „Erst im Jahre 1747 gelang es französischen Unternehmern mit Hilfe von griechischen Färbern, die Rotfärberei nach Marseille und Rouen zu verpflanzen." (EuA, 37f.) Die Färbung mit den in der Krapp-Pflanze enthaltenen Stoffen, die als „Türkischrot" bezeichnet wird, stellte neben dem Indigo die größte und hartnäckigste Konkurrenz zu den synthetischen Farben dar. Die Broschüre markiert die entsprechende Technik nun mit einer rohstoffäquivalenten Biologie-Metapher als mobil und damit zur Kolonisierungsarbeit im Raum fähig. Bereits zum zweiten Mal attribuiert der Text an dieser Stelle die Vorzeit (gemeint ist hier jener lange Abschnitt zwischen Urwald-Fülle und Synthese-Fülle) als „grau" und konnotiert sie damit doppelt als ‚farblos' und zugleich in überlieferungsgeschichtlicher Hinsicht ‚quellenarm'. Die beiden maßgeblichen Opponenten der künstlichen Farbstoffe und ihrer chemischen Replikation aus dem Steinkohlenteer, die fremden Stoffe und Techniken, werden von den Produkten der fortschrittlichen Synthese schließlich wieder „in diejenigen Länder zurück[gedrängt], die fabrikatorisch noch auf einer primitiveren Entwicklungsstufe stehen" (EuA, 41), also sowohl im Raum als auch rhetorisch in der Zeit dorthin gebracht, wo sie als Merkmale einer vorsynthetischen Defizitfärberei auch vorher bereits ihren logischen Ort hatten.[42] Die Synthese wird zu einem Verfahren, um den Raum, in dem sie gilt, gegen Konkurrenz zu immunisieren und gegenüber „primitiveren" Verfahren als fortschrittlich auszuzeichnen.[43] Übergeordnet artikuliert sich hier jenes ‚Moderne'-Konzept des Nationalsozialismus, „jedes Ding auf seinen rechten

---

42 Hierzu zählen dann freilich nicht bloß jene „Turkmenenvölker", sondern auch Kolonialmächte, die ebenfalls noch längere Zeit an der Färbung mit Indigo (vor allem Großbritannien) und Krapp (vor allem Frankreich) festhielten.

43 Hierin liegt implizit bereits eine signifikante Umwertungsstrategie des Status einer „Großmacht" vom Merkmal ‚Kolonialbesitz', das zumindest hinsichtlich der Leistungen in der Färbereitechnik irrelevant und zum Kennzeichen für Rückständigkeit wird, zu ‚synthesefähig' und damit ‚modern'. Die eigene Rohstoffarmut wird damit neu valorisiert als Motor für die Entwertung der etablierten Kolonialmächte. Vgl. für das entsprechende Bedingungsgefüge bspw. Stephan Besser: *Germanin*. S. 171f. und zusammenfassend auf S. 172f.: „In gewisser Hinsicht war der deutschen Chemopharmazeutik so bereits ein postkoloniales Moment eingeschrieben: Mittels ihrer Prinzipien von Substitut, Synthese und globaler Distribution ermöglichte sie jene räumliche Trennung von ‚Schauplatz' und ‚Wohltätern', afrikanischen Patienten und deutschen Heilmitteln, die nach dem Verlust der Kolonien zur tragischen Ironie stilisiert werden konnte."

Platz“ zu rücken[44], das nun zugleich als Indikationsmodell lesbar wird und auch über nationale Grenzen hinweg funktioniert. Eine wichtige Aufgabe der Bücher mit Stoffbezug wird es dementsprechend sein, nicht nur die technische Überlegenheit Deutschlands zu signifizieren, sondern auch den Rückstand der anderen Nationen aus einem spezifisch anderen ‚Moderne‘-Verständnis heraus zu begründen.[45]

Ihre Vervollkommnung findet die Farbsynthese in der Marke Indanthren und ihrem ‚Echtheits‘-Konzept. Esther Leslie bemerkt zu den Abbildungen in der Broschüre, bei denen ‚echte‘, mit Indanthren gefärbte Stoffe, ‚unecht‘-gefärbten Stoffen in puncto Wasch- und Licht-Echtheit gegenübergestellt werden:

> A series of images compares the colour constancy of Indanthrene dyes and *unecht* dyes, non-genuine colours, which give up their hue after just a few washes. Nazi science is able fully to assimilate the artificial and the inauthentic, despite the emphasis in its ideology of human existence on ‚the genuine‘, the *echt*. There is an overriding scientistic and technical ideology that transfers utopia into a non-human realm, a realm where objects and political systems alike are eternal, unassailable, and impervious.[46]

Der Text unterstreicht die bildliche Immunisierungsgeste, in der der Ewigkeitsanspruch des (synthetisch begründeten) „Dritten Reichs“ bekräftigt wird, noch mit Ausführungen über die Ersetzung vorschriftsmäßig mit Indigo blau gefärbter Armeeuniformen durch „die feldgrauen Tuche“ (EuA, 44), die als Konsequenz der veränderten Lage auf dem Farbstoffmarkt deklariert wird, dabei aber ja nicht eine Ersetzung des Indigo-Blau durch Indanthren-Blau, sondern vielmehr eine Tilgung von Farbe überhaupt und eine Anpassung der Bekleidung an militärtechnische und -strategische Veränderungen darstellt, die der industriell geführte Stellungskrieg von Millionenheeren mit sich brachte.[47] Die übergeordnete wissenschaftlich-technische Ideologie, die Leslie als Transporteurin der Utopie aus einem menschlichen in einen nichtmenschlichen Bereich ausmacht, in dem Objekte und politische Systeme

44 Vgl. S. LXVIII in diesem Buch.

45 Bspw. bei der Ausgestaltung politischer Konkurrenz gegen die deutsche Erfindung in Hundeikers *Alumnit*, die aus Sicht des moderneaffinen Auslands (Frankreich, USA) vor diplomatischer Kulisse praktisch immer rein wirtschaftlich motiviert ist, sodass der Roman schließlich ‚Moderne‘ in ihrer ungedämpften Form mit ‚Kapitalismus‘ und ‚Judentum‘ gleichsetzen kann.

46 Leslie: *Synthetic Worlds*. S. 171 (Herv. im Orig.).

47 Das „Feldgrau“ für die Uniformen wird in der preußischen Armee 1915 durch die Kabinetts-Ordre Nr. 735 eingeführt. Das Dokument ist digital verfügbar unter: https://archive.org/stream/DeutschlandsArm00Oste#page/n16/mode/1up (zuletzt abgerufen am 10.9.2021).

gleichermaßen ihren Ewigkeitsanspruch anmelden und undurchdringlich, mithin immun gegen Angriffe von außen werden, tut dies, indem sie das „Unechte" in den Bereich des „Echten" eingemeindet und so die ideologisch programmierte Emphase von „Echtheit" als Fähigkeit zur Dauerhaftigkeit durch Immunität auf das Synthese-Produkt auszudehnen vermag: „Was aber bedeutet Echtheit, wenn wir hier von den Stoffen sprechen, mit denen der Mensch die Buntheit seiner Welt in den Dienst seiner Bedürfnisse stellt?" (EuA, 44) Die Indanthren-Produkte vermitteln, eingeführt durch Goethes Farbenlehre (die von der Broschüre nun nochmal aufgerufen wird), eine durch Farben generell grundierte Kopplung von ‚Leben' und ‚Permanenz', die nur in der Synthese vollgültig zu verwirklichen ist, weil diese es erlaubt, ebenjene Verbindung auf Dauer zu stellen:

> Die Hausfrau weiß, woran sie denkt, wenn sie für ihr Sommerkleid, für ihre Fenstervorhänge, für ihre Tischdecken einen farbenfrohen Stoff aussucht, der ihrem Geschmack und dem zugewiesenen Zweck entspricht. Werden die schönen Farben auch halten? Sind sie sicher vor der bleichenden Kraft der Sonne? Werden sie der notwendigen Wäsche widerstehen? (EuA, 44f.)

„Echt"-Sein bedeutet, gegen derartige Angriffe von außen gefeit zu sein und eine synthetische Parallelwelt zu begründen, was nur durch einen Zugriff auf die Köpfe zur Gänze gelingen kann[48]:

> Ein großer Aufklärungsfeldzug mußte durchgeführt werden, um wirklich jedermann mit den entscheidenden Vorteilen bekannt zu machen. Sein Erfolg hat dazu beigetragen, indanthrenfarbige Stoffe zum wahren Volksgut zu machen, denn heute kann man sich wohl keine Familie und keinen Haushalt mehr vorstellen, der ohne Indanthren in irgendeiner Form auskommen wollte. Die farbigen Frühjahrskleider, die fröhlichen Farbenzusammenstellungen im Sommer, die schmückend und kleidsam die ganze Stimmung in Haus und Garten, auf den Plätzen und Straßen, überall wo Menschen sind, beleben: all das ist Indanthren. (EuA, 46)

48 Vgl. zu den verschränkten Interessen von I.G. Farben und NS-Führung auf diesem Gebiet Leslie: *Synthetic Worlds*. S. 170: „It was this mutual desire that brought Hitler and IG Farben closer together. Bosch and the chemists at IG Farben worked to solve the problem of rubber, because it was essential for warfare and there was no other source for a Germany without colonies. Cheap and abundant German coal was to be transformed via hydrogenation into lubricating oils and gasoline for use in cars, tanks and aeroplanes. Hitler increased research money for this important work. Synthetic nitrates, oil and rubber were the formula for German ‚independence'. From coal, oil, air and power, thousands of synthetic materials and textiles could be made. IG Farben's many factories worked to churn out a parallel world of stuffs."

Die Propaganda über die Vorteile der neuen Farben folgt dem Phantasma der Dauerhaftigkeit. Wo die Hyperbolik an ihr Ende zu kommen scheint, greift die Broschüre erneut ins Fantastische aus und beschwört „ein Feenreich herrlichster Farben" (EuA, 47), das sich noch einmal durch das ganze Spektrum erstreckt, wobei gegenständlich nur das „strahlende[] Rot der flatternden Fahnen" konkret benannt und damit ein Bezug zum Eingangsbild hergestellt wird, auf dem das mit Hakenkreuzflaggen dekorierte Hauptgebäude der I.G. Farben zu sehen war. Ganzseitige Illustrationen setzen die vitalistischen Eigenschaften der Farben ins Bild. Eine von ihnen stellt einen „Indanthren-Reigen" dar. Fünf Kinder tanzen, einander an den Händen haltend, bei schönstem Wetter in bunten Sommerkleidern im Kreis über eine mit Löwenzahn bestandene Wiese. Die Bildunterschrift legt nahe, die kindlichen Figuren auch als Repräsentation der synthetischen Färbetechnik zu sehen, die Buntheit ihrer Kleider, ihre Kindlichkeit, Ausgelassenheit, die gedeihende Wiese, den Himmel und das Gewässer im Hintergrund als vitalen Zusammenhang, der die Jungen und Mädchen sphärisch mit einschließt, zu begreifen.[49]

---

49 Kommentar zum UBW der Broschüre: Eine riskantere, weil aus dem Bildzusammenhang nicht fundiert zu begründende Vermutung vermag in der Darstellung des dunkelhaarigen Mädchens rechts im Bild, in den beiden über ihr schwebenden Schmetterlingen in der gleichen Farbe ihres Haars und ihres Kleides, die sich im Bild auf derselben Höhe wie ein paar Schleierwolken befinden, und in der Tatsache, dass dieses Kind als einziges seinen Blick aus dem Bild heraus der Betrachterin zuwendet, in der exzeptionellen Stellung also, die das Mädchen einnimmt, eine Ahnung ihrer bevorstehenden Ermordung in einem Konzentrationslager zu sehen. Die Schmetterlinge, die als (hier soll der Begriff ausnahmsweise gelten) Symbol einer Transformation die Verbindung zwischen dem Kind und den Wolken herstellen, deuten psychoanalytisch ihr Zu-Asche-Werden an. Der Blick aus dem Bild heraus deutet in diesem Zusammenhang auf eine Ebene hin, die der „Indanthren-Reigen" nicht erfasst und die in der Welt *vor* dem Bild, also auf der Seite der Betrachter_innen, somit in der „Realität" und nicht „dahinter" liegt und zu *sehen* ist. Keines der Kinder scheint im Spiel direkt ein anderes anzusehen, stattdessen blicken drei der fünf in den Kreis, während der zentral im Vordergrund stehende Junge neben dem dunkelhaarigen Mädchen zu den Schmetterlingen aufsieht und damit diese statt ihr in den Kreis zieht, wo die Blicke der anderen sind. – Die These wäre anhand weiteren Indanthren-Werbematerials zu prüfen. Schmetterlinge tauchen darin wiederholt auf, so bspw. auch in einer Postkarte von um 1940, auf der ein Schwarm verschiedenartiger bunter Falter aus einem Mörser mit eingeprägtem Indanthren-Logo flattert, darunter ein aus der Broschüre bekanntes Goethe-Zitat: „So wären wir bei Betrachtung der Flüchtigkeit und Vergänglichkeit glänzender Farbenerscheinungen wieder auf die Forderung der Dauer zurückgekehrt." Für die Anpassung des Zitats, die sinnfällige Tilgung in der Stelle „So wären wir bei Betrachtung des Entziehens, der Flüchtigkeit und Vergänglichkeit […]" sowie die vorzeitige Beendigung des Satzes vgl. Johann Wolfgang Goethe: *Zur Farbenlehre* [1810]. In: Ders.: *Sämtliche Werke, Briefe, Tagebücher und Gespräche*. 1. Abt., Bd. 23/1. Hg. v. Manfred Wenzel. Frankfurt/Main 1991. S. 201.

Der Indanthren-Reigen

47

Abb. 3 Der Indanthren-Reigen

Unter der Überschrift „Helfer der Textilindustrie“ folgt ein Appendix zu verschiedenen ausdrücklichen Immunisierungsverfahren, die die Kunstfaser gegen Zugriffe, etwa durch Motten oder Wasser, schützen. Die Faser wird dabei aus dem natürlichen Zusammenhang nun vollständig freigestellt: „Keine Faser wird so verwendet, wie die Natur sie liefert.“ (EuA, 50) Der Kampf gegen die Feinde des Gewebes und die Auswahl der adäquaten Immunantworten des Heim-Gehäuses gegen Angriffe von außen geht von der Hausfrau aus, deren Sorge als vom Ehemann durch Schulung zu behebendes Problem konzipiert ist. Adressiert bleibt nach wie vor der Haus-Herr, alarmiert durch die rhetorische Frage des Chemikers: „Was hülfe unseren Frauen das wertvollste Kleidungs- oder Ausstattungsstück, wenn über ihre wollenen Kleider, über ihren Winterpelz oder über den Stolz ihres Hauses, über ihre Betten, Teppiche und Polstermöbel einmal doch die Motten herfielen!“ (EuA, 51) Dass die Propaganda an dieser Stelle noch nicht die Hausfrau direkt adressiert, ergibt sich aus der übergeordneten Sprechsituation der Broschüre, von der (nunmal) der Mann als Lernsubjekt anvisiert ist[50] und über die generelle Stellung von Reklame innerhalb der Propaganda zum Vierjahresplan.[51] Gleichwohl folgt die Narration der Vorstellung eines polaren Geschlechtscharakters, dem entsprechend an Stellen, die Fragen der konkreten Organisation des häuslichen Innenraums im Modus der „Sorge“ betreffen, die Haus-Frau als Akteurin ins Spiel kommt[52], was jedoch nicht bedeutet, dass die Diskussion über die I.G.-Schädlingsbekämpfungsmittel und die mit ihnen gelöste „wirklich ernste Not“ (EuA, 51) der Haus-Frau auch bereits mit dieser geführt werden

50 In anderen Zellwoll-Materialien aus derselben Zeit ist das nicht so eindeutig. Einen Überblick gibt Lars Bluma: *„L'ersatz ist kein Ersatz'. Das Schaffen von Vertrauen durch Technikvermittlung am Beispiel der deutschen Zellwolle.* In: Ders., Karl Pichol & Wolfhard Weber (Hg.): *Technikvermittlung und Technikpopularisierung. Historische und didaktische Perspektiven.* Münster 2004. S. 121–142, hier S. 134ff. Blumas Beispiele stammen vor allem aus Publikationen, die eher die Konsument_innen der Faser ansprachen, die Hausfrau im „vernunftgemäßen Waschen“ schulen und ihr Handeln im Verbund mit der Waschmaschine formieren sollten, während Artefakte, die stärker an der Produktion interessierte Leser_innen adressierten, wie die Broschüre *Erzeugnisse unserer Arbeit* oder Dominiks *Vistra*-Buch, Darstellungen der Textilpflege tendenziell aussparen.

51 Vgl. ebd., S. 139, wo erklärt wird, dass die Konstruktion der Figur eines passiven Konsumenten wichtiger Bestandteil der Vierjahresplan-Propaganda war als Gegenfigur zum Modell des Kunden als „König“, nach dessen Wünschen der Produzent sein Handeln ausrichtet.

52 Zum Konzept der „polaren Geschlechtscharaktere“ vgl. noch immer Karin Hausen: „Die Polarisierung der ‚Geschlechtscharaktere'. Eine Spiegelung der Dissoziation von Erwerbs- und Familienleben“. In: Werner Conze (Hg.): *Sozialgeschichte der Familie in der Neuzeit.* Stuttgart 1976. S. 363–393.

muss (wie es in anderen Beispielen aus der zeitgenössischen Werbung schon vereinzelt der Fall ist[53]). Die den Textilien zugesetzten Impf-‚Stoffe' nehmen gerade darum eine interessante Position innerhalb des Mediensystems der I.G.-Broschüre ein, weil sie, ähnlich wie die Broschüre selbst und damit als ihre mediuminternen Repräsentanten, die Funktion von Prozessoren wahrnehmen.[54] Die Mottenschutz- und Imprägnierstoffe organisieren innerhalb der Broschüre das System immunologischen Wissens exemplarisch für seine Kommunizierbarkeit nach außen. Das liegt sicher daran, dass sie als Produkte der Synthesechemie Stoffe aus natürlichen Rohstoffen beschützen, die also technikgeschichtlich noch vor der Synthese liegen und ihren Ort außerhalb des Systems der Synthese haben. Gegenstände dieser Art stellen, ähnlich wie die ledernen Handschuhe und die färbende Bäuerin, die statt mit Bärlauch nun eben mit Alizarin arbeitet, Medien aus vorgängigen Epochen dar, über die ‚Synthese-Wissen' in den Vor-I.G.-Zusammenhang integriert werden kann. Die Welt vor der Synthese erscheint so rückblickend auf die neue Epoche angewiesen, reparaturbedürftig und nun (endlich) optimierbar.[55]

---

53 Das Gespräch zwischen (männlichem) Hersteller und (weiblicher) Verbraucherin etabliert sich erst in der Werbekultur der Nachkriegsjahre und auch dort nur zögerlich. Ein Werbespot für EULAN aus den Fünfziger Jahren zeigt eine noch stumme Hausfrau im solitären Kampf gegen die Motten um ihr Mobiliar und ihre Kleider in einem stark stilisierten Wohninnenraum. Außer dem männlichen Off-Sprecher, sichtbar durch die gestikulierende Hand aus dem EULAN-Logo und den (männlichen) Motten gibt es keine weitere Sprecherinnenposition. Die Hausfrau, zwar anwesend, doch ausschließlich Opfer der Zustände, bleibt hier noch ganz Objekt eines männlichen Blicks. Der sächsische Dialekt der allen Hausrat zerfressenden Kleidermotten weist subtil auf eine politische Lesart des Spots im Kontext der deutschen Zweistaatlichkeit hin. Zum Verhältnis von Werbung und ‚Geschlecht' vgl. Nancy Fraser: *Widerspenstige Praktiken. Macht, Diskurs, Geschlecht.* Frankfurt/Main 1994. S. 191ff. sowie zu Werbung und ‚Wissenschaft' (auch in Bezug auf Haushaltsmittelreklame) Herbert Willems & Martin Jurga: „Inszenierungsaspekte der Werbung. Empirische Ergebnisse der Erforschung von Glaubwürdigkeitsinszenierungen". In: Michael Jäckel (Hg.): *Die umworbene Gesellschaft. Analysen zur Entwicklung der Werbekommunikation.* Opladen 1998. S. 209–230 sowie grundlegend Erving Goffman: *Werbung und Geschlecht.* Frankfurt/Main 1981.

54 Zum Prozessieren als Medienfunktion vgl. einführend das Vorwort in Friedrich Kittler: *Draculas Vermächtnis. Technische Schriften.* Leipzig 1993. S. 8 sowie weiterführend Hartmut Winkler: *Prozessieren. Die dritte vernachlässigte Medienfunktion.* Paderborn 2015.

55 Das Prinzip retrograder Reparatur der Vor-‚Synthese'-Welt durch die ‚Synthese', das typisch ist für Werbematerialien wie die Broschüre oder die I.G.-Inhalte auf der Ausstellung *Schaffendes Volk*, stellt innerhalb des Korpus eine von den Romanen, wo ein klarer Bruch mit historischen Vorstufen sehr viel wichtiger wird, deutlich verschiedene Strategie der Einfügung des ‚Neuen' ins ‚Bestehende' dar.

Unser Trilon zum Beispiel dient zum Enthärten des Wassers, Nekal und Leonil sind Netzmittel; Igepon, Cyclanon und die Laventinmarken werden als Waschmittel gebraucht, Emulphor, um Öle und Fette in feinste Emulsion zu bringen. Mit den Sorominmarken stellt man auf Kunstseiden einen weichen oder knirschenden Griff her. Die Appretane dienen zum Appretieren, und die neuesten, einschlägigen Erzeugnisse sind die Igepale, die in ihrer Wirkung und Anwendung sehr vielseitig sind. Viveral und Biolase, die Kalle herstellt, sind für die Entschlichtung unentbehrlich. Das ist nur eine kleine Blütenlese aus einem wesentlich größeren Strauße.
Vergessen wir hier nicht unser Eulan!
Was hülfe unseren Frauen das wertvollste Kleidungs- oder Ausstattungsstück, wenn über ihre wollenen Kleider, über ihren Winterpelz oder über den Stolz ihres Hauses, über ihre Betten, Teppiche und Polstermöbel einmal doch die Motten herfielen! Daß sie sich durch noch so fleißiges Klopfen und Bürsten schließlich doch nicht schützen können, und wie oft die ihnen angepriesenen Mottenpulver und -kugeln wirkungslos bleiben, wissen sie seit langem aus bitterer Erfahrung. Für diese wirklich ernste Not hat wiederum unsere I.G. Abhilfe geschaffen. Nach langer, sorgfältiger Beobachtung der Lebensbedingungen der Motten und nach zahllosen Versuchen hat sie in dem Eulan

51

Abb. 4 Eulan

An den Mottenschutzstoffen lässt sich exemplarisch zeigen, wie das Phantasma der Dauerhaftigkeit grundlegend für die Vorstellung einer als Raum „guter“ Eigenschaften von der Natur zunächst entkoppelten Sphäre der Synthese ist, die im Anschluss an die Loslösung verbliebene Schwierigkeiten intern durch neue Merkmale überwinden wird. Diese Merkmale sind (Farb- und Licht-) *Echtheit*, (Motten-)*Resistenz* und (Wasser-)*Undurchlässigkeit*, die eine komplex gegen Angrenzendes geimpfte Sphäre des Innen konstituieren, deren Modus die Immunisierung als neuer Prozess innerhalb bekannter Dinge ist. Dabei verändert sich, nachdem am Übergang zum eingeschalteten Abschnitt über Schädlingsbekämpfung und die Haltbarmachung der synthetischen Fasern der textile Stoff zum ersten Mal fotografisch reproduziert zu sehen gegeben wurde, die Bildpolitik der Broschüre weiter. So rutschen in zwei Fällen Abbildungen zu großen Teilen hinter die Schrift, zum einen die Imago einer Kleidermotte, wenn es um ihre Bekämpfung mit Eulan geht, zum anderen ein mit Ramasit vor Nässe geschützter Mantel, wenn der Text von der Imprägnierung mit ebendiesem Produkt handelt. Das Überlagerungsverhältnis, bei dem die Schrift *über* oder *vor* dem Bild liegt, weist zunächst auf eine grundsätzlich nicht-arbiträre Beziehung von Bild und Text hin. Die reichbebilderte Broschüre nutzt diverse Modi der Einbindung ihrer verschiedenen Illustrationsformen sowie von Text/Bild-Kombinationen in den Kapiteltext. In die Textseite integrierte Grafiken führen dabei fast immer zu einer Verschiebung des Textkörpers ins Seiteninnere, wobei der Zeilensatz nur selten „organische Formen“ annimmt, eher im Blocksatz das Bild geradlinig rahmt.

Abb. 5
Werbeanzeige „Aspirin hilft!“

In den Beispielen mit der Motte und dem Mantel überlagert der von der Exterminierung der einen und der Imprägnierung des anderen handelnde Text die als Problem erkannten Akteure (das zu Vernichtende beziehungsweise das zu Schützende), wobei die freibleibenden Elemente (eine weitere Motte und das Ramasit-Etikett des imprägnierten Mantels) auf spezifische Weise Handlungsmacht signalisieren (die Motte flieht aus der Broschüre und der mit Ramasit behandelte Mantel ist ab Werk wasserdicht und zugleich luftdurchlässig[56]), indem sie das immunologische Paradigma als in der I.G.-Sphäre realisiert reifizieren:

> Auch unser Ramasit ist für uns I.G.-Kameraden bereits ein klarer Begriff. Keiner läßt sich gern naß regnen, um dadurch seine Kleider oder seine Gesundheit zu gefährden. Deshalb müssen Stoffe für Regenmäntel und dergleichen regenabstoßend gemacht werden. Aus gesundheitlichen Gründen soll der Stoff aber trotzdem porös, also luftdurchlässig bleiben." (EuA, 52)

Im Status der Klarbegrifflichkeit der Problemlösung „für uns I.G.-Kameraden" führt die Broschüre den komplexen chemischen Vorlauf der Immunisierung im Paradigma des davon profitierenden, durch Schulung und Treue des Schutzes würdig gewordenen Kollektivs zusammen. Das Zeugma, das die ‚Gefahr' von der Außenhülle der Kleider in den Körper führt und damit den potenziellen Infektionsweg nachzeichnet, markiert den Wert der Präparate zum Imprägnieren der textilen Epidermis als ‚elementar': Sie machen den Mantel als Schutz des vor Ansteckung zu schützenden Menschenleibs abstoßend gegen den schadenbringenden Einfluss und vermögen sogar, den Grenzkontakt intelligent zu regulieren, indem „gute" Migration (Luft) gegen „schlechte" (Wasser) unterschieden werden kann.

56 Der Einsatz von Schrift als Bildelement ist innerhalb der I.G.-Werbung ein wiederkehrendes Verfahren der doppelten Semantisierung des „Buchstäblichen", so auch auf einer Aspirin-Werbung aus den Dreißiger Jahren, in der die Buchstaben des Wortes „Schmerz" lange, gitterstabförmige Schatten auf das gequälte Gesicht einer Frau werfen und sie damit als Gefangene ihres Leidens ausweisen. Das visuell-poetische Element der ihren Sinn gleichsam abbildenden Buchstaben nimmt dabei Anleihen an der deutschen Stummfilmästhetik, in der Schatten eigentlich immer nicht nur ‚Unheil' bedeuten, sondern grundsätzlich die Anwesenheit eines noch zu gewärtigenden Anderen signifizieren, dessen „Objekt" die vom Schatten adressierte Figur demnächst sein wird. Vgl. zum Schatten im Stummfilm bspw. Fabienne Liptay: *„Bilder zwischen Blick und Berührung. Zum ästhetischen Diskurs der Blindheit in Friedrich Murnaus ‚Der Gang in die Nacht' (1920/21) und Emerich Hanus' ‚Die Sühne'* (1917)". In: Alexandra Tacke (Hg.): *Blind Spots. Eine Filmgeschichte der Blindheit vom frühen Stummfilm bis in die Gegenwart*. Bielefeld 2016. S. 37–56. Das Plakat stammt aus *Zentral-Nachrichten für die Bayer Werbung* 3 (1937), S. 22 (Bestand des Bayer-Archivs, Akte BAL 167-009-001).

Das erste Kapitel der Broschüre bricht erstaunlicherweise seine Betrachtungen mit Bemerkungen über die Unüberschaubarkeit der Gegenstände ab, denen sie sich im Folgenden weiter widmen wird:

> Aber wenn wir unsere Betrachtungen auch noch um das Vielfache ausdehnten, so könnten wir doch nicht alle Gebiete erschöpfen, auf denen die Forschungen und die daraus erwachsenen Erzeugnisse der I.G. der deutschen Wirtschaft zu Hilfe gekommen sind. Gerade das Textilgebiet ist so vielfältig, daß es wie ein Irrgarten wirkt, wenn man einmal den Fuß hineingesetzt hat. Suchen wir uns deshalb nur noch eine Gruppe von Erzeugnissen heraus, von denen nicht jeder weiß, daß sie auch einen Bedarf der Textilindustrie darstellen. (EuA, 52)

Das Farben-Kapitel erhält durch Kommentare dieser Art die Funktion eines broschüreninternen Nukleus, aus dem die anderen Kapitel derivativ hervorgehen, wie aus der Farbstoffsynthese letztlich die spezialisierten Fertigungszweige der Synthesechemie selbst hervorgegangen sind, und materialisiert damit wiederum medienintern, was firmenideologisch der darzustellende Fall ist: eine Korrelation von Chemie und Betriebsorganisation als organischer Verbund. Der Vergleich mit dem Irrgarten camoufliert diesen Zusammenhang etwas und betont zugleich die instruierende Rolle der Broschüre als Führerin, die wiederum analog zur Rolle der I.G. und ihrer synthetischen Produkte ist: In der Emphase eines der deutschen Wirtschaft Zuhilfegekommen-Seins erfüllt sich wiederum das Prinzip eines synthetischen Kolonialismus, indem die I.G. Leerstellen der Not oder Unselbständigkeit gefüllt hat, vor allem aber Mangel beseitigen und durch stolze Überlegenheit zu ersetzen half.

Das Kapitel endet mit der Darstellung orientalisierter Arbeiter, die in Handarbeit vor ihren Küpen hockend Stoffe färben. Der Betrieb scheint feudal organisiert und deutet in den Kopfbedeckungen der Männer eine gehemmte Modernisierungstendenz der dargestellten Szene an. Fes, Sarık und Turban koexistieren im Bild, die Fertigungsweisen sind traditionell und aus Sicht der Broschüre „primitiv“[57]. Der auf das Bild zulaufende Text (der Seiten-

57 Auch hier findet sich wieder ein Blickregime, das genau ein Augenpaar aus dem Bild heraus sehen lässt. Die Blicke der anderen Männer gehen sämtlich in die Färbebottiche, der einer, die Arbeit der anderen anleitenden, Figur seitlich zum Bildrand. Die in Richtung der Betrachterin schauende Figur ist die einzige, die einen Turban trägt, mithin also die modernisierungsfernste und ‚fremdeste‘ der Gruppe. In diesem Indiz wiederholt sich die bildstrategische Exponierung als potenziell ‚fremd‘ wahrzunehmender Figuren gegenüber dem „Indanthren-Reigen“. Da zwischen der Betrachterin und dem blickenden Mann die zum Logo der BASF verbundenen Wappen von Stuttgart und Ludwigshafen liegen, ist anzunehmen, dass für die Blickrichtung des Mannes Deutschland als Herkunftsland der I.G.-Farbstoffe angenommen werden soll. Der Blick in den Westen geht in diesem Fall aus dem Bild zum Rezipienten selbst, der zur Verkörperung von Fortschritt und Hilfe

abschluss bleibt der Abbildung vorbehalten) konzipiert noch einmal die Figur eines scheinbar harmlosen Hilfe/Gegenhilfe-Kolonialismus, bei dem nicht menschliche Kolonisatoren, sondern die Färbestoffe selbst „über Länder und Meere“ (EuA, 53) gehen und, analog zur deutschen Situation, wo immer sie eingesetzt werden zu „dienen“ wissen. Medien der Synthese, so ließe sich bis hierhin zusammenfassen, sind in ihrem medienontologischen[58] Ort auf die Funktion des Prozessierens programmierte Koordinatoren eines Innen/Außen-Verhältnisses, das als „früher anders“ wahrgenommen wird, in dem sie metonymisch für die Regularien des neuen Wissenssystems stehen. Die Firmenpräsentation *als* Broschüre und der Roman *als* Buch bleiben dabei natürlich in ihren Eigenschaften als Speicher- und Übertragungsmedien unberührt, gleichwohl lassen sie sich nun materiell ebenfalls als Prozessoren verstehen, indem sie potenziell durch ihren doppelten Stoffbezug metaleptisch aufnehmen, was die Einheiten in ihrem Inneren diegetisch an sie delegieren. Das Prozessieren wird damit zum medienlogischen Marker der Akteure im Text, des Druckmediums wie schließlich auch der ‚Synthese‘ selbst.

1.3 Binnenraum 2: „Weisses Gold: VISTRA“

Neben den Farbstoffen stellt die Produktion synthetischer Textilien einen zweiten wichtigen Zweig in der Durchdringung der Lebenswelt mit Kunststoffen dar. War das Kapitel zur Farbe biologisierend eröffnet worden, beginnt das zur Vistra mit einer Konstantsetzung historischer Zusammenhänge, die die Relevanz von Rohstoffen als politische Akteure betonen: „Um Rohstoffe, deren Wert einer bestimmten Zeitepoche besonders groß erschien, haben sich schon immer Machtkämpfe entsponnen, die oft in blutigen Kriegen ausgetragen wurden.“ (EuA, 55) Wie an dieser Stelle signalisiert die Broschüre manches Mal ein Grundgespür für die Diskursivität geschichtlicher Entwicklungen, so etwa, wenn hier die personale Handlungsmacht der Entität „Epoche“ betont und damit ein Geschichtsmodell angedeutet wird, das historische Subjekte nicht in den Fokus seiner Rekonstruktionsbemühungen setzt. Einer Epoche selbst kann etwas wichtig sein, unabhängig von den Positionen der Individuen in ihr,

---

für einen „primitiven Orient“ wird. (Zum Aufblicken während der Arbeit als erkenntnisgenerierendem Moment des in feudalen Strukturen gefangenen ‚Fremden‘ vgl. S. 171 in diesem Buch).

58 Zum Begriff der Medienontologie vgl. Rainer Leschke: *Einführung in die Medientheorie*. München 2003 und dort die Unterscheidung von Einzelmedienontologien (Kap. 3) und generellen Medienontologien (Kap. 5).

wobei sich auch hier das Modell einer nachträglichen Korrektur im Lichte der neuen I.G.-Zusammenhänge wiederholt.[59]

Die Textilverarbeitungs-Metapher der „entsponnenen Machtkämpfe" führt den Zusammenhang dann auf die Baumwolle als „Weißes Gold" der Natur und von dort in den Bereich der deutschen Syntheseforschung:

> Im deutschen Klima und auf deutschem Boden aber gedeiht die Baumwolle nicht. Dennoch besitzen auch wir „Weißes Gold", und dieses verdanken wir wiederum der deutschen Chemie. Es ist nicht mehr ein als Naturerzeugnis den Launen der Natur unterworfenes Produkt, sondern eine neue, vom Menschengeist für den besonderen Gebrauch des Menschen geschaffene Textilfaser. Deutschlands „Weißes Gold" ist die Zellwolle, deren ältester Vertreter die „Vistra" ist. (EuA, 56)

Ausgehend von der Neueinsetzung eines deutschen Umgangs mit den eigenen Mängeln in (auto-)kolonialistischer Manier wird das Syntheseprodukt als wiederum von der Natur entkoppelte Konstante und Produkt einer zweiten, chemischen „Natur" konzipiert, die für den menschlichen Gebrauch vom singulär gedachten „Menschengeist" erschaffen wird, im Geschichtsmodell an die früheren Konstruktionen anschließt und so das Prinzip der Synthese als ‚neuer' Epoche von der Menschheitsgeschichte auch auf die Kulturgeschichte überträgt:

> Wie man die Geschichte in verschiedene Zeiträume: Altertum, Mittelalter, Neuzeit einteilt, so kann man auch verschiedene Zeitabschnitte auf dem Textilgebiet unterscheiden, wobei die sich ständig verändernden Bedürfnisse der Menschen auch veränderte Anforderungen an die Bekleidung gestellt haben. So trat einstmals das Tierhaar, die Wolle, an die Stelle des Tierfells, die Baumwolle an die Stelle des Leinens. Die Erfindung der Zellwolle und ihre heute vollzogene Vervollkommnung bedeutet wieder einmal einen solchen geschichtlichen Abschnitt. (EuA, 56)

Auch hier reflektiert die Broschüre ihr eigenes Geschichtsmodell, indem sie auf die potenzielle Parallelexistenz mehrerer Rohstoffepochen verweist und Verdrängung dadurch motiviert sieht, dass stets nur dort ein neues Material das alte ersetzt, „wo [es] besser, billiger und leichter zu beschaffen ist."

---

59 Für ein anderes Beispiel vgl. EuA, 36 zur Quellensituation in der Geschichte der Färbetechniken: „Aber neben diesem ‚behördlichen' Schrifttum läuft das bunte Gewimmel der Rezeptenbücher, die sich Mönche für die Bedürfnisse ihrer Klöster, Ärzte für allerhand Wünsche ihrer Patienten, Künstler und Handwerker für ihre besonderen Berufszwecke anlegten." Zugleich unternimmt die Broschüre aber auch immer wieder das euro-/andro-zentrische Projekt, eindeutig lokalisierbare ‚Ursprünge' zu konstruieren.

(EuA, 56) Deutschland wird in diesem Zusammenhang als ein Haus vorgestellt, das neben anderen Häusern steht und in dem andere Rohstoffverhältnisse herrschen als in den Nachbarhäusern. Anders als bei den Farben werden die Fragen der generellen Bedeutung der Synthese und vor allem ihrer Ausgangsstoffe im Kunstfaser-Kapitel zurückhaltender und in einer familiäreren Form gestellt. So ist hier nicht die Rede von einer Zurückdrängung „primitiver" Verfahren und Farbstoffe in weniger entwickelte Regionen, sondern gar von einem Nebeneinander verschiedener Epochen ohne den Zwang zur Entscheidung. Für Deutschland erweise sich die Kunstfaser eben aufgrund der besonderen Bedingungen (keine Baumwolle, dafür Holz im Überfluss) als besonders geeignet. Ihre Einführung gestaltet sich allerdings schwieriger und weniger selbstverständlich als ihre nachträgliche Einpassung in das Epochensystem vermuten lässt. Auf einem eingehefteten Blatt mit Abbildungen von der Ausstellung *Schaffendes Volk*, die von Mai bis Oktober 1937 zur umfassenden Präsentation der wirtschaftlichen Entwicklung Deutschlands seit der Machtübergabe und vor allem seit der Verkündung des ersten Vierjahresplans im Jahr zuvor in Düsseldorf stattfand und die mit über 6 Millionen Besucher_innen zu den bedeutendsten Propagandaveranstaltungen des NS-Staats gehört, werden Angehörige der Nazi-Elite im Kontakt mit der neuen Faser gezeigt.[60] Auf der umliegenden Seite werden auch internationale Honoratioren, der abgedankte britische König Eduard VIII., seine Frau Wallis Simpson sowie der türkische Arbeitsminister Ali Çetinkaya, bei Vorführungen der Zellwolle abgelichtet. Die Abbildungen, die zum Teil aus der Zeitschrift *Vistra Informationen*[61] stammen, zeigen die berühmten Gäste im vorgeführten Kontakt mit der Faser als flauschigem Bausch, im Rohzustand also, auf den die Blicke der meisten Personen gerichtet sind und den eine lächelnde Frau in Seiten- oder Rückenansicht anreicht.[62] Auf der zweiten Seite ist zudem ein

---

60 Für einen Überblick zu staatlichen Eingriffen in die deutsche Textilindustrie ab 1933 vgl. Gerd Höschle: *Die deutsche Textilindustrie zwischen 1933 und 1939. Staatsinterventionismus und ökonomische Rationalität*. Stuttgart 2004. Neben dem Vierjahresplan, der für die deutsche Synthesechemie das bedeutendste politische Datum darstellt, ist für die Textilindustrie das Nationale Faserstoffprogramm von 1934 relevant, in dem bereits kurz nach der Machtübergabe die Rohstoff-Autarkie Deutschlands auf dem Textilsektor als anzustrebendes Ziel festgehalten wurde.

61 Die Zeitschrift wurde 1931 gegründet und sollte Angestellte des Textilhandels über die neue Faser aufklären. Für die Seite der Endverbraucher_innen folgten in den Jahren darauf Hefte der Reihe *Stoff und Stil*.

62 Auf einem Foto ist es Joseph Goebbels, der den Bausch hält und dabei als Spiegelung der Mitarbeiterin des Messestands auf dem Bild nebenan zu sehen ist. Während Goebbels über den Bausch in das Gesicht des ihm zugeneigten Mannes schaut, der diesen Blick erwidert, gehen die Blicke der Frau und Adolf Hitlers in der Fotografie daneben

prominent ins Bild gesetzter Bausch zu sehen, der quantitativ die dargestellten Personen an Größe übertrifft und gemeinsam mit der betonten „deutschen" Herkunft der Kunstfaser den nationalen und politischen Charakter des Produkts unterstreicht.[63] Der nebenstehende Text geht zu einem knappen historischen Abriss über, bei der der Niedergang der deutschen Textilrohstoffindustrie seit Friedrich dem Großen, zu dessen Zeit Deutschland (ahistorisch geeint) noch Textilien ausführen konnte, zu einer Situation der Abhängigkeit nach dem Ersten Weltkrieg führt, die als „Sklaverei" in einen kolonialen Kontext gerückt wird:

> Die Zeit war wahrhaftig reif dafür, daß unsere Wirtschaftler, Chemiker und Techniker sich die Aufgabe stellten, eine einheimische Spinnfaser zu schaffen, um die Ketten einer solchen Sklaverei zu zerbrechen. Und es ist gleichsam eine sehr feine Ironie des Schicksals, daß eben jene Baumwolle und Wolle erzeugenden Länder, die heute die Einführung der Zellwolle zu stören scheint, selbst mit die Ursache ihrer Entstehung gewesen sind. (EuA, 57)

Der Ursprung der deutschen Zellwollindustrie wird im Werk in Premnitz verortet, das bis zum Ende des Ersten Weltkriegs Schießpulver für die deutschen Streitkräfte hergestellt hatte und anschließend im Rahmen der Bestimmungen des Versailler Vertrags demontiert wurde. Der Reflex auf die Zerstörung des alten Werks sei dann die Umstellung des Aufgabengebiets auf die Entwicklung der neuen Faser mit dem Namen Vistra gewesen, deren „Geburtsstätte und Wiege" (EuA, 58) in Premnitz liegen. So findet bei räumlicher Kontinuität eine spezialisierte Umorientierung von der (jetzt verbotenen) Rüstungs- zur Textilindustrie statt, wodurch letztgenannte in eine Kontinuitätslinie mit der ersten rückt und zum Schlüssel für die Befreiung aus einer kriegsbedingten „Sklaverei" werden kann. Mehr noch: Die als Kolonialmächte konzipierten

---

wohlwollend auf den Bausch selbst. Die Bildpolitik wird jeweils ergänzt durch einen Mann hinter Goebbels, der in die Kamera sieht, so die Innen/Außen-Grenze des Bildes relativiert und, indem er die Rezipientin anblickt, den Charakter des Fotos als eines „über Kommunikation" markiert sowie einen Mann, der zwischen der Personengruppe um Hitler und die Frau hindurch ebenfalls auf den Bausch sieht und so auch den Blick der Betrachterin auf das Gewebe lenkt.

63 Die Rolle von Ausstellungen im Rahmen des Vierjahresplans wird auch wirtschaftspolitisch reflektiert. Bspw. in Texten wie Hugo Fischer: „Wirtschaftsförderung und Verbraucheraufklärung durch Ausstellungen". In: *Der Vierjahresplan* 2 (1938), H. 12. S. 749–751. Dort vor allem mit Blick auf die Ausstellungen *Sachsen am Werk*, die vom 17. Juni bis 18. September 1938 in Dresden stattfand, sowie *Wille und Werk im Land der braunen Erde*, die den gleichen Zweck einer Gau-Leistungsschau, dieses Mal für den Gau Halle-Merseburg mit den wichtigen Synthesebetrieben in Leuna, hatte und vom 23. September bis zum 9. Oktober 1938 in Halle gezeigt wurde.

Sieger des Weltkriegs werden sogar zum Auslöser der für Deutschland letztlich befreienden Entwicklung und stellen somit ein kolonialismuskritisches Dispositiv nach, in dem die „schlechte Herrschaft“ auf Seiten der Kolonisierten zu Entwicklungen führt, die auf lange Sicht den Zusammenbruch des Imperiums bewirken. Die textile Abhängigkeit vom Ausland, der ein kriegsentscheidender Einfluss zugesprochen wird, scheint mit der Umstellung der Produktion auf ausschließlich deutsches Buchenholz endgültig gelöst und das koloniale Paradigma dahingehend überwunden, dass sich seine auslösenden Effekte in einem „Phönix aus der Asche“-Modell gegen diejenigen wenden, die die „Versklavung“ bewirkt haben. Deutschland kolonisiert sich als Antwort selbst[64]:

> Da dieses Buch uns I.G.-Kameraden auch mit den Fabrikationsvorgängen der Erzeugnisse unserer Arbeit vertraut machen soll, damit wir selbst in unserem Hause Bescheid wissen, wollen wir uns nun ansehen, über welche Wege aus unsrem Buchenholz unser Zellstoff und aus unserem Zellstoff unsere Vistra wird. (EuA, 60)

Über den didaktischen Auftrag transportiert die Broschüre ein Raumaneignungsprojekt, bei dem ‚Wissen‘ autoritär kodiert ist und als Raumerschließungs- und vor allem Inbesitznahmetechnik funktioniert, was wiederum durch die ostentativ gesetzten besitzanzeigenden Fürwörter markiert wird.[65] Die Antwort auf die außenpolitische Krise muss wieder einen immunologischen Zug haben, der das autokoloniale Verfahren einer synthetischen Neuaneignung des eigenen Raums zugleich als grenzensetzende Antwort gegenüber dem feindlich konzipierten Außen verständlich werden lässt: „Vor den Naturfasern haben die I.G.-Zellwollen den Vorzug unbedingter

64 Ebner weist ebenfalls auf die anhaltende Konjunktur der deutschen Selbstkolonisierung, auch nach 1933, hin: „Dass die Selbstkolonisierung auch nach der Machteinsetzung eine so große Rolle spielte, hängt damit zusammen, dass sie es erstens erlaubte, das Mobilisierungsniveau der Krisenideologie aufrecht zu erhalten. Zweitens globalisierte sie die Feindschaft. Drittens ließ sie die Gegenrevolution als Revolution erscheinen, als populären Aufstand einer Befreiungsbewegung. Das Andauern der Szenarien der ‚Kampfzeit‘ auch nach 1933 belegt, dass die ‚Weltanschauung‘ als Krisenideologie verstanden werden muss. In der Vorstellungswelt der Krisenideologie hat die ‚Kampfzeit‘ gewissermaßen nie aufgehört.“ In: Ebner: *Nationalsozialistische Kolonialliteratur*. S. 283.

65 Wie bereits für die Farben gezeigt, wiederholt auch hier der synthetische Kolonialismus auf der Ebene des ‚Stoffes‘ das Modell der Raumnahme selbst noch einmal, bspw. wenn es darum geht, die wasserabweisenden Eigenschaften von Schafswolle auch für die Kunstfaser zu erreichen, was in der Vistra-XT-h gelingt (über deren Fähigkeiten sich Robert Ley in der zuvor besprochenen Bildreihe „informiert“ hatte): „So ist mit der Erfindung dieser Faser eine neue große Leistung geglückt: der Verwendungsbereich der Zellwolle ist *auf das gesamte Wollgebiet ausgedehnt* worden.“ (EuA, 62, Herv. AW)

Reinheit und Gleichmäßigkeit. Ihre Qualität ist vom Wetter und Ernteausfall unabhängig; ihr Preis wird von Devisen- und Börsenspekulationen nicht berührt." (EuA, 61) Unabhängigkeit von natürlichen sowie das Nicht-Berührtwerden von kapitalistischen Zusammenhängen[66] sind signifikante Ziel-Topoi in der Produktion immunologischen Wissens um die neuen ‚Stoffe' und den mit ihnen zusammenhängenden synthetischen Kolonialismus, der zusätzlich eine Art ‚Dritten Raum' zu eröffnen vermag, in dem „nicht nur Phantasmen der Entgrenzung, sondern auch Phantasmen einer Beherrschung, die bis zur ‚Fernsteuerung' [reichen]"[67], imaginativ durchgespielt werden können. Sie ergänzen die klimatische Resistenz der Stoffe, ihre „Echtheit"[68] und ihre Fähigkeit zur nach innen weisenden Durchdringung der Lebenswelt. Bei der Ermittlung der Bestandteile dieses Konzepts ist es wichtig, nicht nur wiederkehrende Metaphoriken, ihre Wanderung durch verschiedene Bereiche zu verfolgen, sondern das komplexe Zusammenspiel möglichst sämtlicher Signifikationsweisen zu beschreiben, die der Erzähltext oder im vorliegenden Fall der Medienhybrid Firmenbroschüre verwendet. Dabei wird deutlich, dass die Krisensymptomatik in Bezug auf das außenpolitische Raumproblem in ihrer Wendung nach innen als deutlich konstruiert und also „synthetisch" hervortritt. Die I.G.-Ideologie bietet sich dabei als prototypischer Wirtschaftsakteur mit deutlicher Nähe zu den politischen Leitthemen und einer profilierten Medienexpertise[69] für exemplarische Blicke auf das postkolonial-koloniale Ideengefüge des Deutschen Reiches besonders an, stellt sie doch einen reichweitenstarken Akteursverbund dar, der schon durch den Charakter seiner eigenen Konstruktion das phantasmatische Ineinandergreifen von Wirtschaft und Politik in der Kolonialfrage ab dem Ende der Zwanziger Jahre und forciert im Nationalsozialismus verkörpert.[70]

---

66 In ihrem Charakter als „Spekulationen" sind die letztgenannten freilich sehr deutlich in eine Nähe zum Stereotyp des „Weltjudentums" gebracht. Vgl. hierzu etwa Jeffrey Herf: *The Jewish Enemy. Nazi Propaganda During World War II and the Holocaust.* Cambridge u.a. 2006.

67 Ebner: *Nationalsozialistische Kolonialliteratur.* S. 283 (hier mit Bezug auf die Rolle der Kolonisierten als „Medium der Selbstkolonisierung", in Konzeption und Wertung aber übertragbar).

68 Für die Textilien bspw. wiederum in der wasserabweisenden Qualität: „Wohlgemerkt ist das nicht etwa das Ergebnis einer Imprägnierung, die mit der Zeit verloren geht, auch beim Färben, ja sogar beim Kochen in Seife und Soda bleibt diese wertvolle Eigenschaft der Vistra-XT-h-Faser erhalten." (EuA, 62)

69 1928 richtet die I.G. eine eigene Marktforschungsabteilung ein. Vgl. hierzu Bluma: *‚L'ersatz ist kein Ersatz'*. S. 128.

70 Michael Schubert beobachtet in seiner Studie das paradoxe Missverhältnis zwischen einem Wiederanstieg der kolonialrevisionistischen Publizistik, die vor allem wirtschafts-

Einschub: Die Vergeschlechtlichung der Kunstfaser, das Bild als Latenzraum

Auf dem Gebiet der Kunstfaser handelt die Broschüre neben den bereits von der Farbstoffynthese her bekannten Immunisierungsstrategien beiläufig noch ein neues Konzept von ‚Geschlecht' aus, bei dem die Frau sukzessive mit der neuen Faser materiell verschaltet wird, freilich ohne dadurch an Handlungsmacht zu gewinnen. Die vorgängige Kopplung der Faser als Gegenstand der Bekleidungsindustrie, und diese wiederum als vorrangig ‚weiblich' konnotierte Sphäre, bereitet eine unterschwellige phantasmatische Synthese vor, bei der die Frau zuletzt die Kunstfaser *ist*, was aber im Status (unbewusster) Andeutungen verbleibt und niemals expliziert wird. Die in den Abbildungen der Vistra-Präsentation bei der Ausstellung *Schaffendes Volk* gemachten Andeutungen, die Rolle der leicht abgewandten Frau als Präsentationshilfe des Vistrabauschs, legen bereits die enge Kopplung von Kunstfaser und Weiblichkeit nahe und greifen damit eine Debatte auf, die seit der Weimarer Republik im wahrsten Sinn engmaschig geführt wird.[71] Die Narration des Vistra-Kapitels der Broschüre läuft auf die Vermittlung textilwirtschaftlichen Wissens als

---

politische Argumente vorbrachte, und einem schwindenden Interesse für Kolonialfragen innerhalb der Bevölkerung zwischen 1927 und 1930 und verbindet das Phänomen mit der Entwicklung der zeitgenössischen Selbstbeschreibung als „Krise": „Die Krise belebte damit die sozioökonomische Argumentation der Kolonialagitation im Sinne der ‚Krisentherapie', löste sie aber nicht erst aus. Die Frage der Importabhängigkeit von Rohstoffen war, wie auch der Aspekt der Schaffung von Arbeitsplätzen, eine bereits seit 1919 im kolonialrevisionistischen Repertoire der Argumentationen vorhandene Vorstellung, deren sozialimperialistischer Gehalt allerdings zunehmend gesteigert wurde [...]". In: Michael Schubert: *Der schwarze Fremde. Das Bild des Schwarzafrikaners in der parlamentarischen und publizistischen Kolonialdiskussion in Deutschland von den 1870er bis in die 1930er Jahre*. Stuttgart 2003. S. 335.

71 Für einen Überblick hierzu und insbesondere die Diskussion um Natur- vs. Kunstseide siehe u.a. Andrea Steinert: „Kunstseidene Welten. Die Erfahrung textiler Materialität im Kontext der 20er und 50er Jahre". In: Gabriele Mentges & Heide Nixdorff (Hg.): *Bewegung, Sprache, Materialität. Kulturelle Manifestationen des Textilen*. Berlin 2003. S. 185–254. Die Debatte um Irmgard Keuns zu diesem Thema einschlägige Romane *Gilgi, eine von uns* (1931) sowie *Das kunstseidene Mädchen* (1932) gestalteten zuletzt u.a. Maren Lickhardt (*Gilgi*) und Björn Weyand (*Das kunstseidene Mädchen*) mit, vgl. Maren Lickhardt: „Irmgard Keun Crosses the Border and Closes the Gap. Avant-Pop in der Weimarer Republik". In: *Pop-Zeitschrift*, Eintrag vom 17.8.2017. Digital verfügbar unter: http://www.pop-zeitschrift.de/2017/08/17/irmgard-keun-crosses-the-border-and-closes-the-gap-avant-pop-in-der-weimarer-republikvon-maren-lickhardt17-8-2017/ (zuletzt abgerufen am 10.9.2021) und Björn Weyand: *Poetik der Marke. Konsumkultur und literarische Verfahren 1900–2000*. Berlin 2013. Als interessante zeitgenössische Quelle vgl. etwa Fritz Giese:

Allegorie hinaus und nutzt die Merkmalsmenge der Damenmode als besonders ‚feine' und dem ‚Luxus' nahestehende Sphäre, um die Leistungsfähigkeit der I.G. als Geschichte von den Zerstörungen nach dem Ersten Weltkrieg zur Produktion von über den Grundbedarf hinausgehenden Konsumartikeln zu erzählen, die schließlich als Synthese von (männlicher) Arbeit und (weiblichem) Konsum den ‚Sinn' des Lebens im Wohlstand als vergeschlechtlichte Metapher für gesellschaftliche Reproduktion lesbar macht.

Bereits die erste von mehreren Modezeichnung löst offensichtlich im Text einen Affekt aus, der die technischen Ausführungen mit einer latenten Emotionalität versieht, die durch die dramatische Ausgangssituation der Werksgründung als politischer Restituierungsgeste vorbereitet wurde. Es heißt dort, wenn es um die Suche nach der Formel für die wasserabweisenden Eigenschaften der Schafswolle geht: „Diese Eigenschaft ebenfalls für Zellwolle zu erreichen, reizte unsere Chemiker und die I.G. schuf die Vistra-XT-h-Faser." (EuA, 62) Der „Reiz", der von der Aufgabe ausgeht, den Kunststoff möglichst mit denselben Qualitäten auszustatten, über die der natürliche Rohstoff verfügt, taucht am Seitenrand als optischer „Reiz" der Modezeichnung wieder auf. Martin Lindner ermittelt drei idealtypische Frauenbilder, die jeweils aus androzentrischer Perspektive ‚Weiblichkeit' in ihrem idealen Verhältnis zum Mann konzipieren und die für die lebensideologisch grundierte Epoche diskursbestimmend waren. Neben dem Ideal der reinen, asexuellen Frau und der Frau als Verkörperung der elementaren Natur ist vor allem der dritte Typ, als Hybrid der beiden anderen, für den vorliegenden Gegenstand interessant, die Frau als Synthese von Natur und Kultur:

> Für das gemäßigte Bürgertum verkörpert die künstlerisch gebildete Frau das Ideal der kultivierten Triebsublimierung, die Synthese aus „niederer" Sexualität und „höheren" Idealen. Als sexuell-elementares Wesen soll die Frau den Mann, der sich in der lebensfernen, einseitig verstandesgelenkten Zivilisation zu verlieren droht, an die Erde binden. Ihre Sexualität aber ist sozusagen von vornherein „sublimiert": natürlich in der Bestimmung zur Mutterschaft und kulturell in der verinnerlichten, nicht bloß andressierten bürgerlichen Bildung. Sie verkörpert das gemäßigte „Lebens"-Konzept, verstanden als harmonische Einheit von Natur und Kultur, von Sexualität, Seele und Verstand, während der Mann zerrissen ist – einerseits selbstzweckhafte, triebhafte Sexualität und andererseits kalter Intellekt. Die erste Aufgabe dieser (Ehe-)Frau ist es daher, „die Liebe zu sublimieren", um den Mann vor seinen Trieben zu schützen. Ihre zweite Aufgabe ist es, seine andere lebensfeindliche Tendenz zu bannen: Als ferne Geliebte soll sie „dem Manne unendliche Sehnsucht erregen und seine heillose Klarheit

Girlkultur. Vergleiche zwischen amerikanischem und europäischem Rhythmus und Lebensgefühl. München 1925.

trüben“, d.h. sie soll in der männlichen Zivilisation „die Kultur neu aussäen“ und in ihm den Drang zum Höheren, zum Idealen erregen.[72]

‚Mode‘ kann hier als Element der von Lindner in Anschlag gebrachten „bürgerlichen Bildung“ interpretiert werden, die innerhalb seiner Konzeption selbst nichts anderes zu sein scheint, als ebenjene Synthese von Natur und Kultur beziehungsweise die Manifestation dieses Verhältnisses als eben „naturalisiert“ verinnerlicht und nicht „künstlich“ erworben. Sie kann darüber hinaus nicht nur als simpler „Ausdruck“ der oben beschriebenen Synthese gelten, sondern als materielle Wiederholung jenes Sublimierungsauftrags, mit dem die Frau männlicherseits ausgestattet wird. So lassen sich das Projekt der „Frau, wie wir sie wünschen“ und das der „Faser, wie wir sie wünschen“ gleichermaßen als Inhalte des lebensideologischen Großprogramms deuten, in dem ein spezifisch heteronormativer Blick Konzepte wie ‚Weiblichkeit‘ und ‚Synthese‘ als programmierende Größen auffasst, die in affizierender („reizender“) Weise auf männliches Handeln wirken. Die Wahrnehmung der Faser (wie auch der Frau) wird dabei stets über die Kultur/Natur-Achse gesteuert, wobei die moderierte Position der Synthese aus beiden Sphären, die Lindner für das gemäßigte Bürgertum der Zwanziger Jahre ausmacht, auch für die I.G.-Broschüre (und den Großteil der anderen Bücher mit Stoffbezug) verbindlich ist.

Das zeigt sich für die Textilien nicht nur ausdrücklich in einer Vielzahl an Mischgeweben aus Natur- und Kunstfasern, sondern subtiler noch in den semantischen Sets, die zur Beschreibung von Stoffen aller Klassen ausgegeben werden. So hybridisiert etwa eine Bildseite in Ansätzen das Gewebe und den Körper, indem aus einer Gegenüberstellung von Baumwoll- und Vistra-Gewebe, wobei letzteres „absolut rein [ist] und einen schönen Glanz“ aufweist, wogegen das andere „stumpf [ist] und viele Unregelmäßigkeiten [zeigt]“, aus der Seite der Kunstfaser in sich auflösender Überblendung der beiden Fotos eine Hand emergiert, die in einer darunterliegenden Szene ein Stück Wollstra-Stoff[73] „kräftig zusammendreht“, worauf es rechts davon mühelos „nur einmal mit der Hand geglättet“ faltenfrei präsentiert wird. Der Text delegiert diese beiden Präsentationen immunologischer Eigenschaften (regelmäßige Reinheit und Faltenresistenz) ausdrücklich an das Bild, wiederholt dabei aber sprachlich zusätzlich das zu Sehende: „Auch die Knitterfestigkeit, von der wir gesprochen

72 Lindner: *Leben in der Krise*. S. 86. Die in dem Absatz zitierten Passagen stammen aus den Beiträgen von Otto Flake (zur „Sublimierung der Liebe“) und Heinrich Eduard Jacob (zur „fernen Geliebten“) für den 1929 erschienenen Sammelband *Die Frau von Morgen, wie wir sie wünschen*, mit dem eine Gruppe männlicher Autoren aus dem Kanon der Weimarer Republik sich in die Diskussion um die „Neue Frau“ eingeschaltet hatte.

73 Mix, der je zur Hälfte aus Vistra und Wolle besteht.

haben, wird am besten bildlich verdeutlicht. Man kann einen Wollstrastoff (Mischgewebe aus Wolle und Vistra) ruhig fest zusammendrehen: einmal mit der Hand darüber gestrichen und er ist wieder glatt!" (EuA, 64) Die Bildunterschriften fügen gegenüber dem Haupttext nur marginale Informationen hinzu, vielmehr wiederholen sie demonstrativ das bereits Gesagte und drängen damit den Fotomontagen ihre metaphorisch angereicherten Interpretationen auf. Der Text selbst spricht derweil konkret von der Damenbekleidungsindustrie und führt, indem er zum Umblättern nötigt, den Blick zur nächsten Bildseite, wo sich wiederum visuell wiederholt, wovon gleichzeitig die Rede ist: „Reine Vistra- beziehungsweise Zellwollstoffe sind die Musseline mit ihren farbenfrohen, indanthrenfarbigen Druckmustern"[74], um anzuschließen „Lassen wir auf diesem Gebiet einmal Zahlen sprechen!" (EuA, 64f.) Die statistische Verallgemeinerung, die nun folgt, kommt zu dem quantitativ nur wenig reliablen, dafür aber suggestiven Schluss: „In der vergangenen Saison sind von diesen Zellwollmusselinen 51 Millionen Meter erzeugt worden, so daß auf jede deutsche Frau nahezu zwei Meter entfallen!" (EuA, 65) Neben der Adaption modischer Zyklizität („Saison") ist vor allem die Pro-Kopf-Rechnung interessant, die sich kaum mit der Einwohnerinnenzahl des Deutschen Reichs zur fraglichen Zeit in Einklang bringen lässt, nach der aber jede „deutsche Frau" von der Jahresproduktion der Musseline zumindest einmal vollständig eingehüllt werden könnte. Viel eher als messbare Relevanz zu markieren, scheint es der Broschüre wichtig zu sein, die Produktion der Vistra-Musseline mit dem Phantasma zu verbinden, die „deutsche Frau" mit dem chemisch „Erzeugten" vollumfänglich „bedecken" zu können. Die Formulierung der „nahezu zwei Meter", die auf die „deutsche Frau [...] entfallen" ließe sich auch als metonymischer Verweis auf den „deutschen Mann" als Produzent der Faser und mehr und mehr zugleich Produzent der „deutschen Frau" lesen. In jedem Fall wird die „Zahl" in ihrer Eigenschaft als statistische Sinnstiftungsinstanz für einen körperpolitischen Signifikationsprozesses genutzt, in dem quantitatives Datenmaterial (und sei es verzerrt) nur *eine* Möglichkeit ist, den Imaginationsraum ‚Geschlecht' semantisch zu bespielen.

Die implizit mitgeführte und zwischenzeitlich stärker in die Bedeutungsproduktion integrierte Sphäre ‚Geschlecht' organisiert vor allem Interdependenzen auf Text/Bild-Ebene und hilft dabei, mit etablierten Topoi das didaktische Modell der Broschüre zu festigen. Das wird am Ende des Kapitels noch einmal deutlich, wenn der Text davon spricht, wie es ist

74 Die Bildunterschrift: „Reine Vistra, hauptsächlich Vistra-Musseline und Vistra-Ripse, Indanthren-gefärbt".

> [w]enn unsere Frauen eines der schönen Gewebe oder Gewirke aus Kunstseide von ihren Einkäufen mit nach Hause bringen, wenn wir es durch die Hände gleiten lassen, dann erfreut uns der Gedanke, daß wir auch hier in vielen Fällen ein Erzeugnis der Arbeit unserer Kameraden in Wolfen, Rottweil, Bobingen, Premnitz, Berlin-Lichtenberg oder Dormagen vor uns haben. (EuA, 77)

Als Bringerin des Gewirkten, das ihrem Mann Genuss verschafft, wenn er es sich „durch die Hände gleiten" lässt, weil er darin ein Erzeugnis des Kameraden erkennt, wird die Frau am Ende des Kapitels zur Stifterin einer homoerotischen Beziehung, in der sie sich selbst in das Textil hinein zum Verschwinden bringt. Das Bild rechts des Textes zeigt zwei grauschattierte Frauen bei der Übergabe einer farbigen Stoffbahn, die von zwei Produktlogos (für Agfa-Kunstseide und die Agfa-Spezialmarke *Suprema edelmatt*) gerahmt wird. Die beiden Agfa-Segmente lassen sich zunächst als im orangenen Stoff synthetisch verbunden begreifen, zugleich sind aber auch die beiden Frauenfiguren als Repräsentationen der Produkt-Sparten und damit als ‚Synthese' selbst lesbar, die ein ‚weibliches' Element in die latent homosozial-mediale Sinnlichkeit der I.G.-Kommunikation einführt, wonach die zwischen den Männern zirkulierenden textilen Bindungsstoffe als doch wiederum heteronormiertes, weil in seiner Erfahrbarkeit ‚weibliches' Gewebe ‚männlichen' Schaffens eine Kontinuität zur Geschlechtermatrix herstellen, in der der Mann aktiv „schafft" und „weiß", während die Frau passiv „fühlt" und „gefühlt wird". Hat die Frau als Synthese von ‚Natur' und ‚Kultur' ihre Eigenschaften, nach Lindner etwa das Ideal kultivierter Triebsublimierung oder ein Konzept elementarer Erotik, das den verstandesgelenkten Mann „an die Erde" bindet (man bedenke die Buchenholz-Grundlage der Kunstfaser!), an den Stoff entäußert, wird sie, wie in der Zeichnung dargestellt, farblos gegen ihn.

Auf der gegenüberliegenden Fotoseite liegen zwei vor schwarzem rechteckigen Hintergrund präsentierte Vistra-Stränge in unterschiedlichen Verarbeitungsstufen zu länglichen Knäueln gewunden parallel nebeneinander. Das Foto mit den Gewinden liegt wiederum auf einer farbigen Abbildung fließender oder in Falten gelegter Vistra-Gewebe unterschiedlicher Färbung, in einem Fall gemustert, teilweise hochglänzend. In der Art ihrer Darstellung weisen die beiden Knäuel Ähnlichkeiten zur Präsentation musealer Objekte auf und sind in ihrer Form wiederum mit Venusfigurinen des Jungpaläolithikums vergleichbar, deren bekannteste sicher die 1908 entdeckte sogenannte Venus von Willendorf ist.[75] Dieser zunächst, trotz einiger präsentationslogischer

---

75 1908 im österreichischen Willendorf am Donauufer entdeckt, wurde die „Venus" schnell zur Referenz für das vermeintliche Schönheitsideal der Steinzeit und ist es (vorwiegend in populärwissenschaftlichen Kontexten) seitdem mit Einschränkungen bis heute

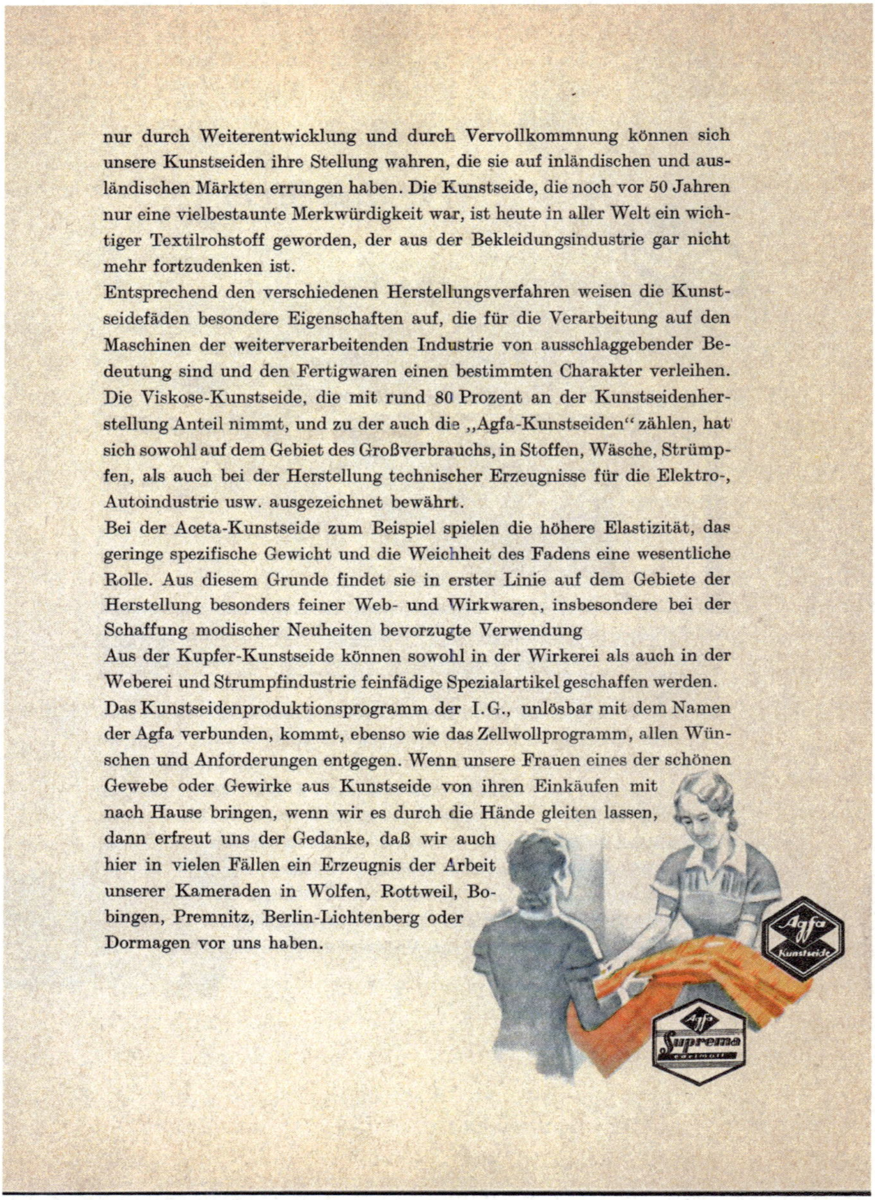

nur durch Weiterentwicklung und durch Vervollkommnung können sich unsere Kunstseiden ihre Stellung wahren, die sie auf inländischen und ausländischen Märkten errungen haben. Die Kunstseide, die noch vor 50 Jahren nur eine vielbestaunte Merkwürdigkeit war, ist heute in aller Welt ein wichtiger Textilrohstoff geworden, der aus der Bekleidungsindustrie gar nicht mehr fortzudenken ist.

Entsprechend den verschiedenen Herstellungsverfahren weisen die Kunstseidefäden besondere Eigenschaften auf, die für die Verarbeitung auf den Maschinen der weiterverarbeitenden Industrie von ausschlaggebender Bedeutung sind und den Fertigwaren einen bestimmten Charakter verleihen. Die Viskose-Kunstseide, die mit rund 80 Prozent an der Kunstseidenherstellung Anteil nimmt, und zu der auch die „Agfa-Kunstseiden" zählen, hat sich sowohl auf dem Gebiet des Großverbrauchs, in Stoffen, Wäsche, Strümpfen, als auch bei der Herstellung technischer Erzeugnisse für die Elektro-, Autoindustrie usw. ausgezeichnet bewährt.

Bei der Aceta-Kunstseide zum Beispiel spielen die höhere Elastizität, das geringe spezifische Gewicht und die Weichheit des Fadens eine wesentliche Rolle. Aus diesem Grunde findet sie in erster Linie auf dem Gebiete der Herstellung besonders feiner Web- und Wirkwaren, insbesondere bei der Schaffung modischer Neuheiten bevorzugte Verwendung

Aus der Kupfer-Kunstseide können sowohl in der Wirkerei als auch in der Weberei und Strumpfindustrie feinfädige Spezialartikel geschaffen werden.

Das Kunstseidenproduktionsprogramm der I.G., unlösbar mit dem Namen der Agfa verbunden, kommt, ebenso wie das Zellwollprogramm, allen Wünschen und Anforderungen entgegen. Wenn unsere Frauen eines der schönen Gewebe oder Gewirke aus Kunstseide von ihren Einkäufen mit nach Hause bringen, wenn wir es durch die Hände gleiten lassen, dann erfreut uns der Gedanke, daß wir auch hier in vielen Fällen ein Erzeugnis der Arbeit unserer Kameraden in Wolfen, Rottweil, Bobingen, Premnitz, Berlin-Lichtenberg oder Dormagen vor uns haben.

Abb. 6 Suprema & Agfa

Filiationen an das museale Dispositiv, tendenziell spekulative Deutungshorizont schärft nochmal den Blick für die latenten Einlassungen der Synthesedidaktik in die Sphäre vergeschlechtlichter Selbstbeschreibungen. Bilder scheinen, das wird mit Blick auf derart implizite Deutungsangebote klarer, generell einen Raum für Latenz mehr noch bereitzustellen als der Text.

Gilt es, die Frau als von der Kunstfaser verhüllbar und damit oberflächlich synthetisch kolonisierbar zu konzipieren, sie in diesem Zuge sogar mit dem Gewebe zur Deckung kommen zu lassen, bleibt für den Produktionsprozess der Vistra die Aufgabe, durch „Aufklärung" in seinem Wesen sichtbar zu werden, das selbst wieder ein grundsätzlich „Natürliches" sein wird. Der „I.G.-Kamerad" steht dabei zunächst in Opposition zum Nicht-I.G.-Kamerad, dem er an Wissen und Bindung an den neuen Stoff überlegen ist, sodass das Schulungsverhältnis, das die Broschüre für den Mitarbeiter etabliert, sich später zwischen ihm und betriebsexternen „Volksgenossen" wiederholen wird. In beiden Situationen muss ein ‚Wissen' darüber im Subjekt untergebracht werden, das (künstliche) Zellwolle und (natürliche) Tierwolle zu ihrem simultanen Ursprung zurückverfolgt und ermittelt hat, dass dieser (chemisch wie „schöpfungsgeschichtlich") in der pflanzlichen Zellulose liegt: „Das Schaf, das Gras frißt und uns die Wolle schenkt, ist im Sinne unserer Betrachtungsweise ebenso eine chemische Fabrik wie unser Zellwollwerk, das aus dem Zellstoff des Buchenholzes die spinnfertige Faser liefert." (EuA, 67) In der Mitte der Doppelseite mit diesem Text läuft beiderseits der Bindung ein jeweils fünfbildriges Flussdiagramm, das die Produktionsprozesse vom pflanzlichen Ausgangsstoff bis zur Gewinnung des fertigen Rohstoffs darstellt, wobei die Beschriftungstexte bis auf die angepassten Objekte „Wollfaser" beziehungsweise „Zellwolle" in ihrer Beschreibung der Abläufe identisch sind. Das leitende Paradigma ist in beiden

---

geblieben. Auch zur Zeit der Vistra besteht dieses Signifikationsverhältnis, was ein Blick in illustrierte Zeitschriften um 1930 zeigt. Vgl. hierzu Lucien Karrach: „5 Jahrtausende weiblicher Akt". In: *Scherl's Magazin* (1928), H. 9. S. 1044–1055, Erwin Stranik: „Die schöne Frau. Ein Stück Menschheitsgeschichte". In: *Das Leben* 7 (1930), H. 10. S. 49–56 sowie Elsa Odelga: „Schönheitsideale". In: *Das Leben* 8 (1931), H. 8. S. 29–31. Eine feministische Lesart der Venus-Figurinen haben Catherine Hodge McCoid und LeRoy D. McDermott vorgeschlagen, nachdem sie untersucht haben, wie die Körperdarstellung der Figurinen nahelegt, dass sie von Frauen stammen, die ihrer Arbeit die Sicht auf den eigenen Körper, also die Perspektive des Blicks nach unten mit den entsprechenden Proportionierungen, zugrunde legten. Vgl. hierzu Catherine Hodge McCoid & LeRoy D. McDermott: „Toward Decolonizing Gender. Female Vision in the Upper Paleolithic". In: *American Anthropologist. New Series* 98 (1996), H. 2. S. 319–326.

Fällen die Darstellung der Abläufe als chemische Umwandlungsprozesse, bei denen zwei verschiedene natürliche Rohstoffe in verfahrensäquivalenten Schritten zu vergleichbaren Produkten verarbeitet werden.[76] Die Herstellung der Zellwolle stellt dabei die technisch verbesserte Variante dar, bei der natürliche Abläufe im größeren Maßstab kontrolliert und ohne Umwelteinflüsse von Maschinen durchgeführt werden.[77] Dabei ist es aber nicht die synthetische Faser, die vom Naturprodukt abgeleitet wird, sondern umgekehrt das Schaf wird zur „chemische[n] Fabrik", in der sich im Kleinen Lösekessel (Schafmagen) und Spinndüsen (Haarfollikel) finden und deren Geschorenwerden die „primitive" Version der fabrikmäßigen Zerkleinerung der Vistra darstellt.[78]

---

76 Vgl. EuA, 67: „Vistra und Wolle, prägen wir uns das gut ein: es sind zwei Wege und ein Ziel! Die Wege des schaffenden Menschen und der Natur, um einen hochwertigen Rohstoff für unsere Kleidung und unseren sonstigen Textilbedarf zu schaffen."

77 Die Broschüre wiederholt diese didaktische Einheit im folgenden Kapitel „Seidige Fäden" noch einmal an der Gewinnung von Seide aus Raupenkokons, die dem Herstellungsgang der Agfa-Kunstseide gegenübergestellt wird. Identisch ist auch hier die bis zur Kongruenz angenäherte Textähnlichkeit. Auf der Bildebene verbinden horizontale Querstreifen die holzschnittartigen Abbildungen, wogegen ein gelber Hintergrund die Agfa-Seite visuell abgrenzt. Man könnte hier eine Beobachtung anschließen, die Frevert für die Geschichte der chemischen Synthese generell macht: „Man kann bei der Geschichte der chemischen Synthese von einer sich wieder und wieder ereignenden Genese des Gegenstandes unter Beibehaltung der Begrifflichkeit sprechen." In: Frevert: *Wissenschaft der Synthese*. S. 146. Dieses Konzept wendet die Broschüre an, indem sie den synthetischen ‚Stoff' zum Medium erklärt, von dem aus die Genese des Naturrohstoffs hererzählt wird, der auf diese Weise quasi-synthetisiert wird.

78 Ein ähnliches Diagramm findet sich auch in Hans Dominiks *Vistra*-Buch, wo ebenfalls die Parole „Zwei Wege, ein Ziel!" das didaktische Prinzip darstellt. Vgl. Hans Dominik: *Vistra. Das weiße Gold Deutschlands*. Leipzig 1936. zw. S. 220 u. 221 eingeheftete, nicht pag. Bildseite. Dieselbe Grafik in Claus Ungewitter: „Die Reichweite der modernen Chemie". In: *Der Vierjahresplan* 2 (1938), H. 8. S. 466–468, hier S. 466. Damit folgen zumindest diese Darstellungen ausdrücklich nicht der von Lars Bluma festgestellten Bemühung, die Differenz der Fertigung synthetischer Fasern zu der von Naturfasern in solchen Darstellungen ausdrücklich zu betonen. Zwar kommt der Autor dadurch nicht zu grundsätzlich falschen Schlussfolgerungen, reduziert aber die mediale Komplexität des zugrundeliegenden Vermittlungskonzepts. Vgl. Bluma: *‚L'ersatz ist kein Ersatz'*. S. 136: „Darüber hinaus sollte aber v. a. der künstliche, technische Aspekt der Zellwolle dargestellt werden, um diese von den natürlichen Textilrohstoffen abzusetzen. Die Betonung der industriellen Zellwollfertigung, der chemo-technischen und spinntechnischen Apparaturen in Wort und Bild schloß einerseits an den oben dargestellten Qualitätsdiskurs an, so dass die Rationalität und Regelmäßigkeit des Produktionsprozesses gleichsam als Qualitätsmerkmal auf das Produkt übertragen wurden. Ein weitaus wichtigerer Aspekt dieser Form von Technikvermittlung war jedoch die explizite Aufnahme ideologischer Elemente des damaligen Technikdiskurses, der die Unabhängigkeit des Menschen von der Natur und deren ‚Besiegung' durch den Einsatz von Technik zum Inhalt hatte."

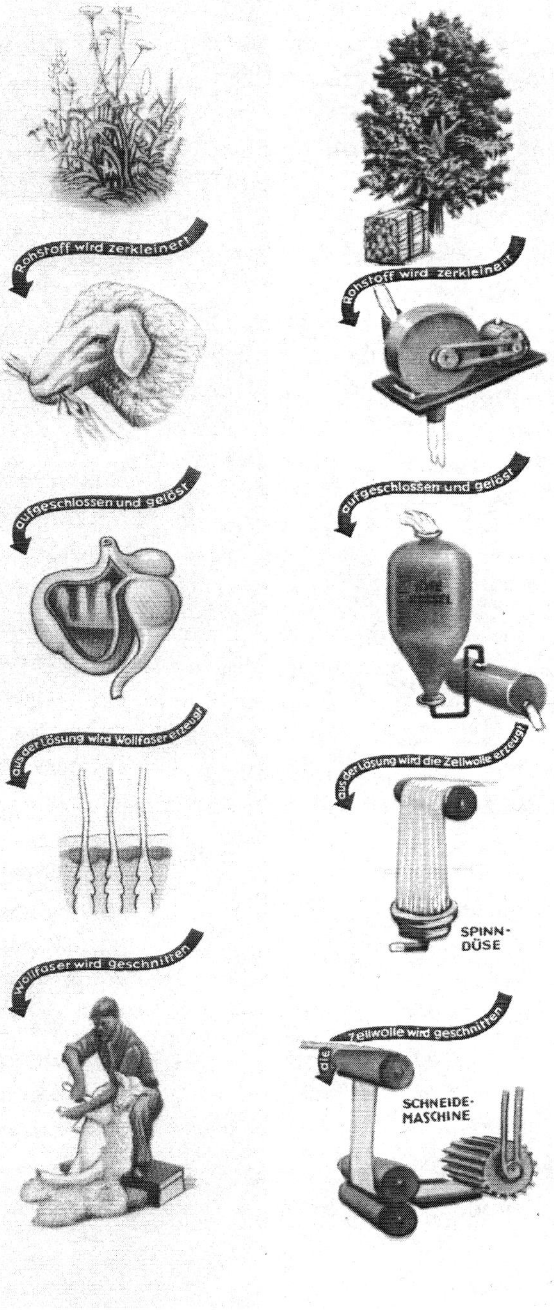

Abb. 7
Das Schaf als
chemische Fabrik

Die Produktionsformen der Natur werden somit, ähnlich wie die Durchdringung des Haushalts mit I.G.-Synthesen, rückwirkend als von der synthetischen Fertigung präkonfiguriert erklärt und als funktionslogische Vorstufen einer progredienten Geschichte historisiert. Die Broschüre nimmt so ein weiteres Mal historischen und topographischen ‚Raum' ein, indem sie die Funktionsmechanismen der I.G.-Sphäre geschichtlich nach hinten und topographisch auf den Schafwolle verarbeitenden Betrieb ausdehnt und so vorangegangene Erklärungszusammenhänge disloziert und durch synthetische Verfahren ersetzt. Dieser Aspekt der Synthese-Ideologie stellt einen sehr wichtigen Punkt dar: Die nachträgliche Um-Erklärung früher geltender Zusammenhänge im Sinne der neuen „Erkenntnisse" schließt an das „Ordnungsbegehren" der NS-Zeit an[79] und enttarnt diese „Aufräumarbeit" als massiv normatives und expansives ideologisches Modell einer semantischen Herrschaft, die ihren Anspruch vor allem durch Umkodierung des historischen Vorlaufs legitimiert[80] und so epistemologische ‚Macht' als Ausdehnung des Geltungsbereichs eigener Zeichen definiert.

Die Benennung der Vistra als „Weißes Gold" schließt an eine im Gestus abgesicherter historischer Überlieferung vermittelte Erzählung vom Beginn des Kapitels an, nach der die Baumwolle zu Zeiten „Babylons" mit diesem Attribut versehen wurde: „Das ist keine Legende. Es ist uns vielmehr geschichtlich einwandfrei überliefert [...]" (EuA, 55) Sie unterstreicht damit nach der Parallelisierung der Produktionsprozesse durch Rückführung auf identische Rohstoffquellen die bedeutsame Korrelation des Rohstoffs mit dem Konzept ‚Reichtum als Volk' und etabliert ein Verhältnis, demzufolge Rohstoffe grundsätzlich politisch, begehrt und potenziell Auslöser kriegerischer Auseinandersetzungen sind. Das Verfügen über sie ist also von der Idee (räumlicher)

79 Vgl. S. LXVIII & 22f. in diesem Buch.

80 Vgl. Hermand: *Der alte Traum vom neuen Reich*, bspw. S. 218f. Seine anschauliche Fortsetzung findet dieser Drang, Geschichte eigenmächtig zu konstruieren, in der Legende einer sogenannten „Ruinenwerttheorie" der NS-Architektur. Neue Repräsentationsbauten wären demnach von vornherein so konzipiert worden, dass sie auch im Verfall noch ästhetisch und herrschaftlich wirken. Ob es sich dabei um einen tatsächlichen Bestandteil der NS-Architekturtheorie oder um eine von Albert Speer in seinen Erinnerungen nachträglich kolportierte Zuspitzung handelt, ist in der Forschung umstritten. Vgl. Hanno-Walter Kruft: *Geschichte der Architekturtheorie. Von der Antike bis zur Gegenwart.* München 1985. S. 450 bzw. für die These der nachträglichen Speer-Legende Dirk Rupnow: *Vernichten und Erinnern. Spuren nationalsozialistischer Gedächtnispolitik.* Göttingen 2005. S. 320.

Herrschaft gar nicht zu trennen. Zugleich wird die Vistra durch die Äquivalentsetzung mit mineralischem Gold an den Boden und damit an die räumliche ‚Tiefe' zurückgebunden, aus der der synthetische Kolonialismus sich speist. Anders als bei den Farben ist dieser Aspekt hier nun nicht mehr neu und muss deshalb dem Stoff nicht, wie bei den Farben, eigens „verliehen" werden. Dennoch unterstützt die Broschüre die Rekonstruktion dieser Anbindung zusätzlich noch immer durch die Korrelation mit dem bereits eingeführten Modell historischer Überlieferung.

1.4 Integral 1: „Schwämme(n) und Duft(en)"

In einem kurzen, nur eine Doppelseite umfassenden Kapitel widmet sich die Broschüre der Herstellung und Verwendung künstlicher Schwämme. Zum ersten Mal koppelt der Text in diesem Abschnitt die Arbeit der Synthese explizit mit der Sphäre der Chemie als *Kunst*: „Immer wieder gelingt es der Kunst der Chemiker und Techniker, aus ihr [der Zellulose, AW] neue überraschende Nachbildungen der Natur hervorzubringen!" (EuA, 78) Der Imitatcharakter wird dabei rasch überrundet und zur Überbietung gesteigert: „Wie das Meer baut unsere I.G. ihre Schwämme. Nein! Besser als das Meer." (EuA, 79) Die Erzeugung künstlicher Schwämme gelingt dank der vorgängigen Erforschung des Aufbaus natürlicher Schwämme, die ihr Habitat vorzugsweise an den Küsten des Mittelmeeres haben. Das synthetische Erzeugnis überbietet das Naturprodukt dann in nahezu allen Eigenschaften. Es ist um ein Vielfaches saugfähiger, kann darüber hinaus, eine wichtige immunologische Qualität, ausgekocht werden und ist, ebenfalls in dieser Weise wichtig, von natürlichen Einflüssen befreit, glattflächig, endlos identisch reproduzierbar und in seiner Porengröße anpassungsfähig an diverse Verwendungen: „für Haushaltszwecke, für Körperpflege, für Sport und Auto, für photographische Betriebe, für das Reinigen der Schulwandtafeln und dergleichen mehr." (EuA, 79)

Im Kleinen liefert das Kapitel also eine Synthese- und Durchdringungsfantasie des Schwämmens und Duftens ab[81] und stellt damit eine verdichtete

81 Im Anschluss an die erste Aufzählung folgt noch eine mit den verschiedenen Einsatzbereichen im Haushalt, mit der die quasi horizontale Abschreitung der außerhäuslichen Lebenswelt noch einmal am konkreten Ort des Wohngehäuses punktuell vertieft wird. Wiederum hieran anknüpfend werden dann noch die Möglichkeiten der Körperpflege mit Schwamm abgerissen, wobei hier der im Haushaltsabsatz als naheliegenderweise

Anwendung der bisher erarbeiteten Ideologeme dar, auf die die Broschüre im Folgenden als vorausgesetzt zugreifen wird.[82] Das Besser-Sein beziehungsweise, in kämpferischer Terminologie, die Überlegenheit des Viskoseschwamms gegenüber dem Meeresschwamm (vgl. EuA, 79) deutet für die Beschreibung eines synthetischen Kolonialismus nicht nur die Entbehrlichkeit einer „deutschen" Mittelmeerküste an, die nur dann für die Rohstoffautarkie nötig wäre, wenn der chemisch-technischen „Kunst" die Herstellung der Schwämme eben nicht gelänge, sondern stellt exemplarisch die enge Bindung zwischen dem Phantasma einer Durchdringung der eigenen Kultur bis in ihre kleinsten Poren und der immunologischen Grundierung dieses Phantasmas dar. Der I.G.-Kamerad scheint besessen von der Idee, an allen Orten, die er aufsucht und mit Produkten des eigenen Großbetriebs bevölkert vorfindet, ihre Überlegenheit gegenüber den Naturprodukten zu erweisen, deren Platz sie in seinem Ersatzstoffland eingenommen haben, das sich als Territorium schließlich auch psycho-geographisch bis an die Grenzen des europäischen Kontinents vorschiebt.

besonders wichtig hervorgehobene Bereich der Hygieneleistungen des Schwamms nicht nur als Reinigungsmittel, sondern als selbst hygienischer Gegenstand nochmal betont wird. Die Bewegung ‚Außenraum', ‚Innenraum', ‚Körper' hat dementsprechend intimisierende Richtung.

82 Das Konzept von der „Kunst der Synthese" im Zusammenhang mit der Nachbildung von Naturprodukten iteriert die Broschüre direkt im Anschluss am Beispiel künstlicher Duftstoffe, bei denen die „Kunst" nun auch mit einem Konzept von „Künstlichkeit" zusammenfällt. Die Narration folgt dem in der Reihenfolge variablen Schema aus 1) verblüffter Feststellung, dass die I.G. das auch noch macht bzw. „herzaubert" (vgl. EuA, 80), 2) erzählerischer Evokation einer exemplarischen Szene, möglichst ‚alltäglich' und vergeschlechtlicht („Wenn wir unseren Frauen […]"), 3) Betonung des (Forschungs-) Aufwands, der dem schließlichen Produkt zugrunde liegt (Studium der Naturstoffe, Überwindung diverser Schwierigkeiten, schließlich Übertreffen des Naturprodukts), 4) Aufzählung der Produktsparten bzw. ihrer Anwendungsfelder, evt. Zuordnung zu einzelnen Produktionsstätten, 5) Benennung von weiteren verwandten, hier nicht weiter ausführbaren Tätigkeitsbereichen der I.G., 6) Markierung der durch die I.G.-Produkte erreichten Autarkie in Rohstofffragen. – Die beiden Abbildungen bilden einen Rahmen: zu Beginn eine modisch frisierte Frau, die an einem Strauß mit Flieder und Maiglöckchen riecht, heimische Pflanzen mithin, die zu einer Aufstellung von Fläschchen und Flakons am Ende, wohl dem Verkaufsdisplay einer Parfümerie, führen, also der synthetischen, „komponierten" Form des Blumendufts. Die beiden Bilder lassen sich wechselseitig als das Versprechen des jeweils anderen lesen: Die Frau riecht an den Blumen und, dank der synthetischen Duftstoffe, wie die Blumen, an denen sie riecht. Hier wiederholt sich die Auflösung der Frau in den synthetischen ‚Stoff' aus dem Kunstfaser-Kapitel.

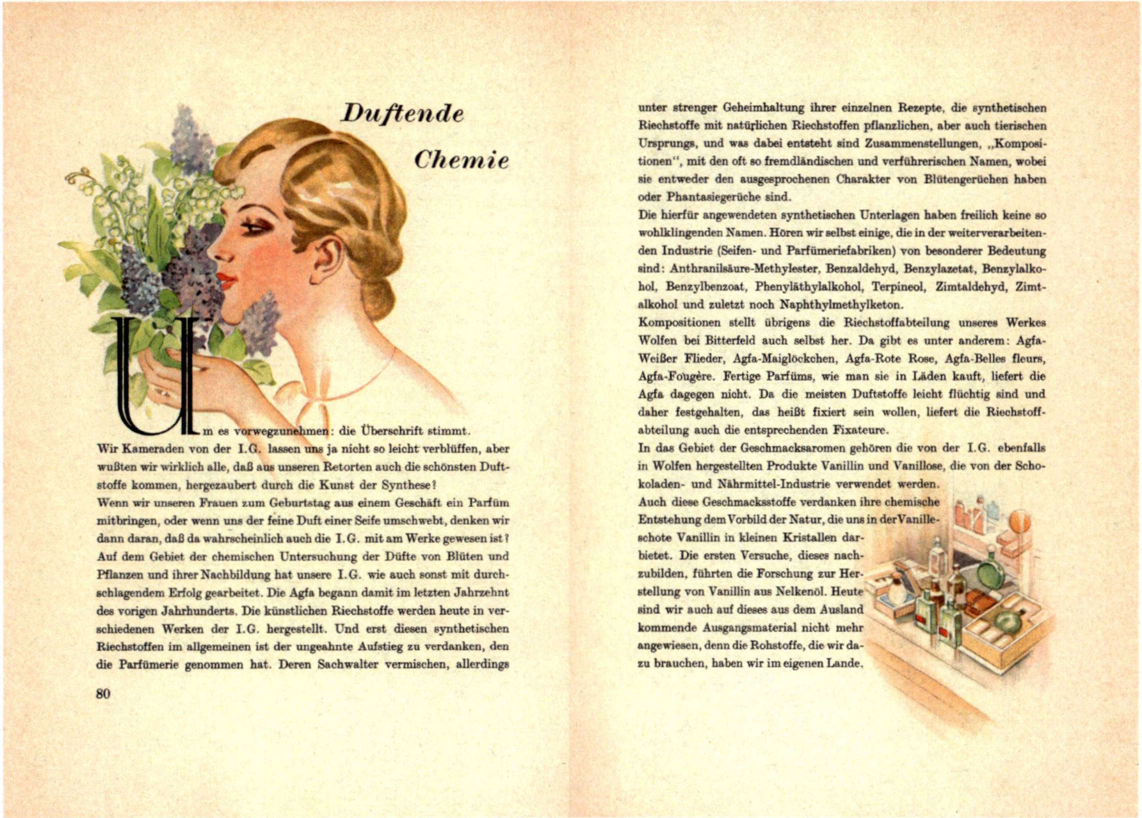

Duftende Chemie

Um es vorwegzunehmen: die Überschrift stimmt.
Wir Kameraden von der I.G. lassen uns ja nicht so leicht verblüffen, aber wußten wir wirklich alle, daß aus unseren Retorten auch die schönsten Duftstoffe kommen, hergezaubert durch die Kunst der Synthese?
Wenn wir unseren Frauen zum Geburtstag aus einem Geschäft ein Parfüm mitbringen, oder wenn uns der feine Duft einer Seife umschwebt, denken wir dann daran, daß da wahrscheinlich auch die I.G. mit am Werke gewesen ist?
Auf dem Gebiet der chemischen Untersuchung der Düfte von Blüten und Pflanzen und ihrer Nachbildung hat unsere I.G. wie auch sonst mit durchschlagendem Erfolg gearbeitet. Die Agfa begann damit im letzten Jahrzehnt des vorigen Jahrhunderts. Die künstlichen Riechstoffe werden heute in verschiedenen Werken der I.G. hergestellt. Und erst diesen synthetischen Riechstoffen im allgemeinen ist der ungeahnte Aufstieg zu verdanken, den die Parfümerie genommen hat. Deren Sachwalter vermischen, allerdings

80

unter strenger Geheimhaltung ihrer einzelnen Rezepte, die synthetischen Riechstoffe mit natürlichen Riechstoffen pflanzlichen, aber auch tierischen Ursprungs, und was dabei entsteht sind Zusammenstellungen, „Kompositionen", mit den oft so fremdländischen und verführerischen Namen, wobei sie entweder den ausgesprochenen Charakter von Blütengerüchen haben oder Phantasiegerüche sind.
Die hierfür angewendeten synthetischen Unterlagen haben freilich keine so wohlklingenden Namen. Hören wir selbst einige, die in der weiterverarbeitenden Industrie (Seifen- und Parfümeriefabriken) von besonderer Bedeutung sind: Anthranilsäure-Methylester, Benzaldehyd, Benzylazetat, Benzylalkohol, Benzylbenzoat, Phenyläthylalkohol, Terpineol, Zimtaldehyd, Zimtalkohol und zuletzt noch Naphthylmethylketon.
Kompositionen stellt übrigens die Riechstoffabteilung unseres Werkes Wolfen bei Bitterfeld auch selbst her. Da gibt es unter anderem: Agfa-Weißer Flieder, Agfa-Maiglöckchen, Agfa-Rote Rose, Agfa-Belles fleurs, Agfa-Fougère. Fertige Parfüms, wie man sie in Läden kauft, liefert die Agfa dagegen nicht. Da die meisten Duftstoffe leicht flüchtig sind und daher festgehalten, das heißt fixiert sein wollen, liefert die Riechstoffabteilung auch die entsprechenden Fixateure.
In das Gebiet der Geschmacksaromen gehören die von der I.G. ebenfalls in Wolfen hergestellten Produkte Vanillin und Vanillose, die von der Schokoladen- und Nährmittel-Industrie verwendet werden.
Auch diese Geschmacksstoffe verdanken ihre chemische Entstehung dem Vorbild der Natur, die uns in der Vanilleschote Vanillin in kleinen Kristallen darbietet. Die ersten Versuche, dieses nachzubilden, führten die Forschung zur Herstellung von Vanillin aus Nelkenöl. Heute sind wir auch auf dieses aus dem Ausland kommende Ausgangsmaterial nicht mehr angewiesen, denn die Rohstoffe, die wir dazu brauchen, haben wir im eigenen Lande.

Abb. 8 Duftende Chemie

1.5 Integral 2: „Chemikalien von A bis Z"

Nach den beiden I.G.-Binnenräumen „Farbe" und „Faser" und der Mikrosphären von Schwamm und Duft schaltet die Broschüre ein Kapitel ein, in dem die exemplifizierende Ergebnissicherung des I.G.-Produktionswissens im Vordergrund steht. Zur Vorbereitung dieser didaktischen Einheit greift das Kapitel auf die Chemie als solche zurück und macht dafür den wissenschaftlichen Anspruch, der bisher immer nur als Sache der Anderen (der forschenden I.G.-Angestellten) galt und den I.G.-Kameraden als Signifikant für die Sorgfalt diente, mit der die eigene Firma die Komplexität der Welt bearbeitet, als etwas explizit, was dem Leser nun nicht länger zu ersparen ist:

> Wir könnten, ja vielleicht sollten wir sogar diesen Abschnitt des Buches über die Erzeugnisse unserer Arbeit mit einer streng wissenschaftlichen Untersuchung darüber beginnen, aus welchen Gruppen sich die „Chemikalien" zusammensetzen, die bei uns verkaufsmäßig unter diesem Sammelbegriff erscheinen. Um einen gewissen Überblick zu geben, läßt es sich hier nicht umgehen, eine Aufstellung der Erzeugnisse zu bringen, die von der Verkaufsgemeinschaft Chemikalien bearbeitet werden. (EuA, 83)

Merkwürdig vage ordnet der Text einen Moment didaktischer Strenge an („Wir könnten, vielleicht sollten wir sogar […]") zu einem Thema, die „Chemikalien", das als bislang offensichtlich falsch verstanden explizit in Anführungszeichen steht. Die beiden Sätze, mit denen das Kapitel beginnt, ähneln sich in ihrer semantischen Struktur: Der moderierende Einstieg des ersten wird im zweiten zum „gewissen Überblick", für dessen Darstellung sich die folgende Aufstellung „nicht umgehen" lässt. Das als „Sammelbegriff" eingestufte Hilfskonstrukt „Chemikalien" erfährt eine institutionelle Ergänzung und wird als „Verkaufsgemeinschaft Chemikalien" zum diskursiv nun als ökonomische Einrichtung verorteten Orientierungspunkt, die zusammen das Subjekt der Unterweisung dort abholen, wo es steht, auf dem Boden der kaufmännisch wägbaren Produkte nämlich.

Unverändert bleibt der Begriff des „Erzeugnisses", der gleichsam zum Grundwortschatz der Broschüre gehört und permanent die Kopplung von ‚Zeugung' und ‚Wirtschaft', ‚Natur' und ‚Kultur' aktualisiert. Die Abbildung kontextualisiert die Einschränkungen, die der Text macht, eventuell als Zugeständnisse an einen populären Vermittlungszusammenhang. Das Bild zeigt in einer langen Reihe aufgestellte Laborflaschen, alle annähernd gleich hoch mit unterschiedlich farbigem Granulat gefüllt, streng parallel ausgerichtet, von hinten beleuchtet und auf eine Flucht zulaufend. Die Darstellung weist darauf hin, dass die Reihe der Behältnisse potenziell unendlich fortsetzbar ist, die Kapitelüberschrift „Chemikalien von A bis Z", um die es sich beim Inhalt der Gefäße wohl handeln soll, deutet dagegen ein theoretisch mögliches vollständiges Register und die Wichtigkeit einer vollständigen Beschreibung an. Unter diesen Voraussetzungen wird das Projekt einer umfassenden Kenntnis zur Zumutung und die nicht zu umgehenden Mühen auf dem Weg zu einem gewissen Überblick zu verständlichen Bedingungen der Vermittlung und des Erwerbs von Fachwissen.

Die Broschüre referiert also einerseits auf ein Paradigma, das die Chemie aus der Sicht des „Laien" seit der Industrialisierung zunehmend auf die Anwendbarkeit ihrer Forschungen in der Praxis verpflichtet[83], unterstreicht aber andererseits die Notwendigkeit einer Vermittlung chemischen Wissens an die bisher nur ökonomisch, als Konsument_innen, an die Syntheseforschung angeschlossene Öffentlichkeit.[84] Die Einführung von Prämissen in den vorangegangenen Kapiteln, auf die nun referiert werden kann, erweist sich, selbst wenn von einer kollektiven Autorschaft der Broschüre auszugehen ist, als erstaunlich konsistentes System mediuminterner Ideologieerzeugung. So wiederholt die Broschüre nun inzwischen souverän die Figur einer nachträglichen Begehung der Welt zum Zweck der Erkenntnis:

> Wenn wir die Welt, die uns umgibt, einmal genau auf Chemikalien betrachten, so werden wir zu unserer Überraschung feststellen, daß unter all den Dingen des täglichen Lebens fast keines ist, das nicht einen kleinen oder größeren Anteil Chemikalien in oder an sich trägt, nur daß diese oft nicht sichtbar hervortreten, weil sie Vorstufe oder Teil eines Gebrauchserzeugnisses sind. (EuA, 84)

Die Feststellung, dass es die Abhängigkeit der chemisch durchdrungenen Sphäre, die als den Menschen-Mann umgebender Blasen-Raum gedacht wird, von synthetischen Produkten in ihrem universellen Ausmaß erst noch zu entdecken gilt, schließt an das koloniale Paradigma an, dessen didaktisches Medium innerhalb der Broschüre zunächst, aufgrund der Unsichtbarkeit der Chemikalien in den Produkten, paradoxerweise das Auge ist und das in auffälliger Inkohärenz eine Beispielkette abbricht, um die Explikation an der Hülle des eigenen Leibs einzufordern:

---

83 Vgl. Frevert: *Wissenschaft der Synthese.* S. 111ff.

84 Auf die dringende Popularisierung von Wissenschaft weist auch die zeitgenössische Debatte hin, bspw. mit Blick auf den Mangel an Fachkräften der spätere Gründer des ECON-Verlages Erwin Barth von Wehrenalp: „Volkstümliche Wissenschaft". In: *Die Literatur* 39 (1936/37), S. 273–275. Vgl. auch Schütz: *Tatsachen oder Transzendenz?* S. 10.

> Das Kind in der Wiege, der Kaufmann, den der Kraftwagen von Ort zu Ort bringt, der Großvater, der im Lehnstuhl in Ruhe seine Zeitung lesen will, der Taucher in seinem Gummianzug auf dem Meeresgrund, der Flieger in der Luft, sie alle könnten ohne die große Zahl der Erzeugnisse, die unser Chemikalienverkauf vertreibt, ihr Leben nicht so führen, wie sie es gewohnt sind. Aber verlassen wir diese Beispiele und machen wir eine Wanderung durch die wichtigsten Industrien, um zu sehen, wo denn eigentlich die Chemikalien stecken./Sehen wir an uns herab und beginnen wir mit unserer Kleidung. (EuA, 84)

Der Text wechselt didaktisierend die Ebene, vom Unsichtbaren der Chemikalie zum beobachtbaren Feld ihrer Nutzer. Lebensführung verschränkt sich dabei mit körperlicher Integrität und verschiedenen Sphären, die von der chemischen Industrie durchwirkt sind, Jugend und Alter ebenso wie Erde, Wasser und Luft als potenzielle (weil von der Chemie erschlossen-erschließbare) menschliche Lebensräume sowie Modelle von Stasis (Wiege und Lehnstuhl) und Bewegung (Kraftwagen und Flieger). Indem der Text die Substanzen in ihrem Charakter als Verkaufsprodukte aufruft folgt er weiter dem zuvor eingeführten didaktischen Modell und „holt" seine Leser_innen mutmaßlich auf dem Kenntnisstand „ab", wo sie seiner Meinung nach stehen. Die Chemikalien sichern dabei vor allem die Kontinuität erfahrenen Alltags ab, was wiederum auf das Prinzip der unwissenden Nutzung verweist, die durch nachträglichen Wissenserwerb kognitiv eingeholt wird: All die beschriebenen Menschen führen bereits in vertrauter Weise ein von der Chemie bestimmtes Leben, sind über diesen Zusammenhang aber nicht in vollem Umfang informiert. Diese Lücke soll über den erlebenden Nachvollzug geschlossen werden, in der das „Wir" der Unterweisung, das den Lehrer mit seinem Adepten zusammenschließt, von den „Beispielen" weggeht und eine Wanderung macht[85], bei der die „Chemikalien-Brille" aufgesetzt wird (EuA, 85). Durch diesen didaktischen Trick verändert sich die Wahrnehmung der Unterweisungssubjekte radikal und der Stoff-Bezug der bewohnten Welt wird plötzlich und in steigender Performanz buchstäblich sichtbar.[86]

---

85 Die Broschüre folgt mit dem Modell der „Wanderung" einem etablierten, in der Forschung sowohl zur Wissenspopularisierung als auch der Geschichte(n) von Didaktik und Pädagogik wenig beachteten Topos: der Lehrer_in, die ihren Zögling von theoretischen „Beispielen" weg zu den „Dingen" zieht, das „vade mecum". Vor allem seit der Aufklärung, ausgehend von Rousseaus Ideen des Erfahrungslernens, erlangt das Modell große Popularität. Für ein Beispiel aus dem deutschen Sprachraum vgl. Karl Hahn: *Komm mit mir! oder Vademecum der Kinder zur Übung verschiedener Geisteskräfte. Ein Anhang zu dem Stoffe zur Bildung des Geistes und des Herzens*. Berlin, Leipzig 1806.

86 Timm Ebner sieht „[e]ine der größten Paradoxien der NS-‚Weltanschauung' [...] darin, dass sie fortwährend von ihren Störungen verfolgt wird, *und zwar gerade deshalb, weil sie versucht, ihre eigene mediale Bedingtheit zu verleugnen*. Die Störung ist der unweigerliche

Beginnend bei der Kleidung, also in ziemlicher Körpernähe, wird nun ein alle Lebenszusammenhänge durchziehendes chemisches Näheverhältnis ausgebreitet, das die Bewohner_innen der „synthetic world", auch über die standardmäßige Betonung des deutschen Autarkieprojekts[87] hinaus, zugleich in ein neues Verhältnis zur Natur setzt. Der Blick beim Gang durch die Welt ist dabei der des in seinen Vermutungen unterstützten Laien. Von den betrachteten Menschen und Häusern werden keine chemischen Proben genommen, lediglich das „bewaffnete" Auge prüft die Dinge:

> [...] so werden wir durch die einmal aufgesetzte „Chemikalienbrille" feststellen, daß eine ganze Menge von Erzeugnissen unserer Firma an und im Hause verwendet worden ist. Vielleicht wurde der Außenanstrich mit Eisenoxyd- oder Chromoxydfarben vorgenommen [...] (EuA, 85f.)

Im Fortgang entwickelt das Auge sogar, zumindest mutmaßlich, röntgenstrahlenartige Fähigkeiten: „Wer gar durch die Erde hindurchsehen kann, der findet die Grundmauern seines Hauses mit einer schwarzen Masse, unserem Aristogen oder Asfluid, angestrichen, die ihm die Feuchtigkeit aus dem Hause fernhält." (EuA, 86) Der Blick durch die Materie findet weitere Immunisierungsbarrieren, die nicht nur das Wohngehäuse nach außen abdichten, sondern

---

Effekt von Unmittelbarkeitsutopien wie der ‚Volksgemeinschaft', der ‚Einheit von Volk und Führer', der ‚Weltanschauung'." In: Ebner: *Nationalsozialistische Kolonialliteratur*. S. 10 (Herv. im Orig.). Für die Texte aus Ebners Korpus gilt, dass sie die „Störung" auf die Figur des Verräters auslagern. Akteure wie die vorliegende Broschüre, die sich ausdrücklich der „medialen Bedingtheit" jener „Weltanschauung" widmen, agieren vor allem in ihrem didaktischen Konzept, wenn es weniger um Darstellung als um Vermittlung geht, auffällig „gestört". Anlagerungsort ist hier weiterhin der als ‚neu' zu erfahrende bekannte Raum.

87 Die routinierte Kette ist dabei exemplarisch in variabler Reihenfolge: 1) Unabhängigkeit vom Ausland, 2) Unabhängigkeit von der Natur, 3 und begleitend) stets zunächst verbessernde Ergänzung, dann überbietende Ersetzung der Fremd-‚Stoffe'. Im Chemikalien-Kapitel wird dieser Modus bspw. anhand der Gerbung anschaulich vorgeführt: „Den zum Teil aus dem Auslande eingeführten Extrakten werden zur Verbesserung der Wirkung unsere synthetischen Gerbstoffe, die Tanigane, zugesetzt, die jetzt so weit entwickelt worden sind, daß sie, ihre Hilfestellung verlassend, zum Hauptträger der Gerbung werden können. Diese unsere neuen synthetischen Gerbstoffe werden ohne wesentliche Änderungen der bisherigen Arbeitsweise an Stelle der pflanzlichen Naturgerbstoffe treten oder in jedem Verhältnis mit ihnen gemischt angewendet werden können. Mit diesen aus deutschen Rohstoffen aufgebauten synthetischen Gerbstoffen ist es möglich, gleich gute Leder wie mit pflanzlichen Gerbstoffen zu erhalten, ja sogar manche Eigenschaften des Leders erheblich zu verbessern. Vor allem gestatten die neuen Gerbstoffe eine wirtschaftlichere Gerbung." (EuA, 85)

auch eine Natur/Kultur-Grenze manifestieren, die unkontrolliertes Materialverhalten von geregeltem abgrenzt und Zuständigkeitsbereiche selektiv ausweitet und neu definiert. Die beigegebenen Bilder zeigen die verschiedenen „Schichten" des Hauses als zeitliches Nebeneinander eines fertigen und eines im Bau befindlichen Gebäudes, sind also keine klassischen Lehrtafeln, haben aber gleichwohl vermittelnden Charakter.[88] Die Baustelle bildet nicht nur den Prozess einer Gehäuseimmunisierung im Werden ab, sondern nimmt gleichzeitig auf den Text Bezug, der über dem Bild die Unersetzbarkeit „altbewährte[r] Baustoffe, wie Backstein und Zement" (EuA, 86) durch die Chemie betont, dabei aber dem vom Mottenschutz bekannten Ergänzungsparadigma folgt und den Baustoff als durch chemische Vorgänge mit zusätzlichen Eigenschaften versehbar ausweist. Zu den wichtigsten Optimierungsbereichen zählt dabei der Brandschutz, der wiederum Teil des Luftschutzes ist und damit auch durch einen potenziellen Krieg eintretende Herausforderungen für das Mikroklima der Wohnsphäre aufruft, was erstmalig den Raum des Wohnens und den Alltag als politischen Bereich und die Immunisierung gegen ein feindliches Ausland als Aufgabe der Chemie markiert.

Die Besichtigung der Wohnsphäre stellt, wie zu erwarten ist, einen exponierten Punkt innerhalb der Kapitelerzählung dar und setzt einen besonderen Fokus auf Reinigungs- und Bewahrungshilfen[89], die zum Teil bereits ausführlich eingeführt wurden und nurmehr genannt werden müssen.[90] In die Beschreitung des Hauses auf der Suche nach Chemikalien mischt sich das verdämmernde Tageslicht ein und betont damit in der Narration eine Situation einsamer Entdeckerfreude im eigenen Heim: „Sollten wir in unserem Hause unsere Chemikalien bis in den letzten Winkel verfolgen,

88 Vgl. zu didaktischen Perspektiven auf Bilder im Überblick Olaf Dörner: „Pädagogik". In: Stephan Günzel & Dieter Mersch (Hg.): *Bild. Ein interdisziplinäres Handbuch*. Stuttgart, Weimar 2014. S. 428–432.

89 Die Broschüre vermag die Prozesshaftigkeit des Saubermachens hendiadyoinisch gedoppelt zu benennen und betont außerdem den Charakter des Hauses als eines umfassenden Gehäuses mit Innereien: „Auch zur Reinhaltung und Reinigung des Hauses und seines Inhaltes steuern wir einiges bei […]" (EuA, 89).

90 In einem anderen Fall organisiert die Broschüre ihre interne Wissensordnung durch explizite Aufforderung zum Zurückblättern, etwa beim Leder: „Soweit es sich um das Leder handelt, bitten wir zurückzublättern und nachzulesen, was wir über den Besuch in der Gerberei und Lederfabrik niedergeschrieben haben." (EuA, 92) Für die Textilindustrie ordnet die Broschüre dann zur nochmaligen Vergegenwärtigung der Fakten einen „Gedankenrückflug" (EuA, 92) an.

so könnte es uns widerfahren, daß die Sonne darüber untergeht." (EuA, 90) Die Lösung dieses Sicht-Problems, das Entzünden eines Streichholzes, wird zum Punkt, an dem die Reflexion über Wahrnehmung mit der über die synthetische Durchdringung der Lebenswelt zusammenfällt. Die Erzeugung des Helligkeit spendenden Lichts regt nämlich zugleich die Aktivierung eines neuen molekularen Röntgenblicks an, der in einem autoethnologischen Modus die Oberflächen vertrauter Gegenstände durchdringt und ins Detail der Produkte zoomt, beispielsweise der Streichholzschachtel, an der nichts mehr „gegeben" zu sein scheint, sodass auch kleinste Praktiken sich metonymisch und materiell als von der Chemie besetzt erweisen. Dabei verschmelzen die Sphären der Wahrnehmung zunehmend auch im Narrativ. Das „Wir" der Unterweisung fährt mit dem Auto, das selbst „eine kleine Musterschau von Chemikalien [ist]" (EuA, 90), in „das Gebiet der Kunststoffe, das wir wegen seiner Wichtigkeit eingehend besichtigen wollen" (EuA, 92) und durchquert auf dem Weg dorthin die „chemische[] Industrie der Natur", vulgo: einen Wald. Die Natur, so die Suggestion der Broschüre, folgt ebenfalls chemischen Gesetzmäßigkeiten und kann folglich mit dem identischen Vokabular beschrieben werden wie die von der chemischen Industrie durchdrungene menschlich-urbane Lebenswelt. Der Chemiker als Eingeweihter in die Geheimnisse der Synthese, wird so auch zu demjenigen, der die Natur versteht und zu ihrer Reproduktion befähigt ist.[91] An einer Stelle über die Verhandlung des Werts ‚Leben' bleibt die Grenze zwischen den Sphären paradoxerweise intakt, dann nämlich, wenn es darum geht, die Gewinnung der synthetischen Rohstoffe aus dem „toten Wald", der Kohle, als Möglichkeit zu verargumentieren, „den lebenden Wald [nicht] angreifen zu müssen." (EuA, 93)[92] Die Synthese nimmt also

---

91 Vgl. Leslie: *Synthetic Worlds*. S. 174. Carl Wege benennt, mit Verweis auf Graeb-Könneker, jene „von den NS-Schriftstellern angebotenen Strategien, die Moderne wieder zu verzaubern und den Zivilisationsprozeß zu ‚beseelen'" als Konzepte, die „letzten Endes der Stabilisierung eines totalitär-technokratischen Regimes zugespielt haben." In: Wege: *Buchstabe und Maschine*. S. 80.

92 An der Denkfigur des das ‚Leben' verdrängenden, es ersetzenden und so seine Macht stärkenden Todes, für den die Synthesechemie mit ihren Produkten steht, hängt Esther Leslie ihre Argumentation über die I.G. Farben als „a structure that favours death" (vgl. Leslie: *Synthetic Worlds*. S. 8f.) auf: „This was a society that embraced the synthetic substitutes. Here, in this empire, the IG Farben embraced death, figuratively, in synthetic imitations of natural forms (some of which were designed to extend life), and actually, in the production of weaponry, some of which were made in slave-labour factories." (ebd., S. 16) Ihre starke Fokussierung auf das Konzept des ‚Todes' verschattet andere interessante Topoi ein wenig, etwa die Strategien der (Auto-)Immunisierung und des

grundsätzlich in zwei Hinsichten Bezug auf ‚Natur', indem sie als ‚Wissens'-Raum auf der einen und ‚Lebens'-Raum auf der anderen Seite verstanden wird, dabei aber auch nicht frei von synthetischer Durchdringung bleiben darf. Denn das eben bereits angedeutete „Gebiet der Kunststoffe" wird überraschend noch beim Aufenthalt im Wald, während einer kurzen Rast, erreicht. Der Wald wird dabei, durch erkennenden Gebrauch des Geschirrs aus, ach ja: Plastik, mental verlassen, während die unterweisende Sprecherstimme der erlebenden Figur suggestiv einflüstert, wie sie wahrzunehmen hat:

> Auch Methanol gibt sich nicht mit diesem kleinen Wirkungskreise zufrieden, sondern hat das Recht, als einer der wichtigsten Ausgangsstoffe für die Kunststofferzeugung bezeichnet zu werden; wird doch aus ihm der für die Herstellung von Kunststoffen wichtige Formaldehyd gewonnen, an den wir erinnert werden, wenn wir jetzt unseren Vulkanfiberkoffer aufmachen und unsere Pollopas-Teller und Pollopas-Tassen zur Kaffeepause auspacken./Damit sind wir mitten im Gebiet der Kunststoffe. (EuA, 93f.)

Offensichtlich handelt es sich bei jenem Gebiet nun nicht mehr um einen begehbaren topographischen Raum, sondern um eine mentale und historisierte Sphäre, die von verschiedenen Punkten aus ideell angesteuert werden kann, beispielsweise durch die Emanation mitgeführter Gegenstände aus Kunststoff. In diesem Gebiet kann die Natur als chemisch ersetzte Größe, die nach wie vor als konzeptueller Orientierungsrahmen zur Verfügung steht, erfahren werden, was auch das beigegebene Schema „Kunststoffe aus Kalk und Kohle" in seiner Bezeichnung als „Azetylen*baum*" (Herv. AW) zeigt. Vertikal organisiert stellt es die Basis der deutschen Kunststoffindustrie als natürlichen Rohstoffursprung aus Kalk, Kohle und Wasser dar, über die Deutschland in ausreichendem Maße verfügt. Die Referenz auf einen ‚natürlichen Zusammenhang' im Bild wird durch Wendungen wie „Ihrer Natur nach stellen die neuen Kunststoffe [...]" im nebenstehenden Text rhetorisch eingeholt. Die nach oben strebenden und nach außen feiner werdenden „Äste" des Baumes, sein mittig durchgehender „Stamm" und die Idee eines „Wurzelns" in der von den drei Ausgangssubstanzen gebildeten „Erde" decken durch naturalisierte Bildeffekte sowohl die Vorstellung einer natürlich grundierten Synthesechemie, als auch die einer komplexitätsreduzierten Simplizität der organischen Chemie als Wissenschaft, die nach den Regeln biologischen Wachstums und evolutionärer Entwicklung

(Auto-)Kolonialismus, die zum Teil in enger Beziehung zum Tod stehen (auf den als Leitideologem wohl letztlich alles den Nationalsozialismus betreffende, und sei es noch so abstrakt, beziehbar ist!), deren Analyse allerdings differenziertere Ergebnisse erzielt, als eine derart „grobe" und moralische Kategorie wie der ‚Tod'.

zu funktionieren scheint[93], und sind damit ‚Natur'-Referenz sowohl für die Synthese selbst, als auch für ihre Darstellung als Schema.[94]

1.6 Binnenraum 3: „Im Kampf gegen Krankheiten"

Zu Beginn des Kapitels über die pharmazeutischen Produkte der I.G., für die hauptsächlich die Firma Bayer[95] verantwortlich zeichnet, richtet die Broschüre eine betont konservative Startseite ein, in der die Überschrift zeilenfüllend eine darunterliegende Sepia-Szene benennt, in der zwei Personen im Profil, mutmaßlich ein Arzt und eine Mutter, auf ein heller dargestelltes Kind blicken, das im Bett liegt und seinen Blick den beiden Figuren neben sich zuwendet. Der ältere Mann, bei dem es sich vermutlich um den Arzt des kranken Kindes handeln soll, verdeckt mit dem Kopf eine Lichtquelle, die offensichtlich als mit ihm identisch zu denken ist. Da er weder über ein Stethoskop oder sonstiges ärztliches Instrumentarium verfügt, noch anderweitig auf das Kind zugreift, sondern demonstrativ seine Hand ans Kinn legt, womit ikonologisch eine Denkszene aufgerufen ist, steht zu vermuten, dass der Arzt sich in diesem Moment als Vertreter einer spezifischen medizinischen Anordnung zu erkennen gibt, die Stephan Besser als chemopharmazeutisches Dispositiv[96] identifiziert hat.

---

93 Dass es sich bei dieser Form der Reduktion um eine gängige Methode der Wissenspopularisierung im Feld der Chemie handelt, zeigt Mareike Frevert am Beispiel der Nylon-Synthese 1935 und fasst zusammen: „Im Jahr 1938 wurde Nylon der amerikanischen Öffentlichkeit vorgestellt, als eine vollständig synthetische Faser aus Luft, Wasser und Kohle. Auf einem stark reduzierten Niveau trifft dieser Slogan durchaus zu, er vermittelt jedoch der Öffentlichkeit zugleich den Eindruck der chemischen Kunstfertigkeit, die noch von Natürlichkeit geprägt ist, was dem Laien seine Skepsis gegenüber der nichtnatürlichen Faser nehmen sollte. Die simple Behauptung, Nylon bestehe aus Luft, Wasser und Kohle ist einerseits zutreffend, wenn man aus einer unreflektierten Stoffperspektive die Faser betrachtet. Nylon besteht aus Sauerstoff, Kohlenstoff, Wasserstoff und Stickstoff. Unter strukturellen Gesichtspunkten ist die öffentlichkeitswirksame Bestimmung jedoch schlicht falsch. […] Vom chemischen Standpunkt aus sind also in dem erwähnten Slogan für die Bildung der Nylonstruktur die gerade bedeutsamen Aspekte nicht thematisiert." In: Frevert: *Wissenschaft der Synthese*. S. 141f.

94 Die Darstellungsform ist in den sachbuchartigen Büchern mit Stoffbezug beliebt. Ein sehr ähnliches Schema, den „Stammbaum der künstlichen Farbstoffe", gibt es auch bei von Wehrenalp: *Farbe aus Kohle*. Stuttgart 1937. S. 57. Der Baum dort wurzelt sogar direkt in der Kohle.

95 Informationen zu Bayer liefern, reichhaltig dokumentiert, dabei natürlich grundsätzlich im Sinne der Firma, Erik Verg u.a.: *Meilensteine. 125 Jahre Bayer. 1863–1988*. Köln 1988.

96 Vgl. Besser: *Germanin*. S. 170: „Man könnte das Ensemble der in diesem Zusammenhang relevanten Einstellungen und Denkweisen versuchsweise als ‚chemopharmazeutisches Dispositiv' bezeichnen: die erst durch die Entdeckungen der Bakteriologie denkbar

Der Arzt wartet in der dargestellten Situation wohl auf die Wirkung eines zuvor verabreichten Präparates und richtet seinen ärztlich-kontrollierenden Blick entsprechend zur Notation einer veränderten Symptomlage auf die Oberfläche des Kinderkörpers, ohne sie epistemologisch invasiv (durch Auskultationsgeräte, Skalpell oder bildgebende Verfahren) zu durchdringen. Die Verlaufsform der Überschrift suggeriert, dass der Kampf gegen die Krankheit als Gabe eines Serums und der Beobachtung ihrer Folgen geführt wird und in der dargestellten Szene also gerade im Gang ist. Der Mann steht im linken Bildraum folgerichtig der Mutter des Kindes nahe. Diese, in der hinter dem Arzt stehenden Frau vermutet, zwischen der und dem Kind er angeordnet ist, füllt die obere linke Bildecke und blickt schräg abwärts auf das Kind, wobei ihr konturloser Körper hinter dem Arzt zum Verschwinden und so mit ihm zusammengeführt wird: Der Arzt ist, die Hände sichtbar und frei für Gesten mentaler Sorge, nicht mehr nur Arzt, sondern auch Mutter-Imago oder „Engel" des Kindes.[97] Der ernste Blick des Kindes, mit dem des Arztes verbunden, zeugt mediensemiotisch als Display von den Vorgängen im Inneren seines Körpers, der sonst keine Zeichen von Krankheit trägt. Der ärztliche Blick wird auf diese Weise sowohl szientifiziert, was ihm bereits entspricht[98], aber auch emotionalisiert, indem er erstens zur Übersetzung der Augen-Zeichen des Kindes in medizinisch verwertbare Signifikate fähig sein muss und zweitens der (Augen-)Kontakt zwischen Arzt und Patient in der Szene als ‚menschlicher' signifiziert ist.

Der in der Szene dargestellte, bestimmende Faktor ärztlicher Tätigkeit innerhalb des neuen medizinischen Paradigmas aus ‚Serumgabe' und ‚Warten' ist folglich die Zeit, die dann auch vom Text als für die Darstellung der I.G.-Pharmasparte in ihrer historischen Gewordenheit und zugleich ihrer narrativen Attraktivität wesentlich markiert wird, während das Thema selbst, in Vorausdeutung seiner kolonialen Relevanz, als räumliche Aggression beschrieben wird:

---

gewordene Vorstellung, Krankheitserreger durch die Gabe spezifisch wirksamer chemischer Präparate im betroffenen Organismus selbst bekämpfen zu können."

97 Der Text wiederholt die Geste der Frau, wenn er den Ernst des Themas betont: „Wie wir die Aufgabe auch immer anpacken wollen, immer wieder blickt uns ihr schicksalsschwerer Ernst über die Schultern." (EuA, 103) So wird die Frauenfigur als personifizierte Sorge lesbar, deren Manifestationen als ‚Mutter' und ‚Engel' das Bild ikonologisch (etwa durch den Blick von oben und die Darstellung im Profil) plausibilisiert.

98 Vgl. Michel Foucault: *Die Geburt der Klinik. Eine Archäologie des ärztlichen Blicks*. Frankfurt/Main 1993 [1963].

> Ein Gebiet der Erzeugnisse unserer Arbeit ist besonders reich an fesselnder Geschichte: das weite Feld des unermüdlichen Kampfes, den unsere I.G. auf dem Heilmittelgebiet gegen die tückischsten Feinde des Menschengeschlechtes, die Krankheiten in ihren vielen tausend Arten, geführt hat und fortführt. (EuA, 103)

In der Identifikation der Geschichte der Krankheiten als „gleichbedeutend mit einer Geschichte der Menschheit überhaupt" (EuA, 104) aktualisiert die Broschüre den Daseinskampf, dem die ganze Menschheit unterliegt und der an dieser Stelle auch zunächst nicht „rassisch" differenziert, sondern als anthropologische Konstante formuliert wird. Das Modell eines allgemeinmenschlichen Ausgeliefertseins im medizinischen Bereich benötigt die Broschüre, um später die Rettungsfunktion, in der die deutsche Pharmaindustrie für die Welt auftritt, als von ebenfalls universaler Breite darstellen zu können. Über die Medizin wird die I.G. nämlich noch einmal neu und verstärkt als globalisiertes Unternehmen eingeführt, dessen Forschungen planetar Wohlfahrt spenden. Parallel dazu werden markenpolitische Mechanismen der I.G. performativ vorgeführt, ohne explizit auf Marketing als Unternehmenspraxis einzugehen. Arzneimittelforschung wird innerhalb der Broschüre stets als karitative Handlung dargestellt, bei der Profitinteressen gegenüber dem Willen zu helfen belanglos sind und erfolgreiches Branding in Form eines „Weltrufs" nur als Konsequenz globalisierter Entwicklungshilfe und generell unternehmerischer Moral zu deuten ist. Im Mittelpunkt des ideologischen Interesses steht das ‚Leben' selbst als Wert, dem zu dienen als moralisch höchstwertig und unhinterfragt gut eingestuft wird.

Der I.G.-Betrieb Bayer wird über die Mechanismen seiner *Public Relations* eingeführt, als Besitzer der „largest free-floating electric-light-advertisement in the world at that time"[99], dem 70 Meter messenden Bayer-Kreuz:

> Wenn heute die Nacht über die Landschaft des Niederrheins herabsinkt, leuchtet zwischen Köln und Düsseldorf ein riesiger Ring durch das Dunkel. Plötzlich springt innerhalb dieses glühenden Kreises der gekreuzte Name BAYER aus dunklem Nichts grell ins Licht. Eine Weile steht das gewaltige Lichtzeichen klar und weithinstrahlend in der Nacht. Darauf erlischt es für Augenblicke, um von neuem wieder aufzuflammen. Ebenso leuchtet in allen bedeutenden Städten der Erde das Bayer-Kreuz auf als Sinnbild seiner Hilfsbereitschaft überall dort, wo Menschen krank sind und Heilung suchen. (EuA, 104)

Der Text betont hier in vierfacher Weise Nacht und Dunkelheit, die dramatisch durch das Bayer-Kreuz durchbrochen werden, das als Lichtzeichen mit der

---

99 Leslie: *Synthetic Worlds*. S. 167.

Nacht koexistiert und zwar keine Sichtbarkeit über die eigene Reklame hinaus herstellt, dafür aber umso deutlicher als Wertzeichen lesbar ist.[100] Das Gebiet zwischen Köln und Düsseldorf, bereits vorher im Gegensatz zu den anderen I.G.-Standorten zwischen-räumlich relevant gesetzt[101] als auf einer Linie liegend, die Historie (Köln) und Gegenwart (Düsseldorf als Stadt der Gesolei[102]) vermitteln zu können scheint. Diese Gegend, in der neben dem Dormagener Kunstseiden-Werk, das ebenfalls zu Bayer zählt, nun also auch die in Leverkusen angesiedelte Pharmasparte des I.G.-Teils verortet wird, stellt eine Art Extremraum dar, der partiell exotisiert zum Referenzgeber synthetisch-kolonialer Inkubationen in anderen Ländern werden kann. Denn die Abendstimmung, die der Text aufruft, wird zum Ansatzpunkt, die „Landschaft des Niederrheins" mit anderen kolonialen Sphären vergleichbar zu machen, etwa dem Beginn des Kapitels „Zauberland Afrika" in Hellmuth Ungers *Germanin* von 1938:

> Wenn über der unschätzbaren Weite des schwarzen Erdteils, der Unermeßlichkeit seiner Urwälder, Steppen und Wüsten, der unübersehbaren Breite seiner lehmfarbigen Ströme am Abend der Glutball der tropischen Sonne hinter den scharfgezackten Säumen des Horizontes versinkt und jähe Dunkelheit einfällt, beginnen über diesem Teil unseres Gestirns, das wir Erde nennen, die Sterne des südlichen Himmels zu leuchten wie sonst nirgendwo auf der Welt. Es ist fast kein Leuchten mehr, wie es die Menschen in Nächten des Nordens beglückt und erschüttert erleben, nein, es ist ein überirdisches Strahlen, das die Augen blendet.[103]

Die Entgrenzung besteht in beiden Fällen in der Evokation eines tageslichtarmen beziehungsweise -freien Raumes, die bei Unger freilich durch den Charakter landschaftlicher Extremraumhaftigkeit bezuschusst wird. Die im Gegensatz zu Köln und Düsseldorf bisher merkmalsfrei gehaltenen

100 Dieses Modell ruft auch die zeitgenössische Bayer-Werbung immer wieder auf, so auch in einer Reklame in *Der Vierjahresplan* 2 (1938), H. 2. S. 123.

101 Vgl. EuA, 63.

102 Große Ausstellung für Gesundheitspflege, soziale Fürsorge und Leibesübungen, die von Mai bis Oktober 1926 in Düsseldorf stattfand und mit über 7,5 Millionen Besuchern als größte Messe der Weimarer Republik gilt. Diverse heute noch genutzte Bauten, besonders an den Rheinterrassen (Tonhalle, Museum Kunstpalast) wurden eigens hierfür errichtet. Vgl. zu allgemeinen Informationen die sehr materialreiche Dokumentationsseite zur Ausstellung *Schaffendes Volk*, die auch die vorangegangenen Großausstellungen in Düsseldorf berücksichtigt: http://schaffendesvolk1937.de (zuletzt abgerufen am 10.9.2021) Die Düsseldorf zugeordnete Abbildung (EuA, 63) hat Ähnlichkeiten mit dem Gesolei-Gelände.

103 Hellmuth Unger: *Germanin. Die Geschichte einer deutschen Großtat*. Berlin 1938. S. 3. (Im Folgenden im Text mit der Sigle G und Seitenzahl.)

Industriestandorte, die zwischen beiden Großstädten entlang des Rheins liegen und nur aufgrund ihrer Werksgeschichten in Erscheinung getreten sind, signifizieren als Nullstellen, ähnlich der terra incognita eines „inneren Afrika"[104], die Möglichkeit, neu mit Eigenschaften versehen zu werden. Die ‚Leere' der Landschaft ist Bedingung für den Eindruck des Lichtzeichens als Solitär und sternartiger Fixpunkt für Menschen, die „Heilung suchen" und liest sich in beiden Beschreibungen des Raums, bei Unger und in der Broschüre, als Ausdruck der von Hahnemann für geopolitische Fiktionen der Zwischenkriegszeit konstatierte „auf den globalen Raum ausgerichtete grenzenlose Wunschenergie"[105], deren Funktion „die literarische Transformation von Wunsch in Wirklichkeit"[106] sei.

Spezifisch neu gerät aus dieser Perspektive die Darstellung des Leverkusener Bayer-Kreuzes in den Blick, dessen Vergleich mit dem einschlägig kolonialen Blick auf ‚Afrika' in Ungers Text[107] zeigt, dass die räumliche Organisation eines Imaginations-, Faszinations- und Wunscherfüllungsraums auch in technischen Zusammenhängen auf etablierte, säkular-romantische Elemente wie die Orientierungsfunktion der Sterne und die bedeutungssteigernde Funktion nächtlicher Reflexionen zugreift, zu deren Gunsten auch das immunologische Paradigma aussetzt, um einen „hochtechnischen Gegenstand durch die Anrufung einer alles menschliche Tun umgreifenden kosmischen Ordnung symbolisch zu renaturalisieren"[108]. Grundiert ist die Debatte über Fähigkeiten der medizinischen Wissenschaft vom Konzept eines radikalen „Daseinskampfes", in dem die Logik eines überindividuellen Schicksals, das eigengesetzlich wegrafft oder gedeihen lässt, zunächst mit der

104 Zum „inneren Afrika" vgl. initial Jean Paul: *Selina oder Über die Unsterblichkeit der Seele* [1827]. In: Ders.: *Werke in zwölf Bänden*. Hg. v. Norbert Miller. Bd. 12: *Späte erzählende Schriften (II)*. München, Wien 1975. S. 1104–1236, hier S. 1182: „Wir machen aber von dem Länderreichtum des Ich viel zu kleine oder enge Messungen, wenn wir das ungeheure Reich des Unbewußten, dieses wahre innere Afrika, auslassen."

105 Hahnemann: *Texturen des Globalen*. S. 169.

106 Ebd.

107 Innerhalb von *Germanin* wird später selbst noch einmal eine implizite Parallele zwischen dem „Kreuz des Südens" am Sternenhimmel und dem „Bayer-Kreuz" gezogen: „Wenn man abends mit dem Zug oder Wagen vom Osten Deutschlands zum Rhein kommt, erblickt man, bereits weithin sichtbar, einen mächtigen Lichtkreis, der ein Kreuz von Buchstaben umschließt. [...] Dieses mächtige Bayer-Kreuz bedeutet mehr als nur ein Warenzeichen, das ähnliche Propaganda durch seine Größe oder gar Aufdringlichkeit übertrumpfen möchte, es soll ein Sinnbild vorbildlicher deutscher Wertarbeit sein, die sich in den Dienst hoher und besonderer Aufgaben stellte." (G, 73)

108 Vgl.: Besser: *Germanin*. S. 179. Die Aussage steht bei Besser im Zusammenhang mit der Ähnlichkeit der Schilderungen von „Kreuz des Südens" und „Bayer-Kreuz", die ebenjenem Versuch dient.

Idee seiner individuellen Beeinflussung, etwa durch Medikamente, unvereinbar ist. Die Sphäre pharmakologischer Synthese scheint entsprechend schwierig in das ideologische Setting der Broschüre integrierbar zu sein. Gelöst wird das Problem durch die Konzeption der ‚Krankheit' als anthropologisch konstant und gleichsam in der Natur „des Menschen" liegend, wodurch sie in ebendieser Natürlichkeit chemisch manipulierbar gedacht werden kann.

Gleichzeitig wird die Pharma-Sphäre direkt zu Beginn des Kapitels als marktlogisch durchdrungener Bereich vorgestellt, der weniger von Profitinteressen als dem Drang zu helfen angetrieben wird und seine Wirkmechanismen, dank der Universalität von Krankheiten auf der ganzen Welt, direkt global auszudehnen vermag.[109] Das Arzneimittel ist in erster Linie nicht, wie es nahe läge, ein weiterer, mithin elementarer Baustein in der synthetisch-kolonialen Immunisierungslogik, sondern vielmehr Träger einer Forschungssynthese und damit Akteur eines geopolitischen Programms zur Akkumulation deutscher Weltgeltung.[110] Die Präparate inkorporieren den ihnen vorangegangen Forschungszusammenhang und tragen damit nicht nur den Wert ‚Heilung' in ihr Einsatzgebiet und den Körper der Patient_innen, sondern führen zugleich das Merkmal ‚deutsche Arbeit' mit. Die Rolle der Arzneimittel als „Rückendeckung im Daseinskampf" (EuA, 106) rückt damit zumindest teilweise in eine sujetarme Textschicht, deren Inhalt zwar nicht der Darstellung entbehrt, deren Gehalt (das narrative Ereignis des Heilungserfolgs etwa) allerdings anderen Konzepten untergeordnet wird:

> Der menschliche Organismus ist viel zu kompliziert, als daß es nicht auch bei der vollkommensten Methode dann und wann Versager gäbe. Aber wenn ein Heilmittel bei der Mehrzahl der Kranken hilft, dann kann der Forscher befriedigt auf die von ihm vollbrachte Leistung blicken. Und ebenso stolz können die Mitarbeiter sein, die bei der chemischen Herstellung des Präparates oder der notwendigen, oft sehr zahlreichen Zwischenprodukte mitgewirkt haben, ebenso auch diejenigen, die diesen Arzneimitteln die letzte Form geben. Denn sie alle haben dazu beigetragen, menschliches Leid zu stillen oder zu lindern. (EuA, 106)

---

109 Auch dieser Aspekt drängt gewissermaßen exemplifizierend in den Broschürentext selbst, wenn der Firmenname „Bayer" gelegentlich in einer anderen Schriftart gesetzt wird.

110 Hier fällt erneut die Figur des öffentlichen Kenntnis- und Interessenrückstands auf, die bereits für die koloniale Frage insgesamt konstatiert wurde (vgl. S. 38, FN 70 in diesem Buch). Texte zur Sache eröffnen regelmäßig mit entsprechenden Diagnosen, so bspw. August Hauer: *Die Weltgeltung der deutschen Tropenmedizin*. Berlin 1936. S. 3: „Die hervorragenden Leistungen und die wunderbaren Erfolge, welche die deutsche synthetische Chemie zusammen mit der deutschen tropenmedizinischen Forschung gerade in den Nachkriegsjahren hinsichtlich der Vernichtung exotischer Seuchen aufzuweisen hat, sind der breiten Öffentlichkeit viel zu wenig bekannt."

Der die Individuen verknüpfende Forschungsverbund ist in der Broschüre im Wesentlichen als Herstellung der Marke „Bayer" zu lesen. Die Syntheseleistung, die innerhalb der I.G.-Sphäre erzeugt wurde, wird, wenn das Produkt Werk und Betriebsgemeinschaft verlässt, forcierter signifiziert durch die Markeninsignien („Ein Blick auf die Packung, auf das Bayer-Kreuz, genügt, um zu wissen, daß man eines dieser hochwertigen Präparate der I.G. in der Hand hält." EuA, 106), deren weltweite Verständlichkeit auch illiterate und räumlich periphere Existenzen erfasst, wobei die Kopplung von Produktnamen und Markenlogo als aufeinander verweisende Sicherungsmechanismen in einem Bereich zu funktionieren hat, der außerhalb der I.G.-Sphäre liegt und von ihr dennoch semantisch versorgt wird:

> Aspirin ist in den abgelegensten Winkeln der Erde ein ebenso feststehender Begriff wie in Europa. Aber die Frau in Kapstadt, der Cowboy in Südamerika, der Malaie, der zwar nicht lesen kann, aber das Markenzeichen dennoch kennt, sie alle würden, wenn sie Aspirin verlangen, ein Präparat zurückweisen, das nicht das Bayer-Kreuz trägt. (EuA, 107)

Die Geschichte der Menschheit, die mit einer Geschichte der Krankheiten identisch sei, ist erst seit jüngster Zeit nicht mehr der Pflugschar des Bösen als festem Bestandteil irdischen Lebens ausgeliefert. Medizinisches ‚Wissen' wird eng an die pharmazeutische Forschung gebunden und so entsteht ein sehr kurzer Zeitraum, seit dem wirklich sinnvolle Eingriffe in Phasen der Krankheit überhaupt möglich sind. Die Broschüre fällt zusammen mit dem fünfzigsten Jubiläum von Bayers Pharma-Sparte. 1888 war mit dem fiebersenkenden Mittel Phenacetin, das auf der Grundlage eines Nebenprodukts der Farbstoffherstellung entwickelt wurde, das erste Bayer-Arzneimittel auf den Markt gelangt und mit dem Aufbau einer pharmazeutischen Abteilung innerhalb der Firma begonnen worden, was zugleich als wichtige Etappe des chemopharmazeutischen Dispositivs generell und damit der modernen Medizin konzipiert wird. Die Broschüre muss ihr Modell einer Neuausrichtung des medizinhistorischen Wissens von weiter zurückreichenden Periodisierungsversuchen, die etwa bei Ikonen wie Hippokrates oder Paracelsus Startpunkte setzen, durch eine deutliche Einschränkung des Prinzips ‚Wissenschaft' legitimieren, die als kritische Infragestellung des Selbstverständlichen konzipiert ist:

> Aber weil man allzu leicht dazu neigt, kulturelle Errungenschaften als etwas Selbstverständliches hinzunehmen, so muß, wenn auch in der gebotenen Kürze, unseren I.G.-Kameraden einmal die Entwicklungsgeschichte dargelegt werden, weil nur sie eine Wertung des Erreichten möglich macht. Da es uns nur um

wirklich wissenschaftliche Erkenntnisse geht, können wir mit den Verhältnissen im Anfang des 19. Jahrhunderts beginnen. (EuA, 108)

Inzwischen ist das Argument etabliert, dass ‚Wissen' über die Gewordenheit und den Vorlauf der I.G.-Erzeugnisse den berechtigten Stolz über sie noch mehren hilft und dass in der Reflexion historischer Zusammenhänge Reservoire für die nachholende Erkenntnis der bereits alltäglich bewohnten und von der I.G. durchdrungenen Sphäre liegen. Für diesen Gewinn müssen die Mühen quasischulischer Vermittlungspraxen, in diesem Fall das frontalkonfrontierende Top-Down-Referat zur Schließung geschichtlicher Pharma-Bildungslücken, im anderen Fall der gemeinsame Gang zu den Dingen, ertragen werden. An dieses Prinzip schließt nun eine neue Strategie radikaler didaktischer Reduzierung an, die in der Konstruktion eines weit an die Gegenwart heranverlagerten Startpunkts der zu erzählenden Geschichte besteht, durch die eine Tilgung der davor liegenden Jahrtausende legitimiert wird. „[W]irklich wissenschaftlich[]" bedeutet in diesem Fall offensichtlich ‚der organischen Chemie zuordenbar', welcher die Aufschließung pflanzlicher Wirkstoffe zu Heilzwecken aufgegeben ist.

Der Ausgangspunkt für diese Geschichte einer Pfropfung[111], bei der das auf volksmundhaften Zuschreibungen basierende Hantieren mit Pflanzen durch das Unterscheidungsvermögen der Chemie veredelt wird, lässt sich laut der Broschüre auf die Entdeckung der schmerzstillenden Wirkung des Morphins im Opium der Mohnfrüchte durch den deutschen Apotheker Friedrich Sertürner im Jahr 1804 datieren. Dass es vor dieser Zeit bereits ein medizinisches ‚Wissen' gab, das auch Heilmittel integrierte, deuten nur die eingehefteten Abbildungen an, die in Schwarz-Weiss Szenen aus der Geschichte ärztlicher Praxis aufrufen, dabei aber zugleich den Arztberuf als von inszenatorischen Praktiken bestimmt denken, bei denen der Mediziner eigentlich nicht viel Sinnvolles zu tun vermag. So wird zur Darstellung des Typus des „Arztes" ein Gemälde von Jan Steen ausgewählt[112], der in seinen Arzt-Bildern gern liebeskranke Töchter ins Bild gesetzt hat, die von einem Arzt mit ironischem Unterton scheinbar kuriert werden. Dieser Kontext wird im vorliegenden Bild durch die über dem Bett der Kranken hängende Szene mit Venus und Adonis aufgerufen und durch das vom Doktor abgefasste Rezept verstärkt, wo es heißt „Hier baet geen

111 Zum Propfen als Kulturtechnik vgl. Uwe Wirth: „Kultur als Pfropfung – Pfropfung als Kulturmodell. Prolegomena zu einer Allgemeinen Greffologie (2.0)". In: Ders. (Hg.): *Pfropfen, Impfen, Transplantieren*. Berlin 2011. S. 9–27.

112 *Het doktersbezoek* von ca. 1665, Öl auf Holz, 61×49,5cm, *Museum Boijmans van Beuningen* Rotterdam.

medesyn want het is min[n]epijn"[113]. Der Arzt selbst erscheint als eigentlich redundante Rolle, jemand, womöglich der heimliche Liebhaber der Braut selbst, der, ausgewiesen auch durch die zur Entstehungszeit des Gemäldes bereits nicht mehr zeitgemäße Kleidung, einen Arzt nur spielt, worauf auch die lachenden Figuren hinweisen, die den Doktor umstehen. Ob davon auszugehen ist, dass den Leser_innen der Broschüre dieser ironische Bildinhalt noch geläufig war, ist schwer zu entscheiden.[114]

Für die Distinktion des vorchemischen Heilens von neueren Entwicklungen sorgt zusätzlich die Abbildung einer Apotheke des 18. Jahrhunderts, die im Leverkusener Bayer-Verwaltungsgebäude eingerichtet wurde. Im Stil eines Period Room[115] wird die Ausstattung einer Apotheke gezeigt, die vor allem

---

113 Übersetzt in etwa „Hier gibt es keine Medizin, weil es Liebesschmerzen sind." Vgl. zur Inschrift die Informationen des Museums unter: https://www.boijmans.nl/collectie/kunstwerken/113210/het-doktersbezoek (zuletzt abgerufen am 10.9.2021). Das Krankheitsbild der „Minnepein" wurde als „treibender Uterus" beschrieben und meint ein besonders starkes sexuelles Verlangen, dem letztlich nur durch körperliche Befriedigung Abhilfe geschaffen werden kann, was auf das drängende Verheiratungsgebot der Frau hinweist. Auf den Konnex spielen in diesem Bild die antike Liebesszene, in anderen bspw. paarungsbereite Hunde oder ein Liebesbrief im Schoß der Frau an. Bildanalysen und kulturgeschichtliche Kontextualisierung von Steens „lovesick maidens" geben bspw. Carol Thomas Neely: *Distracted Subjects. Madness and Gender in Shakespeare and Early Modern Culture*. Ithaca, London 2004, insb. Kap. 4, S. 129ff. sowie Mariët Westermann: *The Amusements of Jan Steen. Comic panting in the Seventeenth Century*. Zwolle 1997.

114 Eine gewisse Relevanz ist für die Malerei Jan Steens ohne Zweifel anzunehmen. So vermerken „Anschaffungslisten" (die zu einem großen Teil Raubkunst-Listen waren) für das von Hitler geplante „Europäische Kulturzentrum" in Linz neben Leonardo da Vincis *Leda und der Schwan*, 13 Bildern von Tintoretto, 19 von Rubens, 10 Rembrandts und 2 Veroneses auch 9 Werke von Jan Steen. Vgl. zu den Plänen für das „Kulturzentrum" und den „Anschaffungen" dafür ausführlich Hildegard Brenner: *Die Kunstpolitik des Nationalsozialismus*. Reinbek 1963. S. 154–161. Und die Zeitschrift *Die Kunst für alle* widmet just 1937 einem „unbekannt gebliebenen Jan Steen", einem Portrait seiner Tochter, eine Seite (53. Jg., 1938. Digital verfügbar unter: http://www.digizeitschriften.de/dms/resolveppn/?PID=383721121, zuletzt abgerufen am 10.9.2021).

115 Die Bezeichnung weist auf den Konstruktionscharakter des ausgestellten Raumes hin. Anke te Heesen fasst den Period Room, der vor allem in Kunstmuseen eingerichtet wurde, zusammen mit dem Diorama und der Stube in den naturgeschichtlichen Museen als Versuche, „dem Besucher durch einen atmosphärischen Zusammenhang einen Eindruck der Kunstwerke, der Gerätschaften oder der nunmehr als Präparate ausgestopften Tiere in ihrem ursprünglichen Kontext" zu geben. „Die Hinwendung zum atmosphärischen Raum, in dem die Objekte vermeintlich zeit- und kontextgerecht präsentiert werden, markiert im Verlauf des 19. Jahrhunderts ein Bewusstsein von den Objekten des Museums als entkontextualisierte Gegenstände, die sich nicht allein durch entsprechende Versenkung oder systematische Aufstellung erklären ließen und somit vermittlungsbedürftig waren." In: Anke te Heesen: *Theorien des Museums zur Einführung*. 3., unveränd. Aufl. Hamburg 2015. S. 63.

Abb. 9 Historische Medizin

„Der Arzt“ nach einer Darstellung aus dem 17. Jahrhundert von Jan Steen

Apotheke des 18. Jahrhunderts, aufgestellt im Verwaltungsgebäude Leverkusen

noch der eigenen Herstellung von Arzneimitteln, weniger ihrer Präsentation und dem Verkauf, diente und die dementsprechend in mehrfacher Hinsicht einen Vermischungsraum darstellte. So weist der mit einem Totenkopf versehene Giftschrank auf die an diesem Ort herrschende Nähe von Tod und Leben und die im Raum verteilte nautische Dekoration aus Schiffsmodellen, präparierten Haien, Kugelfischen und Krokodilen auf die offensichtlich weit entfernten Regionen und den tierischen Ursprung hin, aus denen einzelne Substanzen stammen, um hier miteinander vermengt und zu Heilmitteln verarbeitet zu werden. Die Auswahl der Möbel scheint im Verbund mit diesen anderen Einrichtungsgegenständen eine gewisse Distanz zu wissenschaftlicher Sachlichkeit herstellen zu wollen und ruft wissenschaftsgeschichtlich eher vorrationale Kapitel aus dem Bereich der Alchemie und womöglich gar der Hexerei auf. Die den Wandel zum chemopharmazeutischen Dispositiv anleitende Disziplin der Pharmakologie hat dann, im Gegensatz zur Apotheke zuvor, ihre Aufgabe vor allem im Trennen und Unterscheiden:

> Dabei [der Untersuchung von Pflanzen an Fröschen, Mäusen und Ratten[116], AW] ergab sich aber auch, daß viele als Heilkräuter bekannten [sic] Pflanzen überhaupt keine Wirkung besaßen oder aber eine ganz andere als die ihnen etwa vom Volksmund zugeschriebene. So lernte man das Falsche vom Echten, das Wahre vom Eingebildeten unterscheiden, man lernte ferner auch die Nebenwirkungen mancher Heilmittel und deren Ursachen kennen. (EuA, 109)

Das Unterscheidungsbedürfnis geht dabei zum Teil durch die Pflanze selbst, was durch den Hinweis auf die Wirkungen etwa von Morphium und Cocain als Schmerzmittel *und* Rauschgifte sowie den misslichen Umstand der ausländischen Herkunft und des hohen Preises anderer Heilpflanzen, die also trotz ihrer guten Eigenschaften ungeeignet für die deutsche Pharmaforschung sind,

116 Stephan Lindner zeigt in seiner Darstellung von Hoechst als Teil der I.G. zur Zeit des Nationalsozialismus mit Verweis auf diese konkrete Stelle, dass dem propagierten Respekt vor dem Menschen eine Realität von skrupellosen Menschenversuchen gegenüberstand. Bereits seit den Zwanziger Jahren ist belegt, dass Medikamente der I.G.-Firmen in Landesheilanstalten und Krankenhäusern an Patient_innen ohne deren Einwilligung getestet wurden. Mit Blick auf Erkenntnisse aus den Nürnberger Prozessen kommt Lindner zu dem Schluss, „[d]ass klinische Versuche an Menschen ohne deren Einwilligung offensichtlich eher die Routine als die Ausnahme bei der I.G. Farben waren […]". In: Stephan H. Lindner: *Hoechst. Ein I.G. Farben Werk im Dritten Reich.* München 2005. S. 325. Lindner schildert auch ausführlich das weiter gesteigert menschenverachtende Vorgehen bei Medikamententests in den Konzentrationslagern Auschwitz und Buchenwald ab 1942, wo Häftlinge vor den Tests gezielt mit Fleckfieber infiziert wurden und mit hoher Wahrscheinlichkeit an den Folgen der Infektion und der Medikamentenversuche starben.

unterstrichen wird. Die Nachteile der jeweiligen Kräuter stellen den Forscher schließlich vor die Aufgabe, synthetischen Ersatz zu schaffen, der nurmehr die Vorteile der Pflanze bewahrt und sich schließlich ganz vom vermeintlichen Ideal der Natur löst, die in ihrer Vorbildrolle entsprechend geschwächt wird: „Bei allen diesen Forschungen mußte sich die Frage aufdrängen: Stellen die von der Natur gelieferten Heilmittel überhaupt ein Ideal dar?“ (EuA, 109)

Bei Aufrechterhaltung einer chemischen Korrespondenz zwischen der Pflanze und den synthetischen Arzneimitteln sollen die Verfahren zur Herstellung der Strukturen sich grundlegend ändern. Auf den feinen Unterschieden in ihrem Aufbau liegt dabei besonderes Gewicht. Zu deren Veranschaulichung integriert die Broschüre nun erstmalig chemische Strukturformeln. Am Beispiel von Suprarenin[117], Suprifen und Ephedrin wird die Ähnlichkeit dreier Kohlenstoffverbindungen dargestellt, von denen eine im menschlichen Körper gebildet wird, eine andere aus einer Pflanze stammt und es sich bei der dritten um einen synthetisch erzeugten Stoff handelt, der so nicht in der Natur vorkommt. Alle drei Stoffe unterscheiden sich „nur unwesentlich“ (EuA, 110). Dass die Darstellung ein Hormon als Beispiel wählt und davon ausgerechnet das Adrenalin, weist auf eine explizite Kopplung der Pharmakologie mit dem Konzept ‚Leben‘ sowie die Relevanz der Hormonchemie seit der Jahrhundertwende hin[118] und unterstreicht zudem die Rolle der Chemie als Entbergerin einer unter den disparaten ‚Tatsachen‘ liegenden Verwandtschaft verschiedenster Lebensformen.

In der eingehefteten Foto-Seite wird das zuvor schon bildlich eingeführte prä-historische Paradigma einer von Inszenierung und Vermischung geprägten Nicht-Medizin eigenständig auf einer vom Text nur gestreiften Ebene durch

117 Hinter dem Handelsnamen Suprarenin verbirgt sich das synthetische Adrenalin, also eine im Labor erzeugte Kopie des menschlichen Hormons aus der Nebenniere. Dem Chemiker Friedrich Stolz war 1904 mit der Synthese des Adrenalin zum ersten Mal die künstliche Herstellung eines Hormons gelungen. Vgl. hierzu: Frevert: *Wissenschaft der Synthese*. S. 132ff.: „Adrenalin war schon zu Beginn des 20. Jahrhunderts die substantielle Grundlage der Kreislaufmittel, Antidepressiva und Neuroleptika in der Arzneimittelforschung.“ Und weiter: „Vor dem Gelingen der künstlichen Produktion von Adrenalin mittels chemischer Syntheseverfahren wurde der Stoff aus dem Drüsenmaterial von Rindern gewonnen. Man hatte es also mit dem Verfahren der Naturstoffisolierung zu tun.“

118 Innerhalb der entsprechenden Debatte wurden auch die Ähnlichkeiten im Aufbau der Hormone bei verschiedenen Arten und auch mit anderen ‚Stoffen‘ diskutiert. Vgl. hierzu bspw. Lindner: *Leben in der Krise*. S. 81f.: „In den 1890er Jahren entdeckte man die Wichtigkeit der ‚Hormone‘, die einen geheimnisvollen Zusammenhang der physischen und psychischen Lebenserscheinungen innerhalb des Individuums (insbesondere der Sexualität) und, wegen der Verwandtschaft dieser Substanzen bei verschiedensten Arten, auch eine ‚geheimnisvolle innere Verwandtschaft überhaupt alles Lebendigen‘ zu belegen schienen.“ (Zitate im Zitat aus der 1933 erschienenen Arbeit *Triebstoffe des Lebens* von Gerhard Venzmer (bei Lindner als „Benzmer“).)

die Darstellung hochtechnisierter Laborsituationen in nicht-öffentlichen, abgeriegelten Forschungseinrichtungen kontrastiert. In diesen agieren Menschen nicht direkt miteinander, sondern arbeitsteilig in maschinellen Verbünden und führen die im Text erwähnten Prinzipien der Langwierigkeit, Sorgfalt, Komplexität und Verantwortung, die den Laborversuchen zugrundeliegen, mit den ins Bild gesetzten Wissenschaftsarbeitern eng und machen sie durch die Beschriftung der Bilder als „unsere[] pharmazeutischen Forschungsstätten" sowie das Bayer-Kreuz in einer Laboratoriumsansicht auf das Unternehmen beziehbar.[119] Forschung wird auf diese Weise zu einem zentralen Charakteristikum des betrieblichen Aufgabenfeldes der I.G. und der Konzern profiliert auch hier seine immunologische Funktion. Die Gebäude, die, im Gegensatz zur archaischen Apotheke mit ihrer welteinlassenden Dekoration, von Mauern und Stacheldraht umgeben sind und in denen kitteltragende Laborant_innen objektiv-reliable Reihenuntersuchungen durchführen, was durch den Akt des Umblätterns als materielles Innen/Außen-Spiel zur Erzeugung räumlicher Evidenz nachvollziehbar wird, stehen im Kontrast zur Darstellung des „Arztes" in Anführungsstrichen und seiner Apotheke, die in der recto/verso-Logik der Bildseite eher auf den doppelten Inszenierungscharakter medizinischen Wissens, der für die Zeit vor der Pharmakologie unterstellt wird, verweisen.[120]

Die chemische Forschung als Unterscheidungswissenschaft siedelt sich dabei nicht möglichst jenseits des Natur-Zusammenhangs an, wie die hermetischen Mauern um die Forschungseinrichtungen eventuell vermuten ließen, sondern sucht in der Synthese nach dem optimierten Dazwischen im Natur/Kultur-Grenzverkehr:

> Die chemische Forschung bemühte sich nun, einen Körper herzustellen, der zwischen diesen beiden Naturheilstoffen lag, und siehe da: dieser synthetisierte Stoff (Formel II), das Suprifen, zeigte sich für den gedachten Zweck wirksamer als die beiden Naturstoffe!" (EuA, 111)

Die dann auch mittig zwischen den Naturstoffen angeordnete Formel des synthetischen Hormonpräparats deutet auf den Charakter des neuen

119 Zum Laborsetting als Akteur-Netzwerk vgl. grundlegend Hans-Jörg Rheinberger: *Experimentalsysteme und epistemische Dinge. Eine Geschichte der Proteinsynthese im Reagenzglas.* Frankfurt/Main 2006.

120 Zur Kulturgeschichte des „Blätterns" vgl. Harun Maye: *Blättern/Zapping. Studien zur Kulturtechnik der Stellenlektüre seit dem 18. Jahrhundert.* Zürich 2019. Den Zusammenhang von Erinnerung und Materialität von Vorder- und Rückseite greift auch Benne punktuell auf. Vgl. Christian Benne: *Die Erfindung des Manuskripts. Zu Theorie und Geschichte literarischer Gegenständlichkeit.* Berlin 2015. S. 153.

Medikaments als hochgradig kompetentem Vermittler hin, der in diffizilsten Anpassungen darauf programmiert wurde, mit spezifischen Effekten risikofrei das Verhältnis von Symptom und Menschenkörper zu beeinflussen und dabei die Synthese nicht radikal von der Natur abzugrenzen, sondern als Entdeckerin des Optimalen in ihr zwischen den Substanzen zu positionieren, die bereits bekannt und verfügbar sind.[121] Der Pharmakologe wird, mehr noch als der Arzt es zuvor mit einer beschränkten diskursiven Relevanz war, zu einer Instanz unbedingten Vertrauens[122] und die I.G. zum Motor einer positiven Veränderung des Alltags auf naturstofflich vervollkommneter Grundlage, wobei der betrieblichen Struktur, die die wissenschaftliche beherbergt, die Aufgabe der verfahrenstechnischen Extrapolation von Innovationen im Labormaßstab auf die fabrikmäßige Massenerzeugung zukommt. Die Dimensionierungsarbeit überführt die genieästhetisch konzipierte Arbeit des „Gelehrten", der chemische Stoffe als Körper „darstellt" (vgl. EuA, 114), semantisch also in der Nähe zur Figur des Künstlers angesiedelt wird, in den Bereich kollektiver Nützlichkeit, wofür die Ingenieure und Arbeiter der I.G. stehen sollen. Die Achse, die vom Kleinen des Labors ins Große der Fabrik läuft, ist parallelgeschaltet mit einer feineren Linie, die vom exzeptionellen Individuum, dem die geniale Schöpfung gelingt, sicher und koordiniert zur Distribution seiner Kreationen an die Vielen führt.

Die Kolonialmedizin, die in anderen Büchern mit Stoffbezug zur wichtigsten Sparte medizinischer Synthesechemie wird, streift die Broschüre zunächst nur. Ein weltöffnendes Paradigma: „Die hieraus [aus der Forschung zur Chemotherapie, AW] hervorgegangenen Präparate Salvarsan, Prontosil und andere haben wesentlich dazu beigetragen, den Namen Bayer und die der Herstellungsstätten Elberfeld und Hoechst in die weite Welt zu tragen" (EuA, 112) verfolgt zunächst das Modell eines globalisierten Wissens weiter und führt die Möglichkeit einer warenlogischen Expansion ein, um im Anschluss mit Bezug auf die Tropenmedizin auch faktische räumliche Okkupation durch globalepistemische Infiltration ersetzen zu können:

---

121 Vgl. zur Konkurrenz zwischen „natürlicher" Hormonproduktion und Synthese seit Mitte der Dreißiger Jahre Heiko Stoff: *Wirkstoffe. Eine Wissenschaftsgeschichte der Hormone, Vitamine und Enzyme, 1920–1970*. Stuttgart 2012. S. 138ff.

122 Vgl. zum Arzt als Figur innerhalb der Lebensideologie Lindner: *Leben in der Krise*. S. 52: „Gerade in der Literatur der mittleren LI-Generation, die die soziologische Abwendung der Neuen Sachlichkeit von der expliziten metaphysischen Lebensideologie nicht oder nur oberflächlich mitvollzog, spielt der Arzt eine große Rolle: Er ist eine Künstlerfigur, deren Objekt das Leben selbst ist. [...] Soziologisch hat der Arztberuf den unschätzbaren Vorteil, engstens mit dem „Leben" verbunden [sic!] und dabei doch keine polarisierende Position im Gesellschaftsgefüge einzunehmen. Eben das ist das soziale Ideal der gemäßigten Lebensideologen."

> Deutschland, das Land ohne Kolonien, hat durch die Erschließung erfolgreicher Wege zur Bekämpfung der Tropenkrankheiten mehr zur Kolonisation beigetragen als jene Länder, die sich anmaßen, die ausschließlichen Herren der Tropen zu sein." (EuA, 113)

Lässt die Broschüre es zunächst bei diesem Kommentar bewenden, deutet sich hier dennoch ein zentrales koloniales Ideologem der Bücher mit Stoffbezug an, das für die Bestimmung des dort praktizierten Kolonialismus als „synthetisch" grundlegend ist. Implikationen wie diese stellen nämlich *erstens* einen möglichen Ausgangspunkt für die Ersetzung einer faktisch-räumlichen Landnahme durch geopolitische Aneigungsstrategien mit den Mitteln chemischer Dispositive dar, die von hier aus auch für die nach innen gewendete Neudurchdringung des eigenen Raums, seine Immunisierung durch Inwertsetzung bisher nicht erkannter Ressourcen, fruchtbar gemacht werden können.

Das Konzept, dass die menschlichen Akteure, an die jeweils das Hauptverdienst chemischer Innovationen gekoppelt wird, Namen tragen, die, wie auch die der Forschungsstätten und der Marke Bayer, „weit über Deutschlands Grenzen hinaus Klang und Ruf haben" (EuA, 114) implementiert *zweitens* eine wiederkehrende Schall/Echo-Metaphorik, die ‚Weltgeltung' als akustisches Medienereignis versteht, dessen Signale von Deutschland „in die Welt" gerichtet werden und aus diesem Resonanzraum, gewissermaßen als zweifaches Bedeutungs-Echo (semantisch als ‚Ruhm', wie semiotisch als Interferenz) zurück an den Ausgangspunkt gelangen.[123] Es lässt sich also verallgemeinern, dass pharmazeutische Maßnahmen der I.G., die sich faktisch in den Raum der Kolonien anderer Staaten begeben und dementsprechend auch von den Akteuren der Zeit als Teil eines kolonialen Diskurses verstanden werden, sich in das System des synthetischen Kolonialismus erst über ihre Rückkopplungseffekte einordnen.

Die in kurzem Abstand bereits dritte eingeheftete Bildseite ruft noch einmal die eingangs des Kapitels im Text beschriebene Nachtszene auf, in der das riesige Bayer-Kreuz „über dem Werk Leverkusen" leuchtet, das selbst nur aus beleuchteten Schornsteinen und daraus aufsteigenden Schwaden besteht. Die vermutlich nach einer fotografischen Ansicht des Werks bei Tageslicht angefertigte Zeichnung bei Nacht in Kohleoptik verfügt kaum mehr über klare Kontraste, wobei das vermutlich nicht in der Fotografie enthaltene Leuchtkreuz das Bild optisch dominiert und mit seinem Lichtschein zumindest scheinbar noch die Brunnenfigurine im Vordergrund beleuchtet. Auf der Rückseite wird

---

123 Vgl. hierzu das Schenzingers *Anilin* vorangestellte Zitat von Wilhelm Frick, ausführlich besprochen in der Analyse des Romans ab S. 166 in diesem Buch.

ein bekanntes Werbeplakat für Bayer-Arzneimittel vor grau meliertem Hintergrund zu sehen gegeben, aus dem wiederum silberglänzend das Firmenlogo heraussticht, worin, so legt es die Bildunterschrift dar, „[d]as Vertrauen, das in der ganzen Welt den ‚Bayer'-Präparaten entgegengebracht wird, [...] sinnfälligen Ausdruck [findet]". Die auf diese Weise mitgeführte Markenlogik findet in ihrer Rolle für Bayers geopolitische Relevanz erst gegen Ende der Einleitung auch eine sprachliche Repräsentation, wenn wissenschaftliche Ausdifferenzierung zum Raumprojekt wird:

> Alle wichtigen Entdeckungen und Erfindungen benötigen aber auch eine kaufmännische Organisation, um den Weg in die Welt zu finden. Die bis ins kleinste durchgegliederte Bayer-Weltorganisation mit über 80 Niederlassungen hat den Bayer-Arzneimitteln den Weg geebnet. Die Fäden laufen in Leverkusen, der Zentrale der Pharmazeutischen Abteilung unserer I.G., zusammen./Auch in der kaufmännischen Zentrale befindet sich ein großer Stab von Apothekern und Chemikern, der die Aufgabe hat, die Verbindung mit den verschiedensten Bayer-Laboratorien der I.G. aufrechtzuerhalten und die einzelnen Niederlassungen und Vertretungen mit wissenschaftlichen Unterlagen zu versehen./ Wohlgegliedert baut sich so ein lebendiges Ganzes vor uns auf, das zum Segen der Menschheit schafft und zur Mehrung deutschen Ansehens und deutscher Geltung in der Welt beiträgt. (EuA, 115f.)

Welterschließung wird als Projekt effizienter Wissenschaftsverwaltung und -kommunikation vorgeführt, wobei die Transferströme einseitig von den Bayer-Institutionen in Deutschland in Richtung der „Niederlassungen" gehen und somit ein in den Bayer-Forschungsstätten zu verortendes Zentrum die weltweite Peripherie speist. Das ‚Wissen', so lässt sich schlussfolgern, bleibt also gegen Einflüsse aus den jeweiligen Einsatzgebieten zunächst immun.[124] Für die Instandhaltung der Verbindungen sind ausdrücklich Chemiker und Apotheker zuständig, deren Tätigkeiten das wohlgegliederte lebendige Ganze einer epistemischen Prozessordnung ergeben, die sowohl dem chemisch-ästhetischen Paradigma der wohlgeformten Organisation, als auch der Basiskategorie ‚lebendig' entsprechen und damit zwei wichtige Ideologeme (das der Chemie als ‚Stoff-Struktur' und das des ‚Lebens') einander annähern und

124 Gegen „Pidginisierung" geschützt, ließe sich mit Fischer-Tiné sagen. Gegen das von ihm für die britische Kolonialmedizin in Indien rekonstruierte „Kontakt-Wissen, das sich in einem prinzipiell unabgeschlossenen Wandlungsprozess befindet und aus mehreren kulturell unterschiedlich eingebetteten Ressourcen speist", grenzt sich das chemopharmazeutische Dispositiv der ‚Deutschen' deutlich ab. Vgl.: Harald Fischer-Tiné: *Pidgin-Knowledge. Wissen und Kolonialismus*. Zürich, Berlin 2013. S. 12f.

mit dem Prozess einer Raumnahme verschränken. Wahrnehmungsdidaktisch kündigt die Broschüre die buchstäbliche Ver-Tiefung dieses Mindsets über den geteilten Blick des Arztes an:

> Nach diesem allgemeinen Überblick wird es nun noch für uns I.G.-Kameraden anziehend sein, etwas Ausführlicheres über die von unserem Unternehmen im Kampf gegen Krankheiten vollbrachten Leistungen zu hören. Es können freilich nur einzelne Ausschnitte sein. Aber sie werden unseren Blick, gerade weil es sich meist um Präparate handelt, die nur für den Arzt von Bedeutung sind, in die Tiefe der wichtigsten Probleme führen. (EuA, 116)

Über eine Idee der ‚Tiefe', die im unterhalb des aktuellen Boden- und Geschichtsniveaus abgelagerten Ur-Wald eingeführt wurde, aktualisiert der Text an dieser Stelle die Relevanz seines Raummodells ebenfalls auf epistemologischer Ebene: Die wichtigsten Probleme liegen auch kognitiv in der ‚Tiefe', wohin der Blick der I.G.-Kameraden vom Spezialisten gelenkt wird. Als ‚Tiefe' wird dabei eine Form der Spezialisierung verstanden, die innerhalb der funktional ausdifferenzierten Gesellschaft nicht mehr selbstverständlich sichtbar ist und darum erst entborgen werden muss, etwa durch die Spezialperspektive des Arztes.

In einem Abschnitt zu „Schmerzlinderungsmitteln" markiert die pharmakologische Forschung eine Grenze zwischen einer Welt mit und einer Welt ohne Schmerzen. Mit Verweis auf Hippokrates' Urteil, dass die Abschwächung von Schmerzen „eine Aufgabe für die unsterblichen Götter" (EuA, 117) sei, wird festgestellt, dass es sich aus historischer Perspektive dem Bereich des Menschenmöglichen entzieht, körperliche Schmerzen als Krankheitssymptom oder Folge ärztlicher Behandlung zu kurieren. Für die Vorstellung eines von sonstigen Krankheitsmerkmalen isolierten Schmerzempfindens, das spezieller Behandlung bedarf, ohne aus der humoralpathologischen Innenwelthydraulik hergeleitet zu werden, stehen in der Broschüre Kopfschmerzen, die als dauerhafter Zustand jedoch konsequent der Vergangenheit angehören:

> Wenn uns dieser Erfolg heute als etwas Selbstverständliches erscheint, so wissen die Älteren doch noch, daß es früher anders war. Sie erinnern sich gewiß noch aus ihrer Jugend, daß die kopfschmerzenkranke Mutter, den Kopf mit einem in Essig getauchten Tuch umschlungen, vergeblich Linderung suchte./[...] Alte Leute, die in ihrer Jugend viel an Kopfschmerzen und Zahnschmerzen litten und die uns noch berichten können, wie ihre Jugend durch diese Leiden verbittert wurde, schildern uns, daß es für sie ein Wunder war, als sie, mißtrauisch durch die vielen unnützen Versuche bisher, an sich zum ersten Male bei wachen Sinnen das Verschwinden ihrer Kopfschmerzen nach Einnahme von Antipyrin erlebten. (EuA, 117f.)

Aussagen über das Erleben von Schmerz sind auf Zeitzeug_innen angewiesen, bei denen es sich um alte Menschen handelt, die noch an sich oder ihren Eltern erlebt haben, wie Schmerz ausweglos ertragen werden musste. Diese weitreichende Historisierung von Schmerzempfindungen, medizinhistorisch als altertümliche Erfahrung[125] und sozialgeschichtlich als Alltagsphänomen der Großelterngeneration, normalisiert den Schmerz zugleich als Erscheinung einer modernen Gesellschaft und ordnet ihn neu ein.[126] Die Ausführungen zum Schmerz lassen sich als Geschichte des Umgangs mit den Kollateralschäden angezogener Modernisierungsbemühungen lesen. In diesem Zusammenhang ergibt auch die unterschiedliche Darstellung ärztlichen Handelns aus verschiedenen Epochen Sinn. Das Unterkapitel eröffnet mit der Abbildung einer Arzt/Patientin-Szene, in der eine entspannt im Zahnarztstuhl lehnende Frau die Zubereitung einer wohl für sie bestimmten Schmerzmittelgabe durch den Mann im weißen Kittel neben ihr beobachtet. Der auf seine Utensilien gerichtete Blick des Arztes, der nicht mit der Patientin interagiert, verstärkt

125 Eine dem Text beigegebene Abbildung zeigt einen mit „Serratura" (lat.: zersägen) betitelten Holzschnitt aus Hans von Gersdorffs 1517 in Straßburg erschienenem *Feldtbůch der wundtartzney*, der auf dem gelben Hintergrund für Schaubilder und Grafiken liegt. Das *Feldtbůch* selbst enthält ein ausführliches Kapitel zu Schmerzmitteln (ab Bl. L verso), in dem neben Hühnerschmalz und allerlei anderem auch bereits Opium erwähnt wird, worauf die Broschüre, da sie den Kontext des Holzschnitts nicht berücksichtigt, auch nicht eingeht. Dass sie es nicht tut entspricht ihrem ideologischen Programm, das Zeitalter vor der ‚Synthese' als Schmerzen gegenüber hilflos darzustellen. Vgl.: Hans von Gersdorff: *Feldtbůch der wundtartzney*. Straßburg 1517. Digital verfügbar unter: http://daten.digitale-sammlungen.de/~db/0001/bsb00010085/images/ (zuletzt abgerufen am 10.9.2021).

126 Die Entwicklung medizinischer Kopfschmerzpräparate als Hausmittel lässt sich in die Erzählung steigender nervlicher Belastung im Zuge der Urbanisierungsprozesse seit den Gründerjahren einordnen. Mittel wie Coca-Cola oder das Bayer-Produkt Aspirin, die seit dem Ende des 19. Jahrhunderts verstärkt auf den Markt kommen, thematisieren in ihren Werbekampagnen zuverlässig das Phänomen einer „Steigerung des Nervenlebens" (Simmel) und der damit verbundenen Symptomatik, die in der Zwischenkriegszeit auch popkulturell bald als „Stress" firmiert und medizinisch schon um die Jahrhundertwende, etwa in der Diskussion um das Krankheitsbild der „Neurasthenie", verhandelt wird. Vgl. für die zeitgenössische Debatte bspw. Georg Simmel: „Die Großstädte und das Geistesleben" [1903]. In: Ders.: *Gesamtausgabe*. Bd. 7: *Aufsätze und Abhandlungen 1901–1908*. Hg. v. Rüdiger Kramme, Angela Rammstedt & Otthein Rammstedt. Frankfurt/Main 1995. S. 116–131 oder Karl Lamprecht, der vom „nervösen Habitus" des modernen Unternehmers spricht. In: Lamprecht: *Wirtschaftsleben*. S. 250 sowie grundsätzlich zum Thema ‚Beschleunigung' im historischen Kontext die Arbeiten von Wolfgang Martynkewicz (*Das Zeitalter der Erschöpfung. Die Überforderung des Menschen durch die Moderne*. Berlin 2013), die umfangreiche Studie von Anson Rabinbach: *Motor Mensch. Kraft, Ermüdung und die Ursprünge der Moderne*. Wien 2001, bspw. S. 175–210 sowie allgemeiner Hartmut Rosa (*Beschleunigung. Die Veränderung der Zeitstrukturen in der Moderne*, Berlin 2017).

Chirurgie im 16. Jahrhundert
(nach einem Holzschnitt von 1551)

Abb. 10 Chirurgie im 16. Jahrhundert

das zu Beginn des Kapitels etablierte Verhältnis zwischen beiden als ein berührungsloses Wirken, das durch das Medikament als Hauptakteur, auf den sich die Blicke der anderen richten, vermittelt wird. Die im Präparat verkörperte Care-Arbeit der I.G.-Pharmakolog_innen wird so, bildlich mehrfach unterstrichen, zum Ersatz für die zuvor sehr viel körperlichere Beziehung zwischen Mediziner und Patient_in.

In einem Holzschnitt aus Gersdorffs *Feldtbůch* herrscht noch eine zupackende barocke „Chirurgie" und ein viel weniger einheitliches Blickregime, wobei jede Figur etwas anderes anschaut: der Amputeur die Säge, sein Gehilfe den abzutrennenden Unterschenkel, ein wartender Patient den Operierten, dessen Augen durch ein Tuch verdeckt sind. Die Blicke führen durch das Bild nach unten und werden durch das aus der Schnittwunde strömende Blut nach humoralpathologischem Prinzip aus dem Körper in die Auffangwanne geleitet. Die horizontale Linie, die von der Säge gebildet wird, trennt dabei den Bereich integrierter Körperlichkeit vom voluminösen Fließen des Blutes, in dem die Komplexität der menschlichen Anatomie aufgelöst wird.[127] Der blindgemachte Patient weist schließlich auf die generell problematische Stellung des operativ behandelten Subjekts im Bild hin. In der modernen Operationsszene auf der gegenüberliegenden Seite fehlt der Patient dann auch ganz und ist nur als Ausbuchtung unter dem Tuch, um das ein fünfköpfiges Team versammelt ist, ahnbar. Der Moment, wo die Ärzte also auch im Zeitalter der Synthese noch instrumentell auf den Patient_innenkörper zugreifen müssen, stellt für die Broschüre ein medientechnisches und für die I.G.-Ideologie ein konzeptuelles Extrem dar. Das Kapitel endet schließlich mit dem Bild ärztlicher Gerätschaften, die nurmehr metonymisch auf die mit ihnen verübten Tätigkeiten verweisen. Die Bilder im Unterkapitel zu den Schmerzmitteln vollziehen demnach eine mit der Modernisierungserfahrung einhergehende Subjektkrise nach, deren Lösungsvorschlag die fortschreitende körperliche Eliminierung des Individuums ist. Die frühneuzeitliche Abbildung, durch ihren Hintergrund von den anderen Bildern abgegrenzt und als didaktisches Material gekennzeichnet, holt das Prinzip einer Subjektkrise als Problem der Medizingeschichte in die Broschüre, sieht ihre Potenziale zur diskursiven Hilfestellung aber durch den getilgten Kontext und die vom Text nicht gelieferten Bildinformationen, etwa die Aussparung des Gerstdorffschen Bildtexts, reduziert. Die Erfahrung, keinen Schmerz zu haben, scheint noch nicht

127 Einen Verweis darauf stellt die vor dem Bottich liegende Schnur zum Abbinden dar, die wie die Blutströme geschnitten ist, die sie stoppen soll. Mit beidem korrespondieren in der Linienführung wiederum die unter der, durch die Säge gezogenen, Grenze liegenden Ärmel des Gehilfen, der das Amputat hält.

mit dem ‚Leben' als semantischer Kategorie ausgesöhnt und damit als Wert zwar einleuchtend, aber dennoch ideologisch erklärungsbedürftig zu sein.[128]

Eine zweite Bedeutungsebene, die das Unterkapitel anbietet, kann hier womöglich einigen Aufschluss geben. Neben der Bildebene verhandelt der Text alltägliches Schmerzerleben über die subtil-punktuelle Zeitanbindung als konkrete Erfahrung der älteren Generationen und macht das Phänomen und die Auseinandersetzung damit zugleich als Formen generationaler Traumaarbeit lesbar, in denen kollektive Schmerzerlebnisse, ihr Platz im kulturellen Gedächtnis und der Umgang mit diesem Erbe ausgehandelt werden. Die bereits beschriebenen Schmerzberichte von Zeitzeugen, deren „Jugend durch diese Leiden verbittert wurde", werden im Ausgang des Kapitels ergänzt durch die nun überwundene „Angst", die früher vor lebensrettenden Operationen zurückschrecken ließ. Mit einem Verweis auf die „‚mildtätige' Chemie" (EuA, 120) des Spätmittelalters und die vielen Nebenwirkungen, die noch auszuräumen waren, eröffnet sich psychoanalytisch ein Raum, der chronische und von spezifischen Krankheitsbildern entkoppelte Leiderfahrungen als historisch gewordenes Kohortenproblem der Älteren konzipiert und intergenerational die Möglichkeit zur Resilienzbildung andeutet, sobald bestimmte Innovationen das Erlebnis rekurrenter Krisenstrukturen entautomatisieren helfen. Der Kopfschmerz der Mutter und die häufigen Kopf- und Zahnschmerzen der Älteren während ihrer Jugend sind in dieser Lesart schlicht die Konversionsbildungen der Ego-Generation über die deutsche Kränkung, die das Mindset des zur Entstehungszeit der Broschüre agierenden „Jahrgang 1902" stark beeinflusst hat.[129] Dabei sind es nicht selbst erlebte Schmerzen, sondern die Schmerzen der Eltern, die

---

128 Hier wirkt offensichtlich noch das technikskeptische Paradigma der Zwischenkriegszeit, das Wege bei den Nationalrevolutionären mit einer Idee der Ummantelung bearbeitet sieht, die die Denkfigur, dass die Technik den Menschenkörper schützend umgibt und damit auch verdeckt, ins Spiel bringt: „Man billigt der Technik einen *neuen* Status zu: Obwohl von Natur aus kalt und leblos, darf sie das empfindsame Ich mit einer schützenden Hülle umgeben. Damit ist der erste, entscheidende Schritt getan, die Widersacherin und Gegenspielerin der Seele in eine Mitspielerin zu verwandeln. Die Berührungsängste verflüchtigen sich." In: Wege: *Buchstabe und Maschine*. S. 119 (Herv. im Orig.).

129 Der Verweis auf Glaesers Roman *Jahrgang 1902* von 1928 soll hier nur annäherungsweise für eine Generation stehen, für die sich reflexiv in den späten Zwanziger Jahren die Erfahrungen von um 1918, das Ende des Weltkriegs, der Verlust der Kolonien, die Besetzung des Ruhrgebiets usw. innerhalb von Literatur, Populärkultur und sonstigen Diskursarenen als existenziell *noch* katastrophaler herausstellt als für den Rest der Bevölkerung und deren Angehörige an den entsprechenden Bearbeitungsvorgängen protagonal beteiligt werden, sowohl als Produzent_innen, mehr noch aber als Figuren. Vgl. zur Stellung der nach 1900 Geborenen auch, mit Bezug auf Günther Gründel, Wege: *Buchstabe und Maschine*. S. 108f. Für das vielzitierte Werk von Gründel und die darin gesetzte Generationengrenze „1900" vgl. Ernst Günther Gründel: *Die Sendung der jungen*

eine depressive generationale Ordnung signifizieren. Die ‚Synthese' stünde dann mit ihren, alle Blicke auf sich ziehenden, Präparaten für die reinstallierte phallische Ordnung männlicher Immunität. Auch die Angst vor möglichen Rettungsoptionen, Behandlungen und Operationen, fügt sich in dieses psychodramatische Schema als projizierter Tötungswunsch der Kindergeneration, also der Sprecher des Textes, ein, die ihre genealogische Verantwortung in der Phantasie einer Auslöschung ihrer Eltern abwehrt und damit dem Wiederholungsdrang der traumatischen Erfahrung verdrängend zuvorkommt[130], was wiederum mit der Eliminierung des Patient_innenkörpers auf der Bildebene korrespondiert. Synthetische Schmerzmittel ermöglichen die Wunscherfüllung auf dem Gebiet der Empfindungslosigkeit und immunisieren das Individuum im Erfahrungsraum ‚Geschichte' gegen traumatische Einflüsse, womit eine Phantasie innerhalb der Modernedebatte, den urbanisierten Dichtestress durch Reizreduktion verringern zu können, technopsychologisch realisiert wäre, nicht nur durch einen Panzer, sondern durch die Aufnahme des Schutzstoffes in den Körper hinein.[131]

Generation. Versuch einer umfassenden revolutionären Sinndeutung der Krise. München 1932.

130 Eine ähnliche generationale Reflexion gibt es später nochmal, wenn es um die sinkende Diphtheriesterblichkeit von Kindern geht (vgl. hierzu auch den Kommentar des I.G.-Arbeiters am Anfang, siehe S. 10f. in diesem Buch). Ein Schaubild (EuA, 135) stellt den drastischen Abfall der Diphtheriesterblichkeit (der Text ergänzt: von Kindern) seit Einführung der Serumtherapie 1894 dar, der im Schaubild eine Zone weiterlebender Kinder freilegt, die gegen Ende des Aufzeichnungszeitraums fast die gesamte Skala umfasst. Auf der nächsten Seite wird die Darstellung am Beispiel der sinkenden Typhussterblichkeit im Ersten Weltkrieg wiederholt und damit angedeutet, welchen bevölkerungspolitischen Sinn die Senkung der Kindersterblichkeit ab 1894 miterfüllt. Vgl. bspw. Benjamin Ziemann: „Soldaten". In: Gerhard Hirschfeld, Gerd Krumeich & Irina Renz (Hg.): *Enzyklopädie Erster Weltkrieg*. 2. Aufl. Paderborn 2014. S. 155–168, hier S. 156: „Annähernd die Hälfte aller Gefallenen in der deutschen und der britischen Armee war 19 bis 24 Jahre alt. [...] In den beiden letzten Kriegsjahren stellte bereits die kleine Gruppe der 18 bis 20 Jahre alten Soldaten knapp ein Viertel der Toten." Die Jahrgänge zwischen 1894 und 1900 waren also besonders „kriegswichtig". Viele von ihnen, die den Ersten Weltkrieg überlebten, wurden zum Zweiten Weltkrieg wieder eingezogen. Zu einigen Zahlen für die Jahrgänge 1894 bis 1900 vgl. Peter Steinkamp: „‚Zweimal eingezogen'. Zum Schicksal psychisch kranker Teilnehmer des Ersten Weltkriegs bei der Wehrmacht im Zweiten Weltkrieg". In: Thomas Becker u.a. (Hg.): *Psychiatrie im Ersten Weltkrieg*. Konstanz 2018. S. 425–444, hier S. 427.

131 Auch hier arbeitet das oben erwähnte Modell einer Panzerung durch Technik, von der der nationalrevolutionäre Flügel im langandauernden Gespräch zur Moderne spricht: „So gehen die Nationalrevolutionäre gleich einigen Romantikern des 19. Jahrhunderts davon aus, daß die ‚deutsche Seele' eines wehrhaften Panzers bedarf. Eine stählerne Schutzhaut und eine hochentwickelte Waffentechnik sollen das Innenleben vor Übergriffen fremder Mächte bewahren. Die Mittel, die die technische Zivilisation bereitstellt, werden in den Dienst genommen, um die Seele gegen die negativen Auswirkungen ebendieser

Die Ausführungen zu Narkose- und Schlafmitteln am Ende des Unterkapitels verlagern die Narration dann direkt in den Bereich veränderter Bewusstseinszustände: „Während der Patient die Chloroform- und Äthernarkose als unangenehmen Eingriff empfindet, bleibt er bei den von uns erfundenen Narkosemitteln vor jeder seelischen Aufregung vollkommen bewahrt." (EuA, 120) Ein von ebenjener „seelischen Aufregung" freier Raum scheint im Narkose- oder Nachtschlaf angedeutet und im Verschwinden des Körpers als Ziel programmiert zu sein. ‚Schlaf' wird in diesem Zusammenhang zur Vorstufe der Verflüchtigung, die in den Abbildungen wesentlich radikaler durchgeführt wird. Es wird dabei zu sehen gegeben, was selbst vermutlich nicht explizit gewusst wird: Schmerzen und Angst der Alten, seelische Aufregung und schließlich Schlafstörungen nehmen die Positionen von Stellvertretern für kollektivpsychologische Zustände ein, in denen die aktuell diskursmächtigen Akteure ihr Verhältnis zur Moderne, den erlittenen Kränkungen, der Rolle der Elterngeneration und ihrem eigenen Umgang damit bearbeiten. Die klare Trennung von unangenehmen Inhalten, sowohl psychosozial als auch psychohygienisch, wie sie das Modell der frühneuzeitlichen Chirurgie durch Amputation vorführt, die bildlogisch nicht nur das kranke Bein, sondern die gesamte Sphäre deregulierten Verlustes abzugrenzen vermag, scheint im Zeitalter der Synthese nicht mehr möglich zu sein. Für die Überwindung generationaler Krisen, die an Stellen wie diesem Unterkapitel nur sehr partiell offen ausgetragen werden können, sind nun erweiterte Formen der Selbstzensur nötig, die in der Broschüre sichtbar werden. Hier liegt eine Möglichkeit, das Beschreibungsinventar der Synthetischen Moderne produktiv auf Medien zu erweitern, die außerhalb der Literatur narrative Formen verwenden, darüber hinaus aber weitere Darstellungsmodi integrieren.[132] Mit Anleihen beim psychoanalytischen Vokabular kann so das „Nachdenken" des Mediums selbst im Sinne der Konzeption „Synthetische Moderne" relativ kleinschrittig mitbeobachtet werden.

Zivilisation – allen voran gegen den ‚platten Rationalismus' – zu verteidigen." In: Wege: *Buchstabe und Maschine*. S. 118f.

132 Vgl. hierzu: Frank & Scherer: *Textur der Synthetischen Moderne*. S. 102: „In dieser zweiten Modernität besteht im Zeichen einer wie auch immer angestrebten Synthese eine gemeinsame mentale Disposition in der Literatur von der Weimarer Republik bis zur Mitte der 1950er Jahre. Diese Synthese kann mit verschiedenen Strategien angestrebt werden: bei Lampe und Koeppen etwa durch eine atmosphärische Lyrisierung. Die gemeinsame Funktion besteht darin, das Eindringen moderner Elemente, die Krisen auslösen, zu dokumentieren und qua Verfahren literarisch zu bändigen. Wir nennen den an unserer Beispielreihe erläuterten *Komplexen Realismus* der zweiten Moderne aus guten Gründen synthetisch." (Herv. im Orig.)

Das anschließende kurze Unterkapitel zur Chemotherapie setzt die für die Schmerzmittel angelegten Stränge fort. Es widmet sich grundsätzlich dem pharmakologischen Problem, „die kleinsten krankmachenden Lebewesen, die sich zum Beispiel in Leber, Niere, Herz, Gehirn und sonstwo festsetzen, anzugreifen und zu vernichten, ohne gleichzeitig den Organismus in Mitleidenschaft zu ziehen." (EuA, 121) Die Chemotherapie stellt für die Synthese einen wichtigen Begegnungspunkt dar, bildet sich doch hier jenes chemopharmazeutische Dispositiv heraus, in dem sich die Kerninnovation der Farbstoffsynthese in medizinischer Form an das biologische Leben selbst richtet und legitimerweise, als Heilmittel, die Körpergrenze zu überschreiten vermag. Dabei wird das zuvor noch massiv problematisch konzipierte ‚Eindringen' in den Patient_innenkörper diskursiv konfrontiert. Zunächst erscheint es dementsprechend paradox, dass das kurze Kapitel diesem für die I.G. so wichtigen Zusammenhang keine Aufmerksamkeit schenkt. Es beginnt zwar mit einer kurzen Darstellung des Prinzips der Chemotherapie, also der Möglichkeit, bestimmte Erreger- und Gewebetypen innerhalb eines Organismus gezielt anzugreifen und diesen selbst dabei unversehrt zu lassen, unterschlägt aber die eminent wichtige Rolle synthetischer Farbstoffe bei der Entdeckung dieses Prinzips.[133] Ein Grund hierfür könnte die Rolle des jüdischen Mediziners Paul Ehrlich bei der systematischen Entwicklung der ersten verlässlichen chemotherapeutischen Verfahren und vor allem der Entdeckung des Syphilis-Medikaments Salvarsan sein, das im Kapitel sehr wohl ausführlich besprochen wird. Jüdische Wissenschaftler_innen werden von der Firmenbroschüre, ungeachtet ihrer Leistungen, konsequent ausgegrenzt und mit verschiedenen Verfahren aus der Narration getilgt. Neben Ehrlich gilt das innerhalb der untersuchten Texte etwa auch für Adolf von Baeyer, einen weiteren Nobelpreisträger, der für eine personenzentrierte Darstellung wissenschaftsgeschichtlicher Innovationen auf dem Gebiet der Farbenchemie als Urheber der ersten Indigo-Synthese eigentlich von tragender Bedeutung wäre, aber völlig unerwähnt bleibt.[134] Würde es sich bei ihm und ähnlichen Fällen

133 Vgl. hierzu sehr knapp und überblickshaft: Marcel H. Bickel: „Chemotherapie". In: Werner E. Gerabek u.a. (Hg.): *Enzyklopädie Medizingeschichte*. Berlin, New York 2005. S. 240–241. Dort auch der Hinweis auf Paul Ehrlichs Forschungen mit Methylenblau zur Behandlung der Malaria und Trypanrot bei der Schlafkrankheit. Auf die tragende Rolle synthetischer Farben in der Chemotherapie weist auch Stephan Besser hin und wertet ihr Verhältnis in angleichender Wortwahl als „Zusammentreffen zweier wissenschaftlicher Innovationen", vgl.: Besser: *Germanin*. S. 170.

134 Adolf von Baeyer gilt als Urheber der ersten Indigo-Synthese. Als Leerstelle auffällig wird die Abwesenheit Baeyers bspw. in Schenzingers *Anilin*, wo er tatsächlich namentlich völlig unerwähnt bleibt, bei genauerer Betrachtung allerdings ein gewisses „Rumoren" an der Leerstelle auf sein Fehlen hinweist. Vgl. S. 213, FN 123 in diesem Buch.

um unhinterfragt „deutsche Männer“ handeln, ihre wissenschaftliche Integrität also nicht durch rassistische, biologistische oder sonstwie ideologische Konstrukte in Frage stehen[135], würden die Forscherindividuen offensiv als zeugend-entdeckende „Väter“ und „Pioniere“ oder in einer Variante davon als ingenieurhaft-bahnende „Wegbereiter“ oder „Überwinder“[136] von Problemen der modernen Wissenschaft markiert.

Dass der Text/Bild-Zusammenhang die Tilgung historisch relevanter, aber ideologisch missliebiger Akteure implizit mit verhandelt, deuten Verfahren an, die eine eindeutige Zuordenbarkeit von Daten und Aussagen irritieren, wie es beispielsweise in der nur vagen Kontextualisierung des „Serratura“-Holzschnitts der Fall war. Auch für die Chemotherapie stellt die Broschüre Kontexte her, in denen fluide Bedeutungszuweisungen zirkulieren und die informationsstrategisch ein Vermittlungskonzept der Vagheit wählen. Das chemotherapeutische Prinzip lässt sich dabei auch als medienlogisches Dispositiv verstehen, nach dessen Regularien darstellungspraktische Entscheidungen innerhalb der Broschüre spätestens ab jetzt, wo das Prinzip nicht mehr nur performativ zirkuliert, sondern gewissermaßen „dingfest“ gemacht und didaktisch eingeholt wird, getroffen werden. Der Chemotherapie selbst liegt das Prinzip zugrunde, dass ein Wirkstoff, der in den Körper eindringt, „bei größter Wirksamkeit gegen Mikroorganismen eine minimale Toxizität für den Wirtsorganismus [aufweist]“[137], also augenscheinlich in medialer

135 Eine Ausnahme stellt Erich Hoffmann dar, der mit Fritz Schaudinn als Entdecker des Syphilis-Erregers genannt wird. Zum Erscheinungszeitpunkt der Broschüre war Hoffmann bereits aus politischen Gründen aus dem Staatsdienst entlassen worden. Unter anderem hatte er sich noch 1933 bereit erklärt, die Promotion der jüdischen Zahnärztin Eva Glees zu betreuen (Quelle: Dokumentation eines Gesprächs zwischen Eva Glees und Bonner Schüler_innen 2000. Digital verfügbar unter: https://web.archive.org/web/20070807043206/http://ns-schulzeit.bonn.de/intervie/glees.htm, zuletzt abgerufen am 10.9.2021). Die Zwangsemeritierung 1936 und den Leitungsentzug der Bonner Universitäts-Hautklinik zwei Jahre zuvor vermerkt Barbara I. Tshisuaka im Artikel zu Hoffmann in: Werner E. Gerabek u.a. (Hg.): *Enzyklopädie Medizingeschichte*. Bd. 1: *A–G*. Berlin, New York 2011. S. 608f., hier S. 609.

136 Attribute wie diese finden sich zahlreich in den technikhistorischen, populärwissenschaftlichen und biographischen Darstellungen nicht nur der NS-Zeit, schaffen es aber auffällig selten in den Titel der jeweiligen Publikation. „Väter“ bspw. werden Wissenschaftler in den Titeln der Publikationen so gut wie nie genannt; dieses Attribut scheint Politikern (Hindenburg etwa), dem „Turnvater“ Friedrich Ludwig Jahn oder vor dem Ersten Weltkrieg Pädagogen wie J. H. Pestalozzi vorbehalten. Eine kleine Auswahl: Ernst Quadt: *Deutsche Industrie-Pioniere. Der Anbruch des technischen Zeitalters*. Berlin 1940; Ders.: *Robert Bosch. Pionier der Arbeit. Sein Leben und sein Werk*. Berlin 1942; Anton Zischka: *Pioniere der Elektrizität. Vom Bernstein bis zum Zyklotron*. Gütersloh 1958.

137 Bickel: *Chemotherapie*. S. 241.

Hinsicht zu selektieren vermag, welche Informationen zu berücksichtigen und welche zu vernachlässigen sind. Ähnlich wie bei den Farbstoffen, die für die Chemotherapie die synthetische Grundlage liefern, nehmen auch hier die verabreichten Sera die Funktion von Prozessoren wahr. Die Broschüre muss auf dieser Ebene als autokommunikatives Artefakt gesehen werden, das bei Themen wie der Einordnung des chemopharmazeutischen Dispositivs in eigene Vermittlungswege mit sich selbst rückkoppelt. Wäre es zulässig, den Akteurstatus des Mediums unabhängig von seinen (eh nicht genannten) Autor_innen zu betrachten, lägen Vorgänge wie diese interne Aushandlung im Bereich des „Durcharbeitens" von Bewusstseinsinhalten, die es aufgrund einer Änderung im Umgebungsgefüge neu zu akzeptieren gilt.[138]

In einer Statistik, die den quantitativen Erfolg der Syphilis-Bekämpfung zwischen 1915 und 1933 mit Hilfe des Bayer-Präparates Neosalvarsan „in einem europäischen Staat" (EuA, 123) darstellt, bleiben spezifische Leerstellen ungefüllt. Die Grafik lässt offen, um welches Land es sich handelt und suggeriert damit eine europäische Verallgemeinerbarkeit der Angaben. Das Spekulationsangebot, welches Land die Daten geliefert hat, wird allerdings durch den Kurvenverlauf mitgeführt. Da die Wertangaben auf der y-Achse nicht erklärt werden, lässt sich nicht sagen, ob die drei Graphen für „Ganzer Staat", „Hauptstadt" und „Provinz" die absoluten Zahlen der Syphilis-Infektionen angeben oder einen relativen Wert, beispielsweise die Ansteckungen pro 1 Million Einwohner_innen.[139] Auch ist nicht klar, woher die Daten stammen und ob es sich dabei um amtlich gemeldete Fälle oder Schätzungen handelt. Interessant sind gleichwohl die dargestellten Verläufe, die einen Anstieg der Infektionen während und besonders nach dem Ersten Weltkrieg verzeichnen, der 1919 mit

138 Vgl. zum Begriff des „Durcharbeitens" Freuds kurzen Text „Erinnern, Wiederholen und Durcharbeiten" (1914) in Sigmund Freud: *Gesammelte Werke*. Bd. 10: *Werke aus den Jahren 1913–1917*. London 1946. S. 126–136, wo es am Ende heißt: „Man muß dem Kranken die Zeit lassen, sich in den ihm nun bekannten Widerstand zu vertiefen, ihn durchzuarbeiten, ihn zu überwinden, indem er ihm zum Trotze die Arbeit nach der analytischen Grundregel fortsetzt. Erst auf der Höhe desselben findet man dann in gemeinsamer Arbeit mit dem Analysierten die verdrängten Triebregungen auf, welche den Widerstand speisen und von deren Existenz und Mächtigkeit sich der Patient durch solches Erleben überzeugt." (S. 135f., Herv. im Orig.)

139 Verglichen mit den Zahlen des Epidemiologischen Bulletins des Robert-Koch-Instituts von 2018, das für 2017 einen absoluten Wert von 7.476 gemeldeten Syphilis-Fällen in Deutschland nennt, scheint eine Interpretation als absolute Zahl plausibler. Vgl. hierzu: „Syphilis in Deutschland 2017". In: Robert-Koch-Institut: *Epidemiologisches Bulletin* 46 (2018), S. 494. Digital verfügbar unter: https://www.rki.de/DE/Content/Infekt/EpidBull/Archiv/2018/Ausgaben/46_18.pdf (zuletzt abgerufen am 10.9.2021).

4500 seinen Höhepunkt und auch das obere Ende des Koordinatensystems erreicht und dann rasch abfällt, um Mitte der Zwanziger Jahre noch einmal etwas anzusteigen, wonach sich der Abwärtstrend weiter fortsetzt. Unklar ist, zu welchem Zeitpunkt in diesem Verlauf das Heilmittel Neosalvarsan ins Spiel kommt und auf welche Weise es konkret eingesetzt wird. Schließlich fällt auf, dass sich gegen Ende des dargestellten Zeitraums, als die Zahl der Infektionen bereits rasch abnimmt, das Verhältnis von „Hauptstadt" und „Provinz" umkehrt und für das urbanisierte Zentrum jetzt weniger Fälle verzeichnet werden als in der Peripherie. Die Statistik legt außerdem nahe, dass Syphilis ab 1933 praktisch kein darstellungsbedürftiges Problem mehr ist beziehungsweise als Phänomen aus der Erfassung getilgt wird. Die Ausschläge nach oben am Ende des Krieges und in der Mitte der Zwanziger Jahre eröffnen einen Raum für Assoziationen, der, da der Name des Landes, aus dem die Daten herangezogen wurden, ungenannt bleibt, zunächst frei von nationalen Zuschreibungen aus ganz Europa als imaginativem Reservoir zu schöpfen vermag.[140] Bezögen sich die Zahlen bspw. auf das Deutsche Reich, läge es „krankheitssemantisch"[141] nahe, den Anstieg der Fälle von „Franzosenkrankheit" zwischen 1924 und 1926 auf die Besetzung des Rheinlands und des Ruhrgebietes zu beziehen, die als demütigende Kolonisierung wahrgenommen wurde, wobei besonders die Stationierung von Truppen aus den französischen Kolonien als „Schmach", gern bearbeitet in einer Semantik sexuellen Übergriffs, herausstach.[142] Die

140 Zeitgenössische Studien halten auch in den Zwanziger Jahren noch die Behandlung der Syphilis mit Quecksilber im Spiel, wenngleich sie eindeutig nicht mehr favorisiert wird. Und H. J. Markert bspw. sieht, auch mit Bezug auf die Einsatzmöglichkeiten des Quecksilber, in den Mangelerscheinungen in Folge von Unterernährung nach dem Ersten Weltkrieg ein Hindernis für die erfolgreiche Syphilis-Therapie, was den Anstieg der Fälle zu dieser Zeit für mehrere europäische Staaten erklären würde. Vgl.: H. J. Markert: „Einzeitige Behandlung der Syphilis mit Neosalvarsan-Novasurol". In: *Archiv für Dermatologie und Syphilis* (Oktober 1922), H. 141/2. S. 244–250, hier S. 250: „In einer Zeit aber, in der wir infolge der noch nicht überwundenen, durch die Unterernährung des Krieges bedingten Störungen große Schwierigkeiten haben, eine ausreichende Hg-Behandlung durchzuführen, ist das *Linser*sche Verfahren ein zweifelloser Gewinn gewesen." (Herv. im Orig.)

141 Die ‚Krankheit' würde dann metaphorisch eine politische ‚Krise' bedeuten. Vgl. bspw. Sander L. Gilman: „Seuche in Deutschland 1939/1989. Kulturelle Vorstellungen von Rasse, Raum und Krankheit". In: Ders.: *Rasse. Sexualität und Seuche. Stereotype aus der Innenwelt der westlichen Kultur*. Reinbek 1992. S. 281–306.

142 Vgl. nochmals die Stelle bei Ebner: *Nationalsozialistische Kolonialliteratur*. S. 34f.: „Der koloniale Schauplatz hatte zentralen Anteil bei dieser Selbstmarginalisierung, die maßgeblich als metaphorische ‚Selbstkolonisierung' erfolgte. Versailles sei ‚*Versklavungspakt*', Deutschland ‚*Kuli der Welt*', ‚Plantage des Weltkapitals', ‚Sklave der Entente-Nationen' oder ‚Walltstreetkolonie'. Diese Selbstkolonisierung verstand noch die Weltherrschaft als

diversen Leerstellen und Kontexttilgungen werden auch hier wieder vom Medium selbst nicht sichtbar gemacht, sind aber möglicherweise Teil einer internen Reflexion des Mediums über den nicht referierten Hintergrund der eigenen Aussagen. Das gilt auch für mehrere Aussagen der Broschüre, bei denen die Rolle von Individuen innerhalb des Fortschrittsprozesses sukzessive zurückgedrängt wird (ein Verfahren, das auch andere Bücher mit Stoffbezug, vor allem Schenzingers Roman *Anilin*, praktizieren werden). Beiträge, die nurmehr „ein[em] bedeutende[n] Arzt" (EuA, 123) zugewiesen werden[143] oder als „Mitteilung" eines „Arzt[es] aus dem Fernen Osten" (ebd.) ausnahmsweise nicht von der I.G. selbst kommen und erst dort, im „Zentrum" der Wissensproduktion aufbereitet und übersetzt werden müssen, ordnen sich nun neben Kommentare ein, die zunehmend den ‚Stoffen' selbst Handlungsmacht zubilligen, etwa bei Ehrungen für „unsere Wissenschaftler" (EuA, 124) für die Entwicklung des Medikaments[144] und schließlich der Auszeichnung des Präparates

---

Notwehrakt." (Herv. im Orig., die Zitate im Zitat stammen von Manfred Pechau und Alfred Rosenberg). Vgl. zur Debatte um die in Deutschland stationierten „Kolonialtruppen" auch Christian Koller: „Die ‚schwarze Schmach'. Afrikanische Besatzungssoldaten und Rassismus in den zwanziger Jahren". In: Marianne Bechhaus-Gerst (Hg.): *AfrikanerInnen in Deutschland und schwarze Deutsche. Geschichte und Gegenwart.* Münster 2014. S. 155–169 sowie zur „Realgeschichte" der Besatzung Maß: *Weiße Helden, schwarze Krieger*. S. 105–120.

143 Das entsprechende Zitat, in dem es um das unüberschaubar große Gebiete der Streptokokken-Infektionen und deren „volkshygienische Bedeutung" geht, lässt sich Max Gundel, einem leitenden Angestellten in der Seuchenabteilung des Robert-Koch-Instituts und dem von ihm herausgegebenen Buch *Die ansteckenden Krankheiten. Ihre Epidemiologie, Bekämpfung und spezifische Therapie* (Leipzig 1935, dort im von Gundel selbst verfassten Beitrag zu „Streptokokkeninfektionen des Menschen", S. 31–38, hier S. 38) zuordnen. Die Aussage wird zur NS-Zeit häufiger zitiert, so auch 1943 in der Fachzeitschrift *Die Chemie* von einem Mitarbeiter des Elberfelder Bayer-Werks (nach einem Vortrag auf einer Veranstaltung des Verbands deutscher Chemiker in Breslau): J[osef] Klarer: „Entwicklung der Sulfonamid-Therapie". In: *Die Chemie* 56 (1943) H. 1/2. S. 10–14, hier S. 13. Dort, wie in der Broschüre auch, in historisierender Weise mit einem Hinweis auf die voranschreitende Überwindung des von Gundel diagnostizierten Problems. In jüngerer Zeit zitiert die Passage, wiederum ohne Angabe der Autorschaft und der Quelle, als Aussage aus „einem der damaligen Lehrbücher über Infektionskrankheiten" Ernst Bäumler in seiner auf fatale Weise typischen Unternehmensgeschichte des Hoechst-Konzerns. Vgl.: Ernst Bäumler: *Farben, Formeln, Forscher. Hoechst und die Geschichte der industriellen Chemie in Deutschland.* München 1989. S. 201.

144 Genannt wird die Emil Fischer-Denkmünze, die vom *Verein deutscher Chemiker* (seit 1949 *Gesellschaft Deutscher Chemiker*) in unregelmäßigen Abständen (zuletzt alle zwei Jahre) verliehen wird. 1937 ging der Preis an Gerhard Domagk und Josef Klarer von der Elberfelder Bayer-Dependance. Im Text der Broschüre werden die Namen der Preisträger nicht erwähnt, sondern durch „unsere Wissenschaftler" familiarisierend vereinnahmt. Den Nobelpreis, der Domagk 1939 zugesprochen wurde, erhielt dieser aufgrund des seit der Zuerkennung des Friedensnobelpreises an Carl von Ossietzky 1937 geltenden Verbots,

Prontosil[145] selbst, das auf der „Internationalen Ausstellung“ 1937 in Paris[146] einen „Grand Prix“ erhielt.

Die von Deutschland aus in die Welt weisende und von dort ihre Effekte nach Deutschland zurückwerfende Funktionslogik der chemotherapeutischen Medizin wird in einem Abschnitt zur „Tropenmedizin“ weiter ausgeführt. Allerdings stehen hier nun jene Weltregionen im Vordergrund, die als noch nicht oder nur schwer erschließbar aus Sicht der infrastrukturell durchdrungenen Gebiete mit einem zivilisatorischen Rückstand versehen werden, der sie im Sinne europäischer Expansionspolitik als ‚zu kolonisieren‘ markiert. Grund für die erschwerte räumliche Erschließung der entlegenen Gebiete sind Krankheiten: „Noch vor wenigen Jahrzehnten erschien die Erschließung zahlreicher Tropengebiete aussichtslos, weil schwere Seuchen das Leben in diesen Gegenden unmöglich machten.“ (EuA, 125) Die Rückführung explorativer Hindernisse auf tropische Krankheiten wird dabei durch die große Zahl unterstrichen: „Noch heute erkranken jährlich 700 Millionen Menschen und sterben etwa 2 Millionen Menschen an einer dieser Seuchen, an der Malaria.“[147] Die von

---

als deutscher Staatsbürger einen Nobelpreis anzunehmen, erst 1947. Vgl. zur Biographie Domagks knapp Werner E. Gerabek in: Ders. u.a. (Hg.): *Enzyklopädie Medizingeschichte*. S. 320f.

145 Das Medikament stellte 1936 im Zusammenhang mit der Rettung von Franklin D. Roosevelt Jr., dem Sohn des US-Präsidenten, bei einer kritisch verlaufenden Streptokokken-Infektion ein gewisses Medienereignis dar. Nachzulesen in Artikeln der *New York Times* („New Control for Infections“) vom 20. Dezember und im *TIME Magazine* vom 28. Dezember 1936 („Medicine: Prontosil“, S. 21). Den *Times*-Artikel gibt ebenfalls wieder: E[kkehard] Grundmann: „Gerhard Domagk. Ein Pathologe besiegt die bakteriellen Infektionskrankheiten“. In: *Der Pathologe* 22 (2001), H. 4. S. 241–251, hier S. 246. Für die mediale Aufmerksamkeit auf Prontosil als Etappe der Antibiotika-Entwicklung vgl. außerdem: David P. Adams: „The Penicillin Mystique and the Popular Press (1935–1950)“. In: *Pharmacy in History* 26 (1984), H. 3. S. 134–142, für die Roosevelt-Episode S. 135.

146 Gemeint ist die *Exposition Internationale des Arts et Techniques dans la Vie Moderne*, die von Mai bis November 1937 in Paris stattfand und oft als Weltausstellung bezeichnet wird. Ikonisch geworden sind die einander gegenüberliegenden Pavillons des Deutschen Reichs, basierend auf Entwürfen von Albert Speer, und der Sowjetunion, dessen Architekt Boris Iofan war und der von Wera Muchinas Skulptur *Arbeiter und Kolchosbäuerin* gekrönt wurde. Das Bild, das das Unterkapitel abschließt, zeigt das Ausstellungsdisplay der Bayer-Arzneimittel als Ensemble grafischer Repräsentationen des Forschungs- und Distributionszusammenhangs, mithin als Werbemittel im Stil der Broschüre. Die Hakenkreuztapete im Hintergrund sichert ornamental subtil den Referenzrahmen ab.

147 Der Malaria-Bericht der Weltgesundheitsorganisation (WHO) spricht für 2017 von weltweit rund 219 Millionen Malaria-Infektionen bei geschätzten 435.000 Todesfällen. Das entspricht einer Mortalitätsrate von rund 0,2 Prozent. Verglichen mit den Zahlen aus der Broschüre (ihre Korrektheit unterstellt) ist die Zahl der Infektionen seitdem um ca. 70%

der Broschüre erfassten „Tropengebiete“ treten von Beginn an als Wissensraum in Erscheinung, der die Erfolgsgeschichte der I.G.-Pharmakologie fortsetzt und als hierhin expandabel beschreibt, dabei zusätzlich noch rigider mit dem ‚Leben‘ korreliert ist als Deutschland, wenngleich auf zunächst frappierend negative Weise.[148] Das Konzept der „Erschließung“ jener Regionen setzt voraus, dass ihr gegenwärtiger Status als gewissermaßen urzuständig begriffen wird. Von der Malaria als den gesamten Raum der „Tropen“ strukturierendes Merkmal, geht der Text dann auf die begrenzter vorkommende, für die Broschüre aber wichtigere Schlafkrankheit über. Die Krankheit ist ein Problem der jeweiligen „Schutzmacht“, wogegen die örtliche Bevölkerung als untätige Handlungsmasse konzipiert ist, die ihre Geschicke selbst nicht aktiv gestaltet:

> Von der 40 000 Köpfe zählenden Bevölkerung eines der Stämme in Uganda (Afrika) wurden innerhalb von zwei Jahren 20 000 Menschen durch die Schlafkrankheit dahingerafft. Die Engländer mußten die restlichen 20 000 Eingeborenen schleunigst umsiedeln, wenn nicht der ganze Stamm dem sicheren Untergang verfallen sollte. In Kamerun zählte im Jahr 1914 der Stamm der Njems noch 12 000 Köpfe; 1926 fand die amtliche Zählung nur noch 609 von ihnen vor. (EuA, 125)

---

zurückgegangen, die damalige Mortalitätsrate von ca. 0,3% mit Blick auf die großen Zahlen und ihren Schätzungscharakter dagegen offensichtlich relativ konstant geblieben. Die Zahlen schwanken allerdings je nach Quelle stark. Das Bundesgesundheitsministerium bspw. spricht in seinem Bericht von 2008 von jährlich etwa 500 Millionen Erkrankungen und zwischen 1 und 3 Millionen Todesfällen. Für den WHO-Bericht vgl. World Health Organization: *World Malaria Report 2018*. S. xi–xii sowie 37. Digital verfügbar unter: https://apps.who.int/iris/bitstream/handle/10665/275867/9789241565653-eng.pdf (zuletzt abgerufen am 10.9.2021), für die Zahlen des Gesundheitsministeriums: Mitteilungen des Arbeitskreises Blut des Bundesministeriums für Gesundheit: „Malaria“. In: *Bundesgesundheitsblatt: Gesundheitsforschung, Gesundheitsschutz* 51 (2008), Nr. 2. S. 236–249, hier S. 236. Digital verfügbar unter: https://edoc.rki.de/bitstream/handle/176904/99/25EP0ZTzIrmYk.pdf (zuletzt abgerufen am 10.9.2021).

148 Vgl. hierzu Lindner: *Leben in der Krise*. S. 33: „In der Literatur geht mit dieser psychischen „Krise“ fast schon obligatorisch auch eine physische Krise einher, im wörtlichen Sinne des Höhepunkts einer Krankheit. Dabei handelt es sich meist um eine fiebrige Erkrankung mit psychosomatischen Merkmalen. Der Mensch wird auf den vitalen „Kern“, die ‚Wurzel‘ bzw. die „Urgründe des Lebens“ zurückgeworfen.“ Lindner beschreibt den zum Personenkern führenden Prozess der Neuordnung lebensbestimmender Bewusstseinsinhalte innerhalb einer Figur im Kontext der Lebensideologie und wie sich dabei physische und psychische Symptomatiken zueinander verhalten. Die ‚Tropen‘ und insbesondere ‚Afrika‘ können in diesem Zusammenhang als lebensideologischer Extremraum gesehen werden, der aggressiv bspw. mit ‚Krankheits‘-Semantiken aufgeladen werden kann. Vgl. den Topos des „White Man’s Grave“, S. LX, FN 192 in diesem Buch.

Dass Kamerun 1914 zum deutschen Kolonialgebiet gehörte und 1926 offiziell unter einem Mandat des Völkerbunds stand, wobei jene südliche Region, in der die Njem[149] leben, mit dem größeren Teil des Landes unter französische Mandatsherrschaft gestellt wurde, dürfte zum nicht weiter erklärungsbedürftigen Allgemeinwissen der Adressat_innen der Broschüre gehören und wird dementsprechend vom Text auch nicht explizit aktualisiert. Die Aussage bleibt dennoch gravierend: Die Schlafkrankheit ist offensichtlich in der Lage, die in Stämmen organisierte Bevölkerung der Kolonien relativ kurzfristig auszulöschen, wobei die Raumordnung der Epidemien entlang der Stammesgrenzen zu verlaufen scheint und sich offensichtlich auch an die politischen Einflusssphären hält. Ebenso werden bereits Unterschiede in den kolonialmedizinischen Dispositiven deutlich: Während die anderen „Schutzmächte" den „Tropenkrankheiten" nicht auf pharmazeutischem Weg begegnen, sondern Umsiedlungen vornehmen, also die infizierte von der noch symptomfreien Bevölkerung trennen, sahen die deutschen Mediziner vor, „die Krankheitserreger im menschlichen Körper selbst durch medikamentöse Einwirkung zu zerstören"[150]. Das zweite Beispiel, das mit Jahreszahlen und der konkreten Nennung eines „Stammes" noch deutlich mehr historische Tatsächlichkeit reklamiert als der erste, mit runden Zahlen und personalisierenden Formulierungen wie „schleunigst umsiedeln" anekdotisch geschilderte Fall, stellt innerhalb eines Satzes den Darstellungsmodus des Mediums im Spektrum ‚statistische Propaganda' von Geschichtserzählung auf Sachlichkeit um. Er konzediert ohne explizite Markierung des Herrschaftswechsels in Kamerun zwischen 1914 und 1926, der über das kulturelle ‚Wissen' sujetlos bleiben kann, eine Aufspaltung der Raumqualitäten. Dabei gibt es die Zeit der „12 000 Köpfe", die mit der runden Zahl an die Literarizität der zuvor geschilderten Episode anschließt, und den Zeitpunkt einer amtlichen Zählung, die „noch 609 von ihnen [fand]" und in der Wortwahl („finden") das Bild einer nur momenthaften

149 Vgl. zur Schlafkrankheit bei den Njem auch schon unter deutscher Kolonialherrschaft im zeitgenössischen Kontext E[mil] Steudel: „Epidemiologische Betrachtungen über die Wege der Schlafkrankheit und ihre Ausbreitung durch den Weltkrieg". In: *Africa. Zeitschrift des internationalen Instituts für afrikanische Sprachen und Kulturen* 2 (1929), H. 2. S. 105–129, hier S. 112f. Die Beschreibungen, die von 1897 bis nach 1910 reichen, zeichnen eher ein Bild von Einheimischen, die sich weitgehend selbst überlassen bleiben und sich dem Zugriff der Kolonisatoren zwischenzeitlich durch eigenständige Umsiedlung entziehen und für einige Jahre nicht mehr gefunden werden, bis es schließlich doch zur Einrichtung von Krankenlagern kommt.

150 Besser: *Germanin*. S. 169. Dort auch der Hinweis auf nationale Präferenzen für Verfahren beim Umgang mit der Schlafkrankheit, bspw. der Bekämpfung der Tsetsefliegen als Überträger bei den britischen oder der Trennung von Fliegen und Bevölkerung durch sogenannte cordons sanitaires bei den belgischen Kolonialbehörden.

Aufmerksamkeit der französischen Behörden auf den Zustand der Njem provoziert. Das Verschwinden des „Stammes“ bleibt zwischen beiden Daten zunächst ausgespart, kann aber durch den Kontext alternativlos der Schlafkrankheit und ihrer Nicht-Bekämpfung durch die Franzosen zugeschrieben werden.[151]

Auf diese Weise ist das zentrale ideologische Motiv berührt, das die Debatte um die deutsche Tropenmedizin ausgestalten wird: die nachträgliche Legitimation des Deutschen Reichs als „bessere“ Kolonialmacht nach dem Verlust der Kolonien im Zuge des Versailler Vertrags.[152] Wie bereits dargestellt, liegt hinter dieser Idee das Phantasma, durch den Vertrag nun selbst kolonisiert zu sein, was sich aus der deutschen Kolonialdebatte heraus recht leicht in die von Russell Berman dargestellte Denkfigur der Einfühlung und Identifikation in die und mit den Kolonisierten integrieren lässt, von welcher der deutsche Kolonialismus bereits zu seinen aktiven Zeiten geprägt gewesen sei.[153]

151 Die Formulierung des dramatischen Bevölkerungsschwunds bei den Njem lässt auch die Deutung einer Falsch-Bekämpfung der Krankheit nicht zu, da das „Finden“ der restlichen 609 deutlich ihre vorangegangene Vernachlässigung nahelegt. Aus heutiger Perspektive ließe sich das Verhalten der Kolonialbehörden als Genozid bezeichnen, was im zeitgenössischen Denkmodell, das die Behandlung der Bevölkerung in den besetzten Gebieten nur sehr bedingt in kritischen moralischen Kategorien zu werten vermag, nur zur Markierung der schlechten nicht-‚deutschen‘ Herrschaft herangezogen wird. Die Njem sind in diesem Zusammenhang lediglich metonymisches Objekt eines europäischen Semantikkonflikts und ihr Schwund (um ca. 95%) Symptom eines Verlusts von ‚Substanz‘ in Afrika, die zu erhalten Deutschland nach eigenem Befinden noch vermochte.

152 „Endlich haben die Alliierten und Assoziierten Mächte sich davon überzeugen können, daß die eingeborenen Bevölkerungen der deutschen Kolonien starken Widerspruch dagegen erheben, daß sie wieder unter Deutschlands Oberherrschaft gestellt werden, und die Geschichte dieser deutschen Oberherrschaft, die Traditionen der deutschen Regierung und die Art und Weise, in welcher diese Kolonien verwandt wurden als Ausgangspunkte für Raubzüge auf den Handel der Erde, machen es den Alliierten und Assoziierten Mächten unmöglich, Deutschland die Kolonien zurückzugeben oder dem Deutschen Reiche die Verantwortung für die Ausbildung und Erziehung der Bevölkerung anzuvertrauen.“ In: *Der Friedensvertrag von Versailles nebst Schlußprotokoll und Rheinlandstatut sowie Mantelnote und deutsche Ausführungsbestimmungen. Mit Inhaltsübersicht und Sachverzeichnis nebst einer Übersichtskarte über die heutigen politischen Grenzen Deutschlands. Neue durchgesehene Ausgabe in der durch das Londoner Protokoll vom 30. August 1924 revidierten Fassung*. Berlin 1925. S. 9. Digital verfügbar unter: http://www.ub.uni-koeln.de/cdm/ref/collection/dirksen/id/370606 (zuletzt abgerufen am 10.9.2021). Die Artikel 118–158 (S. 81–89) regeln dann den Umgang mit den deutschen Überseegebieten und Handelsinteressen im Einzelnen.

153 Berman stellt diesen Zug der deutschen Kolonialideologie, bei dem fremde Gebiete identifikatorisch besetzt werden, zu Beginn seiner Arbeit am Beispiel der Erzählung „Die Tiroler von Kamerun“ aus Carl Falkenhorsts Anthologie *Auf Bergeshöhen Deutsch-Afrikas* (1890) heraus: „With this set of Germanizing designations the popular text is, obviously,

Ergänzend dazu kann diese Konstellation im Zusammenhang mit den kolonialdiskursiven Aushandlungsprozessen im Bereich der Populärkultur, zu dem auch die Broschüre zählt, mit der von Ebner rekonstruieren „intrinsische[n] Fiktionalität des Kolonialen"[154] beschrieben werden. Die Umkehrbewegung, die sich nach dem Verlust der Kolonien vollzieht und Deutschland innerhalb der deutschen Debatte als selbst kolonisiert denkt und dann zur Reaktionsbildung positiver Überbetonung[155] der synthetischen Rohstofferzeugung als autokolonisatorisches Moment mit dem Ziel der nationalen Autarkie führt, wird hier als struktureller Bestandteil des deutsch-imperialistischen Selbstverständnisses sichtbar.[156] Die „Tropenmedizin" stellt, wenn ‚Afrika' sich als lebensideologischer Extremraum denken lässt, jene Wissensform dar, die diesen Raum zu durchdringen, epistemologisch zu rationalisieren und dadurch anzueignen hilft und deren Effekte als kolonisatorisches ‚Wissen' ideologisch unterstützend auf die Vorgänge im eigenen Land und die Neusignifizierung des bekannten Raums als noch zu erschließendem rückwirken. Dass sich das pharmakologische Begehren dabei besonders auf die trypanosomeninduzierte Schlafkrankheit richtet, lässt sich einerseits medizingeschichtlich mit den Entdeckungen auf dem Gebiet der Bekämpfung gerade dieser Infektion

---

disseminating an ideology that naturalizes the colonial claim on African territory. German Africa is not merely conquered, occupied, controlled, and owned by Germany; through metaphors like these it becomes like Germany, substantively and affectively." In: Berman: *Enlightenment or Empire*. S. 2.

154 Vgl. S. LXIII in diesem Buch.

155 Allgemein handelt es sich bei der Reaktionsbildung um eine von Anna Freud in ihrer Konzeption der Abwehrmechanismen (*Das Ich und die Abwehrmechanismen*, 1936) beschriebene Form der neurotischen Abwehr, bei der „ein nicht mehr oder nur unter Strafe befriedigbares Motiv durch ein Motiv am anderen Ende des betreffenden Motivkontinuums ersetzt wird. [...] Charakteristika von R. sind das Fehlen der mittleren durchschnittlichen Formen der Motivbefriedigung sowie das Unvermögen, sich der Vielfalt der Befriedigungsmöglichkeiten im Wechsel der Situationen anders als durch starres Festhalten an den Extremformen der Befriedigung zu bedienen." Oder schematischer: „Subjekt (S) zeigt ein Verhalten, eine Einstellung oder ein Gefühl (A) gegenüber dem Objekt (O), die dem eigenen verpönten Triebimpuls (I) und dem ursprünglichen eigenen, nicht akzeptablen Gedanken oder Gefühl gerade entgegengesetzt sind." Definitionen nach: W. Toman: „Reaktionsbildung". In: *Lexikon der Psychologie*. Hg. v. Wilhelm Arnold, Hans Jürgen Eysenck & Richard Meili. Bd. 3: *Psychodrama – ZZ*. Freiburg 1997. Sp. 1849f. sowie Wolfram Ehlers: „Abwehrmechanismen" In: Wolfgang Mertens & Bruno Waldvogel (Hg.): *Handbuch psychoanalytischer Grundbegriffe*. 2. durchg. Aufl. Stuttgart u.a. 2002. S. 12–24, hier S. 17.

156 Natürlich ist die Denkfigur damit längst nicht zu ihrem vermeintlichen „Ursprung" zurückverfolgt. Berman deutet an, dass das entsprechende Muster wesentlicher Bestandteil des sogenannten „deutschen Sonderwegs" ist, also bis mindestens zur Sattelzeit um 1800 reicht.

begründen, lässt es aber mediumintern und mit Bezug auf die lebensideologische Grundierung des synthetischen Kolonialismus zu, auch eine übertragene Lesart mitzuführen. Laut der Broschüre charakterisiert das Endstadium der Krankheit „ein rascher körperlicher und geistiger Verfall, die Abmagerung [...] buchstäblich bis zum Skelett", worauf die Betroffenen „schließlich in tagelangen Schlaf [versinken], um dann bald durch den Tod erlöst zu werden." (EuA, 125) Die Akzentuierung eines Leidens, das hauptsächlich als Schwund der Lebenskräfte beschrieben wird und schließlich vom Schlaf in den Tod übergeht bietet einen guten Ansatzpunkt für die Beschreibung einer lebensideologischen Eskalation. Dabei lässt sich der Krankheitsverlauf als Defekt im Rhythmensystem des ‚Lebens' begreifen, auf dem das LI-Modell tragend aufruht:

> Die Dynamik des „ganzheitlichen" Lebens wird nun als Schwingung zwischen seinen einzelnen „Polen" bestimmt. Daraus entsteht die „Krisen"-Struktur allen „Lebens". [...] Die zwangsläufige Überbetonung bestimmter „Pole" in einer „Lebensform" impliziert innere „Spannungen", „die dann zum Gegensatz [werden], wenn die lebendige Bewegung erstarrt". Dieser Gegensatz sprengt schließlich die lebensfeindlich gewordene „Form". [...] In der lebendigen Erfahrung bzw. in der Anschauung des „Rhythmus" (etwa in der „Geschichtsmorphologie" à la Spengler) können so die schmerzhaften Spannungen und Kämpfe, die sich aus der „polaren" Struktur des „Lebens" ergeben, aufgehoben und ertragbar gemacht werden./Im weiteren Sinn bezeichnet der Begriff „Rhythmus" dann alle Erscheinungen der „Lebens"-Dynamik, die durch die „Wiederkehr des Gleichen" geprägt sind. Das sind die „vitalen" bzw. „kosmischen Rhythmen", wie das Ein- und Ausatmen, Schlaf und Wachen, der weibliche Zyklus oder der vielfach angenommene „Siebenjahreszyklus" des menschlichen Lebens. Dazu kommen natürlich die nicht-menschlichen „Rhythmen" wie Ebbe und Flut und die Jahreszeiten.[157]

Die chemopharmazeutische Antwort auf dieses Problem der ‚Lebens'-Struktur trägt, entsprechend räumlich orientiert, den Namen Germanin und wirkt, anders als die Strategien der Briten, Franzosen und Belgier, indem es „die Erreger der Schlafkrankheit im Blut vernichtet" (EuA, 126), also als Immunantwort den Körper selbst durchdringt und damit infrastrukturell das Innere der einheimischen Bevölkerung zum Schauplatz kolonialer Hegemonialstreitigkeiten

157 Lindner: *Leben in der Krise*. S. 104f. Die Zitate im Zitat stammen von Paul Tillich (*Die sozialistische Entscheidung*), Wilhelm Dilthey (in den Worten von Otto Friedrich Bollnows Kommentar *Dilthey. Eine Einführung in seine Philosophie*, wobei Lindner explizit lediglich den Begriff der „Form" zitiert wissen will), Erich Rothacker (*Die Schichten der Persönlichkeit*) und Willy Hellpach (*Geopsyche*).

macht und zuerst besetzt.[158] Signifikant ist in diesem Zusammenhang, dass die Leistung des Germanin nicht bloß in der Kur der Infektion besteht, sondern zugleich vorbeugend wirkt und Neuansteckungen verhindert. Die behandelte Bevölkerung wird dementsprechend als immunisiert begriffen und mit ihr das Land, auf dem sie lebt, was eine Umsiedlung unnötig macht und wodurch die Bindung von ‚Volk' und ‚Raum', da sie vom Kolonisator respektiert wird, auch im kolonialen Kontext intakt bleiben kann, was zugleich zentral für das ‚deutsche' Selbstverständnis ist.[159] Das chemopharmazeutische Dispositiv fügt sich auf diese Weise adäquat in die deutsche Kolonialdebatte ein und offenbart aus dieser Perspektive seinen Akteurstatus weit über die konkreten medizinischen Maßnahmen und Wirkungen hinaus.

Da Deutschland als Konsequenz des Weltkriegs selbst nicht mehr über Kolonien verfügt, lässt sich der Nutzen des Medikaments politisch am ehesten zu den Kriegsschulden in Bezug setzen und so ein Zusammenhang konstruieren, in dem der britische Biologe James Huxley stellvertretend für das Empire und auch anstelle eines deutschen Vertreters die Vergleichbarkeit des Medikaments mit den Reparationen herstellt und die Kopplung der beiden aus Sicht der Sieger legitimiert.[160]

---

158 Vgl. zum Körper als Zone von Kolonialismus generell Linda Ratschiller & Siegfried Weichlein: „Der schwarze Körper als Missionsgebiet 1880–1960. Begriffe, Konzepte, Fragestellungen". In: Dies. (Hg.): *Der schwarze Körper als Missionsgebiet. Medizin, Ethnologie und Theologie in Afrika und Europa 1880–1960*. Köln 2016. S. 15–40. Außerdem neben Fischer-Tiné: *Pidgin-Knowledge* zur Medizin als kolonialer Herrschaftspraxis generell Manuela Bauche: *Medizin und Herrschaft. Malariabekämpfung in Kamerun, Ostafrika und Ostfriesland (1880–1919)*. Frankfurt/Main, New York 2017. Vgl. zur Schlafkrankheit als ‚Lebens'-Krankheit ausführlich die Analyse von Ungers *Germanin*.

159 Zur ambivalenten Einschätzung von „Bayer 205" innerhalb der medizinischen Forschung vgl. bspw. o. N.: „Chemotherapie". In: *Der Tropenpflanzer. Zeitschrift für das Gesamtgebiete der Land- und Forstwirtschaft warmer Länder* 32/33 (1929). S. 392–398, hier S. 397f. Zur Korrelation von ‚Volk' und ‚Raum' als relevante Beziehung auch im „deutschen Kolonialdiskurs" vgl. Parr: *Fremde als Heimat*. insb. S. 52ff. über die Identifikation deutscher Akteure mit der ‚Bodenhaftung' der Buren als geteiltes Merkmal in gemeinsamer Opposition zu den ‚Engländern'.

160 Huxleys Aussage, die Entdeckung des Germanin (Bayer 205) sei „für die Alliierten wahrscheinlich viel wertvoller als sämtliche von ihnen ursprünglich geforderten Reparationen" (EuA, 126) wird kontinuierlich kolportiert. Sie geht auf einen Beitrag Huxleys im *Daily Herald* vom 31. Dezember 1923 zurück. Vgl. bspw. Hilla Peetz (Hg.): *„Nicht ohne uns!" Arbeiterbriefe, Berichte und Dokumente zur chemischen Industrialisierung von 1760 bis heute*. Frankfurt/Main u.a. 1981. S. 221. Im selben Band finden sich auch Zeitzeug_innenberichte über die Wahrnehmung der Ruhrbesetzung, in denen die Maßnahmen der Alliierten als Trennung von Deutschland wahrgenommen werden, bspw. S. 207 & 210ff.

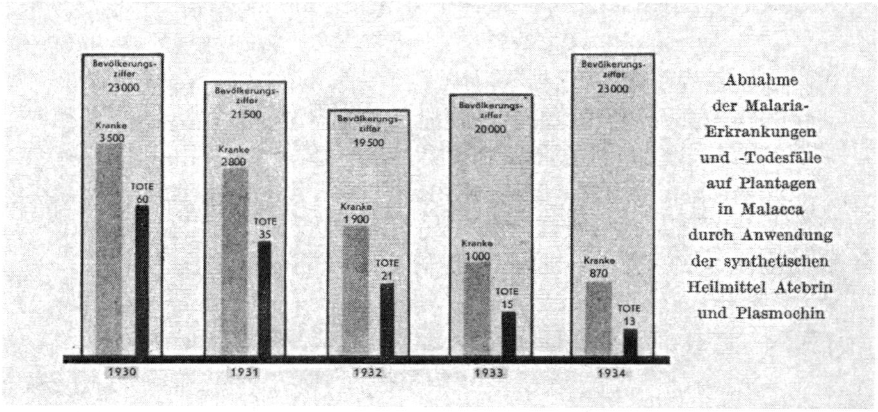

Abb. 11 Malaria-Statistik

Die deutsche Tropenmedizin zieht gleichzeitig ihre Aufmerksamkeit zwischenzeitlich von Afrika und den einstigen deutschen Kolonialgebieten ab und verallgemeinert die „Seuchen" als globales, nicht dezidiert räumlich zuordenbares Phänomen. So werden auch weitere koloniale Einflusssphären, wie Indien und China, in denen das deutsche Engagement weit weniger ausgeprägt war als in Afrika, in die Wirksphäre der deutschen Pharmakologie eingemeindet. Ein Balkendiagramm zur Malariabekämpfung auf Plantagen in Malacca [sic!][161] zeigt durch seine graphische Ordnung an, dass Krankheit ein inhärentes Problem von Populationen ist, indem die Balken für Infektions- und Sterbefälle jeweils in die Balken zur Repräsentation der Gesamtbevölkerung gesetzt werden, sodass ein dynamisches Bild einer fallenden und ab 1933 wieder ansteigenden Personenzahl entsteht[162], innerhalb dessen sich ein kontinuierlich sinkender Krankenstand als eigenständiger Trend abspielt. Während die Säulen für die Gesamtbevölkerung in ihrem Größenverhältnis tatsächlich in etwa die statistischen Daten wiedergeben, fallen die Malaria-Balken und besonders jener zu den Todesfällen kontinuierlich, ohne das Zahlenmaterial maßstäblich genau wiederzugeben. Hinzu kommt, dass die drei Säulen pro Jahr, auch wenn sie sich teilweise überlagern, einen je eigenen Maßstab haben

161 Dasselbe Diagramm befindet sich bspw. auch in Hauer: *Weltgeltung*. S. 30.

162 Eine Interpretation der Trendumkehr im Jahr 1933 als Markierung des „Wendepunkts", ab dem vorläufige Entwicklungen hin zum Guten auch übergeordnete Effekte zeigen, als bedeutungsvoller Hinweis auf die deutsche Geschichte, muss freilich hier wiederum spekulativ bleiben. Gleichwohl bilden die Daten dieses differenten Kontextes die Idee einer verlustträchtigen „Kampfzeit", die in eine Phase des Ertrags übergeht, zweifellos mit ab.

und zwischen den Säulen nur eine relative Verhältnismäßigkeit herrscht.[163] Der Text verweist auf das Schaubild als Darstellungsform zur Frage „[w]ie es möglich ist, durch eine gründliche Behandlung mit Atebrin oder Plasmochin ganze Gegenden zu entseuchen […]" (EuA, 127) und vollzieht dabei genau diese Freimachungsbewegung eines geographischen Raums im statistischen Bild nach, indem auch die Bevölkerungsbalken im zeitlichen Verlauf sukzessive von den Krankheits- und Todesbalken geräumt werden. Da diese Bewegung als zeitlicher Prozess im Bild nur schwer darstellbar ist, es der Broschüre aber offensichtlich auf die Räumung als Vorgang ankommt, übernimmt die Statistik diese Aufgabe, kann aber wiederum die räumliche Expansion von Krankheit als global geographisches Phänomen nicht gleichzeitig darstellen. Dafür wird das Unterkapitel von zwei aquarellartigen Zeichnungen gerahmt, deren erste eine offensichtlich „tropische" Uferlandschaft darstellt, vor deren Hintergrund in gesperrten Großbuchstaben der Titel des Unterkapitels gesetzt ist, wogegen die zweite eine eher nicht-tropische Sumpflandschaft zeigt, die mit der Bildunterschrift „Typische Malaria-Landschaft" versehen ist. Die Bilder unterscheiden sich dadurch, dass im ersten Menschen friedlichen Verrichtungen nachgehen, während das zweite nurmehr eine Hütte als Anzeichen von Besiedlung in einer sonst leeren Landschaft zeigt. Die Wasserfläche ist in der ersten Abbildung klar vom Land getrennt und wird mit Booten befahren; die Natur ist üppig, aber nicht wuchernd. Am Ende des Unterkapitels wird eine sumpfige Ebene zu sehen gegeben, bei der Land und Wasser nicht klar zu unterscheiden sind. Die Vegetation ist eher karg und Landwirtschaft scheint nicht möglich zu sein. Die Landschaft am Ende, die eher nicht-tropisch erscheint, was vor allem durch die Architektur der Hütte und Farbe und Struktur der Ebene angedeutet ist, stellt dabei das dar, was der Text zu Beginn des Unterkapitels eher von „tropischen" Gegenden behauptet, unerschlossen und aufgrund von Seuchen generell unerschließbar zu sein, während die „tropische" Szenerie zu Beginn zumindest behutsam strukturiert wirkt und, dank der I.G.-Medikamente, als gelöstes Kolonisierungsproblem gelten kann. Stellte die Ebene am Ende nun beispielsweise eine osteuropäische Landschaft dar, was die Abbildung als Assoziation zulässt, läge die didaktische Konklusion des Abschnitts darin, das Problem „tropischer Seuchen" abschließend für eines zu halten, das nicht auf die Klimazone der Tropen beschränkt ist, sondern grundsätzlich alle Regionen der Welt betreffen kann, so auch jene, die in engerem geographischen und raumideologischen Umkreis Deutschlands liegen als

163 Dieser Umstand wird relevant, wenn es um Otto Neuraths Methoden zur Darstellung statistischen Materials geht, die in enger Verbindung zur schriftstellerischen Arbeit von Rudolf Brunngraber stehen. Vgl. S. 416f. in diesem Buch.

die verlorenen Kolonien in Afrika und Asien. Da die nationalsozialistische „Lebensraum"-Propaganda sich zur Entstehungszeit der Broschüre bereits auf eine etablierte ‚Osteuropa'-Topik stützt[164], wäre es nicht abwegig, an dieser Stelle eine implizite Kolonisierungsofferte in Richtung Osteuropa, das dann als noch unerschlossener Raum markiert wäre, in der Abbildung zu sehen, womit die koloniale Frage umkodiert und tagesaktuellen Propagandatendenzen angeglichen wäre. Mit Homi K. Bhabha ließe sich in dieser Bewegung von einem kolonialen Diskurs[165] sprechen, auch weil die expansive Bewegung zunächst innerhalb des Mediums imaginär bleibt.

Ein weiteres Unterkapitel führt zurück nach Deutschland und reichert den vital in den „Tropen" gespeisten ‚Lebens'-Zusammenhang am Beispiel synthetischer Hormone und Vitamine weiter an. Die Hormonchemie übernimmt wichtige Funktionen bei der ideologischen Begründung der Chemie als ausgesprochene ‚Lebens'-Wissenschaft[166], die es ermöglicht, den in einer ideellen ‚Tiefe' verorteten Lebensstrom, der als die Verkörperung absoluter Kontinuität gedacht ist[167], anhand seiner Oberflächenäußerungen, die „widersprüchlich und diskontinuierlich erscheinen"[168], durch erkenntnistheoretische Verfahren nachweis- und interpretierbar zu machen. Dass es sich dabei um ein gewissermaßen prothetisches Vorgehen handelt, bei dem die ersatzmäßige Konzeption des Synthetischen zum Einsatz kommt, da der „authentische" oder „tatsächliche" ‚Lebens'-Strom natürlich nur in seiner Gesamtheit und ohne

164 Vgl. bspw. Hermand: *Gedanken zum Widerspruch*. S. 327: „Um den Deutschen endlich erforderlichen ‚Lebensraum' zu verschaffen, den auch Hitler in *Mein Kampf* (1925–27) forderte, schlugen die meisten dieser Gruppen zweierlei vor: erstens eine verstärkte Binnenkolonisation und zweitens, falls diese nicht ausreichen würde, eine militante Ostkolonisation – möglichst bis zum ‚alten Gotenlande' auf der Krim, wofür die Propagandisten der Alldeutschen Partei schon um 1900 eingetreten waren." Bekanntes literarisches Beispiel für diese Forderung ist etwa Hans Grimms *Volk ohne Raum* (1926).

165 Bhabha versteht hierunter grundsätzlich „einen Apparat, der sowohl auf der Anerkennung als auch der Ableugnung ethnischer/kultureller/historischer Differenzen beruht. Seine herrschende strategische Funktion besteht in der Schaffung eines Raums für ein ‚Untertanenvolk', indem Erkenntnisse produziert werden, mittels derer Überwachung ausgeübt und eine komplexe Form von Lust/Unlust erregt wird. Er strebt nach Autorisierung seiner Strategien, indem er Wissensbestände über den Kolonialherrn und den Kolonisierten produziert, die stereotypisch sind, aber auf antithetische Weise bewertet werden. Die Zielsetzung des kolonialen Diskurses besteht darin, die Kolonisierten auf der Basis ihrer ethnischen Herkunft als aus lauter Degenerierten bestehende Bevölkerung darzustellen, um die Eroberung zu rechtfertigen und Systeme der Administration und Belehrung zu etablieren." In: Bhabha: *Verortung der Kultur*. S. 104.

166 Vgl. S. 74f. in diesem Buch.

167 Vgl. Lindner: *Leben in der Krise*. S. 103.

168 Ebd.

objektivierende Stillstellungen, Isolierungen und Vermessungen erfahrbar wäre, steht außer Frage, wird aber von den Akteuren camoufliert.[169]

Das Hormon und seine Ideologie wurde bereits in der Einleitung des Kapitels eingeführt, als es um die Verwandtschaft zwischen tierischen, pflanzlichen und synthetischen Substanzen ging. Die Broschüre verweist nun explizit auf diese vorgängige Erwähnung und holt mit den Fakten der Entdeckung des synthetischen Hormons, dem konkreten Jahr 1903[170], dem Ort (das I.G.-Werk in Hoechst) und seinem Entdecker [Friedrich] Stolz die Eckdaten wissenschaftlicher Historiographie nach. War die Einleitung bildlich eher der Raum für die Etablierung des Kontexts ‚Wissenschaftlichkeit', wo in in kurzer Folge diverse Ansichten von Forschungslabors und Experimentalaufbauten zu sehen gegeben wurden, blieb der Text tendenziell narrativ-literarisiert. Nun werden die Rollen einigermaßen vollständig getauscht und der Text widmet sich jetzt tendenziell der Vermittlung historischen Wissens in relativer Exaktheit, wogegen die Abbildungen, zumindest für die Hormone, eher die private Seite guter Versorgtheit darstellen. Die Hormone selbst werden medizinideologisch zum zentralen Bestandteil innerkörperlicher Organisation:

> Hormone – sie „bewegen" – wie ihr griechischer Name sagt – und zwar bewegen sie den ganzen Stoffwechsel, den Aufbau und den Abbau, sie bewegen den Menschen in dem großen Auf und Ab des Lebens, sie treiben ihn zur Reife, sie schützen das werdende Leben, sie leiten die Geburt; Jugend und Alter, Gestalt des Menschen, sein Charakter, sein Glück und sein Unglück stehen in naher und nächster Beziehung zu den Hormonen. Oft bedeutet ihr Fehlen Krankheit, ein Zuviel wieder raubte Lebenskräfte. Liegen das Ausbleiben von Kindersegen und viele andere Störungen des Frauenlebens nicht oft an der verminderten Bildung von Hormonen? (EuA, 130)

Nach den Möglichkeiten, medikamentös auf den menschlichen Körper einzuwirken, folgt nun also die Betrachtung der Synthetisierbarkeit eigenkörperlicher Substanzen, die nicht mehr aus dem Farbstoffparadigma hergeleitet, ideologisch aber als innerliches Äquivalent zu den Farben aufgebaut werden. War das „Reich der Farben", insbesondere von Haut, Haaren und Augen des Menschen, „von schicksalbestimmender Bedeutung im Leben des Einzelnen ebenso wie im Leben ganzer Völker" (EuA, 24), sind nun die Hormone verantwortlich für die Regelung körperinterner Konflikte und ihre Moderierung

169 Für die Vereinnahmung naturwissenschaftlicher Paradigmen(wechsel) (Quantentheorie, Relativitätstheorie, Elektrizitätslehre etc.) in die LI vgl. ebd., S. 90f.

170 Die Broschüre weicht hier von der in anderen Quellen verbürgten Jahreszahl 1904 ab.

hin zum anerkannt ‚Normalen'.[171] Dabei sind sie sowohl physisch wie psychisch eng mit dem ‚Leben' als Leitkategorie korreliert.

Ähnlich verhält es sich mit den Vitaminen. Beide Stoffarten wandern nach ihrer systematischen Entdeckung am Anfang des 20. Jahrhunderts[172] sehr schnell in die medizinischen und lebensideologischen Debatten der Zeit ein. Im Anschluss an den Ersten Weltkrieg kommt es zu einem wahren Boom der Vitaminforschung in Deutschland[173] und auch die Hormone erhalten in den Zwanziger Jahren stark gesteigerte Aufmerksamkeit in der öffentlichen Wahrnehmung.[174] Eine besondere Rolle spielt bei beiden Wirkstoff-Gruppen die spezifische Nicht-Sichtbarkeit der Stoffe, die als Zusatz zu den bekannten

---

171 Für das Hormon als Normalisierungsakteur vgl. Heiko Stoff: *Ewige Jugend. Konzepte der Verjüngung vom späten 19. Jahrhundert bis ins Dritte Reich.* Köln u.a. 2004, insb. das Kapitel „Die Verwandlungen der Hormonkörper", S. 435–469, wo mit Verweis auf Steinach, Hirschfeld u.a. dargestellt ist, wie Sexualität als Effekt von Sexualhormonen entdeckt und manipulierbar gemacht wird. Zur Konstruktion von ‚Normalität' vgl einschlägig Jürgen Link: *Versuch über den Normalismus. Wie Normalität produziert wird.* 3., erg., überarb. u. neu gest. Aufl. Göttingen 2006.

172 Die Synthese des Adrenalins gelingt 1904. 1913 wird mit dem Retinol das erste Vitamin (A) entdeckt.

173 Vgl. bspw. zur Vitaminforschung im militärischen Bereich, etwa der Erforschung von Antivitaminen als Kampfstoffe, die zur Entwicklung des Nervengases Soman führt, Florian Schmaltz: *Kampfstoff-Forschung im Nationalsozialismus. Zur Kooperation von Kaiser-Wilhelm-Instituten, Militär und Industrie.* Göttingen 2005. S. 482–493. Für den Forschungskontext, der zur Ausprägung des Begriffs „Vitamin" führte, vgl. Karim Bschir: *Wissenschaft und Realität. Versuch eines pragmatischen Empirismus.* Tübingen 2012. S. 7–17.

174 Ein bekanntes Beispiel hierfür wäre die von Eugen Steinach entwickelte Verjüngungstherapie, die in den Illustrierten der Weimarer Republik reges Interesse auslöst. Steinach beabsichtigte, kurz gesagt, durch ein Abbinden der Samenleiter beim Mann eine verstärkte Produktion von Testosteron und dadurch einen Verjüngungseffekt ähnlich einer wiederholten Pubertät auszulösen, oder, in Steinachs eigenen Worten: „Der Verjüngungsversuch fußt […] auf dem Gedanken, den Senilismus der Pubertätsdrüse zu beheben, indem durch künstlich erzeugte Wucherung ihrer Elemente die inkretorische Tätigkeit derselben von neuem entfacht wird." In: Eugen Steinach: *Verjüngung durch experimentelle Neubelebung der alternden Pubertätsdrüse.* Berlin 1920. S. 23. Vgl. hierzu ausführlich Stoff: *Ewige Jugend.* S. 33–55. Ein literarisches Beispiel für die Reflexion dieser Debatte ist Vicki Baums Roman *stud. chem. Helene Willfüer* (1929), für den die Autorin während der Recherchen selbst zu einer Reportage in die Labors der Verjüngungschemiker aufbricht („Erfahrungen mit der Verjüngung. Ein Rundgang durch die Laboratorien einer neuen Wissenschaft". In: *UHU* 4 (1927/1928), H. 3 (Dezember). S. 33–41). Für die Rolle der Hormonforschung dort vgl. weiterführend Wolfgang Lukas: „Hormon und Geschlecht. Zur Funktionalisierung von Wissenschaft in Vicki Baums Erfolgsroman ‚stud. chem. Helene Willfüer'". In: Thomas Betz & Franziska Meyer (Hg.): *Abweichende Lebensläufe, poetische Ordnungen. Für Volker Hoffmann.* Bd. 2. München 2005. S. 497–531. Baums Laborbesuche können im Zusammenhang des synthetischen Kolonialismus, ähnlich

Nährstoffen lange geheimnisvoll sind und deren zentrale Bedeutung für das Leben erst im Mangel in Erscheinung tritt.[175] Für die Hormonforschung zeichnete zur Zeit des Nationalsozialismus weit vor der I.G. vor allem die Firma Schering verantwortlich. Und auch auf dem Vitaminmarkt ist der Produktionsanteil der I.G. insgesamt eher gering einzuschätzen.[176] Die Vitalfunktionen steuernde Funktion von Hormonen und Vitaminen haben dennoch für das lebensideologische Merkmalsinventar der Broschüre zentrale Bedeutung. Besonders die Kopplung beider Wirkstoffe mit dem menschlichen Blut erscheint relevant. So werden durch Suprarenin Blutungen gestillt, was Fleischergesellen längst implizit bekannt ist[177] und nun auch

---

wie die Kunstfaserbezüge der Vistra-Bücher, als metaleptische Verfahren der Exemplifizierung (sach-)literarischer Gehalte verstanden werden.

175 Vgl. hierzu Heiko Stoff: „Vitaminisierung und Vitaminbestimmung. Ernährungsphysiologische Forschung im Nationalsozialismus". In: *Dresdener Beiträge zur Geschichte der Technikwissenschaften* 32 (2008), S. 59–93, hier S. 60: „Wirkstoffe, namentlich Hormone, Vitamine und Enzyme, wurden zu Beginn des 20. Jahrhunderts als unsichtbare, nicht filtrierbare, für das Funktionieren des Organismus unerlässliche Agenten etabliert. Sie steuerten auf spezifische Weise chemische Prozesse und garantierten die physiologische Integrität des Körpers. Erst ihr Mangel, evident durch körperliche Deformationen, durch bekannte und neue Krankheitseinheiten, bewies zu Beginn des Jahrhunderts ihre Leistungsfähigkeit. Der Begriff Wirkstoff verwies nicht auf die chemische Identität der Stoffe, sondern auf ein Verhältnis von Mangel und Leistung, ein Körperkonzept der Regulierung und eine experimentalphysiologische Instruktion zu ihrer pharmakologischen Aktivierung im Spiel spezifischer Kompetenz und grandioser Therapieversprechen."

176 Heiko Stoff gibt für 1944/1945 Zahlen des Reichsinnenministeriums an, nach denen bei einer Gesamtproduktion an Askorbinsäure (Vitamin C) von 217 Tonnen auf die I.G. gerade einmal 8t, also knappe 4% der Produktion entfallen. Die weit wichtigeren Produzenten im Oligopol sind Merck (144t) und Roche Grenzach (60t). Vgl. ebd. Für die Hormonproduktion war die Schering AG der bedeutende Konkurrent der I.G. Hierzu vgl. eher knapp, unternehmensgeschichtlich viel zu wohlwollend und eindeutig tendenziös Gert J. Wlasich: *Die Schering AG in der Zeit des Nationalsozialismus. Beiträge zur Unternehmenskultur in einem Berliner Konzern.* Berlin 2011. S. 16ff. In Bezug auf das Verhältnis von Schering zum NS spricht Wlasich von „Belästigungen", denen der Konzern ausgesetzt war. Auf die brutalen Menschenversuche im Zusammenhang mit Medikamententests und Massenzwangssterilisationen, die von Schering unterstützt und seit 1942 in Auschwitz durchgeführt wurden, geht dagegen Maria Wolf in ihrer Studie *Eugenische Vernunft. Eingriffe in die reproduktive Kultur durch die Medizin 1900–2000* (Wien u.a. 2008. S. 393 (FN 50) & 555) ein. Vgl. dazu weiterhin, auch für Wolf einschlägig, Ralf Störmer: „Menschenversuche und Massensterilisation". In: Schering-Aktions-Netzwerk (SchAN) & Henry Mathews (Hg.): *Schering. Die Pille macht Macht. Berichte über die Geschäfte des Schering-Konzerns.* Stuttgart 1992. S. 33–44.

177 Sie „wußten, daß eine blutende Handverletzung sofort stand, wenn sie den frisch entnommenen Preßsaft der auf der Niere sitzenden Drüse auf die blutende Wunde träufelten." (EuA, 129)

im medizinisch-chirurgischen Bereich nutzbringend angewendet werden kann. Hormone sind ihrerseits vor allem Disziplinierungsstoffe, die für das interne Funktionieren des Organismus zuständig sind und extrapoliert eine Bedeutung für die Integrität des verinnerlichten „Deutschtums" erhalten. Sie werden zu stofflichen Trägern einer rassistischen und vergeschlechtlichten Ideologie, nach der Gestalt, Charakter und schließlich Glück und Unglück des Menschen zu bestimmen sind, wobei besonders Frauen als Indikatoren für die Konsequenzen eines gestörten Hormonhaushalts markiert werden. Gerade dieser Punkt signifiziert den hormonellen Bedeutungsrahmen als Raum der volkshygienischen ‚Gefahr', in dem Gefechte von elementarer Wichtigkeit zu erwarten sind.[178] Das Modell des synthetischen Kolonialismus greift hier, wie sonst auch, wenn er im Raum des Eigenen agiert, auf die ‚Frau' als *eine* Option für formal ideologische Sphären aus.[179]

Werden die Hormone als Regulatoren eingestuft, die ideologische Kohärenz bis in den Körper hinein absichern, konzipiert die Broschüre Vitamine als „Aufbaustoffe", deren Mangel zu erheblichen Schäden führt. In Fritz Kahns Kompendium *Der Mensch* (1939) heißt es beispielsweise zur auch in der Broschüre erwähnten Nachtblindheit:

> Nachtblindheit ist bei jenen Völkern verbreitet, die mit der Nahrung wenig Karotin aufnehmen, z.B. bei den armselig von der Jagd lebenden Steppenvölkern Russlands. Während des Krieges 1914/18 verkauften die Dänen ihre Butter an die kriegführenden Staaten. Sie selber assen [sic!] Margarine. Aus Mangel an Karotin wurden sie nachtblind. Ebenso häufen sich die Fälle von Nachtblindheit unter den Strenggläubigen während der Fastenzeit, wie überhaupt unter den Menschen, die sehr bescheiden leben und viel fasten, in der christlichen Welt unter den Nonnen, in der indischen Welt unter den Fakiren und in Ostasien unter den chinesischen Büssern, oft Vitamin-Mangelkrankheiten in ausgeprägten Formen auftreten und zu „Wundererscheinungen" Anlass geben. Was tun die Turkmenen, wenn jemand nachtblind geworden? Sie treiben einen Zauberspuk. Sie werfen die Leber eines Widders in einen Dampfkessel, und nach Zeremonien aller Art muss der Kranke sie essen. [...] Der Zauberspuk der Turkmenen ist modernste Vitamintherapie – – und tatsächlich schwindet die Nachtblindheit in wenigen Tagen, wenn der Mensch einige Male Leber gegessen.[180]

---

178 Zu Hormonen als Ermöglichungsakteuren einer „Kartographie der sexpolitischen Disziplinarräume" vgl. ausführlich Paul B. Preciado: *Testo Junkie. Sex Drogen Biopolitik in der Ära der Pharmapornographie.* Berlin 2016. S. 170ff.

179 Andere waren das Eigenheim als (Wohn-)Raum-, die Geschichte als Zeit- und die Natur als Konkurrenz-Sphäre der ‚Synthese'.

180 Fritz Kahn: *Der Mensch. Bau und Funktionen unseres Körpers allgemeinverständlich dargestellt.* 4. Aufl. Rüschlikon-Zürich 1939. S. 330f.

Entsprechend den von Heiko Stoff konzedierten „grandiose[n] Therapieversprechen“, die mit der Entdeckung der Vitamine und ihrer gelungenen Synthetisierung verbunden waren, verschränkt die Broschüre ihre Idee von ‚Gesundheit‘ mit einem Konzept von ‚Konstruktion‘, wodurch Wohlbefinden als Effekt dieser Verschränkung denkbar wird. Diese Verschränkung läuft auf ein Modell technischer Körperlichkeit hinaus, das die zugeführten Vitamine und Hormone als mechanische Artefakte zu sehen und lesen gibt, sodass sich „aus Technik und Körper eine neue Steuereinheit bildet, [...] in der Zweck und Mittel völlig übereinstimmen“[181] und in dieser Hinsicht als körpertechnische Verlängerung des Typus der organischen Konstruktion zu verstehen wären, wie Ernst Jünger sie im *Arbeiter* (1932) entwirft. Entsprechend leicht lässt das Konzept sich auch in seiner politischen Dimension begreifen, die bei der Beschreibung körperinterner Organisationsvorgänge kollektive Prozesse implizit mit-denkt, und folglich als Beschwichtigung von Modernisierungssorgen mit technischen Mitteln verstehen. Dies gelingt, indem das vielfach geforderte neue Verhältnis des Menschen zu seinem Körper[182] seinerseits wiederum mit einer Art Botenstoff vermittelt wird, der in diesem Fall die Disziplin der Substanz sein wird.[183] Anders als bei den Pflanzen nämlich, deren Vitaminmengen „von Natur aus so verschieden [sind], daß man sich im Krankheitsfall gar nicht auf diese veränderlichen Größen verlassen kann“ (EuA, 131), verfügen die „reinen Vitamine“, die der Arzt zu geben vermag, über eine substanzielle Disziplin, die ihnen nur technisch zueigen gemacht werden kann und durch die sie zu konstanten Lieferanten biologischer und ideologischer ‚Lebens‘-Energie werden. Zugleich impliziert der grundsätzlich natürliche Ursprung der Vitamine auch ihre Funktion als Indikatoren zunehmender Differenz zwischen ‚Zivilisation‘ und ‚Ursprung‘ in der Lebensweise der Individuen, was aber nur implizit über den Imaginationsraum der

---

181 Benjamin Bühler: *Lebende Körper. Biologisches und anthropologisches Wissen bei Rilke, Döblin und Jünger*. Würzburg 2004. S. 258f. Dort auch mit Verweis auf die politische Dimension des Konzepts: „Die Einheit der *organischen Konstruktion*, in der die Mittel allein der Erfüllung des Zweckes unterliegen, liefert das formale Modell für die Konzeption des Arbeiters, aber auch für die Übertragung des ‚speziellen Arbeitscharakters‘ auf den ‚totalen Arbeitscharakter‘, also den ‚Arbeitsstaat‘.“ (Herv. im Orig.)

182 Auch hier kann Jünger und seine Konzeption des Schmerzes, die er in der Schrift *Über den Schmerz* (1934) entwickelt, als Gewährsmann angeführt werden. Vgl. dazu bspw. Lars Koch: *Der Erste Weltkrieg als Medium der Gegenmoderne. Zu den Werken von Walter Flex und Ernst Jünger*. Würzburg 2006. S. 297f.

183 Zur Rolle der ‚Disziplin‘ in Jüngers Schmerz/Körper-Konzeption vgl. Albrecht Koschorke: „Der Traumatiker als Faschist. Ernst Jüngers Essay ‚Über den Schmerz‘“. In: Inka Mülder-Bach (Hg.): *Modernität und Trauma. Beiträge zum Zeitenbruch des Ersten Weltkrieges*. Wien 2000. S. 211–227, hier S. 218.

Lebensideologie im Spiel gehalten wird, etwa anhand der kristallinen Struktur der Vitamine.[184]

Referenz für die Umkehrbarkeit von Mangelerscheinungen ist in diversen Publikationen die Krankheit Beriberi und die Beobachtung ihrer Folgen an Tauben.[185] Die kranke Taube, mit Daston und Galison als Arbeitsobjekt klassifizierbar[186], wird dabei stets amorph daliegend und daneben nach der Gabe von Vitamin B_1 wieder intakt gezeigt.[187] Als Erkrankungsursache wird von Mangelernährung gesprochen, die auf geschältem Reis basiert und damit der Ernährung der „ostasiatischen Reisesser" entspreche, unter denen die Krankheit vorzugsweise grassiere. Die Vögel nehmen in den meisten Publikationen

---

184 Darin liegt freilich auch ein Bezug zur ‚Disziplin' als Orientierungswert der organischen Konstruktion: „Die organische Konstruktion des 20. Jahrhunderts dagegen ist ein Gebilde kristallischer Art, daher fordert sie vom Typus, der in ihr auftritt, in einem ganz anderen Maße Struktur. Dies bringt es mit sich, daß das Leben des Einzelnen an Eindeutigkeit, an Mathematik gewinnt. Es ist daher nicht weiter verwunderlich, daß die Zahl, und zwar die präzise Ziffer, eine wachsende Rolle im Leben zu spielen beginnt; es steht dies zu dem maskenhaften Charakter des Typus in Beziehung, von dem bereits die Rede war." In: Ernst Jünger: „Der Arbeiter. Herrschaft und Gestalt" [1932]. In: Ders.: *Sämtliche Werke.* Bd. 8: *Essays II*. Stuttgart 1981. S. 9–317, hier S. 147f.

185 Tauben eigneten sich für Versuche zur Beriberi wohl sehr gut, „weil man bei diesen verhältnismäßig am leichtesten die Erkrankung hervorrufen kann, und die Zeichen der Digitaliswirkung am deutlichsten zum Vorschein kommen." In: J[ulius (= Gyula)] Méhes: „Die Wirkung der Digitalisglykoside bei an Beriberi erkrankten Tauben". In: *Naunyn-Schmiedebergs Archiv für experimentelle Pathologie und Pharmakologie* 176 (März 1934), H. 2–5. S. 141–159, hier S. 141. Abgesehen davon, bemerkt Méhes, könnten die Tauben für die Glykosidtherapie mehrfach verwendet werden. Das treffe wiederum für die Tyramin-Therapie nicht zu, stellt Werner Lipschitz an anderer Stelle fest neben der Erkenntnis, dass Medikamentengaben keine vorbeugende Wirkung gegen Beriberi hätten. Vgl. dazu: Werner Lipschitz: „Die Wirkung von Tyramin auf die Tauben-Beriberi". In: *Hoppe-Seyler's Zeitschrift für Physiologische Chemie* 124 (1923), H. 3–6. S. 194–201, hier S. 196. Lipschitz dankt in seinem Artikel explizit Bayer für die Zurverfügungstellung des Präparats (ebd.) Beide Studien stellen die Überlegenheit B-vitaminreicher Kost, etwa von Hefeextrakt, gegenüber anderer Medikation fest. Für Abbildungen erkrankter Tauben vgl. Casimir Funk: *Die Vitamine. Ihre Bedeutung für die Physiologie und Pathologie*. München 1924. S. 84f. Dort wird auch für diverse andere Tierarten die Bedeutung der Vitamine dargestellt.

186 Vgl. zum Begriff Lorraine Daston & Peter Galison: *Objektivität*. Frankfurt/Main 2007. S. 22: „Alle Wissenschaftler müssen Objekte auswählen und festlegen, mit denen sich arbeiten läßt, ‚Arbeitsobjekte' im Gegensatz zu den allzu reichhaltigen und unterschiedlichen natürlichen Objekten. Arbeitsobjekte können Atlasbilder, typische Musterexemplare oder Laborprozesse sein – alles, was überschaubar, mitteilbar und repräsentativ für den Ausschnitt der Natur ist, der untersucht werden soll."

187 Vgl. neben EuA, 132 wiederum Kahn: *Der Mensch*. S. 331. Dort mit der Bildbeschriftung: „Das Vitaminwunder. Die Taube links liegt infolge einseitiger Ernährung mit poliertem Reis seit 10 Tagen mit Beriberi-Lähmungen unbewegt am Boden. Um 10 Uhr träufelt man ihr einige Tropfen Hefe-Extrakt in den Schnabel. Um 2 Uhr fliegt sie geheilt davon."

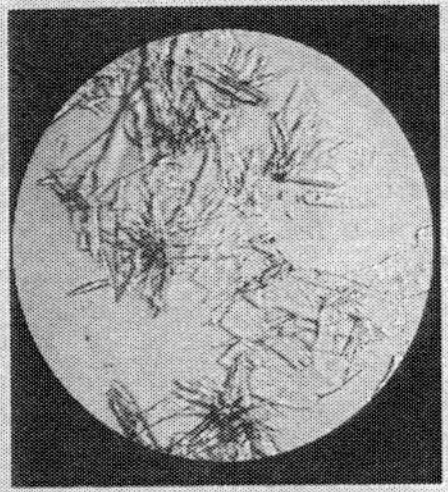

Kristalle eines Vitamins

blendetwerden, verhängnisvolle Folgen haben.

Auf die Entdeckung des Vitamins B_1 können wir ganz besonders stolz sein: In Elberfeld wurde nicht nur der Aufbau der komplizierten Substanz ergründet, es gelang dort erstmalig in der Welt, das bisher nur in der Natur vorkommende Vitamin B_1 auch auf chemischem Wege zu gewinnen. Anfangs glaubte man, diese Substanz B_1 (Betaxin) wäre nur dazu da, die schwere, mit Lähmungen einhergehende Krankheit der ostasiatischen Reisesser — die Beriberi — zu heilen, aber dann fand man, daß man damit auch Entzündungen der Nerven beheben kann.

Das Vitamin C (Cantan) dagegen ist etwas für die Wintermonate, wenn die Zufuhr dieses Vitamins unzureichend wird, weil frisches Obst schwer zu be-

Durch Vitaminmangel erkrankte Taube — Dieselbe Taube durch Vitamin B_1 geheilt

132

Pharma-Bau in Leverkusen

Abb. 12 Pharmaforschung

stellvertretend die Position erkrankter Menschen ein und signifizieren als „simplere Organismen“, die schnell erkranken und schnell genesen, nicht nur die Wundertätigkeit der heilenden Präparate, sondern rufen als im Laborkontext gezeigte Versuchstiere auch die Forschungen der I.G. als Ursprung der Krankheitslösung auf.

Bildlich konstituiert eine Doppelseite diesen Zusammenhang in einem Dreischritt, der die Voraussetzungen aus den vorangegangenen Kapiteln weiterführt. Zunächst findet sich in der linken oberen Ecke die Wiedergabe einer mikroskopischen Ansicht von „Kristalle[n] eines Vitamins“. Der nebenstehende Text betont den besonderen Stolz, den I.G.-Mitarbeiter_innen auf die Entdeckung des B_1-Vitamins hegen dürfen: „In Elberfeld wurde nicht nur der Aufbau der komplizierten Substanz ergründet, es gelang dort erstmalig in der Welt, das bisher nur in der Natur vorkommende Vitamin B_1 auch auf chemischem Wege zu gewinnen.“ (EuA, 132) Die nebenstehende Abbildung verschafft der historisierenden Erfolgsaussage optische Evidenz. Mit der runden Cadrage und der Technik starker Vergrößerung konstruiert das Bild einen fotografischen Blick durch das Mikroskop und gibt damit broschürenintern auch dem Laien Einblick in ein erweitertes Perzeptionsfeld, das ohne Hilfsmittel für das menschliche Auge unsichtbar bleiben würde.[188] Mit Latour lässt sich an dieser Stelle von der bildlichen Wiedergabe hergestellter Inskriptionen[189] sprechen. Das Mikroskop als Bildreferenz, das Vitamin und seine Kristalle, die Taube, der Beriberi-Erreger, der geschälte Reis, mit dem die Vögel zur Krankheit hin gefüttert werden, der „Pharma-Bau“ in Leverkusen, den die eingeheftete Bildseite rechts zeigt und den man durch Umblättern „öffnet“[190], sowie

---

188 Vgl. hierzu Ramón Reichert: *Im Kino der Humanwissenschaften. Studien zur Medialisierung wissenschaftlichen Wissens*. Bielefeld 2007, bspw. S. 146: „Die vorrangige Aufgabe der grafischen Visualisierungen ist es, Wissenschaftlichkeit zu simulieren und den wissenschaftlichen Blick – etwa auf den Körper, das Leben und die Arbeit des Menschen – in seiner theoretischen Dichte und Tiefe zu inszenieren. Mikroskopische Realfilmaufnahmen vom Inneren des menschlichen Körpers können vermittels aufmerksamkeitssteuernder Techniken wie der Schiebeblende und der Kreisform zu imaginären Räumen perfekter Organisiertheit stilisiert werden.“

189 Vgl. Bruno Latour: *Science in Action. How to Follow Scientists and Engineers Through Society*. 11. Aufl., Cambridge 2003. S. 68: „I will call an instrument (or **inscription device**) any set-up, no matter what its size, nature and cost, that provides a visual display of any sort in a scientific text.“ (Herv. im Orig.)

190 Auf der anderen Seite der Außenansicht folgt eine Fotocollage aus Arbeitssituationen der Medikamentenherstellung: „Tablettenherstellung, Ampullenabfüllung und Verpackung“. Das Bildkonzept ist dabei weniger ‚Wissenschaft‘. Stattdessen fügt sich die Bildseite in Konzepte neusachlicher Industriefotografie ein. Zur entsprechenden Ästhetik vgl. bspw. Michael Cowan: *Walter Ruttmann and the Cinema of Multiplicity. Avant-Garde Film – Advertising – Modernity*. Amsterdam 2014. S. 71f., weiterhin zur Industriefotografie der

diverse weitere darstellungspraktische und wissenschaftstheoretische Voraussetzungen und Akteure werden an dieser Stelle versammelt, um ein Modell von körperlich-geistiger Integrität abzusichern, das als ‚Gesundheit' markiert wird, eigentlich aber als kolonial-rassistisches Paradigma zu verstehen ist. Vitaminmangel geht in den Beispielen kontinuierlich mit Schwäche (Frühjahrsmüdigkeit) oder Deformationen (Beriberi, Rachitis) einher, wobei die schwereren, den Körper dauerhaft verändernden Krankheiten jeweils geographisch angebunden sind: Beriberi wie erwähnt als „Krankheit der ostasiatischen Reisesser", Rachitis als „englische Krankheit". Durch die Beschreibung des Vitamin-A-Mangels als verantwortlich für Nachtblindheit und eine eingeschränkte Sicht, beispielsweise beim Autofahren, setzt sich die Broschüre wiederum mit Problemen der Wahrnehmung auseinander und positioniert Vitamine und Hormone als Wirk-Stoffe zugleich in der Rolle von *perception teachers*, die, ähnlich wie die Farben es für räumliche Oberflächen und medikamentös im Körperinneren getan haben, durch Vermittlungsarbeiten zwischen objektivem Gegenstand und angereichertem semantischen Bindungsrepertoire die Anwendung ideologischer Konstruktionen des synthetisch-kolonialen Paradigmas im organischen ‚Lebens'-Vollzug koordinieren.

Das Medizin-Kapitel schließt bezeichnenderweise mit einem Abschnitt zur Schädlingsbekämpfung, der an Ausführungen zu Serumforschung und Impfstoffen anschließt, die mit Bildern lebendiger Kinder und vitaler Tiere das Modell eines „gesunden Volkskörpers" angereichert hatten, und führt in diesen vorbereiteten Kontext zur Vervollständigung der medizinisch-immunologischen Sphäre noch einmal forciert die NS-Ideologie ein. Am Beispiel des ‚Schädlings' wird ein Bereich innerhalb der von den sogenannten „Volksgenossen" geleisteten Arbeit identifiziert, der ihrem Vermögen und anderen Bedingungen zur Herstellung von ‚Qualität' entzogen ist: „Das beste Saatgut, die richtigste Bodenbearbeitung, die sorgfältigste Pflege der Pflanzen und die denkbar günstigsten Witterungsverhältnisse nützen wenig, wenn nicht gleichzeitig die Schädlinge und die Krankheiten bekämpft werden." (EuA, 137) Dabei handelt es sich um mehr als eine landwirtschaftliche Frage, eher eine Aufgabe der gesamten „Volksgemeinschaft": „Schädlingsbekämpfung und Pflanzenschutz sind heute nicht mehr eine Angelegenheit einzelner Berufsstände, sondern eine nationale Pflicht aller Volksgenossen." (ebd.) Die Ideologisierung der ‚Natur' als Legitimations- und Bildspenderaum für die rassistischen

Zeit Sintje Guericke: *„Ausgerechnet Wolkenkratzer?". Zum Verständnis von Moderne, Bild und Architektur am Beispiel von Borsig in Berlin-Tegel*. Bamberg 2020, etwa das Kapitel „Bild und Industrie" (S. 70–100) sowie S. 128f. & 134ff. und Bernd Stiegler: *Theoriegeschichte der Photographie*. Paderborn 2006. S. 286.

Biologismen, von denen der Nationalsozialismus radikalen Gebrauch gemacht hat[191], schließt sich an Orten wie der I.G.-Broschüre mit wirtschaftlichen Entwicklungen und wissenschaftlichen Innovationen kurz. Dass gerade an diesem Punkt die NS-Ideologie explizit ins Spiel kommt, wenn das Bayer-Kreuz als Zeichen des Optimismus mit der „neuen Zeit" als Einlösung von durch kontinuierliche Arbeit gelegten Grundlagen, die nun „Früchte tragen" sollen und schließlich mit Adolf Hitler selbst als personelle Verkörperung dieses Optimismus und seiner Verwirklichung in Verbindung gebracht wird[192], wirft Fragen über den Reflexionsgrad der I.G. hinsichtlich ihrer Selbstverortung innerhalb des nationalsozialistischen Staates auf. ‚Schädlinge' sind in der Broschüre personalisierte Feinde des Volkes, die in militärischer Metaphorik, etwa als „gewaltiges Heer der Ratten und Mäuse [vernichten]", „[w]as hunderttausend Volksgenossen Tag für Tag, Jahr für Jahr schaffen" (EuA, 138) und die „planmäßig" „bekämpft" werden müssen. Besonders signifikant ist die große Dimension des zu Schützenden wie des zu Bekämpfenden. Der Abschnitt macht ausführliche Angaben zum Geldwert von Ernteverlusten, zu den Kapazitäten von Silos sowie über die große Erhöhung von Erträgen durch erfolgreiche Pflanzenschutzmaßnahmen und beschreibt damit die Sicherung und auch qualitative Erhöhung einer „deutschen" Essenz, die, gemeinsam mit Getreide, Obst, Wein und sonstigen „Kulturgewächse[n]" (EuA, 137), als aus der Erde gewonnener Ertrag mit-gedacht ist.[193] Der Abschnitt verbindet die Idee

191 Vgl. zum Begriff des „Schädlings" im NS-Kontext den entsprechenden Artikel in Cornelia Schmitz-Berning: *Vokabular des Nationalsozialismus*. Berlin, New York 1998. S. 554–557, hier S. 556: „Zu der Radikalisierung des Sprachgebrauchs im Nationalsozialismus kommt es im Kontext einer immer radikaleren Verfolgung unerwünschter Bevölkerungsgruppen, insbesondere der Juden. Das Bild vom *Schädling*, in dem immer auch schon die Möglichkeit des Weiterdenkens zur *Schädlingsvernichtung* angelegt war, wird renaturalisiert, die Vernichtung schließlich ein Faktum." (Herv. im Orig.)

192 Vgl. EuA, 139: „Dieser Optimismus hat im neuen Deutschland durch unseren Führer Adolf Hitler seine Erfüllung gefunden!"

193 Vgl. hierzu Sarah Jansen: *„Schädlinge". Geschichte eines wissenschaftlichen und politischen Konstrukts. 1840–1920*. Frankfurt/Main, New York 2003. S. 374f.: „In den 1920er Jahren läßt sich eine Popularisierung des ‚Schädlings' in populär-naturwissenschaftlichen Zeitungen wie der *Umschau* feststellen sowie eine rabiate Verschärfung der sozial- und rassenhygienischen Gleichsetzung von menschlichen und tierlichen ‚Sozialparasiten' bei den Verfassern der nun aufkommenden nationalsozialistischen Traktate beobachten. Die Bekämpfung des ‚Volksschädlings' war eines der zentralen Elemente nationalsozialistischer Politik, die zunächst konzeptionell, dann polizeilich und schließlich mit dem Einsatz des Insektizids Zyklon B auch exterminatorisch vollzogen wurde. Neben dieser für die nationalsozialistische Haßpolitik zentralen Rolle des Objekts ‚Schädling' erfuhr die Schädlingsbekämpfung im Rahmen der der Kriegsvorbereitung dienenden Autarkiepolitik der Nazis möglicherweise eine Aufwertung, was jedoch noch zu untersuchen ist."

einer „Reinigung" des Raums von ‚Schädlingen' mit synthetischen Mitteln mit dem Phantasma der Kopplung dieses Raums mit spezifisch ‚deutschen' Werten, deren Hervorbringung und Sicherung sich über das gute Risikomanagement der I.G.-Produkte erst wirklich bewerkstelligen lässt. Der Abschnitt stellt damit einen wichtigen Konnex zwischen der grundlegenden Idee einer ‚neu' zu befremdenden ‚Tiefe' und konkreter NS-Ideologie her, die hier besonders verdichtet und unverschlüsselt auftaucht.

1.7 Binnenraum 4: „Gestalte mit Licht!"

Das Kapitel zur Fotochemie organisiert wiederum innerhalb eines Produktsektors einen konkreten Aushandlungsbereich, der in diesem Fall die Sphäre männlichen Gefühlsverkehrs innerhalb des privat-häuslichen Milieus der Kleinfamilie ist. An die dazugehörige Erzählung lagern sich bereits eingeführte Topoi an, wodurch die I.G.-Ideologie verdichtend und performativ bestätigt wird. Die Auseinandersetzung mit der Fotografie beginnt wie folgt:

> Neben der Kaffeetasse liegt ein Brief mit einer bunten fremden Marke: endlich hat der Kamerad auf seiner Urlaubsfahrt Zeit gefunden, an uns daheim Gebliebenen zu denken und zu schreiben! Nun, mit der Feder hat er sich nicht eben überanstrengt. Es sind nur ein paar Zeilen voller Herzlichkeit. Aber dafür liegen der Sendung einige Photos bei. Da sitzt er ja, im Kreise seiner Fahrtgenossen, raucht eine dunkle Zigarre, und hinter ihm breitet sich das Meer! Wenn er so leibhaftig zu uns kommt, was soll er da noch lange schreiben! Wir lächeln verständnisvoll vor uns hin, und plötzlich vernimmt unser Ohr ein ganz feines Geräusch. Wir sehen auf. Zu spät! Unser Bub steht da, mit seiner Kamera in der Hand, es ist bereits geschehen, wir wurden unbemerkt geknipst. Wir hätten eben ein so freundliches Gesicht gemacht, und das müsse doch festgehalten werden! (EuA, 141)

Die Szene verdient in ihrer dramaturgischen Dichte einige Beachtung: In der Sphäre zuvor immunisierter Privathäuslichkeit eines I.G.-Mitarbeiters geht postalisch das Kommunikationssystem ‚Tourismus' ein. Ein „Kamerad" meldet sich aus einer nicht näher beschriebenen Urlaubsdestination, womit eine Beziehung homosozialer Männlichkeit, die das Familienleben durchkreuzt, zum Konzept der Kernfamilie querinstalliert wäre. Die Gemeinschaftsform der Kameradschaft konkurriert mit biologisch grundierten Bindungsformen auf dem Feld medialer Gefühlsübertragung. Der räumlich Abwesende, in der, nur durch das Erscheinungsbild der Briefmarke signifizierten, ‚Fremde' Weilende, wird zunächst kritisch kommentiert als einer, der zuerst nicht, dann „endlich" doch Zeit findet, „an uns daheim Gebliebenen zu denken und zu schreiben",

Gestalte mit Licht!

Neben der Kaffeetasse liegt ein Brief mit einer bunten fremden Marke: endlich hat der Kamerad auf seiner Urlauberfahrt Zeit gefunden, an uns daheim Gebliebenen zu denken und zu schreiben! Nun, mit der Feder hat er sich nicht eben überanstrengt. Es sind nur ein paar Zeilen voller Herzlichkeit. Aber dafür liegen der Sendung einige Photos bei. Da sitzt er ja, im Kreise seiner Fahrtgenossen, raucht eine dunkle Zigarre, und hinter ihm breitet sich das Meer! Wenn er so leibhaftig zu uns kommt, was soll er da noch lange schreiben! Wir lächeln verständnisvoll vor uns hin, und plötzlich vernimmt unser Ohr ein ganz feines Geräusch. Wir sehen auf. Zu spät! Unser Bub steht da, mit seiner Kamera in der Hand, es ist bereits geschehen, wir wurden unbemerkt geknipst. Wir hätten eben ein so freundliches Gesicht gemacht, und das müsse doch festgehalten werden!

So geht das heute vor sich mit dem Photographieren. Es wird gar kein Aufhebens davon gemacht, der Knabe kann es ebenso gut wie der Erwachsene. Nur in alten Witzblättern geistert noch jene seltsame Figur eines unter einem riesigen schwarzen Tuch sein Wesen treibenden Mannes herum; sein vermummter Kopf endigte in einem merkwürdigen Rüssel, der aus einem

141

Abb. 13 Fotofamilie

wobei die Zuwendungsoperationen direkt zusammenfallen und als gegen den Moderne-Effekt (Zeit nicht einfach zu haben, sondern erst finden zu müssen) zu verteidigende Ressourcen gedacht werden. Die Art, wie der Kollege diesen erkämpften Freiraum nutzt, wird zunächst ebenfalls kritisiert, indem der verfasste Output nicht eben auf Überanstrengung hinweist, was als metonymisch verschobenes Kränkungsgeständnis des Daheimgebliebenen zu lesen ist, der nicht genügend zeitlich-schriftliche Aufmerksamkeit erfährt. Die wenigen Zeilen voller Herzlichkeit, auch diese Aussage lässt sich doppelt lesen, als „Immerhin" des wenigen wie als „nicht genug" an Herz, werden allerdings kompensiert von beiliegenden Fotografien, die briefintern den Wechsel ins optische Medium vollziehen und den Kameraden mediensynthetisch „leibhaftig zu uns komm[en]" lassen.

Jene Realpräsenz, die die Fotografie herzustellen vermag und die den positiven Affekt verständnisvollen Vor-sich-her-Lächelns auslöst, führt zur spontanen Auslösung eines weiteren Foto-Effekts, dieses Mal durch den Sohn des jetzt zum Vater werdenden Kameradenbild-Betrachters, der seinerseits das ausgelöste Lächeln durch Auslösung seiner Agfabox fixiert. Damit wiederholt der Foto-Sohn für den Vater erstens die Situation, die er eben noch als Betrachter von außen wahrnahm, das Fotografiertwerden im glücklichen Moment, nun auch in der Stellung des genießend Abgelichteten. Zweitens wird die durch die Ansicht des Bildes vollzogene Transsubstantiation des „Kameraden" aus dem Bild in den plötzlich auftauchenden Jungen hinein verlängert. Es findet also eine doppelte Identifizierung der beiden I.G.-Männer statt, als sowohl in ihrer Lust Gesehene, als auch als zur Schaulust für andere Männer ausgestellte. So entsteht über die Linie [„Kamerad"/Motiv – „Kamerad"/Vater/Motiv – Sohn] eine von mentaler Partnerschaft zu biologischer Verwandtschaft führende, heteronormative Reihe männlicher Individuen, die Bilder und das Bildermachen als Surrogate ihrer Gefühle füreinander jeweils zwischen einander positionieren, dabei aber weiterhin, zumindest partiell auf Text als Kommentarmedium („wir hätten grad ... das müsse doch") angewiesen bleiben.

Die zumindest auf dem Bild noch vorhandene Ehefrau dagegen vermag der Text völlig auszusparen. Er, der Text, übernimmt die Aufgabe der Vermittlung der Szene, während das Bild eher implizite Hinweise zu ihrem Verständnis beisteuert. Zugleich lösen sich die Grenzen der sozialen Bindung zwischen den Kollegen und der Vater/Sohn-Beziehung im Gefüge männlicher Bildemotionalität auf. Dafür sorgt etwa die eigentümliche Plural-Konstruktion, die den Daheimgebliebenen als Stellvertreter eines Kollektivs markiert, indem seine singuläre Position mit den Mehrzahl-Personalpronomen „uns" und „wir" versehen wird, was einerseits, aber nicht wirklich plausibel, dialektal gelesen werden könnte, oder als Anlehnung an einen bestimmten Wissenschafts-Duktus, zuletzt auch als ein Versuch, die Ehefrau zu integrieren, die dann im „daheim Gebliebenen" als Singularetantum des Familienoberhaupts enthalten wäre. Diese Deutung wäre lediglich durch die Abbildung, die eine den Blick des Vaters teilende Frau zeigt, gestützt, vom Text selbst aber weder nahegelegt, noch argumentativ plausibilisiert. Viel wahrscheinlicher und analytisch intrikater ist der Plural zur Unterminierung des exzeptionellen Status des Einzelnen als zunächst überlesbare Schnittstelle zwischen Individuum und Allgemeinheit eingerichtet. Die sprachliche Spaltung des Vaters in seinem Sprechen über sich selbst könnte als Signifikant eines identifikatorischen Begehrens interpretiert werden, dem fernen „Kameraden" nahe zu sein. Diese Lesart wird, mehr noch als die Variante des Familien-Uns, vom Bild bekräftigt. So ist die Kamera aus dem Winkel, in dem der Junge zu seinen Eltern steht, nicht in der Lage, den Gesichtsausdruck der Mutter einzufangen, womit das „Wir", das ein freundliches und darum festzuhaltendes Gesicht gemacht hat, nur den Vater meinen kann. Vielmehr stört die zwischen Sohn und Vater sitzende Frau im Bild die vom Text gezogene Achse und lässt sie als Hindernis erscheinen, die die Intimisierung des Jungenblicks, der den Vater in seiner Schaulust erwischt hat („Zu spät! Unser Bub steht da [...] es ist bereits geschehen [...]") mit der legitimierten Erotik der Ehefrau normalisiert. Der Vater wird so nicht vom, durch das Schlüsselloch seines Kamerasuchers schauenden, Jungen beim autosexuellen Selbstgenuss ertappt, der durch die vor ihm ausgebreiteten Fotografien stimuliert wurde, sondern harmloserweise beim Kaffeetrinken „geknipst". Zugleich weisen die perspektivisch „falsch" dargestellten Gegenstände auf dem Kaffeetisch, auf dem auch die Fotos des „Kameraden" als gezeichneter Index liegen, darauf hin, dass zentralperspektivisch korrekte Repräsentation eventuell nicht mehr vom gezeichneten Bild zur Verfügung gestellt werden kann und daher im nicht-fotografischen Medium Bedeutungsverschiebungen in Kauf zu nehmen sind. Schließlich trennt die Diagonale der N-Kapitale den Körper des Vaters in einen überbelichtet-verblassten Unter- und einen im Rücken stark lichtrandigen, sonst aber eher dunklen Oberteil. Der über der Abbildung stehende Titel „Gestalte mit Licht!" weist für das Bild dem fotografierenden Sohn entscheidende Handlungsmacht zu und unterstreicht seine schöpferische Position in der dargestellten Szene, in der er den Vater als Genießenden hervorbringt, nachdem dieser ihn als Ersatz für den vermissten „Kameraden" emaniert hat.[194]

194 Die zeitgenössische Debatte zur Fotografie arbeitet sich, zusammen mit anderen Akteuren, seit dem Ende des 19. Jahrhunderts stark an der Ausdifferenzierung des Medien-Begriffs zwischen Spiritismus und technischer Datenverarbeitung ab. Zur Funktion der Fotografie

Die Szene, ihr erzählerisches Verfahren, die Pluralkonstruktionen und die Adressierung der Broschüre an alle anderen I.G.-Kameraden verlängern die dargestellte Szene schließlich aus der Broschüre hinaus in die aktuelle Rezeptionssituation ihrer Leser_in. Die Broschüre, selbst auf Agfa-Pelloro gedruckt, macht deutlich, wie sie gelesen werden will und welche Einstellungen sie von ihren Rezipient_innen erwartet: eine männlich-homosoziale Übergewichtsbildung auf dem Gebiet der Betriebsgemeinschaft und eine durch Gefühlssynthese ermöglichte Einwanderung der dort hergestellten emotionalen Verhältnisse in die privat-familiäre Sphäre. Damit implementiert sie eine Umkehr von Beziehungskonzepten, die das Modell betrieblicher Kameradschaft als Vorbild den familiären Bindungen überordnet und damit das Modell einer Übertragung ‚synthetischer' Konzepte auf ‚natürliche', wie bei der Identifizierung des Schafs als „chemische Fabrik", fortsetzt.[195]

Die Fotografie wird im Folgenden als Schauplatz familiärer, vor allem eben männlicher Gefühlskultur etabliert, die den Wohnraum geschichtlich imprägniert und zugleich vielfältige Moderneversprechen auf eine bestimmte, nicht riskante Form einzulösen vermag, was etwa durch die anfängliche Anbindung neuer Fototechnik an die Figur des minderjährigen Sohnes geschieht, dessen spielerische Handhabung der Kamera als Gewähr verstanden wird, es mit einer ungefährlichen Neuheit zu tun zu haben: „So geht das heute vor sich mit dem Photographieren! Es wird gar kein Aufhebens davon gemacht, der Knabe kann es ebenso gut wie der Erwachsene." (EuA, 141) Dem folgt die Einordnung des entwickelten Bildes in den eigenen, durch I.G.-Produkte bereits immunisierten Raum:

> Eine Entwicklung, die von der sorgsam gehüteten Daguerrotypie [sic!] der Großeltern an unserer Wohnzimmerwand hinüberreicht bis zur Agfa-Box, die unser Junge für sein gutes Schulzeugnis von uns erhielt. Dazwischen liegen in unserem Raum nur wenige Meter. Aber wieviel Jahre, wieviel Erfahrungen, wieviel Energien, Enttäuschungen und Erfolge! (EuA, 141)

---

als Medium der „Beschwörung" als wichtige Etappe zur Ausdifferenzierung ihrer Rolle als „Medium" vgl. grundlegend Roland Barthes: *Die helle Kammer*. Frankfurt/Main 1989 [1980] oder André Bazin: „Ontologie des photographischen Bildes". In: Ders.: *Was ist Film?* Hg. v. Robert Fischer. Berlin 2004. S. 33–42, weiterführend bspw. zu Artur Conan Doyle als wichtigem Akteur, der die Debatte bis in die Zwanziger Jahre hinein aufrechterhält, Bernd Stiegler: *Spuren, Elfen und andere Erscheinungen. Conan Doyle und die Photographie*. Frankfurt/Main 2014 sowie das Kapitel „Die Photographie des Unsichtbaren" in: Ders.: *Theoriegeschichte der Photographie*. S. 87–136. Für den noch größeren Zusammenhang optischer Medien mit Religion und Bildlichkeit vgl. Friedrich Kittler: *Optische Medien. Berliner Vorlesung 1999*. Berlin 2002.

195 Vgl. S. 45f. in diesem Buch.

Die für die Fotosparte der I.G. zuständige Agfa[196], ursprünglich wie Bayer als Farbenfabrik gegründet und vor dem Zusammenschluss wichtiger Konkurrent der Elberfelder Farbenfabriken, mit der sie sich einige entscheidende Rechtsstreits lieferte, beispielsweise um den ersten Direktfarbstoff, das sogenannte „Kongorot"[197], unternahm mit günstigen und massenhaft hergestellten Produkten, wie etwa der Agfa Box, bereits seit dem Ende der Zwanziger Jahre, also noch vor Markteinführung der Box 1930, einen forcierten Werbefeldzug im Bereich der Amateurfotografie, der besonders intensiv männliche Jugendliche adressierte und sehr schnell auf institutionell tiefgreifende Beeinflussung an den Schulen, die Integration der Fotografie in die Lehrpläne, die Bildung fotografischer Arbeitsgemeinschaften und die Wahl von Fotoapparaten als Prämien für gute Schulnoten setzte.[198] Dem fotografierenden „Bub" in der Broschüre, der seinen Apparat entweder vom Vater oder vom „uns" der I.G. erhielt, wird dabei die Witzfigur des Atelierfotografen gegenübergestellt, der „unter einem riesigen schwarzen Tuch sein Wesen treib[t] [...]; sein vermummter Kopf endigte in einem merkwürdigen Rüssel, der aus einem ungefügten Fotoapparat und dessen weit herausragendem Objektiv bestand." (EuA, 141f.) Die Bewertung der Geschichte der Fotografie wird rhetorisch in den Figuren der Alliteration und des asyndetischen Trikolons vereinnahmt („Aber wieviel Jahre, wieviel *Erfahrung*, wieviel *Energien, Enttäuschungen* und *Erfolge*!", Herv. AW).

Die Aushandlung dessen, was Fotografie war und ist, wird schließlich ontologisierend von der Wortbedeutung hergeleitet: „Photographieren heißt ja nichts anderes als ‚mit Licht schreiben'" und dabei, im „ja nichts anderes als", didaktisch simplifizierend naturalisiert. Die Metapher ernstnehmend bindet der Text im Folgenden Fotografiegeschichte auch weiter eng an das Medium Schrift und beschreibt die Daguerreotypien als Träger der „Handschrift ihrer Zeit, [der] Schrift einer behäbigen, bürgerlichen Ruhe". Das Defizit, aufgrund langer Belichtungszeiten nicht zu Momentaufnahmen in der Lage zu sein,

---

196 Einen ausführlichen firmengeschichtlichen Überblick bieten in der üblich wohlwollenden Form Günther Kadlubek & Rudolf Hillebrand: *AGFA. Geschichte eines deutschen Weltunternehmens von 1867 bis 1997*. 2. Aufl. Neuss 1998.

197 Vgl. für eine dramatisierende, mental eingelassene Darstellung des Konflikts als Erfolgsgeschichte, die schließlich zur Partnerschaft beider Firmen führte und in der der junge Ingenieur Carl Duisberg sich zum ersten Mal besonders hervortat, der später zum ersten Vorstandsvorsitzenden und neben Carl Bosch zum maßgeblichen Initiator der I.G. werden sollte, die für ihre Zeit typische, ideologisch nicht unproblematische Duisberg-Biographie von Hans Joachim Flechtner: *Carl Duisberg. Vom Chemiker zum Wirtschaftsführer*. Düsseldorf 1959. S. 102–108.

198 Vgl. hierzu, und zu den anderen PR-Aktionen der Agfa in dieser Zeit, Kadlubek & Hillebrand: *AGFA*. S. 42ff.

wird mit der Visionarität der Dichter zusammengeführt: „Den Augenblick einfangen ... davon träumten damals nur die Dichter, und die Dichter sind ja immer ihrer Zeit voraus." (EuA, 142) Der „Traum", erzähltechnisch unterstrichen durch eine von drei Punkten markierte Pause, scheint nun erfüllt, was die neue Fotografie, nachdem ihre Vorfahren als kulturelles Archiv medientechnischer Schreibdefizite gewertet werden, also gleichsam zur Utopie literarischer Verfahrensgeschichte und dichterischen Schaffens macht. Dadurch wäre die Ausgangsbalance, in welcher der „Daheimgebliebene" die Schreibfaulheit seines „Kameraden" durch die beiliegenden Fotos entschuldigt sieht, nun auch historisch fundiert.

Auf einer Abbildung werden noch einmal die Verschränkung medialer mit mentaler Antiquiertheit unterstrichen und die technischen Dispositive einer früheren Zeit mit ihrer ideologischen Verfasstheit vermittelt. Das geschieht, indem die bereits beschriebene Figur des Atelierfotografen, mit Daguerre selbst identifiziert, bei der Ablichtung einer Familie gezeigt wird, welche nicht nur auf der zu produzierenden Daguerreotypie (deren Herstellung ausführlich als aufwendige Prozedur aus Zwang, Unnatürlichkeit, Langwierigkeit und Zauberei beschrieben wird), sondern bereits im Aufgestelltsein vor den Kulissen des Fotografen monochrom graustufig erscheint und also mit ihrem medienhistorischen Apriori zusammenfällt. Medium und Bildgegenstand ergeben eine Synthese, bei der das eine nicht hinter dem anderen zurücksteht und stattdessen Entsprechung herrscht, die von der Broschüre als dem Bild ablesbare „Handschrift" gedacht und damit medientechnisch auf der Berührungsfläche von Körper und technischem Artefakt verortet ist, wo ein Index hinterlassen wird, der sowohl auf den zeitlichen (der behäbigen, bürgerlichen Ruhe) als auch den technischen (der Daguerreotypie) Kontext seiner Entstehung verweist. Der Zustand der menschlichen Wahrnehmungsfähigkeiten wird entlang der Fotografiegeschichte als unterbrochene Kontinuität „natürlichen Sehens" verstanden:

> Es mußte schon das zwanzigste Jahrhundert kommen, bis die Menschen *wieder* natürlicher denken und sehen lernten, und aus diesem Sehen heraus entdeckten sie auch die neuen Lebenswerte, die ihnen gerade die Photographie bieten konnte. (EuA, 143, Herv. AW)

Auf welchen Zeitraum sich die Unterbrechung genau bezieht, kann nur implizit aus dem zuvor Gesagten geschlossen werden. Demnach wäre jene Epoche, die fotografische Repräsentation in technisch unausgereifter Form zulässt und Menschen dazu zwingt, sich „unnatürlich" ablichten zu lassen, sich also dem Dispositiv einer mit der „Natur" nicht im Einklang stehenden Technik anzupassen, als medienhistorische Krise zu werten, in der das eigentlich als

Kontinuum gedachte Bildverhältnis zwischen Mensch und Natur kurzzeitig außer Kraft gesetzt ist. Ähnlich wie bei den anderen synthetischen Materialien, führt die Broschüre die Figur des zeitlich begrenzten Zwischen-Raums[199] ein, um einen grundsätzlichen Paradigmenwechsel zu postulieren, der nicht unmittelbar an eine positiv bewertete Vergangenheit anschließen darf.

Der Umfang des als ‚schlecht' beziehungsweise defizitär markierten oder gar nicht ausgestalteten Intervalls kann stark variieren. Bei der Fotografie umfasst er nur einige Jahrzehnte zwischen der Kommodifizierung von Daguerres Verfahren, die sich je nach Anschauung beispielsweise auf seine Vorstellung in der französischen Akademie der Wissenschaften durch Louis Daguerre selbst am 7. Januar 1839 beziehungsweise die erstmalige Vorführung vor größerem Publikum im August desselben Jahres datieren lässt[200], und der Einführung der Amateurfotografie im Zwanzigsten Jahrhundert. Nach dem Atelierfotografen wird nämlich der Laie in die Entwicklung des fotografischen Dispositivs explizit „eingeschaltet" (EuA, 143), dessen Entstehung wiederum auf die Mobilisierung der vormals „ungefügen" Kamera zurückgeführt wird, die „vom starren Dreifuß des Ateliers leichtfüßig herunter und in seine [des Amateurs, AW] Hand gesprungen war". Die Popularisierung hin zur Universalität, mit der „das uns umgebende göttliche Licht als gestaltendes Element *allen* Volksgenossen zugänglich [gemacht]" (EuA, 143, Herv. AW) wurde, ist rückblickend eine intellektuell und organisatorisch synthetisierende Leistung, indem „alle aus dem Photographieren sich ergebenden Probleme, die technisch auf verschiedenen Ebenen liegen, doch als ein untrennbares Ganzes [aufgefasst] und die drei Produktionsstätten der Photographie in einer Hand vereinigt[]" wurden. Die Bündelung von Fertigungs- und Distributionsorten und -wegen sowie die Harmonisierung des Eigenschaftssystems der Kameras und Filme[201], in die schließlich auch „die Großzügigkeit und der Einfall des Kaufmanns" (EuA, 144) hineinversammelt werden, finden in der Sphäre der Konsumtion, wo der Amateur agiert, ihre Vollendung als „wirkliche Volkstümlichkeit der Amateurphotographie". Synthetisch ist in diesem Fall neben den

199 Vgl. etwa S. 21f. in diesem Buch zu den verschiedenen koexistierenden Färbeverfahren.

200 Vgl. zu den Schritten, die zur Marktförmigkeit der Daguerreotypie führten Steffen Siegel (Hg.): *Neues Licht. Daguerre, Talbot und die Veröffentlichung der Fotografie im Jahr 1839*. Paderborn 2014, bspw. den Beitrag von Dominique François Arago: „Der Daguerréotype [Eine Vorbemerkung]" vom 19. August 1839 (S. 236). Zum Sensationscharakter von Aragos Präsentation vgl. Daston & Galison: *Objektivität*. S. 135.

201 Vgl. EuA, 148: „[…] unsere photographische Abteilung hat nicht gewisse Eigenschaften ihrer Filme zum Nachteil anderer Eigenschaften besonders stark entwickelt, sie blieb vielmehr immer darauf bedacht, alle für einen Film wichtigen Eigenschaften in Übereinstimmung zueinander zu bringen und zu erhalten."

fotochemischen Produkten der Agfa und der neuen, männlich-homoszialen Gefühlswelt besonders die ideologische Konzeption ihres Einwanderns in die Gesellschaft, die auf mehreren Ebenen als Projekt einer Raum- und Zeitnahme daherkommt. So werden die an sich bereits synthetisierenden, rekurrenten Pluralisierungen im Adressatenbezug mehrfach zur Verständigung darüber genutzt, dass „man" den früheren Standard heute gemeinschaftlich ablehnen würde („[...] wir würden uns heute wahrscheinlich alle weigern, [...]" EuA, 143). Fotografiegeschichtliches ‚Wissen' wird auf diese Weise im Vermittlungskontext einer Gegenwart gelöster Probleme und überwundener Hindernisse montiert, der die Vergangenheit als Abgrenzungssphäre dient. Einen Eigenwert erhält es dagegen weder in der Darstellung noch in der Beschreibung, die lediglich auf ironische und problematisierende Weise ins Früher verweisen. Das auf sprachlicher und historischer Ebene konstituierte Kollektiv glücklicher männlicher Amateurphotographen, das versorgt wird durch ein ebenfalls synthetisiertes I.G.-System der Entwicklung, Herstellung und Vermarktung von Kameratechnik und -zubehör, erfährt sich selbst als auf emotionaler Ebene über biologische Bindungen hinaus kopplungsfähige Genussgemeinschaft, die durch Bildauslösung hergestellt ist.

Der entsprechende Zusammenhang lässt sich, quasi-fotochemisch, als von einer Entwicklungsumgebung emulsiv umschlossen denken, die in Schulen, Geschäften und Privatumgebungen sowie der printmedialen Populärkultur Strukturen herstellt, die massiv prozessbeschleunigend auf die „Amateurfotografie" als Gefüge einwirken. Nachdem die Auszeichnungsfunktion der Agfa Box für die guten Schulnoten des Foto-Sohns bereits beiläufig benannt wurde, ist nun von einer Kampagne die Rede, bei der sich der Kaufpreis der Kamera auf 4 Reichsmark reduziert, wenn der Betrag in vier Markstücken bezahlt wird, die so zusammengesetzt sind, dass die Initialen der Prägeanstalten auf den Münzen den Schriftzug A-G-F-A ergeben:

> Auf unseren Einmarkstücken befindet sich unter dem Adler jeweils ein Buchstabe, der den Ort der Münzprägung bezeichnet. Durch den Buchstaben A zum Beispiel verrät sich die Berliner Münze. Die Agfa verlangte nun, daß der Anwärter auf eine Agfa-Box vier Einmarkstücke auf den Tisch legte, von denen zwei das Münzzeichen A, eines das Münzzeichen G und das vierte ein F aufzuweisen hatten. Richtig aneinandergereiht ergeben diese Buchstaben unseren Markennamen AGFA. Nicht umsonst hatte man auf die dem Menschen innewohnende Freude an der Findigkeit gerechnet. (EuA, 144)

Jene Aktion, an der sich vor allem Jugendliche „mit einem wahren Feuereifer" beteiligten, basiert auf der Idee einer Generierung von Vorteilen durch Selektion und richtige Kombination des Zuhandenen, in diesem Fall von

Geldstücken. Über ‚Findigkeit' als invarianter menschlicher Eigenschaft erklärt die Broschüre auch die erfolgreiche Entwicklung der Amateurfotografie, etwa wenn es für die Arbeit in der Kamerafabrik heißt: „Menschengeist, Menschenhand und die von Menschen ersonnene Maschine wirken hier sinnvoll zusammen." (EuA, 145) Dabei werden graduelle Akzentverschiebungen hinsichtlich der zugrundliegenden Prinzipien unternommen. Während im ersten Fall eine innere „Freude an der Findigkeit" herangezogen wird, ist es im zweiten Fall das betont „sinnvolle" Zusammenwirken der wiederum durch Alliterationen dichterisch markierten M-Reihe, in die rhetorisch naturalisierend auch die Maschine integriert wird.

Das Kapitel reichert ein Zeichensystem an, in dem einmal nicht ein anderer, als ‚fremd' vorgestellter Raum und auch nicht die ‚deutsche Tiefe' zu kolonisieren sind. Auch die Sphäre des Wohngehäuses ist ja bereits von I.G.-Produkten durchdrungen und innerhalb der Broschüre als solche nachholend erkannt worden. Was dem Amateurfotografen zu erobern bleibt liegt ätherisch gleichsam zwischen und um die bereits erschlossenen Sphären, weshalb es auch plausibel scheint, von der Dinglichkeit des Entwicklerbades auszugehen, in dem die eingetauchten Materialien, so sie denn der Logik der chemischen Umgebung entsprechen, entwickelt werden, das heißt ihre „eigentliche" Gestalt annehmen und zu sich kommen. Zwar wird auch die Entwicklung massentauglicher Fototechnik innerhalb der Broschüre als „Neuland" (EuA, 143) beschrieben und so das synthetisch-koloniale Narrativ der I.G. generell weitergeführt, in dem Fortschrittsgeschichte als geographische Erschließung neuer unbekannter Zonen gedacht wird, allerdings liegt hier ein generellerer Strang einer größeren Fortschrittserzählung, den nicht erst die moderne Technikdebatte entwickelt, wenngleich sie ihn nochmal forciert bespielt.[202] Für die Fototechnik findet indes ein weniger fassbarer Raumbegriff Anwendung, der sich als Sphäre des Lichts beschreiben lässt und ein ätherisches Modell aufruft, das den Blick nochmal zur Sichtbarmachung des Unsichtbaren lenkt. Ziel des infrastrukturellen Gefüges um die Amateurfotografie ist es schließlich, „das uns umgebende göttliche Licht als gestaltendes Moment allen Volksgenossen zugänglich zu machen", was als Kolonisierung sämtlicher Zwischenräume verstanden werden kann, die einem besetzenden Zugriff materieller Art potenziell

202 Was beispielsweise besonders deutlich wird, wenn Großprojekte tatsächlich als Raumprojekte, allerdings innerhalb der eigenen, bereits bekannten Topographie, lesbar werden, wie etwa im Fall der Reichsautobahn. Vgl. hierzu Erhard Schütz & Eckhard Gruber: *Mythos Reichsautobahn. Bau und Inszenierung der „Strassen des Führers" 1933–1941*. Berlin 1996.

entgängen wären. Das Licht scheint zunächst nicht okkupierbar, kann aber, indem es innerhalb fotografischer Verfahren chemisch rationalisiert und aus der Göttlichkeit säkularisiert Bild wird, zum Gegenstand wiederholbarer und konsumierbarer Operationen und damit kontrollierter Akteur alltäglicher Erfahrung werden. Die „Volksgenossen", denen das Licht als „gestaltendes Moment" zur Verfügung gestellt wird, schließen auf diese Weise zu den mehrfach erwähnten Dichtern auf, denen das „Einfangen des Augenblicks" in der Ära vor der Amateurfotografie vorbehalten war. Auch das Mirakulös-Wundervolle wird dem interessierten Laien schließlich durch die Entwicklung der Farbfotografie zugänglich gemacht, deren öffentliche Präsentation mit den Eindrücken von Daguerres Vorführungen enggeführt wird:

> So konnte, als der Agfacolor-Film im Oktober 1936 zum ersten Male einer größeren Öffentlichkeit vorgeführt wurde, eine deutsche Tageszeitung unter anderem schreiben:
> „Man möchte das Gesehene als ein Wunder bezeichnen, wenn man nicht selbst alles gesehen hätte." (EuA, 150)[203]

Nicht ganz 100 Jahre nach Daguerres Demonstration steht die Fotografie also noch immer im Rang des potenziell Wunderbaren, wobei die Feststellung dieses Status von der Broschüre an die Tagespresse delegiert wird, was der neuen Technik einen aktuellen Index und den Rang des ‚Sensationellen' verleiht. Die Darstellung des „unübersehbar groß[en] [...] Tätigkeitsgebiet[s]" (EuA, 150) der Agfa führt Sphären verschiedener Größe im Medium der Fotografie zusammen und macht sie so, auch jenseits der Amateurfotografie, zur Hilfstechnik für die anderen Bereiche der I.G., verweist dabei aber stets weiter auf den dichterisch grundierten menschlichen Ursprung des Mediums:

> Der Film, von Menschengeist und Menschenhand geschaffen, enthüllt uns zuweilen Geheimnisse der Natur, die das menschliche Auge allein nicht mehr erfaßt. So gibt es Agfa-Spezial-Filme und -Platten für die Photographie der Sternenwelt. Andere Filme wieder dienen zur Aufnahme der mikroskopisch kleinsten Lebewesen. Für die medizinische Wissenschaft sind die Röntgenaufnahmen ein unentbehrliches Hilfsmittel geworden. Die Wichtigkeit guter Luftbildaufnahmen braucht nur angedeutet zu werden. (EuA, 150)

203 Das Zitat stammt aus einem Artikel in der *Tageszeitung der Deutschen Arbeitsfront* vom 19. Oktober 1936, die bis 1934 unter dem Namen *Der Angriff* firmierte und von Goebbels als Gaublatt für Berlin gegründet wurde.

Die Synthesechemie vermag es, über die Fotografie an einer Neubestimmung der Ordnung des Sicht- und Repräsentierbaren mitzuarbeiten, bei der Vorstöße in die Bereiche des Extraterrestrischen, des Mikroskopischen und sogar des Molekularen für die Infragestellung bisher geltender Paradigmen sorgen. Die Klassifikation, die die Broschüre für die fototechnischen Produkte der I.G. vorgibt, bedient sich dabei Wertmaßstäben verschiedener Kategorien, in denen die technischen Eigenschaften der beschriebenen Artefakte deutlich überstiegen und zu moralischen oder politischen Charakteristika werden. So begegnet die Fotografie der Natur etwa im Modus des ‚Geheimnisses', das es zu „enthüllen" gilt, was auf die Technik zurückwirkt, indem sie zu einer „von Menschengeist und Menschenhand gemacht[en]" Überwinderin jener Sichtbarkeitsgrenze wird, die von der Natur selbst mit dem menschlichen Auge, das „allein" jene Rätsel eben nicht zu entbergen vermag, eingerichtet wurde.

Eine ganzseitige Abbildung stellt „Das Heimkino für Jedermann"[204] dar. Sie zeigt eine Familie aus Eltern und vier Kindern beim gemeinsamen Betrachten eines Films, von dem ein Bild zu sehen gegeben wird, auf dem eine Gruppe offensichtlich nordamerikanischer Ureinwohner, in ‚europäischer' Vorstellung mit Federschmuck und mit Pfeil und Bogen bewaffnet, einen Bären jagt. Die Familie wird durch das Projektoren-Modell Movector Record, vier Seiten früher eingeführt[205], und seinen (perspektivisch nicht „korrekt" wiedergegebenen) Lichtkegel als auf einen gemeinsamen Schauraum ausgerichtete Sehgemeinschaft beleuchtet und so konstituiert. Das im familiären Kontext gelockerte Kino-Dispositiv überträgt sich gleichsam auf die Bildbetrachter_in, der die Zuschauer_innen des Films nur in der Rückenansicht zu sehen gegeben werden und wiederholt sich nochmal im betrachteten Film, in dem die vier dargestellten Jäger wiederum als von schräg hinten zu sehende Gruppe den Bären aus gewisser Distanz betrachten. Das Bild lagert so an Reflexionen über die Ordnung des Film-Sehens Gedanken darüber an, in welchem Verhältnis sich „Das Heimkino für Jedermann" zur familiären Binnensphäre positioniert, inwiefern sich die synthetisch hergestellte Fernsehfamilie als vergeschlechtlichte Gemeinschaft deuten lässt[206], aber auch, wie Bildmedien

---

204 Die Abbildung entstammt einer Werbeanzeige für *Ozaphan*-Heimfilme. Vgl. Kadlubek & Hillebrand: *AGFA*. S. 56.

205 Im Betrieb eingeführt! Das Licht des Projektors fällt aus einer Collage mit Agfa-Geräten rechts aus dem Bild in Richtung des Heimkinos. Die Collage trennt durch eine Hell/Dunkel-Topographie zudem Geräte, die auf einfallendes Licht angewiesen sind, von selbst Licht aussendenden Apparaten.

206 Vgl. zur auf den Film angewandten Schaulust (Skopophilie) Laura Mulvey: „Visuelle Lust und narratives Kino". In: Liliane Weissberg (Hg.): *Weiblichkeit als Maskerade*. Frankfurt/

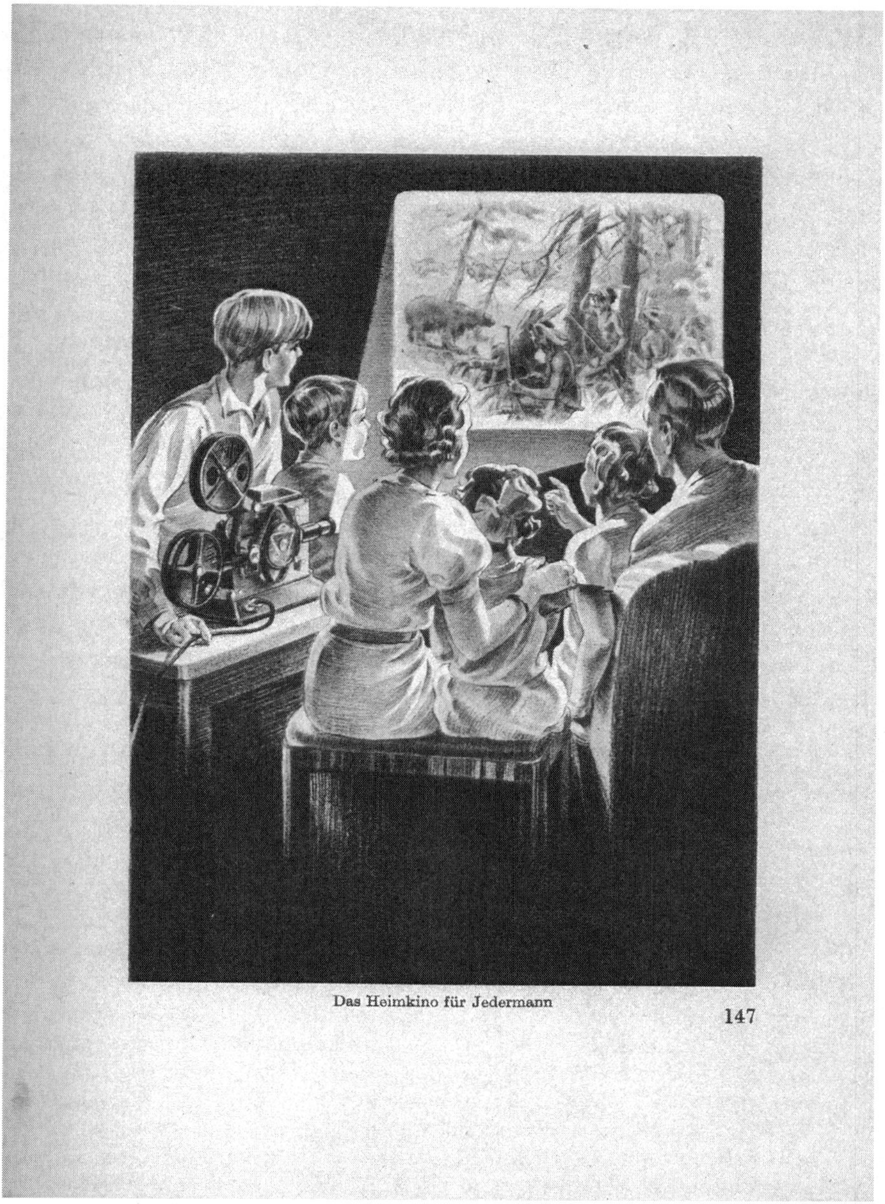

Abb. 14 Das Heimkino für Jedermann

als ‚Orte' der Repräsentation von ‚Bildern' des ‚Fremden' (nordamerikanische Ureinwohner und später, auf dem ersten ausdrücklichen Farbfoto innerhalb der Broschüre, „Lappländer"[207]) mit raumnehmendem Potenzial, also der Fähigkeit, ‚fremde' Welten durch Blicke zu besetzen, funktionieren.

Der aus der Agfa-Produktreihe hinausleuchtende und in der folgenden Abbildung die Familie versammelnde, ihren Blick zur Bildmitte lenkende Projektor sowie das reproduzierte Foto der „Lappländer", die wiederum nach links aus der Abbildung hinaus und damit innerhalb der Broschüre auf die vorangegangenen Settings zurück schauen und figurativ einen Teil der Familienszene spiegeln, bildet eine vom Text zunächst unabhängige, die deutsche Idealfamilie umschließende Licht- und Blick-Klammer, die eigenständig die Stellung des privaten Film- und Fotogebrauchs als Versammlungsort männlich kontrollierter emotional-familiärer Gemeinschaft aushandelt.[208] ‚Licht', von der Broschüre als Gestaltungsmittel der Foto- und Filmtechnik explizit benannt, wird im Film zum domestizierten, technisch geregelt einsetzbaren Medium der Herstellung und Ausrichtung von Kollektiven.

Abschließend wird die Agfa als vollsynthetischer Betrieb charakterisiert, der in der Lage ist, alle Bereiche der fotografischen Praxis mit seinem Sortiment zu bespielen. Die räumlich getrennten, aber organisatorisch eng verbundenen Produktionsstätten in München (Kameras), Wolfen (Film) und Leverkusen (Fotopapiere) verbindet

> ein dauernder Austausch von Erfahrungen [...]; ihrer folgerichtigen Zusammenarbeit und straffster Zusammenfassung in wissenschaftlicher, technischer und

---

Main 1994 [1985]. S. 48–65, hier S. 51f. sowie Gertrud Koch: *„Was ich erbeute, sind Bilder". Zum Diskurs der Geschlechter im Film*. Basel, Frankfurt/Main 1989.

207 In der Bildunterschrift heißt es ausdrücklich „Farbige Reproduktion *nach* Agfacolor". Zugleich ist das Bild nicht, wie sonst bei Fotografien üblich, auf gestrichenes Papier gedruckt (vgl. EuA, 152, Herv. AW). Bei einer früheren farbigen Foto-Abbildung von Vistra-Stoffen handelt es sich um eine unkommentiert kolorierte Schwarzweiß-Fotografie.

208 In der Familienszene ist es, eine stereotyp heteronormative Kleinfamilienstruktur vorausgesetzt, der älteste Sohn, der den Projektor als Operator bedient, seinen jüngeren Bruder neben sich. Der Vater rechts außen verschmilzt mit einem jüngeren Kind, dessen Geschlecht sich nicht wie bei den anderen mittels Frisur und/oder Kleidung vereindeutigen lässt, eher aber den anderen Frauen entspricht (gewelltes Haar, Kurzarmhemd). In der Mitte hält die Mutter eine Tochter im Arm. Die deutlich und vom Mobiliar getrennt in Paare aufgeteilte Gruppe ist geschlechtlich strukturiert in 1) ‚Sohn'/‚Sohn' am Projektor ≈ ‚männlicher Blick', 2) ‚Mutter'/‚Tochter' zentral fürsorglich ≈ ‚weiblicher Blick', 3) ‚Kind'/‚Vater' verschmolzen aufs Bild deutend ≈ der ‚Name des Vaters'. Die dritte Gruppe aus Vater und Kind am rechten Rand holt zugleich das Mutter/Kind-Paar aus dem „Lappländer"-Bild hinüber.

> kaufmännischer Beziehung hat die Agfa ihre unbestritten führende Stellung auf photographischem Gebiet zu verdanken. (EuA, 153)

Im Zuge einer Politisierung der Zusammenhänge, in die die Agfa eingelassen ist, entlässt die Broschüre den ‚Amateur', der zuvor noch zu „einem richtigen Wegbereiter des Fortschrittes" (EuA, 152) erklärt wurde, wieder, um von einer synthetischen Konstruktion „auf Augenhöhe" aus, in der Existenz und Koexistenz der Produktionsstätten als ‚folgerichtig' und ‚straff' bezeichnet und ihre Verbindungen als auf den drei Ebenen Forschung, Technik und Handel kompetent strukturiert und gegen Risiken immunisiert gekennzeichnet werden, den Schritt über die Grenze des eigenen Landes zu machen. Für diesen Schritt ist der ‚Amateur' kein adäquater Partner mehr, diente er doch vornehmlich dazu, die Zirkulation fotografischen Wissens im privaten Binnenraum als männlicher Gefühlsprozessor semantisch zu steuern. Für die internationale Positionsbestimmung koordiniert die Broschüre die Agfa zunächst mit den anderen Sparten der I.G.[209] und wiederholt dann noch einmal den umfassenden Charakter des Sortiments für den globalen Markt. Referent für die kleinteiligen Distributionswege und den ortsunabhängig geltenden qualitativen Standard der Agfa-Produkte ist nun der ‚Forscher':

> Wenn daher Forscher ihre Reisen in unbekannte Länder vorbereiten, dann fehlt in ihren Ausrüstungen unser Agfa-Material nicht. Sie nehmen unsere Agfa-Filme, Kameras, Chemikalien und Papiere auf ihre Fahrten mit, weil sie sich unter allen Bedingungen des Klimas und des Wetters bewähren und weil auf der ganzen Erde in den kleinsten und entferntesten menschlichen Siedlungen Agfa-Material in der stets gleichen Beschaffenheit und Güte und mit den stets gleichen, genau bekannten Eigenschaften zu kaufen ist. (EuA, 153)

Die Broschüre stellt implizit eine Verbindung zu anderen I.G.-Bereichen her, in diesem Fall zur Pharma-Sparte, in deren Beschreibung „Forschungsreisen" immer wieder eine Rolle spielen. Die Fotografie wandert so vom privaten, vor allem auf ‚Gestaltung' ausgerichteten Medium, das historisch in der Nähe von ‚Dichtung' und ‚Fortschritt' verortet war, zur Dokumentationsform, die wissenschaftliches Handeln und seine Akteure auf internationalen Routen begleitet und unterstützt. Auf solchen Expeditionen muss sich das fotografische Material in klimatischen Extremsituationen „bewähren". Wie die pharmazeutischen Erzeugnisse auch haben es die Fotoprodukte dabei bereits

209 Vgl. EuA, 153: „Wie die Heilmittel und die anderen Erzeugnisse unserer I.G. künden auch die Agfa-Produkte in den Tropen, im fernen Asien oder wo sonst immer auf der Welt, von deutscher Wertarbeit und von dem Fleiß unserer I.G.-Gefolgschaft."

in entlegenste Weltregionen geschafft und sichern dort, synthetisch kolonial, als bewegliche Objekte einen von lokalen Bedingungen nicht tangierten ‚deutschen' Immunstandard ab, der als ‚Ruhm' nach Deutschland zurückkehrt. Formulierungen wie „stets gleich[], genau bekannt[]" oder die Superlative „kleinsten und entferntesten" rufen ein universalistisches Konzept von technischer Durchdringung auf, in dem ultimative Maßnahmen ultimative Konsequenzen erbringen und alle Unsicherheitsfaktoren ausgeschaltet sind. Aktionskreis und Verhalten der einzelnen Akteure lassen sich als „organische Konstruktion" bestimmen und spielraumfrei prognostizieren. Über ihre Technikreflexion schließt die Broschüre erneut an die in zahlreichen Sparten (Literatur, Journalismus, Politik etc.) geführte Debatte um die ‚Tatsache' als kulturelle Größe an.[210] Die Forscher nehmen ihre Agfa-Produkte mit, finden aber zugleich dieselben Produkte in allen Winkeln der Erde wieder vor. Ihre Bewegung wird letztlich zirkulär und der wissenschaftliche Zugriff auf die Welt gibt sich als von der überlegenen Wissenschafts-, Technik- und Handelssynthese der I.G. längst überholt, die Existenz der Forscher als technisch präfiguriert zu erkennen.

Das Kapitel endet mit einem Verweis auf jene Aufgaben der Fotografie, die die Gegenwart übersteigen und die den Konstruktionscharakter von Geschichte selbst betreffen: „Die Geschichte unserer Zeit wird nicht zuletzt durch Photo und Film geschrieben. Aufnahmen zeitgeschichtlicher Ereignisse geben dem Film seine höchste Bestimmung: Er wird geschichtliches Dokument!" (EuA, 153) Die bildgebende Technik erhält im Zusammenhang mit einer auf die Zukunft weisenden temporalen Gerichtetheit den Status einer geschichtsmächtigen Akteurin und Produzentin von ‚Tatsachen'. Vor allem das Potenzial zur Erzeugung solcher ‚Tatsachen' bespielt das phantasmagorische Setting der Bildmedien.[211] Über die Spaltung der Film/Foto-Funktionsbereiche

210 Vgl. hierzu Lindner: *Leben in der Krise*. S. 166: „Der ‚tiefere' Sinn der technischen Rationalität besteht den sachlichen Denkern zufolge darin, die Atmosphäre zu ‚reinigen', d.h. Lebensformen, Denken und Sprache der todgeweihten bürgerlichen Kultur auszumerzen. Dieser wirft man vor, das ‚Seelische' und ‚Ideale' mit den Tatsachen vermischt und so das „Leben" sentimental verfälscht zu haben." Die Broschüre verhält sich zu dieser Diagnose der „sachlichen" Technik-Diskussion ambivalent.

211 Die Tendenz hierzu findet sich bspw. schon in der geopolitischen Belletristik der Jahrhundertwende, für die Hahnemann feststellt: „Wenn sich aber die Wissensproduktion nicht mehr ausschließlich der Abbildlichkeit verpflichtet weiß und die Fiktion gezielt die Nähe zur politischen Wirklichkeit (und Wirksamkeit) sucht, kollabieren auch die Grenzen zwischen Wissen, Propaganda und Fiktion. Der Grenzverkehr (von rhetorischen Figuren, Erzählungen, Bildern) zwischen faktografischen und fiktionalen Texten wird von der Ausnahme zur Regel und der Punkt, an dem eine Wissensvermittlung über die weltpolitisch relevanten ‚Kräfte und Tatsachen' in eine lustvolle Autosuggestion und

entlang der Figuren von ‚Amateur' und ‚Forscher' demonstriert die Broschüre ihren Umgang mit dieser Diskussion und legt fest, an welchen diskursiven ‚Orten' die Medien welchen Produktionsauftrag erhalten und ob dessen Erledigung in der Vermittlung des Medienwissens und der Distribution seiner technischen Akteure eher emotional oder eher sachlich zu steuern ist. Die politische Dimension von Fotografie und Film übersteigt in ihrer historischen Perspektive und in ihrer Internationalität den Einzelnen, der ihr im Raum des ‚Eigenen' noch als signifikanter semantischer Prozessor gedient hat. Die Sphäre männlichen Gefühlsverkehrs, in die das Foto und seine Herstellung als privater Praxisverbund als „Entwickler" hineinmontiert wurde, sowie die Besetzung des bisher räumlich nicht zu kolonisierenden Zwischen- und Füll-Raums aus ‚Licht' und seine säkularisierende Einhegung ins technische Dispositiv, werden von der Broschüre als wichtige Neuheiten in das ideologische Modell der I.G. eingeführt. In der räumlich darüber hinausweisenden Sphäre von internationaler Forschung nimmt das Fotokapitel dagegen broschüreninternen Kontakt mit früheren Setzungen, vor allem jenen für die Pharmazie, auf. Für die Geschichte als den zeitlichen Horizont des Einzelnen übersteigendes Aktionsfeld von Fotografie und Film wird am Ende des Kapitels erstmalig angedeutet, dass in den Medien auch ein interpretatorisches Potenzial liegt, dass den dichterischen Impuls vom Anfang und den handschriftlichen Index, den eine Fotografie von ihrer jeweiligen Entstehungszeit mitnehme, insofern wieder aufgreift, als dass die Bildmedien *Dokument* werden und Geschichte *schreiben* und also an der Selektion und Kombination von Daten für den historiographischen Zeichenspeicher, auf dessen Grundlage nachfolgende Generationen ihr „Bild" jener Zeit re-konstruieren werden, handelnd beteiligt sind. Bemerkenswert ist dabei, dass im gesamten Kapitel keine Anmerkungen dazu gemacht werden, *wie* etwas darzustellen ist. Die Broschüre macht hierzu keine Aussagen, verhandelt aber damit und mit den anderen Inhalten implizit auch jenen ‚Rahmen', den Ebner für die Konstitution der ‚Weltanschauung' als zentral wichtig erachtet, weil hierhin spezifische ‚Störungen' ausgelagert werden.[212] Die Fotografie als mit der Bildproduktion zentral befasste Sphäre stellt einen Raum dar, in dem die Bedingungen ideologischer Welt-Konstruktion reflektiert werden, wozu es innerhalb der Medienordnung von *Erzeugnisse unserer Arbeit* einen gewissen Drang gibt. Gleichzeitig muss die Reflexion strukturell in einer nicht explizit referierten Textschicht verbleiben, deren Inhalte nur im Rückgriff und durch Abgleich mit anderen Organisationssphären der Broschüre erfolgen kann,

---

narzisstische Projektion der eigenen Rolle im Weltgeschehen der Gegenwart umschlägt, ist nicht mehr genau zu bestimmen." In: Hahnemann: *Texturen des Globalen*. S. 299.

212 Vgl. Ebner: *Nationalsozialistische Kolonialliteratur*. S. 11 & 18.

sowohl vertikal innerhalb des Kapitels (Bild und Text etwa), als auch horizontal zwischen den Kapiteln (in den jeweils eingeführten Ideologemen).

1.8 Binnenraum 5: „Der Griff in die Luft"

Die alliterativ mit dem Titel des vorangegangenen Kapitels verbundene Überschrift „Der Griff in die Luft" spielt auf eine wichtige ernährungspolitische Forderung an, die zu Anfang des Zwanzigsten Jahrhunderts viel diskutiert wurde. Angesichts steigender Bevölkerungszahlen und unsicherer weltpolitischer Verhältnisse wurden Fragen darüber laut, ob die starke Abhängigkeit von Rohstoffen aus Südamerika, vor allem dem stark stickstoffhaltigen Salpeter aus Chile, bei der Produktion von Düngemitteln mittelfristig nicht zu einer gefährlich verschlechterten Versorgungslage bei Lebensmitteln in Europa führen würde.[213] Ein wichtiges Datum hierfür ist ein Vortrag des Chemikers William Crookes von 1898, der die Stickstofffrage dramatisch zugespitzt als Überlebensfrage der „kaukasischen Rasse"[214] verhandelte:

> The fixation of nitrogen is a question of the not far-distant future. Unless we can class it among certainties to come, the great Caucasian race will cease to be foremost in the world, and will be squeezed out of existence by races to whom wheaten bread ist the staff of life.[215]

Mit dieser Feststellung kombiniert Crookes die Ernährungsweisen in bestimmten Regionen, die er simplifizierend in Weizen- und Reis-Esser einteilt, mit

213 „Die Bindung des Stickstoffs ist eine Frage einer nicht allzu fernen Zukunft. Wenn wir nicht mit Sicherheit auf sie rechnen können, wird die große kaukasische Rasse aufhören, die erste in der Welt zu sein, und wird durch Rassen, für die das Weizenbrot nicht lebensnotwendig ist, aus dem Dasein verdrängt werden." Zit. n.: A. Hermann: „Haber und Bosch. Brot aus Luft. Die Ammoniaksynthese". In: *Physik Journal* 21 (1965), S. 168–171, hier S. 168. Für einen knappen Überblick der entsprechenden Zusammenhänge vgl. auch Jost Weyer: *Geschichte der Chemie*. Bd. 2: *19. und 20. Jahrhundert*. Berlin 2018. S. 213–215.

214 Hierzu zählt Crookes explizit „[...] the peoples of Europe, the United States, British America, the white inhabitants of South Africa, Australasia, parts of South America, and the white population of the European colonies", deren Weizenkonsum „almost universaly increased" sei und die Crookes zusammenfassend als „bread-eaters" bezeichnet. In: William Crookes: *The Wheat Problem. Based on Remarks made in the Presidential Address to the British Association at Bristol in 1898*. New York, London 1900. S. 12.

215 Ebd., S. 46. Dass der prekäre Status zukünftiger Lebensmittelversorgung auch in der deutschsprachigen Debatte geteilt wurde, zeigt bspw. der dem Stickstoff gewidmete Aufsatz des Nobelpreisträgers Wilhelm Ostwald mit dem prägnanten Titel „Eine Lebensfrage". In: *Schwäbische Kronik, des Schwäbischen Merkurs zweite Abteilung* 231/II. Blatt (20. Mai 1903).

einem Konzept zivilisatorischer Wertigkeit und konstruiert so eine an diätetischen Standards orientierte weiße „Rasse“, deren Überlegenheit sich aus ihren Essgewohnheiten „speist“[216]. Außerdem erhebt er die Chemie in den Rang einer absoluten Leitwissenschaft, die in der Lage ist, den drohenden Untergang des Abendlandes zu verhindern.[217] In der Folgezeit widmete man sich dem Problem auch in Deutschland mit Nachdruck. Beginn und Ende der entsprechenden Erzählung, also Diagnose und Heilung des Problems, werden von den ‚deutschen‘ Narrativen der Zeit stets als eigene Leistung exzeptioneller Chemiker verhandelt. So wird das Verdienst, den Stickstoff und seine Aufnahme aus Boden und Luft als entscheidenden Faktor für das Gedeihen der Nutzpflanzen erkannt zu haben, Justus von Liebig und seiner 1840 veröffentlichten Schrift *Die Chemie in ihrer Anwendung auf Agricultur und Physiologie* zugeschrieben.[218] Eine Strategie zur Lösung für das Rohstoffproblem war seit der Jahrhundertwende dementsprechend die technische Umwandlung des in der Luft enthaltenen Stickstoffs zu portionierbaren Düngemitteln in fester oder flüssiger Form. 1900 bot der spätere Chemie-Nobelpreisträger Wilhelm Ostwald der BASF ein Verfahren zur Synthese von Ammoniak für eine Million Mark zur industriellen Verwertung an, das in betriebsinternen Prüfungen

---

216 Vgl. Cameron Muir: *The Broken Promise of Agricultural Progress. An Environmental History*. New York 2014. S. 97: „Wheat was the dietary link to the world's great civilisations to which imperial Europe was inheritor. Cultivation of wheat not only founded advanced society and culture, the wheat itself provided the nutritional sustenance for the physical and mental superiority of the bread-eaters.“

217 Vgl. hierzu Margit Szöllösi-Janze: *Fritz Haber. 1868–1934. Eine Biographie*. München 1998. S. 157. Dort auch Informationen über die verschiedenen Prognosen, wann die Salpetervorräte erschöpft sein würden. Die Schätzungen der Jahrhundertwende reichen von 1923 bis 2044.

218 Vgl. Justus von Liebig: *Die organische Chemie in ihrer Anwendung auf Agricultur und Physiologie*. Braunschweig 1840. S. 83f.: „Wie leicht und befriedigend erklären sich nach diesen Thatsachen die Eigenschaften des Humus (der verwesenden Holzfaser). Er ist nicht allein eine lange andauernde Quelle von Kohlensäure, sondern er versieht auch die Pflanzen mit dem zu ihrer Entwickelung unentbehrlichen Stickstoff. Wir finden Stickstoff in allen Flechten, welche auf Basalten, auf Felsen wachsen; wir finden, daß unsere Felder mehr Stickstoff produciren, als wir ihnen als Nahrung zuführen; wir finden Stickstoff in allen Bodenarten, in Mineralien, die sich nie in Berührung mit organischen Substanzen befanden. Es kann nur die Atmosphäre sein, aus welcher sie diesen Stickstoff schöpfen./ Wir finden in der Atmosphäre, in dem Regenwasser, im Quellwasser, in allen Bodenarten diesen Stickstoff in der Form von Ammoniak, als Product der Verwesung und Fäulniß der ganzen, der gegenwärtigen Generation vorangegangenen, Thier- und Pflanzenwelt; wir finden, daß die Production der stickstoffreichen Bestandtheile der Pflanzen mit der Quantität Ammoniak zunimmt, die wir in dem thierischen Dünger zuführen; und kein Schluß kann wohl besser begründet sein als der, daß das Ammoniak der Atmosphäre es ist, welches den Pflanzen ihren Stickstoff liefert.“

von Carl Bosch, dem späteren I.G.-Chef, als unzureichend und nicht erfolgversprechend[219] eingestuft wurde. Stattdessen gelang es Bosch, das Verfahren, das Fritz Haber wenige Jahre nach Ostwald entwickelt hatte[220], im industriellen Maßstab zu vergrößern, worauf die BASF 1913 eine große Anlage zur Ammoniaksynthese nach dem Haber-Bosch-Verfahren bei Ludwigshafen in Betrieb nahm, der, auch bedingt durch den gesteigerten Sprengstoff- und Schießpulverbedarf im Weltkrieg, 1915 eine Erweiterung und 1917 ein neues großes Werk in Leuna folgten.[221] 1918 erhielt Fritz Haber für das Verfahren den Chemie-Nobelpreis[222], Carl Bosch für seine technische Umsetzung 1931.

Nahezu alle populärwissenschaftlichen Überblicksdarstellungen zum Rohstoff-Thema, die zur Zeit des Nationalsozialismus erscheinen, widmen sich, obwohl das Problem längst gelöst ist, auch in den späten Dreißiger Jahren noch immer ausführlich der Salpeter-Frage als wichtiger Etappe des ‚deutschen' Autarkieprojekts.[223] An den Komplex lagern sich dabei verschiedene wichtige Topoi ‚deutscher' Erinnerungs- und Gegenwartsnarration

219 Vgl. Hermann: *Haber und Bosch*. S. 169.

220 1908 meldet Fritz Haber das Patent auf sein „Verfahren zur synthetischen Darstellung von Ammoniak aus den Elementen […]" an. Vgl. Dietrich Stoltzenberg: *Fritz Haber. Chemiker, Nobelpreisträger, Deutscher, Jude*. Weinheim 1998. S. 158. Für eine auf Carl Bosch fokussierte Darstellung in der üblich wohlwollenden Form von Unternehmensgeschichten vgl. Jeffrey Allan Johnson: „Die Macht der Synthese (1900–1925)". In: Werner Abelshauser (Hg.): *Die BASF. Eine Unternehmensgeschichte*. 2. Aufl. München 2003. S. 117–219, hier S. 158–164.

221 Vgl. Weyer: *Geschichte der Chemie*. S. 214f.

222 Die Geschichte der Figur Fritz Haber, der als Chemiker wichtige Voraussetzungen für den militärischen Einsatz von Giftgas im Ersten Weltkrieg legte, zugleich das Verfahren entwickelte, das die Produktion von Düngemitteln revolutionierte, nach einem Verfahren zur Goldgewinnung aus Meerwasser suchte, das der Begleichung deutscher Reparations-Leistungen dienen sollte und schließlich als Deutscher jüdischen Glaubens 1933 emigrierte und kurz darauf starb, muss in ihrer Ambivalenz durch die bisher nicht geschriebene Geschichte von Clara Immerwahr ergänzt werden, der Chemikerin und ersten an der Universität Breslau promovierten Frau, die Haber 1901 heiratete und die sich 1915 nach dem ersten großen Einsatz von Giftgas in der Schlacht von Ypern, nach einem Fest zu Ehren Habers mit seiner Dienstpistole das Leben nahm. Vgl. zu Immerwahrs Leben bspw. Szöllösi-Janze: *Fritz Haber*. S. 124–131 sowie zu ihrem Suizid S. 393–399. Die im selben Jahr erschienene Haber-Biographie von Dietrich Stoltzenberg widmet ihr im Kapitel „Familiäres und Privates" unter der Überschrift „Die Ehe mit Clara Immerwahr", deutlich auf die Perspektive des Mannes ausgerichtet, noch weniger Seiten. Vgl. Stoltzenberg: *Fritz Haber*. S. 352–356.

223 In Auswahl wären das bspw. Anton Zischka: *Wissenschaft bricht Monopole* (1936), Ders.: *Brot für 2 Milliarden Menschen* (1938), Walter Greiling: *Chemie erobert die Welt* (1938), Claus Ungewitter: *Verwertung des Wertlosen* (1938), Hans Joachim Flechtner: *Die Welt in der Retorte* (1938), Walther Pahl: *Weltkampf um Rohstoffe* (1939), Georg Schulze: *Völkerwohlstand und Weltwirtschaft* (1942).

seit 1914 an, allen voran das Weltkriegs- und das Raum-Problem, ohne dabei konsequent die strukturell angebotene Trennung der Bereiche aus der Industrie zu übernehmen, nach der geboten wäre, über die Verwendung von Stickstoffprodukten als Düngemittel vor allem Raum-, über ihre Rolle bei der Produktion von Explosivstoffen überwiegend Weltkriegs-Angelegenheiten zu verhandeln. Das liegt zum einen daran, dass beide Themenkomplexe kategorial verschieden gelagert und darum nicht konsequent voneinander zu trennen sind. Beide Diskursstränge überlagern sich zumindest partiell, wobei naheliegenderweise vor allem die Raum-Debatte Erzählungen über den Weltkrieg mit-formiert.[224] Zum anderen werden beide Themenkomplexe von einem Geschichts-Narrativ überlagert, das sie letztlich als zwei distinkte Diskussions-Varianten innerhalb desselben Arbeitsbereichs identifizierbar macht, in dem es perspektivisch um die Bearbeitung, wohl gar Bewältigung, der militärischen und kolonialen Kränkung von 1918 und ihre Neuperspektivierung aus der Sicht eines synthetischen (Auto-)Kolonialismus geht.[225]

Das Kapitel beginnt mit der typisierenden Erzählung eines Gutshofs, der über viele Jahre hinweg zahlreichen Besitzern trotz großer Anstrengungen kein Auskommen ermöglicht hat: „So ungünstig waren die klimatischen Verhältnisse, so karg war der Boden. Ein Sandboden war es, arm und unfruchtbar [...]" (EuA, 155) Durch seine Lage erreichen den Hof kaum Niederschläge und auch sonst scheint er, mehrfach benachteiligt, einerseits exemplarisch für „die magere Scholle unseres Vaterlandes" (EuA, 156), andererseits ein besonders schwerer Fall landwirtschaftlicher Armut zu sein. Zuletzt wird noch sein unterminierendes Potenzial für das Gemeinleben angedeutet, wenn es heißt „So kamen und gingen Besitzer und Pächter, die eigentlich nur an dem Tage ihres Lebens froh wurden, an dem sie die Übergabe an den neuen Nachfolger vollzogen hatten." (EuA, 155) Über den Ackerbau hinaus erhält der „unfreundliche[] Boden" (EuA, 155) eine soziale Funktion und sein Zustand wird zum Anreger psychologischer und zwischenmenschlicher Prozesse, die ‚Lebensqualität' allenfalls am Ende seines Besitzes verorten: Wer ihn loswird, wird froh, macht damit aber zugleich einen Anderen unglücklich und lässt so das Gemeinwesen sukzessive erodieren.[226]

---

224 Vgl. Bechstedt: ‚*Gestalthafte Atomlehre*'. S. 144 sowie van Laak: ‚*Ist je ein Reich, das es nicht gab, so gut verwaltet worden?*'. S. 77.

225 Vgl. Hahnemann: *Texturen des Globalen*. S. 170f.

226 Jener Hof wird in der Pfalz verortet, wo sich, „die strukturelle Arbeitslosigkeit länger als in anderen Regionen Deutschlands [hielt] – und zwar bis ins Jahr 1937." Die I.G.-Werke in Ludwigshafen und Oppau, in deren Einzugsbereich jener Hof liegt, klagten, bedingt durch die Abwanderung von Fachkräften, auch in der Folgezeit über Arbeitskräftemangel. Vgl.

Das über dem Eingangstext angeordnete Bild zeigt einen Mann, der mit Hilfe von zwei Pferden mechanisch ein Feld pflügt. Die Furche läuft perspektivisch schnell auf einen Fluchtpunkt hin aus dem Bild. Am Horizont ist hinter weiteren Feldern schemenhaft ein Dorf mit einer Kirche angedeutet. Oberflächlich weist die Abbildung Landwirtschaft als Problem des männlichen Einzelnen aus, das einen Bezug auf (traditionell-christliche) Gemeinschaft als eher angedeuteten Hintergrund denkt, ob sozial absichernd oder als Verantwortungsverhältnis des Ernährers der Anderen bleibt unklar. Die Darstellung der Pflugbahn deutet ein lineares Prozessverständnis ohne sichtbares Ende an, wobei die zur Arbeit verwendete Technik, ein manueller, von Pferden gezogener Pflug, den Bezug auf ‚Tradition' wiederholt.[227]

Im zweiten Absatz geht die Erzählung in die Gegenwart und referiert einen Wandel, nach dem „dieses Kommen und Gehen auf dem Gutshof endgültig aufgehört [hat]" (EuA, 155):

> Der letzte Käufer, der ihn 1917 übernahm, hält ihn noch heute, und es ist wohl sicher, daß er ihn auch morgen und übermorgen nicht wieder abgeben wird. Denn seitdem er dort die Bewirtschaftung übernommen hat, ist mit jenem kargen und unfreundlichen Boden eine merkwürdige Veränderung vorgegangen.

Die Erträge sind seitdem massiv gestiegen und übererfüllen bei weitem die Referenzmengen und -erntezyklen durchschnittlicher Höfe, was den Betrieb zum Prototypen landwirtschaftlicher Zukunftstechnologien, aber auch für das ihrer Vermittlung zugrundeliegende Raumkonzept macht. Bei dem Landgut,

---

hierzu Raymond G. Stokes: „Von der I.G. Farbenindustrie AG bis zur Neugründung der BASF (1925–1952)". In: Abelshauser (Hg.): *Die BASF*. S. 221–358, hier S. 293.

227 Freilich stellt im zeitlichen Kontext der Broschüre die noch nicht voll mechanisierte Bewirtschaftung des Bodens eher einen Normalfall dar. Vgl. hierzu Klaus Krombholz u.a.: *100 Jahre Landtechnik. Von Handarbeit zu Hightech in Deutschland*. Frankfurt/Main 2009. S. 94, zu den Gespannpflügen und ihrer Entwicklung S. 86ff. Dass andere Darstellungsoptionen denkbar gewesen wären, zeigt bspw. ein Blick auf Printmedien zur seit dem Vierjahresplan stark geförderten Mechanisierung der Landwirtschaft, etwa die von der Heinrich Lanz AG herausgegebene Werbezeitschrift *Bauer & Arbeiter*. In einer Ausgabe von 1938, dem Erscheinungsjahr von *Erzeugnisse unserer Arbeit*, findet sich ein Artikel zur „Bedeutung des Schleppers im Rahmen des Vierjahresplanes", wo statistisches Material wiedergegeben wird, nach dem 1937 im Deutschen Reich etwa 60.600 Schlepper (= Traktoren) mit, durch die neuartige Luftbereifung beflügelt, steigender Tendenz in Betrieb waren, allerdings auch vermerkt wird, dass ihre Verwendung nur für größere Betriebe wirtschaftlich sei. Vgl. *Bauer und Arbeiter* 1 (1938), S. 3. Zeitgenössisch radikal anderer Ansicht ist wiederum Ernst Jünger, der vermerkt, dass „überall, wo der Bauer sich der Maschine bedient, von einem Bauernstande nicht mehr die Rede sein [kann]." In: Jünger: *Der Arbeiter*. S. 81.

Der Griff in die Luft

IN der Pfalz gibt es einen Gutshof, auf dem Besitzer und Pächter es niemals lange ausgehalten haben. Man mochte sich darauf noch so quälen, man kam auf keinen grünen Zweig. Man mochte alle früher üblichen Methoden der Bewirtschaftung anwenden, die Rechnung ging nicht auf. So ungünstig waren die klimatischen Verhältnisse, so karg war der Boden. Ein Sandboden war es, arm und unfruchtbar, und es fehlte ihm auch an der allernotwendigsten Bodenfeuchtigkeit, denn er gehört zu einem Trockengebiet, über das sich die Niederschläge in einzelnen Jahren ganz besonders ungünstig verteilen. So kamen und gingen Besitzer und Pächter, die eigentlich nur an dem Tage ihres Lebens froh wurden, an dem sie die Übergabe an den neuen Nachfolger vollzogen hatten.

Aber seit nunmehr gut zwanzig Jahren hat dieses Kommen und Gehen auf diesem Gutshof endgültig aufgehört. Der letzte Käufer, der ihn 1917 übernahm, hält ihn noch heute, und es ist wohl sicher, daß er ihn auch morgen und übermorgen nicht wieder abgeben wird. Denn seitdem er dort die Bewirtschaftung übernommen hat, ist mit jenem kargen und unfreundlichen Boden eine merkwürdige Veränderung vorgegangen. Die Ernten an Getreide

155

Abb. 15 Der Griff in die Luft

dessen entbehrungsreiche Geschichte nun ein gutes Ende findet, handelt es sich um eine Einrichtung der I.G., die dazu dient, die

> technisch hergestellten Handelsdünger (wir wollen nicht in den Fehler verfallen, sie „Kunstdünger" zu nennen!) auf ihre Brauchbarkeit und Wirkung zu prüfen und an dem eigenen, praktischen Beispiel zu zeigen, was sogar die magere Scholle unseres Vaterlandes herzugeben vermag, wenn man sie richtig düngt und bearbeitet. (EuA, 156)

Mit einem verfeinerten technischen Anspruch weitet die I.G. ihr Raumverständnis als technische Erschließung in die Sphäre der Landwirtschaft aus und reklamiert dort extreme Kompetenz, nicht zuletzt durch die Lösung topographischer Krisen als „Schicksalsfragen" mit synthetischen Mitteln. Demnach ließe sich die Fixierung der Übernahme des Guts auf 1917[228] als dramatisierendes Element innerhalb einer Fiktion lesen, mit dem ein geschichtliches Fatum zum Korrelat chemischer Innovationsleistungen gemacht wird. Das chemisch-synthetische Bodenprogramm denkt sich selbst, eingelassen in die Erzählung vererbter Armut bei redlicher Arbeit, als System der Krisenbewältigung bei Beibehaltung aller grundsätzlichen Eigenschaften des ‚deutschen' Bauern und kann folglich als richtigstellende Intervention der I.G. in moralischer Hinsicht charakterisiert werden, durch die der gute Bauer seinen verdienten Ertrag erhält. Jene Krise ist dabei nicht nur eine des ‚armen', sondern vor allem des ‚knappen Raums'. Dementsprechend weist der synthetisch-koloniale Modus der I.G.-Ideologie nicht in den horizontalen, sondern den vertikalen ‚Tiefen'-Raum und markiert dies explizit als Differenz zu anderen Staaten:

> Für die Ernährung eines jeden Deutschen stehen uns nur 45 Ar landwirtschaftlicher Nutzfläche zur Verfügung; der Franzose hat das Doppelte und der Russe gar das Achtfache! 45 Ar, das ist ein Rechteck von 100 Meter Länge und 45 Meter Breite, und diese geringe Fläche muß also nicht nur den Nahrungsbedarf eines Volksgenossen für ein Jahr liefern, sie muß auch noch einen wesentlichen Anteil der Rohstoffe für die Bekleidung decken! (EuA, 156f.)

228 Die BASF bearbeitete den Limburgerhof bereits seit 1914 als Versuchsanstalt. Vgl. hierzu Anthony S. Travis: *Nitrogen Capture. The Growth of an International Industry (1900–1940)*. Cham 2018. S. 116. Die Firma hatte das Land in der Nähe des Werks in Ludwigshafen bereits 1899 als „Reserve" für kommende Bauvorhaben erworben und eine Arbeitersiedlung darauf angelegt. Durch eine veränderte Wohnungspolitik eingesparte Flächen wurden dann für die Versuchsanstalt frei, die kurz vor Beginn des Ersten Weltkriegs gegründet wurde. Vgl. hierzu Wolfgang von Hippel: „Auf dem Weg zum Weltunternehmen (1865–1900)". In: Abelshauser (Hg.): *Die BASF*. S. 19–116, hier S. 78 sowie darin außerdem Johnson: *Die Macht der Synthese (1900–1925)*. S. 168.

Die Ausführungen werden von einer Abbildung begleitet, auf der ein schlanker ‚deutscher Bauer' in angedeuteter Tracht[229] innerhalb eines Quadrats mit der Aufschrift „0,45 ha" neben einem stärker beleibten ‚Russen' in Mantel und Pelmütze steht, dessen Farbraum mit „3,17 ha" beschriftet ist. Während die „russische" Figur ihre Hände in den Manteltaschen hat und statisch positioniert ist, deuten der Kontrapost und die Hände des „Deutschen" eine Bereitschaft zur Tätigkeit an. Dass das kleinere Quadrat, welches den Raum darstellt, der zur Deckung des Nahrungsmittel- und Textilrohstoffbedarfs einer Bewohner_in des Deutschen Reiches zur Verfügung steht, im größeren Quadrat, das vom „Russen" „besetzt" wird, enthalten ist, deutet seine grundsätzliche Einverleibbarkeit und damit eine generelle räumliche Bedrohung durch die raumreichere Figur an.[230] Die Größenverhältnisse zwischen den Figuren und dem Raum, auf dem sie stehen, verweisen besonders für den „Deutschen" auf Beengtheit und Mangel. Auf den Bildern, die dieser Grafik gegenüberliegen, findet ebenfalls ein Nachdenken über Größenordnungen statt, die sich dort allerdings auf Verhältnisse im ‚Eigenen' beziehen.[231] Der Lösungsansatz, den die Broschüre für die Raumnot liefert, ist eine synthetische Wendung in den Boden hinein, der, als quantitativ mangelnder, qualitativ aufgewertet werden muss:

> Die hohen Erträge, auf die wir wegen der Knappheit des uns zur Verfügung stehenden Raums hinstreben müssen, sind aber nur erreichbar, wenn dem Boden auch die erforderlichen Nährstoffe zugeführt werden. (EuA, 157)

Auf der eingehefteten Bildseite werden auf drei Bildern gedüngte Pflanzen ungedüngten gegenübergestellt, von denen sie sich jeweils durch Größe, Farbe und Üppigkeit deutlich unterscheiden. Der Text ruft dabei Szenen privater Pflanzenzucht wieder auf, die im Eingangskapitel vom I.G.-Mitarbeiter als Teil der von der Firma imprägnierten Sphäre gekennzeichnet wurden und die dort

---

229 Die Herkunftsregion der Kleidung ist nicht einwandfrei zu bestimmen. Dem Schnitt nach könnte es sich um eine ostpreußische Bauerntracht handeln, die Farben sprechen dagegen und eher für einen Bezug zum süddeutschen Raum.

230 Zum Zusammenhang von Landwirtschaft und (räumlicher) Unabhängigkeit vgl. o. N.: „Freiheit und Brot wachsen auf einem Halm!" In: *Der Vierjahresplan* 1 (1937), H. 8. S. 467–469. Die Abbildungen dort verwenden eine sehr ähnliche Bildsprache wie die Illustration mit dem pflügenden Bauern am Eingang des Kapitels.

231 Die Abbildungen zeigen einerseits wiederholt den Vergleich von ungedüngten (mickrigen) und gedüngten (üppigen) Gewächsen, teilweise mit anwesenden Menschen, und andererseits mittig einen „Blick in einen Dünger-Silo mit seinen Bergen von Stockstoffsalzen", in dem eine einzelne, winzig erscheinende Figur im Verbund mit der Substanz und ihrem technischen Umfeld die synthetische Unterstützung des Menschen durch Düngemittel als Quelle des Überflusses markiert.

jeden Deutschen stehen uns nur 45 Ar landwirtschaftlicher Nutzfläche zur Verfügung; der Franzose hat das Doppelte und der Russe gar das Achtfache! 45 Ar, das ist ein Rechteck von 100 Meter Länge und 45 Meter Breite, und diese geringe Fläche also muß nicht nur den Nahrungsbedarf eines Volksgenossen für ein ganzes Jahr liefern, sie muß auch noch einen wesentlichen Anteil der Rohstoffe für die Bekleidung decken!

Wir alle, die wir einmal angefangen haben, uns mit Pflanzen zu beschäftigen, ob wir nun das Glück hatten, ein Stückchen Garten als Eigentum zu besitzen, oder ob wir zwischen unsren Fenstern und auf unsren Balkonen Topfblumen pflegen, haben sicher einiges Lehrgeld zahlen müssen, ehe wir heraushatten, daß es mit dem Gießen allein nicht getan ist. Sehr bald standen wir vor der schwierigen Frage der Düngung, und sehr bald wußten wir dann, daß es nicht etwa eine Düngungsart allein gibt, und daß man beim Düngen auch Fehler machen kann. Dann sind wir vielleicht einmal aufs freie Land hinausgegangen und haben zugesehen, wie der Bauer es macht, denn er muß es ja wohl wissen. Da sahen wir ihn einmal Mist oder Kompost in die Erde bringen; aber dann streute er noch etwas anderes auf den Boden und hackte es ein, das aussah wie Salz. Das waren die Handelsdünger! Aber warum düngt man wohl auf diese doppelte Art? Mist und Kompost (das sind die sogenannten „Wirtschaftsdünger") sind beide aus verwesenden pflanzlichen und tierischen Stoffen entstanden. Ihre wichtigste Aufgabe ist, dem Boden die unentbehrlichen Humusstoffe zuzuführen, um ihn locker und krümelig zu halten und den wichtigen Bodenbakterien Nahrung zu geben. Die hohen Ernteerträge, auf die wir wegen der Knappheit des uns zur Verfügung stehenden Raums hinstreben müssen, sind aber nur erreichbar, wenn dem Boden auch die erforderlichen Nährstoffe zugeführt werden. Jahr um Jahr saugen die Pflanzen mit ihrem Wachsen diese Nähr-

157

Abb. 16 „Raumnot“

im Zusammenhang mit der ‚Sauberkeit' der Werkssiedlung, vor allem aber geleisteter ‚Mühe' und ‚Fleiß' in Verbindung gebracht wurden. Jene Kategorien werden nun vom Text gefüllt und narrativ als Wendung an den Experten ausgestaltet, der in diesem Fall der Bauer ist und neben den natürlichen „Wirtschaftsdüngern" die synthetischen „Handelsdünger" verwendet. Die Broschüre bezieht sich dabei nur implizit auf das vorher Gesagte und markiert ihren Verweis etwa durch die Verwendung des I.G.-„Wir" (mit veränderten Gruppen) in beiden Passagen, aber auch durch die auf das geteilte Raumkonzept hinweisende Idee einer männlich konnotierten Neu-Hinwendung zum ‚eigenen' Raum. Diese wurde im Eingangskapitel als „engere Kameradschaft von uns Siedlern" (EuA, 8) innerhalb der werkseigenen Wohnkolonien konzipiert und taucht nun als chemisch optimierter Zugriff auf das Erdreich, dem über den I.G.-Kontext ‚Zyklizität', ‚Kollektivität' und ‚Kameradschaft' als Werte vorgängig eingeschrieben sind, wieder auf. Auch hier wird narrativ aufgefüllt, was im Eingangskapitel angedeutet wurde, indem der Garten des I.G.-Mitarbeiters, an dem sein Blick und sein Gemüt sich erfreuen, als in der Arbeit der I.G. selbst begründet dargestellt wird.

Die Bilder nun, die vor allem Raumansichten zeigen, bedienen sich anderer Verweisoptionen. So werden etwa auf der recto-Seite zwischen größeren monochromen Ansichten des Hofes zehn verschiedene Stickstoff-Düngemittel in parallel angeordneten Rauten als Granulate unterschiedlicher Farbe wiedergegeben. Auf der verso-Seite ist die mittige Abbildung eines Düngemittel-Silos dann in Graustufen zu sehen und die Farbe ist in die darüber und darunter liegenden Ansichten der Felder gewandert. Die neben den „Bergen von Stickstoffsalzen" sehr kleine menschliche Figur sowie die zwischen den gedüngten Pflanzen weiterhin händisch arbeitenden Männer auf ausgedehnten Feldern kehren das in der geometrisierten Vergleichsgrafik auf der anderen Seite dargestellte Raumnotparadigma als durch chemisch-synthetische Verfahren gelöst um, ohne landwirtschaftliche Arbeitsprozesse technisch zu modernisieren.[232] Den quantitativen Dünger-Einsatz schränkt die Broschüre in ihren Ausführungen praktisch nicht ein. Vielmehr etabliert sie eine „Viel hilft viel"-Logik, nach der ein Mehr an Dünger grundsätzlich einen höheren Ertrag

232 Die Landwirtschaft wurde im Rahmen des Vierjahresplans zur Quantifizierungsgröße: „Wir erblicken in den Mehrleistungen aus dem Ackerbau gleichsam das ‚offene Ende' und die ‚verschiebbare Grenze' der gesamtvolkswirtschaftlichen Leistungsausweitung", so Konrad Meyer, Leiter der „Reichsarbeitsgemeinschaft für Raumforschung", 1936 in einem Artikel in der Zeitschrift *Odal. Monatsschrift für Blut und Boden* (4. Jg., S. 692–704, hier S. 702). Zit. n. van Laak: *Imperiale Infrastruktur*. S. 276.

Abb. 17 Düngemittel

bedeutet.[233] Die Zusammensetzung der synthetischen Dünger, deren Inhalte wohl natürlich und „durchaus die gleichen Nährstoffe [sind], in die auch der Mist bei seiner Zersetzung im Boden allmählich zerfällt." (EuA, 158) wird der Broschüre darstellungslogisch zum Problem. Eine inhaltliche Herleitung der Düngemittel-Produktion, die Bindung von Stickstoff an Sauer- beziehungsweise Wasserstoff zu Salpeter- beziehungsweise Ammoniakverbindungen, bricht der Text mit dem Hinweis ab:

> Wir dürfen wohl voraussetzen, daß es jedem I.G.-Kameraden bekannt ist, wie das Problem der Herstellung stickstoffhaltiger Düngemittel aus deutschen Rohstoffen gelöst worden ist, nämlich durch die Erschließung des Rohstoffes Luft, die der I.G. in einzigartiger Weise gelang. Dieser Griff in die Luft bleibt eine Großtat der deutschen chemischen Industrie von geschichtlicher Bedeutung. (EuA, 159)

Diese Strategie der didaktischen Reduktion in antididaktischer Manier scheint innerhalb der Vermittlungsstrategien, die für dieses Kapitel gewählt werden, bedeutsam zu sein. Auch ein weiteres Referat endet nach oberflächlichen Ausführungen mit der Bemerkung, dass es „[s]o einfach, wie sich das hinschreibt, nun freilich nicht [war]" (EuA, 160) Die betonte Differenz zwischen der Komplexität des zu beschreibenden Vorgangs und seiner Verschriftlichung, deren ausgesparter Inhalt entweder an das Allgemeinwissen der I.G.-Mitarbeiter_innen delegiert wird oder ohne ernsthaften Erklärungsversuch als „so einfach nicht" offen bleibt und auch nicht durch Schaubilder versuchsweise eingeholt wird, hält einen Bereich hoher Beweglichkeit frei, in dem ‚Landwirtschaft' vordergründig offensichtlich kein Bereich der Wissensvermittlung ist, sondern als Krisenfeld besser ideologisch bestellt werden kann. Dass dieser Raum in wissenspopularisierender Hinsicht frei bleibt, mag an einer grundsätzlich sperrigen Vermittelbarkeit von ‚Landwirtschaft' als besonders ‚naturnah' verorteter Sphäre mit der ‚Chemie' liegen. Diese wird zwar innerhalb der Broschüre konsequent der ‚Natur' angenähert, überwindet und überformt sie sogar permanent, wird aber im Kontakt mit der möglicherweise „naturnächsten" Kulturtechnik mit ihren in dieser Hinsicht problematischen Selbstaussagen konfrontiert. Der landwirtschaftliche Raum, der zu Beginn noch explizit technikfrei gedacht wird, scheint die Modi des ‚Synthetischen' mit einer untergründig weiter bewussten „Wahrheit" zu konfrontieren, woraus

233 An dieses Konzept einer „immer schnellere[n] und größere[n] Wirkung" (EuA, 158) wird eine Metaphorik des Technischen gebunden, nach der Stickstoff als „Motor des Pflanzenwachstums" (EuA, 159) gesehen werden kann. Vgl. zur Idee einer grundsätzlichen Nichterschöpfbarkeit des technisch gedachten Körpers Rabinbach: *Motor Mensch*. S. 59ff.

unaufgefordert ein Legitimationsbegehren und ein implizites Sprechen über die ‚Grenze' erwachsen, dafür aber Auskünfte über die eigenen Prozesse unterdrückt werden. Sichtbar wird dieser prekäre Status beispielsweise in der wiederholten, hortativen Anweisung, die Bezeichnung „Kunstdünger" für synthetische Düngemittel abzulegen und damit die Nähe zur Nicht-Natur zu tilgen.[234] In den Produktionsabläufen werden die Stoffe auch scheinbar ohne menschliche Beteiligung zu selbständigen technischen Akteuren, die von den Werken, in denen sie entstehen, Besitz ergreifen:

> Kennzeichnend für die Anlagen ist ihre offensichtliche Menschenleere. Auch von den Erzeugnissen sieht man im Arbeitsvorgang nichts, weil es sich ja um die Verarbeitung von Gasen handelt. Unsichtbar und unhörbar wirken sich die chemischen Vorgänge, wirkt sich die Umsetzung der gewaltigen Kräfte aus. (EuA, 162)

Die Angestellten übernehmen lediglich noch Wartungs- und Kontrollarbeiten, „peinlich genaue" (EuA, 162) zwar, aber die eigentliche Synthese findet jenseits menschlicher Wahrnehmung und damit scheinbar ‚natürlich' statt. Die eingangs dramatisch markierte „Raumnot" wird mit einer technischen Lösung beantwortet, die zur Verfügung stehende Flächen nicht bloß qualitativ aufwertet, indem auf denselben Feldern nun wesentlich mehr geerntet werden kann. Vielmehr scheint wichtig zu sein, die Technik, aus der die gesteigerte Ausbeute hervorgeht, als selbst raumschaffendes Dispositiv zu etablieren, dem jenes expansive Moment nicht nur sekundär, als „Aufgabe zu düngen", gegeben ist, sondern gewissermaßen ‚wesensmäßig' eignet und damit unumkehrbar wird. Der ‚Stoff', so scheint es, begreift diese Funktion noch vor den menschlichen Akteuren und arbeitet am synthetisch-kolonialen Projekt bereits, auch wenn das entsprechende ‚Wissen' darüber noch gar nicht in seine Benutzer_innen eingedrungen ist. Für die Düngemittel wird das deutlich, wenn die Präparate selbst gegen fehlerhaften Zugriff immunisiert werden und also nicht schlecht auf den Boden wirken können, indem „grobe Düngefehler" ausgeschlossen werden, die Mittel auch außerhalb des Bodens „lagerfähig und gut streubar" sind, „nicht stauben und beim Ausstreuen auch nicht auf den grünen Pflanzenteilen haften bleiben." (EuA, 164) Ernstgenommen wiederholt sich hier die Immunisierungslogik der I.G.-Sphäre im ‚Stoff' selbst, der nun eigenständig und zielgenau Raum schafft, ohne dabei noch auf Menschen angewiesen zu sein, ja ihren Einfluss eher als potenziellen Störfaktor behandeln muss. Dass die Vermeidung von „Düngefehlern" als Eigenschaft in den Stoff selbst eingebaut

234 Dementsprechend wird auch die Versuchsanstalt Limburgerhof als „Naturlaboratorium" bezeichnet. (EuA, 164)

ist, spricht für eine Latenz des Raum-Phantasmas, die Immunisierung aus einem Abwehrmechanismus heraus denkt, der den Subjekten tatsächlich nicht bewusst sein muss, um zu wirken. Direkt verhandelt der Text diesen Umstand über die Beschreibung der Verfahren zur Popularisierung und Vermittlung der Handelsdünger. Das bei den Subjekten liegende Problem scheint neben ideologischen Rückständen ebenjene Bewusstseins-Grenze zu sein, die von den Düngemitteln mit bearbeitet werden muss:

> Es kommt trotz aller Aufklärung immer noch vor, daß auf diesem oder jenem Wochenmarkt vor unsren dort einkaufenden Hausfrauen ein Gemüsestand auftaucht, der seine Ware gutgläubigen oder in alten Vorurteilen befangenen Volksgenossen dadurch besonders anzupreisen versucht, daß er behauptet, sie sei „nicht mit Kunstdünger gedüngt". Es geht da ein geheimnisvolles Flüstern herum, die unter Verwendung von Handelsdünger herangezogenen Nahrungsmittel seien von schlechterer Beschaffenheit, wenn nicht sogar gesundheitsschädlich. Ohne jede Kenntnis der tieferen Zusammenhänge wird behauptet, die technisch erzeugten Dünger seien chemische Gifte und vergifteten also den Boden und damit auch die Pflanzen. (EuA, 165f.)

Die Emanation eines kunstdüngerfreien Gemüsestands zwischen den einkaufenden Hausfrauen der I.G.-Arbeiter lässt sich zunächst nur als plötzliche Erscheinung einer schlechten Vermittlungssituation denken, die schädliches Wissen verbreitet, ohne selbst kompetent zu sein. Die Passage überträgt die auf menschliche Akteure einwirkenden Eliminierungstendenzen in den Bereich des ‚Nicht-Wissens', sodass nurmehr ein konjunktivisch-„geheimnisvolles Flüstern" umhergeht und zu Beginn eingeführte Bilder sozialer Zersetzung aktualisiert. Dass der erscheinende „Gemüsestand" rhetorisch von den „Volksgenossen", auf die er einwirkt, abgegrenzt wird, weist zudem darauf hin, dass die Bezeichnung „Gemüsestand" metonymisch einen Schädling verbirgt. Das entsprechende Defizit auf der Seite der Anti-Handelsdünger-Propaganda wird als mangelnde „Kenntnis der *tieferen* Zusammenhänge" beschrieben und zitiert damit implizit die raumgreifende Logik der Düngemittel als Wissensfeld, das über eine Kenntnis ebenjener ‚Tiefe' definiert ist, die ja von den Handelsdüngern neu erschlossen wird. Zur Abwehr jener geisterhaften Bedrohungen installiert die I.G. ein eigenes Beratungssystem, dessen Projekt vor allem die Emotionalisierung des Verhältnisses zwischen Erzeugern und Verbrauchern der Düngemittel ist. Die ausdifferenzierte Dünger-Produktpalette ist in der Lage, unterschiedliche Getreide- und Gemüsesorten auf unterschiedlichen Böden zu versorgen, was die „Heimat" als homogenisierbaren Raum vorführt, der durch Beziehungen des ‚Vertrauens' optimal bearbeitet werden kann. Wichtig dafür ist eine „unmittelbare Fühlung" zwischen Bauern und Düngemittelerzeugern, die in ihrer wissensvermittelnden Form analog zum Boden/

Düngemittel-Verhältnis gedacht wird. Die kompetente und dienstleistungsorientierte Ausrichtung der I.G.-Didaktik wirkt als Kraft auf die Landwirte ein und optimiert neben ihren Böden auch sie selbst. Auf diese Weise wird relativ subtil eine Verbindung zwischen dem Raum als in der ‚Tiefe' zu steuernder Sphäre und den Subjekten, die ihn auf der Oberfläche bewohnen und denen die Anwendung der Steuermittel übertragen wird, hergestellt, die beide als von der I.G. programmierte Prozessoren ideologischer Transformationen konzipiert sind, deren Projekt unter anderem die Neujustierung der Natur/Kultur-Grenze im Rahmen des synthetisch-kolonialen Paradigmas ist. Wichtige Ideologeme des ‚Raum'-Problems werden dabei nach innen gewendet, gleichzeitig aber mit einer Metaphorik verbunden, die weiter nach außen gerichtet spricht. Die „Viel hilft viel"-Logik der Düngepraxis wird auch für die politische Dimension der Stickstoff-Sphäre implementiert. Beispiele hierfür sind die „Nahrungsfreiheit" (EuA, 169) und die „Erzeugungsschlacht" (EuA, 170)[235], für deren Erreichung beziehungsweise Führung eine frei skalierbare Ausdehnung der Stickstoff-Produktion („in jeder erforderlichen Menge und Art" EuA, 170) ebenso vielversprechend erscheint wie im konkreten Einsatz auf dem Feld.

1.9 Integral 3: „Stickstoff … wo man ihn nicht vermutet"

Im Kapitel zum „Griff in die Luft" war die exklusive Konzentration auf den landwirtschaftlichen Raum wichtig, um eine für die I.G.-Ideologie zentrale Raumanbindung herzuleiten. In einem kurzen Nachsatz holt die Broschüre für den Stickstoff eine Vielfältigkeit ein, die, ähnlich wie das erste „Integral" zu den Schwämmen und Düften, bis ins absolut Private gehende Durchdringungs- und Immunisierungsfantasien referiert:

> Andererseits ist es aber gerade das Gebiet des technischen Stickstoffs, das mit am sinnfälligsten zum Ausdruck bringt, wie sehr und wie tief die Produkte der I.G. mit den Notwendigkeiten des Alltags verknüpft sind. (EuA, 172)

Die ‚Tiefe' der Verknüpfung wiederholt dabei rhetorisch den wesentlichen Bodenbezug des Stickstoffs als Düngemittel, überträgt dieses Konzept aber auf den Lebens-Raum generell und führt beispielsweise zum ersten Mal die militärische Bedeutung von Salpetersäure als „Grundstoff […] für die Herstellung von Explosivstoffen" (EuA, 172) aus, die sich allerdings „auch im

235 Hinzu kommt beispielsweise noch die konsequente Wendung wirtschaftlicher Prozesse in den Modus der ‚Frage': „Die Eiweißfrage ist also eine Stickstoff-Frage!" (EuA, 170)

Frieden“ nützlich erweist und als „gebändigte Kraft […] dem Menschen zum wertvollen Helfer [wird]“. Sie tut dies vor allem in Bezug auf andere Rohstoff- und Infrastrukturprojekte, etwa wenn es darum geht, „die Schätze der Erde zu erschließen“ oder im Straßenbau. Besonderes Augenmerk liegt darauf, den Stickstoff als betont ‚unsichtbaren‘ Akteur zu markieren: „Stickstoff, der Unsichtbare, von deutschem Erfindergeist aus der Luft gegriffen, er begleitet uns auf all unseren Lebenswegen als ein kaum bekannter treuer Kamerad!“ (EuA, 176) Anders als bei den Vitaminen ist dieser unsichtbare Helfer kein *perception teacher*, sondern formiert selbst solche. Die Wissensordnung des synthetischen Kolonialismus benötigt ihn als einen Akteur, der in seiner Unsichtbarkeit dazu angetan ist, an allen erdenklichen Orten Anordnungen zu indizieren, die ihrerseits semantisch auf den Stoff verweisen und dabei Probleme wie ‚Individualität‘ und die Rolle des Subjekts im Verhältnis zur Substanz verhandeln. Der Stickstoff, so der Hinweis der Broschüre, ist immer da, wenn Menschen Freude erfahren.

1.10 Binnenraum 6: „Feste Kohle, flüssige Kraft“

Das Kapitel zur Kraftstoffsynthese, bei der Kohle auf verschiedenen Wegen[236] zu Benzin verflüssigt wird, forciert die politische Positionierung der Broschüre durch ein einleitendes Zitat aus einer Rede Adolf Hitlers auf der Internationalen Automobilausstellung 1936 in Berlin[237] und vermittelt darüber die Synthesechemie noch einmal neu an die Politik:

> Den eisernen Ring der Abhängigkeit Deutschlands von den ausländischen natürlichen Erdölvorkommen kühn durchbrochen zu haben, ist die unerreichte Großtat der deutschen Chemie und innerhalb von ihr der I.G.; ein Schritt, dessen weltpolitische Folgen hier keiner besonderen Ausführungen bedürfen. (EuA, 177)

236 Das zur NS-Zeit populäre und von der I.G. Farben genutzte Bergus-Pier-Verfahren, nach dem auf dem Höchststand der Produktion gegen Kriegsende in vierzehn Anlagen etwa 4,2 Millionen Tonnen Kraftstoff erzeugt wurden, überstieg bei weitem die Erzeugung nach der ebenfalls wichtigen Fischer-Tropsch-Synthese, mit der zur selben Zeit in neun Anlagen etwa 620.000 Tonnen gewonnen wurden. Vgl. zu den Produktionszahlen Heinrich Kahlert: *Chemiker unter Hitler. Technik und Wissenschaft der deutschen Chemie von 1914 bis 1945*. Langwaden 2001. Kap. 4.5.2: „Das Hydriergeschäft der I.G.: Stickstoff und Benzin“. S. 273–278.

237 Vgl. EuA, 176: „Der Weg zum deutschen Brennstoff ist frei.“ Vgl. die Presseschau von Artur Zickler, der die Rede zitiert in: *Europäische Revue* 12 (1936), S. 208.

Der Superlativ der „unerreichte[n] Großtat" wird semantisch mit dem ‚Wunderbaren' verschränkt, das sich sowohl auf die ‚Tat' der Synthese, als auch auf die Anlagen, in denen sie stattfindet, bezieht. Es ist vor allem als Phänomen der Wahrnehmung konzipiert und wird an den Besucher_innen „aus aller Welt", die die Herstellung des Treibstoffs als Vorführung genießen, beobachtet. Die Traditionslinie dieser Wunder-Genese wird spezifisch ‚deutsch'[238] grundiert und als implizit ‚potent'[239] semantisiert. Beide Felder kommen schließlich im Produkt zusammen, das als ‚deutscher' ‚Kraft'-Stoff gefeiert und als Korrektiv positioniert wird, mit dem Anspruch und Vermögen endlich ins Gleichgewicht gelangen:

> Wir machen Benzin aus Kohle, denn unsere Erdölvorkommen sind bescheiden im Vergleich zu unserem Verbrauch, aber unsere Schätze an Braun- und Steinkohle betragen Hunderte von Tonnenmilliarden und reichen demnach noch für viele Jahrhunderte aus. (EuA, 178)

Die moralisierende Attribuierung „bescheidener" Vorkommen, die im Kontrast zum nicht bescheidenen Verbrauch einen Geltungsanspruch markieren, findet in der konzeptuellen Verschiebung „Kohle statt Öl" ein richtigstellendes Moment, nachdem es keinen Grund für Bescheidenheit gibt, wenn Ressourcen nur adäquat ausgeschöpft werden. In der Erschließung jener ‚Fülle' aus der Kohle als „im Boden eingebettete[r] Sonnenkraft" (EuA, 178) und der Auf-Schließung dieses nicht nur räumlichen, auch zeitlichen ‚Tiefen'-Raums, liegt die potenzsteigernde Kraft für das ideologische System der I.G., die zur Sorgenumkehr ermächtigt, indem die „gesetzten Fristen" der ressourcenbasierten Reichtümer der Öl-Staaten nun „wesentlich, sehr wesentlich geringer" ausfallen, als die auf Jahrhunderte hin entspannte Lage der deutschen, synthetischen Treibstoffproduktion.

In der Kohle findet die Broschüre eine mögliche Letztbegründungsinstanz der rohstoffwirtschaftlichen Struktur, aus der die übrigen Derivate abzweigen. Die in der Kohle eingelagerte Energie, das Archiv einer Ur-Kraft,

238 Dass es sich hierbei um ein Projekt nationaler Selbstermächtigung handelt, wird schnell klar, wenn die Entwicklung der Benzin- und Dieselmotoren als Medien grundsätzlicher Umgestaltung des Verkehrswesens bezeichnet werden und vom Leuna-Werk gesagt werden kann, andere („man") fänden, „daß es verdiente, unter die Weltwunder aufgenommen zu werden." (EuA, 178)

239 Das unterstreicht etwa das Eingangsbild mit perspektivisch nach oben verzerrten Linien, die die Schornsteine des Werks, aus denen der weiße Rauch aufsteigt, noch größer erscheinen lassen sowie die Formulierungen, mit denen die Schaulust der Besucher_innen beschrieben wird, wenn sie „die armdicken Strahlen des Leuna-Benzins vorüberfließen [sehen]" (EuA, 178).

beruft sich auf das Vorkommen von als Ur-Stoffe bezeichneten Elementen[240], die in der Kohle weiter enthalten sind, auch wenn von den „ursprünglichen chemischen *Verbindungen* [...] kaum etwas übrig [blieb]." (EuA, 178, Herv. AW) Dass der Text konzeptuell Wert auf die Auflösung von ‚Verbindungen' legt, die allerdings nicht hinter stabile ‚Urstoffe' zurückgeht, scheint an dieser Stelle der Broschüre, die bereits auf ein etabliertes ideologisches Set referiert, signifikant. Die I.G.-Logik geht ab dieser Stelle souverän in der Erzeugung neuer, eigener Verbindungen vor, die „stofflich" allerdings auf seit Millionen von Jahren bestehende Naturkonstanten referieren.[241] Implizit wird der ‚Natur'-Raum an dieser Stelle aber auch als andere ‚Synthese'-Sphäre markiert, indem auch dort chemische Umwandlungsprozesse im Rahmen basal-geteilter Merkmale (die ‚Ur-Stoffe') stattfinden, die strukturell zu völliger Änderung führen. Die Umwandlungslogik der geförderten Kohle legt besonderen Wert auf die energetische Priorität: „Der größte Teil dient zur Erzeugung von Wärme, von Gas, Dampf und elektrischer Kraft." (EuA, 178) Damit wird ein Prinzip bespielt, nach dem die räumliche ‚Tiefe' des deutschen Raums als Kraftreserve gilt, die, im Zusammenklang mit den ingenieurischen ‚Wundern' an der Erdoberfläche, wiederum eine ‚unten'/‚oben'-Synthese denkbar macht. Diese schließt ideologisch an deutsche Verwurzelungslogiken an, deren stärkste Aufladungen in Romantik (der ‚deutsche Wald') und zur Zeit des Überseekolonialismus (*Die Tiroler von Kamerun*) bereits erwähnt wurden. Durch die intellektuelle Leistung der chemischen (Rück-)Verwandlung der in der Kohle abgespeicherten Energie zu einem Stoff, der „nicht etwa ein ‚Ersatzstoff', sondern durchaus wesensgleich ist dem Benzin aus Erdöl! [sic!]" (EuA, 181), konzipiert die I.G.-Ideologie den synthetischen Kolonialismus auch narrativ weiter in die Richtung einer abenteuerliteraturhaften Erzählung, in der die wiederholt als „Schätze" bezeichneten Rohstoffe mittels ingenieurischer Verfahren entdeckt und geborgen werden. Die Produktionsabläufe selbst werden in einer grundsätzlich anderen Metaphorik geschildert, die viel eher Konzepte reibungslosen Ablaufs und technischer Verbindungen aufruft. Ein Beispiel für letzteres sind die „Leuna-Kameraden", die „jeder an seiner Stelle [in die Arbeitsvorgänge] eingeschaltet sind" (EuA, 180). In der Beschreibung des

240 „Kohlenstoff, Sauerstoff, Wasserstoff, Stickstoff und Schwefel" (EuA, 178)

241 An dieser Stelle führt der Text beiläufig das Konzept der Katalyse ein. Vgl. zu dieser wichtigen Denkfigur Benjamin Steininger: „Katalysator. Annäherung an einen Schlüsselbegriff des 20. Jahrhunderts". In: Ernst Müller & Falko Schmieder (Hg.): *Begriffsgeschichte der Naturwissenschaften. Zur historischen und kulturellen Dimension naturwissenschaftlicher Konzepte*. Berlin, Boston 2008. S. 53–72, insb. S. 55 (Steininger referiert ausdrücklich auf die 1930er und 1940er Jahre). Vgl. zum Katalysator als beliebter Metapher im Kontext der Lebensideologe, Lindner: *Leben in der Krise*. S. 90f.

funktionierenden Kraftstoffs, der, wegen der ‚Wendigkeit' seines Herstellungsverfahrens (vgl. EuA, 181), auf vielfältige Anwendungsbereiche modifiziert werden kann, findet sich ebenso eine Rhetorik der ‚Geschmeidigkeit' wie in der dazugehörigen Abbildung, die gleitende, tendenziell räderlose und aerodynamisch abgeflachte Fahrzeuge auf der fleischfarbenen Piste einer Reichsautobahn zeigt.[242]

Das Kapitel schließt mit einem konstatierenden Erinnern („Und wieder ist es so, daß heute […]" EuA, 182) an die Krise ebenjenes ‚Erinnerns', die epistemologisch erneut aus dem Selbstverständlich-Werden entbehrungsreich erworbener Vorzüge abgeleitet wird. Auch hier soll eine Differenz durch ‚Synthese' „geheilt" werden. Die an einem früheren Punkt der Broschüre als Moderne-Effekt gekennzeichnete Vergesslichkeit gegenüber den Ermöglichungsbedingungen komfortabler Einrichtungen, über die ‚Gewöhnung' als Wahrnehmungs-Filter gekommen ist[243], der ihre historische Dimension im Bewusstsein der Nutzer_innen abdämpft, wird nun korrigierend relevant gesetzt, indem die Sphäre wissenschaftlicher Innovationen mit dem uneingeschränkt positiv gesetzten politischen Neueinsatz durch die Machtübergabe an die Nationalsozialisten verbunden wird. So wird einerseits die NS-Politik, die die Erinnerungswürdigkeit der Technikgeschichte erkennt und als wichtige Aufgabe für sich reklamiert, aufgewertet und zweitens das Paradigma der „Kampfzeit", mit dem die Nationalsozialisten die Jahre ihres Aufstiegs bis zum Regierungsantritt beschreiben, als auch auf Wissenschaft und Technik anwendbar ausgewiesen:

> Noch vor wenigen Jahren bedrückte uns die große Abhängigkeit vom Ausland in Fragen der Treibstoffbeschaffung. Der Führer des neuen Deutschland erkannte klar die Notwendigkeit, dem Vaterlande auch hier die Mittel zum Aufstieg zu sichern, indem er bald nach der Machtergreifung zur zielbewußten Weiterführung dieser Arbeit deutscher Chemiker aufrief. (EuA, 183)

---

242 Das Kapitel beschließt eine Abbildung mit Motorradfahrern und einem größeren Personenkraftwagen an einer Leuna-Tankstelle, die auf einen schicht- und generationenübergreifenden Funktionszusammenhang der Produktion und des Konsums von synthetischem Benzin hinweist, der sich auch im Brand-Design souverän zu positionieren weiß. Die I.G. beauftragte namhafte Designer (unter anderem Peter Behrens und den Architekten des Firmenhauptquartiers Hans Poelzig) mit der Gestaltung von Zapfsäulen und Tankstellen und reagierte damit auf Befürchtungen, die Tankanlagen würden eine zu große optische Zumutung darstellen. Vgl. hierzu Joachim Kleinmanns: *Super, voll! Kleine Kulturgeschichte der Tankstelle*. Marburg 2002. S. 64ff., zu Poelzig und Behrens S. 65f.

243 Vgl. S. 11 in diesem Buch.

Das „auch hier“ deutet an, dass die NS-Politik in einem Aktionsradius gesehen wird, der innerhalb Deutschlands universal für ‚Aufstieg‘ und ‚Erneuerung‘ sorgt. Damit schließt die Broschüre an die Terminologie der „Kampfzeit“ an, die den Aufstieg der NSDAP rhetorisch begleitet und nachträglich gedeutet hatte, und am Ende Wirtschaft und Partei als Kompetenzfelder des Nationalsozialismus vereinigt wissen will. Die bedrückende Abhängigkeit vom Ausland, die im weiteren Verlauf noch als „die Gnade anderer Völker“ bezeichnet wird, aktualisiert das tendenziell koloniale Selbstbild, aus dem heraus die I.G. die deutsche Wirtschaft noch immer betrachtet und deren semantischer Umverteilung sie sehr viel Aufmerksamkeit widmet.

Das Ende des Kapitels verdichtet also die Bereiche einer solchen ideologischen ‚Synthese‘ aus Politik und Industrie, deren kolonialer Hintergrund als Legitimationsraster für die eigenen Wendungen fungiert und in der schließlich der Raum des ‚Eigenen‘, sei er noch topographisch zu verorten oder nurmehr intellektuell vorgestellt, als „Neuland“ (EuA, 183) kenntlich wird. Am Endpunkt des Kapitels findet wieder ein Umschlag in das als Sender/Empfänger/Echo-Modell getarnte expansiv koloniale Begehren des synthetischen Kolonialismus statt, bei dem, wie schon im Pharma-Kapitel[244], ‚deutsche‘ Leistungen als „Wohltaten“ „für alle Völker der Welt“ (EuA, 183) in Form von Anerkennung nach Deutschland zurückwirken.

1.11 Integral 4: „Vom glasklaren ‚Cellophan‘ und anderen Zellstoff-Produkten“

Das letzte ressortspezifische Kapitel der Broschüre widmet sich einer „Marke“ und ihrem Produktionsort, die familiarisierend als „Firma Kalle“ bezeichnet werden:

> Das heißt, so kurz und bündig dürfen nur wir I.G.-Kameraden von ihr sprechen. Die genaue Bezeichnung lautet: Kalle & Co. Aktiengesellschaft. Aber in der Familie reden wir uns ja auch nicht immer mit all unseren Vor- und Nachnamen an. (EuA, 185)

Die verwandtschaftliche Eingruppierung in den „Familienverbund“ der I.G. wird gewählt, um die historisch abweichende Entwicklung jenes Zweigs rhetorisch zu überdecken. Die Erzählung bleibt nebulös und zitiert den Modus

244 Vgl. S. 73 in diesem Buch.

individueller Schicksalsberichte, sowohl in einzelnen Formulierungen[245], als auch einem anti-dokumentarischen Modus, der, statt Sachverhalte zu schildern, den Raum der Handlung mystisch semantisiert.[246] Beide Strategien stellen eine postulierte Identität des besprochenen Produkts, seiner historischen zeitlich-räumlichen Kontexte und der Art des Sprechens darüber aus, was die Broschüre schon bei den vorangegangenen Kapiteln getan, bisher aber noch nicht so deutlich selbstreferentiell markiert hatte. Der Text koppelt zunächst in volkskundlicher Weise ‚Raum' und ‚Verhalten' miteinander.[247] Das Prinzip einer mentalen Kausalkette ist bereits zuvor aufgegriffen worden, als der Text die Notsituation, in die die Firma Kalle durch Zusammenschluss mit den anderen I.G.-Teilhabern geraten war, als Initialzündung für „die schöpferischsten Antriebe" (EuA, 186) umkodierte. Nach dem „Not als Antrieb"-Paradigma der Krisenzeit folgt das „Glücklicher Raum"-Modell, in dem, durch einen meteorologischen Umschwung markiert, die Landschaft der „frohen", „winkenden" und „gesegneten" Umgebung von Mainz als Signifikant einer dort herrschenden hohen Arbeitsmoral gesetzt wird. Verbindendes Element dieser „[i]n ungewöhnlich glücklicher Weise" gelungenen Mischung wird der Rhein, der zugleich mit ‚Romantik' (als Geschichts- und Tourismus-Konzept) und ‚Lebensfreude' sowie ‚wirtschaftlicher Bedeutung' als Handelsweg korreliert wird, was eine „einzigartige Mischung von Schönheit und Zweckmäßigkeit" (EuA, 186), eine selbst hergestellte landschaftliche Synthese

---

245 Vgl. EuA, 186: „Stunden […], die voller Sorgen waren" und in die Gegenwart gewendet „Heute sind die Wolken jener Zeit der Umstellung längst verschwunden."

246 Vgl. EuA, 186: „Der Blick der Betriebsangehörigen von Kalle geht stromauf zu den Türmen und Brücken des frohen, Goldenen Mainz, stromab winken die Gefilde des gesegneten Rhein- und Weingaues."

247 Eine wichtige Referenz für entsprechende Korrelationen im deutschsprachigen Raum ist, will man nicht bis auf Tacitus zurück, Wilhelm Heinrich Riehls *Die Naturgeschichte des Volkes als Grundlage einer deutschen Social-Politik* (1851–1869), dessen erster Band *Land und Leute* (nach Band 2 *Die bürgerliche Gesellschaft* von 1851 erst 1854 erschienen) grundlegende Ansichten zu den sogenannten „Nationalcharakteren" formuliert und bereits auf landschaftliche Gegebenheiten der unterschiedlichen Nationen zurückführt. Einen interessanten, noch wenig erschlossenen Vertreter stellt Willy Hellpachs *Geopsyche. Die Menschenseele unterm Einfluß von Wetter und Klima, Boden und Landschaft* (1935) dar. Für die Geopsychologie im Kontext der Lebensideologie vgl. Lindner: *Leben in der Krise*. S. 77f. Zur Kritik an Riehl vgl. Ingeborg Weber-Kellermann, Andreas C. Bimmer & Siegfried Becker: *Einführung in die Volkskunde, europäische Ethnologie. Eine Wissenschaftsgeschichte*. 3., vollst. überarb. u. akt. Aufl. Stuttgart, Weimar 2003. S. 49–62 sowie für die Relevanz von Riehls Konzepten für die NS-Ideologie Andrea Zinnecker: *Romantik, Rock und Kamisol. Volkskunde auf dem Weg ins Dritte Reich. Die Riehl-Rezeption*. Münster, New York 1996, etwa S. 228ff. und S. 234ff. Eine ausführliche Kritik an den androzentrischen Konzeptionen Riehls aus Sicht der Gender Studies und einer kritischen Kulturwissenschaft scheint es bisher nicht zu geben.

ergibt, die mit der spezifischen ‚Sachlichkeit' der I.G.-Ideologie kompatibel ist. Der dritte Verknüpfungsschritt greift nun auf das an diesem „glücklichen" Ort und in jener, durch Erfahrungen „glücklich gewordenen", Firma hergestellte Produkt „auf eine geheimnisvolle Weise" (EuA, 186) über. Der Text führt damit seine sprachlich-konzeptuelle Synthese-Logik in eine Sphäre des ‚Geheimnisvollen', die er selbst nicht mehr nachzuvollziehen vorgibt, allerdings noch zu beschreiben vermag. Dieses Prinzip wird auch für die Beschreibung des Stoffs angewendet werden, auf den die Erzählung hinläuft. Es handelt sich um das vorwiegend als Verpackungsmaterial genutzte Cellophan, für dessen bereits universelle Präsenz in der Lebenswelt der Rezipient_innen wiederum ein nachträglich zu behebendes Kenntnisdefizit angenommen wird:

> Es wird keinen unter uns geben, durch dessen Hände nicht schon einmal dieses Cellophan gegangen ist. Vielleicht hat er dabei nicht immer gewußt, daß es Cellophan war. Denn es begegnet uns in vielfacher Gestalt und ist für die Augen durchaus nicht immer das, was wir gemeinhin nun doch bereits gewöhnt sind zu denken, wenn wir „Cellophan" sagen. Wandlungsfähig kommt es bald so, bald so in unser Haus, tritt es uns unterwegs entgegen, auf unseren Reisen in der Heimat und in der Welt. Es ist ein Stoff, der die Phantasie anregt, wie kaum ein anderer, nützlich und bescheiden, vornehm und unnahbar, je nachdem. (EuA, 186f.)

Auf optimistische Weise konstatiert der Text erneut eine Reihe von Krisen, die mit einer perzeptiven Verunsicherung beginnen. Gegenüber der relativ stabilen Struktur von Kausalitäten, mit der zunächst der Ort und das Produkt der Handlung emotional als Bewohner_innen eines Bezirks semantisierter und intensivierter Räumlichkeit eingekreist wurden, herrschen beim Blick ins Nutzer_innenverhalten gleich wieder unsichere Verhältnisse. Die epistemische Krise, der der synthetische Kolonialismus der I.G. permanent unterliegt, wird hier besonders deutlich als partiell deregulierter Grenzverkehr zwischen ihren Produktionsstätten und den Sphären der Konsumtion ihrer Fabrikate in den deutschen Privathaushalten beziehungsweise der medial noch schwerer zu didaktisierenden „weiten Welt". Das Cellophan[248] ist hierfür ein anschaulicher Marker, weil er entsprechende Wahrnehmungszustände und -probleme verdichtend akkumuliert und von der Broschüre, vergleichbar mit den Produkten der Fotochemie, in eine Nähe zu alchemistischen

248 Zur Markengeschichte des Cellophan in den Zwanziger Jahren, dessen Herstellungsrechte für den deutschen Markt Hoechst bereits vor der Gründung der I.G. von der französischen CTA (*Comptoir des Textiles Artificiels*), deren Tochterunternehmen *La Cellophane S.A.* damals noch im Besitz des schweizerischen Cellophan-Erfinders Jacques E. Brandenburger war, erworben hatte vgl. Paul David Blanc: *Fake Silk. The Lethal History of Viscose Rayon*. New Haven, London 2016. S. 61.

Konzepten von ‚Stoff' und ‚Umwandlung' gestellt wird.[249] Damit beansprucht der ‚Stoff' selbst einen exemplarischen Status als Substanz, die ‚Wandlung' und ‚Wahrnehmung' ihrerseits zum Thema macht. Während etwa bei der Kohleverflüssigung Fabrikbau und Prozess als ‚Wunder' beschrieben wurden, trifft diese Eigenschaft nun eigens den ‚Stoff', der als die Phantasie anregend und von wandelbarer Gestalt vorgestellt wird. Die Kultur/Natur-Grenze scheint an diesem Punkt auf ähnliche Weise wie für die Fotochemie marginalisierbar zu sein. Die Warenförmigkeit, mit der das Cellophan sich Produkten ‚natürlichen' Ursprungs anschmiegt, etwa am Beispiel der „unübertrefflich hygienischen und appetitlichen Cellophan-Wursthaut" (EuA, vor 187), ähnelt strukturell der fotochemischen Anverwandlung des ‚Lichts' als einer performativen Aufwertung des Offensichtlichen, wenngleich die semantischen Inventare und praktischen Kontexte (Ersetzung des Naturdarms vs. Säkularisierung des ‚Göttlichen') grundverschieden sind.

Zunächst scheint das Cellophan hauptsächlich als hygienischer Operator konzipiert zu sein, der dabei hilft, innerhalb des I.G.-Systems ‚Ordnung' zu schaffen, was neben einer vermittlerischen Ordnung des Wissens, die als raumermächtigender Souveränitätseffekt lesbar wird[250] und der Funktion als Schutz-Verpackung, die die Konservierung von Qualität mit ihrer Überprüfbarkeit durch das Auge verbindet, implizit auch das soziale Modell der „Betriebsgemeinschaft" berührt: „[i]n einigen unserer Werke sind selbst die Beutel für die Wochenlöhnung aus Cellophan." (EuA, 187) Dort wie an anderen Orten sichert der ‚Stoff' die Kontrollierbarkeit von Souveränität, Qualität, Intaktheit und zu erwartendem Genuss ab, wobei die verschiedenen Anwendungsbereiche vom männlichen Sprecher distinkt vergeschlechtlicht werden, etwa wenn „[u]nsere Frauen […] ihre Geleegläser mit Einmach-Cellophan [verschließen], das keine Luft zuläßt und jederzeit eine Augenkontrolle des Inhalts gestattet." (EuA, 187f.)[251]

249 Vgl. Frevert: *Wissenschaft der Synthese*. S. 82: „Beide Ansätze [Alchemie und Chemie, AW] versuchen Materie nach ihren Maßstäben zu formen, aber die Alchemie sah in der zu formenden Materie auch eine metaphysische Komponente der zu vervollkommenden geistigen Wesenheiten des Alchemisten. Dieses Verständnis scheint aus der Perspektive der heutigen Chemie nahezu absurd. Doch eben aus den nicht auseinanderhervorgehenden Entwicklungssträngen von Chemie und Alchemie lassen sich Parallelen sowie Unterschiede in Bezug auf den Aspekt der Synthese erkennen." Zur Alchemie als Vorstufe der Chemie vgl. allgemein Butor: *Die Alchemie und ihre Sprache.*

250 Die Relevanz der Wissensvermittlung zur Produktion des Cellophan wird in einer zweifachen „um"-Konjunktion letztlich damit begründet, „um in unserem I.G.-Haus ordentlich Bescheid zu wissen" (EuA, 187).

251 Weiter heißt es dort: „Wichtig ist, daß Einmach-Cellophan ohne Bindfaden schließt: es wird leicht angefeuchtet über das Glas gezogen und schrumpft dann glatt an." Aus dem

Nach der Organisation der I.G.-Binnensphäre folgt nun die Orientierung in der Lebenswelt, in die das Cellophan als nächster *perception teacher* integriert wird. Die Abbildungen auf der eingehefteten Bildseite weisen im Verbund mit den Zeichnungen auf den von Text bestimmten Seiten darauf hin, dass Cellophan zunächst „zu sehen" gelernt werden muss. Auf den Fotografien, die den Produktionsprozess verschiedener Cellophan-Produkte als Praxis eines ‚männlichen' Prüf-Blicks darstellen, wobei die dargestellten Folien und Kunstdärme von den Bildunterschriften stets mit dem Versprechen belegt werden, entweder „Bonbons und viele andere leckere Dinge[]" einzuwickeln oder eben „unübertrefflich hygienische[] und appetitliche[] Cellophan-Wursthaut" zu werden, verbindet die Broschüre das Material ostentativ mit der Aussicht auf orales Genießen. Die gezeichneten Abbildungen dagegen weisen ohne sichtbare menschliche Akteure auf die Schutzfunktion des Cellophan als Verpackungsfolie hin und deuten den ‚Stoff' materiell als über den begehrten Waren liegende, gleichsam immaterielle Lichtreflexe an.[252]

Das Zusammenfallen von ‚Sichtbarkeit' und ‚Umhüllung' führt zur Entstehung einer neuen Grenze, über die die Kultur vor ihrer synthetischen Durchdringung durch die I.G. nicht verfügte.[253] Das Cellophan, das die Ware mit einer „second shiny skin"[254] umhüllt, sorgt dafür, dass Sichtbarkeit nicht länger auch Berührbarkeit, allerdings auch nicht länger ‚Verfall' bedeutet und macht Empfindungen des Unheimlichen weniger wahrscheinlich.[255]

UBW der Broschüre lässt sich hieraus ein signifikanter Kommentar zum ehehygienischen Verständnis ablesen, der für eine Praxis des genießerischen Aufhebens und prüfenden Guckens nicht mehr auf das traditionell handarbeiterische Inventar (den Bindfaden) zurückgreifen, sondern als organische Ergänzung im ‚feuchten' Zustand übergezogen, anschrumpfen und glatt werden will, wonach der „Inhalt" der prüfenden Schaulust des Mannes zur Verfügung steht. Das mit dem Geleeglas der Frau verschmelzende Mann-Produkt Cellophan schiebt erst den „neuen Mann" als Entwickler des Cellophan ‚frisch' an die Lebenswelt (und den Körper) der Frau heran.

252 Eine Ausnahme in der Reihe bildet das unverpackte Schwein, das seinen (Natur-)Darm noch enthält und mit seiner Schnauze auf den Text-Hinweis zeigt: „Hier erinnert uns der Volkswirtschaftler sofort an die vielen Millionen, die wir bisher für unsere Wurstdarmversorgung ins Ausland wandern lassen mußten" (EuA, 189). Das Schwein geht mit ebenjenem Volkswirtschaftler als deiktisches Zeichen situativ ineins und setzt die Genussreihe bildlich fort, wo auch der Text immer genießerischer wird, wenn von Cellophan-Darm die Rede ist, der die Aromen in der Räucherkammer „begierig auf[nimmt]" (EuA, 189).

253 Vgl. EuA, 188: „Was da früher in undurchsichtiges Papier verpackt war, bietet sich jetzt mit der Durchsichtigkeit der Cellophan-Verpackung gleichsam von selber an, und man weiß von vornherein, was man für sein gutes Geld bekommt."

254 Leslie: *Synthetic Worlds*. S. 15.

255 Das ist etwa bei den mehrfach genannten Wursthäuten der Fall. An die früher bei der Hausschlachtung verwendeten Därme, die man „irgendwoher dazukaufen mußte" (EuA, 189), haftet der Text über die horrorliteratische Frage in erlebter Rede „Wo kamen die

Zugleich erweitert sich, bei aufrechterhaltenem Begehren nach ‚Frische', der Zugriffsbereich des kontrollierenden Auges, das selbst vor der Grenze, im uneingeschweißten Bereich, verbleibt. Mediengeschichtlich werden die eindrucksteigernden Effekte der Verpackung mit Cellophan, die vorrangig optische Sensationen sind, implizit in der Nähe stetig populärer werdender Unterhaltungsmedien verortet, die ebenfalls von einem Display als Schau-Fläche ausgehen, in erster Linie dem Fernsehen.[256] Später wird diese Funktion auch explizit gemacht, wenn es um die Rolle des Cellophan bei verschiedenen Verfahren zur optischen Übertragung von Informationen geht. Neben dem Ozaphan-Film, der für die Entwicklung des Heimkinos von großer Bedeutung ist und in der Geschichte populärer Unterhaltungsfilmmedien als Vorläufer der Super-8-Technik und von VHS gelten kann, sind vor allem die von Kalle hergestellten lichtdurchlässigen Papiere interessant, die über ein Diazotypie-Verfahren vervielfältigt werden können.[257] Die Bildebene, die an dieser Stelle einen ‚männlichen' Blick auf papierene Displays zeigt und dabei in einem Fall die Innensicht des deutschen Patentwesens wählt[258], hält diesen Zug

---

wohl her?" eine nicht aufgelöste Angst (ohne wirkliches Objekt), der dann nicht rational, sondern neurotisch begegnet wurde: „Man putzte sie und wusch sie, um diesen Gedanken zu verjagen."

256 Vgl. Kittler: *Optische Medien.* S. 290–314, zu spiritistischen Televisions-Displays als Medien des Fern-Sehens (etwa der „Zauberspiegel") siehe Stefan Andriopoulos: „8. März. Okkulte und technische Television". In: Ders. & Bernhard J. Dotzler (Hg.): *1929. Beiträge zur Archäologie der Medien.* Frankfurt/Main 2002. S. 31–53 sowie zur „Röhre" als mediengeschichtlich relevantes Artefakt Manfred von Ardenne: *Fernsehempfang. Bau und Betrieb einer Anlage zur Aufnahme des Ultrakurzwellen-Fernsehrundfunks mit Braunscher Röhre.* Berlin 1935, etwa S. 47–52. Zur Überlegung, ob es sich dann beim Cellophan(-Display) letztlich auch um einen „Missbrauch von Heeresgerät" (vgl. dazu Friedrich Kittler: *Grammophon, Film, Typewriter.* Berlin 1986. S. 149) handelt, wäre, neben der Bedingtheit seiner Erfindung aus den Verwerfungen des Ersten Weltkriegs, ein Blick in die Geschichte der Batterie hilfreich, speziell der für militärische Zwecke entwickelten Silber-Zink-Batterien, an deren Werden Separatoren und Membranen aus Cellophan maßgeblich beteiligt waren. Vgl. hierzu Lucien F. Trueb & Paul Rüetschi: *Batterien und Akkumulatoren. Mobile Energiequellen für heute und morgen.* Berlin u.a. 1998. S. 46f.

257 Vgl. für die Relevanz der Diazotypie innerhalb der Fotografiegeschichte Josef Maria Eder: „Zur Geschichte der Diazotypie". In: *Zeitschrift für wissenschaftliche Photographie, Photophysik und Photochemie* 33 (1935), H. 1. S. 1–12, hier S. 1f.

258 Ein Mann sitzt in seinem Büro, dessen Tür spiegelverkehrt den Ort zum „Patentamt" vereindeutigt. Der Reichsadler auf dem Glaseinsatz der Tür wiederholt sich auf dem Schriftstück in den Händen des Mannes und weist damit auf einen streng normierten bürokratischen Verbund hin, der vor willkürlichen Entscheidungen sicher zu sein scheint. Die Verbindung zwischen dem ‚Planer' im Bild davor und dem Patentanwalt ist nicht nur vestimentär (durch zeitgenössisch modische Herrenkleidung) und physiognomisch deutlich markiert und damit auf ‚männlich'-modisch-habituelle Weise ‚progressiv' präfiguriert (betont wird explizit „die Fortschrittlichkeit des Reichspatentamtes" EuA, 194),

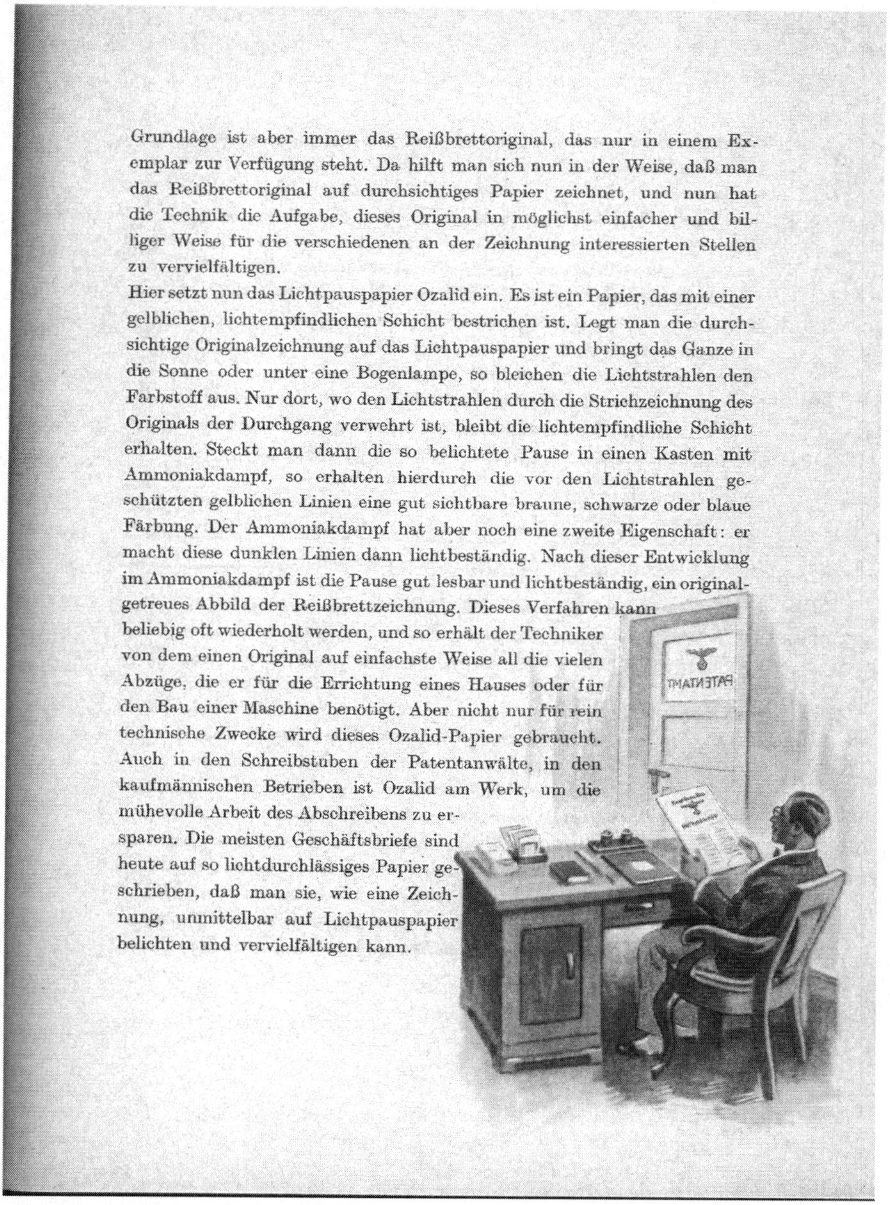

Grundlage ist aber immer das Reißbrettoriginal, das nur in einem Exemplar zur Verfügung steht. Da hilft man sich nun in der Weise, daß man das Reißbrettoriginal auf durchsichtiges Papier zeichnet, und nun hat die Technik die Aufgabe, dieses Original in möglichst einfacher und billiger Weise für die verschiedenen an der Zeichnung interessierten Stellen zu vervielfältigen.

Hier setzt nun das Lichtpauspapier Ozalid ein. Es ist ein Papier, das mit einer gelblichen, lichtempfindlichen Schicht bestrichen ist. Legt man die durchsichtige Originalzeichnung auf das Lichtpauspapier und bringt das Ganze in die Sonne oder unter eine Bogenlampe, so bleichen die Lichtstrahlen den Farbstoff aus. Nur dort, wo den Lichtstrahlen durch die Strichzeichnung des Originals der Durchgang verwehrt ist, bleibt die lichtempfindliche Schicht erhalten. Steckt man dann die so belichtete Pause in einen Kasten mit Ammoniakdampf, so erhalten hierdurch die vor den Lichtstrahlen geschützten gelblichen Linien eine gut sichtbare braune, schwarze oder blaue Färbung. Der Ammoniakdampf hat aber noch eine zweite Eigenschaft: er macht diese dunklen Linien dann lichtbeständig. Nach dieser Entwicklung im Ammoniakdampf ist die Pause gut lesbar und lichtbeständig, ein originalgetreues Abbild der Reißbrettzeichnung. Dieses Verfahren kann beliebig oft wiederholt werden, und so erhält der Techniker von dem einen Original auf einfachste Weise all die vielen Abzüge, die er für die Errichtung eines Hauses oder für den Bau einer Maschine benötigt. Aber nicht nur für rein technische Zwecke wird dieses Ozalid-Papier gebraucht. Auch in den Schreibstuben der Patentanwälte, in den kaufmännischen Betrieben ist Ozalid am Werk, um die mühevolle Arbeit des Abschreibens zu ersparen. Die meisten Geschäftsbriefe sind heute auf so lichtdurchlässiges Papier geschrieben, daß man sie, wie eine Zeichnung, unmittelbar auf Lichtpauspapier belichten und vervielfältigen kann.

Abb. 18 Patentamt

auch schon vorher konsequent im Spiel, zeigt sie doch auf der Seite, die den Cellophan-Produkten folgt, eine Frau, die sich im Spiegel betrachtet, ohne, dass ihr Spiegelbild der Broschüren-Rezipient_in sichtbar wäre, sodass das Bild als Reflexion über einen ‚männlichen' Blick auf die Frau lesbar wird.

Der Text folgt der Abbildung in einem „kühne[n] Sprung", der „[d]em Cellophan [...] gar nichts aus[macht]" (EuA, 190) und kommt zu modischen Anwendungen des Stoffes, aus dem nicht nur Verpackungen hergestellt werden, die den Eindruck der umhüllten Produkte erhöhen, sondern der sich auch selbst, als Fake-Artikel, in hochwertige Gegenstände verwandelt, die bisher entweder „aus den Tropen eingeführt[]" (EuA, 190) werden mussten oder, im Fall von Edelmetallen, vom Verlust ihres Glanzes durch Oxidation bedroht waren. Den Fake-Charakter übergeht die Broschüre, indem sie die Cellophan-Produkte nicht von den selteneren Materialien abgrenzt, sondern sie ihnen offensiv zur Seite stellt und ihren Ursprung nur noch semantisch im Spiel hält.[259] Von den Edelmetallen selbst ist dann kaum noch die Rede, allerdings werden ihre Eigenschaften konsequent weiter abgerufen. Echtes Silber taucht nur dann auf, wenn davon berichtet wird, wie der Cellophan-Samt, ein mit glitzernden Kunststofffädchen durchwirkter Samtstoff, auf der Pariser Weltausstellung von den „Besucher[n] aus aller Welt [...] bewundert" (EuA, 190) und schließlich mit einer *Silber*-Medaille ausgezeichnet wurde. Das Edelmetall ist damit aus dem Stoff heraus in seinen semantischen Kontext gewandert, von dem aus Bedeutung auf das Cellophan zurückstrahlt, was der Preis metonymisch wiederholt. Dieser metonymische Modus führt zu Prämissen im Verhältnis des synthetischen Kolonialismus zur Schrift. Cellophan-Samt, Cellometall und Fliro verweisen nicht auf „echte" Luxusstoffe wie Brokat, Seide oder Gold, sondern positionieren sich im Text über Elemente wie die Gold- und Silber-Medaillen der Weltausstellung, in denen die Auszeichnung des begehrlichen Gesehen-Werdens von Besucher_innen „aus aller Welt" als „Massen"- und „Star"-Reflex mitgedacht ist, gleichsam *vor* den „echten" Reichtümern und degradieren diese auf den Rang von ikonischen Effekt-Referenten

---

sondern wird auch durch den vom vervielfältigbaren Papier gelenkten ‚männlichen' Blick als ein technischer Schrift/Bild/Blick-Verbund abgesichert. Die Schrift, ließe sich etwas ätherisch schlussfolgern, wird hier vom Bild selbst, das sich seiner Vagheit in der Sache „getreue Wiedergabe des [schriftlichen, AW] Originals mit all seinen Einzelheiten" (EuA, 194) bewusst zu werden scheint, als absichernde Hilfe in die Abbildung hineingeholt und dabei, etwa in der Spiegelverkehrung im Glaseinsatz der Tür, das Prinzip ‚Kopie' reflektiert.

259 So bspw. in Formulierungen wie „In vielen hochwertigen Stoffen ist die besondere Wirkung auf Cellophan zurückzuführen." oder „[...] ‚Fliro', das als eine der kostbarsten Textilfasern der Welt gilt." (EuA, 190)

und Indizes für Anerkennung. Hier aktualisiert sich der von Frank und Scherer postulierte metonymische Zusammenhang zwischen Kunststoff- und Romanproduktion[260] als Zusammenhang von ‚Stoff' und Zeichen, der nun zugleich auf den ‚Rahmen' verweist, der hier wie in Ebners Untersuchung die Wahrnehmung einer ‚Weltanschauung' und ihrer ‚Störungen' steuert.

Cellophan ist ein vorläufiger wahrnehmungslogischer Endpunkt des Begehrens der I.G., eine „parallel world of stuff"[261] zu erzeugen. Anders als beim Verfahren des stereoskopischen Sehens, wie es Ernst Jünger beschreibt und das in der Zeit als wichtige Erschließungstechnik für Bereiche jenseits des dem „unbewaffneten Auge" Zugänglichen gilt, geht es hier, im ‚Stoff' wie im Text, nicht mehr darum, mehrere Ebenen von ‚Sinn' miteinander verschaltet denken zu können, sondern vielmehr, und darin vielleicht „magisch realistisch"[262], um eine Entdifferenzierung der Wahrnehmung hin zum Konsens über die autonome Tauglichkeit des Synthetischen.

1.12 Überbau 2: „Unsere Betriebsgemeinschaft"

Den Abschluss der Broschüre bildet ein Kapitel zum betriebsorganisatorischen Überbau der I.G., in dem wieder auf die Perspektive des Mitarbeiters vom Beginn zurückgegangen wird, markiert auch durch den Wechsel der Schriftart auf die Fraktur der Rahmenhandlung. Das Kapitel verdichtet zentrale Ideologeme, die an der Ausweitung des ‚Synthese'-Konzepts in den nicht-chemischen Bereich mitarbeiten und überträgt sie explizit auf Fragen der Organisation und des Zusammenlebens innerhalb der I.G.-Betriebe und des ganzen Volkes. So weist ein vorangestelltes Hitler-Zitat bereits auf die Korrelation der Ideen eines „völkischen" Zusammenhalts als naturalisiertes und zugleich intellektuelles Zeugnis mentaler Dispositionen mit der Vorstellung hin, nur in dieser Form als „Ganzes" überlebensfähig zu sein:

> Das ist der große Ausdruck des Gemeinschaftsempfindens unseres Volkes und damit einer weisen und hohen inneren Vernunft, Millionen haben dasselbe Gefühl: Wir gehören zusammen, dann sind wir alles! Zerrissen sind wir nichts! (EuA, 197)[263]

260 Vgl. S. XXVIII, FN 63 in diesem Buch.

261 Vgl. S. 9 & S. 24, FN 48 in diesem Buch.

262 Baßlers Ausführungen zu Jünger münden in der Erkenntnis, dass „das Magische im Realismus [...] sich also als Re-Entry der paradigmatischen Dimension in einen metonymischen Zusammenhang [manifestiert]". In: Baßler: *Deutsche Erzählprosa 1850–1950*. S. 356.

263 Für den Ursprung des Zitats vgl. *Das Archiv. Nachschlagewerk für Politik, Wirtschaft, Kultur* 31 (1936), S. 1035.

Das Zitat verschaltet ‚Empfinden' und ‚Vernunft' und postuliert damit eine Identität zwischen affektiven Regungen und rational ermittelten Bewusstseinsinhalten in der Frage nationaler Kollektivität.[264] Das Auftakt-„Das" bleibt grammatisch ungefüllt und weist auf einen größeren Zusammenhang der Aussage hin, der für den gegebenen Kontext aber nur als Abwesender relevant gesetzt wird. Stattdessen lässt die Aussage sich auf Überschrift und Abbildung des Kapiteleinstiegs beziehen. Der Titel „Unsere Betriebsgemeinschaft" führt im Zusammenhang mit der Zeichnung von zwei Männern, einem im Anzug und einem in Arbeitskleidung, die sich vor der Kulisse einer Fabrik mit rauchenden Schornsteinen die Hände reichen, vor, welche Akteure zur Stabilisierung des Wort-Konstrukts herangezogen werden und dass gerade in der richtigen Verbindung aller Versammelten das Ziel des Projekts besteht.[265] Die folgenden Ausführungen sind durchsetzt von Metaphern des Verwebens und Ineinandergreifens von Menschen und Arbeitsprozessen[266], die etwa über das Beispiel der Vistra-Fäden auch an die zuvor ausgeführten Produktionsprozesse der synthetischen Materialien selbst zurückgebunden werden.[267] Zum ersten Mal wird an dieser Stelle auch die „Volksgenossin" ausdrücklich erwähnt. Der bisher, durch die Ausblendung von Frauen als I.G.-Arbeiterinnen im ganzen Rest der Broschüre hergestellte androzentrische Blick auf die I.G. als einer

264 Hier liegen leistungsfähige Reste des lebensideologischen Irrationalismus, die Lindner bspw. bei Nietzsche und Mannerheim sieht, die „selbst jedoch ihre Denkweise nicht als Technik zum Erstellen besserer Modelle der Welt [begreifen], sondern als Zugang zum Wesen der Dinge selbst. Und was noch folgenreicher ist – diese Annahme ist nicht mehr diskutierbar, weil sie auf einer nur erlebbaren, nicht begreifbaren Evidenz zu gründen vorgibt. [...] Der entscheidende Punkt liegt m. E. in den apriorischen (humanen oder nicht-humanen) Werten, die als Prämisse des jeweiligen Denkens dienen, nicht aber im vernunftkritischen Ansatz der LI im allgemeinen." In: Lindner: *Leben in der Krise*. S. 14. Das Bild zum Kapiteleinstieg zeugt dann auch vom Projekt einer Allianz, die „‚diejenige Schicht menschlichen Seins [...], die man als ›Mitte‹ bezeichnen könnte und [die] ursprünglicher ist als die Abstraktionen der subjektiven Vernunft einerseits, des objektiven Triebmechanismus andererseits'" sukzessive verloren gehe „und daher gegen das einseitig rationale Bürgertum ein Bündnis mit dem „Proletariat" als Vertreter des vitalen „Ursprungs" eingehen müsse." In: Ebd., S. 46 (Zitat im Zitat aus Paul Tillichs 1933 erschienener Schrift *Die sozialistische Entscheidung*.)

265 Zur Semantik der „Arbeiter der Stirn und der Faust" vgl. Schmitz-Berning: *Vokabular des Nationalsozialismus*. S. 40f.

266 So bspw. bei den „Arbeitsgebiete[n] der I.G. und ihrer unlöslichen Verflechtung mit den Lebensbedürfnissen unseres Volkes" (EuA, 197).

267 Das Ziel dieses Vergleichs ist letztlich, das Individuum in der Menge der „versponnenen Fäden" zum Verschwinden zu bringen, indem „unendlich viele[] Spritzlöcher[]" benötigt werden, um einen „einzige[n] Faden" zu erzeugen, der seinerseits auch nur „ein Teil ist desjenigen Fadens, der schließlich zu irgendeinem Gewebe verarbeitet wird." (EuA, 197f.) Vgl. bspw. eine Reklame für Vistralan in *Der Vierjahresplan* 2 (1938), H. 3. S. 187.

ausschließlich von Männern bewohnten Sphäre, lässt an jener Stelle weibliche „Kameraden“ auftauchen, an der, nach dem Gang durch die Produktionssparten, die „menschliche“ Seite des Unternehmens zu *er*-zeugen ist. Dass es sich bei der I.G. tatsächlich um etwas Gezeugtes handelt, suggeriert auch die Familien-Semantik, mit der die zuvor am Beispiel des Vistra-Gewebes beschriebene Supervielheit, die ins Extrem gesteigerte Idee der ‚Masse‘ miteinander verbundener Elemente, wieder verkleinert und nachträglich hierarchisiert werden kann. Auch wenn die Zuweisung der Familienrollen an die „Einzelmitglieder“ der I.G. (Kinder) und ihre Leitung (Eltern) nicht ganz explizit ist, legt das beschriebene Verhältnis des freudebringenden Ernährtseins der einen durch das verantwortungsvolle Handeln und den ‚Kampf‘ der anderen diese Auslegung nahe. Im Bild der I.G. als ‚Familie‘ steckt zudem die Möglichkeit einer kolonialen Lesart, die, ähnlich wie bei der *White Man's Burden*, ein Verhältnis entlang anthropologischer Entwicklungsstufen modelliert, in dem ein Teil mit bestimmten semantischen Merkmalen als von einem anderen, der über dieselben Merkmale in gesteigerter oder entgegengesetzter Form verfügt, abhängig vorgestellt wird. Dass hier die Relation eine des gegenseitigen Stolzseins und damit der Wechselseitigkeit und Gleichartigkeit der Emotion ist, nimmt den klassisch-kolonialen Modus über- und unterlegener „Rassen“ zwar für die Beziehung zwischen beiden Gruppen partiell zurück, installiert aber dennoch ein Zurechnungsgefälle hinsichtlich der jeweiligen internen Zuschreibungen für ‚Eltern‘ und ‚Kinder‘. Die Kommunikation innerhalb der Gruppen und zwischen ihnen wird weiter emotionalisiert, indem ihr Status von den vorangegangen Kapiteln abgegrenzt wird als

> Gespräch ganz unter uns, als säßen wir nun wirklich alle um einen Tisch und unterhielten uns über unsere ureigensten Dinge. Solche Gespräche gehen freilich hin und her, streifen einen Gegenstand, lassen ihn liegen und nehmen ihn in anderem Zusammenhang später wieder einmal auf. So aber läßt es sich nun doch wieder nicht schriftlich niederlegen; es muß schon eine gewisse Ordnung hineingetragen werden, selbst wenn deswegen die Wärme des Tones etwas leiden sollte, mit der diese Dinge im Grunde gemeint sind und also auch geschildert werden sollten. (EuA, 198)

Der Broschüre wird eine Differenz zwischen Mündlichkeit und Schriftlichkeit zum Problem, die bereits vorher latent war, jetzt aber zum ersten Mal explizit benannt wird. Auffälligerweise nimmt die Zahl der Abbildungen auf den Anfangsseiten des Kapitels stark ab; das Bild wird also nicht als „Unterstützung“ für ein emotionalisierendes Schreiben in Betracht gezogen, stattdessen wird der Textblock, nicht durch Illustrationen verschoben, einheitlich rechtwinklig. Die quasi-natürliche Einteilung der Familie als internes

Strukturmodell korrespondiert auf diese Weise über den Wert ‚Ordnung' mit der Textgestalt. Die von Stabilität geprägte synthetische Gemeinschaft soll als hergestelltes Kollektiv das Produkt einer Homogenisierung sein. Potenzielle Differenzen werden in sprachlichen Bildern wie der aus einer unendlichen Vielzahl einheitlicher Fäden gesponnenen Kunstfaser oder einer biologischen Familien-Gemeinschaft als irrelevant getilgt. Die Broschüre unternimmt an dieser Stelle einen Versuch zur Kompensation, den zu bewerkstelligen sie ihren eigenen, bis zu diesem Punkt entwickelten Mitteln offenbar nicht recht zutraut. Die „Wärme des Tones", der es an diesem Punkt bedürfte, kann vom Schrifttext nicht adäquat hergestellt werden und lässt sich nur als Gemeintes, auf das lediglich als Ideal referiert werden kann, in ihn hineinholen.[268] Ebenso verhält es sich mit der schwierigen Darstellung jener „Vielfalt der Vorgänge innerhalb unseres Unternehmens", die ins Verhältnis gesetzt wird zur „Einheit des einzelnen darin an irgendeiner Stelle tätigen Menschen" (EuA, 198). Der Begriff der „Einheit" lässt sich in diesem Zusammenhang identitätspolitisch und organisationstheoretisch verstehen als die Einzelheit des Arbeiters beziehungsweise den Arbeiter als kleinste zu organisierende Einheit und wird, so und so, innerhalb des Projekts einer mentalen Wissenskoalition als Ursprung des Problems verstreuter Aufmerksamkeit identifiziert. Die Betriebsgemeinschaft ist ihrerseits als Phänomen paritätischer Teilhabe und Verantwortung[269] gesetzt. Der einzelne Arbeiter und der Text sind innerhalb dieser Zielvorgabe als Krisenfelder erkannt, wobei dem einen der Fokus, sowohl im epistemologischen wie im ontologischen Sinn und dem anderen die „Wärme" als kommunikatives Emotionalisierungspotenzial fehlen. Beide Krisenstränge werden durch den Amtsantritt Adolf Hitlers als Reichskanzler beschwichtigt oder gelöst. Er vermag es, sowohl, „in unverrückbarer Klarheit" zu sprechen und seine Worte „über unserem Gespräch [stehen]" zu lassen, als auch „eine Reihe von Maßnahmen[, die] schon vor dem Umbruch verwirklicht worden war", dahingehend zu dynamisieren, dass festgestellt werden kann: „[d]er Abschluß, die endgültige Marschlinie nach innen und nach außen [laufen] erst von dem

---

268 Bemerkenswert ist die auffällige Verkomplizierung der Satzstrukturen, die das aufgerufene Vorbild des Tischgesprächs geradezu konterkarieren, etwa in Sätzen wie: „Letztlich aber deshalb, weil, wie Adolf Hitler in seinen Reden so oft das deutsche Volk zum Verstehen der Gegenwart und Zukunft durch ein mahnendes Erinnern an die Vergangenheit zu erziehen bemüht ist, auch bei uns nicht vergessen werden darf, daß es im Grundsätzlichen vor dem Januar 1933 nicht immer so selbstverständlich lag, wie wir es heute dann und wann hinnehmen." (EuA, 199)

269 „Dinge, die uns nicht nur alle in *gleicher* Weise angehen, an denen wir alle den *gleichen* Anteil haben, […] sollten demnach auch bereits uns allen in *gleicher* Weise bekannt sein." (EuA, 199, Herv. AW)

Tage an […], an dem Adolf Hitler zum Führer der deutschen Nation wurde." (EuA, 199) Hitler wirkt in diesem Zusammenhang als ideologischer Prozessor, dessen exzentrische Position außerhalb der Sprechverbindungen innerhalb der I.G. seine Aussagen in den Rang einer Verkündigung heben. Das Krisenfeld ‚Sprache' wird auf diese Weise für betriebsgemeinschaftliche Fragen entsäkularisiert und als offenbarungsoffen gekennzeichnet.

Der ideologische Bruch zwischen der Zeit vor Hitlers Amtsantritt und den Zuständen nach dem heilsbringenden „Umbruch" wird mit Blick auf die Arbeiter_innen ebenfalls als Zäsur in der Geschichte des Klassenkampfs gewertet, der durch höhere Einsicht in die Produktivität des einträchtigen Kollektivs von Arbeitern und Werksleitungen beendet werden konnte. Diese Entwicklung nähert die Broschüre in der Beschreibung locker den Verfahren an, in denen in den I.G.-Fabriken auch die anderen synthetischen Produkte hergestellt werden. Vor allem ist wichtig, dass ein „Gefühl der Zusammengehörigkeit" (EuA, 200) ähnlich einem „Bildungstrieb" bei den Stoffen, unter den „tausend und aber tausend Chemiearbeiter[n]" bereits vor der Vollendung der Betriebsgemeinschaft im „Dritten Reich" angelegt gewesen sein muss, um durch die richtigen „Verfahren", „Katalysatoren" und „Prozesse" zum Ziel geführt zu werden. Chemische Prinzipien greifen auf die Politik über und geben Deutungsmuster für geschichtliche Prozesse vor, die eine bestimmte Konzeption der ‚Synthese' als über die Sphäre der Chemie hinaus anschlussfähig und diskursbestimmend ausweisen. Die I.G. wird auf diese Weise zum Inkubationsraum, in dem nationale Entwicklungen und die katalytischen Eigenschaften des Nationalsozialismus als Prozessbeschleuniger exemplarisch beobachtet werden können. So wird ein Geschichtsmodell handhabbar vorgeführt, dass kollektive Strukturen gleichzeitig zu emotionalisieren[270] und synthetisch-technisch zu begründen vermag sowie Affekte wirkungsvoll regulieren kann. Der spezielle Mix aus beiden Komponenten lässt sich als Manie der Synthese beschreiben, die im, nach bestimmten und weltanschaulich begründeten Prinzipien, Verbundenen, das lebensideologisch seinerseits wiederum ‚echt' und ‚lebendig' zu sein hat, ein ideologisches Ideal findet.[271]

270 Vgl. EuA, 200: „Die Betriebsgemeinschaft auf der einen Seite, die Familiengemeinschaft auf der anderen Seite, sie sind die starken Stützen der vom Führer geforderten und geschaffenen Volksgemeinschaft."

271 Vgl. EuA, 202: „Die neue Betriebsordnung ersetzt die nüchtern aufgezählten Anweisungen und Verbote der früheren Arbeitsordnung durch ein Führer und Gefolgschaft verbindendes Gesetz echter und lebendiger Betriebsgemeinschaft." (EuA, 201) und kurz darauf: „[…] auf der Grundlage dieses Aufwandes nicht zu gewinnen vermöchte das volle Vertrauen jedes einzelnen Gefolgsmannes, nicht entzünden und wahren würde das Gefühl seiner Verbundenheit mit dem Werk, so daß wir alle, Kameraden der I.G., auf

Die Einlassung des „Faktors Mensch“ in die Sphäre der Synthese zeigen auch die auf der eingehefteten Bildseite zu sehen gegebenen Abbildungen zur I.G.-Zeitschrift *Von Werk zu Werk* und zum Thema *Jugend am Werk*, auf denen Menschen in lernender oder sich anderweitig zurichtender Weise Bezug auf die industriellen Anlagen und Forschungseinrichtungen des Betriebs nehmen. Dabei wird die Darstellung von Gruppen deutlich gegenüber Einzelpersonen bevorzugt, die fast nur in den darstellungslogischen Sonderformen als typisierter Arbeiter auf einem Titelblatt und Foto von Adolf Hitler während einer Rede vorkommen. Männliche Jugendliche in Arbeits- oder Sportkleidung werden öfter um einen älteren Mann gruppiert dargestellt, der sie an verschiedenen Apparaturen unterweist, wobei die Blicke aller Personen sich ausnahmslos im Werkstück versammeln; Augenkontakt zwischen den Menschen gibt es auf keinem der Bilder.[272] Auch die sozialpolitischen Bereiche der I.G.-Ideologie lassen sich demnach in das Register eines synthetischen Kolonialismus einordnen, der an dieser Stelle impliziter verhandelt wird, als etwa für die Farb- und Treibstoffsynthese, im Fall der Tropenmedizin oder bei der nachträglich eingeholten Durchdringung der Lebenssphäre mit I.G.-Produkten. ‚Synthese‘ wird in diesem Zusammenhang als die Herstellung eines Gefüges aus mehreren Einheiten verstanden, das, von einer übergeordneten ‚Idee‘ zusammengehalten, als etwas ‚Neues‘, weil bisher nicht in dieser Qualität verwirklichtes, deklariert werden kann. Hierzu bedarf es verschiedener Akteure, die auf je unterschiedliche Weise an der Herstellung des Gefüges, hier der Betriebsgemeinschaft, mitwirken. Dies sind neben den bereits beschriebenen Konzepten der ‚Familie‘, des ‚Gemeinschaftswillens‘, dem Begehren nach ‚Ordnung‘ und der Ausrichtung auf das ‚Werk‘ in organisatorischer Hinsicht beispielsweise die *Deutsche Arbeitsfront* (DAF), die ein „Band [...] um die Gefolgschaft des Betriebes schlingt“ (EuA, 202) und die Tarifpolitik der I.G. mit einem auf ‚Treue‘ basierenden Prämiensystem. Beide Elemente werden als kohäsionsstiftende Akteure im ideologischen System der Broschüre installiert und sollen sowohl für Zusammenhalt aus politischer Perspektive sorgen, als

---

dem Weg zur Arbeitsstätte, vor den Maschinen und vor dem Schreibpult, in Deutschland und draußen in der Welt, immer und überall mit dem Fanatismus, den unser Führer Adolf Hitler vorlebt, überzeugt die Worte mitsprechen und danach handeln: ‚Wir gehören zusammen, dann sind wir alles! Zerrissen sind wir nichts!‘“

272 Ähnliche Gruppenbilder bspw. in Karl Arnhold: „Die deutsche Lehrwerkstatt“. In: *Der Vierjahresplan* 2 (1938), H. 10. S. 600–601. Eine Ausnahme bildet der gezeichnete Arbeiter-Typ, der vom Titelblatt einer Ausgabe von *Von Werk zu Werk* die Rezipient_in der Broschüre anschaut. Diese Darstellungsweise scheint auf den Kontext eines „soldatischen Typs“ hinzuweisen und kommt als solche ebenfalls gelegentlich vor, bspw. in C. Krauch: „Jugend an die Front. Die Nachwuchsfrage in Wissenschaft und Technik“. In: *Der Vierjahresplan* 1 (1937), H. 8. S. 456–459.

auch die Betriebsgemeinschaft als sozialen Werteverbund über Generations- und Klassengrenzen hinweg konstituieren.[273]

Die Bildung einer betriebsinternen Immunsphäre wird an mehreren Beispielen vorgeführt, von denen nur zwei kurz ausgeführt werden sollen. Insgesamt geht es, wie in früheren Kapiteln, etwa „Chemikalien von A bis Z" oder bei der Fotografie, um die Tilgung der Grenze zwischen beruflicher Sphäre und dem Raum der Familie. Das wird am Beispiel der ‚Jugend' deutlich, der logischen Antwort auf „die außerordentlich schwierige Frage der Schaffung geeigneten Nachwuchses für unsere Laboratorien und chemischen Betriebe", deren Ideal es ist, „kerngesund, charaktervoll und männlich [...] auf[zu] wachsen" (EuA, 206). Der für die Herstellung dieses Vorbilds zuständige Verbund, in dem „sich der Ausbildungsleiter, der Werkarzt und der Betriebssportleiter [...] die Hand [reichen]" (EuA, 207), sichert zunächst männliche Kontinuität als genealogisches Prinzip der I.G.-Belegschaft ab, überträgt aber auch wieder Prinzipien chemischer Synthese auf die „Erzeugung" von Humanmaterial, das als „neue[r] Typ deutscher Jungarbeiter", also als explizit ‚neu' und Freude bereitend (vgl. ebd.) in das System der ‚Synthese' eingruppiert wird. Die Ermittlung des optimalen Platzes der neuen Betriebsatome erfolgt mit „erprobten psychotechnischen Methoden", zieht für die Anordnung von Menschen im Raum also ein szientifisches Regulativ ein, das in seiner Annahme, es sei „heute wichtiger denn je, daß der richtige Mann auf den richtigen Posten gelangt" (EuA, 207), dem Modell chemischer Bindungen und Anordnungen von Teilchen im ‚Stoff' nahesteht.[274] Auf diese Weise entstehen Vorstellungen einer betriebseigenen ‚Zucht' von Arbeitskräften, für deren Zeugung das Werk eher als die Herkunftsfamilie verantwortlich ist, sowie einer naturalisierten Verortung der Arbeitskräfte innerhalb der I.G.-Sphäre nach ihren „körperlichen Verhältnissen" (EuA, 209).

Zweite wichtige Arena für diese Biologisierung und Intimisierung der Arbeitswelt ist ein lebensideologisch grundierter ‚Arbeitskraft'-Begriff, der an verschiedene Akteure gekoppelt wird, so etwa an die Abbildung zum Urlaubssystem der I.G., auf der drei KdF-Dampfschiffe hintereinander, von einem kleineren Lotsenboot geführt, mit rauchenden Schornsteinen an einer

---

273 Diese Mechanismen werden auch durch Hinweise auf die kollektive Bedingtheit von Arbeitszeiten unterstützt, die entlang „kameradschaftlichen" Verhaltens der „Gefolgschaftsmitglieder" reguliert und etwa bedarfsweise auf Kurzarbeit umgestellt werden. Zur seit 1938 im Deutschen Reich als Norm geltenden 48-Stunden-Woche vgl. Michael Jürgen Schatzl: *Der Griff nach der Zeit. Perioden, Charakteristika, Motive und Interessen österreichischer Arbeitszeitpolitik (1945–2018)*. Wien u.a. 2019. S. 146.

274 Für die mediengeschichtliche Versuchsanordnung der Psychotechnik vgl. Kittler: *Grammophon, Film, Typewriter*. S. 237ff.

Küste entlangfahren, aus deren Silhouette ein ebenfalls rauchender Vulkan heraussticht. Im Zusammenhang mit dem Text, der den Urlaub als wichtig für die Regeneration nach der Bewältigung „hoch gespannt[er]“ (EuA, 205) Aufgaben bezeichnet, stellt die Korrespondenz zwischen den aufgereihten dampfenden Ferienschiffen und dem Vulkan als markantem Topos der Lebensideologie, der seinerseits eine Verbindung zwischen verhärteter ‚Oberfläche‘ und heißer, strömender ‚Tiefe‘ und einen Punkt des Ausbruchs schierer Energie darstellt und noch dazu mit ‚Exotik‘ korreliert ist, den Bereich der Erholung implizit in den Dienst einer Kraftegulierung durch (Ferien-)Technik. Die Erhaltung der Arbeitskraft wird auch innerbetrieblich als Priorität verhandelt, wenn die Arbeitsumgebung als bautechnisch, organisatorisch und hygienisch neuen Erkenntnissen anzupassen ist. Für die Fabrik als hygienische Sphäre werden Vorstellungen einer ‚Sanierung‘ aktualisiert, wie sie für „tropische“ Dörfer und andere Gebiete in den Kolonien aus chemopharmazeutischer Perspektive vorgestellt wurden. Daraus folgt schließlich, auch im Verbund mit der psychotechnischen Klassifizierung der Arbeitskräfte und der getilgten Grenze von Berufs- und Familienräumen[275], die zu einer, ja bereits am Beginn des Kapitels benannten, Quasielternschaft der I.G. führt[276], die spezifische Ausformung der Betriebsgemeinschafts-Ideologie als Projekt einer Ethnologie des Eigenen, in der, über die ‚Synthese‘ als Leit-Ideologem[277], die Kolonisation des Inlands vorangetrieben wird. Ein explizites Beispiel dafür ist das „Siedlungswerk“ der I.G., in dem bevölkerungspolitische und autokolonial-synthetische Programmatiken kristallisieren:

275 Vgl. EuA, 209: „Auch die Familien werden davon ergriffen, weil im einzelnen Menschen Beruf und Familie überhaupt nicht zu trennen sind, sondern unlöslich ineinander übergreifen.“

276 Vgl. EuA, 209: „Wir I.G.-Kameraden alle […] sind durch Tausende von Fäden auch mit Dingen verknüpft, die außerhalb unserer Arbeitssphäre liegen, und unter diesen Dingen nehmen unsere Familien einen fast ausschließlichen, allerersten Platz ein. […] Wenn uns also beispielsweise unsere Werksfürsorge die Sorge um die Not der Familie erleichtern hilft, dann werden wir um so freudiger und um so erfolgreicher bei unserer Arbeit sein.“

277 Der Text transportiert das mit redundanten Wendungen des Fügens und Fusionierens: „Gerade die aus diesem Versponnensein von Arbeitsschicksal und Lebensschicksal und aus dem Verschmelzen kameradschaftlicher Unternehmerfürsorge innerhalb und außerhalb des Arbeitskreises erwachsenden engen seelischen Verbindungen sind ja so notwendig als Grundstock einer echten Betriebsgemeinschaft. Ganz besonders ist dieses Überschneiden beider Kreise auf zwei Gebieten zu verspüren […]“ (EuA, 210) In Formulierungen wie „kameradschaftlicher Unternehmerfürsorge“ gehen die Sphären von Arbeitnehmer und -geber sogar begrifflich ineinander auf.

> Dort, in den neuen Siedlungen, wo die Arbeit auf dem eigenen Grund und Boden eine Freizeitgestaltung ganz besonderer Art darstellt, wo in gesunden, kräftigen und fröhlichen Kindern eine neue leistungsfähige Generation heranwächst, wo Tausende von deutschen Arbeitern wieder mit ihrem Mutterboden verbunden sind, verstehen wir erst richtig, warum der Führer und seine Mitarbeiter mit so großem Nachdruck auf die Durchführung des nationalsozialistischen Siedlungswerkes, auf die Schaffung einer Art „Erbhof" für den deutschen Arbeiter hinwirken! (EuA, 210)

Die Vorstellung einer solchen künstlich erzeugten Wohn- und Lebenslandschaft für Industriearbeiter, die durch eine Annäherung an ländliche Lebensformen symbolisch rückverbauert und durch den wiederhergestellten Anschluss an den „Mutterboden" mit dem materiell als Synthesereferenten und ideologisch als Pseudokolonie ohnehin neu valorisierten techno-traditionellen ‚Tiefen'-Raum verbunden wird, vollendet das Ideal der synthetisierenden ‚Verbindung' aller Menschen untereinander und mit der sie umgebenden, ohnehin synthetisch durchdrungenen I.G.-Sphäre aus Dingen, Düften, Nahrungsmitteln, Medikamenten, Beziehungen, Werten, Sozialleistungen, Urlaubsprogrammen und Wohnsystemen als grundsätzlich traditionalistisches Modell naturalisierten Zusammengehörens im Modus des neugestaltet-synthetisierten Wohlvertrauten.[278]

Die Broschüre lässt sich abschließend zumindest partiell in zeitgenössische Programmatiken des Kollektivs einordnen, setzt aber für ihren Fall über den ausgestellten „synthetischen" Charakter von ‚Gemeinschaft' eigenwillige Akzente, die sich so klar in vergleichbaren Artefakten derselben Zeit sicher nicht finden, strukturell allerdings zu gewissen Teilen, vor allem was die „Heimführung" der Technik „in die Sphäre des Wohlvertrauten"[279] anbelangt,

278 Dafür sorgt auch die ganzseitige Abbildung, die in der Unterschrift „Der deutsche Arbeiter auf eigener Scholle" eine Kompatibilität der Arbeiter-Existenz mit bäuerlichen Topographien behauptet und den dargestellten Raum als hauptsächlich von Minderjährigen bevölkerte Sphäre festlicher Verbundenheitsriten darstellt. Die Häuser, von waldartigem rankenden Grün umwuchert und mit einer Hakenkreuzfahne als ebenfalls ideologisiert und (damit trotz ihrer Privatheit verkehrssicher!) markierte Räume, werden durch einen Zaun von einer öffentlichen Zone getrennt, in der die Botanik als girlandiertes Grün innerhalb der Prozession der Dorfjugend stärker zur Signifikation von ‚Frische' und ‚Koalition' in die Pflicht genommen wird. Was aus dem Privaten kommt, also hinter dem Zaun bereits in Reihen kultiviert wächst (Kinder und Pflanzen), so lässt sich schließen, wird in der Öffentlichkeit formatiert und in eine homogene, ideologisch angenehme ‚Synthese' überführt. Zur Idee des ‚Volkskörpers' vgl. Schmitz-Berning: *Vokabular des Nationalsozialismus*. S. 667–670.

279 Wege: *Buchstabe und Maschine*. S 119.

Der deutsche Arbeiter auf eigener Scholle

211

Abb. 19 Der deutsche Arbeiter auf eigener Scholle

auch außerhalb der I.G.-Sphäre angelegt sind und wiederkehren. Zugleich hält sie die Bereiche konkreter Technikdidaxe und sozialpolitische Ausführungen formal getrennt, etwa durch die unterschiedlichen Schriftarten, und versucht so, eine wechselseitige Durchdringung beider Sphären[280] oberflächlich zu verneinen, was durch diverse ideologische Überschneidungen, verdichtet vor allem im Konzept einer chemischen, räumlichen, sozialen und lebensideologischen ‚Synthese', breit unterlaufen wird.

280 Vgl. ebd., S. 124f.

KAPITEL 2

Deutsche Synthesegeschichte: Karl Aloys Schenzingers *Anilin* (1937)

Karl Aloys Schenzingers extrem erfolgreicher Roman *Anilin* erzählt die Entwicklung der deutschen Farbstoffchemie von einer von privaten Forschungsinteressen einzelner Chemiker angetriebenen Nischenangelegenheit hin zur großindustriellen „Überwinderin" der natürlichen Rohstoffe. Der zeitliche Rahmen der Erzählung erstreckt sich über gut 100 Jahre von den Zwanziger Jahren des 19. Jahrhunderts bis in die unmittelbare Gegenwart des 1937 erschienenen Romans.[1] Das Buch über die Innovationsgeschichte synthetischer Farbstoffe aus Steinkohlenteer ist mit mehr als 920.000 verkauften Exemplaren bis 1944 der mit Abstand erfolgreichste Roman in der Zeit des Nationalsozialismus und nach Adolf Hitlers *Mein Kampf* das am zweithäufigsten verkaufte Buch der Jahre zwischen 1933 und 1945 überhaupt.[2] Addiert man zu den während der NS-Zeit gedruckten Exemplaren diejenigen, die nach dem Krieg bis 1951 in nur leicht überarbeiteter Form durch die Büchergilde Gutenberg vertrieben wurden, beläuft sich die bis dahin verkaufte Gesamtzahl auf 1,6 Millionen Stück. Das Buch wird auch danach noch weiter aufgelegt, zuletzt 1973 durch den Heyne-Verlag. Während des Zweiten Weltkriegs erschienen Übersetzungen ins Norwegische und Schwedische (1941), Lettische, Finnische, Tschechische, Französische, Niederländische, Rumänische (alle 1942), Serbische (1943) und Spanische (1944). 1954 folgte noch eine japanische Fassung.[3] Der Roman kann „in seiner Breitenwirkung

1 Zum Erscheinungsjahr des Romans gibt es Unklarheiten, da offiziell 1936 als Jahr des Erscheinens der Erstausgabe gilt, offensichtlich aber keine Exemplare aus diesem Jahr aufzufinden sind. Dennoch gibt auch heute die Deutsche Nationalbibliothek in ihrem Katalog dieses Jahr weiter an. Auch Graeb-Könneker (*Autochthone Modernität*. S. 107) und Hans Krah (*Literatur und Modernität*. S. 60) erwähnen diese Merkwürdigkeit. Bisher wurde noch nicht die Vermutung geäußert, dass der Roman 1937 erscheint, aber schon damals über Paratexte (Rezensionen, Bibliothekskataloge, Impressen etc.) auf 1936 vordatiert wird, um mit dem Beginn des Vierjahresplans zusammenzufallen.

2 Vgl. Tobias Schneider: „Bestseller im Dritten Reich. Ermittlung und Analyse der meistverkauften Romane in Deutschland 1933–1944". In: *Vierteljahreshefte für Zeitgeschichte* 52 (2004), H. 1. S. 77–97, hier S. 80.

3 Die Angaben entstammen dem Katalog der Deutschen Nationalbibliothek. Digital verfügbar unter: https://portal.dnb.de/opac.htm?method=showPreviousResultSite&currentResultId=%22schenzinger%22+and+%22anilin%22%26any&currentPosition=10 (zuletzt abgerufen am 10.9.2021).

 | DOI:10.30965/9783846766408_003

kaum überschätzt werden“ und „prägte das Chemieverständnis zahlreicher Menschen“[4].

Der Autor Karl Aloys Schenzinger, 1886 geboren und seit dem Ersten Weltkrieg als Arzt tätig, trat zunächst mit spätexpressionistischen Arbeitslosendramen und -erzählungen sowie Romanen in Erscheinung, die einfach modellierte Initiationsgeschichten junger Männer zu lesen geben und oft in Nordamerika spielen. In den frühen Dreißiger Jahren, nachdem er sich zunehmend das Gefallen von Funktionären der NSDAP verschafft hatte, gelingt ihm mit dem in Fortsetzungen im Völkischen Beobachter gedruckten Roman *Hitlerjunge Quex* 1932 der fragwürdige Durchbruch in die NS-Unterhaltungselite. Der Roman wird bereits ein Jahr später mit Heinrich George und Jürgen Ohlsen in den Hauptrollen erfolgreich verfilmt. Noch erfolgreicher wird Schenzinger allerdings mit seinen Romanen um die deutsche Industrie, von denen vor 1945 neben *Anilin* noch *Metall* (1939) erscheint, der mit 600.000 verkauften Exemplaren ebenfalls eine extrem hohe Auflage erreicht. Nach 1945 knüpft Schenzinger mit den Neuauflagen seiner Bestseller, aber auch neuen Romanen an die alten Erfolge an. Es erscheinen neben *Bei I.G. Farben* (1951), einer Quasi-Fortsetzung von *Anilin*, noch *Schnelldampfer* (1951) sowie zuvor der fortschrittskritische Roman *Atom* (1950) und schließlich die beiden Bände *99% Wasser* (1956) und *Die Magie der lebenden Zelle* (1957), die sich den Geheimnissen des menschlichen Lebens widmen. Zugleich praktiziert Schenzinger, der wohl mit einer Arbeit über „Die Chemie des Gedankens“[5] promoviert wurde, weiter als Arzt für Nerven- und Geisteskrankheiten. Er stirbt schließlich 1962.[6]

Die Narration von *Anilin* folgt zumeist lose einzelnen (Forscher-)Individuen, die mehrfach wechseln und stets funktional in den Gesamtkontext, den Weg zur unabhängigen deutschen (Farben-)Industrie, eingebunden sind. In den ersten Kapiteln werden die Entwicklungen der chemischen Forschung und die Geschichte ihrer Verwissenschaftlichung vor allem an zwei Chemiker

---

4 Jens Soentgen: „Ein deutscher Stoff. Synthesekautschuk in Deutschland. 1909–2009“. In: Philipp W. Stockhammer & Hans Peter Hahn (Hg.): *Lost in Things. Fragen an die Welt des Materiellen.* Münster, New York 2015. S. 41–63, hier S. 54.

5 Darin werde „de[r] Zusammenhang der Gehirnvorgänge mit der Reaktion der Hormone untereinander behauptet[] […]“. Vgl. o. N.: „Schenzinger. Berichten, was los ist“. In: *Der Spiegel* 21 (23. Mai 1951). S. 32–33, hier S. 32.

6 Zu Schenzingers Biographie vgl. Johannes Sachslehner: „Schenzinger, Aloys“. In: *Neue Deutsche Biographie* 22 (2005), S. 683–684. Digital verfügbar unter: https://www.deutsche-biographie.de/pnd11899395X.html (zuletzt abgerufen am 10.9.2021) sowie Heidi Treder: „Karl Aloys Schenzinger“. Digital unter http://www.polunbi.de/pers/schenzinger-01.html (zuletzt abgerufen am 10.9.2021).

gekoppelt, Friedlieb Ferdinand Runge (1794–1867) und August Wilhelm Hofmann (1818–1892). Später, wenn der Text die Konzentration der diversen Einzelbestrebungen hin zum kollektiv organisierten Wirtschaftsverbund stärker relevant setzt und schließlich im „Sieg" eines gelungenen Zusammenschlusses der einzelnen Betriebe in der „großen I.G." gipfeln lässt, lockert der Roman seine Orientierung auf historisch belegte Berühmtheiten etwas und nimmt Individuen stärker als Exemplare erfolgreich etablierter „Gattungen", etwa des ‚Wirtschaftsführers', ‚Ingenieurs' und besonders des ‚Arztes', in den Blick, für die zum Teil historische Personen, zum Teil fiktive Charaktere eingesetzt werden. Persönlichkeiten wie Runge, Hofmann oder Justus von Liebig, denen die Entwicklung hin zu diesem Punkt historisch „verdankt" wird, werden dagegen, gleichsam zwischen Nivellierung zugunsten eines Konzepts überindividueller ‚Wissenschaft' und der Anerkennung wichtiger „Pionierarbeiten", die eine ‚Wissens'-Synthese erst möglich machen, balancierend, aber zunehmend peripher im Spiel gehalten.

Im Vordergrund der Analyse werden die verschiedenen Konzepte von ‚Synthese' stehen, die sowohl innerhalb der naturwissenschaftlichen Sphäre als strukturierendes Prinzip fungiert, als auch auf den beiden anderen wichtigen Textebenen mitarbeitet. Diese sind eine zeitliche und eine räumliche, genauer geopolitisch-kolonisatorische Sphäre. Während in der ersten verhandelt wird, welche Relevanz Figuren und die ihnen übergeordnete Erzählinstanz beziehungsweise der Gesamtzusammenhang des Romans verschiedenen Aspekten zeitlicher Kontinuität und dem Aufeinanderaufbauen naturwissenschaftlicher Innovationen im Zusammenhang mit der Rolle des entdeckenden Individuums einräumen, geht es bei der zweiten um Fragen der räumlichen Gerichtetheit von Handlungen innerhalb einer Innen/Außen- sowie Oberflächen/Tiefen-Matrix. Hinterlegt wird das Konzept der ‚Synthese', als diverse diegetische Stränge vermittelndes Prinzip, durch ein lebensideologisches Modell, das jedoch, das ergibt sich aus der Analyse von *Erzeugnisse unserer Arbeit*, in den Büchern mit Stoffbezug nicht immer unbefragt stabil in der sujetlosen Textschicht gehalten werden kann, sondern einer Kopplungsgröße, in diesem Fall nahezu immer des ‚Stoffs' beziehungsweise der Chemie, bedarf, die als Leitdisziplin mit allen Diskurssträngen verschränkt werden kann, die der (Re-)Legitimierung bedürfen. Gilt dieses Prinzip für überindividuelle Zusammenhänge zwingend, verhandelt der Text es auf der Figurenebene optional. Der spezifische Wert ‚Leben' generiert sich für die einzelnen Individuen nicht notwendig direkt aus ihrer Nähe zur Chemie, gleichwohl aber zumindest mittelbar aus einem Näheverhältnis zu Figuren, die mit dem Wert stark verkoppelt sind und mithin in der potenzialistischen Metaphorik des Romans als „Energieträger" gelten können. Gegenspielerfiguren und solche, die sich in Opposition zur Chemie und ihren Trägern befinden, etwa die Mutter der von Friedlieb Ferdinand Runge verehrten Charlotte Vogt, weisen stets Merkmale auf, die mit ‚Schwäche', ‚Kälte' und generell vermindertem ‚Leben' korreliert sind.

2.1 Das Motto als wichtiger Paratext

Dem Roman ist ein Geleitwort von Wilhelm Frick vorangestellt, der zur Zeit des Erscheinens von *Anilin* Reichsminister des Inneren war und 1946 im Zuge der Nürnberger Prozesse als Kriegsverbrecher verurteilt und hingerichtet wurde:

> Es ist ein Zeichen der Lebenskraft eines rassisch gesunden und unverbrauchten Volkes, wenn immer wieder aus seinen unbekannten Söhnen die tüchtigsten aufsteigen und Leistungen vollbringen, die über die Grenzen des eigenen Landes hinaus die Anerkennung der ganzen Welt auf sich lenken./Reichsminister Dr. Frick am 26. Mai 1935,/dem 25. Todestage Robert Kochs[7]

Zentrale Themen, die der Roman entfalten wird, sind in dem Ausschnitt aus einer Rede Fricks, deren Anlass wohl die Neugründung der *Robert Koch Stiftung zur Bekämpfung der Tuberkulose* gewesen ist, bereits angelegt. So fällt generell das vitalistische Modell einer ‚Lebenskraft' auf, über die ein Volk als Ganzes verfüge, das mit Begriffen vom ‚Aufsteigen', der ‚Leistung' und ‚Lenkung' als physikalische Allegorie realisiert wird. Zugleich führt die Vorstellung eines „rassisch gesunden und unverbrauchten Volkes" die Figur einer ‚Grenze' ein, die zur Bedingung des folgenden Modells vom Aufstieg der unbekannten Söhne und der durch ihre Leistungen angestoßenen, für das eigene Land positiven Aufmerksamkeitsökonomie wird. Die Söhne, deren ‚Aufstieg' explizit „Zeichen" für die beschworene ‚Lebenskraft' ist, übernehmen diverse Rollen im naturwissenschaftlich gestimmten Modell von Fricks Allegorie: Neben ihrer Indikatorfunktion, die *vis vitalis* des Volkes anzuzeigen, führt die sozio-physikalisch doppeldeutige Metapher vom „Aufsteigen" als 1) physikalischen Auftrieb erfahrende Körper und 2) die gesellschaftliche Stufenleiter zu anerkennender Sichtbarkeit emporsteigende Individuen, eine vertikale Tiefendimension in die Vorstellungen von ‚Volk' und ‚Land' ein, die sich wiederum den beiden Bildspendern zuordnen lassen. Während dabei der soziale Aufstieg innerhalb des Volks aufgrund eigener Tüchtigkeit ein etabliertes und auch zur Zeit des Nationalsozialismus ideologisch zwar deutlich umkodiertes aber

7 Karl Aloys Schenzinger: *Anilin*. Berlin 1937. S. 5. (Im Folgenden im Text mit der Sigle A und Seitenzahl.)

nach wie vor unauffälliges Konzept darstellt[8], führt die Idee einer räumlichen ‚Tiefe', aus der die Söhne aufsteigen, zu gleichsam tieferen Einsichten in die Konzeptionen des folgenden Romans.

Dass eine wie auch immer inhaltlich gefüllte ‚Lebenskraft' in einer psychologischen, räumlichen und/oder semantischen ‚Tiefen'-Schicht verortet wird, über die nie oder zumindest nie permanent bewusst verfügt werden kann, ist ein im Rahmen der Lebensideologie seit dem ausgehenden 19. Jahrhundert zunehmend etablierter, wirkungsmächtiger und auch theoretisch formalisierter Topos.[9] Die entsprechenden Modelle verlegen die ‚Lebenskraft' zumeist ins Individuum und gewinnen erst über die Extrapolation der Einzelerfahrung Aussagen über eine kollektive Mentalität. Im nationalistischen Diskurs zu Beginn des 20. Jahrhunderts spitzen sich die entsprechenden Ideologeme mehr und mehr zu und finden in der Ideologie des Nationalsozialismus ihren extremen kollektivistischen Gipfel. *Anilin* wird diese Entwicklung nachverfolgen und dabei zugleich retrograd, in Form einer teleologischen Erzählung vom „Tappen im Dunkeln" (vgl. A, 89) zum endlichen strahlenden Triumph, legitimieren.

In Fricks Modell steigen aus den unbekannten Söhnen die tüchtigsten auf, um Leistungen zu vollbringen, die wiederum in ihrer Wirkung stark genug sind, „die Grenzen des eigenen Landes" zu überschreiten und im Jenseits dieser Grenzen „die Anerkennung der ganzen Welt" wieder zurück auf jenes eigene Land zu lenken. Die Formulierung ist intrikat. So sind es explizit nicht die Söhne, die etwas „auf sich lenken" und dafür das Land verlassen müssen, sondern erst ihre „Leistungen", die aktiv den Grenzübertritt vollziehen und, in Anerkennung umgemünzt, zurückkehren. Die Kommunikation über die Grenze hinweg denkt sich hier also ausdrücklich nicht als ein direkter Verkehr menschlicher Akteure, sondern als medial vermitteltes System des Austauschs einer lenkenden Kraft (‚Leistungen') mit der Währung ‚Anerkennung', die nicht graduell quantifiziert, sondern nur erschöpfend als eine „der ganzen Welt" bezeichnet wird. Laienphysikalisch ließe sich also von einer Umwandlung

8 Vgl. hierzu bspw. Hans-Ulrich Thamer: *Verführung und Gewalt. Deutschland 1933–1945*. Berlin 1986, Abs. 7/II.: „Deutsche Gesellschaft im Dritten Reich". S. 494–521 sowie Dietmar Süss: „Arbeit, Leistung, Bürgertum". In: Norbert Frei (Hg.): *Wie bürgerlich war der Nationalsozialismus?* Göttingen 2018. S. 100–115. Süss betont die meritokratische Tendenz des NS, Karrieren weniger nach besitz- und bildungsbürgerlichen Kriterien, sondern explizit „nach Leistung" in Aussicht zu stellen, die vor allem für kleinbürgerliche Aufsteiger attraktiv war. Für den Aspekt der Erosion bürgerlicher Werte seit dem Ersten Weltkrieg und die Forschungsdebatte darum vgl. noch Marcus Gräser: „Stabile Bindungen. Bürgertum und Wohlfahrtsstaat 1914–1945". In: Manfred Hettling & Richard Pohle (Hg.): *Bürgertum. Bilanzen, Perspektiven, Begriffe*. Göttingen 2019. S. 237–261.

9 Vgl. Lindner: *Leben in der Krise*. S. 132.

sprechen, die investierte Leistungen in eine andere Einheit zu konvertieren vermag, wenn, das wäre die mechanistische Voraussetzung, ihre eigenen Batterien („rassische Gesundheit und Unverbrauchtheit") stark genug sind, aus der Teilmenge der unbekannten Söhne jene indikatorische Spezialelite der „Tüchtigsten" aufsteigen zu lassen, um den darüberliegenden Kräfteaustausch am Laufen zu halten. Die zwischenmenschlichen, gesellschaftlich-rekreativen Vorbereitungsarbeiten, die es zur Erzeugung jener Supersöhne bedarf, bleiben an dieser Stelle bis auf die rassistischen Prämissen, für deren Gelten und Intaktheit sie ‚Zeichen' sind, rhetorisch unausgefüllt und räumlich unterhalb der internationalen Leistungs/Anerkennungs-Zirkulation verborgen.

Die These, die in der folgenden Analyse weiter vertieft wird und auch für die Mehrheit der anderen Bücher mit Stoffbezug gilt, lässt sich von den Worten Fricks ausgehend grob umreißen. Der Beobachtung nachgehend, dass das Geleitwort zu Beginn des Parallelepipeds namens *Anilin* bereits das Verhältnis von ‚Volk' als ‚Tiefen'-, seinen ‚Grenzen' und dem Raum dahinter als ‚Oberflächen'-Sphäre konzipiert, liegt der analytische Fokus im Folgenden auf der spezifischen inhaltlichen Ausgestaltung dieses Verhältnisses unter Mithilfe von synthetischen ‚Stoffen', deren Entdeckung und Erzeugung als spezifisch ‚deutsche' Leistung vordergründig die Themen des Romans sind. *Über* die künstlich erzeugten (Roh-)Stoffe wird *innerhalb* der entsprechenden Erzählungen ein ‚Dritter Raum' erzeugt, der zentrale Krisen des ‚deutschen Raum'-Phantasmas zwischen dem Anfang des 19. Jahrhunderts und 1936 als lösbar und damit strukturell bereits potenziell gelöst ausweist sowie die entsprechenden Kränkungen als heilbar markiert. Essentielles Konzept der verschiedenen Wege zur Beendigung dieser Krisen beziehungsweise zur Bewältigung verschieden konzipierter (post-)kolonialer Kränkungen wird die ‚Synthese', sowohl in chemischer Form, als auch als übergreifendes psychologisches, politisches und mediales Prinzip und nicht zuletzt als Textverfahren, nach dem der Roman selbst funktioniert.

Die dem Motto folgenden sieben Teile von *Anilin* heißen „Indigo", „Leuchtgas", „Steinkohlenteer", „Anilin", „Benzol", „Künstlicher Indigo" und „Atebrin". Der Titel des Romans findet sich also als Überschrift des zentralen Mittelkapitels wieder. Die Teile selbst sind wiederum unterteilt in einzelne Abschnitte, denen oft, aber längst nicht immer, kürzere Texte vorangestellt werden, die, in einer kleineren und kursiven Antiqua-Type von der Fraktur des Haupttextes getrennt, darüber hinaus durch Einrückung, rechtsbündigen Satz und Absätze als separiert markiert werden. Zudem stehen sie *vor* der jeweiligen römischen Nummerierung des Abschnitts. Sie werden daher im Weiteren als „Vor-Texte" bezeichnet und als den auf sie folgenden Abschnitten vorangestellt begriffen.

2.2 Vor der Synthese: England + Indien

Die Handlung von *Anilin* beginnt am Anfang des 19. Jahrhunderts in den Besitzungen der Britischen Ostindien-Kompanie. Conny Hawk ist der erfolgreichste Aufseher auf einer Plantage der *Bengal Indigo Corporation*. Über das Lebensalter des jungen Mannes, der um 1800 mit seinen Eltern von Lübeck nach England ausgewandert ist, lässt sich der Zeitpunkt der geschilderten Ereignisse in etwa auf die 1810er Jahre festlegen. Der dem ersten Abschnitt vorgeschaltete Vor-Text führt unter Zuhilfenahme etablierter Indien-Topik und im Stil eines mythischen Zyklus-Modells eine metaphysische Variante von ‚Synthese' vor:

> Dort ist der Schoß, der uns geboren hat. Von dort ist unser Geist. Dort sind wir aufgewacht. Dort fanden wir zum erstenmal die Erde schön. Dort hat der Mensch den ersten Altar aufgerichtet./Die höchsten Berge stehen dort. Dort ist das Meer am tiefsten. Dort leuchten alle Farben, und der Glaube macht sie zum Gleichnis. Dort ist der Tod ein Tor zu neuem Leben. Dort lebt der Geist in einer Blüte weiter, lebt in der Biene, die den Keim befruchten hilft, im heiligen Rind, das Keim und Blüte als Nahrung zu sich nimmt. In tiefer Dschungel [sic!] ein Tiger zu sein, erscheint der Seele auf ihrer Wanderung dort als hohes Glück./Das Land heißt Indien. (A, 7)

Strukturierendes Prinzip der Passage ist die deiktische Anapher „dort", die einen Raum markiert, der nicht „hier" ist und aus der der Text erst aussteigt, als er in einen Kulminationsmodus wechselt, wo der Geist durch Blüte, Biene und Keim in das heilige Rind eingeht, um schließlich zum Raum zurückzufinden. Obwohl die beschriebene Sphäre weit entrückt wird, ist sie zugleich der Ursprungsort eines nicht näher bestimmten „wir", das sich ad hoc nur als phylogenetischer Nullpunkt des Menschen als Gattungs-, mehr noch aber als Kulturwesen verstehen lässt. Der erste Absatz variiert fünfmal das Thema des Ursprungs: als Ort des mütterlichen Partus, als Ort der Einhauchung des Geistes, als Ort des Erwachens, als Ort initialer ästhetischer Erfahrung und schließlich als Ort des ersten Kultes. Zwischen den Hoch/Tief-Extremen der Berge und Meere spannt sich ein Raum auf, den die Seelen in ewiger Wiederkehr durchwandern.

Das nun geschilderte Verhältnis zwischen britischem Kolonialismus und dem Weltbild der „Hindus"[10] hat, zumindest im Exempel der geschilderten Individuen, einen krisenhaften Zustand erreicht, ist aber, um den Preis einer

10 Bezeichnungen dieser Art werden in Anführungszeichen gesetzt, wenn sie fiktionsintern Gruppen aus der Sicht anderer Gruppen durch Fremdbenamung bezeichnen und dabei

permanenten Verschärfung des Ausbeutungsverhältnisses, noch fest etabliert, was der Roman über die Kontinuität der britischen Hegemonie beim Indigo-Handel bis zum Ende des 19. Jahrhunderts vorführt. Das mythisch-religiöse Weltbild der „Hindus" kommt dabei dem ökonomisch grundierten britischen Kolonialismus in mehrfacher Hinsicht entgegen. Ihr Duldungsethos lässt die Arbeiter_innen auf der Plantage das erlittene Unrecht und die körperlichen Misshandlungen durch die Kolonialherren ertragen und als strafende Reaktion „Schiwas" auf ein Versäumnis im Gottesdienst werten, die mit vermehrter Disziplin und Hingabe bei der Ausdeutung der weltlichen Repräsentationen des göttlichen Willens, mit intensiviertem Kult also, beantwortet werden muss. Die Religion wird zur Erkenntnisbremse, die das koloniale System in einer Art Gleichzeitigkeit des Ungleichzeitigen stabilisiert. Tenga, ein im Mittelpunkt des ersten Teils stehender Arbeiter, erhält direkt zu Beginn vom Aufseher einen Peitschenhieb „mitten durch das Gesicht" (A, 7). Er fügt sich äußerlich, indem er die gebückte Haltung wieder einnimmt:

> Seit Jahr und Tag arbeitete er in gebückter Haltung. Auch wenn er mit einem Menschen sprach, war sein Rücken meistens gebückt, denn die meisten Menschen, mit denen er zu sprechen hatte, waren Sahibs, und Sahibs verlangten, daß er sich bückte. (A, 8)

Der gebückte Körper der Arbeit formt den unterdrückten Körper maßgeblich mit. Der Kolonialismus hat sich als imperialistischer Kapitalismus in die subalternen Subjekte seiner Ausbeutung körperlich eingeschrieben. Dass Tenga überhaupt „spricht" stellt bereits einen Ausfall aus der imperialen Ordnung dar. Während er sich nun äußerlich dem Unterdrückungsregime fügt, trifft er die Entscheidung, „[a]m Abend [...] an den heiligen Strom hinab[zu]gehen und nicht wieder[zu]kehren." (A, 8) Diese Entscheidung, aus dem Zusammenhang auszutreten, öffnet im Verbund mit der schmerzenden Wunde in seinem Gesicht erstmalig den Blick auf die Situation der Kolonisierten:

> Von Zeit zu Zeit richtete er sich auf, um sich mit dem Handrücken den Schweiß von der Stirn zu wischen. Sonst war ihm der Schweiß nur in die Augen gelaufen, jetzt lief ihm der Schweiß auch in die klaffende Schwiele der Backe, und er mußte öfter wischen, als es sonst seine Gewohnheit war. Somit sah er auch öfter über das Feld, und zum erstenmal besann er sich, daß sich viel hunderttausend Rücken in diesem Lande bückten, für eine halbe Rupie am Tag. Aber Schiwa wollte es wohl so, und was er wollte, war gut für Tenga und für jeden, der dem großen Schiwa ergeben war. (A, 8f.)

---

vornehmlich der Markierung religiöser, weltanschaulicher oder ethnischer Differenz aus weiß-männlich-eurozentrischer Sicht dienen.

Die erkenntnisbremsende Funktion der Religion wird im Bewusstseinsbericht implizit deutlich. Die Erzählinstanz markiert Tengas Gedanken zunächst nicht als irgendwie irrational oder gar falsch. Vielmehr bemüht sie sich um Neutralität, ohne die Gedanken zu kommentieren oder explizit einzuordnen. Dennoch erzeugt sie implizit signifikante Redundanzen in der Schilderung („den Schweiß“, „der Schweiß“, „der Schweiß“ oder „Schiwa wollte es so, und was er wollte, war gut [...]“), die in vergleichbaren Schilderungen kognitiver Prozesse europäischer Figuren weniger stark, zumindest aber anders formuliert werden. Die Bewusstwerdung des Unterdrückungsverhältnisses geschieht aus einer einfachen Kausalkette. Weil Tenga seine Wunde schmerzt, muss er sich häufiger aufrichten und weil er das tut, sieht er öfter über das Feld hinweg, wodurch ihm zum ersten Mal auffällt, „daß sich viel hunderttausend Rücken in diesem Lande bückten“. Da die Schilderung mit dem Hieb beginnt, der Tengas Wunde schlug, lässt sich die Reihe der Bedingungen schließlich auf den Aufseher und damit das koloniale Verhältnis selbst zurückführen, dessen Tenga schließlich, auf Umwegen, gewahr wird. Die Schilderung seiner Gedanken bricht dann auch ab und was noch folgt, verbleibt in Andeutungen:

> Am anderen Morgen kam der Sahib Aufseher nicht zum Feld. Man fand ihn auf seinem Bett, regungslos, ein wenig blaß. Erst nach einiger Zeit bemerkte man unter der linken Brustwarze des Toten die haarscharfe Wunde eines Messerstichs./Von Tenga hat man keine Spur mehr gefunden. (A, 9)

Der Roman exponiert in seinem ersten Abschnitt einen Kolonialismus in der kommunikativen Krise. Die Plantage, die nur schwach von der „Wildnis“ abgegrenzt ist[11], versammelt ein Akteur-Netzwerk, zu dem neben „Sahibs“ und „Hindus“ etwa die Peitsche des Aufsehers, das Schlageisen zur Indigoernte, das Messer, mit dem Tenga mutmaßlich den Aufseher ermordet hat, die halbe Rupie Lohn pro Tag und letztlich auch der Indigo, der „heilige Strom“ und der schmale Streifen Buschland gehören, der die Plantage von der „Wildnis“ trennt. Alle diese Dinge mobilisiert der Text, um in der Exposition des Romans ein koloniales Verhältnis zu etablieren, in dem die Briten ein Territorium sprachlich, organisatorisch und vor allem ökonomisch besetzt und gleichsam aus dem indischen Subkontinent herausgeschnitten haben, um berechenbare Bedingungen für die Produktion des Rohstoffs Indigo zu erzeugen. Was ihnen dabei nicht gelingt, ist die Überschreitung der Grenze *in* die auf der Plantage arbeitenden „Hindus“ hinein, weder ideologisch noch körperlich. Der

---

11 Vgl. A, 7: „Der Aufseher ging über das Feld. Das Feld reichte hinab bis an das hochbestandene Ufer des Stroms, hinüber bis dorthin, wo mit dem dunkelblauen Streifen Busch die Wildnis begann.“

Tengas Klassenbewusstsein initiierende Peitschenhieb wird zur markanten Metonymie: Zwischen Schlag, Wunde und häufigerem Aufstehen besteht (scheinbar) eine simpel kausale Beziehung, die in Messermord und Suizid endet, womit die brutale Ausübung von Herrschaft letztlich auf die Kolonialmacht und ihre Repräsentanten selbst zurückfällt, ohne, dass die schwachen Racheakte einzelner Individuen das System grundsätzlich destabilisieren würden. Zugleich, auf einer höheren Ebene, repräsentiert die Kette aus Redeverbot, das dem Hieb vorangeht, dem Peitschenschlag selbst, der darauffolgenden Bewusstwerdung und dem Mord am Aufseher mit anschließendem (mutmaßlichen) Suizid einen körperpolitischen Aktionsverbund, in dem die Verletzung der Körpergrenze (das Aufreißen von Tengas Haut) zum politischen Marker für das Scheitern der kolonialen Beziehung selbst wird und adäquat nur mit der retournierenden Eindringung in den Aufseherkörper und anschließender Selbstauslöschung beantwortet werden kann. Nicht unbedeutend ist das Detail, dass die „haarscharfe" Stichverletzung des Aufsehers erst „nach einiger Zeit" bemerkt wird, da sie so unscheinbar ist und auch nicht zu bluten scheint. Eine Lesart, die diese Tat als nonverbale Artikulation, als Sprechakt einer subalternen Figur wertet[12], unterdrückt der Text, indem er die Zuschreibung der Tat auf Tenga im Vagen zuvor gemachter Andeutungen belässt. Der indische Subkontinent wird damit als Zone des Irrationalen und der potenziell rechtsfreien Aktion ausgewiesen, in der auf Nachvollziehbarkeit ausgerichtete Deutungsmuster für menschliches Handeln ohne Kenntnisse über die Innenwelt der vom „Europäer" differenten, subaltern-handelnden Figuren notwendig versagen müssen.

Die einzige nicht-indische Figur, die innerhalb der Indigo-Plantage partiell kompatibel ist mit den in der Gruppe der „Hindus" geltenden Werten und damit zugleich mit denen des Raums, ist der Aufseher Conny Hawk, der eigentlich Konrad Falke heißt und als Kind mit seinen Eltern von Lübeck nach England ausgewandert war, dort die Schule besuchte und seine spätere Verlobte traf, die auf merkwürdige Weise zum Anlass wird, nach Britisch-Indien zu gehen:

> Wie ein Gewitter hatte ihn die Liebe zu diesem Mädchen überfallen. In seiner Not hatte er das Kontor der ‚Bengal Indigo Corporation' aufgesucht, hatte den Generalmanager zu sprechen verlangt. (A, 12)

Gegenüber der vielleicht reizvollen Option, schnell zu beachtlichen finanziellen Mitteln zu gelangen, hält der Text die Deutung offen, Conny könne

12 Vgl. zum Begriff der subalternen Artikulation Gayatri Chakravorty Spivak: *Can the Subaltern speak? Postkolonialität und subalterne Artikulation.* Wien 2008 [1988], insb. S. 44ff. und 80ff.

vor der Ehe mit Mary McClan geflohen sein. Möglicherweise lässt ihn der Text dies tun, weil Mary, wenngleich als Schottin noch einmal semantisch vom ‚Britischen' distinguiert, doch eine zu starke Bindung Connys an diesen Merkmalsraum bedeutet hätte.[13] In Britisch-Indien, das als Raum nicht gemittelter Temperamente, wo „[das Blut t]räge und dann wieder rasend [...] durch die Adern" schlägt (A, 13) und von biologischer Unberechenbarkeit („Die Indigostauden hatten dicht vor der Blüte gestanden. Jeden Tag konnte damals die Ernte beginnen.", A, 13) eingeführt wird, trifft Conny auf die Inderin Tschahaja:

> Da war sie ihm entgegengetreten. Wie aus dem Boden gewachsen hatte sie plötzlich vor ihm gestanden. Mit keiner Gebärde hatte sie sein Gefallen verlangt, hatte nichts gefordert. Ergeben hatte sie zu ihm aufgesehen, bescheiden, verschämt, eine Hibiskusblüte in der Hand. Ohne ein Wort hatte sie ihm die Blüte gereicht. (A, 13)

Die Frau, die ihm als „ein Geschenk dieses fremdländischen Himmels" (A, 13) erscheint, verschmilzt gleichsam mit dem Stoff Indigo, von dem Conny als libidinöses Äquivalent zu Mary vom Tag, an dem er den Vertrag mit der BIC unterzeichnet, an besessen ist (vgl. A, 12). Die starke Kopplung der Qualitäten Hawks als Aufseher mit ‚Erotik' wirkt sich in Britisch-Indien besonders produktiv aus, da der Raum, als nahezu vollständig durchsemantisierte Sphäre, in der kaum ein Wort der Allegorese entzogen bleibt[14], die Kopplung selbst positiv verstärkt. So sind Hawks Plantagen, obwohl er die „Hindus" nie schlägt und auch sonst mehrfach vom Verhaltensstandard der britischen Aufseher abweicht, die mit Abstand fruchtbarsten. Das wird damit begründet, dass er die Pflanze sinnlich richtig erfasst beziehungsweise wie die „Hindus", nicht aber die Briten, über einen geschulten Wahrnehmungsapparat verfügt, dessen die Pflanze bedarf.[15] So heißt es zur beginnenden Ernte, der ein Moment der Plötzlichkeit innewohnt:

---

13 In diesem Sinne erscheint auch der Familienname McClan ambivalent: Einerseits lässt er sich in Bezug auf eine Vereinnahmung Connys in den britischen „Clan" lesen, kann andererseits aber auch eine binnennationalistische Abgrenzung des ‚typisch Schottischen' vom ‚Britischen' andeuten.

14 Ein Merkmal, das den Text an dieser Stelle dezidiert von Sachbuch/Roman-Zwischenformen aus dem Spektrum der Neuen Sachlichkeit abgrenzt. Vgl. hierzu im Zusammenhang mit Arnolt Bronnens *O.S.* (1929) Moritz Baßler: *Deutsche Erzählprosa 1850–1950. Eine Geschichte literarischer Verfahren*. Berlin 2015. S. 324.

15 Vgl. auch Details wie, dass Hawk seine Leute zur Ernte „zusammentrommelt" (A, 16).

> In dieser Zeit wich Conny Hawk nicht von den Küpen. Er prüfte alle halbe Stunde den Geruch, den Geschmack und die Farbe der Flüssigkeit. Am Geruch und vor allem am Geschmack erkannte man am besten, wie weit der Prozeß gediehen war. Eine halbe Stunde zuviel konnte die ganze Ausbeute verderben. (A, 17)

Was später ein guter Farbstoff werden soll, muss zunächst synästhetisch über Geschmack und Geruch erkannt werden. Der Text lässt Connys sinnlichen Zugang zur Indigo-Verarbeitung in die Schilderung der ebenfalls körperbetonten Ausfällung des Farbstoffs übergehen, bei der „die Mädchen der Hindus" mit langen Bambusstöcken die Lauge peitschen, indem „sie den Schwung ihrer Beine und Hüften auf Schultern und Arme und zuletzt auf den geschwungenen Bambusstock übertrugen" (A, 17), was in der Großproduktion der Plantage ganze „Reihen [...] rhythmisch bewegte[r] Frauenkörper" ergibt, unter denen sich auch Hawks Geliebte befindet. Den Befehl zur Unterbrechung dieses Arbeitsganges gibt er dann auch nur „[w]iderwillig" und erst, als die Flüssigkeit „schon längst klar geworden[]" war. Hawks besondere Eignung als Plantagenverwalter liegt in einer lebensideologisch grundierten Kongruenz seiner gesättigten Triebbiologie mit der Üppigkeit der von ihm betreuten Pflanzungen. Die Nähe der Figur wie auch des Raums ‚Indien' zum Komplex ‚Leben' attribuieren sich wechselseitig als ‚gesteigert', was erzählorganisatorisch den Effekt einer Raum/Körper-Identität erzeugt, auch wenn Hawk in Britisch-Indien grundsätzlich ein ‚Fremder' ist.[16] Seine hybride Herkunft als in England aufgewachsener Sohn deutscher Auswanderer, der nun in Britisch-Indien arbeitet, sowie sein hoher Vitalitätsgrad weisen ihn als exzeptionelle Figur ‚zwischen' den Räumen aus, deren intensiver Lebens-Stil über die Kopplung mit dem Indigo und seiner erfolgreichen Züchtung als 1) wirtschaftlich rentabel und damit innerhalb der Wertehierarchie der britischen Kolonialökonomie hochwertig, wichtiger aber noch 2) als Möglichkeit für die Figur konzipiert wird, an das Wertesystem der „Hindus" anzudocken und so an der ‚Lebens'-Emphase, durch die der Raum ausgezeichnet ist, Anteil zu nehmen.[17] Verschiebt sich in seinem Fall die Weise des Zugriffs auf den vorgefundenen Raum von einer rein ökonomischen auf eine „tiefere"

16 Dieser Status unterliegt seinerseits freilich auch wieder der Relativierung, da es sich bei Hawk, der im Dienst der britischen Indigo-Company steht, um ein Kind deutscher Auswanderer handelt.

17 Klar wird das In-Eins-Gehen erotischer Faszination mit der Hingabe an den ‚Stoff' bspw., wenn Hawk, nachdem seine Geliebte im Dunkeln über ihn kommt („Da sank die Erde unter seinen Füßen fort. Der Himmel mit allen Sternen warf sich über ihn. Tschahaja hatte die Hände um seinen Nacken gelegt. Ihre Lippen küßten seinen Mund [...]") anschließend „[d]ie halbe Nacht über die Felder" geht und die Liebkosung der Frau an den Indigo-Stauden fortsetzt. (A, 19)

Ebene, bleibt sein Verhältnis zur einheimischen Bevölkerung dabei freilich durch und durch kolonial. Der Blick, den Conny Hawk auf ‚Indien' richtet, ist der eines ‚weißen', heterosexuellen Europäers, der sich nimmt, was er findet. Seine Anverwandlungen an die Lebensweise der „Hindus", sein scheinbares Verständnis und die Einlassung mit Tschahaja markiert der Text selektiv als abweichend (zwar schlägt er die Arbeiter nicht, was ihn von den Briten unterscheidet, dennoch übertritt er bewusst die unter den „Hindus" geltenden interfamiliären Liierungsregeln, indem er Tschahajas Vater hintergeht, was unter den Kolonisatoren wiederum gängige Praxis ist), immer aber als ‚männlich' und darüber hinaus, das Männliche enthaltend, ‚autonom'.[18] Hawk agiert vollständig individuell, was letztlich sein Verhängnis sein wird. Indem er sich über die Quarantäneregeln, die das von der Pest befallene Dorf der Plantagenarbeiter von den Baracken der Verwalter abschirmen, hinwegsetzt, um Tschahaja zu retten, die wiederum bei ihrem erkrankten Vater bleiben muss, bewirkt er seine eigene zügige Entsorgung aus dem Text bereits wenige Seiten später:

> Man rang ihn zu Boden./Conny tobte./Man band ihm die Hände. Gefesselt wurde er zum Arrest gebracht. Gefesselt lag er auf dem harten Lager und bäumte sich auf gegen seine Wärter./Er schrie die ganze Nacht./Mit gefesselten Händen ist er am Morgen darauf gestorben./Der Regierungsarzt besah sich die Leiche. Vor dem Mund des Toten stand blutiger Schaum./„Lungenpest", sagte der Arzt und verließ eilig die Zelle. (A, 43)

Die Zergliederung der Passage, in der das Ende der Figur geschildert wird, konterkariert verfahrenstechnisch einen ohnmächtigen Bewusstseinszustand, an dem Hawk vordergründig eher stirbt, als an der Pest.[19] Das Ende

---

18 Hawks Verhalten als eine Form der kolonialen Mimikry zu bewerten, fällt aus den genannten Gründen schwer. Am Ende des Romans werden diesbezüglich eindeutigere Fälle auftauchen, bei denen die Figuren Anpassungsgesten stärker bewusst und zur Generierung eigener Vorteile nutzen. Der Deutsch-Brite Hawk ist dagegen ganz Trieb, an ihm wird „koloniale Ambivalenz" nicht reflektierend gespiegelt oder aufgebrochen, eher das ‚Männliche' im Kolonialen überstark akzentuiert, was aus Sicht des Romans als positiv zu wertende Möglichkeit der Identifikation des ‚Deutschen' in ihm mit den „Hindus" und ihrem Raum lesbar wird. Vgl. zu den Eigenschaften kolonialer Mimikry Bhabha: *Verortung der Kultur*. S. 130.

19 Das Regime der Pest und ihr „Zugriff" auf die „Hindus" wird implizit mit dem Regime des Indigos parallelisiert, indem beide semantisch an den Wert- und Merkmalsraum ‚Indien' gekoppelt werden. Dies geschieht 1) über die einheimischen Figuren und vor allem ihr Verhältnis zur Religion und 2) überordnend durch die kommentierenden Vor-Texte, die vielen Unterkapiteln vorangestellt werden. Grundlage ist jeweils eine basale Setzung, die die „Hindus" auf bestimmte (vornehmlich spirituell begründete) Weise an den Raum der Plantage (und andere „Hindus" an ihren anderen jeweiligen Ort) fixiert.

seiner Handlungsfähigkeit und der Verlust Tschahajas, die sich für den Verbleib bei ihrem Vater entscheidet, gehen bei Conny mit einem Zustand des Wahnsinns einher, der in eine Gefangenschaft mündet, die die Symptomatik seines Sterbens überformt, sodass seine Schreie nicht mehr die Schreie eines Kranken, sondern eines Häftlings sind. Die Ansteckung mit der Pest fällt dabei mit einer symbolischen Kastration (der Sieg des Vaters über ihn als Geliebten, die letztlich beide an der Pest sterben) zusammen und überführt Conny in der Gefangenschaft in den Zustand eines Kolonisierten. Erzählt wird das Ganze im dokumentarischen Stil verknappter Sätze, die, zum Teil auf die Essenz von Subjekt und Prädikat reduziert („Conny tobte."), durch Wortwiederholungen und den Zeilenumbruch ihre Minimalität betonen.[20] Die erste ‚deutsche' Identifikationsfigur des Romans vermag es nicht, ihre Hybridität synthetisch zu vereinheitlichen und scheitert an ihrem unstrukturierten Zuviel an ‚Leben', stirbt *an* ‚Indien' und an dem Versuch, die Grenze zwischen ‚Eigenem' und ‚Fremdem' in sich zu tilgen und innerhalb der Gruppe der „Hindus" synthetisch aufzugehen. Eine Möglichkeit, wie Gegensätze kompetent eingemittelt werden können, liefert versteckt die Figur von Connys Verlobter Mary McClan, deren Auftritt bei den Chefs der BIC ein Beispiel für die Andeutung einer „gelungenen" Synthese auf anderem Gebiet ist:

> Mr. Brown fand nicht mehr die Zeit zu einer Entgegnung. Von draußen näherten sich Schritte, die sich in dieser Umgebung ungewöhnlich frisch und lustig anhörten, und schon trat ein großgewachsenes schlankes Mädchen in die Tür. Der dunkle Mantel, den sie trug, ließ sie noch größer und schlanker erscheinen, als sie in Wirklichkeit schon war. Ihr Gesicht war von der frischen Herbstluft gerötet und zeigte auffallend schöne Züge. Auf dem blonden Haar saß eine schottische Mütze und gab dem sonst strengen Gesicht einen stillen, heiteren Reiz./Die beiden Chefs waren von dieser ungewöhnlichen Erscheinung so betroffen, daß sie zunächst völlig vergaßen, sich zu erheben. Sie starrten das Mädchen an. Erst als das Mädchen ein paar Schritte näherkam, fuhren sie hoch. (A, 27)

Die Darstellung der Frau geschieht auf einer grundsätzlich anderen Ebene. Ihre Beschreibung verweist stark auf die Zuordnung weiblicher Figuren zu Themen von Ästhetik und Oberfläche und erfolgt in impliziter Abgrenzung von den Gefahren, denen der Aufenthalt in ‚Indien' unterliegt. Der oben geschilderte

---

20 Dass der medizinische Blick des Arztes dem Kranken erst posthum zuteil wird und sich dann auf die Feststellung des Todes mit anschließendem eiligen Verlassen der Zelle beschränkt, weist zudem auf die zu diesem Zeitpunkt noch herrschende Machtlosigkeit der Medizin und ein bestimmtes Ethos ihrer Praktiker hin, die beide am Ende des Romans einer Revision unterzogen werden. Vgl. hierzu auch Fischer-Tiné: *Pidgin-Knowledge*.

Auftritt findet in den Räumlichkeiten der *Bengal Indigo Corporation* statt, einem kaufmännischen Verwaltungsgebäude und damit also keinem außergewöhnlichen Ort, in dem Marys, zunächst akustisch wahrgenommenes, Erscheinen in seiner Art dennoch zweimal als „ungewöhnlich" bezeichnet wird. Der Grad an ‚Fremdheit', den der Text erzeugt, ist gegenüber dem, der auf der Indigoplantage gilt, natürlich stark vermindert. Die Frau bewegt sich in einer temperierten Sphäre, die zunächst von Affekten weitgehend freigehalten werden soll, kann aber dennoch relativ zu ihrer Umgebung „befremdet" werden. So wird Marys Aussehen vor allem in einem Modus der Vermittlung beschrieben, die der Bearbeitung hervorstechender Merkmale gilt, deren Einschränkung und Ästhetisierung sie aber selbst durch vestimentäre Eingriffe zu leisten vermag. Der Mantel etwa verstärkt den äußeren Vorzug ihrer schlank-großen Gestalt, während die Kopfbedeckung eine angedeutete innere Strenge um ein in sich wiederum moderiertes Still-Heiteres, das als Reiz nach außen hin adressiert, ergänzt und damit den offensichtlich von ihr (und sei es unbewusst) erkannten Malus gefällig macht. Der Hinweis auf ihr von der Herbstluft gerötetes Gesicht weist sie zudem als moderat empfänglich für Naturimpulse und damit ebenfalls der vitalen Sphäre nahestehend aus, was nicht zuletzt dadurch betont wird, dass ihr Auftritt die beiden Männer zunächst die Normen höflicher Begrüßung einer Dame vergessen lässt.[21]

Noch vor Mary spielen drei Frauenfiguren im Roman, bei aller generellen Randständigkeit weiblicher Perspektiven, eine gewisse Rolle. Während Mary McClan innerdiegetisch einer Zeit und einem Raum (Großbritannien) zugeordnet wird, die noch explizit vor-synthetisch organisiert sind und in denen Arbeit am ‚Stoff' vollständig manuell und in absteigendem ‚Zivilisierungs'-Grad härter, aber auch wichtiger[22] werdend, verrichtet wird, leben die drei anderen Frauenfiguren mehr oder weniger in einer ‚chemisch' denkenden Welt. Alle Frauen nehmen dabei die Position von Katalysator- oder

---

21 Mary, die noch nichts vom Tod ihres Verlobten weiß, wird nach Britisch-Indien geschickt, um Conny zur Vernunft zu bringen und durch Heirat bodenständig werden zu lassen. Sein Tod entzieht ihrer Reise die Legitimität und ihr Schicksal zugleich der Verantwortung der Firma. Sie selbst verfügt nicht über die finanziellen Mittel für die Rückfahrt und muss mit ungeklärter Zukunft in Britisch-Indien bleiben. Vage Andeutungen lassen darauf schließen, dass ihr die sexuelle Versklavung durch den Verwalter der Plantage droht (vgl. A, 46f.).

22 „Wichtig" meint hier relevant für den Prozess der Farbstofferzeugung. Ohne die Ernte- und Verarbeitungsarbeiten auf den Indigoplantagen wäre seine Herstellung nicht möglich. Dabei steht außer Frage, dass die von weißen Männern erledigten Kolonisations-, Verwaltungs- und Vermarktungsaufgaben vom Text als eigentliche ‚Leistungen' im historischen und infrastrukturellen Sinn konzipiert sind, auch wenn die gesamte Epoche negativ konnotiert ist.

Exemplifikationsfiguren ein, an denen die relative Nähe der Zeit- und Handlungsregime, in die sie gestellt sind, zur ‚Synthese' indiziert wird.

2.3 Runge = [Romantische Chemie :: Charlotte Vogt :: Preußen]

In die Erzählung um Friedlieb Ferdinand Runge wird die unglückliche Nicht-Liebesgeschichte zwischen ihm und Charlotte Vogt, der Tochter eines verstorbenen Hofrats, eingewoben. Sie lebt mit ihrer Mutter und wird eingeführt, als sie Runge und den mit ihm befreundeten Adelbert von Chamisso, Herrenbesuch also, nonchalant „auf einen Sprung mit nach oben" (A, 55) einlädt, denn man führe „seit dem Tod meines Vaters ein Leben sans façon". Der Tod des Vaters steht im größeren Zusammenhang der Krisensituation nach dem Abzug der französischen Besatzungssoldaten in den 1810er Jahren, die von Runge ausführlich und notorisch kritisiert[23] wird, als er nach vier Jahren in Breslau nach Berlin zurückkehrt.[24] Neben der wirtschaftlichen Invasion dessen, was er selbst ‚Deutschland' nennt, durch ausländische, vor allem britische Unternehmen, die als intellektuelle Eroberung gedacht wird und die militärische Okkupation abgelöst hat, sowie der Unterwanderung der deutschen Sprache, vor allem mit französischen Begriffen, die zusammen als Sphären der Kolonisierung Runges Hauptkritikfelder ausmachen[25], ist die

---

23 Vgl. A, 51, wo Runge im Gespräch mit einem Bauleiter aggressiv reagiert und mit seinen Fragen, die im Befragten selbst einen Lernprozess anzustoßen scheinen, als Sokrates-Variante vorgestellt wird. Die Zeitgenossen sind entsprechend partiell unmündig und erfassen die Situation der Heteronomie weniger gut. Runge verfügt über diese Fähigkeit, weil in seiner Person ‚Geschichte' und ‚individuelles Schicksal' verbunden sind und er überhaupt ein Bewusstsein für ‚Geschichte' als Wert hat, die auch in der Lage ist, die Gegenwart im Erleben zu verdrängen (vgl. A, 49f.). Innerhalb seiner Zeit wird er, ideell wie materiell durch das Ausbleiben einer adäquaten Karriere und gesellschaftlicher Anerkennung, abgelehnt, seine Leistungen bleiben unerkannt und weitgehend unvergütet.

24 Runge verfügt qua frühkindlicher Prägung über ein besonderes Sensorium für Phänomene ‚nationaler' Erniedrigung (vgl. A, 50). Die Figurenpsyche macht ihn zur sozial desintegrierten, letztlich scheiternden und nur bedingt verträglichen Randexistenz, die außerhalb des Labors nur partiell, bspw. bei der Demonstration chemischer Versuche vor Kindern, „funktioniert" (vgl. A, 137ff.). Zudem ist er für Einflüsse der Modernisierung zunächst vollständig unempfänglich, was auch für seine vom Fortschritt übergangene Berliner Wohnung gilt, die sich während seines Wegseins nicht verändert hat und in deren Beschreibung zehnmal das Adverb „noch" (und ein weiteres Mal als Partikel: „noch mehr verblaßt") verwendet wird (vgl. A, 52f.).

25 Vgl. A, 58: „Unsere Soldaten haben den Franzosen aus dem Lande gejagt. Wir [Runge und Chamisso, Chemiker und Dichter, AW] haben die Aufgabe, den fremden Geist zum Teufel zu jagen." Zur Sprachkritik des historischen Runge, der tatsächlich ein notorischer

Nachkriegszeit, die starke Assoziationen zu den Erfahrungen von Erniedrigung und Kolonisierung nach 1918 aufruft, auch von einer ‚sittlichen' Erosion[26] gekennzeichnet. Diese wird vor allem mit einer durch den Tod eines Elternteils ausgelösten Dysfunktionalisierung der Kleinfamilien begründet und zeigt sich an deren Töchtern. Hinzu kommen Migrationsbewegungen der jungen Frauen vom Land in die Stadt, die in beiden Räumen durch französischen Einfluss zu problematischen Existenzbedingungen führen:

> Die Bauern sind doch alle am Ende. Die Franzosen haben sie zu lange ausgesaugt. Jetzt kommen die Mädchen zu Hunderten in die Stadt. Aber die feinen Herrschaften nehmen sich lieber französische Domestiken, und der einfachere Mann kann sich keine Dienstboten mehr halten. Soll sich ein Mädchen von der Polizei in die Heimat abschieben lassen? Lieber geht sie so. Sie landen dann im Kolosseum und wenn es dort keinen Anschluß mehr gibt, laufen sie uns hernach die Türen ein. (A, 54)

Die kolonisatorische Exploitation der deutschen Landbevölkerung durch die Franzosen, die hier von Mutter Wolf beschrieben wird, führt zum Entzug der positiv bewerteten Lebensgrundlage bäuerlicher Schichten, deren Flucht narrativ auf ein Großbürgertum gelenkt wird, das tendenziell anfällig für die mentale Unterwanderung der Lebenspraktiken, ebenfalls durch französische Konzepte, ist. Der kolonisatorische Einfluss erhält also unterschiedliche Betätigungsfelder je nachdem, wo die konzeptuellen „Schwachstellen" des ‚deutschen' Raums liegen, in den Körpern oder den Lebenspraktiken seiner Bewohner_innen. Als Ursache für dieses Symptomgefüge wird eine Spaltung der sozialen Schichten ausgemacht, die verhindert, dass die depravierten Bauernmädchen in der Stadt neue Anstellungen im Domestikenstand finden. Die Rückführung in die ‚Heimat', von der Sprecherin als Abschiebung bezeichnet, scheint keine Option, die Grenze zwischen ‚Stadt' und ‚Land' mithin also nur einseitig durchlässig und nach einmaliger Passage keine positive Rückkehr möglich zu sein. Exemplarisch vorgeführt wird der Verfall des städtischen Proletariats und Kleinbürgertums am Beispiel von Lotte

Bekämpfer von „Fremdwörtern" war und 1857 im Selbstverlag eine Schrift mit dem Titel *Das Gift in der deutschen Sprache, ausgetrieben von F. F. Runge* [...] veröffentlichte, vgl. ausführlich und mit Zeugnissen von Zeitgenossen Christa Niedobitek & Fred Niedobitek: *Friedlieb Ferdinand Runge. Sein Leben, sein Werk und die Chemische Produkten-Fabrik in Oranienburg*. Lage 2011. S. 371ff.

26 Metaphern geologischen Entzugs von Autonomie verwendet der Text bspw. auch dann, wenn Runge zum oben genannten Baukolonnenführer sagt: „Wissen, Sie nicht, dass Sie mit ihren Spaten hier anfangen, unser Fundament zu untergraben? Daß die Ausländer mitten dabei sind, Deutschland mit ihrem Gehirnschmalz zu erobern, nachdem sie es mit ihren Kanonen nicht haben erobern können?" (A, 51)

Bantelmann, die in der Konditorei von Mutter Wolf als eine Art Prostituierte arbeitet. Auch ihrer Entwicklung ist der Tod der Mutter und die Erblindung des Vaters vorangegangen. Im Modus des naturalistischen Romans wird an ihr die Korrelation von sozialer Not mit ‚Dunkelheit'[27] und einer verminderten Wahrnehmungskompetenz[28] zusammen geführt, wobei die Elemente als implizite Kausalkette metonymisch aufeinander verweisen.[29] In Charlotte, deren Vater das fehlende Elternteil ist, taucht Lottes Schicksal bereits im Namen als Drohung wieder auf, was sie im Verbund mit ihrem Leben „sans facon" bereits explikativ als gefährdete Figur lesbar macht.[30] In einer Musikdarbietung, bei der sie für Runge *Über allen Gipfeln ist Ruh* singt und sich dabei selbst auf dem Klavier begleitet, wird dem Chemiker nicht nur performativ die Schönheit des Mädchens bewusst, vielmehr expliziert der Vortrag eine mentale Nähe zwischen den Figuren, bei denen, anders als etwa bei Lotte, der Körper semiotisch den Intellekt (noch) nicht überwindet, sondern eskalierend auf emotionale Affekte reagiert:

> Runge erschrak. Dies war das Lied, das er von jeher am meisten liebte. Er sah von der Seite die klare Linie in Charlottes Gesicht. [...] Überirdisch wurde dieses Lied für ihn in ihrer Nähe. Er roch den Wald und fühlte die Stille. Charlotte sah ihn an. „– – in allen Wipfeln spürest du kaum einen Hauch". Runges Herz wurde heiß und schwer. „– – die Vöglein schweigen im Walde", sang es in seinem Innersten mit, „– – warte nur balde – ruhest du auch – –" Er griff nach ihrer Hand und fühlte ihren bejahenden Druck. „Das ist die Liebe", brach es in ihm auf, und er erschrak erneut, diesmal vor Glück und jäher Angst so sehr, daß er sich an der Lehne des Stuhles halten mußte. (A, 56)

---

27 Ihr Vater ist aufgrund der Nachtarbeit als Schneider erblindet: „Die ewige Nachtarbeit. Das kümmerliche Licht und dabei immer so Stich um Stich. Nacht für Nacht." (A, 54)

28 Vgl. A, 55f., wo ihr als „hochgeschossen" beschriebener Körper eine Differenz zwischen ‚Aussehen' und ‚Reife' andeutet und sie weiterhin mit Attributen wie „zerzaust", „zerknittert", „müde" als vermindert zurechnungsfähig und ihrem Schicksal gegenüber gleichgültig beschrieben wird. Ihre „wahren" Intentionen sind nur noch implizit aus den, ihre Körperregungen interpretierenden, Erzählerkommentaren ableitbar: „‚Muß ich jetzt mit nach oben gehen?' fragte sie, und ein lautes Gähnen verdeckte ihre Stimme."

29 Lottes zerzauste Haare und zerknittertes Hemd verweisen metonymisch auf ihre Sexarbeit, wie auch die Blindheit des Vaters auf seine Arbeitsverhältnisse. Zugleich liegt darin eine, vom Text nicht referierte, metaphorische Lesart, die weitere Verbindungen zwischen ‚Not' und ‚Moral' erzeugt und auch Lottes Namen miteinzubeziehen vermag, der in Charlotte als Wiederholungsdrohung wiederkehrt.

30 Der charakterliche Unterschied zwischen den jungen Frauen, der sich auch im distinguierenden Präfix Char-, einem romanisierten Karl in der Bedeutung „freier Mann", niederschlägt, gibt einen Hinweis für die Deutung der verschiedenen Lebenswege und ihren zugleich deterministischen Charakter. Zur Bedeutung von „Karl" vgl. Hans Bahlow: *Deutsches Namenlexikon. Familien- und Vornamen nach Ursprung und Sinn erklärt.* Frankfurt/Main 1972. S. 273.

Die streng an Runge gebundene Erzählperspektive führt vor, wie männliches Genießen sich in seinem Fall als Projektion innerer Regungen auf die Frau ausformt. Über Synästhesien, die vom Wiedererkennen des geliebten Lieds zur Erfahrung der in ihm beschriebenen Landschaft führen, schließt sein Begehren neben der Frau auch den dichterisch imaginierten ‚deutschen Raum' mit ein und lässt beide ineinanderfließen. Der über Charlottes Blick als auch körperliche Verbindung ausgewiesene, von Runge telepathisch beantwortete Gesang, wird im Druck mit durch Gedankenstriche markierte Leerstellen versehen, die im Zusammenhang mit dem zweimaligen Erschrecken des Mannes an Beginn und Ende des Liedes und seinem nachlassenden Stehvermögen am Schluss als orgiastische Effekte gedeutet werden können. Verfahrenstechnisch erweitert der Roman hier sein Spektrum zur Darstellung ‚männlichen' Überwältigtwerdens gegenüber der Schilderung von Conny Hawks Lebensende. Gesungenes ‚Gedicht', deutscher ‚Raum' und die ‚Frau' als Medium der Sprachheimat[31] bilden die positive Form des semiotischen Komplexes ‚Leben', von dem diverse Abstufungen möglich sind.[32] An Orten etwa, die explizit der chemischen Arbeit gewidmet sind und zu denen Frauen für gewöhnlich keinen Zutritt erhalten, verweisen die Spuren experimenteller Tätigkeit auf die Korrelation des Raums mit seinem Zweck und markieren ihn zugleich als Erinnerungsträger und mentales wie materielles Archiv. Die Schilderung der in den Labors ablaufenden Prozesse durch asyndetische Reihungen, die bereits im ‚Indien'-Kapitel als sprachliche Zeichen für ‚Leben' eingeführt wurden, unterstreicht dabei, durch den Dichtungscharakter wie die Geschwindigkeit der Formulierung, die Anreicherung von ‚Leben' an diesem Ort.[33]

---

31 Vgl. hierzu Friedrich Kittler: *Aufschreibesysteme 1800 1900*. München 1985, bspw. das Kapitel „Der Muttermund", S. 35–88.

32 Deutlich wird das bspw. an der Figur Adelbert von Chamisso, der vom Text eindeutig positiv, dabei aber dennoch ambivalent konnotiert wird. Als Botaniker ist er Runges naturwissenschaftlicher Sphäre nicht fremd, als Mann, der französischer Sprache und Lebensart nahesteht und galant mit den Frauen spricht, zugleich latent der Unzuverlässigkeit verdächtig. Begründet wird dies mit seiner Herkunft aus dem Elsass (A, 95). Im Lauf des Romans wendet er sich von der romantischen Poesie ab und einer stärkerem Tatsachenbezug verpflichteten Dichtung zu, was von ihm selbst als eine Art Wiedergeburt beschrieben wird (vgl. ebd.).

33 So zum Beispiel, wenn Runge mal wieder seinen Freund Poggendorff in Berlin besucht: „An diesem Tisch hatte auch er vor Jahren mit Poggendorff gemeinsam gearbeitet. Hier war er seinen ersten Entdeckungen nachgegangen, hatte geschmolzen und geröstet, gerührt und gestampft, gemischt, gesotten, destilliert und vergast. Sein Blick fiel auf die Wände. Sie waren damals im Laufe der Zeit voll Flecken geworden und waren es noch heute. Spritzer von Säuren und Essenzen hatten sich tief in den Kalk und in die Balken dieser Dachstube eingefressen." (A, 62) Die Nähe von ‚Chemie' und ‚Kunst' aus Runges Sicht wird ebenfalls explizit betont, wenn er sich gegen eine Profanisierung der Frage

Über die Episode mit der singenden Charlotte wird außerdem ein Konzept mentaler Verbundenheit zwischen einzelnen Individuen eingerichtet, die bereits vor dem Zeitalter der ‚Synthese' zum synthetischen Denken in der Lage sind. Äußert sich dieses Merkmal bei Frauen etwa im Bereich der Dichtung, geht es bei den Männern vorwiegend um naturwissenschaftliche Entdeckungen, wobei die ‚weiblich' konnotierten Kunst-‚Synthesen' die ‚männlichen' Chemie-Synthesen unterstützen. Das unterstreicht die konzeptuelle Offenheit ‚männlichen' Denkens für diese Form der Assistenz und reproduziert zudem eine Vorstellung polarer Geschlechtscharaktere, die durch zahlreiche auftretende Dichter (Chamisso, Fallersleben etc.) nicht etwa entgrenzt, sondern als Dichotomie des Schaffens und Konsumierens ausgestaltet wird. Das Erzeugen von Kunstwerken lässt sich dementsprechend als quasi-synthetischer Prozess lesen, dessen spezifische Verfahren allerdings nicht ausgeführt werden.[34] Hin und wieder werden beide Bereiche explizit einander angenähert, vor allem dann, wenn es darum geht, die ‚Synthese' als intellektuelle Leistung zu markieren. Ein ausdrückliches Nachdenken über ‚Synthese' als epistemische Kategorie lässt sich vor allem für die „Epochen" um Runge und August Wilhelm Hofmann feststellen und bleibt innerhalb dieses, besonders eng an exzeptionelle Chemikerindividuen gebundenen Teils des Romans auch inhaltlich, was den Status der wichtigsten Konzepte und die konstatierten Probleme angeht, weitgehend konstant. Auch erzähltechnisch sind deutliche Parallelen zu erkennen. In beiden Fällen werden die Erkenntnisse dialogisch entwickelt beziehungsweise als verinnerlichte Ansicht der einen Figur der anderen in einer Krisensituation mitgeteilt, wenn die Verzweiflung über die fehlende Vermittlung der Entdeckungen verschiedener Chemiker die Generierung neuen Wissens zu gefährden droht. Im Fall Runges geschieht dies durch den als Bauer vorgestellten Otto Unverdorben.[35] Durch ihn, hinter dem sich historisch ein

---

„Was sind Kohlenwasserstoffe?" wehrt, indem er sagt: „Und von der Venus von Melos würdest du mir sagen: das ist Marmor, und Marmor ist kohlensaures Kalzium." (A, 63)

34 An einigen Stellen reflektiert der Text die Einbindung wissenschaftlicher Innovationen in die Unterhaltungskultur, so etwa recht früh bei der Einführung von Gasbeleuchtungen, die in den Konkurrenzkampf beliebter Berliner Kaffeehäuser eingeschaltet werden und als frühes Beispiel für die Einübung des Publikums in die Rezeption populärer Medien gewertet werden können. Das Gaslicht fungiert in diesem Fall buchstäblich als Alphabetisierungsinstanz: „[…] daß Herr Koblank neuerdings jeden Nachmittag, so kurz nach fünf, an seinen Haupthahn trat, den Hebel hochzog und horchte. Von den Gasträumen her hörte er dann regelmäßig das erstaunte ‚A …!' der Gäste und lächelte zufrieden." (A, 67)

35 Die wesentlichen Punkte des Gesprächs, die auch bei Hofmann wiederkehren, sind 1) die Kritik an der Benennungspraxis der Stoffentdecker (Sprache noch ≠ Synthese), 2) die Kommentierung der Stoffentdeckung selbst als „keine Kunst" (Entdeckung ≠ Synthese),

gelernter Apotheker verbirgt, der seine chemischen Forschungen früh aufgab, später vor allem als Unternehmer in seiner Heimatstadt Dahme wirkte und der im Roman als von Doggen begleiteter, hünenhafter Naturbursche in Erscheinung tritt, der Besuchern zunächst „in nicht sehr einladendem Ton" (A, 69) begegnet, gelangt Runge zu einer Form spiegelbildlicher Selbsterkenntnis. Hierfür muss er Berlin verlassen und in die preußische Provinz auf das deutlich als ‚Draußen' gekennzeichnete Landgut Unverdorbens fahren. Um die Individuen herum existiert ein Netz wissenschaftlicher Publikationen, die zwischen potenziellen Gesprächspartnern ortsunabhängig zirkulieren und über die Runge und Unverdorben jeweils bereits vor der ersten persönlichen Begegnung aufeinander Bezug nehmen konnten. So hat Runge durch einen Artikel Unverdorbens in den von Poggendorff herausgegeben *Annalen* von der Entdeckung des Krystallin erfahren und Unverdorben beruft sich wiederum auf Runges *Einführung in die Chemie*[36], ohne die er „noch nicht einen Schritt weitergekommen [wäre]" (A, 71). Das System medialer Bindungen setzt sich dann in der Vorstellung eines als ideeller Hausbau gedachten Gemeinschaftsprojekts fort, zu dem jeder Naturforscher zunächst isoliert etwas beiträgt, ohne genau zu wissen, welche Relevanz der jeweilige Beitrag hat, „bis endlich einer bauen kann" (A, 70). In Abgrenzung zum Physiker, der seine Entdeckungen stets sofort einzuordnen vermag, ist eine weitere Referenz für den Chemiker Christoph Kolumbus, der „Amerika entdeckt [hat] und es für Indien [hielt]." Der systematische Ort chemischer Entdeckungen ergibt sich zumeist erst im Nachhinein und verlangt dem auf diesem Gebiet tätigen Forscher dementsprechend ein höheres Maß an Idealismus ab als in anderen Disziplinen. Grund hierfür ist paradoxerweise eine Abwertung des Konzepts ‚Entdeckung'

---

3) das Problem der unklaren Einordnung und Verwertung des neuen ‚Stoffs' (Chemie als „unsichere" Wissenschaft), 4) der Ausgang der Chemie aus der ‚Natur' und ihr Anschluss an die Kunst im Konzept der ‚Phantasie' (Disziplinensynthese), 5) die Rolle des Laien für den wissenschaftlichen Fortschritt (Goethe, Faraday, Stephenson), 5) das Problem der ‚Synthese' selbst, ihre Rolle als Lösungsweg auf personaler Ebene (Runge: „Jeder bringt seinen Stein herbei, bis endlich einer bauen kann.").

36 Runges Einführung mit dem vollständigen Titel *Grundlehren der Chemie für Jedermann. Besonders für Aerzte, Apotheker, Landwirthe, Fabrikanten, Gewerbtreibende, und alle Diejenigen, welche in dieser nützlichen Wissenschaft sich gründliche Kenntnisse erwerben wollen* erschien 1830 in Breslau. Unverdorben entdeckte das später als Anilin bezeichnete Krystallin bereits 1826. Der Text ändert die Reihenfolge der Daten, um Unverdorbens Leistung auf Runges Vorarbeiten eindeutig beziehbar zu machen. Auch Unverdorbens bäuerliche Lebensweise scheint eine ideologische Umdeutung des Textes. Vgl. zu Unverdorbens finanziell und institutionell recht privilegierter Stellung Niedobitek & Niedobitek: *Friedlieb Ferdinand Runge*. S. 269. Dort auch umfangreiche Kontextinformationen zu Runge und den anderen Zeitgenossen und zur Entdeckungsgeschichte der Teerfarbstoffe.

zugunsten einer Aufwertung des Konzepts der ‚Vermittlung' von Entdeckungen, die sich auch als ‚Synthese' beschreiben lässt. Dass ‚Stoffe' aus dem Bereich des Unbekannten in den des Bekannten überführt werden, stellt zunächst keine ‚Kunst' im Sinne einer anzuerkennenden Leistung dar. Erst das Erschließen von Verwendungs- und Kontextwissen zum entdeckten ‚Stoff' erfüllt die Kriterien einer wissenschaftlichen Tatsache.[37] Der ethisch-idealistische Kern der Arbeit des Chemikers besteht dann darin, ohne Aussicht auf gelingende Operationen im Bereich des Bekannten, also der Vermittlung neuer Erkenntnisse mit bereits gemachten, weiter im Bereich des Unbekannten zu operieren und neue Daten zu sammeln, die eventuell in der Zukunft einem anderen Forschersubjekt zur Vervollständigung eines chemischen Zusammenhangs nützlich sein werden.[38] Dieser Umstand, der die Chemie durch ihre Verwandtschaft zum Unwahrscheinlichen und potenziell Zwecklosen, deren Erträge immer im Status des Unzuverlässigen geboren werden, implizit weiter als mit dem ‚Leben' korrelierte Wissenschaft aufwertet, ist ein zentrales Ideologem der ‚Synthese'-Konzeption des Romans und vieler anderer Bücher mit Stoffbezug und verbindet die Chemie stark mit der Kunst als ebenfalls ‚lebens'-naher, weil in ihren Erträgen tendenziell riskanter Sphäre. Das zur Darstellung dieser Verbindung gewählte Konzept wird im Gespräch zwischen Unverdorben und Runge die ‚Phantasie' als der ‚Synthese' äquivalentgesetzte Gedankenoperation und eingefordertes Residuum für die wissenschaftliche Praxis:

> „Das klingt phantastisch, Herr Unverdorben."/„Sie möchten sagen, Herr Professor, ich sei ein Phantast. Sprechen Sie es ruhig aus. Es ist kein Vorwurf. Man kann ruhig sagen: es ist ein Lob. Weil es meines Erachtens eine Notwendigkeit ist. Die exakte Wissenschaft allein führt nicht zum Ziel. Chemie läßt sich nicht errechnen. Sie verlangt Ahnungsvermögen, Fingerspitzengefühl, sehr viel Phantasie. Ein Chemiker muß eben beides sein: exakter Forscher und Phantast."/ Runge saß nachdenklich da. Was er hier hörte, war ihm aus der Seele gesprochen. (A, 70)

---

37 Darum „hinkt" auch, wie Unverdorben selbst sagt, der Vergleich mit Kolumbus, der ja Amerika nicht selbstzweckhaft und idealistisch „entdeckte", sondern mit dem (falschen) Wissen, Indien auf neue Weise „gefunden" zu haben, was als Sachverhalt in mehreren Hinsichten direkt verwertbar gewesen wäre.

38 Über diesen Punkt in seiner profanen Ausprägung als das Verhältnis von Arbeit und Gewinn grenzt einer der Kapitel-Vor-Texte (3/III., A, 78) auch die Chemie von der Alchemie ab. Während die Alchemie nach dem „ohne Mühe erreichbaren Reichtum" strebe, führt der Weg der Chemie „ohne Eitelkeit [… .] über die Arbeit zum Ergebnis."

Akzentuiert wird die ‚Phantasie' als spezifische Kompetenz im Fall Unverdorbens dadurch, dass er „schon als Junge einen starken Hang zur Natur" (A, 69) hatte:

> [...] und von allen Naturerscheinungen packt mich immer wieder am meisten die Farbe! Die Farbe ist die lauteste, zugleich zarteste, schönste und eindringlichste Sprache, die die Natur besitzt. Dieser Sprache habe ich nachgehorcht, bis ich etwas zu hören glaubte. (A, 70)

In Aussagen wie dieser wird deutlich, dass die adäquate Antwort auf affektive Regungen, die durch Naturphänomene ausgelöst werden, die chemische Ergründung dieser Phänomene ist, die Unverdorben als Nachhorchen beschreibt. Zwischen ‚Natur' und ‚Chemie' als Sphären des Erlebens von ‚Leben' und des Handelns als ‚Leben' besteht also eine lineare, vitalistisch begründete Beziehung, die das Individuum, wenn es dazu in der Lage ist, als einseitigen, nach-horchenden Kommunikationskanal einrichten kann. Über Synästhesien wie hier oder bei Runges Erleben von Charlottes Gesang gibt der Text, neben der so hergestellten Kopplung von Chemie/Natur und Kunst, Einverständnis zwischen zwei Figuren wieder und konstruiert ideelle Gestimmtheiten von Individuen aufeinander, bevor es die Möglichkeit zur chemischen ‚Synthese' in systematischer Form gibt. Männliche Partner tauschen dabei vorwiegend Phantasien der gemeinsamen Zeugung großer Zusammenhänge aus, die in Andeutungen körperlicher Vereinigung, etwa der Wahrnehmung des Gehörten als aus der eigenen Seele Gesprochenem, münden können. Gegenüber Charlotte als Referenz für eine weibliche Partnerin im ‚Synthese'-Projekt gestaltet sich der Kontakt anders. Bei einem Besuch, den sie und ihre Mutter, die Runge nach wie vor kritisch gegenübersteht, Runges neuem Domizil im Oranienburger Schloss abstatten, wo zugleich sein neuer Arbeitsplatz, die Produktenfabrik der Preußischen Seehandlung, untergebracht ist, kommt es zu einem innigen Gespräch zwischen ihm und Charlotte. Vor der Begegnung ruft er Chamisso gegenüber noch einmal den Abend, an dem Charlotte ihm „Über allen Gipfeln ist Ruh!" vorgesungen hatte, als „sein[en] größte[n] Tag" (A, 73) in Erinnerung und der Text konnotiert das bevorstehende Treffen mehrfach mit dem Empfinden gesteigerter Vitalität. Im Gespräch mit Charlotte wird klar, dass das Verhältnis des Chemikers zur Frau nicht das eines gemeinsamen Suchens ist; vielmehr wird sie selbst in die Sphäre des Unbekannten verschoben.[39] Charlotte wehrt den ungeschickten Flirtversuch Runges ab, der

39 Vgl. A, 75: „Auch sie sind ein Naturgeheimnis, Fräulein Vogt, und ein recht schönes dazu." Weiter heißt es dort: „‚Seit wann machen Sie Komplimente, Herr Runge?' Runge errötete. ‚Es war mein Ernst –', stotterte er verlegen. ‚Dann sagt man es nicht. Erzählen Sie lieber,

das Gespräch wiederum auf das Thema erotischer Anziehung zurückzulenken versucht, dabei aber die angedeutete Kopplung aufgibt und nicht registriert, wie Charlotte ihrerseits die spielerische rhetorische Verschiebung akzeptiert, ohne zu merken, dass sein Sprechen, auch wenn es von chemischen Versuchen handelt, problemlos als Weiterführung seines Flirts zu verstehen ist, da er Charlotte ja als „Naturgeheimnis" bereits zum Objekt auch seiner Begierde als Forscher gemacht hat. Beide Bereiche, ‚Chemie' und ‚Erotik', werden als kommunikativ intersubjektiv nicht vermittelbar vorgestellt, was auch an der ungeschickten Gesprächsführung Runges und Charlottes Nichtverstehen der Metaphorik deutlich wird, können aber im Bereich der ‚Natur' zusammengedacht werden. Der Text weist an dieser Stelle, trotz des negativen Befunds über den Gesprächsverlauf, auf die grundsätzliche bildsprachliche Kopplungsfähigkeit von ‚Chemie' und ‚Erotik' hin, die für Runge so deutlich zu sein scheint, dass ihm die suggestive Wirkung seiner Metaphorik auf Charlotte gar nicht als Effekt uneigentlichen Sprechens auffällt.[40] Im Lauf der Besichtigung von Runges Fabrik wird Charlotte schwindlig, was einerseits auf die Fülle der dort verarbeiteten Substanzen, ihre Ausdünstungen, vor allem aber die entsprechend hohe Menge kognitiv zu verarbeitenden Inputs zurückgeführt wird. Zugleich weist die auffällige Verbindung der Chemikalien mit Herkunftsregionen außerhalb Deutschlands[41] und die Beschreibung ihrer Wahrnehmung („*Aus weiter Ferne* hörte sie etwas von einer Silberraffinerie […]", A, 76, Herv. AW) auf eine Korrelation ihres Gefühls mit den exotisierten Stoffursprüngen hin, auf die sie wahrnehmungsmäßig ebenfalls mit einer Distanznahme reagiert. Der Wahrnehmungsapparat der ‚deutschen Frau', als die Charlotte Vogt mit allen dazugehörigen „Vorzügen" markiert ist, führt die durch Import nivellierte Grenzziehung zwischen ‚deutschen' und ‚nicht-deutschen'

---

was Sie alles in Ihrer Hexenküche treiben.' ‚Wohl nicht ganz das Richtige, wenn ich ehrlich sein soll. […]' ‚Und was wäre dann das Richtige?' ‚Das weiß ich nicht. Das ist – wie soll ich mich ausdrücken? – das ist wie mit einer Frau, die man einmal flüchtig irgendwo gesehen hat. Man weiß nicht, wer sie ist, auch nicht wo sie wohnt. Aber ihr Bild hat sich für immer eingeprägt. Man kommt dann noch mit vielen Frauen in Berührung, aber das eigentliche Verlangen geht doch immer wieder auf jene unbekannte Frau zurück.' ‚Haben Sie denn mal eine solche Frau gesehen?' ‚Ich rede nicht von den Frauen. […]' ‚Ach so –', meinte das Fräulein Vogt und atmete erleichtert auf.' ‚Ja –', sagte er abwesend, und sein Blick ging an ihr vorbei ins Leere."

40 Dieser Befund lässt sich auch für die folgenden Epochen, denen sich *Anilin* widmet, verallgemeinern.

41 Vgl. A, 76: Chilesalpeter, englischer Schwefelkies, Messinaschwefel, isländische Schwefelerde, Rohschwefel aus Galizien. Es handelt sich bei den ‚Stoffen', die geographisch verortet werden, also mehrheitlich um Schwefel-Varianten; die Vielfalt entsteht dementsprechend über die unterschiedlichen Herkunftsländer.

Rohstoffen psychosomatisch zügig wieder ein und kritisiert so implizit die überfremdeten Zustände in der Produktenfabrik. Dass der Frau dabei keine verbalisierte inhaltliche Kritik zugestanden wird, sondern nur das Mittel körperlicher Reaktion, deren Ursprung ihr selbst nicht bewusst ist, verdeutlicht ihren Status als nicht selbständig agierende Figur, die in der Art eines Katalysators Prozesse innerhalb und zwischen männlichen Figuren anregt. In geschwächtem Zustand gehen Runge und Charlotte nun zum Schloss zurück und passieren dabei

> eine[] Anzahl kleiner und größerer Tümpel [...], die alle, zum Teil bis an den Rand, mit einer dunklen, nicht gerade wohlriechenden Flüssigkeit gefüllt waren. Ein Teil der Tümpel war mit Latten eingezäunt. Demnach war es nicht ungefährlich, sich diesen Erdlöchern zu nähern./Es fing schon an, dunkel zu werden, und Fräulein Vogt schauderte leicht, als sie dicht an einem dieser Tümpel vorbeikamen./„Was ist das für unheimliches Zeug in diesen schwarzen Löchern?" (A, 76f.)

In diesen, ostentativ als Löcher und Tümpel beschriebenen Bassins unklarer Tiefe und unheimlichen Inhalts lagert die Fabrik den Steinkohlenteer, ein Abfallprodukt der Herstellung von Leuchtgas, das von Charlotte zum Naturgeheimnis erklärt wird, als das sie selbst ja schon gilt. Mehr als die Aufforderung zur Untersuchung des Teers steuert sie dabei dem Prozess seiner chemischen Nutzbarmachung formal zunächst nicht bei[42], versetzt damit allerdings Runge in einen quasi-orgiastischen Zustand[43] und stößt mit diesem partiell irrationalen Impuls, der aus ihren Worten allein nicht zu begründen ist, praktisch alle folgenden Entwicklungen auf dem Gebiet der Farbenchemie und damit auch die wesentlichen Text-Ereignisse des Romans an. Runge verlässt sie hektisch und erscheint nicht mehr zum verabredeten Abendessen. Charlotte verbleibt auch später in ihrem Status und wird sich, trotz einer später geschlossenen Ehe mit einem Angestellten der Seehandlung, für die auch Runge arbeitet, weder mental noch räumlich signifikant bewegen. Dass die Aufmerksamkeit Runges sich, abgesehen von einigen initialen Ereignissen, auf die Sphäre des ‚Stoffs' richtet, deutet an, dass Frauen im Roman lediglich katalytische und indizierende Funktionen für den Komplex ‚Leben' haben,

42 Vgl. A, 77: „Wenn ich Sie wäre, Herr Runge, würde ich diesen Teer einmal ganz genau untersuchen, gerade weil er so unheimlich ist."

43 Vgl. A, 77: „Mit einem Ruck blieb Runge stehen, packte sie an beiden Schultern und sah sie mit weißen Augen an. Sie bekam einen freudigen Schreck, und das Herz klopfte ihr zum Zerspringen vor Erwartung. ‚Mädchen!', stieß er trocken heraus, ‚Mädchen –' ‚Ja –', stammelte sie und sah ihn voll Hingabe an. Dann sah sie wie sein Blick sie verließ, wie sein Blick an ihr vorbei auf der Erde zu suchen begann."

die diskursive Auseinandersetzung mit den zentralen Ideologemen dann aber auf einem anderen Gebiet, dem des ‚Stoffs', stattfindet. Das zeigt etwa das als Referat an Charlotte imaginierte Selbstgespräch Runges bei den folgenden Versuchen, den Teer chemisch zu zergliedern, das zudem mit einer militärischen Bildsprache angereichert wird und entsprechend eine „Lösung" herstellt aus der Zergliederung des ‚Stoffs', dem Besiegen eines Feindes und einem Liebesgeständnis an die Frau.[44] Ein Traum, in den er schließlich übermüdet fällt, deutet an, dass hinter der im Wachzustand hergestellten Kopplung von ‚Stoff' und ‚Leben', die über die Frau eingerichtet wird, unbewusst das Phantasma einer Raumaneignung durch den ‚Stoff' liegt: „Schwer sank sein Kopf auf die Platte des Küchentisches. Er sah sich als Offizier an der Spitze einer Reiterpatrouille. Sie ritten weit voraus als Kundschafter in ein neues, fremdes Land." (A, 80) Dass diese Ebene erst im Traum explizit zur Sprache kommt, nachdem sie über den militärischen Kontext zuvor bereits anklingt, ist signifikant für die mentale Struktur mehrerer Bücher mit Stoffbezug. Die rekurrente Betonung des Loch-Charakters der Teerbehälter und ihr ‚unheimlicher' Status verweisen bereits psychologisierend darauf, dass über den ‚Stoff' ein Weg in die räumliche und mentale ‚Tiefe' führt, die hier zunächst als ‚Tiefe' des Bewusstseins und furchterregender, weil unbekannter Bereich des ‚Wissens' konzipiert ist. Wie an *Erzeugnisse unserer Arbeit* gezeigt, verfügt der synthetische Kolonialismus der Bücher mit Stoffbezug über Verfahren der Neukodierung von Raumkategorien, die etwa durch die Veränderung des Kontexts des ‚Tiefen'-Raums als Speicher bisher unbekannter, noch zu ergründender Zeit- und ‚Stoff'-Ressourcen den formal eigenen Raum in seinen ‚Tiefen'-Schichten als materielles und epistemisches Neuland lesbar werden lassen. Im Folgenden

44 Vgl. A, 80: „Daß sich das Zeug nicht löste, hatte er von vornherein gedacht. Morgen würde er den Teer mit Schwefelsäure attackieren, mit Ätzkalk, mit rauchender Salpetersäure. ‚Und wenn das alles nichts nützt, dann gibt es ja noch andere Mittel, meine teure Charlotte –' Man müßte es machen, wie jene Herren von den preußischen Regimentern, die bei Koblank mit so gewichtigen Schritten daherkamen. Die schossen Bresche in die Stellung des Feindes, wenn der Feind sich nicht ergeben wollte." Dieses Modell wiederholt sich im Folgenden, wobei wichtig ist, dass die sprachlichen Annäherungen an erotisches Begehren immer in Abwesenheit realer Frauen stattfinden und entsprechend in der Praxis auf den ‚Stoff' gerichtet sind, wo sie dann von Beschreibungen erotischer Gedanken in Verfahren der Parataxe, Klimax und der asyndetischen Reihung übergehen. Vgl. etwa A, 83: „Runge schlurfte zum Schrank, nahm eine Flasche aus dem Fach, las das Etikette als wäre es ein Liebesbrief. Die Flasche kam aus Baune im Lande Burgund. Im Jahre vierzehn geboren. Also just neunzehn Jahre alt. Ein Alter zum Verlieben. Rot funkelte der Wein im Glase. Rot glühte die Farbe in der Schale. […] Er hatte eine Spur gefunden. Noch keinen Weg. Noch kein Ergebnis. Ein Zeichen, ein Hinweis, eine Möglichkeit. Eine Farbe! Ein Fieber! Runge glühte wie das Rot in der Schale."

wird der Steinkohlenteer selbst explizit als Raum beschrieben, den es, wiederum mit Verweis auf Kolumbus, zu entdecken gilt.[45] Dass die Impulse hierfür aus der ‚Lebens'-Sphäre kommen, führt *Anilin* am Beispiel der impulsgebenden Charlotte Vogt vor, die Runge mit ihrer Reaktion auf den unheimlichen Teer in einen Arbeitsrausch versetzt und sogar symbolisch verjüngt[46] und damit erste, aus dem Bereich ‚Leben' kommende Vorbedingungen für Leistungen auf dem ‚Stoff'-Gebiet, das untergründig als ‚Raum' imaginiert wird, andeutet. Der Text richtet so ein Verweissystem ein, in dem emotionale Gehalte sowohl auf die Figur als auch den ‚Stoff' angewendet werden können und die Empfindungsfähigkeit der Chemiker als irrationale Sphäre chemischen und damit potenziell operationalisierbaren Prozessen folgt, also auch im selben Modus beschrieben werden kann.[47]

Generell scheinen chemische Abläufe und damit verbundene Handlungen für den Text eher schwer narrativierbar zu sein. Der Roman verbleibt auch in der Darstellung von Vorgängen in den Substanzen weiter auf der Ebene der menschlichen Figur, schildert Geschehnisse unterhalb der Sichtbarkeitsgrenze

---

45 Das Paradigma legt eine latente Nähe von Runges Suche zum Wahnsinn nahe. Vgl. A, 89: „Er suchte weiter im Steinkohlenteer. […] Er wußte, er tappte im Dunkeln, wie ein Goldsucher, wie ein Perlenfischer, wie ein Columbus. Aber er glaubte an sein Ziel, wie jene an das Gold glaubten, an die Perle, an den fernen Kontinent." Und wenig später in phantastischer Ausdehnung der Grenzen als Kolonisationsphantasie: „Ohne Frage lagen tausend Geheimnisse in dieser Flüssigkeit verborgen. Ein Märchenland lag für ihn in diesen Kolben eingeschlossen, ein Weltall, ein grenzenloses Jagdgebiet." (A, 90) Dass Charlotte in einem Gespräch mit ihrer Mutter die Raum-Metaphorik zur Beschreibung der Chemie als positiv konnotierter Kolonisierungsarbeit aufgreift (vgl. A, 92), ohne diesbezüglich explizit von Runge beeinflusst worden zu sein, zeigt, dass es sich hier nicht um Runges idiosynkratische Privatsprache, sondern eine intradiegetisch suggestive, anschlussfähige Verbindung auch für andere Figuren handelt.

46 Der dem Gespräch mit Charlotte folgende Abschnitt 3/III. beginnt mit einer Reflexion darüber, dass auch Männer im fortgeschrittenen Alter in der Lage sind „die neuen Wege" zu betreten: „Friedlieb Ferdinand Runge stand im vierzigsten Lebensjahr, als er sich an die Arbeit machte, deren Ergebnis heute die I.G. Farben sind." (A, 78)

47 Runge hat dementsprechend Erkenntnisse über seine Beziehung zu Charlotte stets im Anschluss an einen Fortschritt auf wissenschaftlichem Gebiet und „fühlt" die Geheimnisse der ‚Stoffe', bevor er sie „kennt". Damit korrespondiert auch, dass der Genuss von Alkohol, der im Fall Runges oft mit der Arbeit im Labor einhergeht bzw. einer langen Arbeitsphase folgt, Änderungen seines Zustands bewirkt und innerhalb einer ‚Stoff'-Logik ihn selbst als „Körper" offensichtlich auch verändert. Auf dieser Ebene schließt der Text an etablierte Verfahren der Bewusstseinsveränderung an; das macht den Umstand zunächst unauffällig, wenngleich er innerhalb des ‚Stoff'/‚Raum'/‚Leben'-Systems einen speziellen Wert darstellt.

fast ausschließlich aus der Sicht der Forscher[48] und stellt sie dementsprechend als menschliche Praktiken dar, wofür die bereits mehrfach erwähnten asyndetischen Reihungen und die Zeitraffung die am häufigsten genutzten Verfahren sind.[49] Das chemische ‚Wissen' bleibt in solchen Reihen gewissermaßen „ungelöst" und für die Leser_in, wie für Runge selbst, letztlich sehr ungenau. Der Wissensstand der Figur wird so mit dem der Rezipient_innen gleichgehalten. Die Erzählinstanz stellt sich mit Runge, der selbst noch keine Kenntnisse über die genauen Abläufe unterhalb der Grenze des seinen Augen Sichtbaren hat, etwa über molekulare Strukturen der behandelten ‚Stoffe', im Bereich des chemischen Fachwissens auf eine Stufe, übersteigt ihn allerdings, wenn es um sein erotisches Begehren, den Bereich ‚Leben', oder die von ihm beobachteten geopolitisch-historischen Zusammenhänge, den Komplex ‚Raum', geht.[50] Erst, wenn seine Entdeckungen sich häufen und Runge nicht mehr damit nachkommt, sie einzuordnen, beginnt der Roman, die Substanzen partiell durch unterschiedliche Modi zu systematisieren[51] sowie Informationen

---

48 Eine Ausnahme bilden die den Abschnitten vorangestellten Vor-Texte, in denen zuweilen aus auktorialer Perspektive das Handeln der ‚Stoffe' selbst geschildert wird.

49 Zuweilen durchmessen diese Verfahren dann verschiedene Tätigkeitsbereiche, die diegetisch alle in den chemischen Prozess hinein versammelt werden. Vgl. bspw. A, 87: „Arbeiten hieß für ihn [Runge, AW], im Labor hocken, Tür und Fensterläden verschlossen, grübeln, denken, dösen, horchen, fühlen, ahnen, spüren. Bis eine Möglichkeit aufdämmerte, eine Idee aufblitzte, ein Einfall ihn packte. Dann stürzte er auf seine Apparate und Gläser, nahm ein Reagensglas, einen Kolben, einen Tiegel, mischte, schüttelte, erhitzte, roch an dem Gemisch, hielt es gegen das Licht, wartete bei jedem Versuch mit gespannten Nerven auf das Ergebnis. Dutzende Versuche waren vergeblich, Hunderte ohne Erfolg. Das machte nichts, das spornte nur, das reizte, das peitschte immer weiter. Die Zeit verging rasend. Mitternacht. Morgengrauen." An einer anderen Stelle werden die im Labor verrichteten Tätigkeiten von den anderen in der Fabrik explizit als „Taten" und als „mit Liebe" getane Arbeiten abgegrenzt (vgl. A, 89).

50 Das Mehrwissen der Erzählinstanz im Bereich ‚Leben' wird stärker markiert. Beispielsweise wird Runges Bereitschaft, anderen Firmen zu helfen, ohne dafür entlohnt zu werden, was eine Vorstufe des idealistischen Ethos der späteren I.G. Farben darstellt, nicht noch einmal explizit mit deren Gründung (aus dem Geist Runges etwa) verbunden. Eine entsprechende Andeutung für Runges wissenschaftliche Verdienste wurde ja auf A, 78 gemacht und wiederholt sich auch im späteren Verlauf des Romans in impliziten Wendungen.

51 Bspw. wenn für das Phenol als wichtigem Ausgangsstoff zum ersten Mal im Roman eine Summenformel wiedergegeben wird. Die Überwindung dieses ‚Stoffes', also seine weitere Zergliederung, wird dann auch im dokumentarischen Modus als besonders aufwändig markiert: „Schon zum neunhundertsechsunddreißigstenmal setzte Runge die Flamme unter die Retorte. Jeder einzelne Versuch wurde von ihm genau registriert, mit einer Nummer versehen […]" (A, 90).

über ihre Zukunft zu vergeben[52] und deutet dabei die Existenz eines Akteur-Netzwerks aus Menschen, Dingen, ‚Wissen' (in Form von Verfahren und der Erzeugung von Kontextualisierbarkeit) und Substanzen an, das als Zeit- und Raum-Kontinuum mit dem Label ‚deutsche Wissenschaft' Verbindungslinien, vor allem über historische Distanzen hinweg, sichtbar werden lässt, wo es für Runge noch nahezu mystisch bleibt.[53]

Parallel zu Runges beruflicher und privater Stagnation beginnt der Text, die Geschichte August Wilhelm Hofmanns zu erzählen, der als zunächst noch fachfremder Jurastudent im Auditorium Justus von Liebigs eingeführt wird, einem internationalen Melting Pot der Chemie[54], auf das auch die positiv mit ‚Leben' verbundenen Attribute männlichen Genießens übergehen.[55] Runge wird bei seinem nächsten Auftauchen isoliert, von der Fachwelt vergessen und zunehmend umnachtet geschildert. Sein Wunsch nach wissenschaftlichem Austausch, der ihm dabei helfen könnte, von den entdeckten Farben zu den „Gesetze[n], die die Elemente gegenseitig verb[i]nden" (A, 105) zu gelangen, wird enttäuscht und findet eine Schwundstufe im Stammtisch mit den lokalen Eliten Oranienburgs. Runges Abkehr von zwischenmenschlicher (Wissens-)Kommunikation wird nun mit privaten Krisen enggeführt, der Heirat Charlottes, die sich bis über das optimale Verehelichungsalter hinaus für Runge verfügbar gehalten hatte[56], sowie kurz darauf ein Feuer, das

---

52 Vgl. vor allem A, 89ff., wo Runge nacheinander bspw. Stearin, Leukol, Kyanol und Anilin entdeckt, ohne zunächst ihre Bedeutung zu ermessen. Seinerseits weist Runge wiederum auf längst bekannte Entdeckungen hin, die seinen vorangegangen sind, bspw. die Konservierung von Lebensmitteln in Blechdosen, die besondere Bedeutung für die Schifffahrt (und damit auch koloniale Projekte) haben könnte (vgl. A, 117).

53 Vgl. A, 91: „In diesen Reagensgläsern geschah etwas. In diesen Kolben zeigte sich etwas Unerhörtes an. Runges Hand begann nicht selten zu zittern, wenn er ein neues Reagens ergriff, um es diesem Steinkohlenöl hinzuzufügen."

54 Vgl. A, 98: „Die Mehrzahl der Hörer waren Deutsche. Aber neben den Dialekten aller deutschen Länder und Gaue hörte man auch die Sprachen aller Staaten Europas. Aus Chikago, aus Moskau, sogar aus Buenos Aires waren junge Männer hierher nach Gießen gekommen, um den Chemiker der Welt, den berühmten Professor Justus Liebig, zu hören."

55 Vgl. A, 98 im gespannten Warten auf das Erscheinen Liebigs: „‚Nun Hofmann, wie ist Ihnen zumute?' ‚Als ob jeden Augenblick der Vorhang vor der schönsten Frau der Welt hochgehen müßte! […] Alles ist hier geladen, die ganze Umgebung, hier ist das große Geheimnis, die greifbare Nähe verborgener Kräfte."

56 Nur an einer Stelle wird Runges Kinderlosigkeit, von einem Geistlichen(!), angesprochen, was der Text dazu nutzt, die radikale Ausrichtung des Familienmodells auf den chemischen Bereich für Runge zu thematisieren, indem er andeutet, dass seine Kinder (auch unterbewusst) die Substanzen sind (vgl. A, 139).

seine gesamte Habe vernichtet.[57] Eine intellektuelle Neuausrichtung Runges vollzieht eine Hinwendung zum ‚reinen Leben', indem er in einer wiederentdeckten „alte[n] Freundschaft" (A, 114) seine Aufmerksamkeit den Pflanzen zuwendet, die er zum Sprechen bringt und über die er versucht, das Geheimnis einer allen Organismen innewohnenden Lebenskraft zu entschlüsseln.[58] Den Wunsch nach Systematisierung seiner Erkenntnisse gibt er auf und ersetzt ihn durch das ‚Erleben'[59] evolutionärer Vorgänge und das Studium des ‚Ganzen' innerhalb einer Art säkularisierten Pantheismus, der eine ‚Lebenskraft' nicht nur für Lebewesen, sondern auch „Metalle, Säuren, Laugen, Salze, Wasser, Luft, Kristalle[]" (A, 115) vorsieht. Runges Darstellung versagt lediglich darin, Charlotte und seine Beziehung zu ihr zu ergründen, was ihn zur Einsicht bringt, dass sein tendenziell mystisch-romantisches Modell in einer Zeit, in der die Wöhlersche Harnstoffsynthese bereits Jahre zurückliegt[60], nicht mehr anschlussfähig ist und ihn in einer selbstreflexiven, potenziell autoerotischen Wahnsinnsszene[61] verzweifeln lässt.

2.4 Hofmann = [Synthese :: Helene / England]

Ähnlich wie bei Runge erfolgt die Exposition August Wilhelm Hofmanns mit einer öffentlichen Szene, in der Vorlesung Justus von Liebigs. Wie Runge wird auch Hofmann über sein Erscheinungsbild eingeführt und erst danach

---

57 Weitere „Schocks" erreichen Runge postalisch. Der Brief wird in der Folge ein medialer Raum für extreme Situationen sein. Ein hoffnungmachender Brief Hofmanns trifft ihn „wie ein Meteor" (A, 133), und auch die Nachricht von Charlottes Selbstmord „[a]m Morgen ihres Hochzeitstages" (A, 141) kommt mit der Post.

58 Hier ähnelt er, bei sonstiger konzeptueller Verschiedenheit, Francis Purvis aus Brunngrabers *Radium*, der ebenfalls eine universale ‚Lebens'-Synthese anstrebt und dabei u.a. Pflanzen als Experimentierfeld nutzt. Vgl. S. 483f. in diesem Buch.

59 Vgl. A, 114: „Er erlebte das Werden, das Leben, das Vergehen. Er ahnte die Größe und Mannigfalt der Vorgänge in den Pflanzen- und Körperorganen. Ein Wort Okmis fiel ihm ein: ‚Das Blut ist der flüssige Leib, der Leib ist das starre Blut. […]'" Das Zitat stammt aus Lorenz Okens *Lehrbuch der Naturphilosophie*, das zwischen 1809 und 1811 in Jena erschienen ist (vgl. [Lorenz] Oken: *Lehrbuch der Naturphilosophie*. 2., umgearb. Aufl. Jena 1831. S. 276, §1998).

60 Der Roman verweist auf die zu seiner Zeit noch gängige, wenngleich nie unumstrittene These, Friedrich Wöhler habe mit der künstlichen Herstellung des Harnstoffs, die ihm 1828 gelang, das Konzept einer *vis vitalis* endgültig widerlegt. Vgl. zum wissenschaftsgeschichtlichen Kontext Frevert: *Wissenschaft der Synthese*. S. 78 sowie umfassender Johannes Uray: „Die Wöhlersche Harnstoffsynthese und das wissenschaftliche Weltbild. Analyse eines Mythos". In: *Mensch, Wissenschaft, Magie* 27 (2010), S. 121–152.

61 Vgl. A, 115: „‚Aber etwas machen!' schrie Runge sein eigenes Bild im Spiegel an. ‚Darauf kommt es an! Machen! Machen! Erst mit der Schöpfung fing Gott an, der Gott zu sein – – o mein Gott – – mein Gott – – mein Gott – –' In Kleidern warf sich Runge aufs Bett."

von einer anderen Figur benannt und damit für die Rezipientin eindeutig zuordenbar. Die Vorlesung, mit der der vierte, „Anilin" betitelte Teil des Romans beginnt, steht unter dem Eindruck des Vor-Texts, der von der unterschiedlichen historischen Akutwahrnehmung der Philosophie im Unterschied zu den Naturwissenschaften spricht und für die stabile Bindung beider Sphären innerhalb der philosophischen Fakultät plädiert. Die epistemische Überlagerung von Geistes- und Naturwissenschaften, die aus der Perspektive der auktorialen Sprechinstanz von *Anilin*, der mittleren 1930er Jahre also, bereits in einen distinkten Grenzkontakt überführt wurde, liegt für die Zeit Hofmanns noch vor und wird retrograd als Ressourcenspender für die Philosophiegeschichte aktiviert, indem ‚Leistungen' auf dem Gebiet der Technik und der Medizin, auch aus der Zeit nach der disziplinären Ausdifferenzierung in Human- und Naturwissenschaften[62], als Produkte einer „Art von Philosophie"[63] deklariert werden.

Hofmanns Physiognomie weist ihn zunächst als mit dem Raum kompatibel aus. Mit seinem „gutgeschnittene[n] Gesicht, [dem] lebendige[n] Auge, eine[r] freie[n] Stirn" passt er gut zu den „jungen Männern, die sich hier versammelten" (A, 98) und ist zugleich implizit als „Arier" ausgewiesen. ‚Fremdheit' evoziert der Text erst, wenn Hofmanns Wahrnehmung der aufgebauten chemischen Apparaturen beschrieben wird: Er ist jemand, der „noch nicht oft derartige Dinge zu sehen bekommen hatte." Liebig, der innerhalb des Romans bereits als absolute Autorität und Eminenz der ‚deutschen Chemie' fungiert, beginnt seine Vorlesung dramatisierend mit einer Bankrotterklärung der Chemie, die als lebensideologischer Aufruf an die junge Generation konzipiert ist, ihre Aufmerksamkeit von der *Analyse* zur *Synthese* zu verschieben. Die Jungen sollen von der bloßen Bestandsaufnahme der verschiedenen Moleküle in den Substanzen zur Rekonstruktion des komplexen „Plans" über die Struktur der Verbindungen übergehen, der benötigt wird, um eigene Verbindungen herzustellen. Die ‚Synthese' wird im Rahmen einer intergenerationalen Beschwörung als neues Paradigma in den Text eingeführt, um die Chemie von der erklärenden zur selbst zeugenden Wissenschaft zu entwickeln[64] und so eine auf den Menschen übertragene Schöpfungsidentität, die sich beim

62 Vgl. hierzu aus literaturwissenschaftlichem Blickwinkel Christine Maillard & Michael Titzmann: „Literatur und Wissen(schaften) in der Frühen Moderne. Vorstellung eines Forschungsprojekts". In: Dies. (Hg.): *Literatur und Wissen(schaften) 1890–1935*. Stuttgart 2002. S. 7–37.

63 Vgl. A, 97: „[...] die elektrischen Geräte, die Verbrennungsmotoren und das Germanin sind nicht die schlechtesten Ergebnisse dieser Art von Philosophie."

64 Der Roman funktionalisiert damit in Liebig eine wissenschaftsgeschichtliche Schnittstelle, die auch der Forschung aufgefallen ist. Vgl. Frevert: *Wissenschaft der Synthese*. S. 115f.

verschrobenen Runge als nicht anschlussfähiger säkularer Pantheismus äußerte, im Kontext der wissenschaftlichen Forschung zu institutionalisieren. Damit wird deutlich, welchen Zweck die Anlagerung der Naturwissenschaften an die Philosophie im Vor-Text verfolgt, da über sie der Aufklärungswert der Chemie betont werden kann.[65] Hofmann akklamiert die Aufforderung Liebigs direkt durch eine homoerotische Übersprungshandlung, die ihn den Arm seines Freundes Charles Mansfield umspannt halten lässt (vgl. A, 100) und dehnt so implizit das Prinzip der ‚Synthese' auf soziale Bindungen aus, was als Korrelationsbeziehung das für seine Figur charakteristische und auch vom Text durchgehaltene Unterscheidungsmerkmal gegenüber Runge sein wird.[66] Hofmann ist als ‚Synthetiker' sozial voll integriert und ebenso beruflich erfolgreich.

Über die differente Beschreibung der Väter beider Freunde, Hofmann und Charley Mansfield, zeigt der Roman, welche Konflikte mit dem von Liebig geforderten Paradigmenwechsel, dessen Durchführung er der jungen Generation übertrug und der sich folglich auch als Generationenkrise äußert, verbunden sind. Mansfields Vater ist einer der im ersten Kapitel auftauchenden Chefs der *Bengal Indigo Corporation*, der Charley gern in das Geschäft mit dem Indigo einführen würde. Mansfields Perspektive auf seinen Sohn ist von der konservativen Idee eines entlastenden, sukzessiven Vererbens der eigenen Pflichten und schließlich des erarbeiteten Wohlstands ebenso geprägt wie sein Geschäftsmodell fest in kolonialen Mustern, Börsenspekulationen, finanziellen wie klimatischen Schwankungen und den nicht hinterfragbaren Vorgängen in den „Tropen" verankert ist.[67] Sein invariantes Weltbild stellt zur Integration

---

65 Entsprechend sagt Liebig auch: „Ich verkünde Ihnen kein Evangelium, meine Herren! Ich stelle Ihnen eine Aufgabe!" (A, 100)

66 Die Freundschaft mit Mansfield ist hierfür im Detail signifikant und kann als Annäherung der Beschreibung sozialer Beziehungen an chemische Kopplungen gelesen werden. An einer späteren Stelle erfolgt der Verweis darauf, dass „man sie [Hofmann und Mansfield, AW] jeden Nachmittag Arm in Arm zu Sandhaas ins Kolleg marschieren [sah]" (A, 109) Hofmann gibt die körperliche Bindung, die er während Liebigs Vorlesung zu Mansfield aufgenommen hat, auch später nicht mehr auf. Die Freundschaft der beiden wird, ähnlich einer magnetischen Attraktion, als „unzertrennlich" und zugleich von starken Gegensätzen geprägt beschrieben (vgl. A, 108 & 155).

67 Andeutungen eines krisenhaften Status dieses Systems hat die Figur auch, allerdings tendenziell auf einem niedrigeren Realisierungsniveau, als Epiphanien. Bspw. fallen dem alten Mansfield, als er sich für eine Börsensitzung anzieht und über die junge Frau seines Teilhabers nachdenkt, Mary McClans ungewisses Schicksal und der inzwischen verstorbene Verwalter Tomson wieder ein (vgl. A, 103f.). Die Erinnerung an Mary führt dann auch zur Andeutung einer zur selben Zeit von Conny Hawks Tod beginnenden Krise der Indigoproduktion auf der Plantage. Dessen Sterben steht also im größeren Zusammenhang eines generellen Fragwürdigwerdens des kolonialen Paradigmas, allerdings noch

des Lebensentwurfs seines Sohnes nur den Modus des enttäuschten Vaters zur Verfügung, der seine eigenen ‚Lebens'-Attribute aus dem seit Kapitel Eins historisch negativ konnotierten Wertesystem des britischen Empire bezieht[68], die Handlungen seines Sohnes nicht als ‚Arbeit' anerkennt und daher als nicht glücksfähig klassifiziert.[69] Charley folgt anderen, vornehmlich intrinsisch markierten Kategorien, handelt unabhängig von tradierten Ordnungen wie der genealogisch-generationalen Verbindlichkeit und lässt sich auch nicht durch nationalistische Kategorien beeinflussen.[70] Die fließende Kontinuierung zwischen ‚Jung' und ‚Alt' funktioniert an diesem Vater/Sohn-Paar aufgrund der oppositionellen Wertesysteme ‚alte Geschäftswelt' und ‚junge Wissenschaft' nicht länger und vollzieht den von Liebig für die Generierung neuer Erkenntnisse angekündigten epistemischen Bruch auch innerhalb der familiären Abfolge.

Hofmanns Verhältnis zu seinem Vater ist im Gegensatz zu den Mansfield-Männern emotional eng und von Verständnis geprägt. Der Vater versteht es, seinen Wunsch, der Sohn möge Jurist werden, über die eigene ‚Anständigkeit'[71] als moralische Prämisse in dessen Handeln zu implementieren, sodass der Konflikt hier nicht zwischen Vater und Sohn, sondern im Sohn selbst auszutragen ist. Narrativiert wird die Beziehung im Wesentlichen über zwei gemeinsame Italienreisen und schließlich die Nachricht vom Tod des Vaters. Bei der ersten Reise ist Hofmann gerade 18 Jahre alt und „durfte" seinen Vater begleiten (vgl. A, 108). Dabei wird, wie üblich im Roman, sein „Hang zur Natur"

---

ohne umfassende Realisierung durch die verantwortliche Figur, die es als Effekt der örtlichen Gegebenheiten in Britisch-Indien und vor allem ungeschickter Geschäftspraktiken wertet und nur Tendenzen ahnt.

68 Diese bestehen etwa im ‚ausbrennenden Fieber' in Britisch-Indien, dem Wunsch nach einem Landhaus und einer jungen Frau und dem lampenfieberbedingten Zittern vor einer Börsensitzung, das aber zunächst für eine Alterserscheinung gehalten wird, also tendenziell als Schein-‚Leben' gewertet werden kann.

69 Vgl. A. 103: „[…] statt das unbeschreibliche Glück zu erleben, das nur die Sorgen und die Triumphe ernsthafter Arbeit gewährten."

70 Vgl. A, 101: „‚Ich hatte aber keine Lust, mir den Schweiß der Hindus auf Bankkonto [sic!] zu legen. Nach einem Jahr bin ich ausgerückt. Die Chemie schien mir eine Sache zu sein, blutjung und höllisch interessant. Da wir in ganz England kein anständiges Labor haben, bin ich nach Gießen gezogen. Ohne meines Vaters Segen allerdings.' ‚Und Sie haben keine Skrupel bekommen hinterher?' ‚Das schon. Aber ich sagte mir: ich muß mein Leben leben und nicht mein Vater.'"

71 Vgl. A, 101: „Er zwingt mich zu nichts. Aber ich weiß, daß es sein sehnlichster Wunsch ist, mich einmal als Assessor bei der Regierung zu sehen. […] So ein alter Herr hat seinen eigenen Ehrgeiz. Er findet es nun mal reputierlich, einen Juristen in der Familie zu haben."

als initialer Punkt einer individuell-inhaltlichen Auseinandersetzung mit den „Rätsel[n] der Welt“ (A, 109) beschrieben, was ihn im Topos der Bildungsreise als „Schwärmerei“ zur Philosophie Hegels führt, gefolgt von der Erkenntnis einer lebensideologischen ‚Synthese‘:

> […] der zwingende und zugleich erlösende Nachweis schien ihm erbracht, daß alles Geist, daß alles Werden sei. Die schöpferische Idee wurde Gegenstand, Form und Erscheinung, wurde Leben und Handlung, verwelkte, starb und zerfiel, floß zurück in das Reich des unendlichen Geistes. Ein ewiger Kreislauf. (A, 109)

Im Konzept der „schöpferischen Idee“ fließen positiv gesetzte Basisprämissen des Romans zusammen und bilden einen ideologisch schwer hinterfragbaren Letztbegründungszusammenhang, der sich, in krasser Verkürzung eines dialektischen Denkens und ohne den Hegelschen ‚Synthese‘-Begriff explizit aufzurufen, als Manifest einer persönlichen ‚Lebens‘-Erfahrung verstehen lässt. Die Wirkung der Hegel-Lektüre auf Hofmann, die „tiefe Ruhe“ und „wunderbare innere Wärme“, führt zu einer Raum-‚Synthese‘, wenn ‚Italien‘ als das Gemüt „auflockernde“ Sphäre in der Wahrnehmung Hofmanns auf das provinzielle Gießen übergeht und die Stadt neu semantisiert: „In Hofmann aber wurde der Fluß recht oft zum offenen See mit weiten sonnigen Ufern. Gassen und Hütten wurden zum festlichen Platz, den ein Dom und massive Palazzos umsäumten.“ (A, 109) Der Vater spielt in dieser Konstellation zunächst gar keine Rolle. Die ‚synthetischen‘ Arbeiten finden in Hofmann statt und benötigen erst, als ein Kippmoment erreicht ist und sich die Privatsemiotik in der Realitätsprüfung als potenziell wahnhaft erweist, einen Katalysator, der in Charley Mansfield die Szene betritt und Hofmann sogleich „mit zu Liebig“ nimmt. Er führt in die philosophische Krise das Prinzip chemischer Bindung ein und setzt parallel dazu die Chemie als Korrelationsraum für private Entwicklungen relevant. Die zweite Italienreise Hofmanns findet nach der Erlangung des Doktorgrades und dem Abschluss seiner Ausbildung als Chemiker statt. Auf dieser Reise erkrankt der Vater und der Sohn legitimiert sich durch aufopferungsvolle Pflege und die „Rettung“ des „betagten Mann[es]“ (A, 119) als ‚guter Sohn‘, obwohl er dem Wunsch des Vaters, Jurist zu werden, endgültig nicht entsprochen hat. Beide Italienreisen lassen sich einander gegenüberstellen und als Rollentausch zwischen Vater und Sohn lesen. Die Pflege des kranken alten Mannes wird als Überwindung der Figur des Vaters und seine symbolische Entmachtung lesbar. Die Position des Vaters wird endgültig durch Liebig neu besetzt, der Hofmann nach seiner Rückkehr eine Stelle in seinem Labor anbietet. Zugleich besetzt Hofmann selbst innerhalb des Romangefüges nun die Position Runges, dessen Teerbasen er sich im Rahmen seiner Tätigkeit für Liebig zuwenden wird. Runge, der privat zur selben Zeit an einem Tiefpunkt ankommt[72], wird als Figur zugunsten Hofmanns verdrängt. Gleichzeitig stellt der Übergang der Erforschung „seiner“ Teerbasen auf den Vertreter der jüngeren Generation eine intellektuelle Kontinuität im wissenschaftlichen Bereich her und separiert auf diese Weise wissenschaftlichen Progress vom individuellen Schicksal der Figuren. Das Gelingen dieser Kontinuität ist allerdings noch auf ein Modell intuitiver Verbundenheit zwischen den Forschersubjekten angewiesen, ohne dass klar wäre, ob es sich um eine Wissens- oder eine Glaubensbeziehung handelt und wie kontingent die Verbindungen sind.[73] Der Text vergibt die Kompetenz zur Absicherung der wichtigsten Kontinuitätslinien innerhalb der Geschichte der Chemie explizit nicht an den Intellekt der Figuren, sondern an einen Bereich unbewusst getroffener Entscheidungen, die ihrerseits nachträglich intellektuell begründet werden können[74] und macht diese Sphäre so zum nach lebensideologischen Prinzipien funktionierenden Austragungsort historischer Wissenschaftssynthesen.

Die Anbahnung der Verlobung mit seiner späteren Frau Helene Moldenhauer[75] erfolgt im selben Atemzug, in dem auch die fertige Promotion, die „Rettung“ des Vaters sowie die Anstellung bei Liebig erzählt werden. Auf dem Weg zu seinem Labor verlebt Hofmann während eines Zwischenstopps in Darmstadt „[g]lückhafte Stunden, Stunden des Wiedersehens, Stunden voll jäher Erkenntnis, voll wortloser Geständnisse, voll stillen Gelobens“ (A, 119)

72 Einen Abschnitt vor der zweiten Italienreise und der neuen Aufgabe in Liebigs Labor wird geschildert, wie Runge von der Verlobung Charlottes erfährt und durch einen Brand einen Großteil seines wenigen Besitzes verliert.

73 Vgl. A, 119: „Ich kaufte mir gestern ein Dutzend Kerzen. Der Krämer drückte mir ein blaues Paket unter den Arm und zu Hause klang dann plötzlich der Name Runge in meinem Ohr. Stand auf dem blauen Umschlag. ‚Palmwachslichte‘ stand da, ‚hergestellt von der chemischen Produktenfabrik Oranienburg nach Professor Runge‘. Als Liebig mich dann heute morgen fragte, nannte ich ohne zu überlegen Runges Resultate. Ist das nicht merkwürdig?“ Mansfield antwortet auf diese Frage mit „Ich finde es ganz natürlich.“ und gibt damit einen Hinweis darauf, dass die Spontaneität des Entschlusses aus seiner Sicht als Effekt einer ‚natürlichen‘ Folgerichtigkeit zu werten ist.

74 Makroperspektivisch durch die Vorbereitung der Figur qua Italienreise und Hegel-Lektüre, mikroperspektivisch durch die Psychologie des Alltagslebens, mit der der Kauf der Kerzen als Regung eines inneren Wunsches, auf Runges Namen zu stoßen, gedeutet werden kann.

75 Der Text lässt offen, ob es sich bei ihr um eine vorher erwähnte Zuhörerin im Kolleg des Alexander von Humboldt-Jüngers Sandhaas handelt (vgl. A, 110). Historisch ist es praktisch ausgeschlossen. Bei der unüblichen, den Männern missliebigen Anwesenheit einer Frau in der akademischen Sphäre ist eher von einem impliziten Kommentar zur Öffnung der Universitäten auszugehen. Einen vagen Hinweis, dass es sich nicht um Helene handelt, gibt eine Stelle auf A, 168.

mit Helene. Das Prinzip der asyndetischen Reihung zur Beschreibung ‚lebens'-reicher Handlungen wird hier enggeführt mit einer Redundanzen erzeugenden anaphorischen Struktur, die den Gehalt der Passage, ob es denn tatsächlich zu einer Verlobung gekommen ist, im Unklaren lässt und nur metonymisch nahelegt: „Am anderen Morgen trug die rumplige Postkutsche einen unsagbar Glücklichen weiter dem Main entgegen" (A, 119), wobei das ‚Glück' sich als Folge vorangegangener privater, wie als Freude auf bevorstehende beruflich-wissenschaftliche Ereignisse lesen lässt und die Sphären auf diese Weise kurzschließt.

Anders als sein struktureller Vorgänger Runge macht Hofmann seine ersten wesentlichen Entdeckungen in positivem Einvernehmen mit seiner Position in einem Wirtschaftsbetrieb[76], aber wie bei Runge durchzieht auch Hofmanns Arbeitsplatz eine Trennung von Fabrikhalle und Labor, in das er sich zurückzieht und das anderen als Extremraum nicht zugänglich ist. Die dort durchgeführten, massiv mit ‚Leben' korrelierten Versuche[77], vom Text als ‚Jagd' und soziale Isolation inszeniert[78], führen ihn zu Vereinfachungen von Runges Methoden und zu Ansätzen einer verfahrenstechnischen Übertragung der chemischen Prozesse auf den industriellen Maßstab[79], deren Beschreibung, etwa über eine Nahtoderfahrung, Reste der romantischen Chemie Runges und der Idee der ‚Stoff'-Zeugung diskursiv im Spiel hält.[80] Ebenfalls konstant gehalten wird die Parallelisierung privater Krisen mit beruflichen Erfolgen,

---

76 Dass der Betrieb Freunden seines Vaters gehört und „mit allen Errungenschaften der Zeit ausgestattet" (A, 120), also als ‚modernes' Unternehmen zu werten ist, legt ein anderes Verhältnis zum Fortschritt nahe als im Fall von Runges Arbeitgeber, der seinen Forschungen gegenüber weitgehend ignoranten Produktenfabrik.

77 Hofmann arbeitet dort „[m]it glühenden Backen" vor einem „Gewirr" aufgezählter Gerätschaften, „fiebert" und sein Herz schlägt „wie rasend", während seine Hände „ruhig" bleiben (vgl. A, 121).

78 Dass das Forschersubjekt sich zur Isolation der Basen selbst isolieren muss, entspricht dabei dem Modell der ‚Synthese' als Strukturprinzip für chemische *und* menschlich-soziale Prozesse.

79 Vgl. zum Verhältnis von ‚Chemie' und ‚Gewerbe' als Sphären von ‚Theorie' und ‚Praxis' in dieser Phase der Geschichte einer „deutschen" Chemie auch die Geschichte von Emil Erlenmeyer, der neben seiner wissenschaftlichen Tätigkeit die Funktion des „Beraters" für Wirtschaftsunternehmen kultivierte, wissenschaftsgeschichtlich aber weitgehend vergessen ist und nur noch im nach ihm benannten Kolben vorkommt. Dargelegt etwa bei Alan J. Rooke: „Theory versus Practice in German Chemistry. Erlenmeyer beyond the Flask". In: *Isis* 109 (2018), H. 2. S. 254–275.

80 Vgl. A, 122: „Schon beim Mischen erhitzte sich das Gemisch und ganze Wolken wahrhaft betäubender Dämpfe stiegen aus der noch offenen Retorte. Entsetzt stürzten die Arbeiter zur Seite. Hofmann wurde von einem Schwindel gepackt. Mit letzter Willenskraft griff er nach der kupfernen Haube und stülpte unter Keuchen und Stöhnen das schwere Gebilde auf die Öffnung der Retorte."

die implizit stark korreliert werden. So fällt der Aufstieg zu Liebigs Assistent mit dem Tod von Hofmanns Vaters zusammen. Der Text nutzt das Ereignis, um über Charley Mansfield auch theologisches ‚Wissen' der Chemie unterzuordnen und die Existenz eines Heidentums, dem Hofmann sich verdächtigt wähnt, zugunsten eines inkorporierten Christentums zu leugnen[81], das implizit chemisch begründet werden kann. Die Chemie wird über Operationen wie diese als Leitkultur festgeschrieben, die in der Lage ist, sich mit allen Disziplinen und Diskurssträngen zu verbinden, die aktuell begründungsbedürftig sind, und sie durch ihre ideologischen Frames neu zu legitimieren.

Als Hofmann nach dem Tod seines Vaters zum ersten Mal wieder im Labor erscheint, trifft er dort auf den Famulus Aubel, der als Figur eine sinnlich-derbe Seite der Chemie verkörpert, dabei mit dem Wert ‚Gemüt' korreliert wird[82], Entscheidungen und Wertungen nur knapp artikuliert, dafür entschlossen handelt und über den Hofmann als beschäftigter ‚Macher' und ‚strenger Wissenschaftler', der dennoch auf ‚Sinnlichkeit' anspricht, profiliert werden kann. Die Szene wird in den Abschnitten XII. und XIII. des vierten Teils beschrieben. Der Vor-Text zu Abschnitt XIII.[83] unterbricht die linear erzählte Szene und entwirft unmittelbar vor der entscheidenden Entdeckung, die Hofmann im Anschluss machen wird, das Konzept eines instinkthaften Findens gewisser, „in der Luft liegender" Dinge. Gemeint ist offensichtlich eine synästhetische Begabung des Menschen, hier verglichen mit den Nüstern von Pferden und dem Instinkt von Zugvögeln, zeitlich ‚reife' Entwicklungen zu antizipieren und gleichsam

81 Vgl. A, 124: „Keiner von uns ist Heide. Wir benehmen uns nur verschieden vor Gott."

82 Ein impliziter Nationalismus äußert sich bei Aubel als Repräsentant eines unsichtbaren ‚deutschen' Nationalgefühls darin, dass er „wohlhabenden Ausländer[n]" zuweilen Laborausgaben eines „armen Studenten" ankreidet und dies als „kosmischen Spannungsausgleich" deklariert. Seine narkoleptischen Neigungen verschwinden im Beisein exzeptioneller Forscher, die Energie abzustrahlen scheinen. Mit Dichtung ist Aubel nur intuitiv verbunden. So wird vage ein Bezug zu E.T.A. Hoffmann, an dessen Gestalten er sich beim Anblick des trauernden Hofmann erinnert fühlt, aufgerufen, um zu beschreiben, dass Aubel den Zustand des „jungen Herrn" mit Worten nicht zu beschreiben vermag. Dabei empfindet er für Hofmann „eine fast väterliche Besorgnis", reagiert also direkt und unbewusst auf die Valenz der Vaterposition (vgl. A, 125f.).

83 Vgl. A, 127: „Gewisse Dinge liegen in der Luft. Als ob die Menschen Nüstern hätten, als ob sie die Nasen hätten von Steppenhunden, den Instinkt der Zugvögel./In Pien-king mischte vor bald einem Jahrtausend ein chinesischer General Kohlenstaub, Schwefel und Salpeter, lud mit dem Gemisch ein Bambusrohr und brachte es zur Entzündung. Fast um dieselbe Zeit mischte ein Freiburger Mönch dieselben Stoffe und legte damit den Grund zum Maschinengewehr, zur Fliegerbombe, zu dem Ferngeschütz, das 1918 aus hundert Kilometer Entfernung Paris beschoß./Der General und der Mönch waren etliche zehntausend Meilen voneinander entfernt. Sie haben nie im Leben etwas voneinander gehört."

aus der Luft zu nehmen. Die ‚Luft', in der die ‚Dinge' liegen, wird als kulturell invariant beschrieben, sodass ein chinesischer General beinah zeitgleich mit einem Freiburger Mönch zur Entdeckung des Schwarzpulvers kommen kann, ohne dass beide je „etwas voneinander gehört" (A, 127) haben. Dennoch ist es im Text ausdrücklich der Mönch, der „den Grund zum Maschinengewehr, zur Fliegerbombe, zu dem Ferngeschütz [legte], das 1918 aus hundert Kilometer Entfernung Paris beschoß." ‚Innovation' bleibt also, zu diesem Schluss kommt auch Hans Krah, ein genuin ‚deutscher' Wert.[84] In Abschnitt XIII. wird geschildert, wie es Hofmann gelingt, die neugefundenen Stoffe zahlreicher Vorläufer zu bündeln, ihre Verwandtschaft nachzuweisen und so tausende von früheren Entdeckungen in den Horizont einer gemeinsamen ‚Idee' zu rücken. Wissenschaftliche Kommunikation mit anderen exzeptionellen Wissenschaftlern und ihren Ergebnissen verläuft dabei explizit diachron:

> Zum tausendsten Male hielt Hofmann vier Reagensgläser gegen das Licht./„Alles dasselbe!" sagte er zum tausendsten Mal./Herr Aubel war jetzt der nämlichen Meinung./Hofmann stellte die Atomgewichte fest und verglich sie./Sie stimmten überein./Er öffnete ein Fenster und erschrak./Vor dem Fenster blühten die Apfelbäume./Ein paar tiefe Atemzüge. Dann setzte er sich an den Tisch und schrieb. Es wurde ein Brief an Friedlieb Ferdinand Runge. Er habe sein Kyanol untersucht, ließ er ihn wissen. Ohne Zweifel sei es identisch mit Unverdorbens Krystallin, mit Fritzsches Anilin und mit dem Benzidam des Russen Zinin. Ihn, den stillen Mann in Oranienburg, aber treffe das Verdienst, als erster im Steinkohlenteer eine Base gefunden zu haben, die auch in einer tropischen Pflanze Hinterindiens wachse … (A, 132)

Die bloße Entdeckung neuer Stoffe wird kurz zuvor abgewertet: „Einen Stoff, Aubel! Immer finden die Herren einen Stoff. Eine Analyse ist nicht angegeben. Aber ein Name steht da. ‚Benzidam'. Hauptsache, das Kind hat einen Namen!" (A, 129) Die eigentliche Leistung besteht in der synthetisierenden Zusammenschau von Innovationen, ihrem Erkennen als gleichartig und die Rückführung des intellektuellen Prozesses auf den Erstentdecker, der so, wenn auch spät, zu seinem Recht kommt und mit ihm die als ‚deutsch' markierte Wissenschaft.[85] Der Roman zieht über die Geschichte der Synthese von Basen aus Steinkohlenteer eine zweite ‚Synthese'-Schicht ein: die Stiftung von wissenschaftlicher Kontinuität als überzeitlicher, dialogischer Zusammenhang.[86]

---

84 Vgl. Krah: *Literatur und ‚Modernität'*. S. 66.

85 Eine private, chemiegeschichtliche ‚Synthese'-Apparatur führt Hofmann in Form eines ausdrücklich selbsterfundenen Zettelkastens, in dem er Innovationen nach einem chronologischen System ablegt, das „Hofmanns Gedächtnis am besten [entsprach]", also konzeptuell eine Repräsentation seines Gehirns anstrebt (vgl. A, 128).

86 Vgl. dazu Krah: *Literatur und ‚Modernität'*. S. 62.

Das Kommunikat sind die entdeckten Stoffe, ihr Medium die Geschichte der Chemie. Die einzelnen Wissenschaftler sind weitgehend austauschbar. Fester in das historische Gefüge eingelassen sind lediglich diejenigen exzeptionellen Individuen, denen die Überschreitung des eigenen Forschungszusammenhangs hin zu etwas spezifisch ‚Neuem', eine ‚Synthese', gelingt.

Der Vor-Text zu Abschnitt XIII. antizipiert wichtige Schritte, die die Narration im Folgenden vollzieht. Dabei werden ideologische Wertungen vorgenommen, die im Haupttext zum Teil bestätigt oder relativiert, zum Teil auch explizit zurückgenommen werden. Es liegt demnach nahe, dass die Sprechinstanzen beider Passagen nicht identisch sind *oder*, dass der zeitliche Index, den der Zwischentext hat, darauf verweisen soll, dass ‚Kommunikation' ein Wert ist, der sich innerhalb des Wissenschaftssystems seit der Mönch/General-Geschichte verändert hat und dass darauf implizit aufmerksam gemacht werden soll. Unwahrscheinlich ist das zunächst, da die Nüstern/Zugvogel-Instinkthaftigkeit der ‚Menschen' im Präsens präsentiert wird und zu einem späteren Zeitpunkt der Art nach auch in den Haupttext wandert.[87] Implizit bleibt die Markierung zudem, weil kein direkter Bezug zwischen beiden Textteilen stattfindet. Der Kontakt ist ungefähr: Während sich die Erzählinstanz im Haupttext stark zurückhält und die Dialoge der Figuren überwiegen, ähneln ihre Aussagen im „Ton" denen der Sprechinstanz des Vor-Texts. Wenn es etwa heißt „Hofmann jonglierte förmlich mit seinen Reagentien" oder „Jetzt konnte der Tanz mit der Base beginnen" (A, 127) verschiebt sich der Akzent von den Anstrengungen der wissenschaftlichen Arbeit hin zum Artistischen und Sinnlichen, wobei die Kopplung mit ‚Exaktheit' bei der Anspielung auf Jonglage und Tanz nicht aufgegeben werden muss, allerdings um eine Komponente des Unbestimmten (‚Instinkt', ‚Talent' etc.) erweitert werden kann.

In der finalen Durchdringung der Pflanzenbasen aus dem Indigo entdeckt Hofmann, dass die Funde Runges (Kyanol), Zinins (Benzidam), Fritzsches (Anilin) und Unverdorbens (Krystallin) letztlich alle denselben ‚Stoff' betreffen und vollzieht damit eine Art Metasynthese, in der die vorangegangenen Erkenntnisse erst ihren Kontext erhalten und beispielsweise Runges Verdienst, die vormals in „Hinterindien" verortete Base im ‚deutschen' Steinkohlenteer gefunden und damit in einer kolonialen Tat synthetisches Neuland entdeckt zu haben, erst sichtbar wird. Am Beispiel von Karl Fritzsches Benennung des Anilin[88] reflektiert der Roman auch die Narrativierung einer ‚Stoff'-Genese

87 Vgl. A, 236 & S. 199, FN 83 in diesem Buch.

88 Vgl. A, 129: „‚Anilin' nannte Fritzsche seinen Fund. Das klang ein wenig lustig. Der Name hörte sich an, als ob er aus dem Südbadischen käme. Dort mochte ein junger Bursch seine Anna so nennen. Aber Fritzsche hatte selbst die Erklärung hinter den fremdartigen

als Namensvergabe aus dem Geist des Erzählens. Die kurze Erzählung geht von einer spontan nationalisierenden Anekdotisierung durch Hofmann aus und findet in der konjunktivisch wiedergegebenen und damit als fragwürdig markierten Mythos-Erklärung Fritzsches ihre Korrektur, die ihrerseits durch das anschließende „Wichtiger schien Hofmann die Notiz, die er selbst hierher gesetzt hatte" (A, 129) sogleich irrelevant gesetzt und durch empirische Befunde überlagert wird. Der Roman positioniert im Verbund mit der Chemiker-Figur ‚Erzählung' also generell im Bereich des Unzuverlässigen und letztlich Vernachlässigbaren. (Schrift-)Quellen mit berechtigtem Anspruch auf Teilhabe an der ‚Wissens'-Genese sind dagegen Poggendorffs *Annalen*, deren Inhalt sich allerdings auch erst neu in der Praxis zu erweisen hat, bevor er Einlass in den gedanklichen Weg zur ‚Synthese' erhält. Chemisches ‚Wissen' entsteht, so lässt sich schlussfolgern, auf mehreren Ebenen ‚synthetisch' und immer in Rückkopplung zur praktischen Arbeit des exzeptionellen ‚Synthetiker'-Individuums. Fiktionsverdächtige Formen der Zusammen-Stellung werden dagegen vorsichtshalber im Absagebereich gehalten und nur situativ als Ergänzung und Vorstufe reliabler Erkenntnisproduktion zugelassen. Das erklärt noch nicht, wieso der Roman selbst gerade bei der Beschreibung ebenjener Erzeugung chemischer Wissensbestandteile die elaboriertesten Versuche der Literarisierung des dargestellten Geschehens macht und neben rhetorischen Verfahren wie der asyndetischen Reihung, parataktischen und anaphorischen Satzstrukturen oder Aposiopesen, die allesamt den Bezug der Handlung zum Bereich ‚Leben' signifizieren, diesen Bezug auch inhaltlich über metaphorische und metonymische Verweise auf andere Bildbereiche (Militär, Erotik, Nahtod, Fieber etc.) stabil hält und nicht etwa genuin aus dem chemischen Vokabular selbst diese Bindung zu erzeugen versucht. Dieser Befund spricht gegen Hans Krahs These, *Anilin* verfüge

> auf der Histoire-Ebene [über] keine Geschichten im Lotmanschen Sinne, es gibt keinen Protagonisten (und keine Lebensgeschichten), keine Grenzüberschreitungen, keinen durchgängigen Plot. Die Technik wird so als nicht narrativiert dargeboten, die Texte operieren mit einer deutlich anderen Art der Darstellung als etwa der einer traditionellen Erzählung.[89]

Die Aussagen halten in ihrer Pointiertheit dem eingehenden Blick auf die Handlungen des Romans nicht stand. Diese lassen sich zu einem überwiegenden Teil sehr wohl als „Geschichten im Lotmanschen Sinne" verstehen, die durch

---

Namen gesetzt. Er komme von ‚Anil', was im Arabischen soviel wie ‚blau' bedeute. Die Portugiesen hätten unter dieser Bezeichnung jahrhundertelang ihren Indigo gehandelt."

89 Krah: *Literatur und ‚Modernität'*. S. 62.

Grenzüberschreitungen räumlicher wie immaterieller Art ihren Ereignischarakter beziehen. Der Eindruck einer „nicht narrativiert dargeboten[en]" Technik ist zunächst nachvollziehbar und lässt sich aus dem Umstand einer nicht endgültig entschiedenen romaninternen Spannung zwischen Narration als Repräsentationsmedium für Erkenntnisprozesse und den, ebenjenen Prozessen selbst innewohnenden, kritisch-normativen Setzungen über Narration als Wissenstechnik erklären. Der Befund über die Positionierung des Romans zur Literatur als solche fällt weniger spektakulär aus, als Krah es darstellt. *Anilin* löst sich nicht derart radikal von der Erzählung als Prinzip, dass hier ein ernsthafter Traditionsbruch vollzogen würde. Wie gezeigt wurde und weiter zu zeigen sein wird, sind die Subjekte, an denen die Narrativierung der Substanzen vollzogen wird und an die vor allem moralische Urteile gebunden werden, auch hier noch Menschen, die in ihren Handlungen die Relevanz und Existenz materieller und immaterieller Raum- und Norm-Grenzen thematisieren. An der „traditionellen" Positionierung des Protagonisten nimmt der Roman Modifikationen vor, indem mehrere männliche Epistemikonen im Lauf von etwa 120 Jahren einander ablösen und damit der Protagonist letztlich ein Kollektiv wird, das mikroskopisch aber eindeutig und nachvollziehbar aus „traditionellen" Teilen besteht. Damit bleibt die Funktion ‚Protagonist' konstant, wenngleich ihre konkrete Ausprägung in Form eines Kollektivsubjekts ‚deutscher Fortschritt' besonders ist. Wie stark die Bindung an das konservative Protagonisten-Modell aufrechterhalten bleibt, zeigt sich an den schmalen Überlappungsräumen, in denen zwei Hauptfiguren parallel für den Fortgang der Fortschrittserzählung wichtig sind. Im Fall der Ablösung Runges durch Hofmann, den wichtigsten Übergang dieser Art, kann dieser Zug bis in Detailentscheidungen auf Figurenebene verfolgt werden, beispielsweise wenn Hofmann jenen Meteor von einem Brief[90] nicht wie beabsichtigt mit einem Stellenangebot an Runge enden lässt, das diesem „endlich einen Platz [...], der seiner würdig wäre" (A, 132) verschafft hätte, sondern aus privaten Gründen hastig abschließt, was im folgenden Abschnitt zu einem niederschmetternden Gespräch Runges mit seinem Arbeitgeber und Charlottes späterem Verlobten und damit zu seinem fortgesetzten Scheitern führt.[91] Geradezu plakativ wiederholt der Roman dieses Verfahren, wenn direkt nach dem kurzen Abschnitt 4/ XVI., in dem von Charlottes Suizid am Morgen ihres Hochzeitstages erzählt

90 Vgl. S. 192, FN 57 in diesem Buch.

91 Hofmann macht das Angebot dann persönlich erst nach dem Gespräch und nach Charlottes Tod, mit dem Runge dann auch seine Ablehnung begründet (vgl. A, 144).

wird, Liebig das „Geburtsfest“ seiner Nichte Helene zu feiern gibt, die so als Reinkarnation von Runges Muse installiert wird.[92]

Helenes Rolle als Indikatorin und Katalysatorin von Hofmanns Erfolg auf chemischem Gebiet wird zunehmend enggeführt mit seiner beruflichen Karriere in England, wo er, nach einer Zeit als Privatdozent an der Universität Bonn, mit dem Aufbau des Royal College of Chemistry beauftragt wird. Kurz nach der Verlobung führt eine räumliche Trennung von Helene zu einer tiefen Schaffenskrise, die durch den spontanen Besuch eines jungen Ehepaars in Hofmanns Bonner Wohnung unterbrochen wird, das sich später als Albert und Victoria von England herausstellt. In der Demonstration einer Anilin-Synthese stößt die Königin Hofmann auf lebensideologische Basisprämissen seiner Arbeit, indem sie konsequent jede seiner Aussagen befragt. Er wird immer lebendiger und handelt zunehmend nach offensichtlich unterbewussten Regungen. Während seiner Ausführungen kommt ihm, im Modus der allmählichen Verfertigung der Gedanken beim Reden, eine bisher nicht verfolgte Idee, „Wasserstoff im Status nascendi“ (A, 150) anzuwenden. Bei der von Victoria eingeforderten Erklärung des Begriffs wird Hofmann „aus einem Traum [auf]geweckt“ (A, 150) und vollzieht, zunehmend stumm, vor den Augen des Königspaares eine Anilin-Synthese, bei der das Blau des Farbstoffs im Moment seiner Erzeugung mit den Augen der Königin verschmilzt, die Hofmann als Medien der Bewunderung ebenfalls hervorgebracht hat.[93] Sein Gang nach England zählt zu den am schwersten zu verargumentierenden Ereignissen, weshalb direkt mehrere implizite und explizite Argumente geliefert werden,

92 Der Text tut dies mehrschichtig grenzbetonend und damit besonders ostentativ. So wird Helenes Geburtstag, da sie genau auf der Tagesgrenze geboren wurde, als Silvesterfest inszeniert. Während der Feier „entführt“ sie Hofmann „gegen Mitternacht“ auf die Terrasse, wo ihre Verlobung besiegelt wird. Hofmann, von (sexuellem) Heiratsdrang angespornt, schenkt Helene eine (französische!) Goldmünze und fragt sie, was sie sich davon kaufen werde. Nachdem sie zunächst mit einer Antwort zögert, wird sein Fragen heftiger (= sexueller). Gleichzeitig beginnt „[v]on der Stadt herauf […] eine Uhr zu schlagen“. Im Moment ihrer Geburt also „riß [Hofmann] Helene in seine Arme. ‚Was willst du für das Goldstück, Mädchen?‘ fragte er mit schwerem Atem“, worauf sie antwortet „Eine Wiege – –“ (vgl. A, 143). In der Isolation des Paares im Moment von Helenes Geburtsjubiläum, die zum Gespräch über Fortpflanzung genutzt wird, das, auch in der Art der Gesprächsführung, als Ersatzhandlung für den Geschlechtsverkehr gelesen werden kann, setzt der Text strukturell Helene als Hofmanns Charlotte und zugleich als ihre Auto-Wieder-Gebärerin ein. Zur Beschreibung Helenes, die mit Blick auf ihren Charakter einer ‚synthetischen Frau‘ der Einführung Mary McClans entspricht, vgl. die Analyse zu deren Auftritt auf S. 176f. in diesem Buch.

93 Der Status nascendi wird auf diese Weise über seine Bedeutung als chemische Metapher auch zur Möglichkeit, die Reaktionen zwischen Hofmann und Victoria und seine „Lösung“ aus der eigentlich starken Bindung an Deutschland zu beschreiben.

warum es schließlich dazu kommt.[94] Die semantisch am tiefsten liegende Erklärung ist eine gewissermaßen chemische, die Hofmanns Trennung von Deutschland als Resultat von attrahierenden Kräften identifiziert, die im richtigen Moment eine augenblickliche Schwäche seiner Ausgangsbindungen zu zerstören und ihn neu zu koppeln vermochten. Formal lässt sich dieser chemische Determinismus, der Hofmanns Gang nach England im ‚Stoff'/‚Raum'/‚Leben'-Modell als eine ‚synthetische' Bewegung kenntlich macht, auf der Textoberfläche in einer Leerstelle ausmachen, die Hofmanns Entscheidung als Konsequenz sozial heteronomer Kausalitäten und nicht zuletzt der politischen Missstände in ‚Deutschland', das Talente nicht zu „binden" vermag, ausgibt.

Die Handlungen in London[95], der Aufbau des Colleges, erscheinen als intellektuelle Kolonisierung ‚Englands' durch ‚Deutschland'. So müssen nicht nur sämtliches Personal, Chemikalien und Laborgegenstände eingeführt werden, auch die Lage des Hauses am Hannover Square verweist auf eine Raum und Herrschaft korrelierende Verbindung zwischen beiden Nationen, nach der sich der Machtbereich des britischen Empire auch auf ‚Deutschland' ausdehnt, beziehungsweise historisch als gewissermaßen von ‚Deutschland' aus regiert in Erinnerung gerufen wird.[96] Faktisch unternimmt Hofmann nun Maßnahmen, die wie eine Umkehrung der zu Beginn von Runge registrierten Unterwanderung Preußens durch englische Gasanstalten wirken. In der Beschreibung der Ausgangslage als „primitiv. Aber das war gerade das Schöne"

94 Hofmann ist durch die Trennung von Helene in Bonn, die durch „Bedenken" einer ihrer Verwandten begründet wird, sozial und sexuell „mürbe". Der motivierende, lebenssteigernde Besuch des Königspaars und vor allem der Einfluss der Königin, die im Folgenden diplomatischen Druck erzeugt, um Hofmanns Verpflichtung zu erreichen, wird neben der quasichemischen Begründung einer Status nascendi-Lösung als zusätzlicher externer Faktor narrativiert. Im Gegenzug wird ‚Deutschland' als Raum aufgewertet. So lehnen die beiden zuerst gefragten Assistenten Liebigs die Stelle in London ab, um in Gießen bleiben zu können. Deutschland ist das Land der „Köpfe", während England als Land des „Geldes" bezeichnet wird. Zugleich wird das Klima, „die Luft am Rhein", als der Majestät ausgesprochen bekömmlich bezeichnet, womit ein Vorzeichen auf das gesundheitsschädliche Wetter in London, an dem Helene (textoberflächlich) erkrankt, gegeben wird (vgl. A, 150ff.).

95 Bei seiner Ankunft passiert Hofmanns Schiff die im Hafen liegende St. Patrik, mit der im ersten Kapitel die Indigolieferung ankam, womit ein metonymischer Hinweis auf die anhaltende Routine des Farbstoffimports aus Britisch-Indien gegeben ist (vgl. A, 155).

96 Zur Personalunion zwischen Großbritannien und Hannover bzw. Braunschweig-Lüneburg vgl. Ragnhild M. Hatton: „England and Hanover 1714–1837". In: Adolf M. Birke (Hg.): *England und Hannover.* München 1986. S. 17–31 sowie im Überblick Michael Maurer: *Kleine Geschichte Englands.* Stuttgart 1997, insb. das Kapitel „Zwischen Stabilität und Reform: Großbritannien 1714–1837", S. 259–351, wo die Zeit der Könige aus dem Haus Hannover beschrieben wird.

(A, 156) wiederholt der Roman aus Hofmanns Sicht einen klassischen Topos europäischer Kolonialromantik und schildert das britische Prestigeprojekt als Landnahme eines einzelnen deutschen Chemikers[97] und als Einführung von Wissenschaft in einer diesbezüglich brachliegenden Region. Helene wird als in den Mann integrierte Kraftspenderin, eine Art Batterie[98], konzipiert, die zum Antrieb des Mannes vor allem Begründungen generiert und so in einen koloniallogischen Verantwortungszusammenhang gestellt ist, in dem sie als das Imperium lesbar wird, das den Fortschritt in der Kolonie mobilisiert, Hofmanns Eroberung autorisiert und ihn damit von einer selbständigen Legitimation der Entscheidung, dorthin überzusiedeln, entbindet. Dass es sich dabei um ein männliches Phantasma handelt, das der Text oberflächlich bestreitet, zeigt die enge Kopplung von Hofmanns beruflichem Aufstieg in England und Helenes schwindender Gesundheit, die der semantische „Preis" für die Auswanderung des Mannes zu sein scheint. Bei bei der Eröffnung des Colleges trägt er einen Brief seiner Mutter in der Tasche: „‚Helene verzehrt sich', schrieb sie" (A, 157), womit der Workaholic Hofmann eine Stellvertreterin für die Erschöpfung nach dem rapiden Aufbau der neuen Institution erhält. Die folgende Begegnung zwischen beiden („Tags darauf fuhr er an den Rhein und holte sie." A, 157) wird als geraffter Gefühlskomplex beschrieben[99], aus dem Hofmann Kraft schöpft und der, als London erreicht wird, die Wahrnehmung der Frau über einen Wechsel meteorologischer Verhältnisse als Epiphanie ihres Untergangs lesbar macht. Nachdem Helene auch in London ist, wird ihre Rolle als Stellvertreterin für die negative Seite von Hofmanns Tätigkeit zur metonymischen Referenzbeziehung ausgebaut. Die unschönen Effekte seiner Arbeit, Überarbeitung, Zeitmangel und eine tendenziell ungesunde Lebensweise, werden als Umstände geschildert, an denen hauptsächlich sie für ihn leidet. Ihr alle Entbehrungen duldender Geist steht im Empfindungsverbund in Konkurrenz zu ihrem schmerzenden Körper („dafür konnte sie nicht" A, 160), der zum störenden Referenten und zur wichtigsten Arena der

97 Vgl. A, 157: „Das Komitee hatte an der Oxfordstreet einen Baugrund gekauft. Man wollte erstklassige Laboratorien. Man scheute keinen Aufwand. Der Baugrund lag in der besten und teuersten Gegend Londons. Die ersten Architekten waren verpflichtet. Neben seiner eigentlichen Arbeit wurde Hofmann Bauherr."

98 Vgl. A, 156: „Sie war nicht neben ihm, sie war in ihm. Er sah mit ihren Augen die Plätze, diese Paläste, Kathedralen. Er sah für sie diese Stadt der zwei Millionen. Für sie hatte er auf die blühenden Bäume an der Bergstraße verzichtet, auf die Hügel des Bergischen Landes, auf die Lieder am Rhein. Für sie brachte er das College of Chemistry in Schwung."

99 Vgl. A, 157: „Eine Kette von zwanzig festlichen Tagen, Freiheit, Schönheit, Glück, Liebe, Sonne, Sonne! Dann fuhr er mit ihr die Themse hinauf. Wieder stand der Nebel über der Stadt. Mit großen ängstlichen Augen starrte Helene in diesen Nebel, als ob ganz nah dahinter das Schicksal läge."

semantisch negativ konnotierten Bewegung nach England wird.[100] Zwischenzeitliche Erfolge im Privaten, die ebenfalls mit Hofmanns Karriere gespiegelt werden, machen die Korrelation noch enger, mindern aber nicht ihre Entwicklung als Negativ-Signifikation. So wird etwa Helenes Schwangerschaft, die mit der Entdeckung von Benzol im Steinkohlenteer zusammenfällt und Hofmann als ‚potent' in ‚Stoff' und ‚Leben' ausweist, in den Schilderungen davor von Helenes bangem Warten auf ihn und ersten Andeutungen ihrer Lungenkrankheit, die intern fokalisiert und ohne wertenden Erzählerkommentar wiedergegeben werden, überlagert.[101] Im folgenden Abschnitt ist der Sohn bereits geboren und die mehrmonatige Ellipse signifiziert vor allem den Fortschritt von Helenes Erkrankung. Der Sohn wird eingeführt, als sich Charley Mansfield nach dem Befinden von Hofmanns Frau erkundigt und dieser nur sagt: „Die Geburt des Jungen hat sie sehr mitgenommen. Ihr habt aber auch ein Wetter hier in eurem London. Das ist zum Verzweifeln." (A, 163) Auch an dieser Stelle wird Helene als Oppositionsgefüge von schwächer werdendem Körper/Innen und die Schwächung verneinendem Geist/Außen dargestellt, als würde ihr Körper eine Grenze darstellen, die das Verhältnis zwischen ‚Deutschland' und ‚England' verhandelt und verhindert, dass ihr Inneres auf positive Weise mit der neuen Umgebung zur Deckung kommt, sondern als semiotischer Indikator für die mit Runge eingeführte koloniale Opposition[102] intakt bleibt. Die Tuberkulose, an der Helene erkrankt, die explizit aber nur vom Vor-Text

100 Ein eingeschaltetes Gespräch der gescheiterten Existenzen Runge und Hoffmann von Fallersleben, in denen der Status von Hofmann als Deserteur (Fallersleben) oder Botschafter (Runge) der deutschen Wissenschaft diskutiert wird, beleuchtet hauptsächlich zwei verschiedene Blicke auf die politische Lage des deutschen Vormärz. Dabei wird von Fallerslebens revolutionäres Geschichtsmodell einem aus der Chemie abgeleiteten evolutionären Entwurf gegenübergestellt, wobei Runge, und damit auch sein Blick auf die Verhältnisse, wieder tendenziell durch Pathologisierung abgewertet wird (vgl. A, 157ff.).

101 Tieferliegende Andeutungen verstärken eine Kontinuität innerhalb des Romans (Helenes Beine werden schwer, wie es zu Beginn bei Conny Hawk in Britisch-Indien der Fall war, was auf eine Korrelation von ‚in britischen Diensten stehend' und ‚Krankheit' hindeutet, die zugleich mit Heteronomie und Immobilität verbunden scheint. Zugleich wird das Anilin beiläufig als Hofmanns „Dämon" bezeichnet (A, 162).

102 Die Semantisierung ‚Englands' als lebensfeindliches Biotop gegenüber ‚Deutschland' als mit ‚Licht' und ‚Leben' (vgl. A, 166) verbundener Sphäre, entspricht strukturell dem Verhältnis zwischen ‚England' und ‚Indien' als lebensfeindlicher Kolonie, in der die Kräfte „aufgebrannt" werden (vgl. A, 104). ‚England' liegt dabei nicht in der Mitte zwischen zwei Extremen, sondern grundsätzlich ‚falsch', was seinen Zugriff auf die Welt betrifft. Die Positionierung der ‚Deutschen' in ‚Indien' läuft zugleich möglicherweise über die von beiden ‚England' gegenüber eingenommene ‚Rand'-Position (für ‚Indien' als koloniale Peripherie, für ‚Deutschland' als politische Selbstmarginalisierung) in eine potenzielle Identifikation.

zu Abschnitt 5/IV. genannt und lebensideologisch als universales Phänomen, dessen Letalität von beeinflussbaren Faktoren abhängt, eingeordnet wird[103], stellt literaturgeschichtlich die optimale Materialisation ihres Leidens dar und kann als topologisch abhängige Reaktion auf ein Klima[104], auf einer tieferen Ebene aber auch psychosomatische Repräsentation der Romanumstände, in die die Figur gestellt ist, funktionalisiert werden.[105] Die Trennung des Paares, Helenes Rückkehr nach ‚Deutschland' als ihr vorausgeahnter baldiger Tod, dient auch dazu, Hofmann noch einmal von der ‚Heimat' Abschied nehmen zu lassen und diesen Weg, als Wiederholung des nicht dargestellten ersten Verlassens, als „Kreuzweg" und „Straße der Qual" (A, 166) ausgestalten zu können[106], der mediengeschichtlich zugleich als dichtes infrastrukturelles Netz in Erscheinung tritt, das bereits reibungslos funktioniert.[107] Helene wird

---

103 Vgl. A, 154: „Ob er [der Mensch, AW] in diesem Kampf [gegen die Tuberkulose, AW] siegt oder zugrunde geht, hängt von seiner Konstitution ab, von dem Energiespeicher seines Zentralnervensystems und von seinen äußeren Lebensbedingungen. Derselbe Mensch, der unter gegebenen Umständen der Tuberkulose zum Opfer fällt, könnte unter anderen Umständen genesen."

104 Vgl. hierzu wiederum Hellpach: *Geopsyche* & S. 144, FN 247 in diesem Buch.

105 Zur literaturgeschichtlichen Präferenz der Frühen Moderne für die Tuberkulose zur Darstellung bestimmter Seelenzustände vgl. Brigitta Schader: *Schwindsucht. Zur Darstellung einer tödlichen Krankheit in der deutschen Literatur vom poetischen Realismus bis zur Moderne.* Frankfurt/Main 1987. S. 5f., wo Gründe für den bevorzugten Einsatz der Tbc als ästhetisiertes Krankheitsbild in der Literatur der Zeit gegeben werden. In diesem Zusammenhang interessant das dort wiedergegebene Diktum Klabunds über die Schwindsüchtigen: „Sie tragen das Kainsmal der nach innen gewendeten Leidenschaft [...]". Vgl. außerdem zum Konzept der *Femme fragile* im Zusammenhang mit der Schwindsucht, von dem Reste in Helene (auch aufgrund ihrer Duldermentalität) enthalten sind Ulrike Moser: *Schwindsucht. Eine andere deutsche Gesellschaftsgeschichte.* Berlin 2018. S. 62ff. Mit Georg Groddeck schließlich lässt sich auch eine Komponente unterdrückter Sexualität in Helenes Schwindsucht ausmachen und ihr Drang, sich selbst (und ihr Begehren) eben zum Schwinden zu bringen. Vgl. Georg Groddeck: *Das Buch vom Es. Psychoanalytische Briefe an eine Freundin.* Neu hg. v. Helmut Siefert. Rev. u. erg. Ausg. Frankfurt/Main 1979 [1923]. S. 114f.: „Ich nannte vorhin die Schwindsucht, die Sucht zum Schwinden. Die Begierde soll schwinden, die Begierde nach dem Aus und Ein, nach dem Hin und Her der Erotik, das sich in der Atmung symbolisiert" [usw.]. Vgl. zuletzt zum Verhältnis von Literatur und sogenannten „Mode-" oder „Epochen-Krankheiten" (auch Tbc) Jochen Hörisch: „Epochen/Krankheiten. Das pathogenetische Wissen der Literatur". In: Frank Degler & Christian Kohlroß (Hg.): *Epochen/Krankheiten. Konstellationen von Literatur und Pathologie.* St. Ingbert 2006. S. 21–44.

106 Zugleich wird eine Spaltung vollzogen, die den (glücksfähigen) ‚Mann' Hofmann an Deutschland bindet, während der (gutverdienende, renommierte) ‚Forscher' nach England zurückfährt.

107 Als Hofmann es zum letzten Mal im Roman benutzt, um zur sterbenden Helene zu eilen (Eilbrief aus Deutschland, Nachtzug nach Dover, Frühschiff nach Calais etc.), funktioniert

strukturell nicht durch eine konkurrierende Partnerin ersetzt; vielmehr unternimmt der Roman ihre subtile Substitution durch Prinzessin Victoria, die Tochter der Königin, die Hofmann entsexualisiert und begehrensökonomisch an ‚Deutschland' als Prinzip bindet.[108] So erfährt er vom ernsten Zustand seiner Frau von Sir James Clarc[109], der Helene untersucht hat, bei einem spontanen Besuch der Prinzessin, deren Begleiter Clarc ist und die sich, wie zuvor ihre Mutter, von Hofmanns Versuchen angezogen zeigt und, ähnlich wie Helene aber mit anderer Akzentuierung, für die lebensideologische Korrelation der Chemie mit dem Wunderbaren steht.[110] Hofmanns Arbeit wird nach Helenes Weggang als zunehmend repräsentativ und ökonomischen Prinzipien folgend, ohne die Hervorbringung größerer intellektueller Leistungen dargestellt. Eine Verbindung zu seinem wachsenden Heimweh, geschildert als ambivalente Verbindung aus körperlicher Erfahrung, Entrückung und einer eskapistischen Tendenz in imaginative Visionen von deutschem Raum und deutscher Geschichte, ist die als ‚lebendig' konzipierte Victoria.[111] Ihr assoziativ quasireligiöser Zugang zu den „Wundern" der Chemie nimmt den Unterton vorweg, der Hofmann nach dem Tod von Helene und kurz vor dem Verlust seines Freundes Mansfield, der bei einem Arbeitsunfall tödliche Verbrennungen erleidet, wieder an das romantische Chemieverständnis des späten Runge annähert. Den Anstoß hierfür gibt Thomas Carlyle, dem Hofmann als Gast des Herrenhauses von Lord Ashburton begegnet und der ihn in einem Hinweis auf den deutschsprachigen Kanon als geschichtsmächtiges männliches Individuum zur Einordnung eines erlittenen Verlusts in den Zusammenhang des „ewigen Ausgleichs" (vgl. A, 174) mahnt, sodass Helene die „Märtyrerin" von Hofmanns „Sendung" wird.[112] Carlyles Angebot zur Selbstimmunisierung bringt die Figur in der schon etablierten Weise einer logisch redundanten

---

es wieder vorbildlich, dennoch kommt er nicht mehr rechtzeitig, was auf eine vor allem aber semantisch zu große Distanz zwischen beiden Ländern hinweist (vgl. A, 169).

108 Der zeitgenössischen Leser_in wird klar gewesen sein, dass aus dem Mädchen die Frau des zweiten deutschen Kaisers Friedrich III. (1888) werden wird.

109 Vermutlich ist damit James Clark (1788–1870), der Leibarzt der britischen Königsfamilie zwischen 1837 und 1860 und zuvor des belgischen Prinzen Leopold, gemeint. Die Schreibung im Roman verirrt sich auch vereinzelt zum „Clark" (vgl. A, 168).

110 Vgl. A, 165: „Die Prinzessin sah noch immer mit glühendem Gesicht bald das Eisen an, bald den Kristall. ‚Das ist wie ein Wunder', sagte sie und faltete die Hände."

111 Vgl. A, 168: „Wie aber seine Hand das Pochen des [seines, AW] Herzschlags fühlte, brach vor seinem inneren Gesicht das leuchtende Bild einer weiten heiteren Landschaft auf./Er sah Godesberg im Tal, den Rhein, die fernen blauen Hügel. […]"

112 Carlyle repräsentiert als prodeutscher Publizist des 19. Jahrhunderts eine von Männern gemachte Geschichte. ‚Literatur' wird in seiner Perspektive zur direkten Referentin von politischen und historischen Potenzialen.

Pseudophilosophie vor, die selbst keine schlüssigen Ausgangspunkte hat und deren Inhalt sich auf eine Idee ‚männlichen' Durchhaltens herunterbrechen lässt. Helenes Tod dient darin letztlich nur der Aufwertung von Hofmanns Geschick und signifiziert ihn als ‚großen Mann', der sich wegen eines persönlichen Verlusts nicht „vergeuden" (A, 174) darf.[113] Zu „lodern" beginnt dieses Konzept in Hofmann dann im Angesicht seines an den Brandwunden sterbenden Freundes, der einen „gewaltigen Kampf des Willens gegen das Leiden" (A, 176) führt.

Mit dem Tod von Mansfield beginnt wiederum eine Ablösungsbewegung, über die Hofmann sukzessive durch die Darstellung anderer Figuren ersetzt wird. In den folgenden Jahren scheint er eingeklemmt zwischen den Innovationen anderer Wissenschaftler und einer Lethargie, ausgelöst durch Helenes Tod[114], die erst durch die Lektüre eines Aufsatzes von Kekulé, also in einer Wiederholung der tödlichen Unfallszene seines Freundes endet, die für ihn zum Wiedereintritt ins ‚Leben' wird.[115] Mit der so angeregten Ent-

---

113 Die von Carlyle diagnostizierten epistemischen Hürden, die diese Erkenntnis bei Hofmann bisher verhinderten („Wenn Sie ab und zu eine Pfeife Tabak rauchten […]" A, 174) lassen sich nur implizit als Aufforderung zur reflektierenden Verlangsamung seines Lebenstakts verstehen, stehen dann aber im Gegensatz zu Hofmanns Wahrnehmung der Tage im Landhaus als von „leuchtende[m] Frieden" (A, 174) geprägt.

114 Das Privatleben des historischen A. W. Hofmann weicht von dem aus *Anilin* stark ab: Während für die Figur sechs Jahre nach Helenes Tod eine Neuverheiratung angedeutet, aber nicht erzählt wird, heiratete A. W. Hofmann insgesamt vier Frauen, alle bei der Hochzeit zwischen 18 und 23 Jahre alt, von denen nur die letzte, Berta Tiemann, die Schwester des Chemikers Ferdinand Tiemann, der auch im Roman erwähnt wird, ihn überlebte. Vgl. Grete Ronge: „Hofmann, August Wilhelm von". In: *Neue Deutsche Biographie* 9 (1972), S. 446–450. Digital verfügbar unter: https://www.deutsche-biographie.de/gnd118552627.html (zuletzt abgerufen am 10.9.2021). Der Vor-Text zu Abschnitt 5/XIII. spricht, neben der Differenz zwischen dem ‚Begreifen' des Benzolrings und dem ‚Empfinden' seiner Schönheit auch von der Geschlechtlichkeit der Elemente, die „[w]ie Mann und Weib" seien „nur ohne die Hemmungen, die in den menschlichen Gehirnen liegen" (A, 182), und dem „Sozialverhalten" des Kohlenstoffatoms und dass es das bindungsfreudigste aller Atome sei. Damit macht der Text (durch die Ästhetisierung der Chemie und die darüber legitimierte Öffnung des Menschen zum durch ‚Empfindung' erschlossenen irrationalen „Rest" der Erkenntnis (auch seines eigenen Handelns)), wie häufiger zu sehen, im Bereich der Vor-Texte und generell des Chemischen Andeutungen über Dinge, die in den Figurenhandlungen noch impliziter oder gar nicht thematisiert werden. Vgl. zur Soziabilität des Kohlenstoff-Atoms S. 528, FN 62 in diesem Buch.

115 Vgl. A, 183: „Hofmann war bleich vor Erregung. Schon zum drittenmal las er diesen Bericht eines Doktors Kekulé. […] Hofmann fieberte am ganzen Leibe. […] Er wußte nur, daß diese ganzen Jahre für ihn tote Jahre gewesen waren, daß er seit Helenes Tod sich selbst verloren hatte, daß die Zeit ihren Weg gegangen war auch ohne ihn." Sowie kurz nach diesem Impuls: „Tage gingen so hin und Wochen. Der Rausch verflog, die Erregung wich, der klare Verstand hatte wieder die Führung in Hofmanns Gehirn."

deckung des Rosanilins, der „Muttersubstanz aller Teerfarbenprodukte“[116] (A, 184), schreibt sich Hofmann endgültig als fixer Ausgangspunkt zukünftigen Fortschritts in den historischen Zusammenhang der deutschen Chemie ein. Einen letzten großen Auftritt erhält er als Festredner zur Eröffnung der *Großen Internationalen Technischen Ausstellung* in London 1862, die als Feier einer von den Menschen nachträglich realisierten Technisierung der Welt dargestellt wird.[117] Der zunehmend schwierige Nachvollzug stark erhöhter Innovationsfrequenzen wird dort von „ein paar wagemutige[n] Männern“ (A, 185) mit dem Plan beantwortet, durch „eine Ausstellung, die alle technischen Errungenschaften der letzten Zeit zusammenfaßte, die ganze Welt auf die Beine [zu] bringen“ (A, 185). Das ist nötig, um die Sakralisierung des Subjekts als Verfügungsinstanz über die „Wunderkraft Gottes“ (A, 184) und damit die komplettierende Schließung eines technischen Weltbilds ins Werk zu setzen.[118] Das Mobilisierungsbegehren der Planer und Kuratoren, zu denen Hofmann als einer der ersten ‚Anreger‘ und Jury-Generalsekretär gehört, ist als didaktisches Programm nachholender Anpassung der menschlichen Erfahrungssubjekte an die fortgeschrittene Technik zu verstehen, die in Form einer (‚synthetischen‘[119]) Konzentration an einem Ort erreicht werden

---

116 Der Begriff der „Muttersubstanz“ ist nur vage definiert und taucht in neueren Enzyklopädien der Chemie nicht mehr auf. Den Ansatz einer Definition geben, zeitgleich mit dem Erscheinen von *Anilin*, Friedrich Richter & Konrad Ilberg (Bearb.): *Kurze Anleitung zur Orientierung in Beilsteins Handbuch der organischen Chemie*. Berlin 1936. S. 7.

117 Vgl. A, 184: „Zu Beginn der sechziger Jahre erkannte die Welt über Nacht, daß sie mitten im Jahrhundert der Technik stand. Kohle und Eisen regierten plötzlich die Welt, und der Techniker war ihr Herrscher und Diener zugleich.“

118 Hier liegt die Idee einer autoerotischen Selbstschau des Mannes auf die in fortgesetzter und endlich abgeschlossener Aufklärung und durch technische Systeme von Gott emanzipierte Welt. Dafür werden etablierte Topoi der Globalisierung gewählt: einerseits die Ent-Fernung von Distanzen (etwa bei den Übertragungsmedien), andererseits die Ausdehnung von Aktionsräumen (so bei den Ausgriffen in Luft- und Weltraum durch Ballons und Fernrohre), schließlich Gottgleichheit (Elektrizität) und die extreme Akzeleration sämtlicher Prozesse.

119 Für die Idee der Weltausstellung als „Synthese“ vgl. Franz Bosbach, John R. Davis & Susan Bennett: *Die Weltausstellung von 1851 und ihre Folgen*. München 2002. S. 377 und das Kapitel „Synthesis: The New York World’s Fair of 1939“ in David E. Nye: *American Technological Sublime*. New Baskerville 1994. S. 199–224 sowie die autobiographischen Erinnerungen von Wilhelm Exner: *Erlebnisse*. Wien 1929. S. 216f., wo er über seine Tätigkeit als österreichischer Generalkommissär auf der Weltausstellung in Paris 1900 berichtet und darüber klagt, wie der Handelsminister aus einer Rede des Kaisers, die Exner zu schreiben hatte, mit Verweis auf den Wortschatz des Monarchen eine Formulierung strich, die besagte, „daß die Pariser Universal-Ausstellung eine Synthese der Fortschritte des 19. Jahrhunderts bilden solle“ und die Exner seinerseits vom Generalkommisär für die gesamte Ausstellung Alfred Picard entliehen habe.

soll. Hofmanns Ansprache wird in distanzierend-dokumentarischem Modus in indirekter Rede wiedergegeben.[120] Er holt an dieser Stelle systematisierend ein, was der Roman bisher dargestellt hat und hebt die Chemie zum ersten Mal als „an der Spitze der technischen Wissenschaften [stehend]" (A, 185) hervor, wobei das Anilin zur Zeit „[d]ie interessanteste chemische Substanz" sei. Interessant ist in diesem Zusammenhang vor allem der spontane Protest James Austen Mansfields, des Vaters von Hofmanns Freund und nach wie vor großen Indigo-Geschäftsmanns. Mansfields Argumente rufen eine Debatte um die Authentizitäts-Differenzen hinsichtlich ‚natürlichen' Indigos und ‚künstlicher' Farbstoffe auf und verbinden sie mit dem Zivilisiertheitsgrad ihrer jeweiligen Nutzer_innen:

> Will die Königlich Britische Regierung zusehen, wie man sich daran macht, unseren soliden Welthandel mit Talmi zu ruinieren? Jawohl! Ich sage Talmi! Hier ist von künstlichen Farben die Rede, und ich erlaube mir, hier vor aller Welt, zu behaupten: Diese Farben sind unnatürlich, frech in der Wirkung, geschmacklos als Imitation und – viel zu teuer! Vergleichen Sie dagegen den ‚König der Farbstoffe', den Indigo! Er hat Wärme, hat Tradition, hat Adel. Vergleichen Sie die Farben in jenen Schränken! Ich frage Sie als Engländer: Haben wir noch eine Kultur oder sind wir schon wie die Neger, die sich mit gläsernen Diamanten behängen und diesen Schund mit ihrem guten Elfenbein bezahlen. Ich erhebe Protest! Ich bin siebzig Jahre alt. Ich werde hundert werden, um diesen Kampf auszutragen! (A, 186f.)[121]

Die Farbstoffe werden zu Akteuren in einem Netz aus Herrschaftstechniken, Dingen, Räumen, Weltanschauungen und ökonomischen Interessen, denen ‚Kultur' als sensibler, durch die synthetischen Farbstoffe bedrohter und durch ihre Entwicklung in Bewegung geratener Wert übergeordnet und damit zur narrativen Stellvertreterin der anderen Elemente wird. Das funktioniert auch, weil Mansfield als arrivierter Repräsentant eines alten Systems auf koloniale Muster referiert, die in ihrer Koppelbarkeit mobil an begründungsbedürftige Elemente des Empire angeschlossen werden können, ähnlich wie es die Chemie, als Leitdisziplin der Modernisierung, für nach (neuer) Legitimität strebende Diskursstränge (etwa die Religion) vermag.[122] Anders als bei der Chemie, die für solche Fälle ein didaktisches Verfahren wählt und ihre Prinzipien als im scheinbar bereits Bekannten neu „zu Erkennendes" vermittelt, also für ihr

120 Es gibt einen Text von Hofmann in einem Führer durch die Ausstellung, der Schenzinger vermutlich als Quelle gedient hat. Vgl. Leslie: *Synthetic Worlds*. S. 75.

121 Im Gegensatz zu Hofmanns einleitenden Ausführungen wird Mansfields Einwurf in direkter Rede wiedergegeben und weist damit einen höheren Fiktionalisierungsgrad auf.

122 Vgl. S. 199 in diesem Buch.

'Wissen' einen auto-ethnologischen Erschließungsgang vorgibt, sind die Werte des Empire in seinen Akteuren „verkörpert" und erschließen sich im Modus der 'Tradition', vermeiden also den Schritt des Neu-Erkennens. Die angstbesetzte Gegenposition, der mit „Talmi" behangene „Neger" ohne Kultur, ruft als Szenario das Phantasma einer Kolonisierung der 'Engländer' auf, an der die künstlichen Farbstoffe mitarbeiten.[123]

Die emotionalen Einlassungen des kolonialen Großgrundbesitzers schließen mit einem Verweis auf seinen, trotz des hohen Alters, ungebrochenen Durchhaltewillen, der zugleich darauf hindeutet, dass die Generationenfolge in dieser Sache mit ihm abzubrechen droht und ihm nichts bleibt, als selbst weiter zu streiten, was als metonymischer Verweis auf die Krise des kolonialen Handels insgesamt gelesen werden kann. Hofmann dagegen bezieht sich ausdrücklich auf Kekulé und die noch bevorstehende Hebung „geheimnisvolle[r] Schätze[]" (A, 186), markiert das intergenerationale Verhältnis innerhalb der Wissenschaft also gelassen als abgesichert. Während die chemische Geschichte von ihren Individuen als genealogisch entspannt charakterisiert wird, ist es die ökonomisch-koloniale nicht. Stattdessen scheint die potenzielle Nachfolge der Empire-Akteure in Gestalt von Charley Mansfield bereits ins Feld der Gegner umgeleitet worden zu sein.[124] Der Zusammenhang, aus dem heraus der alte Mansfield argumentiert, wird von Hofmann dementsprechend gar nicht erst anerkannt und durch einen größeren Kontext, den „Kampf des Geistes und der Weltanschauungen" (A, 187) überformt, der wiederum auch

123 Bei einem späteren Auftritt des weiter gealterten Mansfield ereignet sich ein interessantes Detail. Über die Ignoranz des alten Kolonialisten gegenüber nationalen Grenzziehungen und seine ökonomische Präferenz, die ihn Spione dorthin schicken lässt, wo „[d]er Feind [...] sitzt" und „man [...] den künstlichen Indigo bereits im Reagensglas hat" (A, 218), nach München nämlich, führt der Text eine eigene Abschattung mit. Über 'München' heißt es wenig später: „Die eigentliche Synthese [des Isatins, also des künstlichen Indigo, AW] aber fand man erst acht Jahre später, als es im Juni 1878 dem chemischen Institut der Universität München gelang, aus der Phenyl-Essigsäure auch das Isatin künstlich herzustellen." (A, 225) Hinter diesen Vorgängen wird der Name Adolf von Baeyers verborgen, der in München Liebigs Nachfolger war und für seine Arbeiten auf dem Gebiet der Farbstoffchemie 1905 mit dem Chemie-Nobelpreis ausgezeichnet wurde, aufgrund seiner jüdischen Mutter allerdings zur Zeit des Nationalsozialismus nicht zu den ehrwürdigen Vertretern einer 'deutschen' Wissenschaft zählte. Dass der Roman hier politischen Tendenzen folgt, zeigt die Nachkriegsausgabe von *Anilin*, in der Baeyer namentlich erwähnt und auch an anderen Textstellen neu eingefügt wird, ohne allerdings für den Text strukturell besonders relevant zu werden. Personell wäre er bspw. über die historische Freundschaft Runges mit Adelbert von Chamisso, der Baeyers Patenonkel war, anschlussfähig gewesen.

124 Vgl. A, 187f.: „Mit Hilfe dieser 'Valenztheorie' hat Kekulé die Frage beantwortet, mit der Ihr Sohn, Mister Mansfield, in den Tod gegangen ist: Was ist Benzol?"

nur als Teilbereich im letztlich auf Figurenebene nicht darstellbaren intradiegetischen Konflikt um die adäquate Repräsentation des Individuums im Rahmen überindividueller Fortschrittsprozesse fungiert.[125]

Für Hofmann wird die Rede persönlich zum Endpunkt seiner Zeit in England. Victoria, der er im Anschluss wiederbegegnet und die inzwischen mit dem preußischen Kronprinzen verheiratet ist[126], wird ihm zur weltlichen Funktionärin des Prinzips der „reinen Erkenntnis", das zunächst Kekulé zugeordnet ist, durch dessen Verortung in Hofmanns ‚Heimat' jedoch topologisch identifiziert und in der ‚Raum'-Sphäre eingehegt wird. Für diese ‚Heimat' steht nun Victoria, die es vermocht hat, die Grenze von ‚England' nach ‚Deutschland' für Hofmann wieder passierbar zu machen. Die Prinzessin, die bereits in das ‚deutsche' Wertesystem integriert ist und in Gegensätzen von „uns" und „den Engländern" spricht, wird abschließend zur Projektionsfläche möglicher erotischer Energien, die auf ‚Deutschland' als Liebesobjekt kanalisiert werden:

> Die Prinzessin gab ihm die Hand. „Und eine Freundin werden Sie dort finden, die Sie nie verleugnen wird."/Er küßte ihre Hand, und sie ließ ihm diese Hand länger, als es dem höfischen Brauch entsprach. (A, 188)

Hofmanns Entschluss zur Rückkehr stellt seinerseits eine ‚Synthese' der drei wesentlichen Verhandlungssphären der Bücher mit Stoffbezug dar, sodass am Ende ‚Deutschland' als ‚Raum'-Lösung, die Theorie der Wertigkeit der Elemente, das Anilin und die bevorstehende Entdeckung des künstlichen Indigo als ‚Stoff'-Lösung sowie das durch Remigration erreichte Ende von Hofmanns privaten Krisen und die Sublimierung seiner sexuellen Triebenergien auf das Liebesobjekt Victoria-Deutschland als ‚Lebens'-Lösung stehen und

125 Für Hofmann besteht der wissenschaftsideologische Nullpunkt im lebensideologisch grundierten Konzept der „reine[n] Erkenntnis" (A, 188), die als „genial" und „gottbegnadet" die Position einer Herrschaftsinstanz einnimmt und für die er „alles [gäbe], was [er] bisher erreicht und gefunden habe". In diesem Zusammenhang wird auch die Licht-Semantik, auf die sich bereits Runge berufen hatte, erneut bemüht, indem Kekulé dafür gesorgt hat, dass „[w]ir nicht mehr im dunkeln [tappen]." (A, 188)

126 Zur Rolle der Weltausstellung 1851 in London für die Annäherung zwischen Victoria und Prinz Friedrich Wilhelm vgl. Hannah Pakula: *An Uncommon Woman. The Empress Frederick. Daughter of Queen Victoria, Wife of the Crown Prince of Prussia, Mother of Kaiser Wilhelm*. New York 1997. S. 50f. Pakula gibt Zeugnisse Friedrich Wilhelms (nach der Victoria-Biographie von Catherine Radziwill, London 1934) wieder, die Victoria auf ähnliche Weise beschreiben wie es auch die Erzählinstanz in *Anilin* tut: „[...] such childlike simplicity combined with a woman's intellect, ... and ... dignity... . She seemed almost too perfect; so perfect, indeed, that often I caught myself wondering whether she was really a human being." [Interpunktion i. O.]

die Korrektur der negativ konnotierten Handlungsdaten zur Einheit einer ‚deutschen Chemie' mit ihren männlichen Forscherindividuen festgestellt werden kann.

2.5 Zwischen/männliche Beziehungen u.a. = [Verfahrenstechnik :: keine Frauen :: Deutschland]

Nach der relativen Verabschiedung Hofmanns als handelnde Figur zergliedert sich das Personeninventar von *Anilin* und widmet sich mehreren Schauplätzen und Nebenfiguren, die den anziehenden Fortschritt verkörpern, gleichzeitig. Die Figuren werden dabei wie meistens zunächst ohne Namen eingeführt und erst gegen Ende des jeweiligen Abschnitts, oft im Gespräch mit anderen Figuren, als historische Persönlichkeiten vereindeutigt. Bereits bei der Beschreibung des Hypes um die Vorlesungen Justus von Liebigs war darauf hingewiesen worden, dass die chemieaffinen Individuen, insbesondere die ‚Jugend', über ein höheres Lebens- und Entscheidungstempo verfügen, als etwa die Vertreter behördlicher Instanzen[127] und dementsprechend flexibler und affirmativer auf Anzeichen von Modernisierung reagieren (können). Inzwischen ist klargeworden, dass diese Beziehung nicht nur als sich in den Subjekten manifestierende kontingente Kongruenz zwischen der dargestellten Modernisierung und der Chemie aufzufassen ist, sondern dass die Chemie selbst als Leitdisziplin infrastrukturelle Prozesse mitzuprägen und nach eigenen ideologischen Kategorien zu konfigurieren vermag, weil die dargestellte Modernisierung sich zur Ausgestaltung ihres mentalen Dispositivs, aber auch ihrer konkreten Formen bei ihr und vor allem ihrer Denkfigur der ‚Synthese' bedient. Das bedeutet konkret vor allem eine Anreicherung des Werts ‚Leben' in mit der Chemie verbundenen Sphären und eine strukturelle Ähnlichkeit von Lösungsstrategien für Krisenszenarien in den Bereichen

127 Vgl. A, 123. Der Roman hält außerdem über seine ‚Jugend'-Anthropologie eine prägende, quasi-botanische Bindung des „jungen Menschen" an den Raum seines Daseins aufrecht. Vgl. hierzu bspw. den Vor-Text zu 5/I., nach dem es um die Feierlichkeiten zu Beethovens 75. Geburtstag geht, an denen Hofmann mit seinen Studenten in Bonn teilnimmt: „Wer im Herbst durch diese Dörfer zieht, der wird schon trunken vom Geruch, der hier in allen Gassen liegt. Der Most liegt in den Fässern, und seine schwere Süße fängt hier zu schäumen an. Hier gärt der junge Wein./Kein Wunder, daß hier der Keim nicht minder leicht in junge Adern schlägt. Blut und Gehirn rebellisch macht, das Herz zum Bersten füllt mit Träumen, Plänen und Verlangen, das Glück dem Greifen näher rückt als irgendwo sonst./Du junger Wein! Du junger Mensch!" (A, 145) Vgl. hierzu auch die Analyse der „Reigen" in *Erzeugnisse unserer Arbeit* auf S. 25, FN 49 & S. 159, FN 278 in diesem Buch.

‚Stoff', ‚Raum' und eben ‚Leben' aus der geteilten Orientierung am Konzept der ‚Synthese'.

Was die Abkehr vom Fokus auf einzelne Individuen und eine Streuung der Aufmerksamkeit auf mehrere männliche Fortschrittsakteure angeht, bleibt der Text zunächst seinem genealogischen Paradigma noch treu und lässt den ersten Vertreter der neuen Generation deutscher Chemie-Ingenieure als „blutjunge[n] Mann" (A, 176) genau im Anschluss an den Tod Charley Mansfields auftauchen. Ein wichtiger Lehrer für die neuere Generation, August Kekulé, war vorher durch Hofmann und Mansfield eingeführt und als ‚neuartig' in seinem Denken und sein Ansatz als im Sinne der ‚Synthese' wichtig markiert worden.[128] Sein erster Auftritt in Hofmanns Labor, wo er Mansfield antrifft und ihm einen Bericht dalässt, über dessen Lektüre dieser (mutmaßlich[129]) seinen Apparat zu beaufsichtigen vergisst, was zum tödlichen Unfall führt, unterstreicht den invasiven, tendenziell vernichtenden, revolutionären Charakter seines Eintritts in die Chemie als Wissenschaft und Institution.[130] Das Anbrechen einer neuen Zeit innerhalb der Disziplin, die nun im Trend liegt, selbständig Talente anzieht und einen neuen ‚Stil' im Zugriff auf die Welt deklariert, bleibt also weiter an die Figurenanthropologie gebunden, etwa durch metonymische Verweise und Typisierungen:

> Das Schloß hatte er schon besichtigt. Den stärksten Eindruck hatte auf ihn die Aussicht gemacht, die man von der Terrasse aus auf die Stadt und auf das Neckartal hatte. Mit dem Bau selbst hatte er weniger anzufangen gewußt. Ihm gefiel nun einmal ein ganzer Bau besser als ein zerstörter. Ruinen waren für ihn wie Bücher, in denen da und dort eine Seite fehlte, und er hatte schon zu Hause, kurz bevor er hierher fuhr, mit seinem alten Klassenlehrer eine lebhafte

---

128 Vgl. A, 171: „‚Sie sind es gewohnt, viel zu experimentieren', sagte Doktor Kekulé und lächelte. ‚Ich denke mehr nach.' Mansfields Gesicht wurde noch verlegener. ‚Ganz recht – doch, wie soll man das verstehen, Doktor?' ‚Ganz einfach. Es kommt mir nicht so sehr darauf an, neue Stoffe zu finden, als die bereits gefundenen zu begreifen.'"

129 Der Text lässt das offen, legt es aber stark nahe. Vgl. A, 175: „Man nehme an, daß Mr. Mansfield am Tisch gelesen und dabei den Apparat für einige Zeit außer acht gelassen habe. In der Zeit sei dann wahrscheinlich der Inhalte der Retorte übergelaufen und in Brand geraten. Dafür spreche auch der Umstand, daß man neben Mr. Mansfield halbverkohlte Blätter eines Manuskripts gefunden habe." Mansfield stirbt dann auch mit der Frage „Was ist Benzol?", mit der sich Kekulé von ihm verabschiedet hatte (vgl. A, 172). Kekulés Schriftstück wird ebenfalls als „Manuskript" bezeichnet.

130 Psychoanalytisch gedeutet liegt nahe, dass das eigentliche Ziel von Kekulés Vatermord-Aktion nicht Mansfield, sondern Hofmann war, zu dem er bei seinem Besuch eigentlich wollte, der aber auf dem Landsitz Lord Ashburtons weilte, oberflächlich, um dort von Thomas Carlyle über die korrekte Kontextualisierung seines erlittenen Verlusts belehrt zu werden. Mansfields Tod wiederholt also auf gewisse Weise die dort für Helenes Tod konzipierte „Märtyrer"-Programmatik.

> Auseinandersetzung über diese Anschauung gehabt. Er hatte damals das Heidelberger Schloß noch nicht gekannt. Jetzt war er befriedigt, daß die Begegnung mit der Wirklichkeit seine Meinung in ihm bestätigt hatte. Er mochte auch keine Antiquitäten, wie er keinen Staub mochte, keine schmalen Gassen und keine muffigen Stuben. Er liebte große Plätze, hohe Räume, die sich gut lüften ließen und viel Sonne hatten, er liebte weite Parks und hohe Berge, er liebte das Meer, weil es so groß und so sauber war. (A, 176f.)

Der hier beschriebene Karl Gräbe[131] wird als typischer Vertreter der Moderne eingeführt. Seine Attribute sind eine Vorliebe für ‚Ganzheit' als Nützlichkeit und ein zukunftsorientierter Anti-Historismus, der sich betont gegen das ‚Alte' (auch im biologisch-generationalen, wie sein Disput mit dem „alten Klassenlehrer" zeigt) richtet. Zudem wird er als theoretisch basierter Denker eingeführt, den der empirische Befund des zuvor Konzipierten bestätigt, aber nicht überrascht. Seine Idee von Vergangenheitsbewältigung äußert sich in einer Vorliebe für hygienische Zustände, die einen pragmatischen Zugriff ermöglichen und wird in der Beweisführung von Naturphänomenen gestützt, die ihn an den Bereich des ‚Erhabenen', aber in normierter Form, anschlussfähig machen.[132]

Der Roman stellt seine favorisierte Wissensfigur vom „Chemiker des Laboratoriums" auf den „Chemiker des Betriebs" (A, 195) und damit auf die verfahrenstechnische Umsetzung der ‚Synthese' im wirtschaftlichen Maßstab um.[133] Dabei wird ein Modell des eigenen Raums neu virulent, das zuvor, als der Fokus auf Hofmann lag, implizit geblieben war. Die Kopplung des ‚eigenen' (= ‚deutschen') Raums mit der Chemie wird auf mehreren Ebenen vollzogen.

---

131 Auch bei ihm (Carl James Peter Graebe) nimmt der Text einige Anpassungen im Namen (das Englische Carl wird zu Karl), vor allem aber im Lebenslauf vor. So begann Graebe 1858 ein Maschinenbaustudium in Karlsruhe und ging erst 1860 nach Heidelberg, wo er wohl vorwiegend beim vom *Anilin*-Kekulé geschmähten Bunsen studierte. Vgl. Berend Strahlmann: „Graebe, Carl" in: *Neue Deutsche Biographie* 6 (1964), S. 705f. Digital verfügbar unter: https://www.deutsche-biographie.de/pnd118877364.html (zuletzt abgerufen am 10.9.2021).

132 Eine andere Übergangsfigur ist William Henry Perkin, der als sehr junger Mann von Hofmann als Laborgehilfe aufgenommen und von den anderen Angestellten aufgrund seiner bevorzugten Stellung ironisch „Apostel Johannes" genannt wird. In Hofmanns Labor entwickelt er den Farbstoff Mauvein und führt ihn, zum Patent angemeldet, gemeinsam mit seinem biologischen Vater einer wirtschaftlichen Ausnutzung zu. Die Beziehung zu Hofmann ist den anderen Mitarbeitern in ihrer Innigkeit nicht nachvollziehbar, was zu dem spiritualisierten Scherznamen führt. Signifikant für ihn ist sein ausgesprochenes Arbeitsethos und die Tatsache, dass er als einzige Figur (kurz) über die potentielle Wiederverheiratung Hofmanns sprechen darf.

133 Vgl. A, 195: „Der Techniker nahm dem Forscher das Reagensglas aus der Hand und begann die Herstellung der großen Menge."

Implizit bleiben etwa Szenen wie die, in der Runge, der in verarmten Verhältnissen lebt, auf Betreiben Hofmanns die Preis-Denkmünze der Weltausstellung erhält und, nachdem der den Preis überreichende Gesandte gegangen ist, die neugierige Wirtschafterin sofort wieder mit Ratschlägen über die richtige Pflege seines mit Ölfarbe gestrichenen Bodens belehrt. Die Idee eines chemopraktischen Wissens um diesen Boden als im weitesten Sinn ‚synthetischer', selbsterzeugter Lebensoberfläche und vor allem die Sorge darum erscheint in dieser Szene als Schlusspunkt von Runges Leben als Chemiker[134] und zeigt im Kleinen, was im folgenden Abschnitt auf die deutsche Industrie extrapoliert wird: die Durchsetzung der Chemie als Begründungsmuster für Entscheidungen im Zusammenhang mit der ‚Sorge' um den eigenen Raum. Oberflächlich wird diese Sorge als von der Ökonomisierbarkeit chemischer Erkenntnisse motiviert dargestellt. Auch bei Runge geht es um die Schonung der Lackfarbe durch adäquate Behandlung und damit die Anpassung häuslicher Reproduktionsarbeit an wissenschaftliche Erkenntnisse zum Zweck der verschleißarmen Lebensführung, die durch größer kontextualisierte Beispiele als bei Runges Lektion an die Wirtschafterin, als Steigerung des Werts ‚Leben' durch Aufwertung des ‚Lebens'-Raums, lesbar wird. Eine solche Episode setzt nach der Runge-Szene mit einer genau datierten Sitzung des Ludwigshafener Stadtrats ein, in der über den Kauf umfangreicher Grundstücke durch die neugegründete Badische Anilin- und Soda-Fabrik zum Neubau großer Werksanlagen beraten wird. Als Hauptbedenkenträger wird Gärtnermeister Klingele eingeführt, der durch die Ansiedlung der BASF befürchtet, „[s]ein Kohl schmecke dann nach Schwefel und sein gerühmter Apfelwein nach Chlor." (A, 194) Dass der Text einen Gärtner wählt, um Einspruch gegen das Projekt zu erheben und dass diese Figur sogleich auf typische Anbauerzeugnisse referiert, scheint in diesem Zusammenhang wichtig, um den Konflikt umfangreich als ‚Raum'-Problem zu markieren und damit die durch Runge aufgerufene Beziehung eines sorgenden Nicht-Wissens der Nicht-Chemiker zu ‚ihrem' Raum assoziativ weiterzuführen. Klingeles Problem ist zunächst betont individuell, woran der Bürgermeister auch sein Argument anschließt, den Gärtnermeister treibe „[d]ie Angst um [seinen] persönlichen Vorteil" (A, 194). Sein Sprechen für die neue Fabrik begründet er mit einem quasikolonialen und einem ökonomischen Punkt, die einander deutlich überlappen. Beide sind

134 Dies wird nämlich der letzte Auftritt Runges im Roman sein: „[…] geben Sie mir den Besen – mit leichten Strichen – sehen Sie: so – so – so –!" (A, 191). Die Information, dass er inzwischen gestorben ist, erfolgt wenig später, ebenfalls implizit, im Gespräch zweier Vertreter der neuen Chemiker-Generation: „Er machte aber Kunstdünger und hat dem Staat noch viele Millionen erspart. Dafür hat er auch heute einen Grabstein, der fünf Zentimeter höher ist als der des Bäckermeisters, der neben ihm liegt." (A, 201).

lebensideologisch grundiert und beziehen sich in unterschiedlicher Weise auf das ‚Raum'-Problem:

> [...] die Teerfarben sind eine deutsche Erfindung, aber es gibt nicht eine deutsche Fabrik, die sie ausnützt. Dagegen schießen im Ausland die Farbenfabriken wie Pilze aus der Erde, und da müsse endlich etwas unternommen werden. Einer solchen Ansicht kann man nur zustimmen, wenn man auch selber nichts davon versteht. [...] Herr Engelhorn rechnet damit, daß die neue Fabrik sich in allerkürzester Zeit mächtig vergrößern muß, und dazu gehört Platz, Platz und nochmals Platz. Diesen Platz findet er hier bei uns, und deshalb kommt er auf unsere Seite. Wir Ludwigshafener Bürger aber sollten der Gesellschaft dankbar sein. Eine Fabrik bringt Arbeiter mit sich, Beamte und Kaufleute. Diese Menschen brauchen Wohnungen, Kleider, Lebensmittel. Sie bringen Geld in die Gemeinde, da darf mir einer sagen, was er will. Es kommt Schwung in den Laden. Es gibt Betrieb. Es wird lebendig in der Stadt. Und daß es in Ludwigshafen lebendig wird, das ist meine Aufgabe und nicht zuletzt die Ihrige, meine Herren. (A, 194f.)

Was im Magischen Realismus der Kriegs- und Nachkriegsliteratur als ‚Ruderalfläche'[135] wiederkehren wird, strotzt in *Anilin* noch vor positivem Leerstand, der sich als systemischer Ort für die deutsche Immunantwort auf die ausländische Exploitation der eigenen Innovationsenergie anbieten kann. Die landwirtschaftliche Sorge des Gärtnermeisters erfährt als metaphorische Erwiderung auf derselben Ebene, dass die Farbenfabriken außerhalb Deutschlands „wie Pilze aus der Erde" schießen würden. Das Paradigma „bodennahen" Denkens wird rhetorisch und ideologisch weiterverwendet und beerbt das romantische Konzept einer Verwandtschaft von ‚Raum' und ‚Leben' als Denkzusammenhang, den ausgewiesene Nicht-Chemiker für die Verhandlung existenzieller Zukunftsfragen bemühen. Das Wachstumsparadigma, zunächst Zeichen für eine problematische Kausalität zwischen Chemie und landwirtschaftlichem Ertrag, wird durch Metaphorisierung zum Signifikanten für die prekäre wirtschaftspolitische Lage der deutschen Länder und ihrer Wissensbestände. Die Nichtausnutzung der ‚deutschen Erfindung' im eigenen Land und die unkontrolliert wuchernden Vorstöße im Ausland, lassen im Zusammenhang mit Klingeles Bedenken auf einen durch Wissensdefizite begründeten Aufmerksamkeitsschwund dem eigenen Raum gegenüber innerhalb der deutschen Bevölkerung schließen, der zu einem krisenhaften Bezug auf Modernisierungsprojekte geführt hat, die dieses Feld berühren.[136] Die

---

135 Vgl. hierzu einschlägig Burkhard Schäfer: *Unberühmter Ort. Die Ruderalfläche im Magischen Realismus und in der Trümmerliteratur*. Frankfurt/Main u.a. 2001.

136 Implizit gewichtet der Roman die Redebeiträge des Bürgermeisters und von Klingele auch dadurch, dass erster in direkter Rede, zweiter in indirekter Rede wiedergegeben

entsprechenden Vorhaben werden als Indikatoren ideologischer Rückständigkeit ausfindig gemacht und zur Darstellung gebracht. Der Text wiederholt dabei das Rungesche Modell einer nachholenden Welterklärung für Laien aus dem Geist der Chemie, innerhalb der der eigene Raum als neu zu erkennender ausgewiesen wird. Ludwigshafen verfügt, im Gegensatz zur „Raumnot" in Mannheim, über den nötigen „Platz" für die expandierenden Anlagen des neuen Werks und bietet sich als eine Art ‚Kolonie' an, die nötig ist, um die fehlende Kongruenz zwischen ‚Erfindung' und ‚Ausnützung' herzustellen. Wichtigstes Argument für die Ansiedlung ist aus Sicht des Bürgermeisters, neben der Herstellung dieser Harmonie qua Raumnahme, der zu erwartende Gewinn an ‚Leben' für die Stadt, der vor allem im geahnten wirtschaftlichen Aufschwung besteht und gegenwärtig, trotz der Präsenz etwa des Gärtnermeisters und seiner Produkte, defizitär zu sein scheint, womit der industrialisierten Chemie zugleich der Charakter einer ‚Lebens'-Spenderin verliehen wäre.

Der autokoloniale Modus, in dem die Eingliederung der chemischen Forschung einzelner Männer in den industriellen Zusammenhang abläuft und zur weiteren organisatorischen Ausdifferenzierung auch der Grundlagenforschung führt, besteht im Wesentlichen aus drei Elementen. Zunächst geht es darum, Fertigungs- und Organisationsprozesse zu synchronisieren. Dafür stehen exemplarisch die seit einiger Zeit produzierenden Fabriken in Höchst und Elberfeld, die nun „fast gleichzeitig zum Steinkohlenteer [griffen]" (A, 196) und dadurch dahingehend parallelisiert werden, nun mit Neugründungen wie der BASF praktisch wieder von vorn zu beginnen.[137] Durch Erfahrung erworbene Kompetenzen werden vorerst nivelliert und durch neue Anforderungen ersetzt, deren Erfüllung nicht aus den Betrieben selbst gespeist wird. Die ersten Versuche werden als „primitiv" (A, 196) beschrieben und der Typus ‚Mann' zur Erfüllung dieses Zivilisationsprojekts verschiebt sich vom Chemiker zum Techniker:

> Ihm zur Seite stand der Spezialarbeiter. Dieser Arbeiter brachte aus der Volksschule den geweckten Verstand, aus dem Heeresdienst die Disziplin mit zur Arbeit./Die Fabrikbetriebe verlangten nach militärischer Ordnung und erhielten sie. (A, 197)

Für die Anpassung des Mitarbeiterprofils an die neuen Aufgaben können die Firmen nicht auf eigene Bildungswege zurückgreifen, sondern sind auf ein

---

wird, der privaten Skepsis des Einzelnen also nur ein vermittelter Modus als ‚andere' Position zugestanden wird.

137 Vgl. A, 196: „Der Chemiker stand in der leeren Fabrikhalle. Er hatte hier kein Vorbild. Er entbehrte jeder Erfahrung."

infrastrukturelles Netz aus Volksschule und Armee angewiesen, das ihnen geeignete Kräfte zuführt.[138] Der Charakter der neuen Sphäre wird als quasimilitärisch bestimmt und ihr Aufbau dementsprechend in den Kontext einer raumnehmenden Operation (das „wachsende[] Werk" A, 197) gestellt. Der Abschnitt endet mit einem Verweis auf die Absicherung der Innovationstradition durch die symbolische Verehrung der exzeptionellen Individuen Hofmann und Kekulé, deren Namen „[ü]ber dem Eingang zu dem wachsenden Werk am Rhein standen" (A, 197). Bis zu diesem Punkt sind bereits zwei der drei wesentlichen Elemente einer Kolonisierung des deutschen Raums durch die industrialisierte Chemie erledigt: die Synchronisation der Ausgangslage durch die Nivellierung individueller betrieblicher Vorgeschichten sowie die Verwirklichung der Verfahrenstechnik durch Entirrationalisierung der Chemie als Produktionsform mit dem Ziel, die vorher kontingente und prekär instabile Beziehung zwischen Entdeckungen und ihrer Anwendung in ein gesichertes Verhältnis zu überführen. Dies geschieht etwa über die Annäherung an den Bereich des Militärischen, wenn es um die Disziplinierung der chemisch-industriellen Verfahren und Techniker geht[139], sowie durch die Einrichtung eines festen Gedenkzusammenhangs, der den Aufbau großer Fabriken an die vorindustriellen Arbeiten von Individuen wie Hofmann und Kekulé durch Gesten der Ehrerbietung historisch rückkoppelt.[140] Innerhalb einer semantisch tieferen Schicht, die nicht konsequent über die Figuren oder die dargestellten Handlungen vermittelt wird, verfestigt der Roman zudem ein Prinzip kausaler Entwicklungen zur Erklärung des Modernisierungsprozesses, das für den industriellen Zweig der Chemie nicht mehr auf das romantische Paradigma,

---

138 Vgl. zum Bezug dieser Stelle auf die Realität des NS-Staats auch Lange: *Literatur des technokratischen Bewußtseins*. S. 68: „In schöner Offenheit wird hier das Elitekonzept des totalen Staates in historischem Kostüm […], aber als Naturgesetz formuliert. Disziplin und Begabung, die den Erfinder-Genies selbstverständlich angeboren sind, müssen der Masse von außen eingetrichtert werden. Der natürlichen Selbstlosigkeit des wissenschaftlichen Genies entspricht die dem Arbeiter aufgezwungene Askese."

139 Die Militär-Metaphorik ist schon für den Zugang Runges und Hofmanns an die Chemie etabliert worden, da aber vor allem in romantischer Form als Kampf des Einzelnen gegen die Elemente und der Weg zu ihnen als Ritt in ferne Länder, während nun die Disziplin des Massenheers im Vordergrund steht und das Militär zudem nicht mehr metaphorisch als ideologischer Stichwortgeber genutzt wird, sondern ganz wörtlich Vorbild ist.

140 In dieser Geste, die zunächst ein romantisches Detail, semantisch allerdings für das neue Verhältnis der Industrie zur Wissenschaft relevant ist, reflektiert der Roman implizit sich selbst und seine Bezugnahme auf die Chemie als historischen Erzähl-Zusammenhang, denn wie die Namen Hofmanns und Kekulés über dem Tor des wachsenden Werkes stehen ja auch die Namen der Steinkohlenteerprodukte vor den Kapiteln des Buches und dem Buch selbst. Formal ließe sich also jeweils von einer Praxis schriftlicher Referenzbehauptung in beiden „Werken" (Roman und Fabrik) sprechen.

dessen Hauptgewährsmann Friedlieb Ferdinand Runge war[141], angewiesen ist.[142] Neben diesem romantischen Paradigma muss der Text zugleich einige weitere Basisprämissen, auf die das Personenkonzept strukturell angewiesen ist, die aber im Gegensatz zu Anlagenbau, Verfahrenstechnik und fabrikmäßiger Fertigung stehen, innerhalb des Chemiker-Mannes stabilisieren. Die Lösung für dieses Problem, das auf eine Fixierung der Spannung zwischen Forschung und Industrie hinausläuft, die als Opposition in gewisser Intensität existieren muss, um auf den Fortgang des synthetischen Kolonialismus forcierend zu wirken, scheint eine graduelle Veränderung des narrativen Modus zu sein, der vor allem den Umgang der Erzählinstanz mit wissenschaftlichem und prognostischem ‚Wissen' betrifft. Mit diesem Instrument unternimmt der Text die Atomisierung seines Erzählverlaufs, das heißt die Zergliederung seiner Perspektive auf mehrere, oft nur punktuell beleuchtete Individuen, Gruppen, Orte und Einzelinnovationen, die meistens in den Zusammenhang der Chemiegeschichte eingeordnet werden, manchmal aber auch nur exemplarisch für mögliche Kontexte oder Nebenschauplätze stehen. Auffälligstes Merkmal der darstellungslogischen Neujustierung ist die Migration anthropologischen (Verlaufs-)Wissens, das zuvor fast ausschließlich in den Vor-Texten zirkulierte, in den Kapiteltext selbst, wodurch die epistemische Trennung beider Bereiche, auch wenn ein Unterschied in der Sprechinstanz nie klar markiert wurde, jetzt deutlich gelockert wird.[143] Die Erzählinstanz weiß nun auch in ihrer Beschreibung des Figurenhandelns mehr[144] und lässt Wissensbereiche ineinanderfließen, die zuvor relativ getrennt gehalten

---

141 Vgl. hierzu bspw. Leslie: *Synthetic Worlds*, S. 175: „In *Anilin*, Schenzinger uses Friedlieb Ferdinand Runge to espouse a Nazi philosophy of science coached in Romantic terms. Nature is presented as a living whole, in union with souls that are pure."

142 Kausalität als Prinzip war zuvor im Roman zur Beschreibung sozialer Beziehungen herangezogen worden (vgl. bspw. A, 8 und 55f.). Für die Wissenschaft galt dagegen das Modell bestenfalls kontingenter Reaktionen einzelner Forscher aufeinander, wenn die Ergebnisse des einen vom anderen gefunden wurden. Jetzt, durch den industriellen Zusammenhang, werden die Entwicklungen als notwendig und unvermeidlich konzipiert.

143 Exemplarisch zu Beginn von 6/II., wo in gerafftem Reihenstil und mit Merkmalen lyrischen Schreibens apodiktische Aussagen formuliert werden, die formal und inhaltlich klar den Modus früherer Vor-Texte aufgreifen, etwa wenn es heißt, dass „Ideen wie Flugsamen [sind]. Sind sie erst reif, werden sie schnell und weithin getragen. Sie fallen da und dort auf fruchtbaren Boden." (A, 195f.) Vgl. dazu A, 127 bzw. S. 199, FN 83 in diesem Buch.

144 Deutlich wird das an Stellen, bei denen die weitreichenden Konsequenzen des Handelns eines einzelnen Chemikers im Vollzug der Handlung vorausgesagt werden: „Wer hieß Gräbe in diesem Augenblick nach diesem Standgefäß greifen? Einen Weltmarkt sollte dieser Griff dereinst zerstören, einen neuen errichten." (A, 203)

wurden. Der Roman vollzieht damit ein ‚synthetisches' Prinzip auch auf der Textoberfläche nach. Indem Verdienste offensichtlich nicht mehr gleich stark an Individuen gebunden werden sollen, wie zu Zeiten Runges und Hofmanns, sondern stattdessen der Netzwerk-Charakter der Produktion chemischen ‚Wissens' im Vordergrund steht, stattet der Text seine Erzählinstanz ab Kapitel 6 mit zunehmendem Mehrwissen über kommende Entwicklungen aus, vergibt dieses ‚Wissen' situativ aber auch weiterhin als Figurenwissen oder per metonymischer Kodierung an die Leserin.[145] Tendenziell wird der Raum des ‚Laboratoriums', in dem der einzelne Chemiker auch im Zeitalter der chemischen Industrie hin und wieder forscht, von Effekten der Modernisierung freigehalten und als Refugium eines vorindustriellen Wissenschaftsverständnisses konzipiert, für das das Beschreibungsinventar der Vorgängerepoche bei Bedarf reaktiviert und so der ‚Chemiker' als Konzept, entgegen der oberflächlichen Ansage, er verwandle sich in den Techniker, fixiert wird.[146]

---

145 Bspw. im Fall von 6/III., wo in konventioneller Kolportage-Romannarration („In dieser Novembernacht schlug ein kalter Regen klatschend in die Straßen Berlins. […]", A, 197) einerseits Fakten nachgeliefert werden (etwa über den Tod Runges), andererseits modellhaft am Beispiel zweier junger Männer, Schering und Falke, Extrempunkte in der Typisierung des ‚neuen Forschers' ausgelotet werden. Die Zugehörigkeit Falkes zum Lager der Modernen wird bspw. über seine Vorliebe für Richard Wagner (gegenüber Scheffels *Herrn von Rodenstein*, bei dem Schering „[m]it am lautesten sang" A, 200) markiert. Falkes Tendenz zur Morbidität deuten seinerseits ein exzessiver Metapherngebrauch (der von Schering mit „Ein bißchen konfus das alles, junger Freund" kommentiert wird) und ein Hang zu Exzess und Grenzüberschreitung hin, der ihn als einer Vorstellung genialischer Schöpfung zu stark verhaftet ausweist. Falke vermag sich in keiner Hinsicht, weder im Alkoholkonsum, noch disziplinär, zu beschränken: „Die Welt ist mannigfaltig, Alter Herr, und ich möchte meinen Schädel nicht etikettieren lassen, wie diese Weinflasche." (A, 201) Er wird in den Episoden, in denen er auftritt, jeweils gegenüber typischen Eigenschaften anderer Chemiker abgegrenzt, als ‚modern' kategorisiert (besonders aus seiner Verwandtschaft zu Conny Hawk, nach der er etwa seine Ausstände „in Anas und Rupien" (A, 207) rechnet) oder angenähert (bspw. teilt er Gräbes inneren Determinismus, der beide auf Umwegen zu Entdeckungen führt (vgl. A, 210)).

146 Vgl. A, 203: „Sein Chef war unentwegt vom Harnstoff ausgegangen. Er aber hatte Schlacken beiseitegeschoben, hatte gewühlt wie ein Maulwurf, Jahr um Jahr. Jetzt stand er mit seinen fünfundzwanzig Jahren erneut vor der ungeheuren Vision seiner ersten Jugend. Steinkohle hieß die rätselvolle Nacht, in der die Geheimnisse wie Gestirne funkelten./ Aus diesem fernen Traum herüber kam Gräbe wieder zu sich. Er stand am Fenster des Laboratoriums und sah auf die Straße hinab. Er sah jetzt, daß sie voll Sonne war." Die Beschreibung beinhaltet Elemente (zeitliche Entrücktheit, der ‚Stoff' als verheißungsvoller (‚Tiefen'-)Raum, romantische Topoi (Nacht, Gestirn, Geheimnis, Traum) etc.), die auch für Hofmann (vgl. bspw. A, 132) und Runge (vgl. bspw. A, 90) genutzt wurden.

Über das Mehr-Wissen der Erzählinstanz, die von Konsequenzen des Chemikerhandelns im Vorhinein berichten kann, installiert der Text eine komplexe Schutzfunktion, die den männlichen Forscher hinsichtlich der Folgen seines Handelns (die über das Kausalitätsprinzip als unausweichlich gelten können) ahnungslos sein lässt und so vor Wahn und Überschwang schützt, die dem zukunftsoffenen, ‚lebens'-nahen Mann typologisch als Gefahr immer drohen, was an mehreren Beispielen (Hawk, Runge, Falke) vorgeführt wird. Zugleich wird der Chemiker durch ein irrationales Moment („Wer hieß Gräbe in diesem Moment nach diesem Standgefäß greifen?" A, 203), das sein Handeln als nur bedingt intentional ausweist, von der Verantwortung für dessen Effekte entbunden. So löst der Roman das Problem der Vermittlung des individuellen Forscher-Handelns mit seinen überindividuellen Folgen. Unter den stabilisierten, mehr und mehr nachvollziehbaren Arbeiten der Chemie als ‚Wissenschaft' und Beschreibungs-Zusammenhang wirkt so die Chemie als ‚Natur' und Wirkungs-Zusammenhang ungestört weiter. Vielmehr als dem Anspruch zu genügen, eine reliable Theorie der Einlassung von chemischem ‚Wissen' in den Bereich der ‚Natur' im Kontext einer „kalten Sachlichkeit" zu formulieren, benötigt der Text dieses Modell, um einen Bereich, der als theoriefern konzipiert ist, mit ‚Gefahr' korrelieren zu können, ohne hierfür die Industrie verwenden und damit potenziell negativ konnotieren zu müssen. Die Natur, im Denken der „kalten Sachlichkeit" mit moralischen Begriffen nicht sinnvoll zu beschreiben, wird dabei ‚gefährlich' erst in der Begegnung mit menschlicher Technik. Der Vor-Text zu 6/V. postuliert im Zusammenhang mit dem darauffolgenden Abschnitt eine Theorie/Praxis-Differenz, in der die Theorie in der Lage ist, nüchtern einen kontingenten ‚Natur'-Zusammenhang zu beschreiben, der dann als Ereignis dramatisch ausgestaltbar ist, was der Roman auch tut und so sein Korrelationssystem im Modus des Historischen auf Anfänge eines deutschen Autokolonialismus richtet. Der Vor-Text erzählt von dem häufig in Steinkohleflözen eingeschlossenen Gas,

> das leicht entzündlich, aber völlig farb- und geruchlos ist. Die Bergleute nennen es Grubengas. Die Chemiker bezeichnen es mit Methan./Dieses Methan ist die einfachste Form der gesättigten Kohlenwasserstoffe, in der jede der vier Wertigkeiten des Kohlenstoffes durch ein Atom Wasserstoff gebunden ist. Diese Zusammensetzung zeigt die Formel:

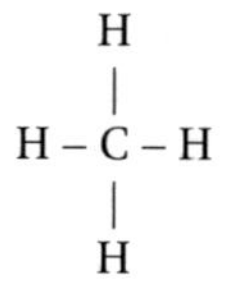

> Ein Gemenge von Methan und Sauerstoff oder atmosphärischer Luft ist in höchstem Grade explosiv. Es bedingt die gefürchteten „Schlagenden Wetter". Bei der Explosion des Gemenges verbrennt das Methan zu Kohlensäure und Wasser:
> $$CH_4 + O_4 = CO_2 + H_2O.$$
> Diese einfache Formel kostete schon Tausenden von Bergleuten das Leben. (A, 203f.)

Andy Hahnemann weist an dieser Stelle eine „Textbewegung" nach, „die zum Kernbestand einer Poetik des Sachbuchs gerechnet werden muss."[147] Von dieser deskriptiven Beschreibung des chemischen Vorgangs geht der Roman nämlich, „durch Typographie und Satz explizit markiert"[148], in „die Dramatik einer romanhaften Handlung" über. Hahnemanns Gedanken zu diesem Beispiel für einen typischen Vorgang innerhalb vieler Sachbücher führen im Kontext der hergeleiteten Korrelationsbeziehungen noch ein Stück weiter ins Verständnis der Sachbuch/Roman-Mischformen der Bücher mit Stoffbezug. Besonders sein Hinweis auf Roland Barthes' Konzept friktionaler Texte[149] ist nützlich, um den buchinternen Shift zwischen verschiedenen Darstellungsmodi von ‚Wissen' in den Abschnitten und ihren Vor-Texten zu vermessen, darf aber nicht dazu verleiten, im „ständig hin und her springen" zwischen den Polen bereits das Phänomen hinreichend beschrieben zu sehen. Wie bereits angedeutet, wird dem Roman sein epistemisches Organisationsmodell selbst zum Problem und die Neubestimmung der Zuständigkeiten verschiedener Textbereiche als mögliche Lösung in Erwägung gezogen. Was der Vor-Text bereits geschildert hat, die Umwandlung von Methan, wenn es mit dem Sauerstoff der Luft reagiert, zu Kohlensäure und Wasser, führt der Abschnitt noch einmal als historische Episode über ein Unglück in der „Neufundgrube"

---

147 Andy Hahnemann: „‚Aus der Ordnung der Fakten'. Zur historischen Gattungspoetik des Sachbuchs". In: *Arbeitsblätter für die Sachbuchforschung* 9, S. 7f. (digital verfügbar unter: https://www.blogs.uni-mainz.de/fb05-sachbuchforschung/files/2012/09/Arbeitsblaetter_Sachbuchforschung_09.pdf, zuletzt abgerufen am 10.9.2021). Später gekürzt veröffentlicht in: Arne Höcker, Jeannie Moser & Philippe Weber (Hg.): *Wissen. Erzählen. Narrative der Humanwissenschaften.* Bielefeld 2006. S. 139–150, hier S. 143.

148 Ebd.

149 Diesen gibt es nur in der längeren Fassung des Texts in den *Arbeitsblättern.* Dort mit Verweis auf Ottmar Ettes intellektuelle Barthes-Biographie (*Roland Barthes. Eine intellektuelle Biographie.* Frankfurt/Main 1998) und seinen Band *Literatur in Bewegung* (Weilerswist 2001). Ette definiert den Begriff der Friktionalität im erstgenannten Band: „*Friktionale Texte* sind hybride Texte, die zwischen den Polen von Fiktion und Diktion ständig hin und her springen. *Friktion* ist eine vom Text selbst inszenierte (und den Text selbst inszenierende) Hybridität." (S. 312, Herv. im Orig.)

im sächsischen Lubau am 1. Juli 1867 aus.[150] Die Erzählung des Hergangs der Ereignisse, die sich eng an andere Darstellungen der Katastrophe anlehnt[151], wird in den größeren Zusammenhang einer industriellen Transformation der ganzen Gegend gestellt, die, „im Grunde eine Heimat von Bauern" (A, 204), binnen weniger Jahre in ein Steinkohlerevier verwandelt wurde.[152] Auch wenn beide Textfelder, die durch die Typographie separiert sind, sich in ihren Darstellungsweisen deutlich voneinander unterschieden, zeigt eine stichprobenartige Rekonstruktion der Bezugstexte in der *Gartenlaube* und in chemischer Fachliteratur[153], dass in beiden Fällen keine genuin fiktionale Perspektivierung des Unglücks und seines chemischen Hintergrunds für den Roman stattgefunden hat, sondern ‚Wissen' (sei es auch in bereits literarisierter Form[154]) aus vorhandenen Quellen übernommen wurde. Die Bewegung, die der Roman als Sachbuch vollführt, ist also zutreffend als Springen zwischen Diktion und Fiktion beschreibbar, damit aber hinsichtlich der inhärenten Wissens-, Einbildungs- und Ideologieregime noch nicht umfassend eingeholt, da zwischen den Textblöcken eher eine Stilgrenze verläuft, als ein epistemischer

150 An diesem Tag ereignete sich ein solches Unglück in der Neuen Fundgrube im sächsischen Lugau.

151 Die Fakten decken sich teilweise bis ins Detail mit der ausführlicheren Schilderung Friedrich Hofmanns in „Tief unter der Erde! Brief aus Lugau". In: *Gartenlaube* 29 (1867), S. 461–464.

152 Auch hier ist die Orientierung am Text von Hofmann nicht zu übersehen: „Lubau gehörte zu dem großen Zwickauer Steinkohlenbecken und lag eingebettet in ein grünes, freundliches Hügelland, das Nadelholzgruppen und Weiherspiegel freundlich belebten. […] Es war im Grunde eine Heimat von Bauern." (A, 204) Daneben Hofmann: „Grünes, freundliches Hügelland, mit Nadelholzgruppen und Weiherspiegeln geschmückt und von ferneren Waldhöhen begrenzt, ist die Heimath von Bauern und Bergleuten […]. Lugau gehört zu dem großen Zwickauer Steinkohlenbecken […]" (ebd., S. 461).

153 Die Darstellung der Reaktion von Methan zu Kohlensäure und Wasser findet sich sehr ähnlich bspw. (in diesem Fall nach *Anilin* publiziert) in Gerhart Jander & Hans Spandau: *Kurzes Lehrbuch der Anorganischen Chemie*. Berlin 1940. S. 231. Es ist davon auszugehen, dass auch frühere populärwissenschaftliche Darstellungen des Phänomens dieselben Elemente zur Beschreibung verwenden.

154 Wie bei Hofmanns poetischer Beschreibung der Umgebung von Lugau und seiner sehr emotionalen Darstellung des Unglücks. Bei ihm heißt es: „[…] im Wahnsinn des Schmerzes warfen Mütter und Kinder sich auf den Boden und wühlten die Erde auf, als wenn sie mit ihren blutenden Händen sich hinunter arbeiten wollten zu ihren Männern, ihren Vätern, ihren Söhnen und Brüdern!" (ebd., S. 461). Und bei Schenzinger: „Vor dem Förderturm aber warfen sich die Mütter und die Kinder im rasenden Schmerz ihrer Verzweiflung auf den Boden und wühlten die Erde auf, als ob sie mit ihren schwachen Händen sich hätten hinuntergraben können zu ihren Männern, zu ihren Söhnen, zu ihren Vätern und Brüdern." (A, 205) . Die Minimalverschiebung des Ortsnamens von Lugau zu Lubau in *Anilin* stellt fast eine trotzige Geste dichterischer Autonomie dar.

Graben[155] und Referenzen an außertextuelle Wissensmengen darüber hinaus eben nicht nur im Fall von naturwissenschaftlicher Empirie, sondern, wie hier, auch für soziale und psychologische Effekte historischer Ereignisse gemacht werden. Zu sich kommt die Ideologie des Romans in diesem Abschnitt dann, wenn der Wandel der Region als umfassende gleichzeitige Krise der Sphären ‚Raum', ‚Stoff' und ‚Leben' beschrieben wird, die den dramatischen Background urbanisierter Fortschrittserzählungen bildet und zugleich auf das tendenziell problematische Verhältnis von Zentrum und Peripherie anspielt. Der Text gibt zunächst ein exemplarisches Beispiel für den positiv dargestellten Zustand einer vorindustriellen Provinz:

> Lubau gehörte zu dem großen Zwickauer Steinkohlenbecken und lag eingebettet in ein grünes, freundliches Hügelland, das Nadelholzgruppen und Weiherspiegel freundlich belebten. In der Ferne begrenzen blaue Waldhöhen den Rundblick. Es war im Grunde eine Heimat von Bauern. Das zeigten die heute noch weithin bestellten Äcker, auf denen das Korn gelb und schwer in der Julisonne reifte, das zeigten in den Dörfern die vielen Scheunen und Ställe, über deren Türen meist uralte Jahreszahlen standen. Jahrhunderte hindurch hatte hier der Vater dem Sohn den Pflug überlassen. So weit, wie man denken konnte, hatten frohe, gesunde Menschen diese zwar harte aber doch genügend fruchtbare Erde bestellt, diese saftigen Wiesen gemäht und das Vieh versorgt. Die Kinder hatten rote Backen, die Jungen hatten ihre Laute und ihre Tänze, die Alten ihren Frieden am Abend. Das Schicksal hatte nie besonders hart in diese Gegend geschlagen. Der Schaden, den ein Unwetter brachte, oder eine vereinzelte Feuersbrunst, hatte sich noch immer mit der Hände Arbeit wieder beheben lassen. (A, 204f.)

Die temperierte Natürlichkeit der Gegend, die mehrfach als „freundlich" bezeichnet wird und den Wahrnehmungsapparat (freundlicherweise) nicht überlastet, sondern vorausschauend „begrenzt", umschließt Bewohner_innen, die in von einschlägigen Topoi der Zivilisationskritik gekennzeichneten Zusammenhängen leben[156] und sich dem beschreibenden Betrachter als abgeschlossenes, autarkes Gemeinwesen präsentieren, das metonymisch

---

155 Was ja bei genauerem Hinsehen, und etwas überspitzt formuliert, im Fall von Enzyklopädie und Roman nicht selten der Fall ist. Vollkommen richtig ist aber, dass der Roman sich an diesen Stellen selbst als „hybrid" ausweist, auch wenn darin mehr ein pseudoperformativer Schaueffekt liegt, als tatsächliche „Hybridität".

156 Es sind dies 1) ausreichende, nicht überschwängliche Subsistenzwirtschaft, 2) die Gemächlichkeit natürlicher Zyklen, die 3) mit den langtaktigen Prozessen des menschlichen (Zusammen-)Lebens korrespondieren, welche wiederum 4) von Wiederkehr und Eindeutigkeit in geschlechtlicher, generationaler und beruflicher Hinsicht geprägt sind und 5) existiert ein „gerechtes" System existenzieller Herausforderungen, die ebenfalls (menschliches) Maß halten.

und in Form einer Art dichten Beschreibung erschlossen wird.[157] Die Jahreszahlen über den Häusern stellen, neben der angedeuteten Nähe zu größeren Siedlungen wie Zwickau und den „Lauten" und „Tänzen" der „Jungen", die fast einzigen Anzeichen für die Zugehörigkeit der beschriebenen Ethnie zu einer (Schrift-)Kultur dar; der Beschreibungsmodus ist ethnologieartig. Der Wandel dieses intakten und isolierten Gemeinwesens wird durch Impulse von außen angestoßen, die explizit als ‚fremd' erfahren werden:

> Dann hatte der Spürsinn fremder Menschen unter dem trächtigen Boden jenes unheimliche schwarze Gestein aufgestöbert. Mißmutig und neugierig zugleich hatten die Bauern die Vermessungen verfolgt, hatten dann aber doch, verführt durch die nie gehörten Preise, einen Acker, eine Wiese nach der anderen an die neue Gesellschaft verkauft. So waren dann mit der Zeit in weitem Umkreis auf den sonst blühenden Hügeln jene dunklen Backsteingebäude entstanden, neben denen immer eine qualmende Esse in den Himmel ragte, ein Turmgerüst, auf dem sich ein eisernes Rad ohne Unterlaß drehte und jenes kleine Gerüst, das die Signalglocke trug. Aus den meisten Bauern waren dann Bergleute geworden. Mit demselben Fleiß und derselben Kraft, mit denen sie sonst den Pflug und die Sense geführt hatten, führten sie jetzt die Picke und den Spaten. Die Frauen aber sahen ihren Männern und Söhnen, wenn sie das Haus zur Arbeit verließen, mit anderen Gefühlen nach als damals, als diese Männer noch auf die Felder gingen. (A, 205)

Dem bäuerlichen Gemeinwesen wird sein über Jahrhunderte hinweg oberflächlich bearbeiteter Boden als ‚Tiefen'-Raum neu fremdgemacht. Die Beschreibung entspricht weiter den fortschrittspessimistischen Standards[158] und behält auch den ethnologischen Gestus bei. Erst am Ende wird explizit Einblick in die Menschen genommen, wenn das Prinzip einer vorausdeutenden, weiblichen Instinkthaftigkeit die unglückliche Entwicklung bündelt und die Sorge als psychologischen Dauerzustand zeitlich in der Schwebe hält.[159] In die

157 Vgl. die Beschreibung der ebenfalls spezifisch begrenzten „Wildnis" in Indien am Romananfang, A, 7 & S. 171, FN 11 in diesem Buch.

158 Es sind dies nun 1) das Eindringen des ‚Fremden' in negativer Form, 2) die von der Erzählinstanz durch erlebte Rede geteilte Skepsis, die 3) schließlich pekuniären „Verführungen" erliegt, also nicht grundsätzlich überwunden wird, 4) die radikale Veränderung der Landschaft, 5) die Beharrlichkeit der ‚unschuldigen' Bevölkerung, die sich der neuen Situation fügt und schließlich 6) die Intuition der Frauen.

159 Zur literarischen Technikkritik und dem Problem einer Auflösung der Mensch/Technik-Grenze vgl. Wege: *Buchstabe und Maschine*, S. 116ff. u. insb. 118. Dort etwa mit Verweis auf Autoren des rechten Spektrums: „Um der drohenden Mechanisierung des Daseins zu begegnen, treten Zickel und andere nationalrevolutionäre Autoren die Flucht nach vorn an und präsentieren ein technisches Universum, dem sich die Züge des Ewig-Menschlichen eingeschrieben haben."

,Tiefe', die als Raum durch die Kolonisation der isolierten Idylle neu entsteht, gehen die Körper der Bauern/Bergleute ein und kommen schließlich nicht mehr daraus hervor. Da es sich hierbei um die einzige Darstellung des Abbaus von Steinkohle handelt, die als Rohstoff die Grundlage für alle Innovationen der Farbstoffindustrie bildet, muss die Szene sich eine Wertung als exemplarische Aussage des Romans über die Gewinnung der Kohle gefallen lassen. Der Bergbau ist offensichtlich, da er von chemischen Zusammenhängen berührt wird, eine eminent gefährliche Sphäre und denkt den Rohstoff als ,Hybrid' des Ur-Walds, aus dem er chemisch besteht, und dem Zeitverhältnis, das durch das Verhältnis der Menschen zu ihrem Raum narrativiert wird und in den von ihrem ,Heimat'-haften Habitus entfremdeten Ex-Bauern selbst in den Boden eingeht. Dieses Zeitverhältnis integriert die Chemie als unheimliche Grundierung ihres stoffgeschichtlichen Zusammenhangs, die wörtlich immer wieder im ,Unheimlichen' etwa des Steinkohlenteers aufgerufen wird und auf den die in ihrer Wahrnehmung an Individuen gebundene Wissenschafts- und Zeitgeschichte nur als Realitätseffekt mit „[m]anch nachdenkliche[m] Blick" (A, 206) reagieren kann. Eine implizite Verbindung zum ,Unheimlichen' wird auch dadurch aufrechterhalten, dass der individuenfreien Erzählung des Grubenunglücks zwei Abschnitte folgen, in denen Conny Falke wieder auftaucht und in denen ein esoterisch grundiertes Verständnis vom ,Forscher' um das moderne chemische ,Wissen' zirkuliert. So kann nochmal eine ,gefährliche' Chemie vorgestellt werden, die zur rationalisierten und auf Praktiken kontinuierlicher Innovationsgenese umgestellten Wissenschaft nur noch in entfernt ,lebens'-spendendem Kontakt steht. Ein Konrad Falke, der über seine Verwandtschaft mit Conny Hawk aus dem ersten Abschnitt, von dessen Tod er als Erbe finanziell profitiert[160], bereits auf biologischer Ebene mit einem Zuviel an ,Leben' korreliert wird, führt auf mehreren Ebenen das zwangsläufige Scheitern eines derart deregulierten Entwurfs vor und entspricht in der Darstellung voll den ideologischen Standards populärer Erzähltexte der Frühen Moderne.[161] Zugleich hält die Figur ein vormodernes Wissenschaftsmodell im

---

160 Hawk war der Bruder von Falkes Vater, der seinen Sohn aus Dankbarkeit nach ihm benannte. Der Text erzählt Connys Tod aus Falkes Perspektive als in seinen Details unbekannt: „Dieser Bruder war vor Jahr und Tag nach Indien ausgezogen und dort irgendwo auf irgendeine sagenhafte Weise zugrunde gegangen." (A, 206) Falkes Vater legt das Geld seines Bruders in seinem Sohn an, „um […] dem seligen Onkel Conny ein lebendiges Denkmal zu setzen." (ebd.) und sichert durch den Transfer des Vermögens in die nächste Generation männliche Kontinuität ab.

161 Vgl. Michael Titzmann: „Das Konzept der ,Person' und ihrer ,Identität' in der deutschen Literatur um 1900". In: Manfred Pfister (Hg.): *Die Modernisierung des Ich. Studien zur Subjektkonstitution in der Vor- und Frühmoderne*. Passau 1989. S. 36–56.

Spiel, das offensichtlich nur über eine betonte Nähe zur Grenzüberschreitung noch Eingang in den Text finden kann. So arbeitet Falke meistens nachts, nachdem er aus der Kneipe kommt und in einem Privatlabor in seiner Wohnung, nicht innerhalb eines irgendwie institutionalisierten Wissenschaftskontexts. In der Konfrontation mit einem Apotheker, den er aufsucht, um sich Zyankali für ein Experiment zu verschaffen, wird seine Differenz zu regulativen Gepflogenheiten offenkundig. Er verursacht durch sein zudringliches Verhalten einen Sturz des Angestellten und wird am darauffolgenden Morgen „von seinen Geräten weg verhaftet" (A, 209), wobei die Beschreibung seines heftigen Widerstands ihn an Conny Hawks Ende annähert.[162] In der darauffolgenden Gerichtsverhandlung, wiedergegeben aus der Perspektive Karl Gräbes, stellt Falke sein Wissenschaftsverständnis dar und referiert zu seiner Verteidigung ein Modell lebensideologischer Unerbittlichkeit, in dem ‚Stoff', als Konkretion des epistemologischen Konzepts der ‚Idee', und ‚Leben' zusammenfallen:

> „Die Idee ist furchtbar", sagte der Angeklagte jetzt ruhig, „sie ist unerbittlich. Sie zerschlägt die Küche und die Kammer, das Kind und die Mutter, die Liebste und das Amt. Aber sie bringt den Fortschritt! Die Freiheit! Die Leistung! Das Leben! (A, 211)

In der sich steigernden Dramatik des zugunsten der Idee zu zerstörenden Gutes, bei dem es sich (bis auf das ‚Amt') um Bestandteile eines deutlich ‚weiblich' markierten Privaten handelt, lädt Falke die ‚Idee' als Sphäre der Zeugung auf. Das ‚männliche' Ideen-Individuum „opfert" Potenzen, die offensichtlich sonst der biologischen Rekreation zugeführt würden, einer anderen Sache, die ebenfalls als Ort reinen ‚Lebens' vorgestellt wird. Aus Gräbes Perspektive, die als Beobachtung des Prozesses aus Sicht einer ‚modernen Chemie' gestaltet ist, wird dieses Modell sehr reflektiert zugleich auf Distanz gebracht, als auch in seiner Jugendadäquatheit erkannt und eingeordnet.[163] Ein antibürgerlicher Affekt, der aus Falkes Rede spricht, darf in der Übernahme des Handlungsfokus auf Gräbe erhalten bleiben und sogar erfolganregend wirken. Er

162 Vgl. A, 42f. und 209. Die Stelle des künstlichen Indigo, den Falke nach eigener Auskunft „beinah gehabt hätte" (A, 209), nahm bei Hawk noch Tschahaja, die indische Geliebte ein. Das Begehren richtet sich in beiden Fällen strukturell auf eine ‚Lebens'-Lösung für ein ‚Stoff'-Problem.

163 Vgl. A, 211: „Reichlich verworren war *dieser junge Mann*. Berauscht, besessen wie er selber. Er kannte diesen Zustand. Nur war alles zu phantastisch, was *dieser junge Mensch* da erzählte, steuerlos, wahllos, ohne Zusammenhang, ohne Richtung. So trieb man keine Wissenschaft, keine Forschung. So trieb man allenfalls einen besseren Hokuspokus." (Herhorh. AW) Vgl. auch die Einführung Gräbes als „blutjunger Mann" und die Setzung der entsprechenden anthropologischen Merkmale in A, 176f. & S. 216f. in diesem Buch.

verlässt den Gerichtssaal, noch bevor ein Urteil über Falke gefällt wird, das so der Leserin vorenthalten und als irrelevant gesetzt wird. Wichtig ist die fortgesetzte Verfolgung der nun einmal freigesetzten ‚Idee'. Die ungerichtete Irrationalität Falkes kann so in Gräbe, der zur Systematisierung in der Lage ist und sich, obwohl er „innerlich [tobte]" und „aufgewühlt [war]", „zur Ruhe" zu zwingen (A, 212) vermag, also zu einer Art ‚Synthese' aus Affekt und Kontrolle in der Lage ist, selbst zum Motor der Synthese, in diesem Fall des Krappfarbstoffs, werden. Das ‚Unheimliche' war zuvor als Empfindung im Angesicht des (noch) Nicht-Verstandenen bereits der Chemie als Erklärungssphäre (etwa über den Steinkohlenteer) zugewiesen worden und hatte in der Erzählung des Grubenunglücks personalen Charakter erhalten, der schließlich zu einer Vermengung von menschlichem Schicksal und ‚Stoff' in der Sphäre des chemisch neu zu erklärenden ‚Raums' führte. Der selbst nicht ganz nachvollzogene, aber potenziell erkenntnisgenerierende Zug dieses ‚Unheimlichen' wird nun an die Vertreter der Wissenschaft selbst zurückgebunden. Dabei ist wichtig, dass auch die Forscherindividuen nicht in der Lage sind, das genaue Verhältnis von ‚Wissen' und ‚Nicht-Wissen' und die epistemologischen Bedingungen der Ersetzung des einen durch das andere erschöpfend aus einer Beobachterperspektive zu beschreiben. Die unhintergehbare Nichtreferierbarkeit des als ‚unheimlich' wahrgenommenen Mehr der Chemie über die wissenschaftlichen Beschreibungspraxen hinaus und ihre gleichzeitige Rolle als Problemlöserin auf den Gebieten ‚Stoff', ‚Raum' und ‚Leben' bleibt eine ungelöste Differenz, die der Text, etwa durch Ausweichen in ‚Natur'-Zusammenhänge, offen hält. Der Einsatz der Chemie als diskursbestimmende Leitdisziplin hält mit ihrer epistemischen Einhegung in den Bereich „sicheren Wissens" nicht kontinuierlich Schritt, sodass Zonen der Unbestimmt- und Unsicherheit entstehen. Oberflächlich beantwortet der Roman dieses Dilemma mit der Einführung der Verfahrenstechnik als disziplinierender Größe, die zur Ausbildung der Ingenieurs-Figur und schließlich zur Allegorisierung und tatsächlichen Orientierung des gesamten chemisch-industriellen Bereichs entlang des ‚Militärischen' führt.[164] Ein Nebeneffekt dieser Militarisierung sind angesichts der ausländischen Produktionsvorsprünge erste Erkenntnisse über den dringenden Vereinigungsbedarf innerhalb der deutschen Chemieindustrie,

164 Vgl. A, 213f.: „Die Leitung einer chemischen Fabrik glich in der Folge mehr einem Generalstab als einer wissenschaftlichen oder kaufmännischen Einrichtung. Die Fabriken rüsteten, sie bauten und wuchsen mit erstaunlicher Eile. Aus ihren Gebäuden und Belegschaften wurden Burgen und Heerlager. Sie zogen sich einen Stab der tüchtigsten Chemiker heran, und diese Heerführer kamen von August Wilhelm Hofmanns großer Akademie oder aus Kekulés Gelehrtenstube." usw.

der angedeutet und innerhalb eines Satzes umgesetzt wird[165], ohne genau darauf einzugehen, welche Fusionen bereits stattgefunden haben. Der Absatz ist eine romaninterne Vorausdeutung, wie die deutsche Industrie es schafft, sich in einer Situation der (militärischen) Bedrohung von außen, die, anders als Runges sozial noch randständige Einschätzung, nun als solche (an)erkannt wird und in der Selbstwahrnehmung der Akteure als Kolonisierte mündet, durch stärkere wissenschaftliche und organisatorische Verschränkung eine Position der Stärke zu erarbeiten, die als Fortschritt im ‚Raum' sichtbar wird. Der Roman reflektiert das zunächst verfahrenstechnisch über die Allegorisierung seines neuen Kernbereichs, der deutschen chemischen Industrie, und reichert damit die ‚Stoff'-Fixiertheit der chemischen über die ‚Raum'-Fixiertheit der militärischen Sphäre an, was vom geteilten Wert ‚Leben' sekundiert wird. Die vom bildgebenden Verfahren der Allegorie forcierte semantische Offenheit unterstützt die oberflächlich abwechslungsreiche Einführung weiterer Vertreter des ‚neuen' Chemie-Ingenieur-Typus'. Dazu zählen Heinrich Brunck, der seinen ‚Heimat'-Begriff als über die Chemie verhandelbar darstellt[166] und dabei beiläufig einen Vorschlag zur Fusion der deutschen Farbenfabriken macht, also ebenfalls die Integrationsfähigkeit von ‚Raum' und ‚Stoff' unterstreicht, Rudolf Knietsch, dessen jugendlicher Erstkontakt mit der Chemie als pubertätsäquivalente Transitionserfahrung vorgestellt[167] und über den sie

165 Vgl. A, 214: „Die deutschen Fabriken kämpften unter sich, sie kämpften geschlossen gegen die Betriebe der anderen Länder."

166 Vgl. A, 214f.: „‚Stammen Sie hier aus der Gegend?'/‚Nein, ich bin Pfälzer.'/‚Wie kommen Sie da nach Ludwigshafen?'/‚Ich bin Schüler Kekulés. Wo der Teer hingeht, muß auch ich hingehen, wenn ich mich so ausdrücken darf.'"

167 Hier taucht ein Apothekergehilfe auf, der den Jungen (nicht ohne erotische Suggestionen) in die Chemie einführt und der sich, was allerdings nur angedeutet wird, als der wiedergekehrte Konrad Falke dekodieren lässt, der Knietsch Runges *Grundlagen der Chemie für jedermann* gibt und so auch noch einen sinnvollen Beitrag zur Chemiegeschichte liefert. Die Homoerotik zwischen dem jungen Mann und dem Heranwachsenden, gegen deren Beziehung vor allem Knietschs Vater heftig opponiert, kann durch die institutionelle Randständigkeit und die Jugend der Akteure einen Gehalt an Sinnlichkeit im Verbund mit der Chemie ausbreiten, der in den anderen zwischenmännlichen Beziehungen latenter zu bleiben hat. Vgl. A, 219ff., bspw. 221: „‚Hast du Angst?' fragte der Gehilfe./Nein, Angst hatte er nicht. Nur ungewohnt war das Ganze, unheimlich und zugleich verlockend./Zögernd faßte Rudolf nach dem Mörser. Dann stieß er den Stößel mit voller Kraft auf das Pulver./Schon beim zweiten Stoß gab es eine dumpf puffende Explosion. Eine violette Wolke zerstob aus dem Mörser./Einen Augenblick lang war Rudolfs Gehirn ganz leer vor Schreck." Im Vor-Text zum Abschnitt zu Knietsch wird das Modell des „Genies als Kind" vorgeführt und mit einer Hoch/Tief-Semantik verbunden, die als impliziter anthropologischer Kommentar zur ‚Tiefen'-Ideologie des synthetischen Kolonialismus gewertet werden kann, der auf diese Weise mit etablierteren ‚Raum'-Bildfeldern kurzgeschlossen wird.

außerdem mit ihren historischen Vorstufen sowie den Bereichen ‚Religion' und ‚Erotik' verbunden wird, [Ferdinand] Tiemann, der in seinen privaten Reflexionen am ‚Dies academicus' die Institutionalisierung der Chemie und damit verbundene weltanschauliche Veränderungen seit Liebigs inzwischen musealisierter Zeit in München, die er hauptsächlich der Chemie des Ackerbodens gewidmet hatte, wieder aufruft sowie Karl [sic!] Duisberg, der als junger, promovierter Soldat in den Roman tritt und die kolonisatorischen Effekte der Chemie als Industriezweig, der komplette Infrastrukturen neu erzeugt, in den Kontext zivilisatorischer Fortschritte stellt[168] und dabei den soldatischen Industrie-Chemiker, der er selbst ist, vom (noch) bürgerlichen Universitäts-Chemiker Tiemann, der (wie Gräbe auch) tendenziell von der industriellen Entwicklung übergangen wurde, abzugrenzen hilft. Die Bewegung innerhalb des Kapitels verläuft also über die exemplarisch vorgeführten Vertreter der ‚neuen' Chemiker-Generation von einer Lockerung des ‚Heimat'-Begriffs als Raum-Kategorie, eine diesen Prozess begleitende Tendenz zur Segregation zwischen den Generationen, die sukzessive Anlagerung der Chemie an den ‚Raum' als Kompetenzfeld zu deren mentaler Fusionierung mit der Industrie als ihrer nutzbringenden Ausformung in der gesellschaftlichen Praxis, als wirtschaftspolitische Akteurin, Raumnahme-Projekt und räumlicher Metaphern-Komplex.[169]

2.6 Koch u.a. = [Frauen, die Herta sind :: ‚Deutschland' + ‚Indien']

Im letzten Kapitel kehrt der Roman zurück nach Britisch-Indien und schließt eine Klammer zum Beginn, nach der die britische Kolonie nach wie vor, aber mit anderer Füllung als ‚stofflicher' Extremraum gilt, in dem Aushandlungsprozesse angesiedelt werden, die so nur dort stattfinden können, deren Reflexe

168 Vgl. A, 228f.: „Er zeichnete Hügel und Flächen, auf denen das Geld der Industrie Siedlungen errichtete, weit hingestreut kleine Häuser mit roten Ziegeldächern, viel Grün dazwischen, viel Luft, viel Sonne. Krankenhäuser mit hohen Fenstern und schneeweißen Betten, Erholungsheime, Spielplätze, Parks mit Brunnen und weißgestrichenen Bänken. In den Betrieben frohe Gesichter. Keine Furcht mehr vor Krankheit und Alter, keine Sorge um die Kinder."

169 Vgl. bspw. A, 236, wo auch der Bereich des ‚Instinkthaften' als Eigenschaft des Ingenieurs wiederkehrt, der sich hier im Bild des Goldsuchers nun auch eindeutig auf das Innere, die ‚Tiefe' richtet: „Ein Chemiker in der Technik darf sein Herz nicht an das chemisch Interessante und Schöne verlieren. Er darf nicht Produkte beiseiteschieben, nur weil sie ihm theoretisch minderwertig und aussichtslos erscheinen. Der Techniker braucht den richtigen Blick dafür, wo die Goldader im Gestein verläuft. Das ist es, was ihn ausmacht. Er muß wittern, was sich technisch verwerten läßt und was nicht."

allerdings Anfang und Ende der (chemie-)geschichtlichen Verschiebungen von *Anilin* mitdiskutieren. Handlungsfeld wird am Ende des Buches die Medizin sein und nicht mehr die Indigo-Produktion der britischen Handelsgesellschaften. Die Sphäre der ‚Medizin' wird im Zuge einer nicht-personalen Ablösungsbewegung als ‚neuer' Bereich der Chemie eingeführt. Im Vor-Text von Abschnitt 6/XII. gibt es einen Kommentar zur Arbeit als Schlachtfeld, der sich auf typische Erkrankungen bezieht, die aus der kontinuierlichen Aufnahme verschiedener Substanzen hervorgehen, mit denen bestimmte Berufsgruppen ständigen Kontakt haben. ‚Krankheit' ist zu diesem Zeitpunkt noch als mechanisches Einwirken über einen langen Zeitraum gedacht, das Verschleiß erzeugt, aus dem schließlich irreparable Gebrechen beziehungsweise „ein qualvoller Tod" (A, 224) resultieren. Von einer Antwort auf diese „Geschosse, deren Flugbahn langsam aber unerbittlich ist", ist keine Rede.

Erst mit der Einführung Robert Kochs wird ‚Krankheit' als Feld aufgegriffen, in das ein wissenschaftlicher Blick Einsicht zu nehmen versucht. Der Abschnitt etabliert die Medizin als ein Problem des ‚Sehens', das in Kochs Fall von seiner Frau bearbeitet wird:

> Mitte der siebziger Jahre hatte eine neuvermählte junge Frau ihrem Mann, der ihr zuliebe weltstürmende Pläne aufgegeben, für sie in einer entlegenen ostmärkischen Gemeinde einen Hausstand und für sich eine Landpraxis gegründet hatte, zum Geburtstag ein Mikroskop geschenkt. Dieses Mikroskop war, wie es gewöhnlich der Fall ist, wenn eine Frau einem Mann ein technisches Gerät besorgt, nicht ganz vollkommen, wenigstens nicht nach Auffassung des Beschenkten. Der junge Arzt hatte schon immer eine starke Neigung zur pflanzlichen und tierischen Kleinwelt gezeigt und hatte bis dahin bei seinen Studien eine kleine Standlupe benutzt, die er sich selbst zusammengestellt hatte. Durch Hintereinanderschalten mehrerer Linsen hatte er es bis zu einer hundertfachen Vergrößerung gebracht. Das neue Mikroskop erschloß dagegen unabsehbare Möglichkeiten. (A, 229)

Der Roman schildert hier seit längerer Zeit wieder eine private Szene und führt dabei eine Andeutung vom Ende des vorangegangenen Abschnitts, in dem Ferdinand Tiemann zu Duisberg gesagt hatte, seine Frau werde ihm angesichts seiner sozialfürsorgerischen Visionen „ein Sofakissen sticken" (A, 229), insofern aus, als dass die Ehefrau des Wissenschaftlers nun auch als Figur aktiv und bewertend in sein Handeln eingreift. Durch das Geschenk eines „nicht ganz vollkommen[en]" Mikroskops kann der Forschungsbereich des Landarztes Koch, der jenseits des mit dem bloßen Auge Sichtbaren liegt, als Raum eigener Merkmale und der Zugang zu ihm als nicht selbstverständlich signifiziert werden. Die Frau vergrößert mit ihrem Geschenk den Wirkungsraum des

Forschers im doppelten Sinn: durch Erweiterung des sichtbaren Bereichs, in den nun noch kleinere Dinge aufgenommen werden, als auch durch optische Vergrößerung der kleinen Objekte selbst. In seiner Rolle als Arzt quält Koch vor allem das verborgene „Wesen" der Krankheiten, das ihn bei der ohnmächtigen Behandlung der Kranken keine Befriedigung empfinden lässt, die er erst „bei seinem Mikroskop [fand]" (A, 230). Die Frustration über medizinisches Nicht-‚Wissen' ist zunächst nicht Auslöser von Veränderungsbemühungen, wie es bei den zuvor geschilderten Chemikern meistens der Fall war. Während diese zumeist an der Lösung von Problemen arbeiteten, die sie in abstrakter Form selbst hatten, sind bei Koch berufliche Aufgaben zunächst von seiner privaten Naturforschung getrennt: „Er betrachtete alles, was sich bot, das Blatt einer Pflanze wie das Blut eines Tieres oder eines Menschen. Er beobachtete ohne ein bewußtes Ziel. Er betrachtete, um zu sehen." (A, 230) Vom emphatischen ‚Sehen', das sich über die gesamte Sphäre des ‚Sichtbaren' legt, aus der dann im Blick des Naturforschers die auffälligen Phänomene gefiltert werden, lässt sich ein Modell ableiten, das dem synthetischen Kolonialismus der Chemiker strukturell äquivalent ist. Der Bereich des ‚Sichtbaren' ist, wie die Sphäre des ‚Elementaren', als dem (männlichen) Blick vorgängig gegeben noch zu erschließen. Seine Grenzen sind durch ergänzende Hilfsmittel verschiebbar. Eine Veränderung innerhalb des Akteur-Netzwerks, in dem Koch agiert, erzeugt einen bereits bekannten Raum als neu zu erschließenden, wie das Beispiel einer Blutprobe eines an Milzbrand erkrankten Schafs zeigt. Koch war dazu übergegangen, seine Präparate mit Anilin-Farben zu färben, um ihren Kontrast zur Umgebung zu erhöhen und entdeckte auf diese Weise „in langen Reihen angeordnete Stäbchen", die später als Krankheitserreger identifiziert werden können. Damit wird nicht nur der Bereich des Sichtbaren durch den Einsatz künstlicher Farbstoffe vergrößert, sondern die Farben selbst erhalten einen neuen, potenziell lebensrettenden Zweck. Der medizinische und später pharmazeutische Bereich, in dem die Farbstoffe eingesetzt werden, bildet das Ende der Handlung von *Anilin* und zugleich den Intensitäts-Höhepunkt innerhalb des ‚Stoff'/‚Raum'/‚Leben'-Paradigmas.

Dass Medizin und Pharmazie als raumnehmende Disziplinen zu verstehen sind, deutet der Text gleich bei den ersten Episoden an, in denen sie eine Rolle spielen. In 6/XVI. wird beiläufig die Entdeckung des Fiebermittels Phenazetin, dem ersten Medikament der Bayer-Werke, erzählt, von dem es heißt, dass es „sich die Welt im Sturm [eroberte]": „Gleich zu Anfang rettete es bei einer Grippeepidemie in Nordamerika Tausenden von Menschen das Leben." (A, 237) Die Substanz nimmt von Beginn an einen aktiv handelnden Status ein, der sie als Eroberin auftreten lässt, die das Leben großer Menschenmengen heilend beeinflusst. Damit wird der ‚Einfluss' der pharmazeutischen Medizin seit ihrem ersten Auftreten als dem chemopharmazeutischen Dispositiv[170] entsprechend vorgestellt, nach dem sie vor allem über synthetische, chemisch hergestellte Mittel im Körper der Menschen wirkt und über deren Heilung räumliche Geltung generiert. Nach dem Ende des Abschnitts, der die Rettung von Tausenden Menschen berichtet, setzt der folgende Teil mit einer emotionalisierteren Darstellung der Hamburger Choleraepidemie von 1892 ein:

> Spätsommer 1892./In Hamburg wütet die Cholera. Sie ist schlagartig ausgebrochen, ein Blitz, eine Explosion. Wie ein Schreckdonner ist die Nachricht über Deutschland gefahren. Über fünfzig Tote gleich am ersten Tag. Hunderte sind gefolgt. Tausende liegen auf den Tod danieder. Der Welthafen ist gesperrt. Schon an der „Alten Liebe" in Cuxhaven weht die gelbe Flagge./Die Handelsmetropole ist über Nacht eine tote Stadt geworden. Die Seuche geht um, unsichtbar, tückisch, gefährlich. Man mißtraut jeder Gabel, jedem Trinkgefäß, jedem Apfel, jeder Hand, die zu drücken man gezwungen ist. In allen deutschen Ländern sind die Volksfeste abgesagt worden, öffentliche Lustbarkeiten sind verboten. (A, 238)

Die ‚Seuche' bringt als unangekündigt auftauchendes Naturphänomen die Stadt zum Erliegen, physisch indem ihre Bewohner_innen sterben, psychologisch durch den Zusammenbruch der sozialen Abmachungen über Vertrauen und Gemeinwesen, und wirkt damit raumnehmend. Über die Grenzen Hamburgs hinaus werden ihre Wirkungen vor allem als Medieneffekte spürbar, die der Text in einer Blitz/Donner-Logik jenseits des unmittelbaren Einflussbereichs der Krankheit weite Kreise ziehen lässt. Der unmittelbare ‚Tod', der sich auf Hamburg bezieht, wird im Rest des Landes als Schwund von ‚Leben' spürbar, einem paralysierenden „Schreckdonner", dem der Solidaritätsreflex eines simulierten Todes abgesagter Volksfeste folgt. Die Folgen der Epidemie werden vorrangig räumlich bestimmt und damit gesetzt, dass Krankheiten in ihrer Einwirkung auf den Bereich ‚Leben' hohe geopolitische Bedeutung zukommt und sie akute ‚Raum'-Krisen auslösen.

Bei einem Aufeinandertreffen von Robert Koch, der gerade aus Hamburg kommt, mit seinen Mitarbeitern [Emil] Behring und Kitasato [Shibasaburō] in Berlin, zieht der Mediziner angesichts eines mitgeführten Koffers mit gefärbten Gewebe-, Blut- und Stuhlproben und der Betrachtung vorbeilaufender junger Frauen in bunten Kleidern Parallelen zu seinem Metier:

170 Vgl. zum Begriff S. 59, FN 96 in diesem Buch.

> „Es ist schon eine Freude", sagt er, „wenn man die vielen Farben sieht. Wie so ein junges Ding sich freut, daß es endlich auch einmal bunt und lustig aussehen kann. Sie werden es etwas verschroben finden, wenn ich bei der Gelegenheit an meinen Holzkasten hier denken muß. In dem Kasten sind nämlich dieselben Farben, wie sie hier draußen auf den Röcken und Miedern zu sehen sind, nur daß sie dort auf Cholerabazillen haften, auf Leber-, Milz- und Schleimhautschnitten, auf ausgetrichenem Blut und Darminhalt." (A, 239)

Was in der Medizin zur Bedingung dafür wird, überhaupt ‚sehen' zu können, ist im Kleid Anlass zur Freude des „jungen Dings", die in ihrem projektiven Charakter leicht als Freude des (alten) Manns *am* „jungen Ding" lesbar ist. In beiden Fällen machen Farben nicht nur dadurch, dass sie einem sonst unscheinbaren „Objekt" hinzugefügt werden, etwas ‚sichtbar', sondern erzeugen auch einen spezifisch ‚männlichen' Blick, der Farbe als verteilbaren ‚Stoff' und dessen Aktionsraum als körperlich-vergeschlechtlichte Sphäre kennzeichnet, der am Ende nur in zweiter Linie „Dinger" und „Bazillen", sondern medienlogisch zunächst sein eigenes Begehren indiziert. ‚Farbe' als semantische Kategorie wird so zu einem Wertzusammenhang ausgebaut, der als ‚Stoff'-Akteur von männlichen Forschungs- und Genuss-Subjekten an Problemlösungsprozessen in verschiedenen ‚Lebens'-Situationen beteiligt werden kann. Kochs offensichtliche Lust an der expliziten Gegenüberstellung von Röcken und Miedern mit präpariertem Gedärm und ausgestrichenem Blut und Kot deuten auf ein körperkolonisatorisches Begehren des Mediziners hin, den Körper der ‚Frau' als ‚kranken Körper' zu erkennen, was auch durch Kochs, für seine Frau unbefriedigende, Reaktion auf das geschenkte Mikroskop angedeutet wird, die zu der Drohung führt, sie werde ihn verlassen „wenn du das geringste an diesem *Ding* änderst [...]" (A, 230, Herv. AW).[171]

Die Haupthandlung zur medizinischen Anwendung der Farbstoffe verlegt der Text zurück nach Britisch-Indien und wählt die Malaria als Akteurin und damit einen tropenmedizinischen und zugleich kolonialen Kontext. Der deutsch-britische Dualismus wird so auf einem neuen Schauplatz fortgesetzt, der neben ‚Indien' als Land im „Hindukörper" besteht. Namhafte Forscher werden nicht mehr eingeführt, stattdessen folgt, nach einigen Episoden um Duisberg, Brunck und Koch, die Narration dem Arzt Horn, der mit seiner „kleinen Frau" Herta nach Britisch-Indien geht, um dort einen Landstrich zu „sanieren". Im Vor-Text am Kapitelbeginn wird die Malaria als extrem

171 Erinnert sei hier an die Gegenüberstellung von Kochs Tätigkeit als Arzt: „Befriedigung fand er dabei nicht" und seinen Naturforschungen: „Befriedigung fand er bei seinem Mikroskop." (A, 230)

verbreitete pandemische Struktur beschrieben, die einen großen Teil der Menschheit betrifft:

> Ein Drittel aller Menschen leidet an Malaria. Sie tötet jährlich Millionen, Hunderte von Millionen leben mit der Malaria als Sieche dahin, blutleere Skelette, unfähig zur Arbeit wie zur Freude, lebende Leichen, die jeden Gesunden verfluchen. (A, 247)

Die Exposition der Krankheit als aktiv Handelnde und ihre Konsequenz als Entzug von ‚Leben' im biologischen und emphatischen Sinn erfolgt analog zur Cholera, für die Malaria aber mit einheitlich drastischer Wirkung ohne Unterscheidung von Zentrum und Peripherie. Die Malaria kommt „[ü]ber das Dorf Padmapur" (A, 247) und wird mit dem „Eiswind vom Hochmassiv des Himalaja[, der] zuweilen die Gegend überfiel" verglichen. Die ausladende Natur-Metaphorik rückt die Krankheit dabei zugleich in die Nähe propagandistischer Phantasmen der Überwältigung und Überschwemmung[172], die zur Zeit des Erscheinens von *Anilin* und in den Jahren danach verstärkt wieder zur Diskursivierung antisemitischer Konzepte verwendet wurden.[173] Im Text wird diese Ähnlichkeit nicht verfolgt und stattdessen über die Wetter-Semantik eine lose Verbindung zwischen ‚Indien' und ‚Deutschland' hergestellt, die in einem folgenden Abschnitt, der von gescheiterten Versuchen zur Fusionierung der deutschen Farbenwerke handelt, aufgegriffen wird. Dort werden die Eiswinde des Himalaja wiederholt, wenn „von der rheinischen Niederung herauf ein rauher Nordwest über die Farbwerke Leverkusen [fegte]" (A, 249). Geht es in Britisch-Indien dann um einen Konflikt zwischen dem respektlosen Rationalismus der britischen Herrschaft und dem Geltungsanspruch der religiösen Konzepte der Einheimischen, der neben der Dramatisierung der Krankheitssituation die Malaria generell als Konsequenz defizitärer Kolonialpolitik in den Blick bringt, ist es in Deutschland der Gegensatz zwischen dem Idealismus der Bayer- und BASF-Chefs Duisberg und Brunck und der noch zu stark in kapitalistischen Denkmustern verhafteten Leitung der Farbenwerke in Hoechst. Für das Scheitern konkreter Fusions-Verhandlungen macht Brunck die Atmosphäre in Berlin verantwortlich:

---

172 Vgl. A, 247: „Das Fieber drang wie die Winde durch alle Spalten und Fugen und griff nach dem Menschen, wo immer er sich verborgen hielt. Nichts vermochte die Welle aufzuhalten. Sie schlug in die Nachbardörfer, überzog nicht selten die halbe Provinz Bengalen. Wie der Wind die kranken und dürren Äste vom Baume riß, so zerschlug die Fieberwelle unerbittlich jeden, der schlecht ernährt, blutarm war und ohne Kraft, der noch von früher den Keim der Seuche in sich trug."

173 Man vgl. etwa Fritz Hipplers Film *Der ewige Jude* (1940) und andere Materialien, die ausgiebig mit Semantiken von ‚Infektion', ‚Parasiten' und ‚Seuche' arbeiten.

> Berlin war nicht das rechte Pflaster für solche Verhandlungen. Köln auch nicht. Zuviel Hast, zuviel Hetze. Zu gutes Essen, zu schwere Weine, ungewohnte Betten. Dabei soll der Mensch auf andere Gedanken kommen? Prosit ist das einzige, was so ein gequältes Gehirn in einer solchen Umgebung noch begreift. (A, 250)

Um kurz darauf noch idealistisch zu konkretisieren:

> Hätten die Herren damals in Berlin und in Köln ihre Bilanzen zu Hause gelassen, wäre man sich bestimmt nähergekommen. Man hätte dann Zeit gehabt, über die bestehende Zersplitterung in unserer chemischen Industrie zu reden und zu erwägen, wie man zu einer vernünftigen Gebietseinteilung gekommen wäre, zur Spezialisierung, zur Konzentration. (A, 251)

Der Konflikt hat, anders als in Britisch-Indien, situativ atmosphärische Ursachen, die im Folgenden zu Differenzen der Bewusstseinsbildung ausgedeutet werden.[174] Eine zu starke kapitalistische Verhaftung ließe sich, so die These Bruncks, im von ökonomisierendem „Material" gereinigten Gespräch „unter vier Augen" als ephemeres Hindernis bei grundsätzlich geteilter Weltanschauung leicht überwinden. Die „Hoechster", ihrerseits „noch zu ehrgeizig und noch zu wenig Kameraden" (A, 251), stehen gegenüber Brunck und Duisberg auf einer Vorstufe der Erkenntnis über die Notwendigkeit und den Nutzen des Zusammenschlusses der Farbenwerke, weil es ihnen momentan wirtschaftlich zu gut geht, um die Vorteile gegenseitiger Solidarität adäquat erkennen zu können. Dieses Argument ergeht am Ende des Gesprächs implizit auch über die eigenen Verwaltungsräte, die Brunck und Duisberg „steinigen [würden]" (A, 253), wenn sie deren idealistische Höherbewertung der Arzneimittelforschung gegenüber der viel profitableren Farbstoffherstellung hören würden, worauf Duisberg antwortet: „Nur solange sie gesund wären. Wenn sie krank würden, würden sie mit einem Schlage begreifen, daß gesund sein wichtiger ist als ein schön gefärbtes Sommerkleid oder eine bunte Tapete an der Wand." (A, 253) Vor dieser Bemerkung beruft Duisberg sich eindeutig auf Robert Koch, der wie er gegenüber den Verwaltungsräten aufgrund des Wissens über den „Bauplan" hinter den empirischen Dingen zu höheren Erkenntnissen in der Lage ist.[175] Die Idee der ‚Synthese' greift an diesem Punkt von der Chemie

174 Das „Prosit", das zu begreifen „so ein gequältes Gehirn" nurmehr in der Lage war, weist im Frakturdruck eine starke Ähnlichkeit zum „Profit" auf, der den Hoechst-Chefs offensichtlich noch zu wichtig ist.

175 Vgl. A, 252: „Was ich von einer Fusion erhoffe, ist ein Monopol der Köpfe, ein Monopol der Forschung. Wir leben heute nicht mehr von der Empirie. Wir fischen nicht mehr im Trüben. Wir haben der Natur ihren Bauplan abgelauscht. Wir kennen ihre Bausteine. Wir kennen die Struktur der Moleküle. Wir haben die Synthese." In der Formulierung

im großen, überindividuellen Maßstab und mit räumlicher Konsequenz auf ihren gesellschaftlichen Kontext über, der zunehmend explizit universell gedacht wird. Verknüpft mit einer Idee des ‚Plans', der als ‚Tiefe' des Wissens (über die chemische Synthese), als auch der Erfahrung (über den Nutzen der betrieblichen Fusion) konzipiert ist, gelangt eine spezifische Mischung aus ‚Wissen' und ‚Idealismus', die als Arbeit/Natur-Verbund mobilisiert wird[176], in den Rang einer dominanten diskursiven Position, aus der heraus Folgen weiterer Entwicklungen sicher abgeschätzt werden können. Wie die Struktur der Moleküle erkannt und die aus ihnen gebauten ‚Stoffe' synthetisierbar geworden sind, ist auch die Gesellschaft in ihren Elementen als ‚synthetisch' und entsprechend plan- und gestaltbar erkannt worden. Die Chemie fungiert nun als Natur-, ebenso wie als Gesellschaftswissenschaft. Hierfür wird neben der wissenschaftlichen Erkenntnis ein spezifischer Idealismus nötig. Das bedeutet, eine Erkenntnispraxis zu betonen, die von epistemologischen, diagrammatischen oder anderen bild- und datengebenden Verfahren freigehalten wird, ohne dabei esoterisch zu werden und sich etwa als Set von Umgangsformen mit dem ‚Wind' rekonstruieren lässt. Dieser fungiert über seine Bildstabilität bei differenten metaphorischen Bedeutungen als Indikator für Raumkongruenzen zwischen ‚Deutschland' und ‚Indien', die inhaltlich gefüllt werden können, ohne besonders stark determiniert werden zu müssen. Es

Duisbergs, am besten wäre es, „die Richtung zu verfolgen, die uns Robert Koch gewiesen hat" (A, 253), kann auch ein impliziter Hinweis auf ‚Afrika' als Aktionsraum liegen. Koch hatte zu dieser Zeit bereits mehrere „Expeditionen", u.a. nach Ägypten, Südafrika, Südrhodesien und Deutsch-Ostafrika unternommen.

176 Der Roman hängt dieses Konzept zu diesem Zeitpunkt deutlich an die Figur Duisbergs, der soeben nach seinen Vorstellungen den Schwerpunkt der Bayer-Werke von Elberfeld nach Leverkusen (und dort ausdrücklich auf eine neugeschaffene Grenze zwischen ‚Kultur' und ‚Natur' und damit als Kolonisationsarbeit erkennbar!) verlegt und als Urheber der Fusionsidee markiert wird. Der Fabrikbau wird von Brunck als dessen Personifizierung wahrgenommen: „Ich freue mich, daß ich Sie einmal hier, mitten in Ihrem entstehenden Werk, beobachten konnte. Wenn ich durch diese Fenster sehe, erkenne ich mit einem Blick den ganzen Duisberg. Auf dieser Seite die weite Ebene, der Rhein, der hohe offene Himmel. Und hier, nach der anderen Richtung, diese wachsenden Schlote, diese endlosen, oft erst halbfertigen Werkhallen, und doch schon überall Dampf und Getöse Man braucht hier nur den Kopf zu drehen und man ist von der freien Natur mitten in der handfesten Arbeit." Eine Verlängerung von Duisbergs Tätigkeit als Chemiker findet auch in Flechtners Biographie über ihn statt, in der er immer wieder auch in seinem unternehmerischen Handeln als „Synthetiker" beschrieben wird. Vgl. Flechtner: *Carl Duisberg*, bspw. S. 203 & 244: „Entscheidend aber war wohl, daß diese Tätigkeit bei ihm aus denselben Wurzeln entsprang wie seine Organisation der Farbenfabriken, die Gründung der Interessengemeinschaft […], nämlich seinem synthetischen Streben: Neues zu schaffen durch Verbindung des Verschiedenartigen zur Einheit, und Kräfte zu steigern durch Vereinigung des Gleichartigen zu gemeinsamem Ziele." (S. 244)

genügt die lose Wiederholung der in Britisch-Indien geltenden Religion/Rationalismus-Opposition im Idealismus/Kapitalismus-Gegensatz zwischen Bayer/BASF und Hoechst, für die der einleitende ‚Wind' jeweils eine Ähnlichkeit im Ausgesetzt-Sein von verschiedenen Formen des Widerstands (seien es Krankheit oder fehlerhaftes Bewusstsein) andeutet. Zugleich liegt hierin, bisher nur für ‚Indien' angedeutet, das koloniale Phantasma einer erschöpften „Rasse"[177], mit dem andeutungsweise auch der eigene Raum signifiziert zu werden vermag. Das Gegensatzmodell, das in Britisch-Indien existenziell-eskalativ angelegt ist, muss innerhalb Deutschlands als moderat konträr und Widerstände müssen als momentan und überwindbar konzipiert werden. Der Raum einer Auseinandersetzung mit Formen der Erkenntnisproduktion, die in nicht-verwandtschaftlicher Konkurrenz zu den eigenen Verfahren stehen, wird für den ‚deutschen Mann' das britisch verwaltete ‚Indien' und darin der eigene Körper sowie die Körper der „Hindus" sein. In diesen Sphären werden das Verhältnis zur Epistemologie der „Hindus" untersucht und das Verhältnis zu den Briten noch einmal verhandelt.

Die Exposition des Arztes Horn, der Hauptfigur für das letzte Kapitel, lässt sich auf den 26. Mai 1923 datieren. Der Text vollzieht einen erheblichen Sprung. Die Jahre zwischen 1897 und 1911 waren als „Entscheidungsschlacht" um den künstlichen Indigo zusammengefasst worden und die Episode um Duisberg und Brunck kann sich 1904 ereignet haben, als die BASF, Agfa und Bayer sich zunächst zur sogenannten „Kleinen I.G." zusammenschlossen. Für die Selbstbeschreibung der I.G. entscheidende Jahre ihrer Vorgeschichte, besonders um den Ersten Weltkrieg, werden also in der Narration von *Anilin* ausgespart. Erinnerungen daran tauchen in der Figur Horn auf, die eine Variante des Frontsoldaten-Typus darstellt.[178] Er betritt seinen Arbeitsraum am Morgen des Tages, an dem Albert Leo Schlageter als Widerstandsaktivist gegen die Besetzung des Ruhrgebiets, nachdem er einige Tage zuvor von einem französischen Militärgericht zum Tode verurteilt wurde, standrechtlich erschossen worden war. Die Vollstreckung des Urteils war von einem extremen Medienecho begleitet, in dessen Folge Schlageter parteiübergreifend zum Märtyrer und zu „einer Integrationsfigur des krisengeschüttelten Deutschland"[179] wurde. Von den bitteren Gedanken hierüber wird Horn beim Betreten

---

177 Vgl. A, 247: „Die Menschen in den indischen Provinzen sind meist sehr arm, fast alle sind unterernährt, fast alle ohne Kraft, kaum einer, dem nicht schon in der Wiege der Seuchenkeim in das Blut gesenkt worden wäre."

178 Vgl. ausführlich Klaus Theweleit: *Männerphantasien*. Bd. 1: *Frauen, Fluten, Körper, Geschichte*. Reinbek 1987.

179 Stefan Zwicker: *„Nationale Märtyrer". Albert Leo Schlageter und Julius Fučik. Heldenkult, Propaganda und Erinnerungskultur*. Paderborn 2006. S. 87.

seines Labors durch die strahlenden Effekte des Sonnenlichts auf seinem Arbeitsgerät und „den langen Reihen der Farblösungen" (A, 254) abgelenkt.[180] Die Eindrücke geraten zu einer Epiphanie, die ihn an die eigene Zeit als Soldat erinnert, wodurch der Roman die Erfahrungen der Gegenwart von 1923 eindeutig auf den Ersten Weltkrieg rückbeziehbar macht und als ‚krisenhaft' kennzeichnet. In jedem ‚deutschen Mann', so die nahegelegte Lesart, bricht im Zusammenhang mit der als ungerechte Gräueltat bewerteten Hinrichtung Schlageters die Erinnerung an die Kriegserfahrung und zugleich das Bewusstsein der Traumatisierung im Anschluss an den Weltkrieg auf. Die Erzählinstanz führt Horn im halbdokumentarischen Gestus einer verallgemeinerbaren Biographie-Erzählung so ein, dass die Perspektivierung des Front- und Freikorpskämpfers als reliable Quelle für die Konstruktion neuester Vergangenheit rhetorisch nahegelegt und entsprechend relevant gesetzt wird:

> Schlageter war heute früh erschossen worden. Dabei sollte ein Mensch ruhig sitzen und arbeiten, Präparate färben, Vögel infizieren, Temperaturen messen, Ausstriche machen. Horn war als Truppenarzt mit seinem Stuttgarter Infanterieregiment vier Jahre im Felde gewesen, war 19 mit durch das Baltikum gezogen, hatte mitgeholfen, Riga vom roten Janhagel zu säubern. Dort oben hatte er auch die Malaria kennengelernt und war schließlich nach Auflösung seines Freikorps am Institut für Tropenkrankheiten in Hamburg gelandet. (A, 254)

Durch den Modus der erlebten Rede („Dabei sollte ein Mensch [...]") wird Einblick in den aufgewühlten Gefühlszustand der Figur gewährt, der eine Bereitschaft zum Widerstand andeutet, zu dessen mentalem wie praktischem Befähigtsein die folgenden Kriegserzählungen Belege liefern. Zugleich verknüpft die Reihung der Labortätigkeiten Horn mit den Chemikern der Vergangenheit, deren Abläufe oft ebenso beschrieben wurden, was hier eine infragestellende Wendung erfährt: Der wissenschaftliche Progress steht offensichtlich auf dem Spiel. Verknappende Wendungen, etwa die Jahreszahl „19", revisionistischer Slang wie bei der „Säuberung" Rigas vom „roten Janhagel"[181]

---

180 Vgl. bspw. die erkenntnisträchtige Szene, in der Hofmann zum ersten Mal nach dem Tod seines Vaters wieder sein Labor betritt (A, 126f.). Horn „stockte [...] das Herz" (A, 254) beim Übertreten der Schwelle und er vergisst für einen Moment „die Trauer und die Erbitterung, die er von der Straße heraufgebracht hatte." Das Labor wird als eigengesetzlicher, von ‚Stimmungen' außerhalb zunächst nicht berührter Ort aktualisiert.

181 Für den Janhagel als Figur zur abwertenden Beschreibung linker Gegner vgl. bspw. die Tagebucheintragungen von Joseph Goebbels, u.a. für den 19.5.1928: „Heute abend mit der S.A. durch den tobenden Janhagel gefahren. Eine herrliche Fahrt!", 24.2.1931: „Draußen tobt der Janhagel um mich. Aber auch die Pgn. treten begeistert für mich ein. Die K.P.D. ist ein Dreckhaufen.", 25.6.1932: „Abends nach Wittenberg. Dort in 2 überfüllten Versammlungen geredet. [...] Draußen tobt der Janhagel.", 23.1.1933: „H.H. Ewers hält ein

und betont saloppe Verbalisierungen wie sein „Landen" in Hamburg, mit dem auf die tendenziell chaotisch-kontingenten Zustände der Nachkriegsjahre angespielt wird, vollziehen seitens der Erzählinstanz die Perspektive Horns als Vertreter einer deutschnationalen Geschichtspolitik mit. Die Hinrichtung Schlageters führt nun für Horn, der mittlerweile im Elberfelder Bayer-Werk neue Medikamente an Tieren testet, zur beruflichen Krise, in der er sich des Sinns seiner Tätigkeit nicht mehr sicher ist. Sein soldatisch grundiertes, grundsätzlich unerschüttertes Ethos als Arzt[182] wird hiervon nicht berührt, ist es doch als ‚Kraft' der Kameradschaft für männliche Solidargemeinschaften und schließlich als generalisierte Fähigkeit aller ‚Deutschen' zum Ertragen der allgemeinen Krisenlast immunisiert: „Dieselbe Kraft hatte ihn bisher erdulden lassen, was diese Zeit einem jeden auferlegte: Ruhreinbruch, Entwertung des Geldes, Verwahrlosung, Verhetzung, Verwirrung wohin immer man sah." (A, 255) Der Habitus und die Tugenden des ‚Soldaten' werden in diesem Zusammenhang für die chemisch-pharmazeutische Industrie, in der Horn arbeitet, als verbindliches Erklärungsmuster von Entwicklungen aufgerufen, die wirkungsvoll gegen den Zeitgeist konzipiert sind, dabei aber gleichwohl stark herausgefordert werden.[183] Was das von der Negation umstellte Asyndeton andeutet, wird für Horn zur konkreten Verbindung von individueller Berufs- und allgemeiner ‚Lebens'-Krise, in der die „müde[] Hand des Arztes", der sich selbst als Kolonisierter erkannt hat, nicht mehr in der Lage ist, zu handeln. Die Erfahrung der Nachkriegsjahre als Lösung von Bindungen und Schwinden von Ordnung, lässt sich strukturell als Entkoppelung zuvor fester Strukturen beschreiben, mithin als ein anti-‚synthetischer' Prozess auf gesellschaftlicher Ebene, in dem die Hinrichtung Schlageters zum metonymischen ‚Tod' aller ‚deutschen Männer' und das Problem zur Krise der ‚Kraft' extrapoliert werden kann. Der Schwund an ‚Leben', der sich etwa in der Müdigkeit von Horns Hand oder seiner depressiven Stimmung, die „alles sinnlos und ohne Bedeutung" erscheinen lässt, zeigt, „[verblaßt] für einen Augenblick vor dem Schein der Maisonne, der in diesen hundert Farben funkelte." (A, 255) Im Anblick seines

Grabplatz für Frau Wessel frei. Abfahrt. Der Janhagel tobt in ohnmächtiger Wut." Zit. n.: *Die Tagebücher von Joseph Goebbels*. Hg. v. Elke Fröhlich im Auftrag des Instituts für Zeitgeschichte. München 2006.

182 Vgl. A, 255: „Horn war Arzt aus Gesinnung und Trieb. Dieselbe Kraft, die ihn im Felde jede Gefahr hatte vergessen lassen, um einem Verwundeten zu helfen, hielt ihn an diesem Versuchstisch fest, oft bis tief in die Nacht. Es war dieselbe Kraft, die den Bergsteiger bei Nacht und Wetter aufbrechen läßt, um vermißte Touristen zu suchen, die die Seeleute in die Rettungsboote jagt, um Menschen aus Seenot zu retten […]" usw.

183 Der Text spricht von einer „Waffenbrüderschaft zwischen den Chemikern und den Ärzten" (A, 254) und von der Forschung am Malaria-Medikament als „Kampagne" (A, 255).

Arbeitstisches vergisst Horn die Trauer für einen kurzen Moment, ersetzt das Gefühl aber nicht mit einem anderen. Die Rede bleibt beim „vergessen" und „verblassen" stehen. In einer Begegnung mit Duisberg, der plötzlich hinter ihm steht, referiert der Arzt den revisionistischen Standard zur deutschen Nachkriegssituation, zu Versailler Vertrag und Ruhrbesetzung, nach dem die deutsche tropenmedizinische Forschung durch den Verlust der „Schutzgebiete" generell in Frage stünde:

> Wozu machen wir uns all die Arbeit mit Synthesen und Experimenten? Für wen? Was gehen uns überhaupt noch die Tropenkrankheiten an? Mögen sich doch die Herrschaften mit ihnen befassen, die dort noch etwas zu suchen haben. Ich denke, es ist uns von aller Welt bis zum Kotzen klargemacht worden, daß wir in den Kolonien nichts mehr zu suchen haben. (A, 256)

Die Bedingungen des Friedensvertrags werden von Horn als Umkehrung der deutschen Kolonialpolitik gegen das Land selbst gewertet. Die pharmazeutische Forschung arbeite der kolonialen Besetzung Deutschlands zu, indem mit einem Generikum des zwei Jahre zuvor entwickelten Germanin, dessen Name geändert wurde, um die Erinnerung an seinen deutschen Ursprung zu tilgen, „er [der Franzose, AW] […] seine Senegalneger [behandelt], um sie in noch größerer Zahl in Infanterieuniformen zu uns hierher an den Rhein schicken zu können." (A, 257)[184] Der Nutzen für das eigene Volk sei demgegenüber fast inexistent: „Es gibt nicht einen schlafkranken Deutschen in der Welt. Die malariakranken Deutschen kann man sich an den Fingern abzählen." (A, 257) Beide Argumente sind Ausdruck von Abwehrmechanismen, nach denen Horn das Diktum der „Unwürdigkeit" zu zivilisatorischer Arbeit, das aus dem Versailler Vertrag hervorgehe, annimmt und als Anlass zu resignativem Selbsthass verinnerlicht, der zum Abbruch medizinischer Forschung auf diesem Gebiet führen würde. Mehr noch sieht er in dieser Forschung das Projekt einer Kolonisierung des eigenen Landes unterstützt. Die Arbeit an Medikamenten gegen Malaria und die Schlafkrankheit einzustellen, erscheint ihm dagegen als möglicher Akt des Widerstands. Duisberg setzt ihm mit Verweis auf nicht weiter gefüllte Konzepte vom ‚Funken Ehrgefühl' im deutschen Forscher und der ‚reinen Wissenschaft' auseinander, dass in der Fortsetzung der Forschungen die wirkungsvollste Demonstration der Ungerechtigkeit der „Siegermächte" liege, weil sie evident mache, dass sie für ihre „Arbeit" in den Kolonien auf die deutschen Medikamente angewiesen seien. Die Fortexistenz der Kolonialimperien wird als Effekt der deutschen pharmazeutischen Industrie gewertet.

---

184 Neben der als Schmach empfundenen Besetzung wird diese Kolonisierung vor allem als Ausbeutung ‚deutschen Wissens' konzipiert.

Für den Text ist das Verhältnis der Tropenmedizin zur Situation Deutschlands nach dem Ersten Weltkrieg nicht leicht zu bestimmen. Schließlich entpuppt es sich, wie in *Erzeugnisse unserer Arbeit* und anderen Büchern mit Stoffbezug, als wichtiger Ausgangspunkt für den synthetischen Kolonialismus, indem die tatsächliche Inbesitznahme geographischen Raums außerhalb des eigenen Landes durch alternative Strategien ersetzt wird. Unter Zuhilfenahme geopolitischer Argumente und forciert durch das Denken der ‚Synthese' in chemischer und „über-chemischer" Form werden aus einer Wendung kolonialen Denkens ins Innere, des eigenen Landes wie auch des Selbst der Subjekte, bisher unerschlossene Ressourcen mobilisiert. Ein etwas absurder Beleg für den Eigenwert von ‚Innerlichkeit' ist die ‚Dummheit' des deutschen Michel, die Duisberg am Ende seiner Rede zur „Dummheit [...], auf die wir uns etwas einbilden" (A, 257f.) umwidmet. Als ‚Dummheit' interpretierte Anständigkeit wird zum Anzeichen für die moralische Überlegenheit der ‚Deutschen', ohne dass die (vom Ausland kommende) Wertung als ‚Dummheit' in Frage gestellt würde. Der Verweis auf den ‚innen' liegenden Wert, auch wenn er ‚Dummheit' heißt, bringt Horn sofort zur Räson.

In Herta Ohlekamp, der selbstbewussten Tochter eines Hamburger Kaffee-Großhändlers, die es sich erlauben kann, „ohne Hut" (A, 262) zu gehen, erhält Horn eine Gefährtin vom Typus des „Kamerad Frau"[185]. Sein Heiratsantrag wird innerhalb des Gesprächs doppelt mit ‚Indien' und der Reise als ‚Abenteuer' verknüpft, indem Horn, nachdem er Herta von seinem Plan erzählt hat, das Malariasanatorium eines reichen Inders zu leiten, zunächst nur fragt: „Was sagen Sie dazu, Fräulein Ohlekamp?" (A, 263), worauf Herta schweigt und in ihr Schweigen „die langgezogenen Sirenentöne von der ‚Cap Arcona' herauf [schlugen]"[186], ein Schiff, auf das Horn zuvor bereits „in Gedanken" geblickt hatte. Das Gespräch zwischen Horn und Herta wird mit der Ausfahrt des Schiffes korreliert und der Dialog zwischen Mann und Frau so zu einem kommunikativen Mensch/Technik-Verbund erweitert. An

185 Vgl. hierzu den gleichnamigen Roman von Lilly Gräfin zu Rantzau von 1937 sowie die kurzzeitige Sammelbezeichnung für die drei Zeitschriften *Die junge Dame, Die Hanseatin* und *Wir Hausfrauen*. Zur Fusion der Zeitschriften 1943 aus Sicht der *Jungen Dame* vgl. Laura Wehr: „Alltag in der NS-Zeit? Fotografien in der Frauenzeitschrift ‚Die junge ‚Dame'". In: Irene Ziehe & Ulrich Hägele (Hg.): *Fotografien vom Alltag – Fotografien als Alltag*. Münster 2004. S. 217–232, hier S. 222.

186 Bei der *Cap Arcona* handelt es sich offensichtlich um das gleichnamige Schiff der *Hamburg Südamerikanischen Dampfschifffahrts-Gesellschaft*, das seit 1927 hauptsächlich zwischen Deutschland und Argentinien verkehrte, bevor es während des Kriegs in der Ostsee eingesetzt und am 3. Mai 1945 mit Tausenden von KZ-Häftlingen an Bord während eines britischen Luftangriffs versenkt wurde. Dass der Text einige Jahre übersprungen hat, zeigt auch die Erwähnung der inzwischen gegründeten I.G. Farben durch Horn.

der Schnittstelle des Hamburger Hafens, wo Schiffe, Dinge, Nachrichten und Menschen sich treffen und Horn von Informationen berichtet, die er telegraphisch vom deutschen Generalkonsul in Kalkutta erhalten hat, handeln er und Herta ein Konzept von zwischengeschlechtlicher Kameradschaft aus, das auf den verändert globalisierten ‚Lebens'-Zusammenhang, dem Horn sich als ‚deutscher' Arzt seiner Zeit und damit ‚moderner' Kolonisator gegenübergestellt sieht, immunisierend antworten kann. Bei der als ‚Abenteuer' konzipierten Reise muss Horn, bevor er zum Chefarzt des Sanatoriums in Darjeeling werden soll, wo (aus europäischer Sicht) „ein herrliches Klima" (A, 263) herrsche, „fürs erste irgendwo in der Provinz praktizieren", wo „das Klima [...] stellenweise mörderisch" und „[d]ie Eingeborenen [...] meist Fanatiker gegen Fremde" (A, 264) seien. Der Aufenthalt zerfällt also perspektivisch in einen ersten mit ‚Gefahr' und ‚Überwindung' und einen zweiten mit ‚Routine' und ‚Wohlstand' korrelierten Teil, und liegt insgesamt auf der Grenze zwischen Horns auf gleiche Weise korrelierten Lebenshälften, bildet also den männlich-biographischen Limes zwischen ‚Jugend' und ‚Alter', die jeweils anthrodezisionistischen Regeln unterliegen und limitierte Optionen aufweisen:

> Ich werde wohl jahrelang fort sein müssen. Ich bin nicht mehr der jüngste. Wenn ich zurückkomme, werde ich alt sein und verbraucht. Ich muß mich daher jetzt für die zweite Hälfte meines Lebens entscheiden. Und diese Entscheidung wollte ich Ihnen überlassen. (A, 264)

Der lebensideologische Aspekt des synthetischen Kolonialismus stellt sich demnach für das Individuum abschließend als Problem der Lebensmitte dar. Wie bei Runge und Hofmann, die ebenfalls ihre wichtigsten Entdeckungen parallel zu Erfolgen oder Krisen ihrer erotischen Biographie erlebten, koppelt der Roman auch beim nicht-exzeptionellen Individuum, das Horn in seiner Typushaftigkeit trotz der ausgestellten Überdurchschnittlichkeit ist, wissenschaftlichen Erfolg als Beitrag zum Großprojekt des synthetischen Kolonialismus mit einem Konzept ‚reifer Männlichkeit', das sich als entscheidungs- und gefahrfähig erweisen und so den Eintritt in einen weniger prüfungsintensiven Lebensabschnitt legitimieren muss. Dass dieses Konzept und die Stresstests der mittleren Lebensphase vor allem der Arbeit am überindividuellen ‚Stoff'/‚Raum'/‚Leben'-Zusammenhang zugute kommen sollen, zeigen entsexualisierte Paartitel („Kamerad" A, 264), die Verständigung beider Partner auf den Vorrang der ‚Sache' vor der Zweierbeziehung[187] sowie die technischen

187 Vgl. A, 264: „‚Und wenn ich nun ‚nein' sagte?'/‚Dann ginge ich trotzdem.'/‚Aus gebrochenem Herzen?'/‚Nein, aus Liebe zu meiner Aufgabe.'/Sie gab ihm die Hand. ‚Sie sind ein aufrichtiger Mensch, Horn. Ich möchte daher nicht weniger aufrichtig zu Ihnen sein. Wenn

Ergänzungen des intimen Eheanbahnungsgesprächs, die auf eine größere Einlassung sozialer Beziehungen in den synthetisch-kolonialen Leitdiskurs hinweisen.

Für den Wiedereintritt in ‚Britisch-Indien', den Extremraum für die Aushandlungsprozesse um ‚Stoff', ‚Raum' und ‚Leben', wird eine Region ausgewählt, die einem positiv gesteigerten Deutschland auffallend gleicht und deren Beschreibung sich als Aufforderung zur Herstellung einer semantischen Kongruenz zwischen beiden Räumen verstehen lässt:

> Das Vorgebirge des Himalaja ist hier ein Paradies. Auf seinen Höhen ist die Luft kühl und klar. Keine Moskitos, kein Fieber. Hier stehen Wälder von Tannen und Eichen wie in den Voralpen Europas, Kastanien und Ahorn werfen breite Schatten. Selbst in beträchtlicher Höhe blühen Geranien, Veilchen und Rosen, im Winter wie im Sommer. (A, 266)

In dieser gemäßigten Zone, die von den Flüssen Ganges und Brahmaputra sowie dem Himalaya begrenzt wird, führen Horn und Herta, inzwischen verheiratet, von den britischen Ärzten gemieden und medizinisch unterfordert ein gemächliches Leben. Horn, als eine Art Leibarzt eines indischen Fürsten angestellt, plagt ein schlechtes Gewissen, ausgelöst von seiner Verantwortung gegenüber einem Paket Plasmochin-Tabletten, die ihm „Geheimrat Duisberg [...] noch selber unter den Arm gesteckt" (A, 267) hatte und deren Verteilung er als Pflicht begreift. Er sieht sich entsprechend als Teil eines Akteur-Netzwerks, dem neben ihm als Mediziner sein ‚Wissen', ebenjene Tabletten, weitere Medikamente wie das Chinin zu ihrer Ergänzung und die wirklich bedürftigen Patient_innen in der „Niederung" angehören. Der Transfer der Arznei an die Kranken ist durch Horns Verharren in der luxuriösen Situation blockiert. Einziger Grund, dort zu bleiben, sei die Sorge um seine „kleine Frau" Herta, die als Schutzobjekt des Mannes zur Komplikation innerhalb des synthetisch-kolonialen Projekts wird und deren Rolle nun neu auszuhandeln ist. Die Paartitel „kleine Frau" und „Mann", mit denen sich die Eheleute adressieren, darüber hinaus Horns Ansprache an seine Frau in der dritten Person („[...] sie hat da falsche Vorstellungen.") und die fortgesetzte Technisierung ihres ehelichen Verkehrs[188], markieren eine nötige Versachlichung der erotischen Paarbeziehung und die Modellierung der Frau entlang eines Prinzips ihrer Ent-Irritierung

Sie mir gesagt hätten, daß Sie um meinetwillen hierbleiben wollten, hätte ich bestimmt ‚nein' gesagt.'"

188 Vgl. A, 269: „Lachend schlug er seiner Frau mit der flachen Hand auf die ‚dorsale Protuberanz'. Als Mediziner pflegte er im Privatleben diese Körperstelle so zu bezeichnen."

als lebensideologischer Faktor[189] aus ‚männlicher' Sicht. Horns Sorge um die „kleine Frau" erweist sich als ahistorisches Moment im Geschlechterverhältnis, das entweder als implizites (wie zweifelhaftes[190]) Emanzipationsangebot des Textes an die Frau oder psychologisch als eigene Angst des Mannes ausgelegt werden kann.

In der „Hölle" der „Niederung"[191] sind weitere Akteure in den Verbund zu integrieren: neben den infizierten Patient_innen vor allem die extrem ‚lebens'-nahen Elemente ‚Fieber' und ‚Mücken'. Horn nimmt sich zunächst die Sanierung eines einzelnen Dorfes durch die Unterbrechung des „Kreislauf[s] Mensch – Mücke – Mensch" vor: „Ich würde erst mal sämtliche Einwohner durchuntersuchen, von jedem die Blutprobe durchsehen, jeden Keimträger unter Chinin und Plasmochin setzen." (A, 268) Hinzu kommen Religion und Weltanschauung der lokalen Bevölkerung als Hürden bei der Vermittlung des medizinischen ‚Wissens' in Tabletten- und Spritzenform an ihre Körper.[192] Das medizinische System der „Hindus" wird in ‚Medizinmänner' und ‚Ärzte' unterteilt, deren jeweilige Absagen an westliche Medikamente letztlich gleichartig aus dem gespeist werden, was der Roman als das Glaubenssystem des Hinduismus konstruiert und deren Unterscheidung auch in der Zuordenbarkeit zum jeweiligen Argument (entweder die Medizin als ‚Zauberei' oder als aufgrund ihrer tierischen und alkoholischen Bestandteile ‚unrein') diffus bleibt. Die Medizin verstößt gegen religiöse Gebote und wird aus diesem Grund abgelehnt. Das System des einheimischen Widerstands gegen das medizinische Hilfsangebot kann als ‚milde' und aus deutscher Sicht „wahre" Form der *White Man's Burden* gestaltet werden.[193] Die Prämissen von Horns Projekt, also der Anspruch, *alle* Bewohner_innen der zu

189 Vgl. Lindner: *Leben in der Krise*, S. 84.

190 Zweifelhaft, weil die emanzipatorischen Gehalte sich ziemlich vollständig aus einer Vermännlichung des emotionalen Haushalts der Frau bei Aufrechterhaltung ihrer Funktion als Medium des erotischen Begehrens des Mannes ergäben, woraus letztlich neben der Kameradifizierung der Frau als aus Sicht des Mannes „pflegeleichterem" Gefährten nur eine Befriedigung seiner impliziten homo- und autoerotischen Triebstrukturen als Profit und die Stabilisierung des ‚männlichen Blicks' resultieren würden.

191 Der Roman erzählt Episoden aus verschiedenen Teilen der britischen Kolonie ‚Indien' und referiert dabei nur sporadisch auf die Ortskenntnis deutscher Leser_innen. Horn und Herta werden in den folgenden Abschnitten, nachdem sie Darjeeling verlassen haben, im Westen des heutigen Bangladesch unterwegs sein.

192 Zum Wissensaustausch zwischen Kolonisatoren und Kolonisierten am Beispiel der britischen Kolonialmedizin in Britisch-Indien vgl. Fischer-Tiné: *Pidgin-Knowledge*.

193 „Wahr", weil im deutsch-kolonialen Phantasma die Vorstellung zentral ist, von einer Position der Identifizierung her zu sprechen und zu handeln, die den Grad an ‚Zivilisation' der „Hindus" nicht explizit aus einer phylogenetischen Rückständigkeit ableitet, sondern als das eigene ‚Andere' wiedererkennt. Hinzu kommt die Betonung eines fehlenden

sanierenden Ortschaften zu erfassen, auf ihre Körper zuzugreifen, der ihm entgegengebrachte Widerstand von Briten und Einheimischen, der Horn und Herta völlig auf sich gestellt sein lässt, ein Brandangriff auf ihre Hütte, die Verweigerung von Berührungen seitens der Einheimischen und der mehrfache Ortswechsel des Paares sowie das zunächst völlige Fehlen der Perspektive der Einheimischen und die enge Bindung der Wahrnehmung an Horn, rücken die Erzählung in die Nähe einer klassisch abenteuerromanhaften Kolonisierungsgeschichte. Hertas Haut wird „braun wie die eines Hindus, ihr Körper aber war zum Erschrecken abgemagert" (A, 270) und so nimmt sie, ähnlich wie Helene Hofmann, die Position einer Indikatorfigur ein, die hier allerdings zunächst nicht auf wissenschaftliche Erfolge hinweist, sondern das Streben nach möglichst großer Identifikation der Deutschen mit den Einheimischen als körperliche Annäherung und das gleichzeitige mentale Zurückweichen gegenüber Extremformen anzeigt.

Der Vor-Text zu 7/VIII. nimmt am Beispiel der sogenannten Schwarzwassererkrankung eine Bestimmung des Blutfarbstoffs als Essenz des Blutes vor. Die Anlage zum lebensgefährlichen Austritt des Farbstoffs in den menschlichen Urin wird durch den „Malariaparasit" (A, 273) geschaffen und durch das als Medikament verabreichte Chinin schließlich ausgelöst: „Der Schwarzwasserkranke verblutet sich in sein eigenes Blut" (A, 273). Die dramatische Situation zwischen Leben und Tod bei einer Malaria-Erkrankung wiederholt sich in der Nebenwirkung des Chinins innerhalb des Blutes als agonaler Moment zwischen dem Verbleib des Farbstoffs und seinem Austritt aus dem Körper. Die Gabe des natürlichen Heilmittels führt zu neuen Risiken und markiert damit nicht-synthetische Medizin letztlich als Verschiebung des Krisenfelds. Das Chinin prozessiert eine „Disposition" (A, 273), die von der Krankheit angelegt wird und signifiziert durch die Entessenzialisierung des Blutes als ‚Lebens'-Saft[194] die körperliche Störung als akute ‚Lebens'-Krise. Die Ersetzung des Chinins durch ein synthetisches Medikament, das noch dazu aus einem künstlichen Farbstoff gewonnen wird, semantisiert das Körper/Heilmittel-Verhältnis von Grund auf neu. Diese Neuausrichtung wird, nachdem das medizinische ‚Wissen' zum Schwarzwasserfieber im Vor-Text angelegt wurde, innerhalb des Romans nicht explizit narrativiert. Der folgende Abschnitt erarbeitet dagegen Bedingungen für den tabuisierten Grenzübertritt in die Körper der „Hindus" durch Horn, für die er Techniken religiöser Mimikry anwenden wird, um

---

ökonomischen Interesses der deutschen tropenmedizinischen Forschung, die steigernd auf die Authentizität des humanitären Hilfsprojekts wirkt.

194 Zum Blut als „vitaler Wurzel" innerhalb der Lebensideologie vgl. bspw. Lindner: *Leben in der Krise*, S. 114.

aus der Position des marginalisierten Geächteten heraus zu gelangen.[195] Der Roman ruft für den Übergang zwischen dem weitgehenden Gemieden-Werden zur überwiegenden Anerkennung des Arztes selbst eine Art Akteur-Netzwerk auf, bei dem allerdings lediglich Horns Oppositionelle versammelt werden:

> Es war ein Kampf gegen Schizonten und Gameten, ein Kampf gegen die Mücke Anopheles, ein Kampf gegen den tausendjährigen Glauben, gegen den Aberglauben, der noch um vieles älter war, ein Kampf gegen Unverstand, Mißtrauen, Furcht./Es war ein Kampf gegen Admi Garib. (A, 273)

Der ‚deutsche Arzt' ist allgemeinem Widerstand auf mikrobakterieller, tierischer, mentaler und personaler Ebene ausgesetzt. Dessen sukzessive Bewältigung verläuft zunächst vielversprechend. In Horns Praxis entsteht zunehmend „ein geregelter Betrieb" (A, 274). Ein nächtlicher Zwischenfall dynamisiert die Situation. Horn wird in die Baracke einer Gruppe Arbeiter gerufen und findet dort einen am Schwarzwasserfieber erkrankten „Hindu", umringt von seinen aufgebrachten Kollegen: „Ihre Augen brennen dicht vor ihm in fanatischer Erregung. Die Münder der Erregten stehen offen und stoßen unverständliche Laute aus." (A, 275) Die Erkrankung des Mannes halten sie

> [v]on jeher [...] für ein Werk der Dämone [sic!]. Böse Geister sind in den Kranken gefahren, und ohne Frage sind die fiebernden Menschen von Furcht und Entsetzen besessen. Horn sieht schon ihre drohenden Fäuste gegen sich gerichtet. In dem rötlichen Schein der Kerze sehen die verzerrten Gesichter mit dem großen Weiß der Augen und Zähne aus wie die Fratzen der indischen Teufel. (A, 275)

Der Einsatz in der Baracke wird zu einer Begegnung mit dem gesteigerten ‚Leben' in religiös-fanatischer Form, was neben der medizinischen Versorgung des Kranken vor allem den Umgang mit den Effekten seiner Symptome bei den anderen Männern zu Horns Aufgabe macht. Als erfahrener Soldat „erfaßt [er] blitzschnell die Lage" (A, 275) und bedient sich einer Simulationsstrategie, löscht die einzige Lichtquelle im Raum und fragt Schiwa selbst um Rat, worauf die Männer augenblicklich verstummen. Als selbsterklärtes Medium des Gottes bereitet Horn eine Spritze mit einem nicht ausreichend erprobten Präparat vor und verabreicht es dem Kranken, dessen Zustand sich

195 Vgl. hierzu Castro Varela & Dhawan: *Postkoloniale Theorie.* S. 231: „Mimikry, so erläutert er [Bhabha, AW], bricht nicht mit dem kolonialen Diskurs, sondern stimuliert das Spiel zwischen Äquivalenz und Exzess, wodurch der Kolonisierte für den Kolonisator sowohl beruhigend als auch beängstigend wirkt, denn ‚Mimikry ist gleichzeitig Ähnlichkeit und Bedrohung'." (vgl. zum Zitat im Zitat auch die dt. Übersetzung: Bhabha: *Verortung der Kultur*, S. 127).

daraufhin schnell bessert. In einer Mischung aus gesichertem medizinischen ‚Wissen' und einem unbestimmten Rest inszeniert der Roman einen Moment der Ambiguität, in dem Horns Verhältnis zu den „Hindus" nach beiden Richtungen kippen könnte, und zugleich eine Situation offener Epistemologie, in der sich die Konsequenzen seines Handelns außerhalb von Horns Einflussbereich befinden. Die zur Schau gestellte Identifikation, also das scheinbare Eindringen in das religiöse Wertesystem der „Hindus", ermöglicht Horn das beabsichtigte Eindringen in den Körper der skeptischen Gruppe, die sich bisher nicht von ihm behandeln ließ. Der Glaube der Männer ohne Vertrauen in sein chemopharmazeutisches Dispositiv wird gleichsam zur mentalen Kolonie des synthetischen Kolonialismus, indem der Arzt es im Modus der Mimikry vermag, die Sphäre dieses Glaubens, in der die „Hindus" aus ihrer Perspektive bisher vorm Zugriff seines „Zaubers" geschützt waren, okkupativ, ohne wirkliche Identifikation und zur Erlangung seiner eigenen Ziele, zu besetzen.

In einem Zwischenabschnitt wird noch einmal die Situation der Farbwerke in Deutschland geschildert. Dabei wird lebensideologisches ‚Wissen' verdichtet und, was den Status des einzelnen Forschers und seiner Individualität betrifft, für eine ‚neue' Situation radikalisiert. Der Text setzt nach der Weltwirtschaftskrise von 1929 an einem wiederum als ‚schwer' markierten Zeitabschnitt ein, in dem die deutsche Industrie sich gegen wirtschaftsimperialistische Angriffe aus dem Ausland zu behaupten hatte und aufgrund des „Wunders" der gelungenen Fusion zur I.G. erfolgreich weiterarbeitet.[196] Auch hier wird von einer Art Akteur-Netzwerk ausgegangen[197], das bei struktureller, ideologischer, materieller und räumlicher Kontinuität personalen Wandel einkalkuliert. Die Organisation der Arbeit des Einzelnen sieht eine Einteilung des Labors in „Boxen" vor, „in jeder Boxe ein Chemiker, [...] aus dem Dutzend waren hundert geworden, aus hundert Hunderte, jeder selbständig, jeder abgeschlossen, und doch mit den anderen verbunden durch die Gemeinschaft des Zieles und der Methode." (A, 278) Der soldatische Habitus der Chemiker[198], der ihre Arbeit

---

196 Als „Ahnherr" dieses „Wunders" wird eindeutig Carl Duisberg markiert, dessen Vision die Erzählung rhetorisch als erfolgreiche militärische Operation grundiert.

197 Vgl. A, 277: „Der Arbeitsplatz in dem Versuchslaboratorium zu Elberfeld, an dem Doktor Horn vor Jahren gearbeitet hatte, hatte inzwischen schon verschiedene Male den Inhaber gewechselt. Das Mikroskop, die Farblösungen, die Käfige der Versuchstiere, die Spritzen und Lanzetten waren dieselben geblieben, und auch das Ziel, das an diesem Tisch gesucht wurde, war noch dasselbe. Vor den Fenstern reckten sich noch dieselben Baumgipfel und dahinter ragten die alten Schornsteine noch immer in den Himmel."

198 Jener Habitus wird mit den organisatorischen Regularien des Arbeitstages verbunden: „Tag für Tag traten diese Männer an ihren Arbeitsplatz wie der Soldat vor dem Feind seine Stellung bezog." (A, 278)

ausdrücklich zur „Gabe" von ‚Lebenskraft' macht[199] und für den die räumliche Vereinzelung des neben andere an seinen „Platz" gestellten Individuums konstitutiv ist, verbindet sich betriebsethisch mit einem Verständnis der ‚Synthese'. Der als großes Ganzes gedachte Forschungsverbund setzt die Rolle des Einzelnen bewusst herab und führt Fortschritte auf das Kollektiv zurück. Aus dem iterativen Blick über das Raster der arbeitenden Chemiker zoomt der Text an die Stelle, an der Horn zuvor gestanden hatte und hört den Moment mit, wie dort in einer Reihe von Medikamententests ein Präparat auftaucht, das neuerlich auf den Steinkohleteer zurückgreift, nachdem zuvor diverse Derivate des Chininwirkstoffs untersucht wurden. Über die Erzählverfahren werden eine potenziell unendliche Iteration des Gezeigten und die gleichbleibend hohen Anforderungen an die Arbeit des namenlosen Einzelnen beim Testen und Auswerten der Stoffe angedeutet. Die Arbeit findet in einer Zone gesteigerten ‚Lebens' und gleichzeitig stark verringerter Individualität statt, in der Wirkprinzipien auf spezifische Weise als „dem Körper abgeschaut"[200] in den Blick kommen und in der Kleinteiligkeit und ‚Genauigkeit' der Arbeit des Chemikers ein dem ‚Wesen des Menschen' entsprechendes System erkannt wird, das die Rolle der Chemie als anthropologischer wie politischer Leitdisziplin weiter stärkt.[201] Zudem wird gezeigt, wie innerhalb des nun fertig ausgebildeten Systems ‚Chemie' durch kontinuierliche Diskurskontrolle und institutionelle Restriktion über nunmehr einhundert Jahre Kontingenz minimiert wurde und Verfahren ausgebildet wurden, die Risiken und Unwahrscheinlichkeiten als Effekte der großen Zahl zu erfassen und zu tilgen vermögen. In gewisser Weise ähnlich wie Horn, der auf die unberechenbaren Affekte der „indischen Teufel" mit der religiösen Mimikry des selbst Kolonisierten reagiert, setzt die deutsche chemische Industrie unter den Einschränkungen der ausländischen Wirtschaftskolonisation einen ins Labor verschobenen Krieg fort, der als Niederlage in die aktuelle Situation geführt hat. Man könnte von einer mimikritischen Gesellschaft der Chemiker sprechen,

---

199 Vgl. A, 278: „Namenlos aber voll Leidenschaft, ohne persönlichen Ehrgeiz, aber von dem gegebenen Ziel besessen, wandten sie hier ihre Jugend, ihr Mannesalter, ihr Leben an die gemeinsame Sache."

200 Der Vor-Text zum Abschnitt stellt den menschlichen Körper und den Zugriff des Medikaments darauf als kompliziertes Schlüssel/Schloss-System dar, in dem minimale Abweichungen von der „passenden" Lösung bereits zu negativen Folgen oder Wirkungslosigkeit führen können. Vgl. auch zur ähnlichen Metaphorik in Ungers *Germanin* S. 334f. & 373f. in diesem Buch.

201 Hier liegen fruchtbare Anschlussstellen für anthropologische Debatten über die von Lethen beschriebenen „Verhaltenslehren der Kälte". Vgl. Lethen: *Verhaltenslehren.*

die als Verbund simulierend mit erfolgreichem Ausgang nachstellen, was zuvor zum Zusammenbruch der Ordnung geführt hat.

Im folgenden Abschnitt, der Text datiert sich selbst in den Oktober 1932, erhält Horn das neueste Resultat der Forschungsarbeit in Elberfeld als Paket geliefert: eine Ration des Medikaments Atebrin, das eine Revolution in der Malariabehandlung verspricht[202] und von Horn an seinen Patient_innen getestet werden soll. Das kolonialmedizinische Projekt[203] wird von der Rhetorik der ‚Eroberung'[204] begleitet, die die ‚Sanierung' des Dorfes gegen den Widerstand von Admi Garib, einem fanatischen „Brahmanen" und Horns stärkstem Widersacher, als militärische Operation lesbar werden lässt und in der Immunisierung der ersten Dorfbewohner_innen explizit räumliche Erfolge verzeichnet.[205] Der Roman verdichtet sich zu einer Abenteuererzählung, in der Horns Projekt zugespitzt und einer Entscheidung zugeführt wird. Admi Garibs Enkel erkrankt und wird vom Großvater nach „hinduistischer" Methode behandelt. Während einer kurzen Abwesenheit des Oberpriesters führt Rabar Garib, der Vater des Kindes, Horn zu seinem Sohn und drängt ihn, überhastet, ohne vollständige Diagnose und entgegen seiner Intuition ein Medikament gegen die Malaria zu verabreichen. Der Sohn stirbt wenig später und Horn sucht nach einer Gelegenheit, die Leiche zur Feststellung der Todesursache heimlich zu obduzieren. Eine Möglichkeit scheint sich zu bieten, als der Großvater einen Opfergottesdienst für die Seele des Verstorbenen durchführt. Beide Projekte zur Verarbeitung des Todesfalls haben obsessiven Charakter und werden im Gespräch zwischen Herta und Horn als fanatisch gekennzeichnet.[206] Der geteilte Irrationalismus weist die postmortalen Praktiken als ‚lebens'-nah aus, wobei dies im Fall der Obduktion vor allem für die Bedingungen gilt, unter denen Horn sie durchzuführen hat. Während der Sektion, die ergibt, dass der

---

202 Der Text dramatisiert die Wirkungschancen des Atebrin hinsichtlich seiner Neuartigkeit und Nebenwirkungsfreiheit. Bereits 1930 weist der Entwickler des Präparats Walter Kikuth auf die gegenüber dem Plasmochin stark unterlegene Gameten-Wirkung hin, betont später aber die im Roman auch hervorgehobene Schizonten-Wirkung. Die im Text dargestellte relative Freiheit von Rezidiven wird also nur mit einer kombinierten Therapie aus Plasmochin und Atebrin eventuell erreicht worden sein. Vgl. Walter Kikuth: „Zur Weiterentwicklung synthetisch dargestellter Malariamittel". In: *Deutsche Medizinische Wochenschrift* 58 (1932), H. 14, S. 530–531.

203 Zuvor sei das Medikament bereits an den leichteren Fällen der Malaria in Südamerika und Rumänien getestet worden.

204 Vgl. A, 280: „Nach wie vor mußte Horn jeden Hindu einzeln überreden, jede Hütte einzeln erobern."

205 Vgl. A, 281: „Die von Horn behandelten Familien blieben gesund. Ihre Hütten standen wie kleine Inseln fest inmitten der Sturmflut."

206 Vgl. A, 284: „‚Die Hindus können fanatsisch sein'/‚Die Ärzte auch, kleine Frau. […]'"

Junge nicht aufgrund eines Kunstfehlers, sondern an einer Lungenentzündung gestorben ist, kehrt der Priester zurück und greift den Arzt an. Dabei wird Horn vom „Brahmanen" mit dem eigenen Skalpell an der Hand verletzt. Die Öffnung der Leiche des Jungen, in der die wissenschaftliche Schaulust des Arztes, aber auch das koloniale Begehren, in den Körper des ‚Fremden' einzudringen, ihr Medium gefunden haben, wird als Moment höchster Gefahr handlungslogisch zum gesteigerten Höhepunkt im Aushandlungsprozess um die synthetisch-koloniale Neubestimmung der zuvor als krisenhaft klassifizierten ‚Stoff'/ ‚Raum'/‚Leben'-Konfiguration. Die Inbesitznahme des „Hindu"-Körpers gelingt, indem er zum Beleg für das Funktionieren des ‚Stoffs' wird und wiederholt auf dem Gebiet der Kolonie ein Modell des ‚Krieges', bei dem die Gegner weder Admi Garib oder ein anderer „Hindu", noch die Briten sind, sondern vielmehr die Krisentendenz der ‚Stoff'/‚Raum'/‚Leben'-Trias durch Reaktualisierung des Individuums getilgt werden muss, um so den synthetischen Kolonialismus als geopolitischen Faktor in sein Recht zu setzen. Die Leichenöffnung wird hierfür zur dramatischen Gegenprobe, die für Horn nicht folgenlos bleibt. Seine Handverletzung entzündet sich und entwickelt eine lebensbedrohliche Sepsis. Herta, „[d]ie Angst gab ihr Riesenkräfte" (A, 289), erweist sich als ‚männliche' Frau und bringt Horn ins 160 Kilometer entfernte Militärhospital nach Darjeeling, also zurück in die gemäßigte, europäisierte Zone der Kolonie. Die drei Absätze, in denen die Fahrt dorthin in ihren Widrigkeiten beschrieben wird, enden jeweils epiphorisch mit „Sie/Herta fuhr" (A, 289) und dehnen das Bedeutungsspektrum ihres Namens zur Homophonie mit dem Attribut „härter".[207] Im Krankenhaus angekommen werden die Brisanz von Horns Zustand und Hertas Rolle für seine Rettung deutlich betont. Sie, die am Ende des Abschnitts zum ersten Mal als „Herta Horn" (A, 291) bezeichnet wird, rettet den Mann im Verbund mit einem neuen Bayer-Medikament, dessen Wirksamkeit nun am ‚deutschen Arzt' selbst zu erweisen ist.[208] Zusätzlich muss Horn der verletzte Arm amputiert werden, was seine Infektion zur sichtbaren und

207 Namenswörterbücher verweisen für den Ursprung von Herta zumeist auf einen Lesefehler der bei Tacitus vorkommenden germanischen Fruchtbarkeitsgöttin Nerthus sowie darauf, dass es sich in den Jahren nach 1900 um einen ausgesprochenen Modenamen handelte. Vgl. Lutz Mackensen: *3876 Vornamen. Herkunft, Ableitungen und Koseformen, Verbreitung, Berühmte Namensträger, Gedenk- und Namenstage*. München 1969. S. 261f. sowie für die onomastische Nähe zum mhd. „hertaere" für „Hüter der Gemeindeherde" sowie zu „HART" bei Familiennamen um „Hert-" und „Herter" Max Gottschald: *Deutsche Namenkunde. Unsere Familiennamen nach ihrer Entstehung und Bedeutung*. Berlin 1971. S. 327.

208 Vgl. A, 291: „Ich habe ihm nach der Operation das neue Mittel gegeben, das uns seine Fabrik neulich hat zukommen lassen, ein Azobenzolpräparat, das gerade bei solchen schweren septischen Fällen ausgezeichneten Dienst tun soll. Hoffen wir, daß es zutrifft."

bleibenden körperlichen Versehrung in der Art einer typischen Kriegsverletzung macht[209] und Horn als Individuum neu hervorbringt.

Die Krisis, die Horn in der Folge fünf Monate lang im Krankenhaus durchlaufen und während der „sein Blut die nun geschwächten Giftstoffe durch zahllose Furunkel ganz allmählich ausgeschieden [hatte]" (A, 292), endet mit einer Einladung zum Gartenfest der britischen Kolonialtruppe von Darjeeling am 1. Juni 1933, die, analog zum Bayer-Paket in 7/X., vom Ehepaar Horn als Medieneffekt skeptisch aufgenommen wird.[210] Horn nimmt sich, als er aus der Klinik entlassen wird, selbst als „wandelndes Bayer-Depot" (A, 292) wahr und weicht damit die Mensch/Stoff-Grenze in Richtung einer transhumanistischen ‚Synthese' des ‚Präparats' und des durch ihn geretteten ‚Lebens' auf. Horn wird so zum mobilen Repräsentanten der ‚lebens'-unterstützenden Funktion des ‚Stoffs' und er und das ‚Leben' generell eine Kolonie der I.G. Farben.[211]

Das Gartenfest wird zum Wendepunkt im Verhältnis zu den Kolonialherren, von denen das Ehepaar über die inzwischen stattgefundene Machtübergabe am 30. Januar 1933 informiert wird. Aus Sicht der Briten ist erst jetzt die Annäherung an Horn überhaupt möglich:

> Ich an Ihrer Stelle wäre schon längst zur Erholung nach Deutschland gefahren, zumal jetzt, wo es sich dort endlich wieder auf eine anständige Art und Weise leben läßt. […] Ein anderer Wind ist los bei Ihnen zu Hause. Er weht sogar bis

209 Eckart gibt eine Zahl von 15.503 Armamputierten in Folge des Ersten Weltkriegs an. Hinzu kommt eine wesentlich höhere Zahl von Menschen (34.972), „deren ein- oder beidseitige Funktionsstörung der oberen oder unteren Extremität einer Amputation gleichkam." Die Gruppe der Armamputierten bildet nach den Beinamputierten (24.145) die zweitgrößte Gruppe unter den sogenannten „Verstümmelten" des Ersten Weltkriegs. Vgl. Wolfgang U. Eckart: *Medizin und Krieg. Deutschland 1914–1924*. Paderborn 2014. S. 303.

210 Das Ehepaar hat während der Zeit in Britisch-Indien offensichtlich keinerlei Kontakt zu Freunden oder Verwandten in Deutschland und kommuniziert nur über Bayer-Korrespondenten und mit diesen stets schriftlich. Effekte von ‚Fortschritt' und ‚Geschichte' werden so, und der Roman mag sich an dieser Stelle selbst reflektieren, wenn sie Entfernungen zu überbrücken haben, als vor allen Dingen graphisch vermittelbar und Gegenstand nicht intimer Kommunikation ausgewiesen.

211 Nebenbei bindet der Text implizit, durch die Aussage des Arztes („Danken Sie Gott und Ihrem Steinkohlenteer." A, 292) sowie den Vor-Text zum selben Abschnitt 7/XIII., der deutlich auf Texte wie *Erzeugnisse unserer Arbeit* verweist (nächtliche Leuchterscheinung des Bayer-Kreuzes, Bayer als globalisierte Marke, die auf der ganzen Welt zu haben ist, der Ursprung all dieser Mittel im Steinkohlenteer), die Rettung Horns an die bereits erzählte Geschichte der Farbstoffsynthese zurück und unterstreicht so nochmals den über den Roman hinweg erarbeiteten ‚deutschen' Charakter des Steinkohlenteers. Zugleich werden die Komplettdurchdringung der I.G.-Sphäre und der umfassende Anspruch des synthetischen Kolonialismus deutlich.

> hierher. Das sehen Sie doch schon daran, daß wir hier so gemütlich beieinandersitzen. (A, 294)

Aus einer englischen Tageszeitung erfahren die Horns schließlich Einzelheiten:

> Horn traute seinen Augen nicht. Entgeistert starrte er auf die Bilder dieser Seiten. Es waren Bilder von der Feier des 1. Mai 1933 auf dem Tempelhofer Feld. Ohne ein Wort rannte er aus dem Zimmer, rannte durch alle Räume des Kasinos, rannte durch den Park, bis er Herta gefunden hatte. Jeder gesellschaftlichen Form zuwider, faßte er sie bei der Hand, zog sie aus ihrer Umgebung und schleppte sie ins Rauchzimmer vor die Bilder der „London News".*/*Herta erging es nicht anders, wie es Horn ergangen war. Sie faßte nicht, was sie hier sah und las. „Wie war das nur möglich?" fragte sie endlich. „Wie haben sie das bloß geschafft?"/ „Sie werden gekämpft haben wie die Löwen, wie die Tiger", sagte Horn und sein Gesicht brannte vor Begeisterung. „Mit ‚schonen' wären sie bestimmt nicht soweit gekommen." (A, 294)

Die Nachricht vom politischen Machtwechsel in Deutschland, die dazu führt, dass die Briten auf die zuvor gemiedenen Deutschen zugehen[212], wird vom Ehepaar mit einer situativen Isolation von den Gastgeber_innen beantwortet. Der Roman überlässt zunächst den Briten, in der Person des Chefarztes und durch die Tageszeitung, die Erstbewertung der nationalsozialistischen Regierungsübernahme, die dann als emotionaler Affekt im deutschen Ehepaar ausgestaltet wird. Ihr intuitiv-impulsives Handeln „[j]eder gesellschaftlichen Form zuwider" führt die beiden, „jeder guten Sitte zum Trotz", an den Rand der Anlage und zu einem bereits zuvor beschriebenen „Abgrund, den die Gipfel des Himalaja jetzt tiefschwarz vor fahlem Himmel überragten" (A, 294). Die ‚Deutschen' werden so, gegenüber den die ‚Form' wahrenden und sich diplomatisch-kalkulierend verhaltenden Briten, noch einmal deutlich mit ‚Leben' und ‚Gefahr' korreliert. An der Brüstung der Klippe besprechen Horns die adäquate Reaktion auf die Ereignisse in Deutschland. Indem der Text die Ermächtigungspolitik und die „Kampfzeit"[213] der Nationalsozialisten mit ‚Leben' verknüpft und dabei insbesondere als Anti-Schonung gegen den Rat des britischen Arztes positioniert, und in einer Präzisierung der Art und Intensität ihres „Kampfes" von „wie die Löwen" auf in Britisch-Indien heimische Tiger anspielt, korrespondiert der Einsatz der Horns in Indien und die Krankheitskrise des Arztes nun mit dem „Kampf" der Nationalsozialisten in Deutschland:

212 Hier sei noch auf das Wiederauftauchen eines metaphorischen ‚Windes' hingewiesen, mit dem Stimmungslagen als „Klima" und die entsprechenden Reaktionen darauf abgebildet werden. Vgl. S. 240f. in diesem Buch.

213 Zum Begriff der „Kampfzeit" als Bezeichnung für die „Zeit des Aufstiegs der NSDAP von 1918 bis 1933" vgl. Schmitz-Berning: *Vokabular des Nationalsozialismus*. S. 347f.

Hör mich an, Herta! Hör mich ganz ruhig an! Eben noch war ich entschlossen, nach Deutschland zu fahren. Sie haben mich auf den Gedanken gebracht, noch bevor ich es wußte. Jetzt frage ich dich, kann ein anständiger Deutscher hier nach halber Arbeit seinen Posten verlassen? Was ist Erholung und Wohlbefinden vor solch einer Leistung? Müßte man sich zu Hause nicht schämen vor jedem Menschen auf der Straße, der durchgehalten hat? Ist es nicht gerade jetzt hier draußen meine Aufgabe, zu zeigen, was wir vermögen? Ich will wieder hinunter nach Padmapur, nach Rangpur. Du sollst nur sagen, daß du ebenso denkst wie ich." (A, 294f.)

Die fünf Monate, die Horn im Krankenhaus verbracht hat und die verhindert haben, dass er zeitnah von den politischen Veränderungen in Deutschland erfährt, lassen sich mit jenen ersten Monaten der NS-Regierung korrelieren, in denen aus der Perspektive des Romans ein (politisches) Subjekt wieder Autonomie über sich selbst erlangt, was etwa die naheliegende Identifikation der Beschreibung von Horns Genesung als einer ,Reinigung' des Körpers von Giftstoffen mit etablierten NS-Metaphern zeigt.[214] Weiter zurückverfolgt lassen sich in dieser Logik auch die hastige Behandlung des Jungen, sein Tod und Horns Kampf mit Admi Garib nachträglich als Referenzen auf das Ende der Weimarer Republik lesen. Dass die Entscheidung, in Britisch-Indien zu bleiben und die Übergabe der politischen Macht an die Nationalsozialisten zuletzt noch mit Hertas Schwangerschaft kurzgeschlossen werden, weist über die Geschlechterlogik von *Anilin* noch auf frühere Ereignisse, etwa Helene Hofmanns mit den Entdeckungsrhythmen ihres Mannes synchronisierte Fertilität[215], und damit die weiterhin geltende ,Lebens'-Harmonie früher nur-chemischer, mittlerweile

214 Die Semantik um ,Körper' und ,Gifte' ist im NS bekanntlich ausgeprägt. Vgl. zur Metapher des „Volkskörpers" Schmitz-Berning: *Vokabular des Nationalsozialismus*, S. 667–670, wo auf die binäre Verwendungsweise hingewiesen wird „sowohl als naturalistisch interpretierte biologische Metapher [...], wie im Rahmen der Erbgesundheitspflege als Bezeichnung für eine ,überindividuelle Einheit dauernden Lebens, die die gegenwärtige Zeugungsgemeinschaft ebenso wie die vorausgehenden und nachfolgenden Generationen umschließt.'" (Zitat im Zitat: Hans F. K. Günther: *Der nordische Gedanke unter den Deutschen*. 2., umgearb. Aufl. München 1927. S. 144.) Zu einem einschlägigen Beispiel für die Konstruktion des „jüdischen Gifts" und einer diesbezüglichen „Immunlogik" vgl. Hitlers Aussage vom 2. April 1945: „In einer moralisch mehr und mehr durch das jüdische Gift verseuchten Welt muß ein gegen dieses Gift immunes Volk schließlich und endlich die Oberhand gewinnen." Zit. n. „,Äußerungen des Führers' im Führerhauptquartier vom 4. bis 26. Februar und am 2. April 1945". In: *Hitlers politisches Testament. Die Bormann-Diktate vom Februar und April 1945*. Hamburg 1981. S. 41–127, hier S. 122.

215 Ein System, das für die Frauen „vor der Synthese" im übrigen offensichtlich radikal nicht gilt: Weder Mary McClan noch Charlotte Vogt werden Kinder kriegen.

politisch-chemischer und in ansteigender Intensität synthetisch-kolonialer Prozesse hin.[216]

Oberflächlich deutet der Roman die „Leistung“ der Nazis in Deutschland als Motivation für Horn, als Ansporn und Vitalisierung seines ‚Deutschtums'. Strukturell liegt dagegen noch die unvollendete Identifikation der ‚Deutschen' mit den ‚Hindus' im Argen, die zur Vervollständigung einer wiederhergestellten ‚Stoff'/‚Raum'/‚Leben'-Kongruenz nötig ist. Horns Rückkehr in die Gegend von Rangpur wird derart mit Hofmanns Rückkehr in sein Labor parallelisiert, als dass auch hier ein treuer Diener die Ausrüstung des Chemikers bewahrt hat. Die Wahrung räumlicher Kontinuität angesichts individueller biographischer Unterbrechungen der forschenden Tätigkeit delegiert der Text an auf unterschiedliche Weise mit ‚Vertrauen' verbundene Domestikenfiguren, die in einer Art Glaubensbeziehung zum Forscher stehen. In Horns Fall hat Parda, jener „Hindu“, den er nachts dank einer simulierten Anrufung Schiwas vom Schwarzwasserfieber heilen konnte, anders als Hofmanns Labordiener Aubel, das Zimmer des Arztes von außen bewahrt, aus Furcht, jenen Raum „voll magischer Geheimnisse“ (A, 296), der ein religiöses Tabu darstellt, zu betreten. Der Widerstand, der Horn nun entgegenschlägt, hat einen anderen Charakter als zuvor und wird als politische Maßnahme erkannt, die nicht mehr von den „Hindus“ ausgeht, sondern diese manipulativ in die Irre führt. Die „Wanderprediger“ (A, 296), die im Volk Stimmung gegen Horn und mit ihm alles, „was deutscher Herkunft war“ (A, 296) machten, werden schnell als „gedungene Agenten“ (A, 297) erkannt:

> Aus Kalkutta erfuhr Horn, daß sich in Amsterdam ein Ring gebildet hatte zur Förderung des Chininverbrauchs, und daß diesem Ring vorwiegend Händler angehörten, die aus ihrem Blut und ihrer Gesinnung heraus dem neuen Deutschland nicht gewogen waren. (A, 297)

Deutliche Anspielungen (Amsterdam, Ring, Händler, Blut, Gesinnung) weisen auf den jüdischen Hintergrund einer Wirtschaftsintrige gegen die Bayer-Medikamente hin[217], deren Agenten auch auf die kolonialpolitischen

216 Dass Horn seiner Frau gegenüber die Perspektive des Arztes behält, zeigt seine Ankündigung, sie in Darjeeling zu besuchen: „Wenn deine schweren Tage kommen, werde ich dich nicht allein lassen, Herta. Ich komme dann nach Darjeeling und bleibe da, bis alles in Ordnung ist.“ (A, 295) Die Rolle als Hertas Arzt überlagert ein kaum zu erkennendes Konzept von ‚Vaterschaft' und wird als Regung auch erst durch die Beobachtung der „starken Frau“ beim Packen seiner Sachen und durch das Ausbleiben emotionaler Reflexe ihrerseits ausgelöst.

217 Zum 1913 in Amsterdam gegründeten „Chinin-Büro“, auf das hier möglicherweise angespielt wird, vgl. Andrew Goss: „Building the world's supply of quinine. Dutch

Invektiven zur Behauptung des Indigo gegen die synthetischen Farbstoffe zurückgreifen und damit analog zur Rhetorik des britischen Kolonialismus angelegt sind. Der Hinduismus wird mit Hilfe (schlechter) religiöser Mimikry als Diskursarena für kolonialpolitische Fragen missbraucht. Eine Attacke auf Horns Bungalow, der komplett verwüstet wird, fällt mit Hertas Niederkunft zusammen, der Horn fernbleiben muss, um nicht „als geschlagener Mann das Feld" (A, 297) zu räumen. Während im Rest der Welt bereits ein deutsch-synthetischer Meta-Kolonialismus einsetzt, bei dem die Körper der Kolonialtruppen anderer Länder „bereits mit ihren Rationen die gelben Tabletten mit dem Bayerkreuz [erhielten]" (A, 298), erweitert auch Horn langsam sein „Kampfgebiet" (A, 299). Die konfliktuöse Lage zwischen ihm und seinen Opponenten wird erst durch den *deus ex machina* einer neuen Erkrankungswelle endgültig geklärt. Als eine besonders schwere Form der Krankheit, die bezeichnenderweise Malaria Tropica heißt, von Ceylon her, wo „seit Wochen Tag für Tag Tausende dahin[gerafft]" (A, 299) werden, die Gegend erreicht, geht Horns Medikamentenvorrat so weit zur Neige, dass sogar die Sicherheit seiner eigenen Familie auf dem Spiel steht. In dieser Nahtod-Situation wiederholt sich die Interaktion mit der Familie Admi Garibs. Nach dessen Enkel erkrankt nun der Sohn Rabar, woraufhin Horn vom „Brahmanen" selbst alarmiert und zum Kranken geführt wird. Horn rettet Rabar Garib mit den letzten verbliebenen Medikamenten, die eigentlich für ihn und seine Familie bestimmt waren. Admi Garib, der im Anschluss an die Heilung seines Sohnes zu Horns Prophet wird, kalkulierte offensichtlich bereits mit der völligen Erschöpfung von Horns Vorräten und eröffnet mit seinem Verhalten eine Lesart, nach der er seinen Sohn zur Verunglimpfung Horns opfern wollte.[218] In der Gewärtigung der

---

colonialism and the origins of a global pharmaceutical industry". In: *Endeavour* 38 (2014), H. 1. S. 8–18, hier S. 15.

218 Diese Lesart ließe sich durch in Abschnitt 7/IV. gemachte Aussagen zu Admi Garib als Priester und sein Glaubenssystem, unter dem er selbst leidet, stützen. Dort wird ein umfassender Glaubensmasochismus der „Hindus" vorgeführt, die Unheil geradezu herbeisehnen und sich fürchten, wenn „Schiwas Vergeltung" ausbleibt. Die dort gemachten Ausführungen zum Umgang der „Hindus" mit den britischen Kolonialbeamten geben auch Hinweise zur identifikatorischen Engführung ihrer Lage mit der Erfahrung der Deutschen als nach dem Weltkrieg von den Siegern kolonisierte Gruppe. Der Abschnitt stellt dar, wie die Delegation der „Lebensfragen" eines „Volkes" an eine göttliche Macht zum Verlust von Autonomie führt, aber auch, wie historische „Ungleichzeitigkeiten" sich in divergenten medialen Prozessorstrukturen niederschlagen: Admi darf seinem Enkel, der der Sohn einer Engländerin ist, der Regeln seiner Kaste wegen nicht schreiben und ihn nicht sehen oder gar berühren, ihn allerdings anrufen, da „[d]en Fernsprecher [...] Schiwas Gesetze nicht [kannten]." (A, 259).

Wiederauferstehung seines Sohnes verfällt Admi Garib in eine religiöse Ekstase[219] und signifiziert Horn nicht nur als auf religiöser Ebene legitimiert, sondern zusätzlich als Löser seiner eigenen Familien-, Generationen-, Vaterschafts- und zuletzt der damit verbundenen Glaubenskrise. Der Fanatismus, mit dem die „Hindus" nun zu Horn pilgern, unterscheidet sich nicht von dem ihrer vorherigen Ablehnung[220] und verbleibt auch rhetorisch in derselben Logik, die nun lediglich auf Zustimmung umgestellt wird und aus dem einstigen „Gift" nun „das heilende Salz" (A, 302) macht. Die Kontinuität im Denksystem der „Hindus" verweist dementsprechend auf ihre anhaltende Irrationalität, Lenk- und Unberechenbarkeit, die auf religiösen Wahn und propagandistische Manipulation gleichermaßen anspricht.

Eine Begegnung Horns mit dem Chefarzt aus Darjeeling, der vestimentär ein antiquiertes System[221], damit aber auch den einstigen Feind von Horns Soldaten-Ich und die Erinnerung an die eigene Zeit als Soldat verkörpert, führt ihn textlogisch zur Verbalisierbarkeit seines Wunsches, Britisch-Indien wieder zu verlassen. Mit der Verabschiedung „Denken Sie immer an Ihr Herz, Sir!" (A, 303) stößt der Arzt in Horns ambivalenter Disposition, die ‚Gesundheit' und emphatisch besetztes ‚Leben' nie zu trennen vermochte, eine Entscheidung an. Wieder in seiner Hütte generiert ein verdichteter mentaler und dinglicher Akteurs-Verbund[222] in Horn den Entschluss, nach Deutschland zurückzukehren. Die Leserin erfährt, dass Horns Sohn bereits „im vierten Lebensjahr stand" (A, 303) und kann die Handlung so mit der Gegenwart der Romanpublikation um 1936 synchronisieren. In einer Epiphanie verwandelt sich Horns Wohnumgebung in die deutsche ‚Heimat' und er erkennt, daß er „auch noch eine Frau [hatte], eine unerhört tapfere Frau hatte er, und einen Sohn [...]" (A, 303). Die zuvor stets zugunsten der „höheren" und stärker mit ‚Leben' korrelierten Ziele der männlichen Lebensmitte abgewertete familiäre Sphäre

219 Vgl. A, 301: „Der Brahmane Admi Garib, der neben dem Krankenlager gestanden hatte, schrie wie ein Stier. Dann warf er sich vor Horn auf die Erde, küßte seine Kleider, seine Schuhe, seine Hände. ‚Großer Sahib! Schiwa hat dich gesegnet!'/Taumelnd wankte der Brahmane aus der Tür."

220 Vgl. A, 302: „Mit dem gleichen Fanatismus, mit dem sie bis dahin Horn verwünscht hatten, sahen sie jetzt zu ihm auf."

221 Vgl. A, 302: „Horn sah auf den funkelnden Knauf, auf das scharfe, herrische Gesicht des Engländers, das ihn an das Profil eines römischen Feldherrn gemahnte. Er sah auf die Achselstücke des königlich britischen Sanitätsoffiziers und zuletzt auf die lange Ordensschnalle, und es fiel ihm ein, daß er ja nur noch einen Arm besaß."

222 Dieser besteht neben der erledigten Aufgabe vor Ort und der Begegnung mit dem Chefarzt u.a. aus einem Brief mit einem an seinen Idealismus appellierenden Stellenangebot des Werks in Elberfeld, dazu Horns schwäbischem Leibgericht und der Erkenntnis über seine Rolle als Familienvater (vgl. A, 303).

wird jetzt, nach Lösung der transitorischen und überindividuellen Krisen, der „Erledigung der Pflicht“, in Wert gesetzt und diese Inwertsetzung als transformatorische Vorwegnahme der Rückkehr in den Herkunftsraum performativ sofort verwirklicht.[223]

Der letzte Abschnitt des Romans schildert die tatsächliche Rückkehr des Ehepaars nach Deutschland, die den Arzt zunächst durch die therapeutisch instrumentalisierte Naturkulisse der Alpen[224], zum ersten Reichstreffen der deutschen Chemiker in München[225] und von dort an Main und Rhein entlang zum Bayer-Verwaltungsgebäude in Leverkusen führt. Der Abschnitt führt die synthetische Vereinigung aller deutschen Chemiker und ihrer Spezialinteressen im „Bund deutscher Chemiker“ mit einem zusammenfassenden Blick über die Institutionengeschichte der deutschen Chemie als endlich erreichtes Ziel vor. Dabei werden neben Hofmanns initialer Gründung der „Deutschen Chemischen Gesellschaft“ vor allem die politisch hinterlegten Zusammenfassungsprojekte Duisbergs, der die „Gefahr frühzeitig erkannt und für den Bereich der I.G. Farbenindustrie behoben [hatte]“ (A, 305), sowie die umfassende Fusion aller Verbände im „Bund deutscher Chemiker“ herausgegriffen. Der Text schreibt diese Verdienste dem „neue[n] Staat“ (A, 305) zu und reiht den Nationalsozialismus so in die Genealogie der deutschen Chemiegeschichtsschreibung ein.[226] Horn, der sich als Einer von Vielen beim „Reichstreffen“ befindet, markiert dessen extraordinären und durchmilitarisierten Charakter:

> Horns Herz begann heftig zu schlagen vor dem überwältigenden Anblick, der sich ihm beim Eintritt in diese Halle bot. Dies war keiner der üblichen Kongresse, dies war eine Heerschau unerbittlich forschender Kämpfer, ein Konzil von Feuerköpfen. Die Referenten sprachen wie die Heerführer vor der Entscheidungsschlacht. (A, 305)

---

223 Vgl. A, 303: „Ein brennendes Gefühl stieg in ihm hoch. Die Bambusmöbel, die um ihn her standen, waren plötzlich aus flammender Birke. Die Bananenbüsche vor den Fenstern wurden blühende Apfelbäume.“

224 Vgl. A, 304: „Sein Inneres war noch übervoll von den erregenden Bildern des Landes, aus dem er kam. Aus dieser Landschaft kam ein heilsamer Frieden.“ Auch Hertas Ohnmacht und ihr „befreites Schluchzen“ (A, 303) bei Horns Entscheidung, nach Deutschland zurückzukehren, weisen auf einen nicht referierten Verdrängungszusammenhang in Bezug auf Britisch-Indien hin.

225 Das Treffen fand vom 7. bis 11. Juli 1936 an verschiedenen Orten (Deutsches Museum, Künstlerhaus, Technische Hochschule etc.) in München statt. Vgl. das ausführliche Programm in *Angewandte Chemie* 49 (1936), H. 26. S. 393–403.

226 Vgl. zum „doppelt gesponnen[en]“ Faden der Narration (wissenschaftlicher Aufstieg und Einigung Deutschlands) Lange: *Literatur des technokratischen Bewußtseins*. S. 67.

Nach dieser Ergriffenheitsadresse, die Horns in Britisch-Indien gefühltes Pathos auch in Deutschland bestätigt, geht das Erzähltempus zur präsentischen Darstellung des Erreichten in dokumentarischer Form über und orientiert sich dabei deutlich an den Autarkienarrativen aus dem Kontext der Propaganda zum Vierjahresplan Mitte der Dreißiger Jahre.[227] ‚Stoff'-Fragen werden noch einmal explizit als ‚Raum'- und ‚Lebens'-Fragen verhandelt.[228] Der ‚deutsche Chemiker' fungiert innerhalb dieses Konzepts als Lösungsfigur im Kollektivsingular. Im Bild des ‚ungeheuren Drucks' fallen bei ihm verfahrenstechnisch-konkrete und politisch-metaphorische Strategien zur Überwindung der ‚deutschen Krise' zusammen: Einerseits benötigt die Kohleverflüssigung extremen Druck und hohe Temperaturen, andererseits ergab sich die Notwendigkeit dieses Verfahrens aus einer als existenzielle Notsituation markierten Lage, die ihre technische Konkretion erst erforderlich und möglich macht. Politische Metaphorik wird dem synthetischen Kolonialismus am Ende des Romans zur epistemologischen Schrittmacherin; die ‚Synthese' beider Agenden kann dieser als ‚dritter Raum' vollziehen und vorführen. Horn, als Angehöriger der neuesten Chemiker-Generation, repräsentiert den Tiefstand in der Relevanz des Individuums, sowohl für sich, als auch in seinem Blick auf die seiner diskursiven Position vorgängigen Prozesse. Sein ‚Wissen' um die historische Entwicklung der ‚deutschen Chemie' ist nur noch schwach ausgeprägt und ebenso schwach legitimiert.[229] Wissenschaftsgeschichte, die für ihn im „neuen Staat" nicht mehr von politischer Geschichte zu trennen ist, wird performativ, im Raum und am Objekt, erfahren. Der Text spricht im Modus der Werbung in anaphorischen Reihungen über den neuen synthetischen Kautschuk Buna[230] und führt Horn an den neuen großen Fabrik- und Siedlungsanlagen der I.G.-Betriebe an Main und Rhein entlang, die Deutschlands Geographie nun als von der chemischen Industrie strukturiert und nur im Verbund mit ihr wahrnehmbar ausweisen. Das fertig kolonisierte Akteur-Netzwerk, das neben allen möglichen Annehmlichkeiten „die Kinos, die Kinderspielplätze, die Luft der Flüsse und Hügel, das weite grüne Land, die

227 Deutlich wird das etwa an Wendungen zum existenziellen Status der deutschen Synthesechemie wie etwa „Der künstliche Werkstoff ist zur deutschen Lebensfrage geworden." (A, 305) Hierin ruft der Text zentrale Ideologeme der deutschen Synthese-Propaganda auf und stellt damit einen Bezug zu den Texten von Zischka, Greiling u.a. her.

228 Vgl. A, 305: „Wir sind eingeengt, geographisch, wirtschaftlich, politisch. Wir wollen leben! Immer lauter wird die Forderung nach dem künstlichen Werkstoff."

229 Vgl. A, 306: „‚Vor hundert Jahren', denkt Horn, ‚griff irgendwo in Berlin – in Oranienburg, wenn ich mich recht besinne – ein Mann zum erstenmal nach der Kohle. Er hieß Runge oder so ähnlich. Was ist schon ein Name –'".

230 Vgl. A, 306: „Buna ist widerstandsfähiger. Buna verträgt Hitze. Buna verwittert nicht an der Luft."

Belegschaft der Hunderttausend“ sogar „die Sonne darüber“ einschließt, bildet einen allumfassenden Verbund, der ‚Deutschland‘ *ist* und, gemeinsam mit dem Werbesprech zu den synthetischen Stoffen und stärker noch als dieser, für den Roman anzeigt, dass die ‚Synthese‘ als Problem überwunden, als historischer Prozess erzählfähig geworden und in den ‚Dritten Raum‘ von *Anilin* als Buch mit Stoffbezug delegierbar geworden ist.

KAPITEL 3

Weitere „Stoff-Muster“

Nach der Analyse der I.G.-Broschüre *Erzeugnisse unserer Arbeit* und Schenzingers *Anilin* werden nun vor allem drei weitere Bücher mit Stoffbezug näher untersucht, davon zwei aus dem „Kern“ des Untersuchungskorpus, also jenen Texten, die zeitlich im unmittelbaren Umfeld des Vierjahresplans erscheinen, und einer, der mit seiner Veröffentlichung 1934 zwar bereits in der Zeit des Nationalsozialismus, aber noch vor den wirtschaftspolitischen Bestimmungen des Vierjahresplans liegt. Durch die Analyse von *Anilin* und der I.G.-Broschüre konnte bereits gezeigt werden, dass die Texte an einem übergeordneten Aushandlungsprozess teilnehmen, der sie als Bücher mit Stoffbezug bestimmt. Im Folgenden wird an weiteren Beispielen gezeigt, wie dieser Prozess innerhalb der Texte sowohl auf der Ebene der *histoire* als auch des *discours* stattfindet.

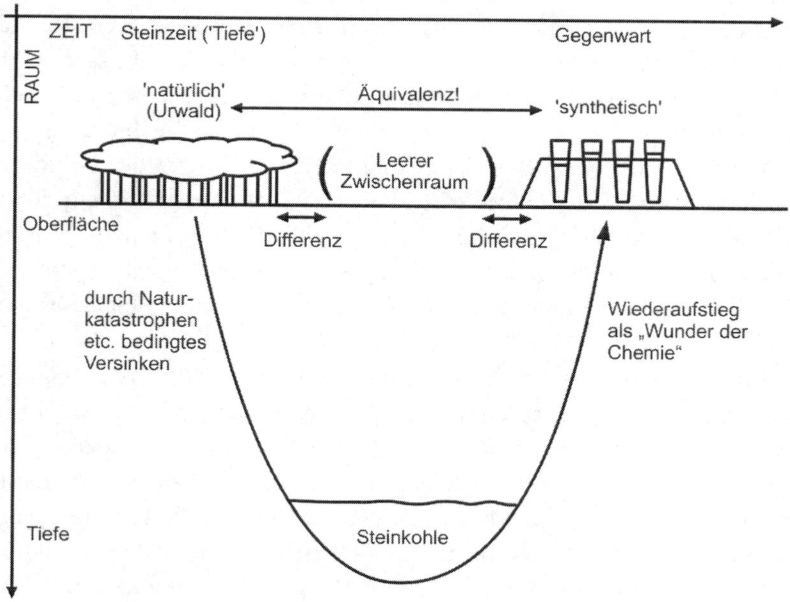

Abb. 20 Zeit- & Geschichtsmodell des synthetischen Kolonialismus (Schema)

 | DOI:10.30965/9783846766408_004

Auf der *histoire*-Ebene lässt er sich bis hierhin als aus den Sphären ‚Stoff' ‚Raum' und ‚Leben' gespeistes und mit einem spezifischen Geschichtsmodell verbundenes Kommunikationssystem beschreiben, das als synthetischer Kolonialismus bezeichnet wird. Dieses System besteht 1) in der je spezifischen Modellierung des ‚Stoff'/‚Raum'/‚Leben'-Verhältnisses unter den Bedingungen der ‚Synthese' als Leitkategorie, 2) in der Inszenierung einer nachholenden Erkenntnis der längst vorhandenen Durchdringung der Lebenssphäre durch synthetische ‚Stoffe' innerhalb eines Raums, der zu diesem Zweck befremdet und mit einer bisher nicht bekannten, räumlichen, geschichtlichen und semantischen ‚Tiefen'-Dimension ausgestattet wird, sowie 3) in einer ebenfalls synthetisch konzipierten und von der Durchdringung ermöglichten Immunisierung ideologischer Einheiten nach außen. Diese Einheiten sind der Körper des Einzelnen, seine Wohnsphäre, schließlich der Körper des Volkes und die Nation als Raum. Dieses Merkmalsbündel bildet ein kohäsionsstiftendes Element zwischen den Büchern mit Stoffbezug, das in seiner phantasmatischen Einlassung in ihre Struktur oft implizit bleibt und dessen Rekonstruktion darum sorgfältiger Freilegungsarbeiten bedarf.

Auf der *discours*-Ebene wird ein spezifisches Set literarischer Übertragungsverfahren interessant, mit dem der synthetische Kolonialismus in die Roman- oder, hier heuristisch weiter gefasst, Buch-Form hinein prozessiert wird. Diese Repräsentationstechniken, in denen und über die erzählt wird, müssen nicht als Gemisch aus Merkmalen mehrerer „Stile", hauptsächlich der ‚Neuen Sachlichkeit' und des ‚Magischen Realismus', beschrieben werden, sondern lassen sich als spezifische, relativ exemplarische Form(en) innerhalb einer „Synthetischen Moderne" begreifen. Diese Erzählweisen können weiterhin als typisch für populärwissenschaftliche Literatur gelten und unterstützen in ihrer verfahrenstechnischen Klarheit die semantische Archäologie auf der *histoire*-Ebene.

Die Bücher beteiligen sich an einer Debatte über Wissenschaftskommunikation etwa hinsichtlich der Position des forschenden Individuums und seines Verhältnisses zum Wissenschaftsbetrieb sowie durch die Ausprägung eigener Perspektiven auf Wissenschaftsgeschichte. Besonders wichtig sind dabei, das hat die Analyse von *Anilin* gezeigt, die Bewältigung von Effekten der Kontingenz bei der historischen Distribution bereits gewonnener Erkenntnisse. Die unsichere Weitergabe von ‚Wissen' durch die Zeit und von einer Person auf eine andere befragen die Bücher oft implizit, seltener direkt als Problem. Ziel der entsprechenden Aushandlungen ist die Herstellung eines Zusammenhangs aus ‚Objektivität' und intersubjektiver Kohärenz in synchroner und diachroner Perspektive. Die Sphäre der Wissenschaft ist für viele Romane in diesem Punkt als Aktions- und Untersuchungsraum das, was für die Broschüre die Privatsphäre der Konsument_innen war. Die in der Wissenschaft noch aktuellen Konflikte werden in *Erzeugnisse unserer Arbeit* als Werbemedium, das sich mit der Darstellung der I.G. als hochspezialisiertem Fertigungs- und Innovationsverbund befasst, in dem Schwierigkeiten nur als in der Vergangenheit liegende und glücklich überwundene Geschichtsdaten vorkommen, immer als schon gelöst erzählt, wenn sie überhaupt der Erwähnung wert sind.

Der Blick auf die Erzählverfahren gibt ebenfalls Aufschluss über die Wiederholung des intradiegetischen Problems unsicherer Wissenschaftskommunikation in der Beziehung zwischen den Büchern und ihren Leser_innen und ist damit als Beobachtungsfeld zentral für die Charakterisierung der Bücher mit Stoffbezug als Akteure im Feld der Wissenschaftspopularisierung ihrer Zeit. In ihren Verfahren organisieren sie die interne Darstellung des Bereichs ‚Wissenskommunikation‘, der ab 1936 kontinuierlich und davor nur selten explizit als genauer bestimmter Bereich der Wissen*schafts*kommunikation konzipiert wird, weisen aber zugleich durch ihre Erzählinstanzen über die Diegese hinaus und diskutieren Modi der Darstellung und Darstellbarkeit von wissenschaftlichem ‚Wissen‘ innerhalb der Kultur, die sie hervorgebracht, mit politischen Ereignissen wie dem Vierjahresplan verschaltet und schließlich reichweitenstark rezipiert hat.

3.1 Die Bücher mit Stoffbezug als Spezialfall „realistischen“ Erzählens

Baßler postuliert für den literaturhistorischen Zusammenhang zwischen 1850 und 1950, also mit Blick auf einen noch größeren Ausschnitt als Frank, Scherer und Palfreyman, dass er allgemein

> in verfahrensgeschichtlicher Perspektive [...] mit einer relativ stabilen und dezidiert realistischen Literaturepoche, dem Poetischen Realismus, beginnt, dann die „Explosionen“ der literarischen Moderne umfasst und schließlich in eine neue Phase realistischen Schreibens mündet, die das radikale Weltveränderungsprogramm der historischen Avantgarden Lügen straft.[1]

Dass ein Text „realistisch“ ist, bedeutet in Baßlers Modell, dass er metonymisch verfährt, worunter zu verstehen ist, dass „der Übergang von der Textebene zur Darstellungsebene, von der Ebene der Zeichen zur Diegese automatisch [erfolgt]“[2]. In diesem verfahrenstechnischen Sinne, demzufolge es auch

1 Baßler: *Deutsche Erzählprosa*. S. 13.
2 Ebd., S. 22.

„realistische“ Vampirerzählungen geben kann, soll der Begriff auch hier verstanden werden. Entgegen Baßlers, in eigenwilliger Aneignung der von Roland Barthes getroffenen Denomination von Textur und Struktur eines Textes[3], wird hier an der in der Narratologie üblicheren Unterscheidung von *histoire* und *discours* festgehalten. Für die untersuchten Bücher mit Stoffbezug ist die Annahme leitend, dass sie im oben beschriebenen Sinn „realistisch“ sind und dass dieser spezifische Realismus sowohl *histoire* (bei Baßler in etwa ihre ‚Struktur‘) als auch *discours* (in etwa die ‚Textur‘) der Texte umgreift. In der jeweiligen Form ihres Nachdenkens über wissenschaftliches ‚Wissen‘ und seine Kommunizierbarkeit entscheiden sich die Bücher mit Stoffbezug immer wieder dezidiert für realistisch-metonymische Verfahren und ordnen sich dabei zunächst in die von Baßler beschriebenen Kategorien ein. Über das Prinzip der ‚Synthese‘ unternehmen die Bücher dann selbst den Versuch, das Verhältnis zwischen ‚Welt‘ und ihrer (medialen) Repräsentation neu zu definieren und sie tun dies mit einem forschen Anspruch auf „Realismus“, zugleich in der Darstellung und in der Wahrnehmung des Dargestellten. Die ‚Synthese‘ etabliert einen neuen Realitätsbegriff, der an zentrale mediale Setzungen des Nationalsozialismus anschlussfähig ist und mit dem korrespondiert, was Ebner mit Blick auf die nationalsozialistische Kolonialliteratur für das System von Ideologie und Weltanschauung als Verhältnis von Mimesis und dem ‚Realen‘ im Sinne Lacans beschreibt. Die Bücher mit Stoffbezug sind politisch kompatibel, erwünscht und gefördert und ermöglichen durch die tiefe Involviertheit Erkenntnisse über ihre ideologische Verfasstheit weit über die explizit gemachten Anteile hinaus. Sie denken, so ließe sich sagen, vermittelt durch ihre Verfahren und der oberflächlichen Lektüre verdeckt, rekursiv permanent über sich selbst nach. Dadurch wird partiell realisiert, womit die Avantgarden als Vision und Ziel ihrer Projekte an den Start gegangen waren: „über geschlossene, selbstreferentielle Formen zu neuen, in wachsenden Stilgemeinschaften akzeptierten metonymischen Modi zu kommen“[4].

Ebners Modell weiter adaptierend ist die Vermutung suggestiv, dass das, was für die Figur des ‚Verräters‘ innerhalb des Inszenierungssystems der nationalsozialistischen Weltanschauung gilt, geradezu perfekt auch auf die ‚Synthese‘ zu passen scheint:

> Denn der ‚Verräter‘ ist ein medialer Saboteur, *der die Wiedergabetreue einsetzt, um Loyalität ‚vorzuspiegeln‘.* Gerade der Verräter hat ein Interesse daran, durch übersteigerte Mimesis und eine *Rhetorik des Authentischen* seine ‚Treue‘ zu simulieren. Der Verräter ist also eine *Figur übersteigerter Mimesis.*[5]

3 Vgl. ebd., S. 27.
4 Ebd., S. 405f., vgl. auch S. XLVII in diesem Buch.
5 Ebner: *Nationalsozialistische Kolonialliteratur.* S. 12 (Herv. im Orig.).

Eine der wichtigsten Strategien zur Etablierung synthetischer Stoffe im Leben der Sphärenbewohner_innen, die etwa in *Erzeugnisse unserer Arbeit* mehrfach auftauchte, ist die Betonung ihrer Vorteile gegenüber den natürlichen Stoffen, die sie ablösen, ergänzen und dabei in ihrem Anwendungsspektrum erweitern oder qualitativ überbieten. Die Kunststoffe weisen Eigenschaften auf, die in ihrer Herstellung und Anwendungsfreundlichkeit von den Merkmalen natürlicher Produkte abgeleitet sind und in einer stets mitgeführten Relationierung mit diesen vergleichbar bleiben. Die Verräter-Definition scheint sich entsprechend auf den synthetischen Stoff anwenden zu lassen, der sich in politischer Hinsicht tatsächlich als über-loyale Variante des ‚Natur'-Stoffs ausgibt und dessen Eigenschaften nicht nur repräsentiert, sondern tatsächlich verkörpert werden und damit Bestandteil der Weltanschauung sind.[6] Der Unterschied zwischen ‚Verräter' und ‚Synthese' in diesem Modell tut sich erst auf, wenn die weltanschauliche Relevanz beider Phänomene ins Verhältnis gesetzt wird zu ihrer jeweiligen Position im medialen System. Denn während der ‚Verräter' zwar, wie die ‚Synthese' auch, funktional zentral innerhalb des ideologischen Gefüges der Weltanschauung angesiedelt ist, nimmt er medienlogisch eine disloziert-periphere Stellung ein. Bei Ebner heißt es dazu:

> Weil nun aber ein Medium, das sich selbst überschreitet, eine Utopie ist, ebenso wie die Vorstellung, man könne ‚das Reale selbst schauen', ist die *Figur des Verräters* so zentral für die ‚Weltanschauung'. Denn der Verräter ist jene Figur, *in dessen Gestalt die medialen Störungen von der Immersion abgespalten werden.* Weil der Verräter ein *medialer Saboteur* ist, der mit den Mitteln der Mimesis arbeitet, lässt sich der ‚Rahmen' der Immersion in seiner Figur abspalten. Indem die Vorstellungswelt dieserart von ihrem Rahmen ‚gereinigt' ist, kann sie sich als universale Weltanschauung ausgeben. Die durch den Unmittelbarkeitsanspruch der ‚Weltanschauung' selbst produzierten Störungen werden somit vom Verräter verkörpert.[7]

Während der ‚Verräter' also die Funktion hat, eine ausgelagerte Störung zu verkörpern und damit strukturell unentbehrlich für die Weltanschauung ist, ihr aber als Anderes angehört, kann die ‚Synthese' nicht ausgelagert werden, sondern organisiert im Modus der Durchdringung die Neuordnung der von ihr erfassten Lebenswelt. Gleichzeitig muss ihr Status als grundsätzlich ‚neu' etabliert und mit den geltenden Postulaten zur Realität vermittelt werden, denen sie noch nicht angehört und innerhalb der sie nur durch spezielle Verschiebungen, etwa durch Vergleich mit bereits Bekanntem, beschrieben werden kann, bevor sie dezidiert eigene Regeln aufzustellen vermag. Das führt dazu, dass ihr medienlogischer Status als (Mit-)Wisserin der Weltanschauung

---

6 Vgl. ebd.

7 Ebd., S. 11 (Herv. im Orig.).

epistemologisch an sich zwar relativ schnell unzweifelhaft, aber ideologisch zunächst unter Umständen noch prekär ist. Dieses Verhältnis bearbeiten die Texte durch eine reflektierte Aushandlung zwischen *discours* und *histoire*, die sich im Anschluss an für den Magischen Realismus entwickelte Modelle beschreiben lässt und auf die ontologische Vermittlung von „Natur und Kultur, Sprache und Welt“[8] im Text abzielt. Leine fasst den magisch-realistischen Text in seiner Vermittlerrolle als „poetologischen Zwischenraum, der die (traditionelle) Schreibweise des Realismus mit den Formexperimenten der literarischen Moderne verschränkt beziehungsweise vermittelt.“[9] Diese Funktion, die mit Frank und Scherer wiederum als „synthetisch“ bezeichnet werden könnte, lässt sich exemplarisch an den Anfängen ausgewählter Romane aus dem Korpus der Untersuchung darstellen.

3.2 Die Romananfänge als exemplarische Problematisierungszonen von Repräsentation

Bevor die Bücher mit Stoffbezug beginnen, über Wissenschaftskommunikation aus einer Perspektive nachzudenken, die das konkrete Handeln mit den ‚Stoffen‘ betrifft, werden oft Episoden eingeschaltet, die eine grundsätzlichere und tendenziell allegorisierbare Reflexion über Zeichenprozesse beinhalten und als Spolien[10], hinübergerettete Elemente, des Poetischen Realismus gewertet werden können. Die Texte etablieren zu Beginn vielfach ein Modell, das dem der realistischen Rahmenerzählung nicht unähnlich ist. Diese ist zwar diegetisch vom folgenden Geschehen nicht auf gleiche Weise räumlich und zeitlich abgekoppelt[11], führt allerdings gleichermaßen in verdichteter Form Merkmale vor, die entweder im weiteren Handlungsverlauf entfaltet werden oder am konkreten Beispiel einer kleinen Episode Teile des intradiegetischen Normen- und Wertesystems etablieren sowie Reflexionen über den Status des

8 Thorsten W. Leine: *Magischer Realismus als Verfahren der späten Moderne. Paradoxien einer Poetik der Mitte*. Berlin, Boston 2018. S. 40.

9 Ebd., S. 37.

10 Den Begriff der Spolie benutzt Uwe Durst nicht ganz trennscharf, aber grundsätzlich erhellend, in seiner *Theorie der phantastischen Literatur*. 2. Aufl. Berlin 2010. insb. S. 182ff. Dort explizit für (nach seiner von Jakobson ausgehenden Definition) realistische Verfahren.

11 Was, wie etwa Wolfgang Lukas gezeigt hat, für die Rahmenerzählung des (späten) Realismus natürlich nahezu konstitutiv ist. Vgl. Wolfgang Lukas: „‚Fremde‘ vs. ‚eigene‘ Geschichte. Anthropologie und Poetologie in der (Rahmen)Erzählung des späten Realismus“. In: Hans-Peter Ecker & Michael Titzmann (Hg.): *Realismus-Studien. Hartmut Laufhütte zum 65. Geburtstag*. Würzburg 2003. S. 251–293, hier S. 254.

Erzählens selbst einfließen lassen, der in den Büchern mit Stoffbezug freilich wieder anders gelagert ist als in den Settings des Poetischen Realismus.[12]

Fritz Peils Roman *Der Kupferdoktor* (1939) beginnt mit einer Exposition der Hauptfigur, des Ingenieurs Hans Rickmers, am Vorabend seiner Abreise nach Chile, wo unter deutscher Regie ein Kupferbergwerk in den Anden errichtet werden soll, um Vorkommen von in bisher nicht erreichter Höhe lagerndem Edelmetall zu erschließen. Der Text beginnt mit der Beschreibung einer alltäglichen, aber semantisch relevanten Situation:

> Doktor Rickmers war noch einmal an seinen Schreibtisch getreten und verweilte einige Sekunden sinnend. Beinahe feierlich war dieser letzte Augenblick in seinem Arbeitszimmer. Dann nahm er kurzentschlossen eine weiße Nelke, von denen ein ganzer Strauß rechts auf dem Schreibtisch stand, und steckte sie sich umständlich, vielleicht auch sehr sorgfältig ins Knopfloch. Als dies zu seiner Zufriedenheit ausgefallen war, sagte er, mehr zu sich als zu seinem alten Sekretär Brennicke:/„So“, kurz und herausfordernd; und dann etwas belustigt: „eine weiße Nelke zum Schluß ...! Wenn das nicht Glück bedeutet ...!“/Brennicke schmunzelte./„Was meinen Sie, Brennicke, was mit dieser Nelke, die übrigens von ihrem Töchterlein stammt, geschehen wird?“/Brennicke sah sich um und sagte lakonisch: „Verwelken.“[13]

Eine Alternative zu dieser figurenbezogenen Einleitung wäre die Exposition des Raums als semiotischem Akteur, die vor allem Texte mit einem stärkeren Sachbuchcharakter wählen[14], in denen weniger Wert auf figurenpsychologische

---

12 Zum Romananfang als Beobachtungsgegenstand der Erforschung realistischer Erzähltexte vgl. bspw. Hans Vilmar Geppert: *Der realistische Weg. Formen pragmatischen Erzählens bei Balzac, Dickens, Hardy, Keller, Raabe und anderen Autoren des 19. Jahrhunderts.* Tübingen 1994. inbs. Kap. 5.2 zum Beginn des *Grünen Heinrich,* weiterhin Stefan Neuhaus: „Still ruht der See. Revolutionäre Symbolik und evolutionärer Wandel in Theodor Fontanes Roman ‚Der Stechlin‘“. In: *Fontane Blätter* 57 (1994), S. 48–77, hier S. 51 sowie Hendrik Birus: „Raabes Erzählanfänge – aus komparatistischer Sicht“. In: *Jahrbuch der Raabe-Gesellschaft* 37 (1996), S. 1–27.

13 Fritz Peil: *Der Kupferdoktor.* München 1939. S. 7. (Im Folgenden im Text mit der Sigle K und Seitenzahl.)

14 Vgl. exemplarisch die Einstiege von *Germanin* (zitiert in der Analyse der I.G.-Broschüre, vgl. S. 62 in diesem Buch) sowie von Hans Dominiks *Vistra*: „Heller Sonnenschein liegt über der Hügellandschaft, spielt um die graugrünen Blätter einzelnstehender Bäume und Sträucher und gleitet mit dem Winde auf und nieder über dem wogenden Gras, das in großen, harthalmigen Büscheln weithin den Boden bedeckt. Wo das Gelände zu einem Fluß steil abfällt, schließt ein Galeriewald die Sicht ab./Ein Rudel Wild trabt über die Grasfläche und nähert sich dem Waldstreifen, um unten am Fluß seine gewohnte Tränke aufzusuchen.“ In: Hans Dominik: *Vistra. Das weiße Gold Deutschlands. Die Geschichte einer weltbewegenden Erfindung.* Leipzig 1936. S. 7.

Gehalte gelegt wird als in den „klassischen" Erzähltexten[15], die aber dennoch, etwa in der Semantisierung von ‚Natur', auf realistische Verfahren zurückgreifen. Die Relation zwischen erzählerischem Gehalt auf der Textoberfläche und einer darunter liegenden Semantik ist in beiden Varianten verschieden. Während der ‚Natur'-Einstieg als zumeist überzeitliche Darstellung kulturell invarianter Gehalte seine allegorischen Angebote eher an einer metaphorischen Auslegung orientiert, kommuniziert der *In medias res*-Einstieg in das Leben der Figur metonymisch und macht damit kleinere, zunächst anscheinend „sicherere" Kohärenzversprechen als die „große Erzählung" einer von Bedeutung durchdrungenen ‚Natur'.

Peils Erzähleinstieg ruft materiell den ausgedünnten Kontext einer Schreibszene auf, auf die der ‚Schreibtisch', das ‚sinnende Verweilen' daran und der ‚feierliche Augenblick' verweisen. Der Akt der Literaturproduktion wird in die Auswahl eines Exemplars aus der Fülle des Blumenstrauß' verschoben[16], dessen Handhabung durch die Figur die Erzählinstanz nicht zweifelsfrei zu interpretieren vermag („umständlich, vielleicht auch sehr sorgfältig"). Literarische Repräsentation ist so bereits im ersten Absatz des Romans als potenziell ‚krisenhaft' markiert. Der unterstellte semantische Gehalt der Nelke, den die Szene mehrfach aufruft und den die Figur als Implikation wiederholt („[...] die übrigens von Ihrem Töchterchen stammt"), wird von der angesprochenen Figur, dem Vater der Blumenspenderin und damit in metonymischer Relation auch der Blume selbst, durch Verneinung des Sinnspiels („Was meinen Sie [...]?") getilgt.[17] Rickmers negiert den Einwand mit der Bemerkung, dass die Nelke „unsterblich" (K, 8) werde und es wird klar, dass die Unsicherheiten in

---

15 Zur Figurenpsychologie als neuartigem Bestandteil der Literatur des Poetischen Realismus vgl. Friederike Meyer: *Gefährliche Psyche. Figurenpsychologie in der Erzählliteratur des Realismus*. München 1991.

16 Der ‚Blumenstrauß', seine Herstellung und Handhabung, ist als Dichtungs-Metapher vor allem in der Romantik beliebt. Vgl. bspw. Otto Eberhardt: *Eichendorffs ‚Marmorbild'. Distanzierung von Dichtung nach Art Loebens. Untersuchungen zum poetischen Verfahren Eichendorffs III*. Würzburg 2006. S. 64 sowie mit grundlegend anderem, assoziativen Ansatz Sybille Benninghoff-Lühl: *Die ganze Welt ein Garten? Flora und Fauna in Ernst Jüngers schriftlichem Nachlass*. Berlin 2018.

17 Kurz darauf wird sich, was die Blumen und Brennickes Tochter angeht, textlogisch durchaus folgerichtig herausstellen, dass Gerda Brennicke nicht etwa in Rickmers verliebt ist, sondern in dessen Kollegen Beierlein. Rickmers' Tisch auch mit Blumen zu schmücken ist dabei lediglich eine Art Tarnung (vgl. K, 11f.). Dass der Text die Kopplung von ‚Blumen' und ‚erotischer Anziehung' kennt, steht also außer Frage. Wie er diese Verbindung funktionalisiert, weist auf ein weitergehendes ‚Wissen' des Textes über die Gattung hin: Affektion ist etwas „Gemachtes", bei dem die (männlichen) Individuen unter bestimmten Umständen nur begrenzten Einfluss auf den Lauf der Dinge haben. Dieser Umstand wird in den extremen Bergregionen Chiles, wo ‚Leben' gesteigert und rationale Kontrolle

der Repräsentationsarbeit des Textes sich mimetisch auf die ausländische Presselandschaft beziehen, die das Verhalten des Ingenieurs vor seiner medial intensiv rezipierten Reise nach Chile scharf beobachtet und auch kleinste Details wie eine Blume im Knopfloch interpretiert. Die Figuren vereindeutigen dieses Problem der semiotischen Spielräume zu einer printmedialen Hermeneutik und der Text überführt das Problem durch die Erzählinstanz in eine implizit bleibende Reflexion über das Erzählen als Repräsentationstechnik in der latenten Krise:

> Bei diesen Worten warf er noch einmal einen Blick durch das Fenster. Die warme Herbstsonne stand hoch über der Stadt, ein wenig schräg schon und leise zum Untergang bereit. Brennendrot glühte sie durch einen weichen, milchigen Dunst von Nebel. In den Straßen lagen lange, tiefe Schatten, und alles, was die Sonne traf, tauchte sie in mildes Licht. Selbst die weiße Muschelkalkfassade des großen Verwaltungsgebäudes, das Dr. Rickmers Arbeitsraum umschloß, leuchtete beinahe symbolisch wie zu einem Festtag in einem rötlich feurigen Scheine. Die große kupferne Sonnenuhr oben, ein wenig nur unter dem Dachgesims, war der einzige Schmuck an der streng stilisierten Fassade. Nur über dem Eingang standen noch in einer kunstvoll aus Kupfer getriebenen Schrift, schlicht und zurückhaltend die Worte: „Deutsche Gesellschaft für Kupfergewinnung.“ (K, 8f.)

Die gerahmte und vorselektierte Wahrnehmung der Außenwelt qua Fensterblick löst sich sukzessive von der Figur, wird aber zuvor noch als durch „einen weichen, milchigen Dunst von Nebel“ gefiltert und dabei in ihren Wertungen irritiert („beinahe symbolisch“) beschrieben. Indem sich diese Unsicherheit auf einen Term wie „symbolisch“ bezieht, der explizit Probleme der Bedeutungsproduktion betrifft, setzt der Text sein Nachdenken über Repräsentation fort. Das durch das Fenster-Display beobachtete Leuchten der Fassade[18], das wiederum ein Display-Effekt des Nebelleuchtens der Sonne ist, deren Zeichenfunktion noch durch die kupferfarbene Sonnenuhr markiert wird, umreißt ein Verständnis von Semiose als temperierter Effektverwertung, das schließlich im Artefakt der Schrift aufgeht, die, kunstvoll gefertigt, zugleich aber „schlicht und zurückhaltend“, das Gebäude nicht nur benennt, sondern in Buchstaben aus Kupfer auch noch metonymisch seinen Zweck, die Gewinnung des Metalls zu organisieren, verkörpert. Der Roman verschlüsselt in dieser Szene ein Regelsystem zur Herstellung von ‚Sinn‘ durch die notwendige Auslegung von

---

gemindert ist, zum Problem werden, das die Männer haben und untereinander klären müssen.

18 Dass der Text hier diese Vokabel wählt, die sich vom italienischen Wort für Gesicht herleitet, und nicht etwa von einer simplen „Hauswand“ spricht, korreliert zusätzlich mit der Zeichenfunktion der Gebäudehülle.

Zeichen. Selbst ‚Natur', die Strahlen der Sonne, erscheint der Erzählinstanz, und mit ihr der Figur, als erklärungsbedürftig und in ihrer Semantik stets mit Kulturprodukten, in diesem Fall der Architektur einer Muschelkalkfassade, verschaltet.[19]

Neben grundsätzlichen Reflexionen von Erzählung und Dichtung als adäquaten Formen der Repräsentation, wiederholt sich hier ein Gestus, den auch die I.G.-Broschüre *Erzeugnisse unserer Arbeit* verfolgt und der als nachholende Erkenntnis eines bestehenden Zusammenhangs beschrieben werden kann. Die Erzählinstanz gibt im Erzähleinstieg *in medias res* metonymische Verweise, mit denen der Leserin wichtige Informationen en passant zugeführt werden. So weist das „große Verwaltungsgebäude" Rickmers als in einen betrieblichen Zusammenhang eingebunden aus, der sich dem Bereich der Großindustrie und damit dem Vierjahresplan zuordnen lässt.[20] Seine konkrete Position darin als „Chefingenieur" wird durch einen flüchtigen Blick der Figur selbst „über die kleine Karte, die, an der Tür angebracht, seinen Namen trug" (K, 9) geoffenbart, wobei auch hier, wie bei den Buchstaben aus Kupfer, Schrift allein nicht genügt. Erst der Zusatz „an der Tür angebracht", die konkrete Verortung in einem Gehäuse- und Sichtbarkeitssystem aus Arbeitsräumen, die von einer Muschelkalkfassade „umschlo[ssen]" werden, auf der die Sonne von den Insassen interpretierbare Zeichen hervorbringt, macht die Schrift auf dem Schild zur wahren Information.

---

19 Die Beschreibung des Gebäudes weist signifikante Ähnlichkeiten mit dem 1939 fertiggestellten, von Emil Fahrenkamp entworfenen neuen Verwaltungsgebäude der I.G.-Firma Bayer auf. Es ist zudem interessant, weil es, als steingewordener „Stoffbezug", eine bauliche Exemplifikation der I.G.-Produktpalette darstellt, in der „Fabrikate der I.G. Farbenindustrie AG. aufs schönste verarbeitet wurden. Es sei nur daran erinnert, daß die Welt- und Deutschlandkarten aus Hydronalium des Werkes Bitterfeld bestehen, daß in einigen Geschossen das I.G. Linoleum liegt, daß in den Fluren des ersten Stockes die Böden aus Buna gefertigt wurden und im siebenten Stock Mipolam zur Verlegung kam. Ferner sind sämtliche Teppiche eulanisiert, die Stoffe sowohl mit Indanthren gefärbt wie zum größten Teil aus Zellstoff hergestellt. Die Wände sind mit Membranit und Glutolin behandelt usw./Somit haben wir gleichzeitig außer Polital auch alle jene hochwertigen Stoffe genannt, die im Sinne des Vierjahresplanes hier an erster Stelle verwertet wurden." In: Emil Fahrenkamp: „Das neue Haus". In: o. A. [I.G. Farben, Bayer]: *Die Welt in einem Haus*. o. O. o. J. [1939]. o. S.

20 Er übernimmt auch die für die Zeit typische Kombination aus „Planwirtschaft, aber weiter unternehmerische Selbstverantwortung", mit deren Hilfe „die chemische Industrie zu beispiellosem Einfluß gelangen [konnte]". Vgl. Bechstedt: *Gestalthafte Atomlehre*. S. 144. Darüber hinaus nimmt das Wirtschaftsunternehmen im Roman verdeckte und offene außenpolitische Funktionen wahr und liegt dabei auf der Linie, die von der Rohstoffautarkie zum Angriffskrieg führt.

Als der Chefingenieur sich von seinem Bürodiener verabschiedet, der zuvor Rickmers' erste Reflexion von Bedeutungsgenese mit dem rationalen Verweis auf das Schicksal von Schnittblumen abgebrochen hatte, erreicht das Nachdenken über Repräsentation, Semiotik und den Status von ‚Literatur' den Bereich direkter, emotionalisierter, zwischenmenschlicher (hier noch zwischen*männlicher*) Kommunikation und zieht eine zurückhaltende Konsequenz über die Reichweite des ‚Erzählens': „Der alte Herr konnte vor Rührung nichts hervorbringen, aber sein klarer, treuer Blick sprach beredter von seinen aufrichtigen Wünschen, als alle Worte zu erzählen vermocht hätten.“ (K, 10) ‚Erzählen' stellt keine besonders hohe Stufe auf der Skala des Zeichenverkehrs dar, erstens weil Sprache potenziell „versagen“ kann, sei es sprachtechnisch wie beim alten Brennicke oder semiotisch wie bei der „beinahe symbolhaft[en]“ Deutung des Sonnenscheins, zweitens auch, weil ihr Register im Verdacht der Minderwertigkeit gegenüber anderen, direkteren Zugängen zum Innenleben steht, die ebenfalls und ohne Worte „sprechen“ können.

Die Presse als Referenzsystem für die Wissenschaftskommunikation außerhalb ihrer disziplinären Grenzen, die mit den Grenzen Deutschlands, was mediale, individuelle Beziehungen übersteigende Auseinandersetzungen angeht, immer gleichgesetzt werden, wird zum Bezugspunkt für die in der ‚Natur'-Beobachtung gesetzten Werte über Sprache als repräsentatives Problemgebiet. Was die ausländische Presse in durchgängiger Ablehnung über die deutschen Ingenieure und insbesondere Rickmers schreibt, gilt es, aus ‚deutscher' Perspektive neu zu kritisieren. Die Kritik an der Kritik ist der Modus, dessen Einübung sich der Roman zu Beginn widmet. Sprachliche Kritikformen bilden hierbei eine Vorstufe zur wesentlich höher gehandelten Abwehrform der ‚Tat'.[21] Auch die Beschäftigung mit der Kritik, Generaldirektor Therburg sammelt die ausländischen Meldungen über Rickmers' Projekt, wird der Kritik unterzogen: „‚Warum sammeln sie eigentlich diese gehässige Zeitungsschreiberei?'/‚Hab ich doch meine Freude dran', rezitierte Therburg theatralisch und lachte dazu verächtlich.“ (K, 13) Therburg beantwortet Rickmers' Frage mit einem Vers, mit dem Mephistopheles sein Interesse an Fausts närrischer Einlassung mit Gretchen rechtfertigt, die an Fausts religiöser Überzeugung zweifelt und die er rhetorisch zu beschwichtigen vermag.[22] Ohne sich zu weit auf die assoziativen Implikationen dieser intertextuellen Referenz einzulassen, lässt sich der Bezug doch als ein nicht weiter ausgestalteter

21 Vgl. K, 13: „‚Da, lesen Sie, a bloody fool nennt man mich.' Rickmers lachte laut. ‚Therburg, wenn wir im nächsten Jahr 200 000 Tonnen Kupfer heimbringen, will ich der glücklichste Narr sein, den die Sonne bescheint.“

22 Vgl. Goethe: *Faust*. V. 3544.

Hinweis auf ein Nachdenken des Romans über die manipulativen Möglichkeiten von Rhetorik deuten.[23]

Der recht ausführliche Blick auf den Romananfang des *Kupferdoktor* zeigt, wie den Büchern mit Stoffbezug Referenz und Repräsentation zum Problem werden. In ihren Welten herrscht eine Sprachskepsis, auch in der Freizeit, wie etwa der Anfang des „utopischen Romans" *Das Ende des Goldes* (1938) von Rudolf Heinrich Daumann zeigt. Eine Yacht voll vergnügter junger Leute aus den USA, Deutschland und England erreicht den Hafen von Nizza. Der Identifikation des Schiffes durch die Hafenwache wird einige Aufmerksamkeit geschenkt:

> Sterne und Streifen wehten von Staffel und Besanstander, darunter zeigte es noch die Löwen und Leoparden Englands und das Heilszeichen des Deutschen Reiches. In dicken vergoldeten Messingbuchstaben prahlte vom Bug der närrische Name „Yorrick", und unter ihm las man die Heimatskennzeichnung „USA. Newport News Y 321"./Aber man brauchte Stander und Heimatzulassung gar nicht zu prüfen, wenn man wissen wollte, aus welchem Lande dieses Schiff war. Außenbords ließen dreißig junge Männer und lachende Mädchen ihre braungebrannten Beine hängen und sangen wie wild gewordene Tenoristen, manche Laute wie italienische Straßensänger dehnend und andere Tonfolgen herunterrasend wie Pariser Gamins, den wilden Song: „Chesepeak and Hatteras ..."/So ein Englisch und so einen Text können nur die Leute aus den Vereinigten Staaten Nordamerikas singen, wenn sie übermütigster Laune sind: nichts als Namen und dazwischen einige Yankeeworte, die man vergeblich in den klassischen Wörterverzeichnissen der Universität von Oxford suchen würde. Aber Freude und junge Kraft und Uebermut strahlen aus so einem Liede auf und stecken alle Zuhörer an.[24]

Daumann, der dem linken politischen Spektrum angehörte, 1933 aus dem Schuldienst entlassen und dessen Bücher 1943 verboten wurden, der nach Österreich floh und sich dort der illegalen KPÖ und dem Widerstand anschloss[25], wählt für den Einstieg die fröhliche Konfrontation einer multikulturellen Jugendgruppe mit wohlwollenden französischen Hafenbeamten

---

23 Der mephistophelische Zug von Therburg, der schon durch sein „theatralisch[es]" Rezitieren des Verses als ironisch markiert ist, wird für die Beziehung zu Rickmers noch kurz im Spiel gehalten, indem er mehrfach versucht, ihn zu einem geselligen Abend zu „verführen", dabei aber nicht gegen Rickmers betonten Eigensinn ankommt.

24 Rudolf Heinrich Daumann: *Das Ende des Goldes. Ein utopischer Roman*. Berlin 1938. S. 7f. (Im Folgenden im Text mit der Sigle EdG und Seitenzahl.)

25 Vgl. Anke Hees: „Daumann, Rudolf H(einrich)". In: Wilhelm Kosch u.a. (Hg.): *Deutsches Literaturlexikon. Das 20. Jahrhundert. Biographisch-Bibliographisches Handbuch*. Bd. 5: *Butenschön-Dedo*. Zürich, München 2003. Sp. 582f., hier Sp. 582.

und lässt dabei Fragen von sprachlicher Repräsentation mitschwingen. Das sich nähernde Schiff ist mit Zeichen förmlich überfrachtet: Flaggen von drei Nationen, der „närrische Name“, der zugleich als intertextueller Verweis für das Gegenüber die Begegnung mit dem Schiff zur Begegnung mit sich selbst macht[26] und ein Hinweis auf den vergänglichen Status der vergnügten Szene ist, die „dicken vergoldeten Messingbuchstaben“, in denen der Name „prahlt“, die ausführliche Heimatkennzeichnung, die aus dem Schiff hängenden braungebrannten Beine der jungen Leute und schließlich ihr Gesang, der die Lektüre schriftlicher Dokumente überflüssig macht.

Auch hier ist eine spezifische hermeneutische Kompetenz vonnöten, eine interkulturelle zumal, um die Zeichen, die das Schiff aussendet, ein Englisch, das nur von Amerikanern stammen kann und dem standardsprachlichen Lexikon entgleitet, aus der schieren Flut an potenziellen Bedeutungsträgern zu filtern und anschließend korrekt zu deuten. Der Gang an Land wird als Rückvermenschlichung der Besatzung beschrieben, wobei die betont „elastischen“ Bewegungen (vgl. EdG, 9) des Schiffes an der Hafenmauer für das Leben an Land zu adaptieren sind. Hierfür steht exemplarisch die Hauptfigur Grit Bargengrond, Tochter eines aus Deutschland ausgewanderten Chemieingenieurs, die als geübte Langstreckenläuferin zum Vorbild für Fortbewegung wird:

> Mit weichen wiegenden Sätzen, die Training im Langlauf verrieten, rannte sie auf der schmalen Granitkante des Hafendammes entlang, übersprang gewandt wie eine Hindernisläuferin die gespannten Trossen und war schon hinter dem hochbordigen Schiffsrumpf eines korsischen Weinklippers verschwunden, ehe sich die anderen an Land hangelten. (EdG, 10)

Grits schneller Lauf wird von einem namenlosen „rotwangige[n] Jüngling“ zum Anlass genommen, um die zweite Hauptfigur, Ed Falkow, Ingenieur und ebenfalls Sohn eines deutschen Auswanderers, aber deutlich stärker amerikanisiert als Grit[27], mit besonderer Implikation zum Wettkampf anzuspornen:

---

26 Der Name verweist auf Shakespeares *Hamlet*, wo der Schädel des geschätzten früheren Hofnarren Yorick der Hauptfigur auf dem Friedhof wiederbegegnet. Vgl. William Shakespeare: *Hamlet. Prinz von Dänemark*. In: Ders.: *Dramen*. Bd. 2. Berlin, Weimar 1971. S. 293–413, hier: 5. Akt, 1. Szene, S. 397.

27 Der Roman, 1938 erschienen, spielt im Jahr 1950. Grits Vater ist zu diesem Zeitpunkt seit sieben Jahren in den USA, der von Ed Falkow vor 30 Jahren ausgewandert. Kriterium zur Distinktion ist also eine die Lebensdauer der Kinder überschreitende Dauer der Auswanderung ihrer Väter und damit das Geburtsland der Kinder. Eine historische Referenz und damit eine spezifische Semantik lässt sich mit Blick auf die Väter also nur für die Auswanderung von Henry Adams Falkow in den Jahren nach Ende des 1. Weltkriegs

> „Spurt, Ed!" hetzte ein rotwangiger Jüngling, der bereits einen weißen Leinenanzug über einem etwas zu stark gerundeten Manneskörper trug. „Spurt, Ed Falkow! Lasse dir nur deine chemische Verwandtschaft nicht entgehen. Deutsche Chemie und amerikanische Technik ... wenn daraus nichts werden soll!" (EdG, 10f.)

Ed wird als ‚Amerikaner' und „Mann der Technik" wahrgenommen, während Grit die „deutsche Chemie" verkörpert. Beide Sphären gelten als aussichtsreich koalititionsfähig im Sinne einer ‚Verwandtschaft'. Die disziplinären Zuweisungen erhalten über einen Verweis Eingang in den Text, der nicht von den Figuren oder ihren Handlungen kommt, sondern als Bezugnahme auf ihre Tätigkeitsbereiche, die offensichtlich Nationalcharaktere mit zu signifizieren vermögen. ‚Nationalität' war zuvor, im Gesang der Besatzung, als ein Merkmal klassifiziert worden, das vor allem über die korrekte Deutung von Sprechweisen erschlossen wird. Die Gruppe, die sich in ihrem Intonationstalent auch über die qua Beflaggung benannten Staaten hinaus als weltläufig und multinational erwiesen hat, wird schließlich als zweifelsfrei ‚amerikanisch' erkannt, worunter aber keine Vereindeutigung oder Tilgung nationaler Grenzziehung, sondern deren Fortbestand unter dem multiethnischen Konzept verstanden wird, für das die Vereinigten Staaten hier stehen und das als entessenzialisierte „Schwundstufe" europäischer Staatlichkeit dargestellt wird. Die „Art" zu singen wird damit als fakultatives Spektrum (mal wie italienische Straßensänger, dann wie Pariser Gamins) beliebiger Stereotypen gegenüber einem eigentlich wichtigen „Inhalt" erkannt, der „amerikanisch", nämlich aus europäischer Sicht weitgehend inhaltsleer und im Vergleich zum Oxford-Englisch „anders" ist.

Auf wieder andere Weise reflektiert Brunngrabers *Radium* (1936) zu Beginn seinen Darstellungsmodus. Der Roman setzt mit der zwischen mikro- und makroskopisch wechselnd perspektivierten Schilderung eines ‚Augenblicks an drei Orten' ein. Die einzelnen Passagen beginnen wie folgt:

> DER 14. FEBRUAR 1896 um elf Uhr vormittags./In Richmond, dem Tivoli Londons, hing die Luft voll vorschneller Frühlingswärme./Die Villenkolonie auf

---

annehmen. Dessen Status hinsichtlich seiner nationalen ‚Identität' wird als entlang einer öffentlich/privat-Achse ‚gespalten' ausgewiesen: „Und wenn der sehr ehrenwerte Henry Adams Falkow, Besitzer der Bedford-Werke für Schiffsausrüstung, sich auch immer der Öffentlichkeit gegenüber als hundertprozentiger Yankee gibt, zu Hause, in der Familie, liebt er es doch noch, ein kleines deutsches Schwätzchen zu machen." (EdG, 12) Vgl. S. 291, FN 57 in diesem Buch.

> der Terrasse neben Karls des Ersten königlichem Park stand wie gewaschen im Licht. Hier lag in ihrem Haus die Witwe des Obersten Purvis in den Wehen. [...][28]
> In Brüssel, fünf Meridiane östlich von Richmond, hing der Regenhimmel bis auf die Dächer herab./Auf dem Boulevard Anspach, in dem ägyptisch anmutenden Haus der Bankiers Cynac, das ein Sezessionist mit Goldmosaiken ausgestattet hatte, brannte in allen Räumen das Licht. Im großen Salon des zweiten Stockwerks tagte eine Konferenz. [...] (R, 8)
> Dergleichen Entschlüsse, wenngleich auch auf andere Objekte bezogen, wurden zu diesem Zeitpunkt auf dem Erdball millionenfach gefaßt. Auch Kinder – soll noch einmal an die kreißende Witwe des Obersten Purvis erinnert werden – kamen in dieser Stunde ungefähr zweieinhalbtausend zur Welt. Was sich aber gleichzeitig in Paris ereignete, wo es in die schneenasse Rue Casimir Delavigne hinabregnete und die Wanduhr im Laboratorium des Physikers Henri Becquerel gleichfalls auf elf zeigte, war einzigartig und einmalig. (R, 12)

Der Text exponiert die Szenen über die Orte, an denen sie spielen. Dabei werden Wetterphänomene zur Absicherung eines dokumentarischen Modus genutzt und parallel eine semantische Bewegung von ‚hell‘ zu ‚dunkel‘ nachvollzogen, die vom Sonnenlicht über künstliche Innenraumbeleuchtung zu einer Episode führt, in der Licht nurmehr als „Substanz“ des fotografischen Prozesses zum Spezialfall wissenschaftlicher Erkenntnis und zum Ursprung des Bilds als Geheimnis- und schließlich Erkenntnisträger wird.[29]

Die Schilderungen erzählen die Geburt einer der Hauptfiguren, gleichzeitig eine Versammlung belgischer Bankiers und Entscheidungsträger bei der Beratung über die Ausbeutung von Bodenschätzen im Kongobecken und schließlich einen ersten Durchbruch beim Nachweis der Radioaktivität von Uranerzen im Labor von Henri Becquerel, dessen junge Assistentin Marya Sklodowska (spätere Curie) die entscheidende Beobachtung macht. Die Erzählinstanz wertet die Ereignisfolge als Sukzession vom Gewöhnlichen (Geburten und Entscheidungen) zum Besonderen (der bahnbrechenden physikalischen Entdeckung). Der Roman wählt häufig diese Art der Darstellung eines zeitlichen Nebeneinanders und eines Wechsels zwischen individuellen Erfahrungen und überindividuellen, gleichsam statistischen Panoramablicken[30] und ist das

28 Rudolf Brunngraber: *Radium. Roman eines Elementes*. Berlin 1936. S. 7. (Im Folgenden im Text mit der Sigle R und Seitenzahl.)

29 Vgl. R, 13 & S. 422f. in diesem Buch.

30 Vgl. zu diesem Verfahren in Brunngrabers *Karl und das 20. Jahrhundert* Wolfgang Lukas: „Individuelles Schicksal und überindividuelles Leben. Zur Funktion von ‚Wissen‘ in Alfred Döblins ‚Berlin Alexanderplatz‘ und Rudolf Brunngrabers ‚Karl und das 20. Jahrhundert‘“. In: Christine Maillard & Michael Titzmann (Hg.): *Literatur und Wissen(schaften)*. Stuttgart 2002. S. 247–277, hier S. 254ff.

erste Beispiel, in dem Wissenschaft und wissenschaftliches ‚Wissen' im Vollzug eingeführt werden.

Die an den anderen Romananfängen beobachtete Verunsicherung des Erzählens und Hinweise auf einen destabilisierten Bezug zur Repräsentation gibt es in *Radium* auch, wenngleich in schwächerer Form, da der Roman sich zunächst stark auf den Modus des Dokumentarischen beruft und dabei grundsätzliches Vertrauen in faktische Darstellungsweisen signalisiert. Gleichwohl wird bereits in der ersten Szene, der Geburt von Francis Purvis, deutlich, dass der spezifische Realismus der Erzählung sich, wenn es um die Innenwelt der Figuren geht, programmatisch übersteigt:

> In dem überheizten Zimmer mit den Chippendale-Möbeln klebte der Zweiundvierzigjährigen das blonde Haar an der schweißigen Stirn. Ihr Blick sah durch die weiße Stuckdecke den Obersten in Afrika, den die Aschanti hinter Kusmasi erschlagen hatten. Sie sah ihren Sohn George, der nun siebzehnjährig im Gymnasium saß. Aber ihr Gefühl stellte zwischen dem Gedanken an die Kinder, mit denen sie allein weiterleben wollte, und dem heiteren Schein, der über die Schneefluren Surreys durch die Fenster kam, eine Verbindung her, die sie mit tröstlicher Erwartung für die Zukunft erfüllte. Auch hatte ihr der Oberst, dessen Todesnachricht vor wenigen Tagen gekommen war, in Konsols, Kolonialpapieren und Liegenschaften ein zum Teil selbst ererbtes, beträchtliches Vermögen hinterlassen .../Die Gebärende konnte vor Anstrengung nichts mehr denken, dann plumpste es tierisch zwischen ihre Beine./Ein Knabe, sagte der Arzt, während die Wöchnerin in namenloser Erleichterung zurücksank. Diese Bemerkung und das singende Getue der anwesenden Frauen milderten den Vorgang, der ein erhabenes Grauen weckte, ins Familiäre. (R, 7)

Die genaue Beschreibung der Umgebung und des Zustands der Frau geht in die streng intern fokalisierte Darstellung ihrer Gedanken über, die den Beobachtungsraum der Erzählung deutlich erweitert und Informationen über den Tod ihres Mannes, ihren älteren Sohn George, dem der Roman über weite Teile folgen wird, sowie über die Einschätzung der Frau zu ihrer Zukunft als alleinerziehende Mutter einschließt. Der Roman bemüht sich darum, ‚Differenz' als Wahrnehmungskategorie schon in der Exposition einzuführen, indem ein Rahmen geschaffen wird, durch den die Erzählung vom im Dienst erschlagenen Kolonialoffizier und seinem posthum geborenen Sohn als „Vorgang, der ein erhabenes Grauen weckte, ins Familiäre" gewendet werden kann. Die kurze gedankliche Binnenreflexion der Frau über ihre Lebensumstände reißt dann ab, als sie „vor Anstrengung nichts mehr denken [konnte]", sodass die Stillstellung von Reflektion mit der Geburt des Kindes zusammenfällt, deren Wahrnehmung ins „Tierische" gleitet. Der Text hält sich an sein Fokalisierungsprinzip, bricht die Darstellung gemeinsam mit der Figur ab und zeigt, als „dokumentarisch gedachte“[31] Erzählung, dass ‚Gleichzeitigkeit‘ ein narratives Problem ist, das verfahrenstechnisch schlicht nicht gelöst, sondern dessen Lösung lediglich simuliert werden kann.

3.3 Das Zeitmodell des ‚Dritten Raums‘ der Texte

Die Bücher mit Stoffbezug wurden bereits als ‚Dritter Raum‘ nach Bhabha klassifiziert, in dem Aushandlungsprozesse im Rahmen eines ideologischen Konzepts möglich werden, das als synthetischer Kolonialismus rekonstruierbar ist und die diskursive Lokalisierung der Bücher innerhalb des propagandistischen Großraums um den Vierjahresplan so gelenkt hat, dass dieser nun seinerseits als Etappe der deutschen Kolonialgeschichte nach dem Verlust der sogenannten „Schutzgebiete“ sichtbar wird. Die Verbindung des Theorieangebots, das der ‚Dritte Raum‘ als „nicht territorial gebundene[r] Artikulationsraum […], in dem es zu Mischungen und Überlagerungen divergierender kultureller Zeichensysteme kommt“[32], darstellt, mit den Büchern mit Stoffbezug als in *histoire, discours* und diskursiver Verortung innerhalb der sie hervorbringenden Kultur „synthetisch“ verfahrenden Artefakten, ist im Sinn eines solchen Sichtbarmachungsprojekts plausibel. Durch ihre Teilnahme am „deutschen Kolonialdiskurs“ verfügen die Bücher mit Stoffbezug über eine, freilich vom Autarkiedogma des Vierjahresplans überlagerte, interkulturelle Perspektive. Die subalterne Position, die von den Büchern und ihren Protagonisten eingenommen wird, ist eine der Selbstmarginalisierung und damit strukturell grundverschieden von der Erfahrung von Kolonisierten in Indien oder Kamerun. Der „deutsche Kolonialdiskurs“ imaginiert die Deutschen nach dem Verlust der Kolonien fortwährend in die Rolle nun selbst kolonisierter Akteure und bildet das aus, was mit Dirk van Laak als imaginäres Imperium bezeichnet werden kann: die Fortsetzung des deutschen Kolonialismus „als Phantasie- und Projektionsgeschichte“[33]. Dieser

31 Vgl. Schütz: *Sach-Moderne*. S. 367f.: „[…] wird man spätestens mit der Reportage- und Tatsachen-Konjunktur der zwanziger Jahre konstatieren müssen, dass dokumentarisch gedachte, faktografisch-informatorische Orientierung mit ihrer Triangulation von Literatur, Journalismus und (Sozial-)Wissenschaft in den Kernbereich emphatisierter literarischer Moderne gehörte.“

32 Eva Wiegmann: „Der literarische Text als ‚dritter Raum‘. Relektüre Homi Bhabhas aus philologischer Perspektive“. In: *German as Foreign Language Journal* 1 (2016), S. 6–25, hier S. 8. Digital verfügbar unter: http://www.gfl-journal.de/1-2016/wiegmann.pdf (zuletzt abgerufen am 10.9.2021).

33 van Laak: *Der imaginäre Ausbau der imperialen Infrastruktur*. S. 71.

Prozess führt bis in die Versprachlichung der Eroberungen im Osten Europas während des Zweiten Weltkriegs, für die Birthe Kundrus imitative Strategien rekonstruiert hat, die neben der spezifischen „Lebensraum"-Rhetorik der Nationalsozialisten den britischen Imperialismus weiter als wichtigen Referenzrahmen für den ‚deutschen' Blick auf die besetzten Gebiete nutzen.[34] Sie, van Laak und andere liefern wichtige Erkenntnisse über die Kontinuität des deutschen Kolonialismus auch nach dem faktischen Besitz von sogenannten „Schutzgebieten", deren Reflexe in der Literatur jedoch, abgesehen von Ebners Studie über die *Nationalsozialistische Kolonialliteratur* sowie einzelnen Analysen einschlägiger Referenztexte wie Hans Grimms *Volk ohne Raum* (1926), bisher wenig untersucht wurden. Erkennt man die Bücher mit Stoffbezug aus dem Umfeld des Vierjahresplans als auf spezifische Weise einem Modell von „Synthese" verpflichtet und ihren größeren Zusammenhang, der sich als, eben synthetischer, Kolonialismus begreifen lässt, werden sie sowohl poetologisch in ihren Verfahren als auch diskursiv in dem, worüber sie mehr oder weniger offen sprechen, als Akteure eines bestimmten Strangs der „Phantasiegeschichte" des deutschen Kolonialismus lesbar.

Der ‚Dritte Raum', in dem sich dieser Kolonialismus entfalten kann, wird von den Büchern mit Stoffbezug performativ hergestellt und muss je neu etabliert werden, prägt im Prozess seiner Ausbildung und Implementierung ideologische Setzungen aus, stellt aber auch Bezüge zu vorgängigen Verfahrensmustern her. Die Beschreibung dieses Prozesses orientiert sich an den drei Sphären ‚Stoff', ‚Raum' und ‚Leben', die für die Ideologieproduktion der Bücher mit Stoffbezug wesentlich sind. Außerdem gilt im ‚Dritten Raum' ein spezifisches Zeitmodell, das aus der Lektüre von *Erzeugnisse unserer Arbeit* und *Anilin* rekonstruiert wurde und auf das hier neu verwiesen wird, weil es 1) die ideologische Rahmung, die von der Vierjahresplan-Propaganda gespeist wird, dezidiert als Alternative zum Geschichtsmodell außerhalb dieses Rahmens ausweist, und 2) auch literaturgeschichtlich weitere Hinweise zur Abgrenzung der Bücher mit Stoffbezug als eigenes Segment der populär(wissenschaftlich)en Unterhaltungsliteratur, das quer zu etablierten Genregrenzen gelagert ist, liefert.[35]

Im Folgenden ist präziser zu bestimmen, wie die Bücher mit Stoffbezug ihr Verhältnis zur ‚Geschichte' aushandeln. Die entsprechenden Verfahren lassen sich im Wesentlichen auf zwei Problemfelder verdichten, in denen

---

34 Vgl. Birthe Kundrus: „Colonialism, Imperialism, National Socialism. How Imperial was the Third Reich?". In: Bradley Naranch & Geoff Eley (Hg.): *German Colonialism in a Global Age*. Durham, London 2014. S. 330–346, hier S. 340.

35 Vgl. das Schaubild auf S. 265 sowie für ein kompaktes Beispiel das Zitat aus *Erzeugnisse unserer Arbeit* auf S. 15f. in diesem Buch.

grundsätzliche Prämissen festgelegt werden, wie historische Entwicklung bis in die Gegenwart stattgefunden hat. Es handelt sich dabei 1) um ‚Geschichte‘ als historiologischem Hintergrund der erzählten Welt, was vereinfachend als „Synthesegeschichte“ bezeichnet werden soll, weil die ‚Synthese‘ stets den teleologischen Zielpunkt des linear gedachten Ablaufs vorgibt. Hinzu kommt 2) der Problembereich von Repräsentation und Darstellung von ‚Geschichte‘ mit den Mitteln des Buches mit Stoffbezug, das sich hierfür bei ‚Roman‘ und ‚Sachbuch‘ bedient und zwischen diesen stattfindende Prozesse der Auswahl, Kombination und des adäquaten Einsatzes der zur Verfügung stehenden Mittel betrifft, also um ‚Geschichte‘ als Verfahrenstechnik im Dienst von Wissenschaftskommunikation im weitesten Sinn.

Natürlich handelt es sich bei beiden Ebenen um ideologisch motivierte Konstruktionen von ‚Geschichte‘ und in beiden Fällen unterschlagen die Bücher Teile ihres potenziellen ‚Wissens‘ um den Konstruktionscharakter ihrer Modelle, wie auch die Autarkiepolitik des Vierjahresplans ihren kolonialen Impetus unterschlägt. Ausführlichere Reflexionen, die zumeist implizit bleiben, finden allenfalls im zweiten Strang statt, wenn die Bücher darüber nachdenken, welche Probleme sie selbst mit der Repräsentation historischer Entwicklungen haben, oder ex negativo, wenn sie in der Darstellung vorangegangener Phasen akuter „Vergesslichkeit“ innerhalb des Diskurses zeigen, wie die Leistungen genialer, aber schlecht an die Debatte angeschlossener und aufgrund infrastrukturellen Mangels vergessener Individuen verschwunden sind. An der Überwindung dieser historiographischen Missstände wollen die Bücher Anteil nehmen, indem sie das Feld ordnen, Regeln zur Kontextualisierung früherer Entwicklungen aufstellen und so als populärwissenschaftliches Archiv auftreten.

Das ‚Wissen‘ um den Konstruktionscharakter ideologischer Hintergründe ist den vor diesen Hintergründen handelnden Akteuren keineswegs ohne Weiteres verfügbar. Ohne eine sinnlose Trennung von scheinbar essenzialistischen ideologischen Rahmenbedingungen und den in sie gestellten Individuen postulieren zu wollen, bleiben viele der Aushandlungsprozesse, zu deren Ergebnissen ein selbst von den Zeitgenossen nie so bezeichneter synthetischer Kolonialismus gehört, implizit. Man könnte sie „Regime der Einbildungskraft“[36], „kulturelles Wissen“[37] oder „das Imaginäre“[38] nennen,

36 Vgl. Hahnemann: *Texturen des Globalen*. S. 294f. Hahnemann erhält den Begriff von Peter Sloterdijk (*Tau von den Bermudas. Über einige Regime der Einbildungskraft*. Frankfurt/ Main 2001).

37 Vgl. Lindner: *Leben in der Krise*. S. 380. Lindner erhält den Begriff aus der strukturalistischen Kulturtheorie in der Tradition von Titzmann und vor allem Foucault.

38 Vgl. Ebner: *Nationalsozialistische Kolonialliteratur*. S. 105. Ebner erhält den Begriff aus der Psychoanalyse Jacques Lacans.

was jeweils treffend diskursive Gehalte begrenzter Explizierbarkeit meint, bei denen plausiblerweise nicht davon auszugehen ist, dass die Zeitgenoss_innen sie im großen Stil intendiert und reflektiert, etwa in literarischen Texten, bearbeiten. Bei den Büchern mit Stoffbezug überlagern sich beide historiologischen Ebenen im ‚Dritten Raum' des Buchs, in dem der „deutsche Kolonialdiskurs" in seinem spezifischen Imaginationscharakter sich exemplarisch als synthetischer Kolonialismus ereignet und dafür auf ein systematisches Modell von ‚Geschichte' angewiesen ist.

Wie wird das unter Punkt 1) benannte geschichtliche Verlaufsmodell von den Büchern mit Stoffbezug inhaltlich gefüllt? Wie für *Erzeugnisse unserer Arbeit* gezeigt, taucht in den Texten, ausführlicher und mehrheitlich in denen mit stärkerem Sachbuchcharakter, ein dreigliedriges Geschichtsmodell auf, das dem Muster einer Wieder-Holung des ‚Ursprungs' in gewandelter Form folgt. Ausgangspunkt ist stets ein tendenziell unspezifisches Erd- beziehungsweise Menschheitsaltertum, entweder prähistorische Erdzeitalter, noch ohne menschliche Akteure, oder frühe (halb-)sesshafte Epochen der Stein-, Bronze- oder Eisenzeit, in denen bereits Homines sapientes bei ihren Handlungen „beobachtet" werden. Der Zugriff erfolgt in einer Mischung aus archäologischen und historiographischen Modi, die sich im Konzept der ‚Naturgeschichte' treffen. ‚Zeit' als Beschreibungshorizont von geographisch-anthropologischen Konstanten unterworfener Entwicklung wird zum am stärksten bearbeiteten Bereich der repräsentationslogischen Aushandlungen dieser Bücher. Damit werden die sachbuchartigeren Vertreter der Bücher mit Stoffbezug zu Beispielen für eine denkgeschichtliche Kontinuität von 1) vormals hochreliabel eingeschätzten Erkenntnispraxen aus dem Bereich der ‚Naturgeschichte', die nach ihrer Erledigung als priorisierte Fortschrittsgeneratoren im Segment des Populären weiterleben, und zugleich 2) für die Aneignungs- und Transformationskompetenzen populärer Medien bei der Integration von Elementen (vormals[39]) hochstufiger Wissenschaftstechniken in ihre Narrationen und Diegesen.[40]

---

39 Auch dieser Prozess vollzieht sich natürlich nicht als Bruch, sondern als langer Übergang mit breiten Koexistenzzonen. Van Hoorn weist in diesem Zusammenhang bspw. auf die *Gartenlaube* hin. Vgl. Tanja van Hoorn: *Naturgeschichte in der ästhetischen Moderne. Max Ernst, Ernst Jünger, Ror Wolf, W. G. Sebald*. Göttingen 2016. S. 32.

40 Vgl. hierzu, neben Textsorten zur Vermittlung naturgeschichtlicher Inhalte mit Verweis auf bspw. den Reisebericht als Form, deren Funktion im 19. Jahrhundert ebenfalls von „primär wissenschaftlich" auf „populär oder literarisch" umgestellt wird, Friedrich Dethlefs: „Populäre Wissenschaftsprosa und Lexemautonomie". In: Moritz Baßler: *Historismus und literarische Moderne*. Tübingen 1996. S. 68–101, hier S. 84f.

Den Befund, dass die Naturgeschichte im 19. Jahrhundert einen „Ansehensverlust“ erfährt, im Bereich des Populären aber zugleich einen „Aufschwung“ erlebt, verallgemeinern und bestätigen unterschiedliche Forschungsbefunde.[41] Der Anschluss der von Baßler et. al. konzipierten literaturgeschichtlichen „Rückkehr zum Realismus“ gegen Ende des Großraums zwischen 1850 und 1950 als Verwirklichung eines „große[n] Traum[s] der historischen Avantgarden“[42] an möglicherweise damit im Zusammenhang stehende epistemologische Modi der populären Literatur und deren vorgängige Migration aus dem Zentrum des Wissenschaftsbetriebs ist allerdings erst sporadisch geleistet.[43] Forschungen für die französische Literatur des 19. Jahrhunderts, vor allem zu Balzacs und Zolas Romanprojekten, konnten bereits eine ausgeprägte Sensibilität der Texte zeigen für den „grundlegenden epistemologischen Wandel[]: der Ablösung der Naturgeschichte durch eine neue Epistemologie des Lebens“[44], die bereits an der Wende vom 18. zum 19. Jahrhundert einsetze.[45] Jene „Epistemologie des Lebens“, die mit Theoretikern wie Georges Canguilhem und Henri Bergson verbunden ist, ist natürlich nicht mit der im deutschsprachigen Raum prominenteren Lebensphilosophie gleichzusetzen.[46]

Welche Implikationen die Rekurrenz der entsprechenden Modi in den Büchern mit Stoffbezug hat, bleibt durch das Fehlen einer grundsätzlichen Klärung des Verhältnisses von Naturgeschichte und (Populär-)Literatur in der ersten Hälfte des 20. Jahrhunderts, von der zu erwarten ist, dass sie signifikante Erkenntnisse über das Verhältnis von ‚Literatur‘ und ‚Wissen‘ ermöglicht, noch unklar. Mit Blick auf die Bücher mit Stoffbezug lässt sich vorläufig sagen, dass dieser „naturgeschichtliche“ Modus, der vor allem an die Darstellung (prä-)historischer Vorstufen von ‚Synthese‘ in den mehr sachbuchartigen Texten gebunden wird, einen epistemologischen Hintergrund darstellt, der ‚Zeit‘ als Problem signifiziert. Industrielle Vorgeschichte, die durch das Fehlen

---

41 Vgl. van Hoorn: *Naturgeschichte in der ästhetischen Moderne.* S. 32 sowie Uwe Albrecht: *Bilder aus dem Tierleben. Phillip Leopold Martin (1815–1885) und die Popularisierung der Naturkunde im 19. Jahrhundert.* Baden-Baden 2018. S. 23.

42 Baßler: *Deutsche Erzählprosa 1850–1950.* S. 405f.

43 Einen Einstieg macht van Hoorn: *Naturgeschichte in der ästhetischen Moderne* für ausgewählte Künstler und Autoren des 20. Jahrhunderts.

44 Thomas Stöber: *Vitalistische Energetik und literarische Transgression im französischen Realismus-Naturalismus. Stendhal, Balzac, Flaubert, Zola.* Tübingen 2006. S. 11.

45 Grundsätzlich beschrieben wird dieser Vorgang bei Michel Foucault: *Die Ordnung der Dinge. Eine Archäologie der Humanwissenschaften.* Frankfurt/Main 1971 [1966].

46 Vgl. zu dieser Trennung Astrid Deuber-Mankowsky & Christoph F. E. Holzhey: „Einleitung. Denken mit Canguilhem und Haraway“. In: Dies. (Hg.): *Situiertes Wissen und regionale Epistemologie. Zur Aktualität Georges Canguilhems und Donna J. Haraways.* Wien, Berlin 2013. S. 7–34, hier S. 15f.

greifbarer Zeitzeug_innen und Archive nicht zugänglich ist[47], soll den Büchern trotz eingestandenen Versagens des Beschreibungsinventars nicht zum Verhängnis werden. Vielmehr nehmen sie das Dilemma schlecht abgesicherter wissenschaftlicher Erkenntnis zum Anlass, das Vermögen von Dichtung aufzuwerten. So beispielsweise Hans Dominik in seinem Kunstfaserbuch *Vistra*, wenn es um die Einordnung früher Textilproduktion während der Würmeiszeit vor etwa 40.000 Jahren geht:

> Obwohl dieser erste steinerne Spinnwirtel damals als „technisches Wunder" bestaunt wurde, kennt ihn heute niemand mehr, denn die Wissenschaft hat bisher nur die ihm später in gebrannten Ton nachgebildeten Wirtelsteine gefunden. So muß es jetzt der Dichtung, ohne wissenschaftlichen Beweis, überlassen bleiben, des großen Erfinders zu gedenken, der mit dem ersten Spinnwirtel die Grundlage der gesamten modernen Textilindustrie schuf. (V, 13)

Der „Steinzeitmann" tritt als historische Anlage des modernen Technikers auf, dem bei der Entwicklung erster Formen „industrieller"[48] Textilfertigung dieselben Probleme begegnen, wie dem Ingenieur. Seine Versuche sind „primitiv" und seine Arbeitswelt ist nicht ausdifferenziert: „Wochenlang bastelte er, sann und bastelte, stritt mit seinem Weibe, das um die schönen Felle jammerte, die geschoren wurden, um die Wolle zu verdrehen." (V, 11) Dichtung setzt genau dort an, wo sie den wissenschaftlichen Zugriff auf die Vergangenheit abbrechen sieht und beginnt an diesem Punkt, den historisch erschlossenen Raum, der zwar als Rahmen bekannt ist, dem es aber an lebensweltlichen Details mangelt, mit ebendiesen auszustatten. Der Raum selbst wird sehr deutlich mit Verweis auf die archäologische und paläoanthropologische Wissenschaft bestimmt[49], um jeweils an den Grenzen ihres Erkenntnisbereichs nahtlos mit ‚Dichtung' anzuknüpfen und so respektvolle Arbeitsteilung einzuführen.

Ein besonders wichtiges Elemente zur Beschreibung außerwissenschaftlicher Bereiche der vorhistoriographischen Zeit ist die Retroadaption von

47 Der Verfasser dankt im Vorwort ausdrücklich der I.G. Farben für den Zugang zu Dokumenten und Personen, die „für die Entwicklung der deutschen Kunstspinnfaser ausschlaggebend[]" waren (V, 6).

48 Bereits für die Zeit der Pfahlbauten von einer „Textilindustrie" zu sprechen, stellt keinen ungewöhnlichen Zug der Geschichtsvermittlung des 19. Jahrhunderts, der Naturgeschichte sowie auch der Bücher mit Stoffbezug dar.

49 Vgl. V, 8: „Wer sind die Jäger, und wann und wo leben sie? Die Forschung gibt Antwort auf diese Fragen. Es sind Menschen aus der letzten, der sogenannten Würmeiszeit. Der Fluß, in dessen weiterer Umgebung sie hausen, wird 40000 Jahre später einmal den Namen Garonne führen, und dann wird dort in der Gegend auch ein Ort namens Aurignac liegen, nach dem die Wissenschaft diese Menschen als homines aurignacenses in die Rassen der Altsteinzeit einordnet."

Befunden über die eigene Gegenwart auf die Vormoderne. Das wird einerseits deutlich in den Benennungen des Spinnwirtels als „technisches Wunder“, die Klassifizierung der vormodernen Produktion als „Industrie“ oder des Steinzeitmanns als „Techniker“, darüber hinaus aber auch in der Verortung der Fortschrittsakteure innerhalb einer Gruppe, wo ihrem „nutzlosen“ Tun mit Spott und Ablehnung begegnet wird (vgl. V, 11), sodass eine anthropologische Kontinuität zum verkannten Erfinder der Moderne eingerichtet ist. Der Gestus der Rückprojektion aktueller Zustände wird im weiteren Verlauf auf wichtige soziale Größen der Steinzeitgesellschaft ausgedehnt, etwa geschlechtlichstereotypes Rollenverhalten, „Schönheitsideale“ und die Organisation einer gruppeninternen Ökonomie, die, bei einigen Varianten im Detail, dem für die Vergangenheit konstruierten Stand der technischen und evolutionären Entwicklung geschuldet sind und mutatis mutandis strukturell zur Gegenwart analog konzipiert werden.

In dieser Kontinuierung anthropologischer Größen über die Zeit hinweg im Medium der Dichtung legen die Bücher Grundlagen für das zur Ausgestaltung der ‚Moderne‘ wichtige ‚Lebens‘-Paradigma in der Vergangenheit, indem bereits hier zentrale Merkmale, wie die Vitalität der Individuen und ihr ausgeprägter Gemeinschaftssinn, die das Zusammenleben und den Fortschritt der späteren Phase des vollendeten synthetischen Kolonialismus absichern, relevant gesetzt werden (vgl. V, 13f.). Das dreigliedrige Geschichtsmodell erhält so eine Kontur und die Funktion, anthropologische Werte als relevant, konstant, alt und biologisch zu markieren. Die so als historisch eingeführten und mit Blick auf die Gegenwart gleichsam einer Art anthropologischer DNA, die von den Büchern implizit als Merkmal einer bestimmten „Rasse“ verhandelt wird, eingeschriebenen Eigenschaften erfahren Unterbrechungen durch krisenhafte Ereignisse.

Vistra wählt für diesen Abschnitt eine besondere Form. Der Übergang von Zeiträumen ohne Geschichtsschreibung zu solchen mit schriftlicher Überlieferung wird hier durch die für wahr befundene Sage von Atlantis gefüllt, über dessen Existenz und Untergang Platon berichtet.[50] Die insulare Hochkultur im Nordatlantik mit starkem Einfluss bis nach Ägypten, Indien, China und Nordamerika stellt bei Dominik das fehlende Bindeglied zwischen allen frühen Zivilisationen und eine Erklärung für interkulturelle Ähnlichkeiten dar (vgl. V, 15f.). Atlantis gerät nicht etwa durch die universalistischen, zeitgenössisch potenziell bestechenden Argumente zur Erklärung der etwa gleichzeitigen Entstehung verschiedener Hochkulturen an unterschiedlichen Orten der Welt

50 Dominik bezieht sich hier wohl, ohne näher darauf einzugehen, auf die Dialoge *Timaios* und *Kritias*.

als Deutungsmuster in den Vordergrund. Vielmehr entfaltet die Theorie ihre Attraktivität viel schlichter nach dem Prinzip von Ockhams Rasiermesser, indem sie auf einfache Weise alle offenen Fragen im Umgang mit den antiken Zivilisationen zu beantworten vermag, was bisher keine andere Erklärung geschafft hätte[51], und zugleich einen Beleg für die Existenz anthropologischer Konstanten liefert, die für Dominiks Werk von großer Bedeutung sind.[52]

Innerhalb der Steinzeit stellen ‚Stoff', ‚Raum' und ‚Leben' eine für die Epoche spezifische Einheit dar, die sich als ‚Harmonie' oder wertungsfrei als Werte- und Merkmalskongruenz beschreiben lässt. Der Blick zurück sieht keinen Konflikt (abgesehen von dem zwischen Steinzeitmann und Steinzeitfrau, der aber, als übertragbare Erfahrung des ‚männlichen' Jetztzeit-Innovators, auch auf diesem Gebiet ‚Stimmigkeit' bedeutet) und eicht über Ähnlichkeiten, die in der lang zurückliegenden Vergangenheit ausgemacht werden, den Blick auf die eigene Gegenwart als einer potenziell ebenso harmonischen Welt und die Rekonstruktion des „Goldenen Zeitalters" mit synthetischen Mitteln als Aufgabe der Technik und ihrer Akteure. Die beschriebene Kongruenz drückt sich dabei vor allem in einem gemeinhin als „primitiv" beschriebenen Zugriff des Menschen auf natürliche Ressourcen und ihre Bearbeitung sowie in der Beschränkung von chemischer Umwandlung auf natürliche Vorgänge über große Zeiträume, beispielsweise die Millionen Jahre dauernde Verkohlung von Steinzeitwäldern, aus. Die Taktungen technischer und ‚natürlicher' Entwicklungen weisen dementsprechend keinen Unterschied auf und sind jeweils an Kategorien wie ‚Biologie' und ‚Evolution' ausgerichtet, wobei die Beschreibung stets an Punkten einsetzt, in denen Wandel passiert, beziehungsweise Beschleunigung mutmaßlich zum ersten Mal erfahrbar wird, etwa wenn der „Steinzeittechniker" die Vorformen der Textilindustrie revolutioniert. Der Grenzkontakt an dieser Schwelle wird nur sehr bedingt in Bildern von Überlagerung und Verflechtung beschrieben, was einerseits auf die

51 Vgl. V, 16: „Dann wird es erklärlich, wie im Beginn aller geschichtlichen Überlieferung im Niltal überraschend und scheinbar unvermittelt ein mächtiges Reich dasteht. Jenes geheimnisvolle Pharaonenland, das im fünften und sechsten Jahrtausend vor Christi bereits eine staatliche Organisation und Verwaltung aufweist, die heute noch unsere Bewunderung erregt und im Besitz einer Kultur und Technik ist, deren Entwicklung an Ort und Stelle viele Jahrtausende beansprucht haben müßte, wenn man sich eben nicht zu der Annahme entschließt, daß alles das von dem atlantischen Mutterland dorthin gekommen ist."

52 Für die populärwissenschaftliche Kontinuität des Atlantis-Topos vgl. auch die gleichnamige Zeitschrift, die von 1929 bis 1964 erschien und die sich vor allem kulturellen und Reise-Themen widmete. Für die Wahrnehmung des Mythos in der Populärkultur der Zeit vgl. den umfangreichen Artikel von Roger Dévigne: „Atlantis". In: *Der Querschnitt* 5 (1925), H. 9. S. 780–788.

programmatische Unverfügbarkeit wissenschaftlicher Befunde beziehungsweise die diversen Leerstellen in der Rekonstruktion der damaligen Verhältnisse zurückzuführen ist, andererseits textideologisch aus der Notwendigkeit eines relativ harten Bruchs, der die Entfremdungserfahrung als Einsatz einer Krise lesbar macht, resultiert. Die Situationen an der Schwelle können in der Beschreibung modernen Wandels wiederholt werden, wobei dann zumeist kein expliziter Verweis auf die Aushandlungsprozesse und Umgangsformen der Urmenschen mehr stattfindet, sondern die Anknüpfung ans historische Ur-Ideal, beispielsweise nach dem Ersten Weltkrieg, nur implizit über die Restitution der hochrangigen Werte ‚Gemeinschaft‘ und ‚Natürlichkeit‘ im zweiten, synthetischen „Naturzustand“, wenn die Lebenswelt von dienenden Kunststoffen erfüllt ist, sichtbar wird.

Im Fall von *Vistra* ist die Ausrichtung des Zwischenraum-Einsatzpunkts auf zivilisatorische Themen und eine anthropologische Debatte bemerkenswert, die zunächst vom sogenannten „Rohstoff-Diskurs“ unabhängig sind. Denn für gewöhnlich entwerfen die Bücher ihr Zeitmodell mit Rücksicht auf diesen Diskurs, zumeist, wie *Erzeugnisse unserer Arbeit*, am Beispiel der Kohle, die als historische Wiederkehr des Ur-Walds und Trägerin einer nicht nur zeitlichen, auch semantischen ‚Tiefe‘ konzipiert wird[53], an die positive Merkmale der Vorzeit wie ‚Natürlichkeit‘ und eben ‚Tiefe‘ angelagert werden. Die Bücher sind für jeweilige Kopplungsaffinitäten ihrer ‚Stoffe‘ sensibel und passen das Zeitmodell an ihre Gegebenheiten an. Da zur Herstellung der Kunstfaser keine Kohle, sondern Zellstoff von lebenden Pflanzen verwendet wird, spielt der „Kohle-Plot“ etwa für *Vistra* keine Rolle. ‚Natur‘ meint hier nicht die völlige Abwesenheit von verändernden Eingriffen des Menschen in seine Umwelt, sondern ist an Konzepten von ‚Organizität‘ und ‚Harmonie‘ orientiert. Die Schwelle zwischen ‚Natur‘ und ‚Kultur‘ liegt in *Vistra* an der Grenze von schriftlicher Überlieferung und ihrem historischen Davor, zu dem keine Quellen existieren und das von der Archäologie zu rekonstruieren ist. Die ‚Natur‘ nimmt dabei buchstäblich ihre von Koschorke identifizierte Rolle als Inspektionsraum von Gesellschaften ein, in dem sie „[…] symbolischen Zugang zu etwas suchen, was *qua definitionem* unzugänglich, der kulturellen Gestaltung vorgeschaltet und letztlich kulturell *unverfügbar* ist.“[54]

---

53 Zeitgenössische Referenz dafür in einer anderen Sparte wäre der 1936 erschienene Propagandafilm *Ewiger Wald*, der freilich von Steinkohle nichts weiß. Vgl. zur Einordnung des kommerziell nicht erfolgreichen Films, der „als filmische Umsetzung der Ideen von Rosenbergs *Mythus des 20. Jahrhunderts* gedacht [war]“, knapp Erhard Schütz: *Mediendiktatur Nationalsozialismus*. Heidelberg 2019. S. 106–111 (Zitat S. 107).

54 Albrecht Koschorke: „Zur Epistemologie der Natur/Kultur-Grenze und zu ihren disziplinären Folgen“. In: *Deutsche Vierteljahrsschrift für Literaturwissenschaft und*

Durch den Einsatz des zeitlichen „Zwischenraums“ findet eine Ent-Synthetisierung des Zusammengehörigen statt, die sich in der Terminologie der Kulturkritik als Entfremdung beschreiben ließe. Zivilisatorischer Fortschritt steht in dieser Phase entweder irgendwie still oder kommt, etwa in den Büchern mit kohlebasierten Synthesen, bei denen der Zwischenraum sehr lang ist, gar nicht vor. Die hochgeschätzten Werte sind während dieser Zeit gleichsam entweder außer Kraft gesetzt, oft durch den Einfluss eines politischen Gegners, oder anderweitig inexistent. Es handelt sich um Phasen der Nicht-‚Nation‘, Nicht-‚Einheit‘, Nicht-‚Technik‘ und allgemein des Nicht-‚Lebens‘, in denen alle Teile der Sphären-Trias aus ‚Stoff‘, ‚Raum‘ und ‚Leben‘ defizitär ausgestaltet oder suspendiert sind.

Der zweite Grenzübertritt aus dem Zwischenraum heraus stellt in den Büchern die zentrale narrative Größe dar. Anders als beim Übergang von der „ersten Natur“ in den Zustand von Nicht-‚Leben‘, Nicht-‚Stoff‘ und Nicht-‚Raum‘, der als gleichzeitiger Einsatz von Geschichtsschreibung, Politik und anderen Zivilisationsmarkern paradoxerweise einen ‚Kultur‘-(Zeit-)Raum darstellt, wird der Austritt aus dieser Zone in eine gewissermaßen „Zweite Natur“[55] sehr deutlich als Entanglement beschrieben, aus dem die narrative Essenz der Bücher mit Stoffbezug identifiziert werden kann. Es handelt sich um die Durchquerung jener Bereiche der Überlagerung von vorsynthetischem Zwischenraum und synthetisch-kolonialer „Zweiter Natur“ hin zur Verwirklichung der letztgenannten. Das diegetische Kernstück zur Realisierung des synthetischen Kolonialismus in den Büchern mit Stoffbezug ist demzufolge die Prozessierung der Natur/Kultur-Grenze beim zweiten Übertritt der Konvergenz-Grenze von ‚Stoff‘, ‚Raum‘ und ‚Leben‘ in die synthetische Phase dieser Konvergenz, in welcher der Krisenzustand aus dem Zwischenraum überwunden wird.[56] Prozessierung meint neben der performativen Herstellung des ‚Wissens‘ um diese Grenze, also die nachträgliche Bewusstmachung ihrer Existenz, auch die Organisation des Aushandlungsprozesses zur Lösung des Grenzübertritt-Problems.

Geistesgeschichte 83 (2009), S. 9–25. Hier zit. n. der digitalen Version, verfügbar unter: http://www.uni-konstanz.de/figur3/kulturtheorie/Texte/Koschorke_Natur-Kultur_AK.pdf (zuletzt abgerufen am 10.9.2021), S. 8 (Herv. im Orig.).

55 Der Begriff folgt hier ausdrücklich Koschorke und mit ihm nicht vollständig der aus der Antike kommenden Begrifflichkeit, wie sie etwa über Demokrit, Aristoteles und später Cicero zu Hegel und von ihm in stetiger Bearbeitung in die Linie Marx-Lukács-Adorno läuft. Vgl. Koschorke: *Natur/Kultur-Grenze*. S. 2.

56 Zur Überwindung der Krise als Wiederherstellung einer Konvergenz, bspw. von Form und Inhalt, vgl. Lindner: *Leben in der Krise*. S. 10.

Die Zukunft lassen die Bücher mit Stoffbezug oft leer und geben allenfalls allgemeine Ausblicke, die das Erreichte als Vorstufe der verwirklichten Perfektion markieren und erfolgreiche Entwicklungen aus jüngerer Vergangenheit und Gegenwart auf kommende Jahre extrapolieren. Einige, fast immer deutlich romanhafte Bücher, steuern die Zukunft durch zaghafte Vorverlagerungen ihrer Handlung an. So spielt Daumanns *Das Ende des Goldes*, erschienen 1938, im Jahr 1950 und macht damit einen kleinen Sprung nach vorn, der es erlaubt, Flugzeuge und Schiffe schneller vorankommen zu lassen und kleinere wissenschaftliche Neuerungen umstandslos einzuführen, was aber, würde der Roman die Jahreszahl nicht explizit nennen, innerhalb der Handlung als „Zukunftsstoff“ völlig unauffällig bliebe.[57] Das Verhältnis der Bücher mit Stoffbezug zur Science Fiction ist nicht leicht zu bestimmen. So besteht einerseits eine sichtbare Nähe beider Bereiche[58], etwa in den Erzählungen Hans Dominiks, der experimentelle SF-Synthesen mit Erzählungen großindustrieller Zusammenhänge im globalen Maßstab verbindet und auf diese Weise deutliche Verbindungen der Science Fiction zur zeitgleichen Synthesepropaganda in Deutschland herstellt. Eine genuine Vierjahresplan-Science-Fiction, die ihre Diegesen beispielsweise in Richtung Weltraum erweitern würde, gibt es allerdings kaum. Viele der Bücher bewegen sich gleichwohl am Rand des Genres, so beispielsweise *Der Kupferdoktor*, in dem ein neuartiges Medikament die Arbeit in großer Höhe ermöglicht. Die Bezeichnung „Technischer Zukunftsroman“, unter der viele Titel deutschsprachiger Science Fiction lange Zeit als populärer Zweig der Unterhaltungsliteratur liefen[59], bietet sich als Ausweichkategorie zur Abgrenzung von (vermeintlich) radikaleren Formen von Science Fiction nicht an, wenngleich der Begriff (scheinbar) thematisch und formal Präzisierungen vornimmt (‚Technik‘ statt ‚Science‘ und ‚Roman‘ statt ‚Fiction‘) und damit prinzipiell

---

57 Vgl. bspw. EdG, 107. Ein weiterer Vorzug der leichten Verschiebung der Handlung ist die Möglichkeit, fiktionsintern Motivationen von Figuren ohne expliziten Verweis auf außerdiegetische Ereignisse beziehbar zu machen und dabei im Modus der Anspielung verbleiben zu können, bspw. wenn es um die Jahre der Auswanderung der Väter von Grit und Ed geht. Während Grits Vater rechnerisch erst seit 1943 in den USA lebt, also seine Auswanderung aus Sicht der Rezipient_innen immer noch in der Zukunft liegt, kam Eds Vater in etwa 1920 nach Amerika, also kurz nach dem Ersten Weltkrieg. Die Auswanderung des wertvollen Wissenschaftlers, der Grits Vater ist, deutet die Gefahr einer Wiederholung krisenhafter Zeiten wie nach dem letzten Krieg an, wo dem Land wichtige geistige Ressourcen, wie Eds Vater, durch Migration abhanden gekommen sind (vgl. EdG, 12 & 24, vgl. auch S. 277, FN 27 in diesem Buch).

58 Vgl. S. XIff. in diesem Buch.

59 Vgl. zur Relevanz des Zukunftsromans natürlich Brandt: *Der deutsche Zukunftsroman* sowie Härtel: *Grenzen über uns*. S. 247f.

auch viele Bücher mit Stoffbezug eingemeindet werden könnten.[60] Dass die Bezeichnung „Zukunftsroman" das Genre allerdings auf „technische oder/und politische oder/und soziale Elemente [und] Konstellationen" festnagelt, „die zu diesem Zeitpunkt [dem der Buchveröffentlichung, AW] noch nicht möglich, aber für die Zukunft denkbar sind"[61], was bei der Science Fiction nicht der Fall ist[62], unterläuft diese Offerte. Spannend bleibt, warum die Bücher mit Stoffbezug den Weg in die Zukunft derart entschieden nicht wählen. Eine andernorts weiter zu verfolgende Spur liegt möglicherweise in erst ansatzweise ausformulierten Beobachtungen, der Nationalsozialismus als ideologischer Rahmen der Bücher mit Stoffbezug habe generell nicht über ein Modell von „Zukunft" verfügt.[63] Scheinbar utopische Erzählungen vom Gutshof auf der Krim, den jeder Ritterkreuzträger nach Kriegsende erhalten sollte, Visionen der auf den Trümmern Berlins errichteten Welthauptstadt Germania und futuristische Wunderwaffen, die noch Tage vor der Kapitulation den „Endsieg" versprachen, sind aus dieser Perspektive nichts als Figurationen eines ideologischen Todestriebs, mit denen die „Lust am Untergang" libidinös ausgestaltet wurde.[64] Die Zukunft wäre dann, psycho-ideologisch, kein Raum für Phantasmen, die von einer Besessenheit zeugen, „die Versprechungen des Imaginären auf ‚Ganzheit' Ernst zu nehmen."[65] Dies führt zu einer zweiten Spur, die von der Annahme ausgeht, dass der Nationalsozialismus durch ein geradezu extremes Begehren nach Immersion gekennzeichnet ist[66], das als Wunsch beschrieben werden kann, „unmittelbar in eine ‚universale' Erfahrungswelt [einzutauchen]"[67]. Damit würde er als ‚Weltanschauung' bereits wesentliche Elemente von Science Fiction in die politische Repräsentationsarbeit

---

60 Zur Nähe von Zukunftsroman und Sachbuch, besonders in Zeitschriften und Jahrbüchern wie *Das neue Universum*, vgl. Härtel: *Grenzen über uns*. S. 250f.

61 Brandt: *Der deutsche Zukunftsroman*. S. 6.

62 Science Fiction *muss* natürlich nie über Zukunft sprechen, um Science Fiction zu sein. Vgl. Dath: *Niegeschichte*. S. 34f.

63 Vgl. bspw. Heiner Müller, der in zahlreichen Interviews die These vertritt, ein fundamentaler Unterschied zwischen Hitler und Stalin habe in Hitlers Besessenheit bestanden, alle Pläne innerhalb der eigenen Lebenszeit zu verwirklichen, bspw. im Gespräch mit Alexander Kluge: „Auf dem Weg zu einem Theater der Finsternisse". In: Heiner Müller: *Werke* Bd. 12: *Gespräche 3: 1991–1995*. Hg. v. Frank Hörnigk. Frankfurt/Main 2008. S. 692–711, hier S. 706. Vgl. weiterhin die Konzeption des nationalsozialistischen Staates als „selbstmörderisch" durch Paul Virilio u.a., weitergeführt bei Deleuze & Guattari: *Tausend Plateaus*. S. 315.

64 Vgl. hierzu und zur Panik des NS vor der Psychoanalyse Žižek: *Sublime Object of Ideology*. S. 90.

65 Ebner: *Nationalsozialistische Kolonialliteratur*. S. 105.

66 Vgl. ebd., S. 135.

67 Ebd., S. 10.

integrieren und der intrinsisch fiktionale Ansatz, der in Postulaten wie der „Neuen Zeit“ und dem „Neuen Deutschland“ propagandistisch permanent mitgeführt wird, immer schon Teil seines semantischen Programms sein. Die zugespitzte Auslegung dieser These wäre, dass der Nationalsozialismus auf der Ebene seiner Ideologie bereits etwas wie Real-Science-Fiction sein will und die ihm nahestehende Literatur dementsprechend keine Literarisierung von Zukunft mehr betreiben muss, beziehungsweise dies implizit immer schon tut, ohne „Zukunft“ zu sagen. In diesem Sinne wäre der Nationalsozialismus auch ein mentaler Endpunkt der Selbstmarginalisierung, die den deutschen „Kolonialismus ohne Kolonien“ stark geprägt hat, an dem nun Handlungsmacht neu reklamiert und für ein Modell von Gegenwart mobilisiert wird, die nun „nicht einfach ein Übergang ist“[68]. Zukunft wäre dann als „zwischenräumliche Zukunft gedacht, die *zwischen* den Ansprüchen der Vergangenheit und den Bedürfnissen der Gegenwart entsteht.“[69] Der Nationalsozialismus würde also fiktionalisierende Paradigmen auf sich selbst und seine Rolle *für* Deutschland anwenden, in denen für das Land als politische Entität wiederum Konzepte einer (post-)kolonialen Erfahrung und damit ein Bruch konstatiert würden, hinter dem eine Zeiterfahrung liegt, in der die Unterscheidung von Gegenwart und Zukunft irrelevant geworden ist.[70]

3.4 Exemplarischer Prototyp zur Synthese *vor* dem Vierjahresplan: Egon Hundeikers *Alumnit* (1934)

Die Analyse von Egon Hundeikers *Alumnit* (1934) schärft das ‚Stoff‘/‚Raum‘/‚Leben‘-Paradigma durch die Untersuchung eines Buches, das zeitlich bereits im Kontext des Nationalsozialismus erscheint, sich inhaltlich dazu bekennt, allerdings noch vor dem Vierjahresplan veröffentlicht wird und damit nicht zum „Kern“ des untersuchten Korpus gehört. Als Vorstufe der späteren Bücher mit Stoffbezug kann *Alumnit*, stark gespeist aus Industrie- und sogenannten technischen Zukunftsromanen, relative Repräsentativität beanspruchen. Damit ist kein deduktives Verständnis einer topischen Umfänglichkeit im Sinne von „hier kommt alles zusammen“ gemeint, sondern vielmehr ein Verhältnis gesteigerter Familienähnlichkeit zu anderen Texten vor 1936. Das Buch ist also nicht „übervoll“, sondern verfügt im Vergleich zu *Anilin* oder

68 Bhabha: *Verortung der Kultur*. S. 327.
69 Ebd. (Herv. im Orig.).
70 Vgl. Žižek: *Sublime Object of Ideology*. S. 89f.

Brunngrabers *Radium* eher über ein reduziertes Inventar und einen vergleichsweise schlichten Plot.[71]

Hundeikers Roman, über den Autor ist so gut wie nichts bekannt, übernimmt funktionslogisch die Aufgabe, für andere Texte des Korpus mitzustehen, die zeitlich *vor* den Jahren der höchsten Veröffentlichungsdichte liegen, teilweise andere ideologische Basisannahmen teilen und im Fall der Synthesechemie noch von anderen politischen Rahmenbedingungen ausgehen als die zur Zeit des Vierjahresplans erschienenen Texte. So widmen sich beispielsweise viele Bücher, in denen ‚Synthese' eine wichtige Rolle spielt und die in den Zwanziger Jahren erscheinen, sehr direkt der Kompensation der im Versailler Vertrag erlittenen „Schmach" und vor allem den wirtschaftspolitischen Bestimmungen über von Deutschland zu leistende Reparationen. Romane wie *Der Goldsturz* (1920) von Alfred Heller, *Das Ende des Goldes* (1922) von Reinhold Eichacker oder Ferdinand Runkels *Stickstoff* (1924)[72] widmen sich ganz konkret diesem revisionistischen Projekt unter Zuhilfenahme chemischer Synthesen, die im großtechnischen Maßstab zu politischer Wiederermächtigung führen. *Alumnit* ist ein später Vertreter dieses Typs und steht, anders als die früher erschienenen Texte, bereits unter dem Einfluss einer gewachsenen Erfüllungshoffnung phantasmatischer Begehren nach wiederhergestellter politischer „Weltgeltung". Im Anschluss an die Analyse des Romans wird kurz vergleichend auf andere Bücher eingegangen.

3.4.1 *Der Roman als Aushandlungszone der Repräsentationsmaxime ‚Offenheit'*

Alumnit erzählt die Geschichte eines revolutionären Leichtmetalls, das, extrem leistungsfähig und potenzieller Ausgangsstoff militärischer Wunderwaffen, von seinem Entwickler Heino Harsen dazu benutzt wird, den Friedensvertrag von Versailles insofern radikal auszulegen, als dass alle „Großmächte" zu umfassender Abrüstung gezwungen werden. Auf einer Versammlung des Völkerbundes nehmen die Staaten Harsens Ultimatum und den von ihm

71 Vgl. Brandt: *Der deutsche Zukunftsroman.* S. 80, wo es zu Dominiks *Lebensstrahlen* (1938) heißt: „Die Romanhandlung im einzelnen zu erzählen, lohnt nicht. Gerade die Autarkie-Romane handeln zumeist von einem einsamen Forscher, der durch ausländische Spione nur geringfügig von seinen Arbeiten abgehalten wird. Allein die Entdeckungen müssen die Handlung tragen, Fragen der wirtschaftlichen und politischen Ausbeutung des Gefundenen werden zumeist unzureichend geklärt. Die deutsche Wissenschaft brilliert in den Romanen durch sich selbst, die patriotische Aufgabe versteht sich von selbst und so genügt die Geschichte auch sich selbst." Und direkt im folgenden Absatz: „*Alumnit* (1934) von Egon Hundeiker ist ebenfalls in diese Kategorie einzuordnen." (Ebd., S. 81)

72 Alfred Heller: *Der Goldsturz.* Leipzig 1920, Reinhold Eichacker: *Das Ende des Goldes. Ein deutscher Roman.* Schwedt 1922, Ferdinand Runkel: *Stickstoff.* Berlin 1924.

diktierten Frieden unter deutscher Vorherrschaft schließlich an. Zuvor schafft es der Ingenieur, seine Erfindung in einer großen Fabrik mit der dazugehörigen Infrastruktur (Wohnungen für Tausende von Arbeitern und ihre Familien) massenhaft zu produzieren und verschiedenen Verwertungszwecken zuzuführen. Ein besonderes Detail des extrem leichten und stabilen Alumnit ist seine Durchsichtigkeit, die es wie Glas erscheinen lässt.[73] Harsens wichtigste Unterstützer sind der Oberst von Hefften (im Handlungsverlauf zum General befördert), der den Aufbau der Produktion regierungsseitig fördert, und seine Tochter Linde, die als Harsens Privatsekretärin eingestellt wird und beim Aufbau des Geschäfts mit dem Leichtmetall wichtige Aufgaben übernimmt und am Ende gar wegen einer französischen Spionageintrige aus „Feindesland“ evakuiert werden muss. In der letzten Szene schreit sie ihre Antwort auf Harsens Heiratsantrag vom Gipfel des Brocken „hinein in die Welt“ (ALU, 186).[74]

Der Text beginnt mit einem Verweis auf die Mühen des Erzählers: „Für den gewissenhaften Chronisten ist es nicht leicht, nach weltbewegenden Ereignissen wieder zu dem fast nüchternen Anfang zurückzukehren.“ (ALU, 5) Erzählen wird zu einem Problem der Rekonstruktion: Was bereits geschehen ist, soll noch einmal äquivalent als Text erzeugt werden, sodass der Roman, wie viele andere Bücher mit Stoffbezug, über ein initial formuliertes Problem mit Repräsentation verfügt. Die Aufgabe des „richtigen Anfangs“ gibt Aufschluss darüber, welches Geschichtskonzept der Narration zugrunde liegt, offensichtlich das einer linearen Chronik, deren Beginn einwandfrei feststellbar ist und deren Ereignisse, weil sie sich bereits ‚real‘ entfaltet haben, als ‚Tatsachen‘ den Erzähler von der Aufgabe des Erfindens nicht nur freistellen, sondern ihm verändernde Eingriffe geradezu verbieten. Dieses Gebot wird immer wieder durch explizite Verweise auf den Charakter der dargestellten Handlung aktualisiert, die entweder als nicht-romanhaft (und als solche eher glaubwürdig[75]) oder

---

73 Vgl. Egon Hundeiker: *Alumnit. Ein phantastischer Roman*. Berlin 1934. S. 6. (Im Folgenden im Text mit der Sigle ALU und Seitenzahl.)

74 Mutmaßungen über mögliche historische Referenzfiguren finden Indizien im preußischen Generalmajor Hans von Haeften (1870–1937), dessen Tochter Elisabeth (1903–1980) 1928 den Sozialhygieniker und Eugeniker Hans Harmsen (1899–1989) heiratete. Die Brüder Hans und Werner von Haeften (1905/1908–1944) wurden als Widerstandskämpfer im Kreis um Claus von Stauffenberg bekannt. Die Kongruenzen zum Roman beschränken sich neben der zeitlichen Passung zunächst lediglich auf Namensähnlichkeiten der Familie von Haeften/von Hefften und des Schwiegersohns Harmsen/Harsen.

75 Etwa im Zusammenhang mit einem auf Heino Harsen verübten Attentat: „Der Mann verwundete auch Harsen nicht, wie es in Romanen zum Zwecke rührender Krankenpflege tunlich erscheint, sondern er schoß glatt vorbei. Auch Harsen schoß jetzt nicht

merkwürdig-romanhaft (und dann tendenziell fragwürdig[76]) empfunden wird. Vertieft wird diese Reflexion über das Verhältnis von ‚Literatur' und ‚Realität' in Harsens Auseinandersetzung mit der Figur Anneliese Traut, die mit dem Vorhaben, einen Roman über ihn schreiben zu wollen, an den Ingenieur herantritt und sich später als Spionin in französischen Diensten erweist.

3.4.2 *‚Offenheit' als rhetorische Maxime & Körper-Phänomen*

Der „Ort" für die Darstellung von Innenwelt sind im Roman generell die weiblichen Figuren; von ihren Beschreibungen und Gedanken beziehungsweise den dafür eingesetzten Verfahren gehen die innertextuellen Verhandlungen über entsprechende Probleme im Wesentlichen aus. Neben den bereits erwähnten Linde von Hefften und Anneliese Traut kommt am Rande noch eine dritte wichtige Frauenfigur, die Mutter Heino Harsens, dazu, die praktisch stumm bleibt und das Ideal zurückgedrängter weiblicher Affektivität verkörpert, deren Innenwelt kein Geheimnis und mithin auch kein „Problem" mehr darstellt.[77] Bei Linde von Hefften ist das, zumindest zu Beginn, noch anders. Signifikant wird das in einer Passage, wo sie, während Harsen, ihr Vater und ein Staatssekretär im Nebenzimmer über die Einrichtung der Alumnitwerke verhandeln, von der Küche aus für das leibliche Wohl der Herren sorgt und sich zwischendurch mit der Lektüre von Paul Kellers *Ferien vom Ich* die Zeit vertreibt. Die explizite Erwähnung des populären Unterhaltungsromans schließt an einen Kommentar Lindes an, mit dem sie beim Verlassen des Raums die Herren bittet: „Und jetzt müssen Sie mir versprechen, daß Sie sich selbst wieder einschenken. Mein Vater vergißt das so leicht, und ich will nicht wieder stören." (ALU, 14) Ohne der sonst nicht weiter verfolgten Referenz auf

---

den davonrasenden Motorradfahrer nieder, wie es dem Gerechtigkeitsgefühl der Leser entsprechen würde." (ALU, 159)

76 Wenn es um Spionage im Alumnitwerk geht: „Wissen Sie, Herr Kriminalrat, manchmal hat man hier doch den Eindruck, als ob man mitten in einem Detektivschmöker lebt, ‚Das Gebiß auf dem Kirschbaum' oder wie die Dinger heißen." (ALU, 153) Auch direkt zu Beginn gibt es einen Kommentar des Oberst von Hefften in erlebter Gedankenrede, als ihm Harsens Besuch („Also schon wieder ein Erfinder!") angekündigt wird: „Womöglich wieder einer mit ‚Todesstrahlen', der sechsundzwanzigste! – – Hol der Teufel die Phantasten!" (ALU, 5), wo im ‚Phantasten' Merkmale des Erfinders und des Schriftstellers zusammenfallen.

77 Ihre Einführung erfolgt über Linde, die immer sonntags in Begleitung einer der anderen weiblichen Angestellten bei ihr und Harsen zu Gast ist, in Form einer christlich inspirierten Initiation: „Damals hatte sie [Harsens Mutter, AW] die Hand auf Lindes Kopf gelegt und gesagt: ‚Mein Sohn hat mir schon viel von ihnen berichtet.' Da hatte Linde die Hand der Mutter genommen und einen Kuß darauf gegeben. Sie hatte das nie vergessen können." (ALU, 75)

Kellers Roman zu viel Gewicht beizumessen, korreliert der von Linde in ihrer Bitte angedeutete Konflikt zwischen zwei punktuell kollidierenden Aufgaben der dienenden Frau, einerseits die Wünsche der Herren zu erfüllen und sich gleichzeitig aus wichtigen Angelegenheiten herauszuhalten[78], mit der in *Ferien vom Ich* umrissenen Konstellation eines temporären Austritts aus eigentlich unhintergehbaren Gefügen. ‚Literatur‘ wird so, in der Lektüreerfahrung Lindes als entlassene und damit zugleich funktionslos gewordene (sie wartet nun lesend auf das Ende des Gesprächs) Hausfrau zum verdoppelnden Substitut ihrer ‚realen‘ Situation, indem sie die Geschichte eines Millionärs liest, der „Ferien vom Ich“ macht, während sie selbst durch eine Leerstelle im Schema aus ihrer Rolle entlassen ist, ohne eine neue angeboten zu bekommen.[79] Dieses Angebot erfolgt kurz darauf, indem Linde die Stelle von Harsens persönlicher Sekretärin offeriert wird und macht den eben beschriebenen Zwischenraum zur intertextuell reflektierten Schwelle zwischen Lindes „Existenzen“ vor und nach dem Auftauchen Heino Harsens in ihrem Leben. Der Eintritt des Vaters in die Küche wird als schrittweiser Zugriff auf die Innenwelt der Frau dargestellt, den die Erzählinstanz selbst irritiert verfolgt:

> Fast drei Stunden sitzen sie nun schon. Da tut sich die Tür auf, und der Vater kommt herein. Man sieht es seinem Gesicht an, daß ihn irgendeine Sache mächtig gepackt haben muß. Er setzt sich zu seiner Tochter und teilt ihr mit, daß der Doktor die Alumnitwerke bauen wird und was das für eine Bedeutung hat. Linde unterbricht ihn mit keinem Wort. Sie arbeitet alles in sich hinein. Es ist Soldaten-, ist Führerblut in ihr. Dann kommt die Frage, ob sie, Linde von Hefften, Privatsekretärin des Doktors werden wolle. […]/Jetzt muß Linde sprechen. Es ist die große Entscheidung ihres Lebens. Sie wäre vor Freude am liebsten ihrem Vater um den Hals geflogen./Aber sie sagt nur:/„Ja, gerne.“/Es klingt knapp und klar, nicht zu laut und nicht zu leise. Ist es wieder das Soldatenblut, oder ist es der Ernst der Aufgabe?/Beide stehen auf und gehen hinein. Der Doktor kommt ihr entgegen. Er sieht eine ganz andere vor sich, eine Dame, der Ernst und Entschlossenheit aus dem Auge spricht. Er fragt sie, ob sie ihm helfen wolle./

---

78 Was ziemlich genau die Dialektik beschreibt, der die Figur des ‚Dieners‘ unterliegt, einerseits nie sichtbar, andererseits immer verfügbar sein zu müssen. Vgl. Markus Krajewski: *Der Diener. Mediengeschichte einer Figur zwischen König und Klient.* Frankfurt/Main 2010. S. 165.

79 Diese Spur in die Begegnung Harsens mit Linde zurückverfolgend, wird sie dem Mann auch dort als zunächst ästhetisches Phänomen, das an ein entsprechendes ‚Bildungs‘-Konzept zurückgebunden wird, gewahr: „‚Ein hübsches Bild‘, dachte Harsen, ‚der blonde Kopf und das einfache braune Kleid gegen das weiße Viereck der Tür! Er hatte viel Sinn für malerische Wirkungen. Und im übrigen: ein völlig schmuckloses Strickkleid, wenn ein Staatssekretär ins Haus kommt, das hätten andere Frauen nicht gemacht. Das ist Selbstsicherheit.‘“ (ALU, 13) Die merkwürdige Interpunktion gibt den wertenden Kommentar „Er hatte viel Sinn […]“ als Teil der Gedankenrede Harsens aus.

> „Ja – gerne, Herr Doktor!"/Beide geben sich die Hand und sehen sich ins Auge, länger als nur einen Augenblick. Die Frage, was da werden wird, geht von einem zum anderen. Es ist aber mehr das Werk, als der Mensch darin, in ihr und in ihm." (ALU, 14/15)

Bevor die Narration eindeutig extern fokalisiert das Eintreten des Vaters wie aus der Sicht einer weiteren Figur im Raum ohne Einblick in Lindes Gedanken wiedergibt, wird die erlebte Gedankenrede aus dem Absatz davor formal weitergeführt und so die Illusion, es sei Linde, die hier denkt, als von der folgenden Erzählerrede, die über den faktischen Eintritt des Vaters informiert, nicht unterscheidbar gehalten. Das folgende Gespräch mit der Tochter greift den romanintern wichtigen Topos guter Gesprächsführung, das Nicht-Unterbrechen der Rede des Anderen, auf und positioniert Linde als ihrem „Blut" nach der ‚männlichen' Sphäre nahestehend. Zugleich ruft Linde selbst im Gespräch mit Harsen und auch später immer wieder eine Vorstellung vom ‚weiblichen' Geschlechtscharakter auf und tilgt so einen vermeintlichen Anspruch darauf, ‚männlich' wahrgenommen zu werden.[80] Der Text laviert zwischen klaren Einblicken in Lindes Gedanken und der latenten Unsicherheit im Berichten davon („Beide stehen auf [...]"), um schließlich in einer paradoxen Formulierung die Körper der sich gegenüberstehenden Linde und Harsen in das gemeinsam zu Leistende aufzulösen. Später wird noch häufiger die Idee einer vermittelnden ‚Synthese' von ‚weiblichen' und ‚männlichen' Anteilen über Linde diskutiert und vom Roman nur behelfsmäßig entschieden werden.[81]

Das räumliche Setting wiederholt sich formal etwa in der Mitte des Romans bei einem nächtlichen Einbruch in die Unterkünfte der Sekretärinnen des mittlerweile fertiggestellten Alumnit-Werks, bei dem Linde den Einbrecher im Dunkeln niederschießt. Dabei steht sie, aus der Badewanne kommend,

80 Vgl. ALU, 11: „Wissen Sie, wir Frauen sind doch neugierig, nicht wahr? Und auf Sie bin ich es ganz besonders. Mein Vater tut so geheimnisvoll." Oder nicht weniger explizit in erlebter Rede in ALU, 38: „Linde hätte sich ohrfeigen mögen. Daß doch Frauen so leicht einen kleinen Horizont haben! Das macht wohl, weil das Heim ihr naturgegebener Gesichtskreis ist."

81 Vgl. ALU, 24: „Linde hatte es zuerst völlig vergessen. Sie lebte bereits in der Welt der Männer./Aber es wäre unnatürlich gewesen, wenn jetzt mit fortschreitender Einrichtung nicht auch das Weibliche in ihr zum Durchbruch gekommen wäre, denn sie gehörte keineswegs zu jener Sorte Frauen, die der Natur zum Trotz die Gleichheit mit dem Mann erstreben." Bezeichnend ist, dass diese Reflexion an ein quasi ‚männliches' Vergessen Lindes anschließt, das dann von einem Mann, dem Portier, ausgeführt wird, nämlich beim Engagieren der für die neuen Büroräume benötigten Putzfrauen, die „hier das weibliche Moment [repräsentieren]" (ebd.).

nackt in einer Zimmerecke. Die Erzählinstanz rückt immer näher an ihre Perspektive heran, bis im inneren Monolog Kongruenz erreicht wird, die bis zum Pistolenschuss besteht. Danach übernimmt wieder der (implizit ‚männliche') auktoriale Erzähler und lässt den Polizeimeister Winterfeldt auftreten, dem Linde ihr Erlebnis zu Protokoll gibt und der sich als ‚gute' Figur ausweist: „Winterfeldt hörte zu, ohne zu unterbrechen" (ALU, 113). Die Wettersemantik (sich zusammenbrauendes Gewitter, schwüle Hitze), Lindes Nacktheit, die spezifische „Aufgeregtheit" und durch Erregung ausgelöste Vertrautheit der anderen Frauen („Linde gab der kleinen Lisbeth einen Kuß. Sie hatte ja vorhin zum ersten Mal ‚du' zu ihr gesagt.", ALU, 115) legen nahe, dass ‚Gefahr' funktional die Stellvertretung des Bereichs ‚Erotik' übernimmt, zumal Harsens Episode mit Anneliese Traut ebenso stets als ‚gefährlich' konnotiert ist und sie schließlich als Spionin enttarnt wird. Der ‚Offenheits'-Topos wird im Ausgang des Einbruch-Erlebnisses, noch bevor das Kapitel endet, auf Harsen angewendet:

> Merkwürdig, es fiel Linde gar nicht schwer, ihm alles zu erzählen. Sie wunderte sich selbst darüber. Daß sie rot wurde – na ja – aber er hatte ja auch kein Geheimnis vor ihr, und das Geschehnis, der Einbruch, der Schuß, war wohl stärker als die Scheu. (ALU, 115)

Metonymische Verweise zwischen Körper-Oberfläche und psychischen Zuständen bleiben den Figuren selbst unklar, ebenso wie die Beziehung zwischen der metaphorischen Erotik des Nahtoderlebnisses ‚Nacktheit bei Einbruch mit Schuss' und dem Begehren Lindes, Harsen davon zu erzählen.[82]

‚Offenheit' wird stärker explizit zum „ehrenrettenden" Element, als sie den Suizid eines werksangehörigen Ingenieurs, der gerade dabei war, sich in einen Spionagefall verwickeln zu lassen, als ein Aufsatz Harsens zum Thema „Ehre" ihn davon abhält und er sich stattdessen erschießt, in ein einheitsstiftendes Ereignis für das ganze Werk umformt. Zum Abschiedsbrief des Ingenieurs

---

82 Ein solches Sublimationsprinzip verwendet der Roman immer wieder, um sexuelle Affekte auf Arbeits- und Leistungszusammenhänge umzulenken. Vgl. etwa ALU, 74: „Sie [Linde, AW] fühlt, dieser Mann macht nicht eine Fabrik, das ist zu klein für ihn! Er macht ein Stück Weltgeschichte. Und sie darf ihm dabei helfen! Ein Glücksgefühl überrieselt sie. Sie sieht ihn von rückwärts an, wie er so dasitzt und den Bericht aus Prag liest. Genau so frisch und spannkräftig wird er noch um Mitternacht hier sitzen. Sie wird vielleicht dann auch noch da sein. Sie kommt eben einfach wieder, wenn das Abendessen vorüber ist, ohne daß er etwas sagt oder fragt. Es ist ganz selbstverständlich. […] Sie sind eins, das Werk nämlich, er und sie." Vgl. auch ALU, 98, wo Linde Harsen von Anneliese Traut „erlöst", und ein Nachforschen über ihre Motivation dafür, sobald sie sich dem „wahren" Grund nähert, vom Text schnell unterdrückt wird.

heißt es: „Harsen war tief erschüttert, nicht so sehr durch den Tod an sich, als durch die männliche offene Art." (ALU, 93) Die Kugel, die den Ingenieur tötet, wiederholt sich metaphorisch in einer Semantik der mentalen ‚Tiefe', in der das Ereignis in die Gemeinschaft des Werkes eindringt, die auf diese Weise zu einer wahrhaften Familie zusammenwächst und implizit den gewalttätigen (= ‚männlichen') Zug der ganzen Entwicklung betont.

An die Schilderung des Suizids schließt sich die Wiederkehr der bereits erwähnten Anneliese Traut an. Bei ihr handelt es sich vorgeblich um eine Schriftstellerin, die beabsichtigt, einen Roman über das Werk zu schreiben. Bereits bei ihrem ersten Besuch wurde sie aus Harsens Sicht rekurrent mit dem Bereich ‚Leben' verknüpft[83] und von Lindes „weibliche[m] Instinkt" als „etwas Neues […], etwas, was nicht hierher gehört" (ALU, 76) wahrgenommen, wobei die Vermittlung dieses Eindrucks an Harsen gendermedial blockiert ist: „‚Schrullig!' sagte sie nur. Aber es war ein Unterton in ihrer Stimme./Harsen verstand sich nicht auf Untertöne. Das war ein fremdes Gebiet." (ALU, 76) Hierarchie und klar abgesteckte Kompetenzbereiche (Linde = Sekretärin), die von psychischen Dispositionen und Affekten nicht spontan verrückt werden dürfen, verhindern den Informationsfluss zwischen Linde und Harsen. Die rhetorische Maxime ‚Offenheit', die eigentlich uneingeschränkt gilt, wird hier ex negativo bestätigt, indem gezeigt wird, wie vermeidbare Komplikationen (die „Romanze", wie die weiblichen Angestellten Anneliese Traut nennen, wird sich wie gesagt als Spionin erweisen) durch kommunikative Beschränkungen entstehen, die der Basismaxime ‚Offenheit' in Form von bürgerlichen Konventionen (in diesem Fall die aptumsmäßige Zurückhaltung instinktiv erlangter Wahrheiten) zuwiderlaufen. Der Bereich des „Privaten", zu dem die Angelegenheit mit Anneliese Traut gehört, zeigt sich anhand dieses Handlungsstrangs aus Sicht des „großen Ganzen" problematisch und latent krisenanfällig, weil er als potenziell ‚nicht offen' gelten muss. Der Text markiert das explizit mit der Vokabel „privat" in zwei Fällen postalischer Kontaktaufnahme von Anneliese Traut an Harsen, der denkt: „Es war das Leben von einer anderen Seite, einer frohen und unbekümmerten. Es war – – Privatsache!" (ALU, 76), ein andermal aus Lindes Perspektive: „In dem großen Berg der Post lag wieder ein Brief mit der Aufschrift ‚Privat'. Wieder dieselbe Handschrift: Anneliese Traut. Ärgerlich! – Das war doch abgetan!" (ALU, 95) ‚Privatheit' erweist sich als generell kritische Kategorie. Was nicht öffentlich gemacht wird, unterliegt dem

83 Vgl. ALU, 76: „Es lag *Leben* in dieser Stimme." sowie „[…] ein Bild sprühenden *Lebens*" (ALU, 77), „Er [der nackte Arm der Frau, AW] ist *Leben* und Wärme und anderes mehr." (ALU, 78), „Ja, es ist das neue, was da in sein *Leben* treten will, das *Leben* in anderer Gestalt, das Weib, die Natur, das ist beides dasselbe." (ALU, 79) (Herv. AW).

Verdacht des Doppeldeutigen in dem Sinne, dass es entweder a) kriminellen Absichten folgt oder b) als emotionaler Gehalt für die Figuren selbst (noch) vage ist und nicht sicher kommuniziert werden kann. Beim ersten Fall handelt es sich zumeist um Situationen, in denen die potenzielle Verbergbarkeit des privaten Inneren für schädliche Zwecke instrumentalisiert wird, etwa in Form vorgetäuschter Zutraulichkeit und Verstellung. In der schieren Potenzialität des Nicht-Offenen besteht das Kernproblem des Privaten. Zugleich liegt im Inneren der Menschen auch jene Sphäre, auf die ideologische Beeinflussung letztlich abzielt und die es im Sinne einer militärischen Befestigung zu transformieren gilt. Vorgeführt wird dieses Verhältnis an der Behandlung, die die Werksangehörigen durch Harsen erfahren. Das Innere seiner Angestellten und Arbeiter stuft er gegenüber Äußerlichkeiten, womit soziale Unterschiede und Geschlecht gemeint sind, explizit höher ein und gibt zugleich vor, wie dieses als „Leben“ apostrophierte Innen zu füllen sei, in einer Dualität von „unser[em] Herrgott und Deutschland“: „Er hatte sie alle im Innersten gepackt. Man merkte es daran, daß das Deutschlandlied erst allmählich seine volle Stärke erhielt. Es war die Macht der Persönlichkeit, die die Massen in Bann schlug.“ (ALU, 47)[84]

Erkenntnisse über die eigene Nicht-‚Offenheit‘ erlangen jene Figuren, in die die Erzählinstanz Einblick gewährt (im Wesentlichen also Linde und Harsen), meist über zeichenhafte Äußerungen ihres Körpers, die auf eine Inkongruenz zwischen Erfahrung und Empfinden schließen lassen und als unverständliche „Symptome“ zwar registriert, aber nicht kompetent ausgewertet werden. Für den Mann gilt das in stärkerem Maße als für die Frau, der die affektive Semiotik wesentlich vertrauter ist und deren Innenwelt sich die Erzählinstanz eher widmet, was etwa durch den inneren Monolog auch verfahrenstechnisch unterstrichen wird.[85]

---

84 Harsens Worte zitieren und modifizieren damit den von Hitler aufgerufenen „Adel der Arbeit“, der als Slogan auf den Abzeichen der Nationalsozialistischen Betriebszellenorganisation NSBO (später in die DAF integriert) stand. Vgl. zum Konzept auch Marc Buggeln & Michael Wildt: „Einleitung“. In: Dies. (Hg.): *Arbeit im Nationalsozialismus*. München 2014. S. IX–XXXVII, hier S. XV.

85 Für ein weiteres Beispiel vgl. ALU, 96f., wo Linde von Harsen gebeten wird, als sein „Medium“ einen Brief von A. Traut zu beantworten, weil er, „[a]uf diesem Gebiete [...] wirklich nicht zuhause“, es nicht vermag und so Linde selbst „als Frau“ die Konkurrentin „als Frau“ schriftlich zu eliminieren hat. Auf diese Weise wird relativ raffiniert auch die ‚gute Frau‘ als potenziell verfänglich (weil des verführerischen Vokabulars mächtig) und der Mann als weiterhin völlig unverdächtig und auf pikante Weise „unschuldig“ (beinahe „blöd“ im Sinne der Aufklärung!) markiert. Die autonome direkte Gedankenrede findet in dieser Szene wieder Anwendung, eingeordnet durch die Erzählinstanz: „Gar nicht zu helfen weiß er sich. – Mich fragt er um Rat. Mich, seine Sekretärin! – – Mich .../Und da kam das Erschrecken, die Freude! So – – so steht er zu mir, daß er mich raten läßt in den

3.4.3 *‚Offenheit' als vorbildhafte ‚Stoff'-Eigenschaft*

Nicht nur Einblicke in die Konstruktion menschlicher Gefühle werden als problematisch verhandelt, sondern ebenso die Durchschaubarkeit technischer Artefakte.[86] Innerhalb des Werks wird materiell, personell und infrastrukturell alles dafür getan, das Produktionsgeheimnis des Alumnit zu wahren.[87] Was bleibt ist die Sichtbarkeit technischen ‚Wissens' im Artefakt selbst. So wie die Menschen durch unkontrollierte Affekte und Mimik, am verfänglichsten aber durch Sprache die Geheimnisse ihres Inneren preisgeben, offenbart auch das Endprodukt einer technischen Produktionskette potenziell das Arkanum seines Ursprungs. Selbst ist die Sache dabei völlig frei von Missverständlichkeiten und kann als unschuldig gelten. Damit entspricht *Alumnit* dem, was Carl Wege in Bezug auf Ernst Regers Industrieroman *Bei Kilometer 208* bemerkt, der 1929 erscheint und den markanten Untertitel *Naturgeschichte einer Brücken-Montage* trägt. Dort heißt es: „Diese Eisenträger lügen nicht, sie machen keinem Menschen etwas vor. Was sie sind, das sind sie […]." Wege stellt fest, dass „[b]ei den Brückenpfeilern kein falscher Schein [trügt]; Oberflächen- und Tiefenstruktur fallen unmittelbar zusammen."[88] Dem Ingenieur eignet ein Feld, in dem durch die getilgte Grenze zwischen ‚Oberfläche' und ‚Tiefe' moralische Sicherheit herrscht und dessen Maximen, ideologisch aufgewertet und diskursiv in Stellung gebracht, zum Leitmotiv menschlichen Handelns auch jenseits der Technik werden können. Metapoetisch kann diese „unschuldige" Technik, die zum Vorbild für Prozesse der Entscheidungsfindung und für die Beziehungsarbeit zwischen Individuen taugt, als Kommentar auf eine nötige „Reinigung" der ‚Literatur' gelesen werden, die auch in *Alumnit* problematisiert und mit (übertriebener) Dramatik, mangelnder Lebensnähe und schließlich in

---

Dingen seines Herzens. So groß ist sein Vertrauen zu mir! – – Linde, was schlägt dein Herz?" Den größten Raum erhält der innere Monolog schließlich bei der Schilderung von Lindes Flucht aus einem französischen Hinterhalt, wo ihre „inneren Werte" sich ultimativ beweisen (ALU, 130–138).

86 Für diesen Zusammenhang kann wiederum Harsens Mutter stehen, der Linde im Anschluss an die Offenbarung des Alumnit-Geheimnisses begegnet und die dann den Bezug zwischen ‚Schweigen', ‚Leben' und ‚Wissen' performativ herstellt: „Aber dann geschah es doch, daß Harsens Mutter ihren Kopf in die Hände nahm und einen Kuß auf die lebenswarmen Lippen gab. Sie sprach dabei kein Wort, und auch Linde blieb stumm. Zungen müssen schweigen, wenn die Augen reden." (ALU, 162) Auch im Anschluss an die Begegnung wird Linde als stark vermindert kommunikationsfähig beschrieben; Aussagen über ihren Zustand gelingen erst, nachdem sie nach langer Zeit endlich einschläft und ihr Körper zum Repräsentanten ihres Inneren werden kann: „Goldenes Haar umrahmte das Gesicht, auf dem der Schimmer seliger Freude lag." (ALU, 163)

87 Vgl. ALU, 53.

88 Wege: *Buchstabe und Maschine*. S. 106.

Anneliese Traut gar mit Spionage korreliert wird.[89] Gleichzeitig stellt sich die Frage, wie der Seelenhaushalt der Figuren organisiert sein soll, wenn die bisher geltende Einteilung in eine ‚Oberflächen‘- und eine ‚Tiefen‘-Schicht durch das Modell einer brückenpfeilerhaft monolithischen Persona desavouiert wird.

Das Vorbild liefert der ‚Stoff‘: Das Alumnit zeichnet sich durch seine Durchsichtigkeit aus, die es, etwa im Fall der neuen großen Brücke in Swinemünde, „wie ein herrliches Spitzenwunder aus Bergkristall [im Sonnenlicht]“ glänzen lässt (ALU, 56). Flugzeuge aus dem Metall sind zunächst unsichtbar:

> Ganz plötzlich stand der große, durchsichtige Vogel dicht über dem Platz und landete, ehe man sich von seinem Staunen erholt hatte. Nichts war vorher zu hören gewesen. Die Maschine war ja schneller als der Schall! Und was man sehen konnte, waren zuerst der Führer und die Passagiere, dann erst die Maschine selbst. (ALU, 124)

Die spezifischen Eigenschaften des Alumnit, seine Leichtigkeit (leichter als Aluminium) und seine Festigkeit (fester als Stahl) vereinen in synthetischer Form die zentralen Anforderungen an Werkstoffe aus der Rüstungsindustrie zu einem Wundermaterial für Ingenieure, die wiederum bei jeder Gelegenheit betonen, dass es bei ihren Projekten ausschließlich um zivile Themen gehe. Hinzu kommt seine Durchsichtigkeit (wie reinstes Glas), die ebenfalls strategischen Zielen zugute kommt, vor allem im Luftkampf[90], auf einer zweiten Ebene aber als moralische Kategorie fungiert. Das wird daran deutlich, dass Harsen das Geheimnis um sein Alumnit nicht etwa mit jemandem teilt, der sich durch besondere Expertise als „Erbe“ seines Wissens eignen würde, sondern diese Entscheidung rein aufgrund charakterlicher Bewährungsproben, moralischer Integrität und nicht zuletzt Intimität zugunsten von Linde fällt, die neben Harsens Mutter und ihm selbst die dritte Eingeweihte wird:

> Meine Erfindung beruht nun darin, daß ich herausgefunden habe, daß auch elektrische Wellen, namentlich Ultrakurzwellen, solche Anreger [Katalysatoren, AW] sein können. Ich kam darauf, weil die Lichtwellen in der Fotografie ja auch

89 Vgl. zu diesem Gedanken ebd., S. 107: „Die Maschine vertreibt den ‚blauen Dunst‘, den die Literatur verbreitet. Sie reinigt die Atmosphäre, und den Schriftstellern wird nahegelegt, sich diesem ‚Reinigungsprozeß‘ nicht zu entziehen.“

90 Vgl. hierzu ALU, 116, wo umfangreiche Tests mit einem Kleinflugzeugprototyp stattfinden, die am Ende von einem unbestimmt bleibenden Einzelnen in dialektaler Färbung so zusammengefasst werden, wie die Ingenieure des Romans es nie tun würden „‚Mein Gott, so'n Ding untern Füßen und dann im Luftkampf‘, meinte einer.“ Das militärische Verwendungsfeld wird von deutscher Seite ausschließlich implizit mitgeführt, während die „Siegermächte“ England und Frankreich praktisch an nichts anderes denken.

> nichts anderes sind. Sie regen die Trennung des Bromsilbers an. Ultrakurzwellen ähneln ja in vielem den Lichtwellen. Von diesem Gedanken ausgehend war es nicht schwer, die richtige Wellenlänge zu finden, um die Atome im Schmelzbad anders zu ordnen, als im Aluminium. Alumnit ist nichts anderes, als richtig geschichtetes Aluminium. (ALU, 161f.)

In dieser Passage, die das chemische Kernstück des Romans, das Geheimnis der titelgebenden Erfindung, enthüllt, verdichtet sich zugleich das Set seiner technikideologischen Basisannahmen. Elektrizität erscheint als ordnende Kraft[91], die den chemischen Prozess begleitet.[92] Ausgehend von der Photokatalyse, einer Anregung chemischer Reaktionen durch Licht, etwa in der Fotografie[93] (bei der es sich strenggenommen nicht um einen Katalysationsprozess handelt), wird ein (elektrischer) Strom zum Medium, das die Struktur des Aluminiums *richtig* schichtet, sodass suggeriert ist, dass die als neu erscheinenden Eigenschaften des Alumnit bereits im Ausgangsstoff angelegt sind. Es erfährt zur Herstellung seiner ‚inneren Ordnung' eine Behandlung, die allegorisch auch den Menschen im Roman widerfährt und die eine Innen/Außen-Kongruenz herstellt, wobei der Wert ‚Offenheit' sich einmal als bloße Durchsichtigkeit des Stoffes (die dann wiederum strategische oder ästhetische Bedeutung erhalten kann) und ein anderes Mal, beim Individuum, als moralische Hochwertigkeit, Integrität und ‚Reinheit' äußert. Der ‚Stoff' wird dabei zum semiotischen Substitut für die menschliche Innenwelt, von deren „Ordnung" der Text als kollektives Langzeitprojekt analog zur Schaffung des Supermetalls erzählt, die beide durch eine exzeptionelle Ingenieurs- beziehungsweise Führerpersönlichkeit bewerkstelligt werden. Harsen erfährt, um diese Leistungen vollbringen zu können, seinerseits eine Initiation im Ersten Weltkrieg, an dem er nicht selbst teilnimmt, der aber durch den Tod von Vater und einzigem Bruder die Familie auf ihn und seine Mutter reduziert. Die kriegsbedingte Verschlechterung ihrer

91 Vgl. hierzu nochmal Wege: *Buchstabe und Maschine*, S. 81: „Was bislang ziellos dahinströmte und ungeordnet durcheinanderlief, wird durch einen Griff am Schaltbrett einheitlich ausgerichtet. [...] Die Elektrizität wird von ihm [Ernst Jünger, AW] in den Rang einer Leittechnologie des totalen Staates erhoben. An ihr lassen sich modellhaft die Vorzüge eines uneingeschränkten Machtmonopols demonstrieren [...]." Vgl. weiterhin Christoph Asendorf: *Ströme und Strahlen. Das langsame Verschwinden der Materie um 1900*. Gießen 1989.

92 Brunngrabers *Radium* wird dieses Verhältnis zwischen Elektromagnetismus und Chemie das hier noch harmonisch ist, kritisch ausgestalten.

93 Die Bezugnahme auf die Fototechnik ist in diesem Zusammenhang dunkel, weist Harsen aber implizit als Teilnehmer auch mediengeschichtlicher Aushandlungsprozesse und Reflektionsinstanz (massen-)medialer Neuerungen aus.

Lage stellt der Text als Moment der Überwindung dar, in dem „der Kampfgeist in dem jungen Studenten [erwachte]. Er nahm es mit dem Leben auf, und er siegte.“ (ALU, 167) Das Duell mit dem Leben selbst führt schließlich zu einer Inkorporation des Kontrahenten: „Das Leben, auch das vergangene, lebte in ihm, und Kraft strömte von ihm aus.“ Was sich als modellhafter Ablauf einer ‚Lebens‘-Krise lesen lässt, an deren Ende der Protagonist aus einem „Kampf“ als Sieger hervorgeht und metaphorisch zu „neuem Leben“ wiedergeboren wird, wird in *Alumnit* erst gegen Ende als von ihm selbst referierte Jugenderinnerung des Protagonisten erzählt, die sich retrograd zur Bedingung für seine Held-Werdung stilisieren lässt. Dafür sorgen auch Anreicherungen der lebensideologisch grundierten Erzählung mit für den Roman spezifischen Details, etwa eine Habilitation über das „Wesen der Metalle“ (vgl. ebd.), in denen das Konzept einer essenzialistisch-romantischen Chemie sich mit dem ‚modernen‘ Zugriff des Ingenieurs verbindet. Was Harsen als Erzwinger eines Weltfriedens und Deutschlands „Retter“ qualifiziert, ist die Lenkung, die er in der Krise während seines Studiums erfahren hat. Die Technik, der Harsens Aufmerksamkeit als Chemiker galt, wird zu einer beseelten Sphäre individueller Bewährung, was den Text innerhalb der lebensideologischen Epochen an einer Schnittstelle verortbar macht, wo es gilt, mit gerade noch neusachlichem Blick das ‚Leben‘ selbst gewissermaßen *hinter* der für seelen- und zwecklos gehaltenen Technik liegend zu identifizieren[94], diesen Gedanken aber, wie in *Alumnit*, nicht zum Zielpunkt der Handlung zu machen, sondern ihn als ideologische Basisprämisse in die Jugend des Protagonisten zu verlegen und so implizit dem Romangeschehen vorauszusetzen. Diese Epistemologisierung von ‚Lebens‘-Wissen grundiert das dem Roman eigene Konzept anthropologischer ‚Synthese‘, das vor allem, mit dem ‚Stoff‘ als Leitkategorie, als infrastrukturelles Phänomen im Bereich ‚Raum‘ und charakterliches Phänomen im Bereich ‚Leben‘ verhandelt wird. In den geopolitischen Konsequenzen, die der Text zieht, fallen schließlich alle drei Sphären emphatisch zusammen.

---

94 Vgl. Lindner: *Leben in der Krise*. S. 167: „Mit dieser Denkfigur bewältigt die Neue Sachlichkeit die scheinbare Sinnlosigkeit und Selbstzweckhaftigkeit der Technik, die sich alle Lebensbereiche unterwirft: Hinter einer so mächtigen Erscheinung muß sich das ‚Leben‘ selbst verbergen. Der Umschlag zum vollständigen ‚neuen Leben‘ kann für die Sachlichen aber nicht durch ‚Tat‘ oder prophetische Rede herbeigeführt werden, sondern er erfolgt quasi naturgesetzlich auf dem Höhepunkt der ‚Krise‘.“ Auch in Lindners Feststellung, wie die Neue Sachlichkeit die Lösung der ‚Krise‘ modelliert, zeigt sich die deutliche Differenz zu Hundeikers Roman.

3.4.4 *‚Synthese' als Prinzip im ‚Raum' und in der ‚Person'*

Der Roman gestaltet sein ‚Synthese'-Konzept durch eine Engführung ‚biologischer' und ‚mentaler' Phänomene, auf der Figurenebene am deutlichsten in den Frauen, auf der Ebene der Handlung vorrangig an krisenhaften Komplikationen bei der Verwirklichung des Plans, Alumnit zum Zweck globaler Abrüstung und der Wiederherstellung deutscher Souveränität in großen Mengen zu produzieren. Die Errichtung riesiger Produktionsanlagen und einer Stadt für ihre Belegschaft wird zur zentralen Metonymie für mit ‚Raum' und ‚Leben' verbundene Gehalte, die am ‚Stoff' vor dem Vierjahresplan nicht oder nur implizit narrativiert werden können. Der Erwerb des Baugrundstücks wird nicht erzählt, sondern vom ausführlichen Bericht über die Arbeit Linde von Hefftens bei der Einrichtung vorläufiger Büroräume in Berlin ersetzt. Dort werden Prinzipien eines mentalen Überbaus im Alltäglichen einführend zur Darstellung gebracht, die später für den großen, gefährlicheren Kontext des Alumnit-Werks mit gesamtgesellschaftlicher Bedeutung intensiviert zur Anwendung kommen. Gleichzeitig ermöglicht die an Lindes Wahrnehmung gebundene Erzählung der Raum- und Personalakquise auch, das Verhältnis des Textes zur ‚Literatur' weiter zu diskutieren. Das ergibt sich aus der engen Verbindung von Fragen der ‚Innerlichkeit' mit weiblichen Figuren und, darauf aufbauend, aus der Notwendigkeit, innerhalb einer kritischen Zone im Kleinen Verfahren zur sprachlichen Erfassung von ‚Identität' zu erproben, die dann als Ordnungsprinzipien auf den größeren Kontext übertragen werden können.

Linde soll, während Harsen unterwegs ist, um ein Areal für die Alumnit-Werke zu erwerben, in Berlin die Räumlichkeiten der künftigen Bauleitung organisieren. Ihre Arbeit wird als von Souveränitätseffekten durchzogene Hochgeschwindigkeitskommunikation mit mehrfachen Registerwechseln beschrieben, bei der ihre männlichen Gesprächspartner verdutzt und überfordert sind, die wenigen weiblichen dagegen als zumindest kommunikativ ebenbürtig eingeführt werden, was für die Männer bis auf einen „alte[n] gemütliche[n]" Tapezierer und den Laufburschen der Feuerlöschfirma nicht zutrifft. ‚Kommunikation' als Wert, bei dem ‚Authentizität' als geteilte Vereinbarung gilt, wird Frauen sowie jungen und älteren Männern zugeordnet und markiert Lindes Talent für ‚Innerlichkeit' als Feld sprachlicher Flexibilität. Ihre Anpassungsfähigkeit an die Sprechweisen verschiedener Partner_innen wird allerdings deutlich von einer negativ konnotierten ‚Verstellung' abgegrenzt, die bei Frauen mit einer Modifikation des Äußeren einhergehen würde[95] und nachvollziehbarerweise einen extremen Normverstoß bedeutet.

95 Eine entsprechende Episode gibt es, als Linde unter falschem Namen und verkleidet den Militärattaché der japanischen Botschaft aufsucht. Linde ist in der Maskerade weder

Die komplexe Raumordnung innerhalb der Büros, die der Text als Eroberung markiert, erhält einen zeitlichen Index auf die Gegenwart der deutschen Gesellschaft nach dem Ersten Weltkrieg.[96] Dies erfolgt durch diverse Hinweise auf soziale Krisensituationen, in denen die Figuren Abstieg, Arbeitslosigkeit und Existenzsorgen andeuten.[97] Zugleich bleibt der Text, dabei und in anthropologischen Setzungen, auf eine Weise implizit, mit der das ‚Problem‘ semantisch vermittelt und verbunden mit ironiefähigen Kontexten als nachgelagert und oberflächlich nicht zentral dargestellt wird, etwa wenn Linde über die Dekoration der Büroräume mit Pflanzen nachdenkt und dabei auf das „Nilgras“ kommt:

> In den Amtsstuben sieht man sie überall, grüne Freudensonnen im trüben Grau des Dienstes. Vermehren tun sie sich wie die Karnickel, werden immer mehr und mehr, bis ein hoher Vorgesetzter mit hartem Erlaß wieder Platz für die Akten schafft. Aber nach einiger Zeit steht in irgendeiner Ecke doch wieder ein Glas mit einem bescheidenen kleinen Ableger darin. Der wächst und wächst, treibt Seitenschosse im Topf und bald ist alles wieder ein grüner Wald. Der Erlaß liegt längst in den untersten Akten. Gegen Nilgras helfen keine Erlasse. Sie sind machtlos! Es liegt etwas Zwingendes in dieser Pflanze. Es ist mit ihr wie mit den Völkern starker Kinderzahl. Am Ende siegen sie doch. (ALU, 25)

Die völkerbiologische Setzung ‚drängt‘, wie häufig Aussagen dieser Art, als Nachgesagtes in die Reflexion, in diesem Fall über Zimmerpflanzen, sodass aus der harmlosen Bürogeschichte ein Urteil über die zivilisatorische Überlegenheit von ‚Völkern‘ hoher Fertilität gegenüber solchen kontrollierter Regierung wird (wo die „Erlasse“ nicht machtlos sind). Die Büro-Sphäre wird so zu einem Raum, in dem Kämpfe um ‚Lebensraum‘ möglich sind und wo ein positiver Einfluss des potenziell Wuchernden nach dem Kippen ins ‚zu Üppige‘ durch Administration zyklisch wiederhergestellt werden muss. Die Lebenswelt der Figuren scheint auf diese Weise von synthetisch-kolonialpolitischen

---

kompetent, noch fühlt sie sich wohl: „Der Lippenstift, ein ganz neues, ihr bis dahin unbekanntes Möbel, trat in Wirksamkeit. Etwas Puder ins Gesicht! So, jetzt waren die Lippen natürlich wieder weiß! […] Greulich ist das, so sein wahres Äußeres hinter Kleie und Farbe zu verstecken. Dann kann man ja gleich eine Maske aufsetzen!“ (ALU, 40f.)

96 Neben den expliziten Hinweisen auf diese Situation, die im Kontext der Verwendung von Harsens Erfindungen zur Tilgung der Reparationen und der Wiederherstellung der ‚deutschen Souveränität‘ gemacht werden.

97 Etwa im Fall der Generalstochter Inge Herder, die sich als Schreibkraft vorstellt (vgl. ALU, 27f.), sowie in den Berichten des Tapezierers von seiner fähigen und trotzdem arbeitslosen Tochter und seiner Wahrnehmung von geschäftlichen Neugründungen, die er bezeichnenderweise mit einem Verweis auf das Kino versieht: „Det mit die Neugründungen, det is doch man meist ’ne faule Sache. Erst jeht det jroßartig los wie in’n Kientopp, un denn mit einmal reißt der Film, immer jrade vor’n Zahltag.“ (ALU, 23)

Annahmen durchdrungen zu sein.[98] Forciert wird dieses Modell in der Erzählung, wie nach der erfolgreichen Landnahme des Doktors „die Fabrik, nein, eine ganze Stadt [entstand]. Aus dem Erdboden wurde sie gestampft." (ALU, 31) Die Schaffung der für das Werk nötigen Infrastruktur, inklusive der Rekrutierung der Arbeitskräfte, wird als nationalpolitisches Kolonisationsprojekt nach eugenischen und *Scientific-Management*-Methoden beschrieben, das auch die Ziehung einer neuen Grenze zwischen ‚Technik' und ‚Natur' betreibt.[99] Die neue Ortschaft „Leichtstadt"[100], angelegt als planerische Repräsentation der hinter dem Projekt liegenden politischen Ambitionen und als bauliche ‚Synthese' deutscher Architekturgeschichte[101], wird zur ‚Form' für das als ‚Stoff' konzipierte menschliche Kollektiv.[102] Der Roman implementiert wiederholt eine Beziehung zwischen ‚Raum' und ‚Stoff', in der beide gemeinsam an der Signifizierung des ‚Lebens'-Sektors als Problem arbeiten. Der ‚Stoff' ist stets eine auf den ‚Raum' angewiesene und in ihn hineinwirkende Komponente der Wunsch-Produktion zur Lösung von nicht in erster Linie ‚Raum'-, sondern ‚Lebens'-Krisen, die von ‚Raum'-Krisen begleitet sein können, welche mit-gelöst werden. Die Überformung des ‚deutschen Raums' mit der innovativen und zugleich stark historisierten Infrastruktur der Alumnit-Werke und der Charakter des neuen ‚Stoffs' als optimierte Variante des bereits bekannten Aluminium, dessen Produzenten direkt nervös auf die mutmaßliche Konkurrenz reagieren[103], verweisen deutlich auf das Projekt

98 Hierfür spricht auch der Erzählmodus, der in der Wahrnehmung oft an Linde und/oder Harsen gebunden, zuweilen auch nullfokalisiert ist und stark die erlebte Rede zur Wiedergabe der Gedanken diverser Figuren favorisiert.

99 Vgl. ALU, 32: „Nur verheiratete Arbeiter sollten es sein [...]. Jeder einzelne mußte zuverlässig national sein." Und zuvor: „Als die herrlichen Wälder des Südharzes ihr erstes goldig-grünes Blätterkleid bekamen, stand hier bereits ein anderer Wald, der Wald der Gerüste, Verschalungen und Masten."

100 Zur Benamung der Städte im Rahmen von technischen Großprojekten in anderen Romanen vgl. Brandt: *Der deutsche Zukunftsroman*. S. 255.

101 Vgl. ALU, 44f.: „Alles im gleichen Stil, eine große harmonische Einheit. Überall die Laubengänge vor dem Erdgeschoß, wie in alten schlesischen Städten, nur in breiter norddeutscher Klinker-Gotik. [...] So war also diese Stadt entstanden aus dem Formgefühl des deutschesten aller Stile, der Gotik."

102 Das Element der neu konzipierten Behausung ist zentral für Werksgründungen in den Büchern mit Stoffbezug, vgl. für die Beschreibung in *Erzeugnisse unserer Arbeit* S. 9 in diesem Buch. Vgl. außerdem für den historischen Kontext den Artikel von Werner Mansfeld: „Der Bau von Arbeiterwohnstätten im Rahmen des Vierjahresplanes". In: *Der Vierjahresplan* 1 (1937), H. 2. S. 70–73.

103 Vgl. ALU, 37f., wo Linde einen Spionageversuch aus der Aluminium-Industrie selbständig enttarnt und diese im Folgenden versucht, mit selbstzerstörerischen „Kampfpreisen" die Konkurrenz des Alumnit im Ansatz zu erdrücken, was nur durch Harsens nationales Verantwortungsgefühl verhindert wird: „Aber wir sind doch nicht für uns selbst da. Das ist

eines autoethnologisch konzipierten synthetischen Kolonialismus, der den bekannten ‚Raum‘ neu ‚befremdet‘. Dadurch, dass der Text auf anderen Feldern den Umgang mit ‚Veränderungen wider die Natur‘ explizit über den Bereich ‚Leben‘ verhandelt, etwa in der Episode mit der als Erna Brösicke verkleideten Linde in der japanischen Botschaft[104] oder bei Anneliese Traut[105], besteht ein intradiegetisches System für die Einführung des ‚Neuen‘ als Differenzkategorie für moralische Urteile in beide Richtungen, über das ‚Fremdheit‘ als Problem diverser Bereiche dargestellt und seinem Status entsprechend flexibel evaluiert werden kann. Auftretende Irritationen können dabei stets durch Bezugnahme auf den ‚neuen Stoff‘ gelöst werden, der sich als universale Orientierungsinstanz etabliert.[106]

3.4.5 *Der etablierte ‚Stoff‘ als politische (Vergleichs-)Größe*

Harsens Verhalten als exzeptioneller ‚deutscher‘ Ingenieur-Unternehmer und die Effekte seines Handelns werden gegenüber Vertretern anderer Nationen deutlich abgegrenzt. Dafür werden verschiedene Differenzkategorien mobilisiert, die ein Distinktionsregime mit graduellen Abstufungen ermöglichen. Während die Japaner etwa als entschieden ‚fremd‘, dabei aber trotzdem potenziell ‚bündnisfähig‘ markiert sind und wenngleich sie, wie alle „Rassen“, als „von der Natur anders organisiert als wir“ angesehen werden und damit ein Rest Misstrauen unausräumbar bleibt, stellt der Roman die „Siegermächte“ des Ersten Weltkriegs, die USA, Großbritannien und Frankreich, als ausschließlich mit der Einrichtung von Abwehr- und Überwindungsstrategien befasste Gegner dar. Die aufgerufenen Grenzziehungen und ‚Nationalcharaktere‘

---

doch auch ein Stück der deutschen Wirtschaft! – Was machen wir da?“ (ALU, 38, vgl. auch 49)

104 Die Reaktionen des japanischen Attachés verweisen auf ein dem Text eigenes Konzept völkerpsychobiologischer Charakteristika, die auch bei ungewöhnlichen Belastungen stabil bleiben: „Er hätte vor Aufregung gezittert, wenn die stoische Ruhe seines Volkes nicht in seinem Blute gewesen wäre. Der Stoff war einfach rätselhaft, rätselhafter aber noch die Umstände. Ausgerechnet eine junge Dame, wenn auch sicher und weltgewandt!“ (ALU, 41) Später heißt es dann über die Japaner und die Frage, ob von ihnen Spionage zu befürchten sei: „‚Das weiß ich nicht, man kann diesen Leuten nicht hinter die Haut sehen. Sie sind von der Natur anders organisiert als wir.‘/‚Das ist bei jeder anderen Rasse so. Ganz wird man sie nie verstehen können.‘“ (ALU, 43)

105 Der Text ist insgesamt breit durchzogen von Kommentaren zur ‚Authentizität‘. Vgl. ALU, 30: „Linde stellte die neuen Angestellten vor. Für jeden fand er [Harsen, AW] ein freundliches Wort. Jeder wußte aber auch sofort: Der hat es nicht nötig, den Chef herauszubeißen. Der ist es einfach.“

106 Exemplarisch etwa wiederum im Gespräch mit dem japanischen Attaché: „Nun werden Sie natürlich gar nicht wissen, was los ist, Herr Hauptmann. Aber ist das nötig? Halten wir uns doch lieber an den Stoff, das Alumnit!“ (ALU, 41f.)

folgen, ebenso wie die eingesetzten Erzählverfahren, weitgehend den Standards reaktionär-nationalistischer Unterhaltungsliteratur. Mit einem Blick auf Wirtschaftskonferenzen an drei Schauplätzen, New York, London und Paris, werden die Reaktionen ausländischer Industrieller auf das Alumnit synchronisiert und Stereotype zu den einzelnen Nationen vergleichbar. Verbindendes Element zwischen den Magnaten in den USA und Frankreich ist ein auf verschiedenen Ebenen artikulierter Widerwille der Erzählinstanz gegenüber ästhetischen, habituellen, vestimentären oder die Gesprächsführung betreffenden Abweichungen sowie eine nur schwach camouflierte Zuordnung der Handelspraktiken beider Gruppen zu stereotypen Merkmalen ihrer jüdischen Protagonisten.[107] Die erzählerische Abgrenzung erfolgt mal implizit und handlungsübergreifend, wenn eine „hastige" Bewegung des amerikanischen Industriellen erst über Kapitelgrenzen hinweg dem „ruhigen" Harsen gegenübergestellt wird, wobei diese Oppositionen im Schlusskapitel, wenn Harsen auf den Völkerbund trifft, zusammenkommen. In anderen Fällen bezieht der Text explizit Stellung gegen die ausländischen Industriellen, etwa in der Beschreibung des französischen Kleidungsstils:

> Seltsam, der größere Teil von ihnen war äußerst elegant angezogen, knapp auf Taille und mit messerscharfen Bügelfalten, andere wieder völlig salopp, sich richtig gehen lassend. Das solide Mittelmaß, wie es in Deutschland bei solchen Gelegenheiten vorherrscht, fehlte hier ganz. Über den Äußerlichkeiten stehend, sie doch nicht vernachlässigen, ist eine Kunst, die in romanischen Ländern wohl wenig verbreitet ist. (ALU, 64)

Das fehlende ‚Mittelmaß' setzt sich bei den „durchmischt" dargestellten Amerikanern und mehr noch beim Verhalten der Franzosen fort, die durchgängig zur Erregung neigen, unnatürlich nervös und tendenziell kopflos auftreten.[108] Die Erzählinstanz wertet Sprechweisen und redebegleitende Gesten als metonymische Verweise auf das Innenleben der Figuren, dessen explizite Darstellung weitgehend ausbleibt oder als Interpretation des Verhaltens markiert wird.[109] Als soziale Gefüge kommen beide Gruppen nur aus Not

107 Vgl. ALU, 59, wo John Colt bei einer Sitzung im New Yorker Hotel „Gigantic" als Vorsitzender des Kanonentrusts mit dem Namen „Bethlehem" vorgestellt wird sowie ALU, 67, wo in der Pariser Sitzung der zwischen Politik und Wirtschaft fluid agierende Maurice Cerf eingeführt wird: „Der kleine kraushaarige Cerf – seine Ahnenreihe geht über Frankfurt, wo sie noch Hirsch hießen, dann über Kattowitz und Lodz, ins nebelhafte graue Altertum hinein bis etwa in die Gegend des Nils […]".

108 Vgl. hierzu Lindner: *Leben in der Krise*. S. 78 sowie S. LI in diesem Buch.

109 Vgl. ALU, 61: „Der Alte kreischt direkt. Seine pergamentene Haut hat sich rot überzogen. Es ist die Wut des Abgeblitzten."

zusammen, sind von Intrigen durchzogen und praktisch nicht kohäsionsfähig. ‚Patriotismus‘ ist im Gegensatz zu Deutschland, wo Harsen die heimische Aluminium-Industrie heimlich unterstützt, für Franzosen und US-Amerikaner lediglich eine Strategie von vielen, um das in die Krise geratene Geschäft zu beflügeln. Eine gesonderte Stellung nehmen die britischen Geschäftsleute ein, die aus ihrer Anerkennung von Harsens Vormachtstellung nicht nur ökonomische, sondern vor allem politische Konsequenzen ableiten und Deutschland im weltweiten Machtgefüge neu verorten.[110] Ihre Beziehung zur Politik ist bei den britischen Industriellen, auch durch die Fokussierung auf den Schiffbau und Großbritanniens maritime Hegemonie, enger und stärker von Idealismus gekennzeichnet. Die relative Kongruenz zwischen Analyse, Aussagen und Verhalten bei den Briten[111] im Gegensatz zu den sozial erodierten und durch mangelnden Zusammenhalt auf allen Ebenen ausgezeichneten Gruppen in New York und Paris, wobei die US-Amerikaner vor allem als von wirtschaftlichem Ruin bedrohte Gruppe multiethnischer Profitgieriger ohne politisches Interesse dargestellt werden und die Franzosen als von wirtschaftspolitischen Intrigen unterwanderte Gruppe erscheinen, die ihr Manipuliertwerden durch jüdische Hybridfiguren ohne jegliche Loyalität[112] nicht registriert, ergibt zusammen mit dem uneingeschränkt positiv besetzten Handeln der deutschen Figuren und der japanischen und russischen Teil-Allianzfähigkeit bei grundsätzlicher ‚Fremdheit‘ ein relativ fein abgestuftes Distinktionssystem.[113] Dessen

110 Vgl. ALU, 62: „Es kann nur eine Frage der Zeit sein und dieser Mister Harsen beginnt, Schiffe zu bauen. Wer hindert ihn daran? – Die Regierung? – So leicht ist mit Deutschland nicht mehr umzuspringen!“

111 Verfahrenstechnisch reflektiert im Redeabbruch Sir Ernest Bassems, der sowohl Eintracht zwischen Redner und Zuhörern, als auch die Identität von Rede und Einstellung bei allen Beteiligten bedeutet: „‚Gentlemen, es ist also ein Zwang für uns, daß wir, ich sage wir und kein anderer an das Fabrikationsgeheimnis herankommen. Und da uns das in unseren Versuchslaboratorien nicht gelingt …‘/Er setzte sich, ohne den Satz zu vollenden. Ein verblüffender Schluß!/‚Bravo!‘ rief die ganze Runde.“ (ALU, 64) Der Sprecheffekt kann als Negativbeispiel des Sprechens der Deutschen gelesen werden: Worüber man nicht reden muss, darüber darf man schweigen.

112 Vgl. Schmitz-Berning: *Vokabular des Nationalsozialismus*. S. 606 zum Konzept des „wurzellosen“ jüdischen Intellektuellen.

113 Vgl. das in Opposition zu den westlichen „Großmächten“ stehende sowjetische Angebot der Krim als erblicher Besitz. Auch wenn die Bedingungen dieses Vorschlags dem Prinzip der ‚Offenheit‘ entsprechen und dementsprechend (und aufgrund der Absurdität des Angebots) auch eine eher humorvolle Replik Harsens erfolgt, unterlässt der Text die Darstellung der (vermutlich abweichend von Paris etc. gedachten) Besprechung in Moskau und stellt stattdessen das Angebot als ihren (gedachten) Effekt dar. Trotz unterschiedlicher Ausprägungen („In Moskau und Tokio sind die Formen anders, dort ist Asien.“ ALU, 70) wird die Reaktion auf das Alumnit als weltweit identischer Angst-Effekt, der von Aneignungswünschen gefolgt wird, gefasst.

Gegenmodell besteht in der fortgesetzten Synthetisierung im neuen Raum von Leichtstadt, wo um die Alumnit-Fabrik mit ihren zwölftausend Arbeitern und eintausend Angestellten eine florierende Gemeinde entstanden ist:

> Längst gab es Kinos, Hotels, mehrere Gaststätten, ein Kaffee, einen Tennisplatz und anderes mehr. Man konnte leben, wie in anderen Städten auch. Nur eines war anders: An allen Ecken und Enden spürte man den Pulsschlag der Arbeit. Alle Gedanken kreisten immer wieder zu dem einen Mittelpunkt zurück. Zum Werk. Jetzt vielleicht mehr noch als je, nachdem Alumnit in der Welt zum Stein des Anstoßes zu werden begann. Das merkten sie alle, eigentlich bevor es noch offenbar wurde. Ihrer aller Dasein hing ja ab vom Werk. Das gibt einen klaren Instinkt. (ALU, 70)

Die auf das Zentrum des ‚Werks' hin ausgerichtete räumliche und mentale Anlage der Stadtbewohner_innen wird komplettiert durch die Position des Führers:

> Und ihrer aller Liebe hing an dem einen Mann, dem Schöpfer aller Dinge um sie her. Sie grüßten ihn alle, die Dreißigtausend, die Frauen und die Kinder auch, wenn er barhäuptig mit sicherem Schritt durch die Straßen ging. Es war ihnen, als ob Kraft aus seiner Ruhe strömte. Ja, der Mensch braucht einen Mittelpunkt, einen Führer. Ohne Führer sinkt er ins Tierische hinab. (ALU, 70)

Das Kollektiv wird auf die Orientierungsinstanzen ‚Werk' und ‚Führer' gestimmt, die zur Absicherung von ‚Dasein', zur Schulung von ‚Instinkten' und zur Wahrung von ‚Kultur' (als Differenz zum ‚Tierischen') beitragen. Der Fokus der Gruppe wird als Kohäsionsphänomen gedacht, das über das richtige Medium einen synthetischen Verbund entstehen lässt, der als dingliches und mentales Akteur-Netzwerk und als räumliche Repräsentation des neuen ‚Stoffs' lesbar wird. Das Besondere der Stadt besteht in der Singularität ihres ordnenden Mediums, das sie von anderen Städten unterscheidet und zum Prototyp von Zusammenleben, Gesellschaft und politischer Ordnung macht. Harsen, der in diesem Gefüge als gottgleicher Schöpfer agiert, der nicht nur die Umwelt der an diesem Ort lebenden Menschen geschaffen hat, speist die Stadt vitalisierend durch seine bloße Anwesenheit. In einer Trias aus energetisierendem ‚Führer', ‚Werk' und ‚Erfindung' werden, zunächst noch räumlich begrenzt und modellhaft, in allen Bereichen des ‚Leben'/‚Raum'/‚Stoff'-Paradigmas besonders „hochwertige" Akteure eingesetzt. Damit positioniert der Roman seinen Handlungsschwerpunkt *nach* der Überwindung von zentralen Ausgangskrisen, etwa dem Finden des ‚Stoffs' oder der Lösung einer ‚Lebens'-Krise seines Entdeckers, und folgt, anders als viele Bücher mit Stoffbezug, einem Narrativ der Verteidigung und Immunisierung der errichteten Konfiguration aus Menschen,

Dingen und dem ‚Stoff‘ mit dem Ziel, neue, dem ‚Modell‘ angemessene, politische Verhältnisse herzustellen.

Die Bedingungen in Leichtstadt und Harsens Position eines gottgleichen Schöpfer-„Führers“ werden durch ein Angebot aus Moskau unterstrichen, das Alumnit-Geheimnis im Tausch gegen die Krim und den Titel ihres Königs herauszugeben. Die Offerte eines „gesegnete[n] Land[es]“ (ALU, 73), wie Harsen die Krim selbst nennt, stellt ein Raumäquivalent für seine Position eines exterritorialen Fürsten dar, der auf einem Stück ‚Neuland‘ in Deutschland umfassende Freiheiten genießt. Durch das Angebot wird der Charakter des Kampfes um Harsens Erfindung noch deutlicher und auch Linde versteht den „terrestrischen“ Charakter des Konflikts sofort: „Ganz genau, Herr Doktor! Also der Kampf geht jetzt unterirdisch los.“ (ALU, 73) Ihre seltsame Formulierung, die von Harsen bestätigt wird („Ja, auf jede Art – zunächst unterirdisch.“ ALU, 73) verweist auf eine metaphorische ‚Tiefe‘ und findet eine Entsprechung im „vertrauliche[n] Bericht eines ungenannten Deutsch-Böhmen aus Prag über eine Sitzung der dortigen Industriellen – Stahl, insbesondere Waffen, Skodawerke! – Man will uns anscheinend Spione ins Werk schicken.“ (ALU, 73f.) Die ‚Untergründigkeit‘ des Kampfes meint also in erster Linie ein geheimes Vorgehen der Gegner, ruft dabei aber eine räumliche Kategorie auf, die insinuiert, dass essenzielle Krisen auch topologisch in eine (mentale) ‚Tiefe‘ reichen. Vor allem das Beispiel „volksdeutscher“ Solidarität des Deutsch-Böhmen zeigt, welche ‚Wahrheiten‘ der Kampf in der ‚Tiefe‘ trotz seines klandestinen Untergrund-Charakters, der eine Korrelation mit ‚Offenheit‘ eigentlich verneint, aufzudecken vermag. Über den Hinweis aus Prag wird nicht nur der grenzenüberschreitende und darum raumunabhängige Zusammenhalt aller ‚Deutschen‘, also der fakultative Charakter aktueller politischer Grenzziehungen gegenüber der Invarianz biologischer „Rasse“-Grenzen betont, sondern zugleich implizit der ‚deutsche‘ Anspruch auf Prag, also auf die Anpassung politischer an ‚biologische‘ Verhältnisse, markiert.

Im ‚Werk‘ sind derartige Probleme bereits weit überwunden, was etwa durch Verschmelzungsrhetorik[114] und Differenztilgung innerhalb der Subgruppen[115] betont wird. Außerhalb gelten die werkinternen Regeln extremen Zusammenhalts für Deutschland noch nicht, woran aber, nach Harsens Worten zur Eröffnung der Fabrik, die sich in den revisionistischen Kontext der

114 Vgl. ALU, 70 (s.o.) oder, individuell aktualisiert, ALU, 74: „Sie sind eins, das Werk nämlich, er und sie [Linde, AW].“

115 Vgl. mit Bezug auf das als „Nonnen“ bezeichnete Kollektiv der Bürodamen ALU, 75: „Der gemeinsame Dienst und das gemeinsame Wohnen gleicht alle Interessenunterschiede und alle Verschiedenheit der Herkunft aus.“

Entstehungszeit des Romans einordnen lassen, ausschließlich ‚fremde' Kräfte Schuld seien, die das Land in einer unverdienten Ungleichheit halten.[116] Die anderen Staaten werden als beschädigte Gemeinwesen ohne soziale Kohäsion dargestellt, die lediglich als Notgemeinschaften zusammenkommen und jenseits privater Profitgier keine übergeordneten ideellen Ziele verfolgen. In der intradiegetischen Raumsemantik bleibt ihr Denken ‚oberflächlich', während die ‚deutschen' Zusammenhänge und Krisen stets räumlich-mentale ‚Tiefen'-Phänomene sind, deren Lösung als synthetisch-koloniale Neu-Befremdung des eigenen Raums erfolgt.[117]

3.4.6 *‚Synthese' als ‚Stoff'-Prinzip mit ‚Raum'-Wirkung*

Nachdem der Roman seine ideologischen Setzungen im Wesentlichen implementiert hat, werden noch drei signifikante Raumbewegungen vollzogen, die eng mit dem ‚Stoff' Alumnit verkoppelt sind und in ihrem Entscheidungscharakter in steigendem Maße als ‚lebens'-nah ausgewiesen werden. Während sich der lebensideologische Bezug durch eine über alle Handlungsetappen gesteigerte Nähe zwischen Harsen und Linde äußert, tritt der ‚Stoff' in seiner Materialität sukzessive in den Hintergrund. Bei den Ereignissen handelt es sich um die Errichtung eines 1600 Meter hohen Rundfunksendemasts aus Alumnit, Lindes Entkommen aus einem französischen Hinterhalt sowie Harsens Rede vor den Delegierten des Völkerbunds, die er zu weltweiter Abrüstung zwingt. In allen Fällen werden mit Hilfe des ‚Stoffs' Grenzüberschreitungen vollzogen, die sich zugleich als Beleg von Harsens Potenz als Ingenieur sowie über Linde als Mann verstehen lassen, wo er sich kommunikativ und semiotisch im Umgang mit Frauen zuvor noch als inkompetent erwiesen hatte.

Die Sendemast-Episode schließt an die Szene an, in der Linde durch einen Verweis auf das ‚Werk', dem er sich nun ganz widmen müsse[118], Harsen von Anneliese Trauts zudringlicher Annäherung befreit. Der Bezug auf das ‚Werk'

---

116 Vgl. ALU, 46: „Und er sprach von dem Waffenkrieg der Welt gegen Deutschland, von der Ungleichheit, in der es trotz mancher Änderungen heute noch gehalten wird. ‚Es ist das Schlachtfeld der Arbeit, auf dem der Kampf um Deutschland weitergeführt wird. Auf diesem Schlachtfeld Soldaten in Eid und Pflicht zu sein, aber auch in Kameradschaft miteinander, das ist der Sinn der Aufgabe, in der wir hier stehen. […]'"

117 Vgl. ALU, 47: „Bald flogen auch hier die Späne. Form ward aus dem formlosen Stoff – Gußmodelle für die Eisbrecher." sowie noch einmal ALU, 74: „Sie [Linde, AW] fühlt, dieser Mann macht nicht eine Fabrik, das ist zu klein für ihn! Er macht ein Stück Weltgeschichte. Und sie darf ihm dabei helfen!"

118 Ihr Brief kommentiert dabei die grundsätzliche Konfliktträchtigkeit des ‚Werks' als Ding des ‚Lebens' mit anderen ‚Lebens'-Dingen, die neben ihm ihre Stimme erheben, als Problem einer Meta-Kommunikation: „Mein ganzes Denken soll dem Werk gehören. Alle anderen Dinge des Lebens müssen schweigen." (ALU, 98)

wird zum rhetorischen Löser des (‚Lebens‘-)Problems mit der „Romanze“ und zugleich zum Katalysator der spirituellen Annäherung von Linde und Harsen. Dabei wird das Verhältnis zwischen beiden als potenziell telepathische Übertragungsbeziehung ohne körperliche Dimension markiert[119], wodurch das Sendemast-Ereignis, bei dem Harsen als supereloquenter Medienprofi[120] und Vermarkter seiner Erfindung auftritt, als verschobene Fortsetzung der Geschichte seiner ‚Männlichkeit‘ erscheint.

Die Erzählinstanz schaltet die „Sache mit der Antenne in Zeesen“[121] (ALU, 99) als erstaunliche Begebenheit in die Chronologie der Alumnit-Historie ein und reflektiert damit ihren Status als ‚Sensation‘, der innerhalb des Textgefüges grundsätzlich skeptisch zu begegnen ist. Ihre Verbreitung und reißerische Aufmachung obliegt dabei den Zeitungen, über die Meldungen vom geplanten Bau „[b]is in das entfernteste Malaiendorf“ (ALU, 100) gelangen. Das Radio als Verbreitungsmedium wird aus der Erzählung rausgehalten und bleibt allein Objekt von Harsens Aktivitäten, ohne den und seinen Mast, so die Suggestion, der Rundfunk gar nicht sendefähig ist.[122]

Die Wiese, auf welcher der Mast errichtet wird, wird zum spontanen Versammlungsort und zur Reflektionsfläche verschiedener Konzepte von ‚Sensation‘ und ihrer Wahrnehmung sowie des Verhältnisses von ‚Medium‘ und ‚Masse‘. Naturphänomene werden zu semantischen Wiederholungen des Alumnits, aus dem der Sendemast besteht und das sich im „Glitzern“ und

119 Vgl. ALU, 99: „‚Woher wußten Sie, daß ich so und nicht anders schreiben mußte?‘/Er setzte seinen Namen darunter. Eine heiße Freude durchzuckte sie./Dann stand er auf und reichte ihr zum Dank beide Hände./Aber in ihren Herzen stand mehr als dieser Dank allein.“ Auffallend ist auch die wiederholte Verwendung des Konzepts der ‚Sendung‘ in Bezug auf einen göttlichen Auftrag des Menschen auf der Erde (vgl. ALU, 98).

120 Vgl. ALU, 101, wo Harsen einen amerikanischen Journalisten vorführt und mit seinem Wettangebot um eine Kiste Sekt en passant noch die heimische Schaumwein-Industrie ankurbelt.

121 Der Roman referiert hier auf die Errichtung des Deutschlandsenders II in Zeesen 1927. Einer der beiden 210 Meter hohen Masten der T-Antenne stürzte beim Bau ein. 1929 wurde ebenfalls in Zeesen der Weltrundfunksender errichtet. Vgl. zur Geschichte des Senders G. Goebel: „Reichspost und Kurzwellenrundfunk. Der Rundfunksender Zeesen bei Königs Wusterhausen“. In: o. N.: *Mit 8 kW rund um die Welt. Deutscher Weltrundfunk in der Weimarer Zeit. Geschichte des Kurzwellenrundfunks in Deutschland 1929–1932*. Berlin 1969. S. 33–59. Über den Beitrag von Goebel hinaus enthält der Band interessantes Bildmaterial.

122 Erst nach vollbrachter Aufstellung des Senders wird eine Rundfunk-Reportage erwähnt: „Es [das höchste Bauwerk der Welt, AW] steht, und die ganze Welt weiß es. Die ganze Welt hat am Rundfunk der Reportage gelauscht.“ (ALU, 108)

„Flimmern“[123] des Himmels wiederholt sowie für den Vorgang der Erektion, der zunächst von der Sonne, die sich „in aller Herrgottsfrühe durch den Dunst und Morgennebel in ihr blaues Reich empor [quälte]“ (ALU, 102), konterkariert wird und ‚Aufstieg‘ in den Himmel als etwas Mühevolles kennzeichnet. Später wird die Sonne semantisch durch die gelben Ballons ersetzt, mit denen der Mast in die Höhe gezogen wird.[124] Der Text vollzieht eine Ablösung von ‚Natur‘- durch ‚Kultur‘-Zeichen in der Beschreibung einer ausgesprochenen Kulturleistung, der Erzeugung einer vertikalen Vorrichtung, die vom Himmel aus[125] horizontal in Wellenform den gesamten Welt-Raum überspannt, und markiert damit die ‚Kultur‘ als Überwinderin der ‚Natur‘, die ihre Verfahren nicht übernimmt, sondern sie überbietend neu erschafft. Diese Vorstufe eines synthetischen Kolonialismus, der auf die ‚Natur‘ als topographischen, vor allem aber mentalen Großraum angewandt wird, stellt einen, auch für die späteren Bücher mit Stoffbezug, typischen Kommentar zur potenziellen Verfügbarkeit der ‚Natur‘/‚Kultur‘-Grenze dar. Wiederholungsfiguren wie die Ballons und weitere[126] lösen verfahrenstechnisch das inhaltlich längst im Alumnit überwundene[127] Problem der Innen/Außen-Kongruenz als Krise der Vermittlung von Gegensätzen. In Harsen kulminieren die Wiederholungen schließlich zur ‚Synthese‘ aus mentalen Zuständen und ihrer Repräsentation

123 Vgl. ALU, 107f.: „Jetzt ist die glitzernde Linie schon ganz steil“, „Die glitzernde Linie ist fast schnurgerade, wird immer steiler – steiler – jetzt – jetzt – jetzt ist sie senkrecht.“, „Ein leichtes Zittern geht die flimmernde Linie hinauf und herunter.“, „Ganz oben verschwindet das Glitzern im Himmelblau.“

124 Vgl. ALU, 107f.: „Der oberste Ballon ist jetzt nur noch ein kleiner gelber Punkt im Blau.“, „Jetzt stehen die Ballons gerade übereinander, eine senkrechte gelbe Perlenreihe, eigentlich ein schönes Farbenspiel mit dem Himmel.“

125 Vor der eigentlichen Baumaßnahme sind es noch die ‚Wolken‘, die das Ausmaß des Projekts metonymisch bestimmen. Vgl. ALU, 100f.: „‚Aber, Herr Doktor, das geht doch in die Wolken!‘/‚Das wird denen doch wohl nichts schaden!‘“, „Mister Baker, Sie wollen sich den verrückten Mann ansehen, der in die Wolken bauen will?“, „Einen Turm von 1600 Meter Höhe, einen Turm, der in und über die Wolken reicht in einem Tage – das war eine geradezu ungeheuerliche Sensation!“

126 Bspw. tauchen die Drähte aus Alumnit, mit denen der Mast verspannt wird, in einem Drahtzaun wieder auf, der die Menschenmenge auf Abstand hält und für den der bereits vorher beinahe zum unglücklichen Spion gewordene Hans Felderhoff den Auftrag erhält (vgl. ALU, 102), womit sowohl auf Figurenebene als auch für die gesamte deutsche Industrie eine wiederhergestellte Harmonie postuliert wird.

127 Vgl. ALU, 103: „Um sieben Uhr kamen mehrere Autos, das vorderste wie aus Glas, die Alumnitlimousine Dr. Harsens.“, bzw. ALU, 124 für das neue Alumnit-Flugzeug D 4000: „Ganz plötzlich stand der große, durchsichtige Vogel dicht über dem Platz und landete, ehe man sich von seinem Staunen erholt hatte. Nichts war vorher zu hören gewesen. Die Maschine war ja schneller als der Schall! Und was man sehen konnte, waren zuerst der Führer und die Passagiere, dann erst die Maschine selbst.“

in sichtbaren Gesten.[128] Die Durchsichtigkeit als zentrales Merkmal des von ihm entwickelten ‚Stoffs‘, wird neben seiner ‚Härte‘ und ‚Stabilität‘ auch zu den Haupteigenschaften des Ingenieurs, der im kritischen Moment der Erektionsbildung, als der Stab sich bedenklich durchbiegt und zittert, selbst ‚fest‘ bleibt[129] und so auch eine Aussage über seinen Status als ‚viriler Mann‘ zulässt. Die Menschenmenge beantwortet, gemeinsam mit der Erzählinstanz, das Ereignis orgasmusäquivalent durch Sprachverlust und physiologische Erregung und vollzieht auch die Beruhigung des Mastes mit Entspannung nach.[130] Carl Wege sieht in der Szene, in der sich die Frage „Wer ist stärker, das Schicksal oder Harsen?“ (ALU, 107) stellt, ein Beispiel für die Besonderheit des nationalistischen Technikromans:

> Volksgenossen, die am nationalen Heilsgeschehen mitweben, eröffnet sich auch im Zeitalter der Technik ein hinreichend großer Handlungsspielraum, in den Lauf der Dinge einzugreifen. Allerdings bleibt es ihnen verwehrt, eigenmächtig das Szenario zu entwerfen. Die Situation, in der sie sich zu bewähren haben, ist immer schon durch die technischen Dispositionen vorgegeben.[131]

Dieser Einschätzung ist zuzustimmen, allerdings ist die Vorgabe durch das technische Dispositiv bei genauer Betrachtung dieser Stelle und ihrer Kontextualisierung in den Gesamttext (während es Wege um eine allgemeine Aussage über Romane mit technischen Erlösungsszenarien geht) wie gezeigt medienlogisch und in Bezug auf die Textverfahren komplexer. Sicher entwirft Harsen die Szenarien, in denen er sich als ‚Ingenieur‘ und ‚Mann‘ zu bewähren hat, insofern nicht selbst, als die ‚Chronik‘, für die *Alumnit* sich ausgibt, strukturell auf einen anschlussfähigen „Lauf der Dinge“ angewiesen ist und dementsprechend als Technikerzählung die Basislogik einer technischen ‚Durchdringung‘ der Welt mit den entsprechenden Problemlagen, außer in dialektischen Metakommentaren[132], nicht in Frage zu stellen vermag.

---

128 Das wird durch die Modi der Durchsagen während der Masterrichtung vermittelt. Während die Stimme des technischen Aufbauleiters Schwartz „ganz hohl im Lautsprecher [klingt]“ (ALU, 105), ist die Stimme von Harsen, der im kritischen Moment übernimmt „heller und klingender, als die von Schwartz. Sie schneidet wie ein Fechthieb gegen das Schicksal.“ (ALU, 107)

129 Vgl. ALU, 107: „Nein, Harsen beugt sich nicht, wenn so ein Ballon in die Lüfte geht.“

130 Vgl. ALU, 107: „Der Mast beruhigt sich. Er steigt. Der Atem kommt den Menschen zurück, und die Erstarrung der Glieder löst sich. Es war doch eiskalt in den Rücken gefahren! Und nun erst Linde und die anderen vom Werk! Kein Tropfen Blut ist mehr im Gesicht.“

131 Wege: *Buchstabe und Maschine*. S. 106.

132 Damit ist etwa die Vorstellung eines „Tod[es] der Technik durch Technik“ (ALU, 10) gemeint, die der Text gleich zu Beginn aufruft und womit er auch konzeptuell schließt, wenn die Erfindung des Alumnit ihre Bestimmung darin findet, die anderen Staaten der

In der zweiten Episode im Kampf des „Alumnit gegen die Erde“ (ALU, 119) geht es zunächst um eine Propagandareise des neuen Leichtmetallflugzeugs D 4000, die auch nach Paris führt, wo Linde einen Brief einwerfen soll, mit dem Falschmeldungen über einen japanischen Durchbruch beim Alumnit an eine Tageszeitung in Sydney lanciert werden, um die ausländische Konkurrenz zu verwirren. Der Flug wird zum vogelperspektivischen Nachvollzug einer ‚deutschen‘ Geographie, die von Naturräumen zu anthropotechnisch gestalteten Regionen führt und schließlich im Kölner Dom die ‚Synthese‘ von ‚Natur‘ und ‚Kultur‘ als „steingewordene Mystik aus dem Geiste deutscher Tannen“ findet.[133] In Paris steigert sich der ‚Schicksalswert‘ von Lindes Mission, als sie beschließt, den Brief direkt am Versailler Schloss aufzugeben, zuvor aber noch den geschichtsträchtigen Ort besichtigt:

> Sie nahm eine Taxe: „Versailles – Schloß!“/Es war eine lange Fahrt. Endlich kamen die großen Baumwipfel des Parkes und dann das Schloß, das Schicksalsschloß./ Der Wagen hielt. Hier war ein Postkasten. Hier konnte der Brief hinein. Schicksal, gespielt aus dieser Schicksalsecke! Sie entlohnte den Chauffeur. Da aber kam von hinten ein zweiter Wagen. Nanu? – Habe ich den nicht schon gesehen? – Einen roten und einen schwarzen Gummi? – Vorhin hinter uns? – Vorsicht Linde!/Sie läßt den Brief in ihrer Handtasche und tritt ins Schloß, geht in die Spiegelgalerie. Sonnenlicht strömt in die breiten Fenster, blitzt auf dem Parkett. Hier also! – Hier senkten sich Deutschlands Fahnen vor dem Greis, der ihr erster Kaiser ward! – Und hier, im gleichen Raum, wurde jene Teufelsbibel überreicht, die sich Vertrag „des Friedens“ nennt! – Hier! –/– – –/Und hier steht sie, Linde Hefften, im Auftrage eines anderen, der den Kampf aufnimmt gegen jenes Dokument der Schande!/In ihrer Tasche ruht der Brief!/Sie weiß genau, was das bedeutet. Stolz schlägt ihr Herz. Ihr Großvater stand hier und heute sie, die Enkelin. Soldatenblut!/– – – (ALU, 125)

Der Text markiert die Passage als Schlüsselstelle und bläut dies der Leserin deutlich durch die abgetrennte Wiederholung der raumdeiktischen Betonung „Hier“ ein, in der die zuvor dominant in erlebter Rede wiedergegebenen Schilderungen, die Lindes Nervosität durch parataktische Frage/Ausruf-Konstruktionen aufgreifen, kurz in die intern fokalisierte Erzählerrede

---

Welt zu umfassender Abrüstung zu zwingen. Für den von Wege konstatierten ‚Determinismus‘ ließe sich sagen, dass die Texte hierin auf der Figurenebene kein Problem sehen und Wege wohlmöglich an dieser Stelle ein modernes Verständnis von Autonomie auf die Entstehungszeit der Romane zurückprojiziert.

133 Vgl. ALU, 124: „Die märkischen Seen in ihrem Rahmen grüner Wälder, bald schon die Elbe, dann die Weser, der Teutoburger Wald und jetzt der weite Kessel der Roten Erde, Westfalens Kohlen- und Eisengebiet, ein grauer Dunst über Hochöfen und Essen./Köln!/ Da ragt er empor, der Welten schönster Bau, steingewordene Mystik aus dem Geiste deutscher Tannen!“

wechseln. Der militärische Charakter von Lindes Mission wird durch die soldatische Genealogie ihrer Familie unterstrichen, die zugleich ihren Einsatz als Frau durch biologische Faktoren abgesichert legitimiert: Linde „weiß genau, was das bedeutet“ und ist aufgrund ihrer Abstammung epistemisch qualifiziert für einen Einsatz dieser Art. Die Frage, warum eine Frau in eine solche Situation gebracht wird, wo Politik und Technik zuvor mehrfach als „Reich der Männer“ (ALU, 104) abgegrenzt wurden, stellt sich ab diesem Punkt nicht mehr. Zusätzlich bleibt die Option, die französischen Figuren weiterhin negativ zu konnotieren als solche, die Lindes Position skrupellos ausnutzen, unberührt. Der französische Agent, der sich Linde am Ausgang des Schlosses als zu ihren Diensten abgestellter Mitarbeiter der Flughafenleitung vorstellt, referiert auf die Bedeutung des Ortes, wenn er erklärt, sie hier nicht „als Franzose“ habe stören wollen. Linde, die ihre Mission, den wichtigen Brief unbemerkt einzuwerfen, gefährdet sieht, nimmt diese Erklärung im Modus ideologischer Mimikry auf und bittet den Mann, sie „als Deutsche“ noch einmal kurz „mit meinen schmerzlichen Erinnerungen allein zu lassen“ (ALU, 126), um in dieser Zeit ihre Aufgabe zu erfüllen. Was in dieser Szene vollzogen wird, steht eigentlich im Widerspruch zu den Aussagen über Sprache als Problem der ‚Offenheit‘ und eine Innen/Außen-Kongruenz, für deren Realisierung Linde neben Harsen vorbildlich steht. Bereits Harsens Fake-News-Brief liegt quer zu den Kommunikationsmaximen, die er für seine Werks- und Lebensgemeinschaft in Leichtstadt ausgerufen hat, wird aber durch die vorausgegangenen Provokationen der ausländischen Konkurrenz gerechtfertigt.[134] Dies gilt auch für Lindes Fall, indem ihr sofort klar ist, dass der Mann am Ausgang des Versailler Schlosses auf sie angesetzt wurde. Zudem sind die Gefühle, mit denen sie ihren Wunsch, allein zu sein, begründet aufgrund der vorher ohne Bedrängnis geschilderten inneren Vorgänge zweifelsfrei ‚echt‘.

Lindes Intuition wird auch im Folgenden wichtig, wenn es daran geht, das um sie herum gestrickte Komplott zu entschlüsseln, bevor die Falle zuschnappt. Sie nimmt das Angebot eines Majors an, sich die Befestigungsanlagen in Metz anzusehen, das ebenfalls als ‚deutscher Schicksalsort‘ semantisch vorgeprägt ist und von Linde als auf bedauerliche Weise verwahrlost wahrgenommen wird. Durch das Erkennen eines fehlerhaft ausgeführten militärischen Grußes des Majors und die anschließende Übertölpelung der Metzer Kommandantur

134 Oder später im Fall Harsens, der angesichts eigener Überraschtheit, wie leicht es ihm fällt, im Feld der Politik zu lügen, die Politik selbst als Bereich ubiquitärer Lüge qualifiziert und so den Spezialfall „politische Lüge“ konstruiert: „Harsen wunderte sich selbst, wie leicht ihm diese politische Lüge von den Lippen ging. Mein Gott, es war ja Politik. Da lügen sie ja alle!“ (ALU, 151)

gelingt ihr die Enttarnung des Hinterhalts, der zu ihrer Festnahme und anschließenden peinlichen Befragung über die Geheimnisse des Alumnit hätte führen sollen und Linde beschließt, auf eigene Faust aus der Stadt zu fliehen. Im Dom von Metz, dieser „im Innern so herrlich deutschen Kirche" (ALU, 131), kommt ihr eine rettende Idee und ihre Evakuierung mit dem Alumnit-Flugzeug von einem Truppenübungsplatz, den Linde aus den Kriegserzählungen ihres Vaters kennt, gelingt. Während ihrer Flucht stellt sie mehrfach ihre semiotischen Kompetenzen und ihre Fähigkeit zu Tarnung und Täuschung der französischen Bevölkerung unter Beweis.[135] Ihr Weg wird als Bewegung einer hinter die feindlichen Stellungen geratenen Soldatin durch das Territorium des Gegners und durch die Orientierung am Wissen des Vaters konkret als Wiederholung deutscher Militärgeschichte erfahrbar. Als sie sich nachts wegen des unwegsamen Geländes zum Ausziehen ihrer Schuhe und Strümpfe entschließt, im Moment partieller Nacktheit und zunehmender Finsternis also, beginnt Linde, ihre Gedanken auf ihre Beziehung zu Harsen zu richten und ihre Situation schrittweise mit ihm als Objekt ihres Begehrens zu erotisieren.[136] Ihre Rettung und die auf ihre Rückkehr folgenden Effekte von Verjüngung bei ihr, aber auch Harsen[137], machen im Zusammenhang mit der durch erotische Imaginationen überbrückten Wartezeit auf das rettende Flugzeug die Episode zur Wiederholung der Potenzbekundung von ‚Stoff' und ‚Mann' beim Aufbau des Rundfunkmastes und markieren nun, nach dem dort vorgeführten Übergang von ‚Natur'- zu ‚Kultur'-Zeichen, noch einmal die

135 Hierin wiederholt sich en passant die „Schule der Wahrnehmung" von Naturphänomenen aus der Episode um die Errichtung des Sendemasts und weist deutlich auf die Vorteile der Inventarisierung von (‚Natur')-Zeichen hin.

136 Vgl. ALU, 136: „So, jetzt geht Doktors Sekretärin als Barfüßele durch die Nacht, auf einem französischen Übungsplatz in der Festung Metz. Das hat man sich auch noch nicht träumen lassen." Und anschließend: „Und wenn das Flugzeug nun nicht kommt? […] Bah, das läßt der Doktor nicht zu. Dann wird er grob. […] Niemals! – Und wenn er den Himmel einschlagen müßte! – Ich bin doch ein glückliches Mädel, ein mordsglückliches Mädel!" über: „Und was wird der Doktor sagen? Wird er froh sein, wenn ich wieder heil angekommen bin? Er müßte mich eigentlich vor Freude recht fest in den Arm nehmen. Da darf man ihm dann doch gar nicht böse sein, nicht wahr?" (ALU, 137) bis hin zur Fantasie, in einem französischen Gefängnis gefoltert zu werden: „Bah, dann wandere ich eben ins Kittchen. Dann werd' ich eben gezwiebelt, hilft nichts! Dann denk' ich immer an den Doktor und beiß' die Zähne zusammen." (ALU, 137)

137 Vgl. ALU, 140: „Ich glaube, ich bin seit gestern jung geworden, ein richtiges Göhr bin ich geworden. Das geht doch nicht so weiter! Seltsam nur, daß ich mich ganz wohl dabei fühle. Sauwohl!" Und zu Harsen: „So jung hat er noch nie ausgesehen, denkt Linde."

Grenze zwischen mental-ideologischem ‚Außen‘ und ‚Innen‘ sowie die Regeln des Verkehrs zwischen diesen Sphären.[138]

Der Roman endet mit der Sitzung des Völkerbunds, bei der Harsen, zunächst nur als Sachverständiger in der deutschen Delegation, schließlich in einer großen Rede den Staaten der Welt seine Bedingungen diktiert. Der Text löst das Feld politischer Entscheidungsfindung, unter formaler Beibehaltung seiner Strukturen, für einen Moment auf, indem der Ingenieur als Privatmann zum Repräsentanten einer der Politik und den Nationalstaaten gegenüber höherwertigen und stabileren Form von Autonomie wird:

> Immer spricht man von der Regierung, nie von Harsen. Man kann in Deutschland einmarschieren, aber nicht in diesen Mann. (ALU, 172)

Die strenge Bindung der synthetischen Innovation, die zur Grundlage neuer Machtverhältnisse wird, an das Individuum des Ingenieurs, der erst nachgeordnet und im Dienste seiner Erfindung und des ‚Volkes‘ Unternehmer ist, führt zum Versagen politischer Ordnungsmuster. Das Alumnit ist in der Lage, kleine, politisch irrelevante, aber autarke Staaten gegenüber „Großmächten“ aufzuwerten und damit das imperialistische Gefüge der Welt umzugestalten:

> Unter diesen Umständen ist ein kleiner Festlandstaat, der nicht auf Zufuhren von Übersee angewiesen ist, jeder auf die See basierten Großmacht überlegen. Ist das Alumnit freigegeben, Lord Rotherfield, so ist England keine Großmacht mehr! (ALU, 179)

Der „kleine Festlandstaat“, als der im Modus der (auto-)kolonialen Selbstmarginalisierung auch Deutschland sich erkennt, wird durch Autarkie und das ‚deutsche‘ Leichtmetall zum Überwinder der großen „Imperien“, wenn nicht länger überkommene historische Prinzipien die Bedeutung eines Staates regeln, sondern geopolitische Faktoren, die Deutschland innerhalb des „Kolonialdiskurses“ immer wieder zur Legitimation seiner Ansprüche verwendet:

---

138 Folgerichtig endet Lindes ausführlicher Bericht in Leichtstadt auch damit, dass Harsen ihr einen Kuss gibt, der komplex verargumentiert wird: „Das haben Sie ganz prachtvoll gemacht, ganz prachtvoll, Linde! Dafür muß man Ihnen direkt einen Kuß geben!‘ Er hat ihren Kopf in beiden Händen und schnell ist es geschehen. Es ist die Erregung der Freude. […] ‚Ach bitte, bitte, Sie nehmen mir das doch nicht übel?‘ Es liegt soviel Herzlichkeit, Freundschaft und auch Schalk in der Stimme. Da reitet sie der Teufel, daß sie ihm sagt: ‚Nicht mal wiedergeben hab’ ich ihn können.‘ Und schon ist sie raus.“ (ALU, 140)

> Meine Herren, der Besitz des Alumnits stößt sämtliche machtpolitische Verhältnisse um. Meere, Gebirge, Befestigungen werden entthront, nur die Größe des Raumes, die Zahl der Bewohner und die wirtschaftliche Unabhängigkeit behalten ihren Wert. (ALU, 180)

Harsen formuliert das Programm einer ‚deutschen' Raumpolitik, die quantifizierend von einer konstruierten „Not" her argumentiert und mindestens von der Forderung nach einem „Platz an der Sonne" bis zur „Lebensraum"-Politik der Nationalsozialisten ungebrochene Kontinuität hat. Nachdem Harsen sein Ziel erreicht hat, verlassen er und Linde den Ort mit dem neuesten Alumnit-Flugzeug D 4034. Die Nummer verweist potenziell auf das Jahr der Veröffentlichung des Romans und setzt ein subtiles Datum für den Wiedereintritt Deutschlands in den Kreis der europäischen „Mächte". Der Flieger startet mit dem unspezifischen Kommando „Nach Osten!" (ALU, 183) und verweist damit wiederum implizit auf einen groß gefassten Raum ‚deutscher' Bewegung. Linde und Harsen landen schließlich auf dem Brocken, wo „Mutter Natur alles ausschütte[t], was sie an Gaben im Füllhorn besitzt, Farbe und Licht, Klarheit und Weite." (ALU, 185) In diesen ‚Natur'-Raum, schreit Linde ihr „Ja" als Antwort auf Harsens Heiratsantrag hinaus, das „klingt [...] wie der Jubelschrei des Falken, von der Höhe herab ins Tal, über die Gluten herbstlicher Wälder, über die Berge und Hänge, über Gottes weite, weite, ach so herrliche Welt." (ALU, 186) Im Schlussbild einer beseelten, farbig-hellen, trotzdem klaren, ‚heißen' ‚Natur' weicht der Text bis zum Schluss direkter sprachlicher Repräsentation von ‚Liebe' aus und verortet ‚Wahrheit' als ‚Natur'-Resonanz und Innen-Effekt.[139]

3.4.7 Alumnit *& andere Exempel* vor *der Synthese*

Der Roman, der bis zum Ende mit der Aushandlung von ‚Offenheit' als Repräsentationsmaxime, sowohl für zwischenmenschliches Handeln als auch für die mediale Vermittlung von (vermeintlichen) ‚Tatsachen' durch Schrift beschäftigt ist, unterscheidet sich von den Büchern mit Stoffbezug, die ab 1936 erscheinen, vor allem durch das Fehlen einer ‚Wissenschafts'-Perspektive. Nur wenige, zumeist Science-Fiction-Romane oder phantastische Texte, stellen explizit Laborarbeit dar. In *Alumnit* beschränkt sich diese Ebene auf eine kurze Szene, in der Linde von Harsen in die Geheimnisse des Leichtmetalls eingeweiht wird und die innerhalb der Diegese vor allem zur Signifizierung des Vertrauens, das er ihr entgegenbringt, und zur Initiation Lindes als ‚gute

139 Geübte Leser_innen werden schon bei der Fahrt zum Flugplatz, wo D 4034 wartet, die „Vermählung" geahnt haben, zu groß sind die aufgestauten Triebenergien beim Verlassen der Männerversammlung des Völkerbunds: „Ihre Hand sucht die seine. Es ist eine fieberheiße Hand, und es ist ein fester Druck, von ihr und von ihm." (ALU, 183)

Frau‘ durch Harsens Mutter dient. Der Text verweist nie auf Wissenschaftsgeschichte oder andere Wissenschaftler_innen. Die Innovation stellt eine elaborierte Version des MacGuffin dar[140], der auch die Kautschuksynthese in Dominiks *Kautschuk*, das Gold in Hellers *Goldsturz* und der Stickstoff in Runkels[141] *Stickstoff* sind. Die fehlende ‚Wissenschafts‘-Perspektive ersetzt, auch hinsichtlich der Wissensordnung der Texte, eine Dimension historischer Erfahrung und geschichtlichen ‚Wissens‘, auf die fast alle Romane der Zeit und des Typs selbstverständlich und breit referieren und die sie auch für den Werdegang von Innovationsakteuren funktionalisieren. So wird die Hauptfigur in *Stickstoff* durch die Mangelerfahrung im Weltkrieg zum Experten für Roh- und Ersatzstoffe[142], wodurch ein im Proletarierkind angelegter, zunächst unverständlicher, aber semantisch extrem determinierter Impuls kanalisiert wird:

> Nicht wie andere Kinder spielte er mit Soldaten, Murmeln und Tieren, sondern mit der Puppenküche seiner frühverstorbenen Schwester. „Er wird einmal ein Koch werden“, meinte sein Vater, der damals in gutbezahlter Stellung in einer chemischen Fabrik am Nonnendamm wirkte.[143]

Dem Vater, der nicht über die Weitsicht verfügt, das Spiel des Sohnes als einen alchemistischen Atavismus zu deuten, der in der Identifikation mit der Schwester keine Laufbahn als Koch vorausahnen lässt, kommt seinerseits in der Fabrik am Nonnendamm die Rolle eines synthetisierenden Bindeglieds zwischen Arbeitern und Fabrikleitung zu. Er ermöglicht die Klassengrenzen überschreitende Freundschaft seines Sohnes mit dem Sohn des Fabrikanten.

---

140 Vgl. S. XVI, FN 23 in diesem Buch.

141 Zu Ferdinand Runkel ist wenig bekannt außer, dass er offensichtlich Freimaurer war. Abgesehen davon weiß eine skurrile Studie von Adolf Bartels mit dem Titel *Jüdische Herkunft und Literaturwissenschaft* über ihn zu sagen: „Ferdinand Runkel (aus Hanau, 1864 geb.), einmal am ‚Berliner Tageblatt‘, der einen Roman aus dem Radfahrerleben, einen Detektivroman, einen Unteroffizierroman und noch vieles andere schrieb […]“ und vermerkt am Ende des Satzes, der eine Aufzählung mehrerer Autoren ist, „unzweifelhafte Juden.“ In: Adolf Bartels: *Jüdische Herkunft und Literaturwissenschaft. Eine gründliche Erörterung*. Leipzig 1925. S. 117.

142 Vgl. Runkel: *Stickstoff*. S. 17: „Und als die ersten Gasgranaten unter dem Bruch des Völkerrechts vom Feinde angewandt wurden, öffnete sich für Leopold ein weites Feld der Tätigkeit. Er wurde von diesem Zeitpunkt an unentbehrlich, wo die Rohstoffe, vor allem der Salpeter, anfingen zu mangeln./In jenen Tagen entstand als Kriegsnotwendigkeit die Fabrik Hortwinkel, um den Salpeter aus der Luft zu gewinnen. Und Leopold wurde als leitender Chemiker von der Heimat angefordert.“

143 Ebd., S. 13f.

Der Roman korreliert ‚Chemie' mit ‚Politik'[144], als ‚Wissenschaft' aber ebenfalls stark mit ‚Religion' und hält damit alchemistisches Denken und eine Grundlegung der ‚Chemie' in einer Art Ur-Christentum im Spiel.[145] Ein Nachdenken über die Verbindung räumlicher und ideeller ‚Tiefe' lässt der Text ebenfalls erkennen. Sie erscheint noch tendenziell unheimlich[146] und wird erst im weiteren Verlauf exzessiv positiv besetzt, indem fortwährend von einer ‚unter' den offensichtlichen ‚Tatsachen' liegenden ‚Realität' ausgegangen wird, die es zu ergründen gilt.

Eine Ausnahme vom Normalfall fehlender Fokussierung von ‚Wissenschaft' bei Büchern mit Stoffbezug vor dem Vierjahresplan ist Reinhold Eichackers *Der Kampf ums Gold*, wo die Hauptfigur Walter Werndt als „[d]er jüngste Nobelpreisträger"[147] eingeführt wird. Neben industriellen Referenzen (Siemens etc.) nimmt der Text auch Bezug auf die ‚Wissenschaft' als System und narrativiert explizit wissenschaftliches ‚Wissen' als Rahmen für die Arbeit des Super-Ingenieurs[148], dem als Nebenprodukt seiner Forschung zur Erzeugung riesiger Mengen elektrischer Energie aus der Luft[149] die Herstellung synthetischen Goldes gelingt, mit dem sich die deutschen Kriegsschulden auf einen Schlag

144 Vgl. ebd., S. 64f.: „‚Prachtvolle Menschen!' sagte Leopold zu Walter. ‚Man hat das Gefühl, wenn diese Kräfte nur wollten, sie würden heute noch die ganze Entente aus den Angeln heben. Finde die *Formel*, Walter, diese Macht für das deutsche Vaterland zu gewinnen, und wir verehren dich als den neuen Heiland.'" (Herv. AW)

145 Vgl. ebd., S. 52: „Paulus hat ein geheimnisvolles, weitvorausahnendes Wort gesprochen, wenn ich nicht irre, im ersten Korintherbrief: ‚Wir werden nicht alle entschlafen, wir werden aber alle verwandelt werden.' Die Materie zerfällt und verwandelt sich in sublimere Elemente, die wir nicht kennen, die vielleicht erst beim Zerfall entstehen, zur Stunde der letzten Posaune."

146 Beispielsweise wenn nach einer Explosion im Werk die Rettung verschütteter Arbeiter beschrieben wird. Das zunächst schreckliche Von-der-Erde-verschlungen-Sein der Männer entpuppt sich im Lauf der Bergungsarbeiten als glückliche Bergung in einem beim Einsturz des Gebäudes neu entstandenen Raum (ebd., S. 107). Für Leopold, der zu den Verschütteten gehörte, wird die ‚Tiefe' der Trümmer zugleich zur ‚Tiefe' der Erinnerung und die Rettung zur Wiedergeburt, nach der bei ihm ‚Chemie' und ‚Mystik' eine Verbindung eingehen: „‚Nur sprecht mir nicht von Unterbewußtsein. Es sind Spiegelungen von Ätherwirbeln, Ballungen von Energieatomen, die auf vorläufig noch unerklärliche Weise fatamorganisch in die Ferne blenden, Gedankenreihen, die über den Zaum der Zeit setzen wie Rassepferde über ein Hindernis.'/‚Aber Leo, ich kenne dich ja nicht wieder. Du bist Mystiker geworden', erstaunte Walter." (ebd., S. 117)

147 Eichacker: *Kampf ums Gold*. S. 17.

148 Vgl. bspw. ebd., S. 32f.

149 Durch die Synthesen des Ersten Weltkriegs (s.o. bei Runkel) ist die Gewinnung wertvoller ‚Stoffe' aus den Elementen etabliert. Vgl. Fritz Habers Versuch zur Goldgewinnung aus dem Meerwasser, von ihm selbst geplant in Fritz Haber: „Das Gold im Meerwasser". In: *Zeitschrift für angewandte Chemie* 40 (1927). S. 303–314.

begleichen lassen. Die Wissenschaftler okkupieren schließlich die Politik, Werndt wird Finanzminister und der Roman ist im Folgenden hauptsächlich mit politischen Geschehnissen befasst, die sich, ähnlich wie in *Alumnit*, vor allem an der deutschen Nachkriegserfahrung und Fragen von Repräsentation in der Politik und im Zwischenmenschlichen abarbeiten. Eichackers Roman, der zusätzlich eine Vermittlung von ‚Vaterland‘ und religiösen Konzepten anstrebt[150] und reflektiert, ob der exzeptionelle Wissenschaftler eher den Status eines ‚Gottes‘ oder des ‚Teufels‘ hat, endet schließlich mit der Erfindung synthetischen Platins, dem „neue[n] Kulturgeld“[151], das den inzwischen heruntergekommenen Goldwert ersetzt, und dem beiläufig erwähnten Kreosit, mit dem sich „dickste Stahlwände [zerschneiden]“[152] lassen und durch das potenziell ein Hinweis auf die Anfänge der Synthesechemie gegeben wird.[153] In *Alumnit* fehlt die religiöse Ebene, die in vielen Büchern mit Stoffbezug vor dem Vierjahresplan partiell die ‚Wissenschafts‘-Dimension ersetzt, weitgehend und taucht allenfalls in einem Konzept von ‚Natur‘-Religiösität[154], der Figur des Schöpfer-Führers Harsen oder ironisch in der Benennung der Sekretärinnen-Unterkunft als „Nonnenkloster“ auf.

3.5 Die präformierte Idee einer ‚deutschen Tiefe‘ 1935

Das Zeitmodell der Bücher mit Stoffbezug nimmt über die Kontinuierung der fiktionsinternen Vorstellungen von Historizität hinaus eine wichtige Funktion für die synthetisch-koloniale Befremdung der eigenen Kultur und vor allem des eigenen Raums ein. Wie für *Erzeugnisse unserer Arbeit* und *Vistra* gezeigt,

150 Das ‚Vaterland‘ wird dabei am Romanende erst naturalisiert: „Jeder Mensch hat ein Vaterland. Das ärmste, erbärmlichste Tier hat sein Vaterland –! Es verteidigt sein Nest, seine Höhle, seine Brut –. Ein schmutziger Fleck Erde, – ein Gestrüpp, ein Kellerloch ist ihm die Heimat! – Haus – Vaterland – Dafür kämpft es – blutet es – stirbt es –.“ (ebd., S. 214), um dann mit dem Religiösen zusammenzufließen: „Er öffnete das Fenster. Die Luft sang ihm entgegen im Klang aller Glocken. Unten am Hause drängten sich Menschen. Das Blut schoß ihm rasend zum Herzen. Feldgraue Uniformen – Reichswehr … Man suchte ihn – er war verraten …!“ (ebd., S. 215)

151 Ebd., S. 203.

152 Ebd., S. 207.

153 Beim ähnlich klingenden Kreosot handelt es sich um ein hochgiftiges Derivat des Steinkohleteers, das lange (und zum Teil immer noch) als Konservierungsstoff und Medikament verwendet wurde.

154 Vgl. ALU, 98: „Ist nicht auch der Mensch ein Stück Natur? Hört er nicht auf, göttliche Sendung zu sein, wenn er sie verleugnet? Ist es nicht diese Sendung, die die Völker entstehen und der Verrat sie vergehen läßt?“ sowie das Ende, in dem Lindes „Ja“ zu Harsen als Falkenschrei in „Gottes weite, weite, ach so herrliche Welt“ fliegt (ALU, 186).

stellen die Konzepte einer vorgängigen natürlichen Grundlage für spätere ‚Synthesen' im Ur-Wald beziehungsweise die Residuierung prähistorischer Lebenspraktiken in der Gleichzeitigkeit moderner Lebenswelt, etwa bei den „Technikern" der Steinzeit oder auffälligen überzeitlichen Ähnlichkeiten in der Bekleidungskultur[155], wichtige Nahtstellen dar, durch die jene Phasen einer ‚natürlichen' Konvergenz der Sphären ‚Stoff', ‚Raum' und ‚Leben' über den langen Zeitraum, der zwischen ihnen liegt, verbunden sind.[156] Diese Bewegung kann in weite Teile der Wissenspopularisierung verfolgt werden und findet sich bereits vor dem Vierjahresplan vorbereitet, etwa in *Das neue Universum*, einem Jahrbuch, das vor allem die technisch interessierte, ‚männliche' Jugend adressierte, von 1880 bis 2002 fast durchgängig erschien[157] und „für den deutschen Sprachraum exemplarischen Charakter hatte"[158]. Darin wurden Erzählungen zusammen mit Reportagen aus Industrie, Militär und Verkehrswesen, Reiseberichten, wissenschaftlichen Texten, Illustrationen, Rätseln etc. versammelt, die alle der heiteren Vermittlung von „[i]nteressante[n] Erfindungen und Entdeckungen"[159] dienen sollten. Ein Blick in zwei nichtliterarische Beiträge[160], die über Themen der Naturgeschichte und des Natur-

155 Vgl. S. 20f. & 286f. in diesem Buch sowie auch bei Dominik mit Verweis auf andere „nordische" Gruppen V, 19: „Die damalige ‚Frauenmode' entspricht in merkwürdiger Weise der Tracht, die noch heute von den Bauernfrauen des südschwedischen Bezirks Herrestad getragen wird, während die Männerkleidung an die heutige Gewandung der Bergschotten erinnert."

156 Lindner beschreibt dieses Ziel im Rahmen der Lebensideologie als ihren „utopische[n] Fluchtpunkt", den die Bücher mit Stoffbezug nun also als nahgerückt in Aussicht stellen. Konkret bedeutet er in der LI, hier mit Verweis auf Karl Mannheim, einen „gesellschaftliche[n] Zustand, in dem das „Leben" zu sich selbst gekommen ist: Es besteht keinerlei Spannung zwischen den Einzelnen und der Gesamtheit, jeder ist seinen Anlagen gemäß organischer Teil des Ganzen und erfährt intensives „Leben", was auch immer im Einzelnen darunter verstanden wird.", Lindner: *Leben in der Krise*. S. 61.

157 Unterbrechungen gab es 1943, 1945, 1946 und 1947. Im Herbst 2020 erschien im Hanser Verlag ein neuer Band: Christoph Thomas Link (Hg.): *Das Neue Universum 120. Zukunft, Forschung, Abenteuer*. München 2020. Zur Übersicht vgl. die private Dokumentation auf http://www.mediagrill.de/universum/index.html (zuletzt abgerufen am 10.9.2021).

158 Roland Innerhofer: *Deutsche Science Fiction 1870–1914. Rekonstruktion und Analyse der Anfänge einer Gattung*. Wien u.a. 1996. S. 17. Vgl. auch Brandt: *Zukunftsroman*. S. 50f.

159 So der Untertitel der Bände in den Dreißiger Jahren, die für die Untersuchung gesichtet wurden. Vollständig lautet er „Interessante Erfindungen und Entdeckungen auf allen Gebieten, Reiseschilderungen, Erzählungen, Jagden und Abenteuer. Mit einem bunten Anhang: Arbeit, Sport und Spiel". In: *Das Neue Universum* 56 (1935), S. III.

160 Dass die Literatur von der Naturgeschichte inspiriert wurde, stellt u.a. Wolf Lepenies für den „physiologischen Roman" des 19. Jahrhunderts fest. Vgl. Wolf Lepenies: *Das Ende der Naturgeschichte. Wandel kultureller Selbstverständlichkeiten in den Wissenschaften des 18. und 19. Jahrhunderts*. Frankfurt/Main 1978. S. 115–130. Vertiefend dazu

schutzes sprechen, soll die Aktualität einer spezifisch ‚deutschen Tiefe‘ innerhalb dieser Textsorte kurz vor Einsatz des Vierjahresplans anzeigen und auf einen Prozess fortgesetzter Substanzialisierung von ‚Wissen‘ hinweisen, in dem populärkulturelle Kanäle zur (politisierten) Distribution von ‚Wissen‘ weiter mit naturgeschichtlichen Verfahren arbeiten, nachdem die Wissenschaften sich von diesem Zugang weitgehend verabschiedet haben.[161]

Im 1935 erschienenen Band des *Neuen Universum* beginnt die Sparte „Naturgeschichte, Heilkunde“[162] mit zwei Beiträgen namens „Von deutschen Naturschutzgebieten“ und „Vom Leben des ‚toten Stoffes‘“[163]. An diesen kurzen Texten kann gezeigt werden, dass die Idee der ‚Tiefe‘, wie sie für den synthetischen Kolonialismus konstitutiv wird, sich aus naturgeschichtlichen Argumenten speist, die vor allem Sachtexte der Zeit im Spiel halten. Diese Texte nehmen über ihre diskursiven Orte, etwa solchen Jahrbüchern, in denen auch Berichte aus den Industrien des Vierjahresplans über neue synthetische ‚Stoffe‘ und zur sogenannten „Raumnot“ erschienen, relativ enge Fühlung mit den Büchern mit Stoffbezug auf.

Der Beitrag zu den deutschen Naturschutzgebieten beginnt mit dem für die nationalsozialistische Modernitäts-Debatte typisch ambivalenten Gefüge aus ‚Bewahrung‘ und ‚Fortschritt‘[164], das über die dichotomisierende

---

Stöber: *Vitalistische Energetik.* Zu Repräsentation im Sachbuch vgl. bspw. Oels: *Wissen und Unterhaltung im Sachbuch* oder Meike Herrmann: „Fiktionalität gegen den Strich lesen. Was kann die Fiktionstheorie zu einer Poetik des Sachbuchs beitragen? In: *Arbeitsblätter für die Sachbuchforschung* 7 (2005). S. 13f. Digital verfügbar unter: https://edoc.hu-berlin.de/bitstream/handle/18452/6142/7.pdf (zuletzt abgerufen am 10.9.2021) und Herbert W. Franke: „Das naturwissenschaftlich-technische Sachbuch“. In: *Zeitschrift für Literaturwissenschaft und Linguistik* 10 (1980), H. 40. S. 44–51.

161 Vgl. Christian Mehr: *Kultur als Naturgeschichte. Opposition oder Komplementarität zur politischen Geschichtsschreibung 1850–1890?* Berlin 2009. S. 20, dort mit treffendem Verweis auf Lorraine Daston: „Die Kultur der wissenschaftlichen Objektivität“. In: Otto Gerhard Oexle (Hg.): *Naturwissenschaft, Geisteswissenschaft, Kulturwissenschaft. Einheit – Gegensatz – Komplementarität?* Göttingen 1998. S. 9–40.

162 Zum in dieser Zeit bereits gewandelten Begriff der Naturgeschichte vgl. nochmals Albrecht: *Bilder aus dem Tierleben.* S. 23.

163 Walther Schoenichen: „Von deutschen Naturschutzgebieten“. In: *Das Neue Universum* 56 (1935), S. 373–378 (Im Folgenden im Text mit der Sigle VdN und Seitenzahl.) sowie o. N.: „Vom Leben des ‚toten Stoffes‘. Mit Aufnahmen aus dem Folkwang-Archiv, Berlin. Hierzu ein ganzseitiges Tondruckbild“. In: Ebd., S. 379–383. (Im Folgenden im Text mit der Sigle LtS und Seitenzahl.) Dass Beiträge im *Neuen Universum* keinem Autor zugeordnet werden, ist nicht ungewöhnlich. Eine mögliche Erklärung wäre, dass Texte *ohne* Autor von derselben Person stammen wie der vor ihnen gedruckte Text *mit* Autor, dass also in diesem Fall beide Texte von Schoenichen geschrieben wurden.

164 Wie es Graeb-Könneker (*Autochthone Modernität*), Jost Hermand (*Der alte Traum vom neuen Reich*) und viele andere rekonstruiert haben.

Schablone des Stadt/Land-Gegensatzes gelegt wird.[165] Die Geschichte der Industrialisierung zeigt sich, folgt man dem Sprecher des Textes, hauptsächlich im veränderten „Antlitz unseres deutschen Vaterlandes“ und konkret vor allem in der Zurückdrängung des „deutschen Waldes“, der „heute nur noch rund ein Viertel von der Gesamtfläche des Reiches in Anspruch nimmt“, und sich auch qualitativ vom Urwald „in gepflegte Forste verwandelt“ (VdN, 373) hat. Modernisierung ereignet sich als räumliche Verdrängung von ‚ursprünglicher Natur‘ durch Infrastruktur und Raumordnungsmaßnahmen. Diese Auto-Kolonisation gilt als tendenziell gut und unvermeidlich, birgt aber eine Gefahr „für die seelische Gesundheit des deutschen Volkes“ (VdN, 374). Der Text ruft eine Korrelation zwischen der ‚Natur‘ als unverändertem, vom Fortschritt unberührten Landschaftsraum und einer seelischen ‚Tiefe‘ des „deutschen Menschen“ auf:

> Im Wesen des deutschen Menschen liegt es eben tief begründet, daß er für sein seelisches Gedeihen der Zwiesprache mit Wald und Heide unbedingt bedarf. So müßte unsere ganze Kultur nach und nach verkümmern, wenn es uns nicht gelingt, deren Mutterboden, die deutsche Heimatnatur, vor dem völligen Untergang, vor der völligen Zerstörung durch Technik und Wirtschaft zu bewahren. (VdN, 374)

Der Text von Schoenichen ruft ein botanisches Modell auf, nach dem der Mensch gleichsam als Pflanze für sein „Gedeihen“ den Kontakt (in diesem Fall einen sprachlichen) mit der ‚Natur‘ benötigt.[166] Dieser Umstand liege in ihm als Gattungswesen „tief begründet“, womit die räumliche Metaphorik in die Anthropologie des Textes ragt. Zum Träger der Ansicht, die Erhaltung des „Mutterbodens“ gewährleiste die kulturelle Persistenz des Volkes, wird die „deutsche Jugend“, womit ein familiales Modell den ‚Mensch‘ als Kollektivsingular und die ‚Natur‘ noch weiter aneinander bindet und über das Hervorgehen der ‚Jugend‘ aus der ‚Mutter‘, von der die Kultur weiter gespeist wird, die Idee einer ‚deutschen Tiefe‘ verstärkt.

In einem Gang durch bereits zu Naturschutzgebieten erklärte Landstriche taucht präformiert auf, was für Artefakte wie die I.G.-Broschüre *Erzeugnisse unserer Arbeit* wichtig wird: die Vorstellung eines auf bestimmte Weise vorsemantisierten Raums, der für die ‚Synthese‘ als Resonanzkonzept einer

165 VdN, 374: „[K]urz, alles das, was für das Stadtleben bezeichnend ist, wird in die freie Natur hineingetragen […].“

166 Vgl. zur Naturgeschichte als naturalisierte Kulturgeschichte Mehr: *Kultur als Naturgeschichte.* S. 14–19.

Idee der ‚Tiefe‘ anschlussfähig sein wird. So heißt es über „[d]as wichtigste Großnaturschutzgebiet Westdeutschlands“, das Siebengebirge:

> Hier dampften zur Braunkohlenzeit zahlreiche Vulkanschlote, und die festen Kerne aus Basalt und ähnlichen Gesteinen, die sie uns hinterlassen haben, bilden jetzt jene wundervollen, domförmigen Bergkuppen, die zu den schönsten Schmuckstücken der Rheinlandschaft gehören, allen voran der ruinengekrönte und sagenumwobene Drachenfels. (VdN, 377)

Gerade die Kohle, der wichtigste Ausgangsstoff der Synthesen des Vierjahresplans und zukünftiges Kernstück der ihn umgebenden Ideologie[167], erscheint hier bereits als naturgeschichtliche Referenz auf eine Epoche der ‚deutschen‘ Geschichte, die Kontinuitätsangebote zu jüngerer Vergangenheit und Gegenwart macht. Diese sind mit Merkmalen von (Natur-)Religion (domförmig), der Vorstellung naturräumlicher Kostbarkeit (Schmuckstücke) und einer mythischen Version von ‚Vergangenheit‘ (ruinengekrönter und sagenumwobener Drachenfels) verbunden, die den Naturraum als durchsemantisierten Träger von ‚deutscher Geschichte‘ und als Ort einer Wiederkehr von ‚Natur‘ als ‚Kultur‘ ausweisen. Das Begehren, diese Räume als derartig aufgeladene Zeichenspeicher zu bewahren, lässt sich als Wunsch interpretieren, die infrastrukturelle Kolonisation des eigenen Raums, die Veränderung seiner Oberfläche zu Lasten von ‚Kultur‘ und ihrem ursprünglichen Verhältnis zur ‚Natur‘, um ein semantisch-synthetisches Reservoir zu ergänzen, das die Wiederkehr von ‚Natur‘ als ‚Kultur‘ in einem stillgestellten Residuum lesbar und explizit macht. Der synthetische Kolonialismus der I.G. Farben wird genau hier anschließen.[168]

Der Text „Vom Leben des ‚toten Stoffes‘“ ergänzt das Modell eines ‚Geschichts‘- und ‚Lebens‘-Raums ‚Deutschland‘ durch die Perspektive einer Vitalisierung des Gesteins, eines „zweiten Naturreich[s]“ (LtS, 379). Es geht darin zunächst um Spuren des Lebens früherer Epochen, die als Fossilien im westfälischen Dolomitgestein, im Mainzer Becken oder anderswo konserviert wurden:

---

167 Vgl. neben den entsprechenden Aussagen in *Anilin* oder Wehrenalps *Farbe aus Kohle* bspw. Hermann von Hanneken: „Die Kohle als Wirtschaftsgrundlage“. In: *Der Vierjahresplan* 2 (1938), H. 6. S. 323.

168 Eine Ergänzung zu Schoenichens Naturschutzgebieten wäre ein Artikel von Erich Gritzbach: „Nationale Kraft durch neue Lebensgestaltung“. In: *Der Vierjahresplan* 1 (1937), H. 7. S. 406–409. Hier wird ein größerer Kontext eröffnet, der nicht die Jugend, sondern den Arbeiter ins Zentrum des Regenerationsmodells stellt, das hier schon auf das bald allgemeinverbindliche Etikett „Kraft durch Freude“ hingeführt werden kann.

> Weiter im Rheinland trifft man auf Schiefergebirge. Wo man die Felsen anschlägt, die in vielen Steinbrüchen offen wie Wunden der Bergwälder daliegen, überall gewinnt man Einblick in die Schichten, die zahllose Versteinerungen merkwürdiger Krebse, Panzerfische, Korallen und die Schalen von Armfüßern und Ammonshörnern enthalten. (LtS, 379)

Auch hier werden Kohleflöze angeführt, zwischen denen Versteinerungen auf einstmals riesige Wälder hinweisen und wieder ist vom „Antlitz einer Landschaft" die Rede, das sich unzählige Male wandeln könne und dessen Wandlungen man „mit der Gegenwart beginnend, eine Ablagerung nach der anderen abheben [könnte] wie eine Decke, an der Jahrtausende gewoben haben" (LtS, 380). ‚Natur' wird auch hier zu einem Raum von ‚Geschichte', der als Dokument und Quelle dem Zugriff der Rekonstruktion offen steht.

In einem zweiten Abschnitt widmet sich der Text den Mineralien, die „[i]m Schoß der Erde lagern" (LtS, 380), sodass die Metaphorik des „Mutterbodens" ebenfalls weitergeführt wird. Nun bleibt dem Beitrag nur noch zu tun, die Inhalte des Erdschoßes zum Leben zu erwecken und den vitalistischen Kreis zur ‚Jugend' als Bewahrerin der ‚Natur'-Mutter zu schließen. Durch einen historischen Schwenk über Beispiele berühmter Diamanten, die mehrfach dem Wert ‚deutsch' angenähert werden[169], gelangt der Text zur Schlussfolgerung, dass die Grenze zwischen dem anorganischen, unbelebten „Mineralreich" und der lebenden Tier- und Pflanzenwelt „nicht scharf zu ziehen" (LtS, 382) ist.[170] Auch in den Kristallen der Mineralien gebe es „eine Art Vegetation, die durch ein unerklärliches Gestaltungsstreben" (LtS, 382) gekennzeichnet und die unter dem Kristallisationsmikroskop(!) neben diversen anderen Formen eines „rege[n] Leben[s]" zu beobachten sei[171], „das uns in vielen Zügen auf

169 LtS, 381: „Zu den berühmtesten Diamanten gehört der aus Indien stammende ‚Regent' von 137 Karat […]. Ihn trug Napoleon I. am Knopf seines Degens, der bei Waterloo in die Hände der Preußen fiel. Andere berühmte Diamanten sind […] der in Afrika gefundene Cullinan mit 3025 Karat, der größte Diamant der Welt, den die Burenstaaten König Eduard VII. von England schenkten." Zur Affinität der Deutschen für die „Buren" vgl. Parr: *Heimat als Fremde* sowie Peter Walkenhorst: *Nation-Volk-Rasse. Radikaler Nationalismus im Deutschen Kaiserreich 1890–1914*. Göttingen 1997. S. 184f.

170 Eine ähnliche Ver-‚leben'-digungserzählung rekonstruiert Dethlefs für Alfred Brehms *Thierleben*, vgl. Dethlefs: *Populäre Wissenschaftsprosa*. S. 82f.

171 Die Kopplung von ‚Mineralien' mit ‚Leben' und dem Wert ‚deutsch' zieht sich in Varianten auch in die ideologischen Setzungen des Vierjahresplans. Vgl. bspw. Wilhelm Keppler: „Mineralische Rohstoffe aus deutschem Boden". In: *Der Vierjahresplan* 1 (1937), H. 8. S. 454–455. Dort wird die ‚Erschöpfung' der deutschen Vorkommen 1) relativiert und 2) historisch als Konsequenz der langen deutschen Bergbaugeschichte, von der alle anderen Nationen profitiert haben, modelliert: „Deutschland ist das Land, von dem fast die ganze Bergbaugeschichte ausgegangen ist, und fast alle großen Bergleute der Vergangenheit

organisches Werden und auf das Verhalten der Lebewesen hinweist.“[172] (LtS, 383)

Ideologischer Kern dieses Raum/Zeit-Modells ist die Verortung anthropologischer und zivilisatorischer ‚Ursprünge‘ der eigenen Gruppe außerhalb des Gemenges europäischer Nationalstaatlichkeit und ihre Konstituierung in der Geschichte als biologisierte Eigenschaften einer kollektiven DNA. Im Zuge dieser Rekontextualisierung des ‚Deutschtums‘ im Vierjahresplan müssen die zuvor und parallel in anderen Diskurssträngen relevanten Kontexte nicht etwa gelockert, aufgehoben oder wenigstens deutlich in Frage gestellt werden. Die Bücher mit Stoffbezug wählen für sich, ohne andere Deutungsmuster aktiv zur Kenntnis zu nehmen, den Weg einer naturgeschichtlichen Umdeutung der Ideen eines ‚deutschen‘ Volkes und seiner Nation durch Rückverlängerung ihrer Existenz in den vorschriftlichen Zuständigkeitsbereich der Archäologie und damit eine Naturalisierung dieser Konzepte, die beispielsweise ‚Deutschland‘ als Kategorie zur Beschreibung neolithischer Prozesse verfügbar macht, obwohl die Nation zu dieser Zeit faktisch noch nicht existiert hat. So etwa bei Hans Dominik: „Im Kreise jener bedeutungsvollen jungsteinzeitlichen Kulturen treten auf dem Boden unseres deutschen Vaterlandes im Verlaufe des dritten Jahrtausends vor Christi zwei Gruppen immer beherrschender in den Vordergrund […]“ (V, 18).[173] Über diesen Modus wird das ‚Deutschland‘ der Gegenwart auf einen Zeitraum zurückgeführt, der nicht von zivilisatorischen

---

haben ihre Schulung in Deutschland erhalten.“ (S. 454) Hier liegt eine weitere Spur für Texte wie den *Kupferdoktor* und ihre Kopplung des Edelmetalls mit ‚Leben‘ und das eigentümliche Verhältnis dieser Sphäre zur ‚Synthese‘.

172 Hier klingt die Vorstellung einer *Great Chain of Being* an, wie Arthur Oncken Lovejoy sie 1933 in einer berühmten Vorlesung zur Geschichte der Naturgeschichte entworfen hat. Vgl. hierzu kurz Silke Förschler & Anne Mariss: „Die frühneuzeitliche Naturgeschichte und ihre Verfahrensweisen“. In: Dies. (Hg.): *Akteure, Tiere, Dinge. Verfahrensweisen der Naturgeschichte in der Frühen Neuzeit*. Köln u.a. 2017. S. 7–26, hier S. 10f. Dort wird als Ort der Vorlesung die John Hopkins University genannt, an der Lovejoy bis 1938 Professor war. Die meisten anderen Autor_innen nennen die *William James Lectures*, die Lovejoy 1933 an der Harvard University gehalten hat, als Quelle des Textes.

173 Generell ist es der Sprechinstanz von *Vistra* wichtig, dass das Erbe der atlantischen Hochkultur „[a]m reinsten aber […] in Nord-, West- und Mitteleuropa“ erhalten geblieben ist und dass in diesem Gebiet sich wiederum das „Volkstum“ der Indogermanen „am reinsten erhalten hatte“, wo dann „um 2000 vor Christi das Volk der Germanen [entstand]“ (vgl. V, 17f.). Dem Urteil von Ulrich Troitzsch, es handle sich bei *Vistra* um „eine in keiner Zeile nationalsozialistisch befrachtete Studie über die Zellstoffindustrie“, kann angesichts solchen Reinheitskults nicht zugestimmt werden. Vgl. Troitzsch: *Technikgeschichte*. S. 234. Hermand kommentiert *Vistra* in einem Gang durch Dominiks Werk als „[n]och am nüchternsten von Dominiks Büchern dieser Ära“ und deutet an, dass auch das Kunstfaser-Buch nicht frei von rassistischen Aussagen ist. Vgl. Jost Hermand: „Weiße Rasse – gelbe Gefahr. Hans Dominiks ideologisches Mitläufertum“. In: Hans Esselborn (Hg.): *Utopie,*

Prozessen korrumpiert und ebenso wenig innerhalb der Geschichte europäischer Staatlichkeit, der die wichtigen Konkurrenznationen hervorgebracht hat, verortet ist und damit politisch als ‚ursprünglich' und zugleich ‚neu' semantisiert werden kann. Diese ‚Neuheit' steht auf einer historischen Basis, die weiter zurückreicht als die Geschichte des Abendlands und kann direkt an ‚Natur' als Legitimationssphäre anschließen. Das „Neue Deutschland" des „Dritten Reichs" erscheint im Zeitmodell der Bücher mit Stoffbezug dementsprechend als „Zweite Natur", was die Texte politisch anschlussfähig an den Nationalsozialismus macht und diesen Anschluss ebenso innerhalb der Diegesen für die ‚Synthese' vollzieht, ohne dass die Bücher selbst stark und ausdrücklich auf den Nationalsozialismus referieren müssten. Das hat in ihrer Wahrnehmung zu der Annahme geführt, es handle sich bei ihnen um relativ unpolitische, typische Beispiele von Populärkultur, die scheinbar naiv daherkommt, um entweder als „trivial" von direkten politischen Vereinnahmungen frei zu bleiben oder nachträglich instrumentalisiert zu werden.[174] Durch eingehende Rekonstruktionen textinterner Ideologien lässt sich die These einer relativ ideologiefreien Populärkultur in restriktiven Gesellschaften wie der des Deutschen Reichs zwischen 1933 und 1945 zur Feststellung einer nur oberflächlichen Nicht-Involviertheit korrigieren, unterhalb der massive ideologische Implikationen angelegt sind. Über diese suchten die Artefakte auf semantischer Ebene deutlich Anschluss nicht nur an naturwissenschaftliche Debatten, sondern auch an politische Inhalte und können deshalb von einer Bewertung ihrer politischen Verantwortung und Involviertheit aufgrund ihres Status als vermeintlich bloße Unterhaltung nicht suspendiert werden.[175]

Antiutopie und Science Fiction im deutschsprachigen Roman des 20. Jahrhunderts. Würzburg 2003. S. 48–57, hier S. 55.

174 Vgl. bspw. Manfred Nagl: *Science Fiction in Deutschland. Untersuchungen zur Genese, Soziographie und Ideologie der phantastischen Massenliteratur*. Tübingen 1972. Zur Kritik an Nagl vgl. Hahnemann: *Texturen des Globalen*. S. 145.

175 Das dialektische Verhältnis von Populärkultur und Propaganda ist noch immer nicht ausreichend erforscht. Es leuchtet ein, dass die einfache Erzählung einer total kalkulierten Unterhaltungswelt im Dienste der Ideologie nicht greift und Stereotype eines von wenigen „Genies" verführten Volkes reproduziert. Vgl. hierzu Carsten Würmann & Ansgar Warner: „Im Pausenraum des ‚Dritten Reichs'. Zur Populärkultur im nationalsozialistischen Deutschland". In: Dies. (Hg.): *Im Pausenraum des ‚Dritten Reichs'. Zur Populärkultur im nationalsozialistischen Deutschland*. Berlin u.a. 2008. S. 7–20, hier S. 8f. Zudem unterschätzen viele Analysen mit einem tendenziell pejorativen Blick auf Populärkultur als von Stümpern produzierte „Massenkultur" die Eigendynamik der den herstellenden Subjekten selbst nicht voll verfügbaren kulturellen Semantiken. Zur Entscheidungsfindung in dieser Frage eignet sich das hier untersuchte Korpus aufgrund seiner inhaltlichen Nähe zur NS-Propaganda nur sehr bedingt. Einen differenzierten Blick liefern

3.6 Stoffeinsatz außerhalb Deutschlands: *Germanin* (1938) und *Der Kupferdoktor* (1939)

Welche ideologischen Implikationen die Anwendung synthetischer Stoffe innerhalb Deutschlands birgt, wurde mit Blick auf *Erzeugnisse unserer Arbeit* und *Anilin* dargestellt. Wenn es in den Büchern mit Stoffbezug um den Raum außerhalb Deutschlands geht, werden gegenüber den im Inland verorteten Texten andere Strategien virulent, die sich vor allem auf die Jahre beziehen, in denen das Deutsche Reich sogenannte „Schutzgebiete“ besessen hat. Es gibt innerhalb des Korpus Bücher, die sich auf besonders direkte Weise zur Vergangenheit des deutschen Kolonialismus verhalten und in ihrer Erzählgegenwart alternative Reinszenierungen des kolonialen Phantasmas vornehmen, die zunächst nicht auf faktische Landnahme abzielen und so einem impliziten Kolonialismus Vorschub leisten, der in einem zweiten Schritt direkt für das Deutsche Reich als Kolonisator wirbt. Die mittlerweile erforschte Kontinuität kolonialen Denkens in der sogenannten „Lebensraumpolitik“, deren vorrangiges Betätigungsfeld und Angriffsziel der Osten Europas war[176], findet in die Bücher mit Stoffbezug nur sporadisch Eingang.[177] Bevorzugter Aktionsraum der Logik aus ungerechtfertigtem Verlust der Kolonien, ungebrochenem Idealismus der Deutschen und den diesem Idealismus zu verdankenden Wohltaten für die Bewohner_innen kolonialer Räume und ihre Herrscher ist die deutsche Tropenmedizin. Über sie wird innerhalb der Bücher das von Stephan Besser identifizierte chemopharmazeutische Dispositiv entfaltet, dessen Ziel nicht in erster Linie die (zumeist afrikanischen) Territorien, sondern die Körper der dort lebenden Bevölkerung sind.

Anders als die Bücher, die sich mit dem ‚deutschen Raum‘ auseinandersetzen, interessieren sich diese Geschichten weniger für die spatiale Bearbeitung des (Ur-)Geschichtsthemas als Grundlegung der eigenen Herkunft, sondern arbeiten ohne einen solch großen Bogen sehr direkt und oft

---

bspw. Schütz: *Mediendiktatur*. S. 20ff. oder auch Hermand *Der alte Traum vom neuen Reich*.

176 Vgl. hierzu Christoph Kienemann: *Der koloniale Blick gen Osten. Osteuropa im Diskurs des Deutschen Kaiserreiches von 1871*. Paderborn 2018 sowie Kristin Kopp: *Germany's Wild East. Constructing Poland as Colonial Space*. Ann Arbor 2012.

177 Die „Lebensraum“-Politik und die Autarkie-Politik bilden miteinander verwobene Stränge in der nationalsozialistischen Propaganda. Das Streben nach Unabhängigkeit von ausländischen Rohstoffen durch synthetische Stoffe wird stets mit der benachteiligten geographischen Lage Deutschlands als rohstoffarm und für die große Bevölkerung zu klein begründet. Gleichzeitig treffen sich beide Erzählungen in den Büchern mit Stoffbezug dennoch meist nur an Punkten, wo einer der beiden Stränge implizit bleiben kann. Vgl. etwa EuA, 156f. sowie S. 126f. in diesem Buch.

ausdrücklich an der Bewältigung des „Traumas von Versailles". Es wird nun an zwei Beispielen gezeigt, in welchem Verhältnis die Raumlogik beim Zugriff auf nicht-‚deutsche' Menschen außerhalb Deutschlands, zumeist vermittelt durch die Gabe von Medikamenten, zum Blick auf den eigenen Raum steht. Dies geschieht an Hellmuth Ungers Medizinerzählung *Germanin* (1938), die sich als *Geschichte einer deutschen Großtat* der deutschen Tropenmedizin widmet, dabei narrative und Sachbuch-Verfahren mischt, aber klar den eher sachbuchartigen Texten zugeordnet werden kann, und Fritz Peils Roman *Der Kupferdoktor* (1938) über ein deutsches Bergbauprojekt in Chile, bei dem es möglich wird, durch ein spezielles Präparat auch in bisher unerschlossener Höhe Edelmetall zu fördern.

Germanin und *Der Kupferdoktor* beschäftigen sich mit dem Einsatz synthetischer Stoffe im nicht-‚deutschen' Ausland und zugleich im Körper, verdoppeln also den geographischen Grenzübertritt durch einen physiologischen. In beiden Fällen wird Deutschland verlassen und die chemischen Erzeugnisse kommen in Weltregionen zum Einsatz, die entweder als koloniale Sphäre (bei Unger) oder als Zone des Wirtschaftsimperialismus (bei Peil) markiert sind. In beiden Fällen legitimiert der ‚Stoff' den Zugriff der deutschen Mediziner und Ingenieure auf den Raum ihrer Handlungen, der sonst brachliegen, wirtschaftlich unerschlossen bleiben oder von Seuchen entvölkert werden würde.

Beide Bücher widmen sich einer Umkodierung der imperialen Idee nach dem Verlust der deutschen Kolonien und rufen diesen Kontext selbst auf. So gibt es bei Unger immer wieder Feststellungen wie diese zu einer Zeitungsmeldung über die Entdeckung eines neuen Medikaments durch deutsche Forscher:

> [...] „Der Schlüssel Afrikas in deutscher Hand", in einer Zeit, als Deutschland nach dem verlorenen Weltkriege gerade allen seinen überseeischen Besitz hatte preisgeben müssen! Sollte dieser Text einen Trumpf gegenüber den ehemaligen Feinden bedeuten oder nur eine unkluge Herausforderung von Paris und London, die das gedemütigte und so ergeben gewordene Volk nur wieder zu büßen haben wird? Eher aber noch wird man uns jenseits unserer Landesgrenzen verspotten, daß die Deutschen jetzt angeblich ein Heilmittel gegen die Tropenseuche entdeckt haben, mit der sie nichts mehr zu tun haben. Was bekümmert sie noch die Schlafkrankheit in Afrika? Damned, man würde auch ohne sie damit fertig werden. (G, 6f.)

Die Verwendung der Wir-Perspektive zur Bildung einer vom Ausland geschmähten Elendsgemeinschaft aller Deutschen mit ihren Forschern stellt eines der Verfahren dar, über die das Buch dokumentarisches Erzählen als potenziell emotionales Projekt von politischer Relevanz ausweist, indem es den epistemologischen Status des Sachbuchs als eher faktenorientiert mit dem involvierten Gestus der kollektiven Leiderzählung verbindet.[178] Die ‚Deutschen‘ werden als marginalisiert und durch ungerechtes Handeln der „Siegermächte“ politisch in die Defensive geraten etabliert, sind aber durch ungebrochenen Idealismus dazu angetrieben, selbstlos Gutes für andere Völker zu tun, konterkarieren das negative Deutschland-Bild des Auslands also mit Beispielen gelebter Moralität.[179] Imperiale Wirkung wird von der Idee faktischen Territorialbesitzes auf ein Konzept humanitärer Einflussnahme verlagert, deren chemische Akteure, die Heilmittel, erst zur wirklichen und alleinigen Inbesitznahme ‚Afrikas‘ befähigen werden, was im Bild des Schlüssels „in deutscher Hand“, der auf gewaltfrei-offizielle Weise Zutritt verschafft, verdichtet wird. Der Einfluss auf den Kontinent erscheint im medizinischen Kontext sofort nicht mehr als Okkupation, sondern als Akt der Solidarität und unterscheidet sich hinsichtlich seines moralischen Status grundlegend von den Praktiken der Kolonialstaaten.

Im *Kupferdoktor* wird die Opposition, in der Deutschland sich gegenüber dem ‚Ausland‘ befindet, ebenfalls, wenn auch etwas weniger direkt, aufgerufen. Chefingenieur Rickmers reagiert auf die Berichterstattung der internationalen Presse:

---

178 Das ist kein Spezifikum von *Germanin*, eher ein Merkmal, das nahezu alle Sachbücher des Korpus teilen, sodass in Anbetracht des großen Spektrums möglicher Verortungen von Sachtexten auf der Achse ‚involviert‘/‚nicht involviert‘ bezüglich des dargestellten Gegenstands festgestellt werden kann, dass die hier untersuchten Vertreter mit deutlichem Sachbuchcharakter zum großen Teil stark involviert sprechen und dies mit literarisierenden Formen realisieren, wozu neben der Wir-Perspektive etwa noch der Dialog, die Verteilung von ‚Wissen‘ auf mehrere Figuren oder Verfahren der Dramatisierung zählen. Vgl. dazu ausführlich die Analyse von *Erzeugnisse unserer Arbeit*.

179 Vgl. zur Rezeption auch den wütenden und revanchistischen Kommentar von Hans Grimm: „Bayer 205. Ein Aufruf an alle Deutschen“, wo es heißt: „die einzige Stimme des Regierungsrates und früheren Bezirksamtmannes Zache in Hamburg weist darauf hin, was das Mittel für unser Volk sein kann und sein muß, nämlich: der Schlüssel Afrikas in deutscher Hand, der uns nicht aus der Hand gespielt werden darf aus politischem Halbverstande, der niemals anders herausgegeben werden d a r f als für zureichendes Neuland.“ (Herv. im Orig.) In: Ders.: *Der Schriftsteller und die Zeit. Bekenntnis*. München 1931. S. 154–159. In der von Holle und Wernt Grimm, den Kindern des Autors, besorgten Gesamtausgabe gibt es einen Band mit ähnlichem Titel, der Texte aus *Der Schriftsteller und die Zeit* übernimmt, den zu Bayer 205 allerdings nicht. Vgl. Hans Grimm: *Der Schriftsteller und seine Zeit. Aufsätze, Zeitungsantworten, politische Briefe*. In: Ders.: *Gesamtausgabe* Bd. 15. Hg. v. Holle Grimm & Wernt Grimm. Lippoldsberg 1980. Der Text ist außerdem zugänglich, dort allerdings gekürzt und mit falscher bibliographischer Angabe (nämlich der Titelvariante „und seine Zeit“), bei Harry Pross (Hg.): *Die Zerstörung der deutschen Politik. Dokumente 1871–1933*. Frankfurt/Main 1983. S. 91–93.

„Sagen Sie mir lieber, was Sie da haben?"/„Das letzte, was einging, die New York Times, die Morning Post, den Daily Telegraph, das Echo de Paris und das Journal."/ „Was schreiben sie? Negativ wie immer? Darf ich sehen?" [...] „Soviel Dummheit auf einem Haufen, es ist kaum zu glauben. Die wollen nicht begreifen, Therburg. Die wollen einfach nicht."/„Wollen Sie sich die Laune verderben lassen?"/„Ich? Ich denke nicht daran. Was wissen diese Kaffern von unserm Werk. Deutschland braucht Kupfer! Dagegen sagt man nichts. Daß wir es aber nicht kaufen, sondern selbst beschaffen wollen, das paßt den Leuten nicht. Sie versuchen, unser Projekt systematisch zu Tode zu reiten, ehe es überhaupt in Angriff genommen ist. Da, lesen Sie, a bloody fool nennt man mich." (K, 12f.)

Auch hier werden Ansätze deutscher Akteure, außerhalb der eigenen Grenzen aktiv zu werden, mit Spott („bloody fool") kommentiert. Die Gegner sind wieder die Sieger des Ersten Weltkriegs, Großbritannien, Frankreich und die USA, metonymisch repräsentiert durch wichtige Tageszeitungen. Und wieder stehen dem deutschen Idealismus, technischen Fortschritt aus eigener Kraft zu gestalten, die Interessen ausländischer Akteure gegenüber. Waren es bei *Germanin* vor allem politische Kommentare, deutet sich hier eine Rivalität auf wirtschaftlichem Gebiet an, die aus deutscher Sicht, über den Wert ‚Idealismus', allerdings nur politisch gedacht werden kann. Der „Kampf" um den ‚Stoff' wird stets als ‚Lebens'-Kampf geführt und ist damit von vornherein insofern politisch kodiert, als dass stets das ‚Volk' als moralischer Adressat der Forschung firmiert, die als Produzentin von ‚Anerkennung' über die Grenzen Deutschlands wirken soll. Das gilt insbesondere, wenn die Forschung auf Ziele außerhalb Deutschlands gerichtet ist, etwa auf die Bevölkerung afrikanischer Kolonien. Hier adressiert die ‚deutsche' Pharmachemie über die Körper ‚afrikanischer' Menschen nicht nur das eigene ‚Volk', das zunächst oft ignorant bleibt, sondern vor allem die Siegerstaaten, denen gegenüber Deutschland sich selbst als Kolonie imaginiert. Das Modell folgt einer Logik von Sendung, Rückkopplung und Reflexion, wie sie etwa im Schenzingers *Anilin* vorangestellten Motto angelegt sind.[180] Die Worte Fricks lassen sich nun enger in einen denkgeschichtlichen Kontext einbinden, der ‚Wirkung' im Rahmen des synthetischen Kolonialismus immer als ‚Raum'-Lösung einer ‚Lebens'-Krise denkt[181], die durch einen ‚Stoff' prozessiert wird. Das ideologische Reservoir dieses Modells, das eine für den diskursiven Ort des Vierjahresplans charakteristische Ergänzung des „Blut und Boden"-Paradigmas

180 Vgl. A, 5 & S. 166f. in diesem Buch.

181 Lindner betont, mit Verweis auf Karl Mannheim, ebenfalls das „imaginär Raumhafte[]" des Zeitmodells bestimmter konservativer LI-Denker. Vgl. Lindner: *Leben in der Krise*. S. 62.

darstellt[182], besteht im Konzept einer spatial gespeisten ‚Lebens‘-Energie, bei der die Idee der ‚Tiefe‘ genealogisch bespielt und das Volk als „Geburtsraum“ zu besonderen Leistungen fähiger Söhne vorgestellt wird. Deren In-Erscheinung-Treten wird als Aufstieg aus einer nicht näher bestimmten anthropologischen ‚Tiefe‘ gedacht, die inzwischen als Trägerin der Semantik des synthetischen Kolonialismus erkannt ist. Dieses zunächst auto-territoriale Modell von positiver, vitaler „Volkshaftigkeit“ lässt sich mit Blick auf die Bücher mit Stoffbezug mit dem denkgeschichtlichen Hintergrund der Geopolitik verbinden, die in den Zwanziger Jahren als „imperiale[] ‚Idee‘ Maßstab der ‚Lebenskraft‘ von Völkern und Staaten“[183] wurde, also im Raum jenseits der eigenen geographischen Grenzen das Betätigungsfeld für die aus der vitalen ‚Tiefe‘ gezogenen Kapazitäten findet und anmeldet, den Konflikt um kollektive ‚Lebens‘-Energien räumlich austragen zu wollen.

3.6.1 *Medikament & Rohstoff als ‚Lebens‘-Verbund: Fritz Peils* **Der Kupferdoktor** (*1939*)

Die Vorbedingungen von Ingenieur Rickmers’ Reise nach Chile wurden bereits dargestellt.[184] Er muss sich, bevor es losgeht und gerade weil er „nun eben kein kaltschnäuziger Techniker“ ist, „sozusagen umschalten von Berlin nach Chile“, was konkret bedeutet, „einen Abend lang nach meinem Stiefel leben“ (K, 15) zu müssen, was wiederum bedeutet, allein zu sein und Brahms auf dem Stutzflügel zu spielen. An diese Selbstbeschreibung, die im technischen Modus des Umschaltens die eigene nicht-technische Persona betonen will, schließt sich die in vielen Romanen dieser Art übliche geraffte Lebensbeschreibung des Protagonisten an:

> Was hatte er mit seinen 38 Jahren nicht alles schon getrieben! Als einer der letzten Leutnants war er 1918 aus dem Krieg zurückgekehrt; dann hatte er sich in vielen Berufen nacheinander versucht, als Dolmetscher, Plakatmaler, Klavierspieler und schließlich war es ihm gelungen, sich als Journalist die Mittel für sein Studium zu erarbeiten. – Und dann – welch ein Sprung – stand er auf leitendem Posten in der „Gesellschaft für Kupfergewinnung“. (K, 15)

Rickmers’ Laufbahn vollzieht den plottypischen Bruch von 1918 nach und nutzt die Erzählung der unruhigen Zeit, die durch häufig wechselnde Berufe als Erfahrung von Instabilität markiert wird. In seinem Fall wird ein Paradigma

---

182 Dieses gibt für sich schon die zwei wesentlichen Dimensionen der NS-Raumpolitik ab, die also von vornherein als mit dem ‚Leben‘ korreliert gedacht wird: Die Raumfrage wird stets als „Lebensfrage“ verhandelt.

183 Lindner: *Leben in der Krise*. S. 76. Lindner verweist hier auf Ratzel und Haushofer.

184 Vgl. S. 271ff. in diesem Buch.

angelegt, das neben der üblichen Heterogenität verschiedener Jobs, die darauf verweisen, dass Rickmers in jenen Jahren wohl nicht die Möglichkeit hatte, einen Beruf zu ergreifen, der zu ihm passt, gleichzeitig in der Hinsicht Ähnlichkeit herstellt, als dass es stets Tätigkeiten des Übersetzens und semiotischen Repräsentierens waren, denen Rickmers nachgegangen ist. Er ist also Experte im Grenzverkehr der Zeichen und Medien und der Text deutet an, dass in den Nachkriegsjahren hierfür in zweifacher Hinsicht die Schule lag. Aus den häufig wechselnden Tätigkeiten, bei denen es stets um Vermittlung und Darstellung von Zeichen ging, lässt sich schlussfolgern, dass Rickmers' Arbeit als chemisch versierter Ingenieur die Fortsetzung dieser Reihe bildet und so auch die Sphären von Technik und chemischer Industrie als Bereiche von Repräsentationsarbeit ausgewiesen wären.[185] Und zugleich haben die Jahre nach dem Weltkrieg möglicherweise nicht nur Rickmers im Umgang mit Zeichen geschult; vielmehr müsste das gesamte deutsche Volk in dieser Hinsicht potenziell als Expertenkollektiv gesehen werden.[186]

Die Narrativierung der politischen Grundlage für das Chile-Projekt findet in einem Gespräch zwischen Rickmers und seiner Geliebten Kristin Sonderhjelm statt.[187] Kristin taucht bei Rickmers auf und durchkreuzt seinen Plan, den letzten Abend allein zu verbringen. Sie essen zusammen und begeben sich anschließend ins Herrenzimmer:

> Nach dem Essen waren sie in Rickmers Zimmer gegangen. Er hatte sich auf die Couch gelegt, und sie setzte sich seitlich von ihm ebenfalls darauf, so daß sie ihn ansehen konnte. Auch die Beine nahm sie hoch, nicht ohne das Röckchen sorgsam darüber zu ziehen, so daß Rickmers nur die kleinen, in hellen Seidenstrümpfen steckenden Füße neben sich gewahrte. Sie verschränkte die Arme, legte sie auf ihre Knie und den Kopf oben auf. Rickmers hatte die linke Hand

185 Mit Lindner ließe sich ergänzen, dass Rickmers hier als Angehöriger einer „mittleren" Schicht mit seinen Tätigkeiten als Signifikant für „historische Übergangsphänomene der in die Krise geratenen Gesellschaft" fungiert, insofern, als dass die Zeit der Hilfe von Akteuren bedarf, die an verschiedenen Orten „übersetzen", dabei aber letztlich nur semiotisch reproduzieren (etwa die „beunruhigend dynamischen „Lebens"-Erscheinungen"). In dieser Lesart wäre Rickmers' Techniker-Existenz der durch das „Neue Deutschland" ermöglichte Austritt aus diesem Verhältnis. Vgl. Lindner: *Leben in der Krise.* S. 47 & 50.

186 Der Text schränkt diesen Status in der Folge auf männliche Individuen, die zu „glauben" verstehen, ein. Über den exemplarischen Charakter von Rickmers' Biographie heißt es „Er war zwar nur ein Mann wie tausend andere auch, aber sein Herz hatte glauben gelernt: Fünfundzwanzig Jahre lang hatte er ein hartes Leben geführt, zuchtvoll und angefüllt mit sich selbst auferlegten Entsagungen, immer nur auf die große Stunde hoffend, in der er sich als ganzer Mann erweisen könnte. Jetzt war sie da!" (K, 16)

187 Der genaue Zustand der Beziehung bleibt vage; es heißt: „[...] die schöne Schwedin, die Rickmers liebte und die er auch beinahe einmal geheiratet hätte." (K, 20)

unter seinen Kopf geschoben und die rechte legte er sanft auf Kristins Füße. (K, 25)

Nach der merkwürdig genauen Beschreibung der Sitz- und Liegepositionen erklärt Rickmers Kristin, welchen Wert das chilenische Kupfer für Deutschland darstellt und welche Schwierigkeiten bisher die Erschließung der Lagerstätten verhindert haben. Auf Kristins Eingangsfrage, ob denn Kupfer wichtig sei, antwortet Rickmers:

> Ob Kupfer wichtig ist! Kupfer kann wichtiger sein als Gold und Silber, wenn man welches braucht und sich keins kaufen kann. Jedes Land braucht Kupfer. Fast in allen Metallegierungen ist ein gewisser Teil Kupfer mit drin, man braucht es von der Kirchenglocke bis zum Klingeldraht, im Krieg und im Frieden. Ohne Kupfer geht es überhaupt nicht, und Deutschland braucht sogar eine ganze Menge. (K, 26)

Über Statistiken zur Kupferausfuhr aus Chile von 1937 weist der Text anschließend auf die Nähe der Handlung zum Erscheinungsjahr des Romans hin[188], auch wenn weder die deutsche Realpolitik der Zeit noch ihre Akteure explizit Erwähnung finden.[189]

In der Trias aus intensiv beschriebener (körperlicher) Verschränkung, der Identifizierung des Kupfers als ‚lebens‘-wichtiges Metall, also der Verschränkung von ‚Stoff‘ und ‚Leben‘, und der (diegetischen) Verschränkung des Romans mit seiner Publikationsgegenwart durch einen Verweis aus dem Text hinaus, liegen Hinweise auf den Charakter der modellierten Krise. Der Roman richtet in verschachtelter Form ein Prinzip von Bezüglichkeit ein, nach dem Fragen der Repräsentation von ‚Stoff‘ und ‚Leben‘ zunächst immer auf ein Anderes verweisen, das nicht im Gegenstand selbst liegt. So soll die körperliche Nähe zwischen Rickmers und Kristin keine erotische sein.[190]

188 Diese Geste, auch in der hier vorfindlichen Beiläufigkeit, ist typisch für Romane, die sich als deutschnational und syntheseeuphorisch und dementsprechend mit dem Vierjahresplan und generell dem Nationalsozialismus kompatibel ausweisen. Kaum einer der Romane unterlässt den Hinweis darauf, dass seit 1933 etwas grundsätzlich Positives und vor allem „Neues“ in Deutschland vor sich geht.

189 Was typisch ist für „Nazi-Agitationsliteratur“. Vgl. Lange: *Literatur des technokratischen Bewußtseins*. S. 66f.

190 Signifikant wird dieser Umstand am Romanende, wo selbst der Heiratsantrag, den Rickmers Kristin macht und ihre Antwort noch ähnlich verklausuliert werden. Rickmers und Kristin „spielen“ auf der Überfahrt von Chile zurück nach Deutschland ein Interview, das er ihr als Journalistin gibt. Die letzten Worte des Textes sind folgende: „‚Doch! Ich werde heiraten – – Eine kleine Schwedin mit Namen Kristin.‘/Einen Augenblick lang war Kristin völlig überrascht. Dann aber formte ihr Mund einen einzigen Freudenruf.

Der Erzähler bemüht sich krampfhaft, jeden dahingehenden Verdacht zu entkräften, schiebt Röckchen und Seidenstrümpfe vor potenziell entblößte Körperpartien. Zugleich ist das Kupfer nicht an sich relevant, wie etwa Silber und Gold, sondern als Bestandteil von Legierungen, ohne den „es überhaupt nicht [geht]". Hier wiederholt sich die Figur einer nachträglich erkannten Durchdringung der Lebenswelt. Das Edelmetall, dessen Wert Kristin gar nicht kennt, ist längst da und in den Dingen der Umwelt allgegenwärtig und unsichtbar enthalten. Auch wenn es sich nicht um einen synthetischen Stoff handelt, ruft der Roman diese Denkfigur durch den Beimischungscharakter des Elements, seine Vielseitig- und Allgegenwärtigkeit auf, um den ‚Stoff' als Träger von ‚Leben' zu klassifizieren. Schließlich genügt die Diegese sich nicht und sucht über die Jahreszahl Anschluss an die textexterne Gegenwart des Vierjahresplans und die mit ihm gekoppelte Debatte über Rohstoffe, in der Statistiken eine wichtige Rolle spielen.

Diese metaleptischen Ausgriffe problematisieren eine semiotische Erschöpfung, in der das Zeichen nicht mehr auf sich selbst zu verweisen vermag und die als ‚Lebens'-Krise zu werten ist.[191] Auf der Ebene des ‚Stoffs' wird Chile mit seinen Lagerstätten zur Lösung. Das Land, das Rickmers für Kristin mit „eine[r] Handvoll Zigaretten" (K, 27) repräsentiert, stellt einen geographisch-klimatisch extremisierten Doppelgänger Deutschlands dar:

> Das Klima ist von unserem nicht sehr verschieden. Chile ist kein tropisches Land. Durch Verfirnung und Vergletscherung werden aus den Anden riesige Wassermengen frei, die erst gestaut, dem Lande das ganze Jahr über eine hervorragende Berieselung[192] gewähren. […] Eine üppige Vegetation wuchert fast mühelos aus

Und der Wind nahm ihn hinweg, ein vorwitziger, leichtsinniger Windstoß nahm ihn von ihren Lippen und strich damit weit über das endlose Wasser nach Süden." (K, 239) Vgl. hierzu nochmals die letzten zwei Absätze von *Alumnit*: „‚[…] Linde, willst du dein Leben mit mir teilen, immer und immer, in Freude und Leid, dann rufe dein Ja hinein in die Welt!'/Da klingt es wie der Jubelschrei des Falken, von der Höhe herab ins Tal […]" (ALU, 186) Das Sprechen der Frauen, ihre Antwort, wird jeweils vom Mann vorweggenommen und faktisch durch Naturphänomene ersetzt, also als Redeformen nichtsprachlicher Art, „Jubelschrei des Falken" oder „vorwitziger, leichtsinniger Windstoß" repräsentiert.

191 Das wiederholt sich auf der Ebene der Figuren nochmal für das Verhältnis von Mann und Frau, was der Roman noch zu einem grundsätzlichen Konflikt ausbauen wird. In der hier geschilderten Szene deutet es sich an, wenn Rickmers die körperlichen Zeichen von Kristines überwältigender Angst um ihn nicht versteht, sondern ihr Fake-Lächeln für voll nimmt und den Rest in der Manier des Ingenieurs als temperaturbedingtes Unwohlsein einer Frau in der dritten Person interpretiert: „Von all dem merkte Rickmers nichts, nur das Lächeln sah er, zu dem sie sich zwang./‚Wie kalt deine Hand ist; friert Kristin?'" (K, 34)

192 Die „Berieselung" wiederholt Kristin spöttisch, indem sie „übermütig ein wenig Portwein in einen mächtigen Blumenständer [goß], der rückwärtig hinter der Couch stand und leicht zu erreichen war./‚Die Berieselung,' erklärte sie schelmisch." (K, 28) Der Text

> dem fruchtbaren Boden und spendet alles, was man sich denken kann: Äpfel, Trauben, Pfirsiche, Beeren, Nüsse, Kastanien, Birnen, Pflaumen, Caquis, Tabak, Flachs, Hülsenfrüchte, prächtige Kartoffeln neben Camotes oder Bataten. Auf endlosen Flächen steht der herrlichste Weizen, buntscheckiges Rindvieh weidet auf den satten Alfalfawiesen. (K. 28)

Relevant für das Bergbauprojekt sind diese Informationen nicht, gleichwohl stellt Rickmers sie seinen Ausführungen über die Edelmetallvorkommen in Chile voran und definiert das Land so als emphatische Version der eigenen ‚Heimat‘. Der Text bejaht durch diese Bewegung die vorangegangenen Kommentare zu Schwierigkeiten bei der Repräsentation als relevantes Problem und stellt in Aussicht, sie in derselben Manier positiv zu lösen: durch die Einsetzung einer emphatischen Variante von ‚Deutschland‘, in der die für den Ausgangsraum identifizierten Probleme gelöst sind oder lösbar erscheinen. Ein Problem des eigenen Raums wird also auf ‚Chile‘ ausgelagert und taucht dort in seinem Charakter als ‚Lebens‘-Krise wieder auf, aber als überwindbares physiologisches Hindernis, dem auf synthetische Weise, durch ein Medikament, Abhilfe geschaffen werden kann. Es wird ein Vitalitätsregime entstehen, das auf mehreren Ebenen Überschüsse produziert und zur üppig gesteigerten Vegetation des Raums in einer Beziehung der Kongruenz steht.

Die Nähe zwischen beiden Ländern wird noch dadurch verstärkt, dass bereits 40.000 Deutsche in Chile wohnen, „[i]n diesem Paradies […], verstreut über die fruchtbaren Landschaften“ (K, 29). Mit dem zeitgenössisch zirkulierenden ‚Wissen‘ um die regen, von jenen deutschstämmigen Bewohner_innen getragenen nationalsozialistischen Agitationen im Land[193] wird ‚Chile‘ noch mehr als emphatisches ‚Deutschland‘ lesbar. Über diesen Kniff kann der südamerikanische Staat raumsemantisch bei allen Differenzen als dem Deutschen Reich ähnlich gedacht werden, wodurch auch das Bergbauprojekt mental nicht grundsätzlich im Widerspruch zum deutschen Autarkiestreben steht, nach dem der Kupfer eigentlich aus Rohstoffen erzeugt werden müsste, die im eigenen Land zur Verfügung stehen. *Der Kupferdoktor* ist zwar auf den ersten Blick kein typischer „Synthese-Roman“, steht in seinem Zentrum doch nicht die Ersetzung einer ausländischen Rohstoffquelle durch

---

kommentiert damit noch einmal, dass die für Chile, als „Paradies“, in dem „jetzt 40.000 Deutsche [leben]“ (K, 29), in Aussicht gestellte ‚Harmonie‘ für Deutschland selbst gestört ist.

193 Einen Überblick geben Marcus Klein: *Im langen Schatten des Nationalsozialismus. Faschistische Bewegungen in Chile zwischen der Weltwirtschaftskrise und dem Ende des Zweiten Weltkriegs.* Frankfurt/Main 2004 sowie Jaime Antonio Etchepare & Hamish I. Stewart: „Nazism in Chile. A Particular Type of Fascism in South America“. In: *Journal of Contemporary History* 30 (1995), H. 4. S. 577–605.

ein heimisch fabriziertes Kunstprodukt. Allerdings unternimmt der Text deutliche Anstrengungen, den zur Rohstoffgewinnung angesteuerten Raum mit dem eigenen anzugleichen. Vor allem aber stellt ein synthetisches Produkt, das Medikament Hepatosin, die Bedingung der Möglichkeit zur Erschließung der chilenischen Lagerstätten dar, was das Projekt zum Akt eines synthetischen Kolonialismus macht.

Alle früheren Versuche von Bergbauunternehmen aus den USA, die unwirtlichen Kordilleren zur Rohstoffgewinnung zu nutzen, sind gescheitert. Der Weg der Amerikaner führte dabei über ökonomistische Intensitätssteigerungen:

> Man hatte es damals erzwingen wollen. Immer wieder jagte man neue Arbeitskräfte hinauf. Die Löhne wurden ins Phantastische gesteigert. Man war seiner Sache so sicher und glaubte sogar, riesige Goldlager zu finden. Aber die gewaltige Höhe war den Schätzen doch der beste Schutz. (K, 33)

Der Roman folgt mit Rickmers einer Idee der Adäquatheit der Mittel, zu denen redundant verstärkter Kapitaleinsatz nicht gehört. Die finanzielle Antwort der Amerikaner auf das physiologische Problem wird zur Metonymie für einen verfehlten Zugriff auf den Raum hinter der Grenze infrastruktureller Erschließung, wo Akteure mit einem negativ konnotierten Konzept von ‚Kultur' versagen müssen.[194] Die Entsprechung zwischen der Zugriffsweise und ihrem Gegenstand ist sehr wichtig. Rickmers selbst stellt in Rage fest: „Diese Schätze sind für den da, der sie verdient, für keinen anderen. Die Amerikaner trieb damals nichts anderes als schnöde Profitgier hinauf, uns Deutsche treibt die Not, die reine nackte Not." (K, 34) Nicht nur, dass im nächsten Anlauf der Antrieb vom Kapitalinteresse auf inneren kreatürlichen Zwang umgestellt wird, zusätzlich ist dieser Zwang gereinigt, entkleidet und damit archaisiert. Das Mittel zum Erreichen des Ziels, bei den Amerikanern der Versuch, durch Geld noch mehr Geld zu generieren, wird bei den Deutschen näher am ‚Leben' und in völlig anderem Verhältnis zur Natur/Kultur-Dichotomie vollzogen. Auf die körperlich beschriebene Not antwortet adäquaterweise ein physiologisches Mittel und löst als ‚biologische' Reaktion auf ein ‚biologisches' Defizit die Probleme, an denen das artifizielle Geld der Amerikaner gescheitert ist. In einer Andeutung Rickmers' heißt es zunächst „Die Medizin entscheidet, ob die Technik sich entfalten kann" (K, 35) und in der beiläufigen Raum-Metapher vom Entfalten der Technik auf pharmazeutischer Grundlage deutet sich bereits der komplexe Übergriff von ‚Lebens'-Dingen auf die Sphären von Wissenschaft, Produktion, technischer Durchdringung und Infrastruktur an. Zugleich bleibt die Technik an Menschen gebunden, stößt nur in

194 Vgl. zu den Vertretern des Kapitals als lebensferner Schicht Lindner: *Leben in der Krise*, S. 47 & 49.

die großen Höhen vor, wenn die Biologie ihr zu folgen vermag, und wird auf diese Weise in der Kopplung an ihren Ingenieur-Herrn eingehegt und nebenbei auch wörtlich an das Land angeschlossen.[195] Schließlich wiederholt das Konzept einer adäquaten Begegnung mit dem neuen Raum im Zusammenhang mit dem germanisierenden Blick auf die chilenische Topographie 1) das phantasmatische Selbstverständnis des deutschen „Kolonialdiskurses“ als von einer spezifischen, den anderen Kolonialmächten nicht eigenen Empathie geprägt[196] und aktualisiert 2) in der Betonung einer biologisch-medizinischen, also „natürlichen“ Anpassung an die „natürlichen“ Gegebenheiten im Hochgebirge einen narrativen Bezug auf die ‚Tatsache‘ als Ausweis eines (im Gegensatz zu den US-Amerikanern) noch vorhandenen Kontakts zum „Realen“, den zu markieren für die Kolonialliteratur aus dem NS-Kontext zu den wichtigsten Zeigegesten zählt.[197]

3.6.1.1 Impliziter Kolonialismus im Raum ‚Chile‘

Die Reise der Gruppe nach Südamerika ist ein öffentliches Ereignis, das den Deutschen das Gebot guter Inszenierung auferlegt.[198] Die Rückkehr auf das politische Parkett kommt zur genussvollen Wiederaufführung und es wird narrativ durchgespielt, zumindest imaginär im Roman und, wie am Beispiel von *Germanin* gezeigt wird, auch in literarisierten Sachbuch-Passagen, wie es ist, zu den Herren der Welt zu gehören. Chile wird dabei als Raum potenzieller Assimilation beschrieben, vor allem aber als Land, das in Deutschlands Schuld steht:

> Man war jetzt hier, und zwar nicht privat, sondern als Vertreter einer Weltmacht, einer europäischen Macht, der Chile nicht nur in kultureller Hinsicht vieles verdankte. Ein Zeichen für die guten Beziehungen: Erst vor kurzem, bei dem letzten großen Erdbeben in Südchile, hatte Deutschland größere Mengen Medikamente mit Flugzeug in die betroffenen Gebiete gebracht und dem chilenischen Volke geschenkt. (K, 61)[199]

---

195 Nämlich wenn bemerkt wird, dass der Überfluss aus der bergkwerkseigenen Stromproduktion ins chilenische Netz fließt: „150 Millionen Kilowattstunden […]. Das ist sogar etwas mehr als wir brauchen, den Überschuß stellen wir dem Land Chile zur Elektrifizierung seiner Andenbahnen zur Verfügung.“ (K, 39)

196 Vgl. Berman: *Enlightenment or Empire*. S. 10.

197 Vgl. Ebner: *Nationalsozialistische Kolonialliteratur*. S. 282.

198 Vgl. K, 59: „Rio de Janeiro war ihnen gleichsam der eiserne Vorhang, und wenn sie erst im Flugzeug saßen, war er schon hochgegangen, und dann mußte gut gespielt werden. Die Welt sah zu!“

199 Auch hier stellt der Roman die Nähe zur Gegenwart seiner Entstehung aus. Das genannte Erdbeben ereignete sich im Januar 1939 und betraf vor allem die Region, die Rickmers zuvor als Hauptsiedlungsgebiet der im Land lebenden Deutschen beschrieben hat.

Das koloniale Phantasma überlagert bei der Ankunft in Südamerika zunächst die eigenen Interessen. Die Gruppe aus Ingenieuren und Ärzten wird wie eine Delegation hochrangiger deutscher Politiker vom chilenischen Präsidenten empfangen, besucht den Wirtschaftsminister, erhält Grüße der chilenischen Bevölkerung, „vor allem von der deutschen Kolonie" (K, 62), und begibt sich dann zur „Operationsbasis". Das Gebiet, aus dem das Kupfer mit Hilfe des Höhenmedikaments gewonnen werden soll, das also den Aktionsraum der Technik und des ‚Stoffes' abgibt, wird auf besondere Weise mit Merkmalen versehen:

> Auf der Operationsbasis in 3000 Meter Höhe, die den Namen Cordivia führte, wurde gelandet./Das war der Anfang!/Als sie ausstiegen und die Motoren verstummten, war es sehr still. Hier oben in dieser Welt der Berge war diese Stille geradezu unheimlich. Man war hier Gott näher als unten bei den Menschen, dieser Gedanke kam ganz von selbst im Angesicht der erdrückend hohen Gipfel, die rings das weite Plateau begrenzten. Der Atem ging hier oben schneller, in den Schläfen spürte man ein gelindes Sausen, auch das Herz schlug viel rascher als unten. (K, 62)

Die Wahrnehmung der landschaftlichen Eigentümlichkeiten geht in geopsychologische Spekulationen zum Charakter der hier lebenden Menschen über:

> Was war das für eine Welt hier oben? Konnte es bei Menschen, die hier oben lebten, dieselben Leidenschaften geben wie unten, Haß, Liebe, Falschheit und Tücke? Fast war es nicht denkbar. Menschen, die hier oben leben würden, müßten frei sein vom Allzumenschlichen, frei von aller Erbärmlichkeit, die bisweilen den Menschen der Tiefe anhängt. Menschen der Berge gleichen immer den Gipfeln ihrer Heimat, sie sind stolze, unbeugsame und adlige Menschen. (K, 63)

Das Repräsentationsgefüge des Textes bindet zunächst die Erfahrung der ‚Höhe' an ein Konzept gesteigerten ‚Lebens', das bereits in Deutschland durch einen Zugang zum Mystisch-Religiösen charakterisiert worden war. Als Rickmers nämlich auf dem Heimweg spontan beschloss, einen Kirchturm zu besteigen, in vorübergehender Ich-Dissoziation selbst nicht wissend, was ihn dazu bewog[200], erlebt er eine, durch den Klang der bronzenen Glocken hervorgerufene, Epiphanie. Die Spaltung seines Ichs in einen handelnden und einen erlebenden Teil wiederholt sich beim Geläut, das den Turm „gelinde[!]

200 Vgl. K, 17: „Warum bin ich eigentlich jetzt so sentimental und steige hier hinauf, dachte er und war etwas unzufrieden mit sich selbst."

erbeb[en]“[201] lässt, im Legierungscharakter der Glocken: „Bronzeglocken, aus Kupfer und Zinn gegossen. Kupfer! Kupfer! An weiter dachte er nichts als nur an Kupfer.“ (K, 18) und führt zur Erkenntnis der eigenen Nichtigkeit im Angesicht einer höheren metaphysischen Ordnung, die sich als Nähe zu Gott in den Bergen gesteigert erneuert.

Die Gruppe der Deutschen und insbesondere Rickmers ähnelt in ihrer Offenheit gegenüber mystischen Erklärungsmodellen der chilenischen Bevölkerung, was später zur Regelung von Konflikten nützlich sein wird und darüber hinaus Verständnis für die Erfahrung eines „sterbenden Volkes“ (K, 103), das noch immer am Trauma der spanischen Eroberung leidet, als geteilte Erfahrung einer Kolonisation ermöglicht. Die Deutschen kennen diese Erfahrung, wahren aber durch den Reflektionsgrad der Erzählinstanz, die das Verhalten der Chilenen einzuordnen und zu beschreiben vermag, wiederum die Distanz einer Kolonialmacht.[202] Erzähllogisch verbindet sich also das als humanitäres Unterfangen getarnte Kolonisierungsprojekts zur Überwindung der eigenen Kolonisationserfahrung durch Rohstoffautarkie mit der lustvollen Reinszenierung der Rolle einer Kolonialmacht.

‚Chile‘ wird eindeutig als kolonialer Raum semantisiert, der mit den Werten ‚Wunder‘ und ‚Mythos‘ verbunden ist und generell als Bereich gesteigerten ‚Lebens‘ gelten soll. Die Erfahrung dieses Raums durch die Hauptfigur Rickmers wird von der Erzählinstanz mehrfach mit dem Unbewussten der Figur verbunden, beispielsweise in der Wiederholung metaphysischer Erfahrung angesichts einer erhöhten, gottnäheren Position, die in erlebter Rede vermittelt wird, aber auch in anderen Situationen, wenn der Figur assoziative Übersprungshandlungen unterlaufen oder Rickmers' euphorisches Reden über die voranschreitenden Arbeiten in Chile, von denen er Kristin erzählt, sich ekstatisch steigert und in das begleitende Klavierspiel übergeht:

> Er schlug einen eigenartigen Rhythmus in die Tasten, der wie das Dröhnen von Maschinen klang, wie zischende Dampfhämmer und schwere Stahlwalzen, wie das Klopfen der Pressen und das Hämmern der Nietenschläger./„Seit drei Monaten fahren die Schiffe voll beladen für uns, rollen die Züge für uns, arbeiten die Fabriken in San Franzisko, in Chicago, Detroit, Newyork und Boston, in Rio

201 Die Temperiertheit der Empfindung kehrt in Chile als „gelindes Sausen“ im Kopf zurück. Der Wahrnehmungsapparat darf von den starken Affekten offensichtlich nicht überfordert werden, damit die Identität der Person trotz partieller und situativer Ich-Entfremdung gewahrt und die Situation selbst beschreibbar bleiben kann.

202 Und zwar in der Weise, wie Berman sie als typisch für den deutschen „Kolonialdiskurs“ beschreibt, also von Empathie geprägt und in Abgrenzung zu den anderen europäischen Kolonialstaaten.

> und Buenos Aires, in Santiago und Valparaiso – für uns."/Bei diesen sieghaften Worten war er, ohne es eigentlich beabsichtigt zu haben, in Brahms Klavierkonzert D-Moll gekommen; er liebte diese Musik in der dämonischen Tonart und spielte sie ganz wie sie war, kämpferisch und streitbar, und es klang wie ein frohes Ausschreiten auf freiem Lande, herb und männlich. Nur einiges spielte er, was er ohne Noten konnte [...] (K, 41)

Die Artefakte des synthetischen Kolonialismus machen immer wieder deutlich, dass der Träger des Fortschritts, der Erfinder oder Ingenieur, sich in der Erzeugung neuer ‚Tatsachen' nur begrenzt auf Formen rationalisierter, etwa schriftlicher Repräsentation stützen soll und dem Entgrenzten, das als Inbegriff des ‚Lebens' erscheint, gegenüber offen bleiben muss. Das führt ihn gelegentlich in Bereiche des moderierten „Wahnsinns", die allerdings nur implizit als solche markiert werden können und zumeist in einer Rhetorik der ‚Leidenschaft' und ‚Hingabe' an das Projekt als uneingeschränkt sinnvoll eingeordnet werden.[203]

Der Kolonialismus kann implizit bleiben, weil die Deutung der entsprechenden Indizes, beispielsweise die deutsche Flagge auf der Baracke der Bauleitung oder die panoptische Anordnung der Werksanlagen, in sprachlicher Form entweder unterdrückt oder an einen symbolischen Kode delegiert wird, der mehr Deutungsoffenheit und Interpretationsmöglichkeiten jenseits einer Lesart materialisierter Herrschaftstechniken zur Verfügung stellt[204] und eher eine Nähe zur Abenteuererzählung sucht, in der grundsätzlicher ‚Gefahr' mit ingenieursmäßiger Sorgfalt und Vor(aus)sicht begegnet wird. Die Anlagen des Werkes werden als „ganz neuzeitlicher Bau [...] mit allen Errungenschaften deutscher Technik" (K, 66) ausgestattet und stellen einen Vorposten in Richtung topographischer Extreme dar, der selbst durch den Wunsch nach einem „klare[n] Bild" (K, 74) planmäßig und streng organisiert wird. Da es sich um eine ganz neue Anlage handelt, besteht die Möglichkeit, ein deutsches Ideal von Werksorganisation umzusetzen, das in seiner Abschottung nach außen und der militärischen Strenge nach innen für die Produktionsanlagen

203 Die Verbindung zwischen dem Ingenieur und der Kunst, die bei Rickmers auch angedeutet wird, bespricht ausführlich Paulitz: *Mann und Maschine*. S. 221–254.

204 Vgl. K, 63: „Jetzt kam ein Geländewagen heran, mit dem die vier nach dem Gebäude der Bauleitung fuhren, das als Provisorium ein Holzbau war, auf einem mäßigen Hügel errichtet, von dem aus man den ganzen Plan gut übersehen konnte. Auf dem Dach wehte die deutsche Flagge und davor hatten sich die Ingenieure sowie einige Werkmeister und Werksbeamte zur Begrüßung eingefunden. Zu großen Worten fehlte es jedoch an Zeit, und überdies war Rickmers kein Freund von solchem ‚Schmalz', wie er dergleichen nannte."

der Bücher mit Stoffbezug[205] und ebenso als kolonialliterarischer Topos für die „Konfrontation mit der kolonialen ‚Fremde‘“[206] typisch ist. Koloniale Ambitionen werden rhetorisch moderiert, sind aber dennoch unmissverständlich, etwa wenn es vom Bereich, in dem sich Verwaltung und Werkspolizei befinden, heißt, er sei „sozusagen das Regierungsviertel“ (K, 77), als würde es sich dabei um eine das Verständnis erleichternde Metapher handeln.

Die Einrichtung des Werks folgt einer Idee von ‚Gerechtigkeit‘ als moralischer Qualität der deutschen „Herren“, die weniger als jene Bücher mit Stoffbezug, die in Deutschland spielen, etwa *Alumnit*, vom Konzept des „inneren Menschen“[207], der als ‚Deutscher‘ tadellos ist, wenn nicht Not ihn korrumpiert, ausgehen kann, weil anthropologische Unterschiede, Nationalcharaktere und die entsprechenden Vorurteile im Spiel gehalten werden müssen. Der Süden ‚Chiles‘, in dem sich auch die deutschen Siedlungskolonien befinden, steht im Gegensatz zum Norden, der vor allem durch die für den Salpeterhandel wichtige Hafenstadt Antofagasta repräsentiert wird, in der es „außer Salpeter auch eine Menge dunkle Existenzen [gibt]“ (K, 81). Hinzu kommen die zumeist als „Nordamerika“ bezeichneten USA, für deren Kapitalinteressen das „kalte“ Antofagasta ein wichtiger Stützpunkt ist.[208] Im Kupferwerk, wo neben 600 Deutschen 8.000 nichtdeutsche Arbeiter beschäftigt sind, führt die Feststellung, dass sich darunter auch 16 Nordamerikaner und drei Engländer befinden, Rickmers zur sofortigen („Mit rascher Feder [...]“) Ausstellung eines „Schießbefehl[s] gegen Übertreter“ (K, 81):

> Mein lieber Stefan, es ist besser, man knallt rechtzeitig einen Schuft oder Fanatiker über den Haufen, als daß man später eine ganze Revolte niederschlagen muß, besser für das Werk als auch für die Betreffenden. [...] Aber solange hier die deutsche Flagge weht und ich verantwortlich bin, wird hier weder Agitation noch Sabotage geduldet! (K, 81f.)

---

205 Vgl. bspw. die Siedlung Leichtstadt in *Alumnit*: „[...] hat den Alumnitwerken Veranlassung gegeben, umfangreiche Maßnahmen für den Luftschutz zu treffen. Alle wichtigen Teile der Fabrik und der Verwaltung wurden mit einem starken Alumnit-Panzer [...] überdacht. Außerdem wurden zum Schutz der Belegschaft in allen Wohn- und Verkehrsstraßen Panzerschutzhallen [...] errichtet. [...] Dr. Harsen erklärte dem Vertreter eines Korrespondenzbüros, daß nach menschlichem Ermessen die Fabrik und die Bewohner von Leichtstadt auch gegen Angriffe schwerster Bomben geschützt seien.“ (ALU, 66) Für den stadtplanerischen Idealcharakter der Siedlung vgl. ALU, 44f. sowie S. 312 in diesem Buch.

206 Ebner: *Nationalsozialistische Kolonialliteratur*. S. 282.

207 Vgl. ALU, 47.

208 Vgl. K, 30: „Antofagasta zum Beispiel ist solch eine ‚Salpeterstadt‘. Von einem ständig wolkenlosen Himmel brennt die Sonne, und doch bleibt alles kalt, schmutzig und ohne Liebe. Hier geht es nur um Salpeter und um Geld. Nach Antofagasta kommt man überhaupt nur, wenn man Geschäfte machen will.“

An Stellen wie dieser reinszeniert die Figur lustvoll eine Existenz als deutscher Kolonialherr, dem die Verfügungsgewalt über die Körper fremder Menschen zufällt und in dessen Obhut die „deutsche Fahne" mit allem was dazugehört gegeben ist. Seine Aussagen beziehen sich natürlich nicht auf eventuelle Saboteure unter den deutschen Arbeitern, die, wie in *Alumnit*, wo jeder (deutsche) Spion letztlich als „guter Kerl" in die Fortschrittsgemeinschaft eingegliedert werden konnte, vom Verdacht der Gegnerschaft gänzlich frei bleiben und selbstverständlich in die Arbeit der Werkspolizei einbezogen sind.[209]

Die semantische Wertbelegung der Anlage wird in kleineren Extremräumen noch gesteigert. So stellt die Einrichtung eines provisorischen Krankenhauses eine zentrale Aufgabe der ersten Tage dar, mit der die Grundlage für den Einsatz des Medikaments geschaffen wird, das die Arbeit in den Anden erst ermöglicht:

> So trat dann das geheimnisvolle Mittel, das erst die Arbeit in solchen Höhen ermöglichen sollte, in Aktion. Aus Kisten und Kistchen kam es in Form von Ampullen, gefüllt mit sanftroter Flüssigkeit, zum Vorschein: Hepatosin, Grotes Schöpfung. (K, 67)

Sein Schöpfungscharakter weist darauf hin, dass das Mittel selbst den Rang eines zentralen Akteurs erhält und der Arzt nicht nur als „Schöpfer" des Medikaments, sondern vielmehr das ganze Unterfangen als medizinisch grundiert gelten kann. An diesem neuralgischen Punkt des Projekts wird später der Angriffspunkt für den Sabotageakt des Amerikaners Jack Grasley liegen, der sich als Pfleger eingeschleust hat, aufgrund seines inadäquaten Habitus zwar bald Verdacht erregt[210], außer Bettina, Grotes Assistentin, aber zunächst niemanden beunruhigt.[211]

---

209 Die beiden Gruppen verschmelzen sogar vestimentär: „Die Stimmung im Lager wird von drei Kriminalbeamten mit Unterstützung der deutschen Belegschaft überwacht. Die Beamten gehen als Arbeiter." (K, 81)

210 Vgl. K, 95: „Er ist als Pfleger viel zu ungeschickt, muß also früher etwas anderes getan haben. Und außerdem hat er für einen Pfleger viel zu gute Manieren."

211 Über die Namen von „Ausländern" führen die Texte, wie Populärliteratur oft, semantische Implikationen mit, die häufig in Andeutungen verbleiben. Eine Beobachtung, die für weitere Untersuchungen interessant wäre, ist im vorliegenden Fall die Koinzidenz des ersten Auftauchens von Grasley, der sich ohne Englischkenntnisse zu „Grässlich" germanisieren ließe, mit mehreren vermeintlichen Tippfehlern im Roman, von denen einer von Grasley selbst kommt. Auf Rickmers' Frage „Wielange [sic!] reicht das Hepatosin?" antwortet er „Fife [sic!] days, I think." (K, 95) Eine spekulativ-psychoanalytische Lesart würde von hier aus zur Theorie eines texteigenen ‚Wissens' um semantische Anspielungen durch kleine phonetische Verschiebungen, bspw. im für die Bedeutungsproduktion noch zumutbaren Abstand von „Grasley" zu „Grässlich", aufbrechen können. Zu einer vorsichtigen

In der Krankenhausbaracke werden zunächst hauptsächlich Arbeiter behandelt, die vor der Ankunft des Medikaments unter der großen Höhe leiden. Grotes Kommentar hinsichtlich der beengten Situation: „Im Platz sind wir halt doch ziemlich beschränkt.“ (K, 97), also der indirekte Wunsch nach mehr Raum, sowie die Anwesenheit von zwei chilenischen Ärzten und drei chilenischen Praktikanten, die unter Grotes Obhut ausgebildet werden, weisen auf einen kolonialen Zug auch der medizinischen Versorgung auf dem Gelände der Kupfergesellschaft hin, der sich räumlich und personell artikuliert und als latent-verdichtende Repräsentation des Gesamtprojekts gesehen werden kann. Die Medizin und der Arzt, als besonders mit ‚Leben‘ korreliert[212], dürfen folgerichtig als erste Instanz Aussagen über die, ebenfalls mit ‚Leben‘ korrelierten, Gefahren des Projekts machen. Zugleich kann über die Medizin weiter das Phantasma eines deutschen Kolonialismus bespielt werden, indem die Versorgung der Kranken als Forschungsarbeit verstanden und der Zugriff auf ihre Körper so ein epistemisch durchdringender wird. Medizinische Probleme wie Narkose und Wundheilung, die neben dem Kerngeschäft des Blutdopings durch Hepatosin zum Forschungsfeld des Spezialisten Grote werden, umreißen eine komplexe Konstellation von ‚Leben‘ und Nicht-‚Leben‘, in die der Raum und die pharmazeutische Medizin einbezogen werden und die für die Narrativierung der ‚Stoff‘/‚Raum‘/‚Leben‘-Interdependenz in der konkreten Situation besonders geeignet erscheint, weil die Bedingungsfunktion von ‚lebens‘-wissenschaftlichen Setzungen durch Vorführung angezeigt werden kann. So wird neben der Narkose, auf die „[d]er Kreislauf eben in dieser Höhe zu spitz [reagiert]“ (K, 98), gezeigt, dass bestimmte Wundverletzungen im Anden-Klima, wenn sie richtig behandelt werden, überraschend gut heilen und generell Therapieschritte, die den Körper zur Immobilität zwingen (neben der Narkose etwa das Verharren im Streckverband), schwieriger sind als solche, die einen aktiven Organismus verlangen. Die Medizin erscheint also als Indikatorin eines durch gesteigerte Kreislaufaktivität und Empfindlichkeit angezeigten Mehr an ‚Lebens‘, das grundsätzlich positiv konnotiert wird, mit dem aber der Verstand nicht sofort Schritt zu halten vermag, sodass eine vom Drängen „natürlicher“ Impulse verursachte Bedrohung der körperlichen Integrität von ‚Natur‘ (Organismus) und ‚Kultur‘ (eingebetteter ‚Verstand‘) vorliegt.

Annäherung an den Bedeutungsgehalt von „Fehlern“ vgl. (neben der umfangreichen poststrukturalistischen Tradition) Tabea Nixdorff: *Fehler lesen. Korrektur als Textproduktion.* Leipzig 2019 sowie natürlich Sigmund Freud: *Zur Psychopathologie des Alltagslebens. Über Vergessen, Versprechen, Vergreifen, Aberglauben und Irrtum.* Frankfurt/Main 1983 [1904], insb. Kap. VI.: „Verlesen und Verschreiben“, S. 88–109.

212 Vgl. Lindner: *Leben in der Krise.* S. 52.

In der Rolle „eingeborener" Chilenen wird Differenz, die zur Inszenierung eines kolonialen Phantasmas konstitutiv ist, erst hergestellt. Über die indigene Bevölkerung wird das Spannungsverhältnis zwischen anthropologischer Differenz und partieller Übereinstimmung der Deutschen mit dem Raum ‚Chile' ausgehandelt, über den ihre potenzielle Assimilierbarkeit semantisch im Wesentlichen vermittelt wird. Dieser Differenz zur „eingeborenen" Bevölkerung wird, kolonialphantasmagorisch plausibel, mit einer Mischung aus Strenge und Empathie begegnet, die sich aus einem Konzept unstrukturierten, chaotischen ‚Lebens', für das die indigenen Chilenen stehen, und über die mit den Deutschen geteilte Erfahrung eines kolonisierten Volkes herleitet. Diese Erfahrung moderiert die anthropologische Differenz zu den „Eingeborenen" Chiles, ohne dass der Roman dies explizit als einen Term kulturellen Wissens ausweisen würde. Dass eine (konstruierte) Ähnlichkeit historischer Erfahrungen zum impliziten Vermittler kultureller Andersartigkeit werden kann, ergibt sich jenseits nicht immer stattfindender werkinterner Rekonstruktionen dieses Verhältnisses aus den diskursiven Verschränkungen innerhalb des Feldes, in dem auch die Bücher mit Stoffbezug operieren.[213]

Der Wert ‚Leben' ist anthropo-ideologischer Hintergrund aller im Raum ‚Chile' durchgeführten Handlungen, sodass der Roman wesentlich von den Sphären ‚Leben' und ‚Raum' charakterisiert wird. Von diesem Befund lässt sich die Rolle des ‚Stoffs' genauer bestimmen. Die beiden wichtigsten Substanzen, Hepatosin und Kupfer, verweisen aufeinander, indem die eine die Bedingung zur Gewinnung der anderen ist. Beide ‚Stoffe' sind stark mit ‚Leben' korreliert, wobei die Semantisierung des Kupfers sich dreifach aufteilt: 1) auf seine vielfältigen Einsatzgebiete innerhalb von Legierungen, also seine Bindungsfähigkeit, 2) auf seine vielfältigen Einsatzbereiche, also die Fähigkeit zur Durchdringung der Lebenswelt, und 3) auf seine Erschließung im unwirtlichen Gebiet außerhalb Deutschlands, die den Ausgangspunkt der Inszenierung des kolonialen Phantasmas darstellt. Das Hepatosin trägt dazu bei, die Körper der Subjekte für den neuen Extremraum, der die nochmalige Steigerung des als emphatisches ‚Deutschland' markierten Raums ‚Chile' darstellt, herzurichten, also ihre Biologie auf einem neuen Extremniveau stabil zu normalisieren.[214] Es stellt in dieser Hinsicht eine Body Extension dar, die im Blut, der biologischen

213 Vgl. zu dieser zentralen methodischen Bewegung auch die beiden anderen mit populärliterarischen Korpora befassten und für die vorliegende Untersuchung sehr wichtigen Studien von Ebner: *Nationalsozialistische Kolonialliteratur*. S. 280 und Hahnemann: *Texturen des Globalen*. S. 9f.

214 Vgl. zu dieser Idee in anderem Kontext Rabinbach: *Motor Mensch*. S. 171ff.

Zentralinstanz lebensideologischen Körperwissens, prothetisch eingreift, indem es die Zahl der roten Blutkörperchen „schnellstens vermehrt“ (K, 100).[215] Durch den geteilten Wert ‚Leben‘, der Ausgangsproblem (‚Not‘ durch kein eigenes Kupfer in Deutschland), Mittel (Hepatosin) und Ziel (Kupfer in großer Höhe) verbindet, und durch die Ansiedlung der Handlung im Extremraum der, als intensitätsgesteigertes Deutschland semantisierten, großen Höhe der Anden, vereint der Roman das Muster einer durch eine ‚Raum‘-Lösung überwundenen ‚Lebens‘-Krise mit der spezifischen Prozesslogik des ‚Stoffs‘ als Bindeglied zur imaginären Reinszenierung deutscher Kolonialherrschaft.

Vom ‚Stoff‘ kolonisiert wird dabei nicht das Land selbst, sondern die Körper der Subjekte, die nun „täglich gespritzt“ und „laufende[n] Kontrolluntersuchungen des Blutes“ (K, 101) unterzogen werden. Die Medizin, als Akteurin des chemopharmazeutischen Dispositivs deutscher Kolonialisation, etabliert sich als zentrale Herrschaftstechnik zur Einrichtung eines kontinuierlichen Zugriffs deutscher Wissenschaftler auf ‚deutsche‘ und nicht-‚deutsche‘ Körper außerhalb Deutschlands, ohne den das Überleben der Subjekte im ihnen zugewiesenen Raum, dem isolierten und hermetisch nach außen abgedichteten Immunsystem des Bergplateaus, nicht möglich wäre. Entsprechend dieser Logik wird der ‚Stoff‘ in seiner Rolle als Prozessor erkennbar, durch den der synthetische Kolonialismus an die Konstellation „‚Raum‘-Lösung einer ‚Lebens‘-Krise“ anzuschließen vermag. Dass dieses Muster als phantasmagorischer Hintergrund der Handlung zentral ist, zeigt sich besonders im Moment der Krise, als eine durch Sabotage bewirkte Unterbrechung des Blutdopings bei allen Beteiligten zu ernsten Symptomen von Höhenkrankheit mit weitreichenden Konsequenzen führt. Der Defekt äußert sich in den Individuen in zunehmendem Kontrollverlust, gefolgt von mehreren Unfällen und einer Revolte. In der Gruppe der deutschen Experten, zu denen neben Rickmers und Grote noch einige Ingenieure und Ärzte gehören, von denen der junge Draufgänger Beierlein, der für die Konstruktion einer Seilbahn zuständig ist und noch oberhalb der eigentlichen Werkssiedlung lebt, der wichtigste ist, kommt es zu einer auf Grotes Assistentin und Partnerin Bettina gerichteten Irritation. Sie, die selbst auch „noch nie so gefühlt [hat] wie jetzt, daß ich eine Frau bin“ (K, 91), wird zum Objekt einer indifferenten

215 Auch im Detail vollzieht die Biologie die ebenfalls lebensideologisch grundierte Mission der Metallgewinnung nach, indem auch innerhalb des Organismus ‚Metall‘ mit Leben gleichgesetzt wird: „Die roten Blutkörperchen sind ja die Träger des Sauerstoffs im Organismus, wo sie ihn *an ihr Eisen binden*. Normalerweise hat ein Mann, der im Flachland lebt, 5 Millionen im Kubikmillimeter. Er braucht aber in einer Höhe von 5000 Meter etwa 7 bis 8 Millionen, um den notwendigen Sauerstoff binden und leben zu können.“ (K, 100, Herv. AW)

Begierde der Männer, deren Triebregulation durch die extremen klimatischen Bedingungen gestört ist.[216] Da die Manipulation in der Hepatosinversorgung zunächst nicht erkannt wird und sich das allgemeine Befinden schleichend verschlechtert, führt ein erster Erklärungsversuch die Probleme auf unterschätzte raumbedingte Störungen zurück, die von den immunologischen Medien, mit denen sie beantwortet werden, zunächst entkoppelt sind und als eigenständige Krise kolonialer ‚Männlichkeit' im Medium des Großprojekts erscheinen. Die Erzählinstanz inszeniert die Abläufe innerhalb der Männergruppe und ihre Konsequenzen für die Arbeit im Kupferwerk als typischen Fall eines Tropenkollers, der hier Höhenkrankheit heißt, aber dieselbe Funktion wie jener als „Emporkömmlingskrankheit"[217] einer jungen Kolonialmacht übernimmt. Wird der „Tropenkoller" zumeist durch ausufernde Gewalt und nervöse Überspanntheit gegenüber den Kolonisierten beschrieben[218], zirkulieren die Aggressionen im *Kupferdoktor*, zumindest was die Aufmerksamkeit der Erzählinstanz angeht, hauptsächlich innerhalb der Gruppe der Deutschen. Erst als die Konflikte zwischen den Männern eindeutig als verwirrende, bei allen gleichzeitig auftretende Spontanliebe zu Bettina bestimmt und nach einem den Gefühlsstau entlastenden Lawinenunglück die Aufbauarbeiten in vollem Gang sind, wird auch der Abfall der Leistungsfähigkeit der Arbeiter beschrieben. Die Krise ‚männlicher' Klarheit, als die sich die spezifische Variante des Höhen-/Tropenkollers manifestiert, wird also zunächst unabhängig vom Versagen des Medikaments erzählt und als eigene Prüfung der Deutschen in Chile verhandelt. Erst durch die Wiederholung im großen Kollektiv der Belegschaft werden die Symptome als externes Problem neu kontextualisiert. Die erotische ‚Lebens'-Krise erhält dann trotz der Zusammenführung mit der durch den Ausfall des ‚Stoff'-Prozessors bedingten ‚Lebens'-Krise eine separate Lösung, die ideologisch nicht bloß in der erneuten Gabe

216 Hier wiederholt sich, innerhalb der Beziehung Bettinas zu Rickmers, exemplarisch das Problem der Repräsentation: Sprachliche Kommunikation versagt („Bettina wußte hierauf nichts zu antworten. Sie wußte nur, daß in solchen Augenblicken Worte unzulänglich sind, und darum schwieg sie lieber." K, 119) und Bettinas Identität wird für den ‚männlichen' Blick instabil, sodass sie für Rickmers, als Effekt einer medialen Störung, mit Kristin zusammenfallen kann. Die eine erinnert ihn an die andere „unbewußt natürlich. [...] [E]s ist so, daß ich oftmals glaube, Sie wären Kristin, und daß die Grenze zwischen Kristin und Ihnen dann in mir fast verwischt. Besonders jetzt, wo ich Kristin solange nicht gesehen habe und nur selten Post von ihr kommt." (ebd.) ‚Leben' in seiner Form als erotisches Begehren wird hier, noch ohne ‚Wissen' zu sein, medialisiert, an Augenschein und Briefverkehr gebunden.

217 Vgl. Schwarz: *Die Kultivierung des kolonialen Begehrens*. S. 89, vgl. auch S. LVIIIf. in diesem Buch.

218 Vgl. ebd., S. 88f.

des Medikaments bestehen kann, sondern den Anpassungsrückstand des geistigen Apparats gegenüber den leicht manipulierbaren Vitalfunktionen durch eine ‚männlich‘ konnotierte Willensleistung ausgleichen muss.

3.6.1.2 Sabotage als ‚Lebens‘-Konflikt

Die Dialektik des deutschen Zugriffs auf den Raum ‚Chile‘, der zugleich als emphatisches Deutschland und als geo-klimatischer Extremraum konzipiert ist, wird also nicht komplett durch den ‚Stoff‘ prozessiert. Ein bestimmtes Residuum, das sich als willensbasierter, rationaler und körperliche Triebe eigenständig überwindender Kern von ‚Männlichkeit‘ fassen lässt, wird vom Zugriff des synthetischen Mittels freigehalten. Hier liegt ein wichtiges Merkmal des ‚Tat‘-Pathos‘[219] und die damit verbundene komplexe Problematisierung der Natur/Kultur-Grenze, die an dieser Stelle *durch* den Typus des ‚deutschen Manns‘ selbst verläuft. Anthropologisch zugespitzt ließe sich von einer Rekapitulation des Zeitmodells des synthetischen Kolonialismus (bisher bestimmt als $\text{Natur}^1 \rightarrow \text{Kultur} \rightarrow \text{Natur}^2$) und seines lebensideologischen Hintergrunds (der vom ‚Stoff‘ prozessierten Lösung einer ‚Lebens‘-Krise im ‚Raum‘) im männlichen Subjekt sprechen, wo ein (metaphorischer) Locus ausfindig gemacht werden muss, der vom Zugriff der ‚Synthese‘ vorläufig abgeschirmt ist und in dem ‚Männlichkeit‘ sich noch einmal als Bereich individueller Stärke und Immunität beweisen kann. Diese Zone stellt im *Kupferdoktor* der ‚männliche‘ Verstand dar, der, verkörpert als erstes durch Grote, den „Schöpfer“ des Hepatosin, ein durch „sachliches“ Handeln erwirktes „klarer[es] [S]ehen“ (K, 148) in Aussicht stellt und als Mediator auf Figurenebene Rickmers und die anderen deutschen Männer zu rationalisieren vermag, sodass ein irritiertes Modell von ‚Tätigkeit‘ kuriert wird und wieder sinnvolle Handlungen hervorbringt. Die ‚Klarheit‘ Grotes äußert sich paradoxerweise als eigenes Liebesgeständnis an Bettina[220], die daraufhin zum Wohl des Unternehmens das

219 Vgl. Lindner: *Leben in der Krise*. S. 12.

220 Dieses Geständnis wird in die Logik der bereits etablierten metaphysischen Einsicht in die eigene Nichtigkeit angesichts übergeordneter Instanzen hinein funktionalisiert. Grote gesteht Bettina seine Liebe nachträglich, indem er eine Szene mit ihr wieder aufruft, in der dieses Geständnis eigentlich fällig gewesen wäre: „‚Bettina,‘ er sprach ihren Namen ganz leise und zärtlich aus, ‚ich hätte es dir schon längst sagen müssen, gewiß, damals, als wir Ostern in Leipzig die Matthäus-Passion hörten? Weißt du noch? […] Wir saßen ganz allein hinter jener dicken Säule, du neben mir. Wie ein frierender Engel saßt du neben mir und lehntest dich an mich. Dein Kopf war auf meine Schulter gesunken.‘ Grotes Augen leuchteten, und alle Müdigkeit war verflogen./‚Dann der Schlußchor mit den Thomanern. Damals, Bettina, wollte ich es dir sagen, mitten in diese Musik, wo sich der herrliche Sopran über die zarten Bässe hinausrankte in die Dachornamente der Kirche, damals wollte ich dir sagen, daß ich dich liebe – –‘“ (K, 155) Die „dicke Säule“,

Lager verlässt, sodass die Männer, des irritierenden Störfaktors ‚Frau' entledigt, ihre Konflikte beilegen können, bevor die Revolte unter den Arbeitern ausbricht.[221]

Den Grund für die Aggressionen, das manipulierte Hepatosin, erkennt Grote Dank eines Akts „wissenschaftlicher Pietät" (K, 167), der ihn die allererste serienmäßig hergestellte Ampulle des Medikaments, an der er und Bettina als geteiltes Drittes hingen[222], aufheben und nach Südamerika mitnehmen ließ. Die sentimentale Bewahrung, die einen Teil der erotischen Bindung zwischen Grote und Bettina ins Feld der Medizin einführt und zugleich Bettina nach ihrem Weggang semiotisch anwesend hält, schafft nun die Möglichkeit zum Vergleich des gepanschten Mittels mit der ausdrücklich in Berlin hergestellten echten Substanz. Eine Untersuchung zeigt, dass es sich bei der Ersatzflüssigkeit um eine Essiglösung handelt, die nicht bloß die Wirkung des Höhenmedikaments annulliert, sondern sogar ins Gegenteil verkehrt, indem durch die Gabe rote Blutkörperchen zerstört werden. Damit bewirkt der Austausch des Medikaments nicht nur die Wiederherstellung des biologischen Normalwertes, sondern eine Reduktion der ‚Lebens'-Substanz unter dieses Niveau und stellt folglich einen Angriff auf die innere Vitalnorm der Individuen dar. Der Aufstand ist also nicht nur eine Krise des Medikamentenmangels, sondern auch die offenbarende Steigerung kultureller Differenz. Der Akt der Sabotage

---

hinter der das Paar sitzt und die das Blickfeld der beiden einschränkt, verweist wohlmöglich als überdimensionale Erektion auf die starke körperliche Komponente von Grotes Begehren in der Szene.

221 Die Einigung muss paradox erfolgen, um die Spaltung in den Männer-Subjekten auch für Grote gelten zu lassen. So fordert Rickmers zunächst mit deutlicher Aggression, dass Bettina geht, „[w]eil es nicht gut ist, jetzt eine einzige Frau hier oben ... Außerdem – – – habe ich auch keine." (K, 160) Als Grote ihm, mit ärztlichem Unterton, zustimmt, beschließt wiederum Rickmers, in Erkenntnis seiner Gereiztheit, Bettinas Weggang nicht zuzulassen. Schließlich wird es als Bettinas eigene Entscheidung ausgegeben, wegzugehen, wodurch der Konflikt externalisiert und die Lösung als (scheinbar) autonome Geste der Frau deklariert werden kann.

222 Unschwer wird hier das Hepatosin als „Grotes Schöpfung" (K, 67) durch Hinzuziehung der Frau zum religiös-sexuellen Zwitter. Einerseits ist die Beziehung zwischen Grote und Bettina stark vergeistigt und über die Epiphanie während der Matthäus-Passion mit ‚Religion' konnotiert, andererseits Bettina als Figur durch den vorangegangenen Liebeskonflikt, aus dem Grote durch die Bindung der Frau an sich selbst als nahezu unbeteiligter „Sieger" hervorgeht, deutlich erotisiert. Das gemeinsame Hängen der beiden am Präparat vereindeutigt ihre Beziehung als eine „Tat" in gemeinsam gewidmeter Arbeitsliebe.

führt zum Einsatz „echter" kolonialer Gewalt und der Verräter Grasley, der später als Urheber der Manipulation entlarvt wird, wird nicht nur zur ausgelagerten Störungsfigur im Sinne Ebners[223], sondern zum nicht-‚deutschen' Initiator kolonialer Herrschaftsausübung durch die deutschen „Herren", die formal als Notwehr eingestuft werden kann.[224]

In der Gegenüberstellung von Deutschen und Chilenen bei der Revolte kann der kolonial-phantasmatische Charakter des Bergbauprojekts endlich auch als ethnisierter und gewalttätiger Zugriff auf ‚fremdes' Land und ‚fremde' Menschen ausgestaltet werden. Hierfür wird, nachdem der Raum ‚Chile' bereits hinreichend charakterisiert ist, die Unterscheidung zwischen beiden Gruppen, Deutschen und Chilenen, mental hinterlegt. Die Andersartigkeit der „Söhne des südlichen Himmels" (K, 183) wird von der Norm des deutschen Typus kontrastiv als ‚chaotisch', ‚uneins' und ‚auf Effekt gerichtet'[225] abgesetzt und im Kollektiv als ‚Masse' gegenüber der geordneten ‚Mannschaft' der Deutschen bestimmt[226]:

> Am Nachmittag hatten sich in der Cordivia-Bar einige Hunderte von Arbeitern zusammengefunden, um gegen die Bauleitung Stimmung zu machen. Jetzt trat der Unterschied zwischen der disziplinierten deutschen Mannschaft und den ausländischen Arbeitermassen deutlich zutage. Hier ein gemeinsames Tragen großer Opfer und ein starker Glaube an den endlichen Sieg, hier Zucht und Ordnung. Dort aber ein randalierender Menschenhaufen, zersplittert in seinem Denken und Handeln und einig nur im Negativen. (K, 180)

An Punkten wie der lokalen Deixis, die die Gruppen rhetorisch „verorten" soll, schleicht sich ‚Fremdheit' als Raum-Modell verfahrenstechnisch in den Text. Dass mit dem „Hier" die deutschen und mit dem „Dort" die chilenischen Arbeiter bestimmt werden, positioniert die Sprechinstanz, von der diese Bestimmung ausgeht, in diesem „Hier" *bei* den Deutschen beziehungsweise die Deutschen bei sich. Die Dichotomie entspricht anthropologisch den Freund/Feind-Schemata konservativer Erzählungen, wie sie etwa in

223 Vgl. Ebner: *Nationalsozialistische Kolonialliteratur*. S. 10 & 280.
224 Vgl. ebd., S. 283.
225 Vgl. K, 183: „Das mußte, wenn es schon nötig wurde, dekorativer aufgezogen werden, um auf die Söhne des südlichen Himmels zu wirken."
226 Vgl. mit Bezug auf das Konzept der ‚Ungleichzeitigkeit' Lindner: *Leben in der Krise*. S. 65.

der Freikorps-Literatur[227], antisemitischen Erzählungen[228] oder in Kolonialromanen[229] vorkommen.

Legt man die Beschreibungen der beiden Gruppen, die über den Raum ‚Chile' bereits explizit und über die geteilte Erfahrung der Kolonisierung implizit einander angenähert wurden, auf die Zeitachse der deutschen Nachkriegserfahrung, wie die Bücher mit Stoffbezug sie modellieren, werden die Schilderungen der distinkten Kollektive als Berichte über dasselbe „Volk" zu unterschiedlichen Zeiten lesbar. Ein Beispiel gibt Ungers *Germanin*-Buch, in dem es zu den Jahren nach 1918 und, wie gewöhnlich, besonders zur Ruhrbesetzung heißt:

> Ja, Deutschland lag wehrlos danieder, es war ein Land der Hoffnungslosigkeit bis zur Selbstpreisgabe geworden, abgestumpft gegen alle Martern, die man ihm antat, hilflos in seiner vermeintlichen Minderwertigkeit, die man ihm täglich einredete. […] Wirtschaftsnot, ins Phantastische gesteigerte Geldentwertung und Hunger, weil man für Besitz und Lohn nichts mehr einkaufen konnte, machten den Deutschen gegen seine Art selbstsüchtig. Wer etwas hatte, mochte nicht mehr wie früher auch nur ein Weniges mit andern teilen. Es konnte ja jeder selbst sehen, wo er blieb! Auch der Arbeitsamste und Fleißigste hatte es nicht besser als der Faulenzer oder ein Arbeitsloser. Grenzenlose Not überall […] (G, 137)

---

227 Vgl. hierzu einschlägig Klaus Theweleit: *Männerphantasien*. Bd. 1: *Frauen, Fluten, Körper, Geschichte*. Reinbek 1980 sowie generell zum Proletariat als dialektisches Problem innerhalb der Lebensideologie Lindner: *Leben in der Krise*. S. 48. Dort auch Kommentare zum Zusammenhang einer Metaphorologie des ‚Chaos' und der zeitgenössischen Wissenschaft und ihren Vertretern, die dem Chaos einen physikalischen „Sinn" gaben (Maxwell, Hertz etc.), S. 89.

228 Vgl. hierzu bspw. Sander L. Gilman: *Rasse, Sexualität und Seuche. Stereotype aus der Innenwelt der westlichen Kultur*. Reinbek 1992. Hier insb. Kap. 6: „Der jüdische Körper. Eine Fußnote". S. 181–204 sowie Kap. 10: „Seuche in Deutschland 1939/1989. Kulturelle Vorstellungen von Rasse, Raum und Krankheit., S. 281–306. Ein Textbeispiel vom Rand des Korpus wäre bspw. Hans Heycks Roman *Deutschland ohne Deutsche* (1929), wo das Klischee des „hungrigen Ostjuden" aktualisiert wird, der die übersättigten und trägen Westjuden in den deutschen Städten ersetzt und damit für eine weiter entgrenzte, noch weniger assimilierbare jüdische Machtnahme sorgt: „Mehr als hundertfünfzig Jahre lang hatte die Familie Kiesel-Molasse die gesamten Aktien des großen Ringes in ihrem Besitz gehabt und gegen alle Überfremdungsangriffe verteidigt. Doch die Ururenkel der Verlagsgründer waren übersättigt und müde geworden; sie trugen fünf Generationen Berliner Lebens auf ihren vorgekrümmten Schultern, und als Abraham Papier, vom Osten her noch hungrig und mit ungebrochenen Instinkten geladen, seine Kapitalien gegen das alte Bollwerk freiheitlichen Deutschtums aufmarschieren ließ und zum Sturm ansetzte, da kapitulierte die Veste. Die letzten Molasses verschnörkelten ihre Ausläuferarabesken fürder in einem genußreichen Privatleben." Hans Heyck: *Deutschland ohne Deutsche. Ein Roman von übermorgen*. Leipzig 1929. S. 37.

229 Vgl. bspw. Ebner: *Nationalsozialistische Kolonialliteratur*. S. 155.

Die Außerwertsetzung von Tugenden im Zuge einer rapiden Verschlechterung nicht nur der wirtschaftlichen Situation, sondern vor allem des Zustands von Handlungsmaximen und ihrer Orientierungsfunktion als Folge der Krise, die den Deutschen „gegen seine Art“ agieren lassen, werden als Effekte eines Autonomieverlusts deklariert. Dieser wird durch die Besetzung des Ruhrgebiets durch französische Truppen und die folgende Erosion des Gemeinwesens bewirkt, die wiederum neue Gruppen („Gesindel, [...] Abenteurer, [...] undurchschaubare Existenzen“ G, 136) hervorbringt und, in Verkehrung der Plotstruktur der Bücher mit Stoffbezug, als ‚Lebens'-Effekt einer ‚Raum'-Krise erscheint. Dass ‚Deutschland' metaphorisch „wehrlos danieder“ liegt bewirkt, dass „der Deutsche“ abartig wird.[230] Die erotisch konnotierte „Selbstpreisgabe“ der Nation als Territorium, die im Phantasma der Kolonisation durch fremde Mächte oft die Gestalt einer Vergewaltigung annahm, findet im ökonomisch leidenden und deshalb entarteten Kollektivsingular des „Deutschen“ ihre psychoanalytische Ergänzung.[231] „Der Deutsche“ als ‚männlicher' Part muss also selbstsüchtig handeln und klauen, weil die chaotischen Zustände es erfordern, während „Deutschland“ als ‚weiblicher' Teil der imaginativen Doppelfigur den Misshandlungen preisgegeben ist. Die „Not“, von der bei Unger die Rede ist und die bei Peil den Griff nach dem chilenischen Kupfer ausdrücklich legitimiert, wird in den Büchern mit Stoffbezug zur Figur einer Spaltung aus der *innerlichen* Erfahrung des Autonomieverlusts und einem Drängen nach *außen*, um

230 In abgeschwächter Form durchziehen derartige Latenzen das gesamte Korpus. Bspw. fantasiert auch *Vistra* bei der Erzählung des Übergangs zwischen Erstem Weltkrieg und Nachkriegszeit, vermittelt durch den ‚Stoff', über den Zusammenhang von ‚Wert' und ‚Widerstandsfähigkeit' von Materialien. Vgl. V, 65: „Was für ein Metall soll man wählen? Ein Edelmetall muß es jedenfalls sein, das gegen den chemischen Angriff durch die Zelluloselösung unempfindlich ist, und so verfällt man zunächst auf Gold. Doch reines Gold ist weich. Die feinen Öffnungen rein goldener Spinnbrausen werden von der durchströmenden Spinnflüssigkeit verhältnismäßig schnell ausgeschliffen, so daß die Fadenstärke nicht konstant bleibt. Etwas Härteres, Widerstandsfähigeres muß man haben, und man wählt eine Gold-Platin-Legierung, die den gestellten Anforderungen genügt. [...] Die Frage, wie man diesen Übelstand vermeiden kann, wird noch viele Jahre brennend bleiben.“ Es folgen Ausführungen zur Güte deutscher Wertarbeit, zu ihrer Überlegenheit gegenüber dem Ausland und zum Bedarf, der im Ausland, „wo man noch nicht soweit ist, etwas ähnlich Vollkommenes zu schaffen“ (V, 66), an deutschen Spinnbrausen herrscht.

231 Auch sonst ist ‚Deutschland' in Ungers Text mehrfach als moralisches Kollektiv konzipiert. Vgl. bspw. G, 129: „Es war ein Werk, für das die deutsche Nation dem weit vorausblickenden Hafenarzt, dem späteren Leiter des Institutes, unvergänglichen Dank schuldet.“ Die Stelle bezieht sich auf die Gründung des Hamburger Tropeninstituts; der, dem Dank geschuldet wird, ist Bernhard Nocht (1857–1945), der es von seiner Gründung 1900 bis 1930 leitete und nach dem es seit 1942 bis heute benannt ist.

etwas hereinzuholen, zumeist letztlich ‚Anerkennung', das Autonomie wieder herstellt.

Die Unterschiede zwischen Deutschen und Chilenen in der Revolte zeigen an, welches Verhalten, sei es auch das Resultat widriger ‚Lebens'-Umstände, für Revolution, Chaos und Elend sorgt und welches hinter der angemessen gemeisterten, schweren Zeit Glück und Wohlstand erhoffen lässt. Die Kontrahenten lassen sich entsprechend ihres exemplarischen Charakters auf etablierte Oppositionen zurückführen und referieren semantisch auf Konstellationen innerhalb der anzitierten Genres. So wird die Schilderung eines Schusswechsels zwischen Deutschen und Chilenen an Straßenschlachten aus der Freikorps-Literatur angelehnt[232], ruft aber vordergründig die Situation einer Kampfhandlung am kolonialen Schauplatz auf. Metonymisch verdichtet wird der Gewaltexzess als idealistisches ‚Opfer'[233] in einem deutschen Arbeiter, der durch einen Herzschuss stirbt („fällt", vgl. K, 186), und damit erst zum Schusswaffengebrauch gegen die Chilenen berechtigt.

3.6.1.3 Die Befremdung des Raums ‚Chile'

Die Gruppen der Deutschen und der Chilenen werden nach dem Konflikt einander wieder angenähert, indem der bereits für Deutschland etablierte Zusammenhang von ‚Leben', ‚Stoff' und ‚Mythos' in radikalisierter Form aktualisiert wird. Während in Deutschland das Schlagen der bronzenen, also kupferlegierten Glocken den Kirchturm noch „gelinde erbeben" ließ und „hier oben" in den Schläfen ein „gelindes Sausen" zu spüren war, heißt es nun über die Arbeit in der weit größeren Höhe der Anden:

> Die Aufgabe war ungeheuer, mehr noch, sie war ohnegleichen. Noch nie hatten Menschen, kleine Menschen, wie sie in Berlin, München, Neuyork oder sonst wo herumlaufen, solch titanenhaftes Werk begonnen. Noch nie wurden Lasten von dieser Schwere durch Menschenhand heraufgewunden in diese einsame, stille Welt der Berge, hier, wo der Odem Gottes auch den Vorwitzigsten erschauern läßt, wo das Herz bis zu den Schläfen herauf pocht. Die Physiologie erklärt das

232 Die ja wiederum die Erfahrung des Krieges selbst bearbeiten. In diese Kontinuität der Referenzierung von kämpferischen Ur-Szenen reiht sich die Darstellung im *Kupferdoktor* ein.

233 Solche Opfer werden immer für das Kollektiv erbracht und sind *eine*, mit dem Tod der Figur besonders radikale Strategie, wie die Texte ‚Fortschritt' lebensideologisch begründen. Das ‚Herz' ist dafür eine zentrale Verbindungstrope zwischen ‚Körper' und ‚Technik', die dabei hilft, den Akzent auf dem biologischen ‚Leben' als Leitkategorie vor der ‚Maschine' zu halten. Vgl. bspw. auch K, 199: „Ein Motor hätte es leichter und schneller geschafft, aber den hatte man noch nicht oben. So pumpten 60 Menschenherzen unverdrossen den Stahl herauf, mühsam und verbissen, einem höheren Gesetz gehorchend." Vgl. außerdem u.a. Wege: *Buchstabe und Maschine*. S. 81, 92, 111, 115ff. & 124f.

> sehr genau, und jeder Schuljunge kennt von ungefähr die Zusammenhänge, daß in großer Höhe der Kreislauf des Menschen sehr belastet wird. Das ist längst Wissenschaft geworden. (K, 199)

Die Stelle verstärkt die Bindung der beiden Räume und die Wertung ‚Chiles‘ als emphatische Variante von ‚Deutschland‘. Neu hinzu tritt eine als rationalisierender Einspruch daherkommende Verwissenschaftlichung der physiologischen Effekte großer Höhe, die Erschauern und pochende Schläfen nicht als das Wesen einer Gottheit gelten lässt, sondern als physiologisches Allgemeinwissen profaniert. Dass die Kopplung des Projekts als vertikale Grenzüberschreitung der „kleine[n] Menschen“ mit dem Bereich des Irrationalen aber trotz dieser Klarstellung nicht ganz aufgegeben werden muss, bewerkstelligt die mentale Verbindung zu den Chilenen. Über den Glauben unter ihnen heißt es:

> Nur von den Chilenen hatten einige ihre eigene Ansicht darüber. Sie hielten fest an ihrem Mythos, sie glaubten, daß es die ewige Gottheit sei, die nicht wolle, daß Menschen so hoch hinaufsteigen, um Schätze zu heben. Und sie sei es auch, die dem Menschen das Herz bis zu den Schläfen herauf schlagen lasse, damit er umkehre. (K, 199f.)

Im Modus einer Gleichzeitigkeit des Ungleichzeitigen werden Teile der südamerikanischen Bevölkerung als nicht aufgeklärte Individuen dargestellt, denen das ‚Wissen‘ deutscher Schuljungen und die damit verbundene Entspannung in der Wahrnehmung vertikaler Bewegungseffekte nicht zur Verfügung stehen. Der Raum oberhalb einer Grenze, hinter der nur mit synthetischem Blutdoping Überleben möglich ist, ist in der Wahrnehmung, die der Text einer „indigenen“ Vorstellungswelt unterlegt, nur als unbetretbares ‚Tabu‘ denkbar. ‚Leben‘ und ‚Raum‘ bilden hier insofern eine Kongruenz, als dass die Bedingungen der einen Sphäre die Handhabung der anderen mitregeln, sodass der ‚Lebens‘-Zusammenhang von seinen, mit religiösen Regeln semantisierten, biologischen „Grundlagen“ her organisiert und damit „unvordenklich“ erscheint, was das Modell als einen Fall von ‚Natur‘ definiert.[234]

Die Aufhebung dieser Regel, in Technik-Texten klassischerweise als die rationalisierte Negierung „indigenen“ Wissens und die rücksichtslose Umkrempelung der landschaftlichen Gegebenheiten eines ‚fremden‘ Raums, also der Standardfall kolonialer Rohstoffwirtschaft, ausgestaltet, würde als Umformung von ‚Natur‘ in einen Raum der ‚Kultur‘ erscheinen. Da der deutsche „Kolonialdiskurs“ dieses Konzept ideologisch nicht präferiert, weil

234 Vgl. zum Kritierium der Unvordenklichkeit Koschorke: *Natur/Kultur-Grenze*. S. 10.

es mit den anderen „Großmächten“, vor allem Frankreich, Großbritannien und schwächer Belgien, verbunden ist, wird eine weitere Ebene nötig, die den Zugriff auf den neuen Raum anders erscheinen lässt und nicht im Verdacht einer Negierung des „ursprünglichen“ Zusammenhangs steht. Dafür wählt der Text die Konstellation einer rudimentären Nähe der ‚Deutschen‘ zu den ‚Chilenen‘, auch bei ihrer prinzipiellen Empfänglichkeit für mythische Deutungsmuster:

> So lastete das ewig wiederkehrende Motiv eines göttlichen Unsegens gegen alles menschliche Tun, das sich stolz ein übermenschliches Ziel steckt, auch über diesem Hochwerk. Keiner blieb verschont von Zweifeln und Gedanken um diese Frage, weder die Ingenieure noch die Arbeiter. Bei Fehlschlägen war es besonders schlimm. Dann mochte es vorkommen, daß sogar einer der deutschen Arbeiter sich aufreckend den Schweiß mit dem Ärmel von der Stirn wischte, und während sein Blick hinab zu Tal glitt sich fragte, ob das alles gut sei, was sie taten. (K, 200)

Das Kollektiv teilt sich und längst nicht alle ‚Deutschen‘ werden von diesen Zweifeln befallen. Vor allem Grote und Rickmers hatten sie „endgültig überwunden“ (K, 200) und tauschen eine metaphysische Angst gegen die Besessenheit „von der Aufgabe, die sie erfüllen durften.“ (K, 200) Für den Teil der Gruppe, der ihre grundsätzliche Ansprechbarkeit für das ‚Mythische‘ signifiziert, wird der Moment unterbrochener Arbeit zum Einfallstor der Reflexion, wie er etwa am Anfang von *Anilin* begegnet, wo er zum Zeichen für eine Krise des Kolonialismus wird.[235] Auf einer Seite verbergen Sätze dieser Art unbewusste und nicht weiter artikulierte Reflexionen über den kolonialen Charakter des deutschen Projekts, deren Vagheit („ob das alles gut sei, was sie taten“) einen Resonanzboden für generelle Fragen öffnet. Vordergründig will die Stelle aber als rhetorische Annäherung zwischen den beiden am Unternehmen beteiligten Gruppen gelesen werden, in der die Ähnlichkeit von Empfindungen eine Ähnlichkeit der Einstellungen jenseits sichtbarer Zäsuren, wie der zuvor stattgefundenen Revolte, also eine Verbundenheit in der ‚Tiefe‘ des Gefühls, ausdrückt. Durch die anschließende Beschreibung der „Besessenheit“ von Grote und Rickmers, die sich im Einsatz „ihres jungen Lebens“ (K, 200) artikuliert, erhält die doppelbödige Lesart der Passage davor eine eindeutige Tendenz zur Option emotionaler Verbundenheit, die durch Umkodierung der Instanz erkauft wird, der man „dient“. Im Fall von Arzt und Oberingenieur ist es nämlich keine alte Gottheit mehr, die die Bodenschätze bewacht „[u]nd das Erz, um das sie kämpften, gehörte nicht ihnen, sondern ihrem Volke, dem sie dienten.“ (K, 200) Grote und Rickmers sind keine „Jäger“,

235 Vgl. S. 170f. in diesem Buch.

die ihrem Eigeninteresse folgen, sondern opferbereite „Diener" einer höheren Idee, die hier das ‚Volk' ist, für das sie ihr Leben („mehr konnten sie weder vergeben noch verlieren" K, 200) einsetzen.

In einem Detail, das sich an diese ideologische Binnenverzweigung in verschiedene Formen der entrationalisierten Moral[236] anschließt, wird das Problem semiotischer Verschiebung, das hinter den teilweise idiosynkratischen Umkodierungsschritten, die den deutschen Kupferbergbau in Chile als nicht-koloniales Unterfangen zu deklarieren versuchen, an die grundsätzliche Reflexion über Repräsentation zurückgebunden, die den Text von Beginn an beschäftigt hält. Der semantische Umkodierungsprozess lässt dabei immer auch die koloniale Realität des Projekts und die darüber liegende Dialektik durchscheinen, dass der deutsche Kolonialismus sich selbst phantasmatisch in dem Projekt reinszeniert, also an einer vollständigen Unterdrückung imperialer Muster gar nicht interessiert ist, darin aber deutlich unterschieden sein will von den verhassten Imperien Frankreich und Großbritannien sowie den völlig von ökonomischen Interessen gesteuerten USA. Auf einem Außeneinsatz kann Rickmers plötzlich seine eigene Handschrift nicht mehr lesen und braucht zur Entzifferung die Hilfe Grotes, der wiederum die Erinnerung an das Geschriebene in Rickmers anstößt und das Weiterschreiben ermöglicht. Durch einen anschließenden Scherz („Wenn ich dich nicht hätte ..." K, 201), bei dem Grote erwähnt, dass Rickmers ohne ihn vermutlich jetzt in Deutschland säße, erfährt der Angesprochene eine Epiphanie: „‚In Deutschland.' Er wiederholte es, ohne aufzublicken, langsam und mit Inbrunst, so, als wollte er den Klang dieser Worte bis zum Grunde auskosten" (K, 201) und vervollständigt damit eine Reihe aus ‚Schrift' (problematisch) – Sprache – Erinnerung – Erinnerung höherer Ordnung – Epiphanie als „bis zum Grunde auskosten" des Klangs der Worte.

236 Der Text operiert oft so, dass Normabweichungen durch neuerliche Aufspaltung weiter untersucht werden. Wie bereits bei den Frauen Bettina und Kristin und der Reflexion des Mythos-Modells wird auch die Neigung zum Wahnsinn, bedingt durch die große Höhe (als koloniales Raumklima), nochmal unterteilt in einen ‚lebens'-armen erschöpfungsbedingten Nervenzusammenbruch, den Beierlein erleidet, und der ‚lebens'-reichen Besessenheit Rickmers'. Auf diese Weise können verschiedene ‚Wahn'-Formen innerhalb des LI-Schemas unterschiedlich bewertet werden. So heißt es nach einer direkten Konfrontation, in der Rickmers den „[u]nsinnig[]" (K, 204) gewordenen Beierlein davon abbringt, die Seilbahn zu zerstören: „Völlig entkräftet beugte er [Rickmers, AW] sich zu ihm [Beierlein, AW] herab. Schmal und blaß lag der blutjunge Mensch im Schnee, ihm selbst aber war, als müsse ihm jeden Augenblick heißes Blut aus Mund und Nase schießen." (K, 206) Die beiden ‚Wahn'-Formen zeitigen also ganz unterschiedliche Repräsentations-Effekte in der Biologie der Figuren, die eindeutig ‚lebens'-nah (heißes Blut) bzw. ‚lebens'-fern (schmal und blaß) konnotiert sind.

Die Annäherung der beiden Gruppen im Bereich der großen Höhe, deren eigenwillige Semantik aus Sicht der ‚Chilenen' nicht getilgt werden soll, um die Differenz des deutschen Kolonialismus von den Standards des europäischen Imperialismus freihalten zu können, kommt nicht ohne Einsicht in den kolonialen Charakter des eigenen Handelns aus. Diese Einsicht wird auf der Ebene einzelner, dem Mythos gegenüber aufgeschlossener Arbeiter verhandelt. Auf der höheren Ebene der Entscheidungs- und Verantwortungsträger verschiebt sich die übergeordnete Instanz von der ‚Gottheit' auf das ‚Volk' und schließlich auf ‚Deutschland'. Auf diese Weise darf der Roman 1) weiter von ‚Besessenheit' sprechen[237], legitimiert 2) dennoch die Erschließung der Bodenschätze, die im Modell der ‚Chilenen' unzugängliches Tabu und immobil geblieben wären und lässt schließlich 3) den ‚Mythos' als Modell von ‚Hingabe' auf die eigenen Instanzen ‚Volk' und ‚Deutschland' hinübergleiten. Dadurch wird eine Idee des ‚Magischen', die für Chile in der Kopplung von Höhe und Gottheit realisiert ist, auf ideelle Gehalte gestellt, die mit einer Idee der ‚Tiefe' („bis zum Grunde") als zentraler semantischer Kategorie des synthetischen Kolonialismus versehen sind.

Im besonderen Fall ‚Chiles' liegt noch eine Erkenntnis über die Konzeption des synthetischen Kolonialismus. Der Schluss, dass der Raum ‚Chile' innerhalb der Diegese des *Kupferdoktor* nicht über eine semantische ‚Tiefen'-Ebene verfügt, wäre verfrüht. Der Roman installiert eine Überschneidungszone, die das Land, ausgehend von Überlegungen zur Natur/Kultur-Grenze, die sich am Umgang mit dem ‚Mythos' zeigt, noch weiter als emphatische Variante ‚Deutschlands' lesbar macht. Dabei referiert die Sprechinstanz Einstellungen, vor allem im ‚deutschen' Blick auf die indigene Bevölkerung, die auf eine, an die Bewohner_innen Chiles angebundene, historische ‚Tiefe' hinweisen, die vom ‚Stoff', der in den Bergen lagert, prozessiert wird. Noch in Deutschland schildert Rickmers, was es in Chile neben Kupfer noch zu holen gäbe: „Nebenher gibt es da oben noch gewaltige Silberlager, von denen schon die Inkas träumten [...]" (K, 31). In der Annäherung an den ‚Stoff' taucht dieser Geschichtsbezug wieder auf. In großer Höhe befehligt Ingenieur Beierlein zusammen mit drei deutschen Arbeitern eine Gruppe indigener Chilenen, mit denen er dauerhaft zusammenlebt:

> Die Arbeit ging sehr langsam vor sich, gleichsam im Zeitlupentempo, und wurde fast durchweg von Indianern, den Ureinwohnern Chiles, geleistet. Das waren kleine, untersetzte Kerle, mit undurchsichtigem Blick, dicken Lippen und vollem, blauschwarzem Haar./Abends summten sie leise ihre schwermütigen Melodien, in denen der ganze Schmerz eines sterbenden Volkes lag./Oh Copihue,

237 Vgl. Lindner: *Leben in der Krise*. S. 19.

> oh Copihue,/En la paz de la selva dormida./Das Lied von der Lieblingsblume der Chilenen, Copihue. Ihre Arme, die mit herrlichen Blütendolden beladen sind, schwingen sich um die Äste der Bäume, und aus ihren purpurnen Kelchen tropft der Saft wie das Blut aus den Herzen der Chilenen, die einst tödlich getroffen von den spanischen Eroberern hinsanken. (K, 103)

In noch größerer Höhe bekommen die Chilenen Angst, gegen ein Tabu zu verstoßen, da es die Gottheit sei, „die dem Menschen das Herz bis zu den Schläfen herauf schlagen lasse, damit er umkehre.“ (K, 200) Neben dem Befund, dass sie komplett aus Fremdzuschreibungen bestehen, ist diesen Textstellen gemein, dass sie auf ein Modell von Geschichte referieren, das ‚Kultur‘ ausschließlich als ‚alte Kultur‘ denkt und eine Zweiteilung von ‚Leben‘ als Hochkultur und Nicht-‚Leben‘ als sterbendes Volk vornimmt. Hinzu kommt, dass beide Phasen, Leben und Sterben des Volkes, immer mit dem (Natur-)Raum rückgekoppelt werden, den das Kollektiv bewohnt. In Bezug auf die wertvollen Edelmetalle, die in den Bergen lagern, wird bereits für die frühe Zivilisationsgeschichte ein dem Kollektiv eigenes ‚Wissen‘ um die Existenz der Schätze angenommen, was, auch wenn diese noch durch religiöse Schranken gesperrt waren, eine Idee der mentalen ‚Tiefe‘ bespielt, die in der Gegenwart, etwa im Gesang von der im schlafenden Dschungel durch ihr Blut „sprechenden“ Pflanze[238], als Kolonisationstrauma weiter wirkt. Dieses Trauma wird für das ambivalente phantasmatische Gefüge des synthetischen Kolonialismus einerseits anschlussfähig, um die Erfahrung der Kolonisation zu teilen, andererseits, um den Wunsch zu reinszenieren, selbst Kolonialmacht zu sein. ‚Chile‘ kann so räumlicher Vorstellungshintergrund für beides sein: Ort einer solidarischen Allianz mit dem ebenfalls kolonisierten „sterbenden Volk“ und Ort einer kolonialen Transformation, bei der ein zuvor durch (religiöse) Grenzen tabuisierter Schritt zum ‚Stoff‘ mit Hilfe neuer Techniken, etwa des synthetischen Blutdopings, und der Verschiebung der übergeordneten Orientierungsgröße von der ‚Gottheit‘ auf ‚Volk‘ und ‚Deutschland‘ möglich wird. Kathartischer Kulminationspunkt für die ‚Deutschen‘ ist schließlich der

---

238 Peil bedient sich in dieser Schilderung bis in die Formulierungen hinein beim Reiseschriftsteller Colin Ross, der dem „Copihue“ überschriebenen Kapitel 27 seines 1922 erschienenen Buchs über Südamerika die bei Peil zitierten Verse des Liedes voranstellt und weiter schreibt: „In diesem Wald hängt fremdartig wie ein Märchen die Blume, die Chiles Volk sich als Nationalblume erkor: die Copihue. In dichten Dolden schlingt sie sich um die Äste und tropft in schweren roten Blüten herab mit langen, schmalen, purpurnen Kelchen gleich Tropfen heißroten Blutes, die langsam und schwer aus tödlich getroffenem Herzen sickern./War es die Erinnerung an die mit Blut geschriebene Eroberungsgeschichte ihres Landes, welche die Chilenen diese Blume zur Lieblingsblume wählen ließ?“ In: Colin Ross: *Südamerika. Die aufsteigende Welt*. Leipzig 1922. S. 153.

Moment der Wiederbegegnung mit ihrem eigenen Anderen in der Rebellion der chilenischen Arbeiter, der als Reinszenierung der deutschen Nachkriegserfahrung ausgestaltet wird und als Krise der Versorgung mit ‚Synthese' (die Unterbrechung der Medikamentenzufuhr) wiederum den ‚Stoff' als Prozessor einer semantischen, kolonialen und schließlich auch historischen Neuverschaltung des Verhältnisses von ‚Leben' und ‚Raum' signifiziert. Hierdurch und durch die Nahtstellen, mit denen spezifisch ‚Deutsches' an den neuen Raum ‚Chile' geknüpft wird, bindet sich schließlich auch das ‚deutsche' Wertesystem an seinen von ihm als emphatische Variante deklarierten Doppelgänger, der als „Rückseite" eigener Erfahrungen fungiert und Re-Inszenierungsmöglichkeiten zur Ausagierung eigener Krisen bereithält[239]: als Raum mit einer anderen Prozesslogik im Natur/Kultur-Verhältnis, als Wiederkehr des historisch ‚Eigenen', als koexistenter Partner einer Kolonisationserfahrung sowie schließlich als Schauraum des Phantasmas eigener kolonialer Herrschaft.

Der synthetische Kolonialismus erhält bei Peil eine weitere Lesart, nach der er ein in gewisser Weise ‚synthetisch Fremdes' erzeugt, hinter dem sich die Iteration eines früheren eigenen Zustands verbirgt. Bedingung hierfür ist die Verlagerung der Handlung in einen Raum des emphatisch gesteigerten ‚Eigenen', dessen spezifische Differenz auf die Semantik der Herkunftstopographie beziehbar bleibt. Damit stellt der Text eine Übererfüllung des von Berman rekonstruierten „deutschen Kolonialdiskurses" dar, nach der sich die Deutschen durch ihre gesteigerte Einfühlungsfähigkeit mit den Kolonisierten von anderen Imperien unterscheiden würden. Für die Funktionalität dieses Modells im Raum ‚Chile' sorgt das Konzept des Verräters, wie ihn Ebner für die nationalsozialistische Kolonialliteratur nachgewiesen hat. Neben Bettina als ‚weiblichem' „Störfaktor" wird die Irritation im Gefüge aus deutschem Rohstoffprojekt, dem Aufbau einer kolonialen Infrastruktur und der gleichzeitigen Identifikation mit dem chilenischen Raum und seiner Bevölkerung, die gemeinsam mit den Deutschen von der Erschließung des Edelmetalls profitieren soll, an die Figur des Spions Grasley ausgelagert. So wird der simulative Charakter des Roman-Narrativs gleichsam verschleiert und nurmehr schwer, durch eine Analyse der texteigenen ‚Tiefen'-Schicht und im Rückgriff auf weitere Texte des Korpus, rekonstruierbar.[240]

239 Vgl. Lindner: *Leben in der Krise*. S. 58. In weiterführenden Überlegungen ließe sich hier vielleicht der Mannheimsche Begriff der „Utopie" in Anschlag bringen, den Lindner im Folgenden (ab S. 60ff.) im LI-System kontextualisiert.

240 Bezüge zu Texten *außerhalb* des Korpus konnten nur am Beispiel von Colin Ross' *Südamerika* und in der *Faust*-Intertextualität am Romananfang sowie in den diversen musikalischen Referenzen angedeutet werden.

3.6.2 *Pharmazeutischer Kolonialrevisionismus: Hellmuth Ungers* Germanin *(1938)*

Hellmuth Unger, der zu den Bestseller-Autoren medizinisch-populärwissenschaftlicher Literatur zur Zeit des Nationalsozialismus gehörte[241], bekleidete schon früh nach der Machtübergabe einflussreiche Positionen im medizinpolitischen Apparat. Er wurde 1933 Pressereferent des bis 1939 amtierenden Reichsärzteführers Gerhard Wagner und erhielt dasselbe Amt 1935 auch in der Reichsärztekammer. Zudem beteiligte Unger sich publizistisch und literarisch an „rassehygienischen“ und euthanasiepolitischen Debatten und lieferte mit seinem Roman *Sendung und Gewissen* (1936)[242] die konzeptuelle Vorlage für den Film *Ich klage an* (1941), der Sterbehilfe angesichts unheilbarer Erkrankungen als ein Problem ärztlicher Verantwortung, mehr noch aber einer spezifischen „Gesinnung“ zum Leben verhandelt. Er gilt als wichtiger Propagandist des nationalsozialistischen Euthanasie-Programms (T4), war Mitglied des Gremiums zur Vorbereitung der Kinder-Euthanasie, erhielt aber weder eine Mitgliedschaft in der NSDAP noch im NS-Ärztebund und wurde auch nie auf einen Lehrstuhl berufen, was auf seine Betätigung und einen Meistergrad als Freimaurer zurückgeführt wird.[243]

Germanin, das sich der deutschen Tropenmedizin annimmt, verortet sich bereits in Titelei und Motto im Zwischenraum von literarischem und faktualem Sprechen. Neben einem Portrait von Friedrich Karl Kleine, der mehrere „Expeditionen“ auf dem afrikanischen Kontinent, zuerst unter der Leitung Robert Kochs, dann selbst als Leiter absolviert hat, weist der Untertitel den Text als „Geschichte einer deutschen Großtat“ (G, 1) aus. In der Ausgabe von 1943 markiert außerdem die Umschlagzeichnung, eine rote Stechfliege vor der schwarz eingefärbten Form des afrikanischen Kontinents, das Buch als Akteur in der revisionistischen Debatte um den Verlust der deutschen Kolonien, für die das Mittel Germanin auch während des Nationalsozialismus noch propagandistisch verwendet wurde.[244] Die Kriegsedition, die gegenüber

---

241 Sein Spitzentitel war neben *Germanin* eine romanhafte Robert Koch-Biographie (1936), die, wie *Germanin*, sowohl im Verlag Neues Volk als auch im Verlag der Deutschen Ärzteschaft parallel erschien und um 1940 (die Auflage erscheint ohne Jahreszahl) die Marke von 100.000 Exemplaren erreichte (vgl. http://d-nb.info/577555375, zuletzt abgerufen am 10.9.2021). Für *Germanin* ist 1944 eine Ausgabe des 121.-147. Tausend belegt (vgl. http://d-nb.info/577555243, zuletzt abgerufen am 10.9.2021).

242 Das Buch erscheint im Brunnen-Verlag Bischoff, Berlin, der über den Verleger Willi Bischoff in der Nähe zur Reichsschrifttumskammer verortet werden kann.

243 Vgl. Ernst Klee: *Das Personenlexikon zum Dritten Reich. Wer war was vor und nach 1945?* Frankfurt/Main 2003. S. 636.

244 Vgl. zur propagandistischen Verwendung des Medikaments im Überblick Wolfgang U. Eckart: *Illustrierte Geschichte der Medizin. Von der französischen Revolution bis zur*

der Erstausgabe von 1938 Vereinfachungen in der Ausstattung, vor allem der Papierqualität und der Wiedergabe der Fotografien[245], und eine bildsprachliche Intensivierung des Propagandagehalts auf dem Titel erfährt, rückt das in der Erstausgabe auf einer eigenen Seite hinter Titelblatt und Impressumsseite prominent platzierte Motto des Buches auf die Titelseite und damit in den bestehenden Verbund zwischen Portrait, Titel und Untertitel ein.[246] Das Motto, auf das bereits in der Analyse von *Erzeugnisse unserer Arbeit*

Gegenwart. 2. Aufl. Heidelberg 2011. S. 308f. sowie Besser: *Germanin* und Britta Lange: „Germanin' (1943). Ein Selbstversuch mit Fliegen". In: Marcus Krause & Nicolas Pethes (Hg.): *Mr. Münsterberg und Dr. Hyde. Zur Filmgeschichte des Menschenexperiments*. Bielefeld 2007. S. 171–192. Der „Stoff" wurde auch verfilmt, unter anderem 1943 unter der Regie von Max Kimmich, einem Schwager von Joseph Goebbels, mit Luis Trenker in der Hauptrolle und dem leicht, aber signifikant geänderten Titel *Germanin. Die Geschichte einer kolonialen Tat*. Nach dem Krieg ging es mit Adaptionen von Norbert Jacques' Roman *Tsetse* (1950) weiter, dessen Stoff der Autor, dessen berühmte *Mabuse*-Romane von Fritz Lang verfilmt wurden, selbst bereits vor Erscheinen des Romans zusammen mit Gerhard T. Buchholz in einem Drehbuch mit dem Titel *Bayer 205* verarbeitet hatte, das aber wohl unrealisiert blieb. Teile des Drehbuchs sollen allerdings in den Film von Kimmich eingegangen sein. Vgl. dazu Besser: *Germanin*. S. 181f. Zu den Filmen ausführlicher Sabine Hake: „Mapping the Native Body. On Africa and the Colonial Film in the Third Reich". In: Sara Friedrichsmeyer, Sara Lennox & Susanne Zantop (Hg.): *The Imperialist Imagination. German Colonialism and Its Legacy*. Ann Arbor 1998. S. 163–187.

245 In der Ausgabe von 1938 werden die Abbildungen noch auf gestrichenes Papier gedruckt, in der von 1943 nicht mehr. Die Abbildungen tauchen auch in anderen Quellen und Berichten zur „Tropenmedizin" wieder auf, bspw. bei August Hauer: *Die Weltgeltung der deutschen Tropenmedizin* (1936), bei dem sich auch *Erzeugnisse unserer Arbeit*, vor allem rhetorisch und an statistischem Material, bedient. Vgl. S. 64, FN 110 & S. 94, FN 161 in diesem Buch.

246 Die beiden Ausgaben kommen darüber hinaus aus unterschiedlichen Verlagen. Während die Erstausgabe im Verlag der Deutschen Ärzteschaft (Berlin) erschien, bringt die Ausgabe von 1943, die den hier vorliegenden Analysen zugrundliegt, der Verlag Neues Volk (Berlin, Wien) im Kleinoktav-Format heraus. In beiden Verlagen ist Unger prominent vertreten. Eine Zeitschrift, die dem Verlag Neues Volk seinen Namen gibt, wird von ihm 1933 gegründet. Darüber hinaus handelt es sich beim Verlagswechsel nicht um ein Signal für eine Popularisierung von *Germanin* vom Fachpublikum zu einer allgemeineren Leser_innenschaft, auch wenn die Namen der Verlage das suggerieren. In beiden Verlagen erscheinen populärwissenschaftliche Darstellungen aus dem Bereich der Medizin und „Rassenkunde". Die Zeitschrift *Neues Volk* wurde vom Rassenpolitischen Amt der NSDAP herausgegeben, das als „rassenpolitischer" Arm der Deutschen Ärzteschaft und wichtige Schaltstelle zwischen Nationalsozialistischem Deutschen Ärztebund (NSDÄB) und NSDAP mit Fragen der Sprachregelung und Propaganda in „rassenpolitischen" Fragen beschäftigt war. Für den Verlag der Deutschen Ärzteschaft sind nach 1940 kaum Publikationen zu finden. Eine Auflistung des Archivbestands des Börsenvereins der deutschen Buchhändler zu Leipzig legt nahe, dass der Verlag in Deutscher Gesundheitsverlag umbenannt wurde und bis 1944 existierte, vgl. https://archiv.sachsen.de/archiv/bestand.jsp?guid=9cfb61e4-66fd-4a92-897e-c925c51b8aca (zuletzt abgerufen am 10.9.2021). Wahrscheinlich ist aber, dass der Verlag der Deutschen Ärzteschaft in

eingegangen wurde[247], gibt eine Aussage wieder, die dem Biologen James Huxley zugeschrieben und von Akteuren des deutschen Kolonial- und Weltkriegsrevanchismus vielfach aufgegriffen wird: „Die Entdeckung des deutschen Germanin ist für die Alliierten wahrscheinlich viel wertvoller als sämtliche von ihnen ursprünglich geforderten Reparationen.“ (G, 1) Damit wird der kolonial- und reparationspolitische Kontext, in den sich die folgenden Aussagen des Buches als „deutsche Großtat“ einordnen, noch vor Beginn des Textes aufgerufen. Der Einschub des Mottos, seine Wanderung von der eigens freigehaltenen Seite in der Erstausgabe auf das Titelblatt der Kriegsausgabe und seine Position als nach rechts gerückter Seiten-Fremdkörper lässt sich als drucktechnische Metonymie auf die erneute Zuspitzung einer „deutschen Raumnot“ lesen, die sich im papiersparenden Kleinoktav-Format der Feldpostedition von 1943[248], dem Jahr der kriegsentscheidenden Schlacht von Stalingrad, medienintern aktualisiert.[249] Ähnliche Bewegungen vollziehen auch die Bilder, zum Beispiel auf einer Seite mit zwei, in runden Vignetten zu sehen gegebenen Abbildungen einer schlafkranken Mutter mit einem Säugling an der Brust und darunter einem kranken Kind „[i]m letzten Stadium der Krankheit“[250]. Gegenüber der Ausgabe von 1938 wird der Bildausschnitt 1943 verengt und werden die Abbildungen teilweise zur Überlagerung gebracht, also Verfahren der räumlichen Komprimierung angewandt. Die Bildunterschriften, zuvor den Kreisen zugeordnet, wandern 1943 gemeinsam auf den Boden der Seite, sodass Bilder und Schrift ihre Bindung untereinander auflösen und medienspezifische Seitenbereiche entstehen. Form[251] und Anzahl

---

den Verlag Neues Volk übergeht. Grundsätzlich ist von einer institutionellen und auch programmatischen Nähe beider Verlage bis zur Ununterscheidbarkeit auszugehen.

247 Vgl. S. 93 in diesem Buch.

248 Vgl. den Eintrag für die Ausgabe in der Datenbank der DNB. Digital verfügbar unter: http://d-nb.info/577555235 (zuletzt abgerufen am 10.9.2021).

249 Eine Geschichte literarischer Materialität als Effektwelt außerbiblischer „Realität“ ist m. W. noch zu schreiben. Eventuell ließe sich mit einem kombinierten Setting aus Kittlerscher Medientheorie, den von McLuhan abstammenden Medien des Immediaten, wie Florian Sprenger sie darstellt (*Medien des Immediaten. Elektrizität, Telegraphie, McLuhan*. Berlin 2012), und der Konzeption des ‚Dritten Raums‘ in dieser Richtung weiterdenken.

250 Vgl. zwischen G, 80 & 81 (Ausgabe von 1943) sowie S. 38 in der Erstausgabe, wo die Bildseiten in die Paginierung einbezogen sind.

251 Die Kreisform ist Abbildungen kranker Menschen vorbehalten und vollzieht die bereits aus *Erzeugnisse unserer Arbeit* bekannte Rhetorik des ‚wissenschaftlichen‘ Bildes nach. Dort waren es bspw. kranke Tauben, die in runden Abbildungen zu sehen gegeben wurden. Einen ähnlichen Umgang hat auch Hauer, bei dem auf einer Seite ebenfalls das runde Bild der kranken Mutter gezeigt wird, darunter das Bild der geheilten Mutter im Rechteckformat. Die Bildunterschrift ist bei Hauer eher sachlich („Schlafkranke Mutter,

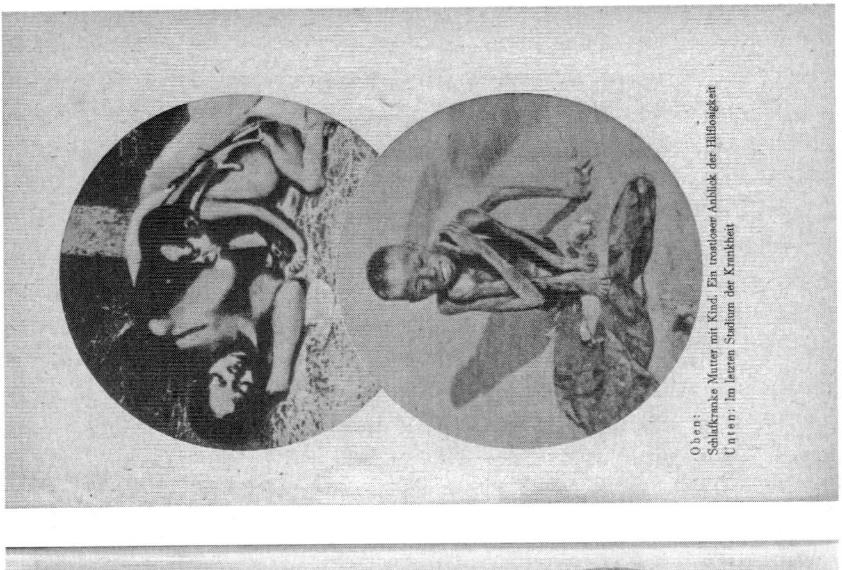

Abb. 21 Schlafkranke Mutter mit Kind (links Ausgabe von 1938, rechts von 1943)

der Bilder sind identisch, auch ihre Kombinationen bleiben stabil, während die Anordnung innerhalb des Buches variiert.

Der Text beginnt mit dem Kapitel „Zauberland Afrika“, auf das in *Erzeugnisse unserer Arbeit* in einer Beschreibung des in der Nacht über dem Leverkusener Werksgelände leuchtenden riesigen Bayer-Kreuzes angespielt wird.[252] Hier soll die Stelle noch einmal hinsichtlich ihres räumlichen Imaginationscharakters untersucht werden. Die Referenz in der I.G.-Broschüre hebt hauptsächlich darauf ab, die I.G.-Sphäre zwischen Köln und Düsseldorf als spezifisch semantisiertes „Neuland“ zu semantisieren, das nicht nur in einem technischen Zusammenhang steht, sondern auf besondere Weise, „durch die Anrufung einer alles menschliche Tun umgreifenden kosmischen Ordnung“, „symbolisch [...] renaturalisier[t]“[253] wird. Im Kontext von *Germanin* stellt die Passage den Beginn eines Reisenarrativs dar, in dem ein „Du“ Europa verlässt und nach Zentralafrika aufbricht:

> Wie unbegreifbar dies alles! sagst du ganz leise vor dich hin, oder du schweigst überhaupt, denn du fühlst dich eins mit dem All und den Sternen, die dich hilfloses Menschenkind herrlich umstehen. Wie groß dies All im Vergleich zu deiner armseligen Erde, doch wie groß diese, deine Welt wiederum, mit geringeren Maßstäben gemessen! Wolltest du sie aus eigener Kraft umwandern, dein kurzes Leben reichte kaum dazu aus. Du empfindest schon einen der Erdteile als unfaßbar groß, und du brauchst mit neuzeitlichen Verkehrsmitteln Wochen und Monate, um an dein Reiseziel zu gelangen. Zentralafrika heißt dieses Ziel. (G, 4)

Der Text etabliert an seinem Anfang zwei Prinzipien. Zum einen findet, auf einer sehr generellen Ebene, ein Nachdenken über räumliche Dimensionierungen statt, in denen das (‚männliche‘, mitteleuropäische) Erkenntnissubjekt sich zur Welt und ihrer Lage im Kosmos ins Verhältnis setzt, dabei ideell einen Weg von sich ins Große und Übergroße (vom Kontinent zur Welt zum

---

die sich seit Wochen im Zustand starker Benommenheit befindet.“), während bei Unger ein die Rezeption stärker steuernder, wertender Akzent gesetzt wird: „Ein trostloser Anblick der Hilflosigkeit“. Vgl. Hauer: *Die Weltgeltung der deutschen Tropenmedizin.* S. 14. Interessante Elemente sind der Blick des an der Brust der kranken Frau saugenden Kindes, der mehrere dramatisierende Implikationen anschlussfähig macht, sowie der Schatten, möglicherweise des Fotografen (der Umriss einer eher „westlichen“ Kopfbedeckung lässt die Vermutung zu), im Bild darunter in *Germanin.* Das Tuch neben dem Kind „im letzten Stadium der Krankheit“ wäre als Signifikant der Abwesenheit der (toten) Mutter im oberen Bild und damit als Verweis auf die genealogische Weitergabe der Krankheit lesbar, die im Detail des „saugenden“ Kindes das Prinzip der Übertragung (durch die saugende Tsetsefliege) implizit präsent hält.

252 Vgl. S. 61f. in diesem Buch.

253 Vgl.: Besser: *Germanin.* S. 179. Besser verortet diesen Zug des Buchs im Kontext der ‚Synthese‘ als Denkfigur, vgl. ebd., S. 178.

Weltall) und später von sich ins Kleine und Mikroskopische abschreitet.[254] Es geht dabei um die Verortung einer Erkenntnispraxis, die Mystisches mit Wissenschaft verbindet und ihr „Symbol" im Kreuz des Südens findet, das „in die Ewigkeit Gottes gestellt" (G, 4) ist. Dies wird erst durch den Kontakt mit ‚Afrika' möglich, das als Raum unüberschaubarer Größe, verdichteten ‚Lebens', deregulierter, geöffneter Epistemologie, extremer Verhältnisse und überschwänglicher Phantasie konzipiert wird. Erst hier, wenn der Himmel sich nach dem Untergehen des „Glutball[s] der tropischen Sonne" (G, 3) mit einem „überirdischen Strahlen" und der „Musik der Sphären, die im All ihre von Gott bestimmten Wege kreisen", füllt, kann der relationierende Blick in den Kosmos potenziell gelingen.

Zum Zweiten wiederholt sich das Nachdenken über Dimensionierungen in Bezug auf verschiedene Konzepte von ‚Bedeutung' als Wirkung innerhalb eines zeitlichen Verlaufs, etwa in Bezug auf die ‚historische Größe' eines Individuums[255] oder die Ereignishaftig- und Erkenntnisträchtigkeit der Reise entlang ihrer Dauer. Diese zweite Ebene, die an die Wahrnehmung des Reisenden „Du" gebunden wird, kommt dabei selbst schon als Iteration daher[256], unterscheidet sich explizit von jenen Entdeckern, die als „Große der Welt" durch „einzigartige und erstmalige Tat[en]" ausgezeichnet sind, stellt aber zugleich repräsentationslogisch die realisierende Wiederholung von deren zuvor theoretisch erfahrenen Reisen dar.[257]

In der reisenden Bewegung treffen beide Prinzipien aufeinander, die durch den Blick auf ‚Afrika' als Raum der Fülle angestoßene epistemologische Ver-‚Leben'-digung des Erkenntnissubjekts ‚europäischer Mann', die als räumliche Entgrenzung erfahren wird, und die tatsächliche Begegnung des Subjekts mit diesem seinerseits entgrenzten Raum, die sich als einholende Erfahrung einer zuvor geschlagenen Bresche aus Beschreibung und vermitteltem ‚Wissen' über den Kontinent ereignet, wenn der ‚Mann' ihn zunächst mit dem Schiff umrundet, um an signifikanter Stelle einzudringen:

---

254 Stephan Besser nennt das zutreffend die „mythisch-kosmologische Perspektivik, die dem Text bereits im Eingangskapitel […] vorgegeben wird." Vgl. ebd., S. 178.

255 Vgl. G, 4: „[…] wanderst du zum Marmorkloster Behlem hinaus, dem palmenumstandenen, und verharrst wieder am Sarkophag Vasco da Gamas, der für sein Vaterland den Seeweg nach Ostindien entdeckte, und dadurch unsterblich wurde, wie jeder Große der Welt für eine einzigartige und erstmalige Tat."

256 Vgl. G, 4: Kenntlich gemacht durch den durchgängigen Verweis darauf, dass die Reise „wieder" geschieht und eines ihrer Ziele es ist, „das Kreuz des Südens einmal wiederzuschauen."

257 Vgl. G, 4f.: „Wundernamen von Landschaften, Flüssen und Orten, in der Jugend lernbegierig dem Gedächtnis eingeprägt, erhalten durch ihre Leibhaftigkeit jetzt eigentümlichen Sinn."

> Die Kanarischen Inseln, Angola, die Walfischbai und Swakopmund gleiten vorüber, in der Ferne reckt sich der Tafelberg auf. Da liegt Kapstadt mit seinen paradiesischen Hängen am Hafen, am Ende des Erdteils und doch für dich wieder nur neuer Ausgangspunkt nach Betschuanaland und Rhodesien. Wundernamen […] Bulawayo, Livingstone, der Sambesi, die Viktoriafälle. Selbst von hier aus bedarf es dann immer noch eines beschwerlichen Marsches von Wochen. Mitten in der Ureinsamkeit, im Herzen Afrikas, bauen die Safariträger und Boys das feste Lager auf. Es wird für Monate oder Jahre bestehen, wenn kein Sturm oder Brand es vernichtet. Und über dir strahlen am wolkenlosen Himmel Nacht für Nacht die Sterne deiner Sehnsucht und des Nievergessenseins. (G, 4f.)

Der Mann folgt von Kapstadt aus den Routen bereits stattgefundener Kolonisation, ist also ausdrücklich kein Explorer, sondern Teilnehmer einer Kontinuität und damit der beglaubigende Zeuge eines zuvor geschehenen Zugriffs auf den Raum ‚Afrika'. Erzählt der Text hier auch eindeutig literarisierend, hält er sich auf dem Weg ins Innere des Kontinents dennoch an konventionelle Itinerare und legt Wert auf die Faktizität seiner Beschreibungen. Von da Gama wechselt das Referenzsystem nun auf britische Routen, greift aber nach wie vor auf die Ebnungen durch Infrastrukturprojekte zurück[258], um in die „Ureinsamkeit" zu gelangen, wohin zwar keine Schienenwege führen, aber das koloniale Setting gleichwohl durch „Safariträger und Boys" präsent bleibt.

Im Vorstoß ereignet sich die epistemologische ‚Synthese' der beiden Dimensionierungsstränge als Einsicht in einen bisher unklaren Zusammenhang, der die vermessenen Kategorien der ‚Wildnis' ins Nichtgewusste überschreitet. Diese Einsicht betrifft „eine[n] der grausamsten und unerbittlichsten Feinde des Menschen und Tieres, der qualvolles Opfer und ein Martyrium ohnegleichen verlangt." (G, 5) Signifikant ist, dass dieser Feind „zerstörend durch die Zeit [mordet]" und, im Gegensatz zu anderen Tieren, auch nicht über ein Minimum an Gnade verfügt, was ihn zum ultimativen Repräsentanten des „ewigen Daseinskampf[s] mit der Natur" macht (G, 5f.). In diesem Kampf trifft „der schwarze Mensch" (G, 6) auf ebenjenen besonders grausamen Feind, der „ganze Gebiete [entvölkert]", sich aber leider der Sichtbarkeit entzieht „und erst der weiße Mann mußte kommen und helfen, diesen Gegner zu erkennen, aufzuspüren und zu vernichten." (G, 6) ‚Afrika' allein ist zu dieser Erkenntnis nicht in der Lage; es bedarf der Zufuhr von auf bestimmte Weise vorgebildeten

---

258 Vgl. zu den Itineraren der britischen Kolonialzeit bspw. das *Universal Directory of Railway Officials* 25 (1919). Digital verfügbar unter: https://books.google.de/books?id=I_xKAAAAYAAJ&pg (zuletzt abgerufen am 10.9.2021) sowie Albrecht Mendelssohn-Bartholdy: „Europa in Afrika". In: *Archiv für Sozialwissenschaft und Sozialpolitik* 58 (1927), H. 1. S. 34–59, hier S. 48.

„weißen Männern", denen es obliegt, die Achse zwischen dem Allergrößten und dem Allerkleinsten herzustellen und epistemisch zu vermessen[259]:

> Groß und herrlicher denn irgendwo kreisen über dem Sambesi und Niger die Gestirne, und aller Menschen Schicksal scheint in die Obhut eines Allgewaltigen und Allgütigen gelegt, aber der Stich einer einzigen Fliege genügt, sein Blut und seinen Organismus zu verseuchen und langsam zu vernichten. Nicht das Unendlichgroße, nein, das Unendlichkleine wird hier zum Zerstörer der Welt. (G, 6)

Das durch diesen Feind, die Tsetse-Fliege, erzeugte Elend wird als Problem der räumlichen Biopolitik gekennzeichnet, weil Territorien entvölkert werden, und so zum Ausgangspunkt einer neuen Legitimation für das koloniale Projekt, das jetzt nicht auf ‚Macht' und ‚Besitz' ausgerichtet ist, sondern auf die Erhaltung und Verbesserung einer kosmischen Ordnung, in deren terrestrischem Abschnitt die Gefahr einer „Verseuchung" besteht. Eine eigentümliche Satzstruktur drückt den ‚Allgewaltigen' in die Rolle desjenigen, dessen Organismus vom Stich der Fliege vernichtet wird, sodass 1) die Existenz Gottes als ‚Behüter' auf dem Spiel steht und 2) in der Bedrohung die Gottebenbildlichkeit des Menschen aufgerufen ist.

Kolonialismus liest sich vor diesem Hintergrund als Therapie einer systemischen Krise, die darin besteht, dass im „Daseinskampf mit der Natur" im Raum ‚Afrika' von den ‚Männern', die ihn bewohnen, ein Feind übersehen wurde, den nur der durch Eintritt in diesen Raum geöffnete Geist des ‚weißen Mannes' „zu erkennen, aufzuspüren und zu vernichten" vermag. Dieser „Wunsch" korrespondiert mit dem Bild des Mannes, der in seinem Lager liegt, das „Safariträger und Boys" errichtet haben, das steht, solange die Naturgewalten es nicht vernichten, und der in die Sterne schaut, die jene „deiner Sehnsucht und des Nievergessenseins" sind. Es geht um eine Patrifizierung des Firmaments durch den Ruhmwunsch des lebenden ‚weißen Mannes', der für die anderen ‚weißen Männer' unsterblich werden will durch „eine einzigartige und erstmalige Tat". Die Achse zwischen dem All und seiner besonderen Sichtbarkeit in ‚Afrika', die Spezifik des ‚afrikanischen Himmels', verläuft durch den ‚Mann' signifizierend auf jenen Rest zu, der diesem Verewigungsprojekt im Allerkleinsten noch geblieben ist: die Erreger und Überträger der Schlafkrankheit.

Die Raumlogik von *Germanin* unterscheidet sich bis hierhin deutlich von der des *Kupferdoktors*, zieht aber ähnliche Konsequenzen. Auch hier wird

259 Zur Korrespondenz von „Daseinskampf" und der „Idee einer wunderbaren Harmonie der Schöpfungsordnung", die sich über die Achse vom Allergrößten zum Allerkleinsten abbildet, vgl. Besser: *Germanin*. S. 179.

ein ‚mystischer‘ Aspekt, der den Grenzübertritt als aneignenden Übergang in einen Raum des ‚Fremden‘ markiert, mit einem Aspekt imaginärer ‚Ähnlichkeit‘ verbunden, die in *Germanin* durch die vorbereitete Episteme des ‚weiß‘-‚männlichen‘ Erkenntnissubjekts hergestellt wird, und zu einem kolonialen Projekt ausgestaltet, das sich vom „üblichen“ Kolonialismus unterscheiden will und selbst nicht so nennt. Während ‚Chile‘ im *Kupferdoktor* ostentativ als emphatische Variante ‚Deutschlands‘ modelliert und erst über die Bewohner_innen weitergehende Differenz erzeugt wurde, konzipiert *Germanin* den Großraum ‚Afrika‘ von Anfang an als koloniale Sphäre, deren Eigenschaften gegenüber ‚Europa‘ diametral ‚extrem‘ sind.

3.6.2.1 ‚Deutschland‘ als Referenzraum für das Streben nach ‚Afrika‘

Nach dem Eingangskapitel wird der deutsche Kontext von Weltkriegsniederlage und Verlust der Kolonien mit einem Paradox aufgerufen. Wie bereits erwähnt, veröffentlicht eine Hamburger Zeitung „[i]m Sommer 1921 […] ein[en] Aufsatz mit dem großsprecherischen Titel ‚Der Schlüssel Afrikas in deutscher Hand‘“ (G, 6), was die Sprechinstanz von *Germanin* als Kuriosum wertet, erscheine der Artikel doch „in einer Zeit, als Deutschland nach dem verlorenen Weltkriege gerade allen seinen überseeischen Besitz hat preisgeben müssen!“ (G, 6)[260] Aus der Sicht von 1938, dem Erscheinungsjahr von *Germanin*, erscheinen die Vagheiten von 1921 in der deutschsprachigen Reflexion über die Fremdwahrnehmung der Deutschen im Ausland als einordenbar und entsprechend verarbeitet. Die Darstellung folgt den Mustern einer Geschichte von Idealismus und Hingabe angesichts einer ungünstigen und ungerechten weltpolitischen Lage. Das Kapitel etabliert nicht nur eine Opposition zwischen Deutschland und den „Siegermächten“ des Ersten Weltkriegs, sondern parallel dazu einen Konflikt, in dem ein Verbund aus „Forscher[n] und der Wissenschaft, die im Dienste der Menschheit steht“ (G, 7), der von nationalen und politischen Restriktionen freigestellt sein sollte, diesen doch unterworfen ist. Das gereicht zum Schaden der von dieser Sphäre profitierenden ‚Menschheit‘, die als Konzept über den partikularen Einheiten ‚Volk‘ und ‚Staat‘ steht. ‚Politik‘ ist hier, wie in vielen Büchern mit Stoffbezug, ein Störfaktor im Gefüge gesellschaftlicher Organisationsbereiche, der sozialen Wohlstand und individuelles Glück, die aus einer gelungenen Verbindung von ‚Wissenschaft‘ und ‚Industrie‘ resultieren könnten, immer wieder verhindert.

Hahnemann stellt bei den von ihm untersuchten Texten für die Mitte der Dreißiger Jahre eine verfahrenstechnische Verschiebung fest:

260 Für das vollständige Zitat vgl. S. 334 in diesem Buch.

> Im Ganzen ergibt sich ein Bild, nach dem die spekulativen und fiktionalen Formen nach 1933 an Bedeutung verlieren und die vornehmlich kompensatorische Funktion der Präsentation geopolitischer Szenarien in eine propädeutische übergeht. Bezugspunkt ist Mitte der 30er Jahre nicht mehr der verlorene Weltkrieg, sondern die Machtergreifung der Partei einerseits und die zukünftige Weltpolitik andererseits, an der, so die allgemeine Annahme, die Deutschen wieder aktiv partizipieren werden.[261]

Dieser Befund lässt sich auf die Bücher mit Stoffbezug übertragen, allerdings ist zu ergänzen, dass die propädeutische Funktion, von der Hahnemann spricht, die in den Texten zum Vierjahresplan zweifellos bedeutsam ist[262] und offensichtlich auch deren „Absicht" entspricht, jene Kompensationsaufgabe, die den Büchern zuvor zukam, nicht zur Gänze, ja nicht einmal annähernd ersetzt, sondern dass die Werkstätten und Therapiezimmer, also die Bearbeitungsorte des zu Kompensierenden, in eine tiefere Textschicht umziehen.

Für Hahnemanns Befund und seine Erweiterung in Richtung einer rekonstruierenden Lektüre impliziter Textinhalte spricht etwa der Blick auf die Empfindungen des „deutschen Volkes" über seine Wahrnehmung im Ausland kurz nach dem Ersten Weltkrieg. Der Artikel „Der Schlüssel Afrikas in deutscher Hand" wird zu den erwarteten Reaktionen ins Verhältnis des Längstbekannten gesetzt, als Teil einer Geschichte deutscher Bemühungen um internationales Ansehen bei gleichzeitiger wirtschaftlicher und humanitärer Krise im eigenen Land[263], die von den anderen Nationen verspottet und in Deutschland selbst nur von beteiligten Akteuren überhaupt registriert wird.[264] Zugleich

261 Hahnemann: *Texturen des Globalen*. S. 186.

262 Vgl. ebd., S. 281.

263 Vgl. G, 7: „Fast tragikomisch wirkte es für den Einsichtigen, daß Deutschland, bei der Verteilung Afrikas bereits zu spät gekommen und nur bescheiden mit Kolonien bedacht, gerade jetzt, besiegt und ihrer beraubt, den Schlüssel Afrikas in Händen haben sollte. Während die Heimat hungerte und zuschanden ging, mühte es sich also immer noch um internationale Geltung."

264 Dieser Befund bleibt implizit, aber auffällig: Einen Kommentar zu den Projekten des ‚deutschen' synthetischen Kolonialismus, sofern er sich auf nicht-‚deutsche' Räume richtet, gibt es so gut wie nie von Angehörigen anderer Gruppen als aus Wissenschaft und Industrie. Einzige Sprechinstanz ist in dieser Hinsicht die Presse, deren Adressierung aber immer nebulös bleibt und deren Berichterstattung wiederum nur von Wissenschaftlern, Industriellen oder der übergeordneten, oft unpersonalen Sprechinstanz des Buchtexts eingeordnet wird. Letztere rahmt das Sprechenlassen der Printmedien im dokumentarischen Modus (also etwa als Zitat, Pseudozitat oder mit der Angabe von Quellen), gibt aber oft, wie im Beispiel von *Germanin*, zugleich vor, wie die Presseinhalte zu verstehen sind. Auf die Bevölkerung greift diese Sprechinstanz allenfalls im Modus des ‚Gefühls' durch, insofern, als dass die konkreten Sachverhalte, wie sie etwa die Zeitungen referieren, in der Bevölkerung emotionale Äquivalente finden, als Zustand kollektiven Betrogenseins, der Erniedrigung oder eben der Versklavung durch die „Siegermächte".

wird deutlich markiert, dass der Titel in seiner raumöffnenden Metaphorik, die andeutet, dass ‚Afrika‘ noch immer ein verschlossenes Territorium, also nicht „durchdrungen“ ist und nicht von innen heraus beherrscht wird[265], ebenso eine geopolitische Provokation darstellt wie der Name des Medikaments, die beide mutmaßlich diplomatische Konsequenzen haben:

> Aber diesen Deutschen war alles zuzutrauen, auch der erschütternde Idealismus, anderen helfen zu wollen, die ihre Feinde waren. Nein, Idealismus konnte es nicht sein, sonst hätte man das neue Heilmittel nicht *„Germanin“* genannt. Das war eine Herausforderung ohnegleichen, und am Quai d'Orsay war zu erwägen, ob man den Berliner Botschafter nicht vorstellig werden ließ. Gallischer Stolz und Hochmut waren in solchen Angelegenheiten empfindlich. (G, 7f., Herv. im Orig.)

In der erlebten Rede und der Ausmalung der Reaktionen im französischen Außenministerium öffnet sich, auch in Verbindung mit dem Status dieser ephemeren Meldung als Informationsschnipsel im Tagesgeschehen, deren Relevanz vom Großteil der Rezipient_innen falsch eingeschätzt wird[266], ein Raum für die Inszenierung klandestinen Genießens, mit dem weltpolitische Bedeutung über die Möglichkeit, eine internationale kolonialpolitische Verstimmung hervorzurufen, imaginiert wird. Dass es sich dabei um eine retrospektive Steigerung diplomatischen Selbstbewusstseins handelt, zeigt sich darin, dass der besprochene Artikel zur Zeit seiner Entstehung 1921 zwar rhetorisch offensiv, diskurspolitisch allerdings wesentlich weniger souverän auftrat und sein Erscheinen aus politischer Vorsicht letztlich verhindert wurde.[267] Dieser Fall bedeutet nicht, dass 1921 noch kein radikales kolonialrevanchistisches Sprechen möglich war; dafür gibt es etliche Beispiele. Vielmehr

---

265 Vgl. zur Metaphorik die erste Analyse dieser Stelle auf S. 334f. in diesem Buch.

266 Vgl. G, 8: „Während der eine oder andere den Bericht nur überlas, ohne die Bedeutsamkeit richtig einzuschätzen, fanden die ersten Mitteilungen über das Germanin in Fachkreisen wie auch bei den Regierungen der europäischen Kolonialmächte gebührende Aufmerksamkeit […].“

267 Sarah Ehlers rekonstruiert den Fall anhand von Archivmaterial. Es heißt bei ihr: „Der Autor, Hans Zache, schickte sich darin [in „Der Schlüssel Afrikas in deutscher Hand“, AW] an, auf die ‚gewaltige, kulturumwälzende, wirtschaftliche Folge der Erfindung aufmerksam‘ zu machen, die Deutschland sehr gelegen käme: ‚Wenn wir den Wert unserer ehemaligen Schutzgebiete auf 70 Milliarden Goldmark berechnet haben, so ist Bayer 205 [Alternativname von Germanin, AW] ein Multiplikator im Werte von 10 oder auch 100. Die Auslieferung dieses Schlüssels könnte sehr wohl von der Rückgabe der Kolonien abhängig gemacht werden.‘ Nach Intervention des Auswärtigen Amtes gelang es, die Publikation vorerst zu verhindern, und Appelle zur Verschwiegenheit ziehen sich durch die Kommunikation zwischen den Ämtern.“ In: Sarah Ehlers: *Europa und die Schlafkrankheit. Koloniale Seuchenbekämpfung, europäische Identitäten und moderne Medizin 1850–1950*. Göttingen 2019. S. 243 (Herv. im Orig.).

zeigt die Umkodierung des Artikels und die Fantasie seiner Wirkung (mehr als einen Titel gibt *Germanin* inhaltlich nicht wieder), dass die Bücher mit Stoffbezug aus dem Umfeld des Vierjahresplans ein alternatives historisches Regime zu etablieren versuchen und dafür die Erfahrung der Nachkriegsjahre eigenständig neu erzählen. Die Bücher unternehmen also Anstrengungen darum, wirkmächtig zu sein und die Vergangenheit durch Neukontextualisierung ihrer Zeugnisse umzuschreiben. Eine in dieser Form vorhandene propädeutische Aufgabe der Texte, wie Hahnemann sie beschreibt, entbehrt also keineswegs einer kompensatorischen Funktion, da die genussvolle Ausgestaltung der Folgen einer deutschen Kolonialinvektive als von einem Wiederholungswunsch angestiftete Reinszenierung weltpolitischer Bedeutsamkeit mit, entlang der Wunschfantasien einer gekränkten Gruppe, angepassten Zeugnissen gedeutet werden kann.

Es gibt innerhalb des diegetischen Ordnungsgefüges von *Germanin* drei wesentliche Oppositionen, die auch für andere Bücher mit Stoffbezug gelten: 1) die zwischen Politik und einem Verbund aus Industrie und Wissenschaft, zu denen hier nun spezialisierend die Medizin beziehungsweise ihr ökonomischer Zweig, die Pharmaindustrie, hinzutreten. Zentrales Charakteristikum des Konflikts zwischen diesen Sphären ist die Ignoranz/Sensibilität gegenüber den großen und als (aus Sicht der Wissenschaft) ‚echt' markierten Problemen der Zeit, wie sie etwa die „Seuchenbekämpfung" in ‚Afrika' stellt. Während die Ärzte und Forscher „fern von nationalem Haß und Völkerfeindschaft das gleiche Ethos vertraten, das jedem wahrhaften Arzte und Forscher eignet" (G, 8), bleibt das Handeln der Politik an den Kategorien ‚Staat', ‚Nation', aber auch ökonomischen Kriterien orientiert und unterbricht immer wieder die gut funktionierenden Allianzen zwischen Ärzten aus verschiedenen Ländern. 2) ist die politische Opposition zwischen den Nationen, insbesondere zwischen Deutschland und den „Siegermächten" des Ersten Weltkriegs, vor allem Frankreich und Großbritannien, nach wie vor relevant für den Text. Diese Opposition liegt strukturell wie personell quer zur ersten, weil beide zur Entfaltung ihrer Semantik auf Grenzziehungen angewiesen sind, die von der jeweils anderen negiert werden. Diesen Widerspruch löst *Germanin* nicht explizit auf, sondern bearbeitet ihn durch ein System, das von der letzten und wichtigsten Opposition ausgeht. Hinter den beiden ersten Antinomien liegt nämlich 3) der die zwei anderen strukturierende Konflikt von ‚Leben' und Nicht-‚Leben'.

Die beiden ersten Oppositionen signifizieren, führt man sie auf die dritte zurück, insofern eine ‚Lebens'-Krise, als dass die Politik durch ihre ‚lebens'-widrigen Grenzziehungen dazu führt, dass die Ärzte, vor allem die deutschen mit ihren neuen Medikamenten, als dem ‚Leben' besonders nahestehende

Akteure[268], von der räumlichen Sphäre gesteigerten ‚Lebens‘, als die ‚Afrika‘ vorgestellt wird, abgeschnitten werden, was zu dramatisierten Krankheitsexzessen und der Entvölkerung ganzer Gebiete führt. Die Politik begeht, das wird anhand eines geschichtlichen Exkurses zum Kolonialismus in ‚Afrika‘ gezeigt, durch den Ausschluss der ‚Deutschen‘, die mit ihren überlegenen Heilmitteln in der Lage wären, eskalierende Todesraten abzudämpfen, ein Verbrechen, das sich in die Kontinuität europäisch-exterritorialer Gewaltgeschichte eingliedert.

3.6.2.2 Hybridisierungsräume in *Germanin*. Auf dem Weg zum synthetischen Kolonialismus

Die Erzählung von *Germanin* bildet zwei Stränge aus, einen ideologischen und einen poetologischen, in denen textspezifisches ‚Wissen‘ auf verschiedene Weise verhandelt werden kann und die sich schließlich zur fertigen Einrichtung des Oppositionsgefüges verbinden. Das ideologische Basispostulat wird als historisch verifizierte Binnenerzählung dokumentarischer Art in den Text eingefügt, als „Bericht“ über eine 1921 begonnene Expedition, den ihr Leiter Friedrich Karl Kleine[269] „[e]inige Jahre später [...] in der Berliner Medizinischen Gesellschaft“ (G, 13) zu hören gab. ‚Afrika‘ wird darin[270] weiter als Raum gesteigerten ‚Lebens‘ konzipiert, in dem sich der ‚Kampf‘ als „Mittelpunkt des Daseins“ (G, 10) verschärft, weil hier „ein Menschenleben rascher verbraucht [ist] als im gemäßigten Norden“ (G, 15). Die eigene zeitliche und vitalquantifizierende Logik des Raums ‚Afrika‘, Dienstjahre von Kolonialbeamten werden hier doppelt gezählt, setzt sich in einem Modell mystischen Erlebens fort, das über primitivistische Termini wie „Niggerwort“ (G, 15) und „Niggermeinung“ (G, 18) an die rassistische Debatte der Zeit angeschlossen wird. Der zweite

268 Vgl. Lindner: *Leben in der Krise*. S. 52f.

269 Friedrich Karl Kleine (1869–1951) leitete als Mitarbeiter von Bayer eine Expedition, die von 1921 bis 1923 zur Erforschung der Schlafkrankheit nach Rhodesien und Tanganjika führte. Vgl. zu Kleines Expeditionen im Überblick Britta Lange: ‚*Germanin*‘ (*1943*). S. 177f.

270 Der Text geht nach der Information über Kleines Bericht in Berlin in einen Modus der Wiedergabe *eines* Berichts über: „Einige Jahre später berichtete Professor Kleine in der Berliner Medizinischen Gesellschaft über den Verlauf dieser ruhmreichen Expedition./ Die Eisenbahnfahrt begann am 17. November 1921 in Kapstadt und endete nach sechs Tagen auf der nordrhodesischen Bahnstation im Innern, in Broken Hill. Dort war vom Distriktskommissar bereits eine große Schar von Lastträgern für die anschließende Safari gesammelt worden, mit denen der Marsch nach Nordosten fortgesetzt wurde.“ Dass es sich um den Bericht Kleines handelt, legt der Text stark nahe, garantiert es aber zugleich nicht, wie es etwa mit einem Doppelpunkt oder Anführungszeichen möglich wäre. Vgl. im Gegensatz dazu den Umgang mit einem anderen Bericht Kleines als Zitat auf G, 41.

Teil des Kompositums ordnet die Begriffe jeweils dem Bereich der Sprache zu und charakterisiert sie als Überlieferung, über die der Sprecher das Normensystem des nicht weiter differenzierten Raums ‚Afrika' schematisch-pejorativ und durch erlebte Rede als für die dort lebenden Individuen verbindlich umreißt.[271] Die Gefahr, die dort besteht, bezieht sich sowohl auf die Körper, die „ausgezehrt" werden, als auch die Seelen, die „seinem [Afrikas, AW] großen Geheimnis verfallen" (G, 15). In dieser also nicht nur politischen, sondern klimatischen und insgesamt ‚lebens'-bezogenen Extremzone wird das Heilmittel Germanin erstmalig an einem erkrankten Engländer erprobt. Dass es ausgerechnet einen „weißen Mann" trifft, dessen Leben im Kolonialsystem der Briten „wichtiger [ist] als das von tausend Schwarzen" (G, 16), wird als Zufall ausgegeben. Genauso unklar sind die Aussichten seiner Rettung:

> Das fast schon zerstörte Leben des Patienten zu retten, gibt es nur noch ein einziges Mittel. Vielleicht. Wenn es nicht längst zu spät ist. Das Germanin./So wird eines Abends der Schwerkranke fiebergeschwächt und nur noch als Wrack eines Menschen ins deutsche Lager getragen, wo Kleine und Fischer fleißig beim Mikroskopieren sind. (G, 16)

Es handelt sich um einen „englischen Arbeiteranwerber", der von seinen „beiden Hausboys", die „neugierig wie Kinder" sind und „wie alle schon viel von der neuen Zaubermedizin gehört", bisher aber aus Angst Abstand zu ihr gehalten haben, auf „eine[m] langen Marsch durch den Busch und das Sumpfgebiet" hergetragen wurde. Die Überschrift des Kapitels, „Ein kranker Engländer in Afrika", wiederholt implizit die Feststellung, dass es sich bei der Schlafkrankheit um ein Problem handelt, dass ‚Deutsche' eigentlich nicht zu interessieren braucht: Sowohl kranke Engländer als auch ‚Afrika' als Raum *sollen* laut der zuvor eingeführten, von den Versailler Beschlüssen abgeleiteten Semantik nicht im Einflussbereich der ‚Deutschen' liegen. Dementsprechend widmet der Text sich dem Kranken zunächst nur als Medium der Neugier und Schaulust der beiden „Hausboys", die als erste Adressaten der Präsenz ‚deutscher' Medizin in ‚Afrika' erscheinen. Die Heilung des Kranken durch das Germanin wird als ein durch „Menscheningenium" bewirktes „Wunder" (G, 17) bezeichnet und so innerhalb der Logik der „Boys" verortet sowie aus ihrer Perspektive geschildert. Die Narration umgeht damit ein politisches

271 Vgl. G, 18: „War es denn nicht so gewesen, daß ihr Herr in der letztvergangenen Zeit immer leidender und unberechenbarer geworden war, daß er sich zur Arbeit nicht mehr aufraffen konnte, daß sie ihn nachts gemeinsam bändigen und festhalten mußten, wenn er an Fieberdelirien litt, wenn er nach ihrer Niggermeinung von bösen Geistern besessen war?"

Gebot verfahrenstechnisch durch die Herstellung einer besonderen Evidenz. Diese freilich vorübergehende und stets durch den Blick der Erzählinstanz vermittelte Fokussierung der Wahrnehmung ‚deutscher‘ Medizin aus einer ‚afrikanischen‘ Sicht (beziehungsweise das, was der Text dafür ausgibt) schafft die Voraussetzung für eine Annäherung von ‚Deutschen‘ und ‚Afrikanern‘ über das Medium des geheilten „weißen Mannes“, dessen Blut die ‚deutschen‘ Ärzte untersuchen und dessen Heilung als Nachricht „die Baumtrommeln durch den Busch [dröhnen]“ ließ. In beiden Fällen wird der Körper des Mannes in einem Akt des Sehens verobjektiviert, „fassungslos vor Erstaunen“ als Wunder bei den „Boys“, zu einem „Gewimmel“ von Trypanosomen als wissenschaftlicher Kasus bei den Doctores Kleine und Fischer. Die Leistung der Ärzte löst, und das ist charakteristisch für dieses und andere Bücher mit Stoffbezug, einen Nachrichteneffekt aus[272], der zur Vermehrung von Ruhm führt:

> Von diesem Tage an kamen die Neger freiwillig und in Scharen. Für alles suchten sie Hilfe und Rat, und ihr Vertrauen war grenzenlos. Es hatte sich erst ein Heilungswunder ereignen müssen, um sie zu überzeugen. (G, 18)

Der Topos des durch ein ‚Wunder‘ hergestellten Vertrauens ist in der kolonialrassistischen Populärliteratur der Zeit etabliert und begegnet auch in mehreren Büchern mit Stoffbezug (bspw. im Umgang Doktor Horns mit den „Hindus“ in *Anilin*). In der Stelle hier sind zudem die Arten der Blick-Reaktion auf beiden Seiten ein verbindendes Element zu anderen Büchern mit Stoffbezug: Der prüfende Blick der Ärzte durch das Mikroskop wird dem gleichsam prüfenden Blick der „Boys“ auf den Geheilten strukturanalog geschaltet, sowohl auf der Ebene der Episteme[273] als auch auf der Ebene einer medialen Disposition.[274]

---

272 Vgl. hierzu wieder die Signal/Response-Logik des Mottos, das *Anilin* vorangestellt ist, siehe S. 166f. in diesem Buch.

273 In beiden Fällen lässt sich ein verbindender Modus des „magischen“ Sehens ausmachen, wie es Robert Pfaller in Abgrenzung zu Frazer (*The Golden Bough*, 1890) und im Anschluss an Freud (*Das Unheimliche*, 1919) konzipiert. Vgl. Robert Pfaller: „Die Rationalität der Magie und die Entzauberung der Welt in der Ideologie der Gegenwart“. In: Brigitte Felderer & Ernst Strouhal (Hg.): *Rare Künste. Zur Kultur- und Mediengeschichte der Zauberkunst.* Wien 2006. S. 385–407.

274 Diese liegt in einer bestimmten Logik der Evidenz durch Augenschein. Das Mikroskop wird hierfür später im Text noch einmal zum moraldidaktischen Gewährsmedium, das es auch vermag, die Groß/Klein-Achse erkenntnislogisch zu ‚synthetisieren‘: „Jedem von uns sollte es einmal vergönnt sein, einen Blick durch ein Mikroskop zu werfen und dabei fachmännisch belehrt zu werden. Die Wunderwelt der Lebewesen in einem einzigen Wassertropfen würde uns von der Größe des Alls leichter überzeugen als die höchste Schönheit von Sternen, deren Lichtwanderung wir nach Millionen von Jahren zu berechnen lernten.“ (G, 57)

Neuartig für den Spezialfall der innerhalb britischer Kolonialgebiete agierenden deutschen Ärzte ist die durch medizinische Erfolge bewirkte Unterwanderung der britischen Autorität über eine mit *wissenschaftlichen* Mitteln hergestellte *emotionale* Bindung der ‚Afrikaner_innen' an die ‚deutschen' Mediziner. Wie im *Kupferdoktor* auch geht es dem Text hier um eine Koalition zwischen ‚deutschen' und nicht-‚deutschen' Menschen, allerdings dieses Mal nicht im Modus der Ähnlichkeit und auch nicht vorrangig durch die geteilte Erfahrung der Kolonisation, sondern durch die sphärenadäquate Immunantwort auf eine ‚Lebens'-Krise durch ‚lebens'-nah agierende Ärzte, zu der die britischen Kolonisatoren selbst nicht in der Lage sind. Vermittelt wird diese Annäherung dadurch, dass der Text die Sprache der ‚Afrikaner' (auch hier wieder: seine Version davon) übernimmt, während die deutschen Ärzte weiterhin nach wissenschaftlichen Prinzipien handeln. Damit vermittelt der Text die von ihm selbst (re-)produzierten kolonialen Primitivismen mit den gleichzeitig aufrechterhaltenen Qualitätsmaßstäben im Funktionieren der pharmazeutischen Seite des Unternehmens.

In einem anderen Strang, der Kleines Bericht noch vorgeschaltet ist und in diesem sein Exemplum findet, richtet *Germanin* ein poetologisches System ein, in dem das ‚lebens'-emphatische Handeln der Ärzte einen Umweg über Formen literarischer Repräsentation nimmt, um lebensideologisch angemessen repräsentiert werden zu können, und in dem sich *Germanin* zugleich als Spezialfall relevanter Literatur ausweist. Dies geschieht noch unabhängig von den intensivierten Zuständen innerhalb ‚Afrikas', allerdings unter Zuhilfenahme sehr ähnlicher Kategorien, die nun in ihrer Eignung als literarische Stoffe untersucht werden:

> Daß uns Erdenkinder die Urkräfte Hunger und Liebe beherrschen sollen, ist eine alte, fast banal gewordene Weisheit, und den kleineren Dichtergeistern ist kaum mehr dazu eingefallen, als diese Grundmotive mit einer spannenden und fesselnden Handlung zu verbrämen. Sich im Existenzkampf durchzusetzen, Liebe zu gewinnen und als Lebensglück zu besitzen, ist aber kaum eine Tat; wichtiger und größer, was ein einzelner mit seiner Begabung, seiner Tüchtigkeit, seinem Fleiß, seiner Opferfreudigkeit, ja seinem Lebenseinsatz für sein Volk oder gar für die Menschheit leistet. [...] Menschenprobleme, was wir so nennen, gibt es genug, für die Allgemeinheit mögen sie sogar wesentlich sein, von dem größeren, dem edleren Kampf des Menschen um sein Fortbestehen, in dem er allen gemeinsame Feinde nach und nach unerbittlich und restlos vernichtet, wird viel zu selten berichtet./Ein großer Forscher erkennt und bezwingt einen der schlimmsten Feinde der Menschheit: Robert Koch den Tuberkelbazillus. Ist sein Name Gemeingut der Völker geworden? Erdteileroberer und Erdteilvernichter genießen doch größeren Ruhm! Gibt es romanhaft Spannenderes als die Schilderung der Bekämpfung einer Krankheit, deren Erfolg Tausenden das

> schöne Erdendasein verlängert, oder den Bericht über die Vernichtung einer Seuche, die uns allen die Fruchtbarkeit überreicher Kolonien erschließt? (G, 11)

Wie in der Diskussion um den Artikel zum „Schlüssel Afrikas in deutscher Hand“ gesehen, werden die vom Text als hochrelevant eingestuften Vorgänge in der pharmazeutischen Forschung von einem Großteil der deutschen Bevölkerung gar nicht, zumindest aber nicht adäquat wahrgenommen. Die Sprechinstanz ergänzt nun, dass ein solches Desinteresse auch für die Literatur gelte und beide Sphären sich auf ein Konzept von ‚Allgemeinheit‘ beziehen ließen, das im Widerspruch zu einem unberücksichtigten Bereich stehe, dem allerdings die ‚edleren‘, ‚wahreren‘ und tatsächlich relevanten Dinge angehörten, die sich durch Faktizität und ‚Lebens‘-Fülle als ‚Tat-Sachen‘ auszeichneten. Die Argumentation liegt in der Nähe von Akteuren wie Tretjakow und Prawdin und schaltet sich aus dem Buch heraus in die Debatte um Dokumentarismus und die sogenannte Tatsachen-Literatur ein, die als noch zu etablierende „gute“ einer verbreiteten dysfunktionalen Literatur gegenübersteht. Der Hybridtyp des Sachbuchs erlaubt zudem, die getroffenen Setzungen gleich performativ vorzuführen und im Anschluss an den poetologischen Einschub F. K. Kleines dramatisch narrativierten Bericht zu bringen. Es liegt also nahe, *Germanin* als Versuch zu werten, die Prinzipien einer „Biographie des Dings“ innerhalb des Mediums zu reflektieren und dann in spezifischer Weise, mit eigenen ideologischen Setzungen nämlich und in einer signifikanten Verkehrung, zur Anwendung zu bringen. In dieser Verkehrung liegt jedoch ein entscheidender Punkt. Während das „Ding“ bei Tretjakow auf einer Art narrativem Fließband durch die Handlung fährt und es dabei zu signifikanten, handlungsstiftenden Begegnungen mit weiteren Akteuren, Menschen, anderen Dingen und gesellschaftlichen Strukturen kommt, verläuft eine solche Achse in *Germanin* nicht exakt entlang des Weges, den das Medikament nimmt, etwa vom Chemikerkopf über das Labor (in dem sich erster annähernd permanent aufhält) über weitere Stationen in den Körper der Erkrankten in ‚Afrika‘, sondern ist vielmehr (lebens-)ideologisch organisiert und verfügt über den ‚Stoff‘ als Prozessor signifikanter ideologischer Gehalte. Der Grund dafür liegt zum einen in der medialen Eigenlogik des Sachbuchs, das nicht auf eine lineare Handlung verpflichtet ist, sich selbst also nicht nur als Sammlungs- und Verhandlungsort auch von ‚anderem‘ und ‚falschem‘ ‚Wissen‘ versteht, was die Romane unter den Büchern mit Stoffbezug auch tun, sondern darüber hinaus sein eigenes Verhältnis zu Fiktion und „Realismus“ mediumintern stärker explizit reflektiert. Das Buch performt flexibel eine dokumentaristische Medienschizophrenie, die Tretjakow zulässt, wenn er seinen Vorschlag für neue Romanformen mit der auf die Individuation des Seriellen zielenden Gattungsbezeichnung „Biographie“[275] überschreibt und damit Erzählverfahren scheinbar relegitimiert, die aus seinem Programm eigentlich verbannt sein sollten. Das Sach-Buch ist für diese selbstkonstruierte Offenheit der perfekte Akteur. In den Berichten Kleines und anderer Ärzte und Wissenschaftler, die Anwendungen des ‚Stoffes‘, Hindernisse bei seiner Entdeckung und Einführung und dergleichen beschreiben, ist *Germanin* sehr nah an den Ideen einer handelnden Literatur im Sinne Tretjakows und mit Abstrichen auch Prawdins. In Passagen, die um diese Berichte liegen, ihre Inhalte reflektieren und lebensideologische Basispostulate einspeisen, die dann in den „Erlebnis“-Segmenten des Textes ausagiert werden und den „tatsachenliterarischen“ Teil des Buches rahmen und ideologisch legitimieren, wird dagegen sachbuchtypisch anders verfahren.

So kommt der Text beispielsweise nicht ohne psychologisierende Reflexionen des Arzt-Handelns aus, kann diese aber nicht mit dem Status ärztlicher Tätigkeit als extrem ‚lebens‘-bezogene, hochrelevante und im Prinzip alle anderen Formen des Handelns moralisch übertreffende Frontstellung im „Daseinskampf“, die er ihm selbst zugeschrieben hat, vermitteln. Diese Aufgabe können nicht die „Berichte“ der Individuen selbst übernehmen, was zu einer Spaltung der Referenten führt:

> Mit der ganzen Vorsicht und gebotenen Zurückhaltung eines berufenen Forschers faßt Mühlens[276] das Ergebnis seiner Heilung dahin zusammen, daß es gelang, in einem während achteinhalb Monaten gegen jede andere Behandlung unheilbar gebliebenen Fall durch Behandlung mit „Bayer 205“ die Erreger und die Krankheitserscheinungen zum Schwinden zu bringen. Und es dürfte wohl angenommen werden, daß voraussichtlich auch mit einer endgültigen Heilung zu rechnen sei./Das Germanin hat damit seine erste Probe im Kampf gegen die afrikanische Schlafkrankheit glänzend bestanden. (G, 21f.)

275 Zur Idee der Biographie als „Gattung“ vgl. Rüdiger Zymner: „Biographie als Gattung?“. In: Christian Klein (Hg.): *Handbuch Biographie. Methoden, Traditionen, Theorien*. Stuttgart, Weimar 2009. S. 7–11.

276 Gemeint ist Peter Mühlens (1874–1943): „Als Leiter der Klinischen Abteilung des Hamburger Tropeninstituts führte M. 1921 das neue Trypanosomenmittel Bayer 205/‚Germanin‘ (gegen die afrikan. Schlafkrankheit) und die Amöbenruhrbehandlung mit Yatren 105 in die therapeutische Praxis ein. Er war darüber hinaus maßgeblich an der klinischen Erprobung der Malariapräparate Plasmochin und Atebrin beteiligt.“ In: Stefan Wulf: „Mühlens, Peter“. In: *Neue Deutsche Biographie* 18 (1997), S. 285–286. Digital verfügbar unter: https://www.deutsche-biographie.de/pnd101597991.html (zuletzt abgerufen am 10.9.2021). Zur Zeit des Erscheinens von *Germanin* war Mühlens zum Direktor des Hamburger Tropeninstituts aufgestiegen. Den Posten hatte er seit 1933 inne und behielt ihn bis zu seinem Tod.

Neben dem Wechsel vom Konjunktiv in der Wiedergabe von Mühlens Bericht über die Heilung des ersten deutschen Schlafkranken am Hamburger Tropeninstitut und der Ableitung von der sachlichen Fallstudie eines individuellen Verlaufs zur deklarativen Aussage über das „glänzend“ erreichte Etappenziel im „Kampf“, ist vor allem die Änderung des Namens des Medikaments vom Bericht (Bayer 205) zum Kommentar darüber (Germanin) signifikant. Die Verwendung des politisch offensiveren Namens „Germanin“ war unter den Medizinern nicht unumstritten. Das Präparat wurde nur zögerlich so genannt und meistens mit dem neutraleren Markennamen „Bayer 205“ bezeichnet.[277] Die Sprechinstanz nimmt dramatisierende Interpretationen wissenschaftlichen Wortlauts und Vereindeutigungen des Konjunktivs vor, der als gebotener Sprachmodus von Arzt und Forscher klassifiziert wird, wodurch noch ein Hinweis auf deren ‚Bescheidenheit‘ mittransportiert werden kann.[278] Sie verfährt darüber hinaus ideologisch verschärfend, etwa wenn Spielräume durch verschiedene Benennungen des Medikaments im zeitlichen Nachgang, wie bereits in der Wertung des „Schlüssel“-Artikels, mit gesteigerter Souveränität ausgelegt werden.

Germanin bildet also zwei Hybridisierungszonen aus, die für stärker sachbuchartige Bücher mit Stoffbezug einige Allgemeingültigkeit beanspruchen können. Zunächst eine ideologische Sphäre, in der nicht-‚deutsche‘, in ‚Afrika‘ lebende Menschen und ‚Deutsche‘ einander sprachlich angenähert werden und eine Zone ‚deutschen‘ Einflusses in ‚Afrika‘ hergestellt wird, die nicht als Kolonialismus verstanden werden soll, weil sie sich von explizit kolonialem Handeln abgrenzt und neben dem ‚Leben‘ mit diesem untergeordneten Werten

277 Vgl. hierzu Lange: ‚*Germanin*‘ (*1943*). S. 179: „Als damalige Hauptfigur in der deutschen Tropenmedizin verwendete Kleine, entgegen dem Bestreben des Auswärtigen Amtes, immer noch den Namen *Bayer 205*. Nach seiner Rückkehr aus Afrika 1931 erstattete er der I.G. Farben Bericht und riet, den Namen *Germanin*, gegen den er ‚schon immer war‘, in Zukunft in der ‚Propaganda‘ des Unternehmens (‚Etiketten, Drucksachen etc.‘) nicht mehr zu verwenden.“ (Herv. im Orig.) Die Ziffer 205 im Namen des Mittels bezeichnet die Anzahl der Vorgängersubstanzen auf dem Weg zum Endprodukt und wird in den Texten immer wieder zum Nachweis der unermüdlichen Forschungsarbeit herangezogen (vgl. G, 10).

278 So ist es auch wiederholt die Sprechinstanz, die, wenn sie von Auszeichnungen, Ehrungen und Ruhm, den die Ärzte erhalten, berichtet, hinzufügt, dass diese Ehrungen „verdient“ waren. Im Text zirkuliert also ein implizites System unverdienter Meriten bzw. der Verdacht, dass die bloße Tatsache einer Auszeichnung nicht automatisch einen Wert hat. Gleichzeitig zeichnen die Auszeichnungen auch die auszeichnende Institution aus und signifizieren eine ausdifferenzierte Disziplin, die in der Lage ist, „verdiente“ Akteure zu erkennen und mit Anerkennung zu versehen. Der Anerkannte erfährt die größte Ehrung freilich dadurch, als „Großer“ in die ‚Geschichte‘ einzugehen und ‚erinnert‘ zu werden.

wie ‚Medizin', ‚Humanität' und ‚Idealismus' korreliert wird.[279] Diese Sphäre ist verfahrenstechnisch angewiesen auf eine zweite, poetologische Dimension, in der über die sachbuchspezifische Multimodalität und die zeitliche Nachträglichkeit des Erzählens an der angemessenen Repräsentation der ärztlichen ‚Lebens'-Emphase, die von den Ärzten selbst nicht referiert werden kann, gearbeitet wird, um einerseits die ‚lebens'-nahen Werte von einem Sprechen, das sie durch zu starkes Bewusstsein über die eigene moralische Hochwertigkeit verunglimpfen würde, freizuhalten und andererseits den politischen Gehalt der eigenen Agenda über die „Weltgeltung" der ‚Deutschen' und ihrer Tropenmedizin rigoros vorzubringen.

3.6.2.3 „Echter" und synthetischer Kolonialismus

Die Geschichte des Kolonialismus wird in *Germanin* von den Krankheiten außerhalb Europas her erzählt. Besondere Aufmerksamkeit kommt ‚Afrika' zu, das angesichts einer verzögerten Erschließung als Spezialfall von Kolonisation gilt: „Das Geheimnis um die Schlafkrankheit wurde erst zu Anfang des letzten Jahrhunderts gelüftet, denn mit am längsten blieb Afrika in seiner Gesamtheit unentdecktes Neuland, das sich der Europäer nur langsam nutzbar zu machen begann." (G, 22) Die medizinische Erschließung des Kontinents wird mit seiner räumlichen Eroberung enggeführt und zeitlich kongruent gedacht, ‚Medizin' damit implizit als Effekt von Kolonisation verstanden. Allerdings geht der territorialen Invasion eine der Stützpunkte voran, die nicht auf den Raum, sondern bereits auf die Körper seiner Bewohner_innen zielt:

---

279 Ein anschauliches Beispiel hierfür ist auch der innerhalb Deutschlands verortete Extremraum des Hamburger Tropeninstituts, das als Metonymie für diesen Zusammenhang und als ‚Relais' zwischen ‚Deutschland' und den Kolonien steht. Hier wird bspw. der erste an der Schlafkrankheit erkrankte Deutsche behandelt. Seine Ansteckung hat vermutlich im Oktober 1919 stattgefunden (im selben Monat ratifiziert die französische Nationalversammlung den Vertrag von Versailles und macht ihn damit rechtskräftig) und er verlässt nach seiner Heilung das Krankenhaus wieder Richtung Afrika: „Über sein späteres Schicksal ist nichts bekanntgeworden." (G, 21) Dieser Figurentyp findet sich in abgewandelter Form auch in anderen Büchern mit Stoffbezug (vgl. bspw. die Schicksale von Conny Hawk und Mary McClan in *Anilin*). Das Tropeninstitut kombiniert ein hohes Ansehen mit der Denkfigur eines sekundären Kolonialismus in Form einer Kolonisierung der Kolonisatoren, indem dort „überwiegend ausländische Ärzte für die Tropen aus[ge]bildet" werden, wobei „[…] die bestandene Abschlußprüfung bei allen Nationen Gültigkeit hat, wahrhaft ein großartiger Vertrauensbeweis für die Forschung und Tropenleistung der Deutschen." (G, 19) Vgl. auch G, 130, wo die Zielgruppe auf deutsche Auswanderer, Sanitätspersonal und „die heranwachsende medizinische Jugend" ausgedehnt wird, sowie G, 131, wo die Informationen zu den ausländischen Ärzten und die weltweite Gültigkeit der deutschen Abschlüsse wiederholt werden.

> Eine besondere Art von Ware bezog die Welt jedoch schon frühzeitig aus dem dunklen Erdteil, Menschenware, Nigger als Sklaven. Sklaverei war unter den Negervölkern schon vor Erscheinen des Weißen eine selbstverständliche Einrichtung, später blieb Afrika die stärkste, die unerschöpflichste Quelle für alle Märkte der Welt. (G, 22f.)

Ebenfalls mit lebensideologischer Grundierung wird hier ‚Afrika‘ als Raum konzipiert, der die Welt der Kolonialmächte vital mit ‚Lebens‘- in Form von Arbeitskraft speist. In der Ökonomie des Sklavenhandels gelten Maßstäbe des Augenscheins.[280] Die Qualitätskontrolle der Ware Mensch erfolgt durch Begutachtung der Körperoberfläche: „Die Sklaven wurden umhergeführt, mußten ihre Zähne zeigen, hustend umherlaufen und Gewichte heben, um Kauflustige von ihrer Gesundheit und ihrem Wert zu überzeugen, der zwischen 40 und 200 Dollars schwankte.“ (G, 23) Der Text etabliert in der Inszenierung ‚weiß‘-,männlicher‘ Schaulust auf ‚schwarze‘ Körper ein System der zwischen Innen und Außen des Sklav_innenleibes vermittelnden Semiotik, die ohne technische Hilfsmittel Einblicke hinter die Körpergrenze zu bekommen versucht. Husten und Gewichtheben sind metonymische Referenzen für Zustände des Inneren, die als ‚gesund‘ oder ‚schwach‘ klassifiziert werden können. Trotz dieser Prüfungen berichten die Chroniken des Menschenhandels immer wieder von einem starken Schwund unter den Sklaven während der Überfahrten in ihre Einsatzgebiete. Der Grund, der im nicht näher bestimmten „Früher“ bereits vage in einer Seuche vermutet wird, bleibt unerschlossen, schlägt sich aber gleichwohl in den Praktiken der Körperkontrolle nieder:

> Nach und nach erst wurde es unter den Sklavenhändlern bekannt, und sie vertrauten ihr „Geschäftsgeheimnis“ selten einem Kumpanen an, daß man bei der Ware nicht nur auf die Zähne, den Wuchs, die Kraft und die Schönheit achten müsse, es gelte auch, den Nacken der Sklaven abzutasten. Wenn dort Schwellungen vorhanden wären, sei ein Sklave, auch der beste und stärkste, unverkäuflich, denn er sei vom Tode gezeichnet./Warum und wieso?/Eine Erklärung dafür gab es nicht. Dem Händler genügte die Erfahrung. (G, 25)

---

280 Zur Geschichte des atlantischen Menschenhandels vgl. Michael Zeuske: *Sklavenhändler, Negreros und Atlantikkreolen. Eine Weltgeschichte des Sklavenhandels im atlantischen Raum*. Berlin 2015, insb. Kap. 4: „Mittelpassage, Menschenhandel, Atlantisierung und die Schrecken an Bord“. S. 147–171. Hier weist Zeuske auch kurz auf die Schlafkrankheit hin und schlägt für das System des Menschenhandels den Begriff „atlantischer Körper- und Menschenkapitalismus“ vor. Vgl. außerdem Iris Därmann: *Undienlichkeit. Gewaltgeschichte und politische Philosophie*. Berlin 2020, insb. Kap. 6 „Sich-Undienlich-Machen/Undienlich-Werden in den ‚Gewalträumen‘ der transatlantischen Versklavung“. S. 130–156.

Das „zweifelhafte[] Wissen" (G, 25) der Sklavenhändler ist deutlich vom medizinischen ‚Wissen' der Ärzte unterschieden, durch Konkurrenz und Eigennutz gekennzeichnet und nicht an einer Klärung der Ursachen von Körperzeichen interessiert. Kolonialismus ist als ein Phänomen zu begreifen, das für die Herstellung sicherer semiotischer Beziehungen zu ‚afrikanischen' Individuen nichts übrig hat und ‚Verstehen' nur im Modus des Eigenen verhandelt. Wuchs, Kraft und Schönheit als Werte einer klassischen Anthropologie[281] werden als Urteilskategorien auf den Menschenhandel übertragen und damit ein dünner, impliziter Hinweis auf ein Verständnis von europäischer Geschichte und Aufklärung als ambivalente Projekte von Zivilisation und Fortschritt gegeben, in denen der Profit an erster Stelle steht und ‚Erfahrung' ohne ‚Erklärung' bleiben kann.[282]

Im weiteren Verlauf der Kolonialgeschichte, die schließlich zur räumlichen Inbesitznahme des afrikanischen Kontinents übergeht, überträgt sich das Modell unsicheren ‚Wissens' von den Kolonisatoren auch auf die Sprechinstanz, die mit dem Verweis auf widersprüchliche Quellen nicht zu sagen vermag, ob die Ausbreitung der Schlafkrankheit mit der kolonialen Bewegung in den Kontinent hinein einhergeht, also auf durch Europäer ausgelöste Wanderungsbewegungen zurückzuführen ist, oder ob die Krankheit dort schon vorher existierte. War ihre Entdeckung bereits als Effekt des internationalen Zugriffs beschrieben worden, wird nun auch ihre Entwicklung zur epidemischen „Seuche" mit einem medizinhistorischen Vermerk verkoppelt, sodass beide historiographischen Stränge einander zu überlagern scheinen. Wichtig bei dieser Überlagerung ist, dass der Kolonialismus, der von den damaligen europäischen „Großmächten" ausging, zu denen ‚Deutschland' *nicht* gehörte, im Kontext von *Germanin* eine Erklärung aus medizingeschichtlicher Sicht erhält, für die Deutschland explizit steht. Die Sprechinstanz bemüht sich also darum, die „offizielle" Geschichte des europäischen Kolonialismus

---

281 Vgl. bspw. eine signifikante Stelle bei de Sade, die die im *Germanin*-Kontext nicht unwichtige Leerstelle der Beredsamkeit mitführt und, ganz anders modelliert, von „Sklaverei" spricht: „Kraft, Schönheit, Wuchs und Beredsamkeit waren die Tugenden, die in der Kindheit der Menschheit Einfluß verschafften. Eine Familie, ein Flecken der sich verteidigen mußte, wählte bald aus seiner Mitte das Wesen, daß die meisten oben beschrieben [sic!] Fähigkeiten besaß. Dieses erwählte Oberhaupt suchte sich unter den Schwächeren Sklaven aus und opferte sie mitleidslos seinen Interessen und Leidenschaften hin." Donatien Alphonse François de Sade: *Die Geschichte der Justine oder die Nachteile der Tugend* [1791]. o. O. 1906. S. 370, zit. n. http://www.zeno.org/nid/20005575427 (zuletzt abgerufen am 10.9.2021).

282 Zum Sklavenhandel als antinomisch aus der europäischen Aufklärung kommendes Projekt vgl. ausführlich Paul Gilroy: *The Black Atlantic. Modernity and Double Consciousness.* London, New York 1993. S. 46ff.

in ‚Afrika‘ aus der Sicht einer zunächst tendenziell und später eindeutig ‚deutschen‘ Medizingeschichte neu zu schreiben und auf diese Weise neben den Gräueln imperialer Gewaltgeschichte Leerstellen und Paradoxien[283] westlicher Geschichtsschreibung aufzudecken. Diese machen eine Verbindung des pharmazeutischen Zugriffs mit anderen, als ‚humanistisch‘ markierten Werten möglich, vor allem mit einer reformierten Semiotik, die nicht an der Körperoberfläche stehenbleibt und sowohl die Bewohner_innen als auch das Land selbst vollständig zu durchdringen und damit wissenschaftlich zu erfassen versucht.[284]

Die Zeit des tatsächlichen deutschen Kolonialbesitzes in ‚Afrika‘ wird im Buch in die Geschichte der Expeditionen eingeordnet, auf denen deutsche Wissenschaftler und Ärzte verschiedene Krankheiten erforschten und tritt in ihrer politischen Dimension kaum und wenn, dann über die Medizin vermittelt in Erscheinung. So wird im Kapitel „Kampf gegen eine Fliege“ eine politisierte Geschichte der Übertragungswege der Schlafkrankheit erzählt, die unter anderem mit der auch in *Erzeugnisse unserer Arbeit* vorkommenden Geschichte des Stamms der Njem in Kamerun[285], der zwischen 1914 und 1920[286] beinah ausgelöscht wurde, eine Konstellation aufruft, nach der vor dem

283 Eine dieser Leerstellen ist bspw. das ‚Geheimnis‘, das in der Schilderung kolonialer Eroberungen keinen Platz hat, aber für die von den anderen „Mächten“ unterlassene Klärung von größeren Naturzusammenhängen unerlässlich ist und darum narrativ hergestellt wird: „Welch ein unerhörtes Erlebnis, mit aller Spannung geladen, der Lösung eines Naturgeheimnisses so nahegekommen zu sein! Nur ein winziges Geheimnis vielleicht unter der Vielfalt, die im afrikanischen Busch jeden Forscher umgab, doch entschleiert wieder ein neuer Markstein des Wissens zum Wohle des Menschen.“ (G, 29) Man beachte auch hier die subtile räumliche Metaphorik einer vordringenden, „Marksteine“ entbergenden Wissenschaft und die Aufmerksamkeit auf Phänomene im Bereich des Kleinen und Kleinsten.

284 Das gilt für die Körper der Bewohner_innen wie für die ‚Natur‘ des Raums selbst, die beide „gelesen“ werden können. Vgl. G, 53: „Auch nicht das Kleinste wird im Forschungsgang übersehen und vergessen, jede Möglichkeit erwogen, jeder neuen Spur eilfertig nachgegangen. Das Land selbst ist es mit seiner Flora wie mit seinen Lebewesen, das sich dem Forscher wie ein aufgeschlagenes Buch offenbart.“ Man beachte hier die biologisch absurde, aber lebensideologisch vielleicht nicht unwichtige Trennung von Pflanzen und Lebewesen, da Pflanzen nicht in den „Daseinskampf“ einbezogen werden. Auf den Seiten, auf denen die Expeditionen Robert Kochs nach Deutsch-Ostafrika zwischen 1905 und 1907 geschildert werden, ist immer wieder von der „unbeschreiblich[en]“ ‚Gewissenhaftigkeit‘ und ‚Gründlichkeit‘ des Forschers die Rede, insb. G, 52f.

285 Vgl. S. 88f. in diesem Buch.

286 Die deutsche Schutztruppe verlor nach Kriegsbeginn schnell die Kontrolle über weite Teile des Landes und kapitulierte offiziell im Februar 1916. Vgl. zum Hergang der Ereignisse im Überblick Uwe Schulte-Varendorff: *Krieg in Kamerun. Die deutsche Kolonie im Ersten Weltkrieg*. Berlin 2011. S. 17–37 sowie S. LXII, FN 200 in diesem Buch.

Ersten Weltkrieg, also zur Zeit von aus ‚deutscher' Sicht solider Herrschaft, in den „Schutzgebieten" die Zahl der Schlafkranken, im Gegensatz zu den von anderen europäischen Staaten kontrollierten Territorien, beständig abnahm. Nach dem Krieg „stand der Kampf gegen die Fliege wieder am Anfang." (G, 55) Die Tsetse-Fliege selbst, als Überträgerin der Krankheit, wird zum politischen Akteur, der in der Lage ist, geopolitische Fakten zu schaffen[287]:

> Reichster Kolonialbesitz wurde unzugänglich, auch für den Weißen nicht mehr bewohnbar, der wirtschaftliche Schaden war für das Mutterland unermeßlich. So blieb in Uganda den Engländern keine andere Wahl, als das Gebiet vor einer kleinen Stechfliege zu räumen und die Neger anderswo wieder neu anzusiedeln. Gegen eine Fliege, von der man mit einem einzigen Schlag Dutzende töten konnte, hatte man vorübergehend einen unerbittlichen Krieg verloren. (G, 54f.)

Deutschland war, noch bevor es aus dem Kreis der „Schutzmächte" ausschied, bereits im Besitz eines gegenüber den anderen Staaten überlegenen Mittels[288] und antwortet, getragen von der epistemischen Andersartigkeit des eigenen Dispositivs, als einziger Kolonisierungsakteur adäquat auf die Gegebenheiten des Raums ‚Afrika'.[289] Essenziell für diesen Ansatz ist erstens das chemopharmazeutische Dispositiv, das den ‚deutschen' Zugriff auf ‚Afrika' als eine über Medikamente vermittelte Invasion in die sesshaften Körper der

---

287 Die Narration dockt an einen etablierten Topos vom Insekt als politischem Tier an. Vgl. hierzu grundlegend Eva Johach: *Wilde Soziologie. Soziale Insekten und die Phantasmen moderner Vergesellschaftung*. Paderborn 2020 sowie kürzer Dies.: „Termitewerden. Staatenbildende Insekten im Industriezeitalter". In: *Kultur & Gespenster* 4 (2007). S. 20–37, insb. S. 21–25, dort die Gegenüberstellung von Insekt und Mensch in der Rolle von Kolonisatoren. Für eine andere Perspektive vgl. noch Dan Gorenstein: „Ants and Battlefields, Beetles and Landscapes. Rudiments for a Naturalistic Reading of Ernst Jünger's Interwar Essays through the Lens of His Later Entomological Hermeneutics". In: Frederike Middelhoff u.a. (Hg.): *Texts, Animals, Environments. Zoopoetics and Ecopoetics*. Freiburg/Br. u.a. 2019. S. 201–215.

288 Zu den verschiedenen Immunantworten von bspw. britischen, belgischen und deutschen Kolonialbehörden, vgl. Besser: *Germanin*. S. 169f. sowie S. 89, FN 150 in diesem Buch.

289 Wie sehr die lebensideologische Grundierung dieses Dispositivs im Text ins Detail geht, zeigen bspw. redundant formulierte Ausführungen über den Umgang mit der Tsetse-Fliege, die auch im Labor nicht getötet werden darf: „Zerschnitt man sie aber zu Untersuchungszwecken am Mikroskop, war sie als Objekt untauglich geworden, denn dann *lebte* sie nicht mehr und konnte die Parasiten nicht weiterverbreiten." (G, 58, Herv. AW) Die redundante Platzierung des Wortes „lebte" weist auf einen (lebens-)ideologischen Sinn-Zusammenhang der Aussage hin. Später, nach weiteren Ausführungen zur Fähigkeit der Tsetsefliege, geopolitische Fakten zu schaffen (G, 167f.), wird das Deutsche Reich auch als erste Nation die Stechfliege zur Aufgabe für den Völkerbund erklären, mit Betonung darauf, dass das Problem die Staaten mit Kolonialbesitz viel eher angehe (G, 171), und sich damit als habituelle „Kolonialmacht" gerieren.

Bewohner_innen des nicht-‚deutschen' Raums zur Heilung von und Schutz vor den Erregern, die von ebenfalls „sesshaften" Insekten[290] übertragen werden, beschreibt. Hinzu kommt zweitens ein Modell der Medizin als Sphäre, die einen Kontakt zum ‚Mystischen' hält beziehungsweise im Zuge ihrer modernisierenden Besinnung wieder herstellt. Der Blick auf dieses Konzept einer alternativen Medizin führt weiter ins ‚Raum'/‚Leben'-Modell des Textes. Ein mit „Vom Mythos der Heilkunst" überschriebenes Kapitel beginnt wie folgt:

> Daß zwischen Heilkunde und uralter Zauberkunst primitiver Volksstämme besondere Beziehungen bestehen, will der „aufgeklärte" Mensch des zwanzigsten Jahrhunderts nur ungern wahrhaben, doch er ist im Unrecht, wenn er es auch begreiflicherweise ablehnen wird, sich noch von einem „rasenden" Medizinmann, über dessen selbstgeschnitzter, grellgefärbter Zaubermaske der Widerschein eines Lagerfeuers dahinhuscht, gesundtanzen zu lassen. Echte Heilkunst hat stets etwas Mythisches und Bezauberndes gehabt, das den Genesungswillen eines Kranken seelisch zum Guten beeinflußt. (G, 65)

Der Text nimmt die Position einer ironisch auf Moderne-Effekte blickenden Medizin ein, die gewissermaßen ‚synthetisch' zwischen der durch Anführungsstriche als Konstrukt deklarierten „Aufklärung", deren Wissenschaftsgestus geteilt wird, und einer invariant gedachten „Zauberkunst primitiver Volksstämme", deren Ganzheitlichkeit und damit einhergehende ‚Lebens'-Nähe als Residuen von Authentizität „[e]chte Heilkunst" auch in der Gegenwart identifizieren, vermittelt und ein drittes Feld eröffnet. Dieses ergänzt das chemopharmazeutische Dispositiv ideologisch und siedelt Medizin, wie sie bestenfalls verstanden werden soll, zwischen einfacher Medikationslogik und der beschriebenen „primitiven" Heilungsszene an. Die pharmazeutische Industrie erscheint dabei als von idealistischen Forschern ermöglichtes, aber in seiner Eigendynamik den Werten des Anfangs entfremdetes und zu stark

---

290 Tatsächlich wird immer wieder darauf hingewiesen, dass die Fliegen in ganz bestimmten Regionen vorkommen und in anderen eben nicht. Das führt zu einer teilweisen Laborifizierung der ‚afrikanischen' Geographie. Vgl. G, 47: „Das ursprüngliche Ziel Amani auf den Höhen des Usambaragebirges war als Station gewählt worden, weil hier das Bergland von einem Gebiet umgeben war, in dem sowohl die gefürchteten Fliegen als auch die Seuche vorkamen, während das eigentliche Hochland davon verschont war. ‚Es bot sich hier also', schreibt Koch, ‚die sehr erwünschte Gelegenheit, sich am Fuße des Gebirges beliebig viel Glossinen [= Tsetsefliegen, AW] beschaffen zu können und damit in einer fliegenfreien Höhe, wo unbeabsichtigte Infektionen durch Glossinen nicht mehr vorkommen können, zu experimentieren. [...]'". Die ‚Höhe' erhält damit Eigenschaften des wissenschaftlichen Experimentalsystems, wie Rheinberger und Galison/Daston es beschreiben, bspw. Stillstellung des Beobachtungsgegenstands und Isolierung aus seinem Kontext, partielle Zeitentbundenheit und Objektivität. Vgl. Rheinberger: *Experimentalsysteme* sowie Daston & Galison: *Objektivität*.

kapitalistischen Interessen verfallenes System. Der Rekurs auf ‚innere' Gehalte, begonnen beim ärztlichen Drang, bei einem Kranken den „ursächliche[n] Feind aufspüren" (G, 65) zu wollen, über die Wiederinwertsetzung „seelischer Kräfte" im Genesungsprozess, vor allem eines dem Kranken eigenen „Willen[s]", bis hin zur Betonung des „ganzen Menschen", den es zu behandeln gelte und nicht eine isolierte Krankheit, ergänzen den ‚deutschen' Ansatz einer chemotherapeutischen Medizin. Die Gabe pharmazeutischer Präparate durch den Arzt, die von außen ins Innere des Patient_innenkörpers gehen, wird demnach ergänzt von einer ideologischen Ausstattung und Aufwertung dieses Inneren oder, im Modell des synthetischen Kolonialismus, einer Semantisierung der körperlichen ‚Tiefe' jenseits der Biologie als ‚Wert'-Raum. Der medikamentöse ‚Stoff' nimmt auch hier die Rolle eines Prozessors für die ideologisch-mentale Konstruktion eines Verbunds aus Patient_innen-Körper und -Seele ein, die wechselseitig für den Heilungsprozess instrumentalisiert werden.

Um das medizinische Paradigma der Chemotherapie nicht als simple Kasuistik von Heilung durch Mittelgabe zu diffamieren und vom Verdacht eines, gegenüber anderen modernen ärztlichen Praktiken, „primitiven" Ansatzes zu befreien, reaktualisiert *Germanin* gerade eine als „primitiv" deklarierte Medizin und schreibt sich in deren Kontinuität als Teil einer Geschichte nicht entfremdeter, ganzheitlicher und ‚lebens'-naher Heilkunst ein. Wichtiger Abgrenzungspunkt sind dabei jegliche Form von Gewinnerwägung, gegen die weder die etablierte Schulmedizin noch alternative Formen, die durchaus auch „kurpfuscherisch[]" und „Hokuspokus" (G, 66) sein können, grundsätzlich immun sind, dafür aber die pharmazeutisch unterstützte „Heilkunst" einigermaßen gefeit ist über die Figuren des Arztes und des Chemikers, deren Handeln als betont uneigennützig klassifiziert wird.[291] Der maßgebliche Einsatzpunkt dieser neuen Medizin wird sodann durch die Chiffre der „neue[n] Zeit in Deutschland" (G, 67) markiert, hinter der sich freilich die Zeitrechnung seit der Machtübergabe 1933 verbirgt. Diese Zeit habe

> glücklicherweise grundsätzlichen Wandel geschaffen. Wir glauben wieder an den uralten Mythos der Heilkunst, weil wir Ärzte nicht mehr die einzelne Krankheit, sondern den unserer Hilfe bedürftigen Menschen auf dem Krankenbett

291 Die Akteure definieren also retrograd die Disziplin, für die sie stehen und aus der sie ihre ‚Werte' beziehen. Die Medizin wird diese Funktion auch für die ganze Chemie erhalten, als ihr lebensideologisch relevantester Zweig, der am wenigsten Platz für Profitstreben lässt und zu dem sie als internes Telos strebt: „Von reiner Zweckmäßigkeitsarbeit, die die immer stürmischer werdende Nachfrage nach guten und haltbaren Farbstoffen regelte, stieß man kühn in neue höhere Bezirke vor, wo Forschung und Leistung dem *Wohl* der Menschen dienstbar werden, statt nur noch ihren Gebrauchshunger zu stillen." (G, 81, Herv. im Orig.)

> sehen, der bereit ist, unserem Wissen und unserer Hilfe zu vertrauen. Wir glauben wieder an den Wert und an die Kraft unberechenbarer Unterstützungskräfte aus seelischen Bezirken, die den Willen zur Genesung fördern. Kranke sind Menschen in der Verbannung. Und wer möchte gern lange aus dem Dienst der Volksgemeinschaft ausgeschaltet bleiben! Doch nur Schwächlinge und Hoffnungslose! (G, 67)

Woher der Wandel konkret kommt, wird nicht ausgeführt, sondern implizit als Wirkung der größeren ideologischen Veränderung „in Deutschland" gewertet.[292] Für den Blick nach ‚Afrika' besonders signifikant ist allerdings die Raumlogik der neuen, remythisierten Medizin, die ‚Krankheit' als ‚Verbannung' versteht, also einen zeitweisen, unfreiwilligen Austritt aus der „Volksgemeinschaft" mit dem Wunsch, schnell in sie zurückzukehren. Der Arzt, dessen „noch höhere Aufgabe" als die Heilung nun, im Zuge eines „Umbruch[s] seiner Sendung" (G, 68), die Gesunderhaltung von Menschen ist, wird zum Erzeuger ebenjener „Volksgemeinschaft" und zum Grenzposten zwischen ihr und den „Verbannten". Auf den ‚afrikanischen' Raum übertragen erhält das Handeln der ‚deutschen' Ärzte folglich weitreichende bevölkerungspolitische Implikationen und wirkt im Zusammenhang mit der territorialen Integrität von ‚Volk' und ‚Boden', die durch die Chemopharmazeutik, die weder Menschen umsiedelt noch verändernd in den Raum eingreift, gewahrt bleibt, verglichen mit dem Kolonialismus der anderen Imperialstaaten harmlos und humanistisch.[293] Die Medizin hat demnach eminent politische Bedeutung, weil sie in der Lage ist, demographische und gesellschaftliche Fakten zu schaffen, die den Wirkungsbereich von Verwaltung und Militär noch überschreiten. Das Prinzip der ‚Raum'-Lösung einer ‚Lebens'-Krise bearbeitet *Germanin* also in einer Verräumlichung der Medizin als ‚Lebens'-Wissenschaft, die zugleich die aus nationalsozialistischer Sicht extrem wichtige Kopplung von ‚Volk' und ‚Raum' bestätigt.

Hieraus ergibt sich eine Konsequenz für das Erzählen, indem „Heilkunst" und die Chemie der Farbstoffe, aus der sie hervorgegangen ist, einander auch als Gegenstand von Literatur bedingen:

> Ohne den raschen Aufstieg und immer weiteren Ausbau der Elberfelder Farbenfabriken wäre die unabschätzbare Bereicherung unseres Wissens auf dem Gebiete der Heilmittel überhaupt nicht denkbar. Von dieser zu berichten, bedingt, auch von der Entwicklung jener zu erzählen.

---

292 Zur Geschichte der Medizin im NS-Staat vgl. generell Achim Thom & Genadij Ivanovič Caregorodcev (Hg.): *Medizin unterm Hakenkreuz*. Berlin 1989.

293 Und fügt sich in den von Berman beschriebenen, von (scheinbarer) Empathie mit den Kolonisierten getragenen „deutschen Kolonialdiskurs" ein.

Und weiter heißt es:

> Wenn das Wort, daß jeder Deutsche im Ausland Sendbote seines Volkes sei, Gültigkeit hat, dann haben wir auch in den Bayer-Fabrikaten solche Sendboten seiner Geltung und Würdigkeit und dürfen stolz darauf sein. (G, 83)

Die Medizin stellt das Telos der Chemie dar, ihre semantisch gesteigerte Extremsphäre, zu der das Handeln der Forscher strebt und in der es sich seiner antiökonomischen und humanistischen Einstellung versichert. Die Logik des Textes, nach der die chemische Industrie als räumlicher Apparat der Wissensvermehrung fungiert, ihrerseits von ‚Aufstieg' gekennzeichnet, sowohl wirtschaftlichem als auch moralischem, die ineinander verwickelt sind, bis in der ‚Medizin' die Moral den ökonomischen Bezug abstreift, stellt in einem zweiten Schritt eine Bedingung an die Erzählung: Die Geschichte der Farbstoffchemie ist ohne die Geschichte der Pharmazie nicht sinnvoll zu erzählen.[294] Schließlich wiederholt sich die Figur der Verräumlichung auf personaler Ebene im ‚Deutschen'. Das Modell eines durch die „Söhne" über die Grenzen des Landes wirkenden Handelns, das als ‚Ruhm' wieder auf das „deutsche Volk" zurückfällt, ist aus anderen Büchern mit Stoffbezug und dem Motto von *Anilin* hinreichend bekannt und wird hier sogar im Modus des Zitats, als „Wort", vermittelt aufgerufen. Übertragen auf die pharmazeutischen Präparate der Firma Bayer aktualisiert das Konzept die Sohn/Ruhm/Volk-Logik jetzt als Stoff/Ruhm/Volk-Logik, die eine durch den Versailler Vertrag verursachte Unterbrechung des männlichen Interventionsmodells von Sendung und Empfang nachvollzieht und den ‚Stoff' zum Prozessor der Krisen-Lösung macht. Dieser fällt, in Form von Patenten, nach dem Weltkrieg gleichfalls den Siegern zu[295], verbleibt aber als epistemologisches und mentales Potenzial in deutschem Besitz und ermöglicht eine rasche Verlagerung der Produktion von ‚Ruhm' auf ein anderes Gebiet, wo der Nachschub der wichtigsten Ressource gesichert ist: „reichhaltige[s] Krankenmaterial"[296]. Dass es sich bei den von Koch, Kleine und anderen geleiteten „Expeditionen" zur Erforschung der Schlaf- und anderer Krankheiten vor und nach dem Weltkrieg vor allem um organisierte und unreguliert durchgeführte Menschenversuche handelte, verschweigt

294 Zur Geschichte der Synthesechemie als Verflechtungsgeschichte von Chemie, Pharmazie, Farbstoffindustrie und Medizin vgl. Frevert: *Wissenschaft der Synthese*. S. 138.

295 Vgl. G, 90.

296 Aus einem Gutachten der Medizinischen Fakultät der Universität Hamburg an den Präses der Hochschulbehörde vom 7. Februar 1924. Zit. n. Ludger Weß: „Tropenmedizin und Kolonialpolitik. Das Hamburger Institut für Schiffs- und Tropenkrankheiten 1918–1945". In: *1999. Zeitschrift für Sozialgeschichte des 20. und 21. Jahrhunderts* 4 (1992). S. 38–61, hier S. 44.

Germanin freilich[297], benötigt das Buch doch eine strukturelle Differenz zur Gewaltgeschichte des europäischen Kolonialismus, um sich ins ideologisch adäquate Verhältnis zur Sphäre der Politik und zu den „Siegermächten“ setzen zu können.

Ein für das chemopharmazeutische Dispositiv zentraler Konnex, der wichtige Querverbindungen im ‚Stoff‘/‚Raum‘/‚Leben‘-Modell verstehen hilft, besteht zwischen Medizin und Farbstoffchemie. Der Plot zur Einführung pharmazeutischer Verwendungen der neuen Syntheseprodukte aus der Farbenindustrie führt meist über Robert Koch, der als Landarzt in der preußischen Provinz das Blut von verschiedenen Patient_innen unter einem Mikroskop untersucht, das seine Frau ihm schenkte.[298] Bei diesen Versuchen, die 1882 zur Entdeckung des Tuberkelbazillus führten, nutzte er eine von seinem Schüler Paul Ehrlich[299] entwickelte Methode, nach der sich Bakterien mit Hilfe synthetischer Farbstoffe, etwa dem Methylenblau, farblich vom umliegenden Gewebe abheben lassen.[300] Aus dieser Fähigkeit der Farbstoffe zur Indikation entwickelte Ehrlich eine Theorie, nach der „chemische Mittel, die *einerseits* von bestimmten Parasiten aufgenommen werden und dieselben abzutöten imstande sind, die aber *andererseits* in den zur Abtötung nötigen Mengen von dem Organismus ohne zu grossen [sic!] Schaden ertragen werden“[301], für neue Therapieformen gefunden und nutzbar gemacht werden und begründete

297 An einer Stelle taucht merkwürdig platziert und dadurch schwer verständlich der Terminus „Sonderbehandlung“ auf: „Wir wissen, unter welchen Schwierigkeiten Koch zu seinem ersten Heilmittel gegen die Schwindsucht kam, wie beschränkt seine Hilfsmöglichkeiten waren. Als mit dem Tuberkulin der Ausbau einer Sonderbehandlung einmal gegeben war, erkannte man im Höchster Werk sofort das grundlegend neue und bot von Behring bei seinen Versuchen tätige Mithilfe an.“ (G, 85) Vgl. zum Begriff Schmitz-Berning: *Vokabular des Nationalsozialismus*. S. 584–587. Schmitz-Berning sieht die Verwendung des Begriffs als „[v]erhüllendes, sehr bald zynisches Codewort für Exekution“ erst seit einem Erlass Reinhard Heydrichs vom 20. September 1939, also erst seit Kriegsbeginn nachgewiesen.

298 Vgl. S. 234f. in diesem Buch.

299 Die Beteiligung Paul Ehrlichs und seine wichtigen Vorarbeiten werden in den Büchern mit Stoffbezug zumeist verschwiegen, was sicher daran liegt, dass Ehrlich Jude war. Die Aufmerksamkeit der Texte hinsichtlich der Popularisierung von Wissenschaftsgeschichte greift für diese Etappe beinahe ausschließlich auf Robert Koch, hin und wieder zusätzlich auf Emil (von) Behring als Forschungsikonen zu.

300 Vgl. Besser: *Germanin*. S. 171.

301 Paul Ehrlich: „Chemotherapeutische Trypanosomen-Studien. Vortrag, gehalten in der Sitzung der Berliner medizinischen Gesellschaft am 13. Februar 1907“. In: Ders.: *The Collected Papers of Paul Ehrlich*. Bd. 3: *Chemotherapy*. Hg. v. Fred Himmelweit. London u.a. 1960. S. 81–105, hier S. 81 (Herv. im Orig.).

damit das „Leitmotiv“[302] dessen, was bis heute Chemotherapie heißt. Dieses Prinzip „pharmazeutische[r] ‚magic bullets‘“[303] bereicherte die körpereigenen Immunantworten um völlige neue Dimensionen medizinischer Praxis und etablierte eine Form synthetischer Medizin, die „nur möglich [war] aufgrund der Fortschritte, die die synthetische Chemie seit Mitte des 19. Jahrhunderts gemacht hatte“[304], womit vor allem die Entwicklungen auf dem Gebiet der Farbstoffsynthese gemeint sind.

Die Verbindung von Farbstoffchemie und Pharmazie interpretiert *Germanin* als teleologische Entwicklungsgeschichte der Chemie hin zur Medizin. Das Erbe der Farbstoffsynthese wird humoristisch im Spiel gehalten und gibt dabei einigen Aufschluss über das Funktionieren des synthetischen Kolonialismus. In einer der Laborszenen, denen zur Narrativierung zentraler Entdeckungen, etwa als „Entscheidungsschlacht“ einzelner Forscher oder in Dialogform, „besondere Aufmerksamkeit zuteil wird“[305], unterhalten sich die Chemiker Oskar Dressel, Anton Ossenbeck und Wilhelm Roehl, die für Bayer an der Entwicklung neuer Medikamente arbeiten, über die färbenden Eigenschaften möglicher „Heilmittel gegen *alle* Trypanosomenkrankheiten“ (G, 101, Herv. im Orig.). Der umfassende Anspruch der Pharmachemiker wird vom „Erbe“ der Farbstoffchemie, die den menschlichen Körper kolonisieren helfen soll, belastet, weil die Gefahr besteht, dass mit der Heilung des Organismus eben auch seine Färbung einhergeht:

> „Jawohl ‚nur‘! ‚Nur‘ ist eben der Haken dabei. Es leben Millionen Schwarze in Afrika und Tausende von Weißen, die durch die Seuche gleich gefährdet sind. Angenommen, wir finden das Mittel – und wir finden es bestimmt –, so wird es ausgezeichnet sein. Aber soll man alle diese Patienten blau färben?“/„Wieso?“/ „Wir arbeiten doch mit Farbstoffen! Wenn es sich bei den Kranken nur um Männer handelte, lieber Gott, wir hätten es nicht so schwer!“ (G, 101f.)[306]

---

302 Vgl. Hans Herken: *Die Berliner Pharmakologie in der Nachkriegszeit. Erinnerungen an ein Stück bewegter Universitätsgeschichte der Jahre 1945–1960*. Berlin u.a. 1999. S. 79.

303 Besser: *Germanin*. S. 171.

304 Ebd.

305 Ebd., S. 178. In der Verfilmung ist das anders. Hier stehen „die historische Rhodesien- und Kongo-Expedition von 1921/23“ und der „erfolgreiche[] Afrika-Einsatz des neuentwickelten Germanin durch eine Gruppe deutscher Ärzte“ im Vordergrund. Vgl. ebd., S. 181.

306 Die hier angedeutete Vergeschlechtlichung der ‚Farbe‘ im Zusammenhang mit ‚Fortschritt‘ und ‚Synthese‘ betreiben die Texte wiederholt. Vgl. bspw. die Ausführungen zur Kunstfaser in *Erzeugnisse unserer Arbeit* (S. 39f.) sowie die Ausführungen bei von Wehrenalp: *Farbe aus Kohle*. S. 5 über die kriegsbedingte Angst US-amerikanischer Frauen im Ersten Weltkrieg, „daß die Menschen der Vereinigten Staaten bald nur noch weiße Anzüge tragen werden.“ Vgl. auch Robert Koch und die „jungen Dinger“, die sich

Die Kolonisierung des Körpers als ideologisches Beiprodukt des chemopharmazeutischen Dispositivs würde durch die Nebenwirkung seiner Durchkolorierung sichtbar werden und die Herkunft der Geheilten signifizieren; so fantasiert Ossenbeck eine zukünftige Straßenszene: „Seht euch den interessanten Mann genau an, Kinder! Der kommt aus Afrika!“ (G, 103) In der implizit mitgeführten Generationenordnung dieser Mikronarration wird die Deutung des Zeichens ‚blaue Haut‘ als „aus Afrika“ den Eltern beziehungsweise Großeltern zugeordnet, während für die Kinder, denen die Zeitgenoss_innenschaft deutschen Kolonialbesitzes bereits abgeht, die Verbindung erklärungs- beziehungsweise erzählungsbedürftig ist.[307] In der humorigen Phantasie und der, wenngleich nur in ihrer Negation ausgemalten, Vorstellung, die ‚deutsche Medizin‘ verfüge über das Potenzial, zur Produzentin einer eigenen Klasse von „Farbigen“ zu werden[308], werden mehrere Eckpunkte des synthetischen Kolonialismus berührt. Die Relation klassifiziert 1) die deutsche Farbstoffindustrie forschungsgeschichtlich als Vorstufe von ‚Heilung‘, sichert also die teleologische Ordnung einer zum idealistischen ‚Höheren‘ strebenden Chemie ab, richtet 2) durch die Verlagerung der ‚Raum‘-Nahme von der Geografie auf den biologischen Körper, der dauerhaft „besetzt“ und als „geheilt“ ausgewiesen wird, eine Art Kolonisation des ‚Lebens‘ ein und bespielt schließlich 3) durch die Vorstellung der Erzeugung einer synthetischen „Rasse“ mehrere Phantasmen eigenen ‚deutschen‘ Kolonialbesitzes, indem sie etwa 3a) die Identifikation mit den Subalternen in den Kolonien durch farbliches Auto-Othering biologisch nachvollzieht und 3b) innerhalb der deutschen Gesellschaft eine sichtbare Präsenz kolonialer Erfahrung als positiver und vor allem nicht abgeschlossener Abschnitt der eigenen Geschichte schafft, die für den „deutschen Kolonialdiskurs“, auch aufgrund seiner intrinsischen Fiktionalität, untypisch ist.

Diesen Zeichencharakter der Chemie wehren die Forscher *als* Chemiker strikt ab, da sich ihre Ambitionen allein auf die Herstellung neuer Verbindungen konzentrieren. Die Sorge um problematische Realitätseffekte ihrer Arbeit entsteht aus der institutionellen Spaltung, die sie neben dem Ethos der Chemie, das der Ausweitung der Sphäre bekannter Strukturen alle anderen Erwägungen unterordnet, seien sie moralischer oder ästhetischer Art, als „verantwortliche Mitarbeiter der Farbenwerke“ (G, 103) an ethisch-politische

darüber freuen, „endlich auch einmal bunt und lustig“ rumzulaufen, S. 236f. in diesem Buch.

307 Vgl. das Konzept der „allgemeinen intrinsischen Fiktionalität des Kolonialen“ bei Ebner: *Nationalsozialistische Kolonialliteratur*. S. 23f.

308 Zum Verhältnis künstlicher Farben zur Differenzkategorie ‚Race‘ vgl. Catherine Keyser: *Artificial Color. Modern Food and Racial Fiction*. New York 2019.

Kontexte zurückbindet. Dass dieser Kontextbezug in der Laborszene allerdings nicht auf ethisch-politischem Gebiet ausgehandelt wird, sondern in einem Bereich von Ästhetik, den Ossenbeck noch dazu als durch seine Frau angestoßen ausweist[309], ist signifikant für die Traktion des ‚Arztes' als Figur im lebensideologischen Modell, deren Nähe zum ‚Künstler' aktualisiert wird, und zugleich wichtig für die Trennung der Medizin von Wirtschaft und Politik als moralisch weiterhin eindeutig negativ konnotierter Sphären.[310]

Aus der Kopplung von Chemie und Kunst werden in der Laborszene noch zwei weitere Denkfiguren geboren: ‚Mythos' und ‚Synthese' als Kategorien, die den Glauben und das Handeln der Chemiker ideologisch grundieren. Der ‚Mythos', von dem Wilhelm Roehl in der Szene tautologisch formuliert, er sei „das Wunderbare daran" (G, 105), bleibt in seiner Stellung unbestimmt und wird von den Figuren ambivalent kommentiert. Die begleitenden Dialoge zur Erforschung von Bayer 205 fallen in die Jahre des Ersten Weltkriegs und damit in eine Zeit der mentalen Umstellung auf einen Kolonialismus ohne Kolonien, mit der auch bei den Chemikern kurzzeitig Zweifel an der Relevanz von Forschung zu Tropenkrankheiten aufkommen.[311] In dieser Situation, der

309 Vgl. G, 104: „Habt ihr alten abgebrühten Chemiker übrigens eine solche Formel mal rein architektonisch betrachtet?"/„Du etwa?"/„Meine Frau sagte neulich, so was sei eigentlich ein rechtes Kunstwerk, bei dem Harmonie und Aufbau eine besondere Rolle spielen."

310 Im Zusammenhang mit dem Versailler Vertrag wird von „jämmerlichen Erfüllungspolitiker[n]" gesprochen, die Heilmittel leichtfertig abgeben, „nicht, weil sie dessen Wert nicht erkannten, sondern weil sie feige waren und der Führung unwürdig." (G, 159) Hier entsteht also ein Paradox, nach dem die Politiker die Bedeutung des Germanin zwar erkennen können, ihr Handeln aber nicht dementsprechend ausrichten.

311 Vgl. G, 106: „‚Wir brauchen doch das Mittel, Ossenbeck.'/‚Lettow-Vorbeck hat jetzt größere Sorgen, mein Lieber. Kannst mir's glauben. Da unten in den Kolonien gibt es jetzt mehr Feinde als nur die Schlafkrankheit. Kannst jedenfalls unbesorgt sein, daß hier in Elberfeld dein Laden nicht in Ordnung ginge.' […] ‚Trotzdem läßt sich auch der schönste Mythos nicht kommandieren. Sind wir aber wieder auf dem Holzwege …'/‚Was dann?'/ […] ‚Seht *ihr* zu, daß ihr mit dem Kriege zu Ende kommt. Wir Heimkrieger werden unterdes das unsere tun. Schlafkrankheit! Ich höre immer Schlafkrankheit, und auch noch kosmetisch kuriert! Eure Sorgen möchte ich haben! Vielleicht ist morgen der ganze Betrieb hier von französischen und englischen Bomben wegrasiert.'" (Herv. im Orig.) Der momentane Zweifel, der im männlichen Zwiegespräch behoben wird, um den ‚deutschen' Idealismus zu narrativieren, ist auch aus anderen Texten bekannt, vgl. etwa S. 244f. in diesem Buch. Letztlich gilt: „[…] [A]uch der härteste Machtspruch kann den deutschen Forscher nicht daran hindern, weiter Forscher zu bleiben, den Arzt, sich ärztlich zu betätigen und sein Wissen und Können zum Wohle der Menschheit einzusetzen." (G, 131) ‚Forschen' und ‚Heilen' sind dementsprechend bleibend als invariante ‚deutsche' Werte installiert, die nicht von politischen Autoritäten beeinflusst werden können und auch in ihren Wertungen der Sphäre akzidentieller politischer Geschichte enthoben sind: „Für die Tätigkeit seiner Mitarbeiter konnte Nocht kein schöneres Wort finden als dies: ‚Unsere

sich die Laborarbeit unterordnet, indem etwa der Militärarzt Roehl nur auf Fronturlauben forschen kann[312], findet auch die Benamung des Medikaments statt, dessen Bezeichnung sich von der üblichen Terminologie abheben soll:

> Der Name unseres Mittels aber soll bleibend sein, verstehst du? – Überall soll man ihn mal kennen als Künder einer wichtigen Forschertat. Dieses Mittel sollte einen Namen haben, der mit Deutschland verbunden ist. Wenn in ihren Kolonien die Eingeborenen an der Schlafkrankheit sterben, wenn sie keine Hilfe mehr wissen, wenn die Rinderherden wehrlos krepieren ... *Ein* Mittel zur Rettung soll es dann geben, Ossenbeck, unser Heilmittel! Und wir alle wollen stolz darauf sein! (G, 107, Herv. im Orig.)

Der ‚Mythos', der das Medikament sein soll, verbindet sich mit dem heraufdämmernden post-kolonialen Phantasma, in dem die deutschen „Schutzgebiete“ ebenfalls „Mythen“ sind. Die Chemiker malen sich bereits lustvoll erste Formen eines indirekten Kolonialismus aus und erkennen die Wichtigkeit einer strategischen, explizit unwissenschaftlichen Stofftaufe, die ‚Afrika' und insbesondere die Kolonien der anderen Länder zum pharmazeutischen *und* semantischen Wirkungskreis des „deutschen Kolonialdiskurses“ nach dem Verlust der eigenen Kolonien machen wird, zur Werbefläche für zivilisatorische Leistungen[313], die notorisch auf das Dekret antworten, zur Kolonisation „unfähig“ zu sein.[314] Diese Leistungen dürfen freilich nicht marktförmig daherkommen, sondern müssen selbst auf ihren ‚lebens'-nahen, geradezu ‚lebendigen' Charakter verweisen:

> „Afrikanol ist ausgezeichnet! Beinah poetisch.“/„Und in Belgisch-Kongo heißt's wohl Kongol? In Tanganjika ... Nein. In diesem einen Fall, Ossenbeck, muß ein einzigartiger Name gefunden werden, der mit deutscher Forschung verbunden ist. Ehrensache für uns. Von Herzen muß es uns kommen.“/„Du redest, als handle es sich um ein lebendes Geschöpf.“/„Lebt es denn nicht, wenn es wirkt und heilt? [...]“ (G, 108)

Die paradigmatische Nähe zwischen ‚Afrika' und ‚Germanien' deutet auf die ideelle und imaginäre Nähe der beiden Räume im Verhältnis zu den

---

einzigen Feinde waren und sind die Seuchenerreger und ihre Überträger; ihnen galt auch im Kriege unser Kampf [...].'“ (G, 132)

312 Die Zyklen werden aber entsprechend synchronisiert: „Das Ergebnis ist gesichert, als Roehl wieder zur Front reist.“ (G, 114)

313 Vgl. G, 109: „Ja, solch ein Ehrenname will gut überlegt sein, denn er soll ja für unser Können zeugen, und unser neues Heilmittel soll auch ein stiller Bundesgenosse deutscher Kulturpropaganda sein.“

314 Vgl. van Laak: *Der imaginäre Ausbau der imperialen Infrastruktur*. S. 74.

(anderen) „Kolonialmächten" hin[315] und vollzieht zugleich die Bewegung von der Kolonisation eines nicht-,deutschen' Raums zur wahrgenommenen Selbstkolonisation nach. Die Stelle ist mithin die einzige, in der eine mögliche Ausdifferenzierung von ,Afrika' als Raum beziehungsweise die durchgängige sprachliche Homogenisierung des Kontinents, hinter der eine Vielzahl von Menschengruppen, Eigennamen und weiteren Einheiten verborgen bleibt, reflektiert wird.[316]

Der Text überträgt das Prinzip der ,Synthese', das zuvor grundlegend für das Funktionieren von ,Schöpfung' eingeführt wurde[317] und dem der ,Stoff' als Prozessor dient, mit denselben Konsequenzen, aber subtiler als Peils *Kupferdoktor*, auf einen gesellschaftlich-politischen Kontext, der immer geopolitisch hinterlegt ist.[318] Die Chemiker werden dabei, anders als die Ärzte, auf

315 Zentraler Bestandteil des Versailler Vertrags war, in der Wahrnehmung der Deutschen, die Ausgrenzung Deutschlands aus dem Kreis der „Kulturnationen". Die postkoloniale Situation des Reichs im „Kolonialdiskurs" war entsprechend die eines Übergangs von der „Kolonialmacht" zum selbst kolonisierten Land. Vgl. Christian Rogowski: „,Heraus mit unseren Kolonien!' Der Kolonialrevisionismus der Weimarer Republik und die ,Hamburger Kolonialwoche' von 1926". In: Birthe Kundrus (Hg.): *Phantasiereiche. Zur Kulturgeschichte des deutschen Kolonialismus.* Frankfurt/Main, New York 2003. S. 243–262, hier S. 246.

316 Die Erforschung des Blicks auf ,Afrika' und andere (koloniale) Imaginationsräume als homogen, nicht weiter differenziert, enthistorisiert und dementsprechend als Gegenstände eines westlichen hegemonialen ,Wissens' verfügbar, geht von Arbeiten wie Edward Saids *Orientalismus* (1978) aus, mittlerweile aber deutlich weiter bspw. in Bhabhas Konzept der *Fixity*. Vgl. hierzu Homi K. Bhabha: „The Other Question … Homi K. Bhabha Reconsiders the Stereotype and Colonial Discourse". In: *Screen* 24 (1983), H. 6. S. 18–36. Zur von dort ausgehenden Kritik an Said vgl. außerdem Anna Maria Krämer: *Repräsentationen von Staat in Afrika. Postkoloniale Kritik eines Diskurses*. Baden-Baden 2019. S. 57ff. und weiterhin Valerie Hänsch u.a.: „Einleitung". In: Dies. u.a. (Hg.): *Medialisierungen Afrikas*. Baden-Baden 2018. S. 7–26.

317 Vgl. G, 74: „Aus Kleinem und Kleinstem baut sich einmal das Größte auf. Vielfalt von Ideen, Erfahrungen und Wissen muß zusammenströmen, schöpferischer Anteil von Generationen, ehe sich, eines zum anderen sich fügend, es ergänzend oder berichtigend, durch Begnadung eines Überragenden, der den Sinn eines neuen Ganzen erkennt, *sein* Werk daraus formt und vollendet, später wiederum Beginn zu neuen Erkenntnissen und Fortschritten. […] Es wäre gegen den Sinn der Schöpfung, wenn sich ihre Harmonie nicht auch im aufbauenden Fortschritt der Menschheit offenbarte." (Herv. im Orig.)

318 Das Buch hat ja zu Beginn die ,Reise' als Nachvollzug historischer ,Größe' eingeführt und mehrere Passageformen in den Raum (,Afrika') und in die Zeit (als Erinnerungsraum ,Geschichte') vorgestellt. Vgl. hierzu noch einmal Besser: *Germanin*. S. 179: „Diese Motivkorrespondenz ist kennzeichnend für Ungers Versuch, seinen hochtechnischen Gegenstand durch die Anrufung einer alles menschliche Tun umgreifenden kosmischen Ordnung symbolisch zu renaturalisieren. Diese ästhetische Strategie weist deutliche

mehreren Ebenen als ‚besonders‘ deklariert und etwa dem Typus des Künstlers angenähert, der zur ‚Synthese‘ als Zusammenführung, Übersetzung und synästhetischer Umwandlung ebenfalls in der Lage ist.[319]

3.6.2.4 Das ästhetische Referenzsystem von *Germanin* & sein „doppelter Kursus“

Die Kopplung von ‚Chemie‘ und ‚Medizin‘ drückt sich in *Germanin* verfahrenstechnisch im bedingenden Zwang aus, „[v]on dieser zu berichten“ und „von der Entwicklung jener zu erzählen“ (G, 83) und strukturiert als allgemeineres Verhältnis von ‚Übersetzung‘ und ‚Sprache‘, aber auch in konkreten poetologischen Reflexionen über Popularisierung von ‚Wissen‘, das Verhältnis zwischen den Disziplinen.[320] Das Spektrum dieser Formen des „Grenzkontakts“, wo Verfahren aufeinander reagieren, aber auch inhaltlich vermittelt wird, reicht von

---

Berührungspunkte mit dem Bemühen einiger zeitgenössischer Chemiker um eine ganzheitlich-morphologische Naturbetrachtung auf. Während die Entwicklung der chemischen Synthesen in epistemologischer Hinsicht gerade jenen Moment bezeichnet, in dem die Chemie von der Elementarkunde zu einer ‚transnatürlichen‘ Kombinations- und Erfindungswissenschaft wird, spricht Ungers Roman unbeirrt von der ‚Entdeckung‘ des Germanins, als handele es sich um einen in der Natur selbst vorkommenden Stoff. Die Bayer-Chemiker empfinden sich deshalb bei Unger auch nicht als Mechaniker oder Mikro-Ingenieure, sondern als ‚Nachspürer der Schöpfung‘.“

319 Vgl. G, 117: „Roehl als Arzt und Chemotherapeut sah eine Strukturformel mit anderen Augen wie Ossenbeck, der rein chemisch zu denken vermochte, wenn solch eine Begabung überhaupt existiert. Er las Formeln wie ein Musiker eine Partitur von Beethoven. Wie ein Musikbegabter sich sofort Noten in Töne, Rhythmus und Melodie übersetzt und für sich hört, was er visuell aufnimmt, so sah Ossenbeck seine chemischen Aufzeichnungen aneinandergereiht zum geschlossenen Ganzen verwoben, so vermochte er ihre Wirkung vorauszusehen.“ Besser markiert eine Differenz zwischen dem Mythos, für den Roehl, und der Ästhetik, für die Ossenbeck steht. Vgl. Besser: *Germanin.* S. 179f. Letztlich scheinen aber auch Ossenbecks ästhetische Erwägungen „mythisch“, also lebensideologisch und ‚synthetisch‘ hinterlegt.

320 Vgl. G, 117: „Die neue Verbindung war ein Produkt aus m-Amino-benzoyl-m-amino-p-toluyl-l-naphthylamin-4.6.8-trisulfo-saurem Natrium./Für einen Laien sind das Hieroglyphen, bei denen er keinerlei Vorstellung gewinnt. Und es ist gut so, daß wir nicht alle so schrecklich gebildet sind, um Gespräche über trisulfosaures Natrium führen zu können. Wir würden vor lauter Geschwollenheit an allen schönen Dingen des Lebens vorbeilaufen. Lassen wir darum den Chemikern ihre eigenartige Domäne. Jedenfalls sind die glücklich auf ihrem chemischen Grund und Boden und stolz, wenn sie derlei zusammenbrachten.“ Der Text greift hier eine Kritik am nicht „volkstümlich“ genug beschreibenden Sachbuch auf, die in der Zeit vielfach kursiert. Ein im Titel an die hier geschilderte Szene erinnerndes Beispiel wäre Paul Karlsson: „Desazetyltetrahydropseudobufotalinsäuremethylester. Stilfragen bei der volkstümlichen Wissenschaftsdarstellung“. In: *Die Literatur* 44 (1941/42), S. 105–108.

Intertextualitäten, die sich meist auf Goethes *Faust*[321], immer aber auf den Kanon der deutschsprachigen Klassik beziehen und zumeist distanziert eingesetzt werden, etwa als (ironisches) Zitat oder katachretisch verfremdet[322], wobei kein qualitativer Unterschied zwischen einzelnen Figuren und der übergeordneten Sprechinstanz besteht, die sich ja zu Beginn ins „Wir" der Ärzte eingruppiert hat, bis zu intradiegetischen Reflexionen der Sprechinstanz über Wissenspopularisierung im Buch und die eigene Position dabei.[323] Der „Einblick", den *Germanin* als Exempel für die Textsorte geben möchte, wird als verräumlichte Erfahrung konzipiert. Im Übergang von der leider zu sachlichen und wenig volkstümlichen Form der medizinischen Berichte von Reichsgesundheitsamt oder Tropeninstitut will das Buch zeigen, dass es „ein ganz eigenes Abenteuer [ist] [...] einmal einen Blick in solch ein Forschungsinstitut zu werfen, zu dem sonst jeder Zutritt verboten ist, und den Arbeiten der Wissenschaftler nachzuspüren." (G, 121) *Germanin* reflektiert dabei explizit zentrale Forderungen der Debatte um das „Fachschrifttum" in der nationalsozialistischen Kulturpolitik[324] und wird, als Buch mit Stoffbezug, zum

321 Das Verhältnis zum *Faust* ist ambivalent. Bspw. ist in G, 37 vom Blut als „ganz besondere[m] Saft" die Rede, wobei der Vers als Zitat markiert wird, während in G, 68 von „faustische[n] Pakte[n]" die Rede ist, in denen Heilmittel *gerade nicht* „uns Irdischen preisgegeben" sind.

322 Bspw. auf Schillers *Lied von der Glocke* in G, 110: „Die Chemotherapeuten haben stets große Rosinen im Kopf. Malt einer eine Harnstofformel auf Papier, die er für aussichtsreich hält. Bitte! Nun ans Werk, Gesellen, oder wie es sonst im Glockenguß heißt."

323 Vgl. G, 121: „Der an den Fortschritten der Wissenschaft interessierte Laie liebt solche Fachberichte nicht sehr. Sie sind ihm zu sachlich geschrieben, zu trocken und, weil sie sich ja absichtlich an einen besonders geschulten Leserkreis wenden, zu wenig volkstümlich. Das wäre ihre Aufgabe auch nicht und nicht ihr Zweck. Der Schaden ist nur der, daß der Laie seine Wißbegierde aus zweiter Hand stillen muß, und zwar allerlei Aufregendes, gar sensationell Geschildertes, zugleich ebenso viel Unrichtiges erfährt. Damit ist weder ihm noch der Wissenschaft viel gedient."

324 Interessant ist, dass vor allem Impulse aus der Diskussion um Popularisierungsaufgaben von Fachbüchern für Fachkräfte, also die berufliche Praxis, aufgegriffen werden. Ein paar Beispiele sind Hans Budian: „Noch sind nicht alle Fach-Bücher gut". In: *Das Deutsche Fachschrifttum* 2 (1938), H. 6. S. 4–9 (Überblick über die Kriterien für gute Fachliteratur aus der Sicht der DAF); G. Messarius: „Der neue Fachbuch-Leser". In: *Das Deutsche Fachschrifttum* 1 (1937), H. 4. S. 13–15 (Typologie des Rezipienten, Vorschlag eines induktiven Verfahrens in der Fachbuchproduktion, also Darstellung von interessanten Einzelfällen aus Industrie, Handel etc., über die „ein klares und praktisch verwertbares Gesamtbild des dargestellten Gebietes entsteht", S. 14); Hans Jünemann: „Zur Methodik des Fachbuchs". In: *Das Deutsche Fachschrifttum* 1 (1937), H. 3. S. 12–13 (Unterscheidung von Poesie (nicht erlernbar) und Handwerk und Technik (erlernbar), Vorschlag, den Fachbüchern „eine genaue Charakteristik" über Lektürevoraussetzungen und adressierten Leserkreis mitzugeben, präferierte Kommunikationsform ist das „Zwiegespräch" als „eine viel zu selten gebrauchte lebensnahe Darstellungsform in Fachbüchern", S. 13) und schließlich Kurt Busse: „Lebensbilder für den jungen Bauwerker". In: *Die Werkbücherei* 8 (1942), S. 98–101

Medium der Mauerschau in die Sphäre der Wissenschaft, ja bildet dafür sogar eine eigene aisthetische Kategorie aus, die „Phantasie des Miterlebens“ (G, 121).

Zwischen Intertextualität und verräumlichendem aisthetischen World Building liegen weitere Formen von poetologischer Reflexion, in denen der Text unkommentiert Verbindungen zwischen anderen Texten als Quellen und dem in dokumentarischer Nähe beschriebenen Handeln der „eigenen“ Figuren herstellt, beispielsweise über den Bericht vom „Schlüssel Afrikas in deutscher Hand“, zu dem der Sprecher sich zunächst unklar positioniert hatte. Nachdem das Germanin nun auch innerhalb des Buches *Germanin* entdeckt und der Weg dorthin detailliert geschildert wurde, heißt es auch hier:

> Im Augenblick der Unterhaltung wußten weder Roehl noch Ossenbeck, daß sie den so lange gesuchten Schlüssel bereits in Händen hielten. Die Formel des neuen Heilmittels gegen die afrikanische Schlafkrankheit war gefunden, mochte es auch noch Jahre dauern, bis alle Beziehungen geklärt werden konnten. (G, 119)

Der eigene Nachvollzug der Entdeckung des Medikaments legitimiert die Bezeichnung „Schlüssel“, die zuvor noch als überzogene Provokation gegolten hatte. Zugleich wird der Prozess auf mehrdeutige Weise als in seinen „Beziehungen“ unabgeschlossen markiert, was sicher die Kontextualisierung der chemischen Formel meint, aber auch als Einfluss einer vor dem Einsatz des ‚Stoffes‘ noch zu leistenden politischen Beziehungsarbeit zu verstehen ist. Das Buch hat also eine zeitliche Perspektive auf Popularisierung und wägt die historische Ebene der Ereignisse beziehungsweise ihre Repräsentation durch andere Medien, wenn sie nicht explizit aus dem Bereich der Wissenschaft kommen, gegen die eigene Rekonstruktion dieser Ereignisse ab und valorisiert durch seine, an den eigenen Vollzug anschließende, (implizite) Zustimmung die anderen Quellen mit.

Diese Strategie verfolgt das Buch auch intern, indem Erzählstränge und Setzungen vom Beginn in den letzten Kapiteln noch einmal aufgegriffen werden, und überträgt damit das Prinzip der ‚Synthese‘ auch auf die Narration, die erst im autoreflexiven Durchschreiten der Ereigniskette auf einer höheren Ebene zu bestätigenden Aussagen über die Ausgangsbemerkungen kommt. Auf dieser Ebene sind ‚Arzt‘ und ‚Forscher‘ endgültig nicht mehr ihren politischen Kontexten untergeordnet, sondern werden als autonomer ‚Lebens‘-Verbund

---

(Vorschlag des Begriffs „Kundschrifttum“ für „alles, was nicht erdichtetes Erzählgut ist“, FN, S. 99, und Verweis auf *Anilin* und Ungers Koch-Biographie als gelungene Beispiele, in denen „eine kundschriftliche Darstellungsform [...] dem Roman ohne Zweifel für diesen Zweck vorzuziehen ist.“, S. 99). Alle Texte verweisen auf die besondere Bedeutung der „Sprachgestaltung“ von Fachbüchern.

durch die Erfahrung ‚Afrika' zu „einhellig Verschworene[n] gegen Krankheit und Sterben" (G, 142), sekundiert von der Sprache: „Ärzte, Forscher, Kameraden, das sind Begriffe, die harmonisch im Dreiklang zusammengehören." (G, 144) Die Apotheose führt die Gruppe zu „höchste[m] Christentum" und lässt sie „aus dem Kreis ihrer völkischen Gemeinschaft, die sie stolz zu ihren Besten zählte, in eine noch höhere Gemeinschaft des Helfertums [wachsen], deren Wohltaten die ganze Welt dankbar empfing." (G, 143)

In wiederholten Episoden um den geheilten „weißen Mann" und das erwirkte Vertrauen der Afrikaner_innen, die sich vorher bereits berührt und ausgetauscht haben und nun auf einer poetologisch-reflexiven Ebene treffen, werden *Germanin* als Buch und ‚Afrika' als „Land" sowie die Arbeit der deutschen Ärzte, die nicht mit Kolonialismus verwechselt werden soll, faktisch aber einen sekundären (in diesem Fall: synthetischen) Kolonialismus darstellt, zu Formen eines ‚Dritten Raums', in dem Zuschreibungen zirkulieren, deren semantische Gehalte von den Akteuren selbst gesteuert werden können.[325] Über die Figur des ‚Erfinders' beziehungsweise des ‚Autors' werden ‚Forschung' und ‚Literatur' programmatisch angenähert, in unkommentierter Kombination: „Das Verdienst einer *Erfindung* wird dadurch nicht geschmälert, daß der *Autor* zu seinem Ziel nicht allein an Hand logischer Erwägungen kommt, sondern zufällig sich ergebende Möglichkeiten richtig erkennt." (G, 69, Herv. AW) Wenn gegen Ende des Buches die Setzungen vom Beginn wieder aufgegriffen und synthetisierend erhöht werden, ergibt sich der neue Wert einer ‚deutschen Objektivität' und die Aussicht, nach der ausführlichen Erzählung über den Verlust der deutschen Kolonien und das politische Missverhältnis zu den „Wohltaten", die ‚deutsche' Forscher über ‚Afrika' bringen, davon zu sprechen, dass Deutschland *„vorübergehend* aus der Reihe der Kolonialmächte ausscheiden mußte" (G, 149, Herv. AW). Geschichte wird buchintern, im ‚Dritten Raum' von *Germanin*, wieder verhandelbar gemacht, wie sie es, der Konstruktion des Textes folgend, im Raum ‚Afrika' immer schon war.

Der ‚Mythos', von dem die Medizin sich ideologisch hererzählt, wird in der Figur des Arztes aufgelöst:

325 Van Laak beschreibt das anhand von Beispielen wie der Bagdadbahn als Umstellung der Außenpolitik „auf die flexible und informelle Durchdringung fremder Territorien *jenseits* der offenen Kolonisation". Vgl. van Laak: *Der imaginäre Ausbau der imperialen Infrastruktur*. S. 80 (Herv. im Orig.). Dasselbe Modell findet sich auch, auf die Perspektive des Individuums heruntergebrochen, in *Anilin* in der Figur des Doktor Horn, der öfter von der „Sanierung" der indischen Dörfer spricht. Vgl. etwa A, 268 sowie S. 248 in diesem Buch.

> Wenn es einen Mythos der Heilmittel gibt, daß diese aus scheinbar unerklärlichem Wirken Krankheiten bezwingen und den Tod besiegen – und solch ein Mythos wird *immer* bestehen, und jeder gute Arzt wird sich zu ihm bekennen, eben weil er Krankheiten auch vom Seelischen aus zu heilen sich bemüht, weil er aus den Quellen des Genesungswillens der Kranken ganz besondere Kräfte nützt –, dann ist *jener* Mythos der beste, der für den Arzt selbst kein Geheimnis mehr bleibt, wenn der Wissende nicht mehr mit unbekannten Größen zu rechnen braucht, sondern mit der Zuverlässigkeit erprobter und damit auch erfolgreicher Abwehr. (G, 149f., Herv. im Orig.)

Die Erzählung nimmt den Grad an Unbestimmtheit zurück und führt ihr ‚Wissen‘ über die Geschichte als auf eine höhere Ebene transformiert vor; ‚Mythos‘ und ‚Synthese‘ werden als ewig enträtseltes „Weltgeheimnis“ zueinander geführt. Die ‚Synthese‘ *ist* gleichsam der ‚Mythos‘ der Chemie und ihre Erklärung bringt auch die Erkenntnis über den ‚Mythos‘ ans Licht, der dadurch aber nicht aufhört zu existieren, sondern als ewig gültiges ‚Wissen‘ über den Zusammenhang von ‚Stoff‘ (als Medikament) und ‚Leben‘ (als Heilung) weiter besteht und in der Transformation erzählbar geworden ist.[326]

Die wiederholende ‚Synthese‘ der Textbefunde ist abgeschlossen, wenn in der Handlung der Punkt erreicht ist, an dem Deutschland seine Kolonien verliert, die „Expeditionen“ der Tropenmediziner aber weitergehen. Die beiden Ereignisstränge der Nachkriegsgeschichte, der ‚deutsche‘ und der ‚afrikanische‘ Plot, werden vom Text, gestützt auf einen weiteren Bericht, diesmal von Walter Fischer, selbst enggeführt: „Als die Ruhrbesetzung durch die Franzosen und Belgier begann, befand sich die deutsche Schlafkrankheitsexpedition gerade im belgischen Kongo.“ (G, 150) Und weiter heißt es:

> Fischer erzählt sehr launig von diesen Kongoerlebnissen, wie geräumig und bequem im Gegensatz zu den englischen Eisenbahnwagen die belgischen gewesen seien, freilich seien diese von Deutschland auf das berühmte Reparationskonto geliefert gewesen. (G, 150)

Die deutsche Nachkriegserfahrung wird von den Kolonien aus geschildert, mit denen die ‚Deutschen‘ strenggenommen nichts mehr zu tun haben.

326 Vgl. hierzu Besser: *Germanin*. S. 180f., aber auch Winkler: *Prozessieren*. S. 49, wo es zum Zusammenhang von ‚Mythos‘ und ‚Erzählung‘ in Bezug auf ‚Verwandlung‘ (lies: ‚Synthese‘) aus kulturgeschichtlicher Perspektive heißt: „These also ist, dass sich ein Schritt in Richtung Säkularisierung ereignet, insofern es nun die literarische Form, die Form der Erzählung, ist, die die Verwandlung trägt. In meiner Perspektive ist dieser Punkt sehr interessant, weil damit eine mediale Form die Last übernimmt, die vorher der Mythos, das metaphysische Konstrukt, zu tragen hatte.“

Gleichwohl ist die ausgekostete Präsenz ‚deutscher' „Wertarbeit", deren Komfort den englischer Konkurrenzprodukte übersteigt, der Einstieg für eine phantasmatische Reise ins „innere Afrika" in der libidinös besetzten Rolle imaginärer Kolonialherren, die ihre hygienischen Fantasien als humanitäres und wissenschaftliches Projekt ausleben dürfen. Fischer, der aus der Sicht eines belgischen Kolonialbeamten beschrieben wird, interessiert sich nicht für die Safari und macht nur Jagd auf Tsetsefliegen. Sein belgischer Begleiter, der in erlebter Rede berichtet, versteht das Interesse des deutschen Arztes für die Fliegen nicht und wird als nicht-‚deutsche' Person noch eher primitivisiert als die einheimische Bevölkerung:

> Dieser Deutsche war ein prachtvoller Kerl, wenn er auch tagtäglich ein Dutzend Boys umherhetzte, die ihm immer mehr von den eigenartigen Fliegen einfangen mußten. Nicht Hunderte und nicht Tausende genügten ihm. Füttern ließ er sie auch noch, damit sie ihm nur nicht krepierten, weil er sie angeblich zu besonderen Versuchen brauchte. Und mit den Eingeborenen führte er Verhandlungen, als hinge sein ganzes Lebensglück davon ab, sie von einer Krankheit zu heilen, von der sie bisher noch nichts empfunden hatten. (G, 152)

Wenn es um die Tauglichkeit der ‚Deutschen' zur Kolonisation geht, verschiebt der Text die Perspektive auf nicht-‚deutsche' Akteure, die für andere „Kolonialmächte" sprechen und deren offizielle Sicht, festgehalten im Versailler Vertrag, konterkarieren. Das ist ein gängiges Mittel der revanchistischen Bücher mit Stoffbezug, im Roman wie im Sachbuch. Neu ist hier, dass der Sprecher aus einer unwissenden Position berichtet und entsprechende Ambivalenzen produziert, die auf die Rezipientin allerdings nicht mehr irritierend wirken werden, da der Text bereits eine Vergewisserungsschleife für die Wahrnehmung der deutschen Tropenmedizin durchlaufen hat. Neu ist auch, dass das Verhalten der örtlichen Bevölkerung mit dem eines Kolonialbeamten verglichen werden kann und dass es die Einwohner_innen des Ortes sind, mit denen Fischer „verhandelt", und nicht der Vertreter des belgischen Königreichs, dem der „Sinn" der Unterredungen sogar verborgen bleibt und der nur Unverständnis für diesen Fanatiker des Heilens hat:

> Dem Assistenten des Bezirksamtes fehlte das Verständnis dafür, daß man ohne Erwartung eigener und möglichst erheblicher Vorteile Arbeit leistete, die nicht einmal bezahlt wurde, und daß man den Krankheiten in fremden Ländern noch nachlief! ... Wenn das nicht höchst merkwürdig war! (G, 153)

Über die Sicht des Belgiers inszeniert der Text den deutschen Arzt als besseren Kolonialisten, was in einem Dreiklang aus Wissen, Einstellung und Handeln von drei Seiten, der ‚deutschen', der ‚belgischen' und der ‚afrikanischen', gezeigt und konsolidiert wird. Die ‚Afrikaner_innen‘, die aus der Debatte weitgehend ausgeschlossen bleiben und nicht selbst sprechen, fungieren dabei als Feld einer performativen Darstellung der ‚deutschen‘ Fähigkeit zur Kolonisation, die der Text phantasmatisch als Vision der Schaffung hygienischer Verhältnisse im ‚Lebens‘-Raum ‚Afrika‘ ausmalt[327] und in der die Verneinung ‚deutscher‘ Beteiligung an der „Sanierung“ ‚Afrikas‘ zum Verlust für die übrigen Akteure wird.[328]

Die Heilung ‚Afrikas‘ wird als Projekt der Vollständigkeit und der erschöpfenden, flächendeckenden Behandlung konzipiert, das „in allen Schlafkrankheitsgebieten“ und „bei der *gesamten* Einwohnerschaft durchgeführt werden“ (G, 164, Herv. im Orig.) muss. Diese Ausführungen stellen neben der revisionistischen These, nach der Deutschland mit seiner fortschrittlichen Medizin als „Retter“ der anderen „Kolonialmächte“ auftritt und seine, von diesen negierte, Eignung zur Kolonisation beweist, eine ‚Synthese‘ höherer Ordnung (oder besser: größerer ‚Tiefe‘!) her, bei der die Semantiken, die dem Heilmittel und ‚Heilung‘ als Konzept sowie ‚Afrika‘ als Raum zugewiesen werden, in Kontakt kommen. Die Aufgabe der Laborarbeit, „die unergründliche Welt der molekularen Affinitäten und Strukturmuster zu einem Kosmos geheimnisvoll-harmonischer Entsprechungen umzudeuten“[329], schließt intradiegetisch an zuvor etablierte Korrelationen an, nach denen ‚Afrika‘ ein äquivalent funktionierendes Spektrum vom Allergrößten (des Kosmos) bis ins Allerkleinste (des in der afrikanischen Stechfliege lauernden Erregers) entfaltet. Beide Konstellationen treffen sich nun im Bild einer, nur in vollständigem Ausmaß sinnvollen, gegenseitigen Durchdringung. Diese Form der ‚Synthese‘ von (‚deutscher‘) ‚Lebens‘-Pharmazie und (‚deutsch‘ gesehenem) ‚Lebens‘-Raum ‚Afrika‘ stellt die an die Laborarbeit anschließende ‚Realisierung‘ der

---

327 Besser sieht das hygienische Phantasma in *Germanin* in den Bereich des Symbolischen verschoben und den Text damit im Kontrast zu anderen, die den „Schlafkrankheit“-Stoff aufgreifen. Vgl. Besser: *Germanin*. S. 177. Er liegt damit richtig. Das unterscheidet den Text in seiner intrikateren Erzähl-Logik auch von Peils *Kupferdoktor* und evt. in der Tendenz von vielen Texten, die eher dem Roman zuneigen. Besser spricht allerdings von *Germanin* stets als Roman, was den Text (auch wenn er sich qua Untertitel „Geschichte“ nennt), nicht trifft, und gibt Gegenbeispiele aus dem Sachbuch-Bereich, u.a. der von Walter Fischer selbst verfasste und im selben Jahr wie *Germanin* erscheinende Bericht *Unter der Geißel der Schlafkrankheit* (Berlin, 1938), den Unger in einem kurzen Anhang als Quelle anführt, die in seinem Buch „einige Kapitel wesentlich ergänzt“ (G, 190).

328 Vgl. G, 162: „‚[...] Mehr und mehr wird der Kampf gegen die Schlafkrankheit eine Frage der Organisation.‘/Deutscher Schaffenskraft und deutschem Organisationstalent wäre also damit ein neues Feld der Betätigung in den eigenen Kolonien erschlossen worden, hätte man sie uns nicht kurz vorher schmählich geraubt gehabt.“

329 Ebd., S. 180.

dort gewonnenen ersten ‚Synthese' dar, die ebenfalls als Organisation des Ungeordneten und Schaffung einer Struktur im Bereich von überbordender Fülle und hemmungsloser „Urkraft"[330] daherkommt, mithin also als eine über den ‚Stoff' prozessierte Vergewisserung über die Fähigkeit zum Zugriff auf die Natur/Kultur-Grenze.

Schließlich setzt sich das Germanin auch international durch und wird von einer durch den Völkerbund eingesetzten Kommission, die auf Anregung F. K. Kleines ins Leben gerufen und bei der er „liebenswürdigerweise zur Teilnahme hinzugezogen [wurde]" (G, 172), als Heilmittel von „überragende[r] Wichtigkeit" (G, 174) bewertet. Das Kapitel schließt mit Zitaten aus einem Bericht Kleines:

> *Die Grundlage unserer Therapie bildete Germanin (‚Bayer 205'). Dieses Medikament übertrifft in seiner Wirkung alle anderen weit und sterilisiert, wie so viele Autoren feststellten, das Blut langfristig.* (G, 175, Herv. im Orig.)[331]

Die Debatte um den Ersten Weltkrieg, der für den historischen Bruch des deutschen Kolonialismus steht, *vor* dem die Schlafkrankheit in den „Schutzgebieten" beinah verschwunden war und *nach* dem „der Kampf gegen die Fliege wieder am Anfang [stand]" (G, 55), wird nun mit größerer Souveränität und unter Verwendung von Anspielungen geführt, die im historischen Danach des Weltkriegs für das ‚deutsche' Selbstverständnis als nun selbst kolonisiertes Volk relevant werden. So gelingt Kleine der Nachweis, dass es sich bei den bisher für getrennte Arten gehaltenen Parasitenstämmen Trypanosoma gambiense (dominant in Zentral- und Westafrika) und Trypanosoma rhodesiense (dominant in Ostafrika) um gleichartige Typen handelt,

330 Vgl. G, 163: „Wir wissen, daß es heute noch in verschiedenen Erdteilen Gebiete gibt, die sich in natürlicher Abwehr dem überall vordringenden Menschen verriegeln. Man kann Strecken von Urwald und Urland niederbrennen, um sie zu kolonisieren. Immer wieder wird die Natur sich stärker und noch zäher erweisen als auch der tüchtigste Kulturpionier. [...] Die Urkraft solcher tropischen Wälder ist hemmungslos."

331 Wenig später heißt es dann, wiederum als Zitat Kleines: „Das Gelingen der Schlafkrankheitsbekänmpfung ist lediglich eine Frage der Organisation." (G, 175) Diese Feststellung wurde zuvor schon einmal getätigt. Da hieß es noch „Mehr und mehr wird der Kampf gegen die Schlafkrankheit eine Frage der Organisation." (G, 162) Neben der verfestigten Beschreibung des Projekts als „Kampf" deutet die Wortwahl hier auf Anstieg und Abfall von Intensität hin, die über den Grad der Relevanz des Konzepts ‚Organisation' kommuniziert wird. Den Gipfel, der selbst nicht über diesen Wert vermittelt wird, stellt die Darstellung der auf Anregung durch und unter Beteiligung von F. K. Kleine durchgeführten Forschung der Kommission des Völkerbunds dar.

was andere Forschungen widerlegt[332] und wodurch eine Homogenisierung der Überträgerstruktur innerhalb ‚Afrikas‘ erreicht wird, die sich geopolitisch funktionalisieren lässt:

> Auf Grund verschiedener morphologischer Untersuchungen kam er [Kleine, AW] zu der richtigen Folgerung, daß *beide* Erreger *gleichartig* waren, wie es von anderen Forschern schon wiederholt angenommen worden war./Die Seuche selbst war wohl während des Krieges und gleich hinterher von schlafkranken Negern eingeschleppt worden, aber auch durch belgische Armeeteile vom Kongo, die lange Monate in Deutschost als Besatzung gelegen hatten. Die bisher „reinen“ Tsetsefliegen in Tanganjika hatten dabei Gelegenheit genug gehabt, sich mit Parasiten am Menschen vollzusaugen, und von den Tsetse gab es in den Gebieten übergenug. (G, 173, Herv. im Orig.)

Im kolonialen Raum wiederholen sich Kernstücke des Phantasmas einer Kolonisation Deutschlands. Der Text spricht davon, dass die „Seuche“ von „schlafkranken Negern“ und belgischen Soldaten, die aus dem Westen kommen, „eingeschleppt“ wird und ruft damit zentrale Elemente der traumatischen Besetzung des Rheinlands zwischen 1918 und 1930 auf, bei der vor allem der Einsatz nicht-‚weißer‘ Soldaten von diversen Akteuren der deutschen Gesellschaft, der Regierung und Teilen der Öffentlichkeit mit dem Etikett der „schwarzen Schmach“ versehen und als besondere Demütigung empfunden wurde.[333] In Tanganjika, das zu Deutsch-Ostafrika gehörte, trafen die infizierten Insekten auf „reine“ Tsetsefliegen, die erst von den Einwohner_innen und Kolonisatoren anderer Herrschaftsbereiche angesteckt und so für den Menschen gefährlich wurden. Die Übertragungslogik wird hier kurzzeitig von den Fliegen auf menschliche Überträger umgepolt und für die Deutung als peripher-koloniale Parallelaktion der Abläufe im europäischen Zentrum kopplungsfähig. Was als der Effekt unterbrochener hygienischer Fürsorge und anschließender Migration aus Gebieten weniger erfolgreicher „Sanierung“ mit fatalen Folgen

---

332 U. a. die von Richard Gonder (im Text und auch zahlreichen anderen Quellen fälschlicherweise als Gonders geführt) (1881–1917), der nach Versuchen mit Rattenläusen und dem Parasiten Trypanosoma lewisi davon ausgegangen war, dass die Parasiten eine Resistenz gegen Arsen entwickeln. Arsen ist als hochtoxisches Gift und zugleich wichtiger Wirkstoff gegen die Trypanosomen aus lebensideologischer Perspektive bestens vorsemantisiert. In *Germanin* wird diesem Umstand keine Beachtung geschenkt, da Germanin im Unterschied zu wichtigen Vorgänger- und Konkurrenzpräparaten (bspw. dem Atoxyl) nicht durch Arsen wirkt. Gonder ging davon aus, dass die Parasiten sich durch Übertragung auf einen neuen Organismus innerhalb des übertragenden Insekts wie in einem „Jungbrunnen“ (G, 172) verhalten und ihre Arsenfestigkeit wieder verlieren, die Eigenschaft also nicht „vererbt“ wird. Zu Gonder vgl. den Nachruf von H. Ritz im *Bericht der Senckenbergischen Naturforschenden Gesellschaft Frankfurt am Main* 49 (1919), S. 124–125.

333 Vgl. van Laak: *Der imaginäre Ausbau der imperialen Infrastruktur*. S. 79.

erscheint, wird im Deutschen Reich zur Zeit der Ereignisse ähnlich konzipiert. Das Buch verschiebt demnach eine in Deutschland stattfindende ‚Lebens'-Krise und das mit ihr verbundene Imaginationsszenarium im historischen Rückblick räumlich auf die koloniale Sphäre, passt die Akteure entsprechend an und kann sowohl veränderte Ausgangsbedingungen als auch drastischere Konsequenzen, deren Spektrum in Deutschland selbst durch die historische Erfahrung beschränkt blieb, ausmalen. Die Rheinlandbesetzung erscheint so durch die koloniale Brille auch als medizinisches (= lebensideologisches) Problem, das durch die geopolitische Dummheit der „Siegermächte" und den Versailler Vertrag ausgelöst wurde und für Deutschland nur aus eigener Kraft, etwa in Form des Wunderstoffs Germanin, der hier als konzentrierte ‚deutsche' Energie zu lesen ist, gelöst werden konnte.

Auch Erinnerung von Geschichte wird nun ‚synthetisch' und im ‚Dritten Raum' des Buches alternativ verhandelbar. Beide Konzepte, ‚Geschichte' und ihre Repräsentation als ‚Erinnerung', werden wiederum vom ‚Stoff', der sich in seiner Bedeutungsspanne auf eine ‚deutsche' Essenz ausdehnt, prozessiert. Dass es sich, entgegen der zuvor behaupteten Forschungs-‚Synthese' aller Ärzte, unabhängig ihrer nationalen Zugehörigkeit, um ein spezifisch ‚deutsches' Präparat handelt, kann der Text nicht direkt behaupten. Gleichwohl ist diese Deutung vonnöten, wenn das Germanin abschließend zur Immunantwort auf eine Krise stilisiert wird, die von ‚Afrika' aus Korrelationsangebote nach ‚Europa' macht, die nicht mehr nur als Werbeeffekt zu verstehen sind und Argumente gegen den Versailler Vertrag liefern, sondern als Blaupausen europäischer Geschichte gelesen werden wollen. Der Text findet hierfür einen Ausweg im Konzept des ‚Mythos', zu dem am Ende wieder der ‚Stoff' selbst wird, dann nämlich, wenn das Mittel auf unerklärliche Weise und „wo es sich doch bereits bewährt hatte, später in der Hand französischer Ärzte plötzlich versagte" (G, 178). Das Germanin scheint über einen eigenen Willen zu verfügen, der es im ‚mythischen' Raum ‚Afrika' offensichtlich nicht nach wissenschaftlichen, sondern politisch-moralischen Kriterien „handeln" lässt, auch wenn das Buch hierüber freilich keine Aussage macht, sondern die Ursachen für den Vorfall als Rätsel offen lässt.

Germanin schließt mit einer Wiederholung der Passage zwischen Europa und Afrika, die wiederum als Reinszenierung eines größeren Zusammenhangs, wie zu Beginn der Fahrten großer „Entdecker", modelliert wird. Ein gewisser Mister Oldermann aus Flensburg reist auf Einladung seines Sohnes über Lissabon mit dem Flugzeug nach Daressalam. Die modernisierte Fortbewegungsart, die dem alten Mann als „Wunder des Fluges [...], das er zum ersten Mal erlebte" (G, 182) erscheint, zeigt eine historische Differenz zum Reiseparadigma des

Buchanfangs. Die Route, die sein Sohn für ihn geplant hat, wird zum Itinerar[334] der deutschen Kolonialgeschichte in Afrika und führt gegen jede Pragmatik auf einem großen Umweg „in schwindelerregender Schnelligkeit“ (G, 183) über alle ehemaligen „Schutzgebiete“. Der Flug über Togo, Kamerun und Namibia, das weiter Deutsch-Südwest genannt wird, triggert im Kolonialveteran eine Zusammenfassung des deutschen Zugriffs auf die ersten Gebiete durch Gustav Nachtigal, die Reflexion der durch den Versailler Vertrag deklarierten Unfähigkeit der Deutschen zur Kolonisation und über die verlorengegangenen Werte an Rohstoffen, Menschenmaterial und Selbstbewusstsein. Deutschland fällt in der Erzählung mit der Figur Oldermann zusammen, wenn es aus seinem Kopf in erlebter Gedankenrede über das Deutsche Reich heißt: „So nahm man ihm Kamerun“ und „Man stahl ihm […] auch Südwest“ (G, 184). In der automatisierten Wahrnehmung des Fluges, der dem Mann die Gegenstände seiner Rezeption, ihre Reihenfolge und Wahrnehmungsgeschwindigkeit vorgibt, erscheint die deutsche Kolonialgeographie auf dem afrikanischen Kontinent als an ihm vorbeiziehendes filmisches Dokument der Vergangenheit, sowohl seiner eigenen als auch der des Raumes. Oldermann wird so zur generationalen Metonymie für das Deutschland vor 1914 und synthetisiert im Display unter sich das eigene Leben mit der „Biographie“ des Landes. Regisseur dieser Inszenierung ist sein Sohn, auf den die Anordnung der Szenen und ihre Montage zurückgeht:

> Noch ehe das Flugzeug den Oranjefluß in Wolkenhöhe überflog, begriff der Alte auf einmal, weshalb ihm sein Sohn gerade diesen Umweg um einen ganzen Erdteil ausgewählt hatte. So wurde alles für ihn wieder lebendige Gegenwart, als sei es erst gestern gewesen, und er sah all diesen deutschen Besitz noch einmal wieder, den er mit urbar zu machen verholfen hatte, mit seinem Schweiß, seiner besten Manneskraft und all seiner Liebe! (G, 184)

Die Flugreise „um einen ganzen Erdteil“, die in ihrem Verlauf der Schiffspassage vom Anfang angenähert ist, also über eine historische Spur mit dem Prinzip ‚Entdeckung‘ verbunden bleibt, initiiert im alten Mann die Wiederbegegnung mit seinem früheren Ich, dem im Rückblick sein Handeln als potenter Mann, die Okkupation des afrikanischen Kontinents, als libidinös besetzte

334 Zum Begriff des Itinerars vgl. Karl Schlögel: *Im Raume lesen wir die Zeit. Über Zivilisationsgeschichte und Geopolitik.* Frankfurt/Main 2007. S. 51. Zum Itinerar als Prinzip von Erzählung vgl. Robert Stockhammer: *Kartierung der Erde. Macht und Lust in Karten und Literatur.* München 2007. S. 71f. Stockhammer grenzt das Itinerar vom Katalog ab. Während der Katalog Positionsangaben versammelt, hat das Itinerar eine temporale Dimension, indem es Wert auf die Wiedergabe der Reihenfolge von gemachten Erfahrungen legt.

Liebestat erscheint und dessen ‚Leben' buchstäblich in den kolonialen Raum geflossen ist.

Oldermanns Erzählung wird von Bildseiten begleitet, die der Geschichte der Chemie in Deutschland und exzeptionellen Forscherindividuen und Industriellen gewidmet sind. Hier werden die wichtigen Figuren der Laborszenen, in denen das Germanin entdeckt wurde, Wilhelm Roehl, Oskar Dressel, Anton Ossenbeck und andere sowie das Hamburger Tropeninstitut nachträglich als historisch-faktuale Persönlichkeiten und Orte zu sehen gegeben, wodurch eine visuelle Klammer zwischen der postkolonialen Erfahrung des deutschen Pflanzers und den konkreten Momenten geschaffen wird, in denen idealistische Forscher die größten Leistungen „für" ‚Afrika' vollbrachten, ohne dass der Text die Kopplung beider Sphären an diesem Punkt aktualisieren müsste.

Oldermann hat selbst auch eine Kiste mit Bayer-Medikamenten für die Farm seines Sohns im Gepäck, die vor allem zur Vorführung des Unwissens und der Ignoranz der englischen Zollbeamten und Flugpassagiere genutzt wird[335], die weder mit Leverkusen noch dem auf der Kiste eingebrannten Kreuz etwas anfangen können und sich damit performativ als die eigentlich unwürdigen Kolonisatoren offenbaren.[336] Erst der britische Distriktsarzt, der Oldermann in Daressalam erwartet, weiß die „Segnungen" der deutschen Pharmazie zu schätzen und begleitet den alten Mann durch die Kolonie, die weiterhin „Deutschost" genannt wird und nun buchstäblich den Boden für die durch den Flug angeregten Reflexionen des alten Mannes über den Zusammenhang

---

335 Vgl. auch die Schilderung der „fliegenden Apotheke", einer dreimotorigen Junkers 52 in *Erzeugnisse unserer Arbeit*: „Das Flugzeug verfügt über die modernsten technischen Einrichtungen. So finden sich an Bord eine große Telefunkenstation für lange und kurze Wellen und drahtlose Telephonie mit einer Reichweite bis zu 2000 km sowie eine zusätzliche Lorenz – Klein – Station mit einer Reichweite bis zu 200 km. Zielflug- und Peilgeräte ermöglichen den Blindflug. Mittels Telephon können die Fluggäste mit dem Führerraum und dem Boden im Umkreis bis zu 60 km sprechen. Höhenatmungsgeräte für Besatzung und Fluggäste vervollständigen die Einrichtung." (EuA, zw. 134/135, Interpunktion im Original.) Für eine reichhaltige, im Ton zur Technikbegeisterung neigende, dabei dennoch um Objektivität bemühte Dokumentation vgl. die Seite des privat geführten, selbsternannten *Historischen Luftfahrtarchivs Köln*: http://www.luftfahrtarchiv-koeln.de/bayerju.htm (zuletzt abgerufen am 10.9.2021). Das Flugzeug ist ein den Raum mehrstufig durchdringender Medienprofi und denkt, als Verdopplung des Bayer-Kreuzes an den Himmel, medienlogisch über die Überbrückung von Abständen nach und agiert als Kraftfeld und semiotischer Repräsentant komplex gebündelter I.G.-Ideologeme. Es immunisiert seine Mikrosphäre nach außen (Höhenatmung, Beatmungsgeräte) und kann als Prototyp und semantischer Teil-Extremraum des I.G.-Systems gewertet werden. Vgl. zur geopolitischen Implikation Hahnemann: *Texturen des Globalen*. S. 8 & 150.

336 Vgl. EuA, 107 & S. 65 in diesem Buch.

von ‚Volk‘ und ‚Lebensraum‘ abgibt. Die ‚Synthese‘ von (deutschem) Pharma-Humanismus und ‚Afrika‘ findet ihre Vollendung in einer Anrufung des „Kreuz des Südens“, das als kosmologische Variante des Bayer-Kreuzes[337] noch einmal den ‚Lebens‘-Raum ‚Afrika‘ als in seinen Merkmalen invariante („Tsetsefliegen gab es wie einst […]“ G, 189), aber nun durch das chemopharmazeutische Dispositiv wertsteigernd ergänzte Sphäre einer neugeschaffenen ‚Ordnung‘ charakterisiert.

337 Vgl. wiederum Besser: *Germanin*. S. 178.

KAPITEL 4

Konfliktfelder der „Zweiten Natur“: Rudolf Brunngrabers *Radium* (1936)

Rudolf Brunngraber ist, wie Karl Aloys Schenzinger, mit mehreren Büchern im Korpus der Untersuchung vertreten. Beide Autoren konnten zur Zeit des Nationalsozialismus reüssieren, Brunngraber gegenüber Schenzinger allerdings deutlich weniger stark und mit ambivalenten Karriereschritten. Noch zu Beginn der Dreißiger Jahre stand er dem Wiener Kreis und besonders Otto Neurath nahe und veröffentlichte seinen Roman *Karl und das 20. Jahrhundert* (1933) in der sozialdemokratischen *Arbeiter-Zeitung*. Das führte zu einem Publikationsverbot in Österreich zur Zeit des sogenannten „Austrofaschismus“.[1] Während einige seiner Bücher zwischenzeitlich verboten wurden, erreichten andere sehr hohe Auflagen; sein Roman *Opiumkrieg* (1939) wurde zuerst nicht gedruckt und nach der Kriegserklärung Englands zum Bestseller. Brunngraber selbst wurde einerseits mehrfach von hochrangigen Nazis zur Mitarbeit eingeladen, andererseits überwacht, wiederholt verhaftet, 1939 in die Reichsschrifttumskammer aufgenommen und im Jahr darauf wieder ausgeschlossen. Seine Bücher wurden in der Folge nicht mehr verkauft, später aber wieder mit hohen Absätzen vertrieben.[2]

Radium versucht, nicht nur keinen nationalsozialistischen, sondern, explizit kapitalismuskritisch und global angelegt, einen sozialistischen Standpunkt einzunehmen, was für Brunngrabers Schreiben typisch[3], innerhalb des Korpus

1 Eichhorn spricht von einer Gesamtauflage der Tatsachenromane Brunngrabers von über einer Million Exemplaren, was natürlich wesentlich weniger als bei Schenzinger, aber, sofern die Zahlen stimmen, immer noch spektakulär ist. Vgl. Martin Eichhorn: *Kulturgeschichte der „Kulturgeschichten“. Typologie einer Literaturgattung*. Würzburg 2002. S. 42.

2 Vgl. für einen knappen Überblick Siglinde Bolbecher & Konstantin Kaiser: *Lexikon der Österreichischen Exilliteratur*. Wien, München 2000. 125–127. Eine ausführliche Brunngraber-Biographie ist noch zu schreiben! Zur Sonderstellung von Brunngraber im NS-Literatursystem vgl. Lena Höft: „Ein Sozialist schreibt Bestseller im Dritten Reich? Rudolf Brunngrabers Tatsachenromane während des Nationalsozialismus und sein literarisches Schaffen in der Nachkriegszeit“. In: Detlef Haberland (Hg.): *Ästhetik und Ideologie 1945. Wandlung oder Kontinuität poetologischer Paradigmen in Werken deutschsprachiger Schriftsteller*. München 2017. S. 239–260, zu *Radium* im Wesentlichen S. 248f.

3 Lange ordnet die Darstellungsweise von *Radium* als „typisch für Brunngrabers Sachromane“ ein und sieht ihn zugleich als verfahrenstechnische Weiterentwicklung des *Karl*-Romans: „War in *Karl und das 20. Jahrhundert* die Welt der ‚Tatsachen‘ von der der Personen noch getrennt, wurden sehr gezwungene Übergänge (‚während …‘, ‚zur gleichen Zeit …‘) gesucht,

 | DOI:10.30965/9783846766408_005

aber ein Sonder-, wenn auch kein Einzelfall ist.[4] Der Roman, der kurz vor *Anilin*, glaubt man dessen Selbstdatierung sogar im selben Jahr[5], erscheint und bald darauf für das Radio adaptiert wird[6], spricht wesentlich skeptischer über die Potenziale neuer ‚Stoffe' und fungiert innerhalb der Bücher mit Stoffbezug als eine Art Konterpart zu Schenzingers Megaseller. *Anilin* und *Radium* stellen die komplexeste Opposition innerhalb des untersuchten Korpus dar. Bei relativer Nähe ihrer literarischen Verfahren verhandeln beide Texte wesentliche Basisannahmen des synthetischen Kolonialismus, bei denen ganz unterschiedliche Konsequenzen, vor allem für den in beiden Romanen wichtigen Bereich ‚Leben', gezogen werden. Hinsichtlich der hohen Auflage beider Bücher[7], der gleichzeitigen politischen Differenz und vor allem der unterschiedlichen inhaltlichen Ausrichtung kann Brunngrabers Roman als Anti-*Anilin* gelesen werden.

Der Erzählzeitraum von *Radium* umfasst knapp vierzig Jahre von 1896 bis in die Dreißiger Jahre des 20. Jahrhunderts, von der Entdeckung des neuen Elements über eine Phase der rauschhaften Anverwandlung durch verschiedene Verwertungssegmente bis hin zum Heraufdämmern der offensichtlichen gesundheitlichen Gefahren von Radioaktivität und ihrer katastrophalen Folgen sowie schließlich der Andeutung einer synthetischen Alternative. Das Buch stellt mit seinem Ende, ähnlich wie *Anilin* oder andere Bücher mit Stoffbezug, wiederum eine zeitliche Nähe zur Gegenwart seines Erscheinens her.

Anders als *Anilin* stiftet *Radium* Kontinuität nicht durch die Kommunikation zwischen zeitlich aufeinanderfolgenden und gleichzeitig agierenden

---

so werden nun die ‚Tatsachen' in Personen verkörpert." In: Lange: *Literatur des technokratischen Bewußtseins.* S. 74.

4 Will man die Texte politisch sortieren, was nicht immer einfach ist, würde das Prädikat „tendenziell links" etwa auch für Max Brods *Annerl* (1937), Daumanns *Das Ende des Goldes* (1938) und Vicki Baums *Cahuchu* (1943) gelten, was nicht heißt, dass diese Romane frei von rassistischen Verallgemeinerungen wären. Unter den Büchern mit Stoffbezug, die in ziemlicher Nähe zum Vierjahresplan erscheinen, ist *Radium* sehr wohl ein Einzelfall.

5 Zum nicht endgültig geklärten Erscheinungsjahr von *Anilin* vgl. S. 163, FN 1 in diesem Buch.

6 1937 wird im Reichssender Berlin eine Hörspieladaption des Romans gesendet, deren Text Günter Eich verfasst hat. Vgl. Günter Eich: *Radium. Nach Motiven des Romans von Rudolf Brunngraber.* (1937/1951). In: Ders.: *Gesammelte Werke.* Bd. II: *Die Hörspiele 1.* Hg. v. Karl Karst. Frankfurt/Main 1991. S. 157–194. Zur Einordnung des Hörspiels in Eichs Werk vgl. Glenn R. Cuomo: *Career at the Cost of Compromise. Günter Eich's Life and Work in the Years 1933–1945.* Amsterdam, Atlanta 1989. S. 110ff. sowie Lange: *Literatur des technokratischen Bewußtseins.* S. 74.

7 Lange gibt eine Stückzahl von 200.000 während der NS-Zeit und eine Gesamtauflage von 285.000 zusammen mit der 1950 erscheinenden Rowohlt-Taschenbuchausgabe an. Vgl. Lange: *Literatur des technokratischen Bewußtseins.* S. 73.

Forscherpersönlichkeiten. Der Text nutzt vielmehr zwei Ebenen, um prozessuales Nebeneinander und geschichtlichen Verlauf darzustellen. Zum einen eine geopolitische Struktur, die Handlungsstränge an verschiedenen Orten der Welt immer wieder aufeinander bezieht und einen episodischen Aufbau bewirkt. Und zum anderen ein System mediengestützter (Wissenschafts-) Kommunikation, über das relevantes ‚Wissen‘ über den ‚Stoff‘ und seine Verwendung narrativiert wird. Die relative formale Offenheit von *Radium* lässt es zu, dass Aussagemodi verschiedener Art integriert und miteinander verschränkt werden können.[8] Der Roman nutzt diese „diskursive“ Anlage für eine, etwa gegenüber *Anilin*, stärkere Lösung der Narration von einzelnen Individuen hin zur Kopplung der Darstellung gleichzeitiger Ereignisse an räumliche und mediale Schauplätze, wenngleich an der Anbindung von ‚Geschichte‘ als Handlung und Historie an menschliche Akteure grundsätzlich festgehalten wird. *Radium* bearbeitet innerhalb einer immer noch konventionellen Narration die Grenze zwischen Roman und Sachbuch also stärker als *Anilin*, auch weil sich der Roman wesentlich intensiver Medien der Distribution von Informationen und ihren Effekten widmet. Dabei geht es etwa um das Verhältnis der Literatur zur Darstellung mehrerer gleichzeitig stattfindender Ereignisse, deren ebenfalls gleichzeitige Darstellung durch die Linearität schriftlicher Narration versagt bleibt und verfahrenstechnisch imitiert werden muss. Ein Nachdenken hierüber ist meist auch eines über Repräsentation und wird vom Roman innerhalb einer Recherche zur angestrebten Abbildung von ‚Diskurs‘ selbst als Gesamtheit der Aussagen über das neue Element auch implizit reflektiert.[9]

---

8 Mit Hahnemann ließe sich hier von einer typischen Eigenheit des Sachbuchs sprechen als „hervorragende[m] Kommunikator geopolitischer Weltbilder […] [, der] aufgrund seiner sowohl inhaltlichen wie formalen Flexibilität jene Verbindung von Wissen, Weltanschauung und Identitätskonstruktion realisieren [konnte], die ihm nicht nur veröffentlichungspolitische Vorteile, sondern auch wirkliche Leser einbrachten [sic!].“ In: Andy Hahnemann: „‚… aus der Ordnung der Fakten‘. Zur historischen Gattungspoetik des Sachbuchs“. In: Arne Höcker u.a. (Hg.): *Wissen. Erzählen. Narrative der Humanwissenschaften*. Bielefeld 2006. S. 139–150, hier S. 146.

9 Der Roman ähnelt darin z. T. recht deutlich den ‚Stoff‘-Texten von Upton Sinclair, insbesondere *King Coal* (1917, dt. *König Kohle*. Zürich 1918), in dem ein junger Mann, Sohn eines Kohle-Millionärs, sich aus soziologischem Erkenntnisinteresse unter die Arbeiter_innen eines Bergwerks mischt und dort zum wichtigen Teil des Kampfes um gerechtere Bedingungen wird. Sinclair nahm für sich einen sehr hohen Grad an Involviertheit und Investigation in Anspruch, was für Brunngraber so nicht zu gelten scheint. Vgl. zum Konzept des „muckracking“ Dieter Herms: *Upton Sinclair. Amerikanischer Radikaler. Eine Einführung in Leben und Werk*. Jossa 1978. S. 49ff. Andere Beispiele aus Sinclairs Werk sind *Oil!* (1927, dt. *Petroleum*. Berlin 1927) oder *The Wet Parade* (1932), den die deutsche Übersetzung *Alkohol* (Berlin 1932) auch im Titel formal zum ‚Stoff‘-Roman machte. Die Bücher wurden jeweils

An den vielfach bei Brunngraber auftauchenden Mitteln des narrativierten „Fakts"[10] und der Einbindung statistischen ‚Wissens' zeigt sich der Einfluss Otto Neuraths, in dessen Umfeld Brunngraber einige Jahre arbeitete, und der von ihm entwickelten sogenannten „Wiener Methode".[11] Neurath, nach dem Ersten Weltkrieg an der Münchner Räteregierung beteiligt und später aktives Mitglied des Wiener Kreises, wurde 1925 Direktor des neugegründeten Gesellschafts- und Wirtschaftsmuseums in Wien und blieb es bis zu seiner Emigration im Jahr 1934.[12] Er führte Kampagnen zur Volksbildung durch und entwickelte zusammen mit Gerd Arntz die „Wiener Methode der Bildstatistik"[13], die später in den USA zur Bildsprache namens Isotype ausgebaut wurde. Nach Ansätzen

---

sehr schnell ins Deutsche übersetzt und erreichten hohe Auflagen, *Petroleum* bis 1931 etwa 125.000 deutschsprachige Exemplare.

10 Mit Rückgriff auf Döblins *Bau des epischen Werks* soll hier nicht von Montage gesprochen werden, wenngleich es das, was man in der Literaturwissenschaft gemeinhin so nennt, in den Romanen Brunngrabers zuhauf gibt. Vgl. zur Montage als „ostentativ anti-positivistisch[es]" Verfahren Dirk Niefanger: „Die historische Kulturwissenschaft und der neue Roman der 1920er Jahre und 1930 Jahre". In: Otto Gerhard Oexle (Hg.): *Krise der Wirklichkeit. Wissenschaft, Kunst und Literatur 1880–1932*. S. 273–293, hier S. 285. Auf den Bedarf an mehr Sensibilität für Medienspezifika im Umgang mit dem Montage-Begriff geht Bernd Stiegler ein in *Montagen des Realen. Photographie als Reflexionsmedium und Kulturtechnik*. München 2009, insb. S. 287f. Zum Wissenssystem in Brunngrabers *Karl und das 20. Jahrhundert* vgl. Lukas: *Individuelles ‚Schicksal' und überindividuelles ‚Leben'* sowie mit Akzent auf das wirtschaftswissenschaftliche ‚Wissen' Sabine Zelger: „Die große Erzählung von der geglückten Volksherrschaft und deren literarische Störung. Eine exemplarische Darstellung anhand vergessener Romane der Zwischenkriegszeit". In: Frank Gadinger, Sebastian Jarzebski & Taylan Yildiz (Hg.): *Politische Narrative. Konzepte – Analysen – Forschungspraxis*. Wiesbaden 2014. S. 287–310. Zelger erkennt ebenfalls die dem Roman zugrundeliegende Dialektik, hier eher als die zwischen Individuum und „Gesellschaft" gefasst. Ihr Urteil zu den Verfahren des Romans, Brunngraber würde „auf verstörende Weise literarische Konventionen [ignorieren]" (S. 291), greift aber etwas zu weit. Die Forschungsdiskussion zum Begriff ‚Montage' fasst kurz zusammen Holger Korthals: *Zwischen Drama und Erzählung: Ein Beitrag zur Theorie geschehensdarstellender Literatur*. Berlin 2003. S. 461ff.

11 Zum Einfluss Neuraths auf Brunngraber vgl. bspw. Aneta Jachimowicz: „Statistik als ‚Werkzeug des proletarischen Kampfes'? Otto Neuraths statistisches Denken und Rudolf Brunngrabers Individuum-Auffassung in ‚Karl und das 20. Jahrhundert'". In: Primus-Heinz Kucher (Hg.): *Verdrängte Moderne – vergessene Avantgarde. Diskurskonstellationen zwischen Literatur, Theater, Kunst und Musik in Österreich 1918–1938*. Göttingen 2015. S. 269–285, dort auch Informationen über die Neurath-Bezüge in Brunngrabers Roman *Der Weg durch das Labyrinth* (1949) sowie Jon Hughes: „Facts and Fiction. Rudolf Brunngraber, Otto Neurath and Viennese ‚Neue Sachlichkeit'". In: Deborah Holmes & Lisa Silverman (Hg.): *Interwar Vienna. Culture Between Tradition and Modernity*. Rochester 2009. S. 206–223.

12 Vgl. Hughes: *Facts and Fiction*. S. 218. Vgl. zu Neuraths Leben ebenfalls Günther Sandner: *Otto Neurath. Eine politische Biographie*. Wien 2014.

13 Hughes: *Facts and Fiction*. S. 218.

zur tableauartigen Visualisierung weltgeschichtlicher und gesellschaftlicher Entwicklungsprozesse im Rahmen einer Art Ethnologie des Eigenen[14] entwickelte er eine neue Form der Datenvisualisierung, die stark von seinen philosophischen Überlegungen zu einer Einheitswissenschaft und verschiedenen Enzyklopädieprojekten geprägt war[15], in denen Neuraths Nähe zu anderen „Strukturschaffern“, etwa dem Belgier Paul Otlet[16], deutlich wird.

Ihr politisches Begehren, das die Arbeit von Brunngraber und Neurath zentral motivierte, verband den Schriftsteller mit soziologischem Blick[17] mit dem Soziologen auf der Suche nach neuen visuellen Vermittlungsformen.[18] Neurath, der in seinen Schriften und Arbeiten immer wieder die Vorrangigkeit

14 Verstanden im Sinne einer „Befremdung der eigenen Kultur“, vgl. Amann & Hirschauer: *Befremdung der eigenen Kultur*. S. 12 sowie analog zum Selbstverständnis Foucaults von seiner Forschung als „eine Analyse der Zivilisationstatsachen, die *unsere* Kultur charakterisieren“, später konkretisiert als „etwas wie eine *Ethnologie* der Kultur, der wir angehören“. Vgl. Paolo Caruso: „Gespräch mit Michel Foucault“. In: Michel Foucault: *Von der Subversion des Wissens*. Hg. v. Walter Seitter. Frankfurt/Main 1987. S. 7–27, hier S. 12 (Herv. im Orig.).

15 Vgl. hierzu Bernd Stiegler: *Der montierte Mensch. Eine Figur der Moderne*. Paderborn 2016. S. 276–284 sowie Sybilla Nikolow: „‚We could not photograph social objects even if we tried‘. Otto Neuraths Bildstatistik als Beobachtungs- und Darstellungsinstrument sozialer Fakten“. In: *Mitteilungen des Instituts für Wissenschaft und Kunst* 64 (2009), H. 1/2. S. 18–30, und dies.: „Sachbilder zwischen Wissenschaft, Öffentlichkeit und Gesellschaft. Otto Neuraths Bildpädagogik im historischen Kontext“. In: Thomas Brandstetter u.a. (Hg.): *Sachunterricht. Fundstücke aus der Wissenschaftsgeschichte*. Wien 2008. S. 59–65. Vgl. weiterhin die von Rainer Hegselmann herausgegebene Sammlung von Texten Otto Neuraths: *Wissenschaftliche Weltauffassung, Sozialismus und logischer Empirismus*. Frankfurt/Main 1979.

16 Otlet begann bereits 1895 in Brüssel mit der Umsetzung seines Plans zur Schaffung einer *Mundaneum* genannten Universalbibliothek, die das Wissen der gesamten Menschheit allen zugänglich machen sollte und dabei bereits in analoger Form die Techniken moderner Suchmaschinen verwandte. Zur Verbindung von Otlet und Neurath als Akteure von Wissenspopularisierung im Kontext von visueller Sprache, Museum und ‚Enzyklopädie‘ vgl. Alex Wright: *Cataloging the World. Paul Otlet and the Birth of the Information Age*. New York 2014. S. 198ff.

17 Brunngraber grenzte sich nach 1945 von „Reportagen-Nullen wie Schenzinger und Konsorten“ durch die Form seiner Bücher und ihren Anspruch ab: „Tatsächlich war es mein Ehrgeiz, das Dämonische der Nationalökonomie (beispielsweise) aufzuzeigen, aber mit den Mitteln der Dichtung und dichterischen Figurengestaltung. […] [Ich bin] der Autor eines neuen (ich glaube, ich darf das sagen) soziologischen Romans.“ Brunngraber in einem Brief an Kasimir Edschmid vom 22. Juni 1952. Zit. n. Karl Müller: „‚Inflation‘. Literarische Spiegelungen der Zeit“. In: Ders. & Hans Wagener (Hg.): *Österreich 1918 und die Folgen. Geschichte, Literatur, Theater und Film*. Wien u.a. 2009. S. 123–146, hier S. 141.

18 Zum Verhältnis von Brunngraber und Neurath vgl. auch Wendelin Schmidt-Dengler: „Statistik und Roman. Über Otto Neurath und Rudolf Brunngraber“. In: Ders.: *Ohne Nostalgie. Zur österreichischen Literatur der Zwischenkriegszeit*. Wien u.a. 2002. S. 82–91.

des Visuellen betonte und seine Zeit dementsprechend als das *„Jahrhundert des Auges*"[19] charakterisierte, leitet aus dem Befund, in einer stark von optischen Reizen geprägten Welt zu leben, die Konsequenz ab, hier auch vermittlerisch ansetzen und ‚Wissen' eben im Wesentlichen nonverbal in Bildform zur Darstellung bringen zu müssen.[20] Wenn für sein Konzept gilt, dass „social existence can only be mediated via statistics, via forms of ‚sociological graphics,' which for their own part convey certain facts about society"[21], dass also Fragen der Repräsentation von ‚Gesellschaft' durch positivistisch-visuelle Formen (re-)konstruiert werden, gilt für *Karl und das 20. Jahrhundert* der erste Punkt, die Relevanz von Statistik, voll mit, während der zweite sich den Verfahren der Literatur auszusetzen und letztlich unterzuordnen hat, auch wenn einige Grenzübertritte gelingen mögen. Ein Beispiel hierfür ist die oft zitierte Darstellung von Karls Tod, der zwar als Individuum sterben darf, dabei aber sogleich aufgelöst wird:

---

19 Otto Neurath: „Soziale Aufklärung nach Wiener Methode" [1933]. In: Ders.: *Gesammelte bildpädagogische Schriften*. Bd. 3. Hg. v. Rudolf Haller & Robin Kinross. Wien 1991. S. 231–239, hier S. 234 (Herv. im Orig.).

20 Schmidt-Burkhardt charakterisiert Neurath dementsprechend als einen frühen Wissenspopularisierer mit einem Interesse an „Viskursen" zur Ergänzung von Diskursen. Vgl. Astrid Schmidt-Burkhardt: *Die Kunst der Diagrammatik. Perspektiven eines neuen bildwissenschaftlichen Paradigmas*. 2., vollst. überarb. Aufl. Bielefeld 2017. S. 24. Am Briefwechsel mit Meyer Schapiro rekonstruiert Schmidt-Burkhardt außerdem Neuraths Verständnis des Bildes als „ontologisch aufrichtig" und frei von Suggestionen (S. 161f.). Zum Begriff des „Viskurses" vgl. Karin Knorr-Cetina: *Wissenskulturen. Ein Vergleich naturwissenschaftlicher Wissensformen*. Frankfurt/Main 2002. Die Annäherung von Neuraths Methode(n) an das Konzept von Knorr-Cetina scheint suggestiv, aber auf den zweiten Blick irreführend, unterscheiden sich doch Kontexte, Milieus, damit zusammenhängende Pragmatiken etc. deutlich. Hinzu kommt, dass Neuraths Diktum vom „Jahrhundert des Auges" zwar als Zeitdokument ebenso schlagend ist wie sein wiederkehrendes „Worte trennen, Bilder verbinden", gleichwohl blieben auch Neuraths Arbeiten auf Schrift als Teil der Vermittlungssituation stark angewiesen. Vgl. zur nachgeordneten, aber präsenten Rolle der Schrift in Neuraths Pädagogik Angélique Groß: *Die Bildpädagogik Otto Neuraths. Methodische Prinzipien der Darstellung von Wissen*. Cham 2015. S. 56f. Vgl. zu Neuraths Bild/Text-Verständnis außerdem Bernd Stiegler: „The Age of the Eye. Fritz Kahn and Otto Neurath". In: Helena Doudova, Stephanie Jacobs & Patrick Rössler (Hg.): *Image Factories. Infographics 1920–1945. Fritz Kahn, Otto Neurath et al.* Leipzig 2017. S. 43–47. Die Freiheit der Figuren aus Neuraths Bildsprache von allem „emotional charge" betont auch Sappol und nähert die Reihen männlicher Silhouetten in den Visualisierungen zeitgenössischen Effektverbünden wie den Tiller Girls an. Vgl. Michael Sappol: *Body Modern. Fritz Kahn, Scientific Illustration and the Homuncular Subject*. Minneapolis 2017. S. 77. Hier könnte ein Ansatz für eine bisher nicht geleistete Revision der „Wiener Methode" aus geschlechtertheoretischer Sicht liegen.

21 Stiegler: *Age of the Eye*. S. 47.

> Nach Angaben des Dr. Charles H. Maye in Rochester ist ein Mensch nicht mehr und nicht weniger wert als vier Mark, wobei Dr. Maye die Bemessung exakt auf Grund der Verwertbarkeit der in einem Menschen enthaltenen Rohstoffe vornimmt. So reicht das Fett eines Menschen zur Herstellung von sieben Stück Seife. Aus dem Eisen eines Menschen läßt sich ein mittelgroßer Nagel machen. Der Zucker langt für ein halbes Dutzend Faschingskrapfen. Mit dem Kalk kann man einen Kückenstall weißen. Der Phosphor liefert die Köpfe von 2200 Zündhölzern. Das Magnesium ergibt eine Dosis Magnesia. Mit dem Schwefel kann man einem Hund die Flöhe vertreiben. Und das Kalium reicht für einen Schuß aus einer Kinderkanone.[22]

Im Roman ereignet sich kurz zuvor bis zeitgleich mit dieser Beschreibung der Suizid der Hauptfigur Karl Lakner. Zunächst läge es nahe, die gewaltsame Reduktion des Menschenkörpers auf die in ihm enthaltenen Rohstoffe und ihre warenweltliche Quantifizierung für eine Kritik auf die streng positivistische Philosophie des logischen Empirismus zu halten, deren Vertreter Neurath als Mitglied des inneren Wiener Kreises war. Das strikt antimetaphysische Diktum des Romans, dass der Leib nach Charles Mayes Exempel eben doch nicht mehr ist als die Summe seiner Teile, sondern vielmehr *genau* das, lässt sich allerdings nicht von der Einbettung in oder vielmehr prothesenhaften Anschließung seiner Auflösung an den Roman[23], anstelle der Beschreibung eines Figurentods, lösen.[24] Dabei fällt auf, dass die Verrichtungen und Verwendungszwecke den Körper nicht in ‚modernen' Zusammenhängen zum Verschwinden bringen, sondern seine Elemente jenseits fortschrittlicher oder innovativer Techniken, etwa im Weißen eines Kückenstalls, dem Heimwerken oder im Hobby der Seifensiederei, also in betont banalen Kontexten, verwertet werden.[25]

---

22 Rudolf Brunngraber: *Karl und das 20. Jahrhundert*. Nördlingen 1988 [1933]. S. 254.

23 Der Roman bricht schon vor dem Selbstmord ab und delegiert dessen Umstandsbeschreibung an den ersten von „Drei Zeitungsausschnitte[n] vom 23. Februar 1931“ (ebd., S. 253), auf den dann der Bericht über das Rechenexperiment von Charley H. Maye folgt.

24 Zur Überlagerung möglicher moralischer Eingriffe der Erzählinstanz durch naturwissenschaftliches ‚Wissen' im Roman vgl. Lukas: *Individuelles ‚Schicksal' und überindividuelles ‚Leben'*. S. 259. Vgl. weiterhin Jürgen Heizmann: „‚Die Wahrheit liegt in den Zahlen'. Zur neusachlichen Poetik in Rudolf Brunngrabers Roman ‚Karl und das 20. Jahrhundert'“. In: Sabine Kyora & Stefan Neuhaus (Hg.): *Realistisches Schreiben in der Weimarer Republik*. Würzburg 2006. S. 235–254, hier S. 251f.

25 Vgl. hierzu eine Abbildung Fritz Kahns, der auf umgekehrte Weise die (konstruierte) alchemistische Urphantasie einer Neuschöpfung des Menschen aus dem „Nichts“ chemischer Substanzen als privates Vergnügen eines gealterten Naturforschers in einem schwach beleuchteten Holzverschlag zeigt und damit, sichtlich ironisiert, die Chemie des Menschenkörpers als Feld der ‚Synthese' von den zur gleichen Zeit immer wichtiger und

Dieses Nachdenken über den Körper als Medieneffekt, dessen ‚Leben' in einer bestimmten Verbindung zum ‚Stoff' steht, der wiederum neue Medieneffekte, etwa im Bereich der Wissenschaftskommunikation, produziert, wird ein Aspekt sein, dem *Radium* viel Aufmerksamkeit widmet und der das Schreiben Brunngrabers von Neuraths Denken und seiner „Wiener Methode" abhebt. Wie in *Karl und das 20. Jahrhunderts* geht es auch hier um die Vermittlung von ‚Wissen' und ‚Erzählung', wobei ‚Wissen' für den Fall von *Radium* nicht dezidiert in die Sphären von „fachwissenschaftlichem Wissen" und „Alltagswissen"[26] hinein verfolgt wird, die so im Text nicht durchgängig existieren, sondern exemplarische Elemente eines spezifischen ‚Stoff'-, ‚Raum'- und ‚Lebens'-Wissens untersucht werden. Deren wesentliche, einander überlagernde Erscheinungs-‚Orte' im Roman sind 1) die Verbindung von ‚Wissen' und literarischen Verfahren, 2) Formen von Wissenschaftskommunikation, die der Roman aufgrund seiner Perspektivierungen partiell zu „unterdrücken" versucht, und 3) ‚Wissen' *als* und zugleich *über* Medien und ihre Wirkungen, durch die ein großer Teil des textinternen Wissenssystems narrativiert wird. Wie bei den anderen Romanen bildet *Radium*, vermittelt über den ‚Stoff' als Prozessor und seinen Einfluss auf den Wert ‚Leben', einen ‚Dritten Raum' aus, in dem synthetischer Kolonialismus sich ereignen kann. In diesem Roman passiert das mit anderen, letztlich negativen Konsequenzen, daher seine Bestimmung als Anti-*Anilin*.

---

zahlreicher werdenden Produkten der Synthesechemie abgrenzt. Kahn, der, wie bereits im Kapitel zu *Erzeugnisse unserer Arbeit* angedeutet wurde (vgl. S. 100 in diesem Buch), ein wichtiger Akteur bei der Popularisierung von Körperwissen war und dabei sehr oft zu technischen Analogien für die Darstellung von physiologischen Abläufen griff (vgl. seine Grafiken „Der Mensch als Industriepalast" oder zu den Sinnen), ironisiert hier also nur ein bestimmtes Prinzip chemischer Körper-‚Synthese' durch Korrelation mit einem bestimmten Prinzip von ‚Chemie' als privater Praxis, die auch privaten Tätigkeiten (Kückenstall streichen) dient, wodurch die „moderne" Chemie implizit das Individuelle abstreift und in ihrem Profil geschärft wird. Zum Verhältnis von Kahn und Neurath vgl. bspw. Stiegler: *Der montierte Mensch*. S. 282, Stiegler: *The Age of the Eye* sowie Sappol: *Body Modern*. S. 76f. Für die Grafiken von Kahn siehe Uta von Debschitz & Thilo von Debschitz (Hg.): *Fritz Kahn*. Köln 2013. S. 43 („Schöpfung" im Schuppen, 1931), 104f. („Der Mensch als Industriepalast, 1926/1928) & 189 („Auto und Ohr sind übereinstimmend", 1929).

26 Vgl. zu dieser, für den *Karl*-Roman triftigen, Unterscheidung, Lukas: *Individuelles ‚Schicksal' und überindividuelles ‚Leben'*. S. 247f.

4.1 ‚Wissen‘ als Medienereignis. Marya Sklodowska, verh. Curie entdeckt das „Strahlende“

Wie bei der Analyse exemplarischer Romananfänge gezeigt[27], beginnt der Roman mit der Schilderung desselben Moments an drei verschiedenen Orten. Nach der Geburtsszene im Haus der Witwe Purvis, deren Gatte in Ausübung seiner Tätigkeit als Kolonialoffizier umgekommen ist, folgt am zweiten Ort Brüssel die detaillierte Schilderung einer Konferenz, in der Pierre Cynac, neunzehnjähriger Abkömmling eines einflussreichen Bankiers, den versammelten Herren eröffnet, dass er es für unbedingt erforderlich hält, in die Erschließung der Rohstoffe im Kongo zu investieren. Er, der als „mohrengesichtiger Benjamin“ (R, 9) beschrieben wird, „in dem offenbar eine Naturkraft wirkte“ (R, 11) und dem, so scheint es, „seine Mission mit einem sichtbaren Strahl aus der Höhe übertragen [würde]“ (R, 10), ist über den Wert ‚Leben‘ auf merkwürdige Weise selbst mit dem Raum ‚Afrika‘ verbunden, was sich als Korrelation sogar in seiner Physiognomie ausdrückt.[28] Der Roman stellt also bereits zu Beginn einen Zusammenhang zwischen den Figuren her, der neben dem Wert ‚Leben‘ (die Geburt und der Tatendrang des jungen Mannes) ‚Afrika‘ als Referenz- und Kontrastraum ins Spiel bringt, dem in London beziehungsweise Brüssel ambivalent begegnet wird. Während die Witwe des Kolonialbeamten in den Wehen über ihren Mann, „den die Aschanti hinter Kumasi erschlagen hatten“ (R, 7), nachdenkt, wird der fanatische Drang Cynacs, „in dieses Katanga“ (R, 12) zu kommen, mit einer afrikanisch-antikisierten Körperlichkeit parallelisiert. Orte wie die sogenannte „Goldküste“ und Katanga werden so, im lebensideologischen Kontext nicht ungewöhnlich, zugleich mit ‚Schöpfung‘ und ‚Gefahr‘/‚Tod‘ korreliert. Bereits am Romananfang ergibt sich das Bild einer Krise europäischer Genealogie-Konzepte, deren Verhandlungsorte auch die Körper der Figuren sind.[29]

---

27 Vgl. S. 278f. in diesem Buch.

28 Die physiognomische Korrelation ausgewählter Figuren mit ‚Afrika‘, hergestellt durch die Aktualisierung rassistischer Stereotype, wird nicht nur auf Pierre Cynac, hier ja bereits als „mohrengesichtig“ eingeführt, sondern auch auf George Purvis, eine andere wichtige Figur, angewendet werden. Dieser wird unter anderem als „Neger mit Römerblut“ (R, 21) und damit in derselben Ambivalenz wie Cynac beschrieben, dessen Nase nämlich romanisierend „an Marc Anton auf dem Löwenwagen [erinnerte]“ (R, 9). Dazu passt schließlich, dass das Haus der Cynacs in Brüssel „ägyptisch anmute[t]“ (R, 8), sodass ein System innerlich abgestufter ‚Afrikanität‘ mit einem antikisiert, herrschaftlichen ‚Norden‘ (Ägypten) und einem zur Ausbeutung freigegebenen, indifferenten Rest kenntlich wird.

29 Vgl. Anna-Katharina Höpflinger: „Zwischen Repräsentation und Regulierung. Körper als Aushandlungsorte für Weltanschauungen“. In: Linda Ratschiller & Siegfried Weichlein

Von der zweiten Episode zur dritten wird wiederum eine Überleitung gewählt, die die Gleichzeitigkeit der kommenden Handlung unterstreicht. Die Stelle sei nochmals zitiert:

> Dergleichen Entschlüsse, wenn auch auf andere Objekte bezogen, wurden zu diesem Zeitpunkt auf dem Erdball millionenfach gefaßt. Auch Kinder – soll noch einmal an die kreißende Witwe des Obersten Purvis erinnert werden – kamen in dieser Stunde ungefähr zweieinhalbtausend zur Welt. Was sich aber gleichzeitig in Paris ereignete, wo es in die schneenasse Rue Casimir Delavigne hinabregnete und die Wanduhr im Laboratorium des Physikers Henri Becquerel gleichfalls auf die elf zeigte, war einzigartig und einmalig. (R, 12)

Als Höhepunkt des initialen Trio-Paradigmas „Ein Augenblick an drei Orten" wird nun die Assistentin von Henri Becquerel gezeigt, eine „junge Frau, die in dem zarten polnischen Körper und hinter den schwarzen Mädchenaugen das Wesen eines Mannes besaß" (R, 13), gerade damit beschäftigt, eine fotografische Platte zu entwickeln. Sie bemerkt dabei,

> daß die Platte zwei Bilder zeigte. Das Kristallbild, um das es sich handelte, und eine dunkel strahlende Verunreinigung, die wie ein ausgefranstes Adernnetz aussah. Die Erscheinung war um so rätselhafter, als sich auch erkennen ließ, daß das Adernnetz in eine lichte Masse eingebettet war, die sich gleichfalls abgebildet hatte. (R, 13)

Die junge Frau, physiognomisch und mental von Figuren der Spaltung gekennzeichnet, außen Frau, im Wesen Mann, ebenfalls antikisiert eine „Polin, die den Kopf einer Griechin besaß", und zwischen rationalem und affektivem Verhalten schwankend, „stellt[] halb mit Herzklopfen, halb mit Kopfschütteln eine Kontaktkopie der mysteriösen Platte her" (R, 14). Dabei entdeckt sie das Phänomen der Strahlung in Form eines Fotoeffekts und vermittelt im Herstellen der *Kontakt*-<u>Kopie</u> auch äußerlich das Mysterium mit der Technik, den beobachteten Effekt mit seinem Ursprung. Der Träger jener „dunkel strahlende[n] Verunreinigung" (R, 13) ist gleichsam ein wissenschaftliches Bild aus Becquerels Experimentalsystem[30], dem sie, weit gefasst, als Assistentin selbst angehört. Der mutmaßliche Auslöser des Bildes im Bild, ein Stück Uranerz, das im Dunkeln auf der Aluminiumkassette gelegen hatte, in der die Fotoplatten aufbewahrt wurden, war zuvor bereits im experimentellen Setting als Verursacher fotografischer Abbildungen genutzt worden, allerdings unter der

---

(Hg.): *Der schwarze Körper als Missionsgebiet. Medizin, Ethnologie, Theologie in Afrika 1880–1960*. Wien 2016. S. 175–187, hier S. 175f.

30 Vgl. Rheinberger: *Experimentalsysteme und epistemische Dinge*. S. 8f.

Annahme, es handele sich dabei um Auswirkungen von Fluoreszenz, also der „Eigenschaft bestimmter Stoffe, Licht, mit dem man sie bestrahlt, andersfarbig zurückzuwerfen“ (R, 13). Davon, dass der Stoff von sich aus, ohne Zufuhr von außen, Strahlung emittiert, war man bisher nicht ausgegangen. Die Urszene der Radium-Forschung wird also als serendipitärer Glücksfund konzipiert, der, angewiesen auf den kreativen Umgang der Einzelperson Marya Sklodowska mit anfänglichem Nicht-‚Wissen‘[31], zwei technische Settings gleichzeitig reflektiert. Erstens werden solche scheinbaren Zufallsfunde retrograd zumeist sehr zuverlässig als „aus der inneren Mechanik der experimentellen Zukunftsmaschine herausprozessiert“[32] gedeutet, was im vorliegenden Fall, wie noch zu zeigen sein wird, zumindest für die Laborfamilie Becquerels gilt. Zweitens wird aber vor allem über die Beobachtung des Mediums Fotografie als sujetlos in das Wissenschaftssystem eingelassene Erkenntnispraxis, die selbstverständlich von der Laborassistentin beherrscht wird, gezeigt, dass ein spezifischer Akteursverbund bereits präexistent ist. Dieser besteht aus der Assistentin selbst, ihren Fähigkeiten, der Schublade mit fotografischen Platten und dem darauf ohne Abschirmung liegenden Stück „Pechblende aus Johanngeorgenstadt“ (R, 13) sowie den Fluoreszenz-Experimenten Becquerels, zu denen all dies eingesetzt wird. Zwischen diesen Akteuren kann sich nun ein spezifisches ‚Wissen‘ über das Phänomen der Strahlung versammeln und damit Erkenntnis sich „anbahnen“ im Kontakt zwischen einem wissenschaftlichen Bild, dessen Informationsgehalt ein Rauschen aufweist, und der Interpretation dieses Rauschens *als* Rauschen durch die Wissenschaftlerin.[33] Hierfür, also für den Grad an genereller epistemologischer Zutraulichkeit und medialer Verbindlichkeit ihrer eigenen Aussagen, wird die konkrete „Fotografie“ der Strahlung als Nicht-Bild gleichsam zum Index, der andere bildgebende Verfahren herauszufordern imstande ist[34] und über den ‚Störung‘ als ‚lebens‘-nah verortet wird.[35]

---

31 Diesen Umgang gibt der Text in erlebter Rede wieder und kann damit sehr präzise das Handeln der Figur mit ihrem Denken als Prozess einer Erkenntnis modellieren.

32 Rheinberger: *Experimentalsysteme und epistemische Dinge*. S. 145.

33 Vgl. Frevert: *Wissenschaft der Synthese*. S. 163ff. Das Radium wird durch seine räumliche Bedingtheit vom Roman als Effekt eines Experimentalsystems konzipiert. Zu Anknüpfungspunkten an die Akteur-Netzwerk-Theorie, die Frevert im Fall der Synthesechemie plausiblerweise für ein sehr geeignetes Analysewerkzeug erachtet, vgl. ebd., S. 192.

34 Marya stürzt aus der Dunkelkammer zu Becquerel, der gerade „an einem Tisch voller Diagramme“ (R, 14) saß.

35 Wofür die Fotografie ebenfalls zum Index wird, was der Roman aber zunächst nur schwach reflektiert, ist die Rolle von Marya Sklodowska (spätere Curie) als subalterne Figur im Wissenschaftsbetrieb der Zeit, die zwar eine buchstäbliche „Entdeckung“ macht, für diese aber zunächst nicht historiographisch verzeichnet wird. 1903 erhalten

> Der Forscher und seine Assistentin sahen mit dem Gefühl auf das Bild, daß ein Geheimnis sich ihnen aufgetan hätte./Und sie wurden von dem geistigen Rausch erfaßt, der das Lebendigste im Menschen ist und der sie anregte, sogleich mit der Feststellung der näheren Umstände um das Geheimnis zu beginnen. (R, 14)

Was im Folgenden unternommen wird, kann, wenngleich es mit allen Merkmalen des Exzesses versehen ist[36], als Zugriff von Verfahren zur Herstellung wissenschaftlicher Objektivität verstanden werden, die den Schock des Neuen sukzessive mit dem Bekannten verbinden.[37] Räumlich wird der mysteriöse Stoff in Johanngeorgenstadt verortet, das nun, wo in den ersten beiden Episoden ein Reflex von ‚Zeugung' beziehungsweise das schöpferische Interesse der Figuren aus ‚Afrika' kommt oder dorthin verweist, die Rolle des „anderen" Ortes einnimmt und damit paradigmatisch befremdet wird. Die Substanz, die von diesem Ort stammt und um die es im Folgenden geht,

---

zwar neben Becquerel (eine Hälfte) auch Marie und Pierre Curie (zweite Hälfte) den Physik-Nobelpreis. In der offiziellen Begründung der Curie-Hälfte wird die Entdeckung der Radioaktivität aber nochmal ausdrücklich Becquerel zugeschrieben: „[...] in recognition of the extraordinary services they have rendered by their joint researches on the radiation phenomena discovered by Professor Henri Becquerel." Zit. n. „The Nobel Prize in Physics 1903". Digital verfügbar unter: https://www.nobelprize.org/prizes/physics/1903/summary/ (zuletzt abgerufen am 10.9.2021). Mit Blick auf verschiedene Schilderungen der Vorgänge in anderen Quellen liegt allerdings auch nahe, dass Brunngraber eine Modifikation der Ereignisse vornimmt, um Marya Sklodowskas Rolle zu betonen. So gehen bspw. mehrere Darstellungen davon aus, dass die bei Brunngraber geschilderten zufälligen Entdeckungen an der Platte von Becquerel selbst gemacht wurden. Vgl. Ray Spangenburg & Diane Kit Moser: *Modern Science 1896–1945*. New York 2004. S. 7 sowie Richard F. Mould: *A Century of X-Rays and Radioactivity in Medicine. With Emphasis on Photographic Records of the Early Years*. Bristol 1993. S. 10. So weit, von einem Brunngraberschen Counter Narrative gegenüber der geschlechterpolitischen Marginalisierung weiblicher Positionen im Wissenschaftsbetrieb zu sprechen, lässt sich für *Radium* allerdings nicht gehen.

36 Becquerel und Marya Sklodowska werden an diesem Tag das Mittagessen ausfallen lassen und „mit der Spannung von Schatzsuchern" (R, 15) weiterarbeiten. Zeitverlust, eine Semantik räumlicher Exploration als ‚Abenteuer', Arbeit die einerseits, durch Einsicht in die Geheimnisse der Natur, „fromm" macht, zugleich aber „lüstern" (R, 16) betrieben wird, der personalisierte ‚Stoff', der selbst zu handeln beginnt, sowie ein Modell, in dem ‚Wissen' und Nicht-‚Wissen' im Begriff der ‚Ahnung' verschmelzen, sind typische Elemente literarischer Darstellungen von Erkenntnis in dieser Zeit und kommen auch in den Büchern mit Stoffbezug häufig vor. Vgl. S. 199, FN 83 in diesem Buch.

37 Wilder betont, dass das fotografische Setting, in dem die Aufnahmen entstehen, trotz ihrer unbekannten Ursache dennoch dem Standard entspricht. Vgl. Kelley Wilder: „Visualizing Radiation. The Photographs of Henri Becquerel". In: Lorraine Daston & Elizabeth Lunbeck (Hg.): *Histories of Scientific Observation*. London 2011. S. 349–386, hier S. 356 (auf S. 350 gibt es eine Abbildung des ersten Radium-Fotos).

übernimmt in metonymischer Logik die semantischen Eigenschaften des ‚Anderen‘ und damit auch den Wert ‚Leben‘.

Bei einem Vortrag, den Becquerel zehn Tage nach Maryas Entdeckungen vor der Akademie der Wissenschaften über die strahlenden Eigenschaften des Uran hält[38], verlängert sich der Fotoeffekt von der wissenschaftlichen auf eine wissenschaftskommunikative Ebene:

> Jenem Auditorium von achtundsiebzig Männern, das seit den Zeiten Colberts, genau seit zweihundertdreißig Jahren, die wissenschaftliche Auslese der Nation bestimmte und dessen Mitglied er [Becquerel, AW] war. Er trug zum Frack eine weiße Krawatte und die goldene Galabrille, auch hatte er sich den Bart stutzen lassen. Alle Linien des amphitheatralischen Saales im *Institut de France* liefen bei ihm zusammen, die geometrischen, die geistigen und die der Feierlichkeit. Die Kandelaber an den Wänden flammten. Es war der größte Tag seines Lebens. (R, 17, Herv. im Orig.)

Die Anpassung Becquerels, sein vestimentärer und rhetorischer Rekurs[39] auf die Traditionen der Institution, deren Mitglied er ist und die als wissenschaftspolitischer Filter fungiert, werden von einem Aufmerksamkeitsdispositiv unterstrichen, für das der Text sensibel ist und das er als Linien des Geistes, der Geometrie und der Dignität beschreibt, die bei Becquerel gebündelt werden, sodass er als Äquivalent einer Strahlungsquelle erscheinen kann, über die er selbst sprechen wird. Der Gegenstand wissenschaftlicher Forschung und Wissenschaftskommunikation als Diskurs-Element werden auf diese Weise performativ enggeführt als zweierlei Effekte medialer Dispositive, die als ‚fotografisch‘ oder ‚theatral‘ bezeichnet werden können, fiktionsintern aber treffender als radioaktives Prinzip im Sinne von einer Quelle ausgehender Strahlung zu fassen sind.

Dass dieses Prinzip von Impulsspuren, die der ‚Stoff‘ auf einem Speichermedium hinterlässt, auch für das Kommunikations- und Geschichtsmodell

---

38 Zu den Ereignissen, die gemeinhin als „Startpunkt“ der Geschichte der Atomphysik gewertet werden, gibt es gut recherchierte Quellen, in denen die Geschichte aber noch immer als „Entbergung“ von Naturgeheimnissen durch das ‚weiße‘, ‚männliche‘ Individuum erzählt wird. Einen Überblick bietet bspw., mit relativ typischem Titel, Bernard Fernandez: *Unravelling the Mystery of the Atomic Nucleus. A Sixty Year Journey 1896–1956*. New York 2013. S. 2ff.

39 Im Roman folgt nun der Vortrag Becquerels, in dem er sich in die Arbeiten zeitgenössischer Physiker (Röntgen) und in vorangegangene Vorträge (Poincaré) einordnet. Zur historischen Bezüglichkeit von Röntgenstrahlen und Radioaktivität aus medienwissenschaftlicher Perspektive, auch zur historischen Vorgängigkeit der Röntgenstrahlen gegenüber der „aus ihr hervorgehenden Entdeckung der Radioaktivität“, vgl. Stiegler: *Theoriegeschichte der Photographie*. S. 132f.

des Textes in Bezug auf wissenschaftliches ‚Wissen' relevant bleibt, zeigt die Schilderung der Erzählinstanz darüber, wie die anwesenden Akademie-Kollegen die Ausführungen Becquerels wahrnehmen. Seine Worte wirken geradezu körperlich, sie „empfanden ein Prickeln in den Gesichtern, als hätte der Augenblick, der offenbar historisch werden sollte, fühlbar die Luft verändert." (R, 18) Oberflächenphänomene auf fotografischen Platten, ausgelöst durch radioaktive Strahlung, lösen in einem Vortrag über ihre Neuartigkeit wiederum Reaktionen auf der Epidermis der Zuhörer aus, die als somatische Wiederholung eines „historischen Augenblicks" in der Erzählung zu verstehen sind. Marya Sklodowska, die dem Vortrag als Assistentin beiwohnt, zuständig für die Bedienung optischer Präsentationsgeräte und das Herumzeigen der Uranerze, folgt in ihrer Rolle der Idee einer vergeschlechtlichten Arbeitsteilung im Feld der Wissenspopularisierung als Figuration eines Displays, das den sprechenden Mann visuell unterstützt und zeigt, was er zu sehen geben will. Darüber hinaus bleibt die Figur weiterhin gespalten und in ihrer Weiblichkeit ‚männlich' aktiv, indem sie die vorgestellten Befunde ihres Chefs insgeheim in Zweifel zieht. Ein historischer Rückblick auf die Entdeckung des Urans als Element zur Zeit der Französischen Revolution, „als die Pariser die Bastille stürmten" (R, 18), durch Martin Heinrich Klaproth, einen Apotheker aus Wernigerode, stellt fest, dass das Element, benannt nach dem wenige Jahre zuvor ebenfalls erst entdeckten Planeten Uranus, seitdem von vielen Wissenschaftlern intensiv untersucht wurde, ohne als Träger einer Strahlung erkannt worden zu sein. Marya vermutet den Ursprung der Strahlung deshalb in einer anderen Substanz als dem Uran, erschrickt aber selbst vor diesem Gedanken:

> Die neue Substanz aber, die die Strahlen sendet, muß etwas Ungeahntes, Niedagewesenes darstellen. Sie erzeugt aus sich heraus Licht und Elektrizität und erzeugt beides augenscheinlich in unbegrenzter Menge. Das geht zauberhaft über die Röntgenstrahlen hinaus, die es nur solange gibt, solange die Wechselströme durch die Vakuumröhre geleitet werden. Der neue Stoff ist dagegen ein ewig strahlendes Element. Aber das stürzt die physikalische Weltordnung um. Ein solches Element war bisher nicht vorstellbar … (R, 19)

Maryas Intuition wird, in Abgrenzung von den sonst ausschließlich männlichen Anwesenden, als Spielart ihrer ‚Weiblichkeit' beschrieben, die sie „weniger von Gedanken als von einem unabweisbaren Gefühl gelenkt" (R, 19) sein lässt und den von ihr vermuteten neuen ‚Stoff' als wissenschaftlich und lebensideologisch revolutionär, aber auch sein Erkennen als geschlechterpolitisch nie dagewesen fasst.[40] Der Text korreliert also, nachdem er einen konventionellen

40 Vgl. zum „‚Instinkt' als weibliche[m] Wesenszug" im LI-Kontext Lindner: *Leben in der Krise*. S. 84.

Wissenschaftsbetrieb als von Männern geführte Konversation mit dramaturgischen und rhetorischen Regeln vorgeführt hat, ein davon abweichendes Modell von ‚Chemie‘ und ‚Entdeckung‘ über Marya mit ‚Weiblichkeit‘ und ‚Intuition‘, die innerhalb der Diegese beide dazu befähigen, auf ‚Neues‘, das plötzlich erscheint, abgestimmt zu reagieren.[41] Das Zusammentreffen von ‚Neuheit‘ und ‚Gedanke‘ bedeutet lebensideologisch einen Grenzübertritt „in ein neues Daseinsgefühl“ (R, 19), der vom Text im nächsten Schritt für die Herstellung der Arbeits- und Liebesbeziehung mit Pierre Curie funktionalisiert wird.[42] Er, der Physiker, ist zunächst skeptisch und narrativiert dabei noch einmal die naheliegenden naturwissenschaftlichen Einwände gegen die Idee einer unerschöpflichen Energiequelle, nimmt also die Rolle des Lehrers ein, wird aber zugleich von Maryas Affektivität angezogen und weist sich demnach als potenziell offen für das durch die Frau verkörperte ‚Neue‘ aus. Curie konkretisiert die Grenze seiner wissenschaftlichen Toleranz an der Unteilbarkeit des Atoms, die für ihn zugleich die Linie zwischen ‚Wissenschaft‘ und ‚Magie‘ bedeutet und deren Überschreitung ein, „an der Schwelle des zwanzigsten Jahrhunderts“ unnötiger, Rückfall in „alchimistische Gedankengänge“ (R, 26) wäre.

---

41 Diese Abstimmung stellt die Sprechinstanz fest und bindet sie, über die erlebte Rede, als Geahntes an Marya zurück: „Sie wußte selbst nicht, auf welche Weise sich die neue Ansicht in ihr herausgebildet hatte. Diese Ansicht war einfach plötzlich dagewesen, wie das Strahlende selber, von dem es wie eine Behexung auf sie überging.“ (R, 19) ‚Gedanke‘ und ‚Stoff‘ tauchen also gleichzeitig auf und die Figur ist in der Lage, diese Kongruenz ernstzunehmen, auch wenn, hier liegt der Unterschied zum männlichen Forschersubjekt, hierfür zunächst keine rationale Erklärung zu finden ist.

42 Der Roman schaltet in den Weg zwischen der Akademie und dem Café, in dem Marya Pierre trifft, noch zwei Episoden mit Pierre Cynac und George Purvis ein. Mit Cynac stößt Marya zufällig auf der Straße zusammen, wonach er in eine Droschke steigt. Aus der Pariser Droschke wird in eine britische Lokalbahn „geschnitten“, in der Purvis gerade nach London hineinfährt, „um ein Mädchen zu suchen.“ (R, 21) Im Verdacht, sich infiziert zu haben (vermutlich mit Syphilis), sucht er nach zwei Tagen wieder die Stadt auf und wird im Hospital für geheilt erklärt. Der Siebzehnjährige, vorher mit Selbstmordgedanken befasst, wird metaphorisch wiedergeboren und beschließt, Arzt zu werden. Auch hier findet also, wenngleich ganz anders, eine Korrelation von ‚Geschlecht‘ und ‚Wissenschaft‘ statt, wenngleich die Funktionalisierung umgekehrt und der sexuelle Grenzübertritt (Purvis' Entjungferung durch eine Prostituierte) zum Motor wissenschaftlicher Erkenntnis (in seinem Fall der Entscheidung für den Arztberuf) wird. Zugleich führt das ‚Nein‘ der Ärzte(/Väter) zu seiner (eingebildeten) Krankheit, die als Effekt einer gescheiterten Lösung seines ödipalen Begehrens zu sehen ist, ihn direkt dazu, einer von ihnen werden zu wollen. Vgl. einschlägig Sigmund Freud: „Die Ichspaltung im Abwehrvorgang“ (1940 [1938]). In: Ders.: *Studienausgabe*. Bd. 3: *Psychologie des Unbewußten*. Hg. v. Alexander Mitscherlich u.a. Frankfurt/Main 1975. S. 389–394 sowie zur spezifischen Rolle des ‚Vaters‘ außerdem Jacques Lacan: *Seminar IV: Die Objektbeziehung*. Wien, Berlin 2003, insb. Kap. X: „Die Identifizierung mit dem Phallus“, S. 193–210.

Für den Roman stellt dieses Wissenschaftsmodell, vorgebracht von einem Physiker, die Beschränkungen einer etablierten Naturwissenschaft als ‚männlicher' und tendenziell ‚ahistorischer' Modus der Erkenntnisgewinnung aus. Bezeichnenderweise referiert nämlich die Abweichlerin Marya Sklodowska sehr viel konkreter auf ‚Geschichte' als ihr Gegenüber, sowohl als wissenschaftliche Tradition mit ihren Verweisen auf Klaproth, Peligot und „alle verlachten Entdecker und Erfinder [...], die dann doch recht behalten hatten" (R, 25), als auch auf den übergeordneten Zusammenhang von Erd- und Naturgeschichte, den sie als Argument methodisch in ihre Überlegungen integriert: „Vielleicht, sagte sie, zerfallen alle Elemente. Nur in so langen Zeiträumen, daß wir es nicht merken. Vielleicht gilt das alte, heraklitische *Alles fließt* auch hier und die Elemente alle wandern im Lauf der Äonen ineinander weiter." (R, 25, Herv. im Orig.)

Die „neue Wissenschaft" (R, 25), von der die Erzählinstanz spricht, stellt für ihre Erschließerin Marya Sklodowska einen denkerischen Zugriff bereit, der vor der Unteilbarkeit des Atoms nicht Halt macht und durch seine Schlüssigkeit auch Pierre Curie überzeugt. Marya wünscht sich, „daß diesen Uranstrahlen näher zu Leibe gerückt wird, als es Becquerel getan hat, nämlich chemisch" (R, 26) und bittet Curie, dies mit seiner Hilfe in den Laboratorien der Sorbonne tun zu können. Der Roman reichert die Komplexität des Korrelationssystems um Marya Sklodowskas Erkenntnis weiter an: Ihr Bekenntnis zur ‚Chemie', der Wissenschaft, die den Grenzübertritt, die Teilung des als unteilbar Gedachten, in Aussicht stellt, wird für Marya 1) zur Möglichkeit, ihrer Ahnung nachzugehen, führt 2) zur Trennung von Becquerel als wissenschaftlicher Vaterfigur, und bringt sie 3) näher zu Curie, zunächst „wie eine Schwester" (R, 27), damit der Text die Segregation von Becquerel als wissenschaftlichen Vatermord mitdenken kann, und später als ihren Ehemann. ‚Chemie' wird damit auf mehreren Ebenen zum Inbegriff der ‚Ablösung' und ‚Freimachung' der Figur von konventionalisierten Strukturen, die ‚Erkenntnis', aber auch die Herstellung einer Ich-Identität gebremst haben, und speist so mit ihren epistemologischen Kernkompetenzen die Semantik der Figurenbeziehungen, ähnlich wie bei August Wilhelm Hofmann und anderen Figuren in *Anilin*.[43]

Experimentell ermöglichen die Verfahren der Chemie und insbesondere der Synthese die Zerlegung diverser uranhaltiger Gesteine in ihre Bestandteile und Marya findet dabei bald heraus, dass die Strahlung aus diesen Gesteinen nicht allein vom Uran her kommt, sondern von einer deutlich stärker wirkenden, unbekannten Substanz, deren Ergründung allerdings sehr viel mehr Zeit und Arbeit beansprucht. Die damit verbundene Krise bei der Wissenschaftlerin

43 Vgl. S. 198f. in diesem Buch.

wird mit Hilfe von Pierre Curie überwunden, dessen Bekanntschaft sich rhetorisch steigernd „nicht nur als gut und aufrichtend“, sondern „als erlösend“ (R, 39) erweist und damit ebenfalls dem Dispositiv der ‚Synthese‘ gehorcht, die eine Verbindung von wissenschaftlicher Arbeit und Privatleben forciert:

> Die beiden Menschen hingen schon in allen Regungen davon ab, daß sich in ihrem Erleben das Wissenschaftliche und Persönliche in seltener Idylle ergänzten. Und wie die immer blaueren Himmel den Frühling über Paris flaggten und die Tage zwischen der Obstblüte und den Kastanienkerzen sich immer inniger mit Wärme und Glanz anfüllten, hatte Pierre Curie es nicht schwer, in der guten Rast auf den Caféterrassen und den sänftigenden Spaziergängen durch die erwachten Gärten, Marya Sklodowska darauf hinzuweisen, daß soviel Wohltuendes sich nicht zusammenfinden könne, ohne die Pflicht aufzuerlegen, daß man darin auch einen Fingerzeig für die praktischeren Zusammenhänge erkenne./Am Ostermontag heirateten sie. (R, 30)

Als Ehepaar, in dem, wie im profitgierigen Cynac, „eine Naturkraft wirksam [war]“ (R, 31), verlassen Pierre und Marya Curie Paris und arbeiten, mit Unterstützung des Baron Rothschild, der die Räumlichkeiten seiner Fabrik im Vorort Nogent sur Marne zur Verfügung stellt[44], und zehn Tonnen gespendeter Laugerzrückstände aus dem St. Joachimsthaler Uranbergwerk[45], an der Herstellung des unbekannten Elements, dem sie den Arbeitsnamen „das Strahlende“ geben.[46] Mit der Zusage über das Geschenk aus dem böhmischen Bergwerk eröffnet Marya ihrem Mann auch, dass sie ein Kind haben werden, worauf er sie verbessert: „Du wirst, sagte Pierre Curie, zwei Kinder haben; eines, das dir entgegenlaufen wird, und das Strahlende.“ (R, 38) Auch in *Radium* werden also, wie in *Anilin* und anderen Texten, die Zyklen wissenschaftlichen Fortschritts mit der biologischen Reproduktion seiner Akteure verschaltet. Ging es bei August Wilhelm Hofmann in *Anilin* dabei vorrangig darum, seine Potenz auf

44 Die ungewertete Erwähnung der Zuwendung Rothschilds in einem eindeutig positiv konnotierten Zusammenhang muss in einem Roman, der 1936 in Deutschland erscheint, wohl bereits als Widerstandsgeste verstanden werden. Gemeint ist hier vermutlich Edmond Rothschild (1845–1934), der die Curies laut der Marie Curie-Biographie von Susann Quinn unterstützte. Andere Quellen und der Roman selbst (R, 62) erwähnen dagegen Henri de Rothschild als Mäzen der Curies.

45 Der Marie Curie-Biographie von Susan Quinn zufolge erwarben die Curies die zehn Tonnen ebenfalls mit Mitteln des Baron Rothschild. Vgl. Susan Quinn: *Marie Curie. A Life*. New York u.a. 1995. S. 155. Dort auch (S. 154) Anmerkungen zur nicht-geschlechterrollenadäquaten Arbeitsteilung zwischen Marie und Pierre Curie.

46 Zum Joachimsthaler Werk zur Zeit des Nationalsozialismus und der Ersetzung einheimischer Bergleute durch KZ-Häftlinge aufgrund der hohen Strahlenbelastung bei der Arbeit im Bergbau vgl. Robert N. Proctor: *Blitzkrieg gegen den Krebs. Gesundheit und Propaganda im Dritten Reich*. Stuttgart 2002. S. 120.

wissenschaftlichem wie sexuell-männlichem Gebiet und damit die ‚Chemie' als ‚lebens'-nahes Wirkungsfeld von ‚Männlichkeit' zu betonen[47], unterläuft Brunngrabers Roman diese Logik strukturell schon deshalb, weil es hier Marya ist, die „ihren Zustand [vergaß]" und wie besessen weiter arbeitet, weil „sie endlich ein hinreichend großes Stück Natur in der Hand [hielt]" (R, 38).

Die Trennung zwischen den Sphären ‚Stoff' und ‚Leben' in *Radium* und *Anilin* ist mit Blick auf die Figuren Marya Curie und August Wilhelm Hofmann recht subtil. Augenscheinlich sind beide im Bezug auf ihre jeweiligen Partner_innen und die Beziehung zu ihnen äquivalent: In beiden Fällen findet 1) die Paarfindung initial über die Wissenschaft statt (wenngleich im Fall von Helene als Nichte Justus von Liebigs genealogisch vermittelt), steht 2) jeweils hinter der Frau eine große Forscherpersönlichkeit mit Anteilen eines ‚Vaters', sind 3) wie geschildert ‚Forschung' und ‚Biologie' (im Sinne von Reproduktion) aufeinander abgestimmt, 4) nimmt das Paar einen gemeinsamen Ortswechsel vor, der mit einem bedeutenden Neueinsatz der Forschung verbunden ist, aber auch die Loslösung von der ‚Vater'-Figur bedeutet, und schließlich stirbt 5) einer der Partner sehr früh und unerwartet. Die Parallelen sind evident und weisen auf eine grundsätzliche Übereinstimmung im Voraussetzungsgefüge der Bücher mit Stoffbezug hinsichtlich eines vergeschlechtlichten Blicks auf die Korrelation von ‚Stoff' und ‚Erotik' hin. „Echte" biographische Daten sind dabei kein hinreichendes Indiz. Wie für Hofmann in *Anilin* gezeigt, nutzen die Bücher Spielräume zum Eingriff in historische Überlieferungen freizügig aus und sind nicht auf Konzepte wie Faktentreue festzulegen. Die Parallelen beider Werdegänge können also nicht allein mit ähnlichen Viten erklärt werden, sondern sind als aus einer Fülle von Daten selektiert, ergänzt, verändert und dezidiert für das literarische Buch mit Stoffbezug funktionalisiert zu betrachten.

Nachdem Marya Curie die Isolation eines ersten Gramms des „Strahlenden" gelungen ist, zeigt sich, neben ihrem Geschlecht, ein zweiter Unterschied zu Hofmann. Sie verfügt, im Gegensatz zu ihm, nicht über ein solides wissenschaftliches Netzwerk und betritt die Sphäre der Akademie, der er bis auf ein kurzes, für den Roman wichtiges Intermezzo in der Industrie, immer angehört, nur als Gast, wenn sie die Ergebnisse ihrer Forschungen präsentiert.[48] Nach

---

47 Vgl. S. 207 in diesem Buch.

48 Tatsächlich lässt sich bei Marie Curie nicht von einer „Karriere" sprechen, wie sie sich für männliche Wissenschaftler ihres Rangs viel leichter ergeben hätte. Erst 1900 erhielt sie, als Pierre Curie eine Assistenzprofessur an der Sorbonne antrat, eine Stelle an der École normale supérieure de jeunes filles in Sèvres, wurde also als Frau der Ausbildung von Lehrerinnen zugeordnet. 1906, also bereits nach dem Erhalt des Physik-Nobelpreises 1903, wurde Pierre Curie auf eine neueingerichtete Physik-Professur an der Sorbonne

der Veröffentlichung eines Aufsatzes über das neue Element in der *Revue Scientifique*[49], auf den die wichtigen Tageszeitungen *Temps* und *Matin* reagieren und alsdann „die Nachricht durch alle Zeitungen um den Erdball herum [lief]“ (R, 40), wird ausführlich nur ein Interview mit einem Reporter der *Laterne auf dem Markt* wiedergegeben, von der es heißt, ihre Redaktion sei „sowohl der Theosophie wie auch den Kämpfen des Tages zugewandt[]“ (R, 40). Darüber wird gezeigt, welche Filter, in diesem Fall der Mitarbeiter[50] der *Laterne*, das Mediensystem zwischen sie und die gedruckte Version ihrer Worte schaltet und die vergebenen Informationen so selektiert sowie welche Transformationen ‚Wissen‘ auf seinen Distributionswegen je nach Seriosität der Filter und Relais’ potenziell erfährt. Im Reporter der *Laterne* wird ein Umgang mit ‚Wissen‘ gezeigt, der im Gespräch anti- und im geschriebenen Text pseudo-wissenschaftlich auftritt:

> Was ist, fragte er, ein Element?/Marya Curie, die in diesen Tagen fraulich wurde, fühlte sich durch den Mann unterhalten. Unter den Elementen, sagte sie lächelnd, versteht man die Grundstoffe, die weder weiterhin zerlegt noch aus anderen Stoffen zusammengesetzt werden können und aus denen die Welt aufgebaut ist./Darunter, rief der Mann, sie verzeihen, kann ich mir nichts vorstellen. Sie müssen das für die Leser unseres Blattes simpler und farbiger ausdrücken. Auch bitte ich Sie, mir zu sagen, ob Sie an Spiritismus glauben, was Sie von der dritten Republik halten, welche Kinderkrankheiten Sie gehabt haben und wie Sie auf die Idee gekommen sind, das Radium zu entdecken. (R, 40)[51]

---

berufen und Marie Curie die Leitung des dazugehörigen Labors angeboten. Vgl. Maggie May Ethridge: *Marie Curie. Radioactivity Pioneer and the First Woman to Win a Nobel Prize.* New York 2017. S. 91f. sowie Marelene F. Rayner-Canham & Geoffrey W. Rayner-Canham: *Devotion to Their Science. Pioneer Women of Radioactivity.* Montreal u.a. 1997. S. 40. Für die Relation zu anderen weiblichen Wissenschaftlerinnen, unter anderem der bereits erwähnten Clara Immerwahr, vgl. Magdolna Hargittai: *Women Scientists. Reflections, Challenges and Breaking Boundaries*. Oxford u.a. 2015. bspw. S. 3f.

49 Der Roman gibt ein konkretes Datum (1. Dezember) für die Veröffentlichung an. Ein Aufsatz mit dem Titel „Les nouvelles substances radioactives“ von Marie Curie erschien 1900 im Juli-Heft der *Revue scientifique*. Vgl. Fernandez: *Unravelling the Mystery*. S. 14. Da der Roman wenig später noch, wenngleich mit wichtigen Eingriffen in die Überlieferung, auf die historisch belegte Vorstellung der Forschungsergebnisse vor der Akademie im Dezember 1898 eingeht, wird die oben genannte Publikation nicht gemeint sein.

50 Vgl. R, 40: „Der kleine Mann, der haarige Handgelenke hatte, erbarmungswürdig schwitzte und bei jeder Frage, die er stellte, einen epileptischen Anfall zu kriegen schien […]“.

51 Für den Artikel reimt sich der Reporter dann, ohne, dass Marya Curie auf eine dieser Fragen ausdrücklich geantwortet hätte, folgendes zusammen (der Artikel wird in indirekter Rede wiedergegeben): „[…] Marya Curie hätte schon alle Kinderkrankheiten mit solcher Heftigkeit erlitten, daß sie nun von einer Zartheit sei, die ihr einen Ausschlag zuzöge, wenn sie Fleisch esse. Sie bevorzuge in ihrer vegetarischen Kost Kombinationen mit Pflaumen, da sie fände, die darin niedergeschlagenen ultravioletten Strahlen, die als

Der Redakteur versucht zu keinem Zeitpunkt, das, was Marya Curie ihm erzählt, mit seinem eigenen ‚Wissen' zu vermitteln. Er vertritt eine Art Journalismus, die vorher weiß, was sie zu hören wünscht und bei wissenschaftlichen Sensationen auf die Rolle des Individuums, das sie hervorgebracht hat, und sein Leben fixiert ist. Auch als Marya versucht, immer bildlichere Erklärungen zu finden, wird der Mann zunehmend ungeduldig und sie hat schließlich das Gefühl, „einem Wahnsinnigen gegenüberzusitzen" (R, 41). Der fertige Zeitungsartikel weicht entsprechend von Marya Curies Worten ab, erscheint aber angesichts des Gesprächsverlaufs vorhersehbar. Der komische Effekt, der die „Presse" als System zur Herstellung von Öffentlichkeit deutlich negativ konnotiert, entsteht auch durch einen schwülstigen Stil, der im Gegensatz zur inhaltlichen Leere des Textes steht. Dadurch, dass der Roman beide Kontexte, den des Gesprächs und den seiner publizierten Version, an die Leserin weitergibt und zudem mit der „kritischen Wochenschrift" *Laterne* wohl auf eine historisch belegte Zeitung referiert[52], wird eine Bewertung der Pressequellen hinsichtlich ihres Wahrheitsgehalts sowie die Einschätzung des romaninternen Mediensystems in seinen Reaktionen auf Marya Curies Entdeckung intra- und extradiegetisch möglich. Die Priorität liegt angesichts der maximalen Fallhöhe, die mit dem Reporter der *Laterne* gewählt wird, offensichtlich auf der Darstellung von übertragungsbedingten Veränderungen von ‚Wissen' beim Wechsel des Mediensystems, mithin also der ‚Übersetzung' von Fach- in populäres Wissen. Dass die ausgewählte Zeitung den Namen *Laterne* trägt und damit auf ‚Aufklärung' als journalistischen Anspruch referiert, zugleich aber auch die Semantik des ‚Strahlenden' wiederholt, die durch das Radium und seine Benennung im Roman zirkuliert, weist auch auf eine metapoetische Ebene hin, auf der sich der Roman mit dem Titel *Radium* selbst in seiner Übersetzer-Funktion reflektiert. Das wird auch daran deutlich, dass Marya Curie gerade im Gespräch mit dem *Laterne*-Mitarbeiter, der schon am Anfang zugibt, dass die Redaktion zwar nicht über einen Fachmann für das Interview mit ihr verfüge, aber dennoch gewillt sei, für den Beitrag „den

Elektronen um die Kerne kreisten, erhielten vor allen anderen 91 Elementen den Körper in jener Reinheit, die erst die wahrhaft beschwingten Gedanken aus ihm befreie. Der Materialismus der dritten Republik, der sich in dergleichen mechanistischen Geistesauffassungen erschöpfte, wie es der Spiritismus ist und der die Zerstörung der Welt durch einen Kometen, die Marya Curie für möglich halte, verdiene, mache sich keinen Begriff, in welch innige Berührung man durch ein geläutertes Menschentum mit jener Sphäre gelangen könne, die die Welträtsel birgt. Auch die Idee zur Entdeckung des Radiums habe schon immer, wenn auch unausgesprochen und formlos, in Marya Curie geschlummert." (R, 46f.)

52 Es liegt nahe, die Tageszeitung *La Lanterne* für die Referenz zu halten.

bevorzugtesten Raum im Blatt, die knalligsten Lettern und eine unbeschränkte Zeilenzahl [...] aufzuwenden“ (R, 40), das bereits in Brunngrabers *Karl*-Roman vorkommende Quantitätenexempel aufruft, zu welchen Handelsgütern man die Rohstoffe des menschlichen Körpers verarbeiten könnte.[53] Während also „die Presse“ die Entdeckung Marya Curies als ‚Sensation‘ sieht, die als solche auch mit den Mitteln printmedialer Effekttechnik zu repräsentieren ist, ohne verstanden worden oder auch nur je verstehbar gewesen zu sein, positioniert die Wissenschaftlerin sich durch den Rückgriff auf Beispiele aus der Populärwissenschaft als anpassungsfähig und zur Didaktisierung ihres Forschungsgebiets bereit.

Gespräch und Veröffentlichung werden eng gerahmt von einer anderen, diesmal fachwissenschaftlichen Kommunikationssituation. Nur durch einen Absatz getrennt folgt auf die indirekte Gedankenrede des *Laterne*-Manns nach dem Interview der Bericht von der „sensationellste[n] Sitzung seit ihrem Bestand“ (R, 43) in der französischen Akademie der Wissenschaften am 28. Dezember 1898, bei der Marya Curie selbst die Entdeckung des Radiums verkündet:

> Diesmal saß der Physiker Henri Becquerel im Auditorium und Marya Curie sprach vor der feierlichen Versammlung. Man sah ihr die Schwangerschaft noch nicht an, dennoch mußte Becquerel denken, daß dort unten ein ganz anderes Wesen stünde, als er seinerzeit zur Assistentin gehabt hatte. Marya Curie führte aus:/Wir haben ein neues Element entdeckt, dem wir den Namen Radium gegeben haben. Es ist das seltsamste, zu dessen Kenntnis die Menschheit bisher gelangt ist. Alles, was darauf Bezug hat, erscheint absonderlich. Das Element gibt uns Rätsel über Rätsel auf. Aber es eröffnet uns auch einen Einblick in die innersten Naturgeheimnisse. (R, 43)

Die Situation, eingelassen in das Beispiel von Übersetzung wissenschaftlichen ‚Wissens‘ in pseudowissenschaftlichen ‚Text‘, wiederholt den davorliegenden Vortrag Becquerels vor der Akademie, dem Marya noch als Assistentin beigewohnt hatte. Tatsächlich, und hier wird klar, welchen Akzent der Roman zu setzen versucht, war es Henri Becquerel, der das neue Element der Fachöffentlichkeit nicht am 28., sondern am 26. Dezember vorstellte.[54] Die Hürde,

---

53 Vgl. R, 40: „Mit dem Sauerstoff und Stickstoff in Ihnen könnte man einen Ballon füllen, der einen Mann trägt. Wenn Sie sechzig Kilogramm schwer sind, haben Sie an die fünfunddreißig Liter Wasser in sich. An Kohlenstoff dürften Sie sechs bis acht Kilogramm enthalten; in Graphit umgewandelt ergäbe das die Minen von einem Schock Bleistifte. Man könnte ferner ein Dutzend Kerzen aus Ihnen machen und aus Ihren rund zweihundert Knochen ließe sich auch ein Erkleckliches an verarbeitbarer Substanz ziehen.“

54 Vgl. „Sur une nouvelle substance fortement radio-active, contenue dans la pechblende“. Note de M. P. Curie, de Mme P. Curie et de M. G. Bémont, présentée par M. Becquerel. In:

dass nur Mitglieder der Akademie berechtigt waren, offiziell vor ihresgleichen zu sprechen, lockert der Roman dahingehend, dass Marya ihre Forschungsergebnisse selbst präsentieren und damit das ‚Wissen' über den ‚Stoff' auf honorige Weise narrativieren darf. Während man aus dem Gespräch mit der *Laterne* inhaltlich nichts erfährt, Wissenspopularisierung also scheitert, vergibt der Akademie-Vortrag nicht nur hochspezialisiertes ‚Wissen', sondern weist das Element als wichtigen Verbindungs- und Synthesestoff sowie schließlich als „die Naturkraft selbst" (R, 45) aus. Maryas Vortrag stellt eine vollständige Umwälzung bestehender Weltbilder in Aussicht und konzipiert das Radium als Herrensignifikant[55] („die Naturkraft selbst"), der wiederum in die Prozessierung der Natur/Kultur-Grenze eingeschaltet wird:

> Das Radium ist im Weltgebäude jener Punkt, an dem die Energie zutage getreten ist, die dieses Gebäude aufbaut, zusammenhält und wieder zerfallen läßt. Hier hat sich der Schleier gehoben, und wir schauen wie durch ein Fenster in das Herz des Weltgeheimnisses. Wir sehen, daß der Charakter der Welt dynamisch ist, daß nichts ruht, daß die ganze Natur ununterbrochen arbeitet. In dem Maße dämonisch, daß vermutlich noch jedes Atom in den Metallen und Steinen, da es anscheinend aus einer elektrischen Kombination besteht, ein wirbelndes Planetensystem darstellt. Die Atome, die wir bisher als die letzte Baueinheit der Elemente betrachtet haben, dürften nicht die letzte Einheit sein, und die Elemente, die Grundstoffe, die hohen Mächte der Welt, in denen wir das Unabänderliche und Unaufhörliche erblickten, scheinen ebenso einem Schicksal unterworfen zu sein wie wir. Sie kommen, gehen ineinander über und vergehen, allerdings in Milliarden Jahren. Auch in ihnen ist noch eine höhere Gewalt wirksam. (R, 46)

Dieser Text entspricht in keiner Weise dem Bericht über Becquerels Vortrag in den Protokollen der Akademie und kann dementsprechend als narrative Einlassung von Radium-‚Wissen' in den lebensideologisch-populärwissenschaft-

Comptes Rendus des Séances de l'Académie des Sciences. Bd. CXXVII: *Juillet-Décembre 1898*. S. 1215–1217. Digital verfügbar unter http://visualiseur.bnf.fr/CadresFenetre?O=NUMM-3083&I=1217&M (zuletzt abgerufen am 10.9.2021). Zur unterordnenden Benennung von Marie Curie als bspw., wie oben, Madame Pierre Curie, vgl. Eva Hemmungs Wirtén: *Making Marie Curie. Intellectual Property and Celebrity Culture in an Age of Information*. Chicago, London 2015. S. 34f.

55 Der Begriff wird hier, von Lacan kommend, nach der Definition von Žižek (master-signifier) verwendet: „As soon as we enter the symbolic order, the past is always present in the form of historical tradition and the meaning of these traces is not given; it changes continually with the transformations of the signifier's network. Every historical rupture, every advent of a new master-signifier, changes retroactively the meaning of all traditions, restructures the narration of the past, makes it readable in another, new way." In: Žižek: *Sublime Object of Ideology*. S. 58.

lichen Hintergrund des Romans gewertet werden, über deren Einbettung in den „Popularisierungs“-Kontext der *Laterne* der literarische Text sich selbst als Popularisierungs- und Literarisierungsakteur reflektiert.

Die *Produktion* wissenschaftlichen ‚Wissens' gerät ab dem zweiten Teil des Romans, der nach der Wiedergabe des *Laterne*-Artikels beginnt, deutlich in den Hintergrund und der Text wendet sich dem Phänomen seiner *Distribution* zu. Dabei wird der Versuch unternommen, die Ausbildung diskursiver Formationen im Zugriff auf das ‚Neue' zu beobachten und zu beschreiben. Diese Formationen bestehen zum einen in dem, was der Roman „das physikalische und chemische *Weltbild*“ (R, 49, Herv. AW) nennt[56], also den epistemologischen impliziten und expliziten Vorannahmen, Glauben und Wissen, nach denen gedacht und gehandelt wird.[57] Zugleich gibt es ein Set medialer Verfahren, die ebenfalls über ein spezifisches ‚Wissen' verfügen und am besten als Dispositive, also die im weitesten Sinn technischen Zugriffsmodalitäten auf ‚Aussagen' und Erscheinungs-‚Orte' von ‚Wissen', beschrieben werden können, die einerseits vorgängig sind, andererseits durch das neue ‚Wissen' mit-geformt werden. Und schließlich gibt es einen Bereich des Sozialen, über den beschrieben wird, wie Beziehungen auf epistemologische

56 Der Begriff des „Weltbilds“ ist für die Bücher mit Stoffbezug nur bedingt relevant und bezieht sich, wenn er benutzt wird, eher auf physikalische als auf chemische Modellbildung, bspw. im Zusammenhang mit dem Atom und den Konsequenzen seiner Beschreibung im Atommodell von Rutherford, der als Physiker 1908 den Chemie-Nobelpreis erhielt. Eventuell liegt ein Erklärungsansatz für diesen nur sehr vage vermuteten Umstand in der spezifischen ‚Tiefen'-Dimensionalität der aus der Chemie kommenden Ideologie der ‚Synthese', der medienlogisch ein (nur begrifflich zweidimensionales) Welt-Bild nicht entspricht. Ein Vertreter aus dem Korpus, der den Terminus in den Titel vorrücken lässt, erscheint erst längere Zeit nach dem Vierjahresplan: Karl Aloys Schenzinger: *Atom. Roman des neuen Weltbildes*. München 1950. Zu Rutherford als in die „neue[] Wissenschaft“ der Chemie wirkender Physiker vgl. Dall'Armi: *Poetik der Spaltung*. S. 33.

57 Der Roman setzt das ‚Weltbild' hier im Sinne einer Menge von geteilten Wissensbeständen innerhalb eines Kollektivs und spricht also nicht vom ‚Weltbild' einer konkreten Person, sondern von ‚Chemie' und ‚Physik' als Disziplinen, wobei noch zu fragen wäre, ob das „chemische Weltbild“ kongruent mit dem „Weltbild der Chemie“ ist. Einen guten Überblick zum Begriff des „Weltbilds“ gibt Peter Berger: *Computer und Weltbild. Habitualisierte Konzeptionen von der Welt der Computer*. Wiesbaden 2001. Kap. 1, S. 17–98, insb. 1.7: „Weltbild und Wissen“, S. 55–69. Weiterhin wichtig, mit Bezug auf Heidegger und Latour, Friedrich Balke: „Medientheorie. Bilder als Techniken“. In: Stephan Günzel & Dieter Mersch (Hg.): *Bild. Ein interdisziplinäres Handbuch*. Stuttgart, Weimar 2014. S. 109–117, hier S. 115f. Für Überlegungen zu einem „Weltbild der Ingenieure“ als Bestandteil der „Moderne“ vgl. Nicole Thiemer: „[REP], [MET], [GEW]. ‚Sein-als-anderes'. Zu Latours antisubstanzialistischem Denken“. In: Henning Laux (Hg.): *Bruno Latours Soziologie der ‚Existenzweisen'. Einführung und Diskussion*. Bielefeld 2016. S. 185–206.

Neuausrichtungen und mediale Affektionen reagieren beziehungsweise von ihnen tangiert sind. Diese drei Bereiche sind nicht scharf voneinander getrennt, vielmehr wechselseitig durchdrungen.

4.2 Wissen(schaft)skommunikation als Medienereignis

Die im zweiten Teil des Romans anlaufende internationale Weltbild-Korrektur wird zunächst als Abstrahl-Effekt der konkreten Radiumprobe „in der Hand Marya Curies" beschrieben, die „ein Signal in alle Laboratorien der Erde [schickte]" (R, 49). Es heißt weiter, dass sich „die besten physikalischen Köpfe des Abendlandes" mit dem Wunsch melden, „für weitere Forschungen einige Tausendstelgramm Radium" zu erhalten. Darauf folgt eine möglichst erschöpfende Untersuchung des Elements als Projekt eines internationalen, „abendländischen" Forschungsverbunds, der von der „abendländische[n] Menschheit" (R, 50), die als aufmerksamkeitspolitischer Kontrapunkt gesetzt wird, mit „nicht de[m] tausendsten Teil der Aufmerksamkeit" bedacht wird

> wie etwa die Verhaftung eines berüchtigten Hoteldiebs, dennoch war, was sich dort [in der Weltbild-Korrektur, AW] vollzog, unendlich aufregender, denn die Wissenschaftler leuchteten mit dem Radium nicht nur in die fernen Zeitalter hinaus, in denen die Erde aus dem feurigen Fluß erstarrt war, sondern sie eroberten mit der heraufdämmernden Atomzertrümmerung bereits die erste Voraussetzung einer neuen Zivilisation. (R, 50)

Hier setzt das Buch, ähnlich wie Ungers *Germanin*[58], einen kulturkritischen Impuls, indem das mit dem ‚Stoff' verbundene ‚Lebens'-Modell gegen ein anderes gestellt wird, das durch ‚Aktualität', ‚Sensation' und ‚Nähe' gekennzeichnet ist, wobei letztes als „Nähe" des Verstehens (im Sinne einer Anschlussfähigkeit an Alltagsrealität) und epistemologische „Nähe" (das moralische Problem als „Allgemeinwissen") zu verstehen ist. Der „abendländische[n] Menschheit", als Kontrast zur Wissenschaft eingeführt, wird in ihrer „Kultur" ein „esoterische[r] Charakter" attestiert. Dieses auf den ersten Blick unverständliche Attribut, erhellt sich aus dem Zusammenhang eines anderen Romans von Rudolf Brunngraber, der 1951 erschienenen Funk-Erzählung *Der tönende Erdkreis*, wo es heißt:

58 Vgl. S. 374f. in diesem Buch.

> Das gehört auf ein anderes Blatt, stellte Probst bündig fest. Die abendländische Kultur war immer esoterisch. Für die Eingeweihten und Ergriffenen aber ist sie, und besonders in unserem Jahrhundert, auf das du hinweist, von einer ans Halbgöttische grenzenden zivilisatorischen Höhe, einer Höhe, die Menschen anderer Epochen wahrscheinlich ohne Wahnsinn nicht ertragen könnten.[59]

Brunngraber ruft wiederholt eine Opposition *innerhalb* der „abendländische[n] Kultur“ auf, die über Eingeweihte verfügt, von denen der Fortschritt als Arkanum der Zivilisation gesehen wird, das sich in Hochgeschwindigkeit weiterentwickelt, das sie zwar schwindeln lässt, aber nicht fallen, und denen Nicht-Eingeweihte gegenüberstehen, die vom Mediensystem mit Nachrichten über Hoteldiebe versorgt werden und für die der Bereich des Esoterischen unzugänglich bleibt. Damit modifiziert *Radium* die Logik vieler anderer Bücher mit Stoffbezug, die exemplarisch am Motto, das *Anilin* vorangestellt ist, rekonstruiert wurde und nach der ‚Ruhm‘ als Währung aus der ‚Tiefe‘ des eigenen (deutschen) Volkes in Form der „besten Söhne“ wächst, durch sie in einem physikalischen Modell als ‚Erkenntnis‘ über die Grenzen des Landes gesendet wird und als positive Resonanz zurückkehrt. Auch Brunngrabers Roman nutzt ein energetisch-mediales Weltbild, das allerdings in seinen Abschätzungen über den Einfluss, den Wissenschaft *als* Wissenschaft auf beispielsweise politische Entwicklungen hat, wesentlich pessimistischer ist. Der Kommentar in *Radium* setzt an einem Punkt an, wo ‚Wissen‘ bereits medial popularisierend verarbeitet wird, also im zweiten Teil der Rückkopplungsschleife, die nun allerdings weniger gut funktioniert, weil die Aufmerksamkeitsökonomie der Adressaten durch den esoterischen Charakter von ‚Kultur‘ vom „Aufbruch“ in der Sphäre der Wissenschaft abgeriegelt ist. Der Roman nimmt diesem Missverhältnis gegenüber eine beobachtende und damit überlegene Position ein, nach der ein grundsätzliches Verhältnis, das er im Einklang mit den Naturwissenschaftler_innen bereits realisiert sieht, von den „anderen“ noch nicht erkannt wird, der Zusammenhang von ‚Stoff‘ und ‚Leben‘:

59 Rudolf Brunngraber: *Der tönende Erdkreis. Roman des Funks.* Wien 1959. S. 372. Weiter vorn im Roman heißt es noch: „Lorz verstand, daß mit dieser Weltbetrachtung die Gleichungen Newtons und Maxwells vereinigt werden sollten und daß sie jedem reinen Apriorismus kantischer Art ein Ende bereitete, aber er konnte der neuen Lehre nicht mehr folgen. Sie erweckte ein Gefühl, wie es die Griechen gegenüber Aristarch gehabt haben mochten, der schon in alexandrinischer Zeit das Weltbild des Kopernikus vorwegnahm, und Lorz hatte auch die Empfindung, er blicke in ein System hinein, das erst in einer kommenden Kultur, die mit ihren Instrumenten und Erkenntnissen weiter sein würde, seinen esoterischen Charakter verlieren könnte.“ (S. 213)

> Obwohl man nun bald zu dem Einblick gelangte, daß als Restprodukt des Radiumzerfalls Blei zurückblieb, dämmerte den an ihren Apparaturen hantierenden Forschern doch schon die Einsicht, daß es das, was man Stoff, Materie, nannte, gar nicht gab. Alles löste sich in Bewegung, in Energie auf. Der Umsturz der Weltordnung war da, wenngleich vorläufig noch vag und nur mit theoretischen Folgen./Innerhalb der experimentellen Fächer gedieh das Radium sofort zu einem Mittel, dessen man nicht mehr entraten konnte. (R, 52)

Der neuentdeckte ‚Stoff' stellt als Fortschrittsakteur das Konzept in Frage, auf dem er als chemisches Element selbst aufruht und deutet an, in neuer Gestalt zum Inbegriff von ‚Energie' werden zu können. Im lebensideologischen Kontext ist mit dem Begriff der ‚Energie' über die naturwissenschaftlichen Innovationen der Zeit, etwa Maxwells Forschungen zum Elektromagnetismus, das Konzept der ‚Struktur' verbunden.[60] Diese Korrelation, die über ausführliche Beschreibungen der systematischen Erforschung der Vorgänge im ‚Stoff' selbst, auf der Ebene seiner Atome und ihres Zerfalls, auch ausgestaltet wird, böte vielfältige Möglichkeiten zur Ideologisierung des neuen ‚Wissens'-Objekts. In *Radium* wird dieses Kopplungsangebot allerdings nicht, wie bei anderen Texten, bspw. *Alumnit* kurz vor dem und *Anilin* im Vierjahresplan, dazu genutzt, eine Semantik der „deutschen Volksseele"[61] mit der Wissenschaft zu verschalten, indem ihr Potenzial analog zum ‚Stoff' nach ingenieurischem Plan strukturiert wird und so zur Entfaltung kommt. Abgesehen davon, dass es in der globalisierten Diegese von *Radium* einen Raum des ‚Eigenen' im nationalstaatlichen Sinn nicht gibt[62], sondern allenfalls eine Unterscheidung von (sprechendem, aktiven) ‚Westen' und einem (stummen, nur beschriebenen) ‚Anderen', schaltet sich hier, ähnlich zunächst wie bei *Germanin* oder dem *Kupferdoktor*, die Medizin als Akteur ein: „Von tödlichem Ernst aber wurde alle Arbeit, als sich die Ärzte dem Radium zuwandten." (R, 56) In der Folge wird das Element zum „Schlüssel" für die Erklärung diverser Krankheiten und Vorgänge im menschlichen Körper und damit in seinem allumfassenden Charakter bestärkt. Nachdem nachgewiesen wurde, dass das Radium während der Umwandlung von Körpern durch verschiedene chemische Zustände in seinen Eigenschaften unberührt bleibt[63], mithin also eine Essenz von Stofflichkeit

60 Vgl. Lindner: *Leben in der Krise*. S. 89, vgl. zu Einsteins Relativitätstheorie auch S. 90.

61 Vgl. Wege: *Buchstabe und Maschine*. S. 116.

62 Vgl. Hahnemann: *Texturen des Globalen*. S. 8.

63 Vgl. R, 57f.: „[…] daß jeder Gegenstand, gleichgültig aus welchem Stoff, in der Nähe von Radium nach kurzer Zeit die Eigenschaft annahm, selbst zu strahlen. Diese Radioaktivität dauerte nur Stunden, dessenungeachtet bedeutete sie eine ungewöhnliche Erscheinung. Rieb man nämlich den neustrahlenden Gegenstand mit Sandpapier ab, dann strahlte das Sandpapier, und verbrannte man das Sandpapier, dann strahle die Asche. Damit war

darstellt, weitet sich der Radius seiner Autorität als Erklärungsinstanz auf das ‚Leben‘ selbst aus:

> Nun machte man sich auf, das Radium im Haushalt der Natur, in der ganzen Schöpfung zu suchen. Man spannte einen negativ elektrisierten Draht in einem tiefen Erdkeller aus, er wurde strahlend; also atmete die Erde Radiumgas aus. Man pumpte Bodenluft aus der Ackererde und fand sie voll Radiumgas. Da in allen thermischen Quellen Helium enthalten ist, untersuchte man sie auf ihren Radiumgehalt und fand sie radioaktiv. [...] Man fand Radiumgas in Bergwerken und führte nun den Lungenkrebs mancher Belegschaften auf die anhaltende Einatmung emanationshaltiger Luft zurück. Zu dem gleichen Schluß kam man bezüglich einer bestimmten bolivianischen Bergkrankheit. Nun erklärte man auch die unerwartet hohen Temperaturen in manchen Tunnels mit der Radiumwirkung in den dortigen Gesteinen, und da man bei Föhn die Luft ausnehmend stark radioaktiv fand, vermutete man, daß auch die klimatischen Beeinflussungen der Neurastheniker und Hysterikerinnen auf das Radium zurückgingen. (R, 58f.)

Die Wirkungsweise des Elements wird, sowohl im als auch außerhalb des Körpers, wiederum in Form von Effekten beschrieben, die den Substanzcharakter des ‚Stoffes‘ als Formen von Medialität konzipieren.[64] Hieraus erklärt sich auch die ‚esoterische‘ Relationierung des Radiums innerhalb einer als „Schöpfung“ dargestellten ‚Natur‘, wo es mitunter als Gas wirkt, das als „Emanation“, also über die Betonung seines Erscheinungs-Werts und des Hervorgehens aus einer dahinterliegenden ‚Substanz‘, bezeichnet wird. Das Ausströmen von Radiumgas aus dem Gestein unterirdischer Hohlräume und in Tunneln sowie besondere klimatische Bedingungen, durch die der radioaktive Gehalt der Atemluft ansteigt, werden zu Schnittstellen, an denen Menschen mit dem Element in Kontakt kommen und erkranken. In

bewiesen, daß es sich um eine direkte Übertragung von Radiumsubstanz handelte, die in ihrer Wirksamkeit, ehe sie nicht an sich selbst zugrunde ging, durch nichts zu beeinträchtigen war.“

64 Kurz darauf wird der Roman das für die Heilwirkung des Radiums noch einmal präzisieren und dann durch die demonstrative Breite des Anwendungsbereichs die Erfassung des ganzen Körpers betonen. Vgl. R, 64: „Nur daß die Ärzte nun nicht nur bei Rheumatismus und Gicht Erleichterung versprachen, sondern auch bei Neuralgien, Ischias, Nervenentzündungen, Lähmungen, Neurasthenie, Impotenz, bei Kehlkopfentzündung, chronischer Luftröhrenentzündung, Bronchitis, Asthma, bei Katarrhen der Verdauungsorgane, nervösen Magenerkrankungen, Sekretionsneurosen, nervösen Verdauungsstörungen, bei chronischer und deformierender Gelenksentzündung [...].“ Die Reihe wird noch weit fortgesetzt und es werden verschiedene Praktiken der äußeren und inneren Anwendung (Inhalationen, Trinkkuren, Umschläge, Injektionen, Pulver, Pflaster, Salben etc.) beschrieben, sodass tatsächlich von einer vollständigen körperlichen Durchdringung gesprochen werden kann.

gewisser Weise ähnlich zu Peils *Kupferdoktor* wird also eine partiell ‚lebens'-feindliche Umgebung erzeugt, auf die nun nicht medizinisch mit der Gabe eines mit ‚Leben' korrelierten Präparats als Immunantwort reagiert, sondern die als Inbegriff des ‚Lebens' selbst verstanden wird, als ‚Ort', an dem sich das Elementare zeigt.

Die Idee der ‚Tiefe', mit der die im Raum des ‚Eigenen' spielenden Bücher mit Stoffbezug für gewöhnlich das Modell einer synthetischen Wiederkehr früherer Zeitalter aufrufen, wendet *Radium* konsequent als Etappe des „Abendländischen Betrieb[s]" (R, 60) an. Allerdings geht der Roman hierin einen Schritt über die Konzeption einer in der ‚Synthese' aus historisch „gewachsenen" Rohstoffen iterierende Ur-Vergangenheit, semantisiert mit dem Wert einer ‚deutschen Tiefe', hinaus und markiert ein eigenes Bewusstsein für die diesem Modus inhärente Umkehrrelation:

> Was das für eine Einfalt gewesen war, Gottes Wege mit den letzten vier Jahrhunderten begrenzt zu glauben!/Um sich die Herkunft des jetzigen Triumphes klarzumachen, mußte man nicht vierhundert, sondern vierhundert Millionen Jahre zurückdenken. Bis in das Zeitalter des Karbons, in dem mit Vogesen, Harz, Odenwald und Spessart das Erzgebirge entstanden war, dreihundert Millionen Jahre vor der Entstehung der Alpen, Anden, Kordilleren, des Atlas, des Kaukasus, des Himalaja. In jener Urzeit war das Uran, ein Element der Restkristallisation unterirdisch erstarrter Granitmagmen, mit Dutzenden anderen Metallen und Erden in heißen Wasserlösungen in die Spalten der Porphyre, Minetten, Basalte und Dolomite aufgestiegen. Damals hatte es auf dem von ewigen Gasexplosionen zerrissenen, von Ascheauswürfen überregneten, von feurigflüssiger Erdschmelze überströmten Kontinent an größeren Lebewesen nur die Fische gegeben, und was man heute als Kohle verheizt, war noch in der Form riesiger Baumfarne und Sumpfeichen in den Lagunen gestanden. Es konnte einem nachgerade taumelig werden über dem Gedanken, daß eine so ungeheure Entwicklung mit ihrem gewinnbringenden Ausgang ausgerechnet bei einem selber endete. Allerdings war man nicht ganz ohne Verdienst. Die anderen hätten mit den Laugerzrückständen, die sie in die Weseritz schütteten, die Entwicklung ewig an sich vorbeigeführt. (R, 60f.)

Das Konzept ‚Schöpfung', das hier mit einem Modell religiös-spiritueller Epistemologie kurzgeschlossen wird, findet verfahrenstechnisch zumeist in erlebter Rede oder ähnlich angenäherten Sprechweisen Eingang in die Wissensordnung des Textes. Auf diese Weise kann es von der Erzählinstanz einzelnen Figuren beziehungsweise dem Diskurs als Vielzahl von Aussagen zugewiesen und damit erzählhierarchisch variabel entweder auf Distanz zu hochrangigen Äußerungspositionen gehalten oder als allgemein verbindlich positioniert werden. Im vorliegenden Fall nähert sich der Roman durch die extreme Rückverlängerung von ‚Erinnerung' als kollektiver Denkoperation

(„mußte man [...] zurückdenken“) in die Erd-Urgeschichte solchen Verfahren an, die als vollständig entpersonalisiert meistens den Büchern mit deutlichem Sachbuchcharakter vorbehalten bleiben. Diese „Grenze“ überschreitet *Radium* in der Figur des Ingenieurs Fritz Kruba, der (als Leiter der Grube in St. Joachimsthal wohl historisch belegt[65]) weiter im Roman keine Rolle spielt, aber punktuell als einer der ersten Profiteure den Aufschwung seines beinahe schon abgewirtschafteten Uranerz-Bergwerks erlebt und dessen Reflexionen in erlebter Rede zum Punkt werden, an dem der Roman das ‚Tiefe‘-Modell des synthetischen Kolonialismus aufruft und dabei, wie zahlreiche andere Bücher mit Stoffbezug, auch an die Kohle denkt. Dass dies durch eine Figur geschieht, die willkürlich aus allen von den beschriebenen globalen Vorgängen betroffenen Akteuren herausgegriffen wird, entspricht ganz der Perspektive des Romans, in dem Menschen als Ausführende von ‚Tatsachen‘ fungieren[66] und als Repräsentations-‚Orte‘ eines darstellungslogischen Querschnitts strukturell den Figuren in Neuraths Isotype-Grafiken entsprechen.

Im Nachdenken des Ingenieurs über die verblüffende Koinzidenz seiner eigenen Existenz mit dem aktuellen Zustand der Welt-‚Stoffe‘ artikuliert sich zugleich mit der Idee der ‚Tiefe‘ eine Skepsis gegenüber ihrer Logik. Die überindividuelle Erdgeschichte und die Spanne einer Generation von gerade jetzt tätigen Verantwortungsträgern, für die stellvertretend der Ingenieur als Repräsentant ‚weiß‘-‚männlicher‘ Erkenntnis- und Verantwortungspraxis spricht, werden über den Eingriff eines individuellen „man“ vermittelt, das den Strom von Zeit und Elementen, die „aufsteigen“, „überregnen“ und „überströmen“, daran hindert, unverwertet einfach weiter zu fließen. Der Ingenieur wird als ideologisch-organisatorische Schnittstelle zwischen ‚Natur‘ und ‚Wirtschaft‘ zum Punkt, an dem die Prozessorfunktion des ‚Stoffs‘ für die Natur/Kultur-Grenze sich zeigt und die Vergangenheit der ‚Welt‘ als Ganzes aus der Perspektive des Einzelnen neu interpretiert wird.

Der Zugriff auf den neuen ‚Stoff‘ funktioniert im Folgenden ökonomisierend, wobei ein Wahrnehmungsdispositiv ausgenutzt wird, über das sich das Radium gut mit dem ‚Wesen‘ der Wirtschaft verknüpfen lässt. Beide sind durch signifikante Unsichtbarkeit gekennzeichnet. Die Vorstellung, dass hinter einer sicht- und beschreibbaren, aus Zeichen bestehenden Oberfläche die ‚Tatsachen‘ auf geheime und nicht nachvollziehbare Weise „wirken“, kolonisiert das Radium in atemberaubendem Tempo. Dies ist im doppelten, wechselseitigen Sinne zu verstehen: Zum Einen geht das Radium aus der

65 Vgl. *Magazine Digest* 18 (1939), H. 2. S. 93.
66 Vgl. Lange: *Literatur des technokratischen Bewußtseins*. S. 74.

Sphäre der ‚Tatsachen' als ‚Natur'-Element hervor und verbleibt dort auch in der Weise seiner Anwendungen und seines Wirkens als unsichtbare Strahlung. Verbunden mit einer räumlichen und zeitlichen ‚Tiefe' schmiegt es sich dabei der Logik des synthetischen Kolonialismus an und erfasst in einem global-imperialistischen Projekt die ganze Welt durch sein Hervortreten aus allen möglichen unsichtbaren und unvermuteten Kanälen.

Zugleich ist der Art, wie das Element sich zeigt, von Beginn an, seit Marya Sklodowska den radioaktiven Foto-Effekt in Becquerels Labor gefunden hat, eine Medialität eingeschrieben, die alle Formen des Erkennens und Aussagens von und über das Radium als ‚Stoff' als Reaktionen eines zeichenproduzierenden Realismus auf Elemente des Symbolischen kennzeichnet.[67] Dieser Umgang okkupiert nun mit seinem Auftauchen umgehend auch das Radium und verleibt es sich als Zeichenspender und -träger ein. Zusammen mit den Verfahren seiner wahrnehmungstheoretischen Verarbeitung bildet dieser Vorgang[68], der als Kommodifizierung des ‚Stoffs' beschrieben werden kann, das Hauptthema des Romans. Es kann bis in die metapoetischen Anspielungen des Buchs auf seine eigene Verfasstheit, mit denen es seine Position innerhalb des beschriebenen und wiederholt aus ihm heraus weisenden Wissenssystems reflektiert, verfolgt werden.

Das Radium wird zügig mehr oder minder gleichbedeutend mit dem Konzept ‚Leben' und besetzt eine offensichtlich zuvor unerkannte Leerstelle im ‚Wissens'-System der Diegese, die zur Rolle eines Wundermittels führt, das den Körper vollständig durchdringt und mit dem, so wird zumindest behauptet, nahezu alle Krankheiten geheilt werden können.[69] Neben seiner Anwendung

---

67 Relativ früh sichtbar wird das bspw. an in den Text eingefügten Dokumenten zur Gründung der *Radium-Kurhaus-Aktiengesellschaft St. Joachimsthal*, einer Aktie und eines Coupons (S. 65f.). Diese werden mit einem dünnen Rand vom Text separiert und durch kleinere typographische Variationen als Dokumente gekennzeichnet.

68 Zwischen beiden Punkten wird so schnell Harmonie hergestellt, ohne dass die Erzählinstanz spürbar relativierend eingreift, sodass hier zunächst dem ‚Diskurs' freien Lauf gelassen wird, bspw. in Bezug auf Werbung für Kuren in Höhenorten mit einem hohen Radiumgehalt in der Luft: „Diese Reklame, hinter der Tatsachen standen, wirkte schon sehr in die Breite. Die Menschen gewöhnten sich daran, im Radium eine Art Elixier zu erblicken, das um so mehr Wirkung versprach, als man sich nichts vorstellen konnte." (R, 67)

69 Im Paradigma der aufgezählten Heilbereiche entspricht das Radium erstaunlicherweise in großen Teilen Anzeigen von Sanatorien zu Beginn des 20. Jahrhunderts. Vgl. bspw. die Angebotspalette des Sanatorium Bad Kreischa bei Dresden in: *Bäder-Almanach. Mittheilungen der Bäder, Luftkurorte und Heilanstalten in Deutschland, Oesterreich, der Schweiz und den angrenzenden Gebieten für Aerzte und Heilbedürftige*. Achte Ausgabe. Berlin 1901. S. 514f., hier S. 514. Da auch im Roman zuerst Sanatorien die Heilwirkung

als Medikament, von außen und innen, ergänzt es das bildgebende Diagnoseinstrument der ebenfalls strahlungsbasierten unsichtbar-durchdringenden Röntgenuntersuchung bei der Herstellung vollständiger Repräsentationen des Körpers.[70] In dieser Rolle, als nicht sichtbare ‚Essenz‘ des ‚Lebens‘, die als „Naturgewalt“ wirkt, wird es durch die globale Perspektive des Textes in das Romangefüge noch wesentlich umfassender eingeschaltet als das Blutdopingmittel Hepatosin im *Kupferdoktor* oder das Germanin bei Hellmuth Unger, denen ebenfalls internationale Wirkung zukommt. Zugleich geht es als unvergänglicher Naturstoff, der aus derselben Urgeschichte hervorgegangen ist wie die Kohle, auf der etwa die ‚Tiefen‘-Idee von *Anilin* oder der I.G.-Broschüre *Erzeugnisse unserer Arbeit* fußt, qualitativ noch über deren semantischen Ewigkeitswert hinaus und wird dabei auch als in Zukunft unvergänglich beschrieben, während die Kohle ein Stoff aus der Vergangenheit bleibt.

Für die Vervollständigung des zweidimensionalen Modells von ‚Tatsachen‘- und ‚Zeichen‘-Welt, die beide vom Radium kolonisiert werden beziehungsweise es kolonisieren, wird noch eine letzte Komponente benötigt, die, da der Roman das Element als handelnden Akteur darstellt, als sein Gegenspieler fungieren kann. Diesen findet der Text im ‚Krebs‘[71], der strukturanalog zu anderen Krankheiten wie Malaria oder die Schlafkrankheit als Gegner von Chemie und Medizin konzipiert, dabei aber anders modelliert wird: als ‚Fremdes‘ im ‚Eigenen‘, für das keine räumliche Auslagerung stattfindet, sondern das diese selbst bewirkt, indem es zu dem ‚Ort‘ wird, wo der ‚Stoff‘ seine Aufgaben als Prozessor gegen dieselbe lebensideologische „Naturkraft“ wahrnimmt, die er selbst verkörpern soll. Der Eintritt dieses Gegners als Medienereignis wird für den Roman zum Moment, an dem der Politik die Kontrolle über das Radium

---

anpreisen, böte sich hier evt. ein Ansatzpunkt für Untersuchungen zur Sozialgeschichte ärztlichen Wissens und medizinischer Praxis in Bezug auf ihre konkreten Räume und den menschlichen Körper. Für die historischen Anfänge der medizinischen Verwendung von Radium vgl. auch Eckart: *Illustrierte Geschichte der Medizin*. S. 318f.

70 Zur (auch semantischen) „Aufgabenteilung“ zwischen Röntgen- und Radiumstrahlung vgl. Campos: *Radium and the Secret of Life*. S. 51. Für den Einsatz von Radiumpräparaten aus bestimmten Entfernungen, ‚Abstand‘ als strahlentherapeutischen Faktor vgl. Jacalyn Duffin: *History of Medicine. A Scandalously Short Introduction*. 2. Aufl. Toronto u.a. 2010. S. 238. Zu sehr ähnlichen Versuchen und Perspektiven auf die Röntgenstrahlung als Heilmittel vgl. entsprechende Annoncen mit Überschriften wie „Bedeutender Fortschritt in der Krebsheilung! Röntgen-Anlage für 600 000 Volt. Annäherung an Radiumstrahlung“ in *UHU* 6 (1930), H. 9. S. 107 sowie leicht anders in *Das Magazin* 6 (1930), H. 71. S. 4986.

71 Und er „findet“ ihn buchstäblich, wiederum als Medienereignis, das bereits Spuren auf den (licht-)empfindlichen Oberflächen der Berichterstattung hinterlassen hat, vgl. R, 67: „Die große Aufregung, die alles befeuernde Sensation aber war gegeben, als durch die Zeitungen die Nachricht lief, daß man mit Radium den Krebs heilen könne.“

völlig entgleitet und ungebremster Preisanstieg zu brutalen Kämpfen auf dem Markt führt. Auch die Chemie als Wissenschaft muss Einfluss abgeben. Das unterstreichen der enthemmte Preisanstieg für ein Gramm Radium zwischen 1902 und 1905, der in einer Tabelle, die es „am eindringlichsten [offenbart]", dargestellt wird, und implizit metonymisch der plötzliche Tod Pierre Curies im Februar 1906.[72]

Erst rund einhundert Seiten nach Pierre Curies Beerdigung taucht Marya Curie noch einmal auf, wenn ihr 1911 der zweite Nobelpreis verliehen wird. In der Zwischenzeit etabliert der Text alle relevanten Akteure auf dem Gebiet der wirtschaftlichen Ausbeutung ihrer Entdeckungen sowie die näher beleuchteten Schauplätze, auf denen die unternehmerische Verwertung des neuen Elements stattfindet. Diese wird durch ‚männliche' Figuren mit einem Hang zur Besessenheit betrieben, die als Wirken der „Naturkraft" besonders ‚lebens'-nah positioniert ist. Während der Brüsseler Bankierssohn Pierre Cynac durch Investitionen in die Ausbeutung natürlicher Rohstoffe in Brasilien und Belgisch-Kongo[73] reich wird, versucht George Purvis es durch die Eröffnung einer Privatpraxis, die Krebspatient_innen mit Radium therapiert. Jeroboam Cormick, ein alter mormonischer Goldsucher aus der Einöde Utahs, kommt durch die Entdeckung umfangreicher Carnotit-Vorkommen in seinen Claims zu einem riesigen Vermögen.[74]

---

72 Auch hier nimmt der Text eine Verschiebung vor: Pierre Curie starb erst am 19. April 1906. Sein Tod wurde in den Zeitungen gemeldet (bspw. *Le Matin* vom 20. April 1906 oder *L'Humanité* vom selben Tag). Er wurde auch nicht auf dem Friedhof Père Lachaise beerdigt wie bei Brunngraber beschrieben, sondern im Grab seiner Mutter in Sceaux, wo später auch Marie Curie beerdigt wurde, bevor das Ehepaar 1995 ins Pariser Panthéon überführt wurde. Die Rezension eines gewissen Pieter H. Kollewijn, die *Radium* als „literary goulash" bezeichnet, bemängelt die historischen Ungenauigkeiten des Romans, etwa, dass Pierre Curie im Text von einem Auto und nicht, wie historisch belegt, von einem Pferdewagen überfahren wird. Vgl. Pieter H. Kollewijn: „Rudolf Brunngraber: ‚Radium. Roman eines Elements'". In: *Books Abroad* 12 (1938), H. 4. S. 482.

73 Strenggenommen ist Kongo erst ab 1908 eine Kolonie im politischen Sinn. Zuvor verfügte das Gebiet seit der sogenannten „Kongokonferenz" 1884 (offiziell ab Juli 1885) unter der Bezeichnung Kongo-Freistaat über eine Sonderstellung als faktischer Privatbesitz des belgischen Königs Leopold II. Vgl. ausführlich: David Van Reybrouck: *Kongo. Eine Geschichte*. Berlin 2013, insb. Kap. 2: „Dieser ganze verfluchte Dreck. Der Kongo unter Leopold II.". S. 77–126.

74 Zum Verhältnis dieser drei Figuren zum ‚Leben' vgl. grundsätzlich R, 157f.: „Er [George Purvis, AW] hing zu sehr an der tierischen Wärme des Daseins, um darüber hinaus in jene Sphäre vorzustoßen, in welcher die das Leben verändernden Taten gesetzt werden und die ebenso eisig wie voll Größe ist. Darin unterschied er sich von dem jungen Cynac, der durch den entgegengesetzten Charakter in ihrer späteren Gegnerschaft auch die bessere Position innehatte. Ihnen beiden war in dieser Hinsicht der alte Jeroboam Cormick überlegen, weil er, als hätte ihn der Gott, der die Lebensuhren ablaufen läßt, vergessen, alle

Marya Curie erscheint im Text nun als eine Art Heilige der Wissenschaft, die von den industriell-exploitierenden Vorgängen um den von ihr entdeckten ‚Stoff‘ und dem rasanten Preisanstieg auf nunmehr 550.000 Mark pro Gramm nichts mitbekommt.[75] Wissenschaftskommunikation tritt angesichts entfesselter ökonomischer Spekulation in den Hintergrund. Das Radium bleibt dahingehend seiner ursprünglichen Semantisierung als Medien-Phänomen treu. So wird geschildert, dass die Rede, die Marya Curie anlässlich der Verleihung ihres zweiten Nobelpreises hielt, zusammen mit zwei „Lichtbildern“ veröffentlicht wurde: „Das eine zeigte den Schuppen von La Chapelle, das andere die chemische Fabrik in Nogent-sur-Marne.“ Und weiter heißt es: „Das Reich der Radioaktivität lag nun wie eine weite, belichtete Landschaft da.“ (R, 171) Erkenntnis erscheint also als Konsequenz von Lichtempfindlichkeit, und zwar kontinuierlich im Ausgangspunkt sowie jetzt im medial vermittelten Rückblick, der als Metapher zur Illumination eines neuen „Reichs“ weitergeführt wird. Durch fortgesetzte Metaphorisierung in den Bereich des Medial-Politischen, an den neben ‚Erkenntnis‘, ‚Wissen‘ und ‚Strahlung‘ als ‚Lebens‘-Zeichen, Konzepte von ‚Aufmerksamkeit‘, ‚Erinnerung‘ und ‚Präsenz‘ angelagert werden können, denkt der Roman für das Radium einen popularisierenden Kontext von vornherein mit. Sein (wissenschafts-)soziologischer Charakter als „trafficking material“[76], das als „wissenschaftliche[s] Objekt[], Rohstoff und Ware quer zu den Grenzen gesellschaftlicher Teilbereiche zirkulier[t]“[77], wird zum Maßstab und zur besonderen Qualität des Radiums als Hype-Stoff im Moment seines aufmerksamkeits- und warenökonomischen Aufwärtstrends. Jetzt, wo der Text die bereits ursprünglich mit seiner Entdeckung verbundene Charakteristik des „Strahlenden“ als fotografischer Erkenntnis-‚Stoff‘ mit einer Licht-Metaphorik um eine Komponente

---

Kräfte der Jugend ohne ihre Hemmungen besaß. Das reduzierte ihn allerdings auf einen Fanatismus, der sich so sehr in einer Sache erschöpfte, daß darin auch das ausweglose Schicksal beschlossen lag.“

75 Dabei wies bereits ihr Vater Władysław Skłodowski seine Tochter 1901 in einem Brief darauf hin, dass sie mit dem Radium über „sicherlich das kostspieligste Element der Welt“ verfüge. Vgl. Robert J. Schwankner u.a.: „Die Frühgeschichte des Radiums. Teil 1“. In: *Die Geowissenschaften. Forschung und Praxis* 10 (1992), H. 6. S. 160–167, hier S. 160.

76 Das Konzept wird eingeführt bei Maria Rentetzi: *Trafficking Materials and Gendered Experimental Practices. Radium Research in Early 20th Century Vienna*. New York 2009.

77 Alexander von Schwerin: „Prekäre Stoffe. Radiumökonomie, Risikoepisteme und die Etablierung der Radioindikatortechnik in der Zeit des Nationalsozialismus“. In: *N.T.M. Zeitschrift für Geschichte der Wissenschaften, Technik und Medizin* 17 (2009). S. 5–33, hier S. 6.

als Aufmerksamkeits-, aber auch Apotheose-Prozessor[78] erweitert und zugleich der Vordergrund für die folgenden Handlungen etabliert ist, rückt ‚Wissenschaft' in den medienreflexiven Hintergrund ein und wird wichtiger Teil eines strukturgebenden Zeicheninventars, der auf die populären Medien Zeitung und Zeitschrift verweist, ohne noch durch Figuren direkt in Erscheinung zu treten.

Ein Beispiel für die Wertung des Printmediensystems ist der exemplarisch vorgeführte Umgang Pierre Cynacs mit Pressematerial. Er erfährt aus der *New York Times*, dass mit Jeroboam Cormick ein neuer Mitspieler auf dem Gebiet der Radiumerzeugung in den USA aufgetaucht ist. Cynac, der nichts vom Radium versteht, lässt sich weitere Zeitungen[79] kommen und findet darin auch die Story des Kennenlernens zwischen Cormick und einem jungen Ingenieur, der auf der Durchreise vor dem Haus der Mormonenfamilie einen Achsbruch erlitten, von der Großfamilie die Geschichte der goldschürferischen Besessenheit des Alten erfahren, ihn daraufhin für ein gemeinsames Projekt gewonnen habe und inzwischen überdies mit der Tochter des Einundachtzigjährigen verheiratet sei. Cynacs Reaktion zu dieser Art der Berichterstattung ist von Skepsis geprägt:

> Hier wurde überdies mit der Einflechtung der Mormonen, der Bergbesessenheit des alten Cormick und seiner abenteuerlichen Begegnung mit dem Chefingenieur, auf dessen Weg wieder Liebe und Enterbung lagen, besonders unwahrscheinlich verfahren. Diese Geschichte vom Achsenbruch des jungen Hubbard und der Indiskretion der kleinen Rahel war sichtlich für die Gemüter jenseits des großen Wassers zurechtgemacht, die das Großartige nicht liebenswert fanden, wenn es nicht niedliche Seiten hatte. (R, 189)

---

78 Vgl. R, 171: „Jedenfalls gewann Marya Curie ein immer stärkeres Gefühl dafür, wie sehr man auf Erden nur zu Gaste ist und wie sehr es eine Gnade bleibt, im dunklen Gewimmel an eine jener Stellen zu geraten, an denen ein höheres Licht diejenigen, die es trifft, glanzvoll aus dem Gewimmel hebt. Und Marya Curie trug den Glanz, über der weiten Landschaft der Radioaktivität das Zentralgestirn zu sein, mit jener Priesterinnenbescheidenheit, die sich weniger erhöht als verpflichtet fühlt." In impliziten Andeutungen erzählt der Plot um Marya auch die Geschichte ihrer Frauwerdung als Zuwachs, Höhepunkt und Schwund von biologisierter ‚Weiblichkeit' über die Loslösung von Becquerel, die Hochzeit mit Pierre Curie, das Interview mit der *Laterne*, wo darauf hingewiesen wird, dass sie (schwangerschaftsbedingt) „in diesen Tagen fraulich wurde" (R, 40), den Eindruck Becquerels bei ihrem Akademie-Vortrag, dass dort, auch wenn man ihr die Schwangerschaft noch nicht ansah (Korrelation!), „ein ganz anderes Wesen stünde" (R, 43), schließlich ihre Verwitwung und der Wandel zur „Priesterin", die mit ihrem Zurücktreten als Erkenntnisquelle aus dem Fokus des Texts einhergehen.

79 Vgl. R, 188: „Er erinnerte sich bloß von phantastischen Preisen gelesen zu haben und daß Radium für die Krebskranken wichtig sei. Dessenungeachtet regte ihn die Angelegenheit so an, daß er sich Lokalblätter verschaffen ließ."

Der Roman reflektiert, indem er zum zweiten Mal nach Marya Curies Interview mit dem Journalisten der *Laterne auf dem Markt* beide Seiten printmedialer Informationsbehandlung direkt zeigt, das Verhältnis von ‚Tatsachen‘ und ihrer Vermittlung nun noch einmal mit anderen Konsequenzen. Denn bei diesem Beispiel handelt es sich den Fakten nach um eine völlig korrekte Wiedergabe von Begebenheiten, die der Roman zuvor sehr ausführlich wiedergegeben hatte. Die wahrheitsgemäße Darstellung erscheint nun, durch das Medium Zeitung und den Rekurs auf den Geschmack der Rezipient_innen, mithin als Folge medialen „Rauschens“ desavouiert. Die Erzählung, die sich damit zugleich selbst auf den Prüfstand stellt und als Vertreterin der Gattung Roman ihren eigenen Fiktionalitätsverdacht dadurch aufruft, dass der Kompilationscharakter des Darzustellenden direkt als Sache des Erzählers ausgewiesen wird, überdenkt das Verhältnis zwischen sich und den ‚Tatsachen‘ noch einmal neu und findet Potenziale im Konzept der Multiperspektivität, die den Roman, ein Angebot aus der Wissenschaftsgeschichte metaphorisch verlängernd, als Akteur klassifizierbar macht, der sein genuines, im Naturalismus geschultes, analytisches Methodenarsenal nun durch ‚synthetische‘ Verfahren erweitert.[80] Abgesehen davon, dass *Radium* hier, als zwischen Sachbuch und Roman „hängender“ Text, durch expliziten Rekurs auf darstellungslogische Schwierigkeiten im Spannungsfeld von Fiktionalität und Faktualität auf den ‚Tatsachen‘-Diskurs und die sogenannte „Romankrise“ verweist[81], ist die chemische Metaphorik, ohne sie überstrapazieren zu wollen, für die Analyse des romaninternen Mediensystems außerdem suggestiv, indem sie nicht etwa meint, dass Literatur hier tatsächlich „chemisch“ wird, sehr wohl aber, dass sie über ihren Wirklichkeitsbezug nachdenkt und dabei verfahrenstechnisch experimentiert.

Für dieses buchinterne Experimentalsystem ist der Beginn des dritten Teils mit dem Titel „Der Mensch ist des Menschen Wolf“ besonders interessant. Nachdem der zweite Teil mit der Entdeckung eines Klumpens hochprozentigen Uranerzes in den durch Pierre Cynacs Investitionen errichteten Kupfergruben in Katanga endete, beginnt der dritte mit einer Nahtoderfahrung seines Vaters[82], der einen Anfall von Angina pectoris erleidet. Zusammen mit

80 Gemeint ist hier die von Frevert beschriebene Ebenbürtigkeit von Analyse und Synthese als chemische Verfahren am Ende des 19. Jahrhunderts: „Und trotz der Tatsache, dass weiterhin beide Verfahren sich in einer Abhängigkeit voneinander in Bezug auf eine Überprüfung ihrer Resultate befinden, ist in der zweiten Hälfte des 19. Jahrhunderts, mit der Synthesechemie ein eigenständiger Wissenschaftszweig entstanden.“ Frevert: *Wissenschaft der Synthese*. S. 149.

81 Vgl. Oels: *Wissen und Unterhaltung im Sachbuch*. S. 27.

82 Vgl. R, 196: „Im Wagen dachte der alte Cynac an seinen Tod, den er jetzt kannte.“

dem Arzt trifft ein Eilbrief aus Katanga ein, der von der Entdeckung kündet. Pierre liest den Brief und fühlt sogleich „sein ganzes Lebensgefühl wie mit einem Schlag verändert" (R, 196). Diesen medial ausgelösten Schicksalsschlag gestaltet der Text weiter aus, verweist dabei aber nicht explizit auf sein wiederkehrendes Generationenmodell, nach dem die Verwirklichung von mit dem Radium verbundenen ‚Lebens'-Fragen erst nach dem Tod von entscheidenden Vertretern der Elterngeneration möglich wird[83], so wie der ökonomisierende Zugriff auf das Radium erst nach dem Tod von Pierre Curie beginnt, der metaphorisch und nur oberflächlich eine Vaterrolle für den ‚Stoff' einnimmt, welcher strukturell freilich weder einen Vater braucht, noch eigentlich haben darf.

In Cynacs Wandel, ausgelöst durch die Entdeckung des Uranerzes in Katanga, ruft der Roman auch ein Raummodell auf, über welches das Radium als ‚Lebens'-Stoff endgültig an eine Idee von ‚Tiefe' angeschlossen wird, wenngleich anders als in den anderen Büchern mit Stoffbezug. Die Entdeckung erscheint Pierre, der an einem anderen Ort weit entfernt vom explorativen Geschehen weilt, zunächst als Effekt geographischer Repräsentation:

> Pierre Cynac konnte sich nicht setzen. Der Tonus seines ganzen Körpers, seine Art zu denken und sein Temperament waren verändert. Und von der großen, weißen Karte an der Wand, auf der Katanga als roter Herzmuskel eingefärbt war, spannte sich eine neue, die endgültige Beziehung zu ihm herüber. Hatte er bisher alles gleichsam aus dem luftleeren Raum herabzwingen müssen, dann berührten seine Füße nun zum erstenmal den Boden, der ihn mit Säften versorgte. (R, 197)

Die Erfahrung eines räumlichen Ursprungs von ‚Leben' macht die Figur lokal disloziert. Der „Herzmuskel" in Afrika[84], metaphorische Wiederkehr und

83 Das war zuvor bei George Purvis der Fall, der in dem moralischen Dilemma steckte, dass der Tod seiner schwerkranken Mutter ihn mit den nötigen Mitteln für den Erwerb des Radiums ausstatten würde, das er für die Eröffnung seiner Privatklinik braucht, was zu einer problematischen Ambivalenz in der Wahrnehmung ihrer Krankheit führt (vgl. R, 153f.). Die Mutter selbst empfindet in seiner Anwesenheit, trotz der aufrichtigen Hingabe und Pflege, die er ihr angedeihen lässt, dennoch „[d]as drohende Fremde, das mit ihm ins Haus gekommen war" (R, 154) und das mit der in ihm wirksamen „Naturkraft" (vgl. R, 95) gleichgesetzt werden kann, der das individuelle Leben der Mutter letztlich nichts bedeutet.

84 Auf einer Landkarte des „Congo Belge" von 1896, die das Land innerhalb umliegender, weißbleibender Nachbarländer (deren koloniale „Besitzverhältnisse" zumeist hinter den Namen scheinbar eigenständiger Nationen verdeckt bleiben) farbig darstellt, erhält die Region Katanga, die nochmal vergrößert in einer Extrakarte unten rechts gezeigt wird,

vitalisierende Überwindung des durch Angina ausgelösten „Herzkrampf“ seines Vaters, ersetzt das generationale Modell mit einem räumlich-biologisierten, in dem Pierre nun durch Kontakt mit einem speisenden „Boden“ mit ‚Lebens‘-Energie versorgt wird. Die Anlage einer ‚Raum‘-Lösung von ‚Lebens‘-Krisen findet hier also Ausdruck in der Ersetzung elterlicher Autoritäten durch räumlich-vitale Sinnstiftung, die als Zirkulationsbereich der Oberautorität „Naturkraft“ gekennzeichnet ist und an den Raum jenseits des ‚Eigenen‘ delegiert wird.[85] Dementsprechend verbleibt auch *Radium* zur Ausgestaltung seiner Variante eines synthetischen Kolonialismus grundsätzlich in der Logik des westlich-kolonialen Nationalismus, verschiebt diese allerdings zugunsten anderer, scheinbar unpolitischer Bereiche in den Hintergrund[86] und isoliert geopolitisches Denken weitgehend in der Figur Cynacs und mit ihm in der Sphäre des Geschäfts. Zugleich ist der Text, wenn er davon spricht, dass Cynac nun „mit seinem Schicksal zusammengestoßen“ ist und der „Offenbarung des Sinnes in seinem Leben“ (R, 197) beiwohnt, alles andere als frei von einer Emphase individueller Geltung, durch die er im Aufwärtsstreben des Unternehmers bis zur „Weltherrschaft“ (R, 197) eine radikalisiert egozentrisch-sakrale Machtphantasie entfaltet und durch den ökonomisch-biologistischen Bezug zu ‚Afrika‘ den europäischen „Kolonialdiskurs“ deutlich als indifferentes Gemisch aus Einzelentscheidungen und überpersönlicher Gemengelage ausformt.[87] Verhandelbar wird dieses Modell über das Radium als „trafficking

---

tatsächlich einen fleischigen Rotton. Vgl. Leon de Moor: „Carte du Congo Belge. Editée par l'Office de Publicité, anciens établissements J. Lebègue & Cie“. Brüssel 1896. In: *World Digital Library*. Digital verfügbar unter: www.wdl.org/en/item/59/ (zuletzt abgerufen am 10.9.2021).

85 Für das ‚Eigene‘ steht hier dementsprechend kein Raum, sondern die Bindung an die eigenen Eltern, während das Jenseits dieses Raums topographisch verortbar ist, was das Krisen-Modell des Textes zum exemplarischen Beispiel für das Verhältnis „‚Raum‘-Antwort auf ‚Lebens‘-Krise“ macht. Dass der Raum dabei Merkmale der Eltern/Kind-Semantik übernimmt, bspw. indem das Kapitel „Der Schoß der Erde in Katanga“ heißt, zeigt die enge semiotische Bindung der beiden Sphären.

86 Die „Naturkraft“ bspw. will der Text natürlich als von politischen Implikationen freies Modell konzipieren. Mit Blick auf zeitgenössische Semantiken von ‚Natur‘ und ‚Kraft‘ wird allerdings schnell klar, dass der Roman dabei natürlich nichts „aus dem luftleeren Raum herabzwingen“ kann. Ein Gleiches ergibt sich für das ambivalente Verhältnis des Buchs zum Individuum, das einerseits durch diverse Verfahren irrelevant gesetzt wird, andererseits für die Entfaltung zentraler Ideologeme trotz aller Abstriche und angedeuteter Alternativen weiter das Mittel der Wahl bleibt.

87 Dieser Abbildungsversuch ist natürlich anders als in den anderen Büchern mit Stoffbezug, deren ‚deutscher‘ Kontext und die ganz unterschiedliche politische Intention wie gezeigt wurde ein grundsätzlich anderes Verhältnis zum Kolonialismus mitführen.

material", mobiles Element und innerhalb bestehender Debatten extrem anlagerungsfreudiger Akteur, der aus einer räumlichen ‚Tiefe' bezogen wird und in seiner Fähigkeit, mehrere Sphären zu durchdringen, als Repräsentant des ‚Lebens' schlechthin erscheint. So strukturiert das Radium schließlich das Sprechen über den menschlichen Körper, die Einstellungen der Individuen, das textinterne Mediensystem und die Ideologie der erzählten Welt.[88]

4.3 Exemplarische Verhandlungsräume von ‚Wissen'(skommunikation)

Pierre Cynac, der noch immer nichts vom Radium versteht, sichtet im „Neujahrsmonat 1914" (R, 201) einige Zeitschriftenartikel:

> Am ehesten zeigte sich noch Jeanne interessiert, die in ihrem weiten, mauvefarbenen Kleid vor einem Bücherschrank niederkniete und einen Stoß Zeitschriften heraushob./Sie brachte dem Schwager einen mit Lichtbildern illustrierten Artikel, der von Ungenauigkeiten und falschen Zahlenangaben strotzte, obgleich er, den kuriosen Seiten des Radiums gewidmet, aus nichts anderem als diesen Angaben bestand. All das konnte Pierre Cynac weder kontrollieren noch fesselte es ihn sehr. Sein Blick blieb nur lange auf den Bildern haften, auf denen das Strahlende, im eigenen Licht fotografiert, einmal als Einschluß in einem Uranerz zu sehen war, einmal als Häuflein Salz in einer durchleuchteten Schale und einmal als strahlende Zelle innerhalb eines Heilbehelfs./Diese Bilder wurden dem jungen Cynac zum bleibenden Eindruck. Er nahm ihn mit, als er spätnachts mit seinem Vater nach Hause fuhr. Auf dieser Fahrt, während der der alte Cynac, an seine Sorge noch nicht gewöhnt und sehr mit sich beschäftigt, schwieg, fiel Pierre auch auf, daß ihm das Kupfer gleichgültig geworden war. Dachte er jetzt an die Erde, dann sah er sie als gewaltige dunkle Kugel, in der es da und dort wie von glühenden Adern verlief, und dachte er nun an Katanga, dann sah er in der Tiefe dort die leuchtenden Adern zu dicken Strähnen, zu einem sprühenden Klumpen, zum Radiumherzen der Erde zusammenlaufen. (R, 201f.)

Illustrationen werden für Pierre zu Unterstützern des neugewonnenen Eindrucks, dass „seine Füße [endlich] den Boden [berührten]" (R, 201), und zu Begleitelementen jener Epiphanie, die durch die Nahtoderfahrung seines Vaters ausgelöst wurde. Erst hier wird ihm die im Brief vermittelte Entdeckung des Uranerzes in Katanga bildlich greifbar. Die Fotografien des Radiums

88 Zur Zirkulation von Begriffen zwischen verschiedenen wissenschaftlichen Diskursen im LI-Kontext vgl. Lindner: *Leben in der Krise*. S. 13f. Lindner sieht gerade in der „Verschwommenheit der Begriffe", die „ein dichtes Geflecht von Querverweisen" erzeugen, den Grund für das Gefühl der Figuren, „tatsächlich der ‚Weltformel' auf die Spur gekommen zu sein."

„im eigenen Licht“, eine Wiederholung ihrer Entdeckung als fotografisches Rauschen auf den Platten in Becquerels Labor[89], werden von Pierre in einem Kontext populärer Berichterstattung wahrgenommen, der vor Fehlern strotzt und wo sie offensichtlich nicht als Träger wissenschaftlichen ‚Wissens‘, sondern vielmehr als Bilder *von* Wissenschaft zirkulieren.[90] Den Bericht als fehlerhaft einzuschätzen obliegt dabei der Erzählinstanz und nicht der Figur, die über die Reliabilität des Gesagten keine Kontrolle hat. Ihr werden vielmehr die vom Text isolierten Bilder zu Medien der Bewusstwerdung eines kolonialen Einflusses, der zuvor nur erahnt wurde und sich nun als Vorstellung „leuchtende[r] Adern“ konkretisiert, die „zum Radiumherzen der Erde zusammenlaufen“, wobei die Figur in ihrer vitalistischen Sicht verbleibt[91] und sich gleichzeitig verjüngt[92].

Im Anschluss an diese Szene folgt eine weitere, umfangreichere Reflexion von ‚Übersetzungen‘ wissenschaftlichen Wissens. Cynac verschafft sich mit Hilfe von in einer Pressemappe zusammengefasstem Material einen Überblick über die Entwicklungen auf dem Gebiet der Radiumverarbeitung. Diese Mappe wird von einem „Institut für wissenschaftliche Hilfsarbeit“ angefertigt und

89 Die Bezeichnung „im eigenen Licht“ verweist auf die Autolumineszenz der radioaktiven Elemente und den entsprechenden Verzicht auf weitere künstliche Lichtquellen bei der Bildaufnahme, wie eben auch zu Beginn des Romans geschehen und zufällig von Marya Sklodowska entdeckt. Zur fotografischen Abbildung von Radium „im eigenen Licht“ vgl. bspw. B. Walter: „Photographische Aufnahmen von Radiumkörnchen im eigenen Licht (Vorläufige Mitteilung)“. In: *Annalen der Physik* 5 (1905), H. 324. S. 1030–1031. Walter gibt noch Schwächen in der Bildqualität zu, äußert aber Fortschrittsoptimismus. Eine bereits deutlich bessere Abbildung von 1933 aus dem Bestand des Deutschen Museums in München gibt es in Schwankner u.a.: *Die Frühgeschichte des Radiums*. S. 164. Die Bildunterschrift lautet: „3 g Radiumbromid, photographiert im eigenen Licht; von der Union Minière du Haut Katanga an O. Hönigschmid und R. Sachtleben zum Zwecke der Atomgewichtsbestimmung ausgeliehen.“

90 Vgl. Sybilla Nikolow & Lars Bluma: „Science Images between Scientific Fields and the Public Sphere. A Historiographical Survey“. In: Bernd Hüppauf & Peter Weingart (Hg.): *Science Images and Popular Images of the Sciences*. New York 2011. S. 33–51, hier S. 33. Dort mit besonderer Berücksichtigung des Unterschieds zwischen wissenschaftlicher Bildproduktion im Laufe des Erkenntnisprozesses einerseits und Bildern für die Kommunikation wissenschaftlichen Wissens an die Öffentlichkeit andererseits.

91 Bereits vorher hatte sich auch beim Vater ein physikalistisches Bio-„Weltbild“ gezeigt, etwa wenn er über seine Geschäfte in Brasilien sagte, sie fänden in einer Sphäre statt, „in der augenblicks die positiven Entladungen vor sich gehen.“ (R, 129) Beim Sohn wird diese Anlage nun gewissermaßen bio-chemisch gefüllt.

92 Vgl. R 202: „[…] war er durch die Uranerze im Kongo auch wieder in die Jagdhundzeiten seiner Jugend zurückversetzt.“

versammelt differenziertes Textmaterial[93] aus diversen Disziplinen: statistische Erhebungen über Produktions- und Reservemengen des Radiums, Zeitungsmeldungen, die sich vor allem kriminellen und strittigen Anverwandlungen des Stoffs durch vermeintliche Scharlatane widmen, eine Werbeanzeige für radiumhaltige Gesichtscreme (potenziell eine solche Scharlatanerie), die kommentarlos zwischen diese Meldungen gesetzt ist, ferner (populär-)wissenschaftsjournalistische Beiträge über neue Forschungsperspektiven sowie ihre möglichen Auswirkungen, darunter einen längeren Text über die Versuche Ernest Rutherfords, und schließlich eine Stellungnahme von George Purvis zum Vorwurf, mit dem Radium, das sich im Besitz seiner Klinik befindet, zu spekulieren. Die Menge der im Text wiedergegebenen Beiträge entspricht dabei nicht der ganzen Mappe. Die Wahrnehmung ihrer Inhalte ist an die Figur des Lesers Pierre Cynac gebunden, beginnt nach der Schilderung der Leseszene und dem von der Erzählinstanz gesetzten Einstieg „Da hieß es etwa:“ (R, 203) und endet nach der Erklärung von Purvis mit Cynacs Lektüreabbruch.[94] Die Figur bleibt also auch hier der Filter für die Vergabe von Informationen an die Leserin. Die einzelnen Beiträge der Mappe sind durch Kursivdruck vom Gesamttext geschieden und untereinander durch Sterne getrennt, sodass die Sammlung eine eigene, vom Rest des Romans unabhängige Ordnung aus handlungslogisch eingebettetem, aber strukturell separierten „Fremdmaterial“ aufweist. Die Texte sind meist sehr kurz und werden bis auf einleitende Angaben zur Weltproduktion und -reserve an Radium, die Werbeanzeige und die beiden populärwissenschaftlichen Berichte von einer Ortsangabe eingeleitet.[95]

Durch die vorangegangenen Aussagen über die Zurechnungsfähigkeit von Printmedien, ihre Praktiken und ihr Verhältnis zu den Figuren ist die Einbindung von Zeitschriftenmaterial und anderen Dokumenten an dieser Stelle des Romans nicht etwa als Mittel zur Markierung von Objektivität bei der

---

93 Vgl. R, 202f.: „Säuberlich auf großen Bogen aufgeklebt, fand er hier Exzerpte aus Zeitungen, Gelehrtenarbeiten, amtlichen Enunziationen, Statistiken und ähnliches. Er vertiefte sich in die Lektüre, die ihn auch über Inserate und Firmenprospekte zu Schilderungen von Skandalfällen und philosophischen Betrachtungen führte.“ Vgl. zum Objekt des Zeitungsausschnitts als Bedeutungsträger Anke te Heesen: *Der Zeitungsausschnitt. Ein Papierobjekt der Moderne*. Frankfurt/Main 2006, insb. Kap. 3 & 4.

94 Vgl. R, 213: „Pierre Cynac, der seine Lektüre hier unterbrach, wiegte den Kopf.“

95 Man kann hier von einer „[f]ormale[n] Mimesis, d[er] Nachahmung faktualer Formen im fiktionalen Text“ sprechen, wie Meike Herrmann sie beschreibt. Vgl. Herrmann: *Fiktionalität gegen den Strich lesen*. S. 20. Mit Blick auf te Heesen und die Medienspezifik des Zeitungsausschnitts wird aber deutlich, dass der Roman seine Mimesis weitgehend auf inhaltliche Kriterien beschränkt und eher Abgrenzung generell betreibt, als spezifisch zeitungshaft sein zu wollen, was höchstens für die eingeschobene Reklameanzeige mit ihrer individuellen Druckordnung zuträfe.

Distribution von ‚Wissen‘ über das Element zu werten. Vielmehr wiederholt die Mappe des „Instituts für wissenschaftliche Hilfsarbeit“ die zuvor geschilderte Gabe des vor Fehlern strotzenden Artikels durch Jeanne und damit ein Modell der willkürlichen, nicht von Pierre gesteuerten Konfrontation seines inhaltlichen Nicht-‚Wissens‘ mit scheinbaren Lösungsvorschlägen, die eben noch subjektiviert von der Schwägerin, jetzt unpersonal von einem „Institut“ ausgewählt und vorgelegt werden.[96] Printmedien sind also in verschiedenen Verhältnissen *das* Medium der intersubjektiven Weitergabe von Informationen über den ‚Stoff‘. Von der Figur wird das Material jeweils selektiv rezipiert, einmal in der Isolation der Bilder vom Text, ein anderes Mal durch die vorher stattfindende Neuordnung in der Mappe beziehungsweise den Abbruch der Lektüre, und dadurch wiederum selektiv an die Leserin überreicht. Dieses Modell reflektiert das Konzept ‚Zeitschrift‘ selbst[97] und führt vor, wie Wissensvergabe und die Repräsentation von Diskurs als generalisierte Anliegen des Texts auch von der Erzählinstanz abgekoppelt in Erscheinung treten können[98], was an das von Prawdin als Merkmal des ‚Tatsachenromans‘ konzipierte „überpersönliche[] Gebilde[]“[99] denken lässt.[100] Dieses besteht „aus der Wechselwirkung zwischen dem tatsächlichen Geschehen und den von ihm und von dem menschlichen Wollen ausgehenden Kräften [...]“[101]. Die auf diese Weise neu entstandene Einheit zeichnet sich durch einen „kalten Blick“ auf die Phänomene um das Radium aus und vermag es, die Werbeanzeige für Juno-Radium-Creme, die „[v]on prominenten Künstlerinnen und Damen der Gesellschaft mit bestem Erfolg verwendet“ (R, 204) wird, kommentarlos neben eine

96 Pierre erhält noch vor der Szene mit Jeanne von seinem Bruder Gaston im Zusammenhang mit dessen Atlantis-Oper Lesestoff als Antwort auf Nicht-‚Wissen‘: „Da Pierre mit Atlantis kaum eine Mittelschulerinnerung verband, brachte ihm Gaston nach dem Essen alle Bücher, die er darüber hatte auftreiben können. Plato, Diodorus und Plinius, Paläonthologisches, Theosophisches und schlechte Romane, das Buch Henoch und den Historiker Hosea und den Geologen Termier [...]“. (R, 199)

97 Das wird plausibel, wenn Zeitschriften nicht als ephemere Variante buchförmiger Wissensproduktion und (popularisierender) -distribution, sondern als Aushandlungsorte mit hohem Eigenwert verstanden werden. Vgl. hierzu ausführlich Gustav Frank, Madleen Podewski & Stefan Scherer: „Kultur – Zeit – Schrift. Literatur- und Kulturzeitschriften als ‚kleine Archive‘“. In: *Internationales Archiv für Sozialgeschichte der deutschen Literatur* 34 (2010), H. 2. S. 3–47.

98 Vgl. Hahnemann: *Texturen des Globalen*. S. 144f.

99 Prawdin: *Tatsachenroman*. S. 258.

100 Gleichzeitig werden Darstellungen, die *Radium* schlicht der Sachliteratur zuordnen, „deren Veranschaulichungsmodi häufig eine Verknüpfung mit gesellschaftlicher und politischer Weltanschauung anstreben und in der Regel keine Handlung aufweisen“ dem Roman nicht gerecht. Vgl. Dall'Armi: *Poetik der Spaltung*. S. 11.

101 Prawdin: *Tatsachenroman*. S. 258.

Zeitungsmeldung aus London zu stellen, in der steht, dass „Lord Lee auf dem hiesigen Radiologenkongreß warnt: Nicht genug kann vor den Scharlatanen und Kurpfuschern gewarnt werden, die mit radiumhaltigen Mitteln in aller Welt ihren Unfug treiben" (R, 205) und damit die Hersteller von „radioaktive[n] Kompressen, Watten, Tampons, Schlammerden, Badetabletten, Pulver, Salben und Zahnpasten" sowie „radiumhaltige[n] Trinkwasser[s]" (R, 205) meint.[102] Die Mappe stellt sich gegenseitig relativierendes Material nebeneinander. Auf die Werbeanzeige und die Warnung vor ähnlichen Produkten wie den beworbenen folgt die Meldung eines Betrugsfalles, bei dem in als „radioaktiv" angepriesenen Waren keine Spuren „von Radium oder einer dem Radium verwandten Substanz" (R, 205) enthalten waren, und schließlich der Bericht über einen Mann in Chikago [sic!], der nach der kosmetischen Behandlung eines Muttermals an Hautkrebs erkrankt war, den darauffolgenden Prozess gegen die Betreiberin des Salons verloren und anschließend in Selbstjustiz ihren Laden verwüstet hatte. In scheinbar gesteigerter Wissenschaftlichkeit beschäftigt sich der nächste Text der Mappe nicht mit einem „Fall", sondern den physikalischen Grundlagen der radioaktiven Leuchtmassen, deren Beschreibung Teile des aktuellen Wissensbestands aufgreift und bereits andeutet, dass in manchen

---

102 Radioaktive Pflegeprodukte sind keine Erfindung des Romans, sondern eine veritable Sparte in der Kosmetikindustrie der Jahre, in denen auch Brunngrabers Roman spielt. Cremes, Puder, Kuren oder Produkte wie die thoriumhaltige Zahnpasta Doramad warben mit Text/Bild-Kombinationen, in denen Strahlung und Schönheit eng verbunden sind und Radioaktivität als Zeichen von ‚Leben', ihr Wirkprinzip als spezifisch ‚biologisch' und ‚natürlich' klassifiziert wird. Allerdings stellen kulturgeschichtliche Darstellungen zu diesem Thema dergleichen zumeist als ausgesprochene Sensationen dar und erwecken so den Eindruck extremer Reichweiten radioaktiver Schönheitspflege. Verkaufs- oder Produktionszahlen werden dabei kaum genannt. Vgl. bspw. Alfred Meurer: *Das Allheilmittel des 20. Jahrhunderts. Eine kleine Kulturgeschichte des Radiums*. Kromsdorf/Weimar 2017. Für Doramad, Radithor (in Wasser gelöstes Radium), den Radiendocrinator (eine am Körper, bei Männern bspw. empfohlenerweise unter den Hoden, zu tragende Strahlungsquelle) und viele andere „Heilmittel" vgl. die Dokumentation auf der Seite der Oak Ridge Associated Universities: https://www.orau.org/health-physics-museum/collection/radioactive-quack-cures/ (zuletzt abgerufen am 10.9.2021). Die meisten der verzeichneten Produkte stammen aus den 1920er Jahren, mit einem Schwerpunkt auf der zweiten Hälfte der Dekade. Es gibt dort aber auch Fundstücke aus den 1990er und bis in die 2000er Jahre. Im zitierten Artikel aus der Mappe wird außerdem der Fall eines brasilianischen Kaffeeunternehmers genannt, der „sich durch marktschreierische Ankündigungen dazu verleiten ließ, Radiumwasser zu genießen" (R, 205) und qualvoll an den Folgen starb. Ein ähnlicher berühmter Fall war der des bekannten Golfers Eben Byers. Er hatte nach dem Sturz aus einem Eisenbahnbett anhaltende Schmerzen und trank zur Linderung große Mengen Radithor, die seinen Körper innerhalb weniger Jahre zerstörten (siehe für die Geschichte den Eintrag zu Radithor in der oben genannten Dokumentation).

Geschäftszweigen wieder Abstand vom sehr teuren Radium genommen wird, etwa bei der Bemalung von Zifferblättern mit mesothoriumhaltiger Leuchtfarbe. Besondere Relevanz hat diese Anwendungsmöglichkeit der Radioaktivität bei der Sichtbarmachung von Schnittstellen, die aus der Perspektive ihrer Medialität ein interessantes Paradigma bilden:

> Andere Anwendungsmöglichkeiten der radioaktiven Leuchtmassen, die vom Tageslicht unabhängig sind, ergeben sich bei der Sichtbarmachung von Brückengeländern, Eisenbahnbarrieren, Meilensteinen, Wegweisern, Feuermeldern, Schaltern, Navigationsinstrumenten, Kompassen, Benzinuhren, Gashähnen, Klinken, Klingelknöpfen, Leuchtern, Nachttischplatten, Firmenschildern und Reklameelementen. (R, 207)

Und es endet mit:

> Kürzlich hat auch die Mode der radioaktiven Leuchtmassen sich bemächtigt. Es gibt leuchtende Halsketten und Broschen. Ja, es gibt sogar leuchtende Damenstrümpfe. (R, 207)

Dinge, die als Interfaces und Medien der Repräsentation genutzt werden, erlangen durch radioaktive Leuchtkraft die Fähigkeit, bei abwesendem Tageslicht auf sich selbst zu verweisen und damit als Spezialeffekte Teil der materiellen Kultur zu werden. Die Grenze zwischen ‚Licht' (Tag) und ‚Dunkelheit' (Nacht), die zugleich eine semantische Version der Trennung von ‚Wissen' und Nicht-‚Wissen' ist, überschreiten die radioaktiven Elemente, angeführt vom zuerst entdeckten und verwerteten Radium, an einem Punkt, der zugleich moralisch konnotiert wird. Durch eine erste Referenz auf den Einsatz radioaktiver Leuchtmassen in der Uhrenindustrie, der später noch eine wichtige Rolle spielen wird, setzt der Roman einen Punkt, der im Nachhinein als wichtige Etappe der ‚Stoff'-Krise lesbar wird, auf die der Text keine Antwort mehr findet. Die Verlängerung dieses Bezugs auf Sichtbarmachung von Medien der zeitlichen und räumlichen Navigation in den vergeschlechtlichten Bereich der Mode, die hier ausschließlich Damenmode ist, endet im Beispiel leuchtender Damenstrümpfe und spielt mit zeitgenössischen Topoi vom ‚Glanz', den die Kunstseide als „soziale Oberfläche"[103], die ihre Materialität zu verbergen trachtet, auf die Beine von Frauen aufträgt. Dass das Leuchten an die Stelle des Glanzes tritt, unterstreicht den qualitativen Schritt, den der Blick auf Formen „synthetischen Sehens" epistemologisch macht, da die mit

103 Zu diesem Begriff vgl. Monika Wagner: *Marmor und Asphalt. Soziale Oberflächen im Berlin des 20. Jahrhunderts*. Berlin 2018. Zum Glanz der Kunstseide Steinert: *Kunstseidene Welten* sowie S. 39, FN 71 in diesem Buch.

dem ‚Glanz' eng verbundene Semantik des ‚Scheins' entfällt und durch eine breite Palette technischer, infrastruktureller und vertrauenswürdiger Leuchtkörper ersetzt wird.[104] Der Damenstrumpf, materiell vermutlich immer noch aus Kunstseide gefertigt, wird auf diese Weise eher als Kompass gelesen, statt als frivoler und darum per se verdächtiger Index für die Kaufkraft eines gönnenden Sugar Daddies oder metonymischer Ausgangspunkt eines auf individuelle Bedeutung angelegten Subjektkonzepts, des Wunsches „ein Glanz"[105] zu sein. Zugleich kann er seine materielle Grundlage weiter camouflieren und benutzt, wie die anderen mit Leuchtmasse bemalten Artefakte auch, das radioaktive Element zur Unterstreichung seines Zeichencharakters.

Der nächste Beitrag macht den Bezug zur Wissenschaft ebenso explizit wie einige lebensideologische Prämissen des Romans, für die jetzt der Versuch einer Fundierung im physikalisch-chemischen Stand der Dinge unternommen wird. Der umfangreichste der dargestellten Texte gelangt von der oberflächlichen Darstellung einer Entdeckung Ernest Rutherfords beim Beschuss verschiedener Stoffe mit Alphastrahlung aus Radiumatomen zur Konzeption eines neuen „Weltbildes":

> Damit ist das Ungewöhnliche dieser Atomvorgänge vielleicht veranschaulicht. Energie wird nicht übertragen, sondern ausgelöst. Allein was für eine Energie wird ausgelöst! Es ist die Naturkraft, die das Weltgebäude zusammenhält. (R, 208)

---

104 ‚Leuchten' wird in dem Artikel als Effekt einander jagender Lichtblitze gefasst, die entstehen, wenn Alphateilchen aus der radioaktiven Substanz auf ein Teilchen aus dem beigemengten Erregermaterial (meistens Zinksulfid) treffen. Der Text greift damit popularisierend bspw. Ergebnisse der Rutherfordschen Streuversuche ab 1909 auf. Zu einer Form der Epistemologisierung des Glanzes, der ebenfalls technisch messbar gemacht werden sollte, vgl. die Ausführungen über einen in der Textilindustrie als Glanzmesser bezeichneten Apparat in Franz Reinthaler: *Die Kunstseide und andere seidenglänzende Fasern*. Berlin 1926. S. 75–77. Zur zeitgenössischen Unterscheidung von Glanz, Spiegeln und Leuchten vgl. R[eginald] O[liver] Herzog: „Zur Kolloidchemie der Kunstseide". In: Ders. (Hg.): *Technologie der Textilfasern*. Bd. VII: *Kunstseide*. Berlin 1927. S. 1–16, hier S. 16. Herzog verweist auf Wilhelm Wundt und dessen ältere Unterscheidung, dargelegt in W[ilhelm] Wundt: „Ueber die Entstehung des Glanzes". In: *Annalen der Physik* 116 (1862), H. 1. S. 627–631. Wundt rückt den Glanz bereits implizit in den Bereich des ‚Scheins', wenn er schreibt: „Der Glanz besteht nicht in einer Vermischung, sondern in einer Trennung von Eindrücken, und nur weil diese Trennung immer bloß unvollständig gelingt, stört der Glanz die deutliche Wahrnehmung. *Der Glanz ist ein Urtheilsprocess, bei welchem wir, durch die Verlegung der gesehenen Gegenstände in verschiedene Tiefenentfernung veranlaßt, die jedem Gegenstand zugehörige Farbe oder Helligkeit aus einer gegebenen Mischempfindung zu erschließen suchen.*" (S. 631, Herv. im Orig.)

105 Irmgard Keun: *Das kunstseidene Mädchen*. 6. Aufl. München 1989 [1932]. S. 29 u. ö.

Thema der Passage ist die potenzielle Umkehrbarkeit materieller Verdichtungsprozesse. Über den Zerfall des Radiums öffnet sich der Blick auf eine mögliche „Auflösung des Verdichteten“, die „im Äonenablauf des Naturwebens“ unkontrolliert und „schicksalhaft“[106] auftritt, sich nun aber durch den menschlich induzierten Radiumzerfall im Labor künstlich herstellen lässt.

> Hierzu muß man sich erinnern, daß es das, was Materie genannt wird, nicht gibt. Die Welt der Erscheinungen ist gewissermaßen das Endprodukt eines Verdichtungsvorgangs, eines Kristallisationsprozesses, bei dem sich bewegte Energien, kreisende Elektrizitäten, Ätherschwingungen, zu Metallen und Erden, Flüssigkeiten und Gasen zusammengeballt haben. (R, 208)

Punktiert wird die gegenwärtige Situation als Stehen auf einer Schwelle, an der sich zukünftige Entwicklungen abzeichnen, also bereits „sichtbar“ sind, aber die Überwindung technischer Hindernisse noch aussteht. ‚Wissen‘ wird auf diese Weise, ähnlich wie bei den instinkthaft witternden Menschen in *Anilin*[107], gleichsam medialisiert und erstens an ein Modell epistemischer ‚Tiefe‘ angeschlossen als etwas, was man erst aus der Ferne „sieht“, und greift zweitens über Metaphern des Verdichtens und Kristallisierens aus chemischer Sicht auf den semantischen Fundus der Lebensideologie zu.[108] Über die Vokabel der „Naturkraft“, die der Roman vorher bereits mehreren Figuren zur Beschreibung eines bestimmten Weltverhältnisses zugewiesen hat und die sich als Referentin eines gesteigerten, enthemmten Bezugs zum ‚Leben‘ verstehen lässt, koppelt sich nun ein System zur Beschreibung menschlichen Handelns mit seinen nachträglich entdeckten „natürlichen“ Prämissen rück. Der Fall ist dabei mit der retrospektiven Erkenntnis einer längst etablierten synthetischen Durchdringung der eigenen Lebenswelt durch die Figuren in *Erzeugnisse unserer Arbeit* vergleichbar, was hier allerdings nicht in der Figurenrede ausgehandelt und auch nicht direkt an die Alltagspraxis angeschlossen, sondern als Element von kontinuierlich stattfindender Naturgeschichte verstanden wird, aus der nun, durch einen „neuen Blick“ und das In-Frage-Stehen eines so zentralen Konzepts wie ‚Materie‘[109], veränderte Konsequenzen zu ziehen sind.

---

106 Andere Formulierungen im selben Passus sind „ohnmächtig“ und „fassungslos“.

107 Vgl. A, 127 sowie S. 199f. in diesem Buch.

108 Vgl. bspw. Lindner: *Leben in der Krise*. S. 116. Kristallisation wird durch diesen Bezug auch zur Hoffnung auf Erkennbarkeit im Zeichen erodierender materialistischer Grundannahmen. Lindner sieht, mit Bezug auf Jünger und Nori Mödings *Die Angst des Bürgers vor der Masse* zitierend, den Kristall als „Symbol der geformten, der durchschaubaren, der mit sich identischen Welt.“

109 Die den Ausführungen über einen relativierten Begriff von ‚Materie‘ beigegebenen Beispiele wiederholen sich oft und die Autoren von Sachbüchern schöpfen auch nach

Aus den physikalischen Informationen des Textes ergibt sich im Folgenden über die Abrufung zeitgenössisch zirkulierender Wissensinhalte und veranschaulichender Beispiele[110] eine kulturmorphologische Utopiegeschichte über bevorstehende Zeitalter, vor denen „[a]lle bukolischen Bilder, die uns die Sagen vom Goldenen Zeitalter, vom versunkenen Atlantis und vom Garten Eden übermittelten[] verblassen" (R, 209):

> Was für eine Zivilisation [...] [i]n der die Untertunnelung und Überbrückung der Meere, die Abtragung der Gebirge, die Bewässerung der Wüsten, die Veränderung der Klimate, die Transmutation der Elemente, die Erschließung des Weltraumes verwirklichbar sein werden. In der alles, was in sozialen Utopien geträumt worden ist, weit überholt sein wird, weil alle Güter, um die jemals Kriege geführt wurden, mit einem Minimum an Anstrengung im Übermaß zu beschaffen sein werden. In der es auch wahrscheinlich sein wird, daß man das Leben des Menschen um Jahrhunderte verlängert, und in der das Reservoir von Kräften so groß sein wird, daß nicht ihre Erschöpfung, sondern ihre Dosierung zum Problem werden wird. Was für eine Zivilisation, in der noch der unscheinbarste Geborene wennschon vielleicht nicht die Kräfte eines Gottes, so doch die Genußmöglichkeiten der Märchen haben wird. (R, 209)

Der Roman reflektiert hier, was zeitgenössische Science Fiction an Utopischem zu bieten hat. Dabei werden zahlreiche Probleme und Beispiele aufgerufen, die zur Zeit des Erscheinens von *Radium* eher schon zum „alten Eisen" fiktionaler und faktualer Projektemacherei[111] gehören, für den Erzählzeitpunkt der Mappe allerdings noch den visionären State of the Art einer Kulturkritik abzubilden vermögen, die Zukunft angesichts neuer Erkenntnisse aus der „Metakrise"[112]

1945 aus diesem Pool. Auch die Probleme, Elemente und Dinge, die „illustriert" werden, ähneln einander in den einzelnen Texten stark. Vgl. für zwei weitere beliebte Beispiele zum Thema ‚Materie' Helmut Schmid [= Hermann Römpp]: *Lebensgeschichte eines Kohlenstoff-Atoms*. Stuttgart 1946. S. 9f. sowie Otto Willi Gail: *Der Griff nach dem Atom. Es knistert im Gefüge der Welt.* München 1947. S. 18.

110 Vgl. eine weitere Grafik von Fritz Kahn von 1933, nach der ein Ozeandampfer mit der in einem Groschen enthaltenen Energie potenziell dreimal die Erde zu umrunden vermag, mit der Textstelle: „Was für eine Zivilisation, in der an die Stelle einer Kohlenpyramide von 30 Meter Seitenlänge und 20 Meter Höhe ein Eingroschenstück treten wird! In der man mit Hilfe eines Eingroschenstücks die Ozean- und Luftriesen mehrere Male um die Erde schicken wird." (R, 209) Für das Bild siehe Debschitz & Debschitz: *Fritz Kahn*. S. 267.

111 Vgl. hierzu Markus Krajewski: „Die Welt und das Nichts. Projektemacher um 1900". In: Ders. (Hg.): *Projektemacher. Zur Produktion von Wissen in der Vorform des Scheiterns.* Berlin 2004. S. 162–181.

112 Vgl. Eva Horn: *Zukunft als Katastrophe*. Frankfurt/Main 2014. S. 19f. Die „Metakrise" beschreibt nach Horn einen Zustand der „Katastrophe ohne Ereignis, denn sie besteht gerade in der Kontinuität, im schieren Weitermachen. Sie hat keine klar benennbaren Akteure und Schuldigen, keinen präzisen Moment oder einen begrenzbaren Ort, kein

befreit und wieder als Chance sieht, für die höchstens der Mensch selbst aufgrund seiner „fragwürdige[n] Artung" (R, 209) als Risikofaktor übrigbleibt.[113] Die Idee einer Umkehr der Problemstruktur von drohender Erschöpfung zu Fragen der Dosierung von Ressourcen entspricht dagegen bereits der Rhetorik der zeitgenössischen deutschen Autarkie-Propaganda und ruft implizit den Kontext des Vierjahresplans auf, dehnt ihn aber durch die Rahmung mit utopischen Elementen, die Verlängerung des Menschenlebens um Jahrhunderte und die nicht göttlichen Kräfte, aber märchenhaften Genussmöglichkeiten, ins Phantastische aus. Auf diese Weise pendelt der Text zwischen mehreren zeitgebundenen Diskursformationen, die sich innerhalb des Beitrags situativ vermischen beziehungsweise von zwei verschiedenen Punkten aus, dem Erzählzeitpunkt und dem Kontext des Roman-Erscheinungsjahres, unterschiedlich gefüllt werden können.

Dadurch, dass der Beitrag, von Rutherford und den neuesten Erkenntnissen der Naturwissenschaften ausgehend, zur Ausgestaltung von ‚Zukunft' und ihrer Versprechen notorisch auf literarische Topoi und andere künstlerische Darstellungsformen zurückgreift, weist er letztlich, wenn er zur Rekonstruktion von Epochen des Fortschritts über Stein-, Bronze-, Eisen- und Stahl- schließlich zur Radiumzeit übergeht, geschichtliche Taxonomie einerseits als retrospektive Operation der Kontextualisierung technischer Entwicklungen und andererseits Prospektion als fiktionale Spekulation über kommende technische Entwicklungen aus. Vorhersagen werden damit an Bereiche fiktional-künstlerischer Extrapolation verwiesen, deren Akteure phantasiebegabte Dichter sein müssen. Konkrete Schritte in diese künstlerisch vorgestellte Zeit sollen allerdings die Forscher tun. Der Beitrag setzt einen wichtigen Punkt der impliziten Poetologie des Romans, steht er doch an einer Stelle, an der ‚Fortschritt' als Konzept, das bisher von Dichtung und Kunst begleitet wurde, diese Satelliten überholt hat und „verblassen" lässt. Während nämlich „selbst Bacon von Verulam und Leonardo da Vinci, Pascal, Kopernikus und Descartes mit ihrer Vorstellungskraft unsere Stahlkonstruktionen und Dieselmotoren [...], unsere Torpedos und Raketen, unsere Röntgenstrahlen, Sendewellen und die Radioaktivität" *nicht* „erreichen [konnten]" (R, 210), wird die Wissenschaft nun,

---

einzelnes Szenario – vielmehr viele, große und kleine, deutliche und undeutliche, wahrscheinliche und unwahrscheinliche Zeitpunkte, Lokalitäten und Verlaufsformen."

113 Neben fiktionalen Großprojekten wie Bernhard Kellermanns *Tunnel* (1913) sei für ein Beispiel, das noch zur Zeit der Veröffentlichung von *Radium* aktuell war, Herman Sörgels *Atlantropa*-Projekt erwähnt, das die teilweise Trockenlegung des Mittelmeers zur Landgewinnung und in späteren Stufen die Bewässerung der Sahara und weiterer Teile Afrikas vorsah. Einen Überblick über Großprojekte dieser Art gibt Dirk van Laak: *Weiße Elefanten. Anspruch und Scheitern technischer Großprojekte im 20. Jahrhundert.* Stuttgart 1999.

an der geahnten Grenze zur Radiumzeit, ermächtigend ins Werk gesetzt, wäre da nicht der hohe Preis des radioaktiven „geheimnisvollen Elements" (R, 210). Der enorme Kaufkraftbedarf fiktionalisiert den ‚Stoff' wieder und markiert Ermöglichung von Fortschritt als Neuordnung im Verhältnis von Gegenwart und Zukunft, das jetzt nicht mehr für das Morgen von Dichtung ausgeht, im historisierenden Rückblick scharfe Epochengrenzen ausbildet und als reales Angebot der Wissenschaft daherkommt, weiterhin ausgemalt mit Mitteln der Phantasie[114], aber gebremst durch finanzielle Hürden. Wissenschaftskommunikation ersetzt also literarische Kommunikation in einer Form und zu einem Zeitpunkt, welche durch die konkrete Sprechsituation des Romans, der versucht, mit literarischen Mitteln auf diesen fiktionsinternen Konflikt zu antworten, als metapoetische Selbstexplikation von Literatur als „Medium der Erkenntnis von Erkenntnis"[115] gelesen werden können, in dem die Kultur ihre Wissensordnungen „beobachte[t], hinterfrag[t], problematisier[t] und affirmier[t]"[116].

Der letzte Text aus der Mappe, der wiedergegeben wird, besteht in einer Entgegnung George Purvis' zum Vorwurf, mit dem Radium seiner Privatklinik Spekulation zu treiben. Die Invektive kommt von einem anderen Arzt, der „in meinen [Purvis', AW] Diensten stand und aus Gründen, die ich um seinetwillen nicht näher ausführen will, von mir gekündigt wurde." (R, 212) Mit diesem Bericht verstärkt die Mappe einen inneren Zusammenhang, der von Zeitungsberichten, Skandalen, Wissenschaftsjournalismus und populärer Wissenschaftstheorie zu einer Aussage über die Behinderung des Fortschritts durch Profitgier von einem Vertreter der Medizin selbst übergeht. Purvis behauptet in seiner Stellungnahme, die verkauften Radiummengen hätten zuvor in seinem Institut der Forschung gedient und wären nun, da er seine „Möglichkeiten, mit dem Radium zu experimentieren, erschöpft sah" (R, 213),

114 Die Berichterstattung der Zeit nimmt neben den genannten Beispielen zur Veranschaulichung auch immer wieder Bezüge zur aktuellen Populärkultur zur Hilfe. Vgl. exemplarisch P. O. van Steewen: „Menschen zertrümmern das Atom. Mit 2.500.000 Volt gegen das Atom". In: *Das Magazin* 9 (1933), H. 105. S. 72–75 & 112–113. Dort wird beim „Blick in die ‚Zauberküche' der Atomertrümmerer" eine Apparatur folgendermaßen beschrieben: „Wie eine phantastische Theaterdekoration für den Film ‚Das Cabinet des Dr. Caligari' wirken die riesigen glänzenden Metallkugeln, zwischen denen in kurzen Abständen helleuchtende Funken mit lautem Knall überspringen: Hexenküche 1933." (S. 74)

115 Thomas Klinkert: *Epistemologische Fiktionen. Zur Interferenz von Literatur und Wissenschaft seit der Aufklärung*. Berlin 2010. S. 21.

116 Birgit Neumann: „Kulturelles Wissen und Literatur". In: Dies., Marion Gymnich & Ansgar Nünning (Hg.): *Kulturelles Wissen und Intertextualität. Theoriekonzeptionen und Fallstudien zur Kontextualisierung von Literatur*. Trier 2006. S. 29–52, hier S. 30.

verkauft worden. Seine Rechtfertigung in einer Fachzeitschrift weist auf ein Verhältnis zu den Printmedien voraus, das im Folgenden für das romaninterne System der Wissenschaftskommunikation zentral sein wird. Es wird nicht mehr darum gehen, wissenschaftliches ‚Wissen‘ zu kommunizieren. Stattdessen liegt der Fokus darauf, das Mediensystem insgesamt als geschwächten Akteur zu positionieren, der unter den handlungsmächtigen Figuren kein Vertrauen mehr genießt und lediglich in seiner Funktion als leicht zu manipulierendes Steuerelement für die öffentliche Wahrnehmung der eigenen Geschäfte benutzt werden kann.[117] Purvis ordnet seinen Konflikt mit einer Andeutung ad hominem als zwischenmenschliches Problem des Gegners ein und argumentiert im Folgenden betont sachlich. Damit positioniert er zugleich seinen Kontrahenten als Typus in der Nähe jener Formen, die von den Modellen Tretjakows und Prawdins bekämpft wurden, während Purvis selbst sich auf die Perspektive des „Dings“ festlegt und (scheinbar) ganz dem Fortschritt verpflichtet ist. Glaubwürdigkeit erlangt seine Position, die interessanterweise öffentlich nicht von Konzepten wie der „Naturkraft“ spricht, letztlich aber erst durch einen vorher im Text referierten Entschluss, bei dem Purvis, klassisch in erlebter Gedankenrede und Bewusstseinsbericht vermittelt, „sich das Versprechen [gab], alles Radium als Gut der Kranken zu betrachten“ (R, 181).[118] Über diese Verschiebung der Besitzverhältnisse befreit Purvis sich grundsätzlich von Spekulation als Idee und sortiert auch die ‚Stoff‘/ ‚Raum‘/‚Leben‘-Trias neu, indem an seiner Position der Distributionskette das Radium als ‚Stoff‘-Lösung auf ‚Lebens‘-Krisen insofern un-räumlich konzipiert wird, als dass 1) wissenschaftliche Erkenntnis den ‚Stoff‘ zum „Überwinder“ der Vorstellung von Materie machen soll, und dadurch 2) die räumliche Extensität des Radiums als Auslöser dieser Erkenntnis selbst in Zweifel gezogen wird. Das Problem der Entstofflichung des Elements in der wissenschaftlichen Sphäre, das auf materielle Präsenz nach seiner Stabilisierung im Wissenschaftssystem nur noch bedingt angewiesen ist[119], ist dabei kein kleines, schließlich ist die Wissenschaft auf die Wirtschaft als Lieferant des radioaktiven Materials angewiesen und damit Teil der kolonialen Struktur, deren Passagegänger

117 Später wird dieses Element verschärft aufgegriffen, wenn die Akteure, in diesem Fall die US-amerikanischen Radiumproduzenten, die Berichterstattung in ihrem Sinne durch den Kauf entsprechender Artikel selbst steuern: „Die Sitzung faßte demnach lediglich Beschlüsse über die Produktionsbeschränkung und den zu steigernden Reklameaufwand, der unter anderem auch darin bestehen sollte, daß man sich von berühmten Fachleuten Zeitungsartikel über den eminenten Heilwert des Radiums bestellen würde.“ (R, 287)

118 Vgl. Herrmann: *Fiktionalität gegen den Strich lesen*. S. 20.

119 Vgl. Luis A. Campos: *Radium and the Secret of Life*. Chicago 2015. S. 16.

Pierre Cynac mit seinem Katanga-Projekt ist. Für ihn ergibt sich der Wert des Radiums aus Erzvorkommen, deren Urangehalt, den Kosten von Transport und Weiterverarbeitung und dem Phantasma riesiger, bisher unentdeckter Lagerstätten, mithin also ausgesprochen materiellen Faktoren. Über (wissenschaftliches) ‚Wissen' über den Stoff verfügt, wie bereits dargestellt, Pierre Cynac so gut wie gar nicht und auch im Verwaltungsrat seiner Bank „[wußte] die Mehrzahl der Herren nur sehr Ungefähres vom Radium" (R, 215).

Radium bildet also eine neue Grenze aus, auf deren beiden Seiten divergierende Konstellationen des Systems aus ‚Stoff', ‚Raum' und ‚Leben' koexistieren. Vor allem ‚Raum' wird auf beiden Seiten relevant und problematisch, auf der einen als Sphäre für die Lösung einer ‚Lebens'-Krise, auf der anderen als Absagebereich zugunsten des ‚Stoffs'. Wissenschaftskommunikation erhält ebenfalls unterschiedliche Relevanz, wird auf der Seite der Wirtschaft vom kolonial-kapitalistischen Paradigma verdrängt und ist auf der Seite der Wissenschaft von Vertrauensschwund betroffen, was zur Neuausrichtung des Printmediensystems und einer Schwächung der Präsenz von Wissenschaft im Roman insgesamt führt. Dieses krisenhafte Verhältnis nutzt der Roman wiederholt zur Reflexion seines eigenen Status als Medium der Repräsentation von ‚Tatsachen' und darüber, was er selbst für ‚Literatur' hält[120], sodass die eingeschobene Mappe als Experimentierfeld 1) für Einbettungsoptionen journalistischen und populärwissenschaftlichen Materials in eine Narration, die besondere Aufmerksamkeit auf die „Abbildung" von ‚Diskurs' legt, und 2) mehr noch und spezifischer für Darstellungsmodi von ‚Wissen' in seinem Verhältnis zu Krisenfeldern, die ihrerseits eine problematische Beziehung zum ‚Wissen' unterhalten und dadurch seine Repräsentation zum Thema machen, bezeichnet werden kann. Insgesamt betont die Mappe das Angewiesensein von ‚Wissen' auf Zirkulation und demonstriert, wie es „auf ‚Anstöße' aus anderen Wissensfeldern aus unterschiedlichen sozialen Räumen reagiert, an anderen Orten wieder aufgegriffen und dabei umgeformt wird."[121] Zugleich ist die ‚synthetische' Zusammenstellung von ‚Realität' an dieser Stelle natürlich hochartifiziell und wird vom Text selbst auch deutlich als Konstruktion ausgewiesen, was *Radium* an die während der Weimarer Republik geführte Debatte um das „Dokumentarische" zurückbindet.[122]

120 Vgl. Gustav Frank & Madleen Podewski: „Denkfiguren. Prolegomena zum Zusammenhang von Wissen(schaft) und Literatur im Vormärz". In: Dies. (Hg.): *Wissenskulturen des Vormärz* [=*Jahrbuch Forum Vormärzforschung 2011*]. Bielefeld 2012. S. 11–53, hier S. 32.

121 Philip Sarasin: „Was ist Wissensgeschichte?" In: *Internationales Archiv für Sozialgeschichte der deutschen Literatur* 36 (2011), H. 1. S. 159–172, hier S. 164.

122 Vgl. Uecker: *Wirklichkeit, Tatsachen und Dokumente*. S. 31.

4.4 Vom Generationenkonflikt zum Kolonialismus

In der Radium-Debatte außerhalb des Romans gab es Tendenzen, etwa im Umfeld von Rutherford und Frederick Soddy oder bei Marie Curie, in ihre Überlegungen zur Radioaktivität auch Gedanken zu ‚Evolution‘ und ‚Leben‘ einfließen zu lassen. Alle drei, sämtlich Chemie-Nobelpreisträger_innen, sprachen ausgehend von ihren Entdeckungen über die Transmutation der radioaktiven Elemente von einer Verbindung von Radioaktivität und Leben oder koppeln, in Anlehnung an die Alchemie, Verwandlung und Strahlung miteinander.[123] Für den Roman ist die Beziehung ebenso relevant und wird bereits zu Beginn, über Marya Sklodowska, mehrfach beschrieben. Dabei wird das plötzliche Auftauchen der Innovation, die als performativ-fotografische Dokumentation ihrer eigenen Entstehung der Ausgangspunkt zur Herstellung wissenschaftlicher Evidenz wird, zunächst als Schock erfahren und mit Gefühlsregungen verknüpft. Beides, das Element und das Gefühl über das Ausmaß seiner Bedeutung, tauchen plötzlich auf und werden mit der spezifischen Disposition der ‚jungen‘, vor allem aber ‚weiblichen‘ Figur verbunden, deren Denken weniger „in den Sicherungen ihres wissenschaftlichen Alltags-Gedankengebäudes“ (R, 19) und weniger ‚männlich‘ befangen ist. Dadurch wird es Marya möglich, den Zufall der Entdeckung auf einer höheren und, wie sich zeigen wird, erkenntnisträchtigeren Ebene zu interpretieren, die näher an den ‚Wahrheiten‘ des Objektes, das sich da zeigt, liegt und als „Naturkraft“-Phänomen bezeichnet werden kann. Als solches hat das Radium gleichsam „organische“ Konsequenzen für Figuren, die über eine entsprechende Disposition verfügen und in denen die „Naturkraft“ wirkt, sodass sie, ohne es sich erklären zu können, von ihm motiviert werden.

Wie bereits erwähnt, bietet der Roman für dieses Getriebensein oberflächlich das Erklärungsmodell einer Generationenkrise an, bei dem mit ‚Leben‘

123 Vgl. Campos: *Radium and the Secret of Life*. S. 16. Vgl. auch Marie Curies Rede zur Verleihung des Chemie-Nobelpreises 1911: „Die Träume der Alchemisten sind heute zum Teil verwirklicht. Ihre mehr intuitiven Erkenntnisse und theoretischen Spekulationen sind von der modernen Chemie experimentell bestätigt. Es genügt das Wort Radium zu nennen. […] Keine Verwandlung ohne Strahlung! Omnia per lucem. Die moderne Alchemie spricht von ‚Radioaktivität‘. Sie ist allgegenwärtig. Wo sie (scheinbar) erloschen ist, hörte die (deszendente) Verwandlung auf. Nach Rutherford ist das radioaktiv stabile Element der transformierten Radiumfamilie das – Blei, also just derjenige Körper, mit dem die alten Alchemisten stets laborierten.“ Zit. nach Ferdinand Maack: *Zweimal gestorben. Die Geschichte eines Rosenkreuzers aus dem XVIII. Jahrhundert. Nach urkundlichen Quellen, mit literarischen Belegen und einer Abhandlung über vergangene und gegenwärtige Rosenkreuzerei*. Leipzig 1912. S. 37. Vgl. zu der Stelle auch Robert Stockhammer: *Zaubertexte. Die Wiederkehr der Magie und die Literatur 1880–1945*. Berlin 2000. S. 165ff.

verbundene Schicksalsfragen von ‚jungen' Figuren sich immer erst klären, wenn wichtige Vertreter der Elterngeneration gestorben sind, wohinter sich ein Lebensphasen-Modell verbirgt, das keinen Neueinsatz nach der Radium-Entdeckung, sondern vielmehr die Integration der Innovation in ein bestehendes Konzept betreibt. Der Text unterläuft die Erkenntnis dieses Modells durch suggestive Relevantsetzungen von Generationalität, etwa durch die Engführung wichtiger Wendepunkte bei ‚jungen' Figuren und gleichzeitigem, beziehungsweise damit in Verbindung stehenden Sterben ‚alter' Figuren, das wiederum, wenn die radiumbezogenen Projekte dann verwirklicht werden, bei den ‚jungen' mit einer zusätzlichen metaphorischen Verjüngung einhergeht[124], aber auch durch die ostentative Benennung von Lebensaltern im Zusammenhang mit reflektierender Gedankenrede und anderen Formen der Figuren-Introspektion. *Radium* simuliert damit eine klassisch generationale Figurenbindung seiner diegetischen Ereignisse, um sie an anderer Stelle mit Präferenzen auf „überpersönliche Gebilde" oder dem suggerierten Modell widersprechendem Figurenhandeln zu konterkarieren. Durch dieses Prinzip werden ‚Stoff' und ‚Leben', die von Beginn an in einer engen Verbindung stehen, diegetisch weiter verschweißt und der Text kann paradoxerweise gleichzeitig das Individuum als Handlungsträger im Spiel halten und von einer Krise des Individualismus sprechen.

Nach der Beerdigung Pierre Curies und dem Verschwinden Maryas aus dem Text bis zur Verleihung ihres zweiten Nobelpreises wechselt die Szene zu Pierre Cynac, der zur gleichen Zeit „auf einem Ozeandampfer aus den warmen Regengüssen der Kapverdischen Inseln heraus nach Süden, in den Kongo" (R, 70f.) fährt. Die Reise, auf der Pierre beschließt, „daß er seinen Vater abfertigen und auf eine Rente setzen werde" (R, 77), wird begleitet von zeitgleichen fatalistischen Reflexionen des Vaters, die in der parallelen Handlung an zwei Orten einen Generationenwechsel einleiten.

Pierre Cynac taucht zweimal als struktureller Doppelgänger seines Namensvetters Pierre Curie auf. Zuerst, wenn Marya Sklodowska auf dem Weg zur Verabredung mit ihrem zukünftigen Ehemann auf der Straße mit ihm zusammenstößt, und zum zweiten Mal, wenn von der Beerdigung des einen, in dem Moment „[a]ls der Priester auf dem Père-Lachaise das offene Grab segnete" (R, 70) auf den Ozeandampfer gesprungen wird, mit dem der andere soeben den Äquator überquert. Während im ersten Fall Cynac den Weg von Marya zufällig kreuzt, ohne zu ahnen, „daß die [von ihm, AW] Beschimpfte [...] mit dem, was sie soeben dachte, seinen Lebensinhalt bestimmen sollte"

124 Vgl. bspw. R, 181 bei Purvis und, bereits erwähnt, R, 202 bei Pierre Cynac.

(R, 20f.), wird nun eine symbolische Ablösung durchgeführt, bei der die Erdbestattung der einen in der Äquatorüberquerung der anderen Figur semantisch zugleich wiederholt und aufgehoben wird: Der Äquator stellt dabei gleichsam die Grenze zwischen einem semantischen ‚Oberflächen‘- und ‚Tiefen‘-Raum, zwischen ‚Europa‘ und dem ‚Kongo‘ dar.

Gleichzeitig verkörpert Cynac, wiederum semantisiert durch den Bezug auf eine abtretende Vaterfigur, die bei den Curies Henri Becquerel war, jenes ‚Lebens‘-Konzept, das für den Roman zur Entfaltung seiner Semantik grundlegend ist. So heißt es, wenn der Vater über den Sohn nachdenkt:

> Denn Pierre war gewissermaßen nicht im Besitz seiner selbst. Er personifizierte eine Fiber der Welt, zuckend in ihren Verbrennungsprozessen, bedrängend und selber bedrängt. Und es war schon deshalb nicht zu erwarten, daß er nachgeben würde, weil seinem Willen zur Macht unzählige Willen zur Macht gegenüberstanden und in dieser Welt nur gesiegt wurde, damit man nicht unterlag. Mit Naturgewalten gab es kein Verhandeln, man konnte nur als Gewalt unter sie treten … (R, 82)

Diese Wahrnehmung des Sohnes durch den Vater ist geprägt von seinem ambivalenten Verhältnis zu dieser anthropologischen Neuausrichtung, nach der die Söhne in merklichen Kontakt mit dem geraten, was der Roman „Naturgewalt“, „Naturkraft“, manchmal „Welt“ oder „Rätsel“ nennt und was sich paradigmatisch als mentale Essenz des Oberbegriffs ‚Leben‘ fassen lässt. Die Vaterfiguren erkennen diese Berührung zwar und können sie auch, so gut sie es generell vermögen, auch beschreiben, ihnen selbst bleibt dieser Kontakt und damit auch die Perspektive der konkreten Erfahrung allerdings verwehrt. Dabei sind ihnen sogar Handlungsmaximen bewusst, die dieses neue Verhältnis zum ‚Leben‘ aufstellt. Diese werden aus einer Art religiösem Rest gespeist, der als Reaktion auf veränderte globale Verhältnisse und den neuartigen Umgang unter Wirtschaftsführern zu einer scheinbaren Rückeroberung von Handlungsmacht durch die Entrationalisierung geschäftlicher Entscheidungen führen soll. Im Nachdenken von Pierre Cynacs Vater mündet das in Äußerungen wie:

> Dabei hatte er das Gefühl, keine exakten Anhaltspunkte für seine Entscheidungen zu besitzen. Aber das entsprach dem Charakter der ganzen Situation. (R, 84)
>
> Was ihn dabei bewegte – neben der Furcht, vielleicht die eigene Hinrichtung zu unterschreiben –, war schon nicht mehr Aberglaube, sondern Religiosität. Er beschwor den Weltgeist, sich danach zu verhalten […]. (R, 85)
>
> Wenn es eine übergeordnete Gerechtigkeit gibt, dachte der alte Cynac, und seine Gedanken muteten ihn wie ein schönes Irresein an, dann sollten nur jene ein Gut nicht erhalten, die unter keinen Umständen meinten darauf verzichten zu können. (R, 85)

Die in ihren Erklärungen identischen Vertreter verschiedener Generationen werden nur vorübergehend so in Opposition gesetzt, dass der Punkt, an dem die einzelnen Handlungsstränge spielen, jeweils der des Abtretens der Vätergeneration und der (scheinbare) Triumph der Söhne ist. Erst am Ende zeigt sich, dass es sich dabei immer nur um vorläufige Entwicklungen handelt, die letztlich auf ein zyklisches Modell verweisen, in dem alle jung-erfolgreich und alt-erfolglos sind.[125] Durch das Verhalten des Sohnes Pierre wird schließlich klar, dass auch der im weitesten Sinn esoterische Zugang zu veränderten diskursiven Situationen, die, wenn sie erkannt sind, noch längst nicht adäquat beherrscht werden können, kein Merkmal der Vätergeneration, sondern ein universelles Modell des Zugriffs auf das darstellt, was der Text ‚Tatsachen' nennt.[126]

Für die Perspektive der ‚Söhne' stehen beispielhaft Reflexionen über eine Krise der Lebensmitte bei Pierre Cynac, „[e]r war nun vierunddreißig Jahre alt und konnte […] die Weltherrschaft über das Kupfer wahrscheinlich nie erreichen […]" (R, 186), die in exilartigen Zuständen gesteigerter Bewusstwerdung als Bilder erodierender Körperlichkeit erscheinen:

> Nur in manchen Augenblicken, etwa wenn er sich von Gaston auf der Orgel vorspielen ließ oder wenn er, wie zur Zeit, heiße Sommerstunden im Sand von Ostende verdöste, konnte noch immer ein Gefühl der inneren Heimatlosigkeit in ihm aufsteigen. Er empfand seine Existenz, so überstrahlend sie anderen erschien, ohne Kern und Struktur, *formlos*, wie er es nannte. Das Bewegende einer zentralen Leidenschaft fehlte darin; er hatte es nicht dazu gebracht, in der Welt der Wirtschaft eine singuläre Erscheinung zu sein, und es wohnte keiner

125 Der Roman schließt damit an einen mit ‚Jugend' korrelierten Strang der Debatte um die ‚Neue Sachlichkeit' an, der deutlich mit den ‚Dingen', durchaus im Fahrwasser Tretjakows, verbunden ist und damit als Ausgangspunkt für eine Geschichte der ‚Neuen Sachlichkeit' als Generationenphänomen mit medialem Schwerpunkt zu gebrauchen wäre. Dass die ‚Jugend' als zur Zeit der ‚Neuen Sachlichkeit' noch relativ neues Generationenkonzept die Konstruktion („Epoche") paradigmatisch trägt, entspricht der gängigen Forschungsmeinung. Vgl. bspw. Irmgard Roebling: „‚Sei jung, immer und überall jung'. Die Darstellung weiblicher Jugend in Texten von Autorinnen der Weimarer Republik". In: Klaus-Michael Bogdal, Ortrud Gutjahr & Joachim Pfeiffer (Hg.): *Jugend. Psychologie – Literatur – Geschichte. Festschrift für Carl Pietzcker*. Würzburg 2001. S. 259–288, hier S. 260, weiterhin Kerstin Barndt: *Sentiment und Sachlichkeit. Der Roman der neuen Frau in der Weimarer Republik*. Köln u.a. 2003. S. 3 sowie Lindner: *Leben in der Krise*. S. 36ff. & 69ff. Zwei zeitgenössische Zeugnisse, auf die in diesem Zusammenhang rekurrent verwiesen wird, sind Walter Benjamin: „Erfahrung und Armut" [1933]. In: Ders.: *Gesammelte Schriften*. Bd. 2,1. Hg. v. Rolf Tiedemann & Hermann Schweppenhäuser. Frankfurt/Main 1977. S. 213–219 sowie Frank Matzke: *Jugend bekennt: so sind wir!* Leipzig 1930 (auf beide Texte verweist bspw. Wege: *Buchstabe und Maschine*. S. 110f. & 122).

126 Vgl. Wege: *Buchstabe und Maschine*. S. 111.

> seiner Transaktionen jene absolute Exklusivität inne, die nur innerhalb eines Monopols zu erreichen ist. Das war es: der Fixsterntraum vom Monopolherrentum war nicht wahr geworden. (R, 186, Herv. im Orig.)

Cynac wiederholt die ins Innere gespiegelte („Heimatlosigkeit“) ‚Leere‘ seines Körpers in Bezug auf seine Ansprüche, die er als „*nicht abgestorben*, sondern unter der *zerstreuenden* Macht der Verhältnisse nur *zerfasert* und *verkümmert*“ (R, 186, Herv. AW) empfindet.[127] In Wendungen vom „Strahlen“ als Erscheinung und seiner eigenen Wahrnehmung als kern- und strukturlos sowie einer „Zerstreuung“ an Hindernissen wendet der Text das Vokabular des chemisch-physikalischen „Weltbilds“ und der Rutherfordschen Atomversuche mit dem Radium auf das Selbstbild der Figur an, wenn sie ihre nicht-singuläre Stellung beklagt.[128] Diese Verschränkung betont neben dem vom Text ostentativ hervorgehobenen Nicht-‚Wissen‘ der Figur über das Radium verfahrenstechnisch die Übergängigkeit von Konzepten der Individuation auf den ‚Stoff‘ als diskursbestimmende, verfahrensbildende Größe, die dazu befähigt wird, Beschreibungen psychischer Prozesse in den Figuren zu „kolonisieren“.[129]

Zwischen zwei Szenen, in denen Pierre Cynac und George Purvis als Vertreter der ‚Söhne‘ jeweils allein über ‚Identität‘ und ihr ‚Mann‘-Sein nachdenken, bringt der Roman seine einzige detaillierte Beschreibung europäisch-imperialer Infrastrukturprojekte. Der Text setzt dabei an dem Punkt ein, an dem die sogenannte Kap-Kairobahn Katanga erreicht, die Region also an das Prestigeprojekt einer ununterbrochenen Durchquerung des afrikanischen Kontinents mit einer Eisenbahnlinie angeschlossen wird.[130] Dabei üben die Bodenschätze vor Ort eine magnetische Wirkung auf die Schienenstränge, „die weiter östlich hätte[n] verlaufen sollen“, aus und signifizieren den Raum,

---

127 Vgl. zur Verräumlichung von Figuren-Identität generell Titzmann: *Das Konzept der ‚Person‘ und ihrer ‚Identität‘*.

128 Implizit unterstrichen wird sein porös werdendes Körperschema durch die redundant wiederaufgegriffene Betonung der Verortung von Pierre „*im Sand* von Ostende“ (R, 186 & 192, Herv. AW). In einer ähnlichen Reflexionsszene mit George Purvis im Fokus wiederholt sich dieses Auflösungsparadigma, wenn die Figur über ihr Verlangen danach, „einer Frau zu begegnen“ (R, 182), ihr verschobenes Verhältnis zur eigenen Familie bearbeitet. Purvis sieht sich in der Aussicht auf eine solche Begegnung als „der aussätzige Ritter, dem prophezeit worden war, daß er durch eine Jungfrau gereinigt würde …“. Mit dem Aussatz wird eine Krankheit gewählt, die eng mit Veränderungen des Körpers und seiner Desintegration verbunden ist.

129 Im Fall von George Purvis zeigt der Text noch die prekäre Variante einer solchen ‚Stoff‘-Lösung von ‚Lebens‘-Krisen, indem die Figur eine Morphiumabhängigkeit entwickelt.

130 Zur „Kap-Kairobahn“ vgl. als zeitgenössische Quelle Freiherr von Röll: „Kap-Kairobahn“. In: *Enzyklopädie des Eisenbahnwesens*, Bd. 6. Berlin, Wien 1914, S. 324–325. Digital verfügbar unter: http://www.zeno.org/nid/20011417153 (zuletzt abgerufen am 10.9.2021).

insbesondere Katanga, und die sie kolonisierende Union Minière, die nun „endlich lebensfähig geworden [war]" (R, 182), als vitale Entitäten im Moment ihrer Transformation. Kolonisation findet gestalthaften Ausdruck, indem die Landschaft des Kupferbergbaus sich mit beginnendem Betrieb „mit Eisen und Rauch [verkrustete] wie ein Industrieplatz in Mittelengland oder an der Ruhr." (R, 183) Der Raum wird als ‚Synthese' von europäisch konnotierter ‚Technik' und lokal verorteten ‚Tropen' vorgestellt[131] und referiert Kolonialismus in erlebter Rede aus der Sicht der an den Ort des Werks umgesiedelten ‚afrikanischen' Bevölkerung, deren Hier-Sein selbst bereits als Ergebnis kolonialer Entwurzelung beschrieben wird. Die mit ihrer Umsiedelung erst zu sogenannten „Boys", „[k]einer von ihnen stammte aus Katanga" (R, 183), werdenden Männer sind aus der gesamten Kolonie am Ort des Kupferbergwerks versammelt worden, wobei als geographische Orientierungsgröße das Flusssystem des Kongo fungiert.[132] Mit dem Übergang vom Status als Privatbesitz des belgischen Königs zu einer „modernen" Kolonie wird der Kongo als profitorientiert geführtes Wirtschaftsunternehmen vorgestellt, das vor allem neue Regeln des Wohnens und Siedelns aufstellt, die es den Menschen verbieten, ihren Heimatort frei zu wählen. „Zivilisationsprojekte", die andere Texte der Zeit als wichtige Leistung europäischer Akteure vorstellen, werden in *Radium* zum vorgeschobenen Grund für kapitalistische Interessen. Wichtigstes Beispiel hierfür ist die Bekämpfung der Schlafkrankheit, mit der umfangreiche Restriktionen gerechtfertigt werden:

> Es war ein Weltuntergang und eine Hölle, und es war ein schweres Leben, mit der Erinnerung an die Dörfer, Wälder und Wässer an den Maschinen und unter der Erde zu arbeiten und überdies zu wissen, daß man, überstand man das große Grauen, daheim nicht einmal eine Frau würde kaufen können, weil man lediglich mit Naturalien, Grammophonen und Missionspredigten entlohnt wurde./

---

131 Durch eine besondere Betonung der ‚Nacht' in der Beschreibung einer ‚Synthese' von Landschaftsraum und Technik rückt der Text in die Nähe von ähnlichen Beschreibung bspw. in *Germanin*, mit dem Unterschied, dass in *Radium* der Raum ‚Afrika' nicht als menschenleer exponiert wird. Vgl. R, 183: „Besonders nachts, wenn das Werk die Lichtschnüre seiner elektrischen Lampen auswarf, gewann diese Vermischung der Tropen mit moderner Industrie eine gespenstische Gewalt. Die Feuerkronen der Wassermantelhochöfen standen in der gleichen Luft, durch die das Gebrüll der Löwen drang. Und das unter dem Blasen der Ventilatoren immer wiederkehrende Schnauben der Öfen, das regelmäßige Auspuffen der Pumpen und großen Kessel […] konnte sich den aus einem benachbarten Feld herübertönenden Tanzgesängen der Neger vermischen. [sic!]"

132 Vgl. R, 183: „Sie selbst, die nun als Boys über die elektrisch erhellten Arbeitsplätze hasteten, stammten vom Tanganjika, vom Kasai, vom unteren Lualaba, vom Lubiransi und Ikelemba."

> Die *Union Minière* verwies hingegen auf die Tatsache, daß sie jährlich eineinhalb Millionen Franken allein zur Bekämpfung der Tsetsefliege ausgab und daß die Boys erst in den Arbeitskolonien, Negerspitälern und Missionen menschenwürdig beherbergt, gepflegt und behandelt wurden. (R, 185, Herv. im Orig.)

Hygieneprojekte, die im „Kolonialdiskurs“ standardmäßig gefeiert werden, schildert der Roman hier von der anderen Seite als Medien von Herrschaft und tut dies als einziges der Bücher mit Stoffbezug erstens kolonialismuskritisch und zweitens grundsätzlich, wenngleich ohne wörtliche Rede oder andere direkte Sprechweisen, aus Sicht der Einheimisch-Umgesiedelten. Innerhalb des Kupferbergwerks, in dem wenig später Uranerze entdeckt werden, werden die Entstehungsbedingungen synthetischen Kolonialismus' als im Geist des „konventionellen“ Rohstoffkolonialismus begründet gezeigt. Der Schlüssel zur entsprechenden Neukodierung des Modells liegt in der Perspektive der einheimisch-umgesiedelten Bevölkerung, die zunächst klassisch als durch Umsiedlung ihren zyklischen, repetitiven und schlichten Lebenspraktiken entfremdet dargestellt wird und die Figur des Kolonisators durchgängig primitivistisch als „weißen Mann“ beschreibt. Ihre neue Umgebung, die durch Industrialisierung in ein Quasi-Europa („wie ein Industrieplatz in Mittelengland oder an der Ruhr“) verwandelt wird, erscheint in doppelter Weise als „untergegangene“ Version ihrer Herkunftsregion, indem diese zum einen ideell verloren scheint, sie zum anderen nun aber auch faktisch „unter der Erde“ arbeiten müssen. In der Kopplung von räumlicher und ideeller ‚Tiefe‘, die hier eminent negativ gewendet erscheint, ergänzt durch die Erinnerung als narrativ-psychologisches ‚Tiefen‘-Element, fabriziert der Text eine Negativfolie der positiv bewerteten synthetischen Kolonisation des ‚eigenen‘ Raums am Ort des kulturell-räumlich ‚Anderen‘.[133] Austragungsort dieser semantischen Umpolung sind, ähnlich wie in Ungers *Germanin*, die Körper der Einheimisch-Umgesiedelten, deren Perspektive ausnahmsweise (als ‚weiße‘ Konstruktion freilich) Resonanz findet und sonst in den

133 Dass zwischen diesen Sphären subtile Wechselbeziehungen angenommen werden, zeigt sich etwa an der merkwürdigen Verschränkung von Primitivismus und Tauschökonomie bei der Entlohnung der Arbeiter in „Naturalien, Grammophonen und Missionspredigten“, für die sie in ihrem Heimatort „nicht einmal eine Frau würde[n] kaufen können“, was offensichtlich nur mit „echtem“ Geld (oder einem legitimen Äquivalent) geschehen kann. Dass die einheimischen Männer ebenfalls über ‚die Frau‘ nachdenken, wie Purvis und Cynac in den rahmenden, gleichzeitig ablaufenden Episoden auch, weist zudem auf eine unhinterfragte Äquivalenz in der Kopplung von ‚Frau‘ und ‚Leben‘ in einer grundsätzlich androzentrischen Erzählung hin.

Büchern mit Stoffbezug kaum eine Rolle spielt.[134] Die nicht-europäischen Menschen werden nach der Umsiedlung am Arbeitsplatz ihrer Ausbeutung, der als gottloser Ort, den „[d]ie Geister flohen“ beschrieben wird, räumlich fixiert und durch ein System der Kontrolle und Repression vom vertrauten Akteur-Netzwerk in ihren Heimatorten ferngehalten. Auf diese Weise wird die Errichtung von Infrastruktur als „Weltuntergang“ aus Sicht der einen, als Ausdehnung von ‚Zivilisation‘ aus Sicht der anderen vorgestellt, wobei ‚Untergang‘ wie gesagt mehrdeutig gefasst ist, sodass der Text die Lesart einer Überformung einräumt, bei der durch die Grenzüberschreitung der Europäer und die raumzeitliche Dislozierung der ‚afrikanischen‘ Bevölkerung die Pseudoversion eines ‚Dritten Raums‘ entsteht, der als semantische Pseudo-‚Synthese‘ den Versuch einer ‚Raum‘-Antwort verkörpert, die nurmehr als imperiale Phrase, etwa vom „weißen Mann“, funktioniert. Den prekären Status des Kolonialismus verleiht der Text ihm selbst und markiert auf diese Weise auch verfahrenstechnisch seinen Antikolonialismus, der das imperiale Projekt zum Fremdkörper innerhalb des afrikanischen Kontinents macht und die Textpassage, verortet zwischen den Introspektionen wichtiger männlicher Figuren, durch den Fokus auf eine räumliche und semantische ‚Tiefe‘ als Reflexion über ‚weiß‘-‚männliche‘ Zugriffspraxen auf die ‚Welt‘ ausweist.

4.5 Der Weltkrieg als ‚Lebens‘-Zäsur

Nach der Entdeckung des Radiums ist der Erste Weltkrieg die wichtigste historische Zäsur des Romans für den Bereich ‚Leben‘. *Radium* ist der einzige Roman des Korpus, der diesen Krieg detailliert schildert und nicht lediglich als sujetlose Zäsur integriert, als Wendepunkt, „nationale Katastrophe“[135] und entbehrungsreiche Zeit, aus der Argumente und moralisches Kapital für den späteren (Wieder-)Aufstieg der deutschen chemischen Industrie und den Kolonialrevanchismus als „Phantasie- und Projektionsgeschichte“[136] generiert werden.[137] Zwar ergreift auch hier der Roman, wenngleich die späteren Kriegshandlungen aus belgischer Sicht geschildert werden, aus einer den Figuren übergeordneten Perspektive Partei für Deutschland, das,

---

134 Schenzingers *Anilin* geht hierbei über *Radium* hinaus, verbleibt aber ebenso in der Perspektive ‚weiß‘-‚männlicher‘, kolonialer Schein-Repräsentation subalterner Perspektiven, Vgl. S. 169f. in diesem Buch.

135 Hahnemann: *Texturen des Globalen*. S. 171.

136 van Laak: *Der imaginäre Ausbau der imperialen Infrastruktur*. S. 71f.

137 Vgl. bspw. Ebner: *Nationalsozialistische Kolonialliteratur*. S. 282.

ähnlich wie in vielen zeitgenössischen Beschreibungen, als in „ewige[r] Zerrissenheit und Zurückgeworfenheit“ (R, 219) gesehen wird, allerdings steht in *Radium* ein ‚Prinzip‘ im Vordergrund, das nationale Konflikte, ökonomisch-soziale Verunsicherungen in einer den Banken und Großunternehmen ausgelieferten Bevölkerung und schließlich den Krieg als „Erzmuttergrube alles Schöpferischen“ (R, 222) eher ‚objektiv‘ zu zeigen versucht. Durch Bezeichnungen wie der „Erzmuttergrube“ wird der Krieg mit der kolonialen Rohstofföknomie und den zuvor eingerichteten semantischen Kopplungen über die Abläufe beim Bergbau in Katanga (dem „Schoß der Erde“, R, 195) verbunden.

An einem Abend im Rauchtheater begegnen Gaston, seine Frau Jeanne und der alte Cynac zufällig den Brüdern George und Francis Purvis, die mit ihnen aufgrund der „fraternisierende[n] Lebhaftigkeit“ (R, 222), die das patriotische Theaterstück im Publikum auslöst, ins Gespräch kommen. Francis, im Gegensatz zu George noch jung, unverbraucht und „strahlengesichtig[]“ (R, 223), erzählt Jeanne, dass er freiwillig zum Militär einrücken werde. Gaston, uneingestanden eifersüchtig, tut es ihm gleich und wird an ungefährlichen Orten als Nachrichtenoffizier eingesetzt. Die Topographie seines Einsatzgebiets ruft eine Küstensituation auf, in der „[d]ie belgische Front, durch das ausgetretene Meer, das alles Land vor ihr verschlammt hatte, geschützt, durch die Jahre ruhig geblieben [war]“ (R, 230). Die Westfront des europäischen Kriegsschauplatzes ist verwüstet und durch die strategische Flutung eines Teils der belgischen Landschaft[138] in einen Hybrid zwischen Land und Meer verwandelt.

Während der letzten Flandernschlacht fährt Gaston als Hauptmann mit seinem Chauffeur „durch die Gegend westlich von Armentières“, ohne dass „ein Angriff der Deutschen zu erwarten gewesen wäre.“ (R, 228) Die Gegend wird als ein zerstörtes Niemandsland geschildert, das von „insgesamt dreizehntausend Rohre[n] [...] im Vorjahr vier Monate lang umgewühlt“ (R, 230) worden war und dementsprechend nur noch Spuren einstiger Siedlungen, die „zu Sand zermahlen“ wurden, trägt. Vertikale Elemente stehen aus der weitgehend ebenerdigen Landschaft, in der auch alles nicht-menschliche Leben „in den deutschen Gelbkreuzschwaden [...] zugrunde gegangen“ (R, 230)[139] ist, nurmehr als Figuren der Spaltung hervor:

138 Hiermit wird die Öffnung der Schleusen in Nieuwpoort am 29. Oktober 1914 gemeint sein, durch die das Tal des Flusses Yser während der Flut weiträumig mit Nordseewasser überschwemmt wurde.

139 „Gelbkreuz“ ist unter dem Namen „Senfgas“ besser bekannt, wurde aber bspw. auch, perverserweise nach dem Einsatzort Ypern, Yperit genannt.

> Das Auto kam an einer ziegelroten, kaum merklichen Anhäufung von Trümmern vorbei. Weiter draußen ragte aus verkohlten Sparren das zerfetzte Kesselwerk einer dem Erdboden gleichgemachten Fabrik. Wieder eine Strecke hin erhob sich nichts als ein Überbleibsel eines mehrmals geborstenen Baumstamms aus dem Morast. Von der Tafel, die die Engländer daran aufgehängt hatten, las Cynac: *This was Sailly*. (R, 230, Herv. im Orig.)

Die Barackenstädte der Soldaten erscheinen Gaston wie „Negersiedlungen" (R, 229) und aktualisieren die Verbindung von ‚Krieg' und kolonialem Nicht-‚Leben'. Belgien wird als eingeebneter Nicht-Ort und tendenziell außereuropäisch-südliche Sphäre, eher als ‚Kolonie' der Deutschen, denn als europäischer Schauplatz konzipiert.

Bei einem plötzlichen Artilleriebeschuss wird Gastons Auto getroffen und sein Fahrer getötet. Der Treffer passiert, als Gaston über sein Projekt einer Atlantis-Oper nachdenkt und die anschließende Flucht aus der Gefahrenzone, die als „brüllende[s] Nebelmeer", „Todeswall", „Hölle" und „Katastrophe des Raumes" (R, 232) beschrieben wird, führt in einer mentalen Regression auch zur Dissoziation von ‚Kunst' und ‚Wirklichkeit':

> Da empfand er sich nicht mehr als den Hauptmann Cynac, sondern als bejammernswerte Kreatur, als das Kind einer Mutter, als einen gepeinigten Sprenkel Leben, und die Not des Augenblicks trieb ihm die Tränen in die Augen. Er faßte es nicht, daß man unter ein so tobendes Geschick gestellt sein konnte, und da ihn dabei, als etwas Irrsinniges, die Erinnerung an jene seiner Gedanken durchzuckte, die dieses hier zu Musik in Beziehung gebracht hatten, fühlte er sich auch beschämt und gedemütigt wie nach einem lächerlichen Frevel. Er verzweifelte, wie an etwas Verderblichem, an allem, was über die Erhaltung des nackten Lebens hinausging, und er wandte sich, im Stahlhagel hingestreckt, mit einer tierisch stumpfen Bitte an den ungeheuer fernen Gott, an den er in solchem Zusammenhang nie gedacht hatte. (R, 232f.)

Seiner vorherigen Perspektive, die von der belgischen Endzeitlandschaft für sein Kompositionsprojekt inspiriert wurde, steht nun das ‚nackte Leben' gegenüber. Dabei kehrt der zum dekontextualisierten Homo sacer gewordene Gaston zu einem primitivistisch geschilderten Glauben zurück, dessen Gott er sich als Kind-Tier zuwendet.[140] Die Schlachterfahrung wird für ihn zum „inneren Erlebnis", der Umwertung aller Werte[141], die nicht zum endgültigen Abbruch narrativ-literarischer Zutraulichkeit führen wird, sondern komplexer

---

140 Zum Zusammenhang von Katastrophe und Regress in einer Logik von weltlicher Übertretung und göttlicher Strafe vgl. Giorgio Agamben: *Homo sacer. Die souveräne Macht und das nackte Leben*. Frankfurt/Main 2002.

141 Zu dieser von Ernst Jünger stammenden Konzeption und ihren Nietzsche-Bezug vgl. Matthias Schöning: „Leben und Werk". In: Ders. (Hg.): *Ernst Jünger-Handbuch*.

als Geburtspunkt einer ‚lebens‘-epistemischen Phantasie höherer Ordnung erscheint.[142] Nach einem erschöpften Zusammenbruch, in dem Gaston den Glauben an eschatologische Basisprämissen verliert und der als metaphorische Wiedergeburt konzipiert ist, übernehmen die „gefolterte Kreatur“ in ihm und ihr „Trieb, sich zu erhalten“ (R, 233) das Kommando. Auf seiner Flucht schleppt er sich durch Granatfeuer und Gasbeschuss in jene Übergangszone zwischen Land und Meer, die als Raum der Unbestimmtheit auch seines Mensch-Seins und eines Zwischen-‚Lebens‘ zu sehen ist. Kurz bevor er, vorbei an Gefallenen, toten Pferden und Verwundeten, „nackt, wie ein Gegeißelter blutend und dem Irrsinn nahe“ (R, 234) einen halbzerschossenen Unterstand erreicht, wird das Gebäude getroffen:

> Jedoch da schlug, dumpf heranheulend, ein Geschoß an der schrägen Wand auf und in der schwarz aufstiebenden Wolke und dem betäubenden, metallisch zerschwirrenden Krach versank die Welt./Gaston sah noch deutlich und mild das Gesicht Jeannes, dann blieb er, von einem Sprengstück an der Stirn getroffen, mit blutverklebten Augen und bewußtlos im Drahtgewirr hängen. (R, 234f.)

Die vorangegangene Neugeburtsszene, in der die ‚Kreatur‘ den frevelhaften Geist abstreift, scheint in dieser nächsten Nahtoderfahrung aufgehoben, die im Bild des blindgewordenen und in Stacheldraht verstrickten, sterbenden Mannes den Abschluss einer Passion findet. Seine Wiederauferstehung, bei der ihm ein „Engel“ in Gestalt von Francis Purvis zur Hilfe kommt, entlässt Gaston in einen Zustand, in dem ihm das Schlachtfeld als versunkenes Atlantis und der Krieg als Untergang einer Hochkultur erscheint:

> Wie von Kranichschwärmen zog es über den Himmel, Menschen in fliegenden Maschinen, Marsmenschen, Atlantismenschen, und sie bekämpften sich mit donnernder Magie. […] Die Flut, lispelte er, kommt wieder. Eine neue Springwelle der eisernen Flut. Immer wieder geht Atlantis an den Werken seiner Ingenieure zugrunde. (R, 235f.)

Francis und Gaston wachen schließlich nebeneinander in einem Feldspital auf. Francis wird ein steifes Knie zurückbehalten, Gaston leidet an partiellem Gedächtnisverlust und einer sich ankündigenden geistigen Verwirrung, die

---

Leben – Werk – Wirkung. Stuttgart, Weimar 2014. S. 5–29, hier S. 6 sowie den Beitrag von Thomas Weitin: „Der Kampf als inneres Erlebnis (1922)“, S. 59–63.

142 Dabei hat der Text mit der Repräsentation des Kriegsgeschehens selbst offensichtlich kein „Problem“, sondern „will“ Grausamkeit zeigen, anstatt Leerstellen zu erzeugen oder auf Dokumente und andere Quellen zu verweisen, und ordnet sich damit populären Anti-Kriegsromanen wie Remarques *Im Westen nichts Neues* (1930) zu.

wohl als Posttraumatische Belastungsstörung zu diagnostizieren wäre.[143] Diegetisch ist Gastons Zustand als Spaltung eines „Weltbilds" zu lesen, das jetzt, wo andere Figuren auf seine wirr-religiösen Sprechakte reagieren, als Psychopathologie erkennbar wird, während die Erzählinstanz sich zunächst weiter in erlebter Rede der Wahrnehmung Gastons anschließt. Aussagen über die Resilienz von Gastons Zustand macht der Text aus medizinischer Sicht nur sehr knapp:

> Nämlich, erklärte Francis, der Hauptmann hält den Weltkrieg für den Weltuntergang. Wenn nun aber Frieden wird und die Welt also bestehen bleibt, müßte ihn das nicht zur Vernunft bringen?/Müssen nicht, wiegten die Ärzte den Kopf. Im Verstand eines Irren kann auch der Weltkrieg unendlich dauern. Der Mann wird sich eben innerhalb eines Kreises empfinden, an dessen Peripherie die Schlachten, die ihn mithin noch immer erreichen können, weitertoben. Das kann eine Art von Verfolgungswahn sein oder auch nur eine fixe oder überbewertete Idee. Jedenfalls vermag ein Irrer alles in ein System zu bringen. Wir werden ja sehen. (R, 243)

Gaston wird, als innerhalb eines psychischen Extraterritorialraums neu verortetem Irren, explizit die Fähigkeit zur Herstellung von (alternativer) Ordnung zugewiesen. Das Prinzip dieser Ordnung, die als pathologisch abweichend, aber zugleich moralisch hochwertig veranschlagt wird, wird der Text als Vorbild eines Systems figurengebundener Innovationsprozesse nutzen, die von einem neuen, nicht mehr explizit chemischen, aber durch das Radium inspirierten, elektrischen „Weltbild" ausgehen, über das nicht nur sukzessive die Bindung an das „strahlende" Element abgebaut, sondern auch ‚Wissenschaft' als Konzept neu aufgestellt wird, nämlich als Kontaktzone zu etwas, was im weitesten Sinn ‚Spiritismus' genannt werden könnte. *Radium* entwickelt von Gastons Wahnsinn aus ein Konzept, das die Figur einer internen Spaltung, die Verortung des ‚Anderen' im Raum des ‚Eigenen', für die in der Medizin der Krebs stand, im letzten Teil des Romans zur Externalisierung drängen lässt. Im geisteskrank gewordenen Künstler wird ein Modell der Bewusstwerdung aufgerufen, das ästhetische Repräsentation als verschlüsselte Variante von Offenbarungswissen darstellt:

143 Die Ärzte bestreiten einen Zusammenhang zwischen Gastons Stirnverletzung und seiner Geisteskrankheit, mutmaßen über eine durch Schreck verursachte, wohl vorübergehende traumatische Neurose, halten aber auch „religiöses Irresein oder eine andere Art von Geisteskrankheit, die dann wohl bleiben würde" (R, 243), für möglich. Diese Einschätzung geschieht allerdings auf Nachfrage von Francis zu einem Zeitpunkt, an dem die Ärzte zur Begutachtung von Gastons geistigem Zustand noch keine Zeit hatten, verbleibt also im Bereich der Spekulation.

> Schon zeitlich [sic!], gestand er [Gaston, AW], kamen Stimmen zu mir. Aber da sie im Gleichnis redeten, von Atlantis und nicht von unserer Welt, verstand ich sie nicht. Ich faßte sie ästhetisch auf, statt im Gewissen. Erst spät, als man schon allgemein den großen Tod erkannte, der über die Erde gekommen war, empfand ich mich gerufen. Und erst bei Armentières, wo ich auf die eiserne Brandung stieß, erwachte ich zum wirklichen Geschehen. (R, 242)

Gastons Weltauffassung lässt sich entlang von Überlegungen zum ‚Dritten Raum‘ durchdenken, der nun auf die Ebene der Figur ausgreift und dort eine radikal subjektive Perspektive ausbildet, die nurmehr aus sich selbst heraus und durch wenige Bezugnahmen auf spezifisches ‚Wissen‘, das nicht mehr wissenschaftlich unterlegt ist, verstanden werden will.

4.6 Das Radium als Ablösungs- & Ausgangspunkt einer neuen ‚Lebens‘-Synthese

Im letzten Teil folgt der Roman hauptsächlich Francis Purvis und Gaston Cynac und schließt eine Verlagerung seines semantisches Konzept von der ‚Tatsachen‘- auf die Figuren-Ebene ab. Francis etwa erscheint als „strahlend“ und in ihm wirkt, als habe sich der „‚Lebens‘-Kern“ verlagert, nicht mehr eine „Naturkraft“, sondern ein „Element“ (R, 253). Er selbst betrachtet sich als eine „*Lösernatur*“ (R, 253, Herv. im Orig.) und denkt über mögliche Verbindungen zwischen den Erkenntnissen, die aus der Radiumforschung resultieren, und einem neuen, elektrischen „Weltbild“ nach, das er etwa in Radio und Rundfunk verwirklicht sieht. Der Roman konzipiert ihn dabei analog zu Marya Sklodowska, die wie er vor ihren Vermutungen erschrocken war. Die eine hatte während Becquerels Vortrag noch gezaudert:

> Allerdings legte das der Assistentin wieder die Vermutung nahe, ihre Annahme eines neuen, ewig strahlenden Elements sei doch Wahnwitz. Ein Wahnwitz wohl, der sich aus dem Ungestüm und der Vermessenheit ihrer Jugend erklärte, die durch die Arbeit der letzten Tage mächtig angeregt worden war und nun in den Becquerelschen Ergebnissen noch zu wenig Sensation fand. (R, 19)

Und im Gespräch mit Pierre Curie kurz darauf, als dieser erklärte, ihre Annahmen würden „die Aufhebung der Materie“ bedeuten, „zuckte [sie] launisch dazwischen“: „Vielleicht […] besteht die ganze Welt nur aus Elektrizität!“ (R, 26) Später ist es Francis, der vor der Idee, Licht, Wärme, ultraviolette Strahlung, Röntgenstrahlen und die Gammastrahlen des Radiums (vgl. R, 253) für Abstufungen desselben Phänomens, für unterschiedliche Wellenlängen elektromagnetischer Schwingungen zu halten, zurückschreckt:

> Francis fuhr sich mit der Hand übers Gesicht. Ihm war, als müßte er eine Umnebelung wegwischen und sich zu neuer Klarheit sammeln. Was er da dachte, war toll: die ganze anorganische Welt ein Sammelsurium von Schwingungsenergien, das Weltgebäude eine Wellenkonzentration, alles – Elektrizität ...?/ Und dennoch: konnte es heute ein anderes als ein elektrisches Weltbild geben? (R, 254)

Francis erscheint also 1) als „Synthetiker", der die Eigenschaften des „Strahlenden" gewissermaßen semantisch verinnerlicht hat und selbst in der Lage zu sein scheint, neue Konfigurationen im Sinne eines wiederum innovativen Experimental- und Wissenssystems anzulegen. In dieser Funktion ist er 2) Innovator eines neuen und „Überwinder" des vorangegangenen „Weltbilds" durch Vollendung seiner epistemologischen „Spitzen", der unverwirklichten Endstufen von Marya Sklodowskas Gedankengebäude, und damit letztlich 3) „Gefährder" der typischen Konzeption eines Buchs mit Stoffbezug, in dem nach dem chemisch-verfahrenstechnischen Ins-Werk-Setzen der Synthese ihre Verwirklichung auf gesellschaftlich-überbaulicher Ebene angestrebt wird, nicht aber ihre Infragestellung durch ein neues Paradigma.

Das Prinzip der ‚Synthese' wird durch Francis insofern anwendend unterminiert, als dass der Roman mit ihm eine Vermedientechnisierung von ‚Lebenswissen' betreibt. Diese geht vom Elektromagnetismus als zentraler Wechselwirkung aus und greift damit einen für die Epistemologie im Umfeld der Lebensideologie typischen Diskursstrang auf.[144] Ihren materiellen Ausgangspunkt findet diese Bewegung im Artefakt des Radioapparats, „[j]ene[r] Erfindung, die man, solange der Krieg dauerte, nicht der Öffentlichkeit übergab" (R, 253). Die Welle als Organisationsprinzip weltlicher Phänomenologie löst in Francis' Denken die Materie ab und folgt damit einer für die Bücher mit Stoffbezug sehr untypischen, für andere zeitgenössische Wissenspopularisierungen aber durchaus beliebten Erzählung, die, ähnlich wie das ‚Wissens'-Modell des synthetischen Kolonialismus und von ihm erkenntnistheoretisch gespeist, von einer nachträglich ins Bewusstsein tretenden Durchdringung von Lebenswelt durch ein Prinzip, in diesem Fall Elektromagnetismus und Radiotechnik, handelt. Francis entwickelt eine genealogische Abfolge von „Weltbildern", die „von der mechanischen über die chemische zur elektromagnetischen Weltauffassung ..." führt und in den abschließenden drei Punkten eine Schwelle andeutet, die als „Eingang der Erkenntnis" (R, 258) vorgestellt wird und noch unbenannt bleiben muss. Die Welt wird nun neu als Welle angeschrieben und damit, neben der mediengeschichtlichen Verlagerung vom ‚Auge' auf das

144 Vgl. Lindner: *Leben in der Krise*. S. 89.

‚Ohr‘[145], ein neuer Möglichkeitsraum für Erkenntnisse eröffnet, der in seinen Erklärungen nicht mehr von der ‚Natur‘ ausgeht und mit ihrer Hilfe ‚Kultur‘ erklärt, sondern umgekehrt eben ‚Natur‘ nachträglich als Ensemble medientechnischer Äquivalente technischer Apparate verstehen lernt:

> Wie, ging es ihm plötzlich durch den Sinn, wenn die Fledermäuse die Insekten im Dunklen dadurch finden, daß diese Wellen aussenden, für die die Fledermäuse einen Empfangsapparat in sich haben? Wie der Mensch im Ohr ein Gleichgewichtsorgan besitzt, so können auch Uhue und Eulen eine Einrichtung haben; und warum soll es nicht eine sein, die ihren Orientierungssinn weit über den unseren hinaushebt. Es sprächen sich die Lebewesen, die Zellen, die Organe, dann eben wie Radiosender und Radioempfänger an. Und damit wären mit einem Schlag auch alle anderen Rätsel gelöst: die Zugvögel fänden ihren Weg durch die elektromagnetischen Felder, die von den ihnen zukommenden Insekten mitbestimmt wären; die Brieftauben würden durch die Wellen gelenkt, die von ihren Ställen ausgingen […] Und möglich war alles, möglich war alles! Seit Rutherford und der Däne Bohr erkannt hatten, daß das Atom ein Vorgang im sechsdimensionalen Raum ist –, seit die Umwandelbarkeit von Materie in Energie experimentell nachgewiesen war und die dergestalt aufgebaute Welt, in der es also Materie gar nicht gab, in einer Wellenskala erfaßt wurde –, und seit man wußte, daß diese Wellenerscheinungen, das Leben und die Wirklichkeit also, in Bewegungen vor sich gingen, die nach hunderten Quintillionen Schwingungen in der Sekunde zählten, war es auch keine Affäre mehr, die organische Zelle als ein elektrisches System aufzufassen, das Schwingungen aussandte und empfing … (R, 258ff.)

Diese Gedanken kommen Francis, während er dabei ist, auf Gaston einzuwirken, „sich selbst aus dem Wahn herauszudenken“ und ihm ein alternatives Modell zur von ihm „gesehenen“ Atlantis-Katastrophe anzubieten, in dem Gott „nicht der Flut befohlen [hat], über die Erde hinzuspringen“ (R, 257). Sein optimistisches „Weltbild“ entsteht aus einer Spaltung von seinem Gesprächspartner[146], die in ein Selbstgespräch zur allmählichen Verfertigung der Gedanken beim Reden übergeht, bei dem er sich „[g]leich einem fanatisierten Kletterer in seinen Induktionen“ (R, 258) versteigt. Die Mehrdeutigkeit der Beschreibung von Francis' Gedankengang als ‚Induktion‘, die zugleich logischer, als auch elektromagnetischer Vorgang ist, steht dabei für das Festhalten des

---

145 Vgl. bspw. Jochen Hörisch: *Eine Geschichte der Medien. Vom Urknall zum Internet.* Frankfurt/Main 2004. S. 331f. Ein schönes Beispiel für diese „Denkumschaltung“ gibt Ch. Gerlich: „Die Denkumschaltung durch den Rundfunk“ [1925]. In: Albert Kümmel & Petra Löffler (Hg.): *Medientheorie 1888–1933. Texte und Kommentare.* Frankfurt/Main 2002. S. 210–212.

146 Vgl. R, 258: „Gaston hörte nicht mehr zu. […] Und auch Francis redete schon mehr zu sich selbst. Gleich einem fanatisierten Kletterer in seinen Induktionen sich versteigend, vergaß er den Zweck, dem seine Ausführungen dienen sollten.“

Romans am Prinzip der verfahrenstechnischen Mischung von ‚Wissenschaft' und ‚Leben', die nun allerdings durch eine Idee der Polarität neu akzentuiert wird.[147] Das bedeutet, dass ‚Leben' vermedientechnisiert und epistemologisiert wird, der Roman also sein Auskommen als Ding, das über ‚Wissen' spricht, trotz der Abwesenheit einer genuin ‚wissenschaftlichen' Ebene findet. Er tut dies in der performativen Integration naturwissenschaftlicher Erkenntnis-Prinzipien in die Figurenebene mit einer dieses Verhältnis grundsätzlich reflektierenden Randfigur (Gaston) als Katalysator, die Francis' Denken anstößt, ohne es zu wollen oder zu merken. Die Polarität besteht dabei eben in solchen Formen der Abstimmung des Handelns verschiedener Personen auf Impulse, die von anderen Figuren in ihre Richtung ausgehen. ‚Leben' wird auf diese Weise ein Zusammenhang, der technisches und naturwissenschaftliches ‚Wissen' mit einem übergeordneten metaphysischen ‚Lebens'-Modell mischt und durch Erkenntnisse des Allerkleinsten, ermöglicht durch das Atommodell von Rutherford und Bohr, Anspruch auf ein kontinuiertes Welterklärungsmodell entlang der Achse bis zum Allergrößten, solang es nur ‚lebt', also aus ‚Energie' aufgebaut ist, erhebt.

In einer Zone liminaler Annäherung an frühere Lebensbereiche und friedliche Zustände, die der Text als „Vor" und „Nach" der Zäsur des Weltkriegs relevant setzt, werden Francis und Gaston in ein Rekonvaleszentenheim in Croydon, wo sich auch Georges Privatklinik befindet, verlegt. Bei der Ankunft hilft Francis, der sich zuvor mit der Ergründung apparativer biologischer Orientierungsprozesse in den Tieren beschäftigt und festgestellt hatte, dass Tauben, Fledermäuse und Insekten letztlich wie Radios funktionieren, eine junge Pflegerin aus dem Zug. Er wird von ihr „in eine gelinde Bezauberung getaucht" (R, 260), medienlogisch ausgelöst durch Abweichungen in der apparativen Disposition der Frau:

> Die Aschblonde stand auf der untersten Stufe und sah ihm, aus allen Zügen lächelnd, direkt in die Augen. Nun hatte sie, abgesehen davon, daß es ihre schlanke Figur in dem Ornat wie mit festlichem Licht umlohte, einen ganz

147 Ein Beispiel auf der Ebene der Figuren ist George, in dem „der Wunsch nach einem neuen Leben", angefacht von Francis' Forschungseifer, „noch einmal mächtig" wird und ihn zu einem Drogenentzug veranlasst: „Von Francis unterstützt und in der Angst, die Ergriffenheit könnte ihn wieder verlassen, traf er die Vorbereitungen in einer Eile, als hätte tatsächlich eine mechanische Möglichkeit bestanden, sein Gefühl bis an die Pforte der französischen Irrenanstalt hinzuretten." Nach dem Wegfall von Francis als Quelle des Impulses erlischt, dem mechanistischen Prinzip folgend, Georges „Energie" allerdings sofort: „In Wirklichkeit gab er sich schon auf dem Flugplatz in Croydon eine Injektion. Im Speisewagen Rouen–Paris, denn er floh Rouen; nachdem er es betreten hatte, betrank er sich. Dann war er auf Monate verschollen […]." (R, 272)

> unerklärlichen Blick. Das Mädchen schielte in Wahrheit, aber unmerklich und nach außen, und wie sie fast wasserhelle Augen mit sehr kleinen Pupillen besaß, fing sich das Licht in diesen Augen, daß es, zumal in der Nachbarschaft der weißblonden Haare, ein geradezu irrsinniger Scharm war. Aber sie redete, wie Francis schon an den ersten ermunternden Worten merkte, Dialekt, was ihr zu der sonstigen Feinheit etwas Burschikoses gab, und so war sie ebenso voll Wirklichkeit, wie es verwunderlich schien, daß die Männer dermaßen Berückendes bis nun frei hatten herumlaufen lassen. (R, 260f.)

Nancy, wie die Pflegerin heißt, hilft Francis dabei, wieder englischen Boden zu betreten und wird damit zur Hebamme einer neuen alten Existenzform nach „einer gespenstigen Pause von Jahren“, die ihm zum Gefühl verhilft, „noch nie so er selbst gewesen“ (R, 261) zu sein. Der Krieg erscheint in diesen Formulierungen als ‚Lebens‘-„Pause“, die nicht direkt geheilt werden muss, sondern bei der es vielmehr um die (Wieder-)Herstellung ausgesetzter Verbindungen geht, medienlogisch das Ende einer Sendepause. Die als Regress formulierte, gelingende Ich-Identität bei Francis, hervorgerufen durch die Assistenz der das Konzept ‚Differenz‘ akzentuierenden Nancy, schildert der Text auch als Verdrängung seiner eigentlich wichtigen naturwissenschaftlichen Überlegungen, parallelisiert beides aber gleichzeitig über die Erzählinstanz, sodass die unspezifisch als Liebeserlebnis dargestellte Integration der Ich-Inhalte mit einer vom Erzähler registrierten Desintegration epistemischer Korrelationen einhergeht. Damit verhält sich der Roman ähnlich wie etwa *Anilin*, wenn Figuren- und Erzählerwissen an einzelnen Punkten notwendigerweise auseinanderfallen und die Sprechinstanz Handlungen mit wissenschaftsgeschichtlichem Ereignischarakter, Grenzüberschreitungen, von denen die Figur in dem Moment noch nichts ahnt, in ihrer Tragweite bereits andeutet[148]:

> Zweifellos, hätte er jetzt an seine elektromagnetischen Felder und Schwingungsbeziehungen gedacht, er würde es sehr real empfunden haben, daß von diesem Mädchen eine Strahlenwolke auf ihn überging. Aber sein Bewußtsein war von aller Elektrizität nun weltenweit entfernt und ganz verschieden von dem des Mannes, der darüber nachgedacht hatte. Er dachte nun, sofern man seinen Zustand, der etwas von der Überströmtheit durch ein überirdisches Klima hatte, so nennen konnte, an Sonnentage und Blumen, an das gewaltige Lächelnde zwischen Mann und Frau, an anheimelnde Zimmer, an Wiesen und Wolken, an die blitzenden Straßenbahnen in den Städten, an Richmond und Windsor und die kommenden Sommer … (R, 261)

‚Strahlung‘, als physikalisches Wirkprinzip chemischer Elemente, über das Heilung und Schaden gleichermaßen etwa vom Radium auf den menschlichen

148 Vgl. S. 222, FN 144 in diesem Buch.

Körper übergehen, wird hier noch als Einflussgröße im Spiel gehalten, dabei aber schon deutlich der Elektrizität zugeordnet und aus ihr erklärt, was zur beiläufigen Herstellung einer ‚Synthese' von Chemie und Physik führt. Die kommunizierten Inhalte sind dabei nicht nur chemische Eigenschaften und Reaktionsprodukte, sondern wieder, wie schon beim Radium zu Beginn bei seiner Entdeckung als Foto-Stoff, auch Angebote an die Fantasie der angesteuerten Empfänger_innen. Nancy sendet, als Quelle einer Strahlung nicht näher beschriebener Prozessqualität, die als „Überströmtheit durch ein überirdisches Klima" daherkommt und nurmehr unzureichend „Denken" genannt werden kann, ein Klischee-Liebesprogramm aus Sonnentagen, Blumen und dem „gewaltige[n] Lächelnde[n] zwischen Mann und Frau". In dieser Bewegung, die den Roman auf sich selbst zurückschauen lässt, nimmt der Text Kurs auf einen weiteren populärwissenschaftlichen Erzählstrang, der bei genauerem Hinsehen als Geflecht diverser Fäden erkennbar wird. Die Debatte über das Verschwinden der Materie, ihre neuentdeckte Umwandelbarkeit in Energie interessiert den Roman weiterhin als Auflösung des ‚Stoffs' ins ‚Leben' hinein. Hinzukommt die epistemische Besetzung von ‚Lebens-Wissen' durch Medien-Antworten (etwa die Technik-Allegorese tierischer Orientierung), die Medien, das wird noch wichtig sein, als neuartige ‚Stoffe', oder besser als neu ‚Stoff'-artig, entdeckt. Und schließlich unterläuft *Radium* die bei den Büchern mit Stoffbezug üblichen Immunisierungsstrategien der Kategorie ‚Raum', die bereits zuvor durch die Einführung des ‚Krebs' als ‚Fremdes' im ‚Eigenen' geschwächt wurde, durch die Synthese von Radium und Radio.[149] Epistemologisch verbunden werden diese Ebenen durch die Implikationen des Bohr-Rutherfordschen Atommodells. Der Roman weist sich selbst als dazu in der Lage aus, externe Paradigmen von hohem epistemischen, anthropologischen und medienpolitischen Rang auf eigene Weise in seine Diegese, aber auch sein Verfahrenssystem zu integrieren und damit weiter „synthetisch" zu „arbeiten".

4.7 Vom Radium zum Radio: Elektromagnetismus statt Materie

Bei der Lektüre eines Artikels über die spanische Militärbrieftaubendienststelle Valencia, die in der Nähe der radiotelegrafischen Station Paterna liegt, erleidet Francis einen „ekstatischen Anfall" (R, 267). Der Bericht beschreibt, wie die sonst zuverlässig funktionierenden Vögel plötzlich ihren

149 Zum Gedanken, dass das Radio, neben dem Flugzeug, „nationale[] ‚Immunisierungstechniken'" unterwandert vgl. Hahnemann: *Texturen des Globalen*. S. 8.

Orientierungssinn verloren, solange der nahegelegene Sender arbeitete und ihn sofort wiedererlangten, als man den Funkbetrieb abstellte. Die Nachricht sei „für die Allgemeinheit unerklärlich“ und auch unter Experten „wußte man keine Erklärung dafür“ (R, 267), während Francis den Fall sofort in sein „Weltbild“ zu integrieren vermag:

> Zweifellos[150], rief er, das Fachblatt, in dem die Nachricht stand, wie eine Signalfahne schwingend – zweifellos orientieren sich die Brieftauben mit Hilfe von Wellen, ähnlich jenen, die von den radioelektrischen Stationen gesendet werden. Und der Analogieschluß liegt nahe, daß ihr Organ dafür im Ohr sitzt. In Boulogne schon dachte ich immer, daß da die sogenannten halbkreisförmigen Kanäle als radiogonometrische Empfänger fungieren dürften. (R, 267f.)

Wiederum wird, ähnlich wie bei Marya Sklodowska am Beginn des Romans, Erkenntnis als neuartige Interpretation einer scheinbar zufälligen Beobachtung dargestellt, an der ein technisches Medium oder Prinzip mitwirkt. War es erst die Fotografie, gibt jetzt das Radio Analogien vor, nach denen das Wirken der ‚Natur‘ verstanden werden soll. Anders als bei Marya markiert hier allerdings die Vermittlung durch das Journal die Szene mit den Brieftauben als bereits vorgängig „durchlebt“ und wissenschaftlich relevant. Wissenschaftliche ‚Synthese‘ im Sinne eines produktiven Einsatzes von Erkenntnis an einem Punkt des Nicht-‚Wissens‘[151] wird hier nicht mehr als das Ensemble aus Wissenschaftlerin und umliegendem, sie integrierendes Akteur-Netzwerk konzipiert, sondern von einer vorgängigen Spaltung her gedacht, die die Störung des Orientierungssinns der Armeebrieftauben, einen „Mißbrauch von Heeresgerät“[152], in das von Francis als Initialzündung erlebte Auftauchen des Artikels verlängert, der von der epistemischen Leerstelle („für die Allgemeinheit unerklärlich“) vermittelt erzählt.

---

150 Vgl. den zuvor wiedergegebenen Bewusstseinsbericht über die Begegnung mit Nancy (R, 261), der ebenfalls mit einem „Zweifellos“ beginnt.

151 Vgl. Frevert: *Wissenschaft der Synthese*. S. 193.

152 Mit dem Begriff soll die Bedeutung des Ersten Weltkriegs als Zäsur in der Geschichte des Rundfunks betont werden, die auch im Roman eine wichtige Rolle spielt. Zur Notwendigkeit einer strengen Kontextualisierung dieser Kittlerschen Denkfigur, abgeleitet von einer Wendung aus den Erinnerungen Hasso von Wedels, der die „Abteilung für Wehrmachtspropaganda“ im OKW leitete, vgl. Claus Pias: „Friedrich Kittler und der ‚Mißbrauch von Heeresgerät‘. Zur Situation eines Denkbildes 1964 – 1984 – 2014“. In: *Merkur. Deutsche Zeitschrift für europäisches Denken* 69 (2015), H. 791. S. 31–44. Für den Einsatz des Konzepts bei Kittler selbst vgl. Friedrich Kittler: „Rock Musik. Ein Mißbrauch von Heeresgerät“ [1988/1991]. In: Ders.: *Die Wahrheit der technischen Welt. Essays zur Genealogie der Gegenwart*. Hg. v. Hans Ulrich Gumbrecht. Berlin 2013. S. 198–213.

Im Fall der Tauben wird die ‚Störung' zum Ausgangspunkt von ‚Inspiration' und setzt ein Medium, in diesem Fall den Radiosender, der als Träger elektromagnetischer Prinzipien die Störung bei den Tauben auslöst[153], an die Stelle des ‚Stoffes', namentlich des Radiums, und schaltet schließlich die Zeitschrift als Trägerin der für Francis relevanten Erscheinung vermittelnd in die Beziehung ein, sodass aus dem Konzept einer empirischen Naturforschung durch Augenschein wie bei Marya Sklodowska nun eine Situation der räumlich unabhängigen Lektüre wird. Der Verlust des Orientierungssinns bei den Vögeln ist dann strukturelles Äquivalent des Fantasieangebots, das die Leuchtspuren des Radiums auf der fotosensiblen Platte in Becquerels Laborschrank hinterlassen haben. Wie in *Anilin*, wo der Instinkt mancher innovationsbegabter Menschen mit dem von Zugvögeln verglichen wurde[154], findet auch *Radium* einen Korrelationspunkt von menschlicher und tierischer Medialität, wendet ihn aber im Sinne eines Anti-Texts zu Schenzingers Roman gegen das Prinzip des synthetischen Kolonialismus. Der seltsame Fall der Brieftauben von Paterna fand um 1936, das Erscheinungsjahr von *Radium*, Erwähnung in diversen Zeitschriften, beispielsweise dem *Illustrierten Beobachter*. Dort wird neben einer Beschreibung des Vorfalls, die der in Brunngrabers Roman sehr ähnelt[155], ein „französischer Forscher" erwähnt, der das Rätsel, das „noch seiner Lösung [harrt]"[156], ergründet haben will. Dieser vage Hinweis (ein Name etwa wird dort nicht genannt) führt zum umstrittenen Strahlenforscher Georges Lakhovsky und dessen Buch *Le Secret de la Vie* (1929), das 1931 unter dem Titel *Das Geheimnis des Lebens. Kosmische Wellen und Vitale Schwingungen* in Deutschland erschien.[157]

---

153 Zum Radio als Medium einer ‚Spaltung' vgl. allgemein Wolfgang Hagen: Die entwendete Elektrizität. Zur medialen Genealogie des ‚modernen Spiritismus'". In: Torsten Hahn, Jutta Person & Nicolas Pethes (Hg.): *Grenzgänge zwischen Wahn und Wissen. Zur Koevolution von Experiment und Paranoia 1850–1910*. Frankfurt/Main, New York 2002. S. 215–239. Zur Vorbereitung des Prinzips in der Elektrizität sowie speziell für das Radio ders.: *Das Radio.*

154 Vgl. A, 127 sowie S. 199f. in diesem Buch.

155 Walter Orth: „Rätsel des Tieres. Entdeckte und unentdeckte Geheimnisse". In: *Illustrierter Beobachter* 11 (1936), H. 6. S. 170–171, darin: „Das Geheimnis der Brieftaube". S. 170f.

156 Ebd., S. 171.

157 Für den mediengeschichtlichen Kontext von Lakhovskys Arbeit vgl. Max Stadler: „Circuits, Algae, and Whipped Cream. The Biophysics of Nerve, ca. 1930". In: Stephen T. Casper & Delia Gavrus (Hg.): *The History of the Brain and Mind Sciences. Technique, Technology, Therapy*. Rochester 2017. S. 107–135, insb. S. 118 sowie Cornelius Borck: *Hirnströme. Eine Kulturgeschichte der Elektroenzephalographie*. Göttingen 2005. S. 118ff. Und schließlich als exemplarische zeitgenössische Bezugnahme einen Artikel in einem Themenheft der Zeitschrift *Querschnitt* zum Okkultismus: K. R. von Roques: „Die große Konjunktur der Wünschelrute". In: *Der Querschnitt* 12 (1932), H. 12. S. 876–878. Die ambivalente Rezeption Lakhovskys drückt eine Rezension des Autors H. B. K. zu seinem Buch

Die Kommunikationssituation von Lakhovskys Buch, das ebenfalls das Versagen der Tauben als Meldung referiert und anschließend eine Erklärung aus eigener Sicht liefert, entspricht der Konstellation im Roman. So heißt es bei Brunngraber beispielsweise:

> In Boulogne schon dachte ich immer, daß da die sogenannten halbkreisförmigen Kanäle als radiogonometrische Empfänger fungieren dürften. Unter anderem brachte mich ihre Form auf die Vermutung. Sie bilden nämlich drei ebene Flächen, von denen je zwei immer aufeinander senkrecht stehen. Das ergibt ein Bezugssystem wie bei den Koordinaten, die bekanntlich notwendig und hinreichend sind, die Lage eines Punktes im Raum zu bestimmen. [...] Du mußt mir, rief er, das Ohr einer Taube sezieren. Die in den halbkreisförmigen Kanälen enthaltene Flüssigkeit muß leitend sein, und das ganze System bildet zweifellos – in Form einer deformierbaren Spirale von abstimmbarer Selbstinduktanz und Kapazität – einen ausrichtbaren Empfänger und Resonator ... (R, 267ff.)

Und zu den entsprechenden Phänomenen bei Lakhovsky:

> Die halbkreisförmigen Kanäle des Ohres sind in der Tat fähig als radiogonometrischer Empfänger zu fungieren. Auch die Morphologie dieser halbkreisförmigen Kanäle scheint die Mutmaßung zu bestätigen: sie bilden bekanntlich drei ebene Flächen, die je zwei zu zwei aufeinander senkrecht stehen. Ein solches Gefüge von zwei Bezugsebenen ist in dem System der Koordinatenebenen gegeben welches bekanntlich notwendig und hinreichend ist um die Lage eines Punktes im Raume [...] zu bestimmen. [...] Die in diesen Kanälen [im Ohr der Taube, AW] enthaltene leitende Flüssigkeit bildet einen ausrichtbaren Empfänger nebst abstimmbarem Resonator in Form einer deformierbaren Spirale (von abstimmbarer Selbstinduktion und Kapazität).[158]

Auch Francis' weitere Arbeit zum Phänomen elektromagnetischer Strahlung kommt in Art und Schilderung sehr eindeutig aus derselben Quelle. So beispielsweise bei einem Versuch, an Krebs leidende Geranien mit Kupferringen

---

Longévité. L'Art de vivre vieux sans souffrir (1938) aus: „Dr. Georges Lakhovsky, weighed on different scales, hefts very differently. Lakhovsky the shrewd and kindly physician, zealously busy at lessening the ills of humanity, spiritual and physical, is worthy of all praise and admiration. Lakhovsky the philosopher, with his confident explanations of the mechanics of the universe, the reasons for human suffering, and various problems which have escaped solution before his appearance among us, is more than a little jerky and gratuitous. Lakhovsky the misjudged scientist and inventor, boycotted by zealous fellow-scientists, is often far from convincing.“ In: *Books Abroad* 12 (1938), H. 4. S. 447. Im selben Heft findet sich die weiter oben erwähnte Rezension zu *Radium* von Pieter H. Kollewijn mit dem Urteil „literary goulash“ (ebd., S. 482).

158 Georges Lakhovsky: *Das Geheimnis des Lebens. Kosmische Wellen und Vitale Schwingungen.* München 1931. S. 29.

zu heilen, bei dem *Radium* ebenfalls *Das Geheimnis des Lebens* paraphrasiert.[159] Zur Veranschaulichung nur ein Beispiel; der Roman schildert das Experiment so:

> Ich impfte sie alle drei mit dem Bacterium tumefaciens, das bei ihnen Krebs erzeugt. Nach einem Monat aber, als an ihren Stengeln die Tumoren entwickelt waren, legte ich um die eine, wie du siehst, diese Kupferwindung von etwa dreißig Zentimeter Durchmesser, deren beide voneinander getrennte Enden an einem Ebonitträger befestigt sind. [...] Die Erdatmosphäre ist ja der Sitz einer Unsumme elektromagnetischer Schwingungen aller Wellenlängen und Intensitäten, und in diesem unendlichen Wellenfeld findet jeder beliebige Stromkreis, also auch mein Kupferring, die Eigenwelle, auf der er zu schwingen vermag. (R, 289)

Und in den korrespondierenden Passagen über „Therapeutische Versuche am experimentell erzeugten Pflanzenkrebs" bei Lakhovsky:

> Ich nahm also eine Reihe von Geranien, die am gleichen Tag, am 4. Dezember 1924 mit Krebs okuliert worden waren[160] und pflanzte sie in getrennte Töpfe. Einen Monat später, als die Tumoren sich entwickelt hatten, nahm ich auf gut Glück eine von ihnen heraus und umgab sie mit einer kreisförmigen Kupferwindung von 30cm Durchmesser, deren beide, voneinander getrennte Enden an einem Ebonitträger befestigt waren. [...] In der Tat wissen wir, daß die Erdatmosphäre der Sitz einer Menge elektromagnetischer Schwingungen aller Wellenlängen und aller Intensitäten ist, die von den ständigen ungezählten elektrischen Entladungen herrühren. [...] Unter diesen Umständen ist es begreiflich daß jeder beliebige Stromkreis von beliebiger Ausdehnung und Form in diesem unendlichen Wellenfeld seine Eigenwelle zu finden vermag, auf der er schwingen kann.[161]

Der Roman identifiziert Francis unmarkiert mit einer historischen Person, weist der Figur selbst allerdings einen fiktiven Status zu und grenzt sie so etwa von Marya Sklodowska/Curie ab, die explizit auf das reale Vorbild referiert. Lakhovsky war über viele Jahre als Forscher bekannt, der eine theoretische

---

159 Der Versuch wird ebenfalls in der Fachpresse besprochen. Vgl. bspw. I. Gheorghiu: „Le cancer expérimental des plantes et la théorie de Lakhovsky". In: *Comptes rendus des séances de la Société de biologie et de ses filiales Paris* 106 (1931), H. 9. S. 754–756.

160 Das bei Brunngraber genannte Bacterium tumefaciens findet sich bei Lakhovsky namentlich ebenfalls.

161 Lakhovsky: *Geheimnis des Lebens*. S. 119ff. Auf S. 109 gibt es eine Abbildung der Versuchsanordnung, die zeigt, dass die Geranie mit dem Kupferring nicht etwa vom Krebs geheilt wird, sondern vielmehr mit ihm wächst und koexistiert. Bei Brunngraber bleibt dieses Konzept hinter Formulierungen vom „Genesen" und „über die Krebszellen Herr werden" versteckt.

Synthese aus Biologie und Elektromagnetismus anstrebte, die etwa als „Human Radio“-Theory firmierte.[162] In Kooperation mit Nicola Tesla entstand seine berühmteste Erfindung, der sogenannte Multiwellenoszillator, dessen Konstruktion in den Geranien-Experimenten bereits grob angelegt ist. Die Patientin sitzt bei der Behandlung zwischen zwei Metallspiralen, die ein Feld erzeugen, das krankhaft veränderte Zellen in ihren natürlichen Schwingungszustand zurückfinden lassen soll.[163] Die „Kombination von Elektrotechnik, Strahlenphilosophie und Radiotherapie“[164] stellte eine spekulative Erweiterung etablierter Heilmethoden dar, etwa der zur selben Zeit von vielen Ärzten angebotenen Elektrotherapie, die beispielsweise zur Behandlung nervöser Leiden eingesetzt und mit der Zunahme elektrifizierter Privathaushalte auch für den heimischen Gebrauch angeboten wurde.[165] Der Ansatz geht von einer elektromagnetischen Äquivalenzbeziehung sämtlicher Lebewesen aus, die ihrerseits Strahlen aussenden, aber auch empfänglich für von außen kommende Signale sind und sich lediglich in ihrer Sensibilität für bestimmte Wellenlängen unterscheiden. Differenzen zwischen den Spezies, die etwa den Orientierungssinn des Menschen hinter den von Brieftauben zurückfallen lassen, könnten folglich technisch ausgeglichen werden und auch ‚Gesundheit‘ ist letztlich nichts anderes als das, im Fall einer Krankheit technisch wiederhergestellte, „harmonische Schwingungsgleichgewicht aller Zellen“ (R, 271).

Die Entwicklung und Verbreitung des Rundfunks und seine Metaphorisierung als „Informationsnervensystem“[166] hat die Debatte um das menschliche Wellenempfinden stark befeuert und zu regem Austausch zwischen Wissenschaft und Populärkultur über die Parallelen von Mensch und Radio geführt.[167] Die neue Hoffnung in die elektromagnetische Strahlung

162 Vgl. bspw einen bereits 1924 erschienen kurzen Artikel mit diesem Titel in *Popular Science Monthly* (Juli 1924). S. 52: „THE startling theory that every human being is a veritable wireless station, sending out waves of varying length, is advanced by the famous inventor, Lakhovsky. He calls these waves ‚human rays.‘/Lakhovsky believes that eventually it will be possible to eliminate maladies by overcoming radiations of microbes, and that some day men may converse at a distance by directing their own waves.“ (Herv. im Orig.)

163 Vgl. Borck: *Hirnströme*. S. 119f.

164 Ebd., S. 118f.

165 Vgl. ebd., S. 120. Zur Kopplung von ‚Nerven‘ und ‚Elektrizität‘ vgl. etwa Wege: *Buchstabe und Maschine*. S. 80f.

166 Marshall McLuhan: *Die magischen Kanäle. Understanding Media*. 2. erw. Aufl. Basel 1995 [1964]. S. 452.

167 Dafür sprechen bspw. Artikel wie Alfred Gradenwitz: „Der Mensch als Wellensender“. In: *Das Leben* 5 (1927), H. 5. S. 82–84 (am Ende des Artikels gibt es einen Verweis auf die ihren Orientierungssinn in der Nähe von Radiosendern verlierenden Zugvögel) oder Fritz Kunze: „Der menschliche Körper als Sender. Die ‚Od-Strahlen‘ – Aktionsströme – Die

wird begleitet von einer mentalen Ermüdung in Bezug auf die radioaktive Strahlung, die sich spätestens seit Beginn der Dreißiger Jahre einstellt. Diskursiver Umschlagpunkt dieser Konkurrenz ist der Krebs. Die vermeintlichen Heilkräfte der Radioaktivität haben viel Vertrauen eingebüßt, wogegen den Gefahren strahlungsbedingter Erkrankung jetzt deutlich mehr Aufmerksamkeit geschenkt wird. Insgesamt signalisieren etwa populäre Printmedien einen gewissen Überdruss angesichts der stockenden Innovationsproduktion im Zusammenhang mit dem Phänomen ‚Strahlung', nicht nur in Bezug auf Radioaktivität. So zum Beispiel K. R. von Roques, der in seinem Artikel „Die große Konjunktur der Wünschelrute" schreibt: „Damit war das Kind [die Strahlung, AW] geboren, das jetzt so laut schreit. Seitdem wurde viel sachlich Neues nicht mehr entdeckt."[168] Roques' Blick ist gleichzeitig der eines vom schreienden Kind genervten Erwachsenen und des von fehlendem „sachlichen" Input gelangweilten Zeitgenossen, dem erst Lakhovskys Geranienversuche wieder „[t]heoretisch wichtig und interessant" werden. Sie postulieren ein ubiquitäres Strahlen-Modell, nach dem „die gesamte lebendige Welt aus Strahlen entstehe, von Strahlen lebe und an Strahlen vergehe. An einem Übermaß nämlich."[169] Lakhovsky denkt einen Trend auf belebende Weise zu Ende; er ist ein Strahlensynthetiker, der es vermag, wissenschaftliches Avantgarde-‚Wissen' zu verallgemeinern und damit aus der These radioaktiver Strahlung und der Antithese ihrer mannigfaltigen Enttäuschungen zu einem moderierten Schluss zu gelangen, der die Widersprüche, aus denen sich etwa von Roques' Bedenken speisen, in ein neues Angebot für das Welt- und Lebensverständnis integriert. Diese textexterne Offerte migriert unmarkiert in den Roman und revitalisiert auch dort die Debatte um ‚Strahlung' nach dem Weltkrieg durch eine nicht mehr explizit hochwissenschaftliche Perspektive, die reale Akteure wie Marya Curie direkt integriert, wie zu Beginn des Textes, sondern durch einen Hybrid aus Wissenschafts- und Popkultur, dem akteuriale Beliebigkeit eignet und in dem Francis Purvis, irgendein Mann, als Vertreter eines bestimmten Typus' sich den Strahlungsphänomenen aufgrund eigener Erlebnisse zuwendet. Der Roman setzt das Leben des formalen Jedermann Francis dabei implizit hochgradig relevant, indem er unmittelbar mit seiner Geburt beginnt und kurz nach seinem gewaltsamen Tod endet. Sein Leben kann also als eine Art ontogenetischer Zwillingstext zum Versuch des Romans gelesen werden, anhand

Wünschelrute – Und der Nürnberger Trichter" [1926]. In: Albert Kümmel & Petra Löffler (Hg.): *Medientheorie 1888–1933. Texte und Kommentare*. Frankfurt/Main 2002. S. 233–237.

168 Roques: *Die große Konjunktur der Wünschelrute*. S. 876.

169 Ebd.

der Quasi-Lebensgeschichte des Radiums von seiner Entdeckung bis zum Auftauchen eines Surrogats und dem vollständigen Offenbarwerden seines katastrophalen Schadenspotenzials den sich um das Element ereignenden ‚Diskurs‘ zu zeigen.[170] Beide Biographien überlagern sich dabei chiastisch, wobei ihr Schnittpunkt in der Zäsur des Weltkriegs liegt, der den Radiumpreis zum Absturz bringt und Francis' Forscherdrang endgültig erwachen lässt. Das hohe Tempo seines Forscherdrangs und der revolutionäre Charakter seiner Experimente werden über das in den Roman integrierte textexterne Material implizit markiert. So werden die genutzten Intertexte von Lakhovsky oder das Material aus Zeitschriften, die allesamt erst ab Mitte der Zwanziger und zu Beginn der Dreißiger Jahre erschienen sind, im Roman um das Jahr 1919 zusammengeballt. Dadurch entsteht ein verdichteter epistemologischer Erlebnisraum, in dem Francis' anscheinend im Sekundentakt Erkenntnisse produziert, die den zeitgenössischen Diskurs wahrnehmungstechnisch überflügeln[171] und mithin den Roman als spezifisch ‚modern‘ ausweisen.[172] Die auch in den Printmedien der Zeit immer wieder latent als „Privatsache“ von Forscherindividuen wie Georges Lakhovsky dargestellten Versuche einer Synthetisierung verschiedener „Weltbilder“ finden auf diese Weise auf der entsprechend zeitgenössisch adäquaten Ebene Eingang in den Roman, der bei konkreten Innovationsprozessen also einerseits Popularisierungsbewegungen nachvollzieht, dabei aber zugleich weiterhin auf der Ebene der Figur bleibt.

Das ‚Synthetische‘ an Francis'/Lakhovskys „Weltbild“ besteht zunächst darin, dass es von der Chemie ausgreift in den Bereich des Äthers und dort vom Kleinsten zum Größten gelangt:

170 Interessant ist dabei, dass beide, Francis und das Radium, über die „Geburtsszenen“ am Romanbeginn, datiert auf den 14. Februar 1896, gerade noch im 19. Jahrhundert zur Welt kommen und damit vor der Grenze „1900“, nach der die für die Technikdebatte der Nationalsozialisten relevanten *jungen* Ingenieure geboren werde, verankert sind. Vgl. Wege: *Buchstabe und Maschine*. S. 108f., hier mit Verweis auf E. Günther Gründel: *Die Sendung der jungen Generation. Versuch einer umfassenden revolutionären Sinndeutung der Krise*. München 1932.

171 Besonders spannend wird dieses Verhältnis an Punkten wie dem, wo Francis seine nächste Inspiration aus einem Fachblatt erhält, wie im Fall der verirrten Brieftauben. Hier hält der Text eine Kopplung zwischen der Figur und zeitgenössischen Fragestellungen aufrecht. Das für die „Fachwelt“ bisher nicht lösbare Problem erscheint Francis jedoch im nächsten Moment schon als trivialer Beleg für seine Theorie.

172 Zur Darstellung von ‚Zeit‘ im Zusammenhang mit einer Reflexion von ‚Moderne‘ vgl. Sabine Schneider: „Entschleunigung. Episches Erzählen im Moderneprozess“. In: Michael Bies, Michael Gamper & Ingrid Kleeberg (Hg.): *Gattungs-Wissen. Wissenspoetologie und literarische Form*. Göttingen 2013. S. 247–264, hier S. 248.

> Wozu, George, rief er, essen wir? Die Kraft, auf die die zelluläre Schwingung zurückgeht, kommt einerseits aus den inneren Reaktionen des Organismus, aus dem sogenannten Chemischen. Aber nur einerseits, nur einerseits. Anderseits kommt sie aus dem Äther, aus dem Weltall, sozusagen von jenseits der Milchstraße, meinethalben von Gott. (R, 290)

Die ‚Essenz', aus der heraus Francis sein „Weltbild" begründet, bildet eine Klammer zwischen Gott, der über eine Entfernungsrelation von „jenseits der Milchstraße" als Signifikant des Unfassbaren und nichtmessbar Großen in das Modell gelangt, und den Spuren jener ‚Kraft', auf die man „bei der intensivsten Zerschlagung der Materie, in jenen Erscheinungen, die man Neutronen nennt" (R, 291), also dem unterhalb atomarer Größe liegenden Kleinsten, gestoßen ist:

> Damit ist der Kreislauf geschlossen und ist das Unerhörte offenbar, daß alle Wirklichkeit, daß alle auf der Erde uns bekannten Phänomene, also besonders der Energiegehalt der Elemente, die Konzentration der Materie, die Tatsache des Lebens in tierischer und pflanzlicher Gestalt, nichts anderes sind als Manifestationen der *Hochdurchdringlichen Strahlung*. (R, 291, Herv. im Orig.)

Francis'/Lakhovskys Äther-Modell unterscheidet sich in einem wichtigen Detail von anderen, ähnlich gelagerten Theorien, was nur andeutungsweise, und aus naturwissenschaftlicher Sicht sicher sträflich verknappt, an ausgewählten Gedanken aus Einsteins entsprechenden Konzeptionen veranschaulicht werden soll. Francis'/Lakhovsky richten in einer pseudosäkularisierenden Bewegung ihr physikalistisches „Weltbild" auf, um sich des Konzepts der ‚Materie' zu entledigen, bleiben dabei, und hier liegt ihr Modell auf dem Kurs einer populärwissenschaftlichen, lebensideologisch begründeten und aus der Chemie gespeisten Physikotheologie, aber auf einen letztbegründenden und semantisch ungefüllten Herrensignifikanten angewiesen, der „meinethalben [...] Gott", besser aber *Hochdurchdringliche Strahlung* genannt werden soll. Einstein nun schafft die ‚Materie' ab, indem er sie, ausgehend von Heinrich Hertz, dem Äther gleichstellt und beide aus einander begründet:

> Bei H. Hertz ist der angedeutete Dualismus noch ungemildert. Bei ihm tritt die Materie nicht nur als Trägerin von Geschwindigkeiten, kinetischer Energie und mechanischen Druckkräften, sondern auch als Trägerin von elektromagnetischen Feldern auf. Da solche Felder auch im Vakuum – d.h. im freien Äther – auftreten, so erscheint auch der Äther als Träger von elektromagnetischen Feldern. Er erscheint der ponderabeln Materie als durchaus gleichartig und nebengeordnet. Er nimmt in der Materie an den Bewegungen dieser teil und hat im leeren Raum überall eine Geschwindigkeit, derart, daß die Äthergeschwindigkeit im ganzen

> Raume stetig verteilt ist. Der Hertzsche Äther unterscheidet sich grundsätzlich in nichts von der (zum Teil im Äther bestehenden) ponderabeln Materie.[173]

In der folgenden Abgrenzung von diesem Hertzschen Äther-Begriff entwickelt Einstein den Äther der allgemeinen Relativitätstheorie und nähert sich dabei auf subtile Weise und mit dezidiert anderer Begrifflichkeit dem Äther-Signifikanten von Francis/Lakhovsky an, indem er, um der Ununterscheidbarkeit von Äther und Materie[174], die er als Schwäche im Gebäude von Heinrich Hertz ausmacht, zu entgehen, das Konzept eines selbst eigenschaftslosen Mediums entwirft: „Der Äther der allgemeinen Relativitätstheorie ist ein Medium, welches selbst a l l e r mechanischen und kinematischen Eigenschaften bar ist, aber das mechanische (und elektromagnetische) Geschehen mitbestimmt."[175] Mit dieser Bestimmung einer eigenschaftslosen Instanz, die als Medium das von ihr ausgehende Geschehen (mit-)bestimmt, entspricht der Äther der allgemeinen Relativitätstheorie der Definition eines Herrensignifikanten, wie Žižek ihn, ausgehend von Lacan, als „point of the subjectivation of the signifier's chain"[176] beschreibt. Francis/Lakhovsky übernehmen diese Bestimmung für ihren Äther-Begriff:

> Damit fällt auch die Fiktion der interastralen Leere. Der Äther, der Raum zwischen den Weltkörpern, ist nicht das Nichts, sondern er ist der Ort, die Zusammenfassung aller schwingenden Kräfte, er ist der Schoß der universellen Energie, er ist die universelle Energie selbst, er ist der Realgrund des Universums, der Urmutterschoß, die immaterielle Promaterie, aus der die Materie entsteht – durch die Verdichtung ihrer selbst, wobei alle Differenzierungen des Stofflichen nur Abstufungen dieser Verdichtung sind –, er ist die Allgegenwart ... (R, 291)

Was bei Francis „Zusammenfassung" heißt, nennt Lakhovsky in der Parallelstelle explizit „Synthese"[177] und ihr immaterielles Medium gebiert durch

---

173 Albert Einstein: *Äther und Relativitätstheorie. Rede gehalten an der Reichs-Universität von Leiden*. Berlin 1920. S. 6.

174 Ebd., S. 14. Hier läge auch die entsprechende Kritik an Francis/Lakhovsky, bei Einstein exemplarisch an Hermann Weyl gerichtet, nach der die Einebnung dieses wichtigen Unterschieds zur (vorschnellen) Konstruktion eines „geschlossenen Gedankensystem[s]" führt.

175 Ebd., S. 12 (Herv. im Orig.).

176 Žižek: *Sublime Object of Ideology*. S. 112.

177 Lakhovsky: *Geheimnis des Lebens*. S. 129f. Die entsprechende Passage lautet dort: „Die interastrale Leere ist ein überholter Begriff. [...] Darum möchte ich auch den Gedanken der universellen Energie, die in diesen kosmischen Wellen enthalten ist, nicht mit dem

Verdichtung alle weiteren Abstufungen, sowohl substanzieller (Radiowellen, Gammastrahlen, Radiumstrahlen, Pflanzen, Steine, Menschen) als auch direkt medialer Natur (der Orientierungssinn der Taube vs. der Orientierungssinn des Menschen). Und darüber hinaus ergibt sich drittens, wie Francis ergänzt, aus dieser Erkenntnis eine epistemologische Linie, die dieses ‚Wissen' an die Entdeckung des Radiums als notwendige Vorstufe „eine[r] neue[n] Weltlehre" (R, 291) zurückbindet.[178] Wesentlicher Bestandteil der neuen Lehre ist, dass ihre ‚Ursprünge' nicht länger, wenngleich die Metaphorik identisch bleibt, im „Schoß der Erde in Katanga" (R, 195) verortet werden, sondern als gleichartig beschriebene Schoß-Geburten aus dem „Realgrund des Universums" stammen, der beiläufig „die Fiktion der interastralen Leere" für erledigt erklärt. Was der Text vollzieht, ist die Verschiebung einer Idee der ‚Tiefe' in einen Bereich ahistorischer und semantisch nicht mit dem Kolonialismus verbundener Endlosigkeit, die auf die Erde „hochdurchdringlich" wirkt und das Prinzip der Allgegenwart als faktisch räumliche Durchdringung, die medial registrierbar ist, nachträglich wissenschaftlich einholt.[179] Für Francis/Lakhovsky folgt hieraus die semiotisch folgerichtige Schlussfolgerung, die ‚Strahlung' mit einem anderen Grundkonzept, dem des ‚Lebens', zu verschränken. Diese Bewegung ist zentral, um die elektromagnetischen Prinzipien vollends auch auf den Bereich anwenden zu können, den *Radium* als Substitut für die sonst in den Büchern mit Stoffbezug relevante Beziehung zwischen ‚Stoff' und ‚Raum' ausmacht: die Verortung des konzeptuell ‚Anderen' innerhalb der Sphäre des ‚Eigenen', im Roman konkret gefüllt durch den ‚Krebs' als diskursivem ‚Ort', an dem ‚Strahlung' letzthin und am hochrangigsten, weil am engsten mit dem ‚Leben' verbunden, verhandelt wird. In diesen Strang läuft schließlich auch die

---

Begriff des absoluten Leeren, wie er dem Ätherbegriff der Physiker zugrunde liegt, in Verbindung bringen. Ich bin der Meinung, daß dieser Äther nicht die Negation aller Substanz, sondern gerade die Synthese aller schwingenden Kräfte darstellt. Aus diesem Grunde habe ich vorgeschlagen, diesem das Universum durchziehenden Netz aller kosmischen Wellen den Namen ‚Universion' zu geben. [...] In der Universion ist die immaterielle Promaterie, aus der die Materie entstanden ist, und damit der wirkliche Realgrund des Universums zu erblicken."

178 Vgl. R, 291: „Die [neue Weltlehre, AW], fügte Francis sofort hinzu, [war] wennschon nicht seit der Entdeckung der Elektrizität, so zumindest seit der Entdeckung des Radiums fällig. Wir sind da etwas verspätet dran."

179 Vgl. R, 290: „Die *Hochdurchdringliche Strahlung*, die offenbar zwischen allen Gestirnen schwingt, geht, auf die Erde sich herabsenkend, noch durch fünfzig Meter Wassertiefe. Das entspricht einer Durchdringung von vier Meter dicken Bleipanzern, und natürlich sind wir selber und ist alles, was wir auf Erden errichtet haben, bis tief hinein in den Untergrund unserer Städte von dieser Strahlung dauernd durchkämmt." (Herv. im Orig.)

Medialisierung von ‚Lebens‘-Wissen, die schließlich zur Medi(k)alisierung von ‚Lebens-Wissen‘ präzisiert werden kann:

> Ach, was habe ich nicht schon experimentiert, George. Stell Dir doch vor: Hortensien, Pelargonien, Efeu entladen gleichfalls, so wie das Radium, das Elektroskop, sie sind also lebendig radioaktiv, aber auch Käfer, Fliegen und Spinnen sind es; auch sie entladen das Elektroskop. Ich habe von Insekten, indem ich sie für Stunden im Dunkeln auf eine Fotoplatte setzte, auch schon radioaktive Bilder hergestellt. Die toten Insekten und die abgestorbenen Pflanzen aber strahlen nicht. Die Strahlung und das Leben sind also eines. Überall schließt sich der Kreis. (R, 291f.)

Die zuvor bereits zu Fall gebrachte „Fiktion der interastralen Leere“ wird ersetzt durch die wissenschaftlich neu grundierte und damit scheinbar entfiktionalisierte Konzeption einer zugleich medialisierten und metaphysisch-unergründlichen Welt, die sich durch ihre ‚Mutter‘-, ‚Schoß‘- und ‚Ursprungs‘-Semantik als pagane Variante der christlichen Schöpfungsgeschichte zu erkennen gibt und damit den Moment der Fiktionslosigkeit auf ein Minimum reduziert. Die neue Erzählung, die über ihre Metaphern eindeutig eine der ‚Tiefe‘ ist, ist dabei auf Medien als Indikatoren angewiesen. Radio und, wie im obigen Zitat, das Elektroskop zeigen an, wie stark das ‚Leben‘ von ‚Strahlung‘ durchdrungen ist, bis hin zur Bestimmung der Lebewesen als „lebendig radioaktiv“. Dabei wiederholt Francis auch die Urszene der Radioaktivität: das Auftreten von ‚Strahlung‘ als Bild im fotografischen Material. Das Setting von Marya Sklodowskas Zufallsfund ist dabei inzwischen absichtsvolles Experiment geworden, wobei die Fotografie ihren Status als Beweismedium unhinterfragt behält, nun aber selbst auch (‚synthetisch‘) objektiviert[180] wird und „radioaktive Bilder“ herstellt.

Der Krebs, mit Verweis auf „de[n] bedeutendste[n] amerikanische[n] Pathologe[n] Dr. Welch“[181] als „Geißel der Menschheit“ (R, 295) bezeichnet, bedeutet nun den universalen Angriff auf die Kategorie ‚Leben‘. Die ‚Medizin‘ erscheint an diesem Punkt als Sphäre von Ratlosigkeit und Experiment, in der

180 Zum Unterschied von Objektivität und Objektivierung im Experimentalsystem vgl. Frevert: *Wissenschaft der Synthese*. S. 198: „An die Stelle der Objektivität tritt in der Synthesechemie die Objektivierung. In der Synthesechemie objektiviert man durch das Verfahren der Synthese neue unbekannte chemische Strukturen. Diese zeichnen sich zuerst durch ein Nicht-Wissen über ihre Eigenschaften aus. Die damit offenbar werdenden Bereiche des Nicht-Wissens sind somit vom Subjekt zu lösen.“

181 Gemeint ist William Henry Welch (1850–1934).

das Auseinanderfallen von Theorie und Praxis zu, von außen betrachtet, kopflosem Hantieren führt:

> Und über zwanzig Prozent der Erkrankten gingen grundsätzlich nur zu Kurpfuschern, Magnetopathen, Augendiagnostikern und Biochemikern, die sich phantasievoll zu äußern verstanden, oder sie behandelten sich mit Ameisensäure und reklamebunten Bleipräparaten. Aber es kamen die Ärzte selber aus den sehr herabgestimmten Hoffnungen nicht heraus. Sie kombinierten Operationen und Strahlenbehandlung und Elektrokoagulation, Elektrokoagulation und Injizierung von Jod, Arsen, Cholin, Enzytol ... sie versuchten es mit Eigenblut, Serum und Eiweiß, mit Sauerstoff. Wenn sie ganz ahnungslos oder verbrecherisch waren, versuchten sie es auch mit Homöopathie und Höhensonne. Aber selbst die Operateure retteten nur vierzig Prozent, was ein niederschmetterndes Ergebnis war, und auch die Röntgenologen und Radiologen konnten, gleich ihren Kollegen von der Chirurgie, wegen der ewig auftretenden Tochtergeschwülste nicht schlafen. (R, 296)

Im Anschluss an diese Schilderung der prekären Versorgungslage in der Krebstherapie, die von schlecht aufgeklärten Patient_innen und ratlosen, inkompetenten, vor allem aber ebenfalls schlecht aufgeklärten Mediziner_innen herrührt, gibt der Text eine Definition des Krebs als Erkrankung, die kursiv gedruckt und damit als Zitat abgegrenzt ist. Eine Quelle wird dabei nicht genannt. Der eingeschobene Text lässt sich als Teil von Ferdinand Blumenthals Bericht *Über den Stand der Krebsforschung* identifizieren, der 1929[182] in Velhagen & Klasings Monatsheften erschien.[183] Der eingefügte Text wird als

182 Auch hier greift der Roman, der erst kurz darauf den Sommer 1920 erreicht (vgl. R, 304), diskursiv vor und unterläuft die implizite Annahme, in den Text integriertes externes Material müsse zeitlich in die Diegese „passen", wie es für „historische Romane" relativ üblich, jedenfalls naheliegend, wäre.

183 Hier die Stelle bei Brunngraber (R, 296, im Orig. kursiv, Abweichungen gegenüber dem Text von Blumenthal in eckigen Klammern): „*Unter Krebs versteht man eine Erkrankung, welche* [die] *die Zellen des Organismus befällt, fast immer zuerst an einer bestimmten Stelle in der Art, daß sich* [~~sich~~] *diese Zellen nicht nur* [sich] *zu vermehren beginnen* [anfangen], *sondern auch ihren Stoffwechsel ändern, wodurch sie die für den Organismus gefährlichen Eigenschaften gewinnen. Die Krebszellen, die also von Körperzellen abstammen, können im Gegensatz zu diesen* [ihren Mutterzellen] *das umgebende Gewebe zerstören und in dieses* [~~in dieses~~] [dann] *hineinwachsen. Sie* [; sie] *dringen wie Lebewesen in die Lymph- und Blutbahn*[en] *und bringen an anderen Stellen des Körpers Tochtergeschwülste hervor. Kommt diese Geschwulstbildung an einer lebenswichtigen Stelle zustande, tritt der Tod ein.* [So kommt es, daß, wenn diese Geschwulstbildung an einer lebenswichtigen Stelle zustandekommt, der Tod eintritt.] *Und gibt* [~~gibt~~] [wenn] *sie zu schweren Blutungen Veranlassung* [gibt,] *oder gerät sie* [~~gerät sie~~] *in geschwürigen Zerfall* [gerät], *wodurch Bakterien in den Körper eindringen, kann eine allgemeine Infektion hervorgerufen werden, die gleichfalls* [~~gleichfalls~~] *den Tod zur Folge hat.*" Vgl. Ferdinand Blumenthal: „Über den

Definition auch inhaltlich abgegrenzt durch die Bemerkung: „So die begriffliche Bestimmung der Krankheit:/Das Unglück war aber, daß man in zwanzig Jahren Forschung nicht hatte feststellen können, wodurch sie entstand.“ (R, 296) Es folgen Ausführungen über diverse, topographisch und hinsichtlich der Lebensweise der geschilderten Menschen völlig disparate Krankheitsbilder und breitgefächerte Spekulationen über ihre Ursachen, die das Bild einer vollständig unerklärlichen und in ihrem Facettenreichtum schlicht nicht zu ergründenden Symptomatik zeichnen. Diese Beispiele bilden, gemeinsam mit Darstellungen einer unübersichtlichen und von Scharlatanerie bedrohten Lage in der medizinischen Praxis, eine oppositionelle Klammer zur recht klaren und von Beispielen freigehaltenen Bestimmung der Krankheit selbst. Dabei wird nicht markiert, dass die ideologische Trennung der gelungenen Erforschung des Krebs, die sichere Diagnosen ermöglicht, und der noch ausstehenden erfolgreichen Behandlung seiner Symptome im Anschluss an diese Diagnosen gemeinsam aus dem Text von Blumenthal übernommen werden. Alle Beispiele, über die George Purvis, dessen Perspektive eingenommen wird, nachdenkt, stammen aus dem Bericht, dem auch die Krebs-Definition entnommen ist. Unterschiede bestehen lediglich in der moralischen Bewertung der dargestellten ‚Tatsachen‘ und in einer gesteigerten Poetisierung, etwa durch Figuren der lautlichen Ausschmückung („reklamebunten Bleipräparaten“, „Homöopathie und Höhensonne“, „Röntgenologen und Radiologen“), die Anadiplose („Strahlenbehandlung und Elektrokoagulation, Elektrokoagulation und Injizierung“), der anaphorischen Reihung („Jod, Arsen, Cholin, Enzytol ...“) oder des Chiasmus („mit Eigenblut, Serum und Eiweiß, mit Sauerstoff“). Die Trennung von (abstrakter) Definition und (konkretem) Beispiel[184], die der

---

Stand der Krebsforschung“. In: *Velhagen & Klasings Monatshefte* 43 (März 1929), H. 7. S. 92–96, hier S. 92.

184 Ein Beispiel zum Vergleich: „In Ägypten zog man sich durch einen Parasiten, der mit dem Nilwasser ins Blut wanderte, eine Blasenentzündung zu, aus der sich in einem Zehntel der Fälle Krebs entwickelte. Am Kurischen Haff und an russischen Flußläufen litt die Fischerbevölkerung an einem Leberkrebs, hervorgerufen durch einen Egel, der mit dem rohen Fischfleisch genossen wurde. In Tibet, wo die Frauen sich, nur die Frauen, gegen die Kälte einen kleinen Holzkohlenofen an den Leib banden, wodurch sie häufige Verbrennungen erlitten, gab es einen besonderen Frauenkrebs.“ (R, 297) Bei Blumenthal heißt es: „In Ägypten gibt es einen Parasiten, ‚Schistosomum haematobium‘, der mit dem Nilwasser in das Blut und in die Blase einwandert und dort Blasenentzündung hervorruft. In 10 Prozent aller dieser Blasenentzündungen entwickelt sich der Krebs. Am Kurischen Haff und an großen Flußläufen in Rußland leidet die Fischerbevölkerung an einem Leberkrebs, der hervorgerufen wird durch einen Leberegel, welcher mit dem rohen Fischfleisch genossen wird. [...] [D]ie Kangrikrebse, welche bei Frauen im Himalajagebirge auftreten, die wegen der Kälte einen kleinen Holzkohlenofen um den Leib tragen und dadurch häufig dort Verbrennungen zeigen. Der Krebs an diesen verbrannten Stellen tritt nur bei diesen Frauen

Roman hier für eine Unterscheidung von ‚Theorie' und ‚Praxis' vorschlägt, um zu zeigen, wie das Defizit in einem der beiden Bereiche den anderen mit trifft, stellt eine fiktionalisierte Form von ‚Wissenschaft' dar, die außerhalb des Romans, in den Quellen, denen er sich bedient, nicht aufrechterhalten bleibt. Der Text bildet also ein partiell idiosynkratisches, mit der textexternen Wissenschaft, von der die Bezüge stammen, nicht geteiltes Wertsystem aus, das ‚moderne' Verfahren wie die Montage nutzt und dabei auf die inhaltliche Integrität textexterner Quellen keinen großen Wert legt.[185]

4.8 Ent-Spaltung durch Branding? Semiotisch-hermeneutische Restitutionsversuche

Pierre Cynac ist am Ende des Romans mit einem Labeling-Prozess befasst, dessen Ziel die Repräsentation der Gewinnung des ‚belgischen' Radiums aus dem Kongo, vor allem aber seiner Rolle dabei, ist. Ein Logo, das er zu diesem Zweck entwickeln lässt, ist als bildrhetorisches Artefakt interessant, weil es zum einen seinen Zugriff auf den Bereich ‚Leben' signifiziert und zum anderen einen Beitrag zum Verständnis der textspezifischen Variante eines synthetischen Kolonialismus liefert, die an dieser Stelle ihren letzten Versuch startet, relevant zu bleiben:

> URALT IST DAS Zeichen der in den Schwanz sich beißenden Schlange, genannt Ouroborus, *das Ganze ist eines*, Symbol der ewigen Wiederkehr, des Seienden, auch der Materie, die, degradiert in dem einen Weltzyklus, reaktiviert in einem anderen, gleichfalls unsterblich ist; Symbol auch des Steines der Weisen, der sowohl die Metalle verwandelt wie auch, als Lebenselixier, das Alter in die Jugend, und dergestalt dem Wesen der großen Transmutation sich ebenfalls einordnet. Vor [sic!] hier zu allem, wozu das Radium die Menschheit inspiriert hat, ist nur ein kurzer Schritt. (R, 307, Herv. im Orig.)

auf und nicht auch bei Männern, weil diese solche Öfen nicht zu tragen pflegen." Blumenthal: *Stand der Krebsforschung*. S. 93f.

185 Blumenthals Ausführungen sind eher von deutlichem Optimismus geprägt, was zukünftige Perspektiven der Krebstherapie angeht. Eine entsprechende Skepsis bei ihm richtet sich eher auf andere Prioritäten der Politik. Vgl. Proctor: *Blitzkrieg gegen den Krebs*. S. 325: „Im Jahr 1931 sagte er [Blumenthal, AW] voraus, daß nicht nur die Krebsfrage gelöst, sondern auch die Zahl der Krebsopfer um die Hälfte gesenkt werden könne, wenn Deutschland und England je ein Kriegsschiff weniger bauen würden und die dadurch eingesparten 40 Millionen Reichsmark statt dessen in je 40 Krebsinstitute investieren würden."

Abb. 22
Radium Belgique

Mit dieser Wahl eines „Hauptsymbol[s] der Alchemie“[186] historisieren die Radium-Akteure ihr Metier aus den Anfängen der Chemie. Darüber hinaus wird das Zeichen der Schlange, die sich in den eigenen Schwanz beißt und mit ihrem Körper einen Ring bildet, als mystisches Einheitssymbol eingeführt, das auf ein vormodernes Verständnis von ‚Synthese' verweist, textintern aber auch an Marya Curies Annäherung an die Alchemie anschließt[187], deren Erkenntnispotenzial vom Text noch unausgeschöpft geblieben war. Die Beschreibung des Ouroborus ähnelt ihrer Nobelpreisrede, in der ein alchemistisches Verständnis von Transmutation und ewiger Erneuerung sowie das Radium als Quelle von Inspiration auftauchten. Die Rückverlängerung einer Geschichte der Synthese bis zur Alchemie scheint aus wissenschaftshistorischer Perspektive aufgrund der prinzipiell verschiedenen epistemologischen Prämissen beider Komplexe nur bedingt sinnvoll, besitzt aber einigen heuristischen Wert, ermöglicht sie es doch, „synthetisches Denken im Kontaktschluss mit materiellen Umwandlungsprozessen selbst beginnen zu lassen.“[188] Die Bücher mit Stoffbezug bedienen sich dieser Option, die vor allem für die Fiktionalisierung chemischen ‚Wissens' ein attraktives Angebot darstellt, vorrangig zur Darstellung des intensiven Moments partiell unerklärlicher Erkenntnis, der zum

186 Schütt: *Geschichte der Alchemie*. S. 53, zur Bedeutung des Zeichens vgl. S. 128ff.
187 Vgl. S. 463, FN 123 in diesem Buch.
188 Frevert: *Wissenschaft der Synthese*. S. 80, zur weiteren Unterscheidung von Alchemie und Chemie vgl. S. 82ff. Zur Nicht-Einheitlichkeit der Alchemie schon ab dem Mittelalter vgl. Butor: *Die Alchemie und ihre Sprache*. S. 19f.

Beispiel als ‚Eingebung' dargestellt werden kann.[189] In *Radium* findet dieser Vorgang in einem rein ökonomischen Feld, bei der Kommodifizierung des Elements, Anwendung. ‚Inspiration' wird zum markenästhetischen Alleinstellungsmerkmal des Radiums als Ware und damit zum Bestandteil eines, zweifellos ‚modernen'[190], Marketing-Claims. Bezeichnend ist, dass diese werbepsychologische Aneignung eines Zeichens aus einem anderen Kontext sich nicht auf dessen Integration in den Zusammenhang der Schutzmarke unter Beibehaltung seiner kulturellen Semantik beschränkt, sondern das Angeeignete auf zwei Ebenen weiter transformiert wird. Zunächst erscheint Pierre Cynac „die Schlange allein nicht großartig genug" (R, 307), weshalb er das Emblem weiter anreichert:

> Er ordnete an, daß man das kreisförmige Feld, das die Schlange umschreibt, dunkel ausfüllen und auf diesen Hintergrund den fünfzackigen Stern des Kongostaates setzen solle. Und der Stern, befahl er, der in seinem Zentrum das Monogramm RB tragen mußte, RADIUM BELGIQUE – der Stern sollte strahlen. (R, 307)

Cynacs Marketing verfährt appropriativ mit dem archaischen Zeichen und wird es in einem zweiten Schritt mit einer neuen, von der alchemistischen Symbolik abweichenden, Bedeutung versehen:

> Dieser radiumstrahlende Stern des Kongostaates war sehr sinnig, aber man konnte das Bild nun auch als das triumphale persönliche Emblem Pierre Cynacs auffassen. Dann bedeutete die Schlange das Zeichen des Schicksals, ein drohendes Zeichen, denn es wies auf das Fatum, dem alle unterworfen sind; und das dunkle Feld innerhalb der Schlange, das dann als die nächtliche Unendlichkeit des Raumes gedeutet werden konnte, atmete die Weltangst aus. Davor aber, die Unergründbarkeit bedeckend, darüber hinausstrahlend und wie von einer auftrumpfenden Faust hineingesetzt, flammte der Stern des Kongoradiums. Das hieß: Ich, Pierre Cynac, als schreiender Wurm ausgesetzt auf dieser Erde wie ihr alle und hineingestellt in das sausende Dunkel der Welteinsamkeit, ich bin meiner Hoffart, ein Mensch zu sein, gerecht geworden, ich erhöhe noch – RADIUM BELGIQUE – meine Nation und spiele mit einem strahlenden Stern mit in der Partie dieses Daseins. (R, 307f.)

189 Frevert sieht dieses Detail als einen Aspekt, in dem sich Alchemie und Synthesechemie noch immer ähneln. Vgl. Frevert: *Wissenschaft der Synthese*. S. 97.

190 Insofern, als dass der Gebrauchswert der Ware markenstrategisch mit einem übergeordneten Versprechen belegt wird, der auf ein Konzept von allgemeinem Wert (hier ‚Inspiration') verweist. Stichwortgeber für die Rekonstruktion der entsprechenden Verfahren sind Georg Simmel und Roland Barthes. Vgl. bspw. Weyand: *Poetik der Marke*. S. 28.

Der Kongo wird durch die Modifikation seines Raumzeichens in einen „strahlenden“ Stern bildrhetorisch als Quelle des Radiums markiert, die dann Pierre Cynac persönlich zugeschrieben wird. Diese Umdeutung führt zu einem veränderten hermeneutischen Zugriff auf das gesamte Emblem, der nicht mehr auf etablierte kulturelle Semantiken referiert, sondern aus potenziell anlagerungsfähigen Assoziationen die gewünschten auswählt, sodass die Schlange das Schicksal, die dunkle Fläche den Raum und der Stern das Radium repräsentiert. Das ergibt enthistorisierte Entsprechungsrelationen auf persönlich-psychologischer, räumlicher und stofflicher Ebene, also in allen Bereichen des ‚Leben'/‚Raum'/‚Stoff'-Modells. Dort, wo im Logo das Monogramm RB platziert wird, zeigen ältere Darstellungen des Ouroborus die Worte „hen to pan“[191], die der Text auch bei der ersten Beschreibung der Schlange mit *„das Ganze ist eines“* (R, 307) wiedergibt. An ihre Stelle treten nun die ineinander verschlungenen Initialen des belgischen Radiums, deren visuell-metaphorischer Verlängerungseffekt der strahlende Stern um sie herum ist. Das den griechischen Text räumlich überlagernde Monogramm und der mit Strahlen versehene Stern des „Kongostaates“, der wiederum die Schlange partiell verdeckt, werden im Verbund mit dem Ouroborus zu einem Versuch visueller Evidenzerzeugung durch die Reklamation eigener bildmedialer Deutungshoheit, der letztlich die Idee der ihren eigenen Schwanz beißenden Schlange als Zeichen für Transmutation zwar idiomatisch überformt, in dieser Bewegung allerdings die Idee der Umwandlung aufgreift und performativ auf ihren eigenen Symbolvorrat anwendet. Das für Veränderung stehende Zeichen wird selbst Gegenstand von Transformation und bleibt damit auch als Referent nicht unantastbar.

Die Hermeneutik des Logodesigns und seiner historischen Bedeutung wird von der Erzählinstanz mit Informationen aus der Innenwelt Pierre Cynacs verbunden, die ihrerseits die begonnene Deutung umstoßen und das Emblem in den Rang einer visuellen Metonymie, eines Psychogramms von Cynacs Zustand erheben. Auch hierin liegt eine performative Bezugnahme auf das Konzept der Alchemie, die sich in ihren Ideen von Umwandlung nie nur auf den chemisch behandelten Stoff beschränkte, sondern sich stets als eine ganzheitliche Praxis zur „Selbstvervollkommnung des Experimentators“[192]

191 Vgl. Schütt: *Geschichte der Alchemie*. S. 129.

192 Frevert: *Wissenschaft der Synthese*. S. 97. Frevert spricht in diesem Zusammenhang auch von einer Metaebene der Alchemie, auf der „die Person des Alchemisten, die formbare Materie, spirituelle, religiöse und esoterische Kräfte und die Natur miteinander verschmelzen, also synthetisch verbunden werden [müssen].“ (S. 100, vgl. auch S. 90) Vgl. zu naturwissenschaftlichen Konzepten der Selbsterkenntnis, mit Verweis auf die Alchemie, auch Daston & Galison: *Objektivität*. S. 41.

verstand. Bild und Text tauschen sich dabei weniger aus, vielmehr bringt der Sprecher das Bild zunächst rhetorisch und hinsichtlich seiner möglichen Interpretation erst hervor, bevor es dann auch grafisch in den Text eingefügt wird. Beide Bereiche gehen dabei keine „Synthese" ein, sprechen aber jeweils von einem Anspruch, Zusammenhang herzustellen. Medialisierung führt an dieser Stelle zur Simulation scheinbar intakter, allumfassender Vollständigkeit, die vor allem aus der ‚Lebens'-Emphase des Individuums gespeist wird.

4.9 Das Ende: Die Radium Girls

Der Roman läutet sein Ende mit der ersten detaillierten Darstellung von Vorgängen in der Radiumverarbeitung ein. Besondere Aufmerksamkeit gilt dabei jungen Frauen und Mädchen,

> die mit feinen Haarpinseln die Leuchtmassen auf Zifferblätter und Zeiger auftrugen. Sie zeigten sich bei ihrer Arbeit, die nicht sonderlich anstrengend war, gut gelaunt. Und war die Leuchtmasse aus ihren Pinseln ausgelaufen und hatte ihnen der letztgetane, vertrocknende Strich die Pinselhaare ein wenig verquer gesträubt, dann steckten sie lächelnd den Pinsel in den Mund, ihn mit den Lippen wieder zuspitzend … (R, 322)

Die in den Auslassungspunkten auf Fortsetzung angelegte Handlung findet wenige Seiten später ihren traurigen Abschluss, indem mehrere dieser Arbeiterinnen gleichzeitig „von einer unerklärlichen Übelkeit befallen [wurden]" (R, 343). Ähnliche Fälle erregten in den Zwanziger Jahren erhöhte Aufmerksamkeit für Krankheiten im Zusammenhang mit radioaktiver Strahlung[193], die besonders in Berufen auftraten, bei denen Leuchtfarbe auf Ziffernblätter, Schilder und andere Dinge aufgetragen wurde, die im Dunkeln fluoreszieren sollten. Die bekanntesten sogenannten „Radium Girls", eine Gruppe von Arbeiterinnen der U.S. Radium in New Jersey, erreichten in einem vielbeachteten Rechtsstreit 1928 schließlich die Anerkennung ihrer Erkrankungen als ursächlich auf die Arbeit mit radiumhaltigen Leuchtmassen zurückzuführen und bekamen finanzielle Entschädigungen

193 Im nationalsozialistischen Synthesechemie-Kontext gibt es eine Debatte über eine Häufung von Blasenkrebs im Zusammenhang mit der Arbeit mit Anilinfarbstoffen. Vgl. hierzu Proctor: *Blitzkrieg gegen den Krebs*. S. 135ff.

zugesprochen.[194] Ihr Prozess gilt bis heute als wichtiger Präzedenzfall für die Arbeitsschutzgesetzgebung.[195]

Die Frauen aus der Leuchtmassenfabrik im Roman fühlen sich, als die ersten Krankheitsfälle auftauchen und die Ärzte für das Leiden der Erkrankten keine Erklärung finden, einem unheimlichen Zusammenhang ausgesetzt. Das Radium erscheint in seinen Konsequenzen für den menschlichen Körper, der dauerhaften Kontakt zu ihm hat, als völlig unergründeter ‚Stoff‘, der Umgang mit ihm rückblickend auf fatale Weise naiv und von der Vorstellung enormer Heilkräfte bestimmt.[196] Seine zerstörerische Macht erkennen die Frauen in Form einer Raumnahme:

> Wie sie plötzlich die Mißachtung des Elements als eine Schuld empfanden, so sahen sie nun auch alles in übertriebener Weise unter seine Macht gestellt. Die ganze weite Erde überzog sich für ihr Gefühl mit einem Netz von Radiumstrahlen, das Radium wurde zu einer Allgegenwart, und sie erschienen sich als die Aufgeopferten, die man dort hingebracht hatte, wo das Unheimliche in konzentrierter Masse gesammelt war. (R, 345)

Das Element erscheint den Unglücklichen als die ins Negative gewendete Version von Pierre Cynacs Fantasie der Erde als „gewaltige dunkle Kugel, in der es da und dort wie von glühenden Adern verlief“, die schließlich „zu dicken Strähnen, zu einem sprühenden Klumpen, zum Radiumherzen der Erde zusammenlaufen.“ (R, 202) Aus der ‚lebens‘-nahen Körpermetaphorik wird den Arbeiterinnen ein Netz und auch wenn in beiden Fällen von einer räumlichen Durchdringung der Welt durch das Radium die Rede ist, die seinen unhintergehbaren Einfluss auf das individuelle Leben ausdrückt, weist die Netz-Metapher der Frauen auf eine entmaterialisierte Vorstellung dieses Einflusses hin, der zunächst nicht auf eine in einer räumlichen ‚Tiefe‘ liegende Quelle, wie sie das „Herz“ bei Cynac wäre, zurückzuführen ist. Verleiht dieser Umstand einerseits der Ratlosigkeit der Arbeiterinnen Ausdruck, zeugt er zugleich von einem neuen diskursiven ‚Ort‘, an den das Radium übergeht.

---

194 Den Fall dokumentieren im Überblick Richard B. Gunderman & Angela S. Gonda: „Radium Girls“. In: *Radiology* 2 (2015), H. 274. S. 314–318 sowie ausführlich Claudia Clark: *Radium Girls. Women and Industrial Health Reform. 1910–1935*. Chapel Hill 1997.

195 Vgl. Ilya Obodovskiy: *Radiation. Fundamentals, Applications, Risks, and Safety*. Amsterdam 2019. S. 521.

196 Vgl. Gunderman & Gonda: *Radium Girls*. S. 315: „At the time, the women had no idea that radium might represent a threat to their health. Accounts in the popular media, including widespread advertising, tended to create the opposite impression: namely, that radium offered numerous health benefits. Some of the women even painted their lips, their fingernails, and their teeth with it.“

Der Roman scheint präzise jenen Moment ausgewählt zu haben, an dem die Geschichte des Elements in zwei Teile zerfällt, den einer relativ sorglos gehandhabten Aneignung und den der Unheimlichkeit neuen ‚Wissens', der den früheren Umgang als verzerrte Wiederbegegnung reinszeniert. Die Frauen in der Uhrenfabrik erreicht dieser Augenblick noch vor vielen anderen, weil sie an einem Punkt stehen, „wo das Unheimliche in konzentrierter Masse gesammelt war":

> Es mutete sie an, als wäre die Glut der Kellergewölbe, deren sie sich erinnerten, durch die Grundfesten und Mauern heraufgezogen und das ganze Radiumwerk schwämme in einem Nebel tödlicher Strahlen. In der Tat sahen sie sich nach ihren Arbeitstischen um, als müßte das Grauenhafte dort gleich bläulichen Elmsfeuern über die Kanten spielen. Selbst in das weiße Sonnenlicht schien es ihnen wie eine Vereiterung gekommen zu sein, und die heiße Hochsommerluft lag mit einer fremden, betäubenden Gewalt auf ihnen. Sie horchten in ihre Körper hinein, und wie ihnen der Schweiß in den Brauen und über den Oberlippen stand und der Schrecken und die Hitze auch ihre Glieder matt machten, meinten sie sich gleichfalls von dem Siechtum schon erreicht. Einige wankten, und man mußte sich auch um sie kümmern, und eine erbrach. Die Panik fraß sich in ihre Nerven hinein, und im Kreis derer, die um die Schweratmenden herumstanden, begann die eine und die andere das Radium an den Daliegenden auch schon zu sehen. Als grünen Schimmer in den Augenhöhlen und an den Schläfen oder als farblose Flamme überm Mund … /Sie sind vom Radium krank geworden, ging das Geraune immer wieder reihum, sie haben Radium im Leib, und wir alle werden ebenso erkranken, und dagegen gibt es nichts … (R, 345)

Das Unheimliche der Situation ergibt sich aus einer durch die plötzlichen Krankheitsfälle sichtbar gewordenen Verwandlung des Arbeitsplatzes, der zuvor als Ort einer Tätigkeit, „die nicht sonderlich anstrengend war", von „gut gelaunt[en]" (R, 322) Frauen besetzt wurde und um den nun die Elmsfeuer einer unsichtbaren Bedrohung tanzen, die längst in die Körper der Arbeiterinnen eingedrungen ist und sie nach unbestimmter Zeit verheeren wird. Das Bild einer Emanation, die aus einer räumlichen ‚Tiefe' aufsteigt, überlagert dabei den triftigen Ursprung der Verstrahlung, die orale Aufnahme großer Mengen Radium durch das Anlecken der Pinsel, mit der Vorstellung eines aus dem Erdinneren kommenden „Nebel[s] tödlicher Strahlen". Den wahrnehmungspsychologischen Raum zwischen den bereits erkrankten Arbeiterinnen und ihren Kolleginnen füllt der Text mit Elementen einer latent hysterisch konzipierten kollektiven Panikreaktion, die bevorstehendes Leiden durch die mentale Inszenierung der Frauen, dargestellt als Hineinhorchen in den eigenen Körper, vorwegnimmt. Damit wird eine weitere (körperliche) Durchdringung angeführt, die den gedachten ‚Tiefen'-Ursprung der Strahlung im Ziel einer psychischen und physischen ‚Tiefen'-Wirkung im Körper und seiner vollständigen, nachträglich realisierten Durchdringung wiederholt.

Für das Radium, das sich in seiner unheimlichen Wiederkehr als nichtstoffliche Bedrohung zu erkennen gibt, bedeutet diese Bewegung, in der Logik des Romans, eine strukturelle Annäherung an die Paradigmen der elektromagnetischen Forschungen von Francis/Lakhovsky, die mit ihren zentralen Begriffen von Äther, Wellen und Strahlungen ebenfalls auf Ordnungen wie das ‚Netz' zurückgreifen. Sie entwerfen dabei ein Modell von ‚Wirkung', in dem bestimmte Punkte stärker durchdrungen werden als andere und zwar nicht, wie im Fall des Radiums, aufgrund einer verstärkten Präsenz eines ‚Stoffs', sondern aufgrund medialer Arrangements, die Strahlungskontingente anreichern, gegeneinander ausspielen oder irritieren können. Auch wenn es sich naturwissenschaftlich um eklatant fehlerhaft gefügte Verbindungen handelt, semantisch vermischt der Roman das Radium in seiner unheimlichen zweiten Gestalt mit Prinzipien elektromagnetischer Übertragung, wie Francis/Lakhovsky sie konzipieren, also einem spürbaren Kontakt zu metaphysisch-idealistischen Konzepten und der konkreten Frage der Frauen, was, salopp gesagt, die Message des Mediums ist, mit dem sie gearbeitet haben.[197] Das wird klarer angesichts der diversen irrationalen Elemente, die in der Wahrnehmung der Frauen die unverständliche Verwandlung ihrer Umgebung anzeigen und die vielfach aus dem Bereich der Mystik und des Spiritismus geborgt sind, um den eigentlich unsichtbaren ‚Stoff' suggestiv anschaulich werden zu lassen. Es beginnt bei der Erfassung der Fabrikräumlichkeiten als „Gewölbe", „Grundfesten" und „Mauern" und führt zu Elementen aus Horror und Phantastik wie dem „Grauenhaften", den „Elmsfeuern", schließlich dem „grünen Schimmer" und der „farblosen Flamme", in denen sich der Stoff auf den Körpern der Leidenden zu sehen gibt. Verfahrenstechnisch adaptiert der Text den Zustand ratloser Panik nur partiell, indem der sachliche Bewusstseinsbericht in der Interpunktion, die wiederholt durch ein nebenordnendes „und" abgetrennte Satzteile zusätzlich mit einem Komma abgrenzt, bei einem auch für andere Romanteile genutzten Verfahren der parataktischen Spannungserzeugung bleibt, mithin also Wirkung erzähltechnisch kalkuliert zu erzeugen versucht. Gleichwohl wird die unwissenschaftliche Darstellung, der entsetzte neue Blick der Arbeiterinnen auf das Radium, von den Erzählverfahren geteilt und ernstgenommen, sodass ihre Wahrnehmung zunächst gleichrangig neben der anderer Figuren steht.

---

197 Vgl. Hagen: *Die entwendete Elektrizität.*

Über diese Episode vollzieht der Roman an seinem Ende auch faktisch die Wendung des Radiums zum Anti-,Stoff', der als unsichtbares Gift mit Langzeitwirkung, konzeptuell gespeist aus dem wissenschaftlich-metaphysischen Denken des Elektromagnetismus von Francis/Lakhovsky, wiederkehrt. Die auch im weiteren Verlauf steigende Zahl der Erkrankungen erscheint Pierre Cynac zunächst als Massenpsychose, die nur durch die Gleichartigkeit der Krankheitserscheinungen somatische Evidenz erlangt. Zugleich erlebt Pierre einen mentalen Wandel, bei dem Eigenschaften seines Bruders Gaston, nach dessen Entmündigung, auf ihn übergehen und, „obzwar er damit nichts anzufangen wußte, eine Verantwortung gegenüber der Welt" (R, 350) empfinden lassen. Die Erinnerung an seine frühere Vision von den „glühenden Adern" peinigt ihn und er fühlt sich abgedrängt „in eine Sphäre hinein, die über der bisher durchlebten erst anfing" (R, 351):

> Das Strahlende umstrickte ihn wie ein immer enger werdender Zaun, und es gab ihm Gedanken ein, die ihn eine Weile anhalten ließen, als müßte er fürchten, wahnsinnig zu werden. Das Stoffliche, sagte er sich, ist uns feind. Mit der Materie, mit dem Anorganischen ist kein Bund zu flechten. Und die Elemente bleiben stärker als wir. (R, 351)

Der Roman präferiert am Ende die Position individueller, menschlicher Unterlegenheit gegenüber den Gesetzen des ,Stofflichen', die als Äußerungen eines überindividuellen, nicht-menschlichen ,Lebens' erscheinen, das in *Karl und das 20. Jahrhundert* noch als Effekt eines soziopsychologischen Großgebildes, das am ehesten ,Geschichte' zu nennen wäre, verstanden wurde. *Radium* bildet diese Instanz als vom Menschen im Kern unbegriffenen ,Natur'-Zusammenhang aus, zu dem nur durch grenzüberschreitende Hybris ein letztlich immer destruktiver Kontakt aufgenommen werden kann. Die Macht des ,Stoffs' zeigt sich in Spuren, die am Ende nurmehr im Modus des Phantastischen beschrieben werden können und die auf ein dem ,Stoff' eigenes Zeitmodell verweisen, das den Menschen bei weitem übersteigt.

Das phantastische Element wird in einer Szene deutlich, in der Cynac eine der erkrankten Arbeiterinnen zu Hause besucht und in der sich herausstellt, dass das Radium für die Leiden verantwortlich ist: „Die Kranke hatte, in der Dunkelheit vor einen Spiegel gelangend, ihr Gesicht leuchten gesehen." (R, 352) Das Leuchten signifiziert das im Körper abgelagerte radioaktive Element durch die Eigenschaft, wegen der es auch auf die Ziffernblätter aufgetragen wird, und wird damit zur leiblichen Metonymie des Arbeitsprozesses. Die Frau verlässt die Fabrik selbst als fluoreszierender Körper und zeigt sich, wenn es dunkel wird, als vom Radium „besessen":

> Obzwar er [Pierre Cynac, AW] voraussah, was er damit heraufbeschwören würde, bat er die beiden Ärzte, das Zimmer verdunkeln zu lassen. Sofort warf sich die Kranke hoch, sie schrie und wollte aus dem Raum. Die Ärzte mußten sie festhalten, und als endlich die Tür in die angrenzende Küche hinter den Eltern und Geschwistern des Mädchens, die die Lampe mit sich genommen hatten, geschlossen war, stand Cynac vor dem Schauspiel. In dem Maß, wie seine Augen sich an die Dunkelheit gewöhnten, sah er immer deutlicher, daß das Gesicht der nun Wimmernden einen gelblich-grünen Schimmer ausstrahlte. Das furchtbare Licht lag um ihre Augen und Schläfen und kam auch aus ihrem Mund ... (R, 352)

In der Löschung des Lichts, der Isolation der Frau von ihren Verwandten und dem Zurückbleiben männlicher Autoritäten, die der konvulsivischen Gegenwehr und den Schreien der Frau angesichts einer aus ihrem Inneren kommenden Gefahr diagnostizierend beiwohnen, ähnelt die Szene, zusammen mit dem Leuchten der Frau als phantastisches Element, das in den historisch überlieferten Fällen von Radiumvergiftung nicht belegt ist, einer Exorzismus-Szene, in der bevorzugt weibliche Besessene von männlichen Experten beobachtet, behandelt und bestaunt werden als Objekte, an denen das Unbegriffene sich zeigt. Der Körper der Frau, und im Folgenden noch weiterer Frauen, wird auf diese Weise zum Referenten einer epistemologischen Grenze, hinter der das Radium immer schon lag, die selbst aber erst verzögert und semantisch dem Phantastischen angenähert als Wissensobjekt in den (männlichen) Blick gerät. An dieser Stelle wiederholt sich zugleich die Situation vom Anfang, die Szene der Entdeckung des Radium-Effekts als Fotografie, als Variante von Abbildung in umgekehrter Form. Während sich zu Beginn das Erscheinen des Radiums als Bergung der Fotoplatte ans Tageslicht vollzog, gehen nun, so ließe sich sagen, die Lichter aus und das „Strahlende“ erscheint erneut als Grenzgänger, das sich in der Dunkelheit auf seinem Trägermedium, dem Körper der Frau, auf den es jahrelang unbemerkt eingewirkt hat, zeigt.

Das Zeitmodell des ‚Stoffs‘ erweist sich im zeitlichen Abstand zwischen Entdeckung und dem „Leuchten“ der Arbeiterinnen, das ihren Tod noch überdauert, als ‚elementar‘. Die Innovation, die das Radium zu Beginn dargestellt hatte und die mit vielfältigen Heilsversprechen verknüpft wurde, wird aus dem Blick von oben, der den gesamten Erzählzeitraum überschaut, zur initialen Täuschung, die durch wissenschaftliche Hybris im Glauben, das Element direkt beherrschen zu können, zu einer Katastrophe der Wissenslücke führt. Die knapp vier Jahrzehnte, die der Roman umfasst, sind rückblickend zu wenig, um das Element zu „verstehen“. Die Frauen aus der Leuchtmassenfabrik werden posthum zum relationalen Maß für die Eigenzeit des Radiums, indem ihr Zerfall und der des „Strahlenden“ gegeneinander gestellt werden:

> Sie haben gewissermaßen ein Gift in sich, das sechzehnhundert Jahre lang wirkt. Sie haben Radium in sich, das sie dauernd mit seinen Strahlen bombardiert. Sie werden schon lange vermodert in ihren Gräbern liegen, und das Radium wird noch immer strahlen. […] In sechzehnhundert Jahren sanken dreißig Generationen unter die Erde, hinab zu den Mädchen, deren zerfallene Skelette noch umstrahlt sein würden, und dauernder als alles, was diese unübersehbaren Menschenschwärme an Besitz zusammenzuraffen vermochten, würden die paar Stäubchen Radium gewesen sein. (R, 358)

Der Roman endet schließlich mit der Auflösung der beiden handlungsmächtig verbliebenen Protagonisten, George Purvis und Pierre Cynac, in den ‚Raum' und aus dem ‚Leben'. Purvis, der seine Klinik der Gemeinde überschrieben hat, bittet Cynac, ihm die Reise in den Kongo zu ermöglichen, wo er sich „in die Meer- und Tropenweiten hinausverlieren, sozusagen in die Sonne reisen" (R, 358) wolle. Cynac erfüllt ihm diesen Wunsch und erfährt später von einem Arzt, der mit Purvis gereist ist, dass er sich in Lukengo am Ikelemba von ihm getrennt „und sich in die Urwälder hineintragen lassen [hatte]. Seither war er verschollen." (R, 359) Purvis geht also in dem Raum auf, der Cynacs Radiumeuphorie begründet hat und der, als koloniale Sphäre, das Betätigungsfeld und schließlich der Ort des Sterbens seines Vaters war. Cynac empfindet derweil, dass „er sein Leben hinter sich [hatte]" und reagiert, „innerlich unabhängig geworden" (R, 359), gelassen auf die Entwicklungen in seinem Ressort. Die Entdeckung neuer Radiumvorkommen und schließlich Meldungen über einen synthetischen Ersatz für das „Strahlende"[198] provozieren ihn nurmehr zu milden Urteilen über das eigene Handeln. In beiden Fällen vollzieht der Text eine patrilineare Kontinuität, nach der die Söhne schließlich in die Bahn der Väter einrücken, was allerdings nicht durch familiäre Tradition, sondern durch die Passage einer Altersgrenze begründet wird. Der Text, so lässt sich abschließend festhalten, deutet ein Modell zyklischer Wiederkehr von ‚Synthese' und ‚Spaltung' an, das mit den Protagonisten keineswegs abgeschlossen ist, aber

198 Entsprechende Berichte gibt es bspw. in der *New York Times* vom 25. April 1935. S. 16, weiterhin von E[dward] U[hler] Conden: „Artificial ‚Radium'". In: *Scientific American* (Januar 1936), H. 154. S. 5–8 sowie im Artikel o. N.: „Deadly Magnetic Rays Aid War on Cancer". In: *Popular Science* (September 1936), S. 107–108, hier S. 108. Vgl. außerdem Campos: *Radium and the Secret of Life*. S. 246. In den Artikeln wird ausgeführt, dass es sich bei dem Produkt nicht um eine Synthese des Elements Radium handelt, sondern um künstliche radioaktive Substanzen mit gleichen Eigenschaften (*Scientific American*), die etwa aus Nebenprodukten der Spaltung von Deuterium entwickelt wurden (*New York Times*). Für den hier untersuchten Kontext ist diese Einschränkung nicht ausschlaggebend, weil die Zeitgenoss_innen sie nur sehr schwach relevant setzen und durch die Benennung als synthetisches Radium viel mehr die Äquivalenzen hervorheben.

zumindest innerhalb des Konzepts ‚Familie‘ erlischt: Keiner der vier Brüder Cynac/Purvis hat sich im Handlungsverlauf fortgepflanzt.[199] Anders als bei *Anilin*, dessen Handlung auf mehreren Ebenen eindeutig von Konzepten der ‚Spaltung‘ zu umfassender, vor allem chemischer und politischer, ‚Synthese‘ führte, ist Erfolg in *Radium* immer vorläufig und dauerhafte Lösungen sind, spätestens im Rückblick, nicht zu erwarten.

199 Das krasse Gegenmodell hierzu stellt die nahezu unüberschaubare Nachkommenschaft des bigamen Mormonen Jeroboam Cormick dar.

Schluss

Das Hauptziel der Synthesepropaganda im Umfeld des Vierjahresplans war es, die Einführung künstlich hergestellter Stoffe, die entweder einen Mangel an heimischen Rohstoffen ausgleichen oder Naturprodukte ergänzen sollten, als nicht-defizitären Weg zur Unabhängigkeit von ausländischen Ressourcen zu markieren. Die neuen Stoffe wurden als den ‚natürlichen' Substanzen gleichwertig, wenn nicht sogar überlegen angepriesen. Wirtschaftlicher Hauptakteur im politischen Großprojekt des Vierjahresplans waren die I.G. Farben als damals größter Chemiekonzern der Welt. Begleitet wurde der Plan von einem riesigen Propagandaapparat, der permanent die besondere Notwendigkeit einer deutschen Rohstoff-Autarkie unterstrich und einen globalen Trend in der chemischen Industrie für das Deutsche Reich mit einer besonderen Dringlichkeit und Vehemenz versah.[1] Der synthetische Stoff wurde zur „Lebensfrage".

Der Vierjahresplan und sein ideologisches Mindset, das in den Analysen der Bücher mit Stoffbezug als synthetischer Kolonialismus rekonstruiert wurde, ist von einer epistemologischen Spaltung gekennzeichnet. Die Trennung von ‚natürlichen' und ‚synthetischen' Stoffen ist für die Ideologie des Vierjahresplans einerseits essenziell, wird in der Vermittlung seiner Produkte andererseits permanent getilgt, beispielsweise dann, wenn rekurrent darauf hingewiesen wird, dass sich hinter synthetischem Handelsdünger kein Kunstdünger verberge, dass Anilin- und Indanthrenfarben „echter" seien als solche aus Indigo und Krapp und dass das aus den Erfahrungen des Ersten Weltkriegs, den die Bücher mit Stoffbezug sehr selten direkt darstellen[2], berüchtigte Gespenst der Ersatzstoffe, unzulänglichen Substituten, mit denen fehlende natürliche Rohstoffe und Nahrungsmittel ausgetauscht wurden, keine Entsprechung in den I.G.-Produkten habe. Dieses Verhältnis einer repräsentationslogischen Unbestimmtheit und gleichzeitig hohen Wichtigkeit der Natur/Kultur-Grenze löst der synthetische Kolonialismus durch sein spezifisches Geschichtsmodell, das auf eine Idee der historisch-semantischen ‚Tiefe' rekurriert und das in dieser Untersuchung mit Hilfe der Medienfunktion des Prozessierens, wie Hartmut Winkler sie ausgehend von Kittler fasst, beschrieben wurde. Mit einer, schlicht gesagt, eingreifenden Veränderung[3] gelangt Historisches aus der ‚eigenen' (historischen, räumlichen und semantischen) ‚Tiefe', beispielsweise

1 Vgl. Leslie: *Synthetic Worlds*. S. 171.

2 Ein seltenes Beispiel, neben Brunngrabers *Radium*, ist Johannes R. Bechers Roman über den Gaskrieg ($CH\ CHL{=}CH)_3AS$ (*Levisite*) *oder Der einzig gerechte Krieg* (1926).

3 Vgl. Winker: *Prozessieren*. S. 29.

© BRILL FINK, 2022 | DOI:10.30965/9783846766408_006

die Produkte des Steinkohlenteers, wenn es auf ein bestimmtes ‚Wissen' trifft, das der ‚Synthese', verwandelt in die Häuser und Körper der Bewohner_innen und durchdringt ihre Lebenswelten vollständig. Das Projekt der Bücher mit Stoffbezug ist es, den Bewohner_innen der ‚Synthese'-Sphäre diese Durchdringung nachträglich bewusst zu machen und den Raum des ‚Eigenen' produktiv zu befremden. Der Drang zu vollständiger ‚Durchdringung' und mehrfach determinierter ‚Tiefe' wurde in den Analysen als phantasmatischer Kern eines synthetisch-kolonialen Imaginären identifiziert, das den „deutschen Kolonialdiskurs" nach dem Verlust der sogenannten „Schutzgebiete" kennzeichnet. Der nationalsozialistische Vierjahresplan wird so als Teil der „Phantasie- und Projektionsgeschichte"[4] des deutschen Kolonialismus lesbar. Hiervon zeugen, in ihrem Thema, ihren Verfahren und ihren Bruchstellen, die Bücher mit Stoffbezug.

In der Kürze eines kombinierten Rück- und Ausblicks werden am Ende dieses Buches vier thematische Bereiche *noch einmal* oder, mit Blick auf bereits vorhandene Fährten, *neu* betrachtet. Dabei sollen exemplarische Blicke auf Bücher mit Stoffbezug geworfen werden, die am Ende und kurz nach dem Abschnitt höchster Erscheinungsdichte, also 1939 und später, erscheinen. Im Anschluss sollen an ausgewählten nicht-literarischen Beispielen Tendenzen der demonstrativen Reflexion von ‚Synthese-Wissen' innerhalb der I.G.-Sphäre angedeutet werden, die parallel zum Erscheinen der Bücher mit Stoffbezug ablaufen, um zu zeigen, dass Teile der dort ausgehandelten Wissensordnungen auch im ideologischen Umfeld zirkulieren und hier stärker institutionellen Fragen begegnen. Schließlich soll an einem Unterhaltungsroman vom „Rand" der Bücher mit Stoffbezug das Andauern ihrer Repräsentationsproblematik gezeigt werden. Das Kapitel schließt mit einem kursorischen Blick auf Entwicklungen nach 1945.

Die geopolitische Radikalisierung der Bücher mit Stoffbezug mit Beginn des Krieges

Die ‚Synthese'-Euphorie des Vierjahresplans flaute 1940, als klar wurde, dass die chemische Industrie den Bedarf an (Roh-)Stoffen für den fortgesetzten Angriffskrieg nicht würde decken können, merklich ab. Folgende Aktennotiz Hitlers vom 20. Juni 1941, die den Angriff auf die Sowjetunion legitimiert, stellt hierfür ein signifikantes Datum dar:

---

4 van Laak: *Der imaginäre Ausbau der imperialen Infrastruktur*. S. 71.

> Der Verlauf des Krieges zeigt, daß wir in unseren autarkischen Bestrebungen zu weit gegangen sind. Es ist unmöglich, alles, was uns fehlt, durch synthetische Verfahren oder sonstige Maßnahmen selbst herstellen zu wollen. Es ist zum Beispiel unmöglich, daß wir unsere Treibstoffwirtschaft so ausbauen, daß wir uns ganz auf sie fundieren können. Diese ganzen autarkischen Bestrebungen nehmen einen Riesenmenschenbedarf in Anspruch, der einfach nicht gedeckt werden kann. Man muß einen anderen Weg gehen und muß das, was man benötigt und nicht hat, erobern. Der Menscheneinsatz, der dazu einmalig notwendig ist, wird nicht so groß sein wie der Menscheneinsatz, der für die Betreibung der betreffenden synthetischen Werke laufend benötigt wird.[5]

Abgesehen von der suggestiven Selbstverunmöglichung des Wollens am Anfang erteilt Hitler der Synthesechemie als Wunscherfüllerin eine deutliche Absage. Vor allem ihr Bedarf an Arbeitskräften erscheint einem Feldzug gegenüber ineffizient. Dennoch werden Großkonzerne wie die I.G. Farben, das verschweigen oder verharmlosen die Chroniken ihrer Nachfolgeunternehmen nach 1945 oft, auch nach dem wirtschaftspolitischen Kurswechsel der Regierung schnell zu den unmittelbar Begünstigten des Krieges, indem etwa gerade ihr hoher Arbeitskräftebedarf zum Teil durch Zwangsarbeit von Kriegsgefangenen und Inhaftierten gedeckt wird, in manchen Fällen, wie beim Buna-Werk der I.G. Farben in Monowitz mit eigenem Außenlager des Komplexes Auschwitz-Birkenau, in unmittelbarer Nähe zu den schrecklichsten Orten der Shoah.[6]

Die Bücher mit Stoffbezug, die in diesen Jahren erscheinen, lassen eine schon in *Anilin* angelegte Metaphorik des ‚Stoffs' als „Lebensfrage" und seine Beschaffung als „Ringen" und „Kampf" nun bis in den Titel der Bücher vordringen und führen die entsprechenden Aushandlungsprozesse wieder mit einem stärker geopolitischen Fokus. Vor Kriegsbeginn waren es noch Titel, in denen die Rohstofffrage allgemein als Konflikt verhandelt wurde, etwa Zischkas bereits geopolitisch akzentuierte Sachbücher *Der Kampf um die Weltmacht Öl* (1934) und *Der Kampf um die Weltmacht Baumwolle* (1935) oder *Kampf um Kautschuk* (1937) von Wolfgang Jünger, einem Bruder des bekannten Käfersammlers, auch solche, die über eine ‚Gewalt'-Semantik auf koloniale Gräuel hinweisen wollten, wie *Blutgummi* (1938) von Karl Fischer, der den synthetischen Gummi Buna als „Triumph der Vernunft" und

5 Zit. n. Dietrich Eichholtz: *Geschichte der deutschen Kriegswirtschaft 1939–1945*. Bd. 1: *1939–1941*. München 1999. S. 208. Vgl. auch Radkau: *Technik in Deutschland*. S. 272f.

6 Vgl. hierzu etwa Sebastian Brünger: *Geschichte und Gewinn. Der Umgang deutscher Konzerne mit ihrer NS-Vergangenheit*. Göttingen 2017. S. 49 sowie Leslie: *Synthetic Worlds*. S. 186.

Überwinder des Kolonialismus feiert.[7] Mit Kriegsbeginn vereindeutigen sich die Titel der Bücher mit Stoffbezug weiter und es tauchen, neben wenigen ‚sachlichen' Titeln wie Brunngrabers *Zucker aus Cuba* (1941)[8], das ebenfalls ein koloniales Thema bearbeitet, viele Bücher auf, die schon im Namen auf eine geostrategisch-kriegerische Ausrichtung hinweisen, wie beispielsweise Robert Bauers *Zellwolle siegt* aus demselben Jahr, wo die ‚Synthese' im Vorwort explizit gegen den Kolonialismus gestellt und Deutschland von den Lasten einer imperialen „Großmacht" freigesprochen wird:

> Es gibt in der deutschen Geschichte keine Kapitel, die Öl, Gummi, Baumwolle heißen und mit dem Blut fremder Völker geschrieben sind. Aber das Buch unserer Geschichte umfaßt einen Abschnitt, den Wissenschaft und Technik schrieben und der vielleicht einmal „Das Zeitalter der Synthesen" heißen wird.[9]

Ein anderes Beispiel für diesen Modus, bei dem die Rolle der Eroberin eine anthropomorphisierte Figur innehat, ist Walter Greilings noch vor Kriegsausbruch 1938 erschienenes Buch *Chemie erobert die Welt*. Ist es bei Greiling die Disziplin, nimmt in den anderen Fällen, etwa Bauers *Zellwolle siegt* oder August Schuberts *Weltenwende durch Gas* (1939)[10], der ‚Stoff' selbst diese Rolle ein. Greilings Buch liest sich wie eine Langversion von *Erzeugnisse unserer Arbeit* und setzt am Ende den expansiven Akzent in der Zukunft eines „neuen Menschentyps", den die Technik geschaffen habe[11] und der mit Hilfe der Chemie dafür sorge, dass sich „die Machtverhältnisse zwischen den Völkern und Ländern in lautloser Weise [verschieben]"[12]. Andere kriegerische Bücher mit Stoffbezug kommen von Anton Zischka, der frühere Titel propagandistisch „geschärft" neu auf den Markt wirft. Sein Öl-Buch heißt nun *Ölkrieg* (1939) und aus *Wissenschaft bricht Monopole*, einem seiner größten Bestseller, wird, mit explizit kriegsbezogenem Untertitel *Erfinder brechen die Blockade. Kämpfe*

7 Anton Zischka: *Der Kampf um die Weltmacht Öl*. Leipzig 1934, ders.: *Der Kampf um die Weltmacht Baumwolle*. Leipzig 1935, Wolfgang Jünger: *Kampf um Kautschuk*. Bern u.a. 1937 (1952 erscheint eine Neuauflage unter dem angepassten Sachbuchtitel *Kautschuk. Vom Gummibaum zur Retorte*), Karl Fischer: *Blutgummi. Roman eines Rohstoffes*. Berlin 1938.

8 Rudolf Brunngraber: *Zucker aus Cuba. Roman eines Goldrausches*. Stuttgart, Berlin 1941.

9 Robert Bauer: *Zellwolle siegt*. Leipzig 1941. S. 7. Vgl. zur Stelle auch van Laak: *Imperiale Infrastruktur*. S. 267.

10 August Schubert: *Weltenwende durch Gas. Zukunftsroman*. Berlin 1939.

11 Walter Greiling: *Chemie erobert die Welt*. Berlin 1938. S. 390.

12 Ebd., S. 392.

und Siege der inneren Front (1940).[13] Die Liste ließe sich fortsetzen.[14] Beispiel für einen seltenen biographischen Ansatz, bei dem die Lebensgeschichten berühmter Chemiker erzählt werden, ist Herbert Butzes *Bezwinger der Weltmonopole* (1940).[15] Nach Kapiteln über Liebig, Bosch und andere, die alle in den Masterplot der Erzählung über die „deutsche Autarkie" eingereiht werden, unternimmt der letzte Abschnitt unter der Überschrift „Vistra – eine Gemeinschaftsleistung!" die Auflösung dieses, unter bestimmten historischen Umständen (deutscher Kleinstaaterei etc.) leider unvermeidbaren Einzelkämpfertums und synthetisiert „deutsche[] Chemiker, deutsche[] Techniker, deutsche[] Textilkaufleute"[16] zur Einheit.

Mit Kriegseintritt lassen sich in den Büchern mit Stoffbezug also dynamisierte Raumkonzepte durch einen verstärkten geopolitischen Zug und, damit verbunden, eine stärkere Tendenz zu eindeutig sachbuchartigen Publikationen mit betont kämpferischen Titeln sowie das gleichzeitige Zurückgehen von Romanerscheinungen, die in der Zeit des Vierjahresplans und davor konzentriert auf den Markt gekommen waren, ausmachen. Das Konzept, Kolonialgeschichte über einen Stoff zu erzählen, geht angesichts der bellizistischeren Rhetorik in Deutschland mit Autor_innen wie Vicki Baum ins Exil und taucht nur vereinzelt, etwa in ihrem auf Englisch verfassten Kautschuk-Roman *Weeping Wood* wieder auf. Dieser erscheint zuerst 1943 auf Deutsch mit dem Titel *Cahuchu. Strom der Tränen*, in einer Übersetzung von Fritz und Li Zielesch und gedruckt in den Niederlanden, bevor 1945 die englische Originalfassung veröffentlicht wird.[17] Für die Schilderung kolonialer Schrecken, häufig über Abenteuer- und Krimiplots narrativiert, wurden naheliegenderweise zumeist vor Ort in den Kolonien gewonnene Rohstoffe gewählt, in der deutschsprachigen Literatur etwa sehr oft der Kautschuk. Ausnahmen bilden Brunngrabers *Opiumkrieg* (1939) sowie vor 1936 etwa die

---

13 Anton Zischka: *Ölkrieg. Wandlung der Weltmacht Öl.* Leipzig 1939, ders.: *Wissenschaft bricht Monopole.* Berlin u.a. 1936, ders.: *Erfinder brechen die Blockade. Kämpfe und Siege der inneren Front.* Berlin 1940.

14 Etwa um Walther Pahl: *Weltkampf um Rohstoffe.* Leipzig 1939, oder Ruldolf Brunngrabers in einen historischen Kontext ausweichenden Bestseller *Opiumkrieg.* Stuttgart, Berlin 1939.

15 Herbert Butze: *Bezwinger der Weltmonopole. Die Begründer der deutschen Rohstoff-Freiheit in Leben und Werk.* Leipzig 1940.

16 Ebd., S. 157.

17 Vicki Baum: *The Weeping Wood.* London 1945, bzw. dies.: *Cahuchu. Strom der Tränen.* Köln, Berlin 1943.

Romane B. Travens, beispielsweise *Der Schatz der Sierra Madre* (1927)[18], das von der Öl-Industrie zur Goldsuche gelangt, oder die angeblich erste Ding-Biographie, Heinrich Eduard Jacobs *Sage und Siegeszug des Kaffees* (1934).[19]

Ausgestelltes ‚Synthese-Wissen'

Wie gezeigt bearbeiten die Bücher mit Stoffbezug mit besonderer Aufmerksamkeit, aber meist in impliziter Form, Probleme der Repräsentation. Über ihr Verhältnis zur Repräsentation, das unter anderem als Störung von Wahrnehmung durch die Figur, etwa bei Ingenieur Rickmers im *Kupferdoktor*, oder als Reflexion der Erzählinstanz über Literatur, wie in *Alumnit*, gestaltet wird, können die Texte ihre Diegese methodisch „befremden" und ihr Zeichenverhältnis als spezifisch ‚neu' ausweisen.[20] Dieses wahrnehmungssemantische Othering wird *vor* dem Eintritt der ‚Synthese' in die Handlung vollzogen und am Ende für gewöhnlich in Figurationen der nicht-chemischen ‚Synthese', als Natur/Kultur-Verschmelzung (*Alumnit, Kupferdoktor*), politische, wirtschaftliche oder gesamtgesellschaftliche Einheit (*Anilin, Kupferdoktor, Germanin*) oder, negativ gewendet, in der Erkenntnis einer eigenen, den Menschen übersteigenden Zeit- und Prozesslogik des ‚Stoffs', die ebenfalls eine Aussage über die Prozessierbarkeit der Natur/Kultur-Grenze macht (*Radium*), realisiert, praktisch niemals aber als sich selbst genügende private Wunscherfüllung (emphatisches ‚Leben', Reichtum, Partnerschaft[21] etc.). Dieses Modell ist für die Bücher mit Stoffbezug obligatorisch und lässt sie außerdem an der Debatte um den „Realismus" der Synthetischen Moderne teilnehmen.

In der Propaganda zum Vierjahresplan, dem ideologischen Umfeld der Bücher mit Stoffbezug, äußern sich ähnliche Prozesse semiotischen Deklarierens häufig in kuratorischen Projekten zur (Selbst-)Musealisierung von ‚Synthese-Wissen' und seinen Akteuren, etwa in der *Reichsausstellung Schaffendes Volk*, die von Mai bis Oktober 1937 in Düsseldorf stattfand und mit

---

18 B. Traven: *Der Schatz der Sierra Madre*. Berlin 1927. Vgl. hierzu ausführlich Dariya Manova: „‚Rohstoff für den Roman'. Ressourcen und Infrastruktur in B. Travens Abenteuerromanen". In: *Deutsche Vierteljahrsschrift für Literaturwissenschaft und Geistesgeschichte* 91 (2017), H. 1. S. 51–71, hier S. 62ff.

19 Heinrich Eduard Jacob: *Sage und Siegeszug des Kaffees. Die Biographie eines weltwirtschaftlichen Stoffes*. Berlin 1934. Vgl. S. XII in diesem Buch.

20 Vgl. Amann & Hirschauer: *Befremdung der eigenen Kultur*. S. 13.

21 Auf ein Gegenbeispiel vom Rand des Korpus wird weiter hinten noch kurz eingegangen, vgl. S. 518ff. in diesem Buch.

rund 6,9 Millionen Besucher_innen[22] vermutlich das größte Popularisierungsunternehmen zum Vierjahresplan war. Die Ausstellung kann als Beispiel einer „Musealisierung der Gegenwart“[23] beziehungsweise einer „Musealisierung der Nation“[24] innerhalb der nationalsozialistischen Gesellschaft begriffen werden und stellt, im fiktiven Schnittpunkt dieser beiden Beschreibungen, auch einen Sammlungs-, Popularisierungs- und Aushandlungsort von ‚Wissen‘ über die ‚Synthese‘ dar.[25] Der besondere Charakter der temporären und nicht verstetigten Exposition im Stil einer Messe dynamisiert das Ausstellungsmodell von Projekten wie *Schaffendes Volk* und der parallel (von Mai bis November) stattfindenden Weltfachausstellung in Paris[26], die beide als Versuche der Selbstvergewisserung und Repräsentationsarbeit des NS-Systems verstanden werden können. In beiden Projekten spielte der Vierjahresplan eine wesentliche Rolle[27], war jedoch in Düsseldorf noch stärker im Fokus der Ausstellungsmacher_innen. Während im „Deutschen Haus“ auf der internationalen Ausstellung in Paris „vornehmlich die kulturelle und ästhetische Seite der gesamten deutschen Wirtschaftstätigkeit [gezeigt wurde], wobei einzelne handwerkliche Höchstleistungen in den Vordergrund gestellt wurden“, sollte *Schaffendes Volk* in Düsseldorf dazu als Ergänzung dienen und „einen umfassenden ‚Rechenschaftsbericht des schaffenden Deutschlands nach der werkstofflichen Seite und ihrer Erscheinungsform in Wohnung, Siedlung und Garten abgeben‘“[28]. Die Konsument_innen sollten durch die Ausstellung

---

22 Vgl. Ernst W. Maiwald (Hg.): *Reichsausstellung Schaffendes Volk Düsseldorf 1937. Ein Bericht.* Bd. 2. Düsseldorf 1939. S. 107.

23 Dem Thema widmet sich mit Fokus auf die Gegenwart des 21. Jahrhunderts und den spezifischen ‚Ort‘ des Museums der Sammelband Sophie Elpers & Anna Palm (Hg.): *Die Musealisierung der Gegenwart. Von Grenzen und Chancen des Sammelns in kulturhistorischen Museen.* Bielefeld 2014.

24 Diesem Thema widmet sich ebenfalls ein Sammelband, hier mit Blick auf das 19. Jahrhundert: Constanze Breuer, Bärbel Holtz & Paul Kahl (Hg.): *Die Musealisierung der Nation. Ein kulturpolitisches Gestaltungsmodell des 19. Jahrhunderts.* Berlin, Boston 2015.

25 Den Bezug zwischen ‚Museum‘ und ‚Kunststoff‘ reflektiert ein in der DDR erschienenes Kautschuk-Jugendbuch (von Herbert Butze, dem Autor des 1940 erschienenen Bandes *Bezwinger der Weltmonopole*, vgl. S. 511 in diesem Buch) sogar explizit als „Sinnbilder“ der Jahrhunderte: „Weil das neunzehnte Jahrhundert vorwiegend sammelte und analysierte, ist sein Sinnbild das Museum; weil das zwanzigste Jahrhundert aus den Einzelteilen Neues zusammenfügt, ist sein Sinnbild der Kunststoff.“ In: Herbert Butze: *Zauberstoff der Tropen. Die abenteuerliche Geschichte des Kautschuks.* [Leipzig] [1955]. S. 54.

26 Vgl. S. 87, FN 146 in diesem Buch.

27 Vgl. S. 36, FN 63 & S. 62, FN 102 in diesem Buch.

28 Stefanie Schäfers: *Vom Werkbund zum Vierjahresplan. Die Ausstellung Schaffendes Volk, Düsseldorf 1937.* Düsseldorf 2001. S. 80. Schäfers verweist auf Archivmaterial. Die Aussage im Zitat stammt aus einer Mitteilung des Präsidenten des Werberats an das Propagandaministerium vom 3. Februar 1936.

langsam „in Kunststoffen denken lern[en], wie [sie] es in Metall, Holz oder Glas von jeher getan [haben].“[29]

Auch die Zeitschrift *Kunststoffe* ist der Versuch einer Strukturierung und fortlaufenden Archivierung von ‚Wissen‘ über den Vierjahresplan. Außerdem wird hier der organisatorische Bezug der Akteure aus der Kunststoffindustrie zum Nationalsozialismus reflektiert, beispielsweise auf dem Titelblatt von Heft 7 aus dem Jahr 1937, wo im Aufmacher weitere Schritte der Eingliederung des *Vereins Deutscher Chemiker* in die Fachgruppe Chemie des *Nationalsozialistischen Bunds Deutscher Technik* (NSBDT) besprochen werden:

> Nachdem sich am 23. April 1937 in der Großkundgebung im Berliner Sportpalast die Neuordnung der deutschen Technik im Nationalsozialistischen Bund Deutscher Technik (NSBDT) zu einer gewaltigen Einheit auswirkte, soll sich der innere Zusammenschluß weiterhin vollziehen. Die Fachgruppe für Chemie der Kunststoffe im Verein Deutscher Chemiker, welche bereits mit dem Fachausschuß für Kunst- und Preßstoffe im Verein Deutscher Ingenieure in vertrauensvoller Kameradschaft zusammenarbeitet, hat nach einer Anregung von Herrn Oberst Löb vom Amt für deutsche Roh- und Werkstoffe folgende Unterausschüsse gegründet [...][30]

Hinter dem Datum des 23. April 1937 verbirgt sich die Verkündigung einer federführend von Robert Ley ins Werk gesetzten Neuordnung der Technik. Die konkreten Maßnahmen sind komplex und nicht leicht nachzuvollziehen.[31] Organisatorisch sind zwei Details interessant. Zunächst ändert die Zeitschrift, die seit 1911 erschien, ihren Titel und erklärt sich selbst zum „Organ“. Das vorherige Heft hatte noch, wie über viele Jahre schon, ein pompöses Register von Kunststoffprodukten und Sparten der Kunststoffproduktion aufgeführt:

> Kunststoffe. Zeitschrift für Erzeugung und Verwendung veredelter oder chemisch hergestellter Stoffe mit besonderer Berücksichtigung von Azetylzellulosen, Filmen, Folien, Gummiersatz, Holzkonservierung, Klebstoffen, Korkersatz, künstlichem Kautschuk, Kunstharzen, Kunstleder, Kunstseide, Lacken, Isoliermaterialien, Zellstoffmassen, Zelluloid usw.[32]

29 So ein Artikel über die Ausstellung in der Zeitschrift *Die Chemische Fabrik* 10 (1937), S. 344–346, hier S. 344, zit. n. Helmut Maier: *Chemiker im „Dritten Reich“. Die Deutsche Chemische Gesellschaft und der Verein Deutscher Chemiker im NS-Herrschaftsapparat.* Weinheim 2015. S. 306.

30 G. Kränzlein: „Die Zeitschrift ‚Kunststoffe‘. Organ der Fachgruppe für Chemie der Kunststoffe im Verein Deutscher Chemiker“. In: *Kunststoffe* 27 (1937), H. 7. S. 181–182, hier S. 181.

31 Dokumentiert sind sie in der umfangreichen Studie von Maier: *Chemiker im „Dritten Reich“*, bspw. S. 184ff. zur Kundgebung im Sportpalast.

32 o. N.: Titelblatt. In: *Kunststoffe* 27 (1937), H. 6. S. 159.

Nun heißt die Zeitschrift:

> Kunststoffe. Zeitschrift für Erzeugung und Verwendung veredelter oder chemisch hergestellter Stoffe. Organ der Fachgruppe Chemie der Kunststoffe im Verein Deutscher Chemiker[33]

Der von Gleichschaltung und der Einbindung in das industrielle Organisationsgefüge des NS-Staats zeugende neue Titel tilgt zugleich die Kennzeichnung von produktiver Pluralität. Statt demonstrierter Ausdifferenzierung erfolgt nun ein Bekenntnis zur ‚Zusammenfassung':

> Von besonderer Bedeutung aber ist es, daß sich die Fachgruppe für Chemie der Kunststoffe bereits nach ihrem ersten Geburtsjahr in der Zeitschrift „Kunststoffe" ein Publikationsorgan gesichert hat, das den künftigen Bedürfnissen der *Zusammenfassung* der Kunststoff-Literatur in erfreulichem Maße Rechnung tragen wird. Namhafte Fachkollegen sind für die neue Aufmachung der bereits 27 Jahre bestehenden Zeitschrift „Kunststoffe" gewonnen worden. [...] Wir hoffen, daß hierdurch ein wesentlicher Schritt getan ist, um alle im breiten Feld der Kunststoffe tätigen Kräfte auch auf literarischem Gebiet *zusammenzufassen* [...][34]

Die Zeitschrift sieht ihre Funktion zugleich als historisch arriviertes Traditionsmedium und flexibler, positiv politisierbarer Aushandlungsort für ‚Neues' mit der Fähigkeit zur Umgestaltung. Besonders betont wird die Aufgabe des „Zusammenfassens", die zuvor im Titel besonderen Ausdruck fand und nun von einer performativen Ebene, die Bündelung vorführt, zumindest oberflächlich (in den Paratexten) auf eine programmatische Ebene umschaltet und sich als synthetisches „Organ" in politischer Hinsicht ausweist.

Die Zeitschrift versucht, die eigenständige Rolle der *Chemiker* innerhalb der Kunststoffindustrie zu betonen und gleichzeitig eine, wohl erzwungene, Annäherung an die *Ingenieure* zu vollziehen. Die Trennung zwischen beiden Gruppen wurde innerhalb des NSBDT nur noch schwach aufrechterhalten, von den Chemikern allerdings wiederholt betont.[35] Im Zuge der Gleichschaltung wird das Verhältnis neu verhandelt und, ohne tiefer in dieses

33 o. N.: Titelblatt. In: *Kunststoffe* 27 (1937), H. 7. S. 181. Im übernächsten September-Heft heißt es dann zusätzlich „Organ des Fachausschusses für Kunst- und Preßstoffe des VDI" (H. 9, S. 239). Diese Verbindung hatte sich in Kränzleins Bericht über die Sportpalast-Kundgebung schon angedeutet.

34 Kränzlein: *Die Zeitschrift ‚Kunststoffe'*. S. 182 (Herv. AW).

35 Vgl. etwa Maier: *Chemiker im „Dritten Reich"*, bspw. S. 114, 328 & 470. Einer der wichtigsten Befürworter der Distinktion beider Gruppen war Paul Duden, der Vorsitzende der Deutschen Chemischen Gesellschaft seit 1933.

komplexe Gefüge eindringen zu können, an einem ausgewählten Beispiel eher als Pseudo-Synthese lesbar.

In seinem Bericht über die Sportpalast-Kundgebung weist der Autor auf acht neue Unterausschüsse in der Fachgruppe für Chemie der Kunststoffe sowie ein Ausstellungsprojekt hin, bei dem diese Unterausschüsse sich mit Sonderschauen präsentieren werden, um „die Anwendungstechnik der Kunststoffe zur Einsparung nicht einheimischer Stoffe in willkommener Weise [anzuregen]"[36]. Diese Schauen sollen im Juli 1937 im Rahmen der ACHEMA VIII stattfinden[37] und werden im ebenfalls von Kränzlein federführend herausgegebenen *Kunststoff-Wegweiser 1937* besprochen. Zugleich soll sich das Projekt von der Ausstellung *Schaffendes Volk* abgrenzen, die zeitgleich (natürlich viel länger) zu sehen war und für deren Organisation die Ingenieure zuständig waren:

> Die Fachgruppe für Chemie der Kunststoffe im Verein Deutscher Chemiker hat es sich nicht nehmen lassen, anläßlich des diesjährigen 50. Gründungsfestes des VDCh. als jüngste Fachgruppe im Anschluß an die ACHEMA VIII, **der ACHEMA des Erfolges**, eine 10tägige Kunststoffausstellung vom 2. 7. bis 11. 7. 1937 zu veranstalten. Das von den Chemikern Gezeigte ist in ganz anderer Weise aufgezogen als die Düsseldorfer Kunststoffausstellung der Ingenieure und ergänzt letztere in wirkungsvoller Weise.[38]

Printmedien über *Schaffendes Volk*, die sich keinem Fachverband zuordnen lassen, sprechen von den „neuen Werkstoffen" vereinheitlichend als „den großen Taten deutscher Chemiker und Erfinder" und loben die „Genialität seiner Forscher", durch die „dem deutschen Volke […] neue Arbeitsstoffe

36 Kränzlein: *Die Zeitschrift ,Kunststoffe'*. S. 181.

37 ACHEMA steht für „Ausstellungstagung für chemisches Apparatewesen"; sie wird seit 1920 bis heute in unregelmäßigen Abständen veranstaltet. ACHEMA VII und VIII fanden 1934 und 1937 statt. Die messeeigene Präsentation zur ACHEMA 2021 springt, wie üblich bei wirtschaftsnahen Medien der Selbstmusealisierung, von 1930 direkt zu 1950. Vgl. *Eine Reise durch 100 Jahre ACHEMA Geschichte. 1920–2020*. Digital verfügbar unter: https://www.achema.de/de/achema/100-jahre-achema/ (zuletzt abgerufen am 10.9.2021).

38 G[eor]g Kränzlein & R[ichard] Lepsius (Hg.): *Kunststoff-Wegweiser 1937*. Berlin 1937. S. 16 (Herv. im Orig.). Tatsächlich oblagen Ausstattung und Inszenierung von Halle 25 „Kunststoffe" in Düsseldorf der „Arbeitsgemeinschaft Kunststoff-Ausstellung Düsseldorf 1937 des Vereins Deutscher Ingenieure". Vgl. Ernst Heinson (Verantw.): *Reichsausstellung Schaffendes Volk Düsseldorf 1937*. Düsseldorf 1937. S. 89. Der Führer durch die Ausstellung ist leicht zu verwechseln mit der ähnlich aufgemachten Dokumentation, herausgegeben von Ernst Maiwald & Richard W. Geutebruck in 2 Bänden: *Reichsausstellung Schaffendes Volk Düsseldorf 1937. Ein Bericht*. Düsseldorf 1937.

[erwuchsen]"[39]. Schließlich ist es wieder Kränzlein, der bei einem Vortrag zum Thema „Die Chemie der Kunststoffe vom Ingenieur aus gesehen", über den die Zeitschrift *Kunststoffe* im letzten Heft vor ihrer Neuausrichtung berichtet, die Beziehung reflektiert:

> Die Polymerisation findet immer größere Ausbreitung, und zwar durch Azetylen- oder Aethylen-Anlagerung an andere Stoffe. [...] Die Beherrschung dieser Reaktionen in den Werken der chemischen Großindustrie ist das Ergebnis einer engen Zusammenarbeit zwischen Chemiker und Ingenieur, die trotz schwerer Rückschläge durchgeführt wurde. Die ganze rasche Entwicklung der letzten Jahre wäre nicht ohne die gründliche Vorarbeit der vorhergehenden Generationen von Chemikern möglich gewesen.[40]

Die Überleitung von chemischen Anlagerungsprozessen in der Polymerisation, dem wichtigsten Synthesevorgang bei der Herstellung von Kunststoffen, auf das Angewiesensein der Ingenieure auf die mit historischer Dignität versehenen Chemiker ist recht suggestiv. Die „schwere[n] Rückschlage", von denen Kränzlein spricht, entsprechen dem Prüfungs-Topos, auf den die Bücher mit Stoffbezug in ihren Geschichtserzählungen rekurrent zugreifen. Es liegt also nahe, auch für diesen Fall eine rhetorisch-semantische Kopplung von chemischer und nicht-chemischer ‚Synthese' anzunehmen. Direkt vor dem Tagungsbericht steht dann auch, als Aufmacher des Hefts, ein ausführlicher Artikel über einen Gang durch die von den Ingenieuren kuratierte Kunststoff-Halle auf der Ausstellung *Schaffendes Volk*, in dem die bemerkenswertesten Stände und Ausstellungsobjekte aus Chemiker-Sicht besprochen werden.[41]

Eine These, die sich aus diesen kursorischen Einblicken ableiten ließe, allerdings dringend näherer Untersuchung bedürfte, wäre, dass die Chemiker sich angesichts einer institutionell zunehmend bevorzugten Stellung der Ingenieure diesen einerseits annähern, durch organisatorische und diskurspolitische Signale innerhalb ihrer Sphäre (der Zeitschrift *Kunststoffe*, den Verbänden etc.), andererseits aber keine ‚Synthese' anstreben,

---

39 „Schaffendes Volk", Große Deutsche Ausstellung Düsseldorf-Schlageterstadt 1937 für Städtebau, Gartenkultur, Industrie und Kunsthandwerk e. V. (Hg.): *Schaffendes Volk. Große Deutsche Ausstellung Düsseldorf-Schlageterstadt 1937*. Düsseldorf 1937. o. S. (Abschnitte „Was zeigt die Wirtschaft?" und „Die neuen Werkstoffe")

40 Gr.: „Kunststofftagung des Fachausschusses für Kunst- und Preßstoffe. Düsseldorf 12. und 13. Mai 1937". In: *Kunststoffe* 27 (1937), H. 6. S. 162–169, hier S. 164.

41 Unter anderem eingelegte Tierskelette am Stand der Dynamit-A.-G. vormals Nobel Co.: „Von besonders interessanten Teilen seien erwähnt ein in durchsichtiges Styrolharz eingebettetes Tierskelett und ebenso präparierte lebende Blumen [...]". In: Gr.: „Die Kunststoff-Industrie auf der Reichsausstellung ‚Schaffendes Volk' Düsseldorf, Mai bis Oktober 1937". In: *Kunststoffe* 27 (1937), H. 6. S. 159–162, hier S. 161.

sondern die Integrität ihrer Deutungshoheit reklamieren, die Chemie zur epistemologischen Ermöglichungsinstanz auch für ingenieurisches ,Wissen' erklären und, vor allem in historisierenden und musealisierenden Aussagen (etwa der nicht-disziplinär angebundenen Broschüre zu *Schaffendes Volk*), auch entsprechend wahrgenommen werden. Wo auf wissenschaftstheoretischer und historischer Ebene, also in Theoriegebäude und Archiv der Disziplin, offenbar Differenz gewahrt bleiben muss, wird der „Handel" als geteilte Sphäre ausgemacht, die von beiden Gruppen, wenngleich aus Sicht der Chemiker getrennt (auf verschiedenen Ausstellungen etwa), bespielt wird. Diese Sphäre, das hat die Analyse der Bücher mit Stoffbezug gezeigt, wird gemeinschaftlich (re-)valorisiert. Das wurde am Beispiel der Kunstseide deutlich, die noch in den Zwanziger Jahren für ,Schein' und eine luxurierende ,Oberfläche' steht und erst im Kontext der Bücher mit Stoffbezug in das ideologische System des synthetischen Kolonialismus integriert und, beispielsweise in *Erzeugnisse unserer Arbeit* oder Dominiks *Vistra*, neu vergeschlechtlicht und mit historischer ,Tiefe' versehen wird.

Anhaltende (literarische) Repräsentationsprobleme am Rand des Korpus

An einem heiteren Unterhaltungsroman aus dem Korpus, der 1939 und damit am Ende des Vierjahresplans, aber noch vor dem wirtschaftspolitischen Umschalten von Autarkie- auf Eroberungspolitik erscheint, soll gezeigt werden, dass die Bücher mit Stoffbezug sich weiterhin an Repräsentationsproblemen und verfahrenstechnischen ,Krisen' abarbeiten. Hinter A. Müller, dem Autor von *Sommerseide*, verbirgt sich der unter mehreren Pseudonymen[42] erfolgreiche Begründer der Science-Fiction-Heftromanreihen *Sun Koh* und *Jan Mayen*.[43] Müller, über Hofmannsthals Lustspieldichtung promovierter Germanist, der 1939 mit *Und sie bewegt sich doch nicht* eine von vielen Science-Fiction-Bearbeitungen des Hohlwelt-Stoffs, also der Vorstellung, das Erdenleben spiele sich nicht auf der Außen-, sondern der Innenseite einer Kugel

42 Das bekannteste ist Freder van Holk.

43 Für reichhaltige bio- und bibliographische Informationen zu Müller vgl. Heinz J. Galle: *Sun Koh. Der Erbe von Atlantis und andere deutsche Supermänner. Paul Alfred Müller alias Lok Myler alias Freder van Holk. Leben und Werk*. Zürich 2002. *Sun Koh* entstand von 1933 bis 1936 unter dem Pseudonym Lok Myler in 150 Folgen und wurde später mehrfach neu aufgelegt, *Jan Mayen* mit dem Untertitel *Herr der Atomkraft* von 1936 bis 1938.

ab[44], vorlegte[45], blieb auch nach dem Weltkrieg erfolgreich und war weiterhin an Heftreihen beteiligt.[46]

Sommerseide handelt vom jungen Raumgestalter Paul Westermann, der als Auszeichnung für ein schönes Plakat eine Reise in den Luftkurort Muggenheim erhält. Paul hat außerdem eine Erfindung gemacht, die er gern vermarkten würde. Dabei handelt es sich um rutschfeste Damenstrümpfe aus Kunstseide. Bereits im Zug nach Muggenheim macht Paul die ersten Bekanntschaften, unter anderem mit der jungen Gina und ihrem Onkel, bei denen er keinen guten Eindruck hinterlässt. Leider ist der Onkel ein einflussreicher Investor, der schon viele Erfindungen finanziert hat. Außerdem begegnet Paul im Zug Marion Lavalette, einer französischen Tänzerin, die sich sehr für seine Strümpfe interessiert. Alle Reisenden landen im selben Fremdenheim, wo weitere Figuren schon auf sie warten und die Verstrickungen weitergehen. Paul werden seine Damenstrümpfe gestohlen, ein hinzugerufener Inspektor versucht den Fall zu lösen, während die Vertiefung der Beziehung zu Gina aus dem Zug, in die Paul sich sofort verliebt hat, hoffnungslos scheint. Dann taucht Pauls Onkel, ein früher mal wohlhabender Erfinder, überraschend im Kurort auf und trifft Gina, die gerade einen Brief an ihre Eltern einwerfen wollte, zufällig am Bahnhof. Ihre Eltern wohnen ebenso zufällig im neuerdings vermieteten Anwesen des Onkels und haben darum dieselbe Adresse wie er. Sie regt sich, ohne genau zu wissen, mit wem sie spricht, bei dem sympathischen älteren Herrn über Paul auf und erklärt zugleich, dessen Damenstrümpfe aus Vorsicht an sich genommen zu haben. Der Onkel, der inzwischen heimlich ein

---

44 Die sogenannte Hohlwelt-Theorie, auch Innenweltkosmos oder Theorie der hohlen Erde, umfasst mehrere Weltbilder und zählt zu den populären Pseudowissenschaftsmythen der ersten Hälfte des 20. Jahrhunderts, geht aber denkgeschichtlich sehr viel weiter zurück, mindestens bis auf einen Vorschlag Edmond Halleys am Ende des 17. Jahrhunderts. Wie die sogenannte Welteis-Lehre, propagiert von Hanns Hörbiger, und der im Zusammenhang mit Hans Dominik erwähnte Atlantis-Mythos (vgl. S. 287f. in diesem Buch), gelangt die Idee eines Innenweltkosmos zwischen 1900 und 1950 zu einiger Bedeutung, besonders im Segment der Science Fiction. Vgl. hierzu Brandt: *Zukunftsroman*. S. 27f. & 132ff. Zur Welteislehre und ihrer Bedeutung im Nationalsozialismus vgl. Brigitte Nagel: *Die Welteislehre. Ihre Geschichte und ihre Rolle im „Dritten Reich"*. Berlin 2000 sowie Christina Wessely: *Welteis. Eine wahre Geschichte*. Berlin 2013. Ein Beispiel für eine klassische Hohlwelt-Erzählung aus dem erweiterten Korpus der Bücher mit Stoffbezug wäre Werner Masovius' Roman *Neotherm C* (1943), in dem mit einem neuartigen Treibstoff der Flug zum Mondkörper in der Mitte der Kugel gelingt.

45 In einer 1940 erschienenen Broschüre mit dem Titel *Kritik der Hohlwelttheorie* nimmt Müller noch einmal inhaltlich zu den Gegnern des Ansatzes Stellung. Vgl. hierzu Galle: *Sun Koh*. S. 42f., dort mit Anmerkungen zur aus Sicht Galles bis heute nicht gänzlich widerlegten Argumentation Müllers.

46 Vgl. Brandt: *Zukunftsroman*. S. 330–335.

Patent auf Pauls Erfindung angemeldet hat, überzeugt Gina davon, dass dem jungen Mann nur eine Frau fehle, um ihn auf den rechten Weg zu bringen. Bei einer gemeinsamen Fahrt im Rhönrad gesteht Paul Gina seine Liebe und hat schließlich Erfolg.

Probleme der Repräsentation durchziehen den Text und werden häufig direkt thematisch. Schon während der Zugfahrt nach Muggenheim offenbaren sich Pauls Schwierigkeiten, mit Frauen zu sprechen. Dieses Problem, das wesentlich für die Verwicklungen verantwortlich ist, die im Lauf der Handlung entstehen werden, wird komplex verargumentiert, als er im Zug auf Gina trifft:

> „Laß bitte", sagte die reizende junge Dame [zu ihrem Onkel, AW]. „Junge Männer besitzen selten ein Empfinden dafür, wann sie stören." Paul Westermann fand auf seiner sonst allzeit willigen Zunge keine Antwort gegen diese Behauptung. Die Lage besaß plötzlich ihre Peinlichkeiten. Die spitze Verachtung einer Frau richtete alle Grundsätze seiner guten Kinderstube gegen ihn aus. Damit verlor er den sicheren Grund unter den Füßen und geriet in eine Verwirrung, die sich in gleichem Maße verstärkte, in dem er gewünscht hätte, einen guten Eindruck hervorzurufen./Der Wunsch nach einem guten Eindruck steht gewöhnlich im gleichen Verhältnis zu den körperlichen Vorzügen einer Frau. Der Blick auf ein schönes Bein setzt sich automatisch in einen Griff nach dem Schlips um./Paul Westermann liebte alles Schöne. Das brachte sein Beruf mit sich. Und ein Mann war er ja schließlich auch. Er besaß jedoch nur wenig Erfahrung im Umgang mit jungen Damen. Daraus erklärt sich, daß er sich die natürliche Schüchternheit, die die Frauen den Männern vor allen Dingen abgewöhnen, noch reichlich bewahrt hatte. Sie überfiel ihn gelegentlich mit einer Gewalt, gegen die alle Hilfstruppen des Verstandes nichts auszurichten vermochten.[47]

Die ‚Verwirrung', in die Paul, ausgelöst durch Ginas Kommentar, gerät, erklärt der Text 1) aus seiner Liebe für das ‚Schöne', die zugleich biologisch („ein Mann war er ja schließlich auch") und professionell über die Tätigkeit des Gestalters eingeordnet wird. Zugleich wird Pauls Sprachverlust 2) als Zeichen seiner schüchternen ‚Natürlichkeit' eingeordnet. Und schließlich offenbart der Text 3) eine Sensibilität für psychologische Verschiebungen, in denen der Blick-Griff nach dem Bein sich im Hand-Griff nach dem Schlips Ausdruck verschafft und damit zur dreifachen Repräsentation von ‚Begehren', als Begehren zu ‚berühren', ‚gefallen' und ‚genießen', wird. Dieser, der Erzählinstanz nach unvermeidliche („automatisch[e]") Ausdruck einer Grundnervosität im Umgang mit geschlechtlicher Differenz, kann nur durch ‚Erfahrung' beseitigt werden und in den erwünschten Umgang zwischen Mann und Frau übergehen.

47 [Paul] A[lfred] Müller: *Sommerseide. Ein heiterer Roman.* München [1939]. S. 24f. (Im Folgenden im Text mit der Sigle So und Seitenzahl.)

Westermann macht also einen schlechten ersten Eindruck, versucht aber dennoch fortwährend mit seinen Reisegefährten ins Gespräch zu kommen, selbst als diese sich demonstrativ Buch und Zeitung vors Gesicht halten. Blicke spielen in dieser Szene eine besondere Rolle. Der Erzähler weist darauf hin, dass „Männer sich ungern als marktgängige Ware abschätzen [lassen]" (So, 27) und nimmt gleichzeitig die verschiedenen Techniken in Schutz, über die Paul es schafft, Gina dennoch weiter zu betrachten, etwa in der Fensterscheibe, die seiner Schaulust dank der „zuständigen optischen Gesetze" entgegenkommt: „Es lag ein wundersamer Reiz darin, sich mit einer Spiegelung vertraut zu fühlen, während das Original noch in Abwehr verharrte." (So, 30) Diese Blickbeziehung wird durch den Onkel erneut unterbunden, der dazu ein eigenes Patent zu Hilfe nimmt, ein mit Saugnäpfen versehenes „Schnapprouleau" mit dem Namen „Ge-Lä-Rei! Gegen lästige Reisende!" (So, 31) und Pauls Schau-Display so zerstört, indem er Gina von der Möglichkeit der Spiegelung abschirmt. Die Erfindung antwortet auf einen Repräsentationskonflikt und scheint für genau solche Fälle auch erdacht worden zu sein. Der „lästige Reisende" ist als Kommunikationsaufgabe konzipiert, die sich durch Schwächung der eigenen Sphärengrenzen stellt und deren sprachlich-optische Penetranz mit technischen Mitteln abgewehrt werden muss. Der Konflikt um den ‚männlichen Blick' und die Sichtbarkeit des ‚Schönen' wird dabei explizit mit Referenz auf ‚Wissenschaftlichkeit' (optische Gesetze, das Patent) geführt.

Schon bald steht im Roman alles unter Verdacht, problematisch, lästig oder „falsch" sein zu können, so auch, mit ironischem Verweis auf den deutschen Kolonialismus, das Reiseziel beziehungsweise seine printmediale Repräsentation:

> Seit kurzem rührte sich jedoch Muggenheim und kämpfte um den ihm zustehenden Platz in der Sonne [sic!] der Reisebüros. Es war die einzige Möglichkeit, um den toten Ballast des Hohenberger Schlosses, den die Stadt hatte übernehmen müssen, in ein nutzbringendes Objekt zu verwandeln. Die Muggenheimer erfuhren endlich aus dem Prospekt ihrer Luftkurverwaltung, inmitten welcher Herrlichkeiten sie lebten. Sie fanden sogar, daß alles mit der Wirklichkeit übereinstimme. Ein großes Lob, denn sonst steht über den Prospekten gewöhnlich der Titel des Goetheschen Lebensromans. (So, 53)

Wie beim Haus von Pauls Onkel, das von seiner früheren Herrlichkeit zu einem Mietshaus mit „bunte[n] Gardinen" (So, 7) und Kinderwäsche vor dem Fenster heruntergekommen ist, hat auch das einstige Schloss von Muggenheim, in dem Pauls Onkel noch als Jagdgast des Grafen logierte, seinen Glanz eingebüßt und ist „tote[r] Ballast" geworden. Der Text führt ein Modell von ‚Geschichte' mit, in dem die Vergangenheit unklar zugleich mit ‚Würde' und ‚Dekadenz' verknüpft ist, vor allem aber ihre Integration in die eher krisenhafte Gegenwart schwer fällt. Paul selbst und sein Onkel werden ihrerseits als Erfinder, und damit Vertreter einer popularisierten, auf Vermarktung angewiesenen Form von ‚Wissenschaft', ebenfalls prekarisiert dargestellt. ‚Erfinden' erscheint generell als Problem des Manns ohne Frau[48] und ‚Armut' entsprechend als Zeitphänomen gestörter Bindung, das dem Erfinder als Figur der Abweichung von der Norm standesgemäßer Betätigung insbesondere droht. Das Bindungs-Problem des Erfinders gibt sich über die im Text beschriebenen Gerätschaften als größer dimensionierter Krisenkomplex zu erkennen. Neben Horlers Blickblockierer und Pauls rutschfesten Damenstrümpfen erfindet etwa sein Onkel einen automatischen Rettungsballon, der vor Abstürzen im Gebirge schützen soll. Alle diese Erfindungen sind als Problemlöser konzipiert und sollen auf spezifisch ‚moderne' Gefahren des Bergtourismus, des Zugreisens und der Damenmode reagieren. Auch Pauls Strumpfrevolution dient der Verhinderung von Grenzüberschreitungen, bei denen Frauen aus mangelndem Komfort oder übertriebener Koketterie keine oder nur kurze Strümpfe tragen, was, wie Paul befindet, „wirklich nicht schön" (So, 106) sei. Auf solche Probleme reagiert im Roman die partiell desintegrierte Gruppe der Männer ohne Frau besonders sensibel.

Der Roman skizziert eine Gesellschaft im Stadium der Neu-Ausdifferenzierung ihres Wertesystems, die von den Akteuren bisher unterschiedlich stark reflektiert wird. Sprachliche Repräsentation stellt ein problematisches und verdächtiges Feld dar, weswegen Pauls Erfindung, die für ihn selbst ein „sachliches" Problem ist (vgl. So, 71), in der sprachlichen Vermittlung an den Frauenkörper auf eine Unsagbarkeitszone trifft, in der ‚Strümpfe' als vom Mann kommender Signifikant nur auf ‚Erotik' verweisen können. Während Paul fortwährend Versuche unternimmt, über seine Erfindung zu sprechen, ohne dabei etwas anderes als ihre technischen Vorzüge im Sinn zu haben, konfrontieren ihn seine Gesprächspartner_innen immer wieder mit der aus ihrer Sicht moralischen Verwerflichkeit seines Anliegens und erzeugen mit ihren Reaktionen eine Zone, in der unentscheidbar wird, welche Seite neurotisch kommuniziert. Die Kunstseide agiert dabei als semiotische Doppelagentin, einerseits eindeutig vergeschlechtlichte Frauenkörperhülle („Toilettengeheimnisse", So, 71) und damit öffentlich nicht vermittelbar, andererseits Innovation, die auf ein gesellschaftliches Krisensymptom antwortet und in dieser Funktion

48 Der Onkel erfindet erst, seitdem seine Frau gestorben ist: „Deine Tante liebte es nicht, daß ich meinen Neigungen nachging." (So, 15) Ansonsten werden noch Horler, Ginas Onkel, und der alte Baron Arvenberg mit ‚Erfindung' verknüpft, indem sie sich dafür interessieren und in Erfindungen investieren. Frauen bestaunen oder kritisieren das Konzept jeweils passiv von außen, abgesehen von der Französin Marion Lavalette.

nochmals *hinter* einer Sagbarkeitsgrenze liegt, diese aber zur Durchsetzung des neuen Wertesystems (anders als die nicht hinterfragte Grenze zwischen ‚Erotik' und ‚Öffentlichkeit') übertreten *muss*.

Bei einem Besuch im Schwimmbad trifft Paul auf Gina, die sich gerade im Rhönradfahren versucht. Er, ausgemachter Profi, erklärt es ihr und die beiden nähern sich an. Während Paul beim Rhönradfahren Ginas Gedanken „lesen" kann und ihr nach dem anschließenden Schwimmen auch noch einen Splitter aus dem Knie zieht, verändert sich der so vertraute Umgang, nachdem beide sich umgezogen haben:

> Sie trafen sich am Ausgang, eine junge Dame im leichten Sommerkleid und ein Herr im Sporthemd. Die Kleider schufen eine Fremdheit zwischen ihnen. Sie war nicht stark genug, um zu trennen, aber sie erzwang einen Wandel, der vom Tonfall bis in die Tiefen des Gefühls reichte. Eben noch burschikose Kameraden, die nichts bei einem herzhaften Zugriff gefunden hatten, waren sie jetzt Mann und Frau voll untergründiger, erregender Schwingung, die nicht wagten, die Fingerspitzen in Berührung zu bringen. So sind die Menschen. (So, 104)

Sprachstörungen, die zuvor noch Effekt einer ‚natürlichen' Schüchternheit waren, geben sich nun als kulturelles Ergebnis textiler Überformung zu erkennen, durch die ‚Geschlecht' als Kategorie erst performativ hergestellt wird. Dieses Detail ist wichtig für die Einordnung von Pauls Strümpfen und der Aufregung, die sie auslösen. In Ginas Begegnung mit Pauls Onkel Eugen wiederholt sich die Relevanz von Kleidung als semiotischem Prozessor erneut:

> Ein feiner alter Herr, dachte sie. Sie liebte solche charaktervollen, vornehmen Grauköpfe, denen man anmerkt, daß ihre Lebenskultur nicht nur von Schneiders Gnaden stammt. Welches junge Mädchen liebte sie nicht? Es gibt keinen wirksameren Hintergrund für eine Frau als einen Mann, dessen persönliche Erscheinung überzeugend für den Vordergrund haftet. (So, 199)

Eugen hebt Ginas zu Boden gefallenen Brief auf, den sie soeben einwerfen wollte und der seine eigene Adresse trägt. So kommen die beiden ins Gespräch und Eugen genießt sofort, auch aufgrund seiner Erscheinung, Ginas Vertrauen. ‚Kleidung' ist wiederum Medium potenzieller Verstellung. Männliche Figuren etwa, die darauf keinen Wert legen beziehungsweise über ein offensichtlich automatisiertes Verhältnis zu vestimentären Codes verfügen, die im ‚Einklang' mit der repräsentierten Person stehen müssen, werden vom Text als vertrauensvoll ausgewiesen.[49] Im folgenden Gespräch ordnet Eugen als „Wissender" (So,

49 Das gilt bspw. auch für den Polizeiinspektor Merzahn, der „sich bereits in dem Alter [befand], in dem man mehr Wert auf innere als auf äußere Schönheit legt – wenigstens an sich selbst. Seine Kleidung gab ihm ein ungeschicktes Aussehen. Er trug außer Dienst

207) die Torheiten seines Neffen ein und erklärt Gina die Funktion der Ehefrau als Grenzziehungsinstanz:

> Ich habe mich mißverständlich ausgedrückt. Ein Westermann braucht keine Frauen, sondern eine Frau, die ihn liebt und die ihm durch ihre Liebe die Grenzen setzt, die er sonst nicht sieht. Etwas Güte und ein freundliches Wort reichen aus, um jeweils die Schranke deutlich zu machen. (So, 208)

Die Übertretungsneigung des männlichen Erfinders wird durch Verheiratung auf positiv bewertete Weise getilgt. Sein tendenziell problematisches Ich-Konzept, dem gesellschaftliche Anerkennung eher zurecht versagt bleibt[50], das Ausbleiben der Integration neuer Werte, die erst durch die erfolgreiche Diskursivierung der Damenstrümpfe möglich geworden wäre, also die Nicht-Lösung der ‚Stoff'-Frage und die dafür positiv gesetzte ‚Lebens'-Lösung durch Paarfindung auf dem Niveau der alten, implizit bereits als überkommen markierten Werte, weisen den Text als ‚stoff'-kritisch und konservativ aus und verorten ihn zudem in der Nähe von ‚Künstler'-Erzählungen der Klassischen Moderne.[51] Anders als in *Anilin, Radium* oder anderen Büchern mit Stoffbezug wird individuelles Glück an diesem Beispiel vom „Rand" der untersuchten Bücher nicht der übergeordneten Logik von wissenschaftlicher und gesellschaftlicher ‚Synthese' geopfert, sondern umgekehrt bringt die Integration ins Eheleben die Innovationsenergien des Mannes zum Erliegen.[52] Müllers Roman kann als Kontrapunkt zu Texten wie dem *Kunstseidenen Mädchen* gelesen werden, kommt aber auch mit den Büchern mit Stoffbezug aus dem Kern des Korpus in Berührung. Das semantische Inventar des synthetischen Kolonialismus findet implizit Eingang in den Text, vor allem durch

---

einen Eckenkragen auf, dazu einen ziemlich verfaserten, altmodischen Strickbinder. Über den derben Lederschuhen standen ausgebeulte Hosen, über diesen wieder spannte sich die Jacke um die Bauchwölbung./Das Gesicht war breit, derb und gutmütig, drückte aber jene Schläue aus, die man an einem Vertreter der nachforschenden Polizei mit Befriedigung entdeckt." (So, 152) Eine schrille Sonderform stellt Baron Arvenberg dar, der Pauls Strümpfe bei einer Vorführung ohne zu zögern an sich selbst ausprobiert (vgl. So, 79f.).

50 Vgl. So, 15: „Ein verkanntes Genie ist selten ein Genie."

51 Vgl. hierzu bspw. Titzmann: *Das Konzept der ‚Person' und ihrer ‚Identität'*.

52 Vgl. hierzu nochmals Grün: *Wir und die Technik*. S. 129: „Die Frau hat das [die ästhetische Reduzierung der Männermode, AW] nicht mitgemacht, bei ihr herrschen noch bunte Trachten, wechselt die Mode alle ‚Saison' ein paarmal und kommt aus Paris, der Stadt der Leidenschaft [vgl. Marion Lavalette, AW]. Die Frau ist ja auch nicht technisch begabt und schwärmt nicht für Sachlichkeit. Wenn die ersten – übrigens oft unternommenen – Versuche, die Männerkleidung wieder bunt zu machen, gelungen sind, wird's wohl mit der Weiterentwicklung der Technik vorbei sein. Zusammenhänge!"

Wiederaufnahme repräsentationslogischer Widersprüche im Zusammenhang mit der Vergeschlechtlichung von ‚Synthese-Wissen' (in diesem Fall zur Kunstseide) und der Rolle des männlichen Innovators für ‚Geschichte' und ‚Fortschritt'. Die Idee einer übergeordneten Bedeutungsdimension der ‚Synthese' bleibt aber trotz Kontaktaufnahme ungeteilt und wird zugunsten einer Revitalisierung älterer Werte zurückgewiesen.[53]

Bücher mit Stoffbezug nach 1945

Zwischen dem Ende des Vierjahresplans und dem verspäteten, von der I.G. längst geplanten „unconditional surrender" seines nationalsozialistischen Betriebssystems[54] erscheinen nur spärlich dezidiert romanhafte Bücher mit Stoffbezug. Was nach der politischen Umorientierung von der Autarkie zum fortgesetzten Angriffskrieg, der durch den Überfall auf die Sowjetunion seine nächste Eskalationsstufe erreichte, bis Kriegsende publiziert wird, lässt sich, abgesehen von ausgesprochenen Sachbüchern wie Robert Bauers *Zellwolle siegt* (1941), als entweder räumlich verlagert (*Zucker aus Cuba* von Brunngraber, 1941), ins Phantastische verlagert (*Treibstoff SR* von Hans Dominik, 1939; *Neotherm C* von Werner Masovius, 1943) oder zeitlich verlagert (*Liebe, Gas und Julia* von Peter Matthias Odenthal, 1940) klassifizieren.[55] Eine Sonderstellung nimmt Vicki Baums *Cahuchu* (1943) ein, der als im Exil verfasster historischer Roman seine Handlung schließlich doch auf den gegenwärtigen deutschen Schauplatz führt und, anders als die anderen Beispiele, direkte Schilderungen des Vierjahresplans oder generell aktueller Kontexte nicht meidet. Die I.G. wird dabei als eng in den Machtapparat der Nationalsozialisten

53 Vgl. hierzu Baßler: *Deutsche Erzählprosa 1850–1950*. S. 353.

54 Es gab offensichtlich seit spätestens 1944 Pläne des Reichssicherheitshauptamts zur „Überführung" von mindestens 20.000 deutschen Ingenieuren in die USA „im Falle eines deutschen Zusammenbruchs". Vgl. Friedrich Kittler: „Unconditional Surrender". In: Hans Ulrich Gumbrecht & K. Ludwig Pfeiffer (Hg.): *Paradoxien, Dissonanzen, Zusammenbrüche. Situationen offener Epistemologie*. Frankfurt/Main 1991. S. 515–533, hier S. 527. Zugleich war die I.G. durch ihre enge Vernetzung mit amerikanischen Firmen (DuPont & Standard Oil) auch vorher bereits nicht nur deutschen Interessen verpflichtet et vice versa. Vgl. hierzu ausführlich Otto Köhler: *... und heute die ganze Welt. Die Geschichte der I.G. Farben und ihrer Väter.* Hamburg, Zürich 1986.

55 Hans Dominik: *Treibstoff SR*. Berlin 1940, Werner Masovius: *Neotherm C. Roman über eine phantastische Idee*. Berlin 1943, Peter Matthias Odenthal: *Liebe, Gas und Julia. Ein Roman aus dem Köln vor 100 Jahren*. 2. Aufl. Köln 1942.

eingebundener, kriegswichtiger Konzern dargestellt[56] und auch die Minderwertigkeit mancher synthetischer Produkte, etwa des Kunstgummis Buna, wird nicht verschwiegen.[57]

1946 erscheint wieder ein Buch mit Stoffbezug, das sich selbst „Geschichte" nennt und damit einen narrativen Akzent setzt, seinen Schauplatz aber wiederum nicht festlegt und eine eher europäische Perspektive einzunehmen versucht: das Kosmos-Bändchen *Lebensgeschichte eines Kohlenstoff-Atoms*. Beim Autor Helmut Schmid handelt es sich tatsächlich um Hermann Römpp, einen zur NS-Zeit und auch danach vielgelesenen Wissenschaftspublizisten, vor allem auf dem Gebiet der organischen Chemie (bis heute nutzt man „den Römpp"[58]), in den Dreißiger Jahren auch in den Pseudowissenschaften. Bereits kurz nach der Machtübergabe an die Nationalsozialisten veröffentlichte er eine pseudowissenschaftliche *Vererbungslehre und Rassenkunde für Jedermann*. Römpp propagierte eine Chemie, die am besten von nordischen „Herrenmenschen" betrieben wird, indem er beispielsweise über „Die Rassenzugehörigkeit der großen Chemiker" „forschte" und zu dem Ergebnis kam, dass kaum ein Chemikergenie nicht aus Deutschland, England oder Frankreich

56 Vgl. Baum: *Cahuchu*. S. 378: „Seitdem sie bestand, war die I.G. ein Segen und ein Fluch für die Menschheit gewesen. In ihren Laboratorien hatte der deutsche Genius auf dem Gebiet der Kunststoffe Phantastisches und Unglaubliches vollbracht. Hier war die Quelle aller synthetischen Farbstoffe, hier waren die großen Fortschritte der Kolloidchemie und der Teerfarbstoffchemie gelungen. Von hier stammten Stickstoff- und Kunstdünger; die ersten Vitaminerkenntnisse, das erste Aufleuchten der Wunderwelt der Sulfonamide. Von hier die Segnung des synthetischen Chinins, des Aspirins, des Salvarsans. Von hier der Fluch des Giftgases und die Sprengbombe./Und von hier stammte unter anderem auch der Buna-S, der Kunstkautschuk, auf dem Deutschland in den Krieg gerollt war ..."

57 Vgl. ebd., S. 417: „‚Wir sind so wunderbar synthetisch, daß wir aus allem machen können, was wir gerade lustig sind', sagte Toni. ‚Da habe ich doch von einem gelesen, der hat ein Stück gewöhnliche Kohle genommen und jahrelang daran herumexperimentiert, bis er dann glücklich synthetische Kohle daraus gemacht hatte. Na, wie ist das? Ganz groß, was?'/‚Ganz groß nennst du das, – in zwei Tagen an einem einzigen LKW drei Reifen platt –' brummte Pfungst. ‚Das kommt bloß von diesem synthetischen Quatsch!' Er stand auf und wischte sich den Sand von den Händen." Vgl. hierzu Erker: *Die Rolle der Forschung bei der Ersatzstoff-Produktion*. S. 412f.

58 Das *Römpp-Lexikon Chemie* erschien 1947 zum ersten Mal in einem Band und ist inzwischen auf sechs angewachsen. Die 10. Auflage wurde 1999 abgeschlossen. Seit 2002 gibt es den Römpp in digitaler Form.

stammt[59] und die Chemie somit „im wesentlichen eine von nordrassisch bestimmten Völkern entwickelte Wissenschaft ist.“[60]

Die *Lebensgeschichte* vollzieht anhand der Autobiographie des Kohlenstoffatoms X.Y. die Erdgeschichte von den Ausgangsbedingungen der Entstehung des Planeten bis zur unmittelbaren Gegenwart der Lesesituation nach. So heißt es gegen Ende:

> Ich geriet in ein Rußteilchen, das zusammen mit vielen andern in einer Werkstätte mit Ölen angerührt und zu Druckerschwärze verarbeitet wurde. So kam ich schließlich in dieses Kosmosbändchen und damit ist mein Erlebnisbericht abgeschlossen.[61]

Das Buch möchte, radikaler noch als *Anilin* oder *Radium*, die das Ende der Narration sehr nah an ihren *Erscheinungs*punkt heranführen, über die Evokation der Präsenz seines Protagonisten in der *Lektüre*situation der Rezipientin unmittelbare Gegenwart sein. Seine Lebenserzählung führt das Atom aber noch darüber hinaus und gibt an, dass es mit ihm auch nach dem Aussterben der Menschheit und aller Tiere weitergeht, bis „der tote Erdball [...] noch weitere, ungezählte Jahrmillionen im Weltall seine gespenstischen Kreise ziehen [wird]“, das Kohlenstoffatom nach wie vor dabei, „unverändert wie am ersten Tag, spottend über Zeit und Ewigkeit.“ (LeK, 93)

Wie die *Lebensgeschichte* entpolitisieren die meisten Bücher mit Stoffbezug nach 1945 ihren ‚Stoff‘ zumindest oberflächlich und versuchen damit, selbst wenn politische Zusammenhänge anerkannt oder gar als Thema gewählt werden, die ‚Stoff‘-Sphäre und den eigenen Standpunkt weiterhin für ideologisch unabhängig zu erklären. Die Erzählung des Atoms etwa vollzieht eine permanente Distanzierung vom ‚Menschen‘, vor allem in der Dimensionierung von ‚Geschichte‘ und ‚Zeit‘, die betont unpolitisch ist, oder stellt unverfängliche

59 Der Artikel „Die Rassenzugehörigkeit der großen Chemiker“ erschien in der Zeitschrift *Rasse. Monatsschrift für den nordischen Gedanken*. Vgl. zu den biographischen Informationen Holger Andreas: „Prof. Dr. Hermann Römpp. Sein Leben und Werk“. In: *Mitteilungen der Gesellschaft Deutscher Chemiker. Fachgruppe Geschichte der Chemie* 16 (2002). S. 93–115, hier S. 97. Eine umfangreichere Einordnung von Römpps Artikel nimmt Maier vor. Vgl. Maier: *Chemiker im „Dritten Reich“*. S. 325ff. Römpp interpretiert beispielsweise Abbildungen der Chemiker nach ihren „Rassemerkmalen“.

60 Zit. n. Maier: *Chemiker im „Dritten Reich“*. S. 326.

61 Helmut Schmid [= Hermann Römpp]: *Lebensgeschichte eines Kohlenstoff-Atoms*. Stuttgart 1946. S. 91. (Im Folgenden im Text mit der Sigle LeK und Seitenzahl.)

Allgemeinplätze für das Leben in bestimmten gesellschaftlichen Verhältnissen her, beispielsweise was den Umgang mit ‚Differenz' angeht.[62]

Mit der vermeintlichen Ideologiefreiheit der Bücher mit Stoffbezug ist es nach 1945 nicht weiter her als zuvor. Publikationen zu Chemie und Technik sind zwar gezwungen, den evidenten Bruch von 1945 anzuerkennen (auch um strukturelle und personelle Kontinuitäten zu verdrängen), versuchen aber zum Teil weiterhin, wie etwa Schenzingers *Bei I.G. Farben* (1953)[63], diese Bereiche demonstrativ als von politischen Einflüssen frei und nur der „Sache" verpflichtet zu modellieren. Politische Implikationen, wie sie anderen populären Sachbuchtiteln der Zeit, etwa C. W. Cerams Dauererfolg *Götter, Gräber und Gelehrte* (1949) nachgewiesen wurden[64], werden implizit schon an der „gemischten Gesellschaft", von der das Kohlenstoff-Atom bei Schmid/Römpp spricht oder Untertiteln wie *Es knistert im Gefüge der Welt* von Willi Gails *Der Griff nach dem Atom* (1947) sichtbar. Oder am Versuch des Kohlenstoff-Atoms, Alltagserfahrungen der jüngeren Vergangenheit neu zu kontextualisieren:

---

62 Das Feld menschlicher sozialer Interaktion wird zum Referenzspender für das ‚gesellschaftliche Leben' der Atome untereinander: „In Euren so geschätzten und begehrten Steinkohlen bilden wir Kohlenstoffatome die Mehrheit; freilich finden sich daneben auch Wasserstoffatome, Sauerstoffatome, Stickstoffatome, Schwefelatome usw., wir befinden uns hier also in einer *recht gemischten Gesellschaft*." (LeK, 5, Herv. AW), und auch für Konzepte von ‚Gedächtnis': „An die näheren Begleitumstände meiner Entstehung kann ich mich nicht mehr erinnern – und das ist nicht weiter verwunderlich, denn welcher Mensch vermöchte seine eigene Geburt zu beschreiben?" (LeK, 17) Vgl. zur Soziabilität der Kohlenstoffatome auch eine entsprechende Stelle in *Anilin* (A, 182) sowie S. 210, FN 114 in diesem Buch.

63 Karl Aloys Schenzinger: *Bei I.G. Farben. Roman der chemischen Großindustrie*. München, Wien 1953. Vgl. hierzu kurz Brünger: *Geschichte und Gewinn*. S. 115 sowie Leslie: *Synthetic Worlds*. S. 215. Leslie kommt zu dem wichtigen Schluss, dass *Bei I.G. Farben* trotz seiner oberflächlich vermittelnden Sprechweise generell den Existenzmodus einer „world at war" präferiert. Schenzingers Romane nach 1945 werden weiterhin wohlwollend besprochen. Vgl. bspw. Fritz Sykora: „Technikgeschichtliche Bücherschau". In: *Blätter für Technikgeschichte* 18 (1956). S. 151–164, hier S. 164. Ein weiterer Text von Schenzinger, der ähnlich, aber weniger stark „atomisierend" verfährt ist *99% Wasser. Roman des Unentbehrlichen*. Stuttgart 1956.

64 Vgl. etwa Schütz: *Sach-Moderne*. S. 380 sowie ausführlich David Oels: „Ceram – Keller – Pörtner. Die archäologischen Bestseller der fünfziger Jahre als historischer Projektionsraum". In: Wolfgang Hardtwig & Erhard Schütz (Hg.): *Geschichte für Leser. Populäre Geschichtsschreibung in Deutschland im 20. Jahrhundert*. Stuttgart 2005. S. 345–370. Zu Cerams Bezug auf De Kruif als „Begründer" der Gattung „Sachbuch" vgl. Diederichs: *Annäherungen an das Sachbuch*. S. 56 sowie zu seiner Verteidigung von Schenzinger und Brunngraber als Überwinder einer Neuauflage der „Romankrise" vgl. Lange: *Literatur des technokratischen Bewußtseins*. S. 52f. & 65.

„Ach, das dauert ja eine Ewigkeit“ – so habe ich, das Kohlenstoffatom X.Y. manchen ausrufen hören, als er zur Zeit des zweiten Weltkrieges zehn oder mehr Stunden auf einen verspäteten Zug warten mußte. Diese Ausrufe waren nur rednerische Übertreibungen – die Ewigkeit dauert länger. (LeK, 11)

Hier rügt das Atom scherzhaft den Gebrauch unangemessener Hyperbeln durch Menschen, deren schmächtige Zeitvorstellung ein Sprechen von ‚Ewigkeit‘ eigentlich verbietet, und bindet dabei subtil den sub specie aeternitatis nichtigen Weltkrieg als Hintergrund für menschliche Skalierungsprobleme ein. Die Erfahrung der Katastrophe wird zu einem Bereich privater Ärgernisse über verspätete Züge und das Kohlenstoff-Atom zu einem Wahrnehmungsberater im ‚Neuen Sehen‘. Die Neu-Dimensionierung des Zeitgefüges ist dabei die bevorzugte Strategie und das Atom rückt immer größere Zeiträume in die sukzessiv ausgeweiteten Ewigkeitsräume seiner Existenz.[65] Mühelos erfasst es dabei auch die Steinkohle, das materielle Center Piece des synthetischen Kolonialismus:

Aber auch die Steinkohlen sind wieder „heurige Häslein“ im Vergleich zu den allerältesten, untersten Schichten der Erdkruste, die der Geologe als Archaikum bezeichnet und die das ehrwürdige Alter von 1500–1700 Millionen Jahren haben. Ich, das Kohlenstoffatom X.Y. bin noch viel, viel älter! (LeK, 12)

Für diese Strategie der historischen Überbietung, die im Zeitmodell des synthetischen Kolonialismus eine wichtige Rolle spielt und beispielsweise in *Radium* signifikanter Bestandteil der Differenz zwischen dem Element und den Menschen war, scheint die Position des Atoms als Steigerungsfigur, hinter die vermeintlich nicht weiter zurückgelangt werden kann, bestens geeignet. Die klar literarischen Texte mit Atom-Plots, die nach 1945 erscheinen[66], etwa Ernst von Khuons *Helium* (1949), Robert Jungks *Heller als tausend Sonnen* (1956) oder *Atom* (1950) von Karl Schenzinger[67], stellen sich wesentlich direkter als die Sachbücher der Aufgabe, zu veränderten politischen Verhältnissen Stellung zu beziehen und stehen dabei unter dem moralischen Eindruck der beiden

65 Ähnlich verfahren, auch in späteren Jahren, weitere Sachbücher, etwa Heinz Haber: *Der Stoff der Schöpfung*. Stuttgart 1966. S. 9. Vgl. auch den schon erwähnten Gail: *Griff nach dem Atom*. S. 16f.

66 Dall'Armi stellt fest, dass Atom-Sujets sich zu dieser Zeit zunehmend ins Drama verlagern, was auch auf schwindendes Zutrauen in die Gattung Roman bzw. ihre didaktische Reichweite zurückzuführen sei. Vgl. Dall'Armi: *Poetik der Spaltung*. S. 135.

67 Ernst von Khuon: *Helium*. München 1949, Robert Jungk: *Heller als tausend Sonnen. Das Schicksal der Atomforscher*. Stuttgart 1956.

Atombombenabwürfe am Ende des Weltkriegs.[68] Schenzingers Buch zieht eine Linie von den Atomisten der griechischen Antike über die etablierten Forscher-Figuren Becquerel, die Curies und Rutherford zu den Forschungen von Fermi, Oppenheimer und anderen an der Atombombe, mit deren Abwurf auf Hiroshima der Roman endet. In *Atom* verstärkt Schenzinger einen Stil, der in *Anilin* angedeutet war und in *Bei I.G. Farben* nicht auftaucht. Dabei wird ein Versuch unternommen, die hohe Frequenz technisch-wissenschaftlicher Arbeitsprozesse sprachlich abzubilden und ‚Diskurs', ähnlich wie bei Brunngraber, als Phänomen der Gleichzeitigkeit darzustellen. *Atom* involviert hierbei noch stärker die Druckordnung des Textes, die als „Atomisierung" erscheint:

> Die Schwierigkeiten waren ungeheuer.
> Die Experimente waren noch immer nicht einwandfrei,
> die Pläne noch nicht fertig.
> Wollte man mit Brennern nach dem Chikagoer Modell ein Kilogramm Plutonium erzeugen, müßte man fünf Millionen solcher Brenner aufstellen.
> Eine Schimäre!
> Neue Brenner mußten entworfen werden.
> Sie waren noch nicht da.
> In den Clinton Works bei Oak Ridge wurde ein Versuchsbrenner gebaut. Ein Monstrum. Die Erfahrungen sollten hier, in den Hanford Works, gleich Verwendung finden.
> Aber auch der Versuchsbrenner war noch nicht fertig.
> Man konnte in Hanford nicht starten.
> Man baute
> in drei Schichten
> mit fünfundsiebzigtausend Mann,
> mehr nach dem Instinkt als nach den Plänen.[69]

Diese zufällig ausgewählte Stelle ist typisch für den Drucksatz von Schenzingers Roman und ordnet verfahrenstechnisch ein, was Dall'Armi als „Sprengung der Gattungsgrenzen"[70] bezeichnet, die das Atom-Sujet vom Erzähltext zum Drama führt. Der Text nimmt im Satz deutliche Anleihen bei lyrischen Texten, indem die Syntax durch Zeilenumbrüche massiv mit Bedeutung versehen wird, sodass eine Versstruktur mit anaphorischen Anfängen und einem durch Absätze vorgegebenen „Takt" entsteht, die den Text zusätzlich semantisiert und damit von

68 Zur Atombombe als Endzeit-Phantasma nach 1945 vgl. etwa Horn: *Zukunft als Katastrophe*. S. 77–109.

69 Schenzinger: *Atom*. S. 386.

70 Dall'Armi: *Poetik der Spaltung*. S. 135.

einer „moderierte[n] Verfahrenskomplexität“[71] zeugt, die Schenzingers späte Texte an Schreibweisen des Magischen Realismus anschlussfähig macht.[72]

Ähnliche Beispiele von Büchern mit Stoffbezug, die auf die gefährliche Seite chemischer Substanzen abheben, erscheinen nach 1945 gehäuft. In Christoph Erik Ganters (Klarname Curt Elwenspoek) *Dynamit* (1949) wird Alfred Nobel im Alter von seiner größten Erfindung wie von einem Dämon verfolgt und schließlich mit einem Zettel in der Hand tot in seinem Labor gefunden. Auf dem Stück Papier hatte er „in einer nervösen, hastenden, man hätte sagen mögen: irren Schrift, die eben noch Nobels Hand erkennen ließ [...] wieder und immer wieder, immer gehetzter, zerflatternder [...] die Explosionsformel des Nitroglyzerins“[73] geschrieben. Spannender noch sind die Verwerfungen in Rudolph Brunngrabers *Heroin* (1952).[74] Vor allem reflektiert das Buch, noch einmal ganz anders als *Atom*, jetzt nämlich mit Blick auf das Medium Film, auf der Ebene von *histoire* und *discours* breit die Grenzen der Gattung Roman, der es über seinen Untertitel zugeordnet ist. In *Heroin* wird auf der Grundlage von Jahresberichten der ägyptischen Kolonialregierung an den Völkerbund aus den Jahren von 1927 bis 1932[75] ein internationales Akteur-Netzwerk des Rauschgifthandels rekonstruiert, das zu einer schweren Drogenkrise in Ägypten geführt hat, bei der von 14 Millionen Einwohner_innen des Landes eine halbe Million „Rauschgiftopfer“ sind.[76] Nach einem ersten Teil, der Nacherzählung mehrerer spektakulärer Schmuggelfälle, wird das Projekt einer filmischen Dokumentation des von Drogen verursachten Elends in Ägypten

71 Frank & Scherer: *Textur der Synthetischen Moderne*. S. 90.

72 Über die „lyrische“ oder performativ „atomisierende“ Geste der veränderten Druckordnung hinaus verfährt der Roman weiterhin recht konventionell mit „illusionistisch-mimetischem Anspruch“ (ebd., S. 103), sodass schließlich, mit Dall'Armi, zu fragen wäre, ob er einen Gattungskonflikt bearbeitet oder doch als Versuch gelten kann, innerhalb der Gattung innovative Verfahren zu entwickeln. Aus diskursanalytischer Sicht wird hier von einer Kombination beider Anliegen auf unterschiedlichen Ebenen (der Dringlichkeit und der Explizitheit) ausgegangen.

73 Christoph Erik Ganter [= Curt Elwenspoek]: *Dynamit. Roman einer Erfindung*. Stuttgart 1949. S. 364.

74 Im selben Jahr erscheint auch eine Neuauflage von H. E. Jacobs *Sage und Siegeszug des Kaffees* bei Rowohlt. Im für diese Studie benutzten Exemplar von *Heroin* lag eine Verlagsanzeige mit Bestellzettel für diese Neuauflage. Die Nähe von Jacobs Kaffee-Biographie als vermeintlich erstem ‚Stoff‘-Buch (vgl. S. XII in diesem Buch) zu Brunngrabers neuem Roman wird also auch vom Verlag weiter im Spiel gehalten.

75 Rudolf Brunngraber: *Heroin. Roman der Rauschgifte*. Hamburg 1952. S. 5.

76 Vgl. ebd., S. 21.

geschildert.[77] Im Mittelpunkt steht der Direktor der Drogenermittlungsbehörde Thomas Wentworth Russell, genannt Russell Pascha, und das von ihm beauftragte Filmteam unter der Leitung des Polizeiarztes Salamonsen. Man besucht Krankenhäuser, ein Gefängnis, eine „Fellachensiedlung" und eine Abendgesellschaft von Angehörigen der Oberschicht. Anschließend werden Dokumente aus verschiedenen Stadien der Sucht, die Salamonsen von unterschiedlichen Personen erhält und in sein Manuskript aufnimmt, zu lesen gegeben. Schließlich wird der Film den Delegierten des Völkerbunds vorgeführt und die Politik geht gegen die Drogen vor, große Schläge gegen Händler, Produzenten und Schmuggler werden erzählt. Diesen Schilderungen folgt die einhundert Kurztexte umfassende Synopsis für einen Spielfilm, verfasst von einem an den Operationen gegen die Drogenkartelle beteiligten Detektiv. Das Buch endet mit der Richtigstellung einiger Ungenauigkeiten des Filmskripts und mit einer kurzen Zusammenfassung weiterer politischer Ereignisse, die zum vorläufigen Sieg der britischen Kolonialverwaltung in Ägypten über den Rauschgifthandel führen.

Den innerhalb dieses zeitlich späten Korpusbereichs recht singulären Versuch einer Art epischen „Summe" unternimmt Kasimir Edschmid, der seinen über 1100 Seiten starken Roman über ein von drei Familien geführtes Wuppertaler Traditionsunternehmen der Kunstseiden-Industrie mit dem Titel *Der Zauberfaden* (1949) versieht. Das erste Kapitel spielt sicher nicht zufällig bis zum Ausbruch des Ersten Weltkriegs in Davos[78], wo die Gesundheit der Söhne, künftige Fabrikbesitzer, gekräftigt werden soll. Edschmids Text konzipiert ein stark an die Familien gebundenes Geschichtsmodell, in dem die Kunstfaser sich als demokratisches Gut neu positionieren muss und etwa in Konkurrenz zur nobleren pharmazeutischen Chemie steht.[79] In der Generation der Söhne gilt es, Konflikte der Vätergeneration zu lösen, Patentstreitigkeiten mit verfeindeten Familien beizulegen und schließlich das Verhältnis der Industrie zum Staat als Konflikt zwischen individuellen und gesellschaftlichen Interessen neu

---

77 Vgl. ebd., S. 63: „Warum auch sollten wir die Wunderwerkzeuge unseres Jahrhunderts nicht einmal mit Vernunft gebrauchen?"

78 Kasimir Edschmid: *Der Zauberfaden. Roman einer Industrie*. München 1949. Die Idee zu dem Roman hatte Edschmid offensichtlich schon länger. Vgl. S. 137: „Der erste Weltkrieg, der die Wuppertaler bald nach ihrer Abschlußprüfung in Davos aus ihren Plänen herausriß, förderte die Kunstseiden-Industrie nicht, breitete sie aber, je länger der Kampf dauerte, um so unvorhergesehener aus." Vgl. den kurzen Kommentar dazu bei Sven Hanuschek: *Geschichte des bundesdeutschen PEN-Zentrums von 1951 bis 1990*. Tübingen 2004. S. 58.

79 Vgl. Edschmid: *Zauberfaden*. S. 17: „So sehr er sein altgewohntes Wirkungsgebiet liebte … hätte man nicht der Menschheit mehr genutzt, wenn man, statt die Menschen billig und auf neue Weise zu kleiden, sich der medizinischen Forschung gewidmet hätte?"

auszuhandeln. Die Kunstseide wird dafür, neben der Semantisierung durch den Wert ‚Geschichte', stark mit ‚Ästhetik' korreliert und so entpolitisiert:

> „Großer Herr", sagte sie plötzlich entschlossen und hörte auf, zu pfeifen. „Bitte seien Sie kein Frosch und geben Sie zu, daß der erste Akt der ‚Traviata' etwas sehr liebenswertes ist. Gott, wie heiter. Statt sich kopfüber vor Verzweiflung in den Abgrund zu stürzen, lacht man lieber. Haben Sie eigentlich nie Angst gehabt?"/ „Vor was?"/„Zum Beispiel, daß aus dem synthetischen Garn ein Nessusgewand werden könne."[80]

Am Ende wird die Kunstseide sich in ein relativ demokratisches System verschiedener Verfahren einordnen. Historische Kontinuität wird weiter durch die Individuen abgesichert, die über den Einsatz von Innovationen entscheiden, sowie über den Ort, an dem sie es tun.[81] Der Roman endet in einer synthetischen Überbietungsgeste[82], die, wenngleich rhetorisch als ‚demütig' markiert, dennoch die potenzielle Verdrängung biologischer Referenzsysteme auf technischem Gebiet durch die Synthese andeutet, dies aber, anders als die Vierjahresplan-Texte, mit starken familialen, in ihrer historischen Gewordenheit betont unpolitischen Normen kombiniert.[83]

---

80 Ebd., S. 1017. Vgl. etwa auch S. 1066f. zu Michaels, einem der Söhne, Leidenschaft für antike Textilien: „Beinahe hätte ich die Dalmatica des Heiligen Ambrosius bekommen. Es hätte mich gefreut, denn es ist das größte und älteste Stück Seide, das es wohl in Europa gibt. Aber ich hatte plötzlich Bedenken [...]. Ich sah die Blätter in einer Vitrine liegen, als ich mir eine Brokatausstellung in Genua betrachtete. Ich merkte sofort, daß der Besitzer Stoffe aus dem siebzehnten Jahrhundert sammelte, und daß das Manuskript keinen ausgesprochenen Leidenschaftswert für ihn haben würde, wenn ich ihm einen Stoff mit Mustern, die er noch nicht hatte, dafür bieten könnte. Ich habe nämlich aus der Hinterlassenschaft meines Onkels ein paar Fetzen Brokate."

81 Vgl. ebd., S. 1100: „Vondermeulen dachte an das neue Werk. Nun kam es also [...]. Es wurde ein Werk, das alles, was seither im alten Werk erprobt, gesucht, gefunden und durchgeführt worden war, krönte, es wurde die Summe dessen, was mit dem Zellstoff zu erreichen war. [...] Das alte Werk hatte technisch und wirtschaftlich immer seinen Sinn, seinen Aufgabenkreis und seine individuelle Bedeutung. Und es blieb natürlich stehen, wo es stand, an der Wupper."

82 Vgl. ebd., S. 1107: „Hundertfach vergrößerte Produktion [...] das war nicht viel, wenn man wußte, daß es Sterne gab, die dreißig Millionen mal so groß waren als die Sonne [sic!]. [...] Aber für ein Menschenleben und seine Bemühungen war es nicht schlecht. [...] für ein Menschenleben war es schon etwas, wenn der Faden, den man herstellte, schließlich besser wurde als die Seide der Bombyx Mori, und dazu noch billiger als die beste Baumwolle, die irgendwo auf dieser Erde zu bekommen war."

83 Vgl. hierzu nochmals Baßler: *Deutsche Erzählprosa 1850–1950*. S. 366.

Einige Science-Fiction-Texte bearbeiten nach 1945 Themen „phantastischer Materie“ weiter. Romane wie *Formel X* (1954)[84] oder diverse andere Populärliteraturprodukte modellieren stofflich unterstützte Verjüngungs- und Unsterblichkeitsszenarien, in denen die lebensverlängernden Substanzen eine Spezialform des aus der frühen Science Fiction gut etablierten „Supertreibstoff“-Plots darstellen.

Des Zweiten Weltkriegs als Ereignis nehmen sich schließlich vor allem Bücher mit Stoffbezug an, die in der DDR erschienen sind, wo spätestens mit Kurt Maetzigs Film *Rat der Götter* (1950) die künstlerisch-dokumentarische Auseinandersetzung mit den Beziehungen von I.G. Farben und NS-Politik begonnen hatte.[85] Dabei ist neben Hasso Grabners *Geheimsache Norsk Hydro* (1970) über die Schwerwasser-Erzeugung im deutsch besetzten Norwegen und eine von Partisanen verübte Sabotage in der Produktionsanlage des Deuteriumoxids[86] vor allem Manfred Künnes Trilogie aus den Romanen *Kautschuk* (1959), *Gummi* (1968) und *Buna* (1985) erwähnenswert, deren dritter Teil auch der letzte Titel des hier untersuchten Korpus ist[87] und, zusammen mit Primo Levis Lebensgeschichte *Das periodische System* (1975)[88], zu den sehr wenigen Erzählungen gehört, die ihre Handlung direkt nach Auschwitz führt. Die ersten beiden Bände versuchen, in ihren Verfahren den diskursiven Romanen Brunngrabers ähnlich, eine Art Weltgeschichte der Kautschuk- und Gummi-Produktion anhand ausgewählter, wechselnder und teils historisch

---

84 W. Baruch-Lean: *Formel X. Zukunftsroman*. Osnabrück 1954. Über den Autor ließ sich leider, auch in den üppigen Datenbanken der Science-Fiction-Szene, bis auf ein weiteres mögliches Pseudonym (John Fleyer), unter dem einige Heftromane erschienen sind, nichts ermitteln.

85 Vgl. zum „quasi dokumentarischen Anspruch des Films“ Bünger: *Geschichte und Gewinn*. S. 116.

86 Hasso Grabner: *Geheimsache Norsk Hydro*. Berlin 1970. Die Geschichte ist historisch belegt und wurde 1965 unter dem Titel *The Heroes of Telemark* (dt. *Kennwort „Schweres Wasser“*) mit Kirk Douglas und Richard Harris in den Hauptrollen verfilmt. Aus wissenschaftssoziologischer Sicht widmet sich dem Fall Bruno Latour: „Joliot: Geschichte und Physik im Gemenge“. In: Michel Serres (Hg.): *Elemente einer Geschichte der Wissenschaften*. 2. Aufl. Frankfurt/Main 1995. S. 868–903.

87 Manfred Künne: *Kautschuk. Roman eines Rohstoffes*. Leipzig 1959, ders.: *Gummi. Roman eines Werkstoffes*. Leipzig 1968, ders.: *Buna. Roman eines Kunststoffes*. Leipzig 1985. *Kautschuk* erschien 1983 in der 17. Auflage, *Gummi* 1984 in der 7. *Buna* wurde ein Jahr nach Erscheinen in die Reihe des Buchclub 65, einem Abosystem für Literatur, aufgenommen. Künne selbst ist dem Radar der Literaturgeschichte bisher allerdings entglitten. Wolfgang Emmerichs *Literaturgeschichte der DDR* etwa führt ihn nicht auf.

88 Primo Levi: *Das periodische System*. Berlin, Weimar 1979. Auch dieser Text erscheint in der DDR zuerst. Erst 1987 gibt es eine Ausgabe im Hanser Verlag und bei der Büchergilde. Vgl. die Datensätze der DNB http://d-nb.info/800206533, http://d-nb.info/870515721 & http://d-nb.info/890960364 (zuletzt abgerufen am 10.9.2021).

belegter, teils fiktiver Charaktere zu erzählen. Dabei werden Dokumente eingebunden und Bezüge zu anderen Texten in einem Literaturverzeichnis ausgewiesen, in dem neben Fachliteratur auch Wolfgang Jüngers *Kautschuk. Vom Gummibaum zur Retorte* und Vicki Baums *Cahuchu* gelistet werden. *Buna*, der dritte Teil, behält diese Verfahren bei und erzählt zentral die Geschichte des Bauarbeiters Erich Stamm, der, als kriegswichtig eingestuft, nicht an die Front muss und stattdessen zum Bau des I.G.-Farben-Werks in Monowitz geschickt wird, um dort Arbeitsbrigaden zu kommandieren.[89] Die Erfahrung der Nachkriegsjahre des Ersten Weltkriegs und die inzwischen erarbeitete Sicherheit haben ihn dem Nationalsozialismus gegenüber, dem er seine Sozialisation und ein bescheidenes Auskommen verdankt, nie kritisch werden lassen.[90] Bei der Vorführung einer neuen „Modellanlage“ wird zur Gewissheit, was sich zuvor nur in Ahnungen, merkwürdigen Gerüchen und Rauchschwaden angedeutet hatte: Die Häftlinge des Lagers werden zu Tausenden in Gaskammern getötet. Stamm, der die Vorgänge zunächst für das Werk Einzelner hält und sich fragt, warum der Führer niemanden schickt, „der dem Wahnsinn Einhalt gebot und diese nüchtern planenden Bestien erschießen ließ“[91], gelangt schließlich im Auftrag der I.G. in die USA, wo die Verflechtungen zwischen amerikanischer und deutscher Chemie-Industrie offensichtlich werden. Nach Kriegsende findet er nur schwer zurück in sein altes Leben. Zwischen die Romanhandlung werden Dokumente geschaltet, viele davon Aussagen aus den Vernehmungsprotokollen und Quellen des I.G.-Farben-Prozesses, der vom 27. August 1947 bis zum 30. Juli des Folgejahres in Nürnberg stattgefunden hat.[92] Schnell wird klar, dass die US-Behörden an einer gründlichen Bewältigung der Verbrechen, an denen die I.G. beteiligt war, aufgrund der Involviertheit US-amerikanischer Konzerne[93], kein Interesse haben und ihr Augenmerk auf

89 Vgl. Künne: *Buna*. S. 25: „Etwas wie Schamgefühl stieg in Erich Stamm auf. Der Betrieb hatte all die Jahre für ihn gesorgt. Jetzt war es an ihm, sich würdig zu zeigen. Andere lagen in Gräben. Er würde in einem Bett liegen.“

90 Vgl. ebd., S. 143: „Stamm dachte angestrengt nach, wann er den Namen Hitler zum erstenmal gehört hatte, aber es fiel ihm nicht ein. Dieser Name war einfach in ihn hineingewachsen wie jedes andere Wort der Muttersprache und bedeutete Rettung, Vorbild, Gerechtigkeit, Sieg …“

91 Ebd., S. 107.

92 Vgl. Brünger: *Geschichte und Gewinn*. S. 70 & 84.

93 Vgl. ebd., S. 59ff., bspw. ein Zitat von Hjalmar Schacht: „Wenn Sie Industrielle, die mitgeholfen haben, Deutschland aufzurüsten, anklagen wollen, dann müssen Sie sich auch ihre eigenen Industriellen vorknöpfen. Die Opel-Werke zum Beispiel, die nichts als Kriegsausrüstung produzierten, gehörten ihren General Motors. Nein, so kann man das nicht machen. Sie können nicht Industrielle anklagen.“ (S. 59) Zur I.G. Farben vgl. ebd., S. 62 sowie S. 525, FN 54 in diesem Buch.

Kontinuität zur schnellen Wiederaufnahme profitabler Beziehungen mit der westdeutschen chemischen Industrie legen.[94] Dafür wird die unmenschliche und kriegstreiberische Vergangenheit der I.G.-Akteure verharmlost. Der Preis für Individuen wie Stamm ist entsprechend der „Verlust des privaten Ichs"[95], das bei ihm erst am Ende, als Schreckensvision des in Auschwitz Erlebten und Einsicht in die eigene Teilhabe, wiederkehrt und den trügerischen Frieden der Gegenwart, die Handlung endet 1958, überschattet.[96]

Zur selben Zeit, in der *Buna* endet, findet Flechtner in seiner 1959 erschienenen Carl Duisberg-Biographie im Abschnitt „Sorge um die Wissenschaft" noch die folgenden, für die wirtschaftsnahe Unternehmensgeschichtsschreibung typischen, ausschließlich lobenden Worte[97]:

> Die Farbenfabriken in Leverkusen stellten auf Veranlassung Duisbergs eine Summe von 250000 Mark zur Verfügung, zur Einrichtung einer Professur für Schädlingsbekämpfung – ein Gebiet, auf dem sie selbst bald zunehmend große Erfolge erringen sollten.[98]

94 Vgl. Künne: *Buna*. S. 389: „Habt ihr vergessen, wer die IG-Farben-Halunken aus dem Gefängnis entlassen hat? Begnadigung durch den Hohen Kommissar! Die ganze Entflechtungskomödie! Keine IG mehr, aber Bayer, Hoechst, Badische Anilin- und Soda-Fabrik! Burschen wie Ambros und Dürrfeld sitzen drüben wieder in einflußreichen Sesseln! Wollt ihr mit denen vielleicht auch Geschäfte anfangen, wie? Mit diesen Schweinehunden von Auschwitz?"

95 Ebd., S. 122.

96 Vgl. ebd., S. 391f.: „Vor Stamms Augen nahmen sie wieder Gestalt an, all die Einzelheiten, die ihm am Morgen beim Besuch des ehemaligen Konzentrationslagers den Atem verschlagen hatten. Säcke voll Menschenhaar! Gestapelt, mit Kreide beschriftet, versandfertig! Unmengen getragener Kleidungsstücke! Ganze Kammern voll Schuhe, nach Art und Größe sortiert! Stamm war es vorgekommen, als sei die Luft erfüllt von menschlichen Schatten, als griffen aus allen Winkeln verzweifelte Hände nach ihm. [...] Erst nach und nach hatte er sich wieder gefangen. Das Leben! Wie ein gewaltiger Strom war es über die Mörder hinweggegangen, breit, unaufhaltbar. Die Natur atmete jetzt Frieden. Man trank wieder Wein./Aber nun stand plötzlich diese neue Frage im Raum! Die Vergangenheit, war sie wirklich tot?"

97 Eine kritischere Version der Geschichte erzählt, neben Brünger: *Geschichte und Gewinn* und Köhler: *... und heute die ganze Welt*, Artur Schneckenburger: *Die Geschichte des I.G.-Farben-Konzerns. Bedeutung und Rolle eines Unternehmens*. Köln 1988. Auf S. 177 ein seltenes Bild von Duisberg bei der Feier seines 50jährigen Betriebsjubiläums, mit Hitlergruss am Rednerpult.

98 Flechtner: *Carl Duisberg*. S. 313.

Einer dieser „Erfolge“ auf dem Gebiet der Schädlingsbekämpfung wird, hergestellt von einer Tochterfirma der I.G., noch bis 1974 unter dem Markennamen *Zyklon B* weiter verkauft.[99]

Während sich die Bücher mit Stoffbezug aus dem Kontext des Vierjahresplans eher an der Darstellung einer Welt versucht hatten, in der durch die Leistungen der Chemiker sowie einer sukzessiven, Krisen ausgesetzten Fortschrittsgeschichte und schließlich der durch den Nationalsozialismus ermöglichten Forschungs-‚Synthese‘ Naturgesetze überboten und technisch rekonfiguriert werden können[100], setzen die Bücher nach dem Zweiten Weltkrieg diese naturgesetzliche Ordnung wieder in ihr Recht und den Menschen in ein demütiges Verhältnis zu ihr. Sowohl vor als auch nach dem Vierjahresplan greifen die Bücher mit Stoffbezug in der Zeit zurück, schildern geschichtliche Begebenheiten im Modus des Berichts oder des historischen Romans und gehen, etwa bei *Anilin, Germanin, Cahuchu* oder *Atom*, in ihren Plots zunächst scheinbar objektiv von geschichtlichen ‚Tatsachen‘ aus. Den Vierjahresplan-Kontext sparen die meisten Bücher mit Stoffbezug nach 1945 bis auf wenige Ausnahmen (Schenzingers *I.G. Farben*) explizit aus und gehen weiter in die Vergangenheit, unterstützt durch historisches Quellenmaterial, und desavouieren, wo die Bücher mit Stoffbezug während des Vierjahresplans ihn positiv verhandelt hatten, den ‚Stoff‘ selbst. Der Bruch besteht also abstrakt in einer veränderten Wahrnehmung einer Komponente, eben des ‚Stoffs‘, in einem nach wie vor existenten dreigliedrigen Modell aus ‚Stoff‘, ‚Raum‘ und ‚Leben‘. Das ‚Leben‘ bleibt, darin folgen die Bücher den Befunden von Frank und Scherer für die Literatur am Ende der Synthetischen Moderne, weiterhin „das Integral für die kulturelle Programmatik, für Sinn, Wert und Ordnung.“[101] Dieses wird, nicht ganz entlang der von Lindner für die Literatur

---

99 Vgl. Brünger: *Geschichte und Gewinn*. S. 112 sowie Leslie: *Synthetic Worlds*. S. 186. Verfolgt man die Folgeorganisationen der Deutschen Gesellschaft für Schädlingsbekämpfung (Degesch), deren Produkt das Zyklon B war, weiter, findet man unter anderem heraus, dass eine solche Nachfolgerin, die Deutsche Gold- und Silberscheideanstalt (Degussa), heute Teil von Evonik Degussa, unter anderem den Graffitischutzanstrich für das Berliner Holocaust-Mahnmal geliefert hat. Vgl. hierzu Ulrike Putz: „Spätes Erwachen. Streit um Holocaust-Mahnmal“. In: Spiegel Online (27. Oktober 2003). Digital verfügbar unter: https://www.spiegel.de/kultur/gesellschaft/streit-um-holocaust-mahnmal-spaetes-erwachen-a-271554.html (zuletzt abgerufen am 10.9.2021).

100 Vgl. Leslie: *Synthetic Worlds*. S. 126, mit Bezug auf das Schlachtfeld als „Fabrik“: „This place where the laws of nature were suspended was more like a factory, a great turbine hall producing death and pain on command.“

101 Frank & Scherer: *Textur der Synthetischen Moderne*. S. 96.

der Fünfziger Jahre konstatierten „neochristlichen Tendenzen“[102], aber doch in einer essenzialisierenden Reinstallation übergeordneter Gesetzmäßigkeiten, die vom Menschen nicht berührt werden können oder sollen, in die neueren Bücher mit Stoffbezug eingespeist. Der ‚Stoff‘ wird in allen Büchern mit Stoffbezug nach 1945 in irgendeiner Form problematisch und Krisen, die mit ihm zusammenhängen, werden nicht mehr, wie im synthetischen Kolonialismus, als durch ihn überwindbar oder strukturell bereits überwunden gedacht. Vielmehr geht es darum, den ‚Stoff‘ aus der Narration zu entfernen (*Heroin*, zum Teil *Der Zauberfaden*), ihn als Sich-Entziehendes zu begreifen (*Kohlenstoff-Atom, Atom*), seine Gefahr für das ‚Leben‘ zu markieren (*Atom, Formel X*) oder, im Fall der in der DDR erschienenen Bücher, seine Einlassung in den militärisch-industriellen Komplex des NS-Staates anzuerkennen (*Buna, Geheimsache Norsk Hydro*).

102 Lindner: *Leben in der Krise*. S. 16.

Abbildungsverzeichnis

Literaturverzeichnis

Bücher mit Stoffbezug

BARUCH-LEAN, W.: *Formel X. Zukunftsroman.* Osnabrück 1954.

BÄUMLER, Ernst: *Ein Jahrhundert Chemie.* Düsseldorf 1963.

BAUER, Robert: *Zellwolle siegt.* Leipzig 1941.

BAUM, Vicki: *Cahuchu. Strom der Tränen.* Köln, Berlin 1943.

BAUM, Vicki: *The Weeping Wood.* London 1945.

BECHER, Johannes R.: *(CH CHL=CH)$_3$AS (Levisite) oder Der einzig gerechte Krieg.* Wien 1926.

BRUNNGRABER, Rudolf: *Radium. Roman eines Elementes.* Berlin 1936.

BRUNNGRABER, Rudolf: *Opiumkrieg.* Stuttgart, Berlin 1939.

BRUNNGRABER, Rudolf: *Zucker aus Cuba. Roman eines Goldrausches.* Stuttgart, Berlin 1941.

BRUNNGRABER, Rudolf: *Heroin. Roman der Rauschgifte.* Hamburg 1952.

BRUNNGRABER, Rudolf: *Der tönende Erdkreis. Roman des Funks.* Wien 1959.

BÜTTNER, Alex & Fred Feez: *Metall aus Lehm. Der hundertjährige Kampf um den Wunderstoff Aluminium.* Leipzig 1938.

BUTZE, Herbert: *Bezwinger der Weltmonopole. Die Begründer der deutschen Rohstoff-Freiheit in Leben und Werk.* Leipzig 1940.

BUTZE, Herbert: *Zauberstoff der Tropen. Die abenteuerliche Geschichte des Kautschuks.* [Leipzig] [1955].

DAUMANN, Rudolf Heinrich: *Das Ende des Goldes. Ein utopischer Roman.* Berlin 1938.

DOMINIK, Hans: *Atomgewicht 500.* Berlin 1935.

DOMINIK, Hans: *Vistra. Das weiße Gold Deutschlands. Die Geschichte einer weltbewegenden Erfindung.* Leipzig 1936.

DOMINIK, Hans: *Treibstoff SR.* Berlin 1940.

EDSCHMID, Kasimir: *Der Zauberfaden. Roman einer Industrie.* München 1949.

EICHACKER, Reinhold: *Der Kampf ums Gold. Ein deutscher Roman.* Schwedt 1922.

FISCHER, Karl: *Blutgummi. Roman eines Rohstoffes.* Berlin 1938.

FLECHTNER, Hans-Joachim: *Die Welt in der Retorte. Eine moderne Chemie für Jedermann.* Berlin 1938.

GAIL, Otto Willi: *Der Griff nach dem Atom. Es knistert im Gefüge der Welt.* München 1947.

GANTER, Christoph Erik [= Curt Elwenspoek]: *Dynamit. Roman einer Erfindung.* Stuttgart 1949.

GAUTHIER, Charles u.a.: *Revolution aus der Retorte. Die geheimnisvolle Welt der Kunststoffe*. Stetten 1966.

GERHARDT, Hans & Albert Höfner: *Deutsche Roh- und Werkstoffe. Ein Lehr- und Lesebuch für Jedermann*. 3. erw. Aufl. Frankfurt/Main [1942].

GRABNER, Hasso: *Geheimsache Norsk Hydro*. Berlin 1970.

GREILING, Walter: *Chemie erobert die Welt*. Berlin 1938.

HABER, Heinz: *Der Stoff der Schöpfung*. Stuttgart 1966.

HAUSEN, Josef: *Wir bauen eine neue Welt. Das Buch der Kunststoffe und Chemiefasern*. Berlin 1957.

HEIMANN, Erich H.: *Aus Kunststoff selbst gemacht. Ein Do it yourself-Ratgeber für Anfänger und Experten*. München u.a. 1973.

HELLER, Alfred: *Der Goldsturz*. Leipzig 1920.

HUNDEIKER, Egon: *Alumnit. Ein phantastischer Roman*. Berlin 1934.

JÜNGER, Wolfgang: *Kampf um Kautschuk*. Bern u.a. 1937.

JÜNGER, Wolfgang: *Kautschuk. Vom Gummibaum zur Retorte*. München, Wien 1952.

JUNGK, Robert: *Heller als tausend Sonnen. Das Schicksal der Atomforscher*. Stuttgart 1956.

JUST, Günter: *Es geht nicht ohne Plaste. Ein Streifzug durch die Welt der Riesenmoleküle*. Leipzig 1962.

KHUON, Ernst von: *Helium*. München 1949.

KRAFT, Robert: *Die Nihilit-Expediton*. Bamberg 1996 [1908].

KÜNNE, Manfred: *Kautschuk. Roman eines Rohstoffes*. Leipzig 1959.

KÜNNE, Manfred: *Gummi. Roman eines Werkstoffes*. Leipzig 1968.

KÜNNE, Manfred: *Buna. Roman eines Kunststoffes*. Leipzig 1985.

MASOVIUS, Werner: *Neotherm C. Roman über eine phantastische Idee*. Berlin 1943.

ODENTHAL, Peter Matthias: *Liebe, Gas und Julia. Ein Roman aus dem Köln vor 100 Jahren*. 2. Aufl. Köln 1942 [1940].

PAHL, Walther: *Weltkampf um Rohstoffe*. Leipzig 1939.

PEIL, Fritz: *Der Kupferdoktor*. München 1939.

ROTHMUND, Toni: *Gold?* Leipzig 1932.

RUNDT, Arthur: *Kupfer B*. Berlin 1935.

RUNKEL, Ferdinand: *Stickstoff*. Berlin 1924.

SCHENZINGER, Karl Aloys: *Anilin*. Berlin 1937.

SCHENZINGER, Karl Aloys: *Metall*. Berlin 1939.

SCHENZINGER, Karl Aloys: *Atom. Roman des neuen Weltbildes*. München 1950.

SCHENZINGER, Karl Aloys: *Bei I.G. Farben. Roman der chemischen Großindustrie*. München, Wien 1953.

SCHMID, Helmut [= Hermann Römpp]: *Lebensgeschichte eines Kohlenstoff-Atoms*. Stuttgart 1946.

SCHUBERT, August: *Weltenwende durch Gas. Zukunftsroman*. Berlin 1939.
SIEG, Paul Eugen: *Detatom*. Berlin 1936.
UNGEWITTER, Claus: *Verwertung des Wertlosen*. Berlin 1938.
WEHRENALP, Erwin Barth von: *Farbe aus Kohle. Eine Großtat der Chemie dargestellt mit einem Tatsachenbericht*. Stuttgart 1937.
WEHRENALP, Erwin Barth von & Hansjürgen Saechtling: *Jahrhundert der Kunststoffe in Wort und Bild*. Düsseldorf 1952.
ZISCHKA, Anton: *Der Kampf um die Weltmacht Öl*. Leipzig 1934.
ZISCHKA, Anton: *Der Kampf um die Weltmacht Baumwolle*. Leipzig 1935.
ZISCHKA, Anton: *Ölkrieg. Wandlung der Weltmacht Öl*. Leipzig 1939.
ZISCHKA, Anton: *Wissenschaft bricht Monopole*. Berlin u.a. 1936.
ZISCHKA, Anton: *Erfinder brechen die Blockade. Kämpfe und Siege der inneren Front*. Berlin 1940.

Weitere literarische & nicht-literarische Quellen

AMADO, Jorge: *Kakao. Roman aus dem brasilianischen Urwald*. Wien 1951 [1933].
Das Archiv. Nachschlagewerk für Politik, Wirtschaft, Kultur 31 (1936).
ARDENNE, Manfred von: *Fernsehempfang. Bau und Betrieb einer Anlage zur Aufnahme des Ultrakurzwellen-Fernsehrundfunks mit Braunscher Röhre*. Berlin 1935.
ARNHOLD, Karl: „Die deutsche Lehrwerkstatt". In: *Der Vierjahresplan* 2 (1938), H. 10. S. 600–601.
Bäder-Almanach. Mittheilungen der Bäder, Luftkurorte und Heilanstalten in Deutschland, Oesterreich, der Schweiz und den angrenzenden Gebieten für Aerzte und Heilbedürftige. 8. Ausg. Berlin 1901.
BARDILI, W.: „Chemie des Atomkerns". In: *Das Neue Universum* 58 (1937), S. 295–302.
BARTELS, Adolf: *Heimatkunst. Ein Wort zur Verständigung*. München, Leipzig 1904.
BARTELS, Adolf: *Jüdische Herkunft und Literaturwissenschaft. Eine gründliche Erörterung*. Leipzig 1925.
Bauer und Arbeiter 1 (1938).
BAUM, Vicki: *stud. chem. Helene Willfüer*. München 1972 [1928].
BAUM, Vicki: „Erfahrungen mit der Verjüngung. Ein Rundgang durch die Laboratorien einer neuen Wissenschaft". In: *UHU* 4 (1927/1928), H. 3 (Dezember). S. 33–41.
BENSE, Max: *Technische Existenz. Essays*. Stuttgart 1949.
BERNDT, Alfred Ingemar: *Gebt mir vier Jahre Zeit! Dokumente zum ersten Vierjahresplan des Führers*. München 1937.
BLUMENTHAL, Ferdinand: „Über den Stand der Krebsforschung". In: *Velhagen & Klasings Monatshefte* 43 (März 1929), H. 7. S. 92–96.

BRENTANO, Bernard von: *Kapitalismus und schöne Literatur*. Berlin 1930.

BROD, Max: Annerl. *Roman des Kokains*. Klagenfurt 1937.

BRUNNGRABER, Rudolf: *Karl und das 20. Jahrhundert*. Nördlingen 1988 [1933].

BRUNNGRABER, Rudolf: *Der tönende Erdkreis. Roman des Funks*. Wien 1959.

BUDIAN, Hans: „Noch sind nicht alle Fach-Bücher gut". In: *Das Deutsche Fachschrifttum* 2 (1938), H. 6. S. 4–9.

BUSSE, Kurt: „Lebensbilder für den jungen Bauwerker". In: *Die Werkbücherei* 8 (1942), S. 98–101.

CONDEN, E[dward] U[hler]: „Artificial ‚Radium'". In: *Scientific American* (Januar 1936), H. 154. S. 5–8.

CROOKES, William: *The Wheat Problem. Based on Remarks made in the Presidential Address to the British Association at Bristol in 1898*. New York, London 1900.

CURIE, Marie & Pierre Curie: „Sur une nouvelle substance fortement radio-active, contenue dans la pechblende". Note de M. P. Curie, de Mme P. Curie et de M. G. Bémont, présentée par M. Becquerel. In: *Comptes Rendus des Séances de l'Académie des Sciences*. Bd. CXXVII: *Juillet–Décembre 1898*. S. 1215–1217. Digital verfügbar unter: http://visualiseur.bnf.fr/CadresFenetre?O=NUMM-3083&I=1217&M (zuletzt abgerufen am 10.9.2021).

CURIE, Marie: „Les nouvelles substances radioactives". In: *Revue scientifique* 4 (1900), H. 14. S. 65–71.

DÉVIGNE, Roger: „Atlantis". In: *Der Querschnitt* 5 (1925), H. 9. S. 780–788.

DIERFELD, G. F.: „Fortschritte im Kraftfahrzeugbau". In: *Das Neue Universum* 58 (1937), S. 58–65.

EDER, Josef Maria: „Zur Geschichte der Diazotypie". In: *Zeitschrift für wissenschaftliche Photographie, Photophysik und Photochemie* 33 (1935), H. 1. S. 1–12.

EHRLICH, Paul: „Chemotherapeutische Trypanosomen-Studien. Vortrag, gehalten in der Sitzung der Berliner medizinischen Gesellschaft am 13. Februar 1907". In: Ders.: *The Collected Papers of Paul Ehrlich*. Bd. 3: *Chemotherapy*. Hg. v. Fred Himmelweit. London u.a. 1960. S. 81–105.

EICH, Günter: *Radium. Nach Motiven des Romans von Rudolf Brunngraber*. (1937/1951). In: Ders.: *Gesammelte Werke*. Bd. II: *Die Hörspiele 1*. Hg. v. Karl Karst. Frankfurt/Main 1991. S. 157–194.

EICHENBERG, W.: „Unsere Kohlen. Ihre Entstehung und Verwendung". In: *Das Neue Universum* 58 (1937), S. 315–320.

EINSTEIN, Albert: *Äther und Relativitätstheorie. Rede gehalten an der Reichs-Universität von Leiden*. Berlin 1920.

EXNER, Wilhelm: *Erlebnisse*. Wien 1929.

FAHRENKAMP, Emil: „Das neue Haus". In: [I.G. Farben, Bayer]: *Die Welt in einem Haus*. o. O. o. J. [1939].

FAUST, Bernhard: „Alfred Krupp“. In: *Das Neue Universum* 58 (1937), S. 109–124.

FISCHER, Hugo: „Wirtschaftsförderung und Verbraucheraufklärung durch Ausstellungen“. In: *Der Vierjahresplan* 2 (1938), H. 12. S. 749–751.

FISCHER, Samuel: „Bemerkungen zur Bücherkrise“. In: S. Fischer Verlag: *Das vierzigste Jahr. Almanach* (1926). S. 80–85.

FISCHER, Walter: *Unter der Geißel der Schlafkrankheit.* Berlin 1938.

FLECHTNER, Hans Joachim: *Carl Duisberg. Vom Chemiker zum Wirtschaftsführer.* Düsseldorf 1959.

Der Friedensvertrag von Versailles nebst Schlußprotokoll und Rheinlandstatut sowie Mantelnote und deutsche Ausführungsbestimmungen. Mit Inhaltsübersicht und Sachverzeichnis nebst einer Übersichtskarte über die heutigen politischen Grenzen Deutschlands. Neue durchgesehene Ausgabe in der durch das Londoner Protokoll vom 30. August 1924 revidierten Fassung. Berlin 1925. Digital verfügbar unter: http://www.ub.uni-koeln.de/cdm/ref/collection/dirksen/id/370606 (zuletzt abgerufen am 10.9.2021).

FUNK, Casimir: *Die Vitamine. Ihre Bedeutung für die Physiologie und Pathologie.* München 1924.

GERLICH, Ch.: „Die Denkumschaltung durch den Rundfunk“ [1925]. In: Albert Kümmel & Petra Löffler (Hg.): *Medientheorie 1888–1933. Texte und Kommentare.* Frankfurt/Main 2002. S. 210–212.

GERSDORFF, Hans von: *Feldtbůch der wundtartzney.* Straßburg 1517. Digital verfügbar unter: http://daten.digitale-sammlungen.de/~db/0001/bsb00010085/images/ (zuletzt abgerufen am 10.9.2021).

GHEORGHIU, I.: „Le cancer expérimental des plantes et la théorie de Lakhovsky“. In: *Comptes rendus des séances de la Société de biologie et de ses filiales Paris* 106 (1931), H. 9. S. 754–756.

GIESE, Fritz: *Girlkultur. Vergleiche zwischen amerikanischem und europäischem Rhythmus und Lebensgefühl.* München 1925.

GLAESER, Ernst: *Jahrgang 1902.* Göttingen 2013.

GOEBBELS, Joseph: *Die Tagebücher.* Hg. v. Elke Fröhlich im Auftrag des Instituts für Zeitgeschichte. München 2006.

GOETHE, Johann Wolfgang: *Faust. Eine Tragödie. Erster und zweiter Teil* [1808/1832]. 2. Aufl. München 1998.

GOETHE, Johann Wolfgang: *Zur Farbenlehre* [1810]. In: Ders.: *Sämtliche Werke, Briefe, Tagebücher und Gespräche.* 1. Abt., Bd. 23/1, Hg. v. Manfred Wenzel. Frankfurt/Main 1991.

GRADENWITZ, Alfred: „Der Mensch als Wellensender“. In: *Das Leben* 5 (1927), H. 5. S. 82–84.

GRIMM, Hans: *Volk ohne Raum.* München 1926.

GRIMM, Hans: „Bayer 205. Ein Aufruf an alle Deutschen“. In: Ders.: *Der Schriftsteller und die Zeit. Bekenntnis*. München 1931. S. 154–159.

GRIMM, Hans: *Der Schriftsteller und seine Zeit. Aufsätze, Zeitungsantworten, politische Briefe*. In: Ders.: *Gesamtausgabe* Bd. 15. Hg. v. Holle Grimm & Wernt Grimm. Lippoldsberg 1980.

GRITZBACH, Erich: „Nationale Kraft durch neue Lebensgestaltung“. In: *Der Vierjahresplan* 1 (1937), H. 7. S. 406–409.

GRÜN, Richard *Wir und die Technik*. Berlin u.a. 1942.

GRÜNDEL, Ernst Günther: *Die Sendung der jungen Generation. Versuch einer umfassenden revolutionären Sinndeutung der Krise*. München 1932.

GUNDEL, Max (Hg.): *Die ansteckenden Krankheiten. Ihre Epidemiologie, Bekämpfung und spezifische Therapie*. Leipzig 1935.

HABER, Fritz: „Das Gold im Meerwasser“. In: *Zeitschrift für angewandte Chemie* 40 (1927). S. 303–314.

HAHN, Karl: *Komm mit mir! oder Vademecum der Kinder zur Übung verschiedener Geisteskräfte. Ein Anhang zu dem Stoffe zur Bildung des Geistes und des Herzens*. Berlin, Leipzig 1806.

HANNEKEN, Hermann von: „Die Kohle als Wirtschaftsgrundlage“. In: *Der Vierjahresplan* 2 (1938), H. 6. S. 323.

HARDENSETT, Heinrich: *Der kapitalistische und der technische Mensch. Ein charakterologischer Beitrag zur Klärung des Verhältnisses von Technik und Wirtschaft*. München, Berlin 1932.

HARTMANN, Joseph: *Der Vierjahresplan im Schulunterricht. Eine Stoffdarbietung für den Unterricht*. Osterwieck 1937.

HARTUNG, O.: „Deutschtum jenseits der Grenzen“. In: *Das Neue Universum* 58 (1937), S. 31–37.

HAUER, August: *Die Weltgeltung der deutschen Tropenmedizin*. Berlin 1936.

H.B.K.: Rezension zu Georges Lakhovsky Longevité. In: *Books Abroad* 12 (1938), H. 4. S. 447.

HEINSON, Ernst (Verantw.): *Reichsausstellung Schaffendes Volk Düsseldorf 1937*. Düsseldorf 1937.

HELLPACH, Willy: *Geopsyche. Die Menschenseele unterm Einfluß von Wetter und Klima, Boden und Landschaft*. Leipzig 1935.

HERZOG, R[eginald] O[liver]: „Zur Kolloidchemie der Kunstseide“. In: Ders. (Hg.): *Technologie der Textilfasern*. Bd. VII: *Kunstseide*. Berlin 1927. S. 1–16.

HEYCK, Hans: *Deutschland ohne Deutsche. Ein Roman von übermorgen*. Leipzig 1929.

HIPPLER, Fritz: *Der ewige Jude* (1940)

HITLER, Adolf: „‚Äußerungen des Führers' im Führerhauptquartier vom 4. bis 26. Februar und am 2. April 1945". In: *Hitlers politisches Testament. Die Bormann-Diktate vom Februar und April 1945*. Hamburg 1981. S. 41–127.

HOFMANN, August Wilhelm: „Chemische Untersuchung der organischen Basen im Steinkohlen-Theeröl". In: *Annalen der Chemie und Pharmacie* 47 (1843), S. 37–87.

HOFMANN, Friedrich: „Tief unter der Erde! Brief aus Lugau". In: *Gartenlaube* 29 (1867), S. 461–464.

HOTCHKISS, F. W.: „From Caves to Covers". In: *The DuPont Magazine* (June 1940), S. 6–8 & 24.

HUEBNER, Friedrich M. (Hg.): *Die Frau von Morgen, wie wir sie wünschen*. Leipzig 1929.

[I.G. Farben, Bayer]: *Die Welt in einem Haus*. o. O. o. J. [1939].

JANDER, Gerhart & Hans Spandau: *Kurzes Lehrbuch der Anorganischen Chemie*. Berlin 1940.

JACQUES, Norbert: *Dr. Mabuse der Spieler*. Berlin 1920.

JACQUES, Norbert: *Das Testament des Dr. Mabuse*. München 1950.

JÜNEMANN, Hans: „Zur Methodik des Fachbuchs". In: *Das Deutsche Fachschrifttum* 1 (1937), H. 3. S. 12–13.

JÜNGER, Ernst: „Der Arbeiter. Herrschaft und Gestalt" [1932]. In: Ders.: *Sämtliche Werke*. Bd. 8: *Essays II*. Stuttgart 1981. S. 9–317.

Allerhöchste Kabinetts-Ordre Sr. Maj. des Kaisers und Königs vom 21. September 1915 (Nr. 735), betreffend Änderungen an den Uniformen der Offiziere und Mannschaften. Digital verfügbar unter: https://digital-beta.staatsbibliothek-berlin.de/werkansicht ?PPN=PPN672518406&PHYSID=PHYS_0001 (zuletzt abgerufen am 10.9.2021).

KAEMPFFERT, W.: „New Control for Infections". In: *New York Times* (20. Dezember 1936), S. 1.

KAHN, Fritz: *Der Mensch. Bau und Funktionen unseres Körpers allgemeinverständlich dargestellt*. 4. Aufl. Rüschlikon-Zürich 1939.

KARLSSON, Paul: „Desazetyltetrahydropseudobufotalinsäuremethylester. Stilfragen bei der volkstümlichen Wissenschaftsdarstellung". In: *Die Literatur* 44 (1941/42), S. 105–108.

KARRACH, Lucien: „5 Jahrtausende weiblicher Akt". In: *Scherl's Magazin* (1928), H. 9. S. 1044–1055.

KELLERMANN, Bernhard: *Der Tunnel*. Frankfurt/Main 1980 [1913].

KEPPLER, Wilhelm: „Mineralische Rohstoffe aus deutschem Boden". In: *Der Vierjahresplan* 1 (1937), H. 8. S. 454–455.

KEUN, Irmgard: *Das kunstseidene Mädchen*. 6. Aufl. München 1989 [1932].

KIKUTH, Walter: „Zur Weiterentwicklung synthetisch dargestellter Malariamittel". In: *Deutsche Medizinische Wochenschrift* 58 (1932), H. 14. S. 530–531.

KIPLING, Rudyard: „The White Man's Burden" [1899]. In: Ders.: *Collected Works*. Bd. 24: *The Seven Seas. Five Nations. The Years Between.* New York 1970. S. 221–223.

KLARER, J[osef]: „Entwicklung der Sulfonamid-Therapie". In: *Die Chemie* 56 (1943), H. 1/2. S. 10–14.

KOLB, Hans: „Technik und Vierjahresplan". In: *Das Neue Universum* 58 (1937), S. 159–171.

KOLLEWIJN, Pieter H.: „Rudolf Brunngraber: ‚Radium. Roman eines Elements'". In: *Books Abroad* 12 (1938), H. 4. S. 482.

KRAUCH, C.: „Jugend an die Front. Die Nachwuchsfrage in Wissenschaft und Technik". In: *Der Vierjahresplan* 1 (1937), H. 8. S. 456–459.

KRÄNZLEIN, G[eor]g & R[ichard] Lepsius (Hg.): *Kunststoff-Wegweiser 1937*. Berlin 1937.

KRÄNZLEIN, G.: „Die Zeitschrift ‚Kunststoffe'. Organ der Fachgruppe für Chemie der Kunststoffe im Verein Deutscher Chemiker". In: *Kunststoffe* 27 (1937), H. 7. S. 181–182.

Kunst für alle 53 (1938). Digital verfügbar unter: http://www.digizeitschriften.de/dms/resolveppn/?PID=383721121 (zuletzt abgerufen am 10.9.2021).

KUNZE, Fritz: „Der menschliche Körper als Sender. Die ‚Od-Strahlen' – Aktionsströme – Die Wünschelrute – Und der Nürnberger Trichter" [1926]. In: Albert Kümmel & Petra Löffler (Hg.): *Medientheorie 1888–1933. Texte und Kommentare*. Frankfurt/Main 2002. S. 233–237.

L'Humanité vom 20. April 1906.

LAKHOVSKY, Georges: *Das Geheimnis des Lebens. Kosmische Wellen und Vitale Schwingungen*. München 1931.

LAMPRECHT, Karl: *Zur jüngsten deutschen Vergangenheit*. Erg.-Bd. 2, 1. Hälfte: *Wirtschaftsleben. Soziale Entwicklung*. Freiburg/Br. 1903.

LAMPRECHT, Karl: *Zur jüngsten deutschen Vergangenheit*. Erg.-Bd. 2, 2. Hälfte: *Innere Politik. Äußere Politik*. Freiburg/Br. 1904.

LETTOW-VORBECK, Paul von: *Heia Safari! Deutschlands Kampf in Ostafrika*. Leipzig 1920.

LEVI, Primo: *Das periodische System*. Berlin, Weimar 1979 [1975].

LIEBIG, Justus von: *Die organische Chemie in ihrer Anwendung auf Agricultur und Physiologie*. Braunschweig 1840.

LIPSCHITZ, Werner: „Die Wirkung von Tyramin auf die Tauben-Beriberi". In: *Hoppe-Seyler's Zeitschrift für Physiologische Chemie* 124 (1923), H. 3–6. S. 194–201.

MAACK, Ferdinand: *Zweimal gestorben. Die Geschichte eines Rosenkreuzers aus dem XVIII. Jahrhundert. Nach urkundlichen Quellen, mit literarischen Belegen und einer Abhandlung über vergangene und gegenwärtige Rosenkreuzerei*. Leipzig 1912.

Magazine Digest 18 (1939), H. 2.

MAIWALD, Ernst & Richard W. Geutebruck (Hg.): *Reichsausstellung Schaffendes Volk Düsseldorf 1937. Ein Bericht*. 2. Bd. Düsseldorf 1937.

Le Matin vom 20. April 1906.

MANGOLD, H.: „Abfallverwertung". In: *Das Neue Universum* 58 (1937), S. 139–143.

MANSFELD, Werner: „Der Bau von Arbeiterwohnstätten im Rahmen des Vierjahresplanes". In: *Der Vierjahresplan* 1 (1937), H. 2. S. 70–73.

MARCHWITZA, Hans: *Roheisen*. Berlin 1955.

MAREK, Kurt W.: „Romane ohne Erfindung". In: *Benjamin* 2 (1948), H. 19. S. 10.

MARKERT, H.J. „Einzeitige Behandlung der Syphilis mit Neosalvarsan-Novasurol". In: *Archiv für Dermatologie und Syphilis* (Oktober 1922), H. 141/2. S. 244–250.

MATZKE, Frank: *Jugend bekennt: so sind wir!* Leipzig 1930.

MAY, Werner: „Der Nordpol taut auf. Eine Erzählung von zukünftiger Technik". In: *Das Neue Universum* 58 (1937), S. 341–360.

MÉHES, J[ulius (=Gyula)]: „Die Wirkung der Digitalisglykoside bei an Beriberi erkrankten Tauben". In: *Naunyn-Schmiedebergs Archiv für experimentelle Pathologie und Pharmakologie* 176 (März 1934), H. 2–5. S. 141–159.

MENDELSSOHN-BARTOLDY, Albrecht „Europa in Afrika". In: *Archiv für Sozialwissenschaft und Sozialpolitik* 58 (1927), H. 1. S. 34–59.

MERTENS, A.: „Marksteine der Forschung. Eine Leistungsschau in Schrift und Bild". In: o. N. [I.G. Farben, Bayer]: *Die Welt in einem Haus*. o. O. o. J. [1939]. o. S.

MESSARIUS, G.: „Der neue Fachbuch-Leser". In: *Das Deutsche Fachschrifttum* 1 (1937), H. 4. S. 13–15.

MEYER, Konrad: „Die Erzeugungsschlacht als Ausdruck deutschen Leistungswillens". In: *Odal. Monatsschrift für Blut und Boden* 4 (1936), S. 692–704.

MOOR, Leon de: „Carte du Congo Belge. Editée par l'Office de Publicité, anciens établissements J. Lebègue & Cie". Brüssel 1896. In: World Digital Library. Digital verfügbar unter: www.wdl.org/en/item/59/ (zuletzt abgerufen am 10.9.2021).

MÜLLER, Orrie: „Deutsche Seegeltung". In: *Das Neue Universum* 58 (1937), S. 89–94.

Nationalsozialistische Bibliographie. Monatshefte der Parteiamtlichen Prüfungskommission zum Schutz des NS-Schrifttums 2 (1937).

NEURATH, Otto: *Wissenschaftliche Weltauffassung, Sozialismus und logischer Empirismus*. Hg. v. Rainer Hegselmann. Frankfurt/Main 1979.

NEURATH, Otto: „Soziale Aufklärung nach Wiener Methode" [1933]. In: Ders.: *Gesammelte bildpädagogische Schriften*. Bd. 3. Hg. v. Rudolf Haller & Robin Kinross. Wien 1991. S. 231–239.

New York Times vom 25. April 1935.

o. N.: „The Nobel Prize in Physics 1903". Digital verfügbar unter: https://www.nobelprize.org/prizes/physics/1903/summary/ (zuletzt abgerufen am 10.9.2021).

o. N.: „A ‚Human Radio' Theory". In: *Popular Science Monthly* (Juli 1924). S. 52.

o. N.: „Chemotherapie". In: *Der Tropenpflanzer. Zeitschrift für das Gesamtgebiete der Land- und Forstwirtschaft warmer Länder* 32/33 (1929). S. 392–398.

o. N.: „Bedeutender Fortschritt in der Krebsheilung! Röntgen-Anlage für 600 000 Volt. Annäherung an Radiumstrahlung" in *UHU* 6 (1930), H. 9. S. 107.

o. N.: „Bedeutender Fortschritt in der Krebsheilung!“. In: *Das Magazin* 6 (1930), H. 71. S. 4986.

o. N.: Programm des Reichstreffens der deutschen Chemiker. In: *Angewandte Chemie* 49 (1936), H. 26. S. 393–403.

o. N.: „Deadly Magnetic Rays Aid War on Cancer“. In: *Popular Science* (September 1936), S. 107–108.

o. N.: „Medicine: Prontosil“. In: *TIME Magazine*. (28. Dezember 1936), S. 21.

o. N.: „Freiheit und Brot wachsen auf einem Halm!“ In: *Der Vierjahresplan* 1 (1937), H. 8. S. 467–469.

o. N.: „Dermoplastik und Paraffinplastik. Ein Beitrag zur neuzeitlichen Entwicklung der Museumstechnik“. In: *Das Neue Universum* 58 (1937), S. 375–378.

o. N.: Titelblatt. In: *Kunststoffe* 27 (1937), H. 6. S. 159.

o. N.: Titelblatt. In: *Kunststoffe* 27 (1937), H. 7. S. 181.

o. N.: Titelblatt. In: *Kunststoffe* 27 (1937), H. 9. S. 239.

o. N.: „Schenzinger. Berichten, was los ist“. In: *Der Spiegel* 21 (23. Mai 1951). S. 32–33.

o. N.: *Eine Reise durch 100 Jahre ACHEMA Geschichte. 1920–2020*. Digital verfügbar unter: https://www.achema.de/de/achema/100-jahre-achema/ (zuletzt abgerufen am 10.9.2021).

ODELGA, Elsa: „Schönheitsideale“. In: *Das Leben* 8 (1931), H. 8. S. 29–31.

OKEN, [Lorenz]: *Lehrbuch der Naturphilosophie*. 2., umgearb. Aufl. Jena 1831.

ORTH, Walter: „Rätsel des Tieres. Entdeckte und unentdeckte Geheimnisse“. In: *Illustrierter Beobachter* 11 (1936), H. 6. S. 170–171.

OSTWALD, Wilhelm: „Eine Lebensfrage“. In: *Schwäbische Kronik, des Schwäbischen Merkurs zweite Abteilung* 231/II. Blatt (20. Mai 1903).

PÄCH, Susanne (Hg.): *Als der Welt Kohle und Eisen ausging* [sic!]. *Klassische Science Fiction-Erzählungen*. München 1980.

PAUL, Jean: *Selina oder Über die Unsterblichkeit der Seele* [1827]. In: Ders.: *Werke in zwölf Bänden*. Hg. v. Norbert Miller. Bd. 12: *Späte erzählende Schriften (II)*. München, Wien 1975. S. 1104–1236.

PUTTKAMMER, Walter: „Raumordnung. Ihre Aufgaben und ihre Ziele“. In: *Das Neue Universum* 58 (1937), S. 19–24.

RANTZAU, Lilly Gräfin zu: *Kamerad Frau*. Berlin 1937.

REINTHALER, Franz: *Die Kunstseide und andere seidenglänzende Fasern*. Berlin 1926.

Reklame für Bayer in *Der Vierjahresplan* 2 (1938), H. 2. S. 123.

Reklame für Vistralan in *Der Vierjahresplan* 2 (1938), H. 3. S. 187.

RICHTER, Friedrich & Konrad Ilberg (Bearb.): *Kurze Anleitung zur Orientierung in Beilsteins Handbuch der organischen Chemie*. Berlin 1936.

RIEHL, Wilhelm Heinrich: *Die Naturgeschichte des Volkes als Grundlage einer deutschen Social-Politik*. Stuttgart, Tübingen 1851–1869.

RITZ, H.: „Nachruf auf Robert Gonder". In: *Bericht der Senckenbergischen Naturforschenden Gesellschaft Frankfurt am Main* 49 (1919), S. 124–125.

RÖLL, Freiherr von: „Kap-Kairobahn". In: *Enzyklopädie des Eisenbahnwesens*, Bd. 6. Berlin, Wien 1914. S. 324–325. Digital verfügbar unter: http://www.zeno.org/nid/20011417153 (zuletzt abgerufen am 10.9.2021).

ROQUES, K. R. von: „Die große Konjunktur der Wünschelrute". In: *Der Querschnitt* 12 (1932), H. 12. S. 876–878.

ROSEGGER, Hans Ludwig: *Der Golfstrom*. Berlin, Leipzig 1913.

ROSS, Colin: *Südamerika. Die aufsteigende Welt*. Leipzig 1922.

RUNGE, Friedlieb Ferdinand: *Grundlehren der Chemie für Jedermann. Besonders für Aerzte, Apotheker, Landwirthe, Fabrikanten, Gewerbtreibende, und alle Diejenigen, welche in dieser nützlichen Wissenschaft sich gründliche Kenntnisse erwerben wollen*. Breslau 1830.

SADE, Donatien Alphonse François de: *Die Geschichte der Justine oder die Nachteile der Tugend*. Frankfurt/Main 1975 [1791].

„Schaffendes Volk", Große Deutsche Ausstellung Düsseldorf-Schlageterstadt 1937 für Städtebau, Gartenkultur, Industrie und Kunsthandwerk e. V. (Hg.): *Schaffendes Volk. Große Deutsche Ausstellung Düsseldorf-Schlageterstadt 1937*. Düsseldorf 1937.

SCHENZINGER, Karl Aloys: *99% Wasser. Roman des Unentbehrlichen*. Stuttgart 1956.

SCHMIDT, Hans: „Grundlagen der Herstellung und Anwendung von Serum und Impfstoffen". In: Max Gundel (Hg.): *Die ansteckenden Krankheiten. Ihre Epidemiologie, Bekämpfung und spezifische Therapie*. Leipzig 1935. S. 560–569.

SCHNEIDER, Wolfgang: „Der Knochen als Rohstoff". In: *Der Vierjahresplan* 2 (1938), H. 8. S. 462–465.

SHAKESPEARE, William: *Hamlet. Prinz von Dänemark* [1604]. In: Ders.: *Dramen*. Bd. 2. Berlin, Weimar 1971. S. 293–413.

SINCLAIR, Upton: *König Kohle*. Zürich 1918 [1917].

SINCLAIR, Upton: *Petroleum*. Berlin 1927.

SINCLAIR, Upton: *Alkohol*. Berlin 1932.

SCHOENICHEN, Walther: „Von deutschen Naturschutzgebieten". In: *Das Neue Universum* 56 (1935), S. 373–378.

STEEWEN, P. O. van: „Menschen zertrümmern das Atom. Mit 2.500.000 Volt gegen das Atom". In: *Das Magazin* 9 (1933), H. 105. S. 72–75 & 112–113.

STEINACH, Eugen: *Verjüngung durch experimentelle Neubelebung der alternden Pubertätsdrüse*. Berlin 1920.

STEUDEL, E[mil]: „Epidemiologische Betrachtungen über die Wege der Schlafkrankheit und ihre Ausbreitung durch den Weltkrieg". In: *Africa. Zeitschrift des internationalen Instituts für afrikanische Sprachen und Kulturen* 2 (1929), H. 2. S. 105–129.

STRANIK, Erwin: „Die schöne Frau. Ein Stück Menschheitsgeschichte“. In: *Das Leben* 7 (1930), H. 10. S. 49–56.

SYKORA, Fritz: „Technikgeschichtliche Bücherschau“. In: *Blätter für Technikgeschichte* 18 (1956). S. 151–164.

Tageszeitung der Deutschen Arbeitsfront vom 19. Oktober 1936.

THIEME, A.: „Das Werden der anorganischen Großindustrie“. In: *Das Neue Universum* 58 (1937), S. 125–131.

TRAVEN, B.: *Der Schatz der Sierra Madre*. Berlin 1927.

UNGEWITTER, Claus: „Die Reichweite der modernen Chemie“. In: *Der Vierjahresplan* 2 (1938), H. 8. S. 466–468.

Universal Directory of Railway Officials 25 (1919).

VENZMER, Gerhard: *Triebstoffe des Lebens*. Stuttgart 1933.

Der Vierjahresplan. Zeitschrift für nationalsozialistische Wirtschaftspolitik 1 (1937).

WALTER, B.: „Photographische Aufnahmen von Radiumkörnchen im eigenen Licht (Vorläufige Mitteilung)“. In: *Annalen der Physik* 5 (1905), H. 324. S. 1030–1031.

WEHRENALP, Erwin Barth von: „Volkstümliche Wissenschaft“. In: *Die Literatur* 39 (1936/37), S. 273–275.

WEIß, Ernst: *Die Galeere*. 2. Aufl. Frankfurt/Main 1985 [1913].

WOLF, Karl Lothar: *Theoretische Chemie*. 3. Bde. Leipzig 1941–1943.

WUNDT, W[ilhelm]: „Ueber die Entstehung des Glanzes“. In: *Annalen der Physik* 116 (1862), H. 1. S. 627–631.

Zentral-Nachrichten für die Bayer Werbung 3 (1937).

ZICKLER, Artur: „Presseschau“. In: *Europäische Revue* 12 (1936), S. 208.

ZISCHKA, Anton: *Pioniere der Elektrizität. Vom Bernstein bis zum Zyklotron*. Gütersloh 1958.

Forschungsliteratur

ADAM, Christian: *Lesen unter Hitler. Autoren, Bestseller, Leser im Dritten Reich*. Berlin 2010.

ADAMS, David P.: „The Penicillin Mystique and the Popular Press (1935–1950)“. In: *Pharmacy in History* 26 (1984), H. 3. S. 134–142.

AGAMBEN, Giorgio: *Homo sacer. Die souveräne Macht und das nackte Leben*. Frankfurt/Main 2002.

ALBRECHT, Uwe: *Bilder aus dem Tierleben. Phillip Leopold Martin (1815–1885) und die Popularisierung der Naturkunde im 19. Jahrhundert*. Baden-Baden 2018.

AMANN, Klaus & Stefan Hirschauer: „Die Befremdung der eigenen Kultur. Ein Programm“. In: Dies. (Hg.): *Die Befremdung der eigenen Kultur. Zur ethnographischen Herausforderung soziologischer Empirie*. Frankfurt/Main 1997. S. 7–52.

ANDREAS, Holger: „Prof. Dr. Hermann Römpp. Sein Leben und Werk“. In: *Mitteilungen der Gesellschaft Deutscher Chemiker. Fachgruppe Geschichte der Chemie* 16 (2002). S. 93–115.

ANDRIOPOULOS, Stefan: „8. März. Okkulte und technische Television“. In: Ders. & Bernhard J. Dotzler (Hg.): *1929. Beiträge zur Archäologie der Medien*. Frankfurt/Main 2002. S. 31–53.

Mitteilungen des Arbeitskreises Blut des Bundesministeriums für Gesundheit: „Malaria“. In: *Bundesgesundheitsblatt: Gesundheitsforschung, Gesundheitsschutz* 51 (2008), Nr. 2. S. 236–249. Digital verfügbar unter: https://edoc.rki.de/bitstream/handle/176904/99/25EPoZTzIrmYk.pdf (zuletzt abgerufen am 10.9.2021).

ASENDORF, Christoph: *Ströme und Strahlen. Das langsame Verschwinden der Materie um 1900*. Gießen 1989.

AUSTEN, Merlin: *Dritte Räume als Gesellschaftsmodell. Eine epistemologische Untersuchung des Thirdspace*. München 2014. Digital verfügbar unter: https://epub.ub.uni-muenchen.de/21024/1/austen_merlin_21024.pdf (zuletzt abgerufen am 10.9.2021).

AXSTER, Felix: *Koloniales Spektakel in 9x14. Bildpostkarten im Deutschen Kaiserreich*. Bielefeld 2014.

BACHMANN-MEDICK, Doris (Hg.): *Kultur als Text. Die anthropologische Wende in der Literaturwissenschaft*. Frankfurt/Main 1996.

BÄUMLER, Ernst: *Farben, Formeln, Forscher. Hoechst und die Geschichte der industriellen Chemie in Deutschland*. München 1989.

BAHLOW, Hans: *Deutsches Namenlexikon. Familien- und Vornamen nach Ursprung und Sinn erklärt*. Frankfurt/Main 1972.

BALKE, Friedrich: „Medientheorie. Bilder als Techniken“. In: Stephan Günzel & Dieter Mersch (Hg.): *Bild. Ein interdisziplinäres Handbuch*. Stuttgart, Weimar 2014. S. 109–117.

BARNDT, Kerstin: *Sentiment und Sachlichkeit. Der Roman der neuen Frau in der Weimarer Republik*. Köln u.a. 2003.

BARTHES, Roland: *Die helle Kammer*. Frankfurt/Main 1989 [1980].

BAẞLER, Moritz: *Deutsche Erzählprosa 1850–1950. Eine Geschichte literarischer Verfahren*. Berlin 2015.

BAẞLER, Moritz, Hubert Roland & Jörg Schuster: „Kontinuitäten und Diskontinuitäten literarischer Verfahren von 1930 bis 1960“. In: Dies. (Hg.): *Poetologien deutschsprachiger Literatur 1930–1960. Kontinuitäten jenseits des Politischen*. Berlin, Boston 2016. S. 1–14.

BASSIN, Mark: „Race contra space. The conflict between German ‚Geopolitik‘ and National Socialism“. In: *Political Geography Quarterly* 6 (1987), H. 2. S. 115–134.

BAUCHE, Manuela: *Medizin und Herrschaft. Malariabekämpfung in Kamerun, Ostafrika und Ostfriesland (1880–1919)*. Frankfurt/Main, New York 2017.

BAZIN, André: „Ontologie des photographischen Bildes". In: Ders.: *Was ist Film?* Hg. v. Robert Fischer. Berlin 2004. S. 33–42.

BECHSTEDT, Martin: „‚Gestalthafte Atomlehre'. Zur ‚Deutschen Chemie' im NS-Staat". In: Herbert Mehrtens & Steffen Richter (Hg.): *Naturwissenschaft, Technik und NS-Ideologie. Beiträge zur Wissenschaftsgeschichte des Dritten Reichs.* Frankfurt/Main 1980. S. 142–165.

BENJAMIN, Walter: „Der Autor als Produzent" [1934]. In: Ders.: *Gesammelte Schriften.* Bd. 2, 2. Teil. Hg. v. Rolf Tiedemann & Hermann Schweppenhäuser. Frankfurt/Main 1991. S. 683–701.

BENJAMIN, Walter: „Erfahrung und Armut" [1933]. In: Ders.: *Gesammelte Schriften.* Bd. 2,1. Hg. v. Rolf Tiedemann & Hermann Schweppenhäuser. Frankfurt/Main 1977. S. 213–219.

BENJAMIN, Walter: „Krisis des Romans. Zu Döblins ‚Berlin Alexanderplatz'" [1930]. In: Ders.: *Gesammelte Schriften.* Bd. 3. Hg. v. Hella Tiedemann-Bartels. Frankfurt/Main 1991. S. 230–236.

BENNE, Christian: *Die Erfindung des Manuskripts. Zu Theorie und Geschichte literarischer Gegenständlichkeit.* Berlin 2015.

BENNINGHOFF-LÜHL, Sybille: *Die ganze Welt ein Garten? Flora und Fauna in Ernst Jüngers schriftlichem Nachlass.* Berlin 2018.

BERGER, Peter: *Computer und Weltbild. Habitualisierte Konzeptionen von der Welt der Computer.* Wiesbaden 2001.

BERGERMANN, Ulrike & Nanna Heidenreich (Hg.): *Total. Universalismus und Partikularismus in post_kolonialer Medientheorie.* Bielefeld 2015.

BERMAN, Russell A.: *Enlightenment Or Empire. Colonial Discourse in German Culture.* Lincoln 1998.

BESSER, Stephan: „Germanin. Pharmazeutische Signaturen des deutschen (Post-) Kolonialismus". In: Alexander Honold & Oliver Simons (Hg.): *Kolonialismus als Kultur. Literatur, Medien, Wissenschaft in der deutschen Gründerzeit des Fremden.* Tübingen, Basel 2002. S. 167–195.

BESSER, Stephan: „Tropenkoller. 5. März 1904: Freispruch für Prinz Prosper von Arenberg". In: Alexander Honold & Klaus R. Scherpe (Hg.): *Mit Deutschland um die Welt. Eine Kulturgeschichte des Fremden in der Kolonialzeit.* Stuttgart, Weimar 2004. S. 300–309.

BHABHA, Homi K.: „The Other Question ... Homi K. Bhabha Reconsiders The Stereotype And Colonial Discourse". In: *Screen* 24 (1983), H. 6. S. 18–36.

BHABHA, Homi K.: *Die Verortung der Kultur.* Tübingen 2000 [1994].

BICKEL, Marcel H.: „Chemotherapie". In: Werner E. Gerabek u.a. (Hg.): *Enzyklopädie Medizingeschichte.* Berlin, New York 2005. 240–241.

BIRUS, Hendrik: „Raabes Erzählanfänge – aus komparatistischer Sicht". In: *Jahrbuch der Raabe-Gesellschaft* 37 (1996), S. 1–27.

BLANC, Paul David: *Fake Silk. The Lethal History of Viscose Rayon*. New Haven, London 2016.

BLAUT, James Morris: *The Colonizer's Model of the World. Geographical Diffusionism and Eurocentric History*. New York, London 1993.

BLOCH, Ernst: *Erbschaft dieser Zeit* [Gesamtausgabe, Bd. 4]. Frankfurt/Main 1962.

BLUMA, Lars: *„L'ersatz ist kein Ersatz'. Das Schaffen von Vertrauen durch Technikvermittlung am Beispiel der deutschen Zellwolle*. In: Ders., Karl Pichol & Wolfhard Weber (Hg.): *Technikvermittlung und Technikpopularisierung. Historische und didaktische Perspektiven*. Münster 2004. S. 121–142.

BÖHME, Hartmut: „Aufgaben und Perspektiven der Kulturwissenschaft". In: Iris Därmann & Christoph Jamme (Hg.): *Kulturwissenschaften. Konzepte, Theorien, Autoren*. München 2007. S. 35–53.

Museum Boijmans van Beuningen Rotterdam, Informationen zu Jan Steen: *Het doktersbezoek* [ca. 1665]: https://www.boijmans.nl/collectie/kunstwerken/113210/het-doktersbezoek (zuletzt abgerufen am 10.9.2021).

BOLBECHER Siglinde & Konstantin Kaiser: *Lexikon der Österreichischen Exilliteratur*. Wien, München 2000.

BORCK, Cornelius: *Hirnströme. Eine Kulturgeschichte der Elektroenzephalographie*. Göttingen 2005.

BOSBACH, Franz u.a.: *Die Weltausstellung von 1851 und ihre Folgen*. München 2002.

BRANDT, Dina: *Der deutsche Zukunftsroman 1918–1945. Gattungstypologie und sozialgeschichtliche Verortung*. Tübingen 2007.

BRECHT, Bertolt: „Über Stoffe und Form" [1929]. In: Ders.: *Gesammelte Werke*. Bd. 15: *Schriften zum Theater 1*. Frankfurt/Main 1982. S. 196–198.

BREHL, Medardus: *Vernichtung der Herero. Diskurse der Gewalt in der deutschen Kolonialliteratur*. Paderborn 2007.

BRENNER, Hildegard: *Die Kunstpolitik des Nationalsozialismus*. Reinbek 1963.

BREUER, Constanze, Bärbel Holtz & Paul Kahl (Hg.): *Die Musealisierung der Nation. Ein kulturpolitisches Gestaltungsmodell des 19. Jahrhunderts*. Berlin, Boston 2015.

BRÜNGER, Sebastian: *Geschichte und Gewinn. Der Umgang deutscher Konzerne mit ihrer NS-Vergangenheit*. Göttingen 2017.

BSCHIR, Karim: *Wissenschaft und Realität. Versuch eines pragmatischen Empirismus*. Tübingen 2012.

BÜHLER, Benjamin: *Lebende Körper. Biologisches und anthropologisches Wissen bei Rilke, Döblin und Jünger*. Würzburg 2004.

BUGGELN, Marc & Michael Wildt: „Einleitung". In: Dies. (Hg.): *Arbeit im Nationalsozialismus*. München 2014.

BUTOR, Michel: „Die Alchemie und ihre Sprache". In: Ders.: *Die Alchemie und ihre Sprache. Essays zur Kunst und Literatur*. Frankfurt/Main 1990. S. 13–24.

CAMPOS, Luis A.: *Radium and the Secret of Life*. Chicago 2015.

CARUSO, Paolo: „Gespräch mit Michel Foucault“. In: Michel Foucault: *Von der Subversion des Wissens*. Hg. v. Walter Seitter. Frankfurt/Main 1987. S. 7–27.

CASTRO VARELA, María do Mar & Nikita Dhawan: *Postkoloniale Theorie. Eine kritische Einführung*. 2., kompl, überarb. u. erw. Aufl. Bielefeld 2015.

CLARK, Claudia: *Radium Girls. Women and Industrial Health Reform. 1910–1935*. Chapel Hill 1997.

COWAN, Michael: *Walter Ruttmann and the Cinema of Multiplicity. Avant-Garde Film – Advertising – Modernity*. Amsterdam 2014.

CUOME, Glenn R.: *Career at the Cost of Compromise. Günter Eich's Life and Work in the Years 1933–1945*. Amsterdam, Atlanta 1989.

DÄRMANN, Iris: *Undienlichkeit. Gewaltgeschichte und politische Philosophie*. Berlin 2020.

DAIBER, Jürgen: *Der Mittagsdämon. Zur literarischen Phänomenologie der Krise der Lebensmitte*. Paderborn 2006.

DALL'ARMI, Julia von: *Poetik der Spaltung. Kernenergie in der deutschen Literatur 1906–2011*. Wiesbaden 2018.

DASTON, Lorraine: „Die Kultur der wissenschaftlichen Objektivität“. In: Otto Gerhard Oexle (Hg.): *Naturwissenschaft, Geisteswissenschaft, Kulturwissenschaft. Einheit – Gegensatz – Komplementarität?* Göttingen 1998. S. 9–40.

DASTON, Lorraine & Peter Galison: *Objektivität*. Frankfurt/Main 2007.

DATH, Dietmar: *Niegeschichte. Science Fiction als Kunst- und Denkmaschine*. Berlin 2019.

DEBSCHITZ, Uta von & Thilo von Debschitz: *Fritz Kahn*. Köln 2013.

DELABAR, Walter: „Zur Dialektik des Modernen in der Literatur im Dritten Reich“. In: Sabina Becker & Helmuth Kiesel (Hg.): *Literarische Moderne. Begriff und Phänomen*. Berlin 2007. S. 383–402.

DELEUZE, Gilles & Félix Guattari: *Tausend Plateaus. Kapitalismus und Schizophrenie II*. Berlin 1992 [1980].

DELEUZE, Gilles & Félix Guattari: „1440 – Das Glatte und das Gekerbte“. In: Dies.: *Tausend Plateaus*. Berlin 1992. S. 658–694. In korrigierter Übersetzung in Jörg Dünne & Stephan Günzel (Hg.): *Raumtheorie. Grundlagentexte aus Philosophie und Kulturwissenschaften*. Frankfurt/Main 2006. S. 434–446.

DETHLEFS, Friedrich: „Populäre Wissenschaftsprosa und Lexemautonomie“. In: Moritz Baßler: *Historismus und literarische Moderne*. Tübingen 1996. S. 68–101.

DEUBER-MANKOWSKY, Astrid & Christoph F. E. Holzhey: „Einleitung. Denken mit Canguilhem und Haraway“. In: Dies. (Hg.): *Situiertes Wissen und regionale Epistemologie. Zur Aktualität Georges Canguilhems und Donna J. Haraways*. Wien, Berlin 2013. S. 7–34.

DIEDERICHS, Ulf: „Annäherungen an das Sachbuch. Zur Geschichte und Definition eines umstrittenen Begriffs“. In: Rudolf Radler (Hg.): *Kindlers Literaturgeschichte der Gegenwart.* Bd. 9: *Die deutschsprachige Sachliteratur.* München, Zürich 1978. S. 1–37. Zit. n. *Arbeitsblätter für die Sachbuchforschung* 18 (2010). Digital verfügbar unter: https://www.blogs.uni-mainz.de/fb05-sachbuchforschung/files/2012/09/Arbeitsblaetter_Sachbuchforschung_18.pdf (zuletzt abgerufen am 10.9.2021).

DÖBLIN, Alfred: „Der Bau des epischen Werks“ [1928]. In: Ders.: *Aufsätze zur Literatur.* Olten, Freiburg/Br. 1963. S. 103–132.

DÖRNER, Olaf: „Pädagogik“. In: Stephan Günzel & Dieter Mersch (Hg.): *Bild. Ein interdisziplinäres Handbuch.* Stuttgart, Weimar 2014. S. 428–432.

DONAT, Sebastian: „Interferenzen. Überlegungen zur literaturwissenschaftlichen Anschlussfähigkeit eines physikalischen Begriffs“. In: Ders. u.a. (Hg.): *Interferenzen. Dimensionen und Phänomene der Überlagerung in Literatur und Theorie.* Innsbruck 2018. S. 11–22.

DUFFIN, Jacalyn: *History of Medicine. A Scandalously Short Introduction.* 2. Aufl. Toronto u.a. 2010.

DURST, Uwe: *Theorie der phantastischen Literatur.* 2. Aufl. Berlin 2010.

EBERHARDT, Otto: *Eichendorffs ‚Marmorbild‘. Distanzierung von Dichtung nach Art Loebens. Untersuchungen zum poetischen Verfahren Eichendorffs III.* Würzburg 2006.

EBNER, Timm: *Nationalsozialistische Kolonialliteratur. Koloniale und antisemitische Verräterfiguren „hinter den Kulissen des Welttheaters“.* Paderborn 2017.

ECKART, Wolfgang U.: *Illustrierte Geschichte der Medizin. Von der französischen Revolution bis zur Gegenwart.* 2. Aufl. Heidelberg 2011.

ECKART, Wolfgang U.: *Medizin und Krieg. Deutschland 1914–1924.* Paderborn 2014.

EHLERS, Sarah: *Europa und die Schlafkrankheit. Koloniale Seuchenbekämpfung, europäische Identitäten und moderne Medizin 1850–1950.* Göttingen 2019.

EHLERS, Wolfram: „Abwehrmechanismen“ In: Wolfgang Mertens & Bruno Waldvogel (Hg.): *Handbuch psychoanalytischer Grundbegriffe.* 2. durchg. Aufl. Stuttgart u.a. 2002. S. 12–24.

EICHHOLTZ, Dietrich: *Geschichte der deutschen Kriegswirtschaft 1939–1945.* Bd. 1: *1939–1941.* München 1999.

ELPERS, Sophie & Anna Palm (Hg.): *Die Musealisierung der Gegenwart. Von Grenzen und Chancen des Sammelns in kulturhistorischen Museen.* Bielefeld 2014.

EMMERICH, Wolfgang: *Literaturgeschichte der DDR. Erw. Neuausgabe.* 4. Aufl. Berlin 2009.

ERKER, Paul: „Die Rolle der Forschung bei der Ersatzstoff-Produktion. Das Beispiel Continental AG/Reifenindustrie“. In: Doris Kaufmann (Hg.): *Geschichte der Kaiser-Wilhelm-Gesellschaft im Nationalsozialismus. Bestandsaufnahme und Perspektiven der Forschung.* Göttingen 2000. S. 411–425.

ETCHEPARE, Jaime Antonio & Hamish I. Stewart: „Nazism in Chile. A Particular Type of Fascism in South America“. In: *Journal of Contemporary History* 30 (1995), H. 4. S. 577–605.

ETHRIDGE, Maggie May: *Marie Curie. Radioactivity Pioneer and the First Woman to Win a Nobel Prize*. New York 2017.

ETTE, Ottmar: *Roland Barthes. Eine intellektuelle Biographie*. Frankfurt/Main 1998.

FERNANDEZ, Bernard: *Unravelling the Mystery of the Atomic Nucleus. A Sixty Year Journey 1896–1956*. New York 2013.

FISCHER-TINÉ, Harald: *Pidgin-Knowledge. Wissen und Kolonialismus*. Zürich, Berlin 2013.

FITZON, Thorsten: „Schwellenjahre – Zeitreflexion im Altersnarrativ. Arthur Schnitzlers Erzählung ‚Frau Beate und ihr Sohn‘“. In: Ders. u.a. (Hg.): *Alterszäsuren. Zeit und Lebensalter in Literatur, Theologie und Geschichte*. Berlin, Boston 2012. S. 405–432.

FÖRSCHLER, Silke & Anne Mariss: „Die frühneuzeitliche Naturgeschichte und ihre Verfahrensweisen“. In: Dies. (Hg.): *Akteure, Tiere, Dinge. Verfahrensweisen der Naturgeschichte in der Frühen Neuzeit*. Köln u.a. 2017. S. 7–26.

FOUCAULT, Michel: *Die Ordnung der Dinge. Eine Archäologie der Humanwissenschaften*. Frankfurt/Main 1971 [1966].

FOUCAULT, Michel: *Die Geburt der Klinik. Eine Archäologie des ärztlichen Blicks*. Frankfurt/Main 1993 [1963].

FRANK, Gustav, Rachel Palfreyman & Stefan Scherer: „‚Modern Times‘? Eine Epochenkonstruktion der Kultur im mittleren 20. Jahrhundert. Skizze eines Forschungsprogramms“. In: Dies. (Hg.): *Modern Times? German Literature and Arts Beyond Political Chronologies. Kontinuitäten der Kultur 1925–1955*. Bielefeld 2005. S. 387–446.

FRANK, Gustav, Rachel Palfreyman & Stefan Scherer (Hg.): *Modern Times? German Literature and Arts Beyond Political Chronologies. Kontinuitäten der Kultur 1925–1955*. Bielefeld 2005.

FRANK, Gustav & Stefan Scherer: „‚Stoffe, sehr verschiedener Art ... im Spiel ... in eine neue, sprunghafte Beziehung zueinander setzen‘. Komplexität als historische Textur in Kleiner Prosa der Synthetischen Moderne“. In: Thomas Althaus u.a. (Hg.): *Kleine Prosa. Theorie und Geschichte eines Textfeldes im Literatursystem der Moderne*. Tübingen 2007. S. 253–279.

FRANK, Gustav Frank, Madleen Podewski & Stefan Scherer: „Kultur – Zeit – Schrift. Literatur- und Kulturzeitschriften als ‚kleine Archive‘“. In: *Internationales Archiv für Sozialgeschichte der deutschen Literatur* 34 (2010), H. 2. S. 3–47.

FRANK, Gustav & Madleen Podewski: „Denkfiguren. Prolegomena zum Zusammenhang von Wissen(schaft) und Literatur im Vormärz“. In: Dies. (Hg.): *Wissenskulturen des Vormärz* [= *Jahrbuch Forum Vormärzforschung 2011*]. Bielefeld 2012. S. 11–53.

FRANK, Gustav & Stefan Scherer: „Textur der Synthetischen Moderne (1925–1955) (Döblin, Lampe, Fallada, Langgässer, Koeppen)". In: Moritz Baßler, Hubert Roland & Jörg Schuster (Hg.): *Poetologien deutschsprachiger Literatur 1930–1960. Kontinuitäten jenseits des Politischen.* Berlin, Boston 2016. S. 77–104.

FRANKE, Herbert W.: „Das naturwissenschaftlich-technische Sachbuch". In: *Zeitschrift für Literaturwissenschaft und Linguistik* 10 (1980), H. 40. S. 44–51.

FRASER, Nancy: *Widerspenstige Praktiken. Macht, Diskurs, Geschlecht.* Frankfurt/Main 1994.

FREUD, Anna: *Das Ich und die Abwehrmechanismen.* Frankfurt/Main 1992 [1936].

FREUD, Sigmund: „Die Ichspaltung im Abwehrvorgang" (1940 [1938]). In: Ders.: *Studienausgabe.* Bd. 3: *Psychologie des Unbewußten.* Hg. v. Alexander Mitscherlich u.a. Frankfurt/Main 1975. S. 389–394.

FREUD, Sigmund: „Erinnern, Wiederholen, Durcharbeiten" [1914]. In: Ders.: *Gesammelte Werke.* Bd. 10: *Werke aus den Jahren 1913–1917.* London 1946. S. 126–136.

FREUD, Sigmund: *Zur Psychopathologie des Alltagslebens. Über Vergessen, Versprechen, Vergreifen, Aberglauben und Irrtum.* Frankfurt/Main 1983 [1904].

FREVERT, Mareike: *Wissenschaft der Synthese. Ein Ansatz zur wissenschaftsphilosophischen Bestimmung der Chemie.* Kassel 2015.

GALLE, Heinz J.: *Sun Koh. Der Erbe von Atlantis und andere deutsche Supermänner. Paul Alfred Müller alias Lok Myler alias Freder van Holk. Leben und Werk.* Zürich 2002.

GEPPERT, Hans Vilmar: *Der realistische Weg. Formen pragmatischen Erzählens bei Balzac, Dickens, Hardy, Keller, Raabe und anderen Autoren des 19. Jahrhunderts.* Tübingen 1994.

Graben für Germanien. Archäologie unterm Hakenkreuz. Focke-Museum, Bremer Landesmuseum für Kunst- und Kulturgeschichte. Hg. v. Sandra Gehringer. Stuttgart 2013.

GERABEK, Werner E.: „Gerhard Domagk". In: Ders. u.a. (Hg.): *Enzyklopädie Medizingeschichte.* Berlin, New York 2005. S. 320f.

GILMAN, Sander L.: „Der jüdische Körper. Eine Fußnote". In: Ders.: *Rasse, Sexualität und Seuche. Stereotype aus der Innenwelt der westlichen Kultur.* Reinbek 1992. S. 181–204.

GILMAN, Sander L.: „Seuche in Deutschland 1939/1989. Kulturelle Vorstellungen von Rasse, Raum und Krankheit". In: Ders.: *Rasse. Sexualität und Seuche. Stereotype aus der Innenwelt der westlichen Kultur.* Reinbek 1992. S. 281–306.

GILROY, Paul: *The Black Atlantic. Modernity and Double Consciousness.* London, New York 1993.

GIROUD, Francoise: *Marie Curie. A Life.* New York, London 1986.

GLEES, Eva: Gespräch zwischen Eva Glees und Bonner Schüler_innen 2000. Digital verfügbar unter: https://web.archive.org/web/20070807043206/http://ns-schulzeit.bonn.de/intervie/glees.htm (zuletzt abgerufen am 10.9.2021).

GOEBEL, G.: „Reichspost und Kurzwellenrundfunk. Der Rundfunksender Zeesen bei Königs Wusterhausen“. In: o. N.: *Mit 8 kW rund um die Welt. Deutscher Weltrundfunk in der Weimarer Zeit. Geschichte des Kurzwellenrundfunks in Deutschland 1929–1932*. Berlin 1969. S. 33–59.

GOFFMAN, Erving: *Werbung und Geschlecht*. Frankfurt/Main 1981.

GOODMAN, Nelson: *Die Sprachen der Kunst. Ein Ansatz zu einer Symboltheorie*. Frankfurt/Main 1973.

GORENSTEIN, Dan: „Ants and Battlefields, Beetles and Landscapes. Rudiments for a Naturalistic Reading of Ernst Jünger's Interwar Essays through the Lens of His Later Entomological Hermeneutics“. In: Frederike Middelhoff u.a. (Hg.): *Texts, Animals, Environments. Zoopoetics and Ecopoetics*. Freiburg/Br. u.a. 2019. S. 201–215.

GOSS, Andrew: „Building the world's supply of quinine. Dutch colonialism and the origins of a global pharmaceutical industry“. In: *Endeavour* 38 (2014), H. 1. S. 8–18.

GOTTSCHALD, Max: *Deutsche Namenkunde. Unsere Familiennamen nach ihrer Entstehung und Bedeutung*. Berlin 1971.

GRADMANN, Christoph: *Historische Belletristik. Populäre Biographien in der Weimarer Republik*. Frankfurt/Main 1993.

GRAEB-KÖNNEKER, Sebastian: *Autochthone Modernität. Eine Untersuchung der vom Nationalsozialismus geförderten Literatur*. Opladen 1996.

GRAEB-KÖNNEKER, Sebastian (Hg.): *Literatur im Dritten Reich. Dokumente und Texte*. Stuttgart 2001.

GRÄSER, Marcus: „Stabile Bindungen. Bürgertum und Wohlfahrtsstaat 1914–1945“. In: Manfred Hettling & Richard Pohle (Hg.): *Bürgertum. Bilanzen, Perspektiven, Begriffe*. Göttingen 2019. S. 237–261.

GRÄTZ, Katharina: „Der Bau des epischen Werks (1928)“. In: Sabina Becker (Hg.): *Döblin-Handbuch. Leben-Werk-Wirkung*. Stuttgart 2016. S. 324–325.

GRODDECK, Georg: *Das Buch vom Es. Psychoanalytische Briefe an eine Freundin*. Neu hg. v. Helmut Siefert. Rev. u. erg. Ausg. Frankfurt/Main 1979 [1923].

GROSS, Angélique: *Die Bildpädagogik Otto Neuraths. Methodische Prinzipien der Darstellung von Wissen*. Cham 2015.

GRUNDMANN, E[kkehard]: „Gerhard Domagk. Ein Pathologe besiegt die bakteriellen Infektionskrankheiten“. In: *Der Pathologe* 22 (2001), H. 4. S. 241–251.

GUERICKE, Sintje: *„Ausgerechnet Wolkenkratzer?“. Zum Verständnis von Moderne, Bild und Architektur am Beispiel von Borsig in Berlin-Tegel*. Bamberg 2020.

GUNDERMAN, Richard B. & Angela S. Gonda: „Radium Girls“. In: *Radiology* 2 (2015), H. 274. S. 314–318.

HABERMAS, Rebekka & Alexandra Przyrembel (Hg.): *Von Käfern, Märkten und Menschen. Kolonialismus und Wissen in der Moderne*. Göttingen 2013.

HAEFS, Wilhelm: „Einleitung“. In: Ders. (Hg.): *Hansers Sozialgeschichte der Literatur*. Bd. 9: *Nationalsozialismus und Exil 1933–1945*. München, Wien 2009. S. 7–52.

HÄNSCH, Valerie u.a.: „Einleitung“. In: Dies. u.a. (Hg.): *Medialisierungen Afrikas*. Baden-Baden 2018. S. 7–26.

HÄRTEL, Christian: „‚Grenzen über uns‘. Populärwissenschaftliche Mobilisierung, Eskapismus und Synthesephantasien in Zukunftsromanen des ‚Dritten Reichs‘“. In: Walter Delabar, Horst Denkler & Erhard Schütz (Hg.): *Banalität mit Stil. Zur Widersprüchlichkeit der Literaturproduktion im Nationalsozialismus*. Bern u.a. 1999. S. 241–257.

HAGEN, Wolfgang: Die entwendete Elektrizität. Zur medialen Genealogie des ‚modernen Spiritismus‘“. In: Torsten Hahn, Jutta Person & Nicolas Pethes (Hg.): *Grenzgänge zwischen Wahn und Wissen. Zur Koevolution von Experiment und Paranoia 1850–1910*. Frankfurt/Main, New York 2002. S. 215–239.

HAGEN, Wolfgang: *Das Radio. Zur Geschichte und Theorie des Hörfunks. Deutschland/USA*. München, Paderborn 2005.

HAHNEMANN, Andy: „‚Aus der Ordnung der Fakten‘. Zur historischen Gattungspoetik des Sachbuchs“. In: *Arbeitsblätter für die Sachbuchforschung 9*. (digital verfügbar unter: https://www.blogs.uni-mainz.de/fb05-sachbuchforschung/files/2012/09/Arbeitsblaetter_Sachbuchforschung_09.pdf, zuletzt abgerufen am 10.9.2021). Später gekürzt veröffentlicht in: Arne Höcker, Jeannie Moser & Philippe Weber (Hg.): *Wissen. Erzählen. Narrative der Humanwissenschaften*. Bielefeld 2006. S. 139–150.

HAHNEMANN, Andy: *Texturen des Globalen. Geopolitik und populäre Literatur in der Zwischenkriegszeit 1918–1939*. Heidelberg 2010.

HAKE, Sabine: „Mapping the Native Body. On Africa and the Colonial Film in the Third Reich“. In: Sara Friedrichsmeyer, Sara Lennox & Susanne Zantop (Hg.): *The Imperialist Imagination. German Colonialism and its Legacy*. Ann Arbor 1998. S. 163–187.

HALLE, Uta: „Nationalsozialisten und Archäologie“. In: *Graben für Germanien. Archäologie unterm Hakenkreuz. Focke-Museum, Bremer Landesmuseum für Kunst- und Kulturgeschichte*. Hg. v. Sandra Gehringer. Stuttgart 2013. S. 44–49.

HALLE, Uta: „Germanien im NS-Alltag“. In: *Graben für Germanien. Archäologie unterm Hakenkreuz. Focke-Museum, Bremer Landesmuseum für Kunst- und Kulturgeschichte*. Hg. v. Sandra Gehringer. Stuttgart 2013. S. 109–117.

HANUSCHEK, Sven: *Geschichte des bundesdeutschen PEN-Zentrums von 1951 bis 1990*. Tübingen 2004.

HARGITTAI, Magdolna: *Women Scientists. Reflections, Challenges and Breaking Boundaries*. Oxford u.a. 2015.

HATTON, Ragnhild M.: „England and Hanover 1714–1837“. In: Adolf M. Birke (Hg.): *England und Hannover*. München 1986. S. 17–31.

HAUSEN, Karin: „Die Polarisierung der ‚Geschlechtscharaktere‘. Eine Spiegelung der Dissoziation von Erwerbs- und Familienleben“. In: Werner Conze (Hg.): *Sozialgeschichte der Familie in der Neuzeit*. Stuttgart 1976. S. 363–393.

HAYES, Peter: *Industry and Ideology. I.G. Farben in the Nazi Era*. 2. Aufl. Cambridge 2001.

HECKEN, Thomas: *Theorien der Populärkultur. Dreißig Positionen von Schiller bis zu den Cultural Studies*. Bielefeld 2007.

HEES, Anke: „Daumann, Rudolf H(einrich)“. In: Wilhelm Kosch u.a., (Hg.): *Deutsches Literaturlexikon. Das 20. Jahrhundert. Biographisch-Bibliographisches Handbuch*. Bd. 5: *Butenschön-Dedo*. Zürich, München 2003. Sp. 582f.

HEESEN, Anke te: *Der Zeitungsausschnitt. Ein Papierobjekt der Moderne*. Frankfurt/Main 2006.

HEESEN, Anke te: *Theorien des Museums zur Einführung*. 3., unveränd. Aufl. Hamburg 2015.

HEIZMANN, Jürgen: „‚Die Wahrheit liegt in den Zahlen‘. Zur neusachlichen Poetik in Rudolf Brunngrabers Roman ‚Karl und das 20. Jahrhundert‘“. In: Sabine Kyora & Stefan Neuhaus (Hg.): *Realistisches Schreiben in der Weimarer Republik*. Würzburg 2006. S. 235–254.

HEMMUNGS WIRTÈN, Eva: *Making Marie Curie. Intellectual Property and Celebrity Culture in an Age of Information*. Chicago, London 2015.

HERF, Jeffrey: *The Jewish Enemy. Nazi Propaganda during World War II and the Holocaust*. Cambridge u.a. 2006.

HERKEN, Hans: *Die Berliner Pharmakologie in der Nachkriegszeit. Erinnerungen an ein Stück bewegter Universitätsgeschichte der Jahre 1945–1960*. Berlin u.a. 1999.

HERMANN, A.: „Haber und Bosch. Brot aus Luft. Die Ammoniaksynthese“. In: *Physik Journal* 21 (1965), S. 168–171.

HERMAND, Jost: *Der alte Traum vom neuen Reich*. Frankfurt/Main 1988.

HERMAND, Jost: „Weiße Rasse – gelbe Gefahr. Hans Dominiks ideologisches Mitläufertum“. In: Hans Esselborn (Hg.): *Utopie, Antiutopie und Science Fiction im deutschsprachigen Roman des 20. Jahrhunderts*. Würzburg 2003. S. 48–57.

HERMAND, Jost: „Gedanken zum Widerspruch zwischen archaisierender Bauernverkultung und technischer Modernisierung im deutschen Faschismus“. In: Erhard Schütz & Gregor Streim (Hg.): *Reflexe und Reflexionen von Modernität 1933–1945*. Bern u.a. 2002. S. 326–336.

HERMS, Dieter: *Upton Sinclair. Amerikanischer Radikaler. Eine Einführung in Leben und Werk*. Jossa 1978.

HERRMANN, Meike: „Fiktionalität gegen den Strich lesen. Was kann die Fiktionstheorie zu einer Poetik des Sachbuchs beitragen?“. In: *Arbeitsblätter für die*

Sachbuchforschung 7 (2005). Digital verfügbar unter: https://edoc.hu-berlin.de/bitstream/handle/18452/6142/7.pdf (zuletzt abgerufen am 10.9.2021).

HIPPEL, Wolfgang von: „Auf dem Weg zum Weltunternehmen (1865–1900)". In: Werner Abelshauser (Hg.): *Die BASF. Eine Unternehmensgeschichte*. 2. Aufl. München 2003. S. 19–116.

Historisches Luftfahrtarchiv Köln: http://www.luftfahrtarchiv-koeln.de/bayerju.htm (zuletzt abgerufen am 10.9.2021).

HÖFT, Lena: „Ein Sozialist schreibt Bestseller im Dritten Reich? Rudolf Brunngrabers Tatsachenromane während des Nationalsozialismus und sein literarisches Schaffen in der Nachkriegszeit". In: Detlef Haberland (Hg.): *Ästhetik und Ideologie 1945. Wandlung oder Kontinuität poetologischer Paradigmen in Werken deutschsprachiger Schriftsteller*. München 2017. S. 239–260.

HÖPFLINGER, Anna-Katharina: „Zwischen Repräsentation und Regulierung. Körper als Aushandlungsorte für Weltanschauungen". In: Linda Ratschiller & Siegfried Weichlein (Hg.): *Der schwarze Körper als Missionsgebiet. Medizin, Ethnologie, Theologie in Afrika 1880–1960*. Wien 2016. S. 175–187.

HÖRISCH, Jochen: *Eine Geschichte der Medien. Vom Urknall zum Internet*. Frankfurt/Main 2004.

HÖRISCH, Jochen: „Epochen/Krankheiten. Das pathogenetische Wissen der Literatur". In: Frank Degler & Christian Kohlroß (Hg.): *Epochen/Krankheiten. Konstellationen von Literatur und Pathologie*. St. Ingbert 2006. S. 21–44.

HÖSCHLE, Gerd: *Die deutsche Textilindustrie zwischen 1933 und 1939. Staatsinterventionismus und ökonomische Rationalität*. Stuttgart 2004.

HOORN, Tanja van: *Naturgeschichte in der ästhetischen Moderne. Max Ernst, Ernst Jünger, Ror Wolf, W. G. Sebald*. Göttingen 2016.

HORKHEIMER, Max: „Zur Kritik der instrumentellen Vernunft". In: Ders.: *Gesammelte Schriften*. Bd. 6: *‚Zur Kritik der instrumentellen Vernunft' und ‚Notizen 1949–1969'*. Hg. v. Alfred Schmidt. Frankfurt/Main 1991 [1947]. S. 21–186.

HORN, Eva: *Zukunft als Katastrophe*. Frankfurt/Main 2014.

HÜGEL, Hans-Otto: „Unterhaltung". In: Ders. (Hg.): *Handbuch Populäre Kultur. Begriffe, Theorien und Diskussionen*. Stuttgart 2003. S. 73–82.

HUGHES, Jon: „Facts and Fiction. Rudolf Brunngraber, Otto Neurath and Viennese ‚Neue Sachlichkeit'". In: Deborah Holmes & Lisa Silverman (Hg.): *Interwar Vienna. Culture Between Tradition and Modernity*. Rochester 2009. S. 206–223.

INNERHOFER, Roland: *Deutsche Science Fiction 1870–1914. Rekonstruktion und Analyse der Anfänge einer Gattung*. Wien u.a. 1996.

JACHIMOWICZ, Aneta: „Statistik als ‚Werkzeug des proletarischen Kampfes'? Otto Neuraths statistisches Denken und Rudolf Brunngrabers Individuum-Auffassung in ‚Karl und das 20. Jahrhundert'". In: Primus-Heinz Kucher (Hg.): *Verdrängte*

Moderne – vergessene Avantgarde. Diskurskonstellationen zwischen Literatur, Theater, Kunst und Musik in Österreich 1918–1938. Göttingen 2015. S. 269–285.

JÄGER, Jens: „‚Heimat' in Afrika. Oder: die mediale Aneignung der Kolonien um 1900". In: *zeitenblicke* 7 (2008), Nr. 2. Digital verfügbar unter: http://www.zeitenblicke.de/2008/2/jaeger (zuletzt abgerufen am 10.9.2021).

JÄGER, Ludwig: „Transkriptivität. Zur medialen Logik der kulturellen Semantik". In: Ders. & Georg Stanitzek (Hg.): *Transkribieren. Medien/Lektüre*. München 2002. S. 19–42.

JANSEN, Sarah: *„Schädlinge". Geschichte eines wissenschaftlichen und politischen Konstrukts. 1840–1920*. Frankfurt/Main, New York 2003.

JOHACH, Eva: „Termitewerden. Staatenbildende Insekten im Industriezeitalter". In: *Kultur & Gespenster* 4 (2007). S. 20–37.

JOHACH, Eva: *Wilde Soziologie. Soziale Insekten und die Phantasmen moderner Vergesellschaftung*. Paderborn 2020.

JOHNSON, Jeffrey Allan: „Die Macht der Synthese (1900–1925)". In: Werner Abelshauser (Hg.): *Die BASF. Eine Unternehmensgeschichte*. 2. Aufl. München 2003. S. 117–219.

KADLUBEK, Günther & Rudolf Hillebrand: *AGFA. Geschichte eines deutschen Weltunternehmens von 1867 bis 1997*. 2. Aufl. Neuss 1998.

KAHLERT, Heinrich: *Chemiker unter Hitler. Technik und Wissenschaft der deutschen Chemie von 1914 bis 1945*. Langwaden 2001.

KARCH, Daniel: *Entgrenzte Gewalt in der kolonialen Peripherie. Die Kolonialkriege in „Deutsch-Südwestafrika" und die „Sioux Wars" in den nordamerikanischen Plains*. Wiesbaden 2019.

KETELSEN, Uwe-K.: *Literatur und Drittes Reich*. Schernfeld 1992.

KEYSER, Catherine: *Artificial Color. Modern Food and Racial Fiction*. New York 2019.

KIENEMANN, Christoph: *Der koloniale Blick gen Osten. Osteuropa im Diskurs des Deutschen Kaiserreiches von 1871*. Paderborn 2018.

KITTLER, Friedrich: *Aufschreibesysteme 1800 1900*. München 1985.

KITTLER, Friedrich: *Grammophon, Film, Typewriter*. Berlin 1986.

KITTLER, Friedrich: „Rock Musik. Ein Mißbrauch von Heeresgerät" [1988/1991]. In: Ders.: *Die Wahrheit der technischen Welt. Essays zur Genealogie der Gegenwart*. Hg. v. Hans Ulrich Gumbrecht. Berlin 2013. S. 198–213.

KITTLER, Friedrich: „Unconditional Surrender". In: Hans Ulrich Gumbrecht & K. Ludwig Pfeiffer (Hg.): *Paradoxien, Dissonanzen, Zusammenbrüche. Situationen offener Epistemologie*. Frankfurt/Main 1991. S. 515–533.

KITTLER, Friedrich: *Draculas Vermächtnis. Technische Schriften*. Leipzig 1993.

KITTLER, Friedrich: *Optische Medien. Berliner Vorlesung 1999*. Berlin 2002.

KLAUSNITZER, Ralf: „Jenseits der Schulen und Generationen? Zur literarischen Beziehungspolitik eines Solitärs". In: Michael Ansel, Hans-Edwin Friedrich &

Gerhard Lauer (Hg.): *Die Erfindung des Schriftstellers Thomas Mann*. Berlin, Boston 2009. S. 453–487.

KLEIN, Marcus: *Im langen Schatten des Nationalsozialismus. Faschistische Bewegungen in Chile zwischen der Weltwirtschaftskrise und dem Ende des Zweiten Weltkriegs*. Frankfurt/Main 2004.

KLEINMANNS, Joachim: *Super, voll! Kleine Kulturgeschichte der Tankstelle*. Marburg 2002.

KLINKERT, Thomas: *Epistemologische Fiktionen. Zur Interferenz von Literatur und Wissenschaft seit der Aufklärung*. Berlin 2010.

KLUGE, Alexander & Oskar Negt: *Öffentlichkeit und Erfahrung. Zur Organisationsanalyse von bürgerlicher und proletarischer Öffentlichkeit*. 2. Aufl. Frankfurt/Main 1973.

KLUGE, Alexander & Heiner Müller: „Auf dem Weg zu einem Theater der Finsternisse". In: Heiner Müller: *Werke* Bd. 12: *Gespräche 3: 1991–1995*. Hg. v. Frank Hörnigk. Frankfurt/Main 2008. S. 692–711.

KNORR-CETINA, Karin: *Wissenskulturen. Ein Vergleich naturwissenschaftlicher Wissensformen*. Frankfurt/Main 2002.

KOCH, Gertrud: *„Was ich erbeute, sind Bilder". Zum Diskurs der Geschlechter im Film*. Basel, Frankfurt/Main 1989.

KOCH, Lars: *Der Erste Weltkrieg als Medium der Gegenmoderne. Zu den Werken von Walter Flex und Ernst Jünger*. Würzburg 2006.

KÖHLER, Otto: *... und heute die ganze Welt. Die Geschichte der I.G. Farben und ihrer Väter*. Hamburg, Zürich 1986.

KOLLER, Christian: „Die ‚schwarze Schmach'. Afrikanische Besatzungssoldaten und Rassismus in den zwanziger Jahren". In: Marianne Bechhaus-Gerst (Hg.): *AfrikanerInnen in Deutschland und schwarze Deutsche. Geschichte und Gegenwart*. Münster 2014. S. 155–169.

KOPP, Kristin: *Germany's Wild East. Constructing Poland as Colonial Space*. Ann Arbor 2012.

KORTHALS, Holger: *Zwischen Drama und Erzählung: Ein Beitrag zur Theorie geschehensdarstellender Literatur*. Berlin 2003.

KOSCHORKE, Albrecht: „Der Traumatiker als Faschist. Ernst Jüngers Essay ‚Über den Schmerz'". In: Inka Mülder-Bach (Hg.): *Modernität und Trauma. Beiträge zum Zeitenbruch des Ersten Weltkrieges*. Wien 2000. S. 211–227.

KOSCHORKE, Albrecht: „Zur Epistemologie der Natur/Kultur-Grenze und zu ihren disziplinären Folgen". In: *Deutsche Vierteljahrsschrift für Literaturwissenschaft und Geistesgeschichte* 83 (2009), S. 9–25.

KOSELLECK, Reinhart: „Zur historisch-politischen Semantik asymmetrischer Gegenbegriffe". In: Ders.: *Vergangene Zukunft. Zur Semantik geschichtlicher Zeiten*. Frankfurt/Main 1989. S. 211–259.

KRÄMER, Anna Maria: *Repräsentationen von Staat in Afrika. Postkoloniale Kritik eines Diskurses*. Baden-Baden 2019.

KRAH, Hans: „Literatur und ‚Modernität'. Das Beispiel Karl Aloys Schenzinger". In: Gustav Frank, Rachel Palfreyman & Stefan Scherer (Hg.): *Modern Times? German Literature and Arts Beyond Political Chronologies. Kontinuitäten der Kultur 1925–1955*. Bielefeld 2005. S. 45–72.

KRAJEWSKI, Markus: „Die Welt und das Nichts. Projektemacher um 1900". In: Ders. (Hg.): *Projektemacher. Zur Produktion von Wissen in der Vorform des Scheiterns*. Berlin 2004. S. 162–181.

KRAJEWSKI, Markus: *Der Diener. Mediengeschichte einer Figur zwischen König und Klient*. Frankfurt/Main 2010.

KROMBHOLZ, Klaus u.a.: *100 Jahre Landtechnik. Von Handarbeit zu Hightech in Deutschland*. Frankfurt/Main 2009.

KRUFT, Hanno-Walter: *Geschichte der Architekturtheorie. Von der Antike bis zur Gegenwart*. München 1985.

KUNDRUS, Birthe: „Die Kolonien – ‚Kinder des Gefühls und der Phantasie'". In: Dies. (Hg.): *Phantasiereiche. Zur Kulturgeschichte des deutschen Kolonialismus*. Frankfurt/Main 2003. S. 7–18.

KUNDRUS, Birthe: „Colonialism, Imperialism, National Socialism. How Imperial was the Third Reich?". In: Bradley Naranch & Geoff Eley (Hg.): *German Colonialism in a Global Age*. Durham, London 2014. S. 330–346.

KUSS, Susanne: *Deutsches Militär auf kolonialen Kriegsschauplätzen. Eskalation von Gewalt zu Beginn des 20. Jahrhunderts*. Berlin 2010.

LAAK, Dirk van: *Weiße Elefanten. Anspruch und Scheitern technischer Großprojekte im 20. Jahrhundert*. Stuttgart 1999.

LAAK, Dirk van: „‚Ist je ein Reich, das es nicht gab, so gut verwaltet worden?' Der imaginäre Ausbau der imperialen Infrastruktur in Deutschland nach 1918". In: Birthe Kundrus (Hg.): *Phantasiereiche. Zur Kulturgeschichte des deutschen Kolonialismus*. Frankfurt/Main 2003. S. 71–90.

LAAK, Dirk van: *Imperiale Infrastruktur. Deutsche Planungen für eine Erschließung Afrikas 1880–1960*. Paderborn u.a. 2004.

LACAN, Jacques: *Seminar IV: Die Objektbeziehung*. Wien, Berlin 2003.

LANGE, Britta: „‚Germanin' (1943). Ein Selbstversuch mit Fliegen". In: Marcus Krause & Nicolas Pethes (Hg.): *Mr. Münsterberg und Dr. Hyde. Zur Filmgeschichte des Menschenexperiments*. Bielefeld 2007. S. 171–192.

LANGE, Jasmin: *Der deutsche Buchhandel und der Siegeszug der Kinematographie 1895–1933. Reaktionen und strategische Konsequenzen*. Wiesbaden 2014.

LANGE, Thomas: „Literatur des technokratischen Bewußtseins. Zum Sachbuch im Dritten Reich". In: *Zeitschrift für Literaturwissenschaft und Linguistik* (*LiLi*) (1980), H. 40. S. 52–81.

LATOUR, Bruno: „Joliot: Geschichte und Physik im Gemenge“. In: Michel Serres (Hg.): *Elemente einer Geschichte der Wissenschaften*. 2. Aufl. Frankfurt/Main 1995. S. 868–903.

LATOUR, Bruno: *Science in Action. How to Follow Scientists and Engineers Through Society*. 11. Aufl., Cambridge 2003.

LATOUR, Bruno: „Drawing Things Together. Die Macht der unveränderlich mobilen Elemente“. In: Andréa Belliger & David J. Krieger (Hg.): *ANThology. Ein einführendes Handbuch zur Akteur-Netzwerk-Theorie*. Bielefeld 2006. S. 259–307.

LEPENIES, Wolf: *Das Ende der Naturgeschichte. Wandel kultureller Selbstverständlichkeiten in den Wissenschaften des 18. und 19. Jahrhunderts*. Frankfurt/Main 1978.

LESCHKE, Rainer: *Einführung in die Medientheorie*. München 2003.

LESLIE, Esther: *Synthetic Worlds. Nature, Art and the Chemical Industry*. London 2005.

LETHEN, Helmut: „Neue Sachlichkeit“. In: Horst Albert Glaser (Hg.): *Deutsche Literatur. Eine Sozialgeschichte*. Bd. 9: *Weimarer Republik – Drittes Reich. Avantgardismus, Parteilichkeit, Exil 1918–1945*. Reinbek 1983. S. 168–179.

LETHEN, Helmut: *Verhaltenslehren der Kälte. Lebensversuche zwischen den Kriegen*. Frankfurt/Main 1994.

LICKHARDT, Maren: „Irmgard Keun Crosses the Border and Closes the Gap. Avant-Pop in der Weimarer Republik“. In: *Pop-Zeitschrift*, Eintrag vom 17.8.2017. Digital verfügbar unter: http://www.pop-zeitschrift.de/2017/08/17/irmgard-keun-crosses-the-border-and-closes-the-gap-avant-pop-in-der-weimarer-republikvon-maren-lickhardt17-8-2017/ (zuletzt abgerufen am 10.9.2021).

LIEDTKE, Ralf: *Das romantische Paradigma der Chemie. Friedrich von Hardenbergs Naturphilosophie zwischen Empirie und alchemistischer Spekulation*. Paderborn 2003.

LINDNER, Martin: *Leben in der Krise. Zeitromane der neuen Sachlichkeit und die intellektuelle Mentalität der klassischen Moderne*. Stuttgart, Weimar 1994.

LINDNER, Stephan H.: *Hoechst. Ein I.G. Farben Werk im Dritten Reich*. München 2005.

LINK, Christoph Thomas (Hg.): *Das Neue Universum 120. Zukunft, Forschung, Abenteuer*. München 2020.

LINK, Jürgen: *Elementare Literatur und generative Diskursanalyse*. München 1983.

LINK, Jürgen: *Versuch über den Normalismus. Wie Normalität produziert wird*. 3., erg., überarb. u. neu gest. Aufl. Göttingen 2006.

LIPTAY, Fabienne: „Bilder zwischen Blick und Berührung. Zum ästhetischen Diskurs der Blindheit in Friedrich Murnaus ‚Der Gang in die Nacht‘ (1920/21) und Emerich Hanus' ‚Die Sühne‘ (1917)“. In: Alexandra Tacke (Hg.): *Blind Spots. Eine Filmgeschichte der Blindheit vom frühen Stummfilm bis in die Gegenwart*. Bielefeld 2016. S. 37–56.

LUDWIG, Karl Heinz: *Technik und Ingenieure im Dritten Reich*. Düsseldorf 1974.

LUKAS, Wolfgang: „Individuelles Schicksal und überindividuelles Leben. Zur Funktion von ‚Wissen' in Alfred Döblins ‚Berlin Alexanderplatz' und Rudolf Brunngrabers ‚Karl und das 20. Jahrhundert'". In: Christine Maillard & Michael Titzmann (Hg.): *Literatur und Wissen(schaften)*. Stuttgart 2002. S. 247–277.

LUKAS, Wolfgang: „‚Fremde' vs. ‚eigene' Geschichte. Anthropologie und Poetologie in der (Rahmen)Erzählung des späten Realismus". In: Hans-Peter Ecker & Michael Titzmann (Hg.): *Realismus-Studien. Hartmut Laufhütte zum 65. Geburtstag*. Würzburg 2003. S. 251–293.

LUKAS, Wolfgang: „Hormon und Geschlecht. Zur Funktionalisierung von Wissenschaft in Vicki Baums Erfolgsroman ‚stud. chem. Helene Willfüer'". In: Thomas Betz & Franziska Meyer (Hg.): *Abweichende Lebensläufe, poetische Ordnungen. Für Volker Hoffmann*. Bd. 2. München 2005. S. 497–531.

MAHSARSKI, Dirk: *Herbert Jankuhn (1905–1990). Ein deutscher Prähistoriker zwischen nationalsozialistischer Ideologie und wissenschaftlicher Objektivität*. Göttingen 2009.

MAIER, Helmut: *Chemiker im „Dritten Reich". Die Deutsche Chemische Gesellschaft und der Verein Deutscher Chemiker im NS-Herrschaftsapparat*. Weinheim 2015.

MAILLARD, Christine Maillard & Michael Titzmann: „Literatur und Wissen(schaften) in der Frühen Moderne. Vorstellung eines Forschungsprojekts". In: Dies. (Hg.): *Literatur und Wissen(schaften) 1890–1935*. Stuttgart 2002. S. 7–37.

MANOVA, Dariya: „‚Rohstoff für den Roman'. Ressourcen und Infrastruktur in B. Travens Abenteuerromanen". In: *Deutsche Vierteljahrsschrift für Literaturwissenschaft und Geistesgeschichte* 91 (2017), H. 1. S. 51–71.

MARSSOLEK, Inge & Adelheid von Saldern (Hg.): *Zuhören und Gehörtwerden 1. Radio im Nationalsozialismus. Zwischen Lenkung und Ablenkung*. Tübingen 1998.

MARSSOLEK, Inge: „Radio in Deutschland 1923–1960. Zur Sozialgeschichte eines Mediums". In: *Geschichte und Gesellschaft* 27 (2001), H. 2. S. 207–239.

MARTYNKEWICZ, Wolfgang Martynkewicz: *Das Zeitalter der Erschöpfung. Die Überforderung des Menschen durch die Moderne*. Berlin 2013.

MAß, Sandra: *Weiße Helden, schwarze Krieger. Zur Geschichte kolonialer Männlichkeit in Deutschland 1918–1964*. Köln u.a. 2006.

MAURER, Michael: *Kleine Geschichte Englands*. Stuttgart 1997.

MAYE, Harun: *Blättern/Zapping. Studien zur Kulturtechnik der Stellenlektüre seit dem 18. Jahrhundert*. Zürich 2019.

McCOID, Catherine Hodge & LeRoy D. McDermott: „Toward Decolonizing Gender. Female Vision in the Upper Paleolithic". In: *American Anthropologist. New Series* 98 (1996), H. 2. S. 319–326.

McLUHAN, Marshall: *Die magischen Kanäle. Understanding Media*. 2. erw. Aufl. Basel 1995 [1964].

MEHR, Christian: *Kultur als Naturgeschichte. Opposition oder Komplementarität zur politischen Geschichtsschreibung 1850–1890?* Berlin 2009.

MEISSNER, Werner, Dieter Rebentisch & Wilfried Wang (Hg.): *Der Poelzig-Bau. Vom I.G. Farben-Haus zur Goethe-Universität*. Frankfurt/Main 1999.

METHFESSEL, Christian: *Kontroverse Gewalt. Die imperiale Expansion in der englischen und deutschen Presse vor dem Ersten Weltkrieg*. Köln 2019.

MEURER, Alfred: *Das Allheilmittel des 20. Jahrhunderts. Eine kleine Kulturgeschichte des Radiums*. Kromsdorf/Weimar 2017.

MEYER, Friederike: *Gefährliche Psyche. Figurenpsychologie in der Erzählliteratur des Realismus*. München 1991.

MOSER, Ulrike: *Schwindsucht. Eine andere deutsche Gesellschaftsgeschichte*. Berlin 2018.

MOULD, Richard F.: *A Century of X-Rays and Radioactivity in Medicine. With Emphasis on Photographic Records of the Early Years*. Bristol 1993.

MÜLLER, Karl: „‚Inflation'. Literarische Spiegelungen der Zeit". In: Ders. & Hans Wagener (Hg.): *Österreich 1918 und die Folgen. Geschichte, Literatur, Theater und Film*. Wien u.a. 2009. S. 123–146.

MUIR, Cameron: *The Broken Promise of Agricultural Progress. An Environmental History*. New York 2014.

MULVEY, Laura: „Visuelle Lust und narratives Kino". In: Liliane Weissberg (Hg.): *Weiblichkeit als Maskerade*. Frankfurt/Main 1994 [1985]. S. 48–65.

NAGEL, Brigitte: *Die Welteislehre. Ihre Geschichte und ihre Rolle im „Dritten Reich"*. Berlin 2000.

NAGL, Manfred: *Science Fiction in Deutschland. Untersuchungen zur Genese, Soziographie und Ideologie der phantastischen Massenliteratur*. Tübingen 1972.

NEELY, Carol Thomas: *Distracted Subjects. Madness and Gender in Shakespeare and Early Modern Culture*. Ithaca, London 2004.

NEUHAUS, Stefan: „Still ruht der See. Revolutionäre Symbolik und evolutionärer Wandel in Theodor Fontanes Roman ‚Der Stechlin'". In: *Fontane Blätter* 57 (1994), S. 48–77.

NEUMANN, Birgit: „Kulturelles Wissen und Literatur". In: Dies., Marion Gymnich & Ansgar Nünning (Hg.): *Kulturelles Wissen und Intertextualität. Theoriekonzeptionen und Fallstudien zur Kontextualisierung von Literatur*. Trier 2006. S. 29–52.

NIEDOBITEK, Christa & Fred Niedobitek: *Friedlieb Ferdinand Runge. Sein Leben, sein Werk und die Chemische Produkten-Fabrik in Oranienburg*. Lage 2011.

NIEFANGER, Dirk: „Die historische Kulturwissenschaft und der neue Roman der 1920er Jahre und 1930 Jahre". In: Otto Gerhard Oexle (Hg.): *Krise der Wirklichkeit. Wissenschaft, Kunst und Literatur 1880–1932*. S. 273–293.

NIKOLOW, Sybilla: „Sachbilder zwischen Wissenschaft, Öffentlichkeit und Gesellschaft. Otto Neuraths Bildpädagogik im historischen Kontext". In: Thomas Brandstetter u.a. (Hg.): *Sachunterricht. Fundstücke aus der Wissenschaftsgeschichte*. Wien 2008. S. 59–65.

NIKOLOW, Sybilla: „‚We could not photograph social objects even if we tried'. Otto Neuraths Bildstatistik als Beobachtungs- und Darstellungsinstrument sozialer Fakten". In: *Mitteilungen des Instituts für Wissenschaft und Kunst* 64 (2009), H. 1/2. S. 18–30.

NIKOLOW, Sybilla & Lars Bluma: „Science Images between Scientific Fields and the Public Sphere. A Historiographical Survey". In: Bernd Hüppauf & Peter Weingart (Hg.): *Science Images and Popular Images of the Sciences*. New York 2011. S. 33–51.

NIXDORFF, Tabea: *Fehler lesen. Korrektur als Textproduktion*. Leipzig 2019.

NYE, David E.: *American Technological Sublime*. New Baskerville 1994.

Oak Ridge Associated Universities, Dokumentation radioaktiver „Quack Cures": www.orau.org/health-physics-museum/collection/radioactive-quack-cures/ (zuletzt abgerufen am 10.9.2021).

OELS, David: „Wissen und Unterhaltung im Sachbuch. Oder: Warum es keine germanistische Sachbuchforschung gibt und wie eine solche aussehen könnte". In: *Zeitschrift für Germanistik* 15 (2005), H. 1. S. 8–27. Zit. n. *Arbeitsblätter für die Sachbuchforschung* 1 (2005). Digital verfügbar unter: https://edoc.hu-berlin.de/bitstream/handle/18452/6136/1.pdf (zuletzt abgerufen am 10.9.2021).

OELS, David: „Ceram – Keller – Pörtner. Die archäologischen Bestseller der fünfziger Jahre als historischer Projektionsraum". In: Wolfgang Hardtwig & Erhard Schütz (Hg.): *Geschichte für Leser. Populäre Geschichtsschreibung in Deutschland im 20. Jahrhundert*. Stuttgart 2005. S. 345–370.

OBODOVSKIY, Ilya: *Radiation. Fundamentals, Applications, Risks, and Safety*. Amsterdam 2019.

ORT, Claus-Michael: „Das Wissen der Literatur. Probleme einer Wissenssoziologie literarischer Semantik". In: Tilmann Köppe (Hg.): *Literatur und Wissen. Theoretisch-methodische Zugänge*. Berlin, Boston 2011. S. 164–191.

PAKULA, Hannah: *An Uncommon Woman. The Empress Frederick. Daughter of Queen Victoria, Wife of the Crown Prince of Prussia, Mother of Kaiser Wilhelm*. New York 1997.

PARKER, Stephen, Peter Davies & Matthew Philpotts: *The Modern Restoration. Re-thinking German Literary History 1930–1960*. Berlin, Boston 2004.

PARR, Rolf: *Die Fremde als Heimat. Heimatkunst, Kolonialismus, Expeditionen*. Konstanz 2014.

PAULITZ, Tanja: *Mann und Maschine. Eine genealogische Wissenssoziologie des Ingenieurs und der modernen Technikwissenschaften 1850–1930*. Bielefeld 2014.

PEETZ, Hilla (Hg.): *„Nicht ohne uns!" Arbeiterbriefe, Berichte und Dokumente zur chemischen Industrialisierung von 1760 bis heute*. Frankfurt/Main u.a. 1981.

PESEK, Michael: *Das Ende eines Kolonialreiches. Ostafrika im Ersten Weltkrieg*. Frankfurt/Main 2010.

PETZINA, Dieter: *Autarkiepolitik im Dritten Reich. Der nationalsozialistische Vierjahresplan*. Stuttgart 1968.

PFALLER, Robert: „Die Rationalität der Magie und die Entzauberung der Welt in der Ideologie der Gegenwart". In: Brigitte Felderer & Ernst Strouhal (Hg.): *Rare Künste. Zur Kultur- und Mediengeschichte der Zauberkunst*. Wien 2006. S. 385–407.

PIAS, Claus: „Friedrich Kittler und der ‚Mißbrauch von Heeresgerät'. Zur Situation eines Denkbildes 1964–1984–2014". In: *Merkur. Deutsche Zeitschrift für europäisches Denken* 69 (2015), H. 791. S. 31–44.

PLUMPE, Gottfried: *Die I.G. Farbenindustrie AG. Wirtschaft, Technik und Politik 1904–1945*. Berlin 1990.

PRAWDIN, Michail: „Der Tatsachenroman". In: *Die Literatur* 36 (Februar 1934), S. 256–259.

PRECIADO, Paul B.: *Testo Junkie. Sex Drogen Biopolitik in der Ära der Pharmapornographie*. Berlin 2016.

PROCTOR, Robert N.: *Blitzkrieg gegen den Krebs. Gesundheit und Propaganda im Dritten Reich*. Stuttgart 2002.

PROSS, Harry (Hg.): *Die Zerstörung der deutschen Politik. Dokumente 1871–1933*. Frankfurt/Main 1983.

PUTSCHERT, Patricia: *Kolonialität und Geschlecht im 20. Jahrhundert. Eine Geschichte der weißen Schweiz*. Bielefeld 2019.

PUTZ, Ulrike: „Spätes Erwachen. Streit um Holocaust-Mahnmal". In: Spiegel Online (27. Oktober 2003). Digital verfügbar unter: https://www.spiegel.de/kultur/gesellschaft/streit-um-holocaust-mahnmal-spaetes-erwachen-a-271554.html (zuletzt abgerufen am 10.9.2021).

QUADT, Ernst: *Robert Bosch. Pionier der Arbeit. Sein Leben und sein Werk*. Berlin 1942.

QUINN, Susan: *Marie Curie. A Life*. New York u.a. 1995.

RABINBACH, Anson: *Motor Mensch. Kraft, Ermüdung und die Ursprünge der Moderne*. Wien 2001.

RADKAU, Joachim: *Technik in Deutschland. Vom 18. Jahrhundert bis heute*. Frankfurt/Main, New York 2008. S. 272.

RADZIWIL, Catherine: The *Empress Frederick*. London 1934.

RATSCHILLER, Linda & Siegfried Weichlein (Hg.): *Der schwarze Körper als Missionsgebiet. Medizin, Ethnologie und Theologie in Afrika und Europa 1880–1960*. Köln 2016.

RATSCHILLER, Linda & Siegfried Weichlein: „Der schwarze Körper als Missionsgebiet 1880–1960. Begriffe, Konzepte, Fragestellungen". In: Dies. (Hg.): *Der schwarze Körper als Missionsgebiet. Medizin, Ethnologie und Theologie in Afrika und Europa 1880–1960*. Köln 2016. S. 15–40.

RAYNER-CANHAM, Marelene F. & Geoffrey W. Rayner-Canham: *Devotion to Their Science. Pioneer Women of Radioactivity*. Montreal u.a. 1997.

REICHERT, Ramón: *Im Kino der Humanwissenschaften. Studien zur Medialisierung wissenschaftlichen Wissens*. Bielefeld 2007.

REICH-RANICKI, Marcel: „Die Legende vom Dichter Marchwitza. Ein dreifacher Nationalpreisträger". In: *Die Zeit* 44 (30.Oktober 1964). Digital verfügbar unter: https://www.zeit.de/1964/44/die-legende-vom-dichter-marchwitza (zuletzt abgerufen am 10.9.2021).

RENTETZI, Maria: *Trafficking Materials and Gendered Experimental Practices. Radium Research in Early 20th Century Vienna*. New York 2009.

REPGEN, Konrad & Hans Booms (Hg.): *Akten der Reichskanzlei. Regierung Hitler 1933–1938*. Teil I: 1933/34, Bd. 2: 12. September 1933 bis 27. August 1934. Boppard 1983.

REYBROUCK, David Van: *Kongo. Eine Geschichte*. Berlin 2013.

RHEINBERGER, Hans-Jörg: *Experimentalsysteme und epistemische Dinge. Eine Geschichte der Proteinsynthese im Reagenzglas*. Frankfurt/Main 2006.

ROEBLING, Irmgard: „‚Sei jung, immer und überall jung'. Die Darstellung weiblicher Jugend in Texten von Autorinnen der Weimarer Republik". In: Klaus-Michael Bogdal, Ortrud Gutjahr & Joachim Pfeiffer (Hg.): *Jugend. Psychologie – Literatur – Geschichte. Festschrift für Carl Pietzcker*. Würzburg 2001. S. 259–288.

ROGOWSKI, Christian: „‚Heraus mit unseren Kolonien!' Der Kolonialrevisionismus der Weimarer Republik und die ‚Hamburger Kolonialwoche' von 1926". In: Birthe Kundrus (Hg.): *Phantasiereiche. Zur Kulturgeschichte des deutschen Kolonialismus*. Frankfurt/Main, New York 2003. S. 243–262.

RONGE, Grete: „Hofmann, August Wilhelm von". In: *Neue Deutsche Biographie* 9 (1972), S. 446–450. Digital verfügbar unter: https://www.deutsche-biographie.de/gnd118552627.html (zuletzt abgerufen am 10.9.2021).

ROOKE, Alan J.: „Theory versus Practice in German Chemistry. Erlenmeyer beyond the Flask". In: *Isis* 109 (2018), H. 2. S. 254–275.

ROSA, Hartmut: *Beschleunigung. Die Veränderung der Zeitstrukturen in der Moderne*, Berlin 2017.

RUPNOW, Dirk: *Vernichten und Erinnern. Spuren nationalsozialistischer Gedächtnispolitik*. Göttingen 2005.

SACHSLEHNER, Johannes: „Schenzinger, Aloys". In: *Neue Deutsche Biographie* 22 (2005), S. 683–684. Digital verfügbar unter: https://www.deutsche-biographie.de/pnd11899395X.html (zuletzt abgerufen am 10.9.2021).

SAPPOL, Michael: *Body Modern. Fritz Kahn, Scientific Illustration and the Homuncular Subject*. Minneapolis 2017.

SANDNER, Günther: *Otto Neurath. Eine politische Biographie*. Wien 2014.

SARASIN, Philip: „Was ist Wissensgeschichte?" In: *Internationales Archiv für Sozialgeschichte der deutschen Literatur* 36 (2011), H. 1. S. 159–172.

SCHADER, Brigitta: *Schwindsucht. Zur Darstellung einer tödlichen Krankheit in der deutschen Literatur vom poetischen Realismus bis zur Moderne*. Frankfurt/Main 1987.

SCHÄFER, Burkhard: *Unberühmter Ort. Die Ruderalfläche im Magischen Realismus und in der Trümmerliteratur*. Frankfurt/Main u.a. 2001.

SCHÄFER, Hans Dieter: *Das gespaltene Bewußtsein. Vom Dritten Reich bis zu den langen Fünfziger Jahren*. Göttingen 2009 [zuerst mit dem Untertitel *Über deutsche Kultur und Lebenswirklichkeit 1933–1945*. München 1981].

SCHÄFERS, Stefanie: *Vom Werkbund zum Vierjahresplan. Die Ausstellung Schaffendes Volk, Düsseldorf 1937*. Düsseldorf 2001.

SCHATZL, Michael Jürgen: *Der Griff nach der Zeit. Perioden, Charakteristika, Motive und Interessen österreichischer Arbeitszeitpolitik (1945–2018)*. Wien u.a. 2019.

Schaffendes Volk, Dokumentationsseite: http://schaffendesvolk1937.de (zuletzt abgerufen am 10.9.2021).

SCHEUNEMANN, Dietrich: *Romankrise. Die Entstehungsgeschichte der modernen Romanpoetik in Deutschland*. Heidelberg 1978.

SCHIRREN, Matthias: „‚Stoffwechsel'. Werke und Worte Hans Poelzigs im Lichte einer biochemischen Metapher". In: Werner Meißner, Dieter Rebentisch & Wilfried Wang (Hg.): *Der Poelzig-Bau. Vom I.G. Farben-Haus zur Goethe-Universität*. Frankfurt/Main 1999. S. 13–34.

SCHIVELBUSCH, Wolfgang: *Die Kultur der Niederlage. Der amerikanische Süden 1865. Frankreich 1871. Deutschland 1918*. Berlin 2001.

SCHLÖGEL, Karl: *Im Raume lesen wir die Zeit. Über Zivilisationsgeschichte und Geopolitik*. Frankfurt/Main 2007.

SCHMALTZ, Florian: *Kampfstoff-Forschung im Nationalsozialismus. Zur Kooperation von Kaiser-Wilhelm-Instituten, Militär und Industrie*. Göttingen 2005.

SCHMIDT-BURKHARDT, Astrid: *Die Kunst der Diagrammatik. Perspektiven eines neuen bildwissenschaftlichen Paradigmas*. 2., vollst. überarb. Aufl. Bielefeld 2017.

SCHMIDT-DENGLER, Wendelin: „Statistik und Roman. Über Otto Neurath und Rudolf Brunngraber". In: Ders.: *Ohne Nostalgie. Zur österreichischen Literatur der Zwischenkriegszeit*. Wien u.a. 2002. S. 82–91.

SCHMITZ-BERNING, Cornelia: *Vokabular des Nationalsozialismus*. Berlin, New York 1998.

SCHNECKENBURGER, Artur: *Die Geschichte des I.G.-Farben-Konzerns. Bedeutung und Rolle eines Unternehmens*. Köln 1988.

SCHNEIDER, Sabine: „Erzählen im multiplen Zeitraum. ‚Restitution des Epischen' in der Moderne (Döblin, Benjamin, Musil)". In: Dies. & Heinz Brüggemann (Hg.): *Gleichzeitigkeit des Ungleichzeitigen. Formen und Funktionen von Pluralität in der ästhetischen Moderne*. Paderborn 2011. S. 247–264.

SCHNEIDER, Sabine: „Entschleunigung. Episches Erzählen im Moderneprozess". In: Michael Bies, Michael Gamper & Ingrid Kleeberg (Hg.): *Gattungs-Wissen. Wissenspoetologie und literarische Form*. Göttingen 2013. S. 247–264.

SCHNEIDER, Thomas F. (Hg.): *Emil Ludwig*. Hannover 2016 [= *Non Fiktion. Arsenal der anderen Gattungen* 1/2 (2016)].

SCHNEIDER, Tobias: „Bestseller im Dritten Reich. Ermittlung und Analyse der meistverkauften Romane in Deutschland 1933–1944". In: *Vierteljahreshefte für Zeitgeschichte* 52 (2004), H. 1. S. 77–97.

SCHÖNING, Matthias: „Leben und Werk". In: Ders. (Hg.): *Ernst Jünger-Handbuch. Leben – Werk – Wirkung*. Stuttgart, Weimar 2014. S. 5–29.

SCHUBERT, Michael: *Der schwarze Fremde. Das Bild des Schwarzafrikaners in der parlamentarischen und publizistischen Kolonialdiskussion in Deutschland von den 1870er bis in die 1930er Jahre*. Stuttgart 2003.

SCHÜTT, Hans-Werner: *Auf der Suche nach dem Stein der Weisen. Die Geschichte der Alchemie*. München 2000.

SCHÜTZ, Erhard & Eckhard Gruber: *Mythos Reichsautobahn. Bau und Inszenierung der „Strassen des Führers" 1933–1941*. Berlin 1996.

SCHÜTZ, Erhard: „Faktographie". In: Ders.: *Kritik der literarischen Reportage. Reportagen und Reiseberichte aus der Weimarer Republik über die USA und die Sowjetunion*. München 1977. Zit. n. *Arbeitsblätter für die Sachbuchforschung* 3 (2005). Digital verfügbar unter: https://www.blogs.uni-mainz.de/fb05-sachbuchforschung/files/2012/08/Arbeitsblaetter_Sachbuchforschung_03.pdf (zuletzt abgerufen am 10.9.2021).

SCHÜTZ, Erhard: „Tatsachen oder Transzendenz? Zur Fortsetzung der neusachlichen Diskussion um die Faktographie nach 1933". In: *‚Zum Tatsachenroman'. Die Prawdin/Vietta-Debatte 1934* [= *Arbeitsblätter für die Sachbuchforschung* 11 (2007)], S. 3–11. Digital verfügbar unter: https://edoc.hu-berlin.de/bitstream/handle/18452/6146/11.pdf (zuletzt abgerufen am 10.9.2021).

SCHÜTZ, Erhard: „Sach-Moderne. Zur Avantgardisierung und Entavantgardisierung des Faktionalen im erzählenden Sachbuch zwischen 1920 und 1950". In: Sabina Becker & Helmuth Kiesel (Hg.): *Literarische Moderne. Begriff und Phänomen*. Berlin 2007. S. 367–382.

SCHÜTZ, Erhard: *Mediendiktatur Nationalsozialismus*. Heidelberg 2019.

SCHULTE-VARENDORFF, Uwe: *Krieg in Kamerun. Die deutsche Kolonie im Ersten Weltkrieg*. Berlin 2011.

SCHULZ, Armin: „Stoff". In: Jan-Dirk Müller u.a. (Hg.): *Reallexikon der deutschen Literaturwissenschaft. Neubearbeitung des Reallexikons der deutschen Literaturgeschichte*. Bd. 3: *P-Z*. Berlin, New York 2007. S. 521–522.

SCHUMMER, Joachim: „Challenging Standard Distinctions between Science and Technology. The Case of Preparative Chemistry". In: *HYLE. An International Journal for the Philosophy of Chemistry* 3 (1997), S. 81–94.

SCHWANKNER, Robert J. u.a.: „Die Frühgeschichte des Radiums. Teil 1". In: *Die Geowissenschaften. Forschung und Praxis* 10 (1992), H. 6. S. 160–167.

SCHWARZ, Thomas: „Die Kultivierung des kolonialen Begehrens. Ein deutscher Sonderweg?". In: Alexander Honold & Oliver Simons (Hg.): *Kolonialismus als Kultur. Literatur, Medien, Wissenschaft in der deutschen Gründerzeit des Fremden.* Tübingen, Basel 2002. S. 85–103.

SCHWEDT, Georg: *Plastisch, elastisch, fantastisch. Ohne Kunststoffe geht es nicht.* Weinheim 2013.

SCHWERIN, Alexander von: „Prekäre Stoffe. Radiumökonomie, Risikoepisteme und die Etablierung der Radioindikatortechnik in der Zeit des Nationalsozialismus". In: *N.T.M. Zeitschrift für Geschichte der Wissenschaften, Technik und Medizin* 17 (2009). S. 5–33.

SEEMANN, Markus: *Kolonialismus in der Heimat. Kolonialbewegung, Kolonialpolitik und Kolonialkultur in Bayern 1882–1943.* Berlin 2011.

SIEGEL, Steffen (Hg.): *Neues Licht. Daguerre, Talbot und die Veröffentlichung der Fotografie im Jahr 1839.* Paderborn 2014.

SIEGEL, Steffen: *Die Geschichte der Fotografie aus dem Geist des Fotobuch*s. Göttingen 2019.

SIMMEL, Georg: „Die Großstädte und das Geistesleben" [1903]. In: Ders.: *Gesamtausgabe.* Bd. 7: *Aufsätze und Abhandlungen 1901–1908.* Hg. v. Rüdiger Kramme, Angela Rammstedt & Otthein Rammstedt. Frankfurt/Main 1995. S. 116–131.

SLOTERDIJK, Peter: *Tau von den Bermudas. Über einige Regime der Einbildungskraft.* Frankfurt/Main 2001.

SLOTERDIJK, Peter: *Sphären*, Bd. 1–3: *Blasen* (Frankfurt/Main 1998), *Globen* (Frankfurt/Main 1999), *Schäume* (Frankfurt/Main 2004).

SOENTGEN, Jens: „Geschichten über Stoffe". In: *Arbeitsblätter für die Sachbuchforschung* 5 (2005). Digital verfügbar unter: https://edoc.hu-berlin.de/bitstream/handle/18452/6140/5.pdf (zuletzt abgerufen am 10.9.2021).

SOENTGEN, Jens: „Ein deutscher Stoff. Synthesekautschuk in Deutschland. 1909–2009". In: Philipp W. Stockhammer & Hans Peter Hahn (Hg.): *Lost in Things. Fragen an die Welt des Materiellen.* Münster, New York 2015. S. 41–63.

SPANGENBURG, Ray & Diane Kit Moser: *Modern Science 1896–1945.* New York 2004.

SPIVAK, Gayatri Chakravorty: *Can the Subaltern speak? Postkolonialität und subalterne Artikulation.* Wien 2008 [1988].

SPRENGER, Florian: *Medien des Immediaten. Elektrizität, Telegraphie, McLuhan.* Berlin 2012.

SPURR, David: *The Rhetoric of Empire. Colonial Discourse in Journalism, Travel Writing and Imperial Administration.* Durham, London 1993.

STADLER, Max: „Circuits, Algae, and Whipped Cream. The Biophysics of Nerve, ca. 1930". In: Stephen T. Casper & Delia Gavrus (Hg.): *The History of the Brain and Mind Sciences. Technique, Technology, Therapy.* Rochester 2017. S. 107–135.

STEINERT, Andrea: „Kunstseidene Welten. Die Erfahrung textiler Materialität im Kontext der 20er und 50er Jahre“. In: Gabriele Mentges & Heide Nixdorff (Hg.): *Bewegung, Sprache, Materialität. Kulturelle Manifestationen des Textilen.* Berlin 2003. S. 185–254.

STEININGER, Benjamin: „Katalysator. Annäherung an einen Schlüsselbegriff des 20. Jahrhunderts“. In: Ernst Müller & Falko Schmieder (Hg.): *Begriffsgeschichte der Naturwissenschaften. Zur historischen und kulturellen Dimension naturwissenschaftlicher Konzepte.* Berlin, Boston 2008. S. 53–72.

STEINKAMP, Peter: „‚Zweimal eingezogen‘. Zum Schicksal psychisch kranker Teilnehmer des Ersten Weltkriegs bei der Wehrmacht im Zweiten Weltkrieg“. In: Thomas Becker u.a. (Hg.): *Psychiatrie im Ersten Weltkrieg.* Konstanz 2018. S. 425–444.

STIEGLER, Bernd: *Theoriegeschichte der Photographie.* München 2006.

STIEGLER, Bernd: *Montagen des Realen. Photographie als Reflexionsmedium und Kulturtechnik.* München 2009.

STIEGLER, Bernd: *Spuren, Elfen und andere Erscheinungen. Conan Doyle und die Photographie.* Frankfurt/Main 2014.

STIEGLER, Bernd: *Der montierte Mensch. Eine Figur der Moderne.* Paderborn 2016.

STIEGLER, Bernd: „The Age of the Eye. Fritz Kahn and Otto Neurath“. In: Helena Doudova, Stephanie Jacobs & Patrick Rössler (Hg.) *Image Factories. Infographics 1920–1945. Fritz Kahn, Otto Neurath et al.* Leipzig 2017. S. 43–47.

STOCKHAMMER, Robert: *Zaubertexte. Die Wiederkehr der Magie und die Literatur 1880–1945.* Berlin 2000.

STOCKHAMMER, Robert: *Kartierung der Erde. Macht und Lust in Karten und Literatur.* München 2007.

STÖBER, Thomas: *Vitalistische Energetik und literarische Transgression im französischen Realismus-Naturalismus. Stendhal, Balzac, Flaubert, Zola.* Tübingen 2006.

STÖCKMANN, Ingo: *Der Wille zum Willen. Der Naturalismus und die Gründung der literarischen Moderne 1880–1900.* Berlin, New York 2009.

STÖRMER, Ralf: „Menschenversuche und Massensterilisation“. In: Schering-Aktions-Netzwerk (SchAN) & Henry Mathews (Hg.): *Schering. Die Pille macht Macht. Berichte über die Geschäfte des Schering-Konzerns.* Stuttgart 1992. S. 33–44.

STOFF, Heiko: *Ewige Jugend. Konzepte der Verjüngung vom späten 19. Jahrhundert bis ins Dritte Reich.* Köln u.a. 2004.

STOFF, Heiko: „Vitaminisierung und Vitaminbestimmung. Ernährungsphysiologische Forschung im Nationalsozialismus“. In: *Dresdener Beiträge zur Geschichte der Technikwissenschaften* 32 (2008), S. 59–93.

STOFF, Heiko: *Wirkstoffe. Eine Wissenschaftsgeschichte der Hormone, Vitamine und Enzyme, 1920–1970.* Stuttgart 2012.

STOKES, Raymond G.: „Von der I.G. Farbenindustrie AG bis zur Neugründung der BASF (1925–1952)“. In: Werner Abelshauser (Hg.): *Die BASF. Eine Unternehmensgeschichte*. 2. Aufl. München 2003. S. 221–358.

STOLTZENBERG, Dietrich: *Fritz Haber. Chemiker, Nobelpreisträger, Deutscher, Jude*. Weinheim 1998.

STRAHLMANN, Berend: „Graebe, Carl“ in: *Neue Deutsche Biographie* 6 (1964), S. 705–706. Digital verfügbar unter: https://www.deutsche-biographie.de/pnd118877364.html (zuletzt abgerufen am 10.9.2021).

STREIM, Gregor: „‚Tempo – Zeit – Dauer‘. Zum phänomenologischen Technikdiskurs im ‚Dritten Reich‘“. In: Ders. & Erhard Schütz (Hg.): *Reflex und Reflexionen von Modernität 1933–1945*. Bern u.a. 2002. S. 41–59.

SÜSS, Dietmar: „Arbeit, Leistung, Bürgertum“. In: Norbert Frei (Hg.): *Wie bürgerlich war der Nationalsozialismus?* Göttingen 2018. S. 100–115.

„Syphilis in Deutschland 2017“. In: Robert-Koch-Institut: *Epidemiologisches Bulletin* 46 (2018). Digital verfügbar unter: https://www.rki.de/DE/Content/Infekt/EpidBull/Archiv/2018/Ausgaben/46_18.pdf (zuletzt abgerufen am 10.9.2021).

SZÖLLÖSI-JANZE, Margit: *Fritz Haber. 1868–1934. Eine Biographie*. München 1998.

TERMEER, Marcus: *Verkörperungen des Waldes. Eine Körper-, Geschlechter- und Herrschaftsgeschichte*. Bielefeld 2005.

THAMER, Hans-Ulrich: *Verführung und Gewalt. Deutschland 1933–1945*. Berlin 1986.

THEWELEIT, Klaus: *Männerphantasien*. Bd. 1: *Frauen, Fluten, Körper, Geschichte*. Reinbek 1987.

THEWELEIT, Klaus: „Männliche Geburtsweisen. Der männliche Körper als Insititutionenkörper“. In: Therese Steffen (Hg.): *Masculinities – Maskulinitäten. Mythos – Realität – Repräsentation – Rollendruck*. Stuttgart, Weimar 2002. S. 2–27.

THIEMER, Nicole: „[REP], [MET], [GEW]. ‚Sein-als-anderes‘. Zu Latours antisubstanzialistischem Denken“. In: Henning Laux (Hg.): *Bruno Latours Soziologie der ‚Existenzweisen‘. Einführung und Diskussion*. Bielefeld 2016. S. 185–206.

THOM, Achim & Genadij Ivanovič Caregorodcev (Hg.): *Medizin unterm Hakenkreuz*. Berlin 1989.

THOMALLA, Erika, Carlos Spoerhase & Steffen Martus: „Werke in Relationen. Netzwerktheoretische Ansätze in der Literaturwissenschaft“. In: *Zeitschrift für Germanistik* 29 (2019), H. 1. S. 7–23.

THOMÉ, Horst: „Weltanschauungsliteratur. Vorüberlegungen zu Funktion und Texttyp“. In: Lutz Danneberg & Friedrich Vollhardt (Hg.): *Wissen in Literatur im 19. Jahrhundert*. Tübingen 2002. S. 338–380.

TITZMANN, Michael: „Das Konzept der ‚Person‘ und ihrer ‚Identität‘ in der deutschen Literatur um 1900“. In: Manfred Pfister (Hg.): *Die Modernisierung des Ich. Studien zur Subjektkonstitution in der Vor- und Frühmoderne*. Passau 1989. S. 36–56.

TITZMANN, Michael: „Skizze einer integrativen Literaturgeschichte und ihres Ortes in einer Systematik der Literaturwissenschaft". In: Ders. (Hg.): *Modelle des literarischen Strukturwandels*. Berlin, Boston 2011. S. 395–438.

TOMAN, W.: „Reaktionsbildung". In: *Lexikon der Psychologie*. Hg. v. Wilhelm Arnold, Hans Jürgen Eysenck & Richard Meili. Bd. 3: *Psychodrama – ZZ*. Freiburg 1997. Sp. 1849f.

TRAVIS, Anthony S.: *Nitrogen Capture. The Growth of an International Industry (1900–1940)*. Cham 2018.

TREDER, Heidi: „Karl Aloys Schenzinger". Digital verfügbar unter: http://www.polunbi.de/pers/schenzinger-01.html (zuletzt abgerufen am 10.9.2021).

TRETJAKOW, Sergej: „Die Biographie des Dings" [1929]. In: Ders.: *Die Arbeit des Schriftstellers. Aufsätze, Reportagen, Porträts*. Hg. v. Heiner Boehncke. Reinbek 1972. S. 81–85.

TRETJAKOW, Sergej: „Durch die trübe Brille" [1931]. In: Ders.: *Die Arbeit des Schriftstellers*. Hg. v. Heiner Boehncke. Reinbek 1972. S. 111–116.

TREUE, Wilhelm: „Hitlers Denkschrift zum Vierjahresplan 1936". In: *Vierteljahreshefte für Zeitgeschichte* 3 (1955), H. 2. S. 184–210.

TROITZSCH, Ulrich: „Technikgeschichte in der Forschung und der Sachbuchliteratur während des Nationalsozialismus". In: Herbert Mehrtens & Steffen Richter (Hg.): *Naturwissenschaft, Technik und NS-Ideologie. Beiträge zur Wissenschaftsgeschichte des Dritten Reichs*. Frankfurt/Main 1980. S. 215–242.

TRUEB, Lucien F. & Paul Rüetschi: *Batterien und Akkumulatoren. Mobile Energiequellen für heute und morgen*. Berlin u.a. 1998.

TSHISUAKA, Barbara I.: „Erich Hoffmann". In: Werner E. Gerabek u.a. (Hg.): *Enzyklopädie Medizingeschichte*. Bd. 1: *A–G*. Berlin, New York 2011. S. 608f.

UECKER, Matthias: „Wirklichkeit, Tatsachen und Dokumente. Zum dokumentarischen Diskurs in der Weimarer Republik". In: Sabine Kyora & Stefan Neuhaus (Hg.) *Realistisches Schreiben in der Weimarer Republik*. Würzburg 2006. S. 27–41.

UECKER, Matthias: *Wirklichkeit und Literatur. Strategien dokumentarischen Schreibens in der Weimarer Republik*. Bern u.a. 2007.

URAY, Johannes: „Die Wöhlersche Harnstoffsynthese und das wissenschaftliche Weltbild. Analyse eines Mythos". In: *Mensch, Wissenschaft, Magie* 27 (2010), S. 121–152.

VERG, Erik u.a.: *Meilensteine. 125 Jahre Bayer. 1863–1988*. Köln 1988.

WAGNER, Monika: *Marmor und Asphalt. Soziale Oberflächen im Berlin des 20. Jahrhunderts*. Berlin 2018.

WALKENHORST, Peter: *Nation – Volk – Rasse. Radikaler Nationalismus im Deutschen Kaiserreich 1890–1914*. Göttingen 1997.

WEBER, Heike: „Technikkonzeptionen in der populären Sachbuchliteratur des Nationalsozialismus. Die Werke von Anton Zischka". In: *Technikgeschichte* 66 (1999), H. 3. S. 205–236.

WEBER-KELLERMANN, Ingeborg, Andreas C. Bimmer & Siegfried Becker: *Einführung in die Volkskunde, europäische Ethnologie. Eine Wissenschaftsgeschichte*. 3., vollst. überarb. u. akt. Aufl. Stuttgart, Weimar 2003.

WEGE, Carl: *Buchstabe und Maschine. Beschreibung einer Allianz*. Frankfurt/Main 2000.

WEHR, Laura: „Alltag in der NS-Zeit? Fotografien in der Frauenzeitschrift ‚Die junge ‚Dame'". In: Irene Ziehe & Ulrich Hägele (Hg.): *Fotografien vom Alltag – Fotografien als Alltag*. Münster 2004. S. 217–232.

WEIPERT, Matthias: „Siedlung und innere Kolonisation. Bevölkerung, Landwirtschaft und Industrie im Spiegel der ‚Deutschen Rundschau' von der Jahrhundertwende bis zum Ende der Weimarer Republik". In: Rainer Mackensen & Jürgen Reulecke (Hg.): *Das Konstrukt „Bevölkerung" vor, im und nach dem „Dritten Reich"*. Wiesbaden 2005. S. 95–107.

WEITIN, Thomas: „Der Kampf als inneres Erlebnis (1922)". In: Matthias Schöning (Hg.): *Ernst Jünger-Handbuch. Leben – Werk – Wirkung*. Stuttgart, Weimar 2014. S. 59–63.

WESS, Ludger: „Tropenmedizin und Kolonialpolitik. Das Hamburger Institut für Schiffs- und Tropenkrankheiten 1918–1945". In: *1999. Zeitschrift für Sozialgeschichte des 20. und 21. Jahrhunderts* 4 (1992). S. 38–61.

WESSELY, Christina: *Welteis. Eine wahre Geschichte*. Berlin 2013.

WESTERMANN, Mariët: *The Amusements of Jan Steen. Comic panting in the Seventeenth Century*. Zwolle 1997.

WEYAND, Björn: *Poetik der Marke. Konsumkultur und literarische Verfahren 1900–2000*. Berlin 2013.

WEYER, Jost: *Geschichte der Chemie*. Bd. 2: *19. und 20. Jahrhundert*. Berlin 2018.

WIEGMANN, Eva: „Der literarische Text als ‚dritter Raum'. Relektüre Homi Bhabhas aus philologischer Perspektive'. In: *German as Foreign Language Journal* 1 (2016), S. 6–25. Digital verfügbar unter: http://www.gfl-journal.de/1-2016/wiegmann.pdf (zuletzt abgerufen am 10.9.2021).

WILDER, Kelley: „Visualizing Radiation. The Photographs of Henri Becquerel". In: Lorraine Daston & Elizabeth Lunbeck (Hg.): *Histories of Scientific Observation*. London 2011. S. 349–386.

WILKE, Sabine: „The Colonial Pedagogy of Imperial Germany. Self-Denial in the Interest of the Nation". In: Balachandra Rajan & Elizabeth Sauer (Hg.): *Imperialisms. Historical and Literary Investigations 1500–1900*. London 2004. S. 237–253.

WILLEKE, Stefan: *Die Technokratiebewegung in Nordamerika und Deutschland zwischen den Weltkriegen. Eine vergleichende Analyse*. Frankfurt/Main u.a. 1995.

WILLEMS, Herbert & Martin Jurga: „Inszenierungsaspekte der Werbung. Empirische Ergebnisse der Erforschung von Glaubwürdigkeitsinszenierungen". In: Michael

Jäckel (Hg.): *Die umworbene Gesellschaft. Analysen zur Entwicklung der Werbekommunikation.* Opladen 1998. S. 209–230.

WILSON, Jeffrey K.: *The German Forest. Nature, Identity, and the Contestation of a National Symbol 1871–1914.* Toronto 2012.

WINKLER, Hartmut: *Prozessieren. Die dritte vernachlässigte Medienfunktion.* Paderborn 2015.

WIRTH, Uwe: „Kultur als Pfropfung – Pfropfung als Kulturmodell. Prolegomena zu einer Allgemeinen Greffologie (2.0)". In: Ders. (Hg.): *Pfropfen, Impfen, Transplantieren.* Berlin 2011. S. 9–27.

WITTMANN, Reinhard: *Geschichte des deutschen Buchhandels.* 4. akt. u. erw. Aufl. München 2019.

WLASICH, Gert J.: *Die Schering AG in der Zeit des Nationalsozialismus. Beiträge zur Unternehmenskultur in einem Berliner Konzern.* Berlin 2011.

WOLF, Maria: *Eugenische Vernunft. Eingriffe in die reproduktive Kultur durch die Medizin 1900–2000.* Wien u.a. 2008.

World Health Organization: *World Malaria Report 2018.* Digital verfügbar unter: https://apps.who.int/iris/bitstream/handle/10665/275867/9789241565653-eng.pdf?ua=1 (zuletzt abgerufen am 10.9.2021).

WRIGHT, Alex: *Cataloging the World. Paul Otlet and the Birth of the Information Age.* New York 2014.

WÜRMANN, Carsten & Ansgar Warner: „Im Pausenraum des ‚Dritten Reichs'. Zur Populärkultur im nationalsozialistischen Deutschland". In: Dies. (Hg.): *Im Pausenraum des ‚Dritten Reichs'. Zur Populärkultur im nationalsozialistischen Deutschland.* Berlin u.a. 2008. S. 7–20.

WULF, Stefan: „Mühlens, Peter". In: *Neue Deutsche Biographie* 18 (1997), S. 285–286. Digital verfügbar unter: https://www.deutsche-biographie.de/sfz66078.html (zuletzt abgerufen am 10.9.2021).

ZECHNER, Johannes: *Der deutsche Wald. Eine Ideengeschichte 1800–1945.* Darmstadt 2016.

ZELGER, Sabine: „Die große Erzählung von der geglückten Volksherrschaft und deren literarische Störung. Eine exemplarische Darstellung anhand vergessener Romane der Zwischenkriegszeit". In: Frank Gadinger, Sebastian Jarzebski & Taylan Yildiz (Hg.): *Politische Narrative. Konzepte – Analysen – Forschungspraxis.* Wiesbaden 2014. S. 287–310.

ZEUSKE, Michael: *Handbuch Geschichte der Sklaverei. Eine Globalgeschichte von den Anfängen bis zur Gegenwart.* Berlin, Boston 2013.

ZEUSKE, Michael: *Sklavenhändler, Negreros und Atlantikkreolen. Eine Weltgeschichte des Sklavenhandels im atlantischen Raum.* Berlin 2015.

ZIEMANN, Benjamin: „Soldaten". In: Gerhard Hirschfeld, Gerd Krumeich & Irina Renz (Hg.): *Enzyklopädie Erster Weltkrieg.* 2. Aufl. Paderborn 2014. S. 155–168.

ZIMMER, Jürgen & Joachim Zeller (Hg.): *Völkermord in Deutsch-Südwestafrika. Der Kolonialkrieg (1904–1908) in Namibia und seine Folgen.* 3., aktual. Aufl. Berlin 2016.

ZIMMERMANN, Peter: „Kampf um den Lebensraum. Ein Mythos der Kolonial- und der Blut-und-Boden-Literatur". In: Horst Denkler & Karl Prümm (Hg.): *Die deutsche Literatur im Dritten Reich. Themen – Traditionen – Wirkungen.* Stuttgart 1976. S. 165–182.

ZINNECKER, Andrea: *Romantik, Rock und Kamisol. Volkskunde auf dem Weg ins Dritte Reich. Die Riehl-Rezeption.* Münster, New York 1996.

ZITELMANN, Rainer: *Hitler. Selbstverständnis eines Revolutionärs.* Hamburg u.a. 1987.

ŽIŽEK, Slavoj: *The Sublime Object of Ideology.* London, New York 2008.

ZWICKER, Stefan: *„Nationale Märtyrer". Albert Leo Schlageter und Julius Fučík. Heldenkult, Propaganda und Erinnerungskultur.* Paderborn 2006.

ZYMNER, Rüdiger: „Biographie als Gattung?". In: Christian Klein (Hg.): *Handbuch Biographie. Methoden, Traditionen, Theorien.* Stuttgart, Weimar 2009. S. 7–11.

Dank

Die Arbeit an diesem Buch, das die leicht überarbeitete Fassung meiner 2020 an der Bergischen Universität Wuppertal eingereichten Dissertation ist, hat von Austausch und Kontakten profitiert. Zunächst danke ich meinen Gutachtern: Wolfgang Lukas für seine großzügige Gelassenheit meinem Forschungsdesign gegenüber, für viele hilfreiche Anmerkungen, ein bereicherndes Arbeitsumfeld und einen textanalytischen Blick, der mir zum Vorbild geworden ist. Bernd Stiegler danke ich für seine Kommentare, seine Offenheit und die vielen Texte, die mein mediengeschichtliches Interesse mit meinen literaturwissenschaftlichen Fragen fusionieren halfen.

Ein besonderer Dank gilt zwei Menschen, die nicht nur dieses Projekt bereichert und gestützt haben. Von Madleen Podewski habe ich unbestritten das meiste gelernt, was ich mit Texten kann. Ihre souveräne Heiterkeit, ihr kritischer Blick und beweglicher Geist sind mir Orientierung und gefeiertes Gegenüber. Und Maria Hinzmann begleitet mich, denkt und baut mit mir, räumlich, in Modellen und in geteilter Freund_innenschaft zur experimentellen Konstruktion. An beider Zuversicht und großer Klugheit ist mancher Zweifel zerschellt und mancher Gedanke gewachsen.

Für wichtige Hinweise, Austausch, Hilfe und Freundschaft danke ich von ganzem Herzen Christian Belz, dem nicht nur alphabetisch der erste Platz in dieser Reihe gebührt, sogleich aber auch Arzu Çiçek, Nina Colomo, Angela Deußen, Miriam Deußen, Gustav Frank, Philipp Hagemann, Sebastian Jung, Elena Kunadt, Kathrin Lagatie, Friederike Mevissen, Anne-Rose Meyer, Michael Okroy, Benjamin Richarz, Hakan Tezkan, Donata Weinbach und Peter Zimmermann.

Herzlich gedankt sei auch den Teilnehmer_innen aller Gruppen, in denen ich Gedanken teilen und Austausch erleben durfte. Stellvertretend möchte ich das literaturwissenschaftliche Kolloquium der Bergischen Universität und die AG Erzählforschung nennen. 2016 durfte ich mit den Büchern mit Stoffbezug die Tagung *Synthetische Stoffe* der Eisenbibliothek in Schlatt (CH) und den 11. Studientag „Literatur und Wissenschaftsgeschichte“ am Berliner Max Planck-Institut für Wissenschaftsgeschichte besuchen. Allen Teilnehmer_innen danke ich für Kritik und offene Ohren und Martina Franzen besonders für ihre erhellende Replik beim Studientag. Für den großzügigen Einblick in das Historische Archiv der Firma Bayer und die Bereitstellung von Bildmaterial danke ich Raffaela Berger, Thore Grimm und Hans-Hermann Pogarell. Und für Zuspruch und Förderung bin ich Julian Hanebeck und dem Zentrum für Graduiertenstudien der Universität Wuppertal dankbar.

Für die professionelle und freundliche Betreuung der Buchwerdung dieses „Stoffs“ bedanke ich mich bei Andreas Knop und Lisa Sauerwald vom Verlag Wilhelm Fink.

Wo dieses Buch seinen Eigenwilligkeiten erliegt, trifft die Schuld dafür mich allein.